75 JAHRE IN DIE ZUKUNFT GEDACHT

WTM ENGINEERS

Tragwerksplanung in ihrer schönsten Form.

Friedrichstraße 100 Berlin | BSU Hamburg | UKE Forschungsgebäude Hamburg

Bebauung Brooktorkai HafenCity Hamburg | Eishockey-Trainingshalle Hamburg | Hamburg-Repräsentanz EXPO Shanghai

Busumsteigeanlage Poppenbüttel Hamburg | Sandtorpark HafenCity Hamburg | Medienzentrum RadioBremen

WTM ENGINEERS Beratende Ingenieure im Bauwesen www.wtm-engineers.de

Beraten · Planen · Überwachen · Prüfen · Expertenwissen

Beuth informiert über die Eurocodes
Handbuch Eurocode 2. Betonbau

In den Eurocode-Handbüchern von Beuth finden Sie die EUROCODE-Normen (EC) mit den entsprechenden „Nationalen Anhängen" (NA) und ggf. Restnormen **in einem Dokument** zusammengefasst: Das erleichtert die Anwendung erheblich.

Band 1: Allgemeine Regeln
1. Auflage 2012. ca. 500 S. A4. Broschiert.
ca. 194,00 EUR | ISBN 978-3-410-20826-6

→ **DIN EN 1992-1-1** Allgemeine Bemessungsregeln und Regeln für den Hochbau + Nationaler Anhang
→ **DIN EN 1992-1-2** Allgemeine Regeln – Tragwerksbemessung für den Brandfall + Nationaler Anhang
→ **DIN EN 1992-3** Silos und Behälterbauwerke aus Beton + Nationaler Anhang

Band 2: Brücken
1. Auflage 2012. ca. 170 S. A4. Broschiert.
ca. 74,00 EUR | ISBN 978-3-410-21379-6

→ **DIN EN 1992-2** Betonbrücken – Bemessungs- und Konstruktionsregeln + Nationaler Anhang

Kombi-Paket: Band 1 und Band 2
Ausgabe 2012. ca. 670 S. A4. Broschiert.
ca. 240,00 EUR | ISBN 978-3-410-21405-2

Beide Bände als Kombi-Paket für nur ca. 240,00 EUR!

Bestellen Sie am besten unter:
www.beuth.de/eurocode (mit allen Infos / weiteren Literaturtipps)
Telefon +49 30 2601-2260 | Telefax +49 30 2601-1260 | info@beuth.de

Natürlich auch als E-Books.

Beuth
Berlin · Wien · Zürich

Ing.-Büro Dr.-Ing. Hartwig Jahnke
Prüfingenieur für Standsicherheit

und

J&J INGENIEURE GMBH

- Gesamtplanung
- Tragwerksplanung im Hoch- und Tiefbau, einschließlich Fertigteilbau
- Optimierung von Tragkonstruktionen ("Kostengünstiges Bauen")
- Brücken / Ingenieurbauwerke
- Holzbau / Sanierung
- Bauphysikalische Berechnungen (Wärme-/Schallschutznachweis)
- Bauliche Brandschutznachweise / -konzepte
- Abbruchkonzepte einschließlich bautechnischer Betreuung
- Bauwerksanalysen (Betonfestigkeit, Bewehrungsstahl, Endoskopie, Bauwerksbeschaffenheit)
- Bestandsaufnahmen (Aufmaß)
- Hydraulische Berechnungen im Wasserbau
- Erstellen von Gutachten
- Bautechnische Prüfung von statischen Berechnungen und Konstruktionsunterlagen einschließlich Bauüberwachung vor Ort auf der Baustelle, Prüfung des bautechnischen Brandschutzes, des Wärme- und Schallschutzes, des technisch-konstruktiven Umweltschutzes.

Reichenbacher Straße 38
08056 Zwickau
Telefon (03 75) 8 18 88 - 0
Telefax (03 75) 8 18 88 - 99
E-Mail: info@jj-ingenieure.de
Internet: www.jj-ingenieure.de

E-Mail: dr_jahnke@t-online.de
Internet: www.ibjahnke.de

HRSG. ERNST & SOHN

Beton- und Stahlbetonbau

106. Jahrgang 2011.
Erscheint monatlich.
Chefredakteur:
Prof. Dipl.-Ing. DDr.
Konrad Bergmeister
Redaktion:
Dipl.-Ing. Kerstin Glück

Jahresabonnement
print
ISSN 0005-9900
434,– €*

Jahresabonnement
print + online
ISSN 1437-1006
500,– €*

Impact-Faktor 2010: 0,265

■ **Beton- und Stahlbetonbau** veröffentlicht seit mehr als 100 Jahren anwendungsorientierte Beiträge zum gesamten Massivbau. Mit ihren wissenschaftlich fundierten Beiträgen gibt sie monatlich praktische Hilfestellung für die Arbeit des Bauingenieurs.

Probeheft bestellen: www.ernst-und-sohn.de/Beton-und-Stahlbetonbau

Ernst & Sohn
Verlag für Architektur und technische Wissenschaften GmbH & Co. KG

Kundenservice: Wiley-VCH
Boschstraße 12
D-69469 Weinheim

Tel. +49 (0)6201 606-400
Fax +49 (0)6201 606-184
service@wiley-vch.de

Ernst & Sohn
A Wiley Company

*Preise gültig bis 31. August 2012. Exkl. MwSt., inkl. Versand. Irrtum und Änderungen vorbehalten. 0158110016_dp

Inserenten-Verzeichnis

Die inserierenden Firmen und die Aussagen in Inseraten stehen nicht notwendigerweise in einem Zusammenhang mit den in diesem Buch abgedruckten Normen. Aus dem Nebeneinander von Inseraten und redaktionellem Teil kann weder auf die Normgerechtheit der beworbenen Produkte oder Verfahren geschlossen werden, noch stehen die Inserenten notwendigerweise in einem besonderen Zusammenhang mit den wiedergegebenen Normen. Die Inserenten dieses Buches müssen auch nicht Mitarbeiter eines Normenausschusses oder Mitglied des DIN sein. Inhalt und Gestaltung der Inserate liegen außerhalb der Verantwortung des DIN.

Beuth Verlag GmbH, 10787 Berlin	II, VII, VIII, XIV, XVI, U3
Friedrich + Lochner GmbH, 70469 Stuttgart	Lesezeichen
GLASER -isb cad- Programmsysteme GmbH, 30974 Wennigsen	Lesezeichen
Ingenieurbüro Dr.-Ing. Hartwig Jahnke, 08056 Zwickau	III
Ingenieur-Software Dlubal GmbH, 93464 Tiefenbach	XII
Pfeifer Seil- u. Hebetechnik GmbH, 87700 Memmingen	XV
SCIA Software GmbH, 44227 Dortmund	U2
Springer-Verlag GmbH, 69121 Heidelberg	V
Wilhelm Ernst & Sohn, Verlag für Architektur und technische Wissenschaften GmbH & Co. KG, 10245 Berlin	III, V, VI, XI, Beilage
WTM Engineers GmbH, 20095 Hamburg	I

Volume 12, 2011

Publisher: *fib* –
International Federation
for Structural Concrete

Editor:
Luc Taerwe (Belgium)

Deputy Editor: Steinar
Helland (Norway)

Journal for *fib* members

Accredited at ISI since
volume 2009.

4 issues / year.

Annual subscription print
ISSN 1464-4177
for companies € 120,– *
for libraries € 460,– *

Annual subscribtion print + online
ISSN 1751-7648
for companies € 138,– *
for libraries € 539,– *

Single article PDF-Download
€ 21,– *

Structural Concrete
Journal of the *fib*

Structural Concrete, the official journal of the *fib*, provides conceptual and procedural guidance in the field of concrete construction, and features peer-reviewed papers, keynote research and industry news covering all aspects of the design, construction, performance in service and demolition of concrete structures.
Starting in January 2011 it will be part of the journals portfolio of Berlin-based publishing house Ernst & Sohn.

Structural Concrete online (PDF)
In addition to the printed version, the articles are also available online in PDF format.
- as a subscription (2011)
- per article (2011)

Order a free sample copy:
www.ernst-und-sohn.de/structural-concrete

Ernst & Sohn
Verlag für Architektur und
technische Wissenschaften
GmbH & Co. KG

Kundenservice:Wiley-VCH
Boschstraße 12
D-69469 Weinheim

Tel. +49 (0)6201 606-400
Fax +49 (0)6201 606-184
service@wiley-vch.de

*Prices valid until August 31, 2011. Prices are net-prices excl. of VAT but incl. postage. Prices are subject to alterations.

Ernst & Sohn
A Wiley Company

www.ernst-und-sohn.de/journals

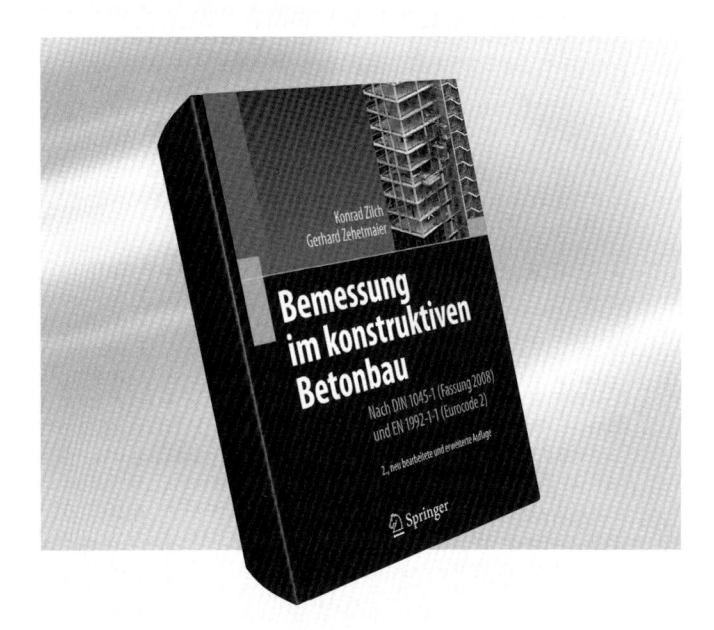

Aktualisiert in
2. Auflage

Bemessung im konstruktiven Betonbau

Nach DIN 1045-1 (Fassung 2008) und
EN 1992-1-1 (Eurocode 2)

K. Zilch, G. Zehetmaier

Umfassende Einführung in die Grundlagen der Bemessung und Konstruktion von Stahlbeton- und Spannbetontragwerken. Vermittelt wird aktuelles Wissen durch den Bezug auf DIN 1045-1 (Fassung 2008), die zukünftige europäisch einheitliche Betonbaunorm EN 1992-1-1 (EUROCODE 2) ergänzt um die nationalen Anwendungsregeln Deutschlands und Österreichs. Mit leicht nachvollziehbaren Beispielen und einer Sammlung von Bemessungshilfsmitteln.

▶ Solide Basis für das Studium
▶ Fundiertes Nachschlagewerk für die Praxis

2., neu bearb. u. erw. Aufl. 2010. XII, 628 S. 500 Abb.
Brosch.
ISBN 978-3-540-70637-3

springer.de

014957x

Beton-Kalender – Grundlagen, Beispiele, Normen

Seit 2003 bilden jährliche Schwerpunkte das Kompendium des Betonbaus.
Die Herausgeber: Konrad Bergmeister und Johann-Dietrich Wörner, ab 2009 auch Frank Fingerloos

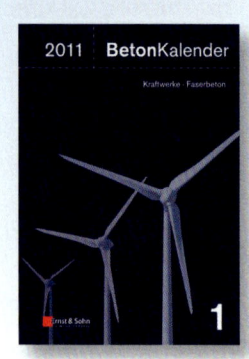

Beton-Kalender 2011
Schwerpunkte: Kraftwerke, Faserbeton
Teile 1 und 2

2010. 1372 S., 931 Abb., 325 Tab., Gb.
€ 165,– *
Fortsetzungspreis:
€ 145,– *
ISBN 978-3-433-02954-1

- Unter dem Schwerpunktthema „Kraftwerke" behandelt der Beton-Kalender in mehreren Beiträgen Planung und Entwurf von baulichen Anlagen, die der Energiegewinnung der Zukunft dienen. Die Neufassung der DAfStb-Richtlinie Stahlfaserbeton vom März 2010 ist Anlass, mit dem zweiten Schwerpunkt „Faserbeton" alle Aspekte dieser Baustoffe und ihrer Anwendung in mehreren Beiträgen umfassend zu behandeln, darunter auch Erläuterungen und Originaltext der SFB-Richtlinie.

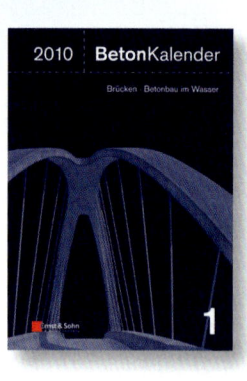

Beton-Kalender 2010
Schwerpunkte: Brücken, Betonbau im Wasser
Teile 1 und 2

2009. 1319 S., 758 Abb., 217 Tab., Gb.
€ 165,– *
Fortsetzungspreis:
€ 145,– *
ISBN: 978-3-433-02931-2

- Brücken: Entwurf und die Bemessung von Massivbrücken nach den neuen DIN-Fachberichten vom März 2009. Zur Gewährleistung der Gebrauchstauglichkeit und Dauerhaftigkeit von neuen und bestehenden Brückenbauwerken durch die Straßen- und Eisenbahnverwaltungen ist heute das Monitoring ein wichtiges Instrument.
- Betonbau im Wasser: Bei der Planung von Gründungsbauwerken im Wasser sind besondere Anforderungen an den Baustoff und an die Konstruktion zu berücksichtigen.

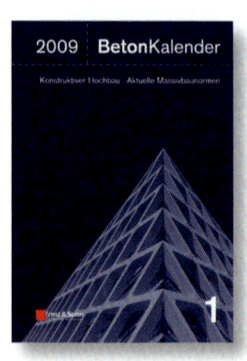

Beton-Kalender 2009
Konstruktiver Hochbau, Aktuelle Massivbaunormen
Teile 1 und 2

2008. 1457 S., 1075 Abb., 297 Tab., Gb.
€ 165,– *
Fortsetzungspreis:
€ 145,– *
ISBN: 978-3-433-01854-5

- Massivbaunormen: konsolidierte Fassung von DIN 1045 Teile 1 bis 4 einschließlich DIN EN 206-1 mit Einarbeitung aller Berichtigungen und Änderungen. DAfStb-Richtlinien „Massige Bauteile aus Beton" und „Belastungsversuche an Betonbauwerken".
- Konstruktiver Hochbau: Tragwerksplanung von Gebäuden einschließlich Bauen mit Fertigteilen, Verankerung von Fassaden, konstruktiver Brandschutz und Gründungen.
- Bauen im Bestand: Tragwerksplanung im Bestand, Schadensanalyse, Ertüchtigung und Monitoring ausführlich dargestellt.

Beton-Kalender 2008
Schwerpunkte: Konstruktiver Wasserbau, Erdbebensicheres Bauen
Teile 1 und 2

2007. 1160 S., 745 Abb., 262 Tab., Gb.
€ 165,– *
Fortsetzungspreis:
€ 145,– *
ISBN: 978-3-433-01839-2

- Konstruktiver Wasserbau: Entwurf und Konstruktion von Gründungsbauwerken im Wasser sowie Schutzbauwerken an Küsten und Binnenwasserstraßen.
- Erdbebensicheres Bauen: Bemessung der Stahlbeton- und Spannbetontragwerke nach DIN 4149 und Eurocode 8 bzw. unter dynamischen Beanspruchungen.
- Normen: Abdruck der Originalnormen DIN 1055 Teile 1, 3, 4, 5, 9, 100. Hinweise zu Einwirkungen nach DIN 1055.

Beton-Kalender 2006
Turmbauwerke, Industriebauten
Teile 1 und 2

2005. 1360 S., 1069 Abb., 260 Tab., Gb.
€ 165,– *
Fortsetzungspreis:
€ 145,– *
ISBN: 978-3-433-01672-5

- In der Jubiläumsausgabe 2006 werden turmartige Bauwerke sowie Gewerbe- und Industriebauten umfassend behandelt. Dabei wird auf die Aspekte der Planung und Ausführung, die Berechnung, die Bauverfahren und die besonderen Einwirkungen und Sicherheitskonzepte eingegangen. Dies gilt sowohl bei Neubau als auch bei der Ertüchtigung oder Umnutzung der Bauwerke.

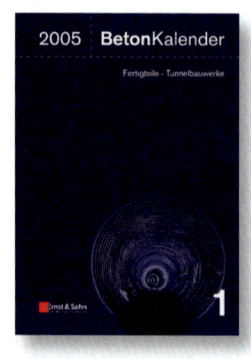

Beton-Kalender 2005
Fertigteile, Tunnelbauwerke
Teile 1 und 2

2004. 1348 S., 1057 Abb., 258 Tab., Gb.
€ 165,– *
Fortsetzungspreis:
€ 145,– *
ISBN: 978-3-433-01670-1

- Die von der Fertigungsmethode beeinflusste Tragwerkplanung mit Betonfertigteilen wird detailliert und gemäß der Neufassung von DIN 1045 erläutert. Für Tunnelbauwerke werden die geomechanische Planung, die statische Berechnung und Bauverfahren sowie die neuesten Entwicklungen für Sicherheitsbetrachtungen umfassend behandelt.

Ernst & Sohn
Verlag für Architektur und technische Wissenschaften GmbH & Co. KG

Kundenservice: Wiley-VCH
Boschstraße 12
D-69469 Weinheim

Tel. +49 (0)6201 606-400
Fax +49 (0)6201 606-184
service@wiley-vch.de

Ernst & Sohn
A Wiley Company

Online-Bestellung: www.ernst-und-sohn.de

Beuth informiert über die Eurocodes
Aus der Edition Bauwerk in 2 Bänden
Stahlbetonbau-Praxis nach Eurocode 2

Unsere Titel der Edition Bauwerk zeichnen sich durch besondere Praxisnähe aus!

Stahlbetonbau-Praxis nach Eurocode 2
von Alfons Goris

Band 1: Grundlagen, Bemessung, Beispiele
Bauwerk-Basis-Bibliothek
4., aktualisierte Auflage 2011. 264 S.
24 x 17 cm. Broschiert.
29,00 EUR | ISBN 978-3-410-21676-6

Band 2: Schnittgrößen, Gesamtstabilität, Bewehrung und Konstruktion, Brandbemessung nach DIN EN 1992-1-2, Beispiele
Bauwerk-Basis-Bibliothek
4., aktualisierte Auflage 2011. 304 S.
24 x 17 cm. Broschiert.
29,00 EUR | ISBN 978-3-410-21677-3

Kombi-Paket: Band 1 und Band 2
Ausgabe 2011. 568 S. 24 x 17 cm. Broschiert.
48,00 EUR | ISBN 978-3-410-21678-0

Aktuelles Wissen mit vielen Beispielen.
Perfekt für Studium und Praxis. Damit Sie Bescheid wissen!

→ **Top-Autor:**
Prof. Dr.-Ing. Alfons Goris lehrt Stahlbeton- und Spannbetonbau an der Universität Siegen.

Beide Bände im Kombi-Paket für nur 48,00 EUR!

Bestellen Sie am besten unter:
www.beuth.de/eurocode (mit allen Infos / weiteren Literaturtipps)
Telefon +49 30 2601-2260 | Telefax +49 30 2601-1260 | info@beuth.de

Beuth
Berlin · Wien · Zürich

Tipp für den schnellen Überblick:
Eurocodes und nationale Bemessungsnormen
Zusammenhänge, Übersichten, Ersatzvermerke, bauaufsichtliche Einführung

Die Eurocodes werden als neue europäische Bemessungsnormen im Zuge der bauaufsichtlichen Einführung in Deutschland die nationalen Bemessungsnormen ersetzen.

Dieses Beuth Pocket gibt in tabellarischer Form eine klare Übersicht, welche nationalen Bemessungs-, Planungs- und Ausführungsnormen durch welchen Eurocode abgelöst werden.

Beuth Pocket
Eurocodes und nationale Bemessungsnormen
Zusammenhänge, Übersichten, Ersatzvermerke, bauaufsichtliche Einführung
von Susan Kempa
1. Auflage 2011. 72 S. 21 x 10,5 cm.
Geheftet.
14,80 EUR | ISBN 978-3-410-21338-3

Bestellen Sie unter:
Telefon +49 30 2601-2260   Telefax +49 30 2601-1260
info@beuth.de   www.beuth.de

Auch als E-Book unter
www.beuth.de/sc/eurocode-bemessungsnormen

DIN

Frank Fingerloos, Josef Hegger, Konrad Zilch

EUROCODE 2 für Deutschland

DIN EN 1992-1-1 Bemessung und Konstruktion von Stahlbeton- und Spannbetonbauwerken
Teil 1-1: Allgemeine Bemessungsregeln und Regeln für den Hochbau mit Nationalem Anhang

Kommentierte Fassung

1. Auflage 2012

Herausgeber:
Bundesvereinigung der Prüfingenieure für Bautechnik e.V.
Deutscher Beton- und Bautechnik-Verein E.V.
Institut für Stahlbetonbewehrung e.V.
Verband Beratender Ingenieure (VBI)

Beuth
Berlin · Wien · Zürich

Ernst & Sohn
A Wiley Company

Herausgeber:
Bundesvereinigung der Prüfingenieure für Bautechnik e. V.
Deutscher Beton- und Bautechnik-Verein E. V.
Institut für Stahlbetonbewehrung e. V.
Verband Beratender Ingenieure (VBI)

© 2012 Beuth Verlag GmbH
Berlin · Wien · Zürich
Am DIN-Platz
Burggrafenstraße 6
10787 Berlin

Telefon: +49 (0) 30 2601-0
Telefax: +49 (0) 30 2601-1260
Email: info@beuth.de
Internet: www.beuth.de

ISBN 978-3-410-20088-8

© 2012 Wilhelm Ernst & Sohn
Verlag für Architektur und technische Wissenschaften GmbH & Co. KG
Rotherstraße 21
10245 Berlin

Telefon: +49 (0) 30 470 31-200
Telefax: +49 (0) 30 470 31-270
Email: info@ernst-und-sohn.de
Internet: www.ernst-und-sohn.de

ISBN 978-3-433-01878-1

1. Auflage

Das Werk einschließlich aller seiner Teile ist urheberrechtlich geschützt.
Jede Verwertung außerhalb der engen Grenzen des Urheberrechtsgesetzes ist
ohne Zustimmung des Verlages unzulässig und strafbar.
Das gilt insbesondere für Vervielfältigungen, Übersetzungen, Mikroverfilmungen
und die Einspeicherung und Verarbeitung in elektronischen Systemen.

Die im Werk enthaltenen Inhalte wurden von den Verfassern sorgfältig
erarbeitet und geprüft. Eine Gewährleistung für die Richtigkeit des Inhalts wird
gleichwohl nicht übernommen. Die Verlage haften nur für Schäden, die auf Vorsatz
oder grobe Fahrlässigkeit seitens der Verlage zurückzuführen sind.
Im Übrigen ist die Haftung ausgeschlossen.

Titelbild: HOCHTIEF Construction AG, Büropark an der Gruga, Essen
Druck: AZ-Druck GmbH, Berlin

Gedruckt auf säurefreiem, alterungsbeständigem Papier nach DIN EN ISO 9706.

Werkstoffübergreifendes Entwerfen und Konstruieren

Die Bücher Werkstoffübergreifendes Entwerfen und Konstruieren knüpfen an den jahrelangen Erfolg der entwurfs- und baustoffübergreifenden Lehre an der Universität Stuttgart an. Neben den Kriterien der Standsicherheit und Wirtschaftlichkeit werden auch Aspekte des Gestaltens und der Funktionalität berücksichtigt und die Baustoffe ihren jeweiligen Eigenschaften gemäß eingesetzt.

Einwirkung, Widerstand, Tragwerk

■ Dieses Buch vermittelt das Grundwissen über die Anforderungen an die Standsicherheit und Gebrauchstauglichkeit von Bauwerken und über den Entwurf und die Bemessung von Tragelementen und Tragwerken, unabhängig vom verwendeten Bau- oder Verbundbaustoff. Dabei werden die Bauarten Holzbau, Stahlbau, Massivbau und Verbundbau gleichermaßen behandelt, um durch vergleichende Betrachtungen das Erkennen von Zusammenhängen zu erleichtern.

Durch den ganzheitlichen Ansatz werden neben den Kriterien der Standsicherheit und Wirtschaftlichkeit auch Aspekte des Gestaltens und der Funktionalität berücksichtigt und die Baustoffe ihren jeweiligen Eigenschaften gemäß eingesetzt.

Die zahlreichen durchgerechneten Beispiele dienen der schnellen Einarbeitung in die Planungspraxis.

■ Grundwissen für Studium und Berufseinstieg.

BALTHASAR NOVÁK,
ULRIKE KUHLMANN,
MATHIAS EULER

Einwirkung, Widerstand, Tragwerk

2012. ca. 450 S.,
ca. 450 Abb.,
ca. 80 Tab., Gb.

ca. € 59,–
ISBN: 978-3-433-02917-6
Erscheint Januar 2012

Bauteile, Hallen, Geschossbauten

■ Dieser Band behandelt zunächst Bauteile unter Berücksichtigung von Stabilitätsbetrachtungen für Stabwerke, Scheiben und Schalen. Anschließend wird die Bemessung von Bauteilen, Tragwerkskomponenten und Gesamttragwerken für Hallen- und Geschossbauten dargestellt.

BALTHASAR NOVÁK,
ULRIKE KUHLMANN,
MATHIAS EULER

Bauteile, Hallen, Geschossbauten

2012. ca. 450 S.
ca. 450 Abb. Gb.

ca. € 59,–
ISBN: 978-3-433-02919-0
Erscheint Juni 2012

Die Autoren haben mit der entwurfsorientierten und werkstoffübergreifenden Lehre an der Fakultät für Bau- und Umweltingenieurwissenschaften der Universität Stuttgart einen neuen Standard gesetzt.

Balthasar Novák ist Professor für Massivbau und Ulrike Kuhlmann ist Professorin für Stahl-, Holz- und Verbundbau an der Universität Stuttgart. Mathias Euler ist wissenschaftlicher Mitarbeiter am Institut von Frau Prof. Kuhlmann und forscht im Bereich des Stahlbaus.

Set-Preis

Einwirkung, Widerstand, Tragwerk + Bauteile, Hallen, Geschossbauten

ca. € 98,–
ISBN: 978-3-433-03012-7

Verbindungen, Anschlüsse, Details

2012. ca. 450 S., ca. 450 Abb., ca. 80 Tab., Gb.

ca. € 59,–
ISBN: 978-3-433-02918-3
Erscheint Ende 2012

Ernst & Sohn
Verlag für Architektur und technische Wissenschaften GmbH & Co. KG

Kundenservice: Wiley-VCH
Boschstraße 12
D-69469 Weinheim

Tel. +49 (0)6201 606-400
Fax +49 (0)6201 606-184
service@wiley-vch.de

Online-Bestellung: www.ernst-und-sohn.de

Ernst & Sohn
A Wiley Company

* Der E-Preis gilt ausschließlich für Deutschland. Inkl. MwSt. zzgl. Versandkosten. Irrtum und Änderungen vorbehalten. 0135509096_dp

Ing.-Software Dlubal GmbH
Software für Statik und Dynamik

Fit für die EUROCODES

RFEM

Statik, die Spaß macht...

Das 3D-FEM-Programm

- FEM für Stahlbeton, Stahl, Holz, Glas etc.
- Balken, Platten, Schalen und Volumenelemente
- Rotationsschalen
- Durchdringungen beliebiger Flächen
- Orthotrope Materialien
- Lineare, nichtlineare und Seilberechnungen
- Unterzüge und Rippen
- Nichtlineare elastische Bettungen und Auflager
- Spannungsanalyse
- Stahlbetonbemessung
- Rissbreitennachweise
- Durchbiegung im gerissenen Zustand
- Brandschutznachweise

RSTAB

Das 3D-Stabwerksprogramm

- Für Stabwerke aus Stahlbeton, Stahl und Holz
- Nichtlineare Berechnung bei großen Verschiebungen
- Dynamische Analyse
- Erweiterte Stabilitätsanalyse für Knicken und Beulen
- Verbindungen
- Querschnittswerte
- Elastische und plastische Nachweise
- Internationale Bemessungsnormen (Eurocodes, DIN, AISC, SIA, IS, BS, ACI)
- Bauphasen
- Gittermast-Berechnungen
- CAD-Integration

Kostenlose Demo-/Viewerversion auf www.dlubal.de

Ing.-Software Dlubal GmbH
Am Zellweg 2
D-93464 Tiefenbach
Tel.: +49 (0) 9673 9203-0
Fax: +49 (0) 9673 9203-51
www.dlubal.de
info@dlubal.com

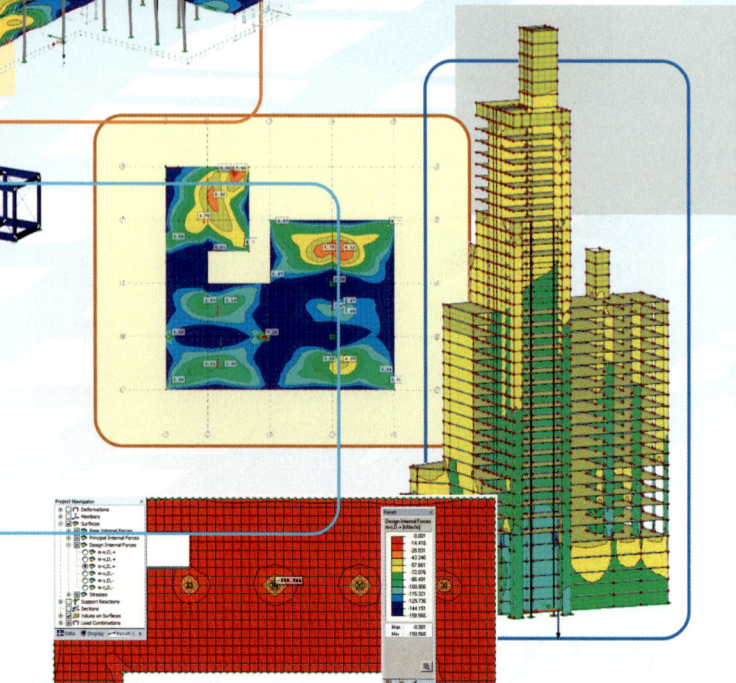

Ingenieur-Software Dlubal

Inhalt

Editorial XVII

Vorwort der Bearbeiter XIX

Eurocode 2: Bemessung und Konstruktion von Stahlbeton- und Spannbetontragwerken –
Teil 1-1: Allgemeine Bemessungsregeln und Regeln für den Hochbau:2011-01

Nationaler Anhang (NA) – National festgelegte Parameter:2011-01

Kommentierte Fassung 1

Erläuterungen zum Eurocode 2: Bemessung und Konstruktion von Stahlbeton- und
Spannbetontragwerken – Teil 1-1: Allgemeine Bemessungsregeln und Regeln für den
Hochbau:2011-01 195

Schrifttum 375

Stichwortverzeichnis 387

Eine Klasse für sich:
Bauwerk Praxishandbücher

// aktuelle Informationen – kompakt, verständlich und praxisgerecht
// für alle in der Konstruktion, Planung, Ausführung, Berechnung und Bauleitung Beschäftigten
// von namhaften Fachautoren aus Wissenschaft und Praxis

Stahlbetonbau aktuell 2012

herausgegeben von Prof. Dr.-Ing. Alfons Goris
und Prof. Dr.-Ing. Josef Hegger

Hauptkapitel:
// Entwurf // Baustoffe // Statik
// Bemessung // Konstruktion // Spannbeton
// Bauen im Bestand

Aktuelle Beiträge, z. B.:
// Auslegung von Bauwerken gegen Erdbeben nach Eurocode 8, Teil 1
// Beton, Betonstahl, Spannstahl
// Statik
// Bemessung, Stahlbetonbau (nach Eurocode 2)
// Geotechnik nach Eurocode 7
// Spannbetonbau nach Eurocode 2
// Bewehrungs- und Verankerungstechnik
// Mit DIN EN 1992-1-1:2011-01 (Eurocode 2) und dem Nationalen Anhang im Original-Volltext!

15. Jahrgang 2012. 880 S. 24 x 17 cm. Gebunden.
98,00 EUR | ISBN 978-3-410-21932-3

Mauerwerksbau aktuell 2012

herausgegeben von Prof. Dipl.-Ing. Klaus-Jürgen Schneider, Prof. Dipl.-Ing. Georg Sahner und Dr. Ronald Rast

Hauptkapitel:
// Entwurf und Baukonstruktion // Baustoffe // Bauen im Bestand
// Bauphysik // Baustatik und Konstruktion // Baubetrieb und Baukosten // Baurecht // Zulassungen // Tragwerksplanung

Aktuelle Beiträge, z. B.:
// Modernes Bauen mit Mauerwerk
// Vermeidung von schädlichen Rissen im Mauerwerk
// Statisch konstruktives Konzept des neuen Museums Berlin
// Neue Entwicklungen beim Schallschutz von Mauerwerkskonstruktionen
// Eurocode 6 – Änderungen gegenüber DIN 1053-1
// Bewertung von Mauerwerksbauten nach der neuen ImmoWert
// Tragwerksplanung eines 2-geschossigen Mauerwerksbaus
// Vergabe öffentlicher Bauaufträge – Worauf sollten Unternehmer bei Angebotsabgabe achten?

15. Jahrgang 2012. 688 S. 24 x 17 cm. Gebunden.
69,00 EUR | ISBN 978-3-410-21935-4

Beide Bände im Kombi-Angebot
138,00 EUR
ISBN 978-3-410-22010-7

Bestellen Sie unter:
Telefon +49 30 2601-2260 Telefax +49 30 2601-1260 info@beuth.de www.beuth.de
Auch als E-Books erhältlich!

Bauwerk

Beuth
Berlin · Wien · Zürich

PFEIFER

BAUTECHNIK

DIE PFEIFER-VS®-SYSTEME 3D:

Zuverlässige 3D-Fertigteilverbindungen, die begeistern …

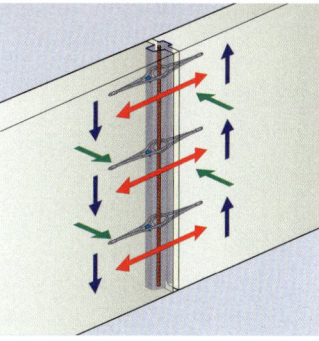

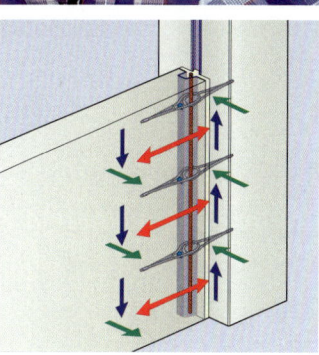

PFEIFER Made in Germany

3D Kräfte

Betonfertigteilelemente problemlos und wirtschaftlich mit PFEIFER VS® Systemen 3D auf Lücke stellen.
Nutzen Sie unsere optimierten 3D-Systeme:

- Bemessungswiderstände für Zug- und Querkräfte
- Höchste Kosteneffizienz durch flexible Planungsoption
- Symmetrische Schlaufenanordnung – kein richtungsgebundener Einbau erforderlich
- Maximale Anwendbarkeit mit minimaler Produktvielfalt
- Kostenlose Profi-Bemessungssoftware für einfachste Planung

Allgemein bauaufsichtlich zugelassen DIBT DIN 1045-1

PFEIFER
SEIL- UND HEBETECHNIK
GMBH

DR.-KARL-LENZ-STRASSE 66
87700 MEMMINGEN
TELEFON Technik 0 83 31-937-345
         Verkauf 0 83 31-937-290
TELEFAX   0 83 31-937-342
E-MAIL   bautechnik@pfeifer.de
INTERNET www.pfeifer.de

Holschemacher
Entwurfs- und Berechnungstafeln für Bauingenieure
5., vollständig überarbeitete Auflage

// die wichtigsten Bereiche des Bauingenieurwesens – kompakt und übersichtlich aufbereitet
// besonders berücksichtigt: **die aktuellen Eurocodes**
// mit wichtigen Berechnungsgrundlagen und vielen Zahlenbeispielen
// sehr hilfreich für das Entwerfen von Baukonstruktionen
// einfache Handhabung dank des bewährten Daumenregisters
// eine wertvolle Unterstützung für Ingenieure und Studierende

Entwurfs- und Berechnungstafeln für Bauingenieure
Mit CD-ROM
Herausgeber: Klaus Holschemacher
5., vollständig überarbeitete Auflage 2012.
ca. 1.260 S. A5. Gebunden.
ca. 42,00 EUR | ISBN 978-3-410-21954-5

Bestellen Sie unter:
Telefon +49 30 2601-2260
Telefax +49 30 2601-1260
info@beuth.de

Auch als E-Book unter:
www.beuth.de/sc/entwurfs-berechnungstafeln

Bauwerk

Beuth
Berlin · Wien · Zürich

Editorial

Nach mehrjähriger Bearbeitung im Europäischen Komitee für Normung CEN wurde ein Paket von Normen für die **Tragwerksplanung** fertig gestellt, das länderübergreifend in Europa weitgehend vereinheitlichte Bemessungs- und Konstruktionsregeln für die wichtigsten Bauarten bereitstellt.

Dieses Normenpaket umfasst in seinen Hauptteilen **10 Eurocodes** mit jeweils Nationalen Anhängen. Diese werden im Wesentlichen zum Stichtag **1. Juli 2012** in Deutschland eingeführt. Der **Eurocode 2** (DIN EN 1992) für den Beton-, Stahlbeton- und Spannbetonbau ersetzt dabei die bisherigen nationalen Normen für die Tragwerksplanung im Betonbau DIN 1045-1, DIN-Fachbericht 102 und DIN 4102-4 (teilweise).

Im Betonbau haben viele Grundlagen, die im Rahmen gemeinsamer Arbeiten zum CEB/FIP-Model-Code oder den Vornormen des Eurocode 2 (ENV) entstanden sind, schon längst Eingang in unsere nationalen Normen gefunden. Daher enthält der neue Eurocode 2 viele Regeln, die in Deutschland bereits bekannt sind. Gleichwohl ist auch diese Normenumstellung auf den Eurocode 2 für die Praxis mit großem Aufwand verbunden.

Im Deutschen Ausschuss für Stahlbeton e.V. (DAfStb) wurde daher für den **Eurocode 2** vereinbart, den Nationalen Anhang und die Einführung des Hauptteils 1-1 in Deutschland unter Einbeziehung in der Praxis tätiger Ingenieure zu erarbeiten. Hierfür haben die Bundesvereinigung der Prüfingenieure für Bautechnik e. V. (BVPI), der Deutsche Beton- und Bautechnik-Verein E. V. (DBV) und der Verband Beratender Ingenieure (VBI) mit dankenswerter Unterstützung durch das Deutsche Institut für Bautechnik das Forschungsvorhaben „EC2-Pilotprojekte" durchgeführt. In diesem Vorhaben wurden während einer zweijährigen Bearbeitungszeit die Regeln von DIN EN 1992-1-1 und des Nationalen Anhangs an typischen Hochbauprojekten von mehreren Ingenieurbüros und Softwarefirmen getestet und erprobt. Das Hauptziel bestand darin, den Eurocode 2 und insbesondere den Nationalen Anhang so zu gestalten, dass der Praxis die Umstellung von DIN 1045-1 auf DIN EN 1992-1-1 weitgehend erleichtert wird.

Diesem Ziel dient auch diese gemeinsam herausgegebene „Kommentierte Fassung von Eurocode 2: Bemessung und Konstruktion von Stahlbeton- und Spannbetontragwerken – Teil 1-1: Allgemeine Bemessungsregeln und Regeln für den Hochbau:2011-01". Die nach den CEN-Regeln getrennt verfassten Texte von Eurocode 2 und Nationalem Anhang sind in einer zusammengefassten Form aufbereitet, die für die praktische Anwendung besonders geeignet ist. Im vorliegenden Band werden außerdem Hintergründe, Grundlagen und Beispiele zu DIN EN 1992-1-1 ergänzt.

Wir gehen davon aus, dass dieser Band sich als willkommenes Hilfsmittel zur Anwendung von Eurocode 2 etablieren wird.

Die Herausgeber
Berlin, im Oktober 2011

Bundesvereinigung der Prüfingenieure für Bautechnik e.V.	Dr.-Ing. Hans-Peter Andrä Dipl.-Ing. Manfred Tiedemann
Deutscher Beton- und Bautechnik-Verein E.V.	Dr.-Ing. Lars Meyer Dr.-Ing. Frank Fingerloos
Institut für Stahlbetonbewehrung e.V.	Dr.-Ing. Jörg Moersch
Verband Beratender Ingenieure VBI	Dr.-Ing. Volker Cornelius Dr.-Ing. Karl Morgen

Vorwort der Bearbeiter

Die mit diesem Band vorgelegte Aufbereitung des Eurocodes 2 für den Hochbau (DIN EN 1992-1-1 mit Nationalem Anhang) soll den in der Praxis tätigen Tragwerksplanern vor allem die Einarbeitung in das neue europäische Regelwerk und die tägliche Arbeit damit erleichtern.

Hierzu wurden der Normentext von DIN EN 1992-1-1 und die dazugehörigen Festlegungen im Nationalen Anhang für Deutschland zusammengeführt und zu einer konsolidierten Fassung verwoben und redaktionell redigiert. Alle nationalen Regeln wurden nicht nur im Text eingearbeitet, sondern auch in Bildern, Gleichungen und Tabellen und durch eine Unterlegung kenntlich gemacht. Überflüssige Textteile von EN 1992-1-1, wie Anmerkungen, die durch nationale Regeln ersetzt wurden, oder Absätze und Anhänge, die in Deutschland nicht gelten, wurden entfernt. So kann sich der Leser auf den maßgebenden Normentext konzentrieren.

Für die Ingenieure, die sich mit den ursprünglich im Eurocode 2 vorgeschlagenen Parametern und Verfahren beschäftigen wollen oder müssen, stehen die beiden Original-DIN-Normentexte im Beuth Verlag zur Verfügung. Gegenüber diesen DIN-Fassungen von 2011-01 sind in der hier vorliegenden Kommentierten Fassung bereits einige Druckfehler behoben worden. Dies gilt auch für das Normen-Handbuch zum Eurocode 2 mit einer reinen Textzusammenführung.

Begleitet wird der konsolidierte Normentext in einer Hinweisspalte durch hilfreiche Verweise, Grafiken, Tabellen und kurze Erläuterungen, so dass sich der Leser schneller und einfacher zurechtfinden kann.

Um die Akzeptanz der neuen, aber auch der vielen bekannten Regelungen zu erhöhen, enthält der zweite Teil dieses Bandes Erläuterungen, Hintergrundinformationen und Beispiele, insbesondere zu den gegenüber DIN 1045-1 neuen oder abweichenden Regeln von Eurocode 2 sowie zu den national festzulegenden Parametern (NDP) und den zusätzlichen nationalen Ergänzungen (NCI) aus dem Nationalen Anhang (NA). Hier wird auch begründet, warum eine relativ große Anzahl bekannter deutscher Regeln auch abweichend von EN 1992-1-1 wieder im Nationalen Anhang eingeführt wurden. Dem vorliegenden Normen-werk gingen auch viele Diskussionen mit Fachkollegen innerhalb der „EC2-Pilotprojekte" voraus, deren Ergebnisse sich in diesen Erläuterungen wiederfinden.

Weitergehende Erläuterungen und wissenschaftliche Hintergründe sind im DAfStb-Heft 600 [D600] enthalten. Das DAfStb-Heft 600 wird mehrfach im Nationalen Anhang zitiert.

Zur Erleichterung der Einarbeitung in den Eurocode 2 werden für den mit DIN 1045-1 vertrauten Leser in einem Anhang Zuordnungstabellen angegeben, die das Auffinden vergleichbarer Abschnitte und Gleichungen im Eurocode 2 gestatten.

Danken möchten wir an dieser Stelle auch den Mitarbeitern der Lehrstühle für Massivbau Dipl.-Ing. *Carsten Siburg* und Dipl.-Ing. *Frederik Teworte* an der RWTH Aachen sowie Dipl.-Ing. *Peter Lenz* und Dipl.-Ing. (FH) *Daniel Wingenfeld* (M.Sc.) an der TU München für ihre Unterstützung bei der Erstellung der Manuskripte.

Unser Dank gilt außerdem Herrn Dr.-Ing. *Robert Hertle* (Gräfelfing), der mit einigen Kollegen der BVPI diesen Band einer Durchsicht unterzogen hat.

Wir hoffen, dass die „Kommentierte Fassung von DIN EN 1992-1-1" die Einarbeitung erleichtert und den Tragwerksplanern im Tagesgeschäft als zuverlässiger Helfer dient. Allen Lesern und Anwendern sind wir für Anregungen, Hinweise und Verbesserungsvorschläge dankbar.

Frank Fingerloos, Berlin
Josef Hegger, Aachen
Konrad Zilch, München

im Oktober 2011

Eurocode 2: Bemessung und Konstruktion von Stahlbeton- und Spannbetontragwerken – Teil 1-1: Allgemeine Bemessungsregeln und Regeln für den Hochbau:2011-01

Nationaler Anhang (NA) – National festgelegte Parameter:2011-01

Kommentierte Fassung

Eurocode 2: Design of concrete structures –
Part 1-1: General rules and rules for buildings;
German version EN 1992-1-1:2004 + AC:2010

Eurocode 2: Calcul des structures en béton –
Partie 1-1: Règles générales et règles pour les bâtiments;
Version allemande EN 1992-1-1:2004 + AC:2010

Ersatzvermerk

– Ersatz für DIN EN 1992-1-1:2005-10
– mit DIN EN 1992-1-1/NA:2011-01, DIN EN 1992-3:2011-01 und DIN EN 1992-3/NA:2011-01
  Ersatz für DIN 1045-1:2008-08;
– Ersatz für DIN EN 1992-1-1 Berichtigung 1:2010-01

Diese kommentierte Fassung enthält die Normentexte des Eurocode 2: DIN EN 1992-1-1 zusammen mit dem Nationalen Anhang DIN EN 1992-1-1/NA in einem verwobenen Text, der nur die für die Anwendung in Deutschland maßgebenden Werte und Regeln enthält. Diese sind, wenn möglich, in die Gleichungen, Bilder und Tabellen direkt integriert.

Alle nicht relevanten Textteile aus EN 1992-1-1 sind aus dieser Fassung entfernt.

Alle Werte und Regeln, die im deutschen Nationalen Anhang enthalten sind, werden unterlegt, sodass diese vom allgemeinen Eurocode 2-Text zu unterscheiden sind.

Dabei wird zwischen den von allen CEN-Mitgliedsstaaten national festzulegenden Parametern (*nationally determined parameters*, **NDP** → gelb unterlegt) und den spezifisch deutschen, ergänzenden, nicht widersprechenden Angaben zur Anwendung von DIN EN 1992-1-1 (*non-contradictory complementary information*, **NCI** → grau unterlegt) differenziert.

In der Hinweisspalte zum verwobenen Normentext werden kurze, zur Erleichterung der Anwendung hilfreiche Kommentare, Bilder oder Verweise auf andere Normenabschnitte aufgenommen, die die tägliche Arbeit mit dem Eurocode 2 erleichtern sollen.

An den Normentext schließt sich ein ausführlicher Erläuterungsteil an, der Hintergründe, Beispiele und weiterführende Literatur enthält. Dieser Teil des Buches unterstützt die Einarbeitung in den Eurocode 2 und soll das Verständnis und die Auslegung der Norm fördern.

Inhalt

Vorwort	9
Hintergrund des Eurocode-Programms	9
Status und Gültigkeitsbereich der Eurocodes	9
Nationale Fassungen der Eurocodes	10
Verbindung zwischen den Eurocodes und den harmonisierten Technischen Spezifikationen für Bauprodukte (EN und ETA)	10
Besondere Hinweise zu EN 1992-1-1	10
Nationaler Anhang zu EN 1992-1-1	11
1 ALLGEMEINES	
1.1 **Anwendungsbereich**	12
1.1.1 Anwendungsbereich des Eurocode 2	12
1.1.2 Anwendungsbereich des Eurocode 2 Teil 1-1	12
1.2 **Normative Verweisungen**	13
1.2.1 Allgemeine normative Verweisungen	13
1.2.2 Weitere normative Verweisungen	13
1.3 Annahmen	14
1.4 **Unterscheidung zwischen Prinzipien und Anwendungsregeln**	14
1.5 **Begriffe**	14
1.5.1 Allgemeines	14
1.5.2 Besondere Begriffe und Definitionen in dieser Norm	14
1.6 **Formelzeichen**	16
2 GRUNDLAGEN DER TRAGWERKSPLANUNG	
2.1 **Anforderungen**	18
2.1.1 Grundlegende Anforderungen	18
2.1.2 Behandlung der Zuverlässigkeit	18
2.1.3 Nutzungsdauer, Dauerhaftigkeit und Qualitätssicherung	18
2.2 **Grundsätzliches zur Bemessung mit Grenzzuständen**	18
2.3 **Basisvariablen**	18
2.3.1 Einwirkungen und Umgebungseinflüsse	18
2.3.1.1 Allgemeines	18
2.3.1.2 Temperaturauswirkungen	19
2.3.1.3 Setzungs-/Bewegungsunterschiede	19
2.3.1.4 Vorspannung	19
2.3.2 Eigenschaften von Baustoffen, Bauprodukten und Bauteilen	20
2.3.2.1 Allgemeines	20
2.3.2.2 Kriechen und Schwinden	20
2.3.3 Verformungseigenschaften des Betons	20
2.3.4 Geometrische Angaben	20
2.3.4.1 Allgemeines	20
2.3.4.2 Zusätzliche Anforderungen an Bohrpfähle	20
2.4 **Nachweisverfahren mit Teilsicherheitsbeiwerten**	21
2.4.1 Allgemeines	21
2.4.2 Bemessungswerte	21
2.4.2.1 Teilsicherheitsbeiwerte für Einwirkungen aus Schwinden	21
2.4.2.2 Teilsicherheitsbeiwerte für Einwirkungen aus Vorspannung	21
2.4.2.3 Teilsicherheitsbeiwerte für Einwirkungen beim Nachweis gegen Ermüdung	21
2.4.2.4 Teilsicherheitsbeiwerte für Baustoffe	21
2.4.2.5 Teilsicherheitsbeiwerte für Baustoffe bei Gründungen	21
2.4.3 Kombinationsregeln für Einwirkungen	22
2.4.4 Nachweis der Lagesicherheit	22
2.5 **Versuchsgestützte Bemessung**	22
2.6 **Zusätzliche Anforderungen an Gründungen**	22
2.7 **Anforderungen an Befestigungsmittel**	22
NA.2.8 Bautechnische Unterlagen	23
NA.2.8.1 Umfang der bautechnischen Unterlagen	23
NA.2.8.2 Zeichnungen	23
NA.2.8.3 Statische Berechnungen	23
NA.2.8.4 Baubeschreibung	23

Eurocode 2: DIN EN 1992-1-1 mit Nationalem Anhang

3	**BAUSTOFFE**	
3.1	**Beton**	**24**
3.1.1	Allgemeines	24
3.1.2	Festigkeiten	24
3.1.3	Elastische Verformungseigenschaften	26
3.1.4	Kriechen und Schwinden	26
3.1.5	Spannungs-Dehnungs-Linie für nichtlineare Verfahren der Schnittgrößenermittlung und für Verformungsberechnungen	29
3.1.6	Bemessungswert der Betondruck- und Betonzugfestigkeit	29
3.1.7	Spannungs-Dehnungs-Linie für die Querschnittsbemessung	30
3.1.8	Biegezugfestigkeit	31
3.1.9	Beton unter mehraxialer Druckbeanspruchung	31
3.2	**Betonstahl**	**31**
3.2.1	Allgemeines	31
3.2.2	Eigenschaften	32
3.2.3	Festigkeiten	32
3.2.4	Duktilitätsmerkmale	33
3.2.5	Schweißen	33
3.2.6	Ermüdung	34
3.2.7	Spannungs-Dehnungs-Linie für die Querschnittsbemessung	34
3.3	**Spannstahl**	**35**
3.3.1	Allgemeines	35
3.3.2	Eigenschaften	36
3.3.3	Festigkeiten	36
3.3.4	Duktilitätseigenschaften	36
3.3.5	Ermüdung	37
3.3.6	Spannungs-Dehnungs-Linie für die Querschnittsbemessung	37
3.3.7	Spannstähle in Hüllrohren	38
3.4	**Komponenten von Spannsystemen**	**38**
3.4.1	Verankerungen und Spanngliedkopplungen	38
3.4.2	Externe Spannglieder ohne Verbund	38
3.4.2.1	Allgemeines	38
3.4.2.2	Verankerung	38
4	**DAUERHAFTIGKEIT UND BETONDECKUNG**	
4.1	**Allgemeines**	**39**
4.2	**Umgebungsbedingungen**	**39**
4.3	**Anforderungen an die Dauerhaftigkeit**	**42**
4.4	**Nachweisverfahren**	**42**
4.4.1	Betondeckung	42
4.4.1.1	Allgemeines	42
4.4.1.2	Mindestbetondeckung c_{min}	42
4.4.1.3	Vorhaltemaß	44
5	**ERMITTLUNG DER SCHNITTGRÖSSEN**	
5.1	**Allgemeines**	**45**
5.1.1	Grundlagen	45
5.1.2	Besondere Anforderungen an Gründungen	46
5.1.3	Lastfälle und Einwirkungskombinationen	47
5.1.4	Auswirkungen von Bauteilverformungen (Theorie II. Ordnung)	47
5.2	**Imperfektionen**	**47**
5.3	**Idealisierungen und Vereinfachungen**	**49**
5.3.1	Tragwerksmodelle für statische Berechnungen	49
5.3.2	Geometrische Angaben	50
5.3.2.1	Mitwirkende Plattenbreite (alle Grenzzustände)	50
5.3.2.2	Effektive Stützweite von Balken und Platten im Hochbau	50
5.4	**Linear-elastische Berechnung**	**52**
5.5	**Linear-elastische Berechnung mit begrenzter Umlagerung**	**52**
5.6	**Verfahren nach der Plastizitätstheorie**	**53**
5.6.1	Allgemeines	53
5.6.2	Balken, Rahmen und Platten	53
5.6.3	Vereinfachter Nachweis der plastischen Rotation	53
5.6.4	Stabwerkmodelle	54
5.7	**Nichtlineare Verfahren**	**55**

5.8	**Berechnung von Bauteilen unter Normalkraft nach Theorie II. Ordnung**	**56**
5.8.1	Begriffe	56
5.8.2	Allgemeines	57
5.8.3	Vereinfachte Nachweise für Bauteile unter Normalkraft nach Theorie II. Ordnung	57
5.8.3.1	Grenzwert der Schlankheit für Einzeldruckglieder	57
5.8.3.2	Schlankheit und Knicklänge von Einzeldruckgliedern	58
5.8.3.3	Nachweise am Gesamttragwerk nach Theorie II. Ordnung im Hochbau	59
5.8.4	Kriechen	60
5.8.5	Berechnungsverfahren	60
5.8.6	Allgemeines Verfahren	61
5.8.8	Verfahren mit Nennkrümmung	61
5.8.8.1	Allgemeines	61
5.8.8.2	Biegemomente	61
5.8.8.3	Krümmung	62
5.8.9	Druckglieder mit zweiachsiger Lastausmitte	63
5.9	**Seitliches Ausweichen schlanker Träger**	**65**
5.10	**Spannbetontragwerke**	**65**
5.10.1	Allgemeines	65
5.10.2	Vorspannkraft während des Spannvorgangs	66
5.10.2.1	Maximale Vorspannkraft	66
5.10.2.2	Begrenzung der Betondruckspannungen	66
5.10.2.3	Messung der Spannkraft und des zugehörigen Dehnwegs	67
5.10.3	Vorspannkraft nach dem Spannvorgang	67
5.10.4	Sofortige Spannkraftverluste bei sofortigem Verbund	68
5.10.5	Sofortige Spannkraftverluste bei nachträglichem Verbund	68
5.10.5.1	Elastische Verformung des Betons	68
5.10.5.2	Reibungsverluste	68
5.10.5.3	Verankerungsschlupf	69
5.10.6	Zeitabhängige Spannkraftverluste bei sofortigem und nachträglichem Verbund	69
5.10.7	Berücksichtigung der Vorspannung in der Berechnung	70
5.10.8	Grenzzustand der Tragfähigkeit	70
5.10.9	Grenzzustände der Gebrauchstauglichkeit und der Ermüdung	71
5.11	**Berechnung für ausgewählte Tragwerke**	**71**
6	**NACHWEISE IN DEN GRENZZUSTÄNDEN DER TRAGFÄHIGKEIT (GZT)**	
6.1	**Biegung mit oder ohne Normalkraft und Normalkraft allein**	**71**
6.2	**Querkraft**	**72**
6.2.1	Nachweisverfahren	72
6.2.2	Bauteile ohne rechnerisch erforderliche Querkraftbewehrung	73
6.2.3	Bauteile mit rechnerisch erforderlicher Querkraftbewehrung	75
6.2.4	Schubkräfte zwischen Balkensteg und Gurten	78
6.2.5	Schubkraftübertragung in Fugen	79
6.3	**Torsion**	**82**
6.3.1	Allgemeines	82
6.3.2	Nachweisverfahren	82
6.3.3	Wölbkrafttorsion	84
6.4	**Durchstanzen**	**84**
6.4.1	Allgemeines	84
6.4.2	Lasteinleitung und Nachweisschnitte	86
6.4.3	Nachweisverfahren	88
6.4.4	Durchstanzwiderstand für Platten oder Fundamente ohne Durchstanzbewehrung	91
6.4.5	Durchstanztragfähigkeit für Platten oder Fundamente mit Durchstanzbewehrung	92
6.5	**Stabwerkmodelle**	**95**
6.5.1	Allgemeines	95
6.5.2	Bemessung der Druckstreben	95
6.5.3	Bemessung der Zugstreben	95
6.5.4	Bemessung der Knoten	96
6.6	**Verankerung der Längsbewehrung und Stöße**	**98**
6.7	**Teilflächenbelastung**	**98**
6.8	**Nachweis gegen Ermüdung**	**99**
6.8.1	Allgemeines	99
6.8.2	Innere Kräfte und Spannungen beim Nachweis gegen Ermüdung	99
6.8.3	Einwirkungskombinationen	100
6.8.4	Nachweisverfahren für Betonstahl und Spannstahl	100
6.8.5	Nachweis gegen Ermüdung über schädigungsäquivalente Schwingbreiten	102
6.8.6	Vereinfachte Nachweise	102
6.8.7	Nachweis gegen Ermüdung des Betons unter Druck oder Querkraftbeanspruchung	102

7	**NACHWEISE IN DEN GRENZZUSTÄNDEN DER GEBRAUCHSTAUGLICHKEIT (GZG)**	
7.1	Allgemeines	103
7.2	Begrenzung der Spannungen	104
7.3	Begrenzung der Rissbreiten	104
7.3.1	Allgemeines	104
7.3.2	Mindestbewehrung für die Begrenzung der Rissbreite	105
7.3.3	Begrenzung der Rissbreite ohne direkte Berechnung	108
7.3.4	Berechnung der Rissbreite	111
7.4	Begrenzung der Verformungen	113
7.4.1	Allgemeines	113
7.4.2	Nachweis der Begrenzung der Verformungen ohne direkte Berechnung	114
7.4.3	Nachweis der Begrenzung der Verformungen mit direkter Berechnung	115
8	**ALLGEMEINE BEWEHRUNGSREGELN**	
8.1	Allgemeines	117
8.2	Stababstände von Betonstählen	117
8.3	Biegen von Betonstählen	117
8.4	Verankerung der Längsbewehrung	119
8.4.1	Allgemeines	119
8.4.2	Bemessungswert der Verbundfestigkeit	120
8.4.3	Grundwert der Verankerungslänge	120
8.4.4	Bemessungswert der Verankerungslänge	121
8.5	Verankerung von Bügeln und Querkraftbewehrung	123
8.7	Stöße und mechanische Verbindungen	124
8.7.1	Allgemeines	124
8.7.2	Stöße	124
8.7.3	Übergreifungslänge	125
8.7.4	Querbewehrung im Bereich der Übergreifungsstöße	125
8.7.4.1	Querbewehrung für Zugstäbe	125
8.7.4.2	Querbewehrung für Druckstäbe	126
8.7.5	Stöße von Betonstahlmatten aus Rippenstahl	126
8.7.5.1	Stöße der Hauptbewehrung	126
8.7.5.2	Stöße der Querbewehrung	127
8.8	Zusätzliche Regeln bei großen Stabdurchmessern	128
8.9	Stabbündel	131
8.9.1	Allgemeines	131
8.9.2	Verankerung von Stabbündeln	131
8.9.3	Gestoßene Stabbündel	132
8.10	Spannglieder	132
8.10.1	Anordnung von Spanngliedern und Hüllrohren	132
8.10.1.1	Allgemeines	132
8.10.1.2	Spannglieder im sofortigen Verbund	132
8.10.1.3	Hüllrohre für Spannglieder im nachträglichen Verbund	133
8.10.2	Verankerung von Spanngliedern im sofortigen Verbund	133
8.10.2.1	Allgemeines	133
8.10.2.2	Übertragung der Vorspannung	134
8.10.2.3	Verankerung der Spannglieder in den Grenzzuständen der Tragfähigkeit	134
8.10.3	Verankerungsbereiche bei Spanngliedern im nachträglichen oder ohne Verbund	136
8.10.4	Verankerungen und Spanngliedkopplungen für Spannglieder	137
8.10.5	Umlenkstellen	137
9	**KONSTRUKTIONSREGELN**	
9.1	Allgemeines	138
9.2	Balken	138
9.2.1	Längsbewehrung	138
9.2.1.1	Mindestbewehrung und Höchstbewehrung	138
9.2.1.2	Weitere Konstruktionsregeln	139
9.2.1.3	Zugkraftdeckung	139
9.2.1.4	Verankerung der unteren Bewehrung an Endauflagern	140
9.2.1.5	Verankerung der unteren Bewehrung an Zwischenauflagern	141
9.2.2	Querkraftbewehrung	141
9.2.3	Torsionsbewehrung	143
9.2.4	Oberflächenbewehrung	143
9.2.5	Indirekte Auflager	143

9.3	**Vollplatten**	**144**
9.3.1	Biegebewehrung	144
9.3.1.1	Allgemeines	144
9.3.1.2	Bewehrung von Platten in Auflagernähe	145
9.3.1.3	Eckbewehrung	145
9.3.1.4	Randbewehrung an freien Rändern von Platten	145
9.3.2	Querkraftbewehrung	146
9.4	**Flachdecken**	**146**
9.4.1	Flachdecken im Bereich von Innenstützen	146
9.4.2	Flachdecken im Bereich von Randstützen	147
9.4.3	Durchstanzbewehrung	147
9.5	**Stützen**	**149**
9.5.1	Allgemeines	149
9.5.2	Längsbewehrung	149
9.5.3	Querbewehrung	149
9.6	**Wände**	**150**
9.6.1	Allgemeines	150
9.6.2	Vertikale Bewehrung	150
9.6.3	Horizontale Bewehrung	151
9.6.4	Querbewehrung	151
9.7	**Wandartige Träger**	**151**
9.8	**Gründungen**	**151**
9.8.1	Pfahlkopfplatten	151
9.8.2	Einzel- und Streifenfundamente	152
9.8.2.1	Allgemeines	152
9.8.2.2	Verankerung der Stäbe	152
9.8.3	Zerrbalken	153
9.8.4	Einzelfundament auf Fels	153
9.8.5	Bohrpfähle	153
9.9	**Bereiche mit geometrischen Diskontinuitäten oder konzentrierten Einwirkungen (D-Bereiche)**	**154**
9.10	**Schadensbegrenzung bei außergewöhnlichen Ereignissen**	**155**
9.10.1	Allgemeines	155
9.10.2	Ausbildung von Zugankern	155
9.10.2.1	Allgemeines	155
9.10.2.2	Ringanker	155
9.10.2.3	Innenliegende Zuganker	155
9.10.2.4	Horizontale Stützen- und Wandzuganker	156
9.10.2.5	Vertikale Zuganker für Großtafelbauten	157
9.10.3	Durchlaufwirkung und Verankerung von Zugankern	157
10	**ZUSÄTZLICHE REGELN FÜR BAUTEILE UND TRAGWERKE AUS FERTIGTEILEN**	
10.1	**Allgemeines**	**157**
10.1.1	Besondere Begriffe dieses Kapitels	157
10.2	**Grundlagen für die Tragwerksplanung, grundlegende Anforderungen**	**158**
10.3	**Baustoffe**	**159**
10.3.1	Beton	159
10.3.1.1	Festigkeiten	159
10.3.1.2	Kriechen und Schwinden	159
10.3.2	Spannstahl	159
10.3.2.1	Eigenschaften	159
NA.10.4	**Dauerhaftigkeit und Betondeckung**	**160**
10.5	**Ermittlung der Schnittgrößen**	**160**
10.5.1	Allgemeines	160
10.5.2	Spannkraftverluste	160
10.9	**Bemessungs- und Konstruktionsregeln**	**160**
10.9.1	Einspannmomente in Platten	160
10.9.2	Wand-Decken-Verbindungen	161
10.9.3	Deckensysteme	162
10.9.4	Verbindungen und Lager für Fertigteile	164
10.9.4.1	Baustoffe	164
10.9.4.2	Konstruktions- und Bemessungsregeln für Verbindungen	164
10.9.4.3	Verbindungen zur Druckkraft-Übertragung	164
10.9.4.4	Verbindungen zur Querkraft-Übertragung	165
10.9.4.5	Verbindungen zur Übertragung von Biegemomenten oder Zugkräften	166
10.9.4.6	Ausgeklinkte Auflager	166
10.9.4.7	Verankerung der Längsbewehrung an Auflagern	166

10.9.5 Lager	167
10.9.5.1 Allgemeines	167
10.9.5.2 Lager für verbundene Bauteile (Nicht-Einzelbauteile)	167
10.9.5.3 Lager für Einzelbauteile	168
10.9.6 Köcherfundamente	169
10.9.6.1 Allgemeines	169
10.9.6.2 Köcherfundamente mit profilierter Oberfläche	169
10.9.6.3 Köcherfundamente mit glatter Oberfläche	169
10.9.7 Schadensbegrenzung bei außergewöhnlichen Ereignissen	170
NA.10.9.8 Zusätzliche Konstruktionsregeln für Fertigteile	170
NA.10.9.9 Sandwichtafeln	170
11 ZUSÄTZLICHE REGELN FÜR BAUTEILE UND TRAGWERKE AUS LEICHTBETON	
11.1 Allgemeines	**170**
11.1.1 Geltungsbereich	170
11.1.2 Besondere Formelzeichen	171
11.2 Grundlagen für die Tragwerksplanung	**171**
11.3 Baustoffe	**171**
11.3.1 Beton	171
11.3.2 Elastische Verformungseigenschaften	171
11.3.3 Kriechen und Schwinden	172
11.3.4 Spannungs-Dehnungs-Linie für nichtlineare Verfahren der Schnittgrößenermittlung und für Verformungsberechnungen	172
11.3.5 Bemessungswerte für Druck- und Zugfestigkeiten	173
11.3.6 Spannungs-Dehnungs-Linie für die Querschnittsbemessung	173
11.3.7 Beton unter mehraxialer Druckbeanspruchung	173
11.4 Dauerhaftigkeit und Betondeckung	**173**
11.4.1 Umgebungseinflüsse	173
11.4.2 Betondeckung	173
11.5 Ermittlung der Schnittgrößen	**174**
11.5.1 Vereinfachter Nachweis der plastischen Rotation	174
NA.11.5.2 Linear-elastische Berechnung	174
11.6 Nachweise in den Grenzzuständen der Tragfähigkeit (GZT)	**174**
11.6.1 Bauteile ohne rechnerisch erforderliche Querkraftbewehrung	174
11.6.2 Bauteile mit rechnerisch erforderlicher Querkraftbewehrung	174
11.6.3 Torsion	175
11.6.3.1 Nachweisverfahren	175
11.6.4 Durchstanzen	175
11.6.4.1 Durchstanzwiderstand für Platten oder Fundamente ohne Durchstanzbewehrung	175
11.6.4.2 Durchstanzwiderstand für Platten oder Fundamente mit Durchstanzbewehrung	175
NA.11.6.5 Stabwerkmodelle	175
11.6.7 Teilflächenbelastung	175
11.6.8 Nachweis gegen Ermüdung	175
11.7 Nachweise in den Grenzzuständen der Gebrauchstauglichkeit (GZG)	**176**
11.8 Allgemeine Bewehrungsregeln	**176**
11.8.1 Zulässige Biegerollendurchmesser für gebogene Betonstähle	176
11.8.2 Bemessungswert der Verbundfestigkeit	176
11.9 Konstruktionsregeln	**176**
11.10 Zusätzliche Regeln für Bauteile und Tragwerke aus Fertigteilen	**176**
11.12 Tragwerke aus unbewehrtem oder gering bewehrtem Beton	**176**
12 TRAGWERKE AUS UNBEWEHRTEM ODER GERING BEWEHRTEM BETON	
12.1 Allgemeines	**177**
12.3 Baustoffe	**177**
12.3.1 Beton	177
12.5 Ermittlung der Schnittgrößen	**177**
12.6 Nachweise in den Grenzzuständen der Tragfähigkeit (GZT)	**178**
12.6.1 Biegung mit oder ohne Normalkraft und Normalkraft allein	178
12.6.2 Örtliches Versagen	178
12.6.3 Querkraft	178
12.6.4 Torsion	179
12.6.5 Auswirkungen von Verformungen von Bauteilen unter Normalkraft nach Theorie II. Ordnung	179
12.6.5.1 Schlankheit von Einzeldruckgliedern und Wänden	179
12.6.5.2 Vereinfachtes Verfahren für Einzeldruckglieder und Wände	181
12.7 Nachweise in den Grenzzuständen der Gebrauchstauglichkeit (GZG)	**181**

12.9	**Konstruktionsregeln**	**181**
	12.9.1 Tragende Bauteile	181
	12.9.2 Arbeitsfugen	182
	12.9.3 Streifen- und Einzelfundamente	182

Anhang A (normativ): Modifikation von Teilsicherheitsbeiwerten für Baustoffe — **183**

A.1 Allgemeines — **183**

A.2.3 Reduktion auf Grundlage der Bestimmung der Betonfestigkeit im fertigen Tragwerk — 183

Anhang B (normativ): Kriechen und Schwinden — **183**

B.1 Grundgleichungen zur Ermittlung der Kriechzahl — **183**

B.2 Grundgleichungen zur Ermittlung der Trocknungsschwinddehnung — **185**

Anhang C (informativ): Eigenschaften des Betonstahls — **186**

C.1 Allgemeines — **186**

C.2 Festigkeiten — **187**

C.3 Biegbarkeit — **187**

Anhang D (informativ): Genauere Methode zur Berechnung von Spannkraftverlusten aus Relaxation — **188**

D.1 Allgemeines — **188**

Anhang E (normativ): Indikative Mindestfestigkeitsklassen zur Sicherstellung der Dauerhaftigkeit — **189**

E.1 Allgemeines — **189**

Anhang F (informativ): Gleichungen für Zugbewehrung für den ebenen Spannungszustand — **189**

Anhang G (informativ): Boden-Bauwerk-Interaktion — **189**

Anhang H (informativ): Nachweise am Gesamttragwerk nach Theorie II. Ordnung — **190**

H.1 Kriterien zur Vernachlässigung der Nachweise nach Theorie II. Ordnung — **190**

H.1.1 Allgemeines — 190

H.1.2 Aussteifungssystem ohne wesentliche Schubverformungen — 190

H.1.3 Aussteifungssystem mit wesentlichen globalen Schubverformungen — 191

H.2 Berechnungsverfahren für globale Auswirkungen nach Theorie II. Ordnung — **191**

Anhang I (informativ): Ermittlung der Schnittgrößen bei Flachdecken und Wandscheiben — **192**

Anhang J (normativ): Konstruktionsregeln für ausgewählte Beispiele — **193**

J.1 Oberflächenbewehrung — **193**

NA.J.4 Oberflächenbewehrung bei vorgespannten Bauteilen — **193**

Eurocode 2: DIN EN 1992-1-1 mit Nationalem Anhang Vorwort	Hinweise

Vorwort

Dieses Dokument (EN 1992-1-1 + AC:2010) „Eurocode 2: Bemessung und Konstruktion von Stahlbeton- und Spannbetontragwerken: Allgemeine Bemessungsregeln und Regeln für den Hochbau" wurde vom Technischen Komitee CEN/TC 250 „Structural Eurocodes" erarbeitet, dessen Sekretariat vom BSI gehalten wird.

==Die Arbeiten wurden auf nationaler Ebene vom NABau-Arbeitsausschuss NA 005-07-01 AA „Bemessung und Konstruktion (Sp CEN/TC 250/SC 2)" begleitet. Von diesem Ausschuss wurde auch der Nationale Anhang erstellt.==

Diese Europäische Norm muss den Status einer nationalen Norm erhalten, entweder durch Veröffentlichung eines identischen Textes oder durch Anerkennung bis Juni 2005, und etwaige entgegenstehende nationale Normen müssen spätestens bis März 2010 zurückgezogen werden.

Die Norm ist Bestandteil einer Reihe von Einwirkungs- und Bemessungsnormen, deren Anwendung nur im Paket sinnvoll ist. Dieser Tatsache wird durch das Leitpapier L der Kommission der Europäischen Gemeinschaft für die Anwendung der Eurocodes Rechnung getragen, indem Übergangsfristen für die verbindliche Umsetzung der Eurocodes in den Mitgliedsstaaten vorgesehen sind.

Entsprechend der CEN/CENELEC-Geschäftsordnung sind die nationalen Normungsinstitute der folgenden Länder gehalten, diese Europäische Norm zu übernehmen: Belgien, Bulgarien, Dänemark, Deutschland, Estland, Finnland, Frankreich, Griechenland, Irland, Island, Italien, Kroatien, Lettland, Litauen, Luxemburg, Malta, Niederlande, Norwegen, Österreich, Polen, Portugal, Rumänien, Schweden, Schweiz, Slowakei, Slowenien, Spanien, Tschechische Republik, Ungarn, Vereinigtes Königreich und Zypern.

==Die Anwendung dieser Norm gilt in Deutschland in Verbindung mit dem Nationalen Anhang.==

==Es wird auf die Möglichkeit hingewiesen, dass einige Texte dieses Dokuments Patentrechte berühren können. Das DIN [und/oder die DKE] sind nicht dafür verantwortlich, einige oder alle diesbezüglichen Patentrechte zu identifizieren.==

Hintergrund des Eurocode-Programms

Das Eurocode-Programm umfasst die folgenden Normen, die in der Regel aus mehreren Teilen bestehen:

EN 1990, *Eurocode 0: Grundlagen der Tragwerksplanung.*
EN 1991, *Eurocode 1: Einwirkungen auf Tragwerke.*
EN 1992, *Eurocode 2: Bemessung und Konstruktion von Stahlbeton- und Spannbetontragwerken.*
EN 1993, *Eurocode 3: Bemessung und Konstruktion von Stahlbauten.*
EN 1994, *Eurocode 4: Bemessung und Konstruktion von Verbundtragwerken aus Stahl und Beton.*
EN 1995, *Eurocode 5: Bemessung und Konstruktion von Holzbauten.*
EN 1996, *Eurocode 6: Bemessung und Konstruktion von Mauerwerksbauten.*
EN 1997, *Eurocode 7: Entwurf, Berechnung und Bemessung in der Geotechnik.*
EN 1998, *Eurocode 8: Auslegung von Bauwerken gegen Erdbeben.*
EN 1999, *Eurocode 9: Bemessung und Konstruktion von Aluminiumbauten.*

Die Europäischen Normen berücksichtigen die Verantwortlichkeit der Bauaufsichtsorgane in den Mitgliedsländern und haben deren Recht zur nationalen Festlegung sicherheitsbezogener Werte berücksichtigt, sodass diese Werte von Land zu Land unterschiedlich bleiben können.

Status und Gültigkeitsbereich der Eurocodes

Die Mitgliedsländer der EU und von EFTA betrachten die Eurocodes als Bezugsdokumente für folgende Zwecke:
- als Mittel zum Nachweis der Übereinstimmung von Hoch- und Ingenieurbauten mit den wesentlichen Anforderungen 1.) Mechanische Festigkeit und Standsicherheit sowie 2.) Brandschutz;
- als Grundlage für die Spezifizierung von Verträgen für die Ausführung von Bauwerken und die dazu erforderlichen Ingenieurleistungen;
- als Rahmenbedingung für die Erstellung harmonisierter, technischer Spezifikationen für Bauprodukte (ENs und ETAs).

Hinweise:

Die Norm EN 1992-1-1 wurde vom CEN am 16. April 2004 angenommen. Im November 2010 wurde eine Druckfehlerberichtigung im englischen EN 1992-1-1-Text veröffentlicht (AC: Corrigendum), die in dieser deutschen Fassung 2011 enthalten ist.

BSI: British Standards Institution

NABau:
Normenausschuss Bauwesen im DIN
Sp: Spiegelausschuss

DIN 1045-1:2008-08: „Tragwerke aus Beton, Stahlbeton und Spannbeton – Teil 1: Bemessung und Konstruktion" wurde im Januar 2011 vom DIN zurückgezogen. Die Anwendung von DIN 1045-1 ist bauaufsichtlich bis Juni 2012 über die Eingeführten Technischen Baubestimmungen der Länder zulässig.
Ab 1. Juli 2012 ist der Eurocode 2 in Deutschland allein verbindlich.

Leitpapier L [64]

CEN: European Committee for Standardization, Comité Européen de Normalisation, Europäisches Komitee für Normung

CENELEC: European Committee for Electrotechnical Standardization, Comité Européen de Normalisation Electrotechnique, Europäisches Komitee für elektrotechnische Normung

DKE: Deutsche Kommission Elektrotechnik Elektronik Informationstechnik im DIN und VDE (Verband der Elektrotechnik Elektronik Informationstechnik e. V.)

Text hier gekürzt → zur Geschichte des Eurocode-Programms siehe Erläuterungsteil

Die deutschen Fassungen der EN werden in Deutschland als DIN EN veröffentlicht.

Für Eurocode 2 sind dies die Teile:
DIN EN 1992: Bemessung und Konstruktion von Stahlbeton- und Spannbetontragwerken
- Teil 1-1: Allgemeine Bemessungsregeln und Regeln für den Hochbau
- Teil 1-2: Tragwerksbemessung für den Brandfall
- Teil 2: Betonbrücken – Bemessungs- und Konstruktionsregeln
- Teil 3: Silos und Behälterbauwerke aus Beton

jeweils mit den Nationalen Anhängen.

Text hier gekürzt → zu den europäischen Bezugsdokumenten siehe Erläuterungsteil

EU: Europäische Union
EFTA: European Free Trade Association, Europäische Freihandelsassoziation

Eurocode 2: DIN EN 1992-1-1 mit Nationalem Anhang Vorwort	Hinweise

Die Eurocodes liefern Regelungen für den Entwurf, die Berechnung und die Bemessung von kompletten Tragwerken und Bauteilen für die allgemeine praktische Anwendung. Sie gehen auf traditionelle Bauweisen und Aspekte innovativer Anwendungen ein, liefern aber keine vollständigen Regelungen für außergewöhnliche Baulösungen und Entwurfsbedingungen. Für diese Fälle können zusätzliche Spezialkenntnisse für den Bauplaner erforderlich sein.

Nationale Fassungen der Eurocodes

Die Nationale Fassung eines Eurocodes enthält den vollständigen Text des Eurocodes (einschließlich aller Anhänge), so wie von CEN veröffentlicht, möglicherweise mit einer nationalen Titelseite und einem nationalen Vorwort sowie einem Nationalen Anhang.

Der Nationale Anhang darf nur Hinweise zu den Parametern geben, die im Eurocode für nationale Entscheidungen offengelassen wurden. Diese national festzulegenden Parameter (NDP) gelten für die Tragwerksplanung von Hochbauten und Ingenieurbauten in dem Land, in dem sie erstellt werden.
Sie umfassen:
- Zahlenwerte und/oder Klassen, wo die Eurocodes Alternativen eröffnen,
- Zahlenwerte, wo die Eurocodes nur Symbole angeben,
- landesspezifische, geografische und klimatische Daten, die nur für ein Mitgliedsland gelten, z. B. Schneekarten,
- Vorgehensweisen, wenn die Eurocodes mehrere Verfahren zur Wahl anbieten,
- Vorschriften zur Verwendung der informativen Anhänge,
- Verweise zur Anwendung des Eurocodes, soweit sie diese ergänzen und nicht widersprechen.

> Die ergänzenden, nicht widersprechenden Verweise zur Anwendung von Eurocode 2 werden mit dem Präfix (NCI) für „non-contradictory complementary information" gekennzeichnet und hier grau unterlegt.
>
> Dabei handelt es sich teilweise auch um normative zusätzliche und abweichende Regeln, die in Deutschland gültig sind.

Verbindung zwischen den Eurocodes und den harmonisierten Technischen Spezifikationen für Bauprodukte (EN und ETA)

Die harmonisierten Technischen Spezifikationen für Bauprodukte und die technischen Regelungen für die Tragwerksplanung müssen konsistent sein. Insbesondere sollten die Hinweise, die mit der CE-Kennzeichnung von Bauprodukten verbunden sind, die die Eurocodes in Bezug nehmen, klar erkennen lassen, welche national festzulegenden Parameter (NDP) zugrunde liegen.

Im Nationalen Anhang werden Europäische Technische Zulassungen und nationale allgemeine bauaufsichtliche Zulassungen in Bezug genommen. Diese werden nachfolgend als **Zulassungen** bezeichnet.

Soweit in DIN EN 1992-1-1 Europäische Technische Zulassungen in Bezug genommen werden, dürfen in Deutschland auch allgemeine bauaufsichtliche Zulassungen verwendet werden.

In Deutschland dürfen Europäische Technische Zulassungen in bestimmten Fällen (z. B. nach ETAG 013) nur in Verbindung mit einer allgemeinen bauaufsichtlichen Zulassung für die Anwendung verwendet werden.

> Die Umsetzung in Deutschland erfolgt in der **Bauregelliste B** und in den Listen der Technischen Baubestimmungen der Länder für Bauprodukte, die in der EU in Verkehr gebracht und gehandelt werden dürfen und die die CE-Kennzeichnung tragen.
> → siehe Erläuterungsteil
>
> EN: Europäische Norm
>
> ETA: European Technical Approval, Europäische Technische Zulassung
>
> ETAG:
> European Technical Approval Guideline
> ETAG 013: Leitlinie für die Europäische Technische Zulassung – Bausätze zur Vorspannung von Tragwerken (Spannverfahren)

Besondere Hinweise zu EN 1992-1-1

EN 1992-1-1 beschreibt die Prinzipien und Anforderungen nach Sicherheit, Gebrauchstauglichkeit und Dauerhaftigkeit von Tragwerken aus Beton, Stahlbeton und Spannbeton zusammen mit spezifischen Angaben für den Hochbau. Grundlage ist das Konzept des Grenzzustandes unter Verwendung von Teilsicherheitsbeiwerten.

Für die Planung neuer Tragwerke ist die direkte Anwendung von EN 1992-1-1 mit anderen Teilen von EN 1992 sowie den Eurocodes EN 1990, 1991, 1997 und 1998 vorgesehen.

EN 1992-1-1 dient ebenfalls als Referenzdokument für andere CEN/TC, die sich mit Tragwerken auseinandersetzen.

Die Anwendung von EN 1992-1-1 ist vorgesehen für:
- Komitees zur Erstellung von Spezifikationen für Bauprodukte, Normen für Prüfverfahren sowie Normen für die Bauausführung,
- Auftraggeber (z. B. zur Formulierung spezieller Anforderungen),
- Tragwerksplaner und Bauausführende,
- zuständige Behörden.

> DIN EN 1992-1-2: Tragwerksbemessung für den Brandfall
> DIN EN 1992-2: Betonbrücken – Bemessungs- und Konstruktionsregeln
> DIN EN 1992-3: Silos und Behälterbauwerke
> DIN EN 1990: Grundlagen der Tragwerksplanung
> DIN EN 1991: Einwirkungen auf Tragwerke
> DIN EN 1997: Entwurf, Berechnung und Bemessung in der Geotechnik
> DIN EN 1998: Auslegung von Bauwerken gegen Erdbeben

Eurocode 2: DIN EN 1992-1-1 mit Nationalem Anhang Vorwort	Hinweise

Die Zahlenwerte für Teilsicherheitsbeiwerte und andere Parameter, die die Zuverlässigkeit festlegen, gelten als Empfehlungen, mit denen ein ausreichendes Zuverlässigkeitsniveau erreicht werden soll. Bei ihrer Festlegung wurde vorausgesetzt, dass ein angemessenes Niveau der Ausführungsqualität und Qualitätsprüfung vorhanden ist. Wird EN 1992-1-1 von anderen CEN/TC als Grundlage benutzt, müssen die gleichen Werte verwendet werden.	Die Teilsicherheitsbeiwerte und andere Parameter sind im Eurocode 2 mit NA für das Zuverlässigkeitsniveau nach Eurocode 0 DIN EN 1990 mit NA festgelegt worden. Bauausführung und Überwachung siehe DIN EN 13670 bzw. DIN 1045-3.
Nationaler Anhang zu EN 1992-1-1	
Diese Norm enthält alternative Verfahren und Werte sowie Empfehlungen für Klassen mit Hinweisen, an welchen Stellen nationale Festlegungen getroffen werden müssen. Dazu sollte die jeweilige nationale Ausgabe von EN 1992-1-1 einen Nationalen Anhang mit den national festzulegenden Parametern enthalten, mit dem die Tragwerksplanung von Hochbauten und Ingenieurbauten, die in dem Ausgabeland gebaut werden sollen, möglich ist.	In dieser konsolidierten Fassung sind nur noch die für die Anwendung in Deutschland festgelegten Verfahren, Werte und Klassen enthalten.
Die Europäische Norm EN 1992-1-1 räumt die Möglichkeit ein, eine Reihe von sicherheitsrelevanten Parametern national festzulegen. Diese national festzulegenden Parameter (en: *nationally determined parameters,* **NDP**) umfassen alternative Nachweisverfahren und Angaben einzelner Werte sowie die Wahl von Klassen aus gegebenen Klassifizierungssystemen. Die entsprechenden Textstellen sind in der Europäischen Norm durch Hinweise auf die Möglichkeit nationaler Festlegungen gekennzeichnet.	Die national festgelegten bzw. gewählten Parameter (**NDP**) sind in dieser konsolidierten Fassung durch gelbe Unterlegung gekennzeichnet.
Darüber hinaus enthält dieser Nationale Anhang ergänzende nicht widersprechende Angaben zur Anwendung von DIN EN 1992-1-1 (en: *non-contradictory complementary information,* **NCI**).	Die national ergänzten Angaben (**NCI**) sind in dieser konsolidierten Fassung durch graue Unterlegung gekennzeichnet.
Nationale Absätze werden mit vorangestelltem „(NA.+ lfd. Nr.)" eingeführt.	Zum Beispiel folgt dem letzten Absatz 3.3.6 (7) des Eurocode 2 der ergänzte nationale Absatz 3.3.6 (NA.8).
Bei Bildern, Tabellen und Gleichungen, die national verändert werden, wird statt des „N" ein „DE" nachgestellt (z. B. Gleichung 7.6DE statt 7.6N).	
Bei Bildern, Tabellen und Gleichungen, die national ergänzt werden, wird ein „NA." vorangestellt und die Nummer des vorangegangenen Elements um „.1 ff." ergänzt (z. B. ist das zusätzliche Bild NA.6.22.1 zwischen den Bildern 6.22 und 6.23 angeordnet.)	
DIN EN 1992-1-1:2011-01 und der Nationale Anhang DIN EN 1992-1-1/NA:2011-01 ersetzen DIN 1045-1:2008-08.	

Nationale Festlegungen sind nach EN 1992-1-1 in den folgenden Abschnitten vorgesehen:

2.3.3 (3)	2.4.2.1 (1)	2.4.2.2 (1)	2.4.2.2 (2)	2.4.2.2 (3)	2.4.2.3 (1)
2.4.2.4 (1)	2.4.2.4 (2)	2.4.2.5 (2)	3.1.2 (2)P	3.1.2 (4)	3.1.6 (1)P
3.1.6 (2)P	3.2.2 (3)P	3.2.7 (2)	3.3.4 (5)	3.3.6 (7)	4.4.1.2 (3)
4.4.1.2 (5)	4.4.1.2 (6)	4.4.1.2 (7)	4.4.1.2 (8)	4.4.1.2 (13)	4.4.1.3 (1)P
4.4.1.3 (3)	4.4.1.3 (4)	5.1.3 (1)P	5.2 (5)	5.5 (4)	5.6.3 (4)
5.8.3.1 (1)	5.8.3.3 (1)	5.8.3.3 (2)	5.8.5 (1)	5.8.6 (3)	5.10.1 (6)
5.10.2.1 (1)P	5.10.2.1 (2)	5.10.2.2 (4)	5.10.2.2 (5)	5.10.3 (2)	5.10.8 (2)
5.10.8 (3)	5.10.9 (1)P	6.2.2 (1)	6.2.2 (6)	6.2.3 (2)	6.2.3 (3)
6.2.4 (4)	6.2.4 (6)	6.4.3 (6)	6.4.4 (1)	6.4.5 (3)	6.4.5 (4)
6.5.2 (2)	6.5.4 (4)	6.5.4 (6)	6.8.4 (1)	6.8.4 (5)	6.8.6 (1)
6.8.6 (3)	6.8.7 (1)	7.2 (2)	7.2 (3)	7.2 (5)	7.3.1 (5)
7.3.2 (4)	7.3.3 (2)	7.3.4 (3)	7.4.2 (2)	8.2 (2)	8.3 (2)
8.6 (2)	8.8 (1)	9.2.1.1 (1)	9.2.1.1 (3)	9.2.1.2 (1)	9.2.1.4 (1)
9.2.2 (4)	9.2.2 (5)	9.2.2 (6)	9.2.2 (7)	9.2.2 (8)	9.3.1.1 (3)
9.5.2 (1)	9.5.2 (2)	9.5.2 (3)	9.5.3 (1)	9.6.2 (1)	9.6.3 (1)
9.7 (1)	9.8.1 (3)	9.8.2.1 (1)	9.8.3 (1)	9.8.3 (2)	9.8.4 (1)
9.8.5 (3)	9.10.2.2 (2)	9.10.2.3 (3)	9.10.2.3 (4)	9.10.2.4 (2)	11.3.5 (1)P
11.3.5 (2)P	11.3.7 (1)	11.6.1 (1)	11.6.2 (1)	11.6.4.1 (1)	12.3.1 (1)
12.6.3 (2)	A.2.1 (1)	A.2.1 (2)	A.2.2 (1)	A.2.2 (2)	A.2.3 (2)
C.1 (1)	C.1 (3)	E.1 (2)	J.1 (2)	J.2.2 (2)	J.3 (2)
J.3 (3)					

Eurocode 2: DIN EN 1992-1-1 mit Nationalem Anhang 1 Allgemeines	Hinweise

1 ALLGEMEINES

1.1 Anwendungsbereich

1.1.1 Anwendungsbereich des Eurocode 2

(1)P Der Eurocode 2 gilt für den Entwurf, die Berechnung und die Bemessung von Hoch- und Ingenieurbauten aus Beton, Stahlbeton und Spannbeton. Der Eurocode 2 entspricht den Grundsätzen und Anforderungen an die Tragfähigkeit und Gebrauchstauglichkeit von Tragwerken sowie den Grundlagen für ihre Bemessung und den Nachweisen, die in DIN EN 1990 – Grundlagen der Tragwerksplanung – enthalten sind.

mit DIN EN 1990/NA

(2)P Der Eurocode 2 behandelt ausschließlich Anforderungen an die Tragfähigkeit, die Gebrauchstauglichkeit, die Dauerhaftigkeit und den Feuerwiderstand von Tragwerken aus Beton, Stahlbeton und Spannbeton. Andere Anforderungen, wie z. B. Wärmeschutz oder Schallschutz, werden nicht berücksichtigt.

(3)P Die Anwendung des Eurocode 2 ist in Verbindung mit folgenden Regelwerken beabsichtigt:
DIN EN 1990: *Grundlagen der Tragwerksplanung*
DIN EN 1991: *Einwirkungen auf Tragwerke*
hENs für Bauprodukte, die für Beton-, Stahlbeton- und Spannbetontragwerke Verwendung finden
DIN EN 13670: *Ausführung von Tragwerken aus Beton*
DIN EN 1997: *Entwurf, Berechnung und Bemessung in der Geotechnik*
DIN EN 1998: *Auslegung von Bauwerken gegen Erdbeben.*

Zu (3)P: … und mit den zugehörigen Nationalen Anhängen
hEN: harmonisierte Europäische Norm
Der Bezug auf ENV 13670 aus der EN 1992-1-1 von 2004 wird in dieser Fassung durch DIN EN 13670 ersetzt. Der Nationale Anhang zur Ausführungsnorm DIN EN 13670 wird DIN 1045-3 (Neuausgabe).
in Deutschland gilt auch:
DIN 1045-100: Ziegeldecken

(4)P Der Eurocode 2 ist in die folgenden Teile gegliedert:
Teil 1-1: *Allgemeine Bemessungsregeln und Regeln für den Hochbau*
Teil 1-2: *Tragwerksbemessung für den Brandfall*
Teil 2: *Betonbrücken*
Teil 3: *Silos und Behälterbauwerke aus Beton*

Zu (4)P: In Deutschland veröffentlicht als:
DIN EN 1992-1-1 mit DIN EN 1992-1-1/NA
DIN EN 1992-1-2 mit DIN EN 1992-1-2/NA
DIN EN 1992-2 mit DIN EN 1992-2/NA
DIN EN 1992-3 mit DIN EN 1992-3/NA
(bauaufsichtliche Einführung von Teil 3 noch offen)

1.1.2 Anwendungsbereich des Eurocode 2 Teil 1-1

(1)P Teil 1-1 des Eurocode 2 und der Nationale Anhang enthalten Grundregeln und nationale Festlegungen für den Entwurf, die Berechnung und die Bemessung von Tragwerken aus Beton, Stahlbeton und Spannbeton unter Verwendung normaler und leichter Gesteinskörnung und zusätzlich auf den Hochbau abgestimmte Regeln, die bei der Anwendung in Deutschland zu berücksichtigen sind.

(2)P Teil 1-1 enthält folgende Kapitel:
1 Allgemeines
2 Grundlagen der Tragwerksplanung
3 Baustoffe
4 Dauerhaftigkeit und Betondeckung
5 Ermittlung der Schnittgrößen
6 Nachweise in den Grenzzuständen der Tragfähigkeit (GZT)
7 Nachweise in den Grenzzuständen der Gebrauchstauglichkeit (GZG)
8 Allgemeine Bewehrungsregeln
9 Konstruktionsregeln
10 Zusätzliche Regeln für Bauteile und Tragwerke aus Fertigteilen
11 Zusätzliche Regeln für Bauteile und Tragwerke aus Leichtbeton
12 Tragwerke aus unbewehrtem oder gering bewehrtem Beton

(3)P Kapitel 1 und 2 enthalten zusätzliche Regelungen zu DIN EN 1990 „Grundlagen der Tragwerksplanung".

(4)P Teil 1-1 behandelt folgende Themen nicht:
– die Verwendung von ungerippter Bewehrung;
– Feuerwiderstand;
– besondere Aspekte bei speziellen Anwendungen des Hochbaus (z. B. Hochhäuser);
– besondere Aspekte bei speziellen Anwendungen des Ingenieurbaus (z. B. Brücken, Talsperren, Druckbehälter, Bohrinseln oder Behälterbauwerke);
– Ein-Korn-Betone, Gasbetone und Schwerbetone sowie Betone mit tragenden Stahl-Querschnitten (siehe Eurocode 4 „Bemessung und Konstruktion von Verbundtragwerken aus Stahl und Beton").

Für die Planung und Ausführung besonderer Bauwerke und Bauteile sind die Richtlinien des Deutschen Ausschusses für Stahlbeton (DAfStb) anwendbar, siehe ergänzende Verweisungen zu 1.2.2.

Porenbeton (Begriff Gasbeton ist veraltet)

DIN EN 1994

Eurocode 2: DIN EN 1992-1-1 mit Nationalem Anhang 1 Allgemeines	Hinweise

1.2 Normative Verweisungen

(1)P Die folgenden Normen enthalten Regelungen, auf die in dieser Europäischen Norm durch Hinweis Bezug genommen wird. Bei datierten Bezügen gelten spätere Änderungen oder Ergänzungen der zitierten Normen nicht. Jedoch sollte bei Bedarf geprüft werden, ob die jeweils gültige Ausgabe der Normen angewendet werden darf. Bei undatierten Bezügen gilt die jeweils gültige Ausgabe der zitierten Norm.

1.2.1 Allgemeine normative Verweisungen

DIN EN 1990: *Grundlagen der Tragwerksplanung*

DIN EN 1991-1-5: *Einwirkungen auf Tragwerke – Teil 1-5: Allgemeine Einwirkungen – Temperatureinwirkungen*

DIN EN 1991-1-6: *Einwirkungen auf Tragwerke – Teil 1-6: Allgemeine Einwirkungen – Einwirkungen während der Bauausführung*

	Die Eurocodes sind immer mit den zugehörigen Nationalen Anhängen (NA) in Bezug zu nehmen.

1.2.2 Weitere normative Verweisungen

DIN EN 1997: *Entwurf, Berechnung und Bemessung in der Geotechnik*

DIN EN 197-1: *Zement – Teil 1: Zusammensetzung, Anforderungen und Konformitätskriterien von Normalzement*

DIN EN 206-1: *Beton – Teil 1: Festlegung, Eigenschaften, Herstellung und Konformität*

DIN EN 12390: *Prüfung von Festbeton*

EN 10080: *Stahl für die Bewehrung von Beton – Schweißgeeigneter Betonstahl – Allgemeines*

EN 10138: *Spannstähle*

DIN EN ISO 17660 (alle Teile): *Schweißen – Schweißen von Betonstahl*

DIN EN 13670: *Ausführung von Tragwerken aus Beton*

DIN EN 13791: *Bewertung der Druckfestigkeit von Beton in Bauwerken oder in Bauwerksteilen*

DIN EN ISO 15630: *Stähle für die Bewehrung und das Vorspannen von Beton – Prüfverfahren*

DIN EN 206-1 mit DIN 1045-2 (NA)	
Abweichend gilt in Deutschland statt EN 10080 → **DIN 488, Teile 1–6**.	
Statt EN 10138 gelten für **Spannstähle** in Deutschland nur die **Zulassungen**.	
DIN EN 13670 mit DIN 1045-3 (NA): Bis zur bauaufsichtlichen Einführung von DIN EN 13670 gilt DIN 1045-3:2008-08.	

Weitere normative Verweisungen im NA:

Normen der Reihe DIN 488: *Betonstahl*

DIN 1045-2:2008-08: *Tragwerke aus Beton, Stahlbeton und Spannbeton – Teil 2: Beton – Festlegung, Eigenschaften, Herstellung und Konformität – Anwendungsregeln zu DIN EN 206-1*

DIN 1045-3:2008-08: *Tragwerke aus Beton, Stahlbeton und Spannbeton – Teil 3: Bauausführung* (gilt nur bis zur bauaufsichtlichen Einführung von DIN EN 13670)

DIN 1045-4: *Tragwerke aus Beton, Stahlbeton und Spannbeton – Teil 4: Ergänzende Regeln für die Herstellung und Konformität von Fertigteilen*

DIN 1055-100: *Einwirkungen auf Tragwerke – Teil 100: Grundlagen der Tragwerksplanung* (gilt nur bis zur bauaufsichtlichen Einführung von DIN EN 1990)

DIN 18516-1: *Außenwandbekleidungen, hinterlüftet – Teil 1: Anforderungen, Prüfgrundsätze*

DIN EN 1536: *Ausführung von Arbeiten im Spezialtiefbau – Bohrpfähle*

DIN EN ISO 4063: *Schweißen und verwandte Prozesse – Liste der Prozesse und Ordnungsnummern*

ISO 6784: *Concrete – Determination of static modulus of elasticity in compression*

DAfStb-Heft 600: *Erläuterungen zu Eurocode 2 (DIN EN 1992-1-1)*

DBV-Merkblatt „*Abstandhalter nach Eurocode 2*"

DBV-Merkblatt „*Betondeckung und Bewehrung nach Eurocode 2*"

DBV-Merkblatt „*Unterstützungen nach Eurocode 2*"

Hinweise auf ergänzende Regelwerke:

DIN 1045-100, *Ziegeldecken*

Deutscher Ausschuss für Stahlbeton e. V. *(zu beziehen über www.beuth.de)*:

DAfStb-Richtlinie, *Beton nach DIN EN 206-1 und DIN 1045-2 mit rezyklierten Gesteinskörnungen nach DIN EN 12620*

DAfStb-Richtlinie, *Betonbau beim Umgang mit wassergefährdenden Stoffen*

DAfStb-Richtlinie, *Massige Bauteile aus Beton*

DAfStb-Richtlinie, *Schutz und Instandsetzung von Betonbauwerken*

DAfStb-Richtlinie, *Selbstverdichtender Beton (SVB-Richtlinie)*

DAfStb-Richtlinie, *Stahlfaserbeton*

DAfStb-Richtlinie, *Vorbeugende Maßnahmen gegen schädigende Alkali-Reaktion im Beton (Alkalirichtlinie)*

DAfStb-Richtlinie, *Wasserundurchlässige Bauwerke aus Beton (WU-Richtlinie)*

Deutscher Beton- und Bautechnik-Verein E. V. *(zu beziehen über www.betonverein.de)*:

DBV-Merkblatt „*Betonschalungen und Ausschalfristen*"

DBV-Merkblatt „*Parkhäuser und Tiefgaragen*"

DBV-Merkblatt „*Rückbiegen von Betonstahl und Anforderungen an Verwahrkästen nach Eurocode 2*"

DBV-Merkblatt „*Sichtbeton*"

Eurocode 2: DIN EN 1992-1-1 mit Nationalem Anhang 1 Allgemeines	Hinweise

1.3 Annahmen

(1)P Zusätzlich zu den allgemeinen Annahmen der DIN EN 1990 gelten die folgenden Annahmen:
- Tragwerke werden von entsprechend qualifizierten und erfahrenen Personen geplant.
- In Fabriken, Werken und auf der Baustelle wird eine angemessene Überwachung und Qualitätskontrolle durchgeführt.
- Die Bauausführung erfolgt mit Personal, welches angemessene Fertigkeiten und Erfahrungen hat.
- Baustoffe und Bauprodukte werden nach diesem Eurocode oder entsprechend den maßgeblichen Material- oder Produktspezifikationen verwendet.
- Das Tragwerk wird angemessen instand gehalten.
- Das Tragwerk wird entsprechend den geplanten Anforderungen genutzt.
- Die Anforderungen nach DIN EN 13670 an die Bauausführung und das Personal werden erfüllt.

1.4 Unterscheidung zwischen Prinzipien und Anwendungsregeln

(1)P Es gelten die Regelungen der DIN EN 1990.

Die **Prinzipien** (mit P nach der Absatznummer gekennzeichnet) enthalten:
- allgemeine Festlegungen, Definitionen und Angaben, die einzuhalten sind,
- Anforderungen und Rechenmodelle, für die keine Abweichungen erlaubt sind, sofern dies nicht ausdrücklich angegeben ist.

Die **Anwendungsregeln** (ohne P) sind allgemein anerkannte Regeln, die den Prinzipien folgen und deren Anforderungen erfüllen. Abweichungen hiervon sind zulässig, wenn sie mit den Prinzipien übereinstimmen und hinsichtlich der nach dieser Norm erzielten Tragfähigkeit, Gebrauchstauglichkeit und Dauerhaftigkeit gleichwertig sind.

1.5 Begriffe

1.5.1 Allgemeines

(1)P Es gelten die Begriffe der DIN EN 1990.

1.5.2 Besondere Begriffe und Definitionen in dieser Norm

1.5.2.1 Fertigteile.
Bauteile, die nicht in ihrer endgültigen Lage, sondern in einem Werk oder an anderer Stelle hergestellt werden. Im Tragwerk werden die Bauteile miteinander verbunden, um die geforderte Tragfähigkeit zu gewährleisten.

Regeln für Fertigteile in Kapitel 10

1.5.2.2 Unbewehrte oder gering bewehrte Bauteile.
Bauteile ohne Bewehrung oder mit einer Bewehrung, die unterhalb der jeweils erforderlichen Mindestbewehrung nach Kapitel 9 liegt.

Regeln für unbewehrte oder gering bewehrte Bauteile in Kapitel 12
Kapitel 9: Konstruktionsregeln
9.2.1.1 Mindest- und Höchstbewehrung Balken
9.5.2   min / max A_s Stützen
9.6.2   min / max A_s Wände
9.7   min A_s wandartiger Träger

1.5.2.3 Interne und externe Spannglieder ohne Verbund.
Im Betonquerschnitt im Hüllrohr ohne Verbund liegendes Zugglied aus Spannstahl bzw. außerhalb des Betonquerschnitts liegendes Zugglied aus Spannstahl (welches nach dem Vorspannen von Beton oder mit Korrosionsschutzmasse umhüllt werden kann).

1.5.2.4 Vorspannung.
Das Vorspannen ist ein Verfahren, bei dem Kräfte in ein Bauteil durch das Spannen von Zuggliedern eingebracht werden. Der Begriff „Vorspannung" beschreibt allgemein alle dauerhaften Auswirkungen des Vorspannvorgangs, der unter anderem zu Schnittkräften und zu Verformungen des Bauteils und des Tragwerks führen kann. Andere Arten der Vorspannung werden im Rahmen dieser Norm nicht betrachtet.

Für die Verwendung von Spannverfahren sind in Deutschland die Zulassungen maßgebend (abZ oder ETA mit nationaler Ergänzung).

NA.1.5.2.5 üblicher Hochbau.
Hochbau, der für vorwiegend ruhende, gleichmäßig verteilte Nutzlasten bis 5,0 kN/m², gegebenenfalls auch für Einzellasten bis 7,0 kN und für PKW bemessen ist.

NA.1.5.2.6 vorwiegend ruhende Einwirkung.
Statische Einwirkung oder nicht ruhende Einwirkung, die jedoch für die Tragwerksplanung als ruhende Einwirkung betrachtet werden darf.

| Eurocode 2: DIN EN 1992-1-1 mit Nationalem Anhang
1 Allgemeines | Hinweise |

NA.1.5.2.7 nicht vorwiegend ruhende Einwirkung.
Stoßende Einwirkung oder sich häufig wiederholende Einwirkung, die eine vielfache Beanspruchungsänderung während der Nutzungsdauer des Tragwerks oder des Bauteils hervorruft und die für die Tragwerksplanung nicht als ruhende Einwirkung angesehen werden darf (z. B. Kran-, Kranbahn-, Gabelstaplerlasten, Verkehrslasten auf Brücken).

NA.1.5.2.8 Normalbeton.
Beton mit einer Trockenrohdichte von mehr als 2000 kg/m³, höchstens aber 2600 kg/m³.

NA.1.5.2.9 Leichtbeton.
Gefügedichter Beton mit einer Trockenrohdichte von nicht weniger als 800 kg/m³ und nicht mehr als 2000 kg/m³. Er wird unter Verwendung von grober leichter Gesteinskörnung hergestellt.

NA.1.5.2.10 Schwerbeton.
Beton mit einer Trockenrohdichte von mehr als 2600 kg/m³.

NA.1.5.2.11 hochfester Beton.
Beton mit Festigkeitsklasse $\geq$ C55/67 bzw. $\geq$ LC55/60.

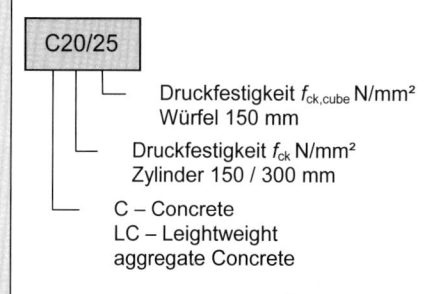

NA.1.5.2.12 Spannglied im sofortigen Verbund.
Im Betonquerschnitt liegendes Zugglied aus Spannstahl, das vor dem Betonieren im Spannbett gespannt wird. Der wirksame Verbund zwischen Beton und Spannglied entsteht nach dem Betonieren mit dem Erhärten des Betons.

NA.1.5.2.13 Spannglied im nachträglichen Verbund.
Im Betonquerschnitt im Hüllrohr liegendes Zugglied aus Spannstahl, das beim Vorspannen gegen den bereits erhärteten Beton gespannt und durch Ankerkörper verankert wird. Der wirksame Verbund zwischen Beton und Spannglied entsteht nach dem Einpressen des Mörtels in das Hüllrohr mit dem Erhärten des Einpressmörtels.

NA.1.5.2.14 Monolitze.
Werksmäßig korrosionsgeschützte Stahllitze in einer fettverpressten Kunststoffhülle, in der sich jene in Längsrichtung frei bewegen kann.

NA.1.5.2.15 Umlenkelement.
Dient zur Führung der externen Spannglieder. An ihm werden Reibungs- und Umlenkkräfte in die Konstruktion eingeleitet. Es kann halbseitig offen (Sattel) oder vollständig von Beton umgeben sein (Durchdringung).

NA.1.5.2.16 Verbundbauteil.
Bauteil aus einem Fertigteil und einer Ortbetonergänzung mit Verbindungselementen oder ohne Verbindungselemente.

NA.1.5.2.17 vorwiegend auf Biegung beanspruchtes Bauteil.
Bauteil mit einer bezogenen Lastausmitte im Grenzzustand der Tragfähigkeit von $e_d / h \geq 3{,}5$.

NA.1.5.2.18 Druckglied.
vorwiegend auf Druck beanspruchtes, stab- oder flächenförmiges Bauteil mit einer bezogenen Lastausmitte im Grenzzustand der Tragfähigkeit von $e_d / h < 3{,}5$.

NA.1.5.2.19 Balken, Plattenbalken.
Stabförmiges, vorwiegend auf Biegung beanspruchtes Bauteil mit einer Stützweite von mindestens der dreifachen Querschnittshöhe und mit einer Querschnitts- bzw. Stegbreite von höchstens der fünffachen Querschnittshöhe.

NA.1.5.2.20 Platte.
Ebenes, durch Kräfte rechtwinklig zur Mittelfläche vorwiegend auf Biegung beanspruchtes, flächenförmiges Bauteil, dessen kleinste Stützweite mindestens das Dreifache seiner Bauteildicke beträgt und mit einer Bauteilbreite von mindestens der fünffachen Bauteildicke.

NA.1.5.2.21 Stütze.
Stabförmiges Druckglied, dessen größere Querschnittsabmessung das Vierfache der kleineren Abmessung nicht übersteigt.

→ siehe DIN EN 1991, *Eurocode 1: Einwirkungen auf Tragwerke*
– *Teil 1-1: Allgemeine Einwirkungen auf Tragwerke – Wichten, Eigengewicht und Nutzlasten im Hochbau*
– *Teil 1-2: Allgemeine Einwirkungen – Brandeinwirkungen auf Tragwerke* (→ für DIN EN 1992-1-2)
– *Teil 1-3: Allgemeine Einwirkungen – Schneelasten*
– *Teil 1-4: Allgemeine Einwirkungen – Windlasten*
– *Teil 1-5: Allgemeine Einwirkungen – Temperatureinwirkungen*
– *Teil 1-6: Allgemeine Einwirkungen – Einwirkungen während der Bauausführung*
– *Teil 1-7: Allgemeine Einwirkungen – Außergewöhnliche Einwirkungen*
– *Teil 2: Verkehrslasten auf Brücken*
– *Teil 3: Einwirkungen infolge von Kranen und Maschinen*
– *Teil 4: Einwirkungen auf Silos und Flüssigkeitsbehälter*
Definitionen für Normalbeton, Leichtbeton, Schwerbeton analog DIN EN 206-1

→ normalfester Beton:
$\leq$ C50/60 bzw. $\leq$ LC50/55

Definition der Betonfestigkeitsklassen mit den charakteristischen Werten der Betondruckfestigkeit f_{ck}:

C20/25
- Druckfestigkeit $f_{ck,cube}$ N/mm² Würfel 150 mm
- Druckfestigkeit f_{ck} N/mm² Zylinder 150 / 300 mm
- C – Concrete
  LC – Leightweight aggregate Concrete

$e_d = M_{Ed} / N_{Ed}$ (Bemessungswerte M / N)
h – Querschnittshöhe

Querschnitte:

Biegung:
Balken: $b < 5h$
Balken: $b < 5h$
Platte: $b \geq 5h$

Druck:
Stütze: $h \leq 4b$
Wand Scheibe: $b > 4h$

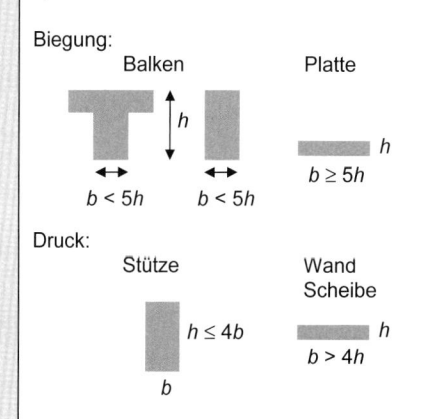

Eurocode 2: DIN EN 1992-1-1 mit Nationalem Anhang 1 Allgemeines	Hinweise

NA.1.5.2.22 Scheibe, Wand.
Ebenes, durch Kräfte parallel zur Mittelfläche beanspruchtes, flächenförmiges Bauteil, dessen größere Querschnittsabmessung das Vierfache der kleineren übersteigt.

NA.1.5.2.23 wandartiger bzw. scheibenartiger Träger.
Ebenes, durch Kräfte parallel zur Mittelfläche vorwiegend auf Biegung beanspruchtes, scheibenartiges Bauteil, dessen Stützweite weniger als das Dreifache seiner Querschnittshöhe beträgt.

NA.1.5.2.24 Betondeckung.
Abstand zwischen der Oberfläche eines Bewehrungsstabes, eines Spannglieds im sofortigen Verbund oder des Hüllrohrs eines Spannglieds im nachträglichen Verbund und der nächstgelegenen Betonoberfläche.

NA.1.5.2.25 Dekompression.
Grenzzustand, bei dem ein Teil des Betonquerschnitts unter der maßgebenden Einwirkungskombination unter Druckspannungen steht.

NA.1.5.2.26 direkte und indirekte Lagerung.
Eine direkte Lagerung ist gegeben, wenn der Abstand der Unterkante des gestützten Bauteils zur Unterkante des stützenden Bauteils größer ist als die Höhe des gestützten Bauteils. Andernfalls ist von einer indirekten Lagerung auszugehen (siehe Bild NA.1.1).

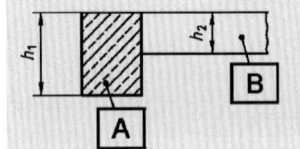

A stützendes Bauteil
B gestütztes Bauteil
$(h_1 - h_2) \geq h_2$ direkte Lagerung
$(h_1 - h_2) < h_2$ indirekte Lagerung

Bild NA.1.1 – Direkte und indirekte Lagerung

Stützweite:

wand- bzw. scheiben-artiger Träger: $l < 3h$
Balken Platte: $l \geq 3h$

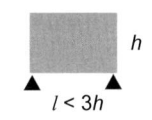

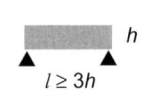

Es wird unterschieden: Mindestmaß, Vorhaltemaß und Nennmaß der Betondeckung sowie Verlegemaß der Bewehrung, siehe 4.4.1.

1.6 Formelzeichen

In dieser Norm werden die folgenden Formelzeichen verwendet.

ANMERKUNG Die verwendeten Bezeichnungen beruhen auf ISO 3898:1987.

Große lateinische Buchstaben

A	außergewöhnliche Einwirkung	F_k	charakteristischer Wert einer Einwirkung
A	Querschnittsfläche	G_k	charakteristischer Wert einer ständigen Einwirkung
A_c	Betonquerschnittsfläche		
A_p	Querschnittsfläche des Spannstahls	GZG	Grenzzustand der Gebrauchstauglichkeit – (SLS Serviceability limit state)
A_s	Querschnittsfläche des Betonstahls		
$A_{s,min}$	Querschnittsfläche der Mindestbewehrung	GZT	Grenzzustand der Tragfähigkeit – (ULS Ultimate limit state)
A_{sw}	Querschnittsfläche der Querkraft- und Torsionsbewehrung	I	Flächenträgheitsmoment des Betonquerschnitts
D	Biegerollendurchmesser	L	Länge
D_{Ed}	Schädigungssumme (Ermüdung)	M	Biegemoment
E	Auswirkung der Einwirkung	M_{Ed}	Bemessungswert des einwirkenden Biegemoments
E_c	Elastizitätsmodul für Normalbeton als Tangente im Ursprung der Spannungs-Dehnungs-Linie allgemein	N	Normalkraft
		N_{Ed}	Bemessungswert der einwirkenden Normalkraft (Zug oder Druck)
$E_{c(28)}$	~ und nach 28 Tagen.		
$E_{c,eff}$	effektiver Elastizitätsmodul des Betons	P	Vorspannkraft
E_{cd}	Bemessungswert des Elastizitätsmoduls des Betons	P_0	aufgebrachte Höchstkraft am Spannanker nach dem Spannen
E_{cm}	mittlerer Elastizitätsmodul als Sekante	Q_k	charakteristischer Wert der veränderlichen Einwirkung
$E_c(t)$	Elastizitätsmodul für Normalbeton als Tangente im Ursprung der Spannungs-Dehnungs-Linie nach t Tagen	Q_{fat}	charakteristischer Wert der veränderlichen Einwirkung beim Nachweis gegen Ermüdung
E_p	Bemessungswert des Elastizitätsmoduls für Spannstahl	R	Widerstand
		S	Schnittgrößen
E_s	Bemessungswert des Elastizitätsmoduls für Betonstahl	S	Flächenmoment ersten Grades
		T	Torsionsmoment
EI	Biegesteifigkeit	T_{Ed}	Bemessungswert des einwirkenden Torsionsmoments
EQU	Lagesicherheit		
F	Einwirkung	V	Querkraft
F_d	Bemessungswert einer Einwirkung	V_{Ed}	Bemessungswert der einwirkenden Querkraft

Eurocode 2: DIN EN 1992-1-1 mit Nationalem Anhang 1 Allgemeines	Hinweise

Kleine lateinische Buchstaben

a	Abstand; Auflagerbreite
a	geometrische Angabe
Δa	Abweichung für eine geometrische Angabe
b	Breite eines Querschnitts oder Gurtbreite eines T- oder L-Querschnitts
b_w	Stegbreite eines T-, I- oder L-Querschnitts
d	Durchmesser
d	statische Nutzhöhe
d_g	Durchmesser des Größtkorns einer Gesteinskörnung ANMERKUNG: in DIN EN 206-1 mit D_{max} bezeichnet.
e	Lastausmitte (Exzentrizität)
f_c	einaxiale Betondruckfestigkeit
f_{cd}	Bemessungswert der einaxialen Betondruckfestigkeit
f_{ck}	charakteristische Zylinderdruckfestigkeit des Betons nach 28 Tagen
f_{cm}	Mittelwert der Zylinderdruckfestigkeit des Betons
f_{ctk}	charakteristischer Wert der zentrischen Betonzugfestigkeit
f_{ctm}	Mittelwert der zentrischen Betonzugfestigkeit
f_p	Zugfestigkeit des Spannstahls
f_{pk}	charakteristischer Wert der Zugfestigkeit des Spannstahls
$f_{p0,1}$	0,1 %-Dehngrenze des Spannstahls
$f_{p0,1k}$	charakteristischer Wert der 0,1 %-Dehngrenze des Spannstahls
$f_{0,2k}$	charakteristischer Wert der 0,2 %-Dehngrenze des Betonstahls
f_t	Zugfestigkeit des Betonstahls
f_{tk}	charakteristischer Wert der Zugfestigkeit des Betonstahls
f_y	Streckgrenze des Betonstahls
f_{yd}	Bemessungswert der Streckgrenze des Betonstahls
f_{yk}	charakteristischer Wert der Streckgrenze des Betonstahls
f_{ywd}	Bemessungswert der Streckgrenze von Querkraftbewehrung
h	Höhe, Dicke
h	Gesamthöhe eines Querschnitts
i	Trägheitsradius
k	Beiwert; Faktor
l	(oder L) Länge, Stützweite, Spannweite
m	Masse
r	Radius
$1/r$	Krümmung
t	Wanddicke
t	Zeitpunkt
t_0	Zeitpunkt des Belastungsbeginns des Betons
u	Umfang eines Betonquerschnitts mit der Fläche A_c
u_0	Umfang der Lasteinleitungsfläche A_{load} beim Durchstanzen
u_1	Umfang des kritischen Rundschnitts beim Durchstanzen
u_{out}	Umfang des äußeren Rundschnitts, bei dem Durchstanzbewehrung nicht mehr erforderlich ist
u, v, w	Komponenten der Verschiebung eines Punktes
x	Höhe der Druckzone
x, y, z	Koordinaten
z	Hebelarm der inneren Kräfte

Kleine griechische Buchstaben

α	Winkel; Verhältnis
β	Winkel; Verhältnis; Beiwert
γ	Teilsicherheitsbeiwert
γ_A	Teilsicherheitsbeiwerte für außergewöhnliche Einwirkungen A
γ_C	Teilsicherheitsbeiwerte für Beton
γ_F	Teilsicherheitsbeiwerte für Einwirkungen F
$\gamma_{F,fat}$	Teilsicherheitsbeiwerte für Einwirkungen beim Nachweis gegen Ermüdung
$\gamma_{C,fat}$	Teilsicherheitsbeiwerte für Beton beim Nachweis gegen Ermüdung
γ_G	Teilsicherheitsbeiwerte für ständige Einwirkungen G
γ_M	Teilsicherheitsbeiwerte für eine Baustoffeigenschaft unter Berücksichtigung von Streuungen der Baustoffeigenschaft selbst sowie geometrischer Abweichungen und Unsicherheiten des verwendeten Bemessungsmodells (Modellunsicherheiten)
γ_P	Teilsicherheitsbeiwerte für die Einwirkung infolge Vorspannung P, sofern diese auf der Einwirkungsseite berücksichtigt wird
γ_Q	Teilsicherheitsbeiwerte für veränderliche Einwirkungen Q
γ_S	Teilsicherheitsbeiwerte für Betonstahl und Spannstahl
$\gamma_{S,fat}$	Teilsicherheitsbeiwerte für Betonstahl und Spannstahl beim Nachweis gegen Ermüdung
γ_f	Teilsicherheitsbeiwerte für Einwirkungen ohne Berücksichtigung von Modellunsicherheiten
γ_g	Teilsicherheitsbeiwerte für ständige Einwirkungen ohne Berücksichtigung von Modellunsicherheiten
ε_u	rechnerische Bruchdehnung des Beton- oder Spannstahls
ε_{uk}	charakteristische Dehnung des Beton- oder Spannstahls unter Höchstlast
θ	Winkel
λ	Schlankheit
μ	Reibungsbeiwert zwischen Spannglied und Hüllrohr
ν	Querdehnzahl
ν	Abminderungsbeiwert der Druckfestigkeit für gerissenen Beton
ξ	Verhältnis der Verbundfestigkeit von Spannstahl zu der von Betonstahl
ρ	ofentrockene Dichte des Betons in kg/m³
ρ_{1000}	Verlust aus Relaxation (in %) 1000 Stunden nach Aufbringung der Vorspannung bei einer mittleren Temperatur von 20 °C
ρ_l	geometrisches Bewehrungsverhältnis der Längsbewehrung
ρ_w	geometrisches Bewehrungsverhältnis der Querkraftbewehrung
σ_c	Spannung im Beton
σ_{cp}	Spannung im Beton aus Normalkraft oder Vorspannung
σ_{cu}	Spannung im Beton bei der rechnerischen Bruchdehnung des Betons ε_{cu}
τ	Schubspannung aus Torsion
ϕ	Durchmesser eines Bewehrungsstabs oder eines Hüllrohrs
ϕ_n	Vergleichsdurchmesser eines Stabbündels

Eurocode 2: DIN EN 1992-1-1 mit Nationalem Anhang 2 Grundlagen der Tragwerksplanung	Hinweise

γ_m Teilsicherheitsbeiwerte für eine Baustoffeigenschaft allein unter Berücksichtigung von Schwankungen der Baustoffeigenschaft selbst

δ Inkrement, Zuwachs/Umlagerungsverhältnis

ζ Abminderungsbeiwert/Verteilungsbeiwert

ε_c Dehnung des Betons

ε_{c1} Dehnung des Betons unter der Maximalspannung f_c

ε_{cu} rechnerische Bruchdehnung des Betons

$\varphi(t,t_0)$ Kriechzahl, die die Kriechverformung zwischen den Zeitpunkten t und t_0 beschreibt, bezogen auf die elastische Verformung nach 28 Tagen

$\varphi(\infty,t_0)$ Endkriechzahl

ψ Kombinationsbeiwert einer veränderlichen Einwirkung

ψ_0 für seltene Werte

ψ_1 für häufige Werte

ψ_2 für quasi-ständige Werte

2 GRUNDLAGEN DER TRAGWERKSPLANUNG

2.1 Anforderungen

2.1.1 Grundlegende Anforderungen

(1)P Für die Tragwerksplanung von Beton-, Stahlbeton- und Spannbetonbauten gelten die Grundlagen der DIN EN 1990.

(2)P Darüber hinaus gelten für Beton-, Stahlbeton- und Spannbetontragwerke die Grundlagen dieses Kapitels.

(3) Die grundlegenden Anforderungen der DIN EN 1990, Kapitel 2, gelten für Beton-, Stahlbeton- und Spannbetontragwerke als erfüllt, wenn:
– die Bemessung in Grenzzuständen in Verbindung mit Teilsicherheitsbeiwerten nach DIN EN 1990 erfolgt,
– die Einwirkungen nach DIN EN 1991 verwendet werden,
– die Lastkombinationen nach DIN EN 1990 angesetzt und
– die Tragwiderstände, die Dauerhaftigkeit und die Gebrauchstauglichkeit entsprechend dieser Norm nachgewiesen werden.

ANMERKUNG Anforderungen an den Feuerwiderstand (siehe DIN EN 1990, Kapitel 5 und DIN EN 1992-1-2) können zu größeren Bauteilabmessungen führen, als sie nach einer Bemessung unter Normaltemperatur erforderlich werden.

2.1.2 Behandlung der Zuverlässigkeit

(1) Die Regeln für die Behandlung der Zuverlässigkeit enthält DIN EN 1990, Kapitel 2.

(2) Ein Tragwerk entspricht der Zuverlässigkeitsklasse RC2, wenn es unter Verwendung der Teilsicherheitsbeiwerte dieses Eurocodes (siehe 2.4) und der Teilsicherheitsbeiwerte der Anhänge der DIN EN 1990 bemessen wird.

ANMERKUNG Anhänge B und C der DIN EN 1990 enthalten weitere Informationen.

Hinweis: Die Zuverlässigkeitsklasse (reliability class) RC2 (→ Mindestwert des Zuverlässigkeitsindex β = 3,8 für einen Bezugszeitraum von 50 Jahren) ist verknüpft mit der Versagensfolgeklasse CC2 (consequences class): Wohn- und Bürogebäude, öffentliche Gebäude mit mittleren Versagensfolgen.

2.1.3 Nutzungsdauer, Dauerhaftigkeit und Qualitätssicherung

(1) Die Regeln für geplante Nutzungsdauer, Dauerhaftigkeit und Qualitätssicherung enthält DIN EN 1990, Kapitel 2.

Hinweis: DIN EN 1990: Tab. 2.1: Klassifizierung der Nutzungsdauer Klasse 4: Planungsgröße der Nutzungsdauer 50 Jahre für „Gebäude und andere gewöhnliche Tragwerke" → Hochbau

2.2 Grundsätzliches zur Bemessung mit Grenzzuständen

(1) Die Regeln zur Bemessung in Grenzzuständen enthält DIN EN 1990, Kapitel 3.

2.3 Basisvariablen

2.3.1 Einwirkungen und Umgebungseinflüsse

2.3.1.1 Allgemeines

(1) Die bei der Bemessung zu verwendenden Einwirkungen dürfen aus den entsprechenden Teilen der DIN EN 1991 übernommen werden.

ANMERKUNG 1 Für die Bemessung maßgebliche Teile der DIN EN 1991 sind:
DIN EN 1991-1-1: Wichten, Eigengewicht und Nutzlasten im Hochbau
DIN EN 1991-1-2: Brandeinwirkungen auf Tragwerke
DIN EN 1991-1-3: Schneelasten
DIN EN 1991-1-4: Windlasten
DIN EN 1991-1-5: Temperatureinwirkungen
DIN EN 1991-1-6: Einwirkungen während der Bauausführung
DIN EN 1991-1-7: Außergewöhnliche Einwirkungen
DIN EN 1991-2: Verkehrslasten auf Brücken
DIN EN 1991-3: Einwirkungen infolge von Kranen und Maschinen
DIN EN 1991-4: Einwirkungen auf Silos und Flüssigkeitsbehälter

Hinweise: Basisvariable X: Einwirkungen, Widerstände und geometrische Eigenschaften (Begriff aus der Zuverlässigkeitstheorie)

Die Eurocode 1-Teile gelten zusammen mit ihren Nationalen Anhängen.

Eurocode 2: DIN EN 1992-1-1 mit Nationalem Anhang 2 Grundlagen der Tragwerksplanung	Hinweise

ANMERKUNG 2 Einwirkungen, die nur für diese Norm gelten, werden in den entsprechenden Abschnitten angegeben.

ANMERKUNG 3 Einwirkungen aus Erd- und Wasserdruck enthält DIN EN 1997.

ANMERKUNG 4 Werden Setzungen berücksichtigt, dürfen angemessene Schätzwerte der zu erwartenden Setzungen benutzt werden.

ANMERKUNG 5 In den bautechnischen Unterlagen eines einzelnen Projekts dürfen zusätzliche, maßgebliche Einwirkungen definiert werden.

2.3.1.2 Temperaturauswirkungen

(1) In der Regel sind Temperaturauswirkungen für die Nachweise im Grenzzustand der Gebrauchstauglichkeit zu berücksichtigen.

(2) Temperaturauswirkungen sollten für die Nachweise im Grenzzustand der Tragfähigkeit nur dann berücksichtigt werden, wenn sie wesentlich sind (z. B. bei Ermüdung oder beim Nachweis der Stabilität nach Theorie II. Ordnung). In anderen Fällen muss die Temperatur nicht berücksichtigt werden, wenn Verformungsvermögen und Rotationsfähigkeit der Bauteile im ausreichenden Maße nachgewiesen werden können.

(3) Werden Temperaturauswirkungen berücksichtigt, sind sie in der Regel als veränderliche Einwirkungen mit einem Teilsicherheitsbeiwert $\gamma_{Q,T} = 1{,}5$ und dem Kombinationsbeiwert ψ aufzubringen.
Bei linear-elastischer Schnittgrößenermittlung mit den Steifigkeiten der ungerissenen Querschnitte und dem mittleren Elastizitätsmodul E_{cm} darf für Zwang der Teilsicherheitsbeiwert $\gamma_{Q,T} = 1{,}0$ angesetzt werden.

ANMERKUNG Der Kombinationsbeiwert ψ ist im entsprechenden Anhang der DIN EN 1990 und in DIN EN 1991-1-5 definiert.

DIN EN 1990/NA, (NDP) A.1.3.1 (4): Einwirkungen infolge Zwang werden grundsätzlich als veränderliche Einwirkungen $Q_{k,i}$ eingestuft. Eine Verminderung der Steifigkeit, z. B. infolge von Rissbildung oder Relaxation, darf ersatzweise durch Abminderung des Teilsicherheitsbeiwerts $\gamma_{Q,i}$ für Zwang berücksichtigt werden. Einzelheiten werden in den bauartspezifischen Bemessungsnormen geregelt.

DIN EN 1990/NA, Tab. NA.A.1.1 für Temperatureinwirkungen:
charakteristisch $\psi_0 = 0{,}6$
häufig $\psi_1 = 0{,}5$
quasi-ständig $\psi_2 = 0$

Hinweis: Bei Anwendung der DAfStb-Richtlinie „Betonbau beim Umgang mit wassergefährdenden Stoffen" [D2] gelten z. T. abweichende Kombinationsbeiwerte ψ.

2.3.1.3 Setzungs-/Bewegungsunterschiede

(1) Setzungs-/Bewegungsunterschiede des Tragwerks infolge von Bodensetzungen sind in der Regel als ständige Einwirkungen G_{set} in den Einwirkungskombinationen zu behandeln. Im Allgemeinen wird G_{set} aus Werten von Setzungs-/Bewegungsunterschieden $d_{set,i}$ (bezogen auf eine Referenzlage) einzelner Gründungen oder Gründungsteile i bestehen.

ANMERKUNG Es dürfen angemessene Schätzwerte der erwarteten Setzungen verwendet werden.

(2) Auswirkungen von Setzungsunterschieden sind in der Regel immer für die Nachweise im Grenzzustand der Gebrauchstauglichkeit zu berücksichtigen.

(3) Auswirkungen von Setzungsunterschieden sollten für die Nachweise im Grenzzustand der Tragfähigkeit nur dann berücksichtigt werden, wenn sie wesentlich sind (z. B. bei Ermüdung oder beim Nachweis der Stabilität nach Theorie II. Ordnung). In anderen Fällen müssen Setzungsunterschiede nicht berücksichtigt werden, wenn Verformungsvermögen und Rotationsfähigkeit im ausreichenden Maße nachgewiesen werden können.

(4) Werden die Auswirkungen von Setzungsunterschieden berücksichtigt, ist in der Regel ein Teilsicherheitsbeiwert für Setzungen $\gamma_{Q,set} = 1{,}5$ anzusetzen.
Bei linear-elastischer Schnittgrößenermittlung mit den Steifigkeiten der ungerissenen Querschnitte und dem mittleren Elastizitätsmodul E_{cm} darf für Setzungen der Teilsicherheitsbeiwert $\gamma_{Q,set} = 1{,}0$ angesetzt werden.

2.3.1.4 Vorspannung

(1)P Die Vorspannung im Sinne dieses Eurocodes wird durch Zugglieder aus Spannstahl (Drähte, Litzen oder Stäbe) aufgebracht.

(2) Zugglieder dürfen in den Beton eingebettet werden. Sie dürfen im sofortigen Verbund, im nachträglichen Verbund oder ohne Verbund ausgeführt werden.

(3) Zugglieder dürfen auch außerhalb des Bauteils geführt werden. Berührungspunkte bilden hierbei Umlenkelemente und Verankerungen.

(4) Weitere Angaben zur Vorspannung enthält Abschnitt 5.10.

5.10 Spannbetontragwerke

2.3.2 Eigenschaften von Baustoffen, Bauprodukten und Bauteilen

2.3.2.1 Allgemeines

(1) Die Regeln für Material- und Produkteigenschaften enthält DIN EN 1990, Kapitel 4.

(2) Bestimmungen für Beton, Betonstahl und Spannstahl sind in Kapitel 3 oder in den maßgeblichen Produktnormen enthalten.

Beton: DIN EN 206-1/DIN 1045-2
Betonstahl: DIN 488er-Reihe
Spannstahl: Zulassungen

2.3.2.2 Kriechen und Schwinden

(1) Kriechen und Schwinden sind zeitabhängige Eigenschaften des Betons. Ihre Auswirkungen sind in der Regel generell für die Nachweise im Grenzzustand der Gebrauchstauglichkeit zu berücksichtigen.

Kriechzahl und Schwinddehnung siehe 3.1.4 und Anhang B

(2) Kriechen und Schwinden sollten für die Nachweise im Grenzzustand der Tragfähigkeit nur dann berücksichtigt werden, wenn sie wesentlich sind, z. B. bei Stabilitätsnachweisen nach Theorie II. Ordnung. In anderen Fällen müssen Kriechen und Schwinden im GZT nicht berücksichtigt werden, wenn Verformungsvermögen und Rotationsfähigkeit der Bauteile im ausreichenden Maße nachgewiesen werden können.

(3) Wird das Kriechen berücksichtigt, sind in der Regel die Auswirkungen unter der quasi-ständigen Einwirkungskombination zu ermitteln, unabhängig davon, ob eine ständige, eine vorübergehende oder eine außergewöhnliche Bemessungssituation untersucht wird.

ANMERKUNG Im Allgemeinen dürfen die Kriechauswirkungen unter ständigen Lasten und mit dem Mittelwert der Vorspannung ermittelt werden.

2.3.3 Verformungseigenschaften des Betons

(1)P Auswirkungen aus Verformungen, die durch Temperatur, Kriechen und Schwinden hervorgerufen sind, müssen in der Bemessung berücksichtigt werden.

(2) Diese Auswirkungen sind im Allgemeinen ausreichend berücksichtigt, wenn die Anwendungsregeln dieser Norm eingehalten werden. Auf Folgendes sollte ebenfalls Wert gelegt werden:
- Reduzierung von Verformungen und Rissbildung aus früher Belastung von Bauteilen sowie aus Kriechen und Schwinden durch entsprechende Betonzusammensetzung;
- Reduzierung zwangerzeugender Verformungsbehinderungen durch Lager oder Fugen;
- Berücksichtigung auftretenden Zwangs bei der Bemessung.

(3) Für Hochbauten dürfen Auswirkungen aus Temperatur und Schwinden auf das Gesamttragwerk vernachlässigt werden, wenn Fugen im Abstand von d_{joint} vorgesehen werden, die die entstehenden Verformungen aufnehmen können. **Der Fugenabstand d_{joint} muss im Einzelfall bestimmt werden.**

→ *Empfehlungen für Bewegungsfugen:*
EN 1992-1-1: d_{joint} = 30 m (Ortbeton)
DIN 1045:1988: d_{joint} = 30 m bei erhöhter Brandgefahr bzw. andere Fugenabstände abhängig von möglichen Längenänderungen infolge Temperatur und Schwinden

2.3.4 Geometrische Angaben

2.3.4.1 Allgemeines

(1) Die Regeln zu geometrischen Angaben enthält DIN EN 1990, Kapitel 4.

2.3.4.2 Zusätzliche Anforderungen an Bohrpfähle

ANMERKUNG Dieser Abschnitt gilt sinngemäß auch für Ortbeton-Verdrängungspfähle.

(1)P Unsicherheiten in Bezug auf den Querschnitt eines Ortbeton-Bohrpfahles und auf das Betonieren müssen bei der Bemessung berücksichtigt werden.

ANMERKUNG Einflüsse aus der Betonierung gegen den Boden können durch erhöhte Betondeckungen berücksichtigt werden, siehe DIN EN 1536.

(2) Fehlen weitere Angaben, sind für die Bemessung in der Regel folgende Werte für den Durchmesser von Ortbeton-Bohrpfählen mit wieder gewonnener Verrohrung anzunehmen:
- für d_{nom} < 400 mm: $d = d_{nom} - 20$ mm
- für 400 mm ≤ d_{nom} ≤ 1000 mm: $d = 0{,}95 d_{nom}$
- für d_{nom} > 1000 mm: $d = d_{nom} - 50$ mm

Dabei ist d_{nom} der Nenndurchmesser des Pfahls.

ANMERKUNG Die Regelungen in DIN EN 1536 sind als „weitere Angaben" im Sinne von 2.3.4.2 (2) zu verstehen. Absatz (2) muss daher nicht angewendet werden, wenn die Pfähle nach DIN EN 1536 hergestellt werden.

Unbewehrte Ortbeton-Bohrpfähle: Bemessung mit Netto-Durchmesser d:

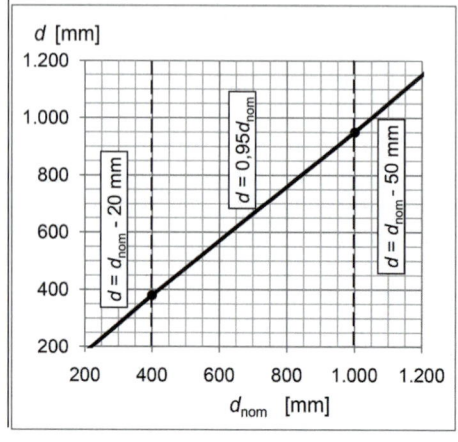

Eurocode 2: DIN EN 1992-1-1 mit Nationalem Anhang	Hinweise
2 Grundlagen der Tragwerksplanung	

2.4 Nachweisverfahren mit Teilsicherheitsbeiwerten

2.4.1 Allgemeines

(1) Die Regeln für das Nachweisverfahren mit Teilsicherheitsbeiwerten enthält DIN EN 1990, Kapitel 6.

→ Auszüge aus Eurocode 0:
Bemessungssituationen Einwirkungen
– P/T ständig oder vorübergehend
– A/E außergewöhnlich oder Erdbeben

2.4.2 Bemessungswerte

2.4.2.1 Teilsicherheitsbeiwerte für Einwirkungen aus Schwinden

(1) Werden Einwirkungen aus Schwinden für die Nachweise im Grenzzustand der Tragfähigkeit berücksichtigt, ist in der Regel ein Teilsicherheitsbeiwert $\gamma_{SH} = 1,0$ zu verwenden.

2.4.2.2 Teilsicherheitsbeiwerte für Einwirkungen aus Vorspannung

(1) Vorspannung wirkt im Allgemeinen günstig. Für die Nachweise im Grenzzustand der Tragfähigkeit ist in der Regel ein Teilsicherheitsbeiwert $\gamma_P = \gamma_{P,fav} = \gamma_{P,unfav} = 1,0$ zu verwenden. Als Bemessungswert der Vorspannung darf der Mittelwert der Vorspannkraft verwendet werden (siehe DIN EN 1990, Kapitel 4).

DIN EN 1990/NA, (NDP) Tab. NA.A.1.2 (B):
Teilsicherheitsbeiwerte für
Einwirkungen (STR/GEO) (Gruppe B)

Einwirkung	Sym-bol	Situationen P/T	A/E
unabhängige ständige Einwirkungen			
ungünstig	$\gamma_{G,sup}$	1,35	1,0
günstig	$\gamma_{G,inf}$	1,0	1,0
unabhängige veränderliche Einw.			
ungünstig	γ_Q	1,5	1,0
günstig	γ_Q	0	0
außergewöhnliche Einw.	γ_A	–	1,0

(2) Für die Nachweise im Grenzzustand der Tragfähigkeit nach Theorie II. Ordnung eines extern vorgespannten Bauteils, bei dem ein erhöhter Wert der Vorspannung ungünstig wirken kann, ist in der Regel $\gamma_{P,unfav} = 1,0$ zu verwenden.

Bei einem nichtlinearen Verfahren der Schnittgrößenermittlung ist ein oberer oder ein unterer Grenzwert für γ_P anzusetzen, wobei die Rissbildung oder die Fugenöffnung (Segmentbauweise) zu berücksichtigen ist:

$\gamma_{P,unfav} = 1,2$ und $\gamma_{P,fav} = 0,83$ (der jeweils ungünstigere Wert ist anzusetzen).

GZT → STR: Versagen oder übermäßige Verformungen des Tragwerks oder seiner Teile, GEO: Versagen oder übermäßige Verformungen des Baugrundes

Lastgruppe B für Tragsicherheitsnachweise in Grenzzuständen STR/GEO

(3) Für die Nachweise von lokalen Auswirkungen ist in der Regel ebenfalls $\gamma_{P,unfav}$ zu verwenden.

Für die Bestimmung von Spaltzugbewehrung ist $\gamma_{P,unfav} = 1,35$ (ständige Last) zu verwenden.

ANMERKUNG Die lokalen Auswirkungen der Verankerung von Spanngliedern im sofortigen Verbund werden in 8.10.2 behandelt.

2.4.2.3 Teilsicherheitsbeiwerte für Einwirkungen beim Nachweis gegen Ermüdung

(1) Der Teilsicherheitsbeiwert für Einwirkungen beim Nachweis gegen Ermüdung ist $\gamma_{F,fat} = 1,0$.

2.4.2.4 Teilsicherheitsbeiwerte für Baustoffe

(1) Für die Nachweise im Grenzzustand der Tragfähigkeit sind für die Baustoffe in der Regel die Teilsicherheitsbeiwerte γ_C und γ_S nach Tabelle 2.1DE zu verwenden.

ANMERKUNG Für die Bemessung im Brandfall gilt DIN EN 1992-1-2.

Tabelle 2.1DE – Teilsicherheitsbeiwerte für Baustoffe in den Grenzzuständen der Tragfähigkeit

	1	2	3
	Bemessungssituationen	γ_C für Beton	γ_S für Betonstahl oder Spannstahl
1	ständig und vorübergehend	1,5	1,15
2	außergewöhnlich	1,3	1,0
3	Ermüdung	1,5	1,15

(2) Für die Nachweise im Grenzzustand der Gebrauchstauglichkeit sind in der Regel die Werte der Teilsicherheitsbeiwerte für Baustoffe $\gamma_C = 1,0$ und $\gamma_S = 1,0$ zu verwenden.

(3) Abgeminderte Werte für γ_C und γ_S dürfen verwendet werden, wenn dies durch Maßnahmen zur Verringerung der Unsicherheit in der Berechnung gerechtfertigt ist.

ANMERKUNG Informationen hierzu enthält der normative Anhang A.

Einzige zulässige Reduktion:
(NDP) A.2.3 (1): $\gamma_{C,red} = 1,35$ bei Fertigteilen mit einer werksmäßigen und ständig überwachten Herstellung mit Überprüfung der Betonfestigkeit an jedem fertigen Bauteil.

2.4.2.5 Teilsicherheitsbeiwerte für Baustoffe bei Gründungen

(1) Bemessungswerte der Bodeneigenschaften sind in der Regel nach DIN EN 1997 zu ermitteln.

mit NA und DIN 1054 [R6]

(2) Bei der Berechnung des Bemessungswiderstands von Ortbeton-Bohrpfählen mit wiedergewonnener Verrohrung ist in der Regel der Teilsicherheitsbeiwert für Beton γ_C nach 2.4.2.4 (1) mit dem Beiwert $k_f = 1,1$ zu multiplizieren.

Bei Bohrpfählen, deren Herstellung nach DIN EN 1536 erfolgt, ist für $k_f = 1,0$ einzusetzen.

2.4.3 Kombinationsregeln für Einwirkungen

(1) Die allgemeinen Kombinationsregeln für Einwirkungen in den Grenzzuständen der Tragfähigkeit und Gebrauchstauglichkeit enthält DIN EN 1990, Kapitel 6.

ANMERKUNG 1 Die detaillierten Formulierungen für Einwirkungskombinationen sind in den normativen Anhängen der DIN EN 1990, z. B. Anhang A.1 für den Hochbau, enthalten.

ANMERKUNG 2 Einwirkungskombinationen beim Nachweis gegen Ermüdung werden in 6.8.3 behandelt.

(2) Für jede ständige Einwirkung darf durchgängig entweder der untere oder der obere Bemessungswert innerhalb eines Tragwerks verwendet werden, je nachdem, welcher Wert ungünstiger wirkt (z. B. Eigenlast eines Tragwerks).

ANMERKUNG Unter Umständen gibt es Ausnahmen zu dieser Regel (z. B. Nachweis der Lagesicherheit, siehe DIN EN 1990, Kapitel 6). In solchen Fällen können andere Teilsicherheitsbeiwerte (Satz A) maßgebend werden.

2.4.4 Nachweis der Lagesicherheit

(1) Das Format beim Nachweis der Lagesicherheit gilt auch für EQU-Bemessungszustände, z. B. für Abhebesicherungen oder den Nachweis gegen das Abheben von Lagern bei Durchlaufträgern.

ANMERKUNG Informationen hierzu enthält Anhang A der DIN EN 1990.

2.5 Versuchsgestützte Bemessung

(1) Die Bemessung von Tragwerken darf durch Versuche unterstützt werden.

ANMERKUNG Informationen hierzu enthält DIN EN 1990, Kapitel 5 und Anhang D.

2.6 Zusätzliche Anforderungen an Gründungen

(1)P Hat die Boden-Bauwerk-Interaktion einen wesentlichen Einfluss auf das Tragwerk, müssen die Bodeneigenschaften und die Auswirkungen der Interaktion nach DIN EN 1997-1 berücksichtigt werden.

(2) Sind wesentliche Setzungsunterschiede wahrscheinlich, sind in der Regel ihre Auswirkungen zu berücksichtigen.

ANMERKUNG Im Allgemeinen dürfen für die Tragwerksbemessung vereinfachte Methoden verwendet werden, die die Auswirkungen von Bodendeformationen vernachlässigen.

(3) Gründungsbauteile aus Beton sind in der Regel in Übereinstimmung mit DIN EN 1997-1 zu dimensionieren.

(4) In der Bemessung sind die Auswirkungen von Setzungen, Hebungen, Gefrieren, Tauen, Erosion usw. zu berücksichtigen, wenn sie maßgebend sind.

2.7 Anforderungen an Befestigungsmittel

(1) Lokal begrenzte und auf das Bauteil bezogene Auswirkungen von Befestigungsmitteln sind in der Regel zu berücksichtigen.

ANMERKUNG Die Anforderungen für die Bemessung von Befestigungsmitteln enthält die Technische Spezifikation „Bemessung der Verankerung von Befestigungen in Beton". Diese Technische Spezifikation wird die Bemessung folgender Befestigungsmittel behandeln:

- einbetonierte Befestigungsmittel wie beispielsweise Kopfbolzen, Ankerschienen
- und nachträglich eingebaute Befestigungsmittel wie beispielsweise: Metallspreizdübel, Hinterschnittdübel, Betonschrauben, Verbunddübel, Verbundspreizdübel und Verbundhinterschnittdübel.

Befestigungsmittel sollten entweder im Einklang mit einer CEN-Norm stehen oder durch eine Europäische Technische Zulassung geregelt sein.

Die Technische Spezifikation „Bemessung von Befestigungsmitteln für die Verwendung in Beton" behandelt die lokale Einleitung von Lasten in ein Bauteil. Bei Entwurf und Bemessung eines Tragwerks sind in der Regel die Einwirkungen und zusätzlichen Anforderungen nach Anhang A dieser Technischen Richtlinie zu berücksichtigen.

Hinweise:

Zu 2.4.4: GZT EQU: Verlust der Lagesicherheit des Tragwerks oder eines seiner Teile als starrer Körper, bei dem:
- kleine Abweichungen der Größe oder der räumlichen Verteilung der Einwirkungen, die den gleichen Ursprung haben, bestimmend sind;
- die Festigkeit von Baustoffen und Bauprodukten oder des Baugrunds im Allgemeinen keinen Einfluss hat.

DIN EN 1990/NA, (NDP) Tab. NA.A.1.2 (A): Teilsicherheitsbeiwerte für Einwirkungen (EQU) (Gruppe A)
→ siehe Erläuterungsteil, Anhang Z.6

DIN EN 1990, Anhang D: Versuchsgestützte Bemessung ist nur informativ. Hier werden spezielle Sicherheitsbeiwerte angegeben.

→ siehe auch: DAfStb-Richtlinie:2000-09: *Belastungsversuche an Massivbauwerken* Belastungsversuche dürfen den Standsicherheitsnachweis bestehender Bauwerke in begründeten Fällen dann ergänzen, wenn dieser trotz gründlicher Bauwerksuntersuchung durch Berechnung nicht erbracht werden kann. In jedem Fall ist eine rechnerische Beurteilung der vorhandenen Tragfähigkeit erforderlich.

Beachte auch DIN EN 1997-1/NA und DIN 1054 [R6].

Bemessungsvorschriften in den Technischen Spezifikationen CEN/TS 1992-4:2009 →
DIN SPEC 1021-4:2009-08: Bemessung der Verankerung von Befestigungen in Beton
DIN SPEC 1021 – Teil 4-1: Allgemeines
DIN SPEC 1021 – Teil 4-2: Kopfbolzen
DIN SPEC 1021 – Teil 4-3: Ankerschienen
DIN SPEC 1021 – Teil 4-4: Dübel – Mechanische Systeme
DIN SPEC 1021 – Teil 4-5: Dübel – Chemische Systeme

Die Bemessung erfolgt auf der Grundlage von produktspezifischen Werten, die in Zulassungen festgelegt sind.

Eurocode 2: DIN EN 1992-1-1 mit Nationalem Anhang 2 Grundlagen der Tragwerksplanung	Kommentar

NA.2.8 Bautechnische Unterlagen

NA.2.8.1 Umfang der bautechnischen Unterlagen

(1) Zu den bautechnischen Unterlagen gehören die für die Ausführung des Bauwerks notwendigen Zeichnungen, die statische Berechnung und – wenn für die Bauausführung erforderlich – eine ergänzende Projektbeschreibung sowie bauaufsichtlich erforderliche Verwendbarkeitsnachweise für Bauprodukte bzw. Bauarten (z. B. allgemeine bauaufsichtliche Zulassungen).

(2) Zu den bautechnischen Unterlagen gehören auch Angaben über den Zeitpunkt und die Art des Vorspannens, das Herstellungsverfahren sowie das Spannprogramm.

Beachte die Zulassungen der Spannverfahren (abZ oder ETA mit nationaler Ergänzung).

NA.2.8.2 Zeichnungen

(1)P Die Bauteile, die einzubauende Betonstahlbewehrung und die Spannglieder sowie alle Einbauteile sind auf den Zeichnungen eindeutig und übersichtlich darzustellen und zu bemaßen. Die Darstellungen müssen mit den Angaben in der statischen Berechnung übereinstimmen und alle für die Ausführung der Bauteile und für die Prüfung der Berechnungen erforderlichen Maße enthalten.

(2)P Auf zugehörige Zeichnungen ist hinzuweisen. Bei nachträglicher Änderung einer Zeichnung sind alle von der Änderung ebenfalls betroffenen Zeichnungen entsprechend zu berichtigen.

(3)P Auf den Bewehrungszeichnungen sind insbesondere anzugeben:
- die erforderliche Festigkeitsklasse, die Expositionsklassen und weitere Anforderungen an den Beton,
- die Betonstahlsorte und die Spannstahlsorte,
- Anzahl, Durchmesser, Form und Lage der Bewehrungsstäbe; gegenseitiger Abstand und Übergreifungslängen an Stößen und Verankerungslängen; Anordnung, Maße und Ausbildung von Schweißstellen; Typ und Lage der mechanischen Verbindungsmittel,
- Rüttelgassen, Lage von Betonieröffnungen,
- das Herstellungsverfahren der Vorspannung; Anzahl, Typ und Lage der Spannglieder sowie der Spanngliedverankerungen und Spanngliedkopplungen sowie Anzahl, Durchmesser, Form und Lage der zugehörigen Betonstahlbewehrung; Typ und Durchmesser der Hüllrohre; Angaben zum Einpressmörtel,
- bei gebogenen Bewehrungsstäben die erforderlichen Biegerollendurchmesser,
- Maßnahmen zur Lagesicherung der Betonstahlbewehrung und der Spannglieder sowie Anordnung, Maße und Ausführung der Unterstützungen der oberen Betonstahlbewehrungslage und der Spannglieder,
- das Verlegemaß c_v der Bewehrung, das sich aus dem Nennmaß der Betondeckung c_{nom} ableitet, sowie das Vorhaltemaß Δc_{dev} der Betondeckung,
- die Fugenausbildung,
- gegebenenfalls besondere Maßnahmen zur Qualitätssicherung.

Zu (3): Bezeichnung Beton, z. B.:
C35/45, XC4, XF3, WF ...
Weitere Anforderungen, z. B. Größtkorn der Gesteinskörnung, Konsistenzklasse, Spannbeton, LP-Beton, WU-Beton, FD-Beton ...

Bezeichnungen nach DIN 488: [R4]
Betonstahlsorten B500A (normalduktil) und B500B (hochduktil)
→ gerippter Betonstabstahl der Stahlsorte B500B (1.0439) mit einem Nenndurchmesser d = 20,0 mm:
Betonstabstahl DIN 488 – B500B – 20,0
→ Betonstahlmatte nach DIN 488-4 der Stahlsorte B500A mit Längsstäben 12 mm und Querstäben 8 mm im Abstand von 125 mm, jeweils 2 Randstäbe 10 mm längs und 7 mm quer:
Betonstahlmatte DIN 488-4 – B500A – 125 × 12/10-2/2 – 125 × 8/7-2/2

Biegerollendurchmesser siehe Tab. 8.1DE

Maßnahmen zur Lagesicherung der Betonstahlbewehrung: z. B. Abstandhalter und Unterstützungen

siehe 4.4.1 Betondeckung und z. B. DBV-Merkblatt *„Betondeckung und Bewehrung nach Eurocode 2"*

siehe z. B. Qualitätssicherung für die Reduktion des Vorhaltemaßes in 4.4.1.3 (3)

(4)P Für Schalungs- und Traggerüste, für die eine statische Berechnung erforderlich ist, sind Zeichnungen für die Baustelle anzufertigen; ebenso für Schalungen, die hohen seitlichen Druck des Frischbetons aufnehmen müssen.

NA.2.8.3 Statische Berechnungen

(1)P Das Tragwerk und die Lastabtragung sind zu beschreiben. Die Tragfähigkeit und die Gebrauchstauglichkeit der baulichen Anlage und ihrer Bauteile sind in der statischen Berechnung übersichtlich und leicht prüfbar nachzuweisen. Mit numerischen Methoden erzielte Rechenergebnisse sollten grafisch dargestellt werden.

(2) Für Regeln, die von den in dieser Norm angegebenen Anwendungsregeln abweichen, und für abweichende außergewöhnliche Gleichungen ist die Fundstelle anzugeben, sofern diese allgemein zugänglich ist, sonst sind die Ableitungen so weit zu entwickeln, dass ihre Richtigkeit geprüft werden kann.

Zu (4)P:
- DIN 18218: *Frischbetondruck auf lotrechte Schalungen* [R11]
- DIN EN 12812: *Traggerüste – Anforderungen, Bemessung und Entwurf* [R12]
- DIBt-*Anwendungsrichtlinie für Traggerüste nach DIN EN 12812* [R13]

Zu (1)P: Beachte auch:
BVPI–Ri–EDV–AP–2001: Richtlinie für das Aufstellen und Prüfen EDV-unterstützter Standsicherheitsnachweise [9]
→ www.bvpi.de

NA.2.8.4 Baubeschreibung

(1)P Angaben, die für die Bauausführung oder für die Prüfung der Zeichnungen oder der statischen Berechnung notwendig sind, aber aus den

Eurocode 2: DIN EN 1992-1-1 mit Nationalem Anhang 3 Baustoffe	Hinweise

Unterlagen nach NA.2.8.2 und NA.2.8.3 nicht ohne Weiteres entnommen werden können, müssen in einer Baubeschreibung enthalten und erläutert sein. Dazu gehören auch die erforderlichen Angaben für Beton mit gestalteten Ansichtsflächen.

siehe z. B. DBV-Merkblatt *„Sichtbeton"* [DBV9] oder FDB-Merkblatt Nr. 1: *Sichtbetonflächen von Fertigteilen aus Beton und Stahlbeton* [23]

3 BAUSTOFFE

3.1 Beton

3.1.1 Allgemeines

(1)P Die folgenden Abschnitte enthalten Prinzipien und Anwendungsregeln für Normalbeton und hochfesten Beton.

(2) Die Regeln für Leichtbeton sind im Abschnitt 11 enthalten.

(NA.3) Die Abschnitte 3.1 und 11.3.1 gelten für Beton nach DIN EN 206-1 in Verbindung mit DIN 1045-2.

3.1.2 Festigkeiten

(1)P Die Betondruckfestigkeit wird nach Betonfestigkeitsklassen gegliedert, die sich auf die charakteristische (5 %) Zylinderdruckfestigkeit f_{ck} oder die Würfeldruckfestigkeit $f_{ck,cube}$ nach DIN EN 206-1 beziehen.

(2)P Die Festigkeitsklassen dieser Norm beziehen sich auf die charakteristische Zylinderdruckfestigkeit f_{ck} für ein Alter von 28 Tagen mit einem Maximalwert von C_{max} = C100/115.

ANMERKUNG Für die Herstellung von Beton der Festigkeitsklassen C90/105 und C100/115 bedarf es nach DIN 1045-2 weiterer auf den Verwendungszweck abgestimmter Nachweise.

(3) In Tabelle 3.1 sind die charakteristischen Festigkeiten f_{ck} mit den ihnen zugeordneten mechanischen Eigenschaften angegeben, die für die Bemessung notwendig sind.

Tabelle 3.1 – Festigkeits- und Formänderungskennwerte für Beton

			Betonfestigkeitsklasse													
1	f_{ck}	N/mm²	12 [1)]	16	20	25	30	35	40	45	50	55	60	70	80	90	100 [2)]
2	$f_{ck,cube}$	N/mm²	15	20	25	30	37	45	50	55	60	67	75	85	95	105	115
3	f_{cm}	N/mm²	20	24	28	33	38	43	48	53	58	63	68	78	88	98	108
4	f_{ctm}	N/mm²	1,6	1,9	2,2	2,6	2,9	3,2	3,5	3,8	4,1	4,2	4,4	4,6	4,8	5,0	5,2
5	$f_{ctk;0,05}$	N/mm²	1,1	1,3	1,5	1,8	2,0	2,2	2,5	2,7	2,9	3,0	3,1	3,2	3,4	3,5	3,7
6	$f_{ctk;0,95}$	N/mm²	2,0	2,5	2,9	3,3	3,8	4,2	4,6	4,9	5,3	5,5	5,7	6,0	6,3	6,6	6,8
7	$E_{cm} \cdot 10^{-3}$	N/mm²	27	29	30	31	33	34	35	36	37	38	39	41	42	44	45
8	ε_{c1}	‰	1,8	1,9	2,0	2,1	2,2	2,25	2,3	2,4	2,45	2,5	2,6	2,7	2,8	2,8	2,8
9	ε_{cu1}	‰	3,5									3,2	3,0	2,8	2,8	2,8	2,8
10	ε_{c2}	‰	2,0									2,2	2,3	2,4	2,5	2,6	2,6
11	ε_{cu2}	‰	3,5									3,1	2,9	2,7	2,6	2,6	2,6
12	n		2,0									1,75	1,6	1,45	1,4	1,4	1,4
13	ε_{c3}	‰	1,75									1,8	1,9	2,0	2,2	2,3	2,4
14	ε_{cu3}	‰	3,5									3,1	2,9	2,7	2,6	2,6	2,6

(NCI) [1)] Die Festigkeitsklasse C12/15 darf nur bei vorwiegend ruhenden Einwirkungen verwendet werden.
[2)] Die analytischen Beziehungen interpolieren nur bis C90/105. Die Werte für C100/115 wurden unabhängig davon festgelegt.

Analytische Beziehungen:

Zeile 3: $f_{cm} = f_{ck} + 8$
Zeile 4: $f_{ctm} = 0{,}30 f_{ck}^{(2/3)}$ für ≤ C50/60; $f_{ctm} = 2{,}12 \cdot \ln[1 + (f_{cm} / 10)]$ für > C50/60
Zeilen 5 und 6: $f_{ctk;0,05} = 0{,}7 f_{ctm}$ (5 %-Quantil); $f_{ctk;0,95} = 1{,}3 f_{ctm}$ (95 %-Quantil)
Zeile 7: $E_{cm} = 22.000 \cdot (f_{cm} / 10)^{0,3}$ [N/mm²]; $E_{cm} = 22 \cdot (f_{cm} / 10)^{0,3}$ [GPa]
Zeile 8:   siehe Bild 3.2; ε_{c1} (‰) $= 0{,}7 f_{cm}^{0,31} \le 2{,}8$
Zeile 9:   siehe Bild 3.2, für f_{ck} > 50 N/mm²: ε_{cu1} (‰) $= 2{,}8 + 27 \left[(98 - f_{cm}) / 100\right]^{4}$
Zeile 10:   siehe Bild 3.3, für f_{ck} > 50 N/mm²: ε_{c2} (‰) $= 2{,}0 + 0{,}085 \cdot (f_{ck} - 50)^{0,53}$
Zeile 11:   siehe Bild 3.3, für f_{ck} > 50 N/mm²: ε_{cu2} (‰) $= 2{,}6 + 35 \left[(90 - f_{ck}) / 100\right]^{4}$
Zeile 12:   für f_{ck} > 50 N/mm²: $n = 1{,}4 + 23{,}4 \left[(90 - f_{ck}) / 100\right]^{4}$
Zeile 13:   siehe Bild 3.4, für f_{ck} > 50 N/mm²: ε_{c3} (‰) $= 1{,}75 + 0{,}55 \left[(f_{ck} - 50) / 40\right]$
Zeile 14:   siehe Bild 3.4, für f_{ck} > 50 N/mm²: ε_{cu3} (‰) $= 2{,}6 + 35 \left[(90 - f_{ck}) / 100\right]^{4}$

Eurocode 2: DIN EN 1992-1-1 mit Nationalem Anhang 3 Baustoffe	Hinweise

(4) Für bestimmte Anwendungsfälle (z. B. bei Vorspannung) darf unter Umständen die Druckfestigkeit des Betons für ein Alter von weniger oder mehr als 28 Tagen auf der Grundlage von Prüfkörpern bestimmt werden, die unter anderen als den in DIN EN 12390 angegebenen Bedingungen gelagert wurden.

DIN EN 12390-2: Prüfung von Festbeton – Teil 2: Herstellung und Lagerung von Probekörpern für Festigkeitsprüfungen

Falls die Betonfestigkeit für ein Alter von $t > 28$ Tagen bestimmt wird, sind in der Regel die in 3.1.6 (1)P und 3.1.6 (2)P definierten Beiwerte α_{cc} und α_{ct} um den Faktor k_t zu reduzieren.

==Der Wert k_t muss entsprechend der Festigkeitsentwicklung im Einzelfall festgelegt werden.==

(5) Muss die Betondruckfestigkeit $f_{ck}(t)$ für ein Alter t für bestimmte Bauzustände (z. B. Ausschalen, Übertragung der Vorspannung) angegeben werden, darf diese wie folgt bestimmt werden:

$f_{ck}(t) = f_{cm}(t) - 8$ [N/mm²]   für $3 < t < 28$ Tage

$f_{ck}(t) = f_{ck}$ für $t \geq 28$ Tage

Genauere Werte speziell für $t \leq 3$ Tage sollten auf der Basis von Versuchen bestimmt werden.

(6) Die Betondruckfestigkeit im Alter t hängt vom Zementtyp, der Temperatur und den Lagerungsbedingungen ab. Bei einer mittleren Temperatur von 20 °C und bei Lagerung nach DIN EN 12390 darf die Betondruckfestigkeit zu unterschiedlichen Zeitpunkten $f_{cm}(t)$ mit den Gleichungen (3.1) und (3.2) ermittelt werden.

Zu (6): grafische Auswertung von Gl. (3.1) mit (3.2):

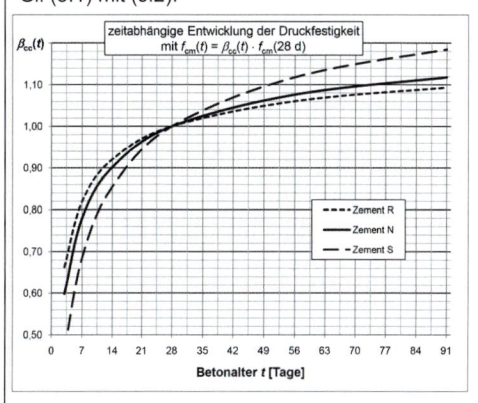

$f_{cm}(t) = \beta_{cc}(t) \cdot f_{cm}$ (3.1)

mit

$\beta_{cc}(t) = e^{s \cdot (1 - \sqrt{28/t})}$ (3.2)

Dabei ist

$f_{cm}(t)$ die mittlere Betondruckfestigkeit für ein Alter von t Tagen;

f_{cm} die mittlere Druckfestigkeit nach 28 Tagen gemäß Tabelle 3.1;

$\beta_{cc}(t)$ ein vom Alter des Betons t abhängiger Beiwert;

t das Alter des Betons in Tagen;

s ein vom verwendeten Zementtyp abhängiger Beiwert:

$s = 0{,}20$ für Zement der Festigkeitsklassen CEM 42,5 R, CEM 52,5 N und CEM 52,5 R (Klasse R),

$s = 0{,}25$ für Zement der Festigkeitsklassen CEM 32,5 R, CEM 42,5 N (Klasse N),

$s = 0{,}38$ für Zement der Festigkeitsklassen CEM 32,5 N (Klasse S).

==Für hochfeste Betone gilt für alle Zemente $s = 0{,}20$.==

NA.1.5.2.11: hochfester Beton: Festigkeitsklasse $\geq$ C55/67 bzw. $\geq$ LC55/60.

In Fällen, in denen der Beton nicht der geforderten Druckfestigkeit nach 28 Tagen entspricht, sind die Gleichungen (3.1) und (3.2) nicht geeignet.

Es ist nicht zulässig, mit den Regeln dieses Abschnittes eine nichtkonforme Druckfestigkeitsklasse über die Nacherhärtung des Betons im Nachhinein zu rechtfertigen.

Zur Wärmebehandlung von Bauteilen siehe 10.3.1.1 (3).

(7)P Die Zugfestigkeit bezieht sich auf die höchste Spannung, die bei zentrischer Zugbeanspruchung erreicht wird. Für die Biegezugfestigkeit siehe auch 3.1.8 (1).

Zu (9): grafische Auswertung von Gl. (3.4) mit (3.2):

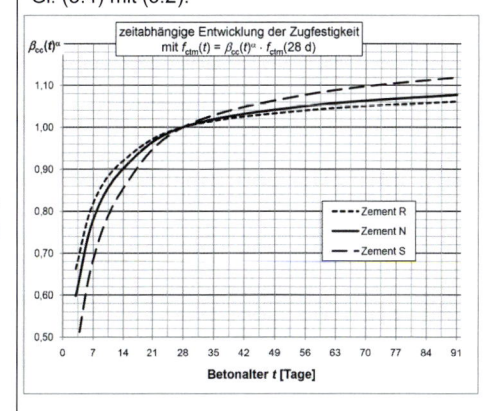

(8) Wenn die Zugfestigkeit mittels der Spaltzugfestigkeit $f_{ct,sp}$ bestimmt wird, darf näherungsweise der Wert der einachsigen Zugfestigkeit f_{ct} mit folgender Gleichung ermittelt werden:

$f_{ct} = 0{,}9 \cdot f_{ct,sp}$ (3.3)

(9) Die zeitabhängige Entwicklung der Zugfestigkeit hängt besonders stark von der Nachbehandlung und den Trocknungsbedingungen sowie der Bauteilgröße ab. Wenn keine genaueren Werte vorliegen, darf die Zugfestigkeit $f_{ctm}(t)$ wie folgt angenommen werden:

$f_{ctm}(t) = [\beta_{cc}(t)]^\alpha \cdot f_{ctm}$ (3.4)

mit $\beta_{cc}(t)$ aus Gleichung (3.2)

und $\alpha = 1$ für $t < 28$ Tage; $\alpha = 2/3$ für $t \geq 28$ Tage.

Die Werte für f_{ctm} sind in Tabelle 3.1 enthalten.

ANMERKUNG Wenn die zeitabhängige Entwicklung der Zugfestigkeit von Bedeutung ist, wird empfohlen, dass zusätzliche Prüfungen unter Berücksichtigung der Umgebungsbedingungen und der Bauteilgröße durchgeführt werden.

3.1.3 Elastische Verformungseigenschaften

(1) Die elastischen Verformungseigenschaften des Betons hängen in hohem Maße von seiner Zusammensetzung (vor allem von der Gesteinskörnung) ab. Die folgenden Angaben stellen deshalb lediglich Richtwerte dar. Sie sind in der Regel dann gesondert zu ermitteln, wenn das Tragwerk empfindlich auf entsprechende Abweichungen reagiert.

Zu (2): Richtwerte tabellarisch (vgl. auch MC 90 [12]): $E_{cm,mod} = \alpha_E \cdot E_{cm}$

Gesteinskörnung	α_E
Basalt, dichter Kalkstein	1,2
Quarz, Quarzit	1,0
Kalkstein	0,9
Sandstein	0,7

(2) Der Elastizitätsmodul eines Betons hängt von den Elastizitätsmoduln seiner Bestandteile ab. Tabelle 3.1 enthält die Richtwerte für den Elastizitätsmodul E_{cm} (Sekantenwert zwischen $\sigma_c = 0$ und $0{,}4f_{cm}$) für Betonsorten mit quarzithaltigen Gesteinskörnungen. Bei Kalkstein- und Sandsteingesteinskörnungen sollten die Werte um 10 % bzw. 30 % reduziert werden. Bei Basaltgesteinskörnungen sollte der Wert um 20 % erhöht werden.

Zu (3): grafische Auswertung von Gl. (3.5)

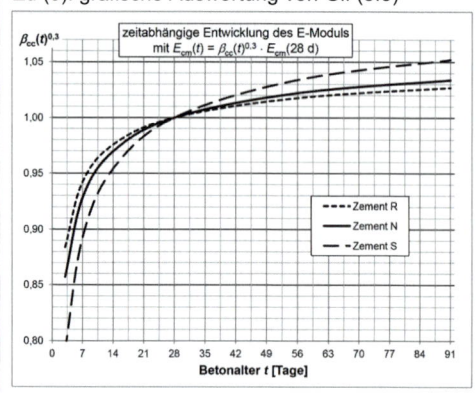

(3) Die zeitabhängige Änderung des Elastizitätsmoduls darf mit folgender Gleichung ermittelt werden:

$$E_{cm}(t) = [f_{cm}(t) / f_{cm}]^{0{,}3} \cdot E_{cm} \qquad (3.5)$$

wobei $E_{cm}(t)$ und $f_{cm}(t)$ die Werte im Alter von t Tagen bzw. E_{cm} und f_{cm} die Werte im Alter von 28 Tagen sind. Die Beziehung zwischen $f_{cm}(t)$ und f_{cm} entspricht Gleichung (3.1).

(4) Die *Poisson*'sche Zahl (Querdehnzahl) darf für ungerissenen Beton mit 0,2 und für gerissenen Beton zu Null angesetzt werden.

Zu (4): Querdehnzahl μ

(5) Liegen keine genaueren Informationen vor, darf die lineare Wärmedehnzahl mit $10 \cdot 10^{-6} \, K^{-1}$ angesetzt werden.

Zu (5): Die Wärmedehnzahl α_c (bzw. α_T) hängt wesentlich von der Gesteinskörnung ab → Richtwerte aus [D425]:

Gesteinskörnung	α_c [10^{-6}/K]
Quarz, Quarzit, Sandstein	11 – 13
Granit	8 – 10
Basalt	7 – 9
dichter Kalkstein	6 – 8
α_c: wassergesättigt – lufttrocken	

3.1.4 Kriechen und Schwinden

(1)P Kriechen und Schwinden des Betons hängen hauptsächlich von der Umgebungsfeuchte, den Bauteilabmessungen und der Betonzusammensetzung ab. Das Kriechen wird auch vom Grad der Erhärtung des Betons beim erstmaligen Aufbringen der Last sowie von der Dauer und der Größe der Beanspruchung beeinflusst.

(2) Die Kriechzahl $\varphi(t,t_0)$ bezieht sich auf den Tangentenmodul E_c, der mit $1{,}05 E_{cm}$ angenommen werden darf. Wenn keine besondere Genauigkeit erforderlich ist, darf der in Bild 3.1 angegebene Wert als Endkriechzahl angesehen werden, wenn die Betondruckspannung zum Zeitpunkt des Belastungsbeginns $t = t_0$ nicht mehr als $0{,}45 f_{ck}(t_0)$ beträgt.

lineares Kriechen

ANMERKUNG Weitere Informationen, einschließlich der zeitabhängigen Kriechentwicklung, sind im Anhang B enthalten.

Anhang B normativ

Die Endkriechzahlen und Schwinddehnungen dürfen als zu erwartende Mittelwerte angesehen werden. Die mittleren Variationskoeffizienten für die Vorhersage der Endkriechzahl und der Schwinddehnung liegen bei etwa 30 %. Für gegenüber Kriechen und Schwinden empfindliche Tragwerke sollte die mögliche Streuung dieser Werte berücksichtigt werden.

(3) Die Kriechverformung von Beton $\varepsilon_{cc}(\infty, t_0)$ im Alter $t = \infty$ bei konstanter Druckspannung σ_c, aufgebracht im Betonalter t_0, darf mit folgender Gleichung berechnet werden:

Zu (4): nichtlineares Kriechen Gl. (3.7)

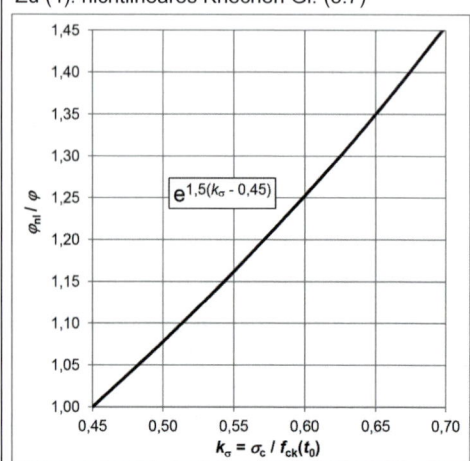

$$\varepsilon_{cc}(\infty, t_0) = \varphi(\infty, t_0) \cdot (\sigma_c / E_c) \qquad (3.6)$$

(4) Wenn die Betondruckspannung im Alter t_0 den Wert $0{,}45 f_{ck}(t_0)$ übersteigt, ist in der Regel die Nichtlinearität des Kriechens zu berücksichtigen. Diese hohen Spannungen können durch Vorspannung mit sofortigem Verbund entstehen, z. B. bei Fertigteilen im Bereich der Spannglieder. In diesen Fällen darf die nichtlineare rechnerische Kriechzahl wie folgt ermittelt werden:

$$\varphi_{nl}(\infty, t_0) = \varphi(\infty, t_0) \cdot e^{1{,}5 (k_\sigma - 0{,}45)} \qquad (3.7)$$

Dabei ist

$\varphi_{nl}(\infty, t_0)$ die nichtlineare rechnerische Kriechzahl, die $\varphi(\infty, t_0)$ ersetzt;

k_σ das Spannungs-Festigkeitsverhältnis $\sigma_c / f_{ck}(t_0)$, wobei σ_c die Druckspannung ist und $f_{ck}(t_0)$ der charakteristische Wert der Betondruckfestigkeit zum Zeitpunkt der Belastung.

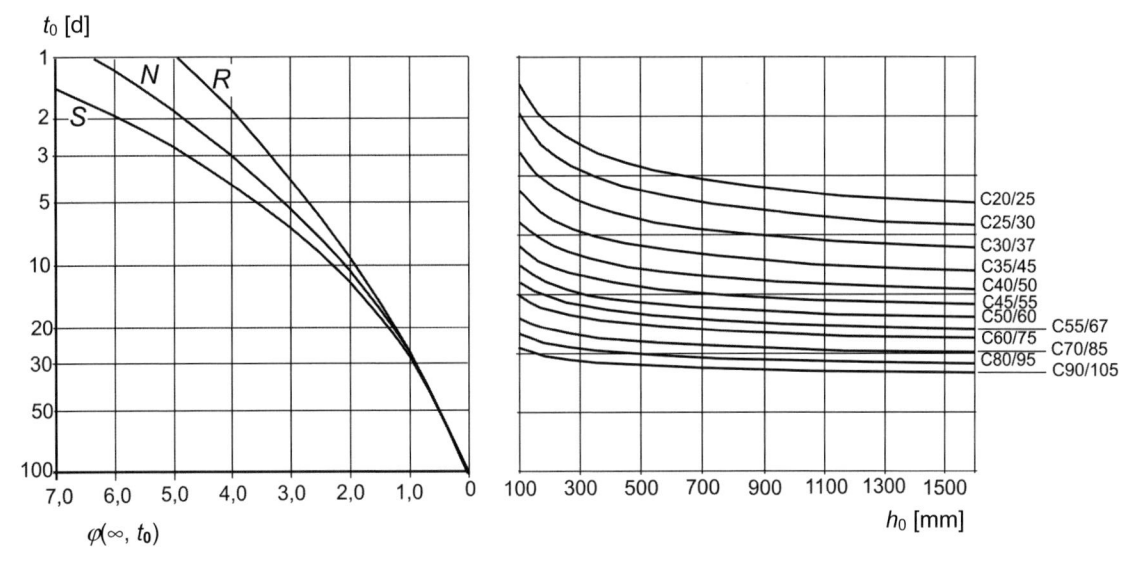

Eurocode 2: DIN EN 1992-1-1 mit Nationalem Anhang 3 Baustoffe	Hinweise

a) trockene Innenräume, relative Luftfeuchte = 50 %

ANMERKUNG
- der Schnittpunkt der Linien 4 und 5 kann auch über dem Punkt 1 liegen
- für $t_0 > 100$ Tage darf $t_0 = 100$ Tage angenommen werden (Tangentenlinie ist zu verwenden)

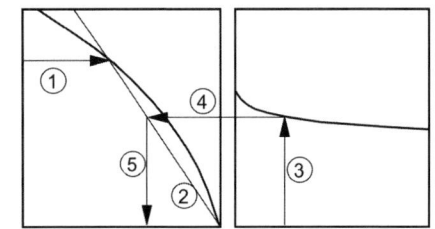

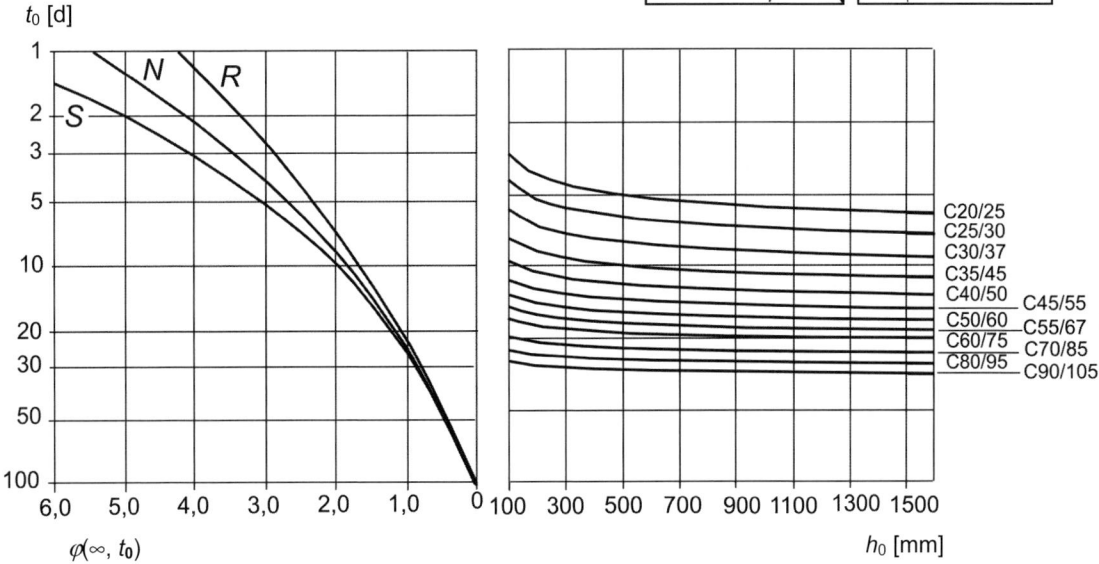

b) Außenluft, relative Luftfeuchte = 80 %

Bild 3.1 – Methode zur Bestimmung der Kriechzahl $\varphi(\infty, t_0)$ für Beton bei normalen Umgebungsbedingungen

(5) Die in Bild 3.1 angegebenen Werte gelten für mittlere relative Luftfeuchten zwischen 40 % und 100 % und für Umgebungstemperaturen zwischen –40 °C und +40 °C. Folgende Formelzeichen werden verwendet: $\varphi(\infty, t_0)$ Endkriechzahl; t_0 Alter des Betons bei der ersten Lastbeanspruchung in Tagen; h_0 wirksame Querschnittsdicke mit $h_0 = 2A_c / u$, wobei A_c die Betonquerschnittsfläche und u die Umfangslänge der dem Trocknen ausgesetzten Querschnittsflächen sind; ANMERKUNG u – bei Hohlkästen einschließlich 50 % des inneren Umfangs S Zement der Klasse S nach 3.1.2 (6); N Zement der Klasse N nach 3.1.2 (6); R Zement der Klasse R nach 3.1.2 (6).	Zementklassen R: CEM 42,5 R, CEM 52,5 N und CEM 52,5 R (rapid – höhere Anfangsfestigkeit) N: CEM 32,5 R, CEM 42,5 N (normale Anfangsfestigkeit) S: CEM 32,5 N (slow – niedrige Anfangsfestigkeit) Innerer Umfang u mit 50 % nur, wenn der Hohlkasten geschlossen ist und nicht durchlüftet wird (anderenfalls innerer Umfang mit 100 %).

(6) Die Gesamtschwinddehnung setzt sich aus zwei Komponenten zusammen: der Trocknungsschwinddehnung und der autogenen Schwinddehnung.

Die Trocknungsschwinddehnung bildet sich langsam aus, da sie eine Funktion der Wassermigration durch den erhärteten Beton ist. Die autogene Schwinddehnung bildet sich bei der Betonerhärtung aus: Der Hauptanteil bildet sich bereits in den ersten Tagen nach dem Betonieren aus. Das autogene Schwinden ist eine lineare Funktion der Betonfestigkeit. Es sollte insbesondere dort berücksichtigt werden, wo Frischbeton auf bereits erhärteten Beton aufgebracht wird.

Somit ergibt sich die Gesamtschwinddehnung ε_{cs} aus

$$\varepsilon_{cs} = \varepsilon_{cd} + \varepsilon_{ca} \tag{3.8}$$

Dabei ist

ε_{cs} die Gesamtschwinddehnung;

ε_{cd} die Trocknungsschwinddehnung des Betons;

ε_{ca} die autogene Schwinddehnung.

Der Endwert der Trocknungsschwinddehnung beträgt $\varepsilon_{cd,\infty} = k_h \cdot \varepsilon_{cd,0}$.

Der Grundwert $\varepsilon_{cd,0}$ darf Tabelle 3.2 entnommen werden (erwartete Mittelwerte mit einem Variationskoeffizienten von ca. 30 %).

ANMERKUNG Die Gleichung für $\varepsilon_{cd,0}$ ist im Anhang B angegeben.

Hinweis: Anhang B: Kriechen und Schwinden ==normativ==

$\varepsilon_{cd,0}$ nach Gleichung (B.11)

Tabelle 3.2 – Grundwerte für die unbehinderte Trocknungsschwinddehnung $\varepsilon_{cd,0}$ (in ‰) CEM Klasse N

	1	2	3	4	5	6	7
	f_{ck} / $f_{ck,cube}$ (N/mm²)	\multicolumn{6}{c}{Relative Luftfeuchte (in %)}					
		20	40	60	80	90	100
1	20/25	0,62	0,58	0,49	0,30	0,17	0
2	40/50	0,48	0,46	0,38	0,24	0,13	0
3	60/75	0,38	0,36	0,30	0,19	0,10	0
4	80/95	0,30	0,28	0,24	0,15	0,08	0
5	90/105	0,27	0,25	0,21	0,13	0,07	0

ANMERKUNG Weitere Grundwerte für die unbehinderte Trocknungsschwinddehnung $\varepsilon_{cd,0}$ sind für die Zementklassen S, N, R und die Luftfeuchten RH = 40 % bis RH = 90 % im Anhang B als Tabellen NA.B.1 bis NA.B.3 ergänzt.

Die zeitabhängige Entwicklung der Trocknungsschwinddehnung folgt aus:

$$\varepsilon_{cd}(t) = \beta_{ds}(t, t_s) \cdot k_h \cdot \varepsilon_{cd,0} \tag{3.9}$$

Dabei ist

k_h ein von der wirksamen Querschnittsdicke h_0 abhängiger Koeffizient gemäß Tabelle 3.3.

Hinweis: $\varepsilon_{cd}(\infty) = k_h \cdot \varepsilon_{cd,0}$

Tabelle 3.3 – k_h-Werte in Gl. (3.9)

	1	2
	h_0	k_h
1	100 mm	1,0
2	200 mm	0,85
3	300 mm	0,75
4	≥ 500 mm	0,70

Hinweis: $h_0 = 2A_c / u$

$$\beta_{ds}(t, t_s) = \frac{(t - t_s)}{(t - t_s) + 0{,}04\sqrt{h_0^3}} \tag{3.10}$$

Dabei ist

t Alter des Betons in Tagen zum betrachteten Zeitpunkt;

t_s Alter des Betons in Tagen zu Beginn des Trocknungsschwindens (oder des Quellens). Normalerweise das Alter am Ende der Nachbehandlung;

h_0 wirksame Querschnittsdicke (mm) $h_0 = 2A_c / u$.

Dabei ist

A_c die Betonquerschnittsfläche;

u die Umfangslänge der dem Trocknen ausgesetzten Querschnittsflächen.

Hinweis: Auf der sicheren Seite liegt die Annahme: $\beta_{ds}(\infty, t_s) = 1{,}0$ für $(t - t_s) = \infty$

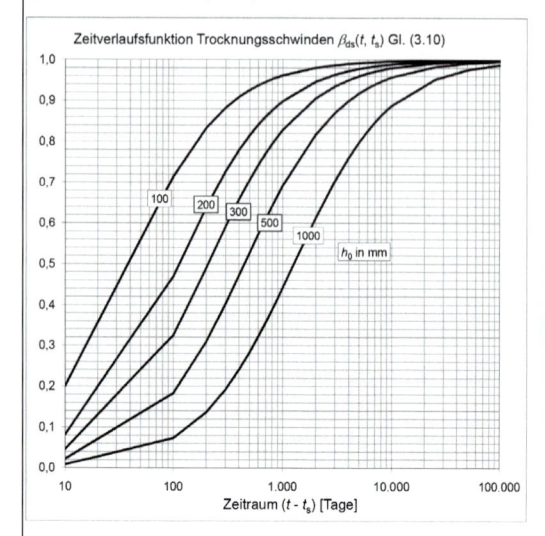

Die autogene Schwinddehnung folgt aus:

$$\varepsilon_{ca}(t) = \beta_{as}(t) \cdot \varepsilon_{ca}(\infty) \tag{3.11}$$

Dabei ist

$$\varepsilon_{ca}(\infty) = 2{,}5 \cdot (f_{ck} - 10) \cdot 10^{-6} \tag{3.12}$$

$$\beta_{as}(t) = 1 - e^{-0{,}2 \cdot \sqrt{t}} \quad \text{mit } t \text{ in Tagen.} \tag{3.13}$$

Eurocode 2: DIN EN 1992-1-1 mit Nationalem Anhang 3 Baustoffe	Hinweise

3.1.5 Spannungs-Dehnungs-Linie für nichtlineare Verfahren der Schnittgrößenermittlung und für Verformungsberechnungen

(1) Der in Bild 3.2 dargestellte Zusammenhang zwischen σ_c und ε_c für eine kurzzeitig wirkende, einaxiale Druckbeanspruchung wird durch Gleichung (3.14) beschrieben:

$$\frac{\sigma_c}{f_{cm}} = \frac{k\eta - \eta^2}{1 + (k-2)\eta} \qquad (3.14)$$

Dabei ist

η = $\varepsilon_c / \varepsilon_{c1}$;

ε_{c1} die Stauchung beim Höchstwert der Betondruckspannung gemäß Tabelle 3.1;

k = $1{,}05 E_{cm} \cdot |\varepsilon_{c1}| / f_{cm}$ (f_{cm} nach Tabelle 3.1).

Die Gleichung (3.14) gilt für $0 < |\varepsilon_c| < |\varepsilon_{cu1}|$, wobei ε_{cu1} die rechnerische Bruchdehnung ist.

Für Rotationsnachweise nach Abschnitt 5.6.3, für das Allgemeine Verfahren Theorie II. Ordnung nach Abschnitt 5.8.6 oder für nichtlineare Verfahren nach Abschnitt 5.7, sind für f_{cm} die dort angegebenen Werte zu verwenden.

→ aus Tab. 3.1 für normalfeste Betone:
ε_{cu1} = 3,5 ‰

Beton	ε_{c1} [‰]	f_{cm} [N/mm²]	E_{cm} [N/mm²]
C12/15	1,8	20	27.100
C16/20	1,9	24	28.600
C20/25	2,0	28	30.000
C25/30	2,1	33	31.500
C30/37	2,2	38	32.800
C35/45	2,25	43	34.100
C40/50	2,3	48	35.200
C45/55	2,4	53	36.300
C50/60	2,45	58	37.300

Tangentenmodul E_c = $1{,}05 E_{cm}$ (siehe 3.1.4 (2))

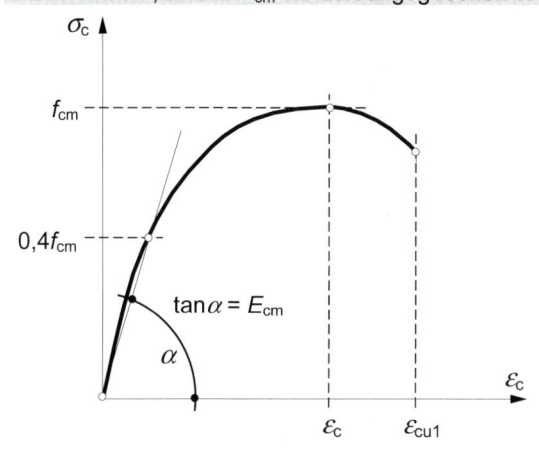

Bild 3.2 – Spannungs-Dehnungs-Linie für die Schnittgrößenermittlung mit nichtlinearen Verfahren und für Verformungsberechnungen

(2) Andere idealisierte Spannungs-Dehnungs-Linien dürfen verwendet werden, wenn sie das Verhalten des untersuchten Betons angemessen wiedergeben, d. h., sie müssen dem in Absatz (1) beschriebenen Ansatz gleichwertig sein.

3.1.6 Bemessungswert der Betondruck- und Betonzugfestigkeit

(1)P Der Bemessungswert der Betondruckfestigkeit wird definiert als

$$f_{cd} = \alpha_{cc} \cdot f_{ck} / \gamma_c \qquad (3.15)$$

Dabei ist

γ_c der Teilsicherheitsbeiwert für Beton siehe 2.4.2.4;

α_{cc} der Beiwert zur Berücksichtigung von Langzeitauswirkungen auf die Betondruckfestigkeit und von ungünstigen Auswirkungen durch die Art der Beanspruchung: α_{cc} = 0,85.

  In begründeten Fällen (z. B. Kurzzeitbelastung) dürfen auch höhere Werte für α_{cc} (mit $\alpha_{cc} \leq 1$) angesetzt werden.

(2)P Der Bemessungswert der Betonzugfestigkeit f_{ctd} wird definiert als

$$f_{ctd} = \alpha_{ct} \cdot f_{ctk;0,05} / \gamma_c \qquad (3.16)$$

Dabei ist

γ_c der Teilsicherheitsbeiwert für Beton siehe 2.4.2.4;

α_{ct} der Beiwert zur Berücksichtigung von Langzeitauswirkungen auf die Betonzugfestigkeit und von ungünstigen Auswirkungen durch die Art der Beanspruchung: α_{ct} = 0,85.

  Bei der Ermittlung der Verbundspannungen f_{bd} nach 8.4.2 (2) darf α_{ct} = 1,0 angesetzt werden.

Bemessungssituationen	γ_c
ständig und vorübergehend	1,5
außergewöhnlich	1,3

Eurocode 2: DIN EN 1992-1-1 mit Nationalem Anhang	Hinweise
3 Baustoffe	

3.1.7 Spannungs-Dehnungs-Linie für die Querschnittsbemessung

(1) Für die Querschnittsbemessung darf die in Bild 3.3 dargestellte Spannungs-Dehnungs-Linie verwendet werden (Stauchungen positiv):

$$\sigma_c = f_{cd}\left[1-\left(1-\frac{\varepsilon_c}{\varepsilon_{c2}}\right)^n\right] \quad \text{für } 0 \leq \varepsilon_c \leq \varepsilon_{c2} \tag{3.17}$$

$$\sigma_c = f_{cd} \quad \text{für } \varepsilon_{c2} \leq \varepsilon_c \leq \varepsilon_{cu2} \tag{3.18}$$

Dabei ist

- n der Exponent gemäß Tabelle 3.1;
- ε_{c2} die Dehnung beim Erreichen der Maximalfestigkeit gemäß Tabelle 3.1;
- ε_{cu2} die Bruchdehnung gemäß Tabelle 3.1.

Für normalfeste Betone ≤ C50/60 gilt:
n = 2
ε_{c2} = 2,0 ‰
ε_{cu2} = 3,5 ‰

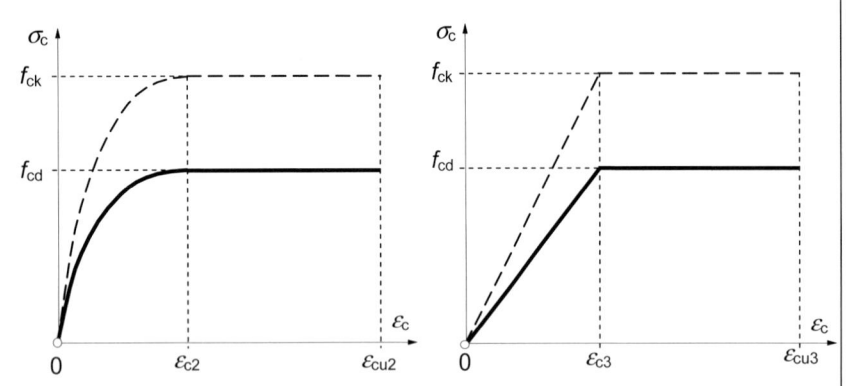

→ z. B. für ständige und vorübergehende Bemessungssituationen $f_{cd} = 0{,}85 \cdot f_{ck} / 1{,}5$

Beton	f_{cd} [N/mm²]
C12/15	6,8
C16/20	9,1
C20/25	11,3
C25/30	14,2
C30/37	17,0
C35/45	19,8
C40/50	22,7
C45/55	25,5
C50/60	28,3
C55/67	31,2
C60/75	34,0
C70/85	39,7
C80/95	45,3
C90/105	51,0
C100/115	56,7

Druckspannungen und Stauchungen sind positiv dargestellt.

Bild 3.3 – Parabel-Rechteck-Diagramm für Beton unter Druck

Bild 3.4 – Bilineare Spannungs-Dehnungs-Linie

(2) Andere vereinfachte Spannungs-Dehnungs-Linien dürfen auch verwendet werden, wenn sie gleichwertig oder konservativer als die in Absatz (1) definierte sind. Ein Beispiel hierfür ist die in Bild 3.4 dargestellte bilineare Spannungs-Dehnungs-Linie mit ε_{c3} und ε_{cu3} nach Tabelle 3.1.

Für normalfeste Betone ≤ C50/60 gilt:
ε_{c3} = 1,75 ‰
ε_{cu3} = 3,5 ‰

(3) Ein Spannungsblock wie in Bild 3.5 darf angesetzt werden. Der Beiwert λ zur Bestimmung der effektiven Druckzonenhöhe und der Beiwert η zur Bestimmung der effektiven Festigkeit folgen aus:

$\lambda = 0{,}8$ $\qquad$ für $f_{ck} \leq 50$ N/mm² $\qquad$ (3.19)

$\lambda = 0{,}8 - (f_{ck} - 50) / 400$ $\qquad$ für $50 < f_{ck} \leq 100$ N/mm² $\qquad$ (3.20)

und

$\eta = 1{,}0$ $\qquad$ für $f_{ck} \leq 50$ N/mm² $\qquad$ (3.21)

$\eta = 1{,}0 - (f_{ck} - 50) / 200$ $\qquad$ für $50 < f_{ck} \leq 100$ N/mm² $\qquad$ (3.22)

ANMERKUNG Sofern die Breite der Druckzone zum gedrückten Querschnittsrand hin abnimmt, sollte der Wert $\eta \cdot f_{cd}$ um 10 % abgemindert werden.

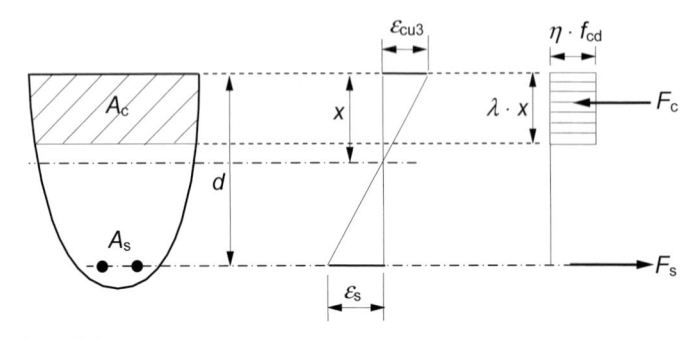

Bild 3.5 – Spannungsblock

Eurocode 2: DIN EN 1992-1-1 mit Nationalem Anhang	Hinweise
3 Baustoffe	

3.1.8 Biegezugfestigkeit

(1) Die mittlere Biegezugfestigkeit bewehrter Betonbauteile hängt vom Mittelwert der zentrischen Zugfestigkeit und der Querschnittshöhe ab.

Die folgende Beziehung darf verwendet werden:

$$f_{ctm,fl} = (1{,}6 - h/1000) \cdot f_{ctm} \geq f_{ctm} \qquad (3.23)$$

Dabei ist

h die Gesamthöhe des Bauteils in mm;

f_{ctm} der Mittelwert der zentrischen Betonzugfestigkeit gemäß Tabelle 3.1.

Die Beziehung nach Gleichung (3.23) gilt auch für charakteristische Zugfestigkeiten.

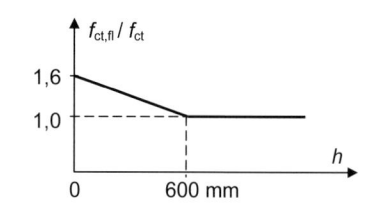

Index fl – flexural tensile strength (Biegezugfestigkeit)

3.1.9 Beton unter mehraxialer Druckbeanspruchung

(1) Eine mehraxiale Druckbeanspruchung des Betons führt zu einer Modifizierung der effektiven Spannungs-Dehnungs-Linie: Es werden höhere Festigkeiten und höhere kritische Dehnungen erreicht. Andere grundlegende Baustoffeigenschaften dürfen für die Bemessung als unbeeinflusst betrachtet werden.

(2) Fehlen genauere Angaben, darf die in Bild 3.6 dargestellte Spannungs-Dehnungs-Linie (Stauchungen positiv) mit folgenden erhöhten charakteristischen Festigkeiten und Dehnungen verwendet werden:

$$f_{ck,c} = f_{ck} \cdot (1{,}0 + 5{,}0 \cdot \sigma_2 / f_{ck}) \qquad \text{für } \sigma_2 \leq 0{,}05 f_{ck} \qquad (3.24)$$

$$f_{ck,c} = f_{ck} \cdot (1{,}125 + 2{,}5 \cdot \sigma_2 / f_{ck}) \qquad \text{für } \sigma_2 > 0{,}05 f_{ck} \qquad (3.25)$$

$$\varepsilon_{c2,c} = \varepsilon_{c2} \cdot (f_{ck,c} / f_{ck})^2 \qquad (3.26)$$

$$\varepsilon_{cu2,c} = \varepsilon_{cu2} + 0{,}2 \cdot \sigma_2 / f_{ck} \qquad (3.27)$$

wobei σ_2 $(=\sigma_3)$ die effektive Querdruckspannung im GZT infolge einer Querdehnungsbehinderung ist und ε_{c2} und ε_{cu2} aus Tabelle 3.1 zu entnehmen sind. Die Querdehnungsbehinderung kann durch entsprechende geschlossene Bügel oder durch Querbewehrung erzeugt werden, die die Streckgrenze infolge der Querdehnung des Betons erreichen können.

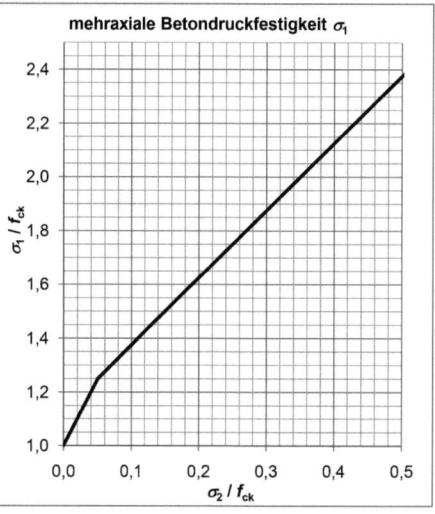

Für normalfeste Betone $\leq$ C50/60 gilt:
$\varepsilon_{c2} = 2{,}0$ ‰
$\varepsilon_{cu2} = 3{,}5$ ‰

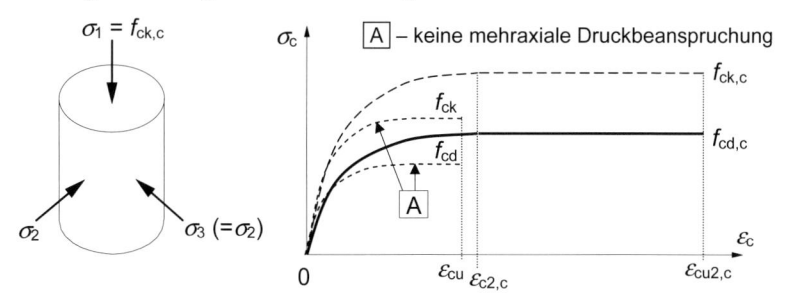

Bild 3.6 – Spannungs-Dehnungs-Linie für Beton unter mehraxialen Druckbeanspruchungen

3.2 Betonstahl

3.2.1 Allgemeines

(1)P Die folgenden Abschnitte enthalten Prinzipien und Anwendungsregeln für Betonstabstahl, Betonstabstahl vom Ring, Betonstahlmatten und Gitterträger. Sie gelten nicht für speziell beschichtete Stäbe.

Dieser Abschnitt gilt für Betonstahlprodukte im Lieferzustand nach den Normen der Reihe DIN 488 oder nach allgemeinen bauaufsichtlichen Zulassungen. Für Betonstahl, der in Ringen produziert wurde, gelten die Anforderungen für den Zustand nach dem Richten.

In Deutschland dürfen nur Betonstähle nach DIN 488 oder mit Zulassung bei einer Bemessung nach Eurocode 2 verwendet werden.

(2)P Die Anforderungen an die Materialeigenschaften gelten für die im erhärteten Beton liegende Bewehrung. Wenn durch die Art der Bauausführung die Eigenschaften der Bewehrung beeinträchtigt werden können, müssen diese nachgeprüft werden.

Zum Beispiel beim Hin- und Zurückbiegen, siehe 8.3 (NA.4)P.

(3)P Bei der Verwendung anderer Betonstähle, die nicht den Normen der Reihe DIN 488 entsprechen, sind Zulassungen erforderlich.

(4)P Die erforderlichen Eigenschaften der Betonstähle müssen gemäß den Prüfverfahren in DIN EN 10080 bzw. DIN 488 nachgewiesen werden.

Betonstähle nach allgemeiner bauaufsichtlicher Zulassung dürfen für Betone ab C70/85 nur verwendet werden, sofern dies in der Zulassung geregelt ist.

Eurocode 2: DIN EN 1992-1-1 mit Nationalem Anhang 3 Baustoffe	Hinweise

ANMERKUNG Die charakteristischen Streckgrenzen f_{yk} und R_e nach den Normen der Reihe DIN 488 sind identisch.

(5) Die Anwendungsregeln für Gitterträger (Definition in DIN EN 10080 bzw. DIN 488-5) gelten nur für solche mit gerippten Stäben. Gitterträger mit anderen Bewehrungsarten können in einer entsprechenden Europäischen Technischen Zulassung geregelt sein.

ANMERKUNG Für die Verwendung von Gitterträgern sind die jeweiligen allgemeinen bauaufsichtlichen Zulassungen zu beachten.

3.2.2 Eigenschaften

(1)P Das Verhalten von Betonstählen wird durch die nachfolgenden Eigenschaften festgelegt:
- Streckgrenze (f_{yk} oder $f_{0,2k}$),
- maximale tatsächliche Streckgrenze ($f_{y,max}$),
- Zugfestigkeit (f_t),
- Duktilität (ε_{uk} und $(f_t / f_y)_k$),
- Biegbarkeit,
- Verbundeigenschaften (f_R: siehe auch Anhang C),
- Querschnittsgrößen und Toleranzen,
- Ermüdungsfestigkeit,
- Schweißeignung,
- Scher- und Schweißfestigkeit für geschweißte Matten und Gitterträger.

Für die Bemessung ist die Duktilität auf Basis der charakteristischen Werte $(f_t / f_y)_k$ maßgebend.

Statt Anhang C gelten DIN 488 bzw. Zulassungen.

Sofern relevant, gelten die Eigenschaften der Betonstähle gleichermaßen für Zug- und Druckbeanspruchung. Für Stähle mit Eigenschaften, die von den Normen der Reihe DIN 488 abweichen, können andere als die in dieser Norm angegebenen Festlegungen und konstruktiven Regeln notwendig sein.

Für Betonstähle nach Zulassungen sind die Duktilitätsmerkmale (normalduktil oder hochduktil) darin geregelt. Falls dort keine entsprechenden Festlegungen getroffen sind, sind die Betonstähle als normalduktil (A) einzustufen.

Soweit in den Normen der Reihe DIN 488 oder in den Zulassungen nicht abweichend festgelegt, darf für die Bemessung die Wärmedehnzahl mit $\alpha = 10 \cdot 10^{-6}$ K^{-1} angenommen werden.

DIN 488: Betonstahl [R4]
Betonstahlsorten B500A (normalduktil) und B500B (hochduktil)

(2)P Dieser Eurocode gilt für gerippten und schweißbaren Betonstahl, einschließlich Matten. Die zulässigen Schweißverfahren sind in Tabelle 3.4 aufgeführt.

ANMERKUNG Die Eigenschaften und Regeln, die bei der Verwendung von profilierten Stäben in Fertigteilen zur Anwendung kommen, dürfen den maßgebenden Produktnormen entnommen werden. Maßgebend sind Produktnormen für Betonstahl und Betonfertigteile.

(3)P Die Anwendungsregeln für die Bemessung und die bauliche Durchbildung in diesem Eurocode gelten für Betonstähle mit der Streckgrenze f_{yk} = 500 N/mm².

Betonstähle mit anderen Streckgrenzen nur mit Zulassung

(4)P Die Oberflächen gerippter Betonstähle müssen so beschaffen sein, dass ein ausreichender Verbund mit dem Beton sichergestellt ist.

(5) Ausreichender Verbund darf bei Einhaltung der geforderten, bezogenen Rippenfläche f_R angenommen werden.

ANMERKUNG Die entsprechenden Quantilwerte für die bezogene Rippenfläche f_R sind DIN 488 oder den allgemeinen bauaufsichtlichen Zulassungen zu entnehmen.

(6)P Die Bewehrung muss über ausreichende Biegbarkeit verfügen, um die Verwendung der in Tabelle 8.1DE angegebenen kleinsten Biegerollendurchmesser und das Zurückbiegen zu ermöglichen.

ANMERKUNG Die Normen der Reihe DIN 488 enthalten die Anforderungen an die Biegefähigkeit von Betonstahlerzeugnissen.

Die Eignung zum Biegen gilt als sichergestellt, wenn die Anforderungen an den Rückbiegeversuch bzw. Biegeversuch entsprechend DIN 488-2 und DIN 488-3 erfüllt werden.

3.2.3 Festigkeiten

(1)P Die Streckgrenze f_{yk} (bzw. die 0,2 %-Dehngrenze $f_{0,2k}$) und die Zugfestigkeit f_{tk} werden jeweils als charakteristische Werte definiert; sie ergeben sich aus der Last bei Erreichen der Streckgrenze bzw. der Höchstlast, geteilt durch den Nennquerschnitt.

Eurocode 2: DIN EN 1992-1-1 mit Nationalem Anhang 3 Baustoffe	Hinweise

3.2.4 Duktilitätsmerkmale

(1)P Die Bewehrung muss angemessene Duktilität aufweisen. Diese wird durch das Verhältnis der Zugfestigkeit zur Streckgrenze $(f_t / f_y)_k$ und die Dehnung bei Höchstlast ε_{uk} definiert.

Die Duktilität wird ggf. auch durch das Verhältnis der im Zugversuch ermittelten Streckgrenze zum Nennwert der Streckgrenze $f_{y,ist} / f_{yk}$ definiert (siehe DIN 488-1).

(2) Bild 3.7 zeigt die Spannungs-Dehnungs-Linie für typischen warmgewalzten und kaltverformten Stahl.

ANMERKUNG Die Werte für $k = (f_t / f_y)_k$, ε_{uk} und ggf. $f_{y,ist} / f_{yk}$ für die Duktilitätsklassen A und B sind in DIN 488 angegeben. Betonstähle der Duktilitätsklasse C werden durch allgemeine bauaufsichtliche Zulassungen geregelt.

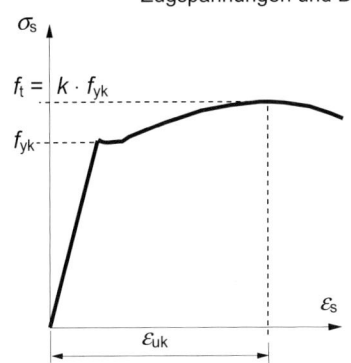

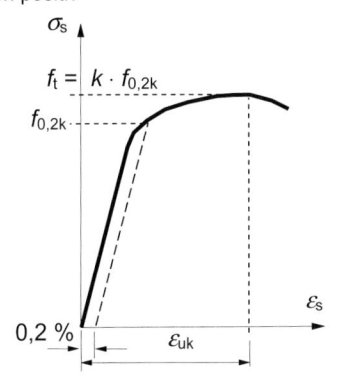

a) Warmgewalzter Stahl   b) Kaltverformter Stahl

Bild 3.7 – Spannungs-Dehnungs-Linie für typischen Betonstahl

3.2.5 Schweißen

(1)P Schweißverfahren für Bewehrungsstäbe müssen mit Tabelle 3.4 übereinstimmen. Die Schweißeignung muss DIN EN 10080 bzw. DIN 488 entsprechen.

Betonstähle müssen eine Schweißeignung aufweisen, die für die vorgesehene Verbindung und die in Tabelle 3.4 genannten Schweißverfahren ausreicht.

(2)P Alle Schweißarbeiten an Bewehrungsstäben müssen gemäß DIN EN ISO 17660 durchgeführt werden.

Hinweise (rechte Spalte):

Musterliste der Technischen Baubestimmungen MLTB 2010-02 zum Schweißen:
Es sind schweißgeeignete Betonstähle nach DIN 488-1 und -2:2009-08 oder nach allgemeiner bauaufsichtlicher Zulassung zu verwenden.
Es sind Baustähle nach DIN EN 10025-1:2005-02 oder nichtrostende Stähle nach allgemeiner bauaufsichtlicher Zulassung Z-30.3-6 zu verwenden.

Beachte auch DIN 488-4, Betonstahlmatten:
6.3.2.4: Verhältnis der Stabdurchmesser
6.3.2.4.1: Einzelstabbetonstahlmatte
– bei $\phi \leq 8{,}5$ mm: $\phi_{min} \geq 0{,}57 \phi_{max}$
– bei $\phi > 8{,}5$ mm: $\phi_{min} \geq 0{,}7 \phi_{max}$
Dabei ist
ϕ_{max} Nenndurchmesser dickster Stab;
ϕ_{min} Nenndurchmesser kreuzender Stab;
ϕ Nenndurchmesser der Einzelstäbe.
Abweichende Durchmesserverhältnisse sind nicht zulässig.

Tabelle 3.4 – Zulässige Schweißverfahren und Anwendungsbeispiele

	1	2	3	4	5
	Belastungsart	Schweißverfahren	Nr. [5)]	Zugstäbe [1)]	Druckstäbe [1)]
1	Vorwiegend ruhend (siehe auch 6.8.1 (2))	Abbrennstumpfschweißen	24	Stumpfstoß	
		Lichtbogenhandschweißen und Metall-Lichtbogenschweißen	111 114	Stumpfstoß mit $\phi \geq 20$ mm, Laschenstoß, Überlappstoß, Kreuzungsstoß [3)], Verbindung mit anderen Stahlteilen	
		Metall-Aktivgasschweißen [2)]	135 136	Laschenstoß, Überlappstoß, Kreuzungsstoß [3)], Verbindung mit anderen Stahlteilen	
				–	Stumpfstoß mit $\phi \geq 20$ mm
		Reibschweißen	42	Stumpfstoß, Verbindung mit anderen Stahlteilen	
		Widerstandspunktschweißen	21	Überlappstoß [4)], Kreuzungsstoß [2), 4)]	
2	Nicht vorwiegend ruhend (siehe auch 6.8.1 (2))	Abbrennstumpfschweißen	24	Stumpfstoß	
		Lichtbogenhandschweißen	111	–	Stumpfstoß mit $\phi \geq 14$ mm
		Metall-Aktivgasschweißen	135 136	–	Stumpfstoß mit $\phi \geq 14$ mm

[1)] Es dürfen nur Stäbe mit näherungsweise gleichem Nenndurchmesser zusammengeschweißt werden. Als näherungsweise gleich gelten benachbarte Stabdurchmesser, die sich nur durch eine Durchmessergröße unterscheiden.
[2)] Zulässiges Verhältnis der Stabnenndurchmesser sich kreuzender Stäbe $\geq 0{,}57$.
[3)] Für tragende Verbindungen $\phi \leq 16$ mm
[4)] Für tragende Verbindungen $\phi \leq 28$ mm
[5)] Ordnungsnummern der Schweißverfahren nach DIN EN ISO 4063.

Eurocode 2: DIN EN 1992-1-1 mit Nationalem Anhang 3 Baustoffe	Hinweise

(3)P Die Festigkeit der Schweißverbindungen innerhalb der Verankerungslänge von Betonstahlmatten muss zur Aufnahme der Bemessungskräfte ausreichen.

(4) Es darf von einer ausreichenden Festigkeit der Schweißverbindung der Betonstahlmatten ausgegangen werden, wenn jede Schweißverbindung einer Scherkraft widerstehen kann, die mindestens 25 % der geforderten charakteristischen Streckgrenze multipliziert mit dem Nennquerschnitt entspricht. Bei zwei unterschiedlichen Stabdurchmessern ist dabei in der Regel der Nennquerschnitt des dickeren Stabes zu verwenden.

DIN 488-4, Betonstahlmatten: 6.2.2 Knotenscherfestigkeit geschweißter Verbindungen
Die geschweißten Verbindungen müssen vor dem Bruch eine Knotenscherkraft F_s von mindestens $0{,}25 \cdot R_e \cdot A_n$ ertragen; dabei ist R_e der charakteristische Wert der Streckgrenze (500 N/mm²) und A_n (in mm²) die Nennquerschnittsfläche entweder des dickeren Stabes an der Kreuzungsstelle (Einzelstabbetonstahlmatte) oder eines der Doppelstäbe (Doppelstabbetonstahlmatte).

3.2.6 Ermüdung

(1)P Wo eine Ermüdungsfestigkeit gefordert wird, ist diese gemäß DIN EN 10080 nachzuweisen.

Die Kennwerte der Ermüdungsfestigkeit für Betonstahlprodukte können DIN 488-1 oder einer allgemeinen bauaufsichtlichen Zulassung entnommen werden.

3.2.7 Spannungs-Dehnungs-Linie für die Querschnittsbemessung

(1) Die Bemessung darf auf Grundlage der Nennquerschnittsfläche der Bewehrung und mit den Bemessungswerten, die aus den charakteristischen Werten nach 3.2.2 abgeleitet werden, durchgeführt werden.

(2) Bei der üblichen Bemessung darf eine der folgenden Annahmen getroffen werden (siehe Bild 3.8):

a) ein ansteigender oberer Ast mit einer Dehnungsgrenze $\varepsilon_{ud} = 0{,}025$. Für Betonstahl B500A und B500B darf für $f_{tk,cal} = 525$ N/mm² (rechnerische Zugfestigkeit bei $\varepsilon_{ud} = 0{,}025$) angenommen werden.

b) ein horizontaler oberer Ast, bei dem die Dehnungsgrenze nicht geprüft werden muss.

ANMERKUNG Der Mindestwert für $k = (f_t / f_y)_k$ ist in DIN 488-1 enthalten.

Die Dehnungsgrenze $\varepsilon_{ud} = 0{,}025$ sollte auch bei Annahme des horizontalen Astes der Spannungs-Dehnungs-Linie eingehalten werden (siehe Erläuterungen).

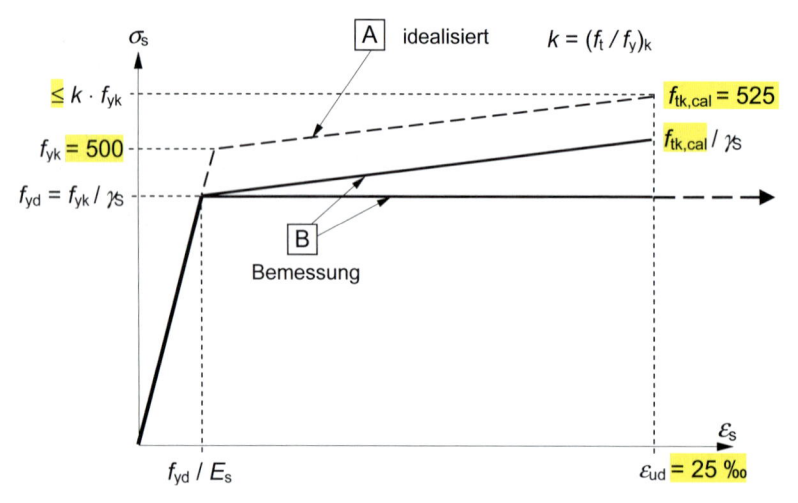

Bild 3.8 – Rechnerische Spannungs-Dehnungs-Linie des Betonstahls für die Bemessung (für Zug und Druck)

(3) Für die Dichte darf ein Mittelwert von 7850 kg/m³ angesetzt werden.

(4) Der Bemessungswert des Elastizitätsmoduls E_s darf mit 200.000 N/mm² angesetzt werden.

(NA.5) Bei nichtlinearen Verfahren der Schnittgrößenermittlung ist in der Regel eine wirklichkeitsnahe Spannungs-Dehnungs-Linie nach Bild NA.3.8.1 mit $\varepsilon_s \leq \varepsilon_{uk}$ anzusetzen.

Vereinfachend darf auch ein bilinear idealisierter Verlauf der Spannungs-Dehnungs-Linie (siehe Bild NA.3.8.1) angenommen werden. Dabei darf für f_y der Rechenwert f_{yR} nach den NCI zu 5.7 (NA.10) angenommen werden.

5.7 (NA.10): $f_{yR} = 1{,}1 \cdot f_{yk}$ (NA.5.12.2)

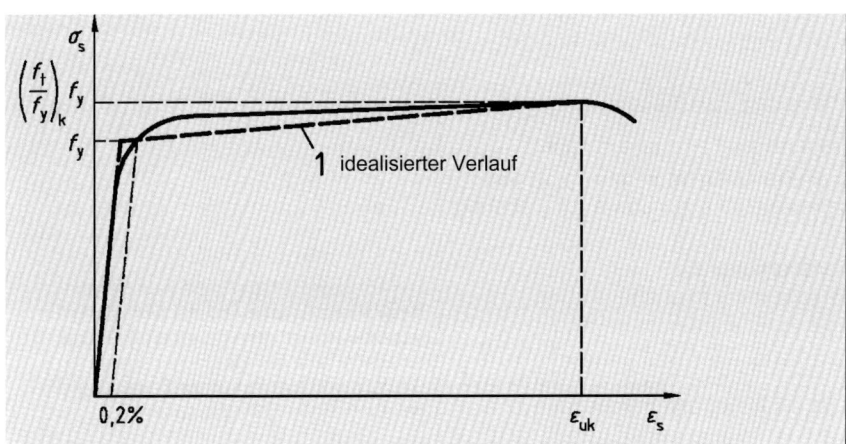

| Eurocode 2: DIN EN 1992-1-1 mit Nationalem Anhang | Hinweise |
| 3 Baustoffe | |

Bild NA.3.8.1 – Spannungs-Dehnungs-Linie des Betonstahls für die Schnittgrößenermittlung

$k = (f_t / f_y)_k$

Anhang C:
B500A: $k \geq 1{,}05$
B500B: $k \geq 1{,}08$

DIN 488-1 [R4]:
Streckgrenzenverhältnis
B500A: $R_m / R_e \geq 1{,}05$
B500B: $R_m / R_e \geq 1{,}08$

3.3 Spannstahl

3.3.1 Allgemeines

(1)P Dieser Abschnitt gilt für Drähte, Stäbe und Litzen, die als Spannstahl in Betontragwerken verwendet werden.

Für die Spannstähle, das Herstellungsverfahren, die Eigenschaften, die Prüfverfahren und das Verfahren zum Übereinstimmungsnachweis gelten bis zur bauaufsichtlichen Einführung von DIN EN 10138 die Festlegungen der allgemeinen bauaufsichtlichen Zulassungen.

(2)P Der Spannstahl muss über eine ausreichend hohe Widerstandsfähigkeit gegen Spannungsrisskorrosion verfügen.

(3) Es darf von einer ausreichend hohen Widerstandsfähigkeit gegen Spannungsrisskorrosion ausgegangen werden, wenn der Spannstahl entweder den in DIN EN 10138 festgelegten Kriterien oder den Festlegungen der Zulassungen entspricht.

(4) Die Anforderungen an die Eigenschaften des Spannstahls gelten für den im erhärteten Beton eingebauten Zustand. Die Anforderungen dieses Eurocodes dürfen als erfüllt angesehen werden, wenn Produktion, Prüfung und Konformitätsbescheinigung des Spannstahls gemäß DIN EN 10138 oder einer entsprechenden Europäischen Technischen Zulassung erfolgen. Die Anforderungen gelten für das Erzeugnis im Lieferzustand. Es gelten die Festlegungen der Zulassungen.

Zu (4): Für die Bemessung werden Materialeigenschaften im eingebauten Zustand benötigt, z. B. die Kennwerte der Wöhlerlinien in 6.8.4.
Die in Zulassungen oder Bauproduktnormen konform nachzuweisenden Produkteigenschaften beziehen sich i. d. R. auf das Erzeugnis bei der Herstellung bzw. im Lieferzustand. Sie können daher von den Kennwerten für die Bemessung abweichen.

(5)P Für Spannstähle nach diesem Eurocode werden die Zugfestigkeit, die 0,1 %-Dehngrenze und die Dehnung bei Erreichen der Höchstlast als charakteristische Werte angegeben; die einzelnen Werte werden mit f_{pk}, $f_{p0,1k}$ und ε_{uk} bezeichnet.

Fußnote zu (5) bzgl. EN 10138 und Absatz (6) gestrichen, da in Deutschland für Spannstähle nur Zulassungen gelten.

(7)P Jedes Produkt muss hinsichtlich des Klassifizierungssystems nach 3.3.2 (2)P eindeutig identifizierbar sein.

(8)P Das Relaxationsverhalten des Spannstahls muss gemäß 3.3.2 (4)P oder in einer entsprechenden Zulassung klassifiziert sein.

In Deutschland gelten für Spannstähle nur Zulassungen.

(9)P Jeder Lieferung muss eine Bescheinigung beigefügt sein, die alle für die eindeutige Bestimmung der Merkmale nach (i) – (iv) in 3.3.2 (2)P notwendigen und erforderlichenfalls weitere Angaben enthält.

(10)P Drähte und Stäbe dürfen keine Schweißstellen aufweisen. Bei Litzen dürfen Einzeldrähte vor dem Kaltziehen geschweißt werden. Die Schweißstellen müssen entlang der Litze versetzt sein.

(11)P Bei Spannstahl vom Ring muss nach dem Abwickeln einer Draht- bzw. Litzenlänge der größte Stich der Krümmung einer entsprechenden Zulassung entsprechen.

3.3.2 Eigenschaften

(1)P Die Eigenschaften von Spannstahl sind in den Zulassungen enthalten.

(2)P Die Spannstähle (Drähte, Litzen und Stäbe) sind einzuteilen nach:

i) Festigkeit, unter Angabe der Werte für die 0,1 %-Dehngrenze ($f_{p0,1k}$) und das Verhältnis Zugfestigkeit zu Streckgrenze (f_{pk} / $f_{p0,1k}$) sowie die Dehnung bei Höchstlast (ε_{uk}),
ii) Klasse zur Beschreibung des Relaxationsverhaltens,
iii) Maße,
iv) Oberflächeneigenschaften.

(3)P Der Unterschied zwischen der tatsächlichen Masse des Spannstahls und seiner Nennmasse darf nicht größer sein als die in der entsprechenden Zulassung angegebenen Grenzwerte.

(4)P bis (7) Für die Relaxationsklassen gelten die Festlegungen der Zulassungen.

(8) Die Endwerte der Spannkraftverluste dürfen für die Zeit t = 500.000 Stunden (d. h. circa 57 Jahre) berechnet werden.

(9) Spannkraftverluste sind stark von der Temperatur des Stahls abhängig. Bei Wärmebehandlung (z. B. Dampf) siehe 10.3.2.1. Falls die Temperatur ansonsten 50 °C übersteigt, sind die Spannkraftverluste in der Regel nachzuweisen.

3.3.3 Festigkeiten

(1)P Die 0,1 %-Dehngrenze ($f_{p0,1k}$) und die Zugfestigkeit (f_{pk}) sind als die charakteristischen Werte der Last an der 0,1 %-Dehngrenze und der Höchstlast unter axialem Zug, jeweils geteilt durch den Nennquerschnitt, definiert (siehe Bild 3.9).

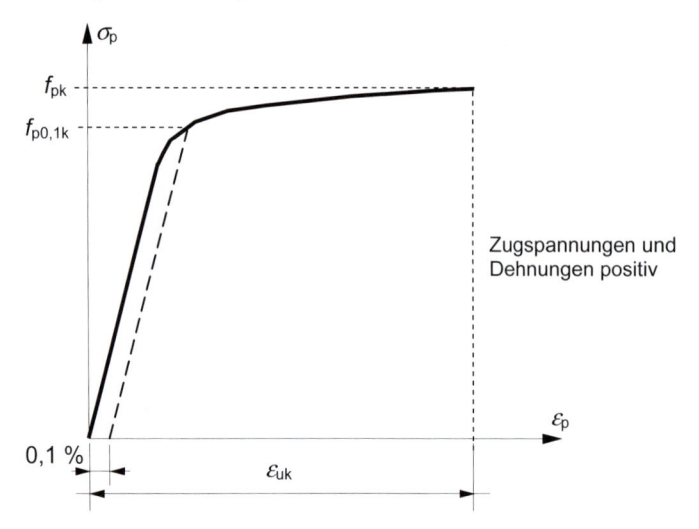

Bild 3.9 – Spannungs-Dehnungs-Linie für typischen Spannstahl

3.3.4 Duktilitätseigenschaften

(1)P Die Spannstähle müssen eine angemessene Duktilität nach DIN EN 10138 aufweisen.

(2) Eine ausreichende Dehnfähigkeit darf angenommen werden, wenn die Spannstähle die festgelegten Dehnungen bei Höchstlast gemäß DIN EN 10138 erreichen.

(3) Eine ausreichende Biegefähigkeit darf angenommen werden, wenn die Spannstähle die in DIN EN ISO 15630-3 festgelegte Biegbarkeit erreichen.

(4) Der Hersteller muss für die Spannstähle Spannungs-Dehnungs-Linien auf Grundlage der Herstellungsdaten erstellen und dem Lieferschein als Anhang beifügen (siehe 3.3.1 (9)P).

(5) Die Duktilität für Zugbeanspruchungen darf für die Spannstähle als ausreichend angenommen werden, wenn f_{pk} / $f_{p0,1k}$ ≥ 1,1 beträgt.

Hinweise

Die Absätze (5) bis (7), die sich mit den Relaxationsklassen und der Ermittlung der relaxationsbedingten Spannkraftverluste befassen, sind hier gestrichen, da in Deutschland hierzu nur die Zulassungen gelten → siehe Erläuterungsteil.

Aus allgemeinen bauaufsichtlichen Zulassungen des DIBt für Spannstahllitzen mit sehr niedriger Relaxation (Beispiel):
→ typische Rechenwerte für Spannkraftverluste infolge Relaxation $\Delta R_{z,t}$ in % der Anfangsspannung R_i

R_i / R_m ≈ σ_{p0} / f_{pk}	Zeit nach dem Vorspannen	
	$5 \cdot 10^5$ h ≈ 50 Jahre	10^6 h ≈ 100 Jahre
0,50	< 1,0 %	
0,55	1,0 %	1,2 %
0,60	2,5 %	2,8 %
0,65	4,5 %	5,0 %
0,70	6,5 %	7,0 %
0,75	9,0 %	10,0 %
0,80	13,0 %	14,0 %

Beispiele aus Zulassungen:

- kaltgezogener Spannstahldraht, glatt St 1470/1670:
$f_{p0,1k}$ = 1420 N/mm² (= $R_{p0,1}$)
($f_{p0,2k}$ = 1470 N/mm² = $R_{p0,2}$)
f_{pk} = 1670 N/mm² (= R_m)

- kaltgezogener Spannstahldraht, profiliert; Spannstahllitzen St 1570/1770:
$f_{p0,1k}$ = 1500 N/mm²
($f_{p0,2k}$ = 1570 N/mm²)
f_{pk} = 1770 N/mm²

- Spannstahllitzen St 1660/1860:
$f_{p0,1k}$ = 1600 N/mm²
($f_{p0,2k}$ = 1660 N/mm²)
f_{pk} = 1860 N/mm²

ε_{uk} ≥ 0,035 = 35 ‰
(A_{gt} – Gesamtdehnung bei Höchstlast)

Duktilität und Dehnfähigkeit für Spannstähle sind in den Zulassungen geregelt.

Eurocode 2: DIN EN 1992-1-1 mit Nationalem Anhang 3 Baustoffe	Hinweise

(NA.6) Es darf im Allgemeinen angenommen werden, dass Spannglieder im nachträglichen Verbund und Spannglieder ohne Verbund eine hohe Duktilität und Spannglieder im sofortigen Verbund eine normale Duktilität aufweisen.

3.3.5 Ermüdung

(1)P Die Spannstähle müssen eine ausreichende Ermüdungsfestigkeit aufweisen.

(2)P Die Schwingbreiten der Spannstähle müssen der zugehörigen Zulassung entsprechen.

3.3.6 Spannungs-Dehnungs-Linie für die Querschnittsbemessung

(1)P Die Ermittlung der Schnittgrößen ist auf der Grundlage der Nennquerschnittsfläche des Spannstahls und der charakteristischen Werte $f_{p0,1k}$, f_{pk} und ε_{uk} durchzuführen.

(2) Der Bemessungswert des Elastizitätsmoduls E_p darf für Drähte und Stäbe mit 205.000 N/mm² angesetzt werden. Je nach Herstellungsverfahren kann der tatsächliche Wert zwischen 195.000 und 210.000 N/mm² liegen. Der Lieferung sollte eine Bescheinigung beiliegen, die den zugehörigen Wert angibt.

(3) Der Bemessungswert des Elastizitätsmoduls E_p darf für Litzen mit 195.000 N/mm² angesetzt werden. Je nach Herstellungsverfahren kann der tatsächliche Wert zwischen 185.000 und 205.000 N/mm² liegen. Der Lieferung sollte eine Bescheinigung beiliegen, die den zutreffenden Wert angibt.

(4) Für die Bemessung darf für die Dichte der Spannstähle üblicherweise ein Mittelwert von 7850 kg/m³ angesetzt werden.

(5) Die oben angegebenen Werte dürfen für den Spannstahl im fertigen Bauteil in einem Temperaturbereich zwischen −40 °C und +100 °C angenommen werden.

(6) Der Bemessungswert der Stahlspannung f_{pd} ist mit $f_{p0,1k} / \gamma_s$ anzusetzen (siehe auch Bild 3.10).

(7) Bei der Querschnittsbemessung darf eine der folgenden Annahmen getroffen werden (siehe Bild 3.10):

- ein ansteigender Ast mit einer Dehnungsgrenze von $\varepsilon_{ud} = \varepsilon_p^{(0)} + 0{,}025 \leq 0{,}9\varepsilon_{uk}$, oder
- ein horizontaler oberer Ast ohne Dehnungsgrenze.

Dabei ist $\varepsilon_p^{(0)}$ die Vordehnung des Spannstahls.

Das Verhältnis $f_{pk} / f_{p0,1k}$ ist der Zulassung des Spannstahls bzw. DIN EN 10138 zu entnehmen.

Hinweise Spalte:

Die Rechenwerte für den E-Modul für Spannstähle sind in den Zulassungen geregelt.
Beispiele:
- kaltgezogener Spannstahldraht $E_p = 205.000$ N/mm²
- Spannstahllitzen: $E_p = 195.000$ N/mm²

Die Dehnungsgrenze $\varepsilon_{ud} = \varepsilon_p^{(0)} + 0{,}025 \leq 0{,}9\varepsilon_{uk}$ sollte auch bei Annahme des horizontalen Astes der Spannungs-Dehnungs-Linie eingehalten werden (siehe Erläuterungen).

In den abZ: R_m und $R_{p0,1}$

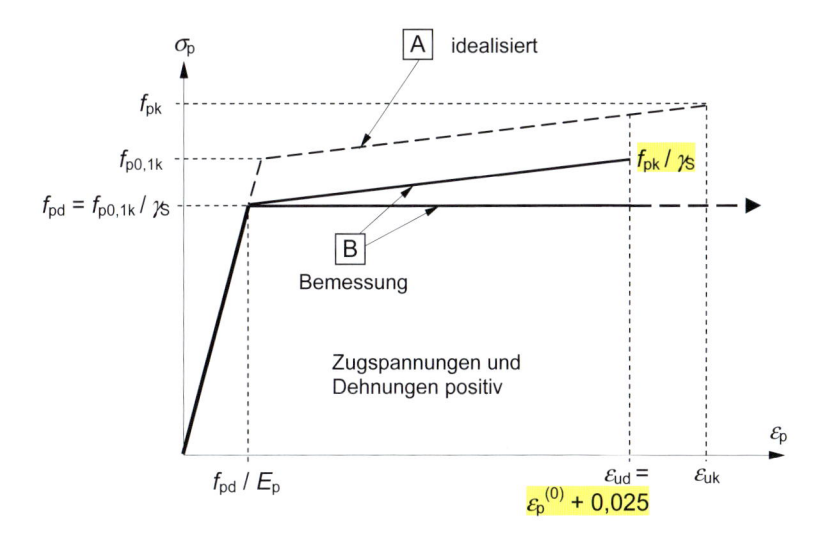

Bild 3.10 – Rechnerische Spannungs-Dehnungs-Linie des Spannstahls für die Querschnittsbemessung

(NA.8) Für die Bemessung darf die Wärmedehnzahl mit $\alpha = 10 \cdot 10^{-6}$ K^{-1} angenommen werden.

(NA.9) Bei nichtlinearen Verfahren der Schnittgrößenermittlung ist in der Regel eine wirklichkeitsnahe Spannungs-Dehnungs-Linie nach Bild NA.3.10.1 anzunehmen. Vereinfachend darf der idealisierte bilineare Verlauf der Spannungs-Dehnungs-Linie nach Bild NA.3.10.1 angesetzt werden. Hierbei dürfen für $f_{p0,1}$ und f_p die Rechenwerte $f_{p0,1R}$ bzw. f_{pR} nach den NCI zu 5.7 (NA.10) angenommen werden.

5.7 (NA.10):
$f_{p0,1R} = 1{,}1 \cdot f_{p0,1k}$ (NA.5.12.5)
$f_{pR} = 1{,}1 \cdot f_{pk}$ (NA.5.12.6)

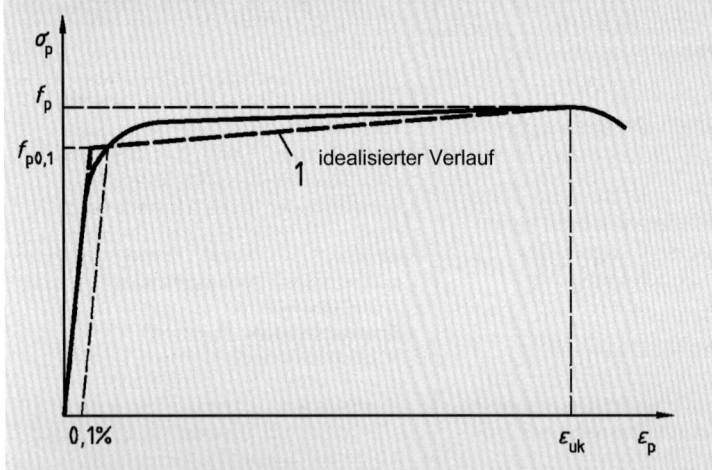

Bild NA.3.10.1 – Spannungs-Dehnungs-Linie des Spannstahls für die Schnittgrößenermittlung

3.3.7 Spannstähle in Hüllrohren

(1)P Spannstähle in Hüllrohren (z. B. im Verbund, ohne Verbund usw.) müssen ausreichend und dauerhaft gegen Korrosion geschützt sein (siehe auch 4.3).

4.3 Anforderungen an die Dauerhaftigkeit

(2)P Spannstähle in Hüllrohren müssen ausreichend gegen die Auswirkungen von Feuer geschützt sein (siehe auch DIN EN 1992-1-2).

DIN EN 1992-1-2 mit NA:
Tragwerksbemessung für den Brandfall

3.4 Komponenten von Spannsystemen

3.4.1 Verankerungen und Spanngliedkopplungen

(NA.1)P Für die Verwendung von Spannverfahren in tragenden Bauteilen ist stets eine allgemeine bauaufsichtliche Zulassung erforderlich.

In den Zulassungen sind die Verankerungsbereiche mit den notwendigen Einbauteilen und ggf. der erforderlichen Spaltzugbewehrung sowie die Ausführung von Kopplungen geregelt.

3.4.2 Externe Spannglieder ohne Verbund

3.4.2.1 Allgemeines

(1)P Ein externes Spannglied ohne Verbund befindet sich außerhalb des eigentlichen Betonquerschnitts und ist nur über Verankerungen und Umlenkstellen mit dem Tragwerk verbunden.

(2)P Ein Spannverfahren für externe Spannglieder muss einer entsprechenden Europäischen Technischen Zulassung genügen.

(3) Die bauliche Durchbildung der Bewehrung ist in der Regel entsprechend den Regeln in 8.10 auszuführen.

3.4.2.2 Verankerung

(1) Der Mindestradius der Krümmung des Spanngliedes im Verankerungsbereich für Spannglieder ohne Verbund ist in der Regel in den entsprechenden Europäischen Technischen Zulassungen angegeben.

Die Verankerungen und Umlenkstellen müssen der Zulassung für das verwendete Spannverfahren entsprechen.

4 DAUERHAFTIGKEIT UND BETONDECKUNG

4.1 Allgemeines

(1)P Die Anforderung nach einem angemessen dauerhaften Tragwerk ist erfüllt, wenn dieses während der vorgesehenen Nutzungsdauer seine Funktion hinsichtlich der Tragfähigkeit und der Gebrauchstauglichkeit ohne wesentlichen Verlust der Nutzungseigenschaften bei einem angemessenen Instandhaltungsaufwand erfüllt (für allgemeine Anforderungen siehe auch DIN EN 1990).

(2)P Der erforderliche Schutz des Tragwerks ist unter Berücksichtigung seiner geplanten Nutzung und Nutzungsdauer (siehe DIN EN 1990), der Einwirkungen und durch Planung der Instandhaltung sicherzustellen.

(3)P Der mögliche Einfluss von direkten und indirekten Einwirkungen, von Umgebungsbedingungen (4.2) und von daraus folgenden Auswirkungen muss berücksichtigt werden.

ANMERKUNG Beispiele hierfür sind Kriech- und Schwindverformungen (siehe 2.3.2).

(4) Der Schutz der Bewehrung vor Korrosion hängt von Dichtheit, Qualität und Dicke der Betondeckung (siehe 4.4) und der Rissbildung (siehe 7.3) ab. Die Dichtheit und die Qualität der Betondeckung werden durch Begrenzung des Wasserzementwertes und durch einen Mindestzementgehalt (siehe DIN EN 206-1) erreicht. Diese Anforderungen können in Bezug zu einer Mindestbetondruckfestigkeitsklasse gebracht werden.

ANMERKUNG Die Mindestbetondruckfestigkeitsklassen sind im normativen Anhang E festgelegt.

(5) Beschichtete Einbauteile aus Metall, die zugänglich und austauschbar sind, dürfen auch bei Korrosionsgefahr verwendet werden. Anderenfalls ist in der Regel korrosionsbeständiges Material zu verwenden.

(6) Anforderungen, die über diesen Abschnitt hinausgehen, sind in der Regel gesondert zu berücksichtigen (z. B. für Tragwerke mit besonders kurzer oder besonders langer Nutzungsdauer, Tragwerke unter extremen oder unüblichen Einwirkungen usw.).

4.2 Umgebungsbedingungen

(1)P Die Umgebungsbedingungen sind durch chemische und physikalische Einflüsse gekennzeichnet, denen ein Tragwerk als Ganzes, einzelne Bauteile, der Spann- und Betonstahl und der Beton selbst ausgesetzt sind und die bei den Nachweisen in den Grenzzuständen der Tragfähigkeit und der Gebrauchstauglichkeit nicht direkt berücksichtigt werden.

(2) Umgebungsbedingungen werden nach der auf DIN EN 206-1 bzw. DIN 1045-2 basierenden Tabelle 4.1 eingeteilt.

(3) Zusätzlich zu den Bedingungen in Tabelle 4.1 sind in der Regel bestimmte aggressive oder indirekte Einwirkungen zu berücksichtigen. Zu ihnen gehören:

- chemischer Angriff, z. B. hervorgerufen durch
  - die Nutzung des Gebäudes oder des Tragwerks (Lagerung von Flüssigkeiten usw.),
  - saure Lösungen oder Lösungen von Sulfatsalzen (DIN EN 206-1),
  - im Beton enthaltene Chloride (DIN EN 206-1),
  - Alkali-Kieselsäure-Reaktionen (DIN EN 206-1, nationale Normen);
- physikalischer Angriff, z. B. hervorgerufen durch
  - Temperaturschwankungen,
  - Abrieb (siehe 4.4.1.2 (13)),
  - Eindringen von Wasser (DIN EN 206-1).

Hinweise

DIN EN 1990, 2.4 Dauerhaftigkeit:

(1)P Das Tragwerk ist so zu bemessen, dass zeitabhängige Veränderungen der Eigenschaften das Verhalten des Tragwerks während der geplanten Nutzungsdauer nicht unvorhergesehen verändern. Dabei sind die Umweltbedingungen und die geplanten Instandhaltungsmaßnahmen zu berücksichtigen.

(2) Für ein angemessen dauerhaftes Tragwerk sind die folgenden Aspekte zu berücksichtigen:
- die vorgesehene oder vorhersehbare zukünftige Nutzung des Tragwerks;
- die geforderten Entwurfskriterien;
- die erwarteten Umweltbedingungen;
- die Zusammensetzung, Eigenschaften und Verhalten der Baustoffe und Bauprodukte;
- die Eigenschaften des Baugrundes;
- die Wahl des Tragsystems;
- die Gestaltung der Bauteile und Anschlüsse;
- die Qualität der Bauausführung und der Überwachungsaufwand;
- besondere Schutzmaßnahmen;
- die geplante Instandhaltung während der geplanten Nutzungszeit.

Auszug aus DIN EN 206-1, Tab. 2: Grenzwerte für die Expositionsklassen XA für natürliche Böden und Grundwasser im Temperaturbereich 5 °C bis 25 °C und bei geringer Fließgeschwindigkeit

Chem. Merkmal	XA1	XA2	XA3
Grundwasser			
SO_4^{2-} mg/l	≥ 200 ≤ 600	> 600 ≤ 3000	> 3000 ≤ 6000
pH-Wert	≤ 6,5 ≥ 5,5	< 5,5 ≥ 4,5	< 4,5 ≥ 4,0
CO_2 mg/l angreifend	≥ 15 ≤ 40	> 40 ≤ 100	> 100 bis Sätttig.
NH_4^+ mg/l	≥ 15 ≤ 30	> 30 ≤ 60	> 60 ≤100
Mg^{2+} mg/l	≥ 300 ≤ 1000	> 1000 ≤ 3000	> 3000 bis Sätttig.
Boden			
SO_4^{2-} mg/kg [a]	≥ 2000 ≤ 3000[c]	> 3000[c] ≤ 12000	> 12000 ≤ 24000
Fußnoten [a] und [c] siehe DIN EN 206-1			

Beachte auch DIN 1045-2, 5.3.2: Bei
- chemischem Angriff XA3 oder stärker,
- hoher Fließgeschwindigkeit von Wasser und Mitwirkung von Chemikalien nach DIN EN 206-1:2001-07, Tabelle 2,

sind Schutzmaßnahmen für den Beton erforderlich (wie Schutzschichten oder dauerhafte Bekleidungen), wenn nicht ein Gutachten eine andere Lösung vorschlägt. Bei Anwesenheit anderer angreifender Chemikalien als in Tabelle 2 bzw. chemisch verunreinigtem Untergrund sind die Auswirkungen des chemischen Angriffs zu klären und ggf. Schutzmaßnahmen festzulegen.

Eurocode 2: DIN EN 1992-1-1 mit Nationalem Anhang 4 Dauerhaftigkeit und Betondeckung	Hinweise

Tabelle 4.1 – Expositionsklassen in Übereinstimmung mit DIN EN 206-1 und DIN 1045-2

Klasse	Beschreibung der Umgebung	Beispiele für die Zuordnung von Expositionsklassen (informativ)	min C[c]
1 Kein Korrosions- oder Angriffsrisiko			
X0	Für Beton ohne Bewehrung oder eingebettetes Metall: alle Umgebungsbedingungen, ausgenommen Frostangriff mit und ohne Taumittel, Abrieb oder chemischen Angriff. Für Beton mit Bewehrung oder eingebettetem Metall: sehr trocken	Fundamente ohne Bewehrung ohne Frost; Innenbauteile ohne Bewehrung; Beton in Gebäuden mit sehr geringer Luftfeuchte[a]	C12/15
2 Korrosion, ausgelöst durch Karbonatisierung			
XC1	Trocken oder ständig nass	Bauteile in Innenräumen mit üblicher Luftfeuchte (einschließlich Küche, Bad und Waschküche in Wohngebäuden); Beton, der ständig in Wasser getaucht ist	C16/20
XC2	Nass, selten trocken	Teile von Wasserbehältern; Gründungsbauteile	C16/20
XC3	Mäßige Feuchte	Bauteile, zu denen die Außenluft häufig oder ständig Zugang hat, z. B. offene Hallen, Innenräume mit hoher Luftfeuchtigkeit z. B. in gewerblichen Küchen, Bädern, Wäschereien, in Feuchträumen von Hallenbädern und in Viehställen	C20/25
XC4	Wechselnd nass und trocken	Außenbauteile mit direkter Beregnung	C25/30
3 Bewehrungskorrosion, ausgelöst durch Chloride, ausgenommen Meerwasser			
XD1	Mäßige Feuchte	Bauteile im Sprühnebelbereich von Verkehrsflächen; Einzelgaragen	C30/37[d]
XD2	Nass, selten trocken	Solebäder; Bauteile, die chloridhaltigen Industrieabwässern ausgesetzt sind	C35/45[d]
XD3	Wechselnd nass und trocken	Teile von Brücken mit häufiger Spritzwasserbeanspruchung; Fahrbahndecken; direkt befahrene Parkdecks[b]	C35/45[d]
4 Bewehrungskorrosion, ausgelöst durch Chloride aus Meerwasser			
XS1	Salzhaltige Luft, kein unmittelbarer Kontakt mit Meerwasser	Außenbauteile in Küstennähe	C30/37[d]
XS2	Unter Wasser	Bauteile in Hafenanlagen, die ständig unter Wasser liegen	C35/45[d]
XS3	Tidebereiche, Spritzwasser- und Sprühnebelbereiche	Kaimauern in Hafenanlagen	C35/45[d]
5 Betonangriff durch Frost mit und ohne Taumittel			
XF1	Mäßige Wassersättigung ohne Taumittel	Außenbauteile	C25/30
XF2	Mäßige Wassersättigung mit Taumittel oder Meerwasser	Bauteile im Sprühnebel- oder Spritzwasserbereich von taumittelbehandelten Verkehrsflächen, soweit nicht XF4; Betonbauteile im Sprühnebelbereich von Meerwasser	C25/30 LP C35/45
XF3	Hohe Wassersättigung ohne Taumittel	offene Wasserbehälter; Bauteile in der Wasserwechselzone von Süßwasser	C25/30 LP C35/45
XF4	Hohe Wassersättigung mit Taumittel oder Meerwasser	Verkehrsflächen, die mit Taumitteln behandelt werden; Überwiegend horizontale Bauteile im Spritzwasserbereich von taumittelbehandelten Verkehrsflächen; Räumerlaufbahnen von Kläranlagen; Meerwasserbauteile in der Wasserwechselzone	C30/37 LP
6 Betonangriff durch chemischen Angriff der Umgebung			
XA1	Chemisch schwach angreifende Umgebung	Behälter von Kläranlagen; Güllebehälter	C25/30
XA2	Chemisch mäßig angreifende Umgebung und Meeresbauwerke	Betonbauteile, die mit Meerwasser in Berührung kommen; Bauteile in betonangreifenden Böden	C35/45[d]
XA3	Chemisch stark angreifende Umgebung	Industrieabwasseranlagen mit chemisch angreifenden Abwässern; Futtertische der Landwirtschaft; Kühltürme mit Rauchgasableitung	C35/45[d]

	Eurocode 2: DIN EN 1992-1-1 mit Nationalem Anhang 4 Dauerhaftigkeit und Betondeckung	Hinweise

Tabelle 4.1 *(fortgesetzt)*

Klasse	Beschreibung der Umgebung	Beispiele für die Zuordnung von Feuchtigkeitsklassen (informativ)
NA.7 Betonkorrosion infolge Alkali-Kieselsäurereaktion Anhand der zu erwartenden Umgebungsbedingungen ist der Beton einer der folgenden Feuchtigkeitsklassen zuzuordnen.		
WO	Beton, der nach normaler Nachbehandlung nicht längere Zeit feucht und nach dem Austrocknen während der Nutzung weitgehend trocken bleibt.	Innenbauteile des Hochbaus; Bauteile, auf die Außenluft, nicht jedoch z. B. Niederschläge, Oberflächenwasser, Bodenfeuchte einwirken können und/oder die nicht ständig einer relativen Luftfeuchte von mehr als 80 % ausgesetzt werden.
WF	Beton, der während der Nutzung häufig oder längere Zeit feucht ist.	Ungeschützte Außenbauteile, die z. B. Niederschlägen, Oberflächenwasser oder Bodenfeuchte ausgesetzt sind; Innenbauteile des Hochbaus für Feuchträume, wie z. B. Hallenbäder, Wäschereien und andere gewerbliche Feuchträume, in denen die relative Luftfeuchte überwiegend höher als 80 % ist; Bauteile mit häufiger Taupunktunterschreitung, wie z. B. Schornsteine, Wärmeübertragerstationen, Filterkammern und Viehställe; Massige Bauteile gemäß DAfStb-Richtlinie „Massige Bauteile aus Beton", deren kleinste Abmessung 0,80 m überschreitet (unabhängig vom Feuchtezutritt).
WA	Beton, der zusätzlich zu der Beanspruchung nach Klasse WF häufiger oder langzeitiger Alkalizufuhr von außen ausgesetzt ist.	Bauteile mit Meerwassereinwirkung; Bauteile unter Tausalzeinwirkung ohne zusätzliche hohe dynamische Beanspruchung (z. B. Spritzwasserbereiche, Fahr- und Stellflächen in Parkhäusern); Bauteile von Industriebauten und landwirtschaftlichen Bauwerken (z. B. Güllebehälter) mit Alkalisalzeinwirkung.
ANMERKUNG 1 Die Zusammensetzung des Betons wirkt sich sowohl auf den Schutz der Bewehrung als auch auf den Widerstand des Betons gegen Angriffe aus. Anhang E enthält indikative Mindestfestigkeitsklassen für bestimmte Umgebungsbedingungen. Das kann dazu führen, dass für einen Beton eine höhere Druckfestigkeitsklasse verwendet werden muss, als aus der Bemessung erforderlich ist. In solchen Fällen ist in der Regel der Wert f_{ctm} der höheren Druckfestigkeitsklasse für die Berechnung der Mindestbewehrung und der Begrenzung der Rissbreite (siehe 7.3.2 bis 7.3.4) zu übernehmen.		
[a] Sehr geringe Luftfeuchte bedeutet RH ≤ 30 %. [b] Ausführung von Parkdecks nur mit zusätzlichen Maßnahmen (z. B. rissüberbrückende Beschichtung, siehe DAfStb-Heft 600) ANMERKUNG 2 Die Expositionsklasse XM wird in 4.4.1.2 (13) definiert. ANMERKUNG 3 Die Feuchteangaben beziehen sich auf den Zustand innerhalb der Betondeckung der Bewehrung. Im Allgemeinen kann angenommen werden, dass die Bedingungen in der Betondeckung den Umgebungsbedingungen des Bauteils entsprechen. Dies braucht nicht der Fall zu sein, wenn sich zwischen dem Beton und seiner Umgebung eine Sperrschicht befindet. ANMERKUNG 4 Grenzwerte für die Expositionsklassen bei chemischem Angriff XA sind in DIN EN 206-1 und DIN 1045-2 angegeben. ANMERKUNG 5 Es gelten die informativen Beispiele für die Zuordnung nach DIN 1045-2 (→ *hier integriert*).		
[c] Indikative Mindestfestigkeitsklassen nach Anhang E, Tabelle E.1DE. Siehe auch Fußnoten dort. [d] Bei Verwendung von Luftporenbeton (LP), z. B. aufgrund gleichzeitiger Anforderungen aus der Expositionsklasse XF, eine Betonfestigkeitsklasse niedriger.		

4.3 Anforderungen an die Dauerhaftigkeit

(1)P Um die angestrebte Lebensdauer des Tragwerks zu erreichen, müssen angemessene Maßnahmen ergriffen werden, die jedes einzelne Bauteil vor den jeweiligen umgebungsbedingten Einwirkungen schützen.

(2)P Die Anforderungen an die Dauerhaftigkeit müssen berücksichtigt werden bei:

- dem Tragwerksentwurf,
- der Baustoffauswahl,
- den Konstruktionsdetails,
- der Bauausführung,
- der Qualitätskontrolle,
- der Instandhaltung,
- den Nachweisverfahren,
- besonderen Maßnahmen (z. B. Verwendung von nichtrostendem Stahl, Beschichtungen, kathodischem Korrosionsschutz).

ANMERKUNG Eine angemessene Dauerhaftigkeit des Tragwerks gilt als sichergestellt, wenn neben den Anforderungen aus den Nachweisen in den Grenzzuständen der Tragfähigkeit und Gebrauchstauglichkeit und den konstruktiven Regeln der Abschnitte 8 und 9 die Anforderungen dieses Abschnittes sowie die Anforderungen an die Zusammensetzung und die Eigenschaften des Betons nach DIN EN 206-1 und DIN 1045-2 und an die Bauausführung nach DIN 1045-3 bzw. DIN EN 13670 erfüllt sind.

4.4 Nachweisverfahren

4.4.1 Betondeckung

4.4.1.1 Allgemeines

(1)P Die Betondeckung ist der minimale Abstand zwischen einer Bewehrungsoberfläche zur nächstgelegenen Betonoberfläche (einschließlich vorhandener Bügel, Haken oder Oberflächenbewehrung).

Verlegemaß c_v: Abstandhaltermaß bzw. abhängig von Unterstützungen der oberen Bewehrung

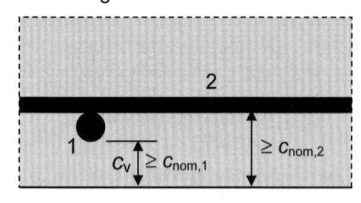

(2)P Das Nennmaß der Betondeckung muss auf den Plänen eingetragen werden. Es ist definiert als die Summe aus der Mindestbetondeckung c_{min} (siehe 4.4.1.2) und dem Vorhaltemaß Δc_{dev} (siehe 4.4.1.3):

$$c_{nom} = c_{min} + \Delta c_{dev} \qquad (4.1)$$

Auf den Bewehrungszeichnungen sollten das Verlegemaß der Bewehrung c_v, das sich aus dem Nennmaß der Betondeckung c_{nom} ableitet, sowie das Vorhaltemaß Δc_{dev} der Betondeckung angegeben werden (siehe NA 2.8.2 (3)P).

4.4.1.2 Mindestbetondeckung c_{min}

(1)P Die Mindestbetondeckung c_{min} muss eingehalten werden, um:

- Verbundkräfte sicher zu übertragen (siehe auch Abschnitte 7 und 8),
- einbetonierten Stahl vor Korrosion zu schützen (Dauerhaftigkeit),
- den erforderlichen Feuerwiderstand sicherzustellen (DIN EN 1992-1-2).

DIN EN 1992-1-2 mit NA: Tragwerksbemessung für den Brandfall

Hinweis zum Feuerwiderstand:

In DIN EN 1992-1-2 werden beim Nachweisverfahren mit Tabellen u. a. Mindestwerte für Achsabstände a und Querschnittsabmessungen für die entsprechenden Feuerwiderstandsklassen R angegeben. Gemäß 5.2 (14) sind dabei die Achsabstände a zu einem Bewehrungsstab, -draht oder einer Bewehrungslitze Nennmaße. Toleranzen brauchen nicht zusätzlich berücksichtigt zu werden. Das dort berücksichtigte Vorhaltemaß ist mit Δc_{dev} = 10 mm angenommen.

Auch die Querschnittsabmessungen sind planerische Nennmaße, wobei im Rahmen der Bauausführung die Grenzabmaße nach DIN EN 13670 bzw. DIN 1045-3 einzuhalten sind.

(2)P Der Bemessung ist der größere Wert der Betondeckung c_{min}, der sich aus den Verbund- bzw. Dauerhaftigkeitsanforderungen ergibt, zugrunde zu legen.

$$c_{min} = \max \begin{Bmatrix} c_{min,b} \\ c_{min,dur} + \Delta c_{dur,\gamma} - \Delta c_{dur,st} - \Delta c_{dur,add} \\ 10 \text{ mm} \end{Bmatrix} \qquad (4.2)$$

Dabei ist

$c_{min,b}$ die Mindestbetondeckung aus der Verbundanforderung, siehe 4.4.1.2 (3);

$c_{min,dur}$ die Mindestbetondeckung aus der Dauerhaftigkeitsanforderung, siehe 4.4.1.2 (5);

$\Delta c_{dur,\gamma}$ ein additives Sicherheitselement, siehe 4.4.1.2 (6);

$\Delta c_{dur,st}$ die Verringerung der Mindestbetondeckung bei Verwendung nichtrostenden Stahls, siehe 4.4.1.2 (7);

$\Delta c_{dur,add}$ die Verringerung der Mindestbetondeckung aufgrund zusätzlicher Schutzmaßnahmen, siehe 4.4.1.2 (8).

Eurocode 2: DIN EN 1992-1-1 mit Nationalem Anhang	Hinweise
4 Dauerhaftigkeit und Betondeckung	

(3) Zur Sicherstellung des Verbundes und einer ausreichenden Verdichtung des Betons ist in der Regel die Mindestbetondeckung nicht geringer als $c_{min,b}$ aus Tabelle 4.2 zu wählen.

Tabelle 4.2 – Mindestbetondeckung $c_{min,b}$
Anforderungen zur Sicherstellung des Verbundes

	1	2
	Art der Bewehrung	**Mindestbetondeckung $c_{min,b}$** [1)]
1	Betonstabstahl	Stabdurchmesser
2	Stabbündel	Vergleichsdurchmesser (ϕ_h) (siehe 8.9.1)

[1)] Ist der Nenndurchmesser des Größtkorns der Gesteinskörnung größer als 32 mm, ist in der Regel $c_{min,b}$ um 5 mm zu erhöhen.

Vergleichsdurchmesser für ein Stabbündel mit n_b Stäben:

$$\phi_h = \phi \cdot \sqrt{n_b} \leq 55 \text{ mm} \quad (8.14)$$

mit

$n_b \leq 4$ für lotrechte Stäbe unter Druck und für Stäbe in einem Übergreifungsstoß;

$n_b \leq 3$ für alle anderen Fälle.

Die Werte $c_{min,b}$ für Hüllrohre von Spanngliedern sind:
- Spannglieder im nachträglichen Verbund:
  - runde Hüllrohre: $c_{min,b} = \phi_{duct} \leq 80$ mm
  - rechteckige Hüllrohre $a \cdot b$ ($a \leq b$): $c_{min,b} = \max\{a; 0{,}5b\} \leq 80$ mm
- Spannglieder im sofortigen Verbund bei Ansatz der Verbundspannungen nach 8.10.2.2:
  - Litzen, profilierte Drähte: $c_{min,b} = 2{,}5\phi_p$

(4) Die Mindestbetondeckung in den Verankerungsbereichen von Spanngliedern ist der entsprechenden Europäischen Technischen Zulassung zu entnehmen.

siehe auch Zulassungen der Spannverfahren (abZ oder ETA mit nationalen Ergänzungszulassungen)

(5) Die Mindestbetondeckungen für Betonstahl und Spannglieder in Normalbeton für Expositionsklassen werden durch $c_{min,dur}$ gemäß den Tabellen 4.3DE, 4.4DE und 4.5DE festgelegt.

ANMERKUNG In Deutschland wird Beton der Zusammensetzung nach DIN EN 206-1 und DIN 1045-2 verwendet. Die Festigkeit und Dichtheit des Betons im oberflächennahen Bereich werden durch die Nachbehandlung nach DIN 1045-3 bzw. DIN EN 13670 sichergestellt.

Tabelle 4.3DE – Modifikation für $c_{min,dur}$

Kriterium	1	2	3	4	5	6	7
	Expositionsklasse nach Tabelle 4.1						
	X0, XC1	XC2	XC3	XC4	XD1, XS1	XD2, XS2	XD3, XS3
Druckfestigkeitsklasse [a)]	0	$\geq$ C25/30	$\geq$ C30/37	$\geq$ C35/45	$\geq$ C40/50 [b)]	$\geq$ C45/55 [b)]	$\geq$ C45/55 [b)]
		–5 mm					

[a)] Es wird davon ausgegangen, dass die Druckfestigkeitsklasse und der Wasserzementwert einander zugeordnet werden dürfen.

[b)] Die geforderten Druckfestigkeitsklassen dürfen um eine Klasse reduziert werden, wenn unter Zugabe eines Luftporenbildners Poren mit einem Mindestluftgehalt nach DIN 1045-2 für XF-Klassen erzeugt werden.

Tabelle 4.4DE – Mindestbetondeckung $c_{min,dur}$ – Anforderungen an die Dauerhaftigkeit von Betonstahl nach DIN 488 in [mm]

1	2	3	4	5
Expositionsklasse nach Tabelle 4.1				
(X0)	XC1	XC2 XC3	XC4	XD1, XD2, XD3 XS1, XS2, XS3
(10)	10	20	25	40 [a)]

[a)] inklusive additivem Sicherheitselement $\Delta c_{dur,\gamma}$ nach (6)

Tabelle 4.5DE – Mindestbetondeckung $c_{min,dur}$ – Anforderungen an die Dauerhaftigkeit von Spannstahl in [mm]

1	2	3	4	5
Expositionsklasse nach Tabelle 4.1				
(X0)	XC1	XC2 XC3	XC4	XD1, XD2, XD3 XS1, XS2, XS3
(10)	20	30	35	50 [a)]

[a)] inklusive additivem Sicherheitselement $\Delta c_{dur,\gamma}$ ach (6)

(6) Die Mindestbetondeckung ist in der Regel um das additive Sicherheitselement $\Delta c_{dur,\gamma}$ zu erhöhen. Die Werte für $\Delta c_{dur,\gamma}$ sind in den Tabellen 4.4DE und 4.5DE integriert.

(7) Bei der Verwendung von nichtrostendem Stahl oder aufgrund von besonderen Maßnahmen darf die Mindestbetondeckung um $\Delta c_{dur,st}$ abgemindert werden. Die sich hieraus ergebenden Auswirkungen auf relevante Baustoffeigenschaften, z. B. den Verbund, sind dabei in der Regel zu berücksichtigen.

Eurocode 2: DIN EN 1992-1-1 mit Nationalem Anhang 4 Dauerhaftigkeit und Betondeckung	Hinweise

Für die Abminderung der Betondeckung $\Delta c_{dur,st}$ gelten die Festlegungen der jeweiligen allgemeinen bauaufsichtlichen Zulassung des nichtrostenden Stahls.

Zulassungen für nichtrostenden Stahl:
i. d. R. c_{min} = max {$c_{min,b}$; 10 mm}

(8) Die Mindestbetondeckung bei Beton mit zusätzlichem Schutz (z. B. Beschichtung) darf um $\Delta c_{dur,add}$ = 10 mm für Expositionsklassen XD bei dauerhafter, rissüberbrückender Beschichtung (siehe DAfStb-Heft 600 und DBV-Merkblatt „Parkhäuser und Tiefgaragen") abgemindert werden.

In allen anderen Fällen und ohne weitere Spezifikation ist keine Abminderung zulässig.

Im DAfStb-Heft 600: Erläuterungen zu Fußnote b) der Tabelle 4.1.
Hinweise zu Beschichtungen und zum erweiterten Instandhaltungskonzept bei dieser Abminderung siehe DBV-Merkblatt „Parkhäuser und Tiefgaragen", 2010-09.

(9) Wird Ortbeton kraftschlüssig mit einem Fertigteil oder erhärtetem Ortbeton verbunden, dürfen die Werte an den der Fuge zugewandten Rändern auf den Mindestwert zur Sicherstellung des Verbundes (siehe Absatz (3)) abgemindert werden, vorausgesetzt, dass:
- die Betondruckfestigkeitsklasse mindestens C25/30 beträgt,
- die Betonoberfläche nicht länger als 28 Tage dem Außenklima ausgesetzt ist,
- die Fuge aufgeraut wurde.

Die Werte c_{min} dürfen an den der Fuge zugewandten Rändern auf 5 mm im Fertigteil und auf 10 mm im Ortbeton verringert werden. In diesen Fällen darf auf das Vorhaltemaß verzichtet werden. Die Bedingungen zur Sicherstellung des Verbundes nach Absatz 4.4.1.2 (3) müssen jedoch eingehalten werden, sofern die Bewehrung im Bauzustand ausgenutzt wird.

Werden bei rau oder verzahnt ausgeführten Verbundfugen Bewehrungsstäbe direkt auf die Fugenoberfläche aufgelegt, so sind für den Verbund dieser Stäbe nur mäßige Verbundbedingungen nach 8.4.2 (2) anzusetzen. Die Dauerhaftigkeit der Bewehrung ist jedoch durch das erforderliche Nennmaß der Betondeckung im Bereich von Elementfugen bei Halbfertigteilen sicherzustellen.

(10) Die Mindestbetondeckung von Spanngliedern ohne Verbund regelt die entsprechende Europäische Technische Zulassung.

(11) Für unebene Oberflächen (z. B. herausstehendes Grobkorn) ist in der Regel die Mindestbetondeckung um mindestens 5 mm zu erhöhen.

(12) Werden Frost-Tau-Wechsel oder ein chemischer Angriff auf den Beton erwartet (Expositionsklassen XF und XA), ist dies in der Regel in der Betonzusammensetzung zu berücksichtigen (siehe DIN EN 206-1, Abschnitt 6). Die Betondeckung nach 4.4.1 ist hierbei ausreichend.

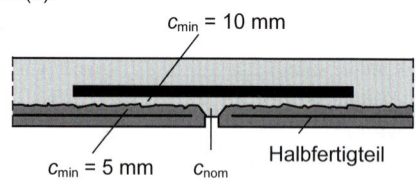

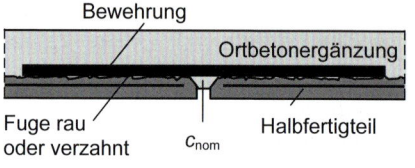

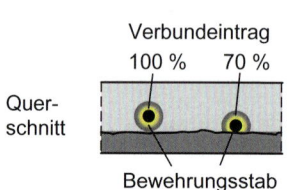

→ mit DIN EN 206-1 gilt als NA DIN 1045-2: Anforderungen an die Betonzusammensetzung dort in Tabellen F.2.1 und F.2.2

(13) Bei Verschleißbeanspruchung des Betons sind in der Regel zusätzliche Anforderungen an die Gesteinskörnung nach DIN EN 206-1 zu berücksichtigen. Alternativ darf die Verschleißbeanspruchung auch durch eine Vergrößerung der Betondeckung (Opferbeton) berücksichtigt werden.
In diesem Fall ist in der Regel die Mindestbetondeckung c_{min} für die Expositionsklassen XM1 um 5 mm, für XM2 um 10 mm und für XM3 um 15 mm zu erhöhen.

DIN 1045-2:2008-08: 5.5.5: Die Körner aller Gesteinskörnungen, die für die Herstellung von Beton in den Expositionsklassen XM verwendet werden, sollten eine mäßig raue Oberfläche und eine gedrungene Gestalt haben. Das Gesteinskorngemisch sollte möglichst grobkörnig sein.

ANMERKUNG 1 Expositionsklasse **XM1** bedeutet mäßige Verschleißbeanspruchung wie beispielsweise für Bauteile von Industrieanlagen mit Beanspruchung durch luftbereifte Fahrzeuge.
Expositionsklasse **XM2** bedeutet starke Verschleißbeanspruchung wie beispielsweise für Bauteile von Industrieanlagen mit Beanspruchung durch luft- oder vollgummibereifte Gabelstapler.
Expositionsklasse **XM3** bedeutet sehr starke Verschleißbeanspruchung wie beispielsweise für Bauteile von Industrieanlagen mit Beanspruchung durch elastomerbereifte oder stahlrollenbereifte Gabelstapler oder Kettenfahrzeuge.

Bei XM3 ist das Einstreuen von Hartstoffen nach DIN 1100 *Hartstoffe für zementgebundene Hartstoffestriche – Anforderungen und Prüfverfahren* erforderlich.

ANMERKUNG 2 Die Bauteile von Industrieanlagen sind tragende bzw. aussteifende Industrieböden. Anforderungen an die Betonzusammensetzung für die XM-Klassen ohne Opferbeton sind in DIN 1045-2 geregelt.

Für nichttragende Industrieböden dürfen auch abweichende Lösungen vereinbart werden.

4.4.1.3 Vorhaltemaß

(1)P Zur Ermittlung des Nennmaßes der Betondeckung c_{nom} muss bei Bemessung und Konstruktion die Mindestbetondeckung zur Berücksichtigung von unplanmäßigen Abweichungen um das Vorhaltemaß Δc_{dev} (zulässige negative Abweichung in der Bauausführung) erhöht werden.

Index dev – deviation (Abweichung)

Eurocode 2: DIN EN 1992-1-1 mit Nationalem Anhang 5 Ermittlung der Schnittgrößen	Hinweise

Es gelten
- für Dauerhaftigkeitsanforderungen mit $c_{min,dur}$ nach 4.4.1.2 (5):
  Δc_{dev} = 15 mm (außer für XC1: Δc_{dev} = 10 mm);
- für Verbundanforderungen mit $c_{min,b}$ nach 4.4.1.2 (3):
  Δc_{dev} = 10 mm.

(2) Für den Hochbau enthält DIN EN 13670 die zulässige Abweichung. Diese ist üblicherweise auch für andere Bauwerke ausreichend. Sie ist in der Regel bei der Wahl des Nennmaßes der Betondeckung für die Bemessung zu berücksichtigen. Das Nennmaß der Betondeckung ist in der Regel den Berechnungen zugrunde zu legen und auf den Bewehrungsplänen anzugeben, wenn kein anderer Wert (z. B. ein Mindestwert) vereinbart wurde.

ANMERKUNG Bis zur bauaufsichtlichen Einführung von DIN EN 13670 gilt DIN 1045-3.

> Die zulässige Negativabweichung für die Betondeckung nach DIN EN 13670 entspricht dem Vorhaltemaß Δc_{dev}.
>
> Auf den Bewehrungszeichnungen sollte das Verlegemaß der Bewehrung c_v, das sich abhängig von der Bewehrungskonstruktion und den Abstandhaltern aus dem Nennmaß der Betondeckung c_{nom} ableitet, sowie das Vorhaltemaß Δc_{dev} der Betondeckung angegeben werden.

(3) Unter bestimmten Umständen darf das Vorhaltemaß Δc_{dev} abgemindert werden.

Das Vorhaltemaß Δc_{dev} darf um 5 mm abgemindert werden, wenn dies durch eine entsprechende Qualitätskontrolle bei Planung, Entwurf, Herstellung und Bauausführung gerechtfertigt werden kann (siehe z. B. DBV-Merkblätter „Betondeckung und Bewehrung", „Unterstützungen" und „Abstandhalter").

(4) Für ein bewehrtes Bauteil, bei dem der Beton gegen unebene Flächen geschüttet wird, ist in der Regel das Nennmaß der Betondeckung grundsätzlich um eine zulässige Abweichung zu vergrößern. Die Erhöhung sollte das Differenzmaß der Unebenheit, jedoch mindestens 20 mm bei Herstellung auf vorbereitetem Baugrund (z. B. unebener Sauberkeitsschicht) bzw. mindestens 50 mm bei Herstellung unmittelbar auf den Baugrund betragen.

Bei Oberflächen mit architektonischer Gestaltung, wie strukturierte Oberflächen oder grober Waschbeton, ist in der Regel die Betondeckung ebenfalls entsprechend zu erhöhen.

> unebene Betonierflächen, z. B.
> - Strukturbeton
> - Baugrubenverbau
> - weiche Dämmstoffe
>
> $\geq$ 20 mm
> $\geq$ Unebenheitsmaß

5 ERMITTLUNG DER SCHNITTGRÖSSEN

5.1 Allgemeines

5.1.1 Grundlagen

(1)P Zweck der statischen Berechnung ist die Bestimmung der Verteilung entweder der Schnittgrößen oder der Spannungen, Dehnungen und Verschiebungen am Gesamttragwerk oder einem Teil davon. Sofern erforderlich, sind zusätzliche Untersuchungen der lokal auftretenden Beanspruchungen durchzuführen.

ANMERKUNG Üblicherweise wird eine statische Berechnung durchgeführt, um die Verteilung der Schnittgrößen zu bestimmen. Der vollständige Nachweis der Querschnittswiderstände basiert auf diesen Schnittgrößen. Werden bei bestimmten Bauteilen jedoch Berechnungsverfahren verwendet, die Spannungen, Dehnungen und Verschiebungen anstelle von Schnittgrößen ergeben (z. B. Finite-Elemente-Methode), werden spezielle Nachweisverfahren benötigt.

(2) Zusätzliche lokale Untersuchungen können erforderlich sein, wenn keine lineare Dehnungsverteilung angenommen werden darf, z. B.:

- in der Nähe von Auflagern,
- in der Nähe von konzentrierten Einzellasten,
- bei Kreuzungspunkten von Trägern und Stützen,
- in Verankerungszonen,
- bei sprunghaften Querschnittsänderungen.

> z. B. Diskontinuitätsbereiche (D-Bereiche)

(4)P Bei der Schnittgrößenermittlung werden sowohl eine idealisierte Tragwerksgeometrie als auch ein idealisiertes Tragverhalten angenommen. Die Idealisierungen sind entsprechend der zu lösenden Aufgabe zu wählen.

(5)P Die Bemessung muss die Tragwerksgeometrie, die Tragwerkseigenschaften und das Tragwerksverhalten während aller Bauphasen berücksichtigen.

> Absatz (3) mit Bezug auf den in Deutschland nicht anzuwendenden Anhang F hier gestrichen.

Eurocode 2: DIN EN 1992-1-1 mit Nationalem Anhang 5 Ermittlung der Schnittgrößen	Hinweise

(6) Der Schnittgrößenermittlung werden gewöhnlich folgende Idealisierungen des Tragverhaltens zugrunde gelegt:

- linear-elastisches Verhalten (siehe 5.4),
- linear-elastisches Verhalten mit begrenzter Umlagerung (siehe 5.5),
- plastisches Verhalten (siehe 5.6) einschließlich von Stabwerkmodellen (siehe 5.6.4),
- nichtlineares Verhalten (siehe 5.7).

(7) Im Hochbau dürfen die Verformungen aus Querkraft oder aus Normalkräften bei stabförmigen Bauteilen und Platten vernachlässigt werden, wenn diese weniger als 10 % der Biegeverformung betragen.

(NA.8)P Alle Berechnungsverfahren der Schnittgrößenermittlung müssen sicherstellen, dass die Gleichgewichtsbedingungen erfüllt sind.

(NA.9)P Wenn die Verträglichkeitsbedingungen nicht unmittelbar für die jeweiligen Grenzzustände nachgewiesen werden, muss sichergestellt werden, dass das Tragwerk bis zum Erreichen des Grenzzustandes der Tragfähigkeit ausreichend verformungsfähig ist und ein unzulässiges Verhalten im Grenzzustand der Gebrauchstauglichkeit ausgeschlossen ist.

(NA.10)P Der Gleichgewichtszustand wird im Allgemeinen am nichtverformten Tragwerk nachgewiesen (Theorie I. Ordnung). Wenn jedoch die Tragwerksauslenkungen zu einem wesentlichen Anstieg der Schnittgrößen führen, muss der Gleichgewichtszustand am verformten Tragwerk nachgewiesen werden (Theorie II. Ordnung).

→ siehe 5.8: Berechnung von Bauteilen unter Normalkraft nach Th. II. Ordnung

(NA.11)P Die Auswirkungen zeitlicher Einflüsse (z. B. Kriechen, Schwinden des Betons) auf die Schnittgrößen sind zu berücksichtigen, wenn sie von Bedeutung sind.

→ siehe 3.1.4 und Anhang B: Kriechen und Schwinden

(NA.12) Für Tragwerke mit vorwiegend ruhender Belastung dürfen die Auswirkungen der Belastungsgeschichte im Allgemeinen vernachlässigt werden. Es darf von einer gleichmäßigen Steigerung der Belastung ausgegangen werden.

(NA.13) Übliche Berechnungsverfahren für Plattenschnittgrößen mit Ansatz gleicher Steifigkeiten in beiden Richtungen gelten nur, wenn der Abstand der Längsbewehrung zur zugehörigen Querbewehrung in der Höhe 50 mm nicht überschreitet.

(NA.14) Berechnungsverfahren mit plastischen Umlagerungen sind bei Bauteiltemperaturen unter −20 °C wegen der abnehmenden Duktilitätseigenschaften der Stähle nicht ohne weitere Nachweise anwendbar.

5.1.2 Besondere Anforderungen an Gründungen

(1)P Hat die Boden-Bauwerk-Interaktion wesentlichen Einfluss auf die Schnittgrößen des Tragwerks, müssen die Bodeneigenschaften und die Wechselwirkung gemäß DIN EN 1997-1 berücksichtigt werden.

(2) Für die Bemessung von Flachgründungen dürfen entsprechend vereinfachte Modelle der Boden-Bauwerk-Interaktion verwendet werden.

ANMERKUNG Bei einfachen Flachgründungen und Pfahlkopfplatten dürfen die Auswirkungen der Boden-Bauwerk-Interaktion i. Allg. vernachlässigt werden.

(3) Für die Bemessung einzelner Pfähle sind in der Regel die Einwirkungen unter Berücksichtigung der Wechselwirkung zwischen Pfählen, Pfahlkopfplatten und stützendem Boden zu ermitteln.

(4) Bei Pfahlgruppen ist in der Regel die Einwirkung auf jeden einzelnen Pfahl unter Berücksichtigung der Wechselwirkung zwischen den Pfählen zu bestimmen.

(5) Diese Wechselwirkung darf vernachlässigt werden, wenn der lichte Abstand zwischen den Pfählen mehr als das Doppelte des Pfahldurchmessers beträgt.

Zu (5): Bei Pfählen mit erheblichem Mantelreibungsanteil sind wesentlich größere lichte Pfahlabstände ab ca. $6D$ erforderlich, damit eine gegenseitige Beeinflussung im Tragverhalten der Einzelpfähle nicht mehr gegeben ist [35].

| Eurocode 2: DIN EN 1992-1-1 mit Nationalem Anhang
5 Ermittlung der Schnittgrößen | Hinweise |

5.1.3 Lastfälle und Einwirkungskombinationen

(1)P Zur Ermittlung der maßgebenden Einwirkungskombination (siehe DIN EN 1990, Kapitel 6) ist eine ausreichende Anzahl von Lastfällen zu untersuchen, um die kritischen Bemessungssituationen für alle Querschnitte im betrachteten Tragwerk oder Tragwerksteil festzustellen.

Die bei den Nachweisen in den GZT in Betracht zu ziehenden Bemessungssituationen sind in DIN EN 1990 angegeben.

(NA.2) Bei durchlaufenden Platten und Balken darf für ein und dieselbe unabhängige ständige Einwirkung (z. B. Eigenlast) entweder der obere oder der untere Wert γ_G in allen Feldern gleich angesetzt werden. Dies gilt nicht für den Nachweis der Lagesicherheit nach DIN EN 1990.

(NA.3) Die maßgebenden Querkräfte dürfen bei üblichen Hochbauten für Vollbelastung aller Felder ermittelt werden, wenn das Stützweitenverhältnis benachbarter Felder mit annähernd gleicher Steifigkeit $0{,}5 < l_{\text{eff},1} / l_{\text{eff},2} < 2{,}0$ beträgt.

(NA.4) Bei nicht vorgespannten durchlaufenden Bauteilen des üblichen Hochbaus brauchen, mit Ausnahme des Nachweises der Lagesicherheit nach DIN EN 1990, Bemessungssituationen mit günstig wirkenden ständigen Einwirkungen bei linear-elastischer Berechnung nicht berücksichtigt zu werden, wenn die Konstruktionsregeln für die Mindestbewehrung eingehalten werden.

5.1.4 Auswirkungen von Bauteilverformungen (Theorie II. Ordnung)

(1)P Die Auswirkungen nach Theorie II. Ordnung (siehe auch DIN EN 1990, Kapitel 1) müssen berücksichtigt werden, wenn sie die Gesamtstabilität des Bauwerks erheblich beeinflussen oder zum Erreichen des Grenzzustands der Tragfähigkeit in kritischen Querschnitten beitragen.

(2) Die Auswirkungen nach Theorie II. Ordnung sind in der Regel gemäß 5.8 zu berücksichtigen.

(3) Für Hochbauten dürfen die Auswirkungen nach Theorie II. Ordnung unterhalb bestimmter Grenzen vernachlässigt werden (siehe 5.8.2 (6)).

(NA.4)P Der Gleichgewichtszustand von Tragwerken mit stabförmigen Bauteilen oder Wänden unter Längsdruck und insbesondere der Gleichgewichtszustand dieser Bauteile selbst muss unter Berücksichtigung der Auswirkung von Bauteilverformungen nachgewiesen werden, wenn diese die Tragfähigkeit um mehr als 10 % verringern. Dies gilt für jede Richtung, in der ein Versagen nach Theorie II. Ordnung auftreten kann.

5.2 Imperfektionen

(1)P Für die Ermittlung der Schnittgrößen von Bauteilen und Tragwerken sind die ungünstigen Auswirkungen möglicher Abweichungen in der Tragwerksgeometrie und in der Laststellung zu berücksichtigen.

ANMERKUNG Abweichungen bei den Querschnittsabmessungen sind i. Allg. in den Materialsicherheitsfaktoren berücksichtigt. Diese brauchen bei der Schnittgrößenermittlung nicht berücksichtigt zu werden. Eine minimale Lastausmitte bei der Bemessung von Querschnitten wird in 6.1 (4) vorgesehen.

Die einzelnen aussteifenden Bauteile sind für Schnittgrößen zu bemessen, die sich aus der Berechnung am Gesamttragwerk ergeben, wobei die Auswirkungen der Einwirkungen und Imperfektionen am Tragwerk als Ganzem einzubeziehen sind.

Der Einfluss der Tragwerksimperfektionen darf durch den Ansatz geometrischer Ersatzimperfektionen erfasst werden.

(2)P Imperfektionen müssen bei ständigen und vorübergehenden sowie bei außergewöhnlichen Bemessungssituationen im Grenzzustand der Tragfähigkeit berücksichtigt werden.

(3) Imperfektionen brauchen im Grenzzustand der Gebrauchstauglichkeit nicht berücksichtigt zu werden.

(4) Die folgenden Regeln gelten für Bauteile unter Normalkraft sowie für Tragwerke mit vertikaler Belastung (vorwiegend im Hochbau). Die numerischen Werte beziehen sich auf normale Abweichungen der Bauausführung (Klasse 1 in DIN EN 13670). Bei Verwendung anderer Abweichungen (z. B. Klasse 2) sind die Werte in der Regel entsprechend anzupassen.

Hinweise:

Ständige und vorübergehende Bemessungssituation [E2], Gl. (6.10c):

$$E_d = \sum_{j \geq 1} \gamma_{G,j} \cdot E_{Gk,j} + \gamma_P \cdot E_{Pk}$$
$$+ \gamma_{Q,1} \cdot E_{Qk,1} + \sum_{i>1} \gamma_{Q,i} \cdot \psi_{0,i} \cdot E_{Qk,i}$$

→ d. h. in der Regel:

$$E_d = \sum_{j \geq 1} 1{,}35 E_{Gk,j} + 1{,}0 E_{Pk}$$
$$+ 1{,}5 \cdot \left(E_{Qk,1} + \sum_{i>1} \psi_{0,i} \cdot E_{Qk,i} \right)$$

Außergewöhnliche Bemessungssituation [E2], Gl. (6.11c):

$$E_{dA} = \sum_{j \geq 1} \gamma_{GA,j} \cdot E_{Gk,j} + E_{Pk} + E_{Ad}$$
$$+ \gamma_{QA,1} \cdot \psi_{1,1} \cdot E_{Qk,1} + \sum_{i>1} \gamma_{QA,i} \cdot \psi_{2,i} \cdot E_{Qk,i}$$

→ d. h. in der Regel:

$$E_{dA} = \sum_{j \geq 1} E_{Gk,j} + E_{Pk} + E_{Ad}$$
$$+ \psi_{1,1} \cdot E_{Qk,1} + \sum_{i>1} \psi_{2,i} \cdot E_{Qk,i}$$

Zu (4): Die Toleranzklasse 2 nach DIN EN 13670 mit reduzierten Abweichungen in der Bauausführung ist in erster Linie zur Anwendung mit der in Anhang A vorgeschlagenen Abminderung von Teilsicherheitsbeiwerten für Baustoffe vorgesehen. Diese Abminderung ist in Deutschland i. d. R. ausgeschlossen. Das gilt auch für die Imperfektionen.

Eurocode 2: DIN EN 1992-1-1 mit Nationalem Anhang	Hinweise
5 Ermittlung der Schnittgrößen	

(5) Imperfektionen dürfen als Schiefstellung θ_i wie folgt berücksichtigt werden:

$$\theta_i = \theta_0 \cdot \alpha_h \cdot \alpha_m \qquad (5.1)$$

Dabei ist

θ_0 der Grundwert: $\theta_0 = 1 / 200$;

α_h der Abminderungsbeiwert für die Höhe:
$0 \leq \alpha_h = 2 / \sqrt{l} \leq 1$;

α_m der Abminderungsbeiwert für die Anzahl der Bauteile:
$\alpha_m = \sqrt{0{,}5 \cdot (1 + 1/m)}$;

l die Länge oder Höhe [m], siehe (6);

m die Anzahl der vertikalen Bauteile, die zur Gesamtauswirkung beitragen.

Für Auswirkungen auf Scheiben gilt abweichend:
- Decken: $\theta_0 = 0{,}008 / \sqrt{2m}$
- Dächer: $\theta_0 = 0{,}008 / \sqrt{m}$

mit $\alpha_h = \alpha_m = 1$.

(6) Die in Gleichung (5.1) enthaltenen Definitionen von l und m hängen von der untersuchten Auswirkung ab, für die drei Fälle unterschieden werden dürfen (siehe auch Bild 5.1):

- Auswirkung auf Einzelstütze:

  l = tatsächliche Länge der Stütze, $m = 1$.

- Auswirkung auf Aussteifungssystem:

  l = Gebäudehöhe, m = Anzahl der vertikalen Bauteile, die zur horizontalen Belastung des Aussteifungssystems beitragen.

  Für m dürfen nur vertikale Bauteile angesetzt werden, die mindestens 70 % des Bemessungswerts der mittleren Längskraft $N_{Ed,m} = F_{Ed} / n$ aufnehmen, worin F_{Ed} die Summe der Bemessungswerte der Längskräfte aller nebeneinander liegenden lotrechten Bauteile im betrachteten Geschoss bezeichnet.

- Auswirkung auf Decken- oder Dachscheiben, die horizontale Kräfte verteilen:

  l = Stockwerkshöhe, m = Anzahl der vertikalen Bauteile in den Stockwerken, die zur horizontalen Gesamtbelastung auf das Geschoss beitragen.

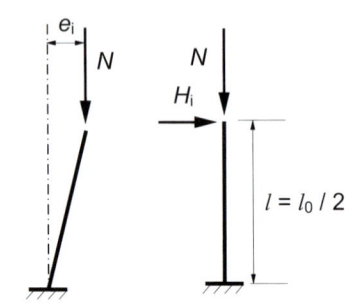

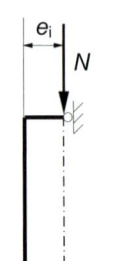

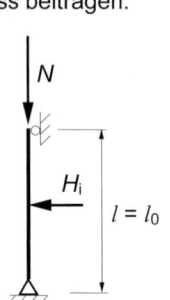

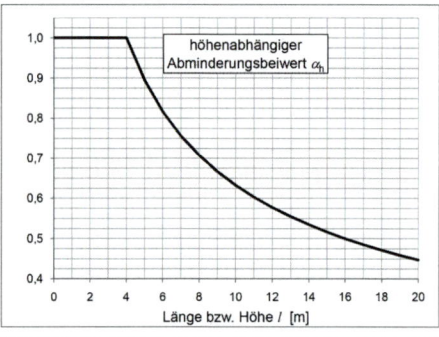

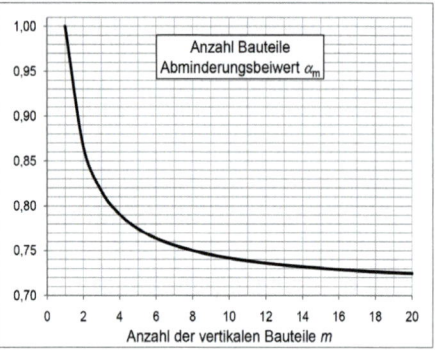

bei Decken- bzw. Dachscheiben ist m die Anzahl der auszusteifenden Tragwerksteile im betrachteten Geschoss (d. h. in der Regel bei Deckenscheiben zwei Geschosse mit je m vertikalen Bauteilen → $2m$, bei Dachscheiben ein Geschoss mit m vertikalen Bauteilen → m).

a1) nicht ausgesteift   a2) ausgesteift

a) Einzelstützen mit ausmittiger Normalkraft oder seitlich angreifender Kraft

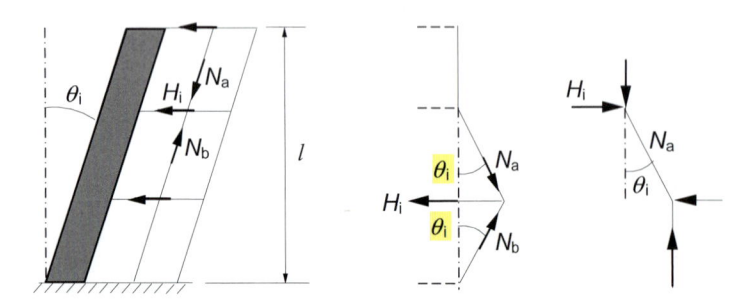

Abweichend von EN 1992-1-1, Bild 5.1c1) mit $\theta_i / 2$ darf die national festgelegte, empirisch ermittelte Schiefstellung θ_i für die Ermittlung der Horizontalkraft bei Deckenscheiben nicht halbiert werden.

b) ausgesteiftes System   c1) Deckenscheibe   c2) Dachscheibe

Bild 5.1 – Beispiele für die Auswirkung geometrischer Imperfektionen

Eurocode 2: DIN EN 1992-1-1 mit Nationalem Anhang	Hinweise
5 Ermittlung der Schnittgrößen	

(7) Bei Einzelstützen (siehe 5.8.1) dürfen die Auswirkungen der Imperfektionen mit einer der zwei Alternativen a) oder b) berücksichtigt werden:

a)   als Lastausmitte e_i mit

$$e_i = \theta_i \cdot l_0 / 2 \qquad (5.2)$$

wobei l_0 die Knicklänge ist: siehe auch 5.8.3.2.

Bei Wänden und Einzelstützen in ausgesteiften Systemen darf vereinfacht immer $e_i = l_0 / 400$ verwendet werden (entspricht $\alpha_h = 1$).

b)   als Horizontalkraft H_i in der Position, die das maximale Moment erzeugt:

für nicht ausgesteifte Stützen (siehe Bild 5.1a1)

$$H_i = \theta_i \cdot N \qquad (5.3a)$$

für ausgesteifte Stützen (siehe Bild 5.1a2)

$$H_i = 2 \cdot \theta_i \cdot N \qquad (5.3b)$$

Dabei ist N die Normalkraft.

ANMERKUNG Die Lastausmitte eignet sich für statisch bestimmte Bauteile, wohingegen die Horizontalkraft sowohl für statisch bestimmte als auch für unbestimmte Bauteile verwendet werden darf. Die Kraft H_i darf auch durch eine vergleichbare Quereinwirkung ersetzt werden.

(8) Bei Tragwerken darf die Auswirkung der Schiefstellung θ_i durch äquivalente Horizontalkräfte zusammen mit den anderen Einwirkungen bei der Schnittgrößenermittlung berücksichtigt werden.

Auswirkung auf ein Aussteifungssystem (siehe Bild 5.1b):

$$H_i = \theta_i \cdot (N_b - N_a) \qquad (5.4)$$

Auswirkung auf eine Deckenscheibe (siehe Bild 5.1c1):

$$H_i = \theta_i \cdot (N_b + N_a) \qquad (5.5)$$

Auswirkung auf eine Dachscheibe (siehe Bild 5.1c2):

$$H_i = \theta_i \cdot N_a \qquad (5.6)$$

Dabei sind N_a und N_b die Normalkräfte, die zu H_i beitragen.

Für die Schiefstellung θ_i ist
- in Gleichung (5.5) bei Deckenscheiben $\theta_i = 0{,}008 / \sqrt{2m}$ und
- in Gleichung (5.6) bei Dachscheiben $\theta_i = 0{,}008 / \sqrt{m}$

in Bogenmaß anzunehmen (siehe 5.2 (5)). Dabei ist m die Anzahl der auszusteifenden Tragwerksteile im betrachteten Geschoss.

(9) Als vereinfachte Alternative für Wände und Einzelstützen in ausgesteiften Systemen darf eine Lastausmitte $e_i = l_0 / 400$ verwendet werden, um die mit den üblichen Abweichungen in der Bauausführung verbundenen Imperfektionen zu berücksichtigen (siehe 5.2 (4)).

5.3 Idealisierungen und Vereinfachungen

5.3.1 Tragwerksmodelle für statische Berechnungen

(1)P Die Bestandteile eines Tragwerks werden nach ihrer Beschaffenheit und Funktion unterteilt in Balken, Stützen, Platten, Wände, Scheiben, Bögen, Schalen usw. Die folgenden Regeln gelten für die Schnittgrößenermittlung der gebräuchlichsten Bauteile und für aus diesen Bauteilen zusammengesetzte Tragwerke.

(2) Die folgenden Absätze (3) bis (7) gelten für den Hochbau.

(3) Ein Balken ist ein Bauteil, dessen Stützweite nicht kleiner als die 3-fache Gesamtquerschnittshöhe ist. Andernfalls ist es in der Regel ein wandartiger Träger.

(4) Als Platte gilt ein flächenartiges Bauteil, dessen kleinste Dimensionen in der Ebene mindestens seiner 5-fachen Gesamtdicke entsprechen.

(5) Eine durch überwiegend gleichmäßig verteilte Lasten belastete Platte darf als einachsig gespannt angenommen werden, wenn sie entweder:
- zwei freie (ungelagerte), nahezu parallele Ränder besitzt oder
- wenn sie den mittleren Bereich einer rechteckigen, allseitig gestützten Platte bildet, die ein Seitenverhältnis der längeren zur kürzeren Stützweite von mehr als 2 aufweist.

Hinweise zur rechten Spalte:

Die für Geschossdecken empirisch ermittelte Schiefstellung $\theta_i = 0{,}008 / \sqrt{2m}$ ist auf die Summe der Normalkräfte ($N_b + N_a$) bezogen worden. Sie darf nicht wie in EN 1992-1-1, Gl. (5.5): $H_i = \theta_i \cdot (N_b + N_a) / 2$ zusätzlich halbiert werden. In Gl. (5.5) wird hier daher θ_i statt $\theta_i / 2$ eingesetzt.

→ siehe auch Erläuterungsteil

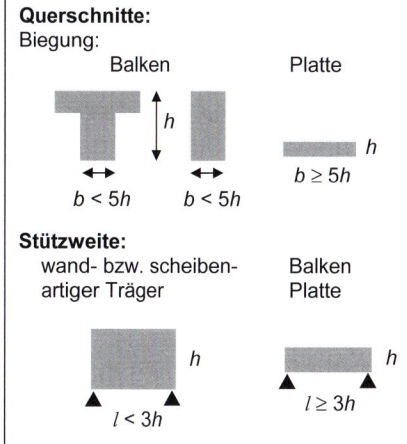

Querschnitte:
Biegung:
Balken: $b < 5h$, $b < 5h$, Höhe h
Platte: $b \geq 5h$, Höhe h

Stützweite:
wand- bzw. scheibenartiger Träger: $l < 3h$
Balken / Platte: $l \geq 3h$

Eurocode 2: DIN EN 1992-1-1 mit Nationalem Anhang	Hinweise
5 Ermittlung der Schnittgrößen	

(6) Rippen- oder Kassettendecken brauchen für die Ermittlung der Schnittgrößen nicht als diskrete Bauteile behandelt zu werden, wenn die Gurtplatte zusammen mit den Rippen eine ausreichende Torsionssteifigkeit aufweist. Dies darf vorausgesetzt werden, wenn:

- der Rippenabstand 1500 mm nicht übersteigt,
- die Rippenhöhe unter der Gurtplatte die 4-fache Rippenbreite nicht übersteigt,
- die Dicke der Gurtplatte mindestens 1/10 des lichten Abstands zwischen den Rippen oder 50 mm beträgt, wobei der größere Wert maßgebend ist,
- Querrippen vorgesehen sind, deren lichter Abstand nicht größer als die 10-fache Plattendicke ist.

Die Schnittgrößenermittlung für diese Decken als Vollplatte ist auf die Verfahren nach 5.4 und 5.5 beschränkt.

ANMERKUNG In 10.9.3 (11) werden diese Deckensysteme für Fertigteile behandelt.

s_L – Achsabstand der Längsrippen
$a_{R,L}$ – lichter Abstand der Längsrippen
h_R, b_R – Rippenhöhe, Rippenbreite
h_f – Dicke der Gurtplatte

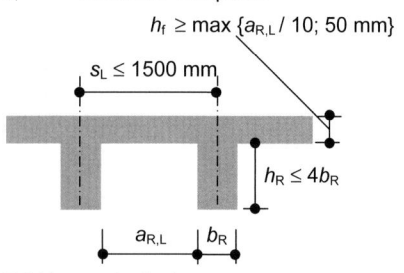

$h_f \geq \max \{a_{R,L} / 10; 50 \text{ mm}\}$

$s_L \leq 1500$ mm

$h_R \leq 4 b_R$

5.4 Linear-elastisch
5.5 Linear-elastisch mit begrenzter Umlagerung

(7) Eine Stütze ist ein Bauteil, dessen Querschnittsbreite nicht mehr als das 4-fache seiner Querschnittshöhe und dessen Gesamtlänge mindestens das 3-fache seiner Querschnittshöhe beträgt. Im Falle anderer Querschnittsabmessungen ist es eine Wand.

Zu (7): **Querschnitte**
Stütze: $h \leq 4b$
Wand: $b > 4h$

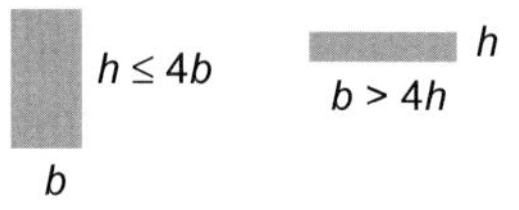

5.3.2 Geometrische Angaben

5.3.2.1 Mitwirkende Plattenbreite (alle Grenzzustände)

(1)P Bei Plattenbalken hängt die mitwirkende Plattenbreite, für die eine konstante Spannung angenommen werden darf, von den Gurt- und Stegabmessungen, von der Art der Belastung, der Stützweite, den Auflagerbedingungen und der Querbewehrung ab.

(2) Die mitwirkende Plattenbreite ist in der Regel auf der Grundlage des Abstands l_0 zwischen den Momentennullpunkten zu ermitteln. Siehe hierfür Bild 5.2.

Bild 5.2 gilt bei annähernd gleichen Steifigkeiten und annähernd gleicher Belastung für ein Stützweitenverhältnis benachbarter Felder im Bereich von $0{,}8 < l_1 / l_2 < 1{,}25$. Für kurze Kragarme (in Bezug auf das angrenzende Feld) sollte die wirksame Stützweite l_0 ermittelt werden zu $l_0 = 1{,}5 l_3$.

(3) Die mitwirkende Plattenbreite b_{eff} für einen Plattenbalken oder einen einseitigen Plattenbalken darf wie folgt ermittelt werden:

$b_{eff} = \Sigma b_{eff,i} + b_w \leq b$ (5.7)

Dabei ist

$b_{eff,i} = 0{,}2 b_i + 0{,}1 l_0 \leq 0{,}2 l_0$ (5.7a)

und

$b_{eff,i} \leq b_i$ (5.7b)

(für die Bezeichnungen siehe Bilder 5.2 und 5.3).

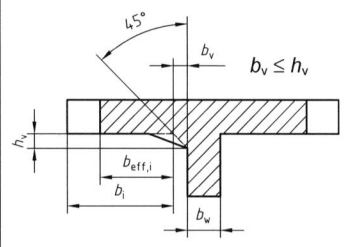

(4) Ist für die Schnittgrößenermittlung keine besondere Genauigkeit erforderlich, darf eine konstante Gurtbreite über die gesamte Stützweite angenommen werden. Dabei darf in der Regel der Wert für den Feldquerschnitt verwendet werden.

Gevoutete Gurtplatte → statt b_w wirksame Stegbreite $b_w + b_v$ für die Ermittlung von b_{eff} ansetzbar:

$b_v \leq h_v$

5.3.2.2 Effektive Stützweite von Balken und Platten im Hochbau

ANMERKUNG Die folgenden Regeln sind vorwiegend für die Schnittgrößenermittlung von Einzelbauteilen bestimmt. Bei der Schnittgrößenermittlung für Rahmentragwerke dürfen diese Vereinfachungen verwendet werden, sofern sie zutreffen.

(1) Die effektive Stützweite l_{eff} eines Bauteils ist in der Regel wie folgt zu ermitteln:

$l_{eff} = l_n + a_1 + a_2$ (5.8)

Dabei ist l_n der lichte Abstand zwischen den Auflagerrändern.

Die Werte a_1 und a_2 für die beiden Enden des Feldes dürfen nach Bild 5.4 bestimmt werden. Wie dargestellt ist t die Auflagertiefe.

Hinweis: Die Bestimmung des Auflagerachsabstandes a_i als Minimalwert von $0{,}5t$ oder $0{,}5h$ ist eine Anwendungsregel. Praktische Empfehlung auf der sicheren Seite: $a_i = 0{,}5t$ wählen.

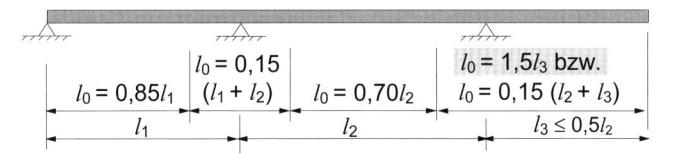

Eurocode 2: DIN EN 1992-1-1 mit Nationalem Anhang	Hinweise
5 Ermittlung der Schnittgrößen	

Bild 5.2 – Definition von l_0 zur Berechnung der mitwirkenden Plattenbreite

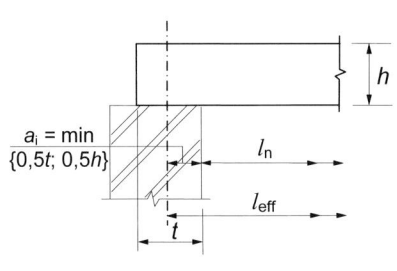

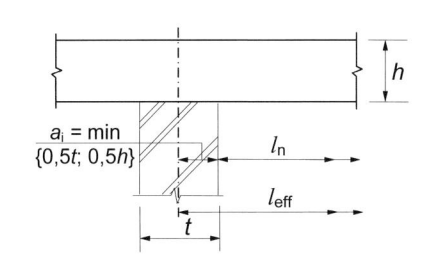

$l_0 = 0{,}85 l_1$ — l_1
$l_0 = 0{,}15 (l_1 + l_2)$
$l_0 = 0{,}70 l_2$ — l_2
$l_0 = 1{,}5 l_3$ bzw. $l_0 = 0{,}15 (l_2 + l_3)$ — $l_3 \leq 0{,}5 l_2$

ANMERKUNG Bild 5.2 gilt bei annähernd gleichen Steifigkeiten und annähernd gleicher Belastung für ein Stützweitenverhältnis benachbarter Felder im Bereich von $0{,}8 < l_1 / l_2 < 1{,}25$. Für kurze Kragarme (in Bezug auf das angrenzende Feld) sollte die wirksame Stützweite l_0 ermittelt werden zu $l_0 = 1{,}5 l_3$.

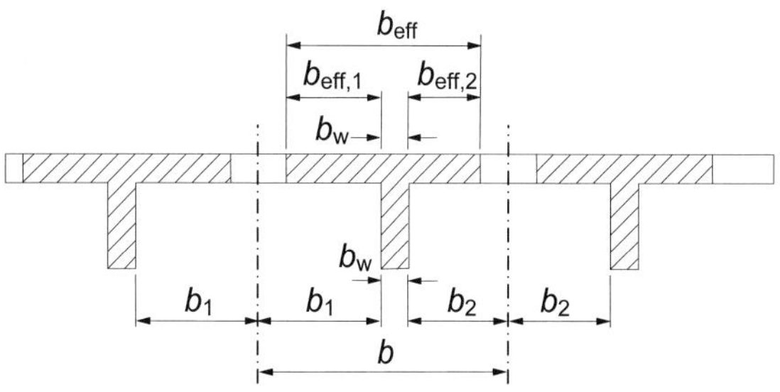

Bild 5.3 – Parameter der mitwirkenden Plattenbreite

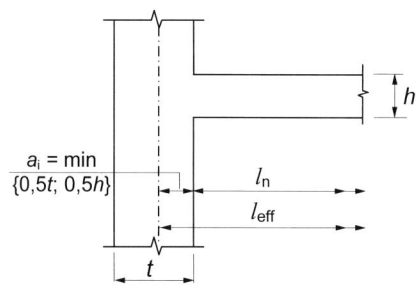

Bild 5.4 – Effektive Stützweite l_eff für verschiedene Auflagerbedingungen

a) nicht durchlaufende Bauteile — $a_i = \min\{0{,}5t;\ 0{,}5h\}$

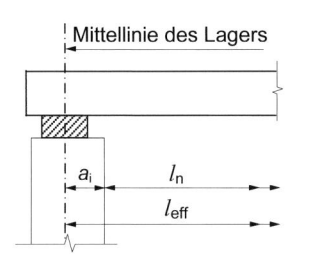

b) durchlaufende Bauteile — $a_i = \min\{0{,}5t;\ 0{,}5h\}$

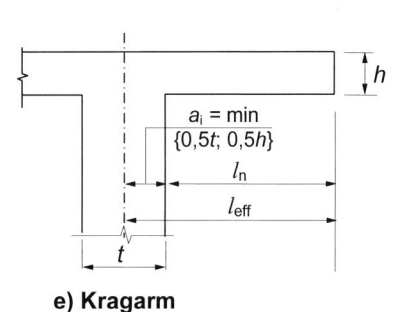

c) Auflager mit voller Einspannung — $a_i = \min\{0{,}5t;\ 0{,}5h\}$

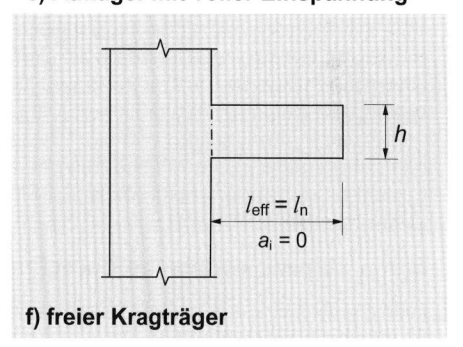

d) Anordnung eines Lagers (Mittellinie des Lagers)

e) Kragarm — $a_i = \min\{0{,}5t;\ 0{,}5h\}$

f) freier Kragträger — $l_\text{eff} = l_n$; $a_i = 0$

(2) Die Schnittgrößenermittlung bei durchlaufenden Platten und Balken darf unter der Annahme frei drehbarer Lagerung erfolgen.

(3) Bei einer monolithischen Verbindung zwischen Balken bzw. Platte und Auflager darf der Bemessungswert des Stützmoments am Auflagerrand ermittelt werden. Das auf das Auflager (z. B. Stütze, Wand usw.) übertragene Bemessungsmoment und die Auflagerreaktion sind im Allgemeinen jeweils mittels linear-elastischer Berechnung mit und ohne Umlagerung zu bestimmen, abhängig davon, welches Verfahren die größeren Werte liefert.

ANMERKUNG Das Moment am Auflagerrand sollte mindestens das 0,65-fache des Volleinspannmoments betragen.

Bei indirekter Lagerung ist dies nur zulässig, wenn das stützende Bauteil eine Vergrößerung der statischen Nutzhöhe des gestützten Bauteils mit einer Neigung von mindestens 1:3 zulässt.

ANMERKUNG Definition direkte/indirekte Auflagerung siehe NA.1.5.2.26.

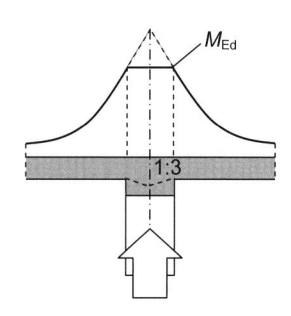

(4) Der Bemessungswert des Stützmoments durchlaufender Balken oder Platten, deren Auflager als frei drehbar angenommen werden dürfen (z. B. über Wänden), darf unabhängig vom angewendeten Rechenverfahren um einen Betrag ΔM_{Ed} reduziert werden. Hierbei sollte als effektive Stützweite der Abstand zwischen den Auflagermitten angenommen werden:

$$\Delta M_{Ed} = F_{Ed,sup} \cdot t / 8 \tag{5.9}$$

Dabei ist

$F_{Ed,sup}$ der Bemessungswert der Auflagerreaktion;
t die Auflagertiefe (siehe Bild 5.4 b)).

ANMERKUNG Werden Lager eingesetzt, ist in der Regel für t die Breite des Lagers anzusetzen.

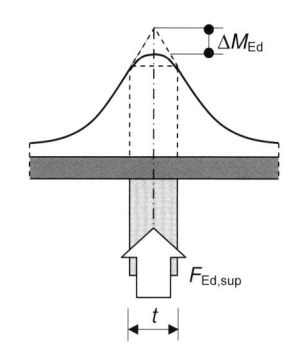

Eurocode 2: DIN EN 1992-1-1 mit Nationalem Anhang	Hinweise
5 Ermittlung der Schnittgrößen	

5.4 Linear-elastische Berechnung

(1) Die Schnittgrößen von Bauteilen dürfen auf Grundlage der Elastizitätstheorie sowohl für die Grenzzustände der Gebrauchstauglichkeit als auch der Tragfähigkeit bestimmt werden.

(2) Eine linear-elastische Schnittgrößenermittlung darf dabei unter folgenden Annahmen erfolgen:

i) ungerissene Querschnitte,

ii) lineare Spannungs-Dehnungs-Linien und

iii) Mittelwert des Elastizitätsmoduls.

Es dürfen jedoch auch die Steifigkeiten der gerissenen Querschnitte (Zustand II) verwendet werden.

(3) Im Grenzzustand der Tragfähigkeit darf bei Temperatureinwirkungen, Setzungen und Schwinden von einer verminderten Steifigkeit infolge gerissener Querschnitte ausgegangen werden. Dabei darf die Mitwirkung des Betons auf Zug vernachlässigt werden, während die Auswirkungen des Kriechens zu berücksichtigen sind. Im Grenzzustand der Gebrauchstauglichkeit ist in der Regel eine sukzessive Rissbildung zu berücksichtigen.

(NA.4) Im Allgemeinen sind keine besonderen Maßnahmen zur Sicherstellung angemessener Verformungsfähigkeit erforderlich, sofern sehr hohe Bewehrungsgrade in den kritischen Abschnitten der Bauteile vermieden und die Anforderungen bezüglich der Mindestbewehrung erfüllt werden.

(NA.5) Für Durchlaufträger, bei denen das Stützweitenverhältnis benachbarter Felder mit annähernd gleichen Steifigkeiten $0{,}5 < l_{\text{eff},1} / l_{\text{eff},2} < 2{,}0$ beträgt, in Riegeln von Rahmen und in sonstigen Bauteilen, die vorwiegend auf Biegung beansprucht sind, einschließlich durchlaufender, in Querrichtung kontinuierlich gestützter Platten, sollte x_d / d den Wert 0,45 bis C50/60 und 0,35 ab C55/67 nicht übersteigen, sofern keine geeigneten konstruktiven Maßnahmen getroffen oder andere Nachweise zur Sicherstellung ausreichender Duktilität geführt werden.

Hinweise:
x_d – Druckzonenhöhe infolge Bemessungsschnittgrößen

z. B. enge Bügelumschnürung der Betondruckzone

5.5 Linear-elastische Berechnung mit begrenzter Umlagerung

(1)P Die Auswirkungen einer Momentenumlagerung müssen bei der Bemessung durchgängig berücksichtigt werden.

(2) Die linear-elastische Schnittgrößenermittlung mit begrenzter Umlagerung darf für die Nachweise von Bauteilen im GZT verwendet werden.

(3) Die mit dem linear-elastischen Verfahren ermittelten Momente dürfen für die Nachweise im GZT umgelagert werden, wobei die resultierende Schnittgrößenverteilung mit den einwirkenden Lasten im Gleichgewicht stehen muss.

Für die Ermittlung von Querkraft, Drillmoment und Auflagerreaktion bei Platten darf im üblichen Hochbau entsprechend dem Momentenverlauf nach Umlagerung eine lineare Interpolation zwischen den Beanspruchungen bei voll eingespanntem Rand und denen bei gelenkig gelagertem Rand vorgenommen werden.

(4) Bei durchlaufenden Balken oder Platten, die:

a) vorwiegend auf Biegung beansprucht sind und

b) bei denen das Stützweitenverhältnis benachbarter Felder mit annähernd gleicher Steifigkeit 0,5 bis 2,0 beträgt, dürfen die Biegemomente ohne besonderen Nachweis der Rotationsfähigkeit umgelagert werden, vorausgesetzt, dass:

- für $f_{ck} \leq 50$ N/mm²:

$$\delta \geq 0{,}64 + 0{,}8 \cdot x_u / d \geq 0{,}85 \text{ für B500A bzw.} \geq 0{,}70 \text{ für B500B} \quad (5.10a)$$

- für $f_{ck} > 50$ N/mm²:

$$\delta \geq 0{,}72 + 0{,}8 \cdot x_u / d \geq 0{,}80 \text{ für B500B} \quad (5.10b)$$

Dabei ist

δ das Verhältnis des umgelagerten Moments zum Ausgangsmoment vor der Umlagerung;

x_u die bezogene Druckzonenhöhe im GZT nach Umlagerung;

d die statische Nutzhöhe des Querschnitts.

Hinweise:
Beton
$f_{ck} \leq 50$ N/mm² → ≤ C50/60 normalfest
$f_{ck} > 50$ N/mm² → ≥ C55/67 hochfest

Betonstähle B500 der Klassen
A – normalduktil
B – hochduktil
C – hochduktil Erdbeben (nur mit Zulassung)
Für B500C gelten die oberen Grenzwerte des B500B.

Für Beton > C50/60 mit B500A ist keine Umlagerung zulässig.

Eurocode 2: DIN EN 1992-1-1 mit Nationalem Anhang 5 Ermittlung der Schnittgrößen	Hinweise

(5) Eine Umlagerung darf in der Regel nicht erfolgen, wenn die Rotationsfähigkeit nicht sichergestellt werden kann (z. B. in vorgespannten Rahmenecken).

Bei verschieblichen Rahmen, Tragwerken aus unbewehrtem Beton und solchen, die aus vorgefertigten Segmenten mit unbewehrten Kontaktfugen bestehen, ist keine Umlagerung zugelassen.

(6) Für die Bemessung von Stützen in rahmenartigen Tragwerken sind in der Regel die elastischen Momente ohne Umlagerung zu verwenden.

5.6 Verfahren nach der Plastizitätstheorie

5.6.1 Allgemeines

(1)P Verfahren nach der Plastizitätstheorie dürfen nur für die Nachweise im GZT verwendet werden.

(2)P Die Duktilität der kritischen Querschnitte muss für die geplante Plastifizierung ausreichen.

(3)P Das Verfahren nach der Plastizitätstheorie darf entweder auf Grundlage der unteren Grenze (statisches Verfahren) oder der oberen Grenze (kinematisches Verfahren) angewendet werden.

(4) Die Auswirkungen der vorausgegangenen Lastgeschichte dürfen im Allgemeinen vernachlässigt werden. Es darf eine stetige Zunahme der Einwirkungen angenommen werden.

(NA.5) Bei Scheiben dürfen Verfahren nach der Plastizitätstheorie stets (also auch bei Verwendung von Stahl mit normaler Duktilität) ohne direkten Nachweis des Rotationsvermögens angewendet werden.

5.6.2 Balken, Rahmen und Platten

(1)P Verfahren nach der Plastizitätstheorie ohne direkten Nachweis der Rotationsfähigkeit dürfen im GZT durchgeführt werden, wenn die Bedingung nach 5.6.1 (2)P erfüllt ist.

(2) Die erforderliche Duktilität darf vereinfacht für zweiachsig gespannte Platten als ausreichend angenommen werden, wenn alle folgenden Voraussetzungen erfüllt sind:

i) die Fläche der Zugbewehrung ist so begrenzt, dass in jedem Querschnitt
$x_u / d \leq 0{,}25$ für Betonfestigkeitsklassen $\leq$ C50/60,
$x_u / d \leq 0{,}15$ für Betonfestigkeitsklassen $\geq$ C55/67;

ii) der verwendete Betonstahl entspricht entweder Klasse B oder C;

iii) das Verhältnis von Stütz- zu Feldmomenten liegt zwischen 0,5 und 2,0.

Hinweis: Betonstähle B500 der Klassen
B – hochduktil
C – hochduktil Erdbeben (nur mit Zulassung)

Die Druckzonenhöhe x_u ist dabei mit den Bemessungswerten der Einwirkungen und der Baustofffestigkeiten zu ermitteln.

(3) Stützen sind in der Regel auf die maximalen plastischen Momente, die von benachbarten Bauteilen übertragen werden können, nachzuweisen. Bei Stützenknoten in Flachdecken ist dieses Moment in der Regel im Durchstanznachweis zu berücksichtigen.

(4) Bei Berechnungen von Platten nach der Plastizitätstheorie sind in der Regel gestaffelte Bewehrungen, Eckverankerungskräfte sowie die Torsion an freien Rändern zu berücksichtigen.

Hinweis: Absatz (5) für Rippen- bzw. Hohlplatten darf in Deutschland nicht angewendet werden und ist daher hier gestrichen.

Bewehrungsstöße in plastischen Zonen sind nicht gestattet.

(NA.6)P Bei Anwendung der Plastizitätstheorie für stabförmige Bauteile und Platten darf Betonstahl mit normaler Duktilität (B500A) nicht verwendet werden.

5.6.3 Vereinfachter Nachweis der plastischen Rotation

(1) Das vereinfachte Verfahren für stabförmige Bauteile und einachsig gespannte Platten basiert auf dem Nachweis der Rotationsfähigkeit ausgezeichneter Stab- oder Plattenabschnitte mit einer Länge etwa der 1,2-fachen Querschnittshöhe. Dabei wird vorausgesetzt, dass diese sich als erste unter der jeweils maßgebenden Einwirkungskombination plastisch verformen (Ausbildung plastischer Gelenke), sodass sie wie ein Querschnitt behandelt werden dürfen.

Der Nachweis der plastischen Rotation im Grenzzustand der Tragfähigkeit gilt als erbracht, wenn nachgewiesen wird, dass unter der maßgebenden Einwirkungskombination die rechnerische Rotation θ_s die zulässige Rotation nicht überschreitet (siehe Bild 5.5).

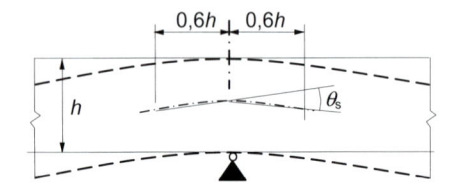

Bild 5.5 – Plastische Rotation θ_s für Stahlbetonquerschnitte durchlaufender, stabförmiger Bauteile einschließlich durchlaufender einachsig gespannter Platten

(2) Für die Bereiche der plastischen Gelenke darf in der Regel das Verhältnis x_u / d die Werte 0,45 für Beton bis zur Festigkeitsklasse C50/60 und 0,35 für Beton ab der Festigkeitsklasse C55/67 nicht überschreiten.

(3) Die Rotation θ_s ist in der Regel auf Grundlage der Bemessungswerte der Einwirkungen und der Mittelwerte der Baustoffeigenschaften sowie der Vorspannung zum maßgeblichen Zeitpunkt zu ermitteln.

Zu 3): Für die Baustoffeigenschaften sind die auf den GZT abgestimmten rechnerischen Mittelwerte f_R nach 5.7 (NA.10) zu verwenden.

(4) Die zulässige plastische Rotation darf vereinfachend durch Multiplikation des Grundwerts der zulässigen Rotation $\theta_{pl,d}$ mit einem Korrekturfaktor k_λ zur Berücksichtigung der Schubschlankheit ermittelt werden.

ANMERKUNG

Die Werte nach Bild 5.6DE gelten für Betonstahl B500B sowie für die Betonfestigkeitsklassen ≤ C50/60 bzw. C100/115.

Die Werte für die Betonfestigkeitsklassen C55/67 bis C100/115 dürfen entsprechend interpoliert werden. Die Werte gelten für eine Schubschlankheit $\lambda = 3{,}0$. Für abweichende Werte der Schubschlankheit ist in der Regel $\theta_{pl,d}$ mit k_λ zu multiplizieren:

$$k_\lambda = \sqrt{\lambda/3} \tag{5.11N}$$

Dabei ist λ das Verhältnis aus dem Abstand zwischen Momentennullpunkt und Momentenmaximum nach Umlagerung und der statischen Nutzhöhe d.

Vereinfacht darf λ dabei aus den Bemessungswerten des Biegemoments und der zugehörigen Querkraft berechnet werden:

$$\lambda = M_{Ed} / (V_{Ed} \cdot d) \tag{5.12N}$$

Angaben für eine genauere Ermittlung der zulässigen plastischen Rotation können DAfStb-Heft 600 entnommen werden.

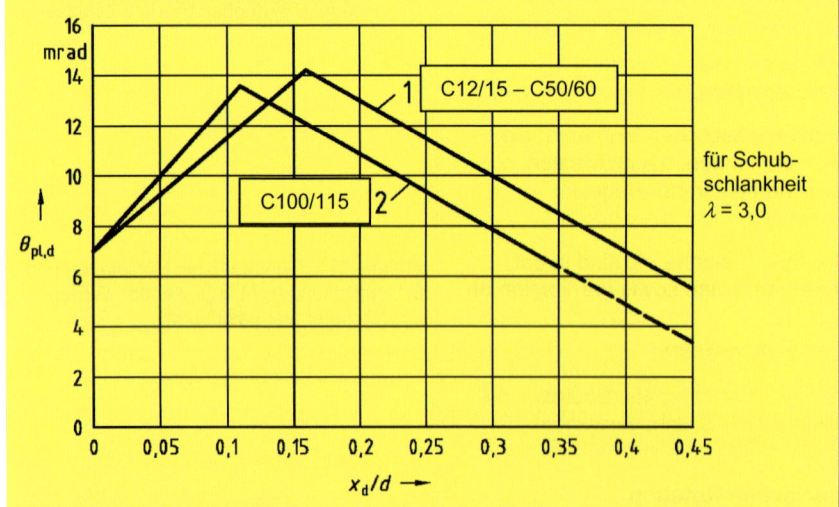

Für Zwischenwerte C55/67 bis C100/115 siehe Erläuterungsteil, Abb. 38:

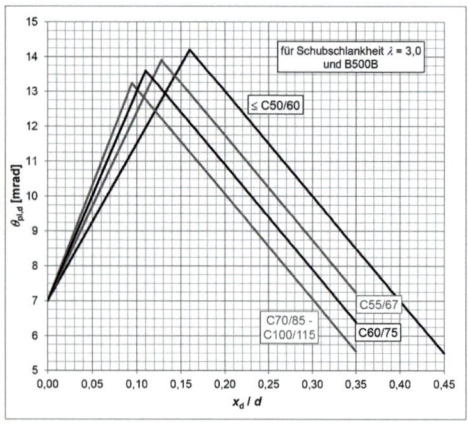

Bild 5.6DE – Grundwert der zulässigen plastischen Rotation $\theta_{pl,d}$ von Stahlbetonquerschnitten

5.6.4 Stabwerkmodelle

(1) Stabwerkmodelle dürfen bei der Bemessung in den Grenzzuständen der Tragfähigkeit von Kontinuitätsbereichen (ungestörte Bereiche von Balken und Platten im gerissenen Zustand, siehe 6.1– 6.4) und bei der Bemessung in den Grenzzuständen der Tragfähigkeit und der baulichen Durchbildung von

6.5 Stabwerkmodelle
6.5.2 Bemessung der Druckstreben
6.5.3 Bemessung der Zugstreben
6.5.4 Bemessung der Knoten

Eurocode 2: DIN EN 1992-1-1 mit Nationalem Anhang 5 Ermittlung der Schnittgrößen	Hinweise

Diskontinuitätsbereichen, siehe 6.5.1, angewendet werden. Üblicherweise sollten Stabwerkmodelle noch bis zu einer Länge h (Querschnittshöhe des Bauteils) über den Diskontinuitätsbereich ausgedehnt werden.

Stabwerkmodelle dürfen ebenfalls bei Bauteilen verwendet werden, bei denen eine lineare Dehnungsverteilung innerhalb des Querschnitts angenommen werden darf (z. B. bei einem ebenen Dehnungszustand).

(2) Nachweise in den Grenzzuständen der Gebrauchstauglichkeit, wie z. B. die Nachweise der Stahlspannung und die Rissbreitenbegrenzung, dürfen ebenfalls mit Hilfe von Stabwerkmodellen ausgeführt werden, sofern eine näherungsweise Verträglichkeit der Stabwerkmodelle sichergestellt ist (insbesondere die Lage und Richtung der Hauptstreben sollten der Elastizitätstheorie entsprechen).

(3) Ein Stabwerkmodell besteht aus Betondruckstreben (diskretisierte Druckspannungsfelder), aus Zugstreben (Bewehrung) und den verbindenden Knoten. Die Kräfte in diesen Elementen des Stabwerkmodells sind in der Regel unter Einhaltung des Gleichgewichts für die Einwirkungen im Grenzzustand der Tragfähigkeit zu ermitteln. Die Elemente des Stabwerkmodells sind in der Regel nach den in 6.5 angegebenen Regeln zu bemessen.

(4) Die Zugstreben des Stabwerkmodells müssen in der Regel nach Lage und Richtung mit der zugehörigen Bewehrung übereinstimmen.

(5) Geeignete Stabwerkmodelle können durch Übernehmen von Spannungstrajektorien und -verteilungen nach der Elastizitätstheorie oder mit dem Lastpfadverfahren entwickelt werden. Alle Stabwerkmodelle dürfen mittels Energiekriterien optimiert werden.

(NA.6) Stabwerkmodelle dürfen kinematisch sein, wenn Geometrie und Belastung aufeinander abgestimmt sind.

(NA.7) Bei der Stabkraftermittlung für statisch unbestimmte Stabwerkmodelle dürfen die unterschiedlichen Dehnsteifigkeiten der Druck- und Zugstreben näherungsweise berücksichtigt werden. Vereinfachend dürfen einzelne statisch unbestimmte Stabkräfte in Anlehnung an die Kräfte aus einer linear-elastischen Berechnung des Tragwerks gewählt werden.

(NA.8) Die Ergebnisse aus mehreren Stabwerkmodellen dürfen i. Allg. nicht überlagert werden. Dies ist im Ausnahmefall möglich, wenn die Stabwerkmodelle für jede Einwirkung im Wesentlichen übereinstimmen.

5.7 Nichtlineare Verfahren

(1) Nichtlineare Verfahren der Schnittgrößenermittlung dürfen sowohl für die Nachweise in den Grenzzuständen der Gebrauchstauglichkeit als auch der Tragfähigkeit angewendet werden, wobei die Gleichgewichts- und Verträglichkeitsbedingungen zu erfüllen und die Nichtlinearität der Baustoffe angemessen zu berücksichtigten sind. Die Berechnung kann nach Theorie I. oder II. Ordnung erfolgen.

(2) Im Grenzzustand der Tragfähigkeit ist in der Regel die Aufnahmefähigkeit nichtelastischer Formänderungen in örtlich kritischen Bereichen zu überprüfen, soweit sie in der Berechnung berücksichtigt werden. Unsicherheiten sind hierbei in geeigneter Form Rechnung zu tragen.

(3) Für vorwiegend ruhend belastete Tragwerke dürfen die Auswirkungen der vorausgegangenen Lastgeschichte im Allgemeinen vernachlässigt und eine stetige Zunahme der Einwirkungen angenommen werden.

(4)P Für nichtlineare Verfahren müssen Baustoffeigenschaften verwendet werden, die zu einer realistischen Steifigkeit führen und die die Unsicherheiten beim Versagen berücksichtigen. Es dürfen nur Bemessungsverfahren verwendet werden, die in den maßgebenden Anwendungsbereichen gültig sind.

(5) Bei schlanken Tragwerken, bei denen die Auswirkungen nach Theorie II. Ordnung nicht vernachlässigt werden dürfen, darf das Bemessungsverfahren nach 5.8.6 angewendet werden.

(NA.6) Ein geeignetes nichtlineares Verfahren der Schnittgrößenermittlung einschließlich der Querschnittsbemessung ist in den Absätzen (NA.7) bis (NA.15) beschrieben.

Hinweis (rechte Spalte): Wegen der Nichtlinearität gilt das Superpositionsprinzip nicht, sodass die Ergebnisse verschiedener Lastfälle nicht überlagert werden dürfen. Deshalb ist jede Einwirkungs- bzw. Lastfallkombination einer nichtlinearen Berechnung zu unterziehen.

(NA.7)P Der Bemessungswert des Tragwiderstands R_d ist bei nichtlinearen Verfahren nach Gleichung (NA.5.12.1) zu ermitteln:

$R_d = R(f_{cR}; f_{yR}; f_{tR}; f_{p0,1R}; f_{pR}) / \gamma_R$ (NA.5.12.1)

Dabei ist

$f_{cR}, f_{yR}, f_{tR},$
$f_{p0,1R}, f_{pR}$ der jeweilige rechnerische Mittelwert der Festigkeiten des Betons, des Betonstahls bzw. des Spannstahls;

γ_R der Teilsicherheitsbeiwert für den Systemwiderstand.

> Teilsicherheitsbeiwert für den Systemwiderstand:
> $\gamma_R = 1{,}3$ für ständige und vorübergehende Bemessungssituationen und Nachweis gegen Ermüdung
> bzw. $\gamma_R = 1{,}1$ für außergewöhnliche Bemessungssituationen

(NA.8) Durch die Festlegung der Bewehrung nach Größe und Lage schließen nichtlineare Verfahren die Bemessung für Biegung mit Längskraft ein.

(NA.9)P Die Formänderungen und Schnittgrößen des Tragwerks sind auf der Grundlage der Spannungs-Dehnungs-Linien für Beton nach Bild 3.2, Betonstahl nach Bild NA.3.8.1 und für Spannstahl nach Bild NA.3.10.1 zu berechnen, wobei die Mittelwerte der Baustofffestigkeiten zugrunde zu legen sind.

(NA.10) Die Mittelwerte der Baustofffestigkeiten dürfen rechnerisch wie folgt angenommen werden:

$f_{yR} = 1{,}1 \cdot f_{yk}$ (NA.5.12.2)

$f_{tR} = 1{,}08 \cdot f_{yR}$ (für B500B)   (NA.5.12.3)

$f_{tR} = 1{,}05 \cdot f_{yR}$ (für B500A)   (NA.5.12.4)

$f_{p0,1R} = 1{,}1 \cdot f_{p0,1k}$ (NA.5.12.5)

$f_{pR} = 1{,}1 \cdot f_{pk}$ (NA.5.12.6)

$f_{cR} = 0{,}85 \cdot \alpha_{cc} \cdot f_{ck}$ (NA.5.12.7)

Hierbei sollte ein einheitlicher Teilsicherheitsbeiwert $\gamma_R = 1{,}3$ (für ständige und vorübergehende Bemessungssituationen und Nachweis gegen Ermüdung) oder $\gamma_R = 1{,}1$ (für außergewöhnliche Bemessungssituationen) für den Bemessungswert des Tragwiderstands berücksichtigt werden.

(NA.11)P Der Bemessungswert des Tragwiderstands darf nicht kleiner sein als der Bemessungswert der maßgebenden Einwirkungskombination.

(NA.12)P Der GZT gilt als erreicht, wenn in einem beliebigen Querschnitt des Tragwerks die kritische Stahldehnung oder die kritische Betondehnung oder am Gesamtsystem oder Teilen davon der kritische Zustand des indifferenten Gleichgewichts erreicht ist.

(NA.13) Die kritische Stahldehnung sollte auf den Wert $\varepsilon_{ud} = 0{,}025$ bzw. $\varepsilon_{ud} = \varepsilon_p^{(0)} + 0{,}025 \leq 0{,}9\varepsilon_{uk}$ festgelegt werden. Die kritische Betondehnung ε_{cu1} ist Tabelle 3.1 zu entnehmen.

> $\varepsilon_{ud} = 0{,}025$ für Betonstahl
> $\varepsilon_{ud} = \varepsilon_p^{(0)} + 0{,}025 \leq 0{,}9\varepsilon_{uk}$ für Spannstahl
> $\varepsilon_{cu1} = 0{,}0035$ für $\leq$ C50/60

(NA.14) Die Mitwirkung des Betons auf Zug zwischen den Rissen (tension stiffening) ist zu berücksichtigen. Sie darf unberücksichtigt bleiben, wenn dies auf der sicheren Seite liegt.

(NA.15) Die Auswahl eines geeigneten Verfahrens zur Berücksichtigung der Mitwirkung des Betons auf Zug sollte in Abhängigkeit von der jeweiligen Bemessungsaufgabe getroffen werden.

5.8 Berechnung von Bauteilen unter Normalkraft nach Theorie II. Ordnung

5.8.1 Begriffe

Zweiachsige Biegung: gleichzeitige Biegung um zwei Hauptachsen.

Ausgesteifte Bauteile oder Systeme: Tragwerksteile oder Subsysteme, bei denen in Berechnung und Bemessung davon ausgegangen wird, dass sie *nicht* zur horizontalen Gesamtstabilität eines Tragwerks beitragen.

Aussteifende Bauteile oder Systeme: Tragwerksteile oder Subsysteme, bei denen in Berechnung und Bemessung davon ausgegangen wird, dass sie zur horizontalen Gesamtstabilität eines Tragwerks beitragen.

Knicken: Stabilitätsversagen eines Bauteils oder Tragwerks unter reiner Normalkraft ohne Querbelastung.

ANMERKUNG Dieses „reine Knicken" ist bei realen Tragwerken kein maßgebender Grenzzustand wegen der gleichzeitig zu berücksichtigenden Imperfektionen und Querbelastungen. Die rechnerische Knicklast darf jedoch als Parameter bei einigen Verfahren nach Theorie II. Ordnung eingesetzt werden.

Knicklast: Die Last, bei der Knicken auftritt; bei elastischen Einzelbauteilen entspricht sie der idealen *Euler*'schen Verzweigungslast.

Knicklänge: Länge einer beidseitig gelenkig gelagerten Ersatzstütze mit konstanter Normalkraft, die den Querschnitt und die Knicklast des tatsächlichen Bauteils unter Berücksichtigung der Knicklinie aufweist.

Auswirkungen nach Theorie I. Ordnung: Die Auswirkungen der Einwirkungen, die ohne Berücksichtigung der Verformung des Tragwerks berechnet werden, jedoch geometrische Imperfektionen beinhalten.

Einzelstützen: *einzeln* stehende Stützen oder Bauteile in einem Tragwerk, die in der Bemessung einzeln stehend idealisiert werden. Beispiele von Einzelstützen mit verschiedenen Lagerungsbedingungen sind in Bild 5.7 dargestellt.

Rechnerisches Moment nach Theorie II. Ordnung: Ein Moment nach Theorie II. Ordnung, das in bestimmten Bemessungsverfahren verwendet wird. Mit diesem lässt sich ein Gesamtmoment zur Bestimmung des erforderlichen Querschnittswiderstands für die GZT berechnen.

Auswirkungen nach Theorie II. Ordnung: zusätzliche Auswirkungen der Einwirkungen unter Berücksichtigung der Verformungen des Tragwerks.

5.8.2 Allgemeines

(1)P Dieser Abschnitt behandelt Bauteile und Tragwerke, bei denen das Tragverhalten durch die Auswirkungen nach Theorie II. Ordnung wesentlich beeinflusst wird (z. B. Stützen, Wände, Pfähle, Bögen und Schalen). Auswirkungen auf das Gesamtsystem nach Theorie II. Ordnung treten insbesondere bei Tragwerken mit einem nachgiebigen Aussteifungssystem auf.

ANMERKUNG Für Nachweise am Gesamtsystem nach Theorie II. Ordnung wird auf DAfStb-Heft 600 verwiesen.

(2)P Bei Berücksichtigung von Auswirkungen nach Theorie II. Ordnung (siehe auch (6)) müssen das Gleichgewicht und die Tragfähigkeit der verformten Bauteile nachgewiesen werden. Die Verformungen müssen unter Berücksichtigung der maßgebenden Auswirkungen von Rissen, nichtlinearer Baustoffeigenschaften und des Kriechens berechnet werden.

ANMERKUNG Werden bei der Berechnung lineare Baustoffeigenschaften angenommen, dürfen diese Auswirkungen durch verminderte Steifigkeitswerte berücksichtigt werden.

(3)P Falls maßgebend, muss die Schnittgrößenermittlung den Einfluss der Steifigkeit benachbarter Bauteile und Fundamente beinhalten (Boden-Bauwerk-Interaktion).

(4)P Das Verhalten des Tragwerks muss in der Richtung, in der Verformungen auftreten können, berücksichtigt werden. Eine zweiachsige Lastausmitte ist erforderlichenfalls zu berücksichtigen.

(5)P Unsicherheiten der Geometrie und der Lage der axialen Lasten müssen als zusätzliche Auswirkungen nach Theorie I. Ordnung auf Grundlage geometrischer Imperfektionen berücksichtigt werden. Siehe 5.2.

(6) Die Auswirkungen nach Theorie II. Ordnung dürfen vernachlässigt werden, wenn sie weniger als 10 % der entsprechenden Auswirkungen nach Theorie I. Ordnung betragen. Vereinfachte Kriterien dürfen für Einzelstützen 5.8.3.1 und für Tragwerke 5.8.3.3 entnommen werden.

Dies gilt für jede Richtung, in der ein Versagen nach Theorie II. Ordnung auftreten kann.

5.8.3 Vereinfachte Nachweise für Bauteile unter Normalkraft nach Theorie II. Ordnung

5.8.3.1 Grenzwert der Schlankheit für Einzeldruckglieder

(1) Alternativ zu 5.8.2 (6) dürfen die Auswirkungen nach Theorie II. Ordnung vernachlässigt werden, wenn die Schlankheit λ (in 5.8.3.2 definiert) unterhalb eines Grenzwertes λ_{lim} liegt. Es gilt:

$\lambda_{lim} = 25$	für $|n| \geq 0{,}41$	(5.13aDE)
$\lambda_{lim} = 16 / \sqrt{n}$	für $|n| < 0{,}41$	(5.13bDE)

Dabei ist $n = N_{Ed} / (A_c \cdot f_{cd})$.

(2) Für Druckglieder mit zweiachsiger Lastausmitte darf das Schlankheitskriterium für jede Richtung einzeln geprüft werden.

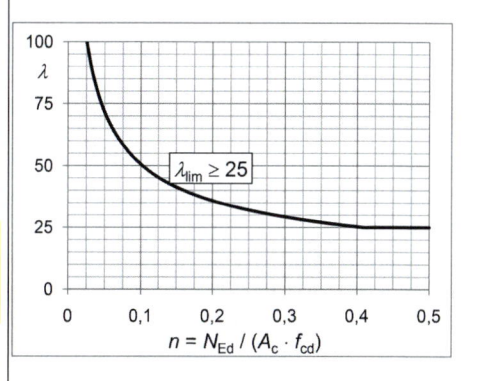

Demnach dürfen die Auswirkungen nach Theorie II. Ordnung (a) in beiden Richtungen vernachlässigt werden bzw. sind (b) in einer Richtung oder (c) in beiden Richtungen zu berücksichtigen.

5.8.3.2 Schlankheit und Knicklänge von Einzeldruckgliedern

(1) Die Schlankheit ist wie folgt definiert:

$$\lambda = l_0 / i \quad (5.14)$$

Dabei ist

l_0 die Knicklänge, siehe auch 5.8.3.2 (2) bis (7);

i der Trägheitsradius des ungerissenen Betonquerschnitts.

Trägheitsradius:
$$i = \sqrt{\frac{I}{A}}$$
Rechteckquerschnitt mit Höhe h:
$$i = \frac{h}{\sqrt{12}}$$
Kreisquerschnitt mit Durchmesser h:
$$i = \frac{h}{4}$$

(2) Eine allgemeine Definition der Knicklänge enthält 5.8.1. Beispiele von Knicklängen bei Einzelstützen mit konstanten Querschnitten sind in Bild 5.7 dargestellt.

Empfehlung:
Bei Stützen in ausgesteiften Skelettbauten ohne nachgewiesene und konstruktiv durchgebildete Einspannbewehrung an Kopf und Fuß sollte die Knicklänge gleich der Geschosshöhe Bild 5.7a) gewählt werden (→ Regelfall mit konstruktiven monolithischen Anschlüssen).

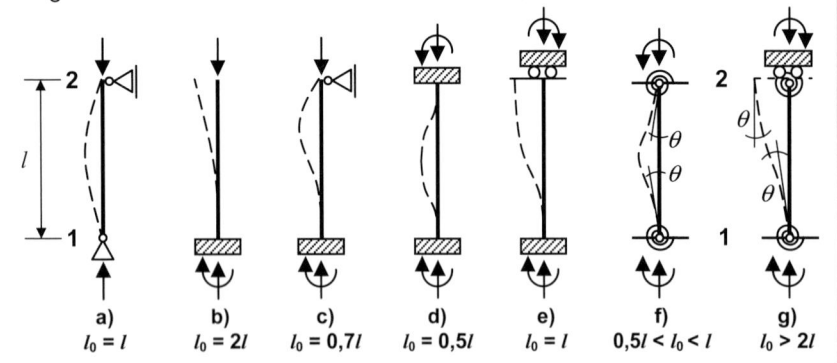

a)	b)	c)	d)	e)	f)	g)
$l_0 = l$	$l_0 = 2l$	$l_0 = 0{,}7l$	$l_0 = 0{,}5l$	$l_0 = l$	$0{,}5l < l_0 < l$	$l_0 > 2l$

Bild 5.7 – Beispiele verschiedener Knickfiguren und der entsprechenden Knicklängen von Einzelstützen

(3) Bei Druckgliedern in üblichen Rahmen darf in der Regel das Schlankheitskriterium (siehe 5.8.3.1) mit folgender Knicklänge l_0 nachgewiesen werden:

Ausgesteifte Bauteile (siehe Bild 5.7 f)):

$$l_0 = 0{,}5 \, l \cdot \sqrt{\left(1 + \frac{k_1}{0{,}45 + k_1}\right) \cdot \left(1 + \frac{k_2}{0{,}45 + k_2}\right)} \quad (5.15)$$

Nicht ausgesteifte Bauteile (siehe Bild 5.7 g)):

$$l_0 = l \cdot \max\left\{ \sqrt{1 + 10 \cdot \frac{k_1 \cdot k_2}{k_1 + k_2}} \; ; \; \left(1 + \frac{k_1}{1 + k_1}\right) \cdot \left(1 + \frac{k_2}{1 + k_2}\right) \right\} \quad (5.16)$$

Dabei ist

k_1, k_2 die bezogenen Einspanngrade an den Enden 1 und 2;

$k = (\theta / M) \cdot (EI / l)$;

θ die Verdrehung eingespannter Bauteile bei einem Biegemoment M, siehe auch Bild 5.7 f) und g);

EI die Biegesteifigkeit des Druckglieds, siehe auch 5.8.3.2 (4) und (5);

l die lichte Höhe des Druckgliedes zwischen den Endeinspannungen.

Empfehlung: für l die Stützweite einsetzen.

ANMERKUNG $k = 0$ ist die theoretische Grenze für eine feste Einspannung, und $k = \infty$ stellt den Grenzwert bei gelenkiger Lagerung dar. Da eine volle Einspannung in der Praxis praktisch nicht vorkommt, wird ein Mindestwert von 0,1 für k_1 und k_2 empfohlen.

ANMERKUNG Die Ermittlung weiterer Knicklängen nach Fachliteratur, z. B. nach DAfStb-Heft 600, ist zulässig.

z. B. Knicklängen-Nomogramme in Quast, U.: Stützenbemessung, BK 2004/2 [82]

(4) Wenn ein benachbartes Druckglied (Stütze) zur Knotenverdrehung beim Knicken beitragen kann, ist in der Regel (EI / l) in der Definition von k mit $[(EI / l)_a + (EI / l)_b]$ zu ersetzen, wobei a und b die Druckglieder (Stützen) über und unter dem Knoten kennzeichnen.

(5) Bei der Festlegung von Knicklängen sind in der Regel die Auswirkungen einer Rissbildung auf die Steifigkeit einspannender Bauteile zu berücksichtigen, wenn nicht nachgewiesen werden kann, dass sie im Grenzzustand der Tragfähigkeit ungerissen sind.

(6) In anderen als den in (2) und (3) genannten Fällen, z. B. bei Bauteilen mit veränderlichen Normalkraftbeanspruchungen bzw. Querschnitten, ist in der Regel das Schlankheitskriterium nach 5.8.3.1 mit einer Knicklänge auf Grund-

Eurocode 2: DIN EN 1992-1-1 mit Nationalem Anhang	Hinweise
5 Ermittlung der Schnittgrößen	

lage der Knicklast zu überprüfen (berechnet z. B. mit einer numerischen Methode):

$$l_0 = \pi \sqrt{\frac{EI}{N_B}} \quad (5.17)$$

Index B – buckling (Knicken)

Dabei ist

EI eine repräsentative Biegesteifigkeit;

N_B die zu EI gehörige Knicklast, (in Gleichung (5.14) ist i ebenfalls auf dieses EI zu beziehen).

(7) Die einspannende Wirkung von Querwänden darf bei der Berechnung der Knicklänge von Wänden mit dem Faktor β gemäß 12.6.5.1 berücksichtigt werden. In Gleichung (12.9) und Tabelle 12.1 wird l_w dann durch l_0 nach 5.8.3.2 ersetzt.

Zu (7): Die zusätzliche Abminderung von β nach 12.6.5.1 (4) für unbewehrte Wände darf dann jedoch nicht vorgenommen werden, da der Einfluss der Wandeinspannung schon in l_0 nach 5.8.3.2 berücksichtigt wird.

5.8.3.3 Nachweise am Gesamttragwerk nach Theorie II. Ordnung im Hochbau

(1) Alternativ zu 5.8.2 (6) dürfen Nachweise am Gesamttragwerk nach Theorie II. Ordnung im Hochbau vernachlässigt werden, falls

$$\frac{F_{V,Ed} \cdot L^2}{\sum E_{cd} I_c} \leq 0{,}31 \cdot \frac{n_s}{n_s + 1{,}6} \quad (5.18)$$

bzw. $\leq 0{,}62 \cdot n_s / (n_s + 1{,}6)$, wenn die Aussteifungsbauteile im GZT ungerissen sind

Dabei ist

$F_{V,Ed}$ die gesamte vertikale Last mit $\gamma_F = 1{,}0$ (auf ausgesteifte und aussteifende Bauteile);

n_s die Anzahl der Geschosse;

L die Gesamthöhe des Gebäudes oberhalb der Einspannung;

E_{cd} der Bemessungswert des Elastizitätsmoduls von Beton, siehe 5.8.6 (3): $E_{cd} = E_{cm} / 1{,}2$;

I_c das Trägheitsmoment des ungerissenen Betonquerschnitts der aussteifenden Bauteile.

Aussteifungskriterium:
- gerissen $0{,}31 \cdot n_s / (n_s + 1{,}6)$
- ungerissen $0{,}62 \cdot n_s / (n_s + 1{,}6)$

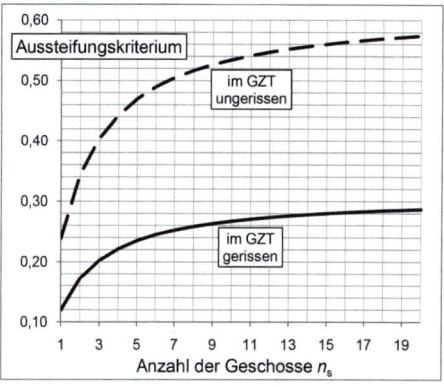

Gleichung (5.18) gilt nur unter Einhaltung aller folgenden Bedingungen:
- ein ausreichender Torsionswiderstand ist vorhanden, d. h., das Tragwerk ist annähernd symmetrisch,
- die Schubkraftverformungen am Gesamttragwerk sind vernachlässigbar (wie in Aussteifungssystemen überwiegend aus Wandscheiben ohne große Öffnungen),
- die Aussteifungsbauteile sind starr gegründet, d. h., Verdrehungen sind vernachlässigbar,
- die Steifigkeit der Aussteifungsbauteile ist entlang der Höhe annähernd konstant,
- die gesamte vertikale Last nimmt pro Stockwerk annähernd gleichmäßig zu.

(2) In Gleichung (5.18) darf das Aussteifungskriterium auf $0{,}62 \cdot n_s / (n_s + 1{,}6)$ verdoppelt werden, wenn nachgewiesen werden kann, dass die Aussteifungsbauteile im Grenzzustand der Tragfähigkeit nicht gerissen sind.

ANMERKUNG 2 Anhang H enthält weitere Informationen für Fälle, in denen am Gesamtaussteifungssystem signifikante Schubverformungen und/oder Rotationen an den Enden auftreten. Dieser Anhang enthält auch die Hintergründe für obige Regeln.

Die ANMERKUNG 1 ist in Absatz (2) integriert.

ANMERKUNG 3 Die aussteifenden Bauteile dürfen als nicht gerissen angenommen werden, wenn die Betonzugspannungen den Wert f_{ctm} nach Tabelle 3.1 nicht überschreiten.

→ für $\leq$ C50/60: $f_{ctm} = 0{,}30 \cdot f_{ck}^{2/3}$

ANMERKUNG 4 In Gleichung (NA.5.18.1) darf das Aussteifungskriterium ebenfalls verdoppelt werden.

(NA.3) Wenn die lotrechten aussteifenden Bauteile nicht annähernd symmetrisch angeordnet sind oder nicht vernachlässigbare Verdrehungen zulassen, muss zusätzlich die Verdrehsteifigkeit aus der Kopplung der Wölbsteifigkeit $E_{cd} I_\omega$ und der Torsionssteifigkeit $G_{cd} I_T$ der Gleichung (NA.5.18.1) genügen, um Nachweise am Gesamttragwerk nach Theorie II. Ordnung zu vernachlässigen:

$$\frac{1}{\left(\dfrac{1}{L}\sqrt{\dfrac{E_{cd} I_\omega}{\sum_j F_{V,Ed,j} \cdot r_j^2}} + \dfrac{1}{2{,}28}\sqrt{\dfrac{G_{cd} I_T}{\sum_j F_{V,Ed,j} \cdot r_j^2}}\right)^2} \leq 0{,}31 \cdot \frac{n_s}{n_s + 1{,}6} \quad (NA.5.18.1)$$

bzw. $\leq 0{,}62 \cdot n_s / (n_s + 1{,}6)$, wenn die Aussteifungsbauteile im GZT ungerissen sind

Eurocode 2: DIN EN 1992-1-1 mit Nationalem Anhang 5 Ermittlung der Schnittgrößen	Hinweise

Dabei ist

n_s, L, E_{cd}, I_c nach Absatz (1);

r_j der Abstand der Stütze j vom Schubmittelpunkt des Gesamtsystems;

$F_{V,Ed,j}$ der Bemessungswert der Vertikallast der aussteifenden und ausgesteiften Bauteile j mit $\gamma_F = 1{,}0$;

$E_{cd}I_\omega$ die Summe der Nennwölbsteifigkeiten aller gegen Verdrehung aussteifenden Bauteile (Bemessungswert);

$G_{cd}I_T$ die Summe der Torsionssteifigkeiten aller gegen Verdrehung aussteifenden Bauteile (*St. Venant*'sche Torsionssteifigkeit, Bemessungswert).

Hinweise: $E_{cd} = E_{cm} / 1{,}2$

$G_{cd} = E_{cd} / [2(1+\mu)] = E_{cd} / 2{,}4$ mit Querdehnzahl $\mu = 0{,}2$

5.8.4 Kriechen

(1)P Kriechauswirkungen müssen bei Verfahren nach Theorie II. Ordnung berücksichtigt werden. Dabei sind die Grundlagen des Kriechens (siehe 3.1.4) sowie die unterschiedlichen Belastungsdauern in den Einwirkungskombinationen zu beachten.

(2) Die Dauer der Belastungen darf vereinfacht mittels einer effektiven Kriechzahl φ_{ef} berücksichtigt werden. Zusammen mit der Bemessungslast ergibt diese eine Kriechverformung (Krümmung), die der quasi-ständigen Beanspruchung entspricht:

$$\varphi_{ef} = \varphi(\infty, t_0) \cdot M_{0Eqp} / M_{0Ed} \qquad (5.19)$$

Dabei ist

$\varphi(\infty, t_0)$ die Endkriechzahl gemäß 3.1.4;

M_{0Eqp} das Biegemoment nach Theorie I. Ordnung unter der quasi-ständigen Einwirkungskombination (GZG);

M_{0Ed} das Biegemoment nach Theorie I. Ordnung unter der Bemessungs-Einwirkungskombination (GZT).

Die Biegemomente M_{0Eqp} und M_{0Ed} in Gleichung (5.19) beinhalten die Imperfektionen, die bei Nachweisen nach Theorie II. Ordnung zu berücksichtigen sind.

ANMERKUNG Es besteht auch die Möglichkeit, φ_{ef} auf Grundlage der Gesamtbiegemomente M_{Eqp} und M_{Ed} zu ermitteln. Dies bedarf allerdings der Iteration und des Nachweises der Stabilität unter quasi-ständiger Belastung mit $\varphi_{ef} = \varphi(\infty, t_0)$.

Hinweis: Gesamtbiegemomente nach Theorie II. Ordnung

(3) Wenn M_{0Eqp} / M_{0Ed} in einem Bauteil oder Tragwerk variiert, darf das Verhältnis für den Querschnitt mit dem maximalen Moment berechnet oder ein repräsentativer Mittelwert verwendet werden.

(4) Die Kriechauswirkungen dürfen vernachlässigt werden ($\varphi_{ef} = 0$), wenn die folgenden drei Bedingungen eingehalten werden:

- $\varphi(\infty, t_0) \leq 2$,
- $\lambda \leq 75$,
- $M_{0Ed} / N_{Ed} \geq h$.

Dabei ist M_{0Ed} das Moment nach Theorie I. Ordnung und h ist die Querschnittshöhe in der entsprechenden Richtung.

Kriechauswirkungen dürfen in der Regel auch vernachlässigt werden, wenn die Stützen an beiden Enden monolithisch mit lastabtragenden Bauteilen verbunden sind oder wenn bei verschieblichen Tragwerken die Schlankheit des Druckgliedes $\lambda < 50$ und gleichzeitig die bezogene Lastausmitte $e_0 / h > 2$ ($M_{0Ed} / N_{Ed} > 2h$) ist.

ANMERKUNG Wenn die Bedingungen zum Vernachlässigen der Auswirkungen nach Theorie II. Ordnung gemäß 5.8.2 (6) oder 5.8.3.3 nur knapp eingehalten werden, kann es unsicher sein, die Auswirkungen nach Theorie II. Ordnung und des Kriechens zu vernachlässigen, außer der mechanische Bewehrungsgrad ω beträgt mindestens 0,25.

Hinweis: mechanischer Bewehrungsgrad: $\omega = A_s \cdot f_{yd} / (A_c \cdot f_{cd})$

5.8.5 Berechnungsverfahren

(1) Die Berechnungsverfahren umfassen ein allgemeines Verfahren auf Grundlage einer nichtlinearen Schnittgrößenermittlung nach Theorie II. Ordnung (siehe 5.8.6) sowie ein Näherungsverfahren auf Grundlage einer Nennkrümmung, siehe 5.8.8.

Hinweis: Das zusätzliche vereinfachte Verfahren auf Grundlage einer Nenn-Steifigkeit kann in Deutschland entfallen. Daher auch hier und Absatz (2) gestrichen.

ANMERKUNG Die mittels Näherungsverfahren ermittelten rechnerischen Momente nach Theorie II. Ordnung sind manchmal größer als infolge Instabilität. Damit soll sichergestellt werden, dass das Gesamtmoment mit dem Querschnittswiderstand kompatibel ist.

(3) Das Verfahren nach 5.8.8 eignet sich vorwiegend für Einzelstützen. Bei realistischen Annahmen hinsichtlich der Krümmungsverteilung darf dieses Verfahren jedoch auch für Tragwerke angewendet werden.

5.8.6 Allgemeines Verfahren

(1)P Das allgemeine Verfahren basiert auf einer nichtlinearen Schnittgrößenermittlung, die die geometrische Nichtlinearität nach Theorie II. Ordnung beinhaltet. Es gelten die allgemeinen Regeln für nichtlineare Verfahren nach 5.7.

(2)P Für die Schnittgrößenermittlung müssen geeignete Spannungs-Dehnungs-Linien für Beton und Stahl verwendet werden. Kriechauswirkungen sind zu berücksichtigen.

(3) Die in 3.1.5, Gleichung (3.14) und 3.2.7 (Bild 3.8) dargestellten Spannungs-Dehnungs-Linien für Beton und Stahl dürfen verwendet werden. Mit auf Grundlage von Bemessungswerten ermittelten Spannungs-Dehnungs-Linien darf der Bemessungswert der Tragfähigkeit direkt ermittelt werden. In Gleichung (3.14) und im k-Wert werden dabei f_{cm} durch den Bemessungswert der Betondruckfestigkeit f_{cd} und E_{cm} nach Gleichung (5.20) ersetzt.

$$E_{cd} = E_{cm} / \gamma_{CE} \quad (5.20)$$

Dabei ist der Teilsicherheitsbeiwert $\gamma_{CE} = 1{,}5$ anzusetzen.

Die Formänderungen dürfen auf der Grundlage von Bemessungswerten, die auf den Mittelwerten der Baustoffkennwerte beruhen (z. B. f_{cm} / γ_C, E_{cm} / γ_{CE}), ermittelt werden. Für die Ermittlung der Grenztragfähigkeit im kritischen Querschnitt sind jedoch die Bemessungswerte der Baustofffestigkeiten anzusetzen.

Für die Aussteifungskriterien nach 5.8.3.3 gilt $\gamma_{CE} = 1{,}2$.

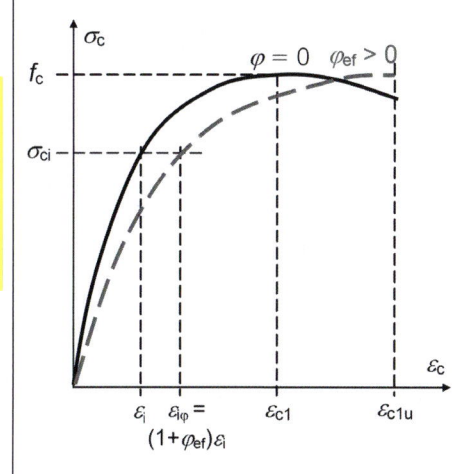

(4) Fehlen genauere Berechnungsmodelle, darf das Kriechen berücksichtigt werden, indem alle Dehnungswerte des Betons in der Spannungs-Dehnungs-Linie gemäß 5.8.6 (3) mit einem Faktor $(1 + \varphi_{ef})$ multipliziert werden. Dabei ist φ_{ef} die effektive Kriechzahl gemäß 5.8.4.

(5) Die günstigen Auswirkungen der Mitwirkung des Betons auf Zug dürfen berücksichtigt werden.

ANMERKUNG Diese Auswirkung ist nur bei Einzeldruckgliedern immer günstig.

Zu (5): Die günstigen Auswirkungen dürfen zur Vereinfachung auch vernachlässigt werden.

(6) Üblicherweise werden die Gleichgewichtsbedingungen und die Dehnungsverträglichkeit von mehreren Querschnitten erfüllt. Werden vereinfachend nur die kritischen Querschnitte untersucht, darf ein realistischer Verlauf der dazwischen liegenden Krümmungen angenommen werden (d. h. ähnlich dem Momentenverlauf nach Theorie I. Ordnung oder entsprechend einer anderen zweckmäßigen Vereinfachung).

5.8.8 Verfahren mit Nennkrümmung

5.8.8.1 Allgemeines

Das zusätzliche vereinfachte Verfahren auf Grundlage einer Nenn-Steifigkeit kann in Deutschland entfallen. Daher ist Kapitel 5.8.7 hier gestrichen.

(1) Dieses Näherungsverfahren eignet sich vor allem für Einzelstützen mit konstanter Normalkraftbeanspruchung und einer definierten Knicklänge l_0 (siehe 5.8.3.2). Mit dem Verfahren wird ein Nennmoment mit einer Verformung nach Theorie II. Ordnung berechnet, die auf der Grundlage der Knicklänge und einer geschätzten Maximalkrümmung ermittelt wird (siehe auch 5.8.5 (3)).

Modellstütze (DIN 1045-1, Bild 12)
→ Ausmitten
Theorie I. Ordnung + Imperfektion:
$e_1 = e_0 + e_i$
Theorie II. Ordnung: e_2

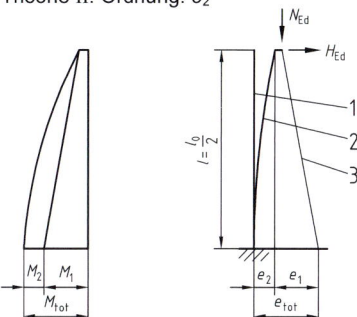

(2) Das auf dieser Grundlage ermittelte Bemessungsmoment wird für die Bemessung von Querschnitten unter Biegung mit Normalkraft gemäß 6.1 verwendet.

5.8.8.2 Biegemomente

(1) Das Bemessungsmoment ist:

$$M_{Ed} = M_{0Ed} + M_2 \quad (5.31)$$

Dabei ist

M_{0Ed} das Moment nach Theorie I. Ordnung, einschließlich der Auswirkungen von Imperfektionen, siehe auch 5.8.8.2 (2);

M_2 das Nennmoment nach Theorie II. Ordnung, siehe 5.8.8.2 (3).

Der Maximalwert für M_{Ed} wird durch den Verlauf von M_{0Ed} und M_2 bestimmt. Der Momentenverlauf von M_2 darf dabei als sinus- oder parabelförmig über die Knicklänge angenommen werden.

1 – planmäßig gerade Stabachse
2 – Biegelinie Theorie II. Ordnung
3 – Wirkungslinie der Resultierenden $N_{Ed} + H_{Ed}$

Eurocode 2: DIN EN 1992-1-1 mit Nationalem Anhang	Hinweise
5 Ermittlung der Schnittgrößen	

ANMERKUNG Bei statisch unbestimmten Bauteilen wird M_{0Ed} für die tatsächlichen Randbedingungen festgelegt, wobei M_2 von den Randbedingungen für die Knicklänge abhängt; vergleiche auch 5.8.8.1 (1).

(2) Für Bauteile ohne Querlasten zwischen den Stabenden dürfen unterschiedliche Endmomente M_{01} und M_{02} nach Theorie I. Ordnung durch ein äquivalentes Moment nach Theorie I. Ordnung M_{0e} ersetzt werden.

$M_{0e} = 0{,}6 M_{02} + 0{,}4 M_{01} \geq 0{,}4 M_{02}$ (5.32)

M_{01} und M_{02} haben dasselbe Vorzeichen, wenn sie auf derselben Seite Zug erzeugen, andernfalls haben sie gegensätzliche Vorzeichen. Darüber hinaus gilt $|M_{02}| \geq |M_{01}|$.

(3) Das Nennmoment nach Theorie II. Ordnung M_2 in Gleichung (5.31) lautet

$M_2 = N_{Ed} \cdot e_2$ (5.33)

Dabei ist

N_{Ed} der Bemessungswert der Normalkraft;

e_2 die Verformung $e_2 = K_1 \cdot (1/r) \cdot l_0^2 / c$;

$K_1 = \lambda / 10 - 2{,}5$ interpolierender Faktor für Druckglieder mit Schlankheiten $25 \leq \lambda \leq 35$;

$1/r$ die Krümmung, siehe 5.8.8.3;

l_0 die Knicklänge, siehe 5.8.3.2;

c ein Beiwert, der vom Krümmungsverlauf abhängt, siehe 5.8.8.2 (4).

(4) Bei konstantem Querschnitt wird üblicherweise $c = 10$ ($\approx \pi^2$) verwendet. Wenn das Moment nach Theorie I. Ordnung konstant ist, ist in der Regel ein niedrigerer Wert anzusetzen (8 ist ein unterer Grenzwert, der einem konstanten Verlauf des Gesamtmoments entspricht).

ANMERKUNG Der Wert π^2 entspricht einem sinusförmigen Krümmungsverlauf. Der Wert einer konstanten Krümmung ist 8.

5.8.8.3 Krümmung

(1) Bei Bauteilen mit konstanten symmetrischen Querschnitten (einschließlich Bewehrung) darf die Krümmung wie folgt ermittelt werden:

$1/r = K_r \cdot K_\varphi \cdot 1/r_0$ (5.34)

Dabei ist

K_r ein Beiwert in Abhängigkeit von der Normalkraft, siehe 5.8.8.3 (3);

K_φ ein Beiwert zur Berücksichtigung des Kriechens, siehe 5.8.8.3 (4);

$1/r_0 = \varepsilon_{yd} / (0{,}45 d)$;

$\varepsilon_{yd} = f_{yd} / E_s$;

d die statische Nutzhöhe, siehe auch 5.8.8.3 (2).

(2) Wenn die gesamte Bewehrung nicht an den gegenüberliegenden Querschnittsseiten konzentriert, sondern teilweise parallel zur Biegungsebene verteilt ist, wird d definiert als

$d = (h / 2) + i_s$ (5.35)

wobei i_s der Trägheitsradius der gesamten Bewehrungsfläche ist.

(3) In Gleichung (5.34) ist K_r in der Regel wie folgt anzunehmen:

$K_r = \dfrac{n_u - n}{n_u - n_{bal}} \leq 1$ (5.36)

Dabei ist

$n = N_{Ed} / (A_c \cdot f_{cd})$, die bezogene Normalkraft;

N_{Ed} der Bemessungswert der Normalkraft;

$n_u = 1 + \omega$;

n_{bal} der Wert von n bei maximaler Biegetragfähigkeit; es darf der Wert 0,4 verwendet werden;

$\omega = (A_s \cdot f_{yd}) / (A_c \cdot f_{cd})$;

A_s die Gesamtquerschnittsfläche der Bewehrung;

A_c die Betonquerschnittsfläche.

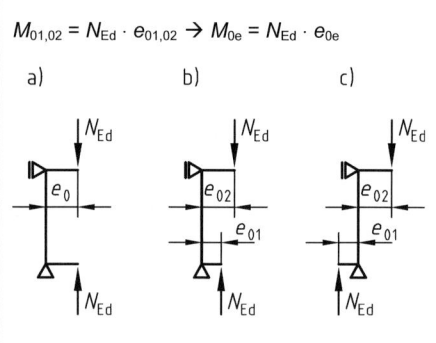

Hinweise:

$M_{01,02} = N_{Ed} \cdot e_{01,02} \rightarrow M_{0e} = N_{Ed} \cdot e_{0e}$

a) b) c)

(DIN 1045-1, Bild 13)

$K_1 = 1$ liegt auf der sicheren Seite.

[62] Der Krümmungsverlauf wird umso rechteckiger, je kleiner die H-Last und je kleiner die bezogene Zusatzausmitte e_2 / h ist.

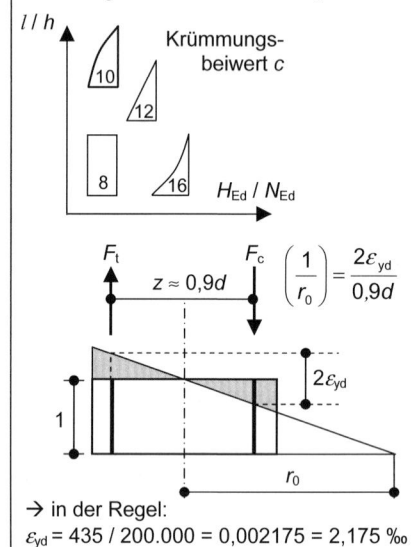

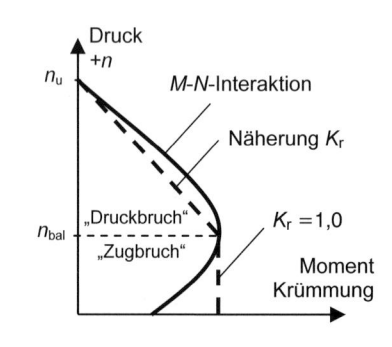

$\left(\dfrac{1}{r_0}\right) = \dfrac{2 \varepsilon_{yd}}{0{,}9 d}$

$z \approx 0{,}9 d$

→ in der Regel:
$\varepsilon_{yd} = 435 / 200.000 = 0{,}002175 = 2{,}175\,‰$

$i_s = \sqrt{\dfrac{I_s}{A_s}}$

Eurocode 2: DIN EN 1992-1-1 mit Nationalem Anhang	Hinweise
5 Ermittlung der Schnittgrößen	

(4) Die Auswirkungen des Kriechens dürfen mit dem folgenden Beiwert berücksichtigt werden:

$$K_\varphi = 1 + \beta \cdot \varphi_{ef} \geq 1 \qquad (5.37)$$

Dabei ist

φ_{ef} die effektive Kriechzahl, siehe 5.8.4;

β = $0{,}35 + f_{ck} / 200 - \lambda / 150$;

λ die Schlankheit, siehe 5.8.3.2.

5.8.9 Druckglieder mit zweiachsiger Lastausmitte

(1) Das allgemeine Verfahren nach 5.8.6 darf auch für Druckglieder mit zweiachsiger Lastausmitte verwendet werden. Die folgenden Regeln gelten, wenn Näherungsverfahren angewendet werden. Besonders wichtig ist die Feststellung des Bauteilquerschnitts mit der maßgebenden Momentenkombination.

(2) Als erster Schritt darf eine getrennte Bemessung in beiden Hauptachsenrichtungen ohne Beachtung der zweiachsigen Lastausmitte erfolgen. Imperfektionen müssen nur in der Richtung berücksichtigt werden, in der sie zu den ungünstigsten Auswirkungen führen.

Die getrennten Nachweise dürfen dabei in den Richtungen der beiden Hauptachsen jeweils mit der gesamten im Querschnitt angeordneten Bewehrung durchgeführt werden.

(3) Es bedarf keiner weiteren Nachweise, wenn die Schlankheitsverhältnisse die folgenden beiden Bedingungen erfüllen:

$$\lambda_y / \lambda_z \leq 2 \text{ und } \lambda_z / \lambda_y \leq 2 \qquad (5.38a)$$

und wenn die bezogenen Lastausmitten e_y / h_{eq} und e_z / b_{eq} (siehe Bild 5.8) eine der folgenden Bedingungen erfüllt:

$$\frac{e_y / h_{eq}}{e_z / b_{eq}} \leq 0{,}2 \text{ oder } \frac{e_z / b_{eq}}{e_y / h_{eq}} \leq 0{,}2 \qquad (5.38b)$$

Dabei ist

b, h die Breite und Höhe des Querschnitts;

b_{eq} = $i_y \cdot \sqrt{12}$ und $h_{eq} = i_z \cdot \sqrt{12}$ für einen gleichwertigen Rechteckquerschnitt;

λ_y, λ_z die Schlankheit (l_0 / i) jeweils bezogen auf die y- und z-Achse;

i_y, i_z die Trägheitsradien jeweils bezogen auf die y- und z-Achse;

e_z = M_{Edy} / N_{Ed}; Lastausmitte in Richtung der z-Achse;

e_y = M_{Edz} / N_{Ed}; Lastausmitte in Richtung der y-Achse;

M_{Edy} das Bemessungsmoment um die y-Achse, einschließlich des Moments nach Theorie II. Ordnung;

M_{Edz} das Bemessungsmoment um die z-Achse, einschließlich des Moments nach Theorie II. Ordnung;

N_{Ed} der Bemessungswert der Normalkraft in der zugehörigen Einwirkungskombination.

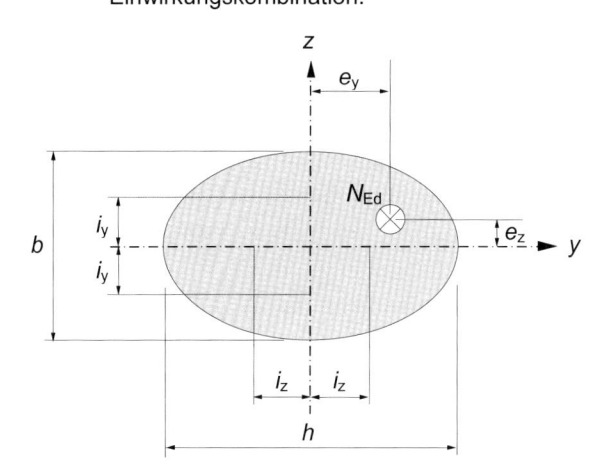

Bild 5.8 – Definition der Lastausmitten e_y und e_z

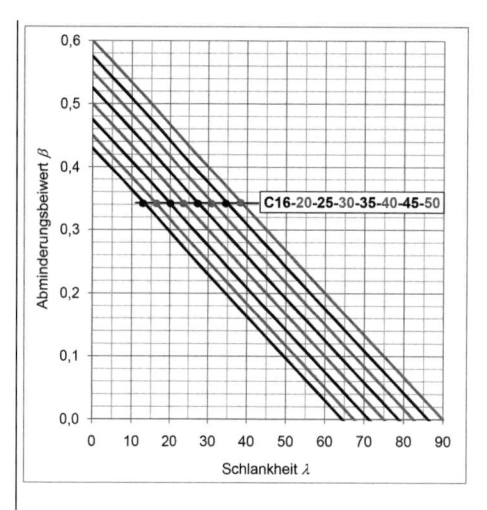

Ein genauerer Nachweis wird erforderlich, wenn die Bedingungen nach Gleichung (5.38) nicht erfüllt sind → schiefe Biegung mit Normalkraft.

Es bestehen keine Bedenken, die Ausmitten e_y und e_z mit den Bemessungsmomenten nach Th. I. Ordnung analog DIN 1045-1 zu ermitteln.

Trägheitsradius:

$$i = \sqrt{\frac{I}{A}}$$

Kreisquerschnitt mit Durchmesser h:

$$i = \frac{h}{4}$$

Rechteckquerschnitt mit Höhe h:

$$i = \frac{h}{\sqrt{12}}$$

→ $h_{eq} = h$ bzw. $b_{eq} = b$

Dies bedeutet, dass der Lastangriffspunkt von N_{Ed} innerhalb der schraffierten Bereiche beim Rechteckquerschnitt liegt:

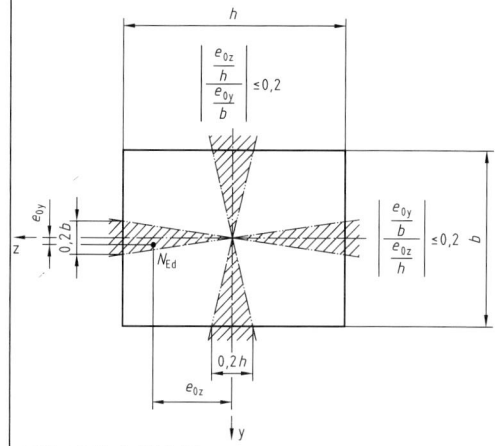

DIN 1045-1, Bild 14
(b und h hier gegenüber Bild 5.8 vertauscht)

| Eurocode 2: DIN EN 1992-1-1 mit Nationalem Anhang | Hinweise |
| 5 Ermittlung der Schnittgrößen | |

Für Druckglieder mit rechteckigem Querschnitt und mit $e_{0z} > 0{,}2h$ dürfen getrennte Nachweise nur dann geführt werden, wenn der Nachweis der Biegung über die schwächere Hauptachse z des Querschnitts auf der Grundlage der reduzierten Querschnittsdicke h_{red} nach Bild NA.5.8.1 geführt wird. Der Wert h_{red} darf unter der Annahme einer linearen Spannungsverteilung nach folgender Gleichung ermittelt werden:

$$h_{red} = \frac{h}{2}\left(1 + \frac{h}{6(e_{0z} + e_{iz})}\right) \leq h \qquad \text{(NA.5.38.1)}$$

Dabei ist

- h die größere der beiden Querschnittsseiten;
- e_{iz} die Zusatzausmitte zur Berücksichtigung geometrischer Ersatzimperfektionen in z-Richtung;
- e_{0z} die Lastausmitte nach Theorie I. Ordnung in Richtung der Querschnittsseite h.

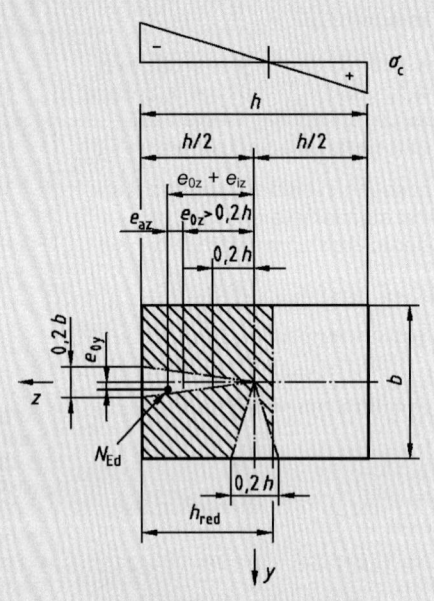

Bild NA.5.8.1 – Reduzierte Querschnittsdicke h_{red}

Bild NA.5.8.1 entspricht DIN 1045-1, Bild 15 (b und h hier gegenüber Bild 5.8 vertauscht)

(4) Werden die Bedingungen der Gleichung (5.38) nicht erfüllt, ist in der Regel eine zweiachsige Lastausmitte einschließlich der Auswirkungen nach Theorie II. Ordnung in beiden Richtungen zu berücksichtigen, wenn sie nicht gemäß 5.8.2 (6) oder 5.8.3 vernachlässigt werden dürfen. Ohne eine genaue Bemessung der Querschnitte für eine zweiachsige Lastausmitte darf der folgende vereinfachte Nachweis verwendet werden:

$$\left(\frac{M_{Edz}}{M_{Rdz}}\right)^a + \left(\frac{M_{Edy}}{M_{Rdy}}\right)^a \leq 1{,}0 \qquad (5.39)$$

Dabei ist

- $M_{Edz/y}$ das Bemessungsmoment um die entsprechende Achse, einschließlich eines Moments nach Theorie II. Ordnung;
- $M_{Rdz/y}$ der Biegewiderstand in die jeweilige Richtung;
- a der Exponent;
  - für runde und elliptische Querschnitte: $a = 2$,
  - für rechteckige Querschnitte:

N_{Ed}/N_{Rd}	0,1	0,7	1,0
$a =$	1,0	1,5	2,0

    mit linearer Interpolation für Zwischenwerte;
- N_{Ed} der Bemessungswert der Normalkraft;
- N_{Rd} $= A_c \cdot f_{cd} + A_s \cdot f_{yd}$, Bemessungswert der zentrischen Normalkrafttragfähigkeit. Dabei ist
  - A_c die Bruttofläche des Betonquerschnitts;
  - A_s die Fläche der Längsbewehrung.

Nach einer Stellungnahme von *Quast* von 2006 zum EC2 und NA-Entwurf:

Das Problem der schiefen Biegung oder des Seitwärtsausweichens schlanker Stahlbeton-Druckglieder kann mit der Interaktionsgleichung (5.39) nicht immer befriedigend gelöst werden. Man behandelt die schiefe Biegung besser mit Softwareunterstützung.

Für baupraktische Fälle mit nicht zu ungleichen Seitenlängen der Rechteckquerschnitte (z. B. $b/h \leq 1{,}5$) ist der vereinfachte Nachweis noch akzeptabel.

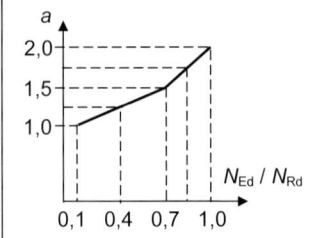

Eurocode 2: DIN EN 1992-1-1 mit Nationalem Anhang 5 Ermittlung der Schnittgrößen	Hinweise

5.9 Seitliches Ausweichen schlanker Träger

(1)P Das seitliche Ausweichen schlanker Träger muss in bestimmten Fällen berücksichtigt werden, beispielsweise bei Transport und Montage von Fertigteilträgern, bei Trägern ohne ausreichende seitliche Aussteifung im fertigen Tragwerk usw. Geometrische Imperfektionen sind dabei anzusetzen.

(2) Beim Nachweis von nicht ausgesteiften Trägern ist in der Regel eine seitliche Auslenkung von $l/300$ als geometrische Imperfektion anzusetzen, wobei l die Gesamtlänge des Trägers ist. Im fertigen Tragwerk darf die Aussteifung durch angeschlossene Bauteile berücksichtigt werden.

(3) Die Auswirkungen nach Theorie II. Ordnung auf das seitliche Ausweichen dürfen vernachlässigt werden, falls die folgenden Bedingungen erfüllt sind:

– ständige Bemessungssituationen:

$$\frac{l_{0t}}{b} \leq \frac{50}{\sqrt[3]{h/b}} \text{ und } h/b \leq 2{,}5 \qquad (5.40a)$$

– vorübergehende Bemessungssituationen:

$$\frac{l_{0t}}{b} \leq \frac{70}{\sqrt[3]{h/b}} \text{ und } h/b \leq 3{,}5 \qquad (5.40b)$$

Dabei ist

l_{0t} die Länge des Druckgurts zwischen seitlichen Abstützungen;

h die Gesamthöhe des Trägers im mittleren Bereich von l_{0t};

b die Breite des Druckgurts.

(4) Die mit dem seitlichen Ausweichen verbundene Torsion ist in der Regel bei der Bemessung des unterstützenden Tragwerks zu berücksichtigen.

Sofern keine genaueren Angaben vorliegen, ist die Auflagerkonstruktion so zu bemessen, dass sie mindestens ein Torsionsmoment $T_{Ed} = V_{Ed} \cdot l_{eff} / 300$ aus dem Träger aufnehmen kann. Dabei ist l_{eff} die effektive Stützweite des Trägers und V_{Ed} der Bemessungswert der Auflagerkraft rechtwinklig zur Trägerachse.

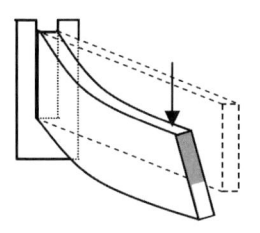

Hinweise Spalte:

Gleichungen (5.40) umgeformt:

$$b \geq \sqrt[4]{\left(\frac{l_{0t}}{50}\right)^3 \cdot h}$$

$$b \geq \sqrt[4]{\left(\frac{l_{0t}}{70}\right)^3 \cdot h}$$

Typische Auflagerkonstruktionen (Gabellagerung) von Fertigteilbindern auf Stützen:

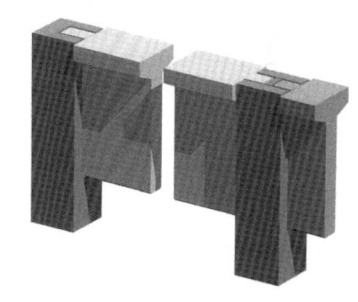

(Quelle: Fachvereinigung Deutscher Betonfertigteilbau e.V.)

5.10 Spannbetontragwerke

5.10.1 Allgemeines

(1)P In dieser Norm wird nur die auf den Beton durch Spannglieder aufgebrachte Vorspannung behandelt.

(2) Die Vorspannung darf als Einwirkung oder Widerstand infolge Vordehnung und Vorkrümmung berücksichtigt werden. Die Tragfähigkeit ist in der Regel dementsprechend zu berechnen.

(3) Im Allgemeinen ist die Vorspannung in den in DIN EN 1990 definierten Einwirkungskombinationen als Teil der Lastfälle enthalten. Die Vorspannung ist in der Regel im angesetzten inneren Moment und bei der Normalkraft zu berücksichtigen.

(4) Unter den Annahmen nach (3) ist in der Regel der Beitrag der Spannglieder zur Querschnittstragfähigkeit auf die durch das Vorspannen noch nicht ausgenutzte Festigkeit zu begrenzen. Dies darf dadurch berücksichtigt werden, indem der Ursprung der Spannungs-Dehnungs-Linie der Spannglieder entsprechend den Auswirkungen der Vorspannung verschoben wird.

(5)P Ein Bauteilversagen ohne Vorankündigung infolge Versagens der Spannglieder muss ausgeschlossen werden.

(6) Ein Versagen ohne Vorankündigung ist in der Regel mit einem oder mehreren der folgenden Verfahren zu verhindern:

Hinweise Spalte:

Bewehrungsregeln für Spannglieder → siehe 8.10

→ nach DIN 1045-1:

Für die Schnittgrößenermittlung von vorgespannten Tragwerken dürfen alle in 5.4 bis 5.8 aufgeführten Verfahren angewendet werden.

Wird ein Verfahren nach der Plastizitätstheorie für die Schnittgrößenermittlung von vorgespannten stabförmigen Bauteilen im Grenzzustand der Tragfähigkeit verwendet, ist stets das Rotationsvermögen nach 5.6.3 nachzuweisen.

Bei Spanngliedern ohne Verbund sollte bei im Betonquerschnitt geführten Spanngliedern der Anstieg der Spanngliedkraft über den Spannbettzustand hinaus infolge der Verformung des Tragwerks berücksichtigt werden.

Bei Spanngliedern im Verbund sollte bei der Schnittgrößenermittlung der Spannstahl als in starrem Verbund mit dem Beton liegend angenommen werden. Der Anstieg der Spanngliedkraft infolge Tragwerksverformung vor Herstellung des Verbundes darf vernachlässigt werden (z. B. bei Bauteilen im Bauzustand).

Verfahren A: Einbau der Mindestbewehrung gemäß 9.2.1;

Verfahren C: Sicherstellen einfacher Zugänglichkeit zu den Bauteilen, um den Zustand der Spannglieder durch zerstörungsfreie Verfahren oder durch Monitoring überprüfen und kontrollieren zu können;

Verfahren E: Sicherstellen, dass es bei Versagen durch Zunahme der Belastung oder durch Abnahme der Vorspannung unter der häufigen Einwirkungskombination zur Rissbildung kommt, bevor der Grenzzustand der Tragfähigkeit erreicht ist. Dabei ist die durch die Rissbildung bedingte Momentenumlagerung zu berücksichtigen.

ANMERKUNG Zum Verfahren E siehe auch DAfStb-Heft 600.

Hinweise: Die Verfahren B und D sind nicht zugelassen und daher hier nicht abgedruckt.

5.10.2 Vorspannkraft während des Spannvorgangs

5.10.2.1 Maximale Vorspannkraft

(1)P Die am Spannglied aufgebrachte Kraft P_{max} (d. h. die Kraft am Spannende während des Spannvorgangs) darf den nachfolgenden Wert nicht überschreiten:

$$P_{max} = A_p \cdot \sigma_{p,max} \qquad (5.41)$$

Dabei ist

A_p die Querschnittsfläche des Spannstahls;

$\sigma_{p,max}$ die maximale Spannstahlspannung $= \min\{0{,}80 f_{pk}\,;\ 0{,}90 f_{p0,1k}\}$.

→ siehe auch 7.2 (NA.6): Begrenzung der Spannstahlspannung nach Absetzen der Pressenkraft bzw. Lösen der Verankerung

(2) Ein Überspannen ist unter der Voraussetzung zulässig, dass die Spannpresse eine Messgenauigkeit der aufgebrachten Spannkraft von ± 5 % bezogen auf den Endwert der Vorspannkraft sicherstellt. Unter dieser Voraussetzung darf während des Spannvorgangs die höchste Pressenkraft P_{max} auf $0{,}95 \cdot f_{p0,1k} \cdot A_p$ gesteigert werden (z. B. bei Auftreten einer unerwartet hohen Reibung beim Vorspannen sehr langer Spannglieder).

ANMERKUNG Diese Überspannreserve kann bei unerwartet hohem Reibungsbeiwert nicht ausreichend sein (siehe DAfStb-Heft 600).

(NA.3) Wenn die Kontrolle der Spannkraft nicht genügend genau ist und nur der Spannweg exakt kontrolliert wird, kann nicht ausgeschlossen werden, dass bei erhöhten Verlusten (aus erhöhter Reibung, zusätzlicher Umlenkung oder Blockierungen) die Spannstahlspannung die Streckgrenze erreicht. Darüber hinaus sind bei unplanmäßigen Verlusten keine Reserven mehr vorhanden.

Die planmäßige Vorspannkraft ist deshalb für Spannglieder im nachträglichen Verbund so zu begrenzen, dass auch bei erhöhten Reibungsverlusten die gewünschte Vorspannung bei Einhaltung der Gleichung (5.41) über die Bauteillänge erreicht werden kann. Dazu ist die planmäßige Höchstkraft P_{max} mit einem Faktor k_μ abzumindern.

Der Abminderungsbeiwert k_μ zur Berücksichtigung erhöhter Reibungsverluste beträgt dabei:

$$k_\mu = e^{-\mu \cdot \gamma (\kappa - 1)} \qquad (NA.5.41.1)$$

mit

μ der Reibungsbeiwert nach Zulassung;

$\gamma = \theta + k \cdot x$ siehe Gleichung (5.45);

κ das Vorhaltemaß zur Sicherung einer Überspannreserve:

$\kappa = 1{,}5$ bei ungeschützter Lage des Spannstahls im Hüllrohr bis zu drei Wochen oder mit Maßnahmen zum Korrosionsschutz,

$\kappa = 2{,}0$ bei ungeschützter Lage über mehr als drei Wochen.

Der Wert x entspricht bei einseitigem Vorspannen dem Abstand zwischen Spannanker und Festanker oder fester Kopplung, bei beidseitiger Vorspannung der Einflusslänge des jeweiligen Spannankers.

Nach Gleichung (5.45):

θ die Summe der planmäßigen, horizontalen und vertikalen Umlenkwinkel über die Länge x;

k der ungewollte Umlenkwinkel (je Längeneinheit), abhängig von der Art des Spannglieds.

Der Wert k wird in den Zulassungen angegeben. Er hängt von der Ausführungsqualität, dem Abstand zwischen den Spanngliedunterstützungen, dem verwendeten Hüllrohrtyp bzw. der Ummantelung sowie der Intensität der Betonverdichtung ab.

5.10.2.2 Begrenzung der Betondruckspannungen

(1)P Ein lokales Druckversagen oder Spalten des Betons im Verankerungsbereich von Spanngliedern im sofortigen oder im nachträglichen Verbund darf nicht auftreten.

(2) In der Regel ist ein lokales Druckversagen oder Spalten des Betons hinter Verankerungen von Spanngliedern im nachträglichen Verbund gemäß den entsprechenden Europäischen Technischen Zulassungen zu verhindern.

Eurocode 2: DIN EN 1992-1-1 mit Nationalem Anhang	Hinweise
5 Ermittlung der Schnittgrößen	

(3) Die Betonfestigkeit bei Aufbringen oder Übertragen der Vorspannung darf in der Regel den in den entsprechenden Europäischen Technischen Zulassungen definierten Mindestwert nicht unterschreiten.

(4) Wird die Vorspannung in einem einzelnen Spannglied schrittweise aufgebracht, darf die erforderliche Betonfestigkeit reduziert werden. Die Mindestbetondruckfestigkeiten $f_{cm}(t)$ zum Zeitpunkt t ==bei Teilvorspannung sind den entsprechenden Zulassungen zu entnehmen.==

    Die erforderlichen Mindestbetondruckfestigkeiten für das endgültige Vorspannen sind auch den Zulassungen des jeweiligen Spannverfahrens zu entnehmen.

(5) Die durch die Vorspannkraft und andere Lasten zum Zeitpunkt des Vorspannens oder des Absetzens der Spannkraft im Tragwerk wirkenden Betondruckspannungen sind in der Regel folgendermaßen zu begrenzen:

$$\sigma_c \leq 0{,}6 f_{ck}(t) \tag{5.42}$$

wobei $f_{ck}(t)$ die charakteristische Druckfestigkeit des Betons zum Zeitpunkt t ist, ab dem die Vorspannkraft auf ihn wirkt.

Bei Spannbetonbauteilen mit Spanngliedern im sofortigen Verbund darf die Betondruckspannung zum Zeitpunkt des Übertragens der Vorspannung auf $0{,}7 f_{ck}(t)$ erhöht werden, wenn aufgrund von Versuchen oder Erfahrung sichergestellt werden kann, dass sich keine Längsrisse bilden.

==Zur Vermeidung von Längsrissen muss die maximale Betondruckspannung zum Zeitpunkt der Spannkraftübertragung durch die Erfahrung des Fertigteilherstellers belegt werden (siehe auch DAfStb-Heft 600).==

Wenn die Betondruckspannung den Wert $0{,}45 f_{ck}(t)$ ständig überschreitet, ist in der Regel die Nichtlinearität des Kriechens zu berücksichtigen.

→ nichtlineares Kriechen siehe 3.1.4 (4)

5.10.2.3 Messung der Spannkraft und des zugehörigen Dehnwegs

(1)P Bei Spanngliedern im nachträglichen Verbund müssen die Vorspannkraft und die zugehörige Dehnung der Spannglieder mittels Messungen geprüft und die tatsächlichen Reibungsverluste kontrolliert werden.

5.10.3 Vorspannkraft nach dem Spannvorgang

(1)P Zum Zeitpunkt t und für den Abstand x (oder einer Bogenlänge) vom Spannende des Spannglieds entspricht der Mittelwert der Vorspannkraft $P_{m,t}(x)$ der maximalen, am Spannende aufgebrachten Kraft P_{max}, abzüglich der sofortigen und der zeitabhängigen Verluste (siehe unten). Für alle Spannkraftverluste werden absolute Werte angenommen.

(2) Der Mittelwert der Vorspannkraft $P_{m0}(x)$ (zum Zeitpunkt $t = t_0$) unmittelbar nach Vorspannen und Verankern (Vorspannung mit nachträglichem oder ohne Verbund) oder nach dem Übertragen der Vorspannung (Vorspannung mit sofortigem Verbund) ist durch Abziehen der sofortigen Verluste $\Delta P_i(x)$ von der Vorspannkraft P_{max} zu ermitteln und darf den folgenden Wert nicht überschreiten:

$$P_{m0}(x) = A_p \cdot \sigma_{pm0}(x) \tag{5.43}$$

Dabei ist

$\sigma_{pm0}(x)$ die Spannung im Spannglied unmittelbar nach dem Vorspannen oder der Spannkraftübertragung = min {==$0{,}75 f_{pk}$==; ==$0{,}85 f_{p0,1k}$==}.

(3) Bei der Bestimmung der sofortigen Verluste $\Delta P_i(x)$ sind in der Regel die folgenden Einflüsse für sofortigen und nachträglichen Verbund entsprechend zu berücksichtigen (siehe 5.10.4 und 5.10.5):

- Verluste infolge elastischer Verformung des Betons ΔP_{el},
- Verluste infolge Kurzzeitrelaxation ΔP_r,
- Verluste infolge Reibung $\Delta P_\mu(x)$,
- Verluste infolge Verankerungsschlupf ΔP_{sl}.

    Index sl – anchorage slip

(4) Der Mittelwert der Vorspannkraft $P_{m,t}(x)$ zum Zeitpunkt $t > t_0$ ist in der Regel in Abhängigkeit von der Vorspannart zu bestimmen. Zusätzlich zu den sofortigen Verlusten nach (3) sind in der Regel die zeitabhängigen Spannkraftverluste $\Delta P_{c+s+r}(x)$ (siehe 5.10.6) aus Kriechen und Schwinden des Betons sowie die Langzeitrelaxation des Spannstahls zu berücksichtigen.

Somit ist $P_{m,t}(x) = P_{m0}(x) - \Delta P_{c+s+r}(x)$.

Eurocode 2: DIN EN 1992-1-1 mit Nationalem Anhang	Hinweise
5 Ermittlung der Schnittgrößen	

5.10.4 Sofortige Spannkraftverluste bei sofortigem Verbund

(1) Folgende bei sofortigem Verbund auftretende Spannkraftverluste sind in der Regel zu berücksichtigen:

i) während des Spannens: Reibungsverluste an den Umlenkungen (bei umgelenkten Drähten oder Litzen) und Verluste aufgrund von Ankerschlupf;

ii) vor Übertragung der Vorspannung auf den Beton: Relaxationsverluste der Spannglieder in der Zeit zwischen dem Spannen der Spannglieder und dem eigentlichen Vorspannen des Betons;

ANMERKUNG Bei Wärmenachbehandlung ändern sich die Verluste aus Schwinden und Relaxation und sind in der Regel entsprechend zu berücksichtigen. Eine direkte Temperaturauswirkung ist in der Regel ebenfalls zu berücksichtigen (siehe 10.3.2.1 und Anhang D).

iii) bei der Übertragung der Vorspannung auf den Beton: Spannkraftverluste infolge elastischer Stauchung des Betons aufgrund der Spanngliedwirkung beim Lösen im Spannbett.

5.10.5 Sofortige Spannkraftverluste bei nachträglichem Verbund

5.10.5.1 Elastische Verformung des Betons

(1) Der Spannkraftverlust infolge der Verformung des Betons ist in der Regel unter Berücksichtigung der Reihenfolge, in der die Spannglieder angespannt werden, zu ermitteln.

(2) Dieser Spannkraftverlust ΔP_{el} darf als Mittelwert in jedem Spannglied wie folgt angenommen werden:

$$\Delta P_{el} = A_p \cdot E_p \cdot \sum \left[\frac{j \cdot \Delta \sigma_c(t)}{E_{cm}(t)} \right] \quad (5.44)$$

Dabei ist

$\Delta \sigma_c(t)$ die Spannungsänderung im Schwerpunkt der Spannglieder zum Zeitpunkt t;

j ein Beiwert mit

$(n-1)/2n$ wobei n die Anzahl identischer, nacheinander gespannter Spannglieder ist. Näherungsweise darf j mit ½ angenommen werden;

1 für die Spannungsänderung infolge der ständigen Einwirkungen nach dem Vorspannen.

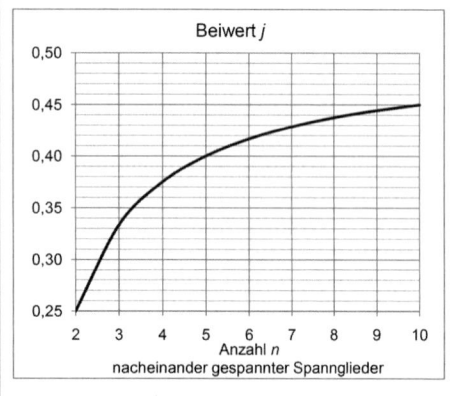

5.10.5.2 Reibungsverluste

(1) Die Reibungsverluste $\Delta P_\mu(x)$ bei Spanngliedern im nachträglichen Verbund dürfen wie folgt abgeschätzt werden:

$$\Delta P_\mu(x) = P_{max} [1 - e^{-\mu(\theta + k \cdot x)}] \quad (5.45)$$

Dabei ist

θ die Summe der planmäßigen, horizontalen und vertikalen Umlenkwinkel über die Länge x (unabhängig von Richtung und Vorzeichen);

μ der Reibungsbeiwert zwischen Spannglied und Hüllrohr;

k der ungewollte Umlenkwinkel (je Längeneinheit), abhängig von der Art des Spannglieds;

x die Länge entlang des Spannglieds von der Stelle an, an der die Vorspannkraft gleich P_{max} ist (die Kraft am Spannende).

Die Werte μ und k werden in den entsprechenden Europäischen Technischen Zulassungen angegeben. Der Reibungsbeiwert μ hängt von den Oberflächeneigenschaften der Spannglieder und der Hüllrohre, von etwaigem Rostansatz, von der Spanngliedehnung und von der Spannstahlprofilierung ab.

Der Wert k für den ungewollten Umlenkwinkel hängt von der Ausführungsqualität, dem Abstand zwischen den Spanngliedunterstützungen, dem verwendeten Hüllrohrtyp bzw. der Ummantelung sowie der Intensität der Betonverdichtung ab.

(2), (3) Die Angaben für μ und k dürfen nur den Zulassungen entnommen werden.

Hinweise:

Beiwert j

[Diagramm: Beiwert j über Anzahl n nacheinander gespannter Spannglieder, Werte von 0,25 bis 0,50]

$\Delta \sigma_c(t) / E_{cm}(t) = \Delta \varepsilon_c(t)$

$\Delta \varepsilon_{c,1}(t) \cdot l$ → $P_{max,1}$

$\Delta \varepsilon_{c,1+2}(t) \cdot l$ → $P_{max,1} - \Delta P_{el,2}$; $P_{max,2}$

$\Delta \varepsilon_{c,1+2+3}(t) \cdot l$ → $P_{max,1} - \Delta P_{el,2+3}$; $P_{max,2} - \Delta P_{el,3}$; $P_{max,3}$

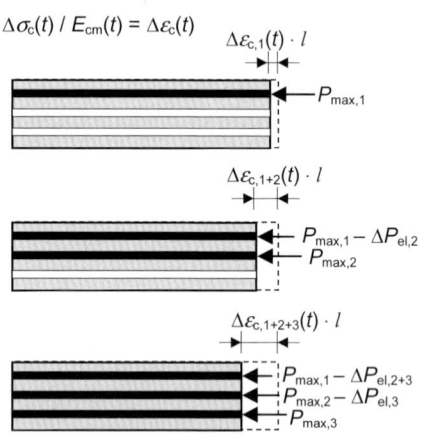

mit Spannkraftverlusten $\Delta P_{el,i}$ aus $P_{max,i}$ (Bild nach [115]).
Für die Näherungslösung nach Gl. (5.44) wird der Momentenanteil aus der Verkrümmung des Bauteils bei exzentrisch angeordneten Spanngliedern vernachlässigt [115].

Tabelle 5.1 für μ ist nicht anzuwenden und daher gestrichen.

Eurocode 2: DIN EN 1992-1-1 mit Nationalem Anhang 5 Ermittlung der Schnittgrößen	Hinweise

(4) Bei externen Spanngliedern dürfen die Spannkraftverluste infolge von ungewollten Umlenkwinkeln vernachlässigt werden.

Zu (4): gilt für extern geführte Spannglieder aus parallelen Drähten oder Litzen

Bei Spanngliedern ohne Verbund braucht die Reibung nur bei der Ermittlung der wirksamen mittleren Vorspannkraft $P_{m,t}$ und der Ermittlung der daraus resultierenden Schnittgrößen infolge der Eintragung der Vorspannkraft berücksichtigt zu werden.

Die Zulassungen der Spannverfahren sind zu beachten (abZ bzw. ETA mit nationalen Ergänzungszulassungen).

5.10.5.3 Verankerungsschlupf

(1) Die Spannkraftverluste infolge Keilschlupfs in der Ankervorrichtung während des Verankerns nach dem Spannen sowie infolge der Verformungen der Verankerung selbst sind in der Regel zu berücksichtigen.

(2) Die Werte für den Keilschlupf sind in den Europäischen Technischen Zulassungen angegeben.

5.10.6 Zeitabhängige Spannkraftverluste bei sofortigem und nachträglichem Verbund

(1) Die zeitabhängigen Spannkraftverluste dürfen unter Berücksichtigung der beiden folgenden Spannungsreduktionen errechnet werden:

(a) infolge der Betonstauchungen, die durch Kriechen und Schwinden unter den ständigen Lasten auftreten,

(b) infolge der Relaxation des Spannstahls unter Zug.

ANMERKUNG Die Spannstahlrelaxation hängt von der Verformung des Betons infolge Kriechens und Schwindens ab. Diese Wechselwirkung darf i. Allg. näherungsweise mit einem Abminderungsbeiwert von 0,8 berücksichtigt werden.

in Gl. (5.46) mit $0{,}8\Delta\sigma_{pr}$

(2) Gleichung (5.46) stellt ein vereinfachtes Verfahren zur Ermittlung der zeitabhängigen Verluste an der Stelle x unter ständigen Lasten dar.

$$\Delta P_{c+s+r} = A_p \cdot \Delta\sigma_{p,c+s+r} = A_p \frac{\varepsilon_{cs} \cdot E_p + 0{,}8\,\Delta\sigma_{pr} + \dfrac{E_p}{E_{cm}}\varphi(t,t_0)\cdot\sigma_{c,QP}}{1+\dfrac{E_p}{E_{cm}}\dfrac{A_p}{A_c}\left(1+\dfrac{A_c}{I_c}z_{cp}^2\right)\left[1+0{,}8\,\varphi(t,t_0)\right]} \quad (5.46)$$

Dabei ist

$\Delta\sigma_{p,c+s+r}$ der absolute Wert der Spannungsänderung in den Spanngliedern aus Kriechen, Schwinden und Relaxation an der Stelle x, bis zum Zeitpunkt t;

ε_{cs} die gemäß 3.1.4 (6) ermittelte Schwinddehnung als absoluter Wert;

E_p der Elastizitätsmodul für Spannstahl, siehe auch 3.3.6 (2);

E_{cm} der Elastizitätsmodul für Beton (Tabelle 3.1);

$\Delta\sigma_{pr}$ der absolute Wert der Spannungsänderung in den Spanngliedern an der Stelle x zum Zeitpunkt t infolge Relaxation des Spannstahls. Sie wird für eine Spannung $\sigma_p = \sigma_p\{G + P_{m0} + \psi_2 Q\}$ bestimmt. Dabei ist σ_p die Ausgangsspannung in den Spanngliedern unmittelbar nach dem Vorspannen und infolge der quasi-ständigen Einwirkungen;

Die Spannungsänderung $\Delta\sigma_{pr}$ im Spannstahl an der Stelle x infolge Relaxation darf mit den Angaben der Zulassung des Spannstahls für das Verhältnis der Ausgangsspannung zur charakteristischen Zugfestigkeit (σ_p / f_{pk}) bestimmt werden.

$\varphi(t,t_0)$ der Kriechbeiwert zum Zeitpunkt t bei einer Lastaufbringung zum Zeitpunkt t_0;

$\sigma_{c,QP}$ die Betonspannung in Höhe der Spannglieder infolge Eigenlast und Ausgangsspannung sowie weiterer maßgebender quasi-ständiger Einwirkungen. Die Spannung $\sigma_{c,QP}$ darf je nach untersuchtem Bauzustand unter Ansatz nur eines Teils der Eigenlast und der Vorspannung oder unter der gesamten quasi-ständigen Einwirkungskombination $\sigma_c\{G + P_{m0} + \psi_2 \cdot Q\}$ ermittelt werden;

A_p die Querschnittsfläche aller Spannglieder an der Stelle x;

A_c die Betonquerschnittsfläche;

I_c das Flächenträgheitsmoment des Betonquerschnitts;

z_{cp} der Abstand zwischen dem Schwerpunkt des Betonquerschnitts und den Spanngliedern.

Eurocode 2: DIN EN 1992-1-1 mit Nationalem Anhang	Hinweise
5 Ermittlung der Schnittgrößen	

Druckspannungen und die entsprechenden Dehnungen in Gleichung (5.46) sind in der Regel mit einem positiven Vorzeichen einzusetzen.

(3) Die Gleichung (5.46) gilt für Spannglieder im Verbund, wenn die Spannungen im jeweiligen Querschnitt angesetzt werden, sowie für Spannglieder ohne Verbund, wenn gemittelte Werte der Spannung verwendet werden. Die gemittelten Werte für externe Spannglieder sind in der Regel im Bereich gerader Abschnitte zwischen den idealisierten Knickpunkten bzw. Verankerungsstellen oder bei internen Spanngliedern entlang der Gesamtlänge zu berechnen.

5.10.7 Berücksichtigung der Vorspannung in der Berechnung

(1) Momente nach Theorie II. Ordnung können infolge Vorspannung mit externen Spanngliedern auftreten.

(2) Momente infolge indirekter Einwirkungen der Vorspannung treten nur in statisch unbestimmten Tragwerken auf.

(3) Bei linearen Verfahren der Schnittgrößenermittlung sind in der Regel sowohl die direkten als auch die indirekten Einwirkungen der Vorspannung zu berücksichtigen, bevor eine Umlagerung von Kräften und Momenten vorgenommen wird (siehe 5.5).

Bei Anwendung linear-elastischer Verfahren der Schnittgrößenermittlung sollte die statisch unbestimmte Wirkung der Vorspannung als Einwirkung berücksichtigt werden. Die Schnittgrößen sind im GZT mit den Steifigkeiten der ungerissenen Querschnitte zu bestimmen.

Bei Anwendung nichtlinearer Verfahren sowie bei der Ermittlung der erforderlichen Rotation bei Verfahren nach der Plastizitätstheorie sollte die Vorspannung als Vordehnung mit entsprechender Vorkrümmung berücksichtigt werden. Die Ermittlung des statisch unbestimmten Moments aus Vorspannung entfällt dann, da bei diesen Verfahren die Schnittgrößen infolge Vorspannung nicht getrennt von den Lastschnittgrößen ausgewiesen werden können.

(4) Bei Verfahren nach der Plastizitätstheorie und bei nichtlinearen Verfahren dürfen die indirekten Einwirkungen der Vorspannung als zusätzliche plastische Rotationen behandelt werden, die dann in der Regel im Nachweis der Rotationsfähigkeit zu berücksichtigen sind.

(5) Nach dem Verpressen darf bei Spanngliedern im nachträglichen Verbund von einem starren Verbund zwischen Stahl und Beton ausgegangen werden. Vor dem Verpressen sind die Spannglieder in der Regel jedoch als verbundlos zu betrachten.

(6) Externe Spannglieder dürfen als zwischen den Umlenkstellen gerade angesetzt werden.

5.10.8 Grenzzustand der Tragfähigkeit

(1) Im Allgemeinen darf der Bemessungswert der Vorspannkraft mit $P_{d,t}(x) = \gamma_P \cdot P_{m,t}(x)$ ermittelt werden (für $P_{m,t}(x)$ siehe 5.10.3 (4) und für γ_P siehe 2.4.2.2).

(2) Bei Spannbetonbauteilen mit Spanngliedern ohne Verbund muss im Allgemeinen die Verformung des gesamten Bauteils zur Berechnung des Spannungszuwachses berücksichtigt werden. Wird keine genaue Berechnung durchgeführt, darf der Spannungszuwachs zwischen wirksamer Vorspannung und Spannung im Grenzzustand der Tragfähigkeit mit $\Delta\sigma_{p,ULS}$ = 100 N/mm² angenommen werden.

Diese Vereinfachung darf nur bei Tragwerken mit exzentrisch geführten internen Spanngliedern angesetzt werden.
Wenn bei Tragwerken mit externen Spanngliedern die Schnittgrößenermittlung für das gesamte Tragwerk vereinfachend linear-elastisch erfolgt, darf der Spannungszuwachs im Spannstahl infolge Tragwerksverformungen unberücksichtigt bleiben.

(3) Wird der Spannungszuwachs unter Berücksichtigung des Verformungszustands des gesamten Bauteils berechnet, sind in der Regel die Mittelwerte der Baustoffeigenschaften zu verwenden. Der Bemessungswert des Spannungszuwachses $\Delta\sigma_{pd} = \Delta\sigma_p \cdot \gamma_{\Delta P}$ ist in der Regel mit den maßgebenden Teilsicherheitsfaktoren $\gamma_{\Delta P,sup}$ und $\gamma_{\Delta P,inf}$ zu bestimmen.

Hinweise:

5.10.3 (4): $P_{m,t}(x) = P_{m0}(x) - \Delta P_{c+s+r}(x)$
2.4.2.2 (1): i. d. R. $\gamma_P = 1,0$

Zu (2): DIN 1045-1: Wird bei Spanngliedern ohne Verbund der Spannungszuwachs im Spannstahl berücksichtigt, ist der charakteristische Wert $\Delta\sigma_{pk}$ des Spannungszuwachses im Spannstahl mit den Mittelwerten der Baustoffeigenschaften zu bestimmen.
Bei linear-elastischer Schnittgrößenermittlung gilt $\Delta\sigma_{p,ULS} = \Delta\sigma_{pk}$.

| Eurocode 2: DIN EN 1992-1-1 mit Nationalem Anhang
6 Nachweise in den Grenzzuständen der Tragfähigkeit | Hinweise |

Die Werte $\gamma_{\Delta P,sup}$ und $\gamma_{\Delta P,inf}$ bei Verwendung nichtlinearer Verfahren sind $\gamma_{\Delta P,sup} = 1{,}2$ und $\gamma_{\Delta P,inf} = 0{,}8$.

Wird das lineare Verfahren mit ungerissenen Querschnitten angewendet, darf von einem niedrigeren Grenzwert der Verformung ausgegangen werden und die Werte sind $\gamma_{\Delta P,sup} = \gamma_{\Delta P,inf} = 1{,}0$.

Hinweis: Der jeweils ungünstigere Wert $\gamma_{\Delta P}$ ist anzusetzen. Die Rissbildung oder die Fugenöffnung (z. B. Segmentbauweise) sind dabei zu berücksichtigen.

5.10.9 Grenzzustände der Gebrauchstauglichkeit und der Ermüdung

(1)P In den Gebrauchstauglichkeits- und Ermüdungsnachweisen müssen die möglichen Streuungen der Vorspannung berücksichtigt werden. Die beiden folgenden charakteristischen Werte der Vorspannkraft im Grenzzustand der Gebrauchstauglichkeit dürfen abgeschätzt werden:

$$P_{k,sup} = r_{sup} \cdot P_{m,t}(x) \tag{5.47}$$

$$P_{k,inf} = r_{inf} \cdot P_{m,t}(x) \tag{5.48}$$

Dabei ist

$P_{k,sup}$ der obere charakteristische Wert;

$P_{k,inf}$ der untere charakteristische Wert.

Hinweis: Index
sup – superior
inf – inferior

Für die Beiwerte r_{sup} und r_{inf} dürfen angenommen werden:

- für Spannglieder im sofortigen Verbund oder ohne Verbund:
  $r_{sup} = 1{,}05$ und $r_{inf} = 0{,}95$,
- für Spannglieder im nachträglichen Verbund:
  $r_{sup} = 1{,}10$ und $r_{inf} = 0{,}90$,

Die Annahme von $r_{sup} = r_{inf} = 1{,}0$ ist unzulässig.

5.11 Berechnung für ausgewählte Tragwerke

(1)P Punktgestützte Platten werden als Flachdecken bezeichnet.

(2)P Wandscheiben sind unbewehrte oder bewehrte Betonwände, die die Stabilität des Tragwerks gegen seitliches Ausweichen unterstützen.

Hinweis: Punktstützung siehe Definition der Lasteinleitungsfläche beim Durchstanzen Bild 6.12 und NA.6.12.1.

Aussteifungskriterien für Stabilität des Gesamttragwerks siehe 5.8.3.3.

6 NACHWEISE IN DEN GRENZZUSTÄNDEN DER TRAGFÄHIGKEIT (GZT)

6.1 Biegung mit oder ohne Normalkraft und Normalkraft allein

(1)P Dieser Abschnitt gilt für ungestörte Bereiche von Balken, Platten und ähnlichen Bauteilen, deren Querschnitte vor und nach Beanspruchung näherungsweise eben bleiben. Die Diskontinuitätsbereiche von Balken und anderen Bauteilen, in denen Querschnitte nicht eben bleiben, dürfen nach 6.5 bemessen und konstruktiv durchgebildet werden.

Hinweis: 6.5 Stabwerkmodelle

(2)P Bei der Bestimmung der Biegetragfähigkeit von Querschnitten aus Stahlbeton oder Spannbeton werden folgende Annahmen getroffen:

- Ebene Querschnitte bleiben eben.
- Die Dehnungen der im Verbund liegenden Bewehrung oder Spannglieder haben sowohl für Zug als auch für Druck die gleiche Größe wie die des umgebenden Betons.
- Die Betonzugfestigkeit wird nicht berücksichtigt.
- Die Verteilung der Betondruckspannungen wird entsprechend den Bemessungs-Spannungs-Dehnungs-Linien nach 3.1.7 angenommen.
- Die Spannungen im Betonstahl oder im Spannstahl werden jeweils mit den Arbeitslinien aus 3.2 (Bild 3.8) und 3.3 (Bild 3.10) bestimmt.
- Die Vordehnung der Spannglieder wird bei der Spannungsermittlung im Spannstahl berücksichtigt.

Hinweis: Konstruktionsregeln:
- 9.2.1 Längsbewehrung Balken
- 9.3.1 Biegebewehrung Platten
- 9.4 Flachdecken
- 9.5.2 Längsbewehrung Stützen

(3)P Die Betonstauchung ist auf ε_{cu2} oder ε_{cu3} in Abhängigkeit von der verwendeten Spannungs-Dehnungs-Linie zu begrenzen (siehe 3.1.7 und Tabelle 3.1). Die Dehnungen des Betonstahls und des Spannstahls sind auf ε_{ud} zu begrenzen (wo zutreffend), siehe 3.2.7 (2) bzw. 3.3.6 (7).

Hinweis: ε_{cu2} bei Parabel-Rechteck-Diagramm nach Bild 3.3
ε_{cu3} bei bilinearer Spannungs-Dehnungs-Linie nach Bild 3.4 und Spannungsblock nach Bild 3.5

ANMERKUNG Bei geringen Ausmitten bis $e_d / h \leq 0{,}1$ darf für Normalbeton die günstige Wirkung des Kriechens des Betons vereinfachend durch die Wahl von $\varepsilon_{c2} = 0{,}0022$ berücksichtigt werden.

Hinweis: → Ausnutzung des Betonstahls auf Druck mit $f_{yd} \approx 435$ N/mm² möglich
(statt 400 N/mm² bei $\varepsilon_{c2} = \varepsilon_s = 0{,}002$)

Eurocode 2: DIN EN 1992-1-1 mit Nationalem Anhang	Hinweise
6 Nachweise in den Grenzzuständen der Tragfähigkeit	

(4) Für Querschnitte mit Drucknormalkraft ist in der Regel eine Mindestausmitte von $e_0 = h / 30 \geq 20$ mm anzusetzen (mit h – Querschnittshöhe).

Für Querschnitte in Biegebauteilen braucht diese Mindestausmitte nicht angesetzt zu werden. Für Bauteile, die nach Theorie II. Ordnung nachzuweisen sind, sind die Imperfektionen nach Abschnitt 5.2 maßgebend.

(5) Bei Querschnittsteilen, die näherungsweise zentrischem Druck ($e_d / h \leq 0,1$) ausgesetzt sind, wie z. B. Druckgurte von Hohlkastenträgern, ist in der Regel die mittlere Stauchung auf ε_{c2} (bzw. ε_{c3}, wenn die bilineare Linie aus Bild 3.4 verwendet wird) zu begrenzen.

Die Tragfähigkeit des Gesamtquerschnitts braucht nicht kleiner angesetzt zu werden als diejenige der Stege mit der Höhe h und der Dehnungsverteilung nach Bild 6.1.

(6) Die zulässigen Grenzen der Dehnungsverteilung sind in Bild 6.1 dargestellt.

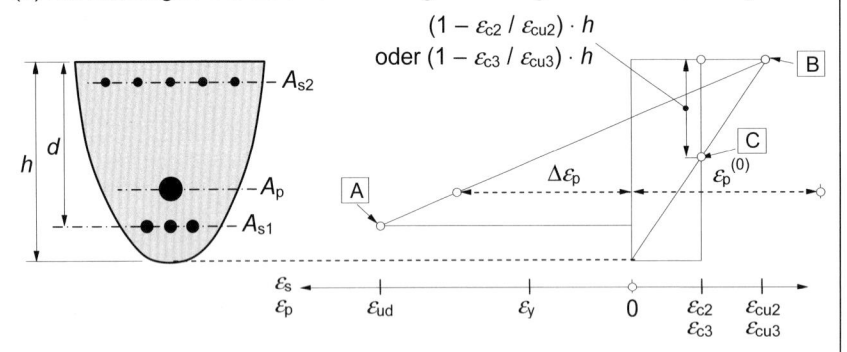

Hinweise:
Diese Mindestausmitte soll nur bei planmäßig zentrisch normalkraftbeanspruchten Druckgliedern ohne Biegung nach Theorie I. Ordnung angesetzt werden.

Zu (5): für $\leq$ C50/60:
$\varepsilon_{cu2} = 3,5\,‰$
$\varepsilon_{c2} = 2,0\,‰$
$\varepsilon_{ud} = 25\,‰$

A Dehnungsgrenze des Betonstahls
B Stauchungsgrenze des Betons
C Stauchungsgrenze des Betons bei reiner Normalkraft

Bild 6.1 – Grenzen der Dehnungsverteilung im GZT

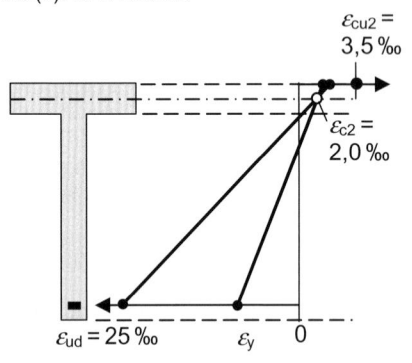

(7) Für Spannbetonbauteile mit Spanngliedern ohne Verbund siehe 5.10.8.

(8) Bei extern angeordneten Spanngliedern ist die Dehnung im Spannstahl zwischen zwei aufeinanderfolgenden Kontaktpunkten (Verankerungs- und Umlenkstellen) konstant anzusetzen. Die Dehnung im Spannstahl entspricht dann der Vordehnung unmittelbar nach dem Vorspannen zuzüglich der Dehnung infolge der Tragwerksverformung zwischen den entsprechenden Kontaktbereichen. Siehe auch 5.10.

Zu (7): 5.10.8: Berechnung des Spannungszuwachses zwischen wirksamer Vorspannung und Spannung im GZT $\Delta\sigma_{p,ULS}$

6.2 Querkraft

6.2.1 Nachweisverfahren

(1)P Für die Nachweise des Querkraftwiderstands werden folgende Bemessungswerte definiert:

$V_{Rd,c}$ Querkraftwiderstand eines Bauteils ohne Querkraftbewehrung;

$V_{Rd,s}$ durch die Fließgrenze der Querkraftbewehrung begrenzter Querkraftwiderstand;

$V_{Rd,max}$ durch die Druckstrebenfestigkeit begrenzter maximaler Querkraftwiderstand.

Bei Bauteilen mit geneigten Gurten werden folgende zusätzliche Bemessungswerte definiert (siehe auch Bild 6.2):

V_{ccd} Querkraftkomponente in der Druckzone bei geneigtem Druckgurt;

V_{td} Querkraftkomponente in der Zugbewehrung bei geneigtem Zuggurt.

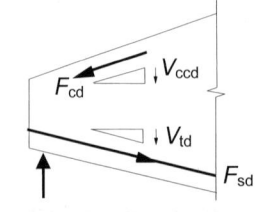

Bild 6.2 – Querkraftkomponente für Bauteile mit geneigten Gurten

ANMERKUNG Wenn die Vorspannung nicht als Einwirkung berücksichtigt wird, ergibt sich der Bemessungswert der Querkraftkomponente in der Zugbewehrung bei geneigtem Zuggurt V_{td} einschließlich dem Querkraftanteil der Vorspannung V_{pd}.

Eurocode 2: DIN EN 1992-1-1 mit Nationalem Anhang	Hinweise
6 Nachweise in den Grenzzuständen der Tragfähigkeit	

(2) Der Querkraftwiderstand eines Bauteils mit Querkraftbewehrung entspricht:

$$V_{Rd} = V_{Rd,s} + V_{ccd} + V_{td} \tag{6.1}$$

(3) In Bauteilbereichen mit $V_{Ed} \leq V_{Rd,c}$ ist eine Querkraftbewehrung rechnerisch nicht erforderlich. V_{Ed} ist der Bemessungswert der Querkraft im untersuchten Querschnitt aus äußerer Einwirkung und Vorspannung (mit oder ohne Verbund).

Zum Querkraftwiderstand eines Bauteiles ohne Querkraftbewehrung dürfen analog Gleichung (6.1) $V_{ccd} + V_{td}$ addiert werden.

(4) Auch wenn rechnerisch keine Querkraftbewehrung erforderlich ist, ist in der Regel dennoch eine Mindestquerkraftbewehrung gemäß 9.2.2 vorzusehen. Auf die Mindestquerkraftbewehrung darf bei Bauteilen wie Platten (Voll-, Rippen- oder Hohlplatten), in denen eine Lastumlagerung in Querrichtung möglich ist, verzichtet werden. Auf eine Mindestquerkraftbewehrung darf auch in Bauteilen von untergeordneter Bedeutung verzichtet werden (z. B. bei Stürzen mit Spannweiten ≤ 2 m), die nicht wesentlich zur Gesamttragfähigkeit und Gesamtstabilität des Tragwerks beitragen.

> Zu (4): Untergeordnete Bauteile sind solche, deren sprödes Versagen infolge Schubbruch keinen Einsturz wesentlicher tragender Bauteile des Tragwerks zur Folge hat. Diese sind jeweils im Einzelfall festzulegen.
>
> Bei Stürzen muss hierfür in der Regel sichergestellt sein, dass sich oberhalb des Sturzes ein Druckgewölbe ausbilden kann und der Gewölbeschub aufgenommen wird.

ANMERKUNG 1 Bei Einhaltung der Bewehrungs- und Konstruktionsregeln nach den Abschnitten 8 und 9 kann von einer ausreichenden Querverteilung der Lasten bei Platten ausgegangen werden.

Bei Rippendecken darf unter vorwiegend ruhenden Einwirkungen mit Nutzlasten $q_k \leq 3{,}0$ kN/m² bzw. Einzellasten $Q_k \leq 3{,}0$ kN auf die Mindestquerkraftbewehrung in den Rippen verzichtet werden, wenn der maximale Rippenabstand 700 mm beträgt. Bei Rippendecken, die feuerbeständig (≥ R 90) sein müssen, sind stets Bügel anzuordnen.

ANMERKUNG 2 Zur Belastung von Stürzen siehe DAfStb-Heft 600.

> Rippendecken ohne Mindestquerkraftbewehrung (analog DIN 1045:1988):
> – lichter Rippenabstand $a_{R,L} \leq 700$ mm,
> – Plattendicke mindestens $0{,}1 a_{R,L} \geq 50$ mm,
> – Querbewehrung in der Platte $\geq 3\ \phi\ 6$ / m,
> – durchlaufende Feldbewehrung $\phi \leq 16$ mm.
> Im Bereich der Innenstützen durchlaufender Decken (Druckzone unten in den Rippen) sind stets Bügel anzuordnen.

(5) In Bereichen mit $V_{Ed} > V_{Rd,c}$ gemäß Gleichung (6.2) ist in der Regel eine Querkraftbewehrung vorzusehen, die $V_{Ed} \leq V_{Rd}$ sicherstellt (siehe Gleichung (6.1)).

(6) Die Summe aus Bemessungsquerkraft und Beiträgen der Gurte $V_{Ed} - V_{ccd} - V_{td}$ darf in der Regel in keinem Bauteilquerschnitt den Maximalwert $V_{Rd,max}$ überschreiten (siehe 6.2.3).

(7) Die Längszugbewehrung muss in der Regel den zusätzlichen Zugkraftanteil infolge Querkraft aufnehmen können (siehe 6.2.3 (7)).

Alternativ darf diese zusätzliche Zugkraft auch nach Abschnitt 9.2.1.3 (2) mit einem Versatzmaß berücksichtigt werden.

> 9.2.1.3 (2): Gl. (9.2)
> Versatzmaß $a_l = z\,(\cot\theta - \cot\alpha)/2$

(8) Bei gleichmäßig verteilter Belastung darf die Bemessungsquerkraft im Abstand d vom Auflager nachgewiesen werden. Die erforderliche Querkraftbewehrung ist in der Regel bis zum Auflager weiterzuführen. Zusätzlich ist in der Regel nachzuweisen, dass die Querkraft am Auflager $V_{Rd,max}$ nicht überschreitet (siehe 6.2.2 (6) und 6.2.3 (8)).

Die Nachweise für $V_{Rd,c}$ und $V_{Rd,s}$ dürfen i. d. R. nur bei direkter Auflagerung im Abstand d vom Auflagerrand und für $V_{Rd,max}$ unmittelbar am Auflagerrand geführt werden. Bei indirekter Auflagerung ist die Bemessungsquerkraft für alle Nachweise V_{Rd} i. d. R. in der Auflagerachse zu bestimmen. Ausnahmen siehe DAfStb-Heft 600.

(9) Für eine an der Bauteilunterseite abgehängte Last ist in der Regel zusätzlich zur Querkraftbewehrung eine Aufhängebewehrung erforderlich, die die Last im oberen Querschnittsbereich verankert.

(NA.10) Die Querkraftnachweise dürfen bei zweiachsig gespannten Platten in den Spannrichtungen y und z mit den jeweiligen Einwirkungs- und Widerstandskomponenten getrennt geführt werden. Wenn Querkraftbewehrung erforderlich wird, ist diese aus beiden Richtungen zu addieren.

(NA.11) Vorgespannte Elementdecken werden in allgemeinen bauaufsichtlichen Zulassungen geregelt.

6.2.2 Bauteile ohne rechnerisch erforderliche Querkraftbewehrung

(1) Der Bemessungswert für den Querkraftwiderstand $V_{Rd,c}$ darf ermittelt werden mit:

$$V_{Rd,c} = [C_{Rd,c} \cdot k \cdot (100 \cdot \rho_l \cdot f_{ck})^{1/3} + 0{,}12 \cdot \sigma_{cp}] \cdot b_w \cdot d \tag{6.2a}$$

mit einem Mindestwert

$$V_{Rd,c} = (v_{min} + 0{,}12 \cdot \sigma_{cp}) \cdot b_w \cdot d \tag{6.2b}$$

Dabei ist

$C_{Rd,c}$ = (0,15 / γ_c);

f_{ck} die charakteristische Betonfestigkeit [N/mm²];

k = 1 + $\sqrt{200/d}$ ≤ 2,0 mit d [mm];

ρ_l = $A_{sl} / (b_w \cdot d)$ ≤ 0,02;

A_{sl} die Fläche der Zugbewehrung, die mindestens (l_{bd} + d) über den betrachteten Querschnitt hinaus geführt wird (siehe Bild 6.3);

b_w die kleinste Querschnittsbreite innerhalb der Zugzone des Querschnitts [mm];

σ_{cp} = N_{Ed} / A_c < 0,2f_{cd} [N/mm²];

Betonzugspannungen σ_{cp} sind in den Gleichungen (6.2) negativ einzusetzen.

N_{Ed} die Normalkraft im Querschnitt infolge Lastbeanspruchung oder Vorspannung [N] (N_{Ed} > 0 für Druck). Der Einfluss von Zwang auf N_{Ed} darf vernachlässigt werden;

A_c die Betonquerschnittsfläche [mm²];

v_{min} = (0,0525 / γ_c) · $k^{3/2}$ · $f_{ck}^{1/2}$ für d ≤ 600 mm   (6.3aDE),

v_{min} = (0,0375 / γ_c) · $k^{3/2}$ · $f_{ck}^{1/2}$ für d > 800 mm   (6.3bDE);.

Für 600 mm < d ≤ 800 mm darf interpoliert werden.

$V_{Rd,c}$ in [N].

Hinweise

Teilsicherheitsbeiwert Beton:

Bemessungssituationen	γ_c
ständig und vorübergehend	1,5
außergewöhnlich	1,3

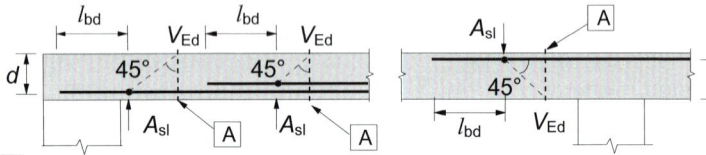

[A] betrachteter Querschnitt

Bild 6.3 – Definition von A_{sl} in Gleichung (6.2)

(2) Bei einfeldrigen, statisch bestimmten Spannbetonbauteilen ohne Querkraftbewehrung darf die Querkrafttragfähigkeit in gerissenen Bereichen mit Gleichung (6.2a) ermittelt werden. In ungerissenen Bereichen (für die die Biegezugspannung kleiner als f_{ctd} ist) darf die Querkrafttragfähigkeit auf Grundlage der Betonzugfestigkeit wie folgt berechnet werden:

$$V_{Rd,c} = \frac{I \cdot b_w}{S} \cdot \sqrt{f_{ctd}^2 + \alpha_l \cdot \sigma_{cp} \cdot f_{ctd}} \quad (6.4)$$

→ (NDP) zu 3.1.6 (2)P
$\sigma_{ctd} \leq f_{ctd} = \alpha_{ct} \cdot f_{ctk;0,05} / \gamma_c$ (3.16)
        = 0,85 · $f_{ctk;0,05}$ / 1,5
i. d. R. mit α_{ct} = 0,85 und
γ_c = 1,5 (ständig und vorübergehend)

Dabei ist

I das Flächenträgheitsmoment;

b_w die Querschnittsbreite in der Schwerachse unter Berücksichtigung etwaiger Hüllrohre gemäß Gleichungen (6.16) und (6.17);

S das Flächenmoment 1. Grades oberhalb der Schwerachse;

α_l = l_x / l_{pt2} ≤ 1,0 für Spannglieder im sofortigen Verbund,
    = 1,0 für andere Arten der Vorspannung;

l_x der Abstand des betrachteten Querschnitts vom Beginn der Übertragungslänge;

l_{pt2} der obere Grenzwert der Übertragungslänge des Spanngliedes gemäß Gleichung (8.18);

σ_{cp} die Betondruckspannung im Schwerpunkt infolge Normalkraft und/oder Vorspannung (σ_{cp} = N_{Ed} / A_c in N/mm², N_{Ed} > 0 bei Druck).

→ verpresste Metallhüllrohre $\Sigma\phi \geq b_w / 8$
$b_{w,nom} = b_w - 0,5\,\Sigma\phi$ für ≤ C50/60
$b_{w,nom} = b_w - 1,0\,\Sigma\phi$ für ≥ C55/67 (6.16)
→ nichtverpresste Hüllrohre, verpresste Kunststoffhüllrohre und Spannglieder ohne Verbund: $b_{w,nom} = b_w - 1,2\,\Sigma\phi$ (6.17)

Bei Querschnitten mit über die Höhe unterschiedlicher Breite kann die maximale Hauptspannung auch außerhalb der Schwerachse auftreten. In diesem Fall sollte der Minimalwert des Querkraftwiderstands durch Berechnung von $V_{Rd,c}$ in verschiedenen Höhen ermittelt werden.

Die Gleichung (6.4) darf für Stahlbetonbauteile mit Normaldruckkraft ebenfalls angewendet werden. Dann ist α_l = 1,0.

Bei Anwendung der Gleichung (6.4) wird vorausgesetzt, dass eine ausreichende Spaltzugbewehrung vorhanden ist.

Die Anforderungen an die Mindestquerkraftbewehrung nach 9.2.2 (5) und 9.3.2 (2) sind einzuhalten.

Mindestquerkraftbewehrung
9.2.2 (5) Balken
9.3.2 (2) Querschnitte im Bereich
5 ≥ b / h ≥ 4

Eurocode 2: DIN EN 1992-1-1 mit Nationalem Anhang 6 Nachweise in den Grenzzuständen der Tragfähigkeit	Hinweise

Für vorgespannte Elementdecken darf Gleichung (6.4) nicht verwendet werden.

Für vorgespannte Elementdecken gelten die Zulassungen.

(3) Auf eine Berechnung des Querkraftwiderstands gemäß Gleichung (6.4) darf bei Querschnitten verzichtet werden, die näher am Auflager liegen als der Schnittpunkt zwischen der elastisch berechneten Schwerachse und einer vom Auflagerrand im Winkel von 45° geneigten Linie.

Zu (3):

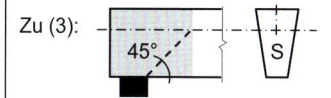

(4) Kann für Bauteile unter Biegung und Normalkraft nachgewiesen werden, dass es im GZT zu keiner Rissbildung kommt, darf 12.6.3 angewendet werden.

12.6.3 Querkrafttragfähigkeit unbewehrter Betonbauteile ohne Mindestbewehrung

(5) Zur Bemessung der Längsbewehrung in unter Biegung gerissenen Bereichen ist in der Regel die M_{Ed}-Linie um das Versatzmaß $a_l = d$ in die ungünstige Richtung zu verschieben (siehe 9.2.1.3 (2)).

(6) Bei Bauteilen mit oberseitiger Eintragung einer Einzellast im Bereich von $0{,}5d \le a_v < 2d$ vom Auflagerrand (oder von der Achse verformbarer Lager), darf der Querkraftanteil dieser Last V_{Ed} mit $\beta = a_v / 2d$ multipliziert werden. Diese Abminderung darf beim Nachweis von $V_{Rd,c}$ in Gleichung (6.2a) verwendet werden, wenn die Längsbewehrung vollständig am Auflager verankert ist. Für $a_v \le 0{,}5d$ ist in der Regel der Wert $a_v = 0{,}5d$ anzusetzen.

Die ohne die Abminderung β berechnete Querkraft muss in der Regel folgende Bedingung erfüllen

$$V_{Ed} \le 0{,}5 \cdot b_w \cdot d \cdot \nu \cdot f_{cd} \quad (6.5)$$

Dabei ist $\nu = 0{,}675$ ein Abminderungsbeiwert für die Betonfestigkeit bei Schubrissen.

Für Betonfestigkeitsklassen $\ge$ C55/67 ist ν mit dem Faktor $\nu_2 = (1{,}1 - f_{ck} / 500)$ zu multiplizieren.

Die Abminderung des Querkraftanteils auflagernaher Einzellasten mit β darf nur bei direkter Auflagerung erfolgen.

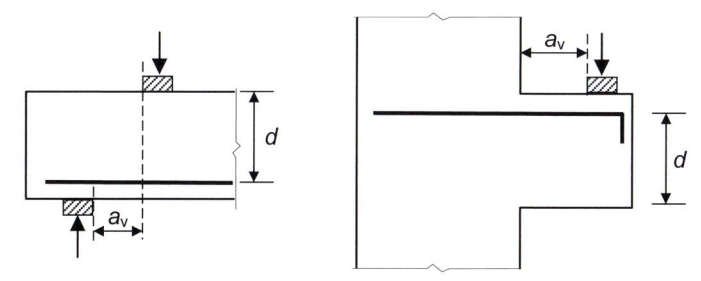

a) Träger mit direkter Auflagerung   b) Konsole

Bild 6.4 – Auflagernahe Lasten

(7) Träger mit auflagernahen Lasten dürfen alternativ dazu auch mit Stabwerkmodellen bemessen werden. Siehe hierzu 6.5.

Konsolen sind in der Regel mit Stabwerkmodellen zu bemessen.

6.2.3 Bauteile mit rechnerisch erforderlicher Querkraftbewehrung

(1) Die Bemessung von Bauteilen mit Querkraftbewehrung basiert auf einem Fachwerkmodell (Bild 6.5). Die Druckstrebenneigung θ im Steg ist nach 6.2.3 (2) zu begrenzen.

Folgende Bezeichnungen werden in Bild 6.5 verwendet:

- α Winkel zwischen Querkraftbewehrung und der rechtwinklig zur Querkraft verlaufenden Bauteilachse (in Bild 6.5 positiv);
- θ Winkel zwischen Betondruckstreben und der rechtwinklig zur Querkraft verlaufenden Bauteilachse;
- F_{td} Bemessungswert der Zugkraft in der Längsbewehrung;
- F_{cd} Bemessungswert der Betondruckkraft in Richtung der Längsachse des Bauteils;
- b_w kleinste Querschnittsbreite zwischen Zug- und Druckgurt;
- z innerer Hebelarm bei einem Bauteil mit konstanter Höhe, der zum Biegemoment im betrachteten Bauteil gehört. Bei der Querkraftbemessung von Stahlbeton ohne Normalkraft darf i. Allg. der Näherungswert $z = 0{,}9d$ verwendet werden.

Eurocode 2: DIN EN 1992-1-1 mit Nationalem Anhang	Hinweise
6 Nachweise in den Grenzzuständen der Tragfähigkeit	

Bei Bauteilen mit geneigten Spanngliedern ist in der Regel ausreichend Betonstahllängsbewehrung im Zuggurt einzulegen, um die in Absatz (7) definierte Längszugkraft infolge Querkraft aufzunehmen.

Für die Annahme von $z = 0{,}9d$ wird vorausgesetzt, dass die Bügel nach 8.5 in der Druckzone verankert sind.

Es darf für z aber kein größerer Wert angesetzt werden, als sich aus
$z = \max \{d - c_{V,l} - 30 \text{ mm}; d - 2c_{V,l}\}$
ergibt (mit Verlegemaß $c_{V,l}$ der Längsbewehrung in der Betondruckzone).

Bei anderen Querschnittsformen, z. B. Kreisquerschnitten, ist als wirksame Breite b_w der kleinere Wert der Querschnittsbreite zwischen dem Bewehrungsschwerpunkt (Zuggurt) und der Druckresultierenden (entspricht der kleinsten Breite senkrecht zum inneren Hebelarm z) zu verwenden.

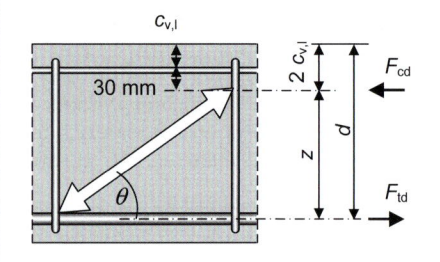

Verankerung von Bügeln und Querkraftbewehrung siehe Bewehrungsregeln 8.5

Querkraftbewehrung Konstruktionsregeln
– Balken siehe 9.2.2,
– Platten siehe 9.3.2,
– 9.3.2 (1) Mindestdicke Ortbetonplatte
  • aufgebogene Bewehrung: 160 mm;
  • Bügel: 200 mm.

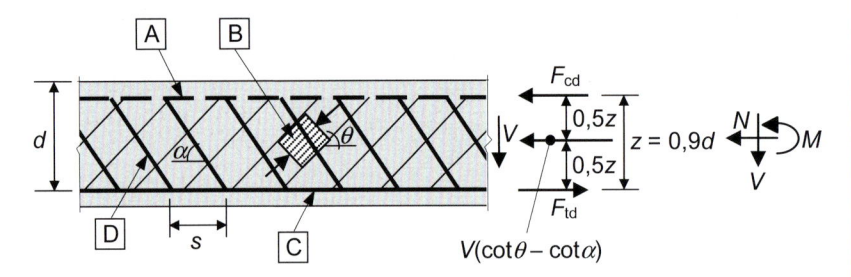

A Druckgurt, B Druckstreben, C Zuggurt, D Querkraftbewehrung

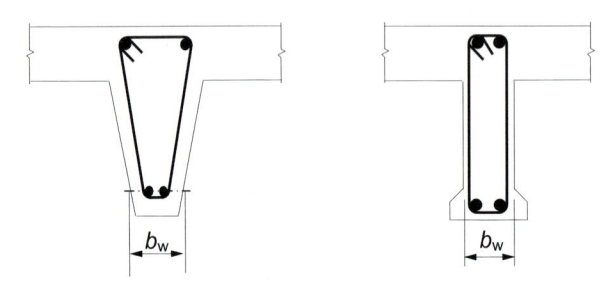

Bild 6.5 – Fachwerkmodell und Formelzeichen für Bauteile mit Querkraftbewehrung

(2) Der Winkel θ ist in der Regel nach Gleichung (6.7DE) zu begrenzen.

$$1{,}0 \leq \cot\theta \leq \frac{1{,}2 + 1{,}4\sigma_{cd}/f_{cd}}{1 - V_{Rd,cc}/V_{Ed}} \leq 3{,}0 \quad (6.7\text{aDE})$$

$$V_{Rd,cc} = c \cdot 0{,}48 \cdot f_{ck}^{1/3}\left(1 - 1{,}2\frac{\sigma_{cd}}{f_{cd}}\right) \cdot b_w \cdot z \quad (6.7\text{bDE})$$

Bei geneigter Querkraftbewehrung darf $\cot\theta$ bis 0,58 ausgenutzt werden.

Dabei ist

c = 0,5;

σ_{cd} der Bemessungswert der Betonlängsspannung in Höhe des Schwerpunkts des Querschnitts mit $\sigma_{cd} = N_{Ed} / A_c$ in N/mm², Betonzugspannungen σ_{cd} in den Gleichungen (6.7DE) sind negativ einzusetzen;

N_{Ed} der Bemessungswert der Längskraft im Querschnitt infolge äußerer Einwirkungen ($N_{Ed} > 0$ als Längsdruckkraft).

Vereinfachend dürfen für $\cot\theta$ die folgenden Werte angesetzt werden:

– reine Biegung: $\cot\theta = 1{,}2$
– Biegung und Längsdruckkraft: $\cot\theta = 1{,}2$
– Biegung und Längszugkraft: $\cot\theta = 1{,}0$

Druckstrebenwinkel $\cot\theta$ bei $\sigma_{cd} = 0$:

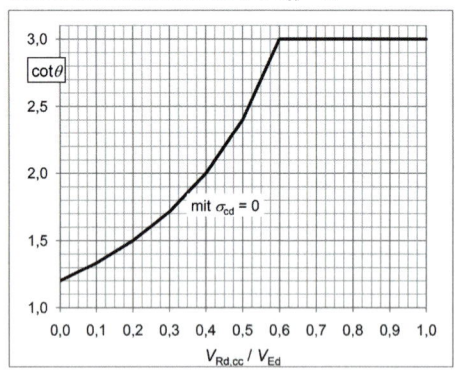

→ $\cot\theta = 3{,}0$ bei $V_{Rd,cc} \geq 0{,}6 V_{Ed}$

| Eurocode 2: DIN EN 1992-1-1 mit Nationalem Anhang
6 Nachweise in den Grenzzuständen der Tragfähigkeit | Hinweise |

(3) Bei Bauteilen mit Querkraftbewehrung rechtwinklig zur Bauteilachse ist der Querkraftwiderstand V_{Rd} der kleinere Wert aus:

$V_{Rd,s} = (A_{sw} / s) \cdot z \cdot f_{ywd} \cdot \cot\theta$ (6.8)

und

$V_{Rd,max} = b_w \cdot z \cdot v_1 \cdot f_{cd} / (\cot\theta + \tan\theta)$ (6.9)

Dabei ist

A_{sw} die Querschnittsfläche der Querkraftbewehrung;
s der Bügelabstand;
f_{ywd} der Bemessungswert der Streckgrenze der Querkraftbewehrung;
v_1 ein Abminderungsbeiwert für die Betonfestigkeit bei Schubrissen

$v_1 = 0{,}75 \cdot v_2$,
mit $v_2 = 1{,}0$ für $\leq$ C50/60,
$v_2 = (1{,}1 - f_{ck} / 500)$ für $\geq$ C55/67.

(4) Bei Bauteilen mit geneigter Querkraftbewehrung ist der Querkraftwiderstand V_{Rd} der kleinere Wert aus:

$V_{Rd,s} = (A_{sw} / s) \cdot z \cdot f_{ywd} \cdot (\cot\theta + \cot\alpha) \cdot \sin\alpha$ (6.13)

und

$V_{Rd,max} = b_w \cdot z \cdot v_1 \cdot f_{cd} \cdot (\cot\theta + \cot\alpha) / (1 + \cot^2\theta)$ (6.14)

(5) In Bereichen ohne Diskontinuitäten im Verlauf von V_{Ed} (z. B. bei einer Gleichstreckenlast auf der Bauteiloberseite) darf die Querkraftbewehrung in jedem Längenabschnitt $l = z \cdot \cot\theta$ mit dem kleinsten Wert von V_{Ed} in diesem Abschnitt bestimmt werden.

(6) Enthält der Steg verpresste Metallhüllrohre mit einem Durchmesser von $\phi > b_w / 8$, ist in der Regel der Querkraftwiderstand $V_{Rd,max}$ auf Grundlage einer rechnerischen Stegbreite zu bestimmen:

$b_{w,nom} = b_w - 0{,}5 \Sigma\phi$ für $\leq$ C50/60 (6.16)
$b_{w,nom} = b_w - 1{,}0 \Sigma\phi$ für $\geq$ C55/67

Dabei ist ϕ der Außendurchmesser des Hüllrohres und $\Sigma\phi$ wird für die ungünstigste Lage bestimmt.

Für verpresste Metallhüllrohre mit einem Durchmesser von $\phi < b_w / 8$ gilt $b_{w,nom} = b_w$.

Für nichtverpresste Hüllrohre, verpresste Kunststoffhüllrohre und Spannglieder ohne Verbund beträgt die rechnerische Stegbreite:

$b_{w,nom} = b_w - 1{,}2 \Sigma\phi$ (6.17)

Mit dem Faktor 1,2 in Gleichung (6.17) wird das durch Querzugspannungen bedingte Spalten der Betondruckstreben berücksichtigt. Die Abminderung dieses Faktors ist auch bei vorhandener Querbewehrung nicht zulässig.

(7) Die zusätzliche Zugkraft ΔF_{td} in der Längsbewehrung infolge der Querkraft V_{Ed} darf wie folgt bestimmt werden:

$\Delta F_{td} = 0{,}5 \cdot V_{Ed} (\cot\theta - \cot\alpha)$ (6.18)

Die Zugkraft $(M_{Ed} / z) + \Delta F_{td}$ braucht nicht größer als $M_{Ed,max} / z$ angesetzt zu werden, wobei $M_{Ed,max}$ das maximale Moment in Bauteillängsrichtung ist.

(8) Bei Bauteilen mit direkter Auflagerung und oberseitiger Eintragung einer Einzellast im Bereich von $0{,}5d \leq a_v < 2d$ vom Auflagerrand darf der Querkraftanteil an V_{Ed} mit dem Faktor $\beta = a_v / 2d$ abgemindert werden.

Die so reduzierte Querkraft V_{Ed} muss in der Regel folgende Bedingung erfüllen:

$V_{Ed} \leq A_{sw} \cdot f_{ywd} \cdot \sin\alpha$ (6.19)

Dabei ist $A_{sw} \cdot f_{ywd}$ der Widerstand der Querkraftbewehrung, die den geneigten Schubriss zwischen den belasteten Bereichen kreuzt (siehe Bild 6.6). In der Regel darf nur die Querkraftbewehrung in einem mittleren Bereich von $0{,}75 a_v$ berücksichtigt werden.

Die Abminderung mit β ist bei der Bemessung der Querkraftbewehrung nur zulässig, wenn die Längsbewehrung vollständig am Auflager verankert ist.

Für $a_v < 0{,}5d$ ist in der Regel der Wert $a_v = 0{,}5d$ zu verwenden.

Zu (3): Gleichung (6.8) umgestellt:

$\left(\dfrac{A_{sw}}{s}\right) = \dfrac{V_{Ed}}{z \cdot f_{ywd} \cdot \cot\theta}$

Die maximal aufnehmbare Querkraft $V_{Rd,max}$ ergibt sich bei $\theta = 45°$ ($\cot\theta = \tan\theta = 1$). D. h. die maximal anrechenbare Querkraftbewehrung ist:

$\left(\dfrac{A_{sw}}{s}\right) \leq 0{,}5 \cdot v_1 \cdot \dfrac{f_{cd}}{f_{ywd}} \cdot b_w$

$f_{ywd} = f_{yk} / \gamma_s$

→ i. d. R. $f_{ywd} = 500 / 1{,}15 = 435$ N/mm²

Beiwert $\alpha_{cw} = 1{,}0$ in Gl. (6.9) ist hier weggelassen.

Zu (4): Die maximal anrechenbare geneigte Querkraftbewehrung für $\cot\theta = 0{,}58$ folgt aus:

$\left(\dfrac{A_{sw}}{s}\right) \cdot \sin\alpha \leq 0{,}75 \cdot v_1 \cdot \dfrac{f_{cd}}{f_{ywd}} \cdot b_w$

Zu (5): Beachte 6.2.1 (9): Für eine an der Bauteilunterseite abgehängte Last ist in der Regel zusätzlich zur Querkraftbewehrung eine Aufhängebewehrung erforderlich, die die Last im oberen Querschnittsbereich verankert.

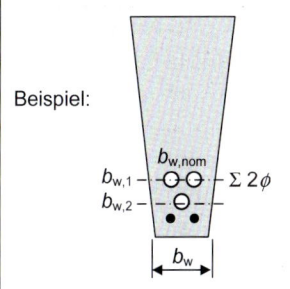

Beispiel:

Bei variabler Querschnittsbreite ist ggf. zur Bestimmung des maßgebenden Nennwerts der Stegbreite eine Untersuchung in verschiedenen Höhen erforderlich.

→ Alternativ kann die Zugkraftdeckung mit dem Versatzmaß a_l nachgewiesen werden (siehe 9.2.1.3 (2)).

Eurocode 2: DIN EN 1992-1-1 mit Nationalem Anhang	Hinweise
6 Nachweise in den Grenzzuständen der Tragfähigkeit	

Der ohne die Abminderung mit β bestimmte Wert V_{Ed} darf in der Regel jedoch $V_{Rd,max}$ nach Gleichung (6.9) nicht überschreiten.

Konsolen sollten ohne Querkraftabminderung mit Stabwerkmodellen bemessen werden.

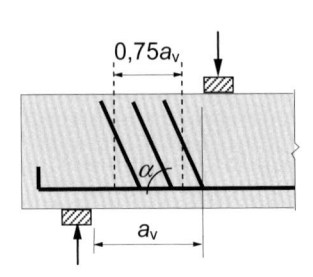

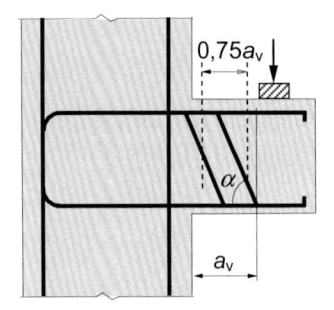

Bild 6.6 – Querkraftbewehrung mit direkter Strebenwirkung

6.2.4 Schubkräfte zwischen Balkensteg und Gurten

(1) Die Schubtragfähigkeit eines Gurts darf unter Annahme eines Systems von Druckstreben und Zuggliedern aus Bewehrung berechnet werden.

(2) Eine Mindestbewehrung ist in der Regel nach 9.3.1 vorzusehen.

9.3.1 Biegebewehrung bei Platten

(3) Die Längsschubspannung v_{Ed} am Anschluss einer Seite eines Gurtes an den Steg wird durch die Längskraftdifferenz im untersuchten Teil des Gurtes bestimmt:

$$v_{Ed} = \Delta F_d / (h_f \cdot \Delta x) \tag{6.20}$$

Dabei ist

h_f die Gurtdicke am Anschluss;

Δx die betrachtete Länge, siehe Bild 6.7;

ΔF_d die Längskraftdifferenz im Gurt über die Länge Δx.

Für Δx darf höchstens der halbe Abstand zwischen Momentennullpunkt und Momentenmaximum angenommen werden. Wirken Einzellasten, darf in der Regel die Länge Δx den Abstand zwischen den Einzellasten nicht überschreiten.

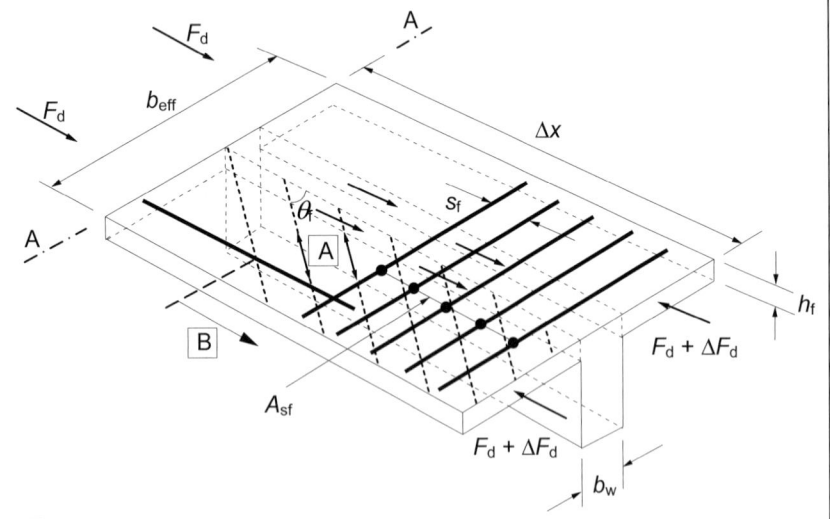

|A| Druckstreben
|B| hinter diesem projizierten Punkt verankerter Längsstab, siehe 6.2.4 (7)

Bild 6.7 – Formelzeichen beim Anschluss zwischen Gurten und Steg

| Eurocode 2: DIN EN 1992-1-1 mit Nationalem Anhang | Hinweise |
| 6 Nachweise in den Grenzzuständen der Tragfähigkeit | |

(4) Die Querbewehrung pro Abschnittslänge A_{sf} / s_f darf wie folgt bestimmt werden:

$$(A_{sf} \cdot f_{yd} / s_f) \geq v_{Ed} \cdot h_f / \cot\theta_f \qquad (6.21)$$

Um das Versagen der Druckstreben im Gurt zu vermeiden, ist in der Regel die folgende Anforderung zu erfüllen:

$$v_{Ed} \leq \nu \cdot f_{cd} \cdot \sin\theta_f \cdot \cos\theta_f \qquad (6.22)$$

Für ν ist ν_1 nach (NDP) 6.2.3 (3) zu verwenden.

Der Druckstrebenwinkel θ_f darf nach 6.2.3 (2) ermittelt werden. Dabei ist $b_w = h_f$ und $z = \Delta x$ zu setzen. Für σ_{cd} darf die mittlere Betonlängsspannung im anzuschließenden Gurtabschnitt mit der Länge Δx angesetzt werden.

Vereinfachend darf in Zuggurten $\cot\theta_f = 1,0$ und in Druckgurten $\cot\theta_f = 1,2$ gesetzt werden.

(5) Bei kombinierter Beanspruchung durch Querbiegung und durch Schubkräfte zwischen Gurt und Steg ist in der Regel der größere erforderliche Stahlquerschnitt anzuordnen, der sich entweder als Schubbewehrung nach Gleichung (6.21) oder aus der erforderlichen Biegebewehrung für Querbiegung und der Hälfte der Schubbewehrung nach Gleichung (6.21) ergibt.

Wenn Querkraftbewehrung in der Gurtplatte erforderlich wird, sollte der Nachweis der Druckstreben in beiden Beanspruchungsrichtungen des Gurtes (Scheibe und Platte) in linearer Interaktion nach Gleichung (NA.6.22.1) geführt werden:

$$\left(\frac{V_{Ed}}{V_{Rd,max}}\right)_{Platte} + \left(\frac{V_{Ed}}{V_{Rd,max}}\right)_{Scheibe} \leq 1,0 \qquad (NA.6.22.1)$$

(6) In monolithischen Querschnitten mit Mindestbiegebewehrung nach Abschnitt 9 mit $v_{Ed} \leq 0,4 f_{ctd}$ ist keine zusätzliche Bewehrung zur Biegebewehrung erforderlich.

6.2.5 Schubkraftübertragung in Fugen

(1) Die Schubkraftübertragung in Fugen zwischen zu unterschiedlichen Zeitpunkten hergestellten Betonierabschnitten ist in der Regel zusätzlich zu den Anforderungen aus 6.2.1 bis 6.2.4 wie folgt nachzuweisen:

$$v_{Edi} \leq v_{Rdi} \qquad (6.23)$$

v_{Edi} ist der Bemessungswert der Schubkraft in der Fuge. Er wird ermittelt durch:

$$v_{Edi} = \beta \cdot V_{Ed} / (z \cdot b_i) \qquad (6.24)$$

Dabei ist

β das Verhältnis der Normalkraft in der Betonergänzung und der Gesamtnormalkraft in der Druck- bzw. Zugzone im betrachteten Querschnitt;

V_{Ed} der Bemessungswert der einwirkenden Querkraft;

z der Hebelarm des zusammengesetzten Querschnitts;

b_i die Breite der Fuge (siehe Bild 6.8);

v_{Rdi} der Bemessungswert der Schubtragfähigkeit in der Fuge mit:

$$v_{Rdi} = c \cdot f_{ctd} + \mu \cdot \sigma_n + \rho \cdot f_{yd} (1,2\mu \cdot \sin\alpha + \cos\alpha) \leq 0,5 \cdot \nu \cdot f_{cd} \qquad (6.25)$$

Dabei ist

c und μ je ein Beiwert, der von der Rauigkeit der Fuge abhängt (siehe (2));

f_{ctd} der Bemessungswert der Betonzugfestigkeit nach 3.1.6 (2)P;

σ_n die Spannung infolge der minimalen Normalkraft rechtwinklig zur Fuge, die gleichzeitig mit der Querkraft wirken kann (positiv für Druck mit $\sigma_n < 0,6 f_{cd}$ und negativ für Zug). Ist σ_n eine Zugspannung, ist in der Regel $c \cdot f_{ctd}$ mit 0 anzusetzen;

ρ $= A_s / A_i$;

A_s die Querschnittsfläche der die Fuge kreuzenden Verbundbewehrung mit ausreichender Verankerung auf beiden Seiten der Fuge einschließlich vorhandener Querkraftbewehrung;

A_i die Fläche der Fuge, über die Schub übertragen wird;

α der Neigungswinkel der Verbundbewehrung nach Bild 6.9 mit einer Begrenzung auf $45° \leq \alpha \leq 90°$;

Hinweise:

Zu (5): Mit anderen Worten: Die obere Querbiegebewehrung darf vollständig auf den erforderlichen oberen 50 %-Anteil der Schubbewehrung angerechnet werden. Der untere 50 %-Anteil der Schubbewehrung ist in jedem Falle vorzusehen.

$0,5 A_{sf} / s_f \geq a_{s,Platte}$
$0,5 A_{sf} / s_f$

$\nu = \nu_1 = 0,75$
für $\leq$ C50/60

d. h. Vereinfachung:
Zuggurte $\rightarrow \sin\theta_f \cdot \cos\theta_f = 0,5$
Druckgurte $\rightarrow \sin\theta_f \cdot \cos\theta_f = 0,49$

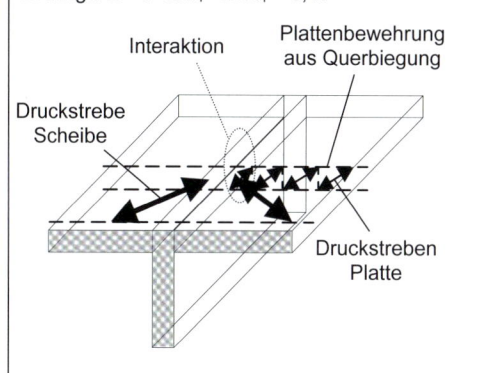

$$f_{ctd} = \alpha_{ct} \cdot f_{ctk;0,05} / \gamma_C \qquad (3.16)$$

i. d. R. mit $\alpha_{ct} = 0,85$ und
$\gamma_C = 1,5$ (ständig und vorübergehend)

Index i – interface

(NCI) 6.2.3 (1): $z = 0,9 d \leq$
$z = \max \{d - c_{v,l} - 30 \text{ mm}; d - 2 c_{v,l}\}$

Verbundfuge in der
Zugzone: $\beta = 1,0$
Druckzone: $\beta = F_{cdi} / F_{cd} \leq 1,0$

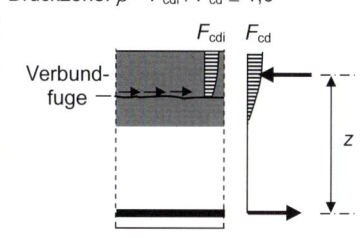

Fuge	c	μ	ν
verzahnt	0,50	0,9	0,70
rau	0,40 [a]	0,7	0,50
glatt	0,20 [a]	0,6	0,20
sehr glatt	0 [b]	0,5	0

[a] Zug rechtwinklig zur Fuge: $c = 0$
[b] Höhere Beiwerte müssen durch entsprechende Nachweise begründet sein.

Die Schubfläche A_i ist mit der wirksamen Schubfugenbreite b_i nach Bild 6.8 zu ermitteln.

Eurocode 2: DIN EN 1992-1-1 mit Nationalem Anhang	Hinweise
6 Nachweise in den Grenzzuständen der Tragfähigkeit	

ν ein Festigkeitsabminderungsbeiwert für die Fugenrauigkeit:
- sehr glatte Fuge: $\nu = 0$
  (für sehr glatte Fugen ohne äußere Drucknormalkraft senkrecht zur Fuge; der Reibungsanteil in Gleichung (6.25) darf bis zur Grenze ($\mu \cdot \sigma_n \leq 0{,}1 f_{cd}$) ausgenutzt werden)
- glatte Fuge: $\nu = 0{,}20$
- raue Fuge: $\nu = 0{,}50$
- verzahnte Fuge: $\nu = 0{,}70$.

Für Betonfestigkeitsklassen $\geq$ C55/67 sind alle ν-Werte mit dem Faktor $\nu_2 = (1{,}1 - f_{ck} / 500)$ zu multiplizieren.

→ hier ν nach (NCI) zu 6.2.2 (6)

Für sehr glatte Fugen darf ν_{Rdi} den Wert $\nu_{Rdi,max} = 0{,}5 \cdot \nu \cdot f_{cd} = 0{,}1 f_{cd}$ für glatte Fugen nach Gleichung (6.25) nicht überschreiten.

Beispiele für Schubkraft längs zur Verbundfuge:

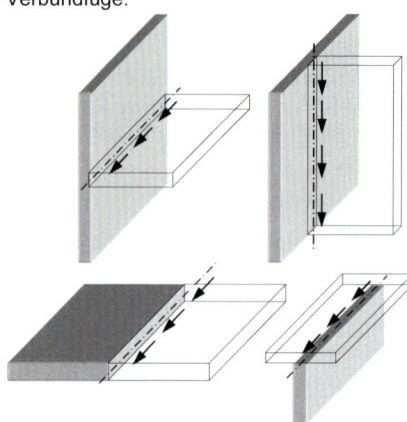

Für den inneren Hebelarm darf $z = 0{,}9d$ angesetzt werden. Ist die Verbundbewehrung jedoch gleichzeitig Querkraftbewehrung, muss die Ermittlung des inneren Hebelarms nach (NCI) 6.2.3 (1) erfolgen.

ANMERKUNG Die Übertragung von Spannungen aus teilweise vorgespannten Bauteilen infolge Kriechens und Schwindens über die Verbundfuge ist bei der einwirkenden Schubkraft ν_{Edi} zu berücksichtigen.

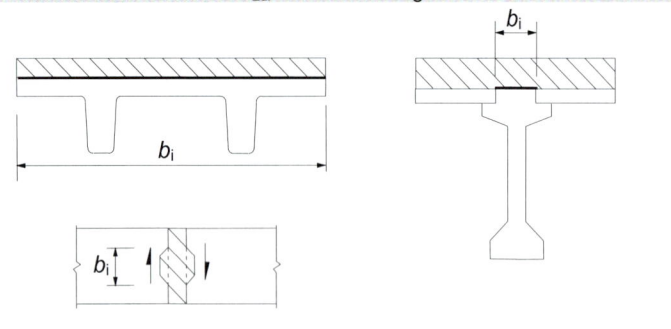

Beispiele für Schubkraft quer zur Verbundfuge:

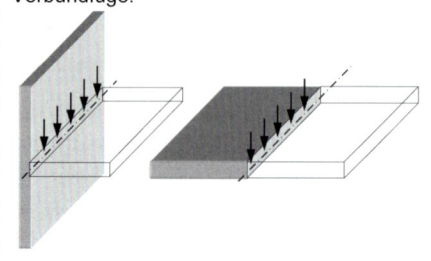

Bild 6.8 – Beispiele für Fugen

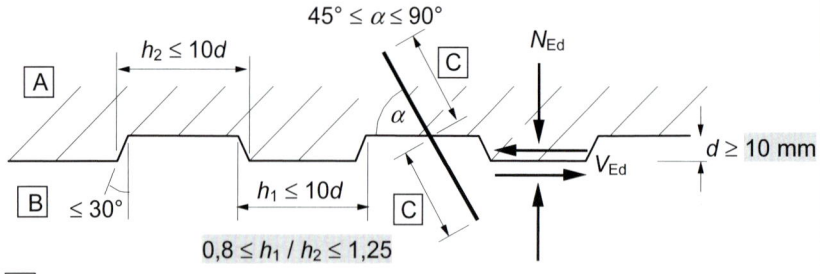

$45° \leq \alpha \leq 90°$
$h_2 \leq 10d$
$h_1 \leq 10d$
$0{,}8 \leq h_1 / h_2 \leq 1{,}25$
$\leq 30°$
$d \geq 10$ mm

Alternativ:

verzahnt ≥ 6 mm
$d_g \geq 16$ mm

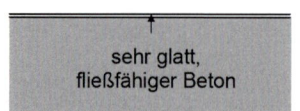

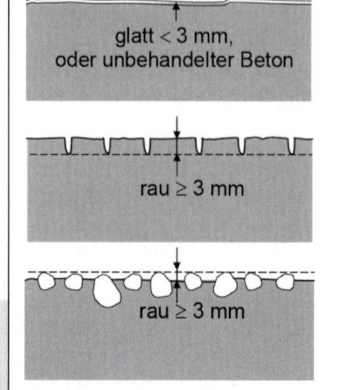

A   1. Betonierabschnitt
B   2. Betonierabschnitt
C   Verankerung der Bewehrung

Bild 6.9 – Verzahnte Fugenausbildung

(2) Fehlen genauere Angaben, dürfen Oberflächen in die Kategorien **sehr glatt, glatt, rau oder verzahnt** entsprechend folgenden Beispielen eingeteilt werden:

- **Sehr glatt:** die Oberfläche wurde gegen Stahl, Kunststoff oder speziell geglättete Holzschalungen betoniert: $c = 0$ und $\mu = 0{,}5$.
  Höhere Beiwerte müssen durch entsprechende Nachweise begründet sein;
- **Glatt:** die Oberfläche wurde abgezogen oder im Gleit- bzw. Extruderverfahren hergestellt oder blieb nach dem Verdichten ohne weitere Behandlung: $c = 0{,}20$ und $\mu = 0{,}6$;
- **Rau:** eine Oberfläche mit mindestens 3 mm Rauigkeit, erzeugt durch Rechen mit ungefähr 40 mm Zinkenabstand, Freilegen der Gesteinskörnungen oder andere Methoden, die ein äquivalentes Verhalten herbeiführen: $c = 0{,}40$ und $\mu = 0{,}7$;
- **Verzahnt:** eine verzahnte Oberfläche gemäß Bild 6.9: $c = 0{,}50$ und $\mu = 0{,}9$.

sehr glatt, fließfähiger Beton

glatt < 3 mm, oder unbehandelter Beton

rau ≥ 3 mm

rau ≥ 3 mm

Unbehandelte Fugenoberflächen sollten bei der Verwendung von Beton mit fließfähiger bzw. sehr fließfähiger Konsistenz ($\geq$ F5 im 1. Betonierabschnitt) als sehr glatte Fugen eingestuft werden.

Bei rauen Fugen muss die Gesteinskörnung mindestens 3 mm tief freigelegt werden (d. h. z. B. mit dem Sandflächenverfahren bestimmte mittlere Rautiefe mindestens 1,5 mm).

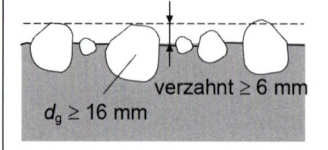

Anmerkung: 3 mm = Rauigkeit mittlere Rautiefe R_t: bestimmt mit dem Sandflächenverfahren nach *Kaufmann*

Wenn eine Gesteinskörnung mit $d_g \geq 16$ mm verwendet und diese z. B. mit Hochdruckwasserstrahlen mindestens 6 mm tief freigelegt wird (d. h. z. B. mit dem Sandflächenverfahren bestimmte mittlere Rautiefe mindestens 3 mm), darf die Fuge als verzahnt eingestuft werden.

In den Fällen, in denen die Fuge infolge Einwirkungen rechtwinklig zur Fuge unter Zug steht, ist bei glatten oder rauen Fugen $c = 0$ zu setzen.

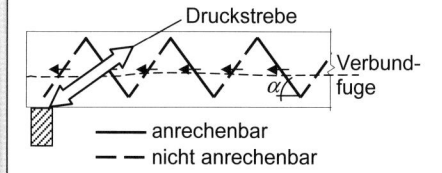

Auf den rechnerischen Ansatz von Verbundbewehrung, die in Richtung der auf das Auflager fallenden Druckstrebe geneigt ist, sollte verzichtet werden (z. B. gegen die Schubrichtung geneigt mit $90° < \alpha \leq 135°$).

(3) Die Verbundbewehrung darf nach Bild 6.10 gestaffelt werden.
Wird die Verbindung zwischen den beiden Betonierabschnitten durch geneigte Bewehrung (z. B. mit Gitterträgern) sichergestellt, darf für den Traganteil der Bewehrung an v_{Rdi} die Resultierende der diagonalen Einzelstäbe mit $45° \leq \alpha \leq 135°$ angesetzt werden.

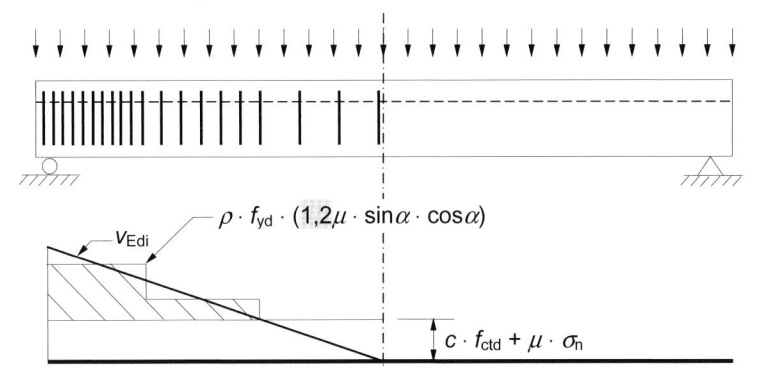

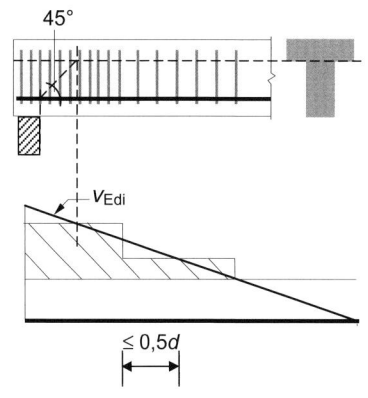

Bild 6.10 – Querkraft-Diagramm mit Darstellung der erforderlichen Verbundbewehrung

Für die Verbundbewehrung bei Ortbetonergänzungen sollten i. Allg. die Konstruktionsregeln für die Querkraftbewehrung eingehalten werden.

Für Verbundbewehrung bei Ortbetonergänzungen in Platten ohne rechnerisch erforderliche Querkraftbewehrung dürfen nachfolgende Konstruktionsregeln angewendet werden.

Für die maximalen Abstände gilt

- in Spannrichtung: $2,5h \leq 300$ mm
- quer zur Spannrichtung: $5h \leq 750$ mm (≤ 375 mm zum Rand).

Wird die Verbundbewehrung zugleich als Querkraftbewehrung eingesetzt, gelten die Konstruktionsregeln für Querkraftbewehrung nach (NCI) 9.3.2.

Für aufgebogene Längsstäbe mit angeschweißter Verankerung in Platten mit $h \leq 200$ mm darf jedoch als Abstand in Längsrichtung $(\cot\theta + \cot\alpha) \cdot z \leq 200$ mm gewählt werden.

In Bauteilen mit erforderlicher Querkraftbewehrung und Deckendicken bis 400 mm beträgt der maximale Abstand quer zur Spannrichtung 400 mm. Für größere Deckendicken gilt (NCI) 9.3.2 (4).

9.3.2 (4) und (5) Querkraftbewehrung für Vollplatten

(4) Die Schubtragfähigkeit in Längsrichtung von vergossenen Fugen zwischen Decken oder Wandelementen darf entsprechend 6.2.5 (1) bestimmt werden. Wenn die Fugen überwiegend gerissen sind, ist in der Regel jedoch für glatte und raue Fugen $c = 0$ und für verzahnte Fugen $c = 0,5$ anzusetzen (siehe auch 10.9.3 (12)).

→ siehe auch 10.9.3 Deckensysteme (12) Scheibenwirkung zwischen vorgefertigten Plattenelementen mit ausbetonierten oder vergossenen Fugen

Dies gilt auch bei Fugen zwischen nebeneinander liegenden Fertigteilen ohne Verbindung durch Mörtel- oder Kunstharzfugen wegen des nicht vorhandenen Haftverbundes.

(5) Bei dynamischer oder Ermüdungsbeanspruchung darf der Adhäsionstraganteil des Betonverbundes nicht berücksichtigt werden ($c = 0$ in 6.2.5 (1)).

Zu (NA.6): d. h., Abminderung von $V_{Rd,c}$, $V_{Rd,cc}$, $V_{Rd,max}$ bei rauer Fuge im Verhältnis von 0,40 / 0,50 auf 80 %.

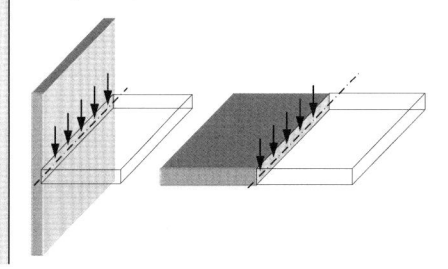

(NA.6) Bei überwiegend auf Biegung beanspruchten Bauteilen mit Fugen rechtwinklig zur Systemachse wirkt die Fuge wie ein Biegeriss. In diesem Fall sind die Fugen rau oder verzahnt auszuführen. Der Nachweis sollte deshalb entsprechend den Abschnitten 6.2.2 und 6.2.3 geführt werden. Dabei sollten sowohl $V_{Rd,c}$ nach Gleichung (6.2) als auch $V_{Rd,cc}$ nach Gleichung (6.7bDE) als auch $V_{Rd,max}$ nach Gleichung (6.9) bzw. Gleichung (6.14) im Verhältnis $c / 0,50$ abgemindert werden. Bei Bauteilen mit Querkraftbewehrung ist die Abminderung mindestens bis zum Abstand von $l_e = 0,5 \cdot \cot\theta \cdot d$ beiderseits der Fuge vorzunehmen.

6.3 Torsion

6.3.1 Allgemeines

(1)P Wenn das statische Gleichgewicht eines Tragwerks von der Torsionstragfähigkeit einzelner Bauteile abhängt, ist eine vollständige Torsionsbemessung für die Grenzzustände der Tragfähigkeit und der Gebrauchstauglichkeit erforderlich.

(2) Wenn in statisch unbestimmten Tragwerken Torsion nur aus Einhaltung der Verträglichkeitsbedingungen auftritt und die Standsicherheit des Tragwerks nicht von der Torsionstragfähigkeit abhängt, darf auf Torsionsnachweise im GZT verzichtet werden. In solchen Fällen ist in der Regel eine Mindestbewehrung gemäß den Abschnitten 7.3 und 9.2 in Form von Bügeln und Längsbewehrung vorzusehen, um eine übermäßige Rissbildung zu vermeiden.

Hinweise:

Mindestbewehrung:
7.3 Begrenzung der Rissbreiten (Längsbewehrung)
9.2 Konstruktionsregeln Balken
9.2.1 Längsbewehrung
9.2.2 (5) und (6) Querkraftbewehrung
9.2.3 (2) Torsionsbewehrung

(3) Die Torsionstragfähigkeit eines Querschnitts darf unter Annahme eines dünnwandigen, geschlossenen Querschnitts nachgewiesen werden, in dem das Gleichgewicht durch einen geschlossenen Schubfluss erfüllt wird. Vollquerschnitte dürfen hierzu durch gleichwertige dünnwandige Querschnitte ersetzt werden.

Gegliederte Querschnitte, wie z. B. T-Querschnitte, dürfen in Teilquerschnitte aufgeteilt werden, die jeweils durch gleichwertige dünnwandige Querschnitte ersetzt werden. Die Gesamttorsionstragfähigkeit darf als Summe der Tragfähigkeiten der Einzelelemente berechnet werden.

(4) Die Aufteilung des angreifenden Torsionsmomentes auf die einzelnen Querschnittsteile darf in der Regel im Verhältnis der Torsionssteifigkeiten der ungerissenen Teilquerschnitte erfolgen. Bei Hohlquerschnitten darf die Ersatzwanddicke die wirkliche Wanddicke nicht überschreiten.

(5) Die Bemessung darf für jeden Teilquerschnitt getrennt erfolgen.

6.3.2 Nachweisverfahren

(1) Die Schubspannung in einer Wand eines durch ein reines Torsionsmoment beanspruchten Querschnittes darf folgendermaßen ermittelt werden:

$$\tau_{t,i} \cdot t_{ef,i} = T_{Ed} / (2 \cdot A_k) \tag{6.26}$$

Die Schubkraft $V_{Ed,i}$ in einer Wand i infolge Torsion wird ermittelt mit:

$$V_{Ed,i} = \tau_{t,i} \cdot t_{ef,i} \cdot z_i \tag{6.27}$$

Dabei ist

T_{Ed} der Bemessungswert des einwirkenden Torsionsmoments (Bild 6.11);

A_k die Fläche, die von den Mittellinien der verbundenen Wände eingeschlossen wird, einschließlich innerer Hohlbereiche;

$\tau_{t,i}$ die Torsionsschubspannung in Wand i;

$t_{ef,i}$ die effektive Wanddicke. Diese ist als der doppelte Abstand von der Außenfläche bis zur Mittellinie der Längsbewehrung anzunehmen. Für Hohlquerschnitte ist die vorhandene Wanddicke eine Obergrenze.

→ schlanker Hohlkasten:

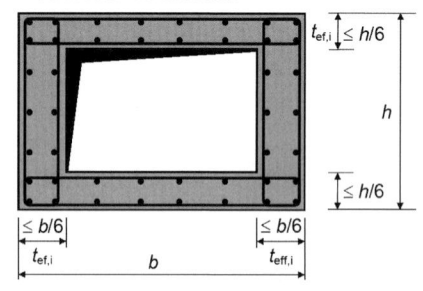

> Bei Hohlkästen mit Wanddicken $h_w \leq b / 6$ bzw. $h_w \leq h / 6$ und beidseitiger Wandbewehrung darf die gesamte Wanddicke für $t_{ef,i}$ angesetzt werden;

z_i die Höhe der Wand i, definiert durch den Abstand der Schnittpunkte der Wandmittellinie mit den Mittellinien der angrenzenden Wände.

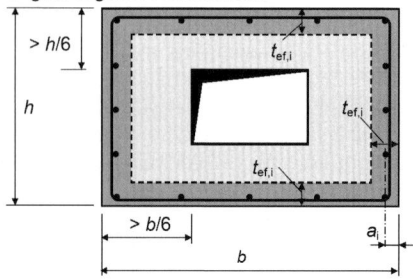

(2) Die Auswirkungen aus Torsion und Querkraft dürfen unter Annahme gleicher Druckstrebenneigung θ sowohl für Hohl- als auch Vollquerschnitte überlagert werden. Die Grenzwerte für θ nach 6.2.3 (2) gelten auch für eine kombinierte Beanspruchung durch Querkraft und Torsion.

Die maximale Tragfähigkeit eines durch Querkraft und Torsion beanspruchten Bauteils ergibt sich nach 6.3.2 (4).

→ gedrungener Hohlkasten:

Bei kombinierter Beanspruchung aus Torsion und anteiliger Querkraft ist in Gleichung (6.7aDE) für V_{Ed} die Schubkraft der Wand $V_{Ed,T+V}$ nach Gleichung (NA.6.27.1) und in Gleichung (6.7bDE) für b_w die effektive Dicke der Wand $t_{ef,i}$ einzusetzen. Mit dem gewählten Winkel θ ist der Nachweis sowohl für Querkraft als auch für Torsion zu führen.

| Eurocode 2: DIN EN 1992-1-1 mit Nationalem Anhang | Hinweise |
| 6 Nachweise in den Grenzzuständen der Tragfähigkeit | |

Die so ermittelten Bewehrungen sind zu addieren.

$$V_{Ed,T+V} = V_{Ed,T} + \frac{V_{Ed} \cdot t_{ef,i}}{b_w} \qquad (NA.6.27.1)$$

Vereinfachend darf die Bewehrung für Torsion allein unter der Annahme von $\theta = 45°$ ermittelt und zu der nach Abschnitt 6.2.3 ermittelten Querkraftbewehrung addiert werden.

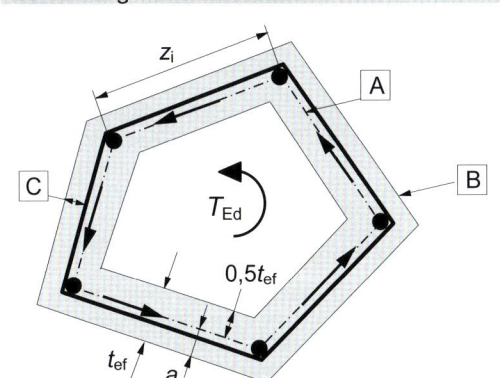

[A] Mittellinie
[B] Außenkante des effektiven Querschnitts, Außenumfang u
[C] Betondeckung

Bild 6.11 – In 6.3 verwendete Formelzeichen und Definitionen

Bild 6.11 angepasst an (NCI):
$t_{ef,i} = 2a \leq t_{vorh}$
a – Achsabstand der Längsbewehrung

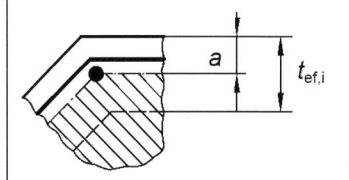

(3) Die erforderliche Querschnittsfläche der Torsionslängsbewehrung ΣA_{sl} darf mit Gleichung (6.28) ermittelt werden:

$$\frac{\Sigma A_{sl} \cdot f_{yd}}{u_k} = \frac{T_{Ed}}{2 \cdot A_k} \cot\theta \qquad (6.28)$$

Dabei ist

u_k der Umfang der Fläche A_k;

f_{yd} der Bemessungswert der Streckgrenze der Längsbewehrung A_{sl};

θ der Druckstrebenwinkel (siehe Bild 6.5).

In Druckgurten darf die Längsbewehrung entsprechend den vorhandenen Druckkräften abgemindert werden.

In Zuggurten ist in der Regel die Torsionslängsbewehrung zusätzlich zur übrigen Längsbewehrung einzulegen. Die Längsbewehrung ist in der Regel über die Höhe der Wand z_i zu verteilen, darf jedoch bei kleineren Querschnitten an den Wandecken konzentriert werden.

Kernfläche A_k durch die Achsabstände a der Torsionslängsbewehrung von der Oberfläche bestimmt:

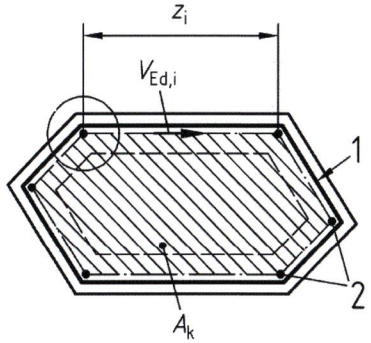

1 – Torsionsbügel
2 – Längsbewehrung

Die erforderliche Querschnittsfläche der Torsionsbügelbewehrung A_{sw} / s_w rechtwinklig zur Bauteilachse darf mit Gleichung (NA.6.28.1) ermittelt werden:

$$\frac{A_{sw} \cdot f_{yd}}{s_w} = \frac{T_{Ed}}{2 \cdot A_k} \tan\theta \qquad (NA.6.28.1)$$

Dabei ist s_w der Abstand der Torsionsbewehrung in Richtung der Bauteilachse.

(4) Die maximale Tragfähigkeit eines auf Torsion und Querkraft beanspruchten Bauteils wird durch die Druckstrebentragfähigkeit begrenzt. Um diese Tragfähigkeit nicht zu überschreiten, sind in der Regel folgende Bedingungen zu erfüllen:

$$T_{Ed} / T_{Rd,max} + V_{Ed} / V_{Rd,max} \leq 1{,}0 \qquad (6.29)$$

Dabei ist

T_{Ed} der Bemessungswert des Torsionsmoments;

V_{Ed} der Bemessungswert der Querkraft;

$T_{Rd,max}$ der Bemessungswert des aufnehmbaren Torsionsmoments mit

$$T_{Rd,max} = 2 \cdot \nu \cdot f_{cd} \cdot A_k \cdot t_{ef,i} \cdot \sin\theta \cdot \cos\theta \qquad (6.30)$$

In Gl. (6.30) ist der Beiwert $\alpha_{cw} = 1{,}0$ weggelassen.

Alternativ: Gleichung (6.30) umgestellt:
$$T_{Rd,max} = \frac{\nu \cdot f_{cd} \cdot 2 \cdot A_k \cdot t_{ef,i}}{\cot\theta + \tan\theta}$$

wobei $\nu = 0{,}525$ beträgt.
Für Betonfestigkeitsklassen $\geq$ C55/67 ist ν mit dem Faktor $\nu_2 = (1{,}1 - f_{ck} / 500)$ zu multiplizieren.

Bei Kastenquerschnitten mit Bewehrung an den Innen- und Außenseiten der Wände darf $\nu = 0{,}75$ angesetzt werden.

Kastenquerschnitt mit beidseitiger Wandbewehrung: $\nu = 0{,}75$

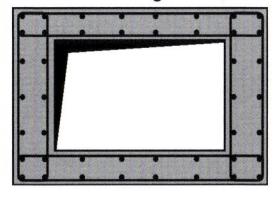

$V_{Rd,max}$ der maximale Bemessungswert der Querkrafttragfähigkeit gemäß den Gleichungen (6.9) oder (6.14). Bei Vollquerschnitten darf die gesamte Stegbreite zur Ermittlung von $V_{Rd,max}$ verwendet werden.

Für Kompaktquerschnitte darf die günstige Wirkung des Kernquerschnitts in der Interaktionsgleichung

$$\left(\frac{T_{Ed}}{T_{Rd,max}}\right)^2 + \left(\frac{V_{Ed}}{V_{Rd,max}}\right)^2 \leq 1{,}0 \qquad \text{(NA.6.29.1)}$$

berücksichtigt werden.

(5) Bei näherungsweise rechteckigen Vollquerschnitten ist nur die Mindestbewehrung erforderlich (siehe 9.2.1.1), wenn die nachfolgende Bedingung erfüllt ist:

$$T_{Ed} / T_{Rd,c} + V_{Ed} / V_{Rd,c} \leq 1{,}0 \qquad \text{(6.31)}$$

Dabei ist

$T_{Rd,c}$ das Torsionsrissmoment, das mit $\tau_{t,i} = f_{ctd}$ ermittelt werden darf;

$V_{Rd,c}$ der Querkraftwiderstand nach Gleichung (6.2).

Wenn die beiden folgenden Bedingungen nicht eingehalten werden, sollte neben dem Einbau der Mindestbewehrung der Nachweis auf Querkraft und Torsion geführt werden:

$$T_{Ed} \leq \frac{V_{Ed} \cdot b_w}{4{,}5} \qquad \text{(NA.6.31.1)}$$

$$V_{Ed}\left[1 + \frac{4{,}5 \cdot T_{Ed}}{V_{Ed} \cdot b_w}\right] \leq V_{Rd,c} \qquad \text{(NA.6.31.2)}$$

6.3.3 Wölbkrafttorsion

(1) Bei geschlossenen dünnwandigen Querschnitten und bei Vollquerschnitten darf Wölbkrafttorsion im Allgemeinen vernachlässigt werden.

(2) Bei offenen dünnwandigen Bauteilen kann es erforderlich sein, Wölbkrafttorsion zu berücksichtigen. Bei sehr schlanken Querschnitten sollte die Berechnung auf Grundlage eines Trägerrostmodells und in anderen Fällen auf Grundlage eines Fachwerkmodells erfolgen. In allen Fällen sind in der Regel die Nachweise gemäß den Bemessungsregeln für Biegung und Normalkraft sowie für Querkraft durchzuführen.

6.4 Durchstanzen

6.4.1 Allgemeines

(1)P Die Regeln dieses Abschnitts ergänzen die Regeln in 6.2. Sie betreffen das Durchstanzen von Vollplatten, von Rippendecken mit Vollquerschnitten über Stützen und von Fundamenten.

(2)P Durchstanzen kann infolge konzentrierter Lasten oder Auflagerreaktionen eintreten, die auf einer relativ kleinen Lasteinleitungsfläche A_{load} auf Decken oder Fundamente einwirken.

Die Festlegungen des Abschnitts 6.4 sind auf die folgenden Arten von Lasteinleitungsflächen A_{load} anwendbar:

- rechteckig und kreisförmig mit einem Umfang $u_0 \leq 12d$ und einem Seitenverhältnis $a / b \leq 2$;
- beliebig, aber sinngemäß wie die oben erwähnten Formen begrenzt.

Dabei ist d die mittlere statische Nutzhöhe des nachzuweisenden Bauteils. Die Rundschnitte benachbarter Lasteinleitungsflächen dürfen sich nicht überschneiden.

Bei größeren Lasteinleitungsflächen A_{load} sind die Durchstanznachweise auf Teilrundschnitte zu beziehen (siehe Bild NA.6.12.1).

Bei Rundstützen mit $u_0 > 12d$ sind querkraftbeanspruchte Flachdecken nach Abschnitt 6.2 nachzuweisen. Dabei darf in 6.2.2 (1) in Gleichung (6.2a) der Vorwert $C_{Rd,c} = (12d / u_0) \cdot 0{,}18 / \gamma_c \geq 0{,}15 / \gamma_c$ verwendet werden.

(3) Ein geeignetes Bemessungsmodell für den Nachweis gegen Durchstanzen im Grenzzustand der Tragfähigkeit ist in Bild 6.12 dargestellt.

(4) Der Durchstanzwiderstand ist in der Regel am Stützenrand und entlang des kritischen Rundschnitts u_1 nachzuweisen. Wenn Durchstanzbewehrung erforderlich wird, ist ein weiterer Rundschnitt u_{out} (siehe Bild 6.22) zu ermitteln, in dem Durchstanzbewehrung nicht mehr erforderlich ist.

9.2.1.1 Mindestlängsbewehrung Balken

$$f_{ctd} = \alpha_{ct} \cdot f_{ctk;0,05} / \gamma_c \qquad (3.16)$$

i. d. R. mit $\alpha_{ct} = 0{,}85$ und
$\gamma_c = 1{,}5$ (ständig und vorübergehend)

Bei einem näherungsweise rechteckigen Vollquerschnitt ist außer der Mindestbewehrung nach 9.2.3 (2) keine Querkraft- und Torsionsbewehrung erforderlich, wenn die beiden Bedingungen eingehalten sind.

Zu (2): Für größere Stützenumfänge mit $u_0 > 12d$ darf außerhalb des kritischen Rundschnitts die Querkrafttragfähigkeit nach 6.2 angesetzt werden. Die gesamte Querkrafttragfähigkeit bei großen Lasteinzugsflächen ergibt sich aus der Summe der beiden Traganteile für Durchstanzen und Querkraft.
Daneben darf für Rundstützen die Vereinfachung nach (NCI) angewendet werden:

Rundstützen: $C_{Rd,c}$ mit $\gamma_c = 1{,}5$:

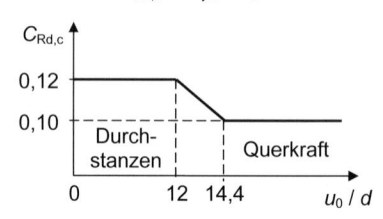

→ (6.2a)
$V_{Rd,c} = [C_{Rd,c} \cdot k \, (100\rho_l \, f_{ck})^{1/3} + 0{,}12\sigma_{cp}] \, b_w \cdot d$

Eurocode 2: DIN EN 1992-1-1 mit Nationalem Anhang 6 Nachweise in den Grenzzuständen der Tragfähigkeit	Hinweise

(5) Die in 6.4 angegebenen Regeln gelten grundsätzlich für den Fall gleichmäßig verteilter Last. In bestimmten Fällen, wie beispielsweise Fundamenten, erhöht die Last innerhalb des kritischen Rundschnitts den Durchstanzwiderstand und darf bei der Bestimmung der Bemessungsschubspannung abgezogen werden.

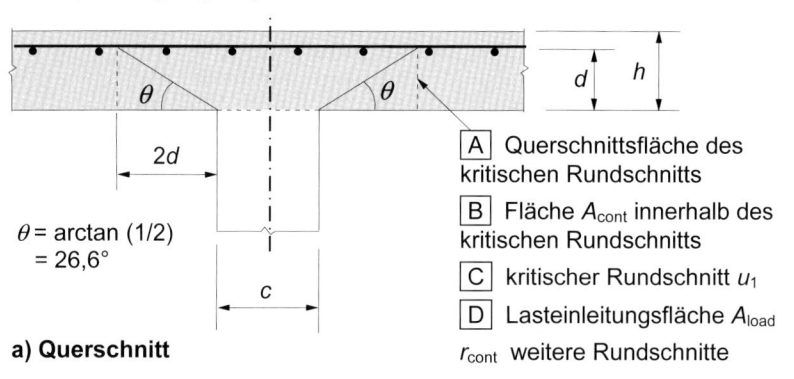

θ = arctan (1/2) = 26,6°

A Querschnittsfläche des kritischen Rundschnitts
B Fläche A_{cont} innerhalb des kritischen Rundschnitts
C kritischer Rundschnitt u_1
D Lasteinleitungsfläche A_{load}
r_{cont} weitere Rundschnitte

Index cont – control perimeter

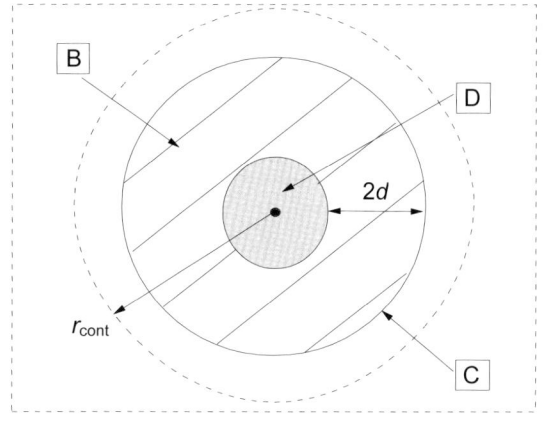

a) Querschnitt

b) Grundriss

Bild 6.12 – Bemessungsmodell für den Nachweis der Sicherheit gegen Durchstanzen im Grenzzustand der Tragfähigkeit

$b_1 = \min \{b; 3d\}$
$a_1 = \min \{a; 2b; 6d - b_1\}$

Außerhalb des kritischen Rundschnitts darf die Querkrafttragfähigkeit nach 6.2.2, Gleichung (6.2) angesetzt werden.

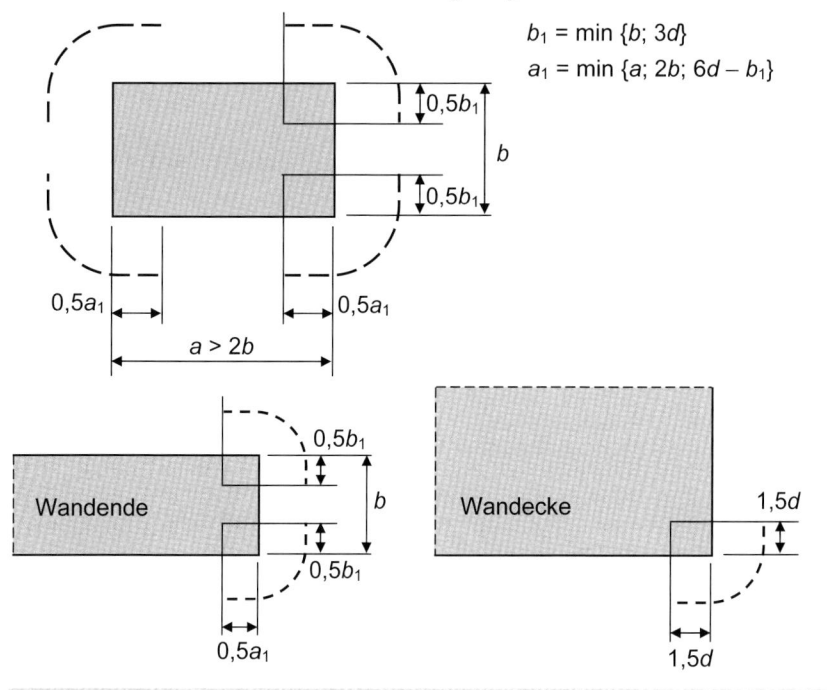

Bild NA.6.12.1 – kritischer Rundschnitt bei ausgedehnten Auflagerflächen

6.4.2 Lasteinleitung und Nachweisschnitte

(1) Der kritische Rundschnitt u_1 darf im Allgemeinen in einem Abstand von $2,0d$ von der Lasteinleitungsfläche angenommen werden und muss dabei in der Regel einen möglichst geringen Umfang aufweisen (siehe Bild 6.13).

Die statische Nutzhöhe der Platte wird als konstant angenommen und darf im Allgemeinen wie folgt ermittelt werden:

$$d_{eff} = (d_y + d_z) / 2 \qquad (6.32)$$

wobei d_y und d_z die statischen Nutzhöhen der Bewehrung in zwei orthogonalen Richtungen sind.

Bei Wänden und großen Stützen sind, sofern kein genauerer Nachweis geführt wird, die Rundschnitte gemäß Bild NA.6.12.1 festzulegen, da sich die Querkräfte auf die Ecken der Auflagerflächen konzentrieren.

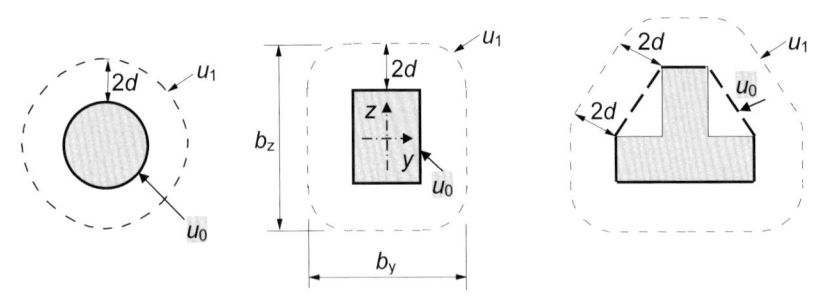

Bild 6.13 – Typische kritische Rundschnitte um Lasteinleitungsflächen

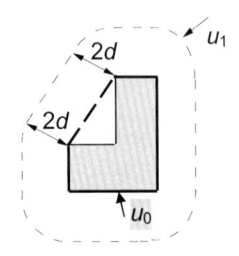

u_0 – Umfang der Lasteinleitungsfläche
u_1 – kritscher Rundschnitt

(2) Rundschnitte in einem Abstand kleiner als $2d$ sind in der Regel zu berücksichtigen, wenn der konzentrierten Last ein hoher Gegendruck (z. B. Sohldruck auf das Fundament) oder die Auswirkungen einer Last oder einer Auflagerreaktion innerhalb eines Abstands von $2d$ vom Rand der Lasteinleitungsfläche entgegenstehen.

Der Abstand a_{crit} des maßgebenden Rundschnitts ist iterativ zu ermitteln. Für Bodenplatten und schlanke Fundamente mit $\lambda > 2,0$ darf zur Vereinfachung der Rechnung ein konstanter Rundschnitt im Abstand $1,0d$ angenommen werden.

Die Fundamentschlankheit $\lambda = a_\lambda / d$ bezieht sich auf den kürzesten Abstand a_λ zwischen Lasteinleitungsfläche und Fundamentrand (siehe auch Bild NA.6.21.1).

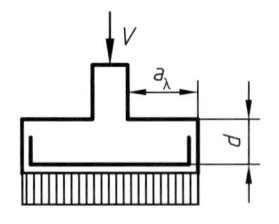

(3) Für Lasteinleitungsflächen, deren Rand nicht weiter als $6d$ von Öffnungen entfernt ist, ist ein der Öffnung zugewandter Teil des betrachteten Rundschnitts als unwirksam zu betrachten. Dieser Umfangsabschnitt wird durch den Abstand der Schnittpunkte der Verbindungslinien mit dem betrachteten Rundschnitt nach Bild (6.14) bestimmt.

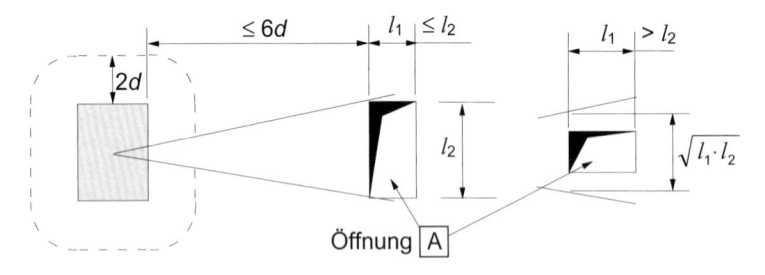

Bild 6.14 – Rundschnitte in der Nähe von Öffnungen

(4) Bei Lasteinleitungsflächen, die sich in der Nähe eines freien Randes oder einer freien Ecke befinden, ist in der Regel der kritische Rundschnitt nach Bild 6.15 anzunehmen, sofern dieser einen Umfang ergibt (ausschließlich des freien Randes), der kleiner als derjenige nach den Absätzen (1) und (2) ist.

(5) Bei Lasteinleitungsflächen nahe eines freien Rands oder einer Ecke, d. h. in einer Entfernung kleiner als d, ist in der Regel eine besondere Randbewehrung nach 9.3.1.4 einzulegen.

Zu (5): Randbewehrung:

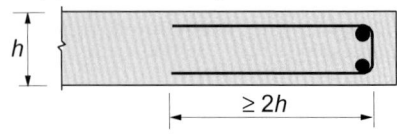

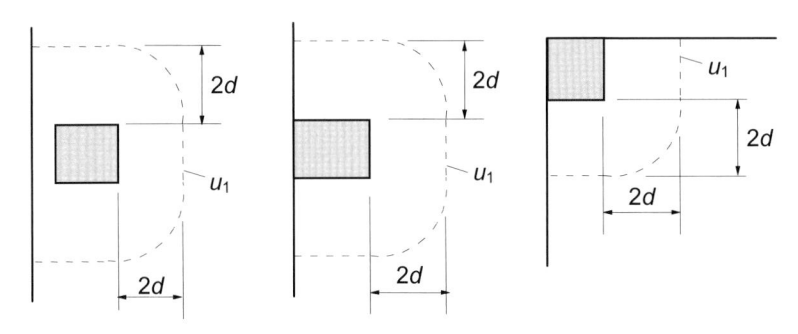

Bild 6.15 – Kritische Rundschnitte um Lasteinleitungsflächen nahe eines Randes oder einer Ecke

(6) Der Nachweisquerschnitt ergibt sich entlang des kritischen Rundschnitts mit der statischen Nutzhöhe d. Bei Platten mit konstanter Dicke verläuft der Nachweisquerschnitt senkrecht zur Mittelebene der Platte. Bei Platten oder Fundamenten mit veränderlicher Dicke (gilt nicht für Stufenfundamente) darf als wirksame statische Nutzhöhe die am Rand der Lasteinleitungsfläche auftretende statische Nutzhöhe wie in Bild 6.16 angenommen werden.

$\theta \geq \arctan(1/2)$ A Lasteinleitungsfläche

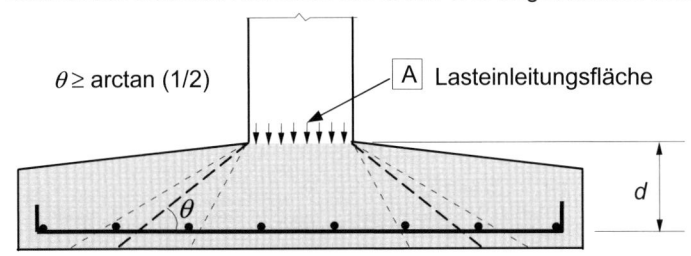

$\theta \geq 26{,}6°$

Bild 6.16 – Höhe der Querschnittsfläche des Rundschnitts in einem Fundament mit veränderlicher Dicke

(7) Weitere Rundschnitte u_i innerhalb und außerhalb des kritischen Rundschnitts müssen in der Regel die gleiche Form wie der kritische Rundschnitt aufweisen.

(8) Bei Platten mit runder Stützenkopfverstärkung mit $l_H < 2{,}0 h_H$ (siehe Bild 6.17) ist ein Nachweis der Durchstanztragfähigkeit nach 6.4.3 nur in der Querschnittsfläche des Rundschnitts außerhalb der Stützenkopfverstärkung erforderlich. Der Abstand r_{cont} dieses Schnittes vom Schwerpunkt der Stützenquerschnittsfläche darf wie folgt ermittelt werden:

$$r_{cont} = 2d + l_H + 0{,}5c \qquad (6.33)$$

Dabei ist

l_H der Abstand des Stützenrands vom Rand der Stützenkopfverstärkung;

c der Durchmesser einer Stütze mit Kreisquerschnitt.

Bei Rechteckstützen mit einer rechteckigen Stützenkopfverstärkung $l_H < 2{,}0 h_H$ (siehe Bild 6.17) und Gesamtabmessungen von l_1 und l_2 ($l_1 = c_1 + 2 l_{H1}$, $l_2 = c_2 + 2 l_{H2}$, $l_1 \leq l_2$) darf r_{cont} als der kleinere der folgenden Werte angenommen werden:

$$r_{cont} = 2d + 0{,}56 \sqrt{l_1 \cdot l_2} \qquad (6.34)$$

und

$$r_{cont} = 2d + 0{,}69 \, l_1 \qquad (6.35)$$

Die Nachweisgrenze $l_H < 2 h_H$ ist durch $l_H < 1{,}5 h_H$ zu ersetzen.

Für Stützenkopfverstärkungen mit $1{,}5 h_H < l_H < 2 h_H$ ist ein zusätzlicher Nachweis im Abstand $1{,}5(d + h_H)$ vom Stützenrand zu führen (Nachweis mit d_H als statische Nutzhöhe). Hierbei darf der Durchstanzwiderstand ohne Durchstanzbewehrung $v_{Rd,c}$ im Verhältnis der Rundschnittlängen $u_{2,0d} / u_{1,5d}$ erhöht werden.

(9) Bei Platten mit Stützenkopfverstärkung mit $l_H > 2 h_H$ (siehe Bild 6.18) sind in der Regel die Querschnitte der Rundschnitte sowohl innerhalb der Stützenkopfverstärkung als auch in der Platte nachzuweisen.

(10) Die Angaben aus 6.4.2 und 6.4.3 gelten ebenfalls für Nachweise innerhalb der Stützenkopfverstärkung mit $d = d_H$ gemäß Bild 6.18.

(11) Bei Stützen mit Kreisquerschnitt dürfen die Abstände vom Schwerpunkt der Stützenquerschnittsfläche zu den Querschnittsflächen der Rundschnitte in Bild 6.18 wie folgt ermittelt werden:

$r_{cont,ext} = l_H + 2d + 0{,}5c$ (6.36)

$r_{cont,int} = 2(d + h_H) + 0{,}5c$ (6.37)

Für nicht kreisförmige Stützen sind die Rundschnitte affin zu Bild 6.13 anzunehmen. Dabei sind die kritischen Rundschnitte für die Stützenkopfverstärkung mit d_H und für die anschließende Platte mit d zu ermitteln.

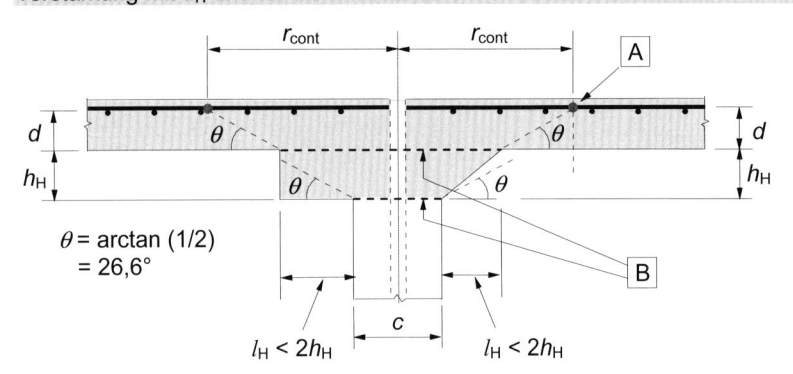

Index cont – control perimeter

Lasteinleitungsfläche A_{load} für die anschließende Platte in Bild 6.17 ergänzt

$\theta = \arctan(1/2) = 26{,}6°$

A Querschnittsfläche des kritischen Rundschnitts
B Lasteinleitungsfläche A_{load}

Bild 6.17 – Platte mit Stützenkopfverstärkung mit $l_H < 2{,}0h_H$

$\theta = 26{,}6°$

Indizes zur Stützenkopfverstärkung:
int – internal (innerhalb)
ext – external (außerhalb)
H – column head (Stützenkopf)
d_H – statische Nutzhöhe innerhalb der Stützenkopfverstärkung

Lasteinleitungsfläche A_{load} für die anschließende Platte in Bild 6.17 ergänzt

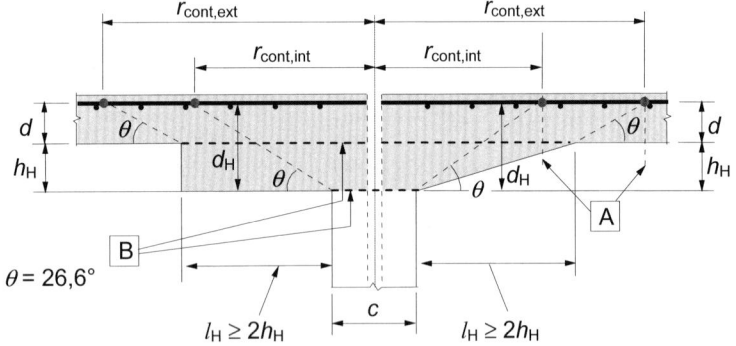

A – Querschnittsfläche der kritischen Rundschnitte bei Stützen mit Kreisquerschnitt
B – Lasteinleitungsfläche A_{load}

Bild 6.18 – Platte mit Stützenkopfverstärkung mit $l_H \geq 2h_H$

6.4.3 Nachweisverfahren

(1)P Die Durchstanznachweise sind am Stützenrand und entlang des kritischen Rundschnitts u_1 zu führen. Wenn Durchstanzbewehrung erforderlich wird, ist ein weiterer Rundschnitt u_{out} (siehe Bild 6.22) zu ermitteln, für den Durchstanzbewehrung nicht mehr erforderlich ist. Folgende Bemessungswerte des Durchstanzwiderstands [N/mm²] der Querschnittsfläche der Rundschnitte werden definiert:

$v_{Rd,c}$ Durchstanzwiderstand je Flächeneinheit einer Platte ohne Durchstanzbewehrung;

$v_{Rd,cs}$ Durchstanzwiderstand je Flächeneinheit einer Platte mit Durchstanzbewehrung;

$v_{Rd,max}$ maximaler Durchstanzwiderstand je Flächeneinheit.

Durchstanzwiderstände als Schubspannungen

(2) Die folgenden Nachweise sind in der Regel zu erbringen:

(a) Entlang des kritischen Rundschnitts darf der maximale Durchstanzwiderstand nicht überschritten werden:

$v_{Ed} \leq v_{Rd,max}$

Eurocode 2: DIN EN 1992-1-1 mit Nationalem Anhang	Hinweise
6 Nachweise in den Grenzzuständen der Tragfähigkeit	

(b) Durchstanzbewehrung ist nicht erforderlich, falls:

$v_{Ed} \leq v_{Rd,c}$

(c) Ist v_{Ed} größer als der Wert $v_{Rd,c}$ im kritischen Rundschnitt, ist in der Regel eine Durchstanzbewehrung gemäß 6.4.5 vorzusehen.

(3) Wenn die Auflagerreaktion ausmittig bezüglich des betrachteten Rundschnitts ist, ist in der Regel die maximale einwirkende Querkraft je Flächeneinheit wie folgt zu ermitteln:

$v_{Ed} = (\beta \cdot V_{Ed}) / (u_i \cdot d)$ (6.38)

Dabei ist

d die mittlere Nutzhöhe der Platte, die als $(d_y + d_z) / 2$ angenommen werden darf, mit:

d_y, d_z die statische Nutzhöhe der Platte in y- bzw. z- Richtung in der Querschnittsfläche des betrachteten Rundschnitts;

u_i der Umfang des betrachteten Rundschnitts;

$\beta = 1 + k \cdot (M_{Ed} / V_{Ed}) \cdot (u_1 / W_1) \geq 1{,}10$ (6.39)

Bei Anwendung der Gleichung (6.39) ist das Moment unter Berücksichtigung der Steifigkeiten der angrenzenden Bauteile zu berechnen.

Bei Stützen-Decken-Knoten mit zweiachsigen Ausmitten darf Gleichung (NA.6.39.1) verwendet werden:

$$\beta = 1 + \sqrt{\left(k_y \cdot \frac{M_{Ed,y}}{V_{Ed}} \cdot \frac{u_1}{W_{1,y}}\right)^2 + \left(k_z \cdot \frac{M_{Ed,z}}{V_{Ed}} \cdot \frac{u_1}{W_{1,z}}\right)^2} \geq 1{,}10 \quad (NA.6.39.1)$$

Dabei ist

u_1 der Umfang des kritischen Rundschnitts;

k ein Beiwert, der sich aus dem Verhältnis der Abmessungen der Stützen c_1 und c_2 ergibt: Sein Wert gibt den Anteil des Momentes an, der durch eine nicht rotationssymmetrische Schubspannungsverteilung übertragen wird. Der restliche Anteil wird über Biegung und Torsion in die Stütze eingeleitet (siehe Tabelle 6.1);

W_1 eine Funktion des kritischen Rundschnitts u_1 zur Ermittlung der in Bild 6.19 dargestellten Querkraftverteilung

$W_1 = \int_0^{u_1} |e| \, dl$ (6.40)

dl das Differential des Umfangs;

e der Abstand von dl zur Achse, um die das Moment M_{Ed} wirkt.

Bei Rechteckstützen:

$W_1 = c_1^2 / 2 + c_1 \cdot c_2 + 4 \cdot c_2 \cdot d + 16 \cdot d^2 + 2 \cdot \pi \cdot d \cdot c_1$ (6.41)

Dabei ist

c_1 die Abmessung der Stütze parallel zur Lastausmitte;

c_2 die Abmessung der Stütze senkrecht zur Lastausmitte.

Für Innenstützen mit Kreisquerschnitt folgt β aus der Gleichung:

$\beta = 1 + 0{,}6\pi \cdot e / (D + 4d) \geq 1{,}10$ (6.42)

Dabei ist

D der Durchmesser der Stütze mit Kreisquerschnitt;

e die Lastausmitte $e = M_{Ed} / V_{Ed}$.

Bei einer rechteckigen Innenstütze mit zu beiden Achsen ausmittiger Lasteinleitung darf die folgende Näherung für β verwendet werden:

$\beta = 1 + 1{,}8 \cdot \sqrt{\left(\frac{e_y}{b_z}\right)^2 + \left(\frac{e_z}{b_y}\right)^2} \geq 1{,}10$ (6.43)

Dabei ist

e_y und e_z die Lastausmitten M_{Ed} / V_{Ed} jeweils bezogen auf y- und z-Achse;

b_y und b_z die Abmessungen des betrachteten Rundschnitts (siehe Bild 6.13).

ANMERKUNG e_y resultiert aus einem Moment um die z-Achse und e_z aus einem Moment um die y-Achse.

Alternative: Ermittlung von β über Lastsektoren (mindestens i = 3 bis 4 je Quadrant).
→ Beispiel für ein Wandende

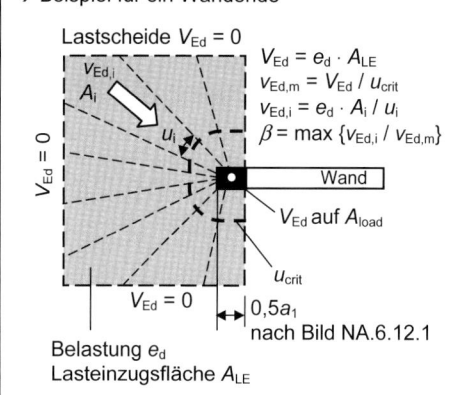

$V_{Ed} = e_d \cdot A_{LE}$
$v_{Ed,m} = V_{Ed} / u_{crit}$
$v_{Ed,i} = e_d \cdot A_i / u_i$
$\beta = \max\{v_{Ed,i} / v_{Ed,m}\}$

nach Bild NA.6.12.1

Belastung e_d
Lasteinzugsfläche A_{LE}

Tabelle 6.1 grafisch – Werte für k bei rechteckigen Lasteinleitungsflächen

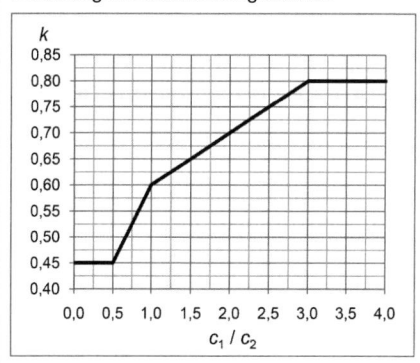

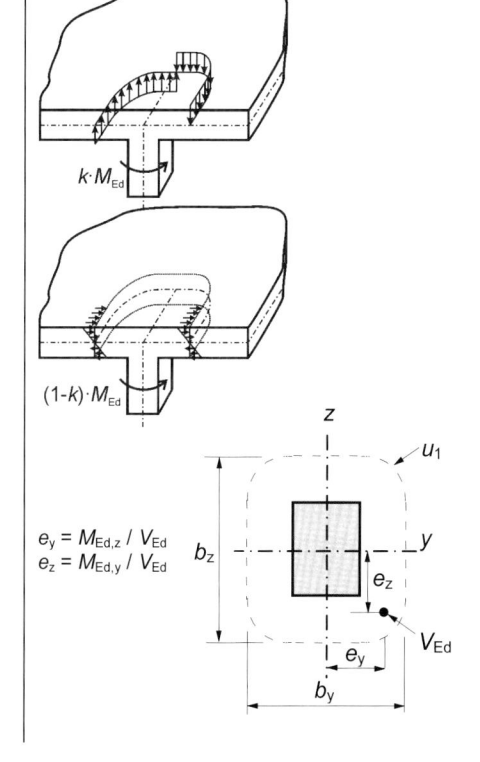

$e_y = M_{Ed,z} / V_{Ed}$
$e_z = M_{Ed,y} / V_{Ed}$

Eurocode 2: DIN EN 1992-1-1 mit Nationalem Anhang	Hinweise
6 Nachweise in den Grenzzuständen der Tragfähigkeit	

Die Gleichungen (6.41) und (6.42) dürfen bei allen Stützen angesetzt werden, bei denen ein geschlossener kritischer Rundschnitt geführt werden kann (z. B. auch Randstützen mit großem Deckenüberstand).

Gleichung (6.43) gilt nur bei Innenstützen mit zweiachsiger Ausmitte.

Tabelle 6.1 – Werte für k bei rechteckigen Lasteinleitungsflächen

	1	2	3	4	5
1	c_1 / c_2	$\leq 0{,}5$	$1{,}0$	$2{,}0$	$\geq 3{,}0$
2	k	$0{,}45$	$0{,}60$	$0{,}70$	$0{,}80$

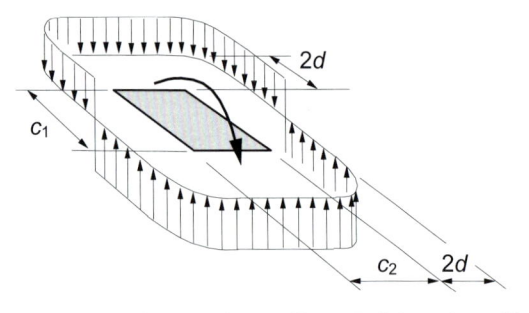

Bild 6.19 – Querkraftverteilung infolge eines Kopfmoments einer Innenstütze

Die Absätze (4) und (5) dürfen nicht angewendet werden, sie sind daher hier gestrichen (inkl. Bild 6.20).

Bei Fundamenten ist zur Bestimmung des Widerstandsmomentes W der Abstand $a_{crit} < 2{,}0d$ zum kritischen Rundschnitt einzusetzen.

(6) Bei Tragwerken, deren Stabilität gegen seitliches Ausweichen von der Rahmenwirkung zwischen Platten und Stützen unabhängig ist und bei denen sich die Spannweiten der angrenzenden Felder um nicht mehr als 25 % unterscheiden, dürfen Näherungswerte für β nach Bild 6.21DE verwendet werden.

d. h. unverschiebliche Gesamttragwerke (ggf. Überprüfung der Aussteifungskriterien nach 5.8.3)

Für Randstützen mit großen Ausmitten $e / c \geq 1{,}2$ ist der Lasterhöhungsfaktor β genauer zu ermitteln (z. B. nach Gleichung (6.39)).

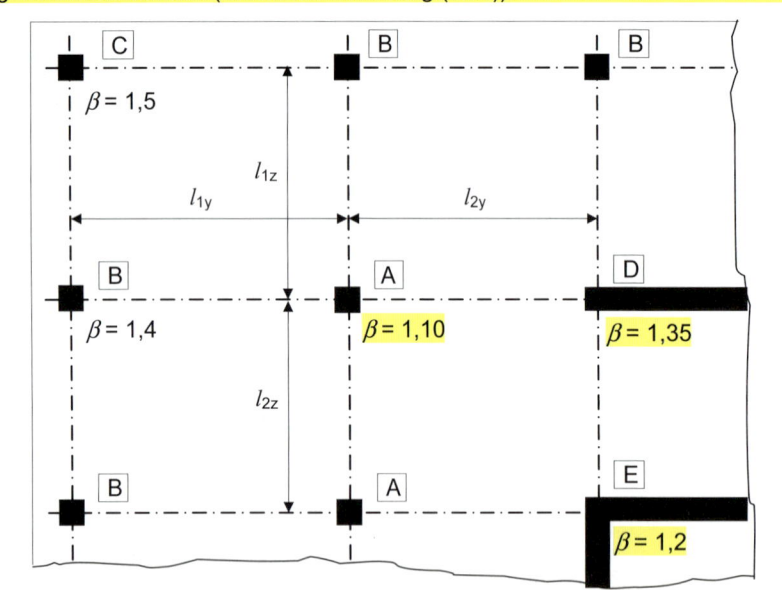

Grundrissdarstellung

angrenzende Spannweitenverhältnisse für die Gültigkeit der Näherungswerte β beachten, z. B.
$0{,}8 \leq l_1 / l_2 \leq 1{,}25$
$0{,}8 \leq l_y / l_z \leq 1{,}25$

Rundschnitte
A	nach den Bildern 6.13
B	nach den Bildern 6.15
C	nach den Bildern 6.15
D	nach den Bildern NA.6.12.1
E	nach den Bildern NA.6.12.1

A	Innenstütze:	$\beta = 1{,}10$	B	Randstütze:	$\beta = 1{,}4$
C	Eckstütze:	$\beta = 1{,}5$			
D	Wandende:	$\beta = 1{,}35$	E	Wandecke:	$\beta = 1{,}20$

Bild 6.21DE – Werte für β

(7) Bei einer konzentrierten Einzellast in der Nähe der punktförmigen Stützung einer Flachdecke ist eine Abminderung der Querkraft nach 6.2.2 (6) bzw. 6.2.3 (8) nicht zulässig.

(8) Die Querkraft V_{Ed} in einer Fundamentplatte darf um die günstige Wirkung des Sohldrucks abgemindert werden.

Zu (8): siehe Bild NA.6.21.1

| Eurocode 2: DIN EN 1992-1-1 mit Nationalem Anhang | Hinweise |
| 6 Nachweise in den Grenzzuständen der Tragfähigkeit | |

(9) Die vertikale Komponente V_{pd} infolge geneigter Spannglieder, die die Querschnittsfläche des betrachteten Rundschnitts schneiden, darf gegebenenfalls als günstige Einwirkung berücksichtigt werden.

ANMERKUNG Zur Lage anrechenbarer Spannglieder siehe 9.4.3 (2).

9.4.3 (2): vertikale Komponente nur solcher Spannglieder berücksichtigen, die innerhalb eines Abstandes von $0{,}5d$ von der Stütze verlaufen

6.4.4 Durchstanzwiderstand für Platten oder Fundamente ohne Durchstanzbewehrung

(1) Der Durchstanzwiderstand einer Platte ist in der Regel für die Querschnittsfläche im kritischen Rundschnitt nach 6.4.2 zu bestimmen. Der Bemessungswert des Durchstanzwiderstands [N/mm²] darf wie folgt bestimmt werden:

$$v_{Rd,c} = C_{Rd,c} \cdot k \cdot (100 \cdot \rho_l \cdot f_{ck})^{1/3} + 0{,}10 \cdot \sigma_{cp} \geq (v_{min} + 0{,}10 \cdot \sigma_{cp}) \quad (6.47)$$

Dabei ist

Teilsicherheitsbeiwert Beton:

Bemessungssituationen	γ_C
ständig und vorübergehend	1,5
außergewöhnlich	1,3

Für Innenstützen und $\gamma_C = 1{,}5$:

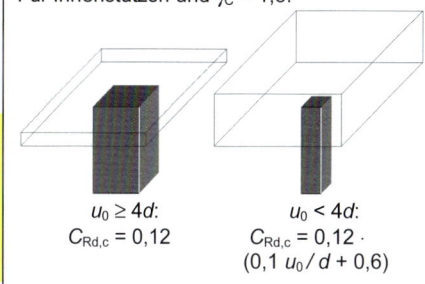

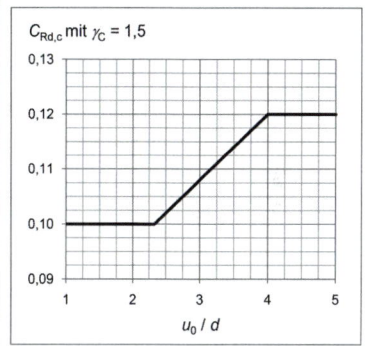

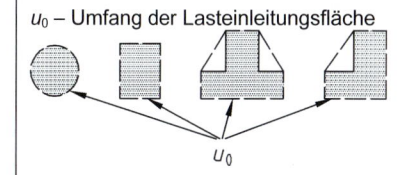

$u_0 \geq 4d$: $C_{Rd,c} = 0{,}12$

$u_0 < 4d$: $C_{Rd,c} = 0{,}12 \cdot (0{,}1 \, u_0/d + 0{,}6)$

$C_{Rd,c}$ ein Vorwert:
– bei Flachdecken und Bodenplatten:
$C_{Rd,c} = 0{,}18 / \gamma_C$
– Für Innenstützen bei Flachdecken mit $u_0/d < 4$ gilt jedoch:
$C_{Rd,c} = 0{,}18 / \gamma_C \cdot (0{,}1 \, u_0/d + 0{,}6)$

f_{ck} die charakteristische Betondruckfestigkeit [N/mm²];

$k = 1 + \sqrt{\dfrac{200}{d}} \leq 2{,}0$ mit d [mm];

$\rho_l = \sqrt{\rho_{lz} \cdot \rho_{ly}} \leq 0{,}02$ und $\leq 0{,}5 f_{cd}/f_{yd}$;

ρ_{lz}, ρ_{ly} der Bewehrungsgrad bezogen auf die verankerte Zugbewehrung in z- bzw. y-Richtung. Die Werte ρ_{lz} und ρ_{ly} sind in der Regel als Mittelwerte unter Berücksichtigung einer Plattenbreite entsprechend der Stützenabmessung zuzüglich $3d$ pro Seite zu berechnen;

$\sigma_{cp} = (\sigma_{cy} + \sigma_{cz})/2$.

Dabei ist

σ_{cy}, σ_{cz} jeweils die Betonnormalspannung in y- und z-Richtung im kritischen Querschnitt (N/mm², für Druck positiv):
$\sigma_{cy} = N_{Ed,y}/A_{cy}$ und $\sigma_{cz} = N_{Ed,z}/A_{cz}$;
Betonzugspannungen σ_{cp} sind negativ einzusetzen.

$N_{Ed,y}, N_{Ed,z}$ jeweils die Normalkraft, die für Innenstützen im gesamten Feldbereich wirkt, bzw. die Normalkraft, die für Rand- und Eckstützen im kritischen Nachweisschnitt wirkt. Diese Kraft kann durch eine Last oder durch Vorspannung entstehen;

A_c die Betonquerschnittsfläche gemäß der Definition von N_{Ed};

v_{min} wie im Abschnitt 6.2.2 (1).

$C_{Rd,c}$ mit $\gamma_C = 1{,}5$

u_0 – Umfang der Lasteinleitungsfläche

$v_{min} = (0{,}0525/\gamma_C) \cdot k^{3/2} \cdot f_{ck}^{1/2}$ für $d \leq 600$ mm
$v_{min} = (0{,}0375/\gamma_C) \cdot k^{3/2} \cdot f_{ck}^{1/2}$ für $d > 800$ mm
für 600 mm $< d \leq 800$ mm interpolieren

(2) Die Querkrafttragfähigkeit von Stützenfundamenten ist in der Regel in kritischen Rundschnitten innerhalb von $2d$ vom Stützenrand nachzuweisen. Bei mittiger Belastung ist die resultierende einwirkende Kraft

$$V_{Ed,red} = V_{Ed} - \Delta V_{Ed} \quad (6.48)$$

Dabei ist

V_{Ed} die einwirkende Querkraft;

ΔV_{Ed} die resultierende, nach oben gerichtete Kraft innerhalb des betrachteten Rundschnittes, d. h. der nach oben gerichtete Sohldruck abzüglich der Fundamenteigenlast;

$$v_{Ed} = \beta \cdot V_{Ed,red}/(u \cdot d); \quad (6.49)$$

$$v_{Rd,c} = C_{Rd,c} \, k \, (100 \cdot \rho_l \cdot f_{ck})^{1/3} \cdot 2 \cdot d/a \geq v_{min} \cdot 2 \cdot d/a \quad \text{[N/mm²]} \quad (6.50)$$

Dabei ist

a der Abstand vom Stützenrand zum betrachteten Rundschnitt;

$C_{Rd,c} = 0{,}15/\gamma_C$;

v_{min} nach 6.4.4 (1);

k nach 6.4.4 (1).

siehe auch Bild 6.16

Bei gedrungenen Stützenfundamenten stellt sich unter dem Einfluss des Sohldrucks der Durchstanzbruchkegel unter steileren Lastausbreitungswinkeln ein. Das ist wegen des zulässigen Abzugs des Sohldrucks im Durchstanzkegel für die Tragfähigkeit relevant.

In jedem möglichen Rundschnitt i neben der Lasteinleitungsfläche im Abstand a_i ergibt sich ein unterschiedlicher Umfang u_i und eine unterschiedliche Sohldruck-Abzugsfläche A_i. Somit sind sowohl die einwirkende Schubspannung v_{Ed} nach Gl. (6.49) als auch der Querschnittswiderstand als aufnehmbare Schubspannung $v_{Rd,c}$ nach Gl. (6.50) in jedem Rundschnitt verschieden.
Um den maßgebenden kritischen Rundschnitt $a_{crit} < 2d$ zu ermitteln, ist daher eine iterative Berechnung erforderlich.

Für ausmittige Lasten gilt:

$$v_{Ed} = \frac{\beta \cdot V_{Ed,red}}{u \cdot d} \quad (6.51)$$

mit

$$\beta = 1 + k \frac{M_{Ed} \cdot u}{V_{Ed,red} \cdot W} \geq 1{,}10 \quad (NA.6.51.1)$$

ANMERKUNG Ein genauerer Nachweis für die Bestimmung des Lasterhöhungsfaktors β in Gleichung (NA.6.51.1) ist in DAfStb-Heft 600 enthalten.

Dabei wird k in 6.4.3 (3) bzw. 6.4.3 (4) definiert und W entspricht W_1, jedoch für den Rundschnitt u.

Der Abstand a_{crit} des maßgebenden Rundschnitts ist iterativ zu ermitteln (Bild NA.6.21.1).

Für Bodenplatten und schlanke Fundamente mit $\lambda > 2{,}0$ darf zur Vereinfachung der Rechnung ein konstanter Rundschnitt im Abstand $1{,}0d$ angenommen werden.

Für ausmittig belastete Fundamente mit klaffender Fuge im Rundschnittbereich unter Bemessungseinwirkungen darf eine Berechnung mit Sektorlasteinzugsflächen erfolgen. Der Abzugswert für den Sohldruck ergibt sich dann jeweils in jedem Sektor separat.

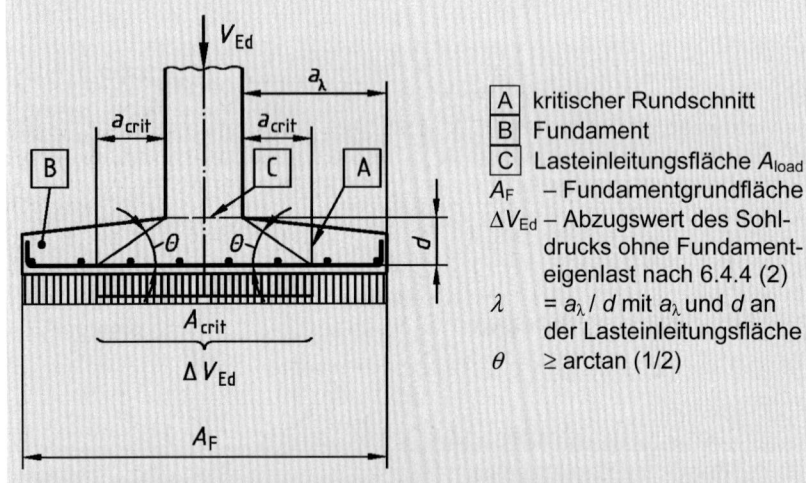

- A kritischer Rundschnitt
- B Fundament
- C Lasteinleitungsfläche A_{load}
- A_F — Fundamentgrundfläche
- ΔV_{Ed} — Abzugswert des Sohldrucks ohne Fundamenteigenlast nach 6.4.4 (2)
- $\lambda = a_\lambda / d$ mit a_λ und d an der Lasteinleitungsfläche
- $\theta \geq \arctan(1/2)$

Bild NA.6.21.1 – Rundschnitt und Abzug Sohldruck bei Fundamenten

6.4.5 Durchstanztragfähigkeit für Platten oder Fundamente mit Durchstanzbewehrung

(1) Ist Durchstanzbewehrung erforderlich, ist sie in der Regel gemäß Gleichung (6.52) zu ermitteln (in [N/mm²]):

$$v_{Rd,cs} = 0{,}75 \cdot v_{Rd,c} + 1{,}5 \cdot \frac{d}{s_r} \cdot \frac{A_{sw} \cdot f_{ywd,ef} \cdot \sin\alpha}{u_1 \cdot d} \quad (6.52)$$

Dabei ist

A_{sw} die Querschnittsfläche der Durchstanzbewehrung in einer Bewehrungsreihe um die Stütze [mm²];

s_r der radiale Abstand der Durchstanzbewehrungsreihen [mm];

$f_{ywd,ef}$ der wirksame Bemessungswert der Streckgrenze der Durchstanzbewehrung gemäß $f_{ywd,ef} = 250 + 0{,}25d \leq f_{ywd}$ [N/mm²];

d der Mittelwert der statischen Nutzhöhen in den orthogonalen Richtungen [mm];

α der Winkel zwischen Durchstanzbewehrung und Plattenebene.

Für aufgebogene Durchstanzbewehrung ist für das Verhältnis d / s_r in Gleichung (6.52) der Wert 0,53 anzusetzen.

Die aufgebogene Bewehrung darf mit $f_{ywd,ef} = f_{ywd}$ ausgenutzt werden.

Hinweise

k in Gl. (NA.6.51.1) nach Tab. 6.1 bei rechteckigen Lasteinleitungsflächen:

c_1 / c_2	$\leq 0{,}5$	1,0	2,0	$\geq 3{,}0$
k	0,45	0,60	0,70	0,80

Die Iteration wird mit den Gleichungen (6.48) bis (6.51) durchgeführt. Der maßgebende Rundschnitt im Abstand a_{crit} mit u und A_{crit} ist gefunden, wenn die Durchstanztragfähigkeit unter Berücksichtigung des Abzugswertes des Sohldrucks ein Minimum erreicht:
→ $\beta \cdot V_{Ed} \leq V_{Rd,c} / (1 - A_{crit} / A_F)$
$V_{Rd,c} / (1 - A_{crit} / A_F)$ → MIN
(Beispiel siehe Erläuterungsteil)

s_r – maximaler radialer Abstand der Bewehrungsreihen

$f_{ywd,ef}$ – wirksamer Bemessungswert der Streckgrenze der Durchstanzbewehrung B500:

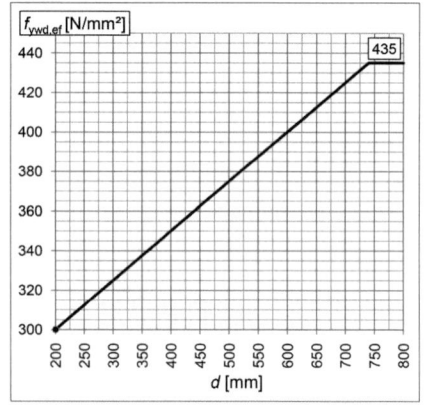

Gl. (6.52) für aufgebogene Bewehrung umgestellt:

$$A_{sw} = (v_{Ed} - 0{,}75 \cdot v_{Rd,c}) \cdot \frac{d \cdot u_1}{0{,}8 \cdot f_{ywd} \cdot \sin\alpha}$$

Durchstanzbewehrung
– Konstruktionsregeln siehe 9.4.3,
– Mindestbewehrung Gl. (9.11DE),
– 9.3.2 (1) Mindestdicke Ortbetonplatte mit Durchstanzbewehrung: 200 mm.

Eurocode 2: DIN EN 1992-1-1 mit Nationalem Anhang	Hinweise
6 Nachweise in den Grenzzuständen der Tragfähigkeit	

Die Tragfähigkeit der Durchstanzbewehrung nach Gleichung (6.52), der Betontraganteil $v_{Rd,c}$ nach Gleichung (6.47) und die einwirkende Querkraft $v_{Ed,i}$ nach Gleichung (6.38) sind für diesen Nachweis für Flachdecken auf den kritischen Umfang u_1 im Abstand $a_{crit} = 2{,}0d$ bezogen. Diese Durchstanzbewehrung ist in jeder rechnerisch erforderlichen Bewehrungsreihe einzulegen, wobei die Bewehrungsmenge A_{sw} in den ersten beiden Reihen neben A_{load} mit einem Anpassungsfaktor $\kappa_{sw,i}$ zu vergrößern ist:

- Reihe 1 (mit $0{,}3d \le s_0 \le 0{,}5d$): $\kappa_{sw,1} = 2{,}5$
- Reihe 2 (mit $s_r \le 0{,}75d$): $\kappa_{sw,2} = 1{,}4$.

Bei unterschiedlichen radialen Abständen der Bewehrungsreihen $s_{r,i}$ ist in Gleichung (6.52) der maximale einzusetzen.

Aufgrund der steilen Neigung der Druckstreben wird für Fundamente und Bodenplatten Folgendes festgelegt:

Die reduzierte einwirkende Querkraft $V_{Ed,red}$ nach Gleichung (6.48) ist von den ersten beiden Bewehrungsreihen neben A_{load} ohne Abzug eines Betontraganteils aufzunehmen. Dabei wird die Bewehrungsmenge $A_{sw,1+2}$ gleichmäßig auf beide Reihen verteilt, die in den Abständen $s_0 = 0{,}3d$ und $(s_0 + s_1) = 0{,}8d$ anzuordnen sind:

- Bügelbewehrung:

$$\beta \cdot V_{Ed,red} \le V_{Rd,s} = A_{sw,1+2} \cdot f_{ywd,ef} \quad (NA.6.52.1)$$

- aufgebogene Bewehrung:

$$\beta \cdot V_{Ed,red} \le V_{Rd,s} = 1{,}3 \cdot A_{sw,1+2} \cdot f_{ywd} \cdot \sin\alpha \quad (NA.6.52.2)$$

Dabei ist

β der Erhöhungsfaktor für die Querkraft nach Gleichung (NA.6.51.1);

α der Winkel der geneigten Durchstanzbewehrung zur Plattenebene.

Wenn bei Fundamenten und Bodenplatten ggf. weitere Bewehrungsreihen erforderlich werden, sind je Reihe jeweils 33 % der Bewehrung $A_{sw,1+2}$ nach Gleichung (NA.6.52.1) vorzusehen. Der Abzugswert des Sohldrucks ΔV_{Ed} in Gleichung (6.48) darf dabei mit der Fundamentfläche innerhalb der betrachteten Bewehrungsreihe angesetzt werden.

(2) Die Anforderungen für die bauliche Durchbildung der Durchstanzbewehrung sind in 9.4.3 enthalten.

Es sind in jedem Fall mindestens 2 Bewehrungsreihen innerhalb des durch den Umfang u_{out} nach Abschnitt 6.4.5 (4) begrenzten Bauteilbereiches zu verlegen.

Der radiale Abstand der 1. Bewehrungsreihe ist bei gedrungenen Fundamenten auf $0{,}3d$ vom Rand der Lasteinleitungsfläche und die Abstände s_r zwischen den ersten drei Bewehrungsreihen sind auf $0{,}5d$ zu begrenzen.

(3) Die Maximaltragfähigkeit $v_{Rd,max}$ ist im kritischen Rundschnitt u_1 mit Gleichung (NA.6.53.1) nachzuweisen:

$$v_{Ed,u1} \le v_{Rd,max} = 1{,}4 \cdot v_{Rd,c,u1} \quad (NA.6.53.1)$$

Eine Betondrucknormalspannung σ_{cp} infolge Vorspannung bei $v_{Rd,c}$ darf dabei nicht berücksichtigt werden.

ANMERKUNG Bei Fundamenten ist der iterativ ermittelte kritische Rundschnitt u für u_1 einzusetzen.

(4) Der Rundschnitt u_{out} (siehe Bild 6.22), für den Durchstanzbewehrung nicht mehr erforderlich ist, ist in der Regel nach Gleichung (6.54) zu ermitteln:

$$u_{out} = \beta \cdot V_{Ed} / (v_{Rd,c} \cdot d) \quad (6.54)$$

Die äußerste Reihe der Durchstanzbewehrung darf in der Regel nicht weiter als $1{,}5d$ von u_{out} entfernt sein.

ANMERKUNG $v_{Rd,c}$ für Querkrafttragfähigkeit ohne Querkraftbewehrung nach 6.2.2 (1).

(5) Bei Verwendung von speziellen Bewehrungselementen als Durchstanzbewehrung ist in der Regel $v_{Rd,cs}$ durch Versuche in Übereinstimmung mit den maßgebenden Europäischen Technischen Zulassungen zu bestimmen. Siehe auch 9.4.3.

Hinweise:

Gleichung (6.52) umgestellt, 90°-Bügel:

$$A_{sw,j} = \kappa_{sw,j} \cdot (v_{Ed} - 0{,}75 \cdot v_{Rd,c}) \cdot \frac{s_r \cdot u_1}{1{,}5 \cdot f_{ywd,ef}}$$

ab der 3. Reihe: $\kappa_{sw,3+} = 1{,}0$

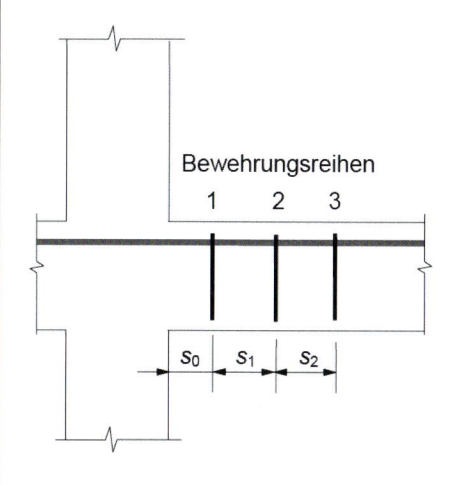

→ siehe Hinweise zu Bild 9.10DE

Zu (3): Flachdecken:
Die Maximaltragfähigkeit $v_{Rd,max}$ ist im kritischen Rundschnitt u_1 am Abstand $2{,}0d$ nachzuweisen (6.4.4 (1)).

Fundamente:
Die Maximaltragfähigkeit $v_{Rd,max}$ ist in dem nach 6.4.4 (2) ermittelten Rundschnitt u im Abstand a_{crit} nach Bild NA.6.21.1 nachzuweisen.

| Eurocode 2: DIN EN 1992-1-1 mit Nationalem Anhang
6 Nachweise in den Grenzzuständen der Tragfähigkeit | Hinweise |

Bild 6.22 – Rundschnitt u_{out} bei Innenstützen

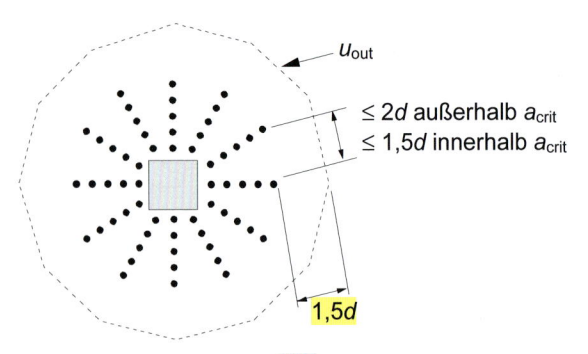

Die tangentialen Abstände der Bewehrungsschenkel aus 9.4.3 (1) sind hier eingetragen.

(NA.6) Um die Querkrafttragfähigkeit sicherzustellen, sind die Platten im Bereich der Stützen für Mindestmomente m_{Ed} nach Gleichung (NA.6.54.1) zu bemessen, sofern die Schnittgrößenermittlung nicht zu höheren Werten führt.

Wenn andere Festlegungen fehlen, sollten folgende Mindestmomente je Längeneinheit angesetzt werden:

$$m_{Ed,z} = \eta_z \cdot V_{Ed} \quad \text{und} \quad m_{Ed,y} = \eta_y \cdot V_{Ed} \qquad \text{(NA.6.54.1)}$$

Dabei ist

V_{Ed} die aufzunehmende Querkraft;

η_z, η_y der Momentenbeiwert nach Tabelle NA.6.1.1 für die z- bzw. y-Richtung (siehe Bild NA.6.22.1).

Diese Mindestmomente sollten jeweils in einem Bereich mit der in Tabelle NA.6.1.1 angegebenen Breite angesetzt werden (siehe Bild NA.6.22.1).

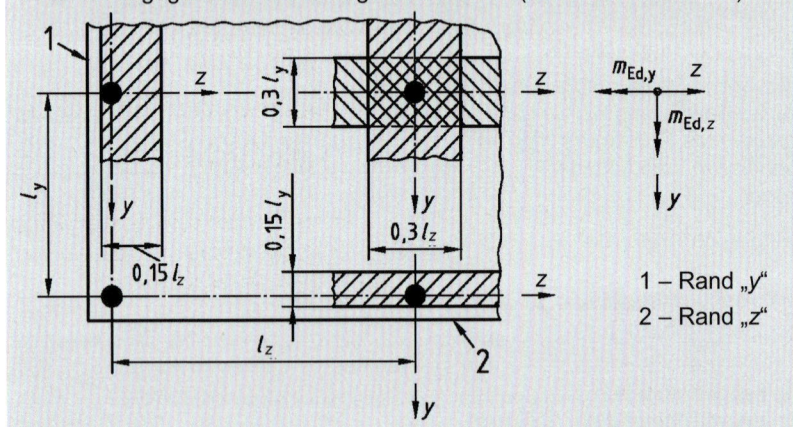

Die Bereiche für den Ansatz der Mindestbiegemomente $m_{Ed,z}$ und $m_{Ed,y}$ nach Tabelle NA.6.1.1 können Bild NA.6.22.1 entnommen werden.

Bild NA.6.22.1 – Bereiche für den Ansatz der Mindestbiegemomente $m_{Ed,z}$ und $m_{Ed,y}$

Tabelle NA.6.1.1 – Momentenbeiwerte und Verteilungsbreite der Mindestlängsbewehrung

	Lage der Stütze	η_z			η_y		
		Zug an der Plattenoberseite [c]	Zug an der Plattenunterseite [c]	anzusetzende Breite [b]	Zug an der Plattenoberseite [c]	Zug an der Plattenunterseite [c]	anzusetzende Breite [b]
1	Innenstütze	0,125	0	0,3 l_y	0,125	0	0,3 l_z
2	Randstütze, Rand „z" [a]	0,25	0	0,15 l_y	0,125	0,125	(je m Plattenbreite)
3	Randstütze, Rand „y" [a]	0,125	0,125	(je m Plattenbreite)	0,25	0	0,15 l_z
4	Eckstütze	0,5	0,5	(je m Plattenbreite)	0,5	0,5	(je m Plattenbreite)

[a] Definition der Ränder und der Stützenabstände l_z und l_y siehe Bild NA.6.22.1.
[b] Siehe Bild NA.6.22.1.
[c] Die Plattenoberseite bezeichnet die der Lasteinleitungsfläche gegenüberliegende Seite der Platte; die Plattenunterseite diejenige Seite, auf der die Lasteinleitungsfläche liegt.

6.5 Stabwerkmodelle

6.5.1 Allgemeines

(1)P Bei einer nichtlinearen Dehnungsverteilung (z. B. bei Auflagern, in der Nähe konzentrierter Lasten oder bei Scheiben) dürfen Stabwerkmodelle verwendet werden (siehe auch 5.6.4).

6.5.2 Bemessung der Druckstreben

(1) Der Bemessungswert der Druckfestigkeit für Betonstreben in einem Bereich mit Querdruck oder ohne Querzug darf mit Gleichung (6.55) bestimmt werden (siehe Bild 6.23).

$$\sigma_{Rd,max} = f_{cd} \quad (6.55)$$

In Bereichen mit mehraxialem Druck darf ein höherer Bemessungswert der Festigkeit angesetzt werden.

ANMERKUNG Ist die Dehnungsverteilung über die Höhe der Betonstrebe nicht konstant, dann sollte die Höhe des Druckspannungsfeldes oder die Höhe des Spannungsblocks im Hinblick auf die Verträglichkeit begrenzt werden. So sollten diese Abmessungen nicht größer gewählt werden, als sie sich bei Annahme einer linearen Dehnungsverteilung ergeben.

(2) Der Bemessungswert der Druckfestigkeit für Betonstreben in gerissenen Druckzonen ist in der Regel abzumindern und darf mit Gleichung (6.56) bestimmt werden, wenn keine genauere Berechnung erfolgt (siehe Bild 6.24).

$$\sigma_{Rd,max} = 0{,}6 \cdot \nu' \cdot f_{cd} \quad (6.56)$$

Dabei ist

– für Druckstreben parallel zu Rissen:
$$\nu' = 1{,}25 \quad (6.57aDE)$$

– für Druckstreben, die Risse kreuzen, und für Knotenbemessung nach 6.5.4:
$$\nu' = 1{,}0 \quad (6.57bDE)$$

– für starke Rissbildung mit V und T:
$$\nu' = 0{,}875 \quad (6.57cDE)$$

Für Betonfestigkeitsklassen ≥ C55/67 ist ν' zusätzlich mit $\nu_2 = (1{,}1 - f_{ck}/500)$ zu multiplizieren.

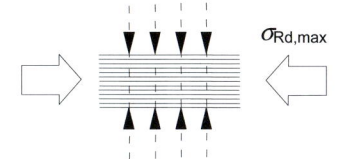

Bild 6.23 – Bemessungswert der Festigkeit von Betonstreben ohne Querzug

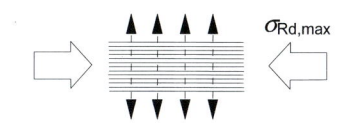

Bild 6.24 – Bemessungswert der Festigkeit von Betonstreben mit Querzug

(3) Für Druckstreben, die sich direkt zwischen Lasteinleitungsflächen befinden, wie z. B. Konsolen oder kurze hohe Träger, sind alternative Berechnungsmethoden in 6.2.2 und 6.2.3 angegeben.

6.5.3 Bemessung der Zugstreben

(1) Der Bemessungswert der Stahlspannung der Bewehrung der Zugstreben und der Bewehrung zur Aufnahme der Querzugkräfte in Druckstreben ist bei Betonstahl auf f_{yd} nach Abschnitt 3.2 bzw. bei Spannstahl auf $0{,}9 f_{p0,1k} / \gamma_S$ zu begrenzen.

(2) Die Bewehrung ist in der Regel in den Knoten ausreichend zu verankern.

Die Bewehrung ist bis in die konzentrierten Knoten ungeschwächt durchzuführen. Sie darf in verschmierten Knoten, die sich im Tragwerk über eine größere Länge erstrecken, innerhalb des Knotenbereichs gestaffelt enden. Dabei muss sie alle durch die Bewehrung umzulenkenden Druckwirkungen erfassen.

Die Verankerungslänge der Bewehrung in Druck-Zug-Knoten beginnt am Knotenanfang, wo erste Druckspannungen aus den Druckstreben auf die verankerte Bewehrung treffen und von ihr umgelenkt werden (siehe Bild 6.27).

[D525] Beispiel: Stabwerkmodelle Scheibe

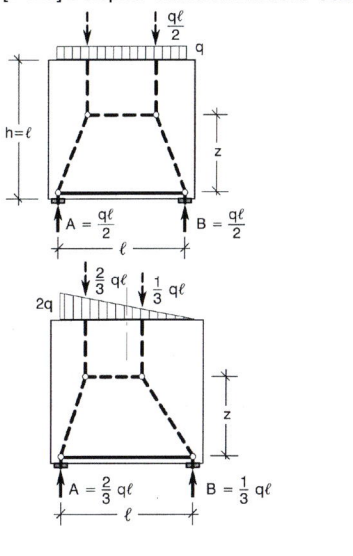

Rissbild der Druckstrebe:
– ungerissen: mit $1{,}0 f_{cd}$ (6.55)

– a) parallel: $0{,}6 \nu' f_{cd} = 0{,}75 f_{cd}$

– b) wenige kreuzende: $0{,}6 \nu' f_{cd} = 0{,}6 f_{cd}$

– c) viele kreuzende: $0{,}6 \nu' f_{cd} = 0{,}525 f_{cd}$

Eurocode 2: DIN EN 1992-1-1 mit Nationalem Anhang	Hinweise
6 Nachweise in den Grenzzuständen der Tragfähigkeit	

(3) Die zur Aufnahme der Kräfte an konzentrierten Knoten benötigte Bewehrung darf verteilt werden (siehe Bild 6.25 a) und b)). Die Bewehrung ist dabei in der Regel über den gesamten Bauteilbereich, in dem die Druck-Trajektorien gekrümmt sind (Zug- und Druckstreben), zu verteilen.
Die Querzugkraft T darf folgendermaßen ermittelt werden:

a) in Bereichen mit begrenzter Ausbreitung der Druckspannung $b \leq H / 2$, siehe Bild 6.25a):

$$T = \frac{1}{4} \cdot \frac{b-a}{b} \cdot F \qquad (6.58)$$

b) in Bereichen mit unbegrenzter Ausbreitung der Druckspannung $b > H / 2$, siehe Bild 6.25 b):

$$T = \frac{1}{4} \cdot \left(1 - 0{,}7 \frac{a}{H}\right) \cdot F \qquad (6.59)$$

In Gl. (6.59) wurde im Gegensatz zur EN 1992-1-1 hier H anstelle von h eingesetzt → vgl. auch Erläuterungen.

ANMERKUNG Zur Erläuterung der Anwendungsgrenzen von Gleichung (6.59) siehe DAfStb-Heft 600.

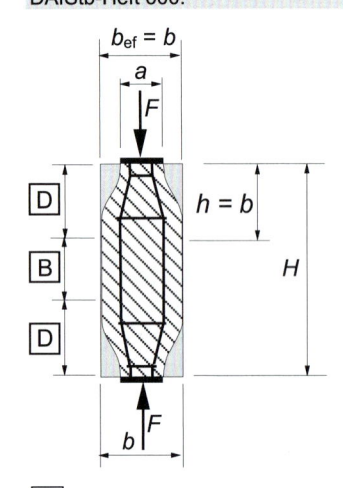

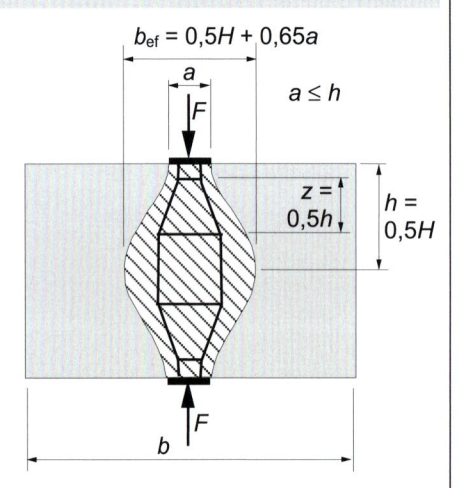

B – Kontinuitätsbereich
D – Diskontinuitätsbereich

a) Spannungsfeld mit begrenzter Ausbreitung der Druckspannung
b) Spannungsfeld mit unbegrenzter Ausbreitung der Druckspannung

Bild 6.25 – Parameter zur Bestimmung der Querzugkräfte in einem Druckfeld mit verteilter Bewehrung

6.5.4 Bemessung der Knoten

(1)P Die Regeln dieses Abschnitts für Knoten gelten auch für die Bereiche konzentrierter Krafteinleitungen in Bauteile, die in den übrigen Bereichen nicht mit Stabwerkmodellen berechnet werden.

(2)P Die an einem Knoten angreifenden Kräfte müssen im Gleichgewicht sein. Querzugkräfte, die senkrecht zur Knotenebene wirken, sind dabei zu berücksichtigen.

(3) Die Dimensionierung und bauliche Durchbildung konzentrierter Knoten bestimmen maßgeblich deren Tragfähigkeit. Konzentrierte Knoten können sich z. B. bei Einzellasten, an Auflagern, in Verankerungsbereichen mit Konzentration von Bewehrung oder Spanngliedern, an Biegungen von Bewehrungsstäben sowie an Anschlüssen und Ecken von Bauteilen ausbilden.

(4) Die Bemessungsdruckfestigkeiten im Knoten dürfen wie folgt bestimmt werden:

a) in Druckknoten ohne Verankerung von Zugstreben (siehe Bild 6.26):

$$\sigma_{Rd,max} = 1{,}1 \cdot v' \cdot f_{cd} \qquad (6.60)$$

b) in Druck-Zug-Knoten mit Verankerung von Zugstreben in einer Richtung (siehe Bild 6.27):

$$\sigma_{Rd,max} = 0{,}75 \cdot v' \cdot f_{cd} \qquad (6.61)$$

Der Beiwert für die Festigkeitsabminderung v' nach 6.5.2 (2) ist in den Vorwerten 1,1 und 0,75 der Gleichungen (6.60) bis (6.62) enthalten. Daher ist $v' = 1{,}0$ bzw. auf v_2 reduziert für $\geq$ C55/67.

$\sigma_{Rd,max} = 0{,}75 \cdot v' \cdot f_{cd}$, wenn alle Winkel zwischen Druck- und Zugstreben $\geq 30°$ betragen, z. B. nach Bild 6.27 [D525].

Eurocode 2: DIN EN 1992-1-1 mit Nationalem Anhang 6 Nachweise in den Grenzzuständen der Tragfähigkeit	Hinweise

c) in Druck-Zug-Knoten mit Verankerung von Zugstreben in mehrere Richtungen (siehe Bild 6.28):

$$\sigma_{Rd,max} = 0{,}75 \cdot \nu' \cdot f_{cd} \qquad (6.62)$$

wobei $\sigma_{Rd,max}$ die maximale Druckspannung ist, die an den Knotenrändern aufgebracht werden kann.

Dabei ist $\nu' = 1{,}0$.

Für Betonfestigkeitsklassen $\geq$ C55/67 ist ν' zusätzlich mit $\nu_2 = (1{,}1 - f_{ck} / 500)$ zu multiplizieren.

Knoten mit Abbiegungen von Bewehrung (z. B. nach Bild 6.28) erfordern die Einhaltung der zulässigen Biegerollendurchmesser nach 8.3.

(5) Die Bemessungswerte für die Druckspannung nach 6.5.4 (4) dürfen um bis zu 10 % erhöht werden, wenn mindestens eine der unten aufgeführten Bedingungen zutrifft:

– dreiaxialer Druck ist gewährleistet;

– alle Winkel zwischen Druck- und Zugstreben $\geq 55°$;

– die an Auflagern oder durch Einzellasten aufgebrachten Spannungen sind gleichmäßig verteilt und der Knoten ist durch Bügel gesichert;

– die Bewehrung ist in mehreren Lagen angeordnet;

– die Querdehnung des Knotens wird zuverlässig durch die Lager oder Reibung behindert.

(6) Dreiaxial gedrückte Knoten dürfen mit den Gleichungen (3.24) und (3.25), mit einer oberen Begrenzung von $\sigma_{Rd,max} = 1{,}1 \cdot \nu' \cdot f_{cd}$ nachgewiesen werden, wenn für alle drei Richtungen der Streben die Lastverteilung bekannt ist.

Bei genaueren Nachweisen können auch höhere Werte bis $\sigma_{Rd,max} = 3{,}0 \cdot f_{cd}$ angesetzt werden (siehe Abschnitte 3.1.9 bzw. 6.7).

(7) Die Verankerung der Bewehrung in den Druck-Zug-Knoten beginnt am Anfang des Knotens, d. h., sie beginnt beispielsweise bei einer Auflagerverankerung am Auflagerrand (siehe Bild 6.27). Die Verankerungslänge muss in der Regel über die gesamte Knotenlänge reichen. In bestimmten Fällen darf die Bewehrung auch hinter dem Knoten verankert werden. Zur Verankerung und zum Biegen der Bewehrung siehe Abschnitte 8.4 bis 8.6.

(8) Ebene Druckknoten, an denen sich drei Druckstreben treffen, dürfen gemäß Bild 6.26 nachgewiesen werden. Die maximale der gleichmäßig verteilten Knoten-Hauptspannungen ($\sigma_{Ed,0}$, $\sigma_{Ed,1}$, $\sigma_{Ed,2}$, $\sigma_{Ed,3}$) ist in der Regel gemäß 6.5.4 (4) a) nachzuweisen. Üblicherweise darf angenommen werden:

$F_{Ecd,1} / a_1 = F_{Ecd,2} / a_2 = F_{Ecd,3} / a_3$ entspricht $\sigma_{Ed,1} = \sigma_{Ed,2} = \sigma_{Ed,3} = \sigma_{Ed,0}$.

(9) Knoten an Biegungen von Bewehrungsstäben dürfen gemäß Bild 6.28 berechnet werden. Die mittleren Spannungen in den Druckstreben sind in der Regel gemäß 6.5.4 (5) nachzuweisen. Der Biegerollendurchmesser ist in der Regel gemäß 8.3 einzuhalten.

Hinweise:

$\nu' = 1{,}0$ bzw. ν_2 für $\geq$ C55/67

3.1.9 Beton unter mehraxialer Druckbeanspruchung
6.7 Teilflächenbelastung

[D525] Druck-Zug-Knoten mit geringem Bewehrungsüberstand < $2s_0$:

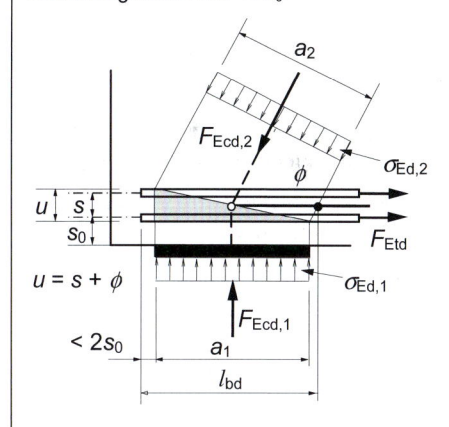

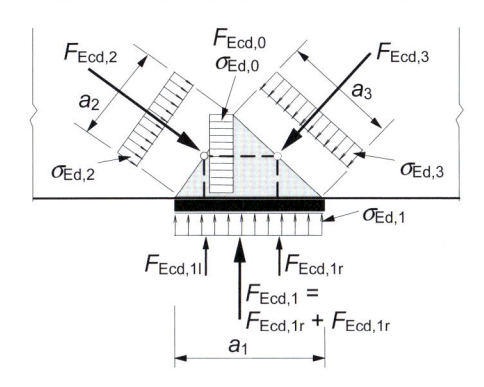

Bild 6.26 – Druckknoten ohne Verankerung von Zugstreben

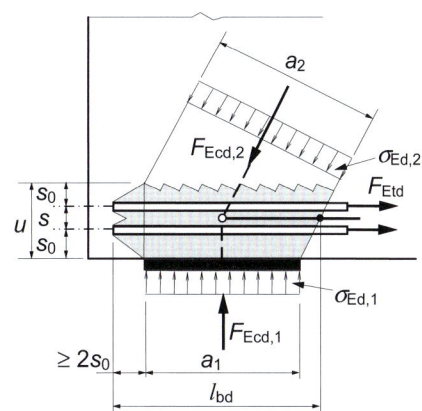

Bild 6.27 – Druck-Zug-Knoten mit Bewehrung in einer Richtung

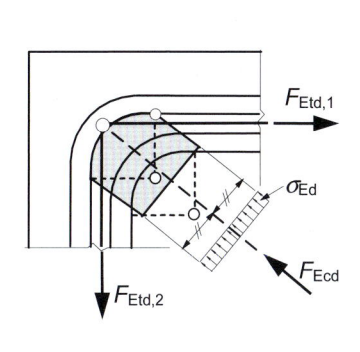

Bild 6.28 – Druck-Zug-Knoten mit Bewehrung in zwei Richtungen

Eurocode 2: DIN EN 1992-1-1 mit Nationalem Anhang	Hinweise
6 Nachweise in den Grenzzuständen der Tragfähigkeit	

6.6 Verankerung der Längsbewehrung und Stöße

(1)P Der Bemessungswert der Verbundfestigkeit ist auf einen Wert begrenzt, der von den Oberflächeneigenschaften der Bewehrung, der Zugfestigkeit des Betons und der Umschnürung des umgebenden Betons abhängt. Diese wird von der Betondeckung, der Querbewehrung und dem Querdruck beeinflusst.

(2) Die erforderliche Verankerungs- bzw. Übergreifungslänge wird auf Grundlage einer konstanten Verbundspannung ermittelt.

(3) Die Anwendungsregeln für die Bemessung und bauliche Durchbildung von Verankerungen und Stößen sind in den Abschnitten 8.4 bis 8.9 enthalten.

Bewehrungsregeln:
- 8.4 Verankerung der Längsbewehrung
- 8.4.2 Verbundfestigkeit
- 8.4.3 und 8.4.4 Verankerungslänge
- 8.7.2 Stöße
- 8.7.3 Übergreifungslänge
- 8.8 Große Stabdurchmesser > 32 mm
- 8.9 Stabbündel

6.7 Teilflächenbelastung

(1)P Bei der Teilflächenbelastung müssen das lokale Bruchverhalten (siehe unten) und die Querzugkräfte (siehe 6.5) berücksichtigt werden.

(2) Für eine gleichmäßige Lastverteilung auf einer Fläche A_{c0} (siehe Bild 6.29) darf die aufnehmbare Teilflächenlast wie folgt ermittelt werden:

$$F_{Rdu} = A_{c0} \cdot f_{cd} \cdot \sqrt{A_{c1} / A_{c0}} \leq A_{c0} \cdot f_{cd} \cdot 3{,}0 \qquad (6.63)$$

Dabei ist

A_{c0} die Belastungsfläche;

A_{c1} die maximale rechnerische Verteilungsfläche mit geometrischer Ähnlichkeit zu A_{c0}.

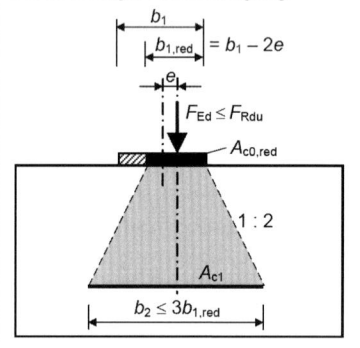

(3) Die für die Aufnahme der Kraft F_{Rdu} vorgesehene rechnerische Verteilungsfläche A_{c1} muss in der Regel den nachfolgenden Bedingungen genügen:

– Für die zur Lastverteilung in Belastungsrichtung zur Verfügung stehende Höhe gelten die Bedingungen in Bild 6.29.

– Der Schwerpunkt der Fläche A_{c1} muss in der Regel in Belastungsrichtung mit dem Schwerpunkt der Belastungsfläche A_{c0} übereinstimmen.

– Wirken auf den Betonquerschnitt mehrere Druckkräfte, so dürfen sich die rechnerischen Verteilungsflächen innerhalb der Höhe h nicht überschneiden.

Der Wert von F_{Rdu} ist in der Regel zu verringern, wenn die Last nicht gleichmäßig über die Fläche A_{c0} verteilt ist oder wenn hohe Querkräfte vorhanden sind.

Bei ausmittiger Belastung ist die Belastungsfläche A_{c0} entsprechend der Ausmitte zu reduzieren.

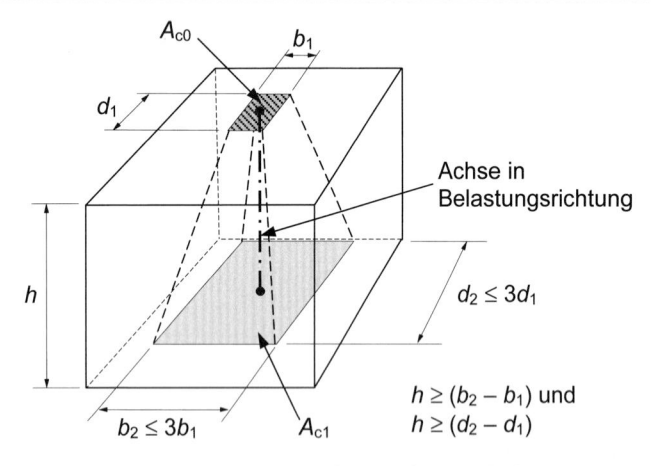

Die ansetzbare rechnerische Verteilungsfläche A_{c1} muss A_{c0} geometrisch ähnlich sein ($b_1 / d_1 = b_2 / d_2$).

Reduktion der Belastungsfläche bei ausmittiger Lasteintragung:

Bild 6.29 – Ermittlung der Flächen für Teilflächenbelastung

ANMERKUNG Für den Ansatz der Teilflächentragfähigkeit ist mindestens eine A_{c0} umgebende Betonfläche mit den Abmessungen aus der Projektion von A_{c1} auf die Lasteinleitungsebene erforderlich.

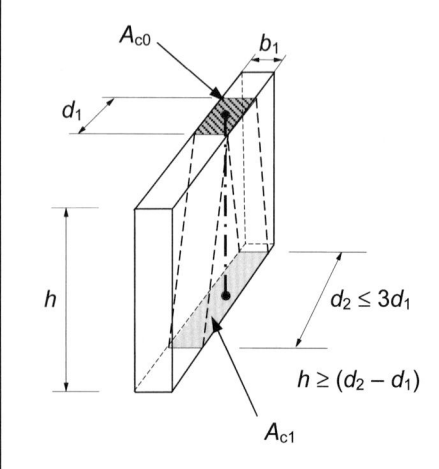

(4) Die durch die Teilflächenbelastung entstehenden Querzugkräfte sind in der Regel durch Bewehrung aufzunehmen.

Ist die Aufnahme dieser Querzugkräfte nicht durch Bewehrung gesichert, sollte die Teilflächenlast auf $F_{Rdu} \leq 0{,}6 \cdot f_{cd} \cdot A_{c0}$ begrenzt werden.

Wenn A_{c1} nicht geometrisch ähnlich zu A_{c0}: Für die Teilflächenbelastung bei einer Lastausbreitung in nur einer Richtung (zweiaxialer Spannungszustand, z. B. Einzellast auf Wandscheibe) darf nur $\sigma_{Rd,max} = 1{,}1 \cdot v' \cdot f_{cd}$ nach Gl. (6.60) für einen Druckknoten (Bild 6.26) ausgenutzt werden: $F_{Rdu} \leq A_{c0} \cdot \sigma_{Rd,max}$.

6.8 Nachweis gegen Ermüdung

6.8.1 Allgemeines

(1)P In speziellen Fällen muss bei Tragwerken der Nachweis gegen Ermüdung erbracht werden. Dieser Nachweis ist für Beton und Stahl getrennt zu führen.

(2) Im Allgemeinen sind Tragwerke und tragende Bauteile, die regelmäßigen Lastwechseln unterworfen sind, gegen Ermüdung zu bemessen (z. B. Kranbahnen, Brücken mit hohem Verkehrsaufkommen).

Für Tragwerke des üblichen Hochbaus braucht im Allgemeinen kein Nachweis gegen Ermüdung geführt zu werden.

6.8.2 Innere Kräfte und Spannungen beim Nachweis gegen Ermüdung

(1)P Die Ermittlung der Spannungen muss auf der Grundlage gerissener Querschnitte unter Vernachlässigung der Betonzugfestigkeit, jedoch bei Einhaltung der Verträglichkeit der Dehnungen erfolgen.

(2)P Das unterschiedliche Verbundverhalten von Betonstahl und Spannstahl ist durch Erhöhung der unter Annahme starren Verbunds berechneten Betonstahlspannungen mit dem Faktor η zu berücksichtigen:

$$\eta = \frac{A_s + A_p}{A_s + A_p \cdot \sqrt{\xi \cdot \frac{\phi_s}{\phi_p}}} \quad (6.64)$$

Dabei ist

A_s die Querschnittsfläche der Betonstahlbewehrung;

A_p die Querschnittsfläche der Spannstahlbewehrung;

ϕ_s der größte Durchmesser der Betonstahlbewehrung;

ϕ_p der Durchmesser oder äquivalente Durchmesser der Spannstahlbewehrung:

$\phi_p = 1{,}6 \sqrt{A_p}$ für Bündelspannglieder,

$\phi_p = 1{,}75\, \phi_{wire}$ für Einzellitzen mit 7 Drähten,

$\phi_p = 1{,}20\, \phi_{wire}$ für Einzellitzen mit 3 Drähten,

dabei ist ϕ_{wire} der Durchmesser des Drahts;

ξ das Verhältnis der Verbundfestigkeit von im Verbund liegenden Spanngliedern zur Verbundfestigkeit von Betonrippenstahl im Beton. Es dürfen die Werte in Tabelle 6.2 verwendet werden.

Tabelle 6.2 – Verhältnis ξ der Verbundfestigkeit von Spannstahl zur Verbundfestigkeit von Betonstahl

	1	2	3	4	5
		\multicolumn{4}{c}{ξ}			
	Spannstahl	\multicolumn{2}{c}{sofortiger Verbund}	\multicolumn{2}{c}{nachträglicher Verbund}
		≤ C50/60	≥ C70/85	≤ C50/60	≥ C70/85
1	glatte Stäbe und Drähte	nicht anwendbar		0,3	0,15
2	Litzen	0,6	0,30	0,5	0,25
3	profilierte Drähte	0,7	0,35	0,6	0,30
4	gerippte Stäbe	0,8	0,40	0,7	0,35

ANMERKUNG Für Werte zwischen C50/60 und C70/85 darf interpoliert werden.

(3) Bei der Bemessung der Querkraftbewehrung darf die Druckstrebenneigung θ_{fat} mit Hilfe eines Stabwerkmodells oder gemäß Gleichung (6.65) ermittelt werden.

$$\tan \theta_{fat} = \sqrt{\tan \theta} \leq 1{,}0 \quad (6.65)$$

Dabei ist θ der bei der Bemessung im GZT (siehe 6.2.3) angesetzte Winkel zwischen Betondruckstreben und Trägerachse.

Zu (2): Berücksichtigung des Verbundverhaltens bei unterschiedlichen Höhenlagen von Betonstahl und Spannstahl mit der Näherung nach [R31]:

$$\eta = \frac{A_s + \sum \frac{e_{pi}}{e_s} \cdot A_{pi}}{A_s + \sum \frac{e_{pi}}{e_s} \cdot A_{pi} \sqrt{\xi \cdot \frac{\phi_s}{\phi_p}}}$$

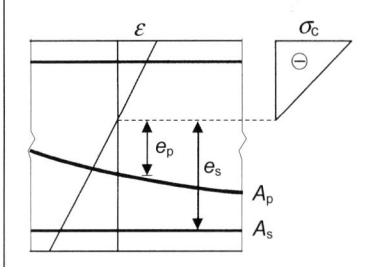

6.8.3 Einwirkungskombinationen

(1)P Zur Berechnung der Schwingbreiten muss eine Unterteilung in nichtzyklische und zyklische ermüdungswirksame Einwirkungen (Anzahl von wiederholten Lasteinwirkungen) erfolgen.

Die Nachweise sind für Stahl und Beton im Allgemeinen unter Berücksichtigung der folgenden Einwirkungskombinationen zu führen:

– ständige Einwirkungen,
– maßgebender charakteristischer Wert der Vorspannung P_k,
– wahrscheinlicher Wert der Setzungen, sofern ungünstig wirkend,
– häufiger Wert der Temperatureinwirkung, sofern ungünstig wirkend,
– Einwirkung aus Nutzlasten bzw. Verkehrslasten.

maßgebender Wert der Vorspannung $P_{k,sup}$ bzw. $P_{k,inf}$ nach 5.10.9 (1)P

(2)P Die Grundkombination der nichtzyklischen Einwirkungen entspricht der häufigen Einwirkungskombination im GZG:

$$E_d = E\{G_{k,j}; P; \psi_{1,1} \cdot Q_{k,1}; \psi_{2,i} \cdot Q_{k,i}\} \text{ mit } j \geq 1; i > 1 \quad (6.66)$$

ANMERKUNG $Q_{k,1}$ und $Q_{k,i}$ sind nichtzyklische, veränderliche Einwirkungen.

Die Grundkombination in { } kann wie folgt dargestellt werden: Gl. (6.67)

$$\sum_{j \geq 1} G_{k,j} \text{"+"} P \text{"+"} \psi_{1,1} Q_{k,1} \text{"+"} \sum_{i > 1} \psi_{2,i} Q_{k,i}$$

Die Grundkombination zuzüglich zyklischer Einwirkung in { } kann wie folgt dargestellt werden: Gl. (6.69)

(3)P Die zyklische Einwirkung muss mit der ungünstigen Grundkombination kombiniert werden:

$$E_d = E\{\{G_{k,j}; P; \psi_{1,1} \cdot Q_{k,1}; \psi_{2,i} \cdot Q_{k,i}\}; Q_{fat}\} \text{ mit } j \geq 1; i > 1 \quad (6.68)$$

Dabei ist

Q_{fat} die maßgebende Ermüdungsbelastung (z. B. Verkehrslast nach DIN EN 1991 oder andere zyklische Einwirkungen).

$$\left(\sum_{j \geq 1} G_{k,j} \text{"+"} P \text{"+"} \psi_{1,1} Q_{k,1} \text{"+"} \sum_{i > 1} \psi_{2,i} Q_{k,i}\right) \text{"+"} Q_{fat}$$

Grundkombination (nichtzyklische Einwirkung)

"+" bedeutet „ist zu kombinieren mit"

6.8.4 Nachweisverfahren für Betonstahl und Spannstahl

(1) Für die Schädigung infolge von Spannungswechseln mit einer Schwingbreite $\Delta\sigma$ dürfen die entsprechenden Ermüdungsfestigkeitskurven (Wöhlerlinien) für Betonstahl und Spannstahl nach Bild 6.30 angesetzt werden. Dabei ist in der Regel die Einwirkung mit $\gamma_{F,fat} = 1{,}0$ zu multiplizieren. Die aufnehmbare Schwingbreite für N^* Lastzyklen $\Delta\sigma_{Rsk}$ ist in der Regel durch den Sicherheitsbeiwert $\gamma_{S,fat} = 1{,}15$ zu dividieren.

Die Parameter der Wöhlerlinien sind in den Tabellen 6.3DE und 6.4DE enthalten.

Kann ein vereinfachter Nachweis nach 6.8.5 oder 6.8.6 nicht erbracht werden, so ist ein expliziter Betriebsfestigkeitsnachweis nach 6.8.4 (2) zu führen.

$\gamma_{F,fat} = 1{,}0$ nach (NDP) zu 2.4.2.3 (1)

$\gamma_{S,fat} = 1{,}15$ nach (NDP) zu 2.4.2.4 (1)

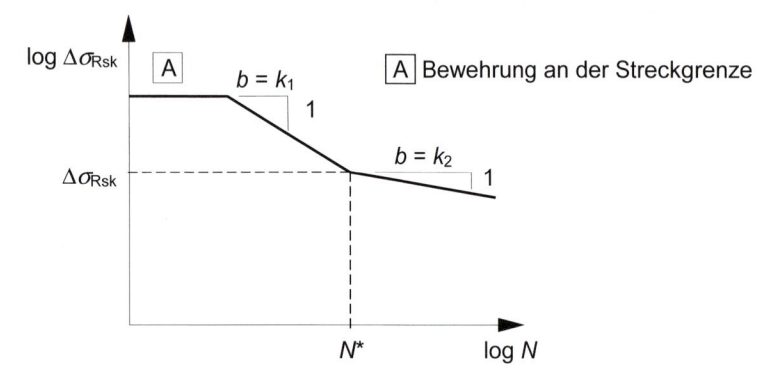

Bild 6.30 – Form der charakteristischen Ermüdungsfestigkeitskurve (Wöhlerlinien für Betonstahl und Spannstahl)

(2) Treten Spannungswechsel mit unterschiedlichen Schwingbreiten auf, dürfen die Schädigungen nach der *Palmgren-Miner*-Regel addiert werden. Dabei muss in der Regel die Schädigungssumme D_{Ed} für den Stahl infolge der maßgebenden Ermüdungsbelastung folgende Bedingung erfüllen:

$$D_{Ed} = \sum_i \frac{n(\Delta\sigma_i)}{N(\Delta\sigma_i)} < 1 \quad (6.70)$$

Dabei ist

$n(\Delta\sigma_i)$ die Zahl der aufgebrachten Lastwechsel für eine Schwingbreite $\Delta\sigma_i$;

$N(\Delta\sigma_i)$ die Zahl der aufnehmbaren Lastwechsel für eine Schwingbreite $\Delta\sigma_i$.

Eurocode 2: DIN EN 1992-1-1 mit Nationalem Anhang	Hinweise
6 Nachweise in den Grenzzuständen der Tragfähigkeit	

(3)P In Betonstahl oder Spannstahl dürfen die unter Ermüdungsbelastungen ermittelten Spannungen den Bemessungswert der Streckgrenze nicht überschreiten.

(4) Die Streckgrenze ist in der Regel anhand von Zugfestigkeitsprüfungen am verwendeten Stahl nachzuweisen.

(5) Werden die Regeln aus 6.8 für ein bestehendes Tragwerk zur Bewertung der Restlebensdauer oder zur Prüfung einer Verstärkung verwendet und Korrosion hat bereits eingesetzt, darf die Schwingbreite bestimmt werden, indem der Spannungsexponent k_2 für gerade und gebogene Stäbe auf $k_2 = 5$ vermindert wird.

(6)P Die Schwingbreite von geschweißten Stäben darf nicht über der für gerade oder gebogene Stäbe liegen.

Tabelle 6.3DE – Parameter der Ermüdungsfestigkeitskurven (Wöhlerlinien) für Betonstahl

	1	2	3		4
	Art der Bewehrung	N^*	Spannungsexponent		$\Delta\sigma_{Rsk}$ [N/mm²] bei N^* Zyklen
			k_1	k_2	
1	gerade und gebogene Stäbe [a]	10^6	5	9 [c]	175
2	geschweißte Stäbe und Betonstahlmatten [b]	10^6	4	5	85

[a] Für gebogene Stäbe mit $D < 25\phi$ ist $\Delta\sigma_{Rsk}$ mit dem Reduktionsfaktor $\zeta_1 = 0{,}35 + 0{,}026\ D/\phi$ zu multiplizieren.
  Dabei ist
  D der Biegerollendurchmesser;
  ϕ der Stabdurchmesser.
Für Stäbe $\phi > 28$ mm ist $\Delta\sigma_{Rsk} = 145$ N/mm² (gilt nur für hochduktile Betonstähle).
[b] Sofern nicht andere Wöhlerlinien durch eine allgemeine bauaufsichtliche Zulassung oder Zustimmung im Einzelfall festgelegt werden.
[c] In korrosiven Umgebungsbedingungen (XC2, XC3, XC4, XS, XD) sind weitere Überlegungen zur Wöhlerlinie anzustellen. Wenn keine genaueren Erkenntnisse vorliegen, ist für k_2 ein reduzierter Wert $5 \leq k_2 < 9$ anzusetzen.

Mechanische Verbindungen werden grundsätzlich über Zulassungen geregelt.
Die Werte gelten bei geschweißten Stäben einschließlich Heft- und Stumpfstoßverbindungen.
Die Verwendung von Stabdurchmessern $\phi > 40$ mm wird durch Zulassungen geregelt.
Auf den Reduktionsfaktor ζ_1 darf bei Querkraftbewehrung mit 90°-Bügeln für $\phi \leq 16$ mm mit Bügelhöhen ≥ 600 mm verzichtet werden.

Tabelle 6.4DE – Parameter der Ermüdungsfestigkeitskurven (Wöhlerlinien) für Spannstahl

	1	2	3	4	5	6
	Spannstahl [a]	N^*	Spannungsexponent		$\Delta\sigma_{Rsk}$ [N/mm²] bei N^* Zyklen [b]	
			k_1	k_2	Klasse 1	Klasse 2
1	im sofortigen Verbund	10^6	5	9	185	120
	im nachträglichen Verbund					
2	– Einzellitzen in Kunststoffhüllrohren	10^6	5	9	185	120
3	– gerade Spannglieder, gekrümmte Spannglieder in Kunststoffhüllrohren	10^6	5	9	150	95
4	– gekrümmte Spannglieder in Stahlhüllrohren	10^6	3	7	120	75

[a] Sofern nicht andere Wöhlerlinien durch eine Zulassung oder Zustimmung im Einzelfall für den eingebauten Zustand festgelegt werden.
[b] Werte im eingebauten Zustand. Die Spannstähle werden in zwei Klassen eingeteilt. Die Werte für Klasse 1 sind durch eine allgemeine bauaufsichtliche Zulassung für den Spannstahl nachzuweisen.
Die Werte für Nachweise des Verankerungsbereichs von Spanngliedern sind immer der allgemeinen bauaufsichtlichen Zulassung zu entnehmen.

Kopplungen werden grundsätzlich im Rahmen von Zulassungen für Spannverfahren geregelt.
Die Verwendung von Stabdurchmessern $\phi > 40$ mm wird durch Zulassungen geregelt.

6.8.5 Nachweis gegen Ermüdung über schädigungsäquivalente Schwingbreiten

(1) Anstelle eines expliziten Nachweises der Betriebsfestigkeit nach 6.8.4 darf der Nachweis gegen Ermüdung bei Standardfällen mit bekannten Belastungen (Eisenbahn- und Straßenbrücken) auch wie folgt geführt werden:
- über schädigungsäquivalente Schwingbreiten für Stahl nach 6.8.5 (3),
- über schädigungsäquivalente Druckspannungen für Beton nach 6.8.7.

(2) Bei der schädigungsäquivalenten Schwingbreite wird das tatsächliche Spannungskollektiv zu einer einstufigen Beanspruchung mit N^* Zyklen ersetzt. DIN EN 1992-2 enthält für maßgebende Ermüdungsbelastungen Modelle und Verfahren zur Berechnung der äquivalenten Schwingbreiten $\Delta\sigma_{S,equ}$ für Überbauten von Straßen- und Eisenbahnbrücken.

(3) Für Betonstahl oder Spannstahl und Kopplungen darf ein ausreichender Widerstand gegen Ermüdung angenommen werden, wenn Gleichung (6.71) erfüllt wird:

$$\gamma_{F,fat} \cdot \Delta\sigma_{S,equ}(N^*) \leq \frac{\Delta\sigma_{Rsk}(N^*)}{\gamma_{S,fat}} \quad (6.71)$$

Dabei ist

$\Delta\sigma_{Rsk}(N^*)$ die Schwingbreite bei N^* Lastzyklen aus den entsprechenden Ermüdungsfestigkeitskurven (Wöhlerlinien) in Bild 6.30;
ANMERKUNG Siehe auch Tabellen 6.3DE und 6.4DE.

$\Delta\sigma_{S,equ}(N^*)$ die schädigungsäquivalente Schwingbreite für verschiedene Bewehrungsarten unter Berücksichtigung der Anzahl der Lastwechsel N^*. Für den Hochbau darf $\Delta\sigma_{S,equ}(N^*)$ näherungsweise zu $\Delta\sigma_{S,max}$ angenommen werden;

$\Delta\sigma_{S,max}$ die maximale Stahlspannungsamplitude unter der maßgebenden ermüdungswirksamen Einwirkungskombination.

6.8.6 Vereinfachte Nachweise

(1) Für nicht geschweißte Bewehrungsstäbe unter Zugbeanspruchung darf ein ausreichender Widerstand gegen Ermüdung angenommen werden, wenn die Schwingbreite unter der häufigen zyklischen Einwirkung mit der Grundkombination $\Delta\sigma_s \leq 70$ N/mm² ist.

(2) Als Vereinfachung zu Absatz (1) darf der Nachweis auch unter Verwendung der häufigen Einwirkungskombination geführt werden. Kann dieser erbracht werden, sind keine weiteren Überprüfungen nötig.

(3) Bei geschweißten Verbindungen oder Kopplungen in Spannbetonbauteilen muss der Betonquerschnitt im Bereich von 200 mm um Spannglieder oder Betonstahleinlagen unter der häufigen Einwirkungskombination und einer mit dem Beiwert 0,75 abgeminderten mittleren Vorspannkraft P_m in der Regel überdrückt sein.

6.8.7 Nachweis gegen Ermüdung des Betons unter Druck oder Querkraftbeanspruchung

(1) Ausreichender Widerstand gegen Ermüdung darf für Beton unter Druck angenommen werden, wenn die nachfolgende Bedingung erfüllt ist:

$$E_{cd,max,equ} + 0{,}43\sqrt{1-R_{equ}} \leq 1 \quad (6.72)$$

Dabei ist

R_{equ} $= E_{cd,min,equ} / E_{cd,max,equ}$ (6.73)
$E_{cd,min,equ}$ $= \sigma_{cd,min,equ} / f_{cd,fat}$ (6.74)
$E_{cd,max,equ}$ $= \sigma_{cd,max,equ} / f_{cd,fat}$ (6.75)

Dabei ist

R_{equ} das Verhältnis der Spannungen;
$E_{cd,min,equ}$ das minimale Niveau der Druckspannung;
$E_{cd,max,equ}$ das maximale Niveau der Druckspannung;
$\sigma_{cd,max,equ}$ die Oberspannung der Dauerschwingfestigkeit mit einer Anzahl von $N = 10^6$ Zyklen;
$\sigma_{cd,min,equ}$ die Unterspannung der Dauerschwingfestigkeit mit einer Anzahl von $N = 10^6$ Zyklen;

Hinweise:

Bei geschweißten Bewehrungsstäben ist kein vereinfachter Nachweis zulässig.

Bei Matten unter zyklischer Beanspruchung sind die entsprechenden Zulassungen zu beachten.

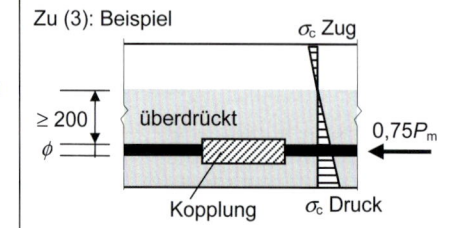

Zu (3): Beispiel

| Eurocode 2: DIN EN 1992-1-1 mit Nationalem Anhang | Hinweise |
| 7 Nachweise in den Grenzzuständen der Gebrauchstauglichkeit | |

$f_{cd,fat}$ der Bemessungswert der einaxialen Festigkeit des Betons beim Nachweis gegen Ermüdung gemäß Gleichung (6.76):

$f_{cd,fat}$ = 1,0 · $\beta_{cc}(t_0)$ · f_{cd} · (1 − f_{ck} / 250)   (6.76)

3.1.2 (6), Gl. (3.2):
$\beta_{cc}(t) = e^{\,s\,\cdot\,(1-\sqrt{28/t})}$

Dabei ist

$\beta_{cc}(t_0)$ der Beiwert für die Betonfestigkeit bei Erstbelastung (siehe 3.1.2 (6));

t_0 der Zeitpunkt der ersten zyklischen Belastung des Betons in Tagen.

(2) Ausreichender Widerstand gegen Ermüdung darf für Beton unter Druck angenommen werden, wenn die nachfolgende Bedingung erfüllt ist:

$$\frac{\sigma_{c,max}}{f_{cd,fat}} \leq 0{,}5 + 0{,}45\,\frac{\sigma_{c,min}}{f_{cd,fat}} \quad \begin{array}{l} \leq 0{,}9 \\ \leq 0{,}8 \end{array} \quad \begin{array}{l} \text{für } f_{ck} \leq 50\ \text{N/mm}^2 \\ \text{für } f_{ck} > 50\ \text{N/mm}^2 \end{array} \quad (6.77)$$

Gl. (6.77) grafisch (aus [115]):

Dabei ist

$\sigma_{c,max}$ die maximale Druckspannung unter der häufigen Einwirkungskombination (Druckspannungen positiv bezeichnet);

$\sigma_{c,min}$ die minimale Druckspannung an der gleichen Stelle, wo $\sigma_{c,max}$ auftritt. Ist $\sigma_{c,min}$ eine Zugspannung, dann gilt $\sigma_{c,min}$ = 0.

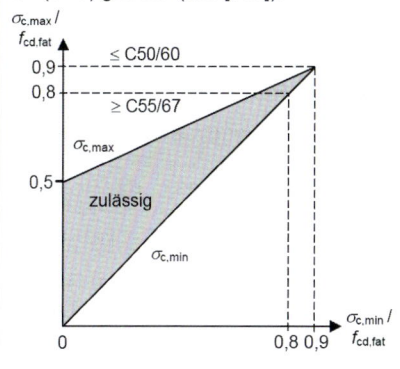

(3) Gleichung (6.77) darf auch für die Druckstreben von querkraftbeanspruchten Bauteilen angewendet werden. In diesem Fall ist in der Regel die Betondruckfestigkeit $f_{cd,fat}$ mit dem Festigkeitsabminderungsbeiwert v_1 nach NDP zu 6.2.3 (3) zu reduzieren.

(NDP) zu 6.2.3 (3):
$v_1 = 0{,}75 \cdot v_2$, mit
$v_2 = 1{,}0$ für ≤ C50/60,
$v_2 = (1{,}1 - f_{ck} / 500)$ für ≥ C55/67.

(4) Bei Bauteilen ohne rechnerisch erforderliche Querkraftbewehrung darf ein ausreichender Widerstand gegen Ermüdung des Betons bei Querkraftbeanspruchung als gegeben angesehen werden, wenn die folgenden Bedingungen eingehalten sind:

Gl. (6.78) und (6.79) grafisch (aus [115]):

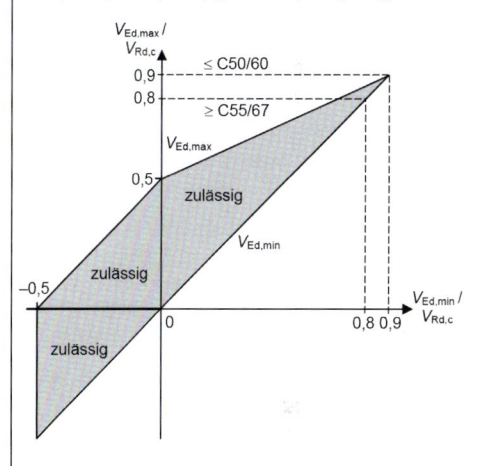

— für $V_{Ed,min} / V_{Ed,max} \geq 0$:

$$\frac{|V_{Ed,max}|}{|V_{Rd,c}|} \leq 0{,}5 + 0{,}45\,\frac{|V_{Ed,min}|}{|V_{Rd,c}|} \quad \begin{array}{l} \leq 0{,}9 \\ \leq 0{,}8 \end{array} \quad \begin{array}{l} \text{für } f_{ck} \leq 50\ \text{N/mm}^2 \\ \text{für } f_{ck} > 50\ \text{N/mm}^2 \end{array} \quad (6.78)$$

— für $V_{Ed,min} / V_{Ed,max} < 0$:

$$\frac{|V_{Ed,max}|}{|V_{Rd,c}|} \leq 0{,}5 - \frac{|V_{Ed,min}|}{|V_{Rd,c}|} \quad (6.79)$$

Dabei ist

$V_{Ed,max}$ der Bemessungswert der maximalen Querkraft unter häufiger Einwirkungskombination;

$V_{Ed,min}$ der Bemessungswert der minimalen Querkraft unter häufiger Einwirkungskombination in dem Querschnitt, in dem $V_{Ed,max}$ auftritt;

$V_{Rd,c}$ der Bemessungswert des Querkraftwiderstands nach Gleichung (6.2a).

7 NACHWEISE IN DEN GRENZZUSTÄNDEN DER GEBRAUCHSTAUGLICHKEIT (GZG)

7.1 Allgemeines

(1)P Dieser Abschnitt gilt für die üblichen Grenzzustände der Gebrauchstauglichkeit. Diese sind:

– Begrenzung der Spannungen (siehe 7.2),
– Begrenzung der Rissbreiten (siehe 7.3),
– Begrenzung der Verformungen (siehe 7.4).

Weitere Grenzzustände (wie z. B. Schwingungen) können bei bestimmten Tragwerken von Bedeutung sein, werden in dieser Norm allerdings nicht behandelt.

(2) Bei der Ermittlung von Spannungen und Verformungen ist in der Regel von ungerissenen Querschnitten auszugehen, wenn die Biegezugspannung $f_{ct,eff}$ nicht überschreitet. Der Wert für $f_{ct,eff}$ darf zu f_{ctm} oder $f_{ctm,fl}$ angenommen werden, wenn die Berechnung der Mindestzugbewehrung auch auf Grundlage dieses Wertes erfolgt. Für die Nachweise von Rissbreiten und bei der Berücksichtigung der Mitwirkung des Betons auf Zug ist in der Regel f_{ctm} zu verwenden.

f_{ctm} – zentrische Betonzugfestigkeit
$f_{ctm,fl}$ – Betonbiegezugfestigkeit

| Eurocode 2: DIN EN 1992-1-1 mit Nationalem Anhang | Hinweise |
| 7 Nachweise in den Grenzzuständen der Gebrauchstauglichkeit | |

(NA.3) Die Spannungsnachweise nach 7.2 dürfen für nicht vorgespannte Tragwerke des üblichen Hochbaus, die nach Abschnitt 6 bemessen wurden, im Allgemeinen entfallen, wenn

- die Schnittgrößen nach der Elastizitätstheorie ermittelt und im Grenzzustand der Tragfähigkeit um nicht mehr als 15 % umgelagert wurden und
- die bauliche Durchbildung nach Abschnitt 9 durchgeführt wird und insbesondere die Festlegungen für die Mindestbewehrungen eingehalten sind.

7.2 Begrenzung der Spannungen

(1)P Die Betondruckspannungen müssen begrenzt werden, um Längsrisse, Mikrorisse oder starkes Kriechen zu vermeiden, falls diese zu Beeinträchtigungen der Funktion des Tragwerks führen können.

(2) Es kann zu Längsrissen kommen, wenn die Spannungen unter der charakteristischen Einwirkungskombination einen kritischen Wert übersteigen. Diese Rissbildung kann die Dauerhaftigkeit beeinträchtigen. In Bauteilen unter den Bedingungen der Expositionsklassen XD, XF und XS (siehe Tabelle 4.1) sollten die Betondruckspannungen auf den Wert $0{,}6f_{ck}$ begrenzt werden, wenn keine anderen Maßnahmen, wie z. B. eine Erhöhung der Betondeckung in der Druckzone oder eine Umschnürung der Druckzone durch Querbewehrung, getroffen werden.

ANMERKUNG charakteristische = seltene Einwirkungskombination

(3) Beträgt die Betondruckspannung unter quasi-ständiger Einwirkungskombination weniger als $0{,}45f_{ck}$, darf von linearem Kriechen ausgegangen werden. Übersteigt die Betondruckspannung $0{,}45f_{ck}$, ist in der Regel nichtlineares Kriechen zu berücksichtigen (siehe 3.1.4).

(4)P Zur Vermeidung nichtelastischer Dehnungen, unzulässiger Rissbildungen und Verformungen müssen die Zugspannungen in der Bewehrung begrenzt werden.

(5) Wenn die Zugspannung in der Bewehrung unter der charakteristischen Einwirkungskombination $0{,}8f_{yk}$ nicht übersteigt, darf davon ausgegangen werden, dass für das Erscheinungsbild unzulässige Rissbildungen und Verformungen vermieden werden. Zugspannungen infolge indirekter Einwirkung sind in der Regel auf $1{,}0f_{yk}$ zu begrenzen.

direkte Einwirkung → Last

indirekte Einwirkung → Zwang

Die Spannstahlspannungen infolge der quasi-ständigen Einwirkungskombination nach Abzug der Spannkraftverluste nach 5.10.5.2 und 5.10.6 unter Berücksichtigung des Mittelwertes der Vorspannung dürfen in der Regel $0{,}65f_{pk}$ nicht überschreiten.

5.10.5.2 Reibungsverluste
5.10.6 Zeitabhängige Spannkraftverluste

ANMERKUNG charakteristische = seltene Einwirkungskombination

(NA.6) Nach dem Absetzen der Pressenkraft bzw. dem Lösen der Verankerung darf der Mittelwert der Spannstahlspannung unter der seltenen Einwirkungskombination in keinem Querschnitt und zu keinem Zeitpunkt den kleineren Wert von $0{,}9f_{p0,1k}$ und $0{,}8f_{pk}$ überschreiten.

(NA.7) Im Bereich von Verankerungen und Auflagern dürfen die Nachweise nach den Absätzen (2) und (3) entfallen, wenn die Festlegungen in 8.10.3 sowie Abschnitt 9 eingehalten werden.

8.10.3 Verankerungsbereiche bei Spanngliedern im nachträglichen oder ohne Verbund
9 Konstruktionsregeln

7.3 Begrenzung der Rissbreiten

7.3.1 Allgemeines

(1)P Die Rissbreite ist so zu begrenzen, dass die ordnungsgemäße Nutzung des Tragwerks, sein Erscheinungsbild und die Dauerhaftigkeit nicht beeinträchtigt werden.

Rissbildung ist in Betonzugzonen nahezu unvermeidbar.

(2) Rissbildung tritt bei Stahlbetontragwerken auf, welche durch Biegung, Querkraft, Torsion oder Zugkräfte beansprucht werden, die aufgrund direkter Last oder durch behinderte bzw. aufgebrachte Verformungen auftreten.

(3) Risse im Beton können auch aus anderen Gründen, z. B. aus plastischem Schwinden oder chemischen Reaktionen mit Volumenänderung, auftreten. Die Vermeidung und die Begrenzung der Breite solcher Risse sind in diesem Kapitel nicht geregelt.

| Eurocode 2: DIN EN 1992-1-1 mit Nationalem Anhang | Hinweise |
| 7 Nachweise in den Grenzzuständen der Gebrauchstauglichkeit | |

(4) Die Rissbreite muss nicht begrenzt werden, wenn der ordnungsgemäße Gebrauch des Tragwerks nicht beeinträchtigt wird.

(5) Der Grenzwert w_{max} für die rechnerische Rissbreite w_k nach Tabelle 7.1DE ist in der Regel unter Berücksichtigung des geplanten Gebrauchs und der Art des Tragwerks sowie der Kosten der Rissbreitenbegrenzung festzulegen.

Für die Einhaltung des Grenzzustands der Dekompression ist nachzuweisen, dass der Betonquerschnitt um das Spannglied im Bereich von 100 mm oder von 1/10 der Querschnittshöhe unter Druckspannungen steht. Der größere Bereich ist maßgebend. Die Spannungen sind im Zustand II nachzuweisen.

Tabelle 7.1DE – Rechenwerte für w_{max} in [mm]

	1	2	3	4
		Stahlbeton und Vorspannung ohne Verbund	Vorspannung mit nachträglichem Verbund	Vorspannung mit sofortigem Verbund
	Expositions-klasse	mit Einwirkungskombination		
		quasi-ständig	häufig	häufig	selten
1	X0, XC1	0,4 [a]	0,2	0,2	
2	XC2 – XC4	0,3	0,2 [b], [c]	0,2 [b]	
3	XS1 – XS3, XD1, XD2, XD3 [d]	0,3	0,2 [b], [c]	Dekompression	0,2

[a] Bei den Expositionsklassen X0 und XC1 hat die Rissbreite keinen Einfluss auf die Dauerhaftigkeit und dieser Grenzwert wird i. Allg. zur Wahrung eines akzeptablen Erscheinungsbildes gesetzt. Fehlen entsprechende Anforderungen an das Erscheinungsbild, darf dieser Grenzwert erhöht werden.

[b] Zusätzlich ist der Nachweis der Dekompression unter der quasi-ständigen Einwirkungskombination zu führen.

[c] Wenn der Korrosionsschutz anderweitig sichergestellt wird (Hinweise hierzu in den Zulassungen der Spannverfahren), darf der Dekompressionsnachweis entfallen.

[d] Beachte 7.3.1 (7).

(6) Für Bauteile mit Spanngliedern ausschließlich ohne Verbund gelten die Anforderungen für Stahlbetonbauteile. Für Bauteile mit einer Kombination von Spanngliedern im und ohne Verbund gelten die Anforderungen an Spannbetonbauteile mit Spanngliedern im Verbund.

(7) Bei Bauteilen der Expositionsklasse XD3 können besondere Maßnahmen erforderlich werden. Die Wahl der entsprechenden Maßnahmen hängt von der Art des Angriffsrisikos ab.

(8) Bei Stabwerkmodellen, die an der Elastizitätstheorie orientiert sind, dürfen die aus den Stabkräften ermittelten Stahlspannungen beim Nachweis der Rissbreitenbegrenzung verwendet werden (siehe 5.6.4 (2)).

Auch an Stellen, an denen nach dem verwendeten Stabwerkmodell rechnerisch keine Bewehrung erforderlich ist, können Zugkräfte entstehen, die durch eine geeignete konstruktive Bewehrung, z. B. für wandartige Träger nach Abschnitt 9.7, abgedeckt werden müssen.

(9) Rissbreiten dürfen gemäß 7.3.4 berechnet werden. Alternativ dürfen vereinfachend die Durchmesser der Stäbe oder deren Abstände gemäß 7.3.3 begrenzt werden.

(NA.10) Werden Betonstahlmatten mit einem Querschnitt $a_s \geq 6$ cm²/m nach 8.7.5.1 in zwei Ebenen gestoßen, ist im Stoßbereich der Nachweis der Rissbreitenbegrenzung mit einer um 25 % erhöhten Stahlspannung zu führen.

7.3.2 Mindestbewehrung für die Begrenzung der Rissbreite

(1)P Zur Begrenzung der Rissbreiten ist eine Mindestbewehrung in der Zugzone erforderlich. Die Mindestbewehrung darf aus dem Gleichgewicht der Betonzugkraft unmittelbar vor der Rissbildung und der Zugkraft in der Bewehrung der Zugzone unter Berücksichtigung der Stahlspannung σ_s nach Absatz (2) ermittelt werden.

(2) Sofern nicht eine genauere Rechnung zeigt, dass ein geringerer Bewehrungsquerschnitt ausreicht, darf die erforderliche Mindestbewehrung zur Begrenzung der Rissbreite nach Gleichung (7.1) ermittelt werden. Bei gegliederten Querschnitten wie Hohlkästen oder Plattenbalken ist in der Regel

---

→ aus DIN 1045-1:
Die im Folgenden angegebenen Verfahren erlauben keine exakte Vorhersage und Begrenzung der Rissbreite. Die Rechenwerte der Rissbreite sind daher nur als Anhaltswerte zu sehen, deren gelegentliche geringfügige Überschreitung im Bauwerk nicht ausgeschlossen werden kann. Dies ist jedoch bei Beachtung der Regeln dieses Abschnitts im Allgemeinen unbedenklich.

Die in 7.3.3 und 7.3.4 angegebenen Verfahren gestatten die Begrenzung und Berechnung der Rissbreite im Bereich nahe der im Verbund liegenden Bewehrung (d. h. innerhalb des Wirkungsbereichs der Bewehrung). Außerhalb dieses Bereichs können Risse mit größerer Breite auftreten.

Zu (7): z. B. zusätzliche Maßnahmen nach Fußnote b) in Tab. 4.1 bei direkt befahrenen Parkdecks. Bei Wahl einer rissüberbrückenden Beschichtung ist die Rissbreitenbegrenzung sowohl bei der Erstrissbildung als auch bei dynamischer Änderung von Rissen auf die Leistungsfähigkeit des Beschichtungssystems nach seiner Applikation abzustimmen.

| Eurocode 2: DIN EN 1992-1-1 mit Nationalem Anhang | Hinweise |
| 7 Nachweise in den Grenzzuständen der Gebrauchstauglichkeit | |

die Mindestbewehrung für jeden Teilquerschnitt (Gurte und Stege) einzeln nachzuweisen.

$$A_{s,min} \cdot \sigma_s = k_c \cdot k \cdot f_{ct,eff} \cdot A_{ct} \quad (7.1)$$

Dabei ist

$A_{s,min}$ die Mindestquerschnittsfläche der Betonstahlbewehrung innerhalb der Zugzone;

A_{ct} die Fläche der Betonzugzone. Die Zugzone ist derjenige Teil des Querschnitts oder Teilquerschnitts, der unter der zur Erstrissbildung am Gesamtquerschnitt führenden Einwirkungskombination im ungerissenen Zustand rechnerisch unter Zugspannungen steht;

σ_s der Absolutwert der maximal zulässigen Spannung in der Betonstahlbewehrung unmittelbar nach Rissbildung. Dieser darf als die Streckgrenze der Bewehrung f_{yk} angenommen werden. Zur Einhaltung der Rissbreitengrenzwerte kann allerdings ein geringerer Wert entsprechend dem Grenzdurchmesser der Stäbe oder dem Höchstwert der Stababstände erforderlich werden (siehe 7.3.3 (2));

$f_{ct,eff}$ die wirksame Zugfestigkeit des Betons zum betrachteten Zeitpunkt t, die beim Auftreten der Risse zu erwarten ist (bei diesem Nachweis als Mittelwert der Zugfestigkeit $f_{ctm}(t)$). In vielen Fällen, z. B. wenn der maßgebende Zwang aus dem Abfließen der Hydratationswärme entsteht, kann die Rissbildung in den ersten 3 bis 5 Tagen nach dem Einbringen des Betons in Abhängigkeit von den Umweltbedingungen, der Form des Bauteils und der Art der Schalung entstehen. In diesem Fall darf, sofern kein genauerer Nachweis erforderlich ist, die Betonzugfestigkeit $f_{ct,eff} = 0{,}50 f_{ctm}$ (28 d) gesetzt werden. Falls diese Annahme getroffen wird, ist dies durch Hinweis in der Baubeschreibung und auf den Ausführungsplänen dem Bauausführenden rechtzeitig mitzuteilen, damit bei der Festlegung des Betons eine entsprechende Anforderung aufgenommen werden kann. Wenn der Zeitpunkt der Rissbildung nicht mit Sicherheit innerhalb der ersten 28 Tage festgelegt werden kann, sollte mindestens eine Zugfestigkeit von 3 N/mm² für Normalbeton angenommen werden;

k der Beiwert zur Berücksichtigung von nichtlinear verteilten Betonzugspannungen und weiteren risskraftreduzierenden Einflüssen. Modifizierte Werte für k sind für unterschiedliche Fälle nachfolgend angegeben:

a) Zugspannungen infolge im Bauteil selbst hervorgerufenen Zwangs (z. B. Eigenspannungen infolge Abfließens der Hydratationswärme):
$k = 0{,}8$ für Querschnitte mit $h \leq 300$ mm,
$k = 0{,}5$ für Querschnitte mit $h \geq 800$ mm.

Zwischenwerte dürfen interpoliert werden; für h ist der kleinere Wert von Höhe oder Breite des Querschnitts oder Teilquerschnitts zu setzen;

b) Zugspannungen infolge außerhalb des Bauteils hervorgerufenen Zwangs (z. B. Stützensenkung, wenn der Querschnitt frei von nichtlinear verteilten Eigenspannungen und weiteren risskraftreduzierenden Einflüssen ist):
$k = 1{,}0$;

k_c der Beiwert zur Berücksichtigung des Einflusses der Spannungsverteilung innerhalb des Querschnitts vor der Erstrissbildung sowie der Änderung des inneren Hebelarmes:

– bei reinem Zug: $k_c = 1{,}0$,

– bei Biegung oder Biegung mit Normalkraft:
  • bei Rechteckquerschnitten und Stegen von Hohlkästen- oder T-Querschnitten:

$$k_c = 0{,}4 \cdot \left[1 - \frac{\sigma_c}{k_1 \cdot (h/h^*) \cdot f_{ct,eff}}\right] \leq 1 \quad (7.2)$$

  • bei Gurten von Hohlkästen- oder T-Querschnitten:

$$k_c = 0{,}9 \cdot \frac{F_{cr}}{A_{ct} \cdot f_{ct,eff}} \geq 0{,}5 \quad (7.3)$$

Hinweise:

Teilquerschnitte mit gleichen Randdehnungen wählen:

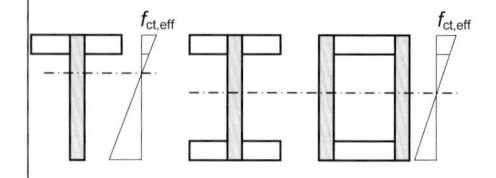

Grenzdurchmesser nach Tab. 7.2DE
Stababstände nach Tab. 7.3N

Der Mindestwert für $f_{ct,eff} = 3{,}0$ N/mm² in 7.3.2 (2) ist nur für die Ermittlung der Mindestbewehrung (Rissschnittgröße auf der Einwirkungsseite) nach Gl. (7.1) anzuwenden. Für die Rissbreitenberechnung nach 7.3.3 ist dagegen die zum Zeitpunkt der Rissbildung zu erwartende, ggf. niedrigere Betonzugfestigkeit einzusetzen, da diese hier günstig wirkt (Mitwirkung des Betons zwischen den Rissen auf der Widerstandsseite).

Rechenbeispiele:
Mindestbewehrung für 200 mm dicke Wand C30/37 (XC4) mit zentrischem Zwang
→ zentrischer Zug: $k_c = 1{,}0$
→ $h = 200$ mm: $k = 0{,}8$ (innerer Zwang)
→ gewählte Bewehrung ϕ 10 mm,
→ zulässige Rissbreite $w_k = 0{,}3$ mm

a) später Zwang > 28 Tage:
$f_{ct,eff} = 3{,}0$ N/mm² > $f_{ctm} = 2{,}9$ N/mm²
Grenzdurchmesser darf mit Gl. (7.7DE) modifiziert werden:
$\phi_s^* = \phi_s \cdot 2{,}9 / f_{ct,eff} = 10 \cdot 2{,}9 / 3{,}0 = 9{,}7$ mm
$\phi = 10$ mm → Tab. 7.2DE: $\sigma_s = 320$ N/mm²
→ Gleichung (7.1) umgestellt:
$A_{s,min} = 1{,}0 \cdot 0{,}8 \cdot 3{,}0 \cdot 20 \cdot 100 / 320$
$= 15{,}0$ cm²/m < ϕ 10 / 100 mm je Wandseite

b) nur früher Zwang aus Hydratation
Annahme:
$f_{ct,eff} = 0{,}5 f_{ctm} = 0{,}5 \cdot 2{,}9 = 1{,}45$ N/mm²
Grenzdurchmesser muss mit Gl. (7.7DE) modifiziert werden:
$\phi_s^* = \phi_s \cdot 2{,}9 / f_{ct,eff} = 10 \cdot 2{,}9 / 1{,}45 = 20$ mm
→ Tab. 7.2DE: $\sigma_s \approx 230$ N/mm²
$A_{s,min} = 1{,}0 \cdot 0{,}8 \cdot 1{,}45 \cdot 20 \cdot 100 / 230$
$= 10{,}1$ cm²/m < ϕ 10 / 150 mm je Wandseite

Beiwert k_c nach Gl. (7.2) für $h \leq 1{,}0$ m:

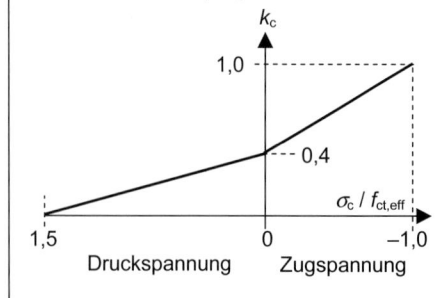

Eurocode 2: DIN EN 1992-1-1 mit Nationalem Anhang	Hinweise
7 Nachweise in den Grenzzuständen der Gebrauchstauglichkeit	

Dabei ist

σ_c die Betonspannung in Höhe der Schwerlinie des Querschnitts oder Teilquerschnitts im ungerissenen Zustand unter der Einwirkungskombination, die am Gesamtquerschnitt zur Erstrissbildung führt.

Hinweis: Druckspannung σ_c positiv

$$\sigma_c = N_{Ed} / (b \cdot h); \qquad (7.4)$$

N_{Ed} die Normalkraft im Grenzzustand der Gebrauchstauglichkeit, die auf den untersuchten Teil des Querschnitts einwirkt (Druckkraft positiv). Zur Bestimmung von N_{Ed} sind in der Regel die charakteristischen Werte der Vorspannung und der Normalkräfte unter der maßgebenden Einwirkungskombination zu berücksichtigen;

h^* $h^* = h$ für $h < 1{,}0$ m, $h^* = 1{,}0$ m für $h \geq 1{,}0$ m;

Hinweis: h – Höhe des Querschnitts oder des Teilquerschnitts

k_1 der Beiwert zur Berücksichtigung der Auswirkungen der Normalkräfte auf die Spannungsverteilung:
$k_1 = 1{,}5$ falls N_{Ed} eine Druckkraft ist,
$k_1 = 2h^* / (3h)$ falls N_{Ed} eine Zugkraft ist;

F_{cr} der Absolutwert der Zugkraft im Gurt unmittelbar vor Rissbildung infolge des mit $f_{ct,eff}$ berechneten Rissmoments.

Die Mindestbewehrung ist überwiegend am gezogenen Querschnittsrand anzuordnen, mit einem angemessenen Anteil aber auch so über die Zugzone zu verteilen, dass die Bildung breiter Sammelrisse vermieden wird.

Hinweis: siehe z. B. auch 7.3.3 (3) bei hohen Trägern

Der Querschnitt der Mindestbewehrung darf vermindert werden, wenn die Zwangsschnittgröße die Rissschnittgröße nicht erreicht. In diesen Fällen darf die Mindestbewehrung durch eine Bemessung des Querschnitts für die nachgewiesene Zwangsschnittgröße unter Berücksichtigung der Anforderungen an die Rissbreitenbegrenzung ermittelt werden.

(3) Spannglieder im Verbund in der Zugzone können bis zu einem Abstand ≤ 150 mm von der Mitte des Spannglieds zur Begrenzung der Rissbreite beitragen. Dies darf durch Addition des Terms $\xi_1 \cdot A_p' \cdot \Delta\sigma_p$ zur linken Widerstandsseite der Gleichung (7.1) berücksichtigt werden.

Hinweis: Gl. (7.1) ergänzt
$A_{s,min} \cdot \sigma_s + \xi_1 \cdot A_p' \cdot \Delta\sigma_p = k_c \cdot k \cdot f_{ct,eff} \cdot A_{ct}$

Dabei ist

A_p' die Querschnittsfläche der in $A_{c,eff}$ liegenden Spannglieder im Verbund;

$A_{c,eff}$ der Wirkungsbereich der Bewehrung. $A_{c,eff}$ ist die Betonfläche um die Zugbewehrung mit der Höhe $h_{c,ef}$, wobei $h_{c,ef}$ das Minimum von $[2{,}5 \cdot (h - d); (h - x) / 3; h / 2]$ ist (siehe Bild 7.1);

Hinweis: x – Druckzonenhöhe im Zustand I

ξ_1 das gewichtete Verhältnis der Verbundfestigkeit von Spannstahl und Betonstahl unter Berücksichtigung der unterschiedlichen Durchmesser:

$$\xi_1 = \sqrt{\xi \cdot \phi_s / \phi_p} \qquad (7.5)$$

ξ das Verhältnis der mittleren Verbundfestigkeit von Spannstahl zu der von Betonstahl nach Tabelle 6.2 in 6.8.2;

ϕ_s der größte vorhandene Stabdurchmesser der Betonstahlbewehrung;

ϕ_p der äquivalente Durchmesser der Spannstahlbewehrung gemäß 6.8.2.

Wenn nur Spannstahl zur Begrenzung der Rissbreite verwendet wird, gilt $\xi_1 = \sqrt{\xi}$;

$\Delta\sigma_p$ die Spannungsänderung in den Spanngliedern bezogen auf den Zustand des ungedehnten Betons.

ANMERKUNG Der Ansatz für den Wirkungsbereich der Bewehrung $A_{c,eff}$ mit $2{,}5(h - d)$ gilt nur für eine konzentrierte Bewehrungsanordnung und dünne Bauteile mit $h / (h - d) \leq 10$ bei Biegung und $h / (h - d) \leq 5$ bei zentrischem Zwang hinreichend genau. Bei dickeren Bauteilen kann der Wirkungsbereich bis auf $5(h - d)$ anwachsen (siehe Bild 7.1d). Wenn die Bewehrung nicht innerhalb des Grenzbereiches $(h - x) / 3$ liegt, sollte dieser auf $(h - x) / 2$ mit x im Zustand I vergrößert werden.

(4) In Bauteilen mit Vorspannung mit Verbund ist die Mindestbewehrung nicht in Bereichen erforderlich, in denen im Beton unter der charakteristischen (seltenen) Einwirkungskombination und unter den maßgebenden charakteristischen Werten der Vorspannung Betondruckspannungen $\sigma_{c,p}$ am Querschnittsrand auftreten, die dem Betrag nach größer als 1,0 N/mm² sind. Anderenfalls ist Mindestbewehrung nachzuweisen.

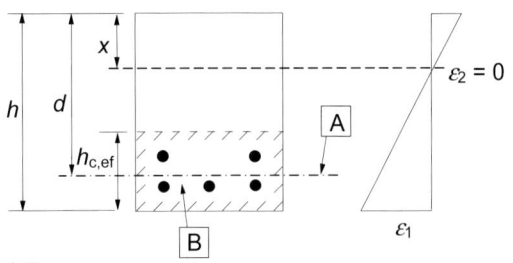

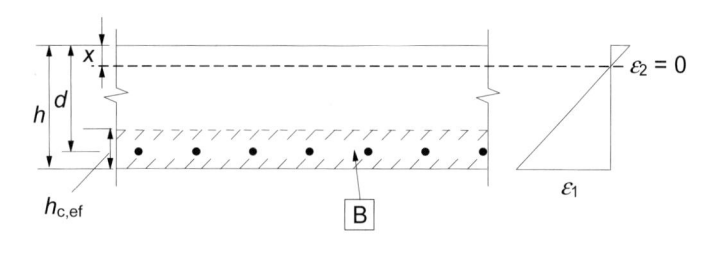

Eurocode 2: DIN EN 1992-1-1 mit Nationalem Anhang	Hinweise
7 Nachweise in den Grenzzuständen der Gebrauchstauglichkeit	

a) Träger

b) Platte / Decke

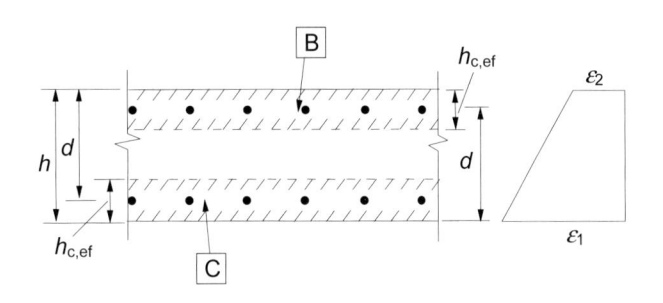

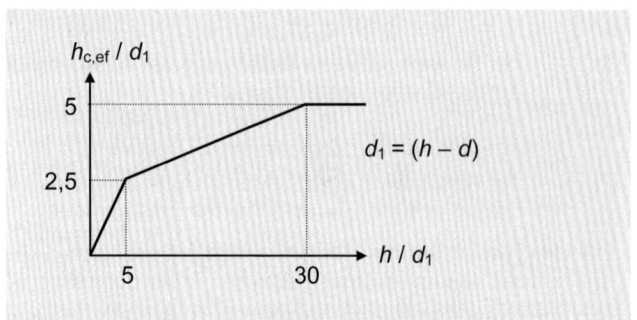

c) Bauteil unter Zugbeanspruchung

d) Vergrößerung der Höhe $h_{c,ef}$ des Wirkungsbereiches der Bewehrung bei zunehmender Bauteildicke (zentrischer Zug)

A Schwerachse der Bewehrung
B, C Wirkungsbereich der Bewehrung $A_{c,eff}$

Bild 7.1DE – Wirkungsbereich der Bewehrung (typische Fälle)

(NA.5) Bei dickeren Bauteilen darf die Mindestbewehrung unter zentrischem Zwang für die Begrenzung der Rissbreiten je Bauteilseite unter Berücksichtigung einer effektiven Randzone $A_{c,eff}$ mit Gleichung (NA.7.5.1) je Bauteilseite berechnet werden,

$$A_{s,min} = f_{ct,eff} \cdot A_{c,eff} / \sigma_s \geq k \cdot f_{ct,eff} \cdot A_{ct} / f_{yk} \quad \text{(NA.7.5.1)}$$

Dabei ist

$A_{c,eff}$ der Wirkungsbereich der Bewehrung nach Bild 7.1:
$A_{c,eff} = h_{c,ef} \cdot b$;

A_{ct} die Fläche der Betonzugzone je Bauteilseite mit $A_{ct} = 0{,}5\,h \cdot b$.

Für den Wirkungsbereich gilt Bild 7.1DE d) (zentrischer Zwang dickere Bauteile).

Der Grenzdurchmesser der Bewehrungsstäbe zur Bestimmung der Betonstahlspannung in Gleichung (NA.7.5.1) muss in Abhängigkeit von der wirksamen Betonzugfestigkeit $f_{ct,eff}$ folgendermaßen modifiziert werden:

$$\phi = \phi_s^* \cdot f_{ct,eff} / 2{,}9\ \text{N/mm}^2 \quad \text{(NA.7.5.2)}$$

Es braucht aber nicht mehr Mindestbewehrung eingelegt zu werden, als sich nach Gleichung (7.1) mit Gleichung (7.7DE) bzw. nach Abschnitt 7.3.4 ergibt.

(NA.6) Werden langsam erhärtende Betone mit $r \leq 0{,}3$ verwendet (i. d. R. bei dickeren Bauteilen), darf die Mindestbewehrung mit einem Faktor 0,85 verringert werden. Die Rahmenbedingungen der Anwendungsvoraussetzungen für die Bewehrungsverringerung sind dann in den Ausführungsunterlagen festzulegen.

Zu (NA.6): Langsam erhärtende Betone verlängern die Nachbehandlungs- und Ausschalfristen. Der Nachweis der Druckfestigkeitsklasse nach 28 Tagen ist ggf. zu verschieben. Evt. sind dann auch Nachweise in Bauzuständen mit reduzierter Festigkeitsklasse zu führen.

ANMERKUNG Kennwert für die Festigkeitsentwicklung des Betons $r = f_{cm2} / f_{cm28}$ nach DIN EN 206-1.

7.3.3 Begrenzung der Rissbreite ohne direkte Berechnung

(1) Bei biegebeanspruchten Stahlbeton- oder Spannbetondecken im üblichen Hochbau ohne wesentliche Zugnormalkraft in der Expositionsklasse XC1 sind bei einer Gesamthöhe von nicht mehr als 200 mm und bei Einhaltung der Bedingungen gemäß 9.3 keine speziellen Maßnahmen zur Begrenzung der Rissbreiten erforderlich.

Gilt auch bei X0.

9.3 Konstruktionsregeln Vollplatten

(2) Zur Vereinfachung des Nachweises der Rissbreitenbegrenzung sind die Regeln aus 7.3.4 in tabellarischer Form als Begrenzung des Stabdurchmessers oder des Stababstands dargestellt.

Eurocode 2: DIN EN 1992-1-1 mit Nationalem Anhang	Hinweise
7 Nachweise in den Grenzzuständen der Gebrauchstauglichkeit	

ANMERKUNG Wenn die Mindestbewehrung nach 7.3.2 eingehalten wird, ist eine Überschreitung der Rissbreiten unwahrscheinlich, wenn:

- bei Rissen infolge überwiegenden Zwangs der Stabdurchmesser nach Tabelle 7.2DE eingehalten ist. Dabei ist für die Stahlspannung der Wert unmittelbar nach Rissbildung (d. h. σ_s in Gleichung (7.1)) einzusetzen.
- bei Rissen infolge überwiegend direkter Einwirkungen die Bedingungen nach Tabelle 7.2DE oder nach Tabelle 7.3N eingehalten sind. Die Stahlspannungen sind in der Regel auf Grundlage gerissener Querschnitte unter der maßgebenden Einwirkungskombination zu ermitteln.

Bei Spannbeton mit Spanngliedern im sofortigen Verbund, bei dem die Begrenzung der Rissbreiten vorwiegend durch Spannglieder sichergestellt wird, dürfen die Tabellen 7.2DE und 7.3N mit einer Spannung verwendet werden, die sich aus der Gesamtspannung abzüglich der Vorspannung ergibt. Bei Spannbeton mit nachträglichem Verbund, bei dem die Begrenzung der Rissbreiten vorwiegend durch Betonstahl sichergestellt wird, dürfen die Tabellen mit der Spannung dieser Bewehrung unter Berücksichtigung der Vorspannkräfte verwendet werden.

Bei Anwendung von Tab. 7.2DE werden abweichende Parameterkombinationen durch die Gleichungen 7.6DE, 7.7DE und 7.7.1DE erfasst.

Tab. 7.3N wurde für die Parameterkombination einlagige Bewehrung mit d_1 = 40 mm Achsabstand bei Lastbeanspruchung abgeleitet.

Tabelle 7.2DE – Grenzdurchmesser bei Betonstählen ϕ_s^* [mm]

1	2	3	4	5
Stahlspannung	Grenzdurchmesser der Stäbe [mm] [a]			
σ_s [b] N/mm²	w_k = 0,4 mm	w_k = 0,3 mm	w_k = 0,2 mm	w_k = 0,1 mm
160	54	41	27	14
180	43	32	21	11
200	35	26	17	9
220	29	22	14	7
240	24	18	12	6
260	21	15	10	5
280	18	13	9	4
300	15	12	8	
320	14	10	7	
340	12	9	6	
360	11	8	5	
400	9	7	4	
450	7	5	3	

[a] Die Werte der Tabelle 7.2DE basieren auf den folgenden Annahmen: Grenzwerte der Gleichungen (7.9) und (7.11) mit $f_{ct,eff}$ = 2,9 N/mm² und E_s = 200.000 N/mm²:
$\sigma_s = \sqrt{w_k \cdot 3{,}48 \cdot 10^6 / \phi_s^*}$

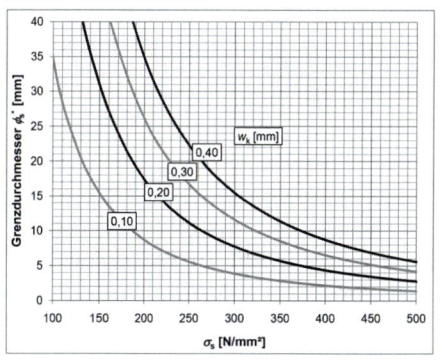

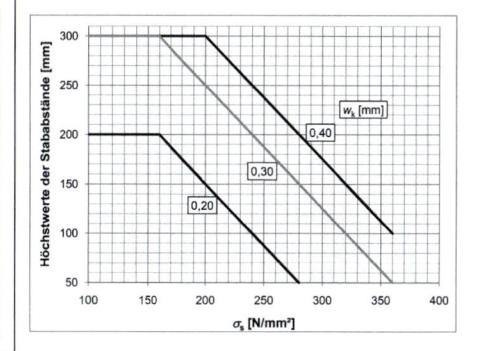

[b] unter der maßgebenden Einwirkungskombination

Tabelle 7.3N – Höchstwerte der Stababstände zur Begrenzung der Rissbreiten

Stahlspannung	Höchstwerte der Stababstände [mm]		
σ_s [b] N/mm²	w_k = 0,4 mm	w_k = 0,3 mm	w_k = 0,2 mm
160	300	300	200
200	300	250	150
240	250	200	100
280	200	150	50
320	150	100	–
360	100	50	–

[b] unter der maßgebenden Einwirkungskombination

Bei Bauteilen mit im Verbund liegenden Spanngliedern ist die Betonstahlspannung für die maßgebende Einwirkungskombination unter Berücksichtigung des unterschiedlichen Verbundverhaltens von Betonstahl und Spannstahl nach Gleichung (NA.7.5.3) zu berechnen:

$$\sigma_s = \sigma_{s2} + 0{,}4 \cdot f_{ct,eff} \left(\frac{1}{\rho_{p,eff}} - \frac{1}{\rho_{tot}} \right) \quad \text{(NA.7.5.3)}$$

Dabei ist

σ_{s2} die Spannung im Betonstahl bzw. der Spannungszuwachs im Spannstahl im Zustand II für die maßgebende Einwirkungskombination unter Annahme eines starren Verbundes;

$f_{ct,eff}$ die wirksame Betonzugfestigkeit nach (NCI) 7.3.2 (2);

Eurocode 2: DIN EN 1992-1-1 mit Nationalem Anhang	Hinweise
7 Nachweise in den Grenzzuständen der Gebrauchstauglichkeit	

$\rho_{p,eff}$ der effektive Bewehrungsgrad unter Berücksichtigung der unterschiedlichen Verbundfestigkeiten nach Gleichung (7.10);

ρ_{tot} der geometrische Bewehrungsgrad:

$$\rho_{tot} = (A_s + A_p) / A_{c,eff} \qquad \text{(NA.7.5.4)}$$

Dabei ist

A_s die Querschnittsfläche der Betonstahlbewehrung, siehe Legende zu Gleichung (7.1);

A_p die Querschnittsfläche der Spannglieder, die im Wirkungsbereich $A_{c,eff}$ der Bewehrung liegen;

$A_{c,eff}$ der Wirkungsbereich der Bewehrung nach Bild 7.1, i. Allg. darf $h_{c,ef} = 2{,}5 d_1$ (konstant) verwendet werden.

Der Grenzdurchmesser sollte wie folgt modifiziert werden:

– Mindestbewehrung Rissmoment Biegung nach 7.3.2:

$$\phi_s = \phi_s^* \cdot \frac{k_c \cdot k \cdot h_{cr}}{4(h-d)} \cdot \frac{f_{ct,eff}}{2{,}9} \geq \phi_s^* \cdot \frac{f_{ct,eff}}{2{,}9} \qquad \text{(7.6DE)}$$

Der Bezugswert der Betonzugfestigkeit in Tabelle 7.2DE ist 2,9 N/mm².

– Mindestbewehrung zentrischer Zug nach 7.3.2:

$$\phi_s = \phi_s^* \cdot \frac{k_c \cdot k \cdot h_{cr}}{8(h-d)} \cdot \frac{f_{ct,eff}}{2{,}9} \geq \phi_s^* \cdot \frac{f_{ct,eff}}{2{,}9} \qquad \text{(7.7DE)}$$

– Lastbeanspruchung:

$$\phi_s = \phi_s^* \cdot \frac{\sigma_s \cdot A_s}{4(h-d) \cdot b \cdot 2{,}9} \geq \phi_s^* \cdot \frac{f_{ct,eff}}{2{,}9} \qquad \text{(7.7.1DE)}$$

Dabei ist

ϕ_s der modifizierte Grenzdurchmesser;

ϕ_s^* der Grenzdurchmesser nach Tabelle 7.2;

h die Gesamthöhe des Querschnitts;

h_{cr} die Höhe der Zugzone unmittelbar vor Rissbildung unter Berücksichtigung der charakteristischen Werte der Vorspannung und der Normalkräfte unter quasi-ständiger Einwirkungskombination;

d die statische Nutzhöhe bis zum Schwerpunkt der außenliegenden Bewehrung;

σ_s Betonstahlspannung im Zustand II; bei Spanngliedern im Verbund nach Gleichung (NA.7.5.3).

Steht der Querschnitt vollständig unter Zug, ist $(h-d)$ der Mindestabstand zwischen dem Schwerpunkt der Bewehrungslage und der Betonoberfläche (bei unsymmetrischer Stablage Mindestabstand zu allen Seiten berücksichtigen).

(3) Bei Trägern mit einer Höhe von mindestens 1000 mm, bei denen die Hauptbewehrung auf einem kleinen Teil der Höhe konzentriert ist, ist in der Regel eine zusätzliche Oberflächenbewehrung vorzusehen, um die Rissbreite an den Seitenflächen des Trägers zu begrenzen. Diese Oberflächenbewehrung ist in der Regel gleichmäßig über die Höhe zwischen der Lage der Zugbewehrung und der Nulllinie innerhalb der Bügel zu verteilen. Die Querschnittsfläche der Oberflächenbewehrung darf in der Regel den nach 7.3.2 (2) mit $k = 0{,}5$ und $\sigma_s = f_{yk}$ ermittelten Mindestwert nicht unterschreiten. Abstand und Durchmesser der Stäbe dürfen gemäß 7.3.4 oder durch eine geeignete Vereinfachung gewählt werden. Dabei wird von reinem Zug und einer Stahlspannung mit der Hälfte des für die Hauptzugbewehrung ermittelten Wertes ausgegangen.

Die Mindestbewehrung in abliegenden Querschnittsteilen ab 100 mm außerhalb der Wirkungszone der Biegebewehrung einlegen [99].

(4) Ein erhöhtes Risiko für größere Risse besteht in Querschnitten, in denen es zu größeren lokalen Spannungsänderungen kommt, beispielsweise:

– bei Querschnittsänderungen,

– in der Nähe konzentrierter Lasten,

– in Bereichen mit gestaffelter Bewehrung,

– in Bereichen mit hohen Verbundspannungen, insbesondere an den Enden von Bewehrungsstößen.

In diesen Bereichen ist in der Regel besonders darauf zu achten, die Spannungsänderungen so weit wie möglich zu minimieren. Üblicherweise begrenzen die oben aufgeführten Regeln jedoch die Rissbreiten dort ausreichend, wenn die Bewehrungsregeln der Kapitel 8 und 9 angewendet werden.

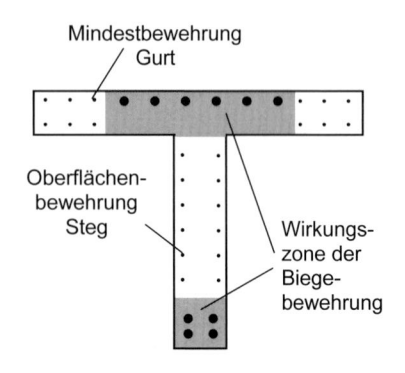

8 Allgemeine Bewehrungsregeln
9 Konstruktionsregeln

Eurocode 2: DIN EN 1992-1-1 mit Nationalem Anhang	Hinweise
7 Nachweise in den Grenzzuständen der Gebrauchstauglichkeit	

(5) Es darf davon ausgegangen werden, dass die Rissbreiten infolge indirekter Einwirkungen ausreichend begrenzt sind, wenn die Konstruktionsregeln der Abschnitte 9.2.2, 9.2.3, 9.3.2 und 9.4.3 eingehalten werden.

	9.2.2 Querkraftbewehrung Balken
	9.2.3 Torsionsbewehrung
	9.3.2 Querkraftbewehrung Platten
	9.4.3 Durchstanzbewehrung

(NA.6)P Bei Stabbündeln ist anstelle des Stabdurchmessers der n Einzelstäbe der Vergleichsdurchmesser des Stabbündels $\phi_n = \phi \cdot \sqrt{n}$ anzusetzen.

(NA.7) Werden in einem Querschnitt Stäbe mit unterschiedlichen Durchmessern verwendet, darf ein mittlerer Stabdurchmesser $\phi_m = \Sigma \phi_i^2 / \Sigma \phi_i$ angesetzt werden.

(NA.8) Bei Betonstahlmatten mit Doppelstäben darf der Durchmesser eines Einzelstabes angesetzt werden.

(NA.8): jedoch nur für Einzelstäbe mit $\phi \leq 12$ mm [D525]

(NA.9) Die Begrenzung der Schubrissbreite darf ohne weiteren Nachweis als sichergestellt angenommen werden, wenn die Bewehrungsregeln nach 8.5 und die Konstruktionsregeln nach 9.2.2 und 9.2.3 eingehalten sind.

(NA.9): d. h. ausreichende Verankerung und Begrenzung der Abstände der Querkraftbewehrung

7.3.4 Berechnung der Rissbreite

(1) Die charakteristische Rissbreite w_k darf wie folgt ermittelt werden:

$$w_k = s_{r,max} \cdot (\varepsilon_{sm} - \varepsilon_{cm}) \quad (7.8)$$

Dabei ist

$s_{r,max}$ der maximale Rissabstand bei abgeschlossenem Rissbild;

ε_{sm} die mittlere Dehnung der Bewehrung unter der maßgebenden Einwirkungskombination einschließlich der Auswirkungen aufgebrachter Verformungen und unter Berücksichtigung der Mitwirkung des Betons auf Zug zwischen den Rissen. Es wird nur die zusätzliche, über die Nulldehnung hinausgehende, in gleicher Höhe auftretende Betonzugdehnung berücksichtigt;

ε_{cm} die mittlere Dehnung des Betons zwischen den Rissen.

Wenn die Rissbreiten für Beanspruchungen berechnet werden, bei denen die Zugspannungen aus einer Kombination von Zwang und Lastbeanspruchung herrühren, dürfen die Gleichungen dieses Abschnitts verwendet werden. Jedoch sollte die Dehnung infolge Lastbeanspruchung, die auf Grundlage eines gerissenen Querschnitts berechnet wurde, um den Wert infolge Zwangs erhöht werden.

(2) Die Größe von $\varepsilon_{sm} - \varepsilon_{cm}$ darf mit folgender Gleichung ermittelt werden:

$$\varepsilon_{sm} - \varepsilon_{cm} = \frac{\sigma_s - k_t \cdot \frac{f_{ct,eff}}{\rho_{p,eff}}(1 + \alpha_e \cdot \rho_{p,eff})}{E_s} \geq 0{,}6 \cdot \frac{\sigma_s}{E_s} \quad (7.9)$$

Dabei ist

σ_s die Spannung in der Zugbewehrung unter Annahme eines gerissenen Querschnitts. Bei Spannbeton im sofortigen Verbund darf σ_s durch die Spannungsänderung $\Delta\sigma_p$ in den Spanngliedern, die auf den Zustand des ungedehnten Betons in gleicher Höhe bezogen ist, ersetzt werden;

α_e ist das Verhältnis E_s / E_{cm};

$\rho_{p,eff}$ $= (A_s + \xi_1^2 \cdot A_p') / A_{c,eff} \quad (7.10)$

A_p' und $A_{c,eff}$ sind in 7.3.2 (3) definiert;

ξ_1 gemäß Gleichung (7.5);

k_t der Faktor, der von der Dauer der Lasteinwirkung abhängt, i. d. R. $k_t = 0{,}4$ bei langfristiger Lasteinwirkung.

Der Dauerstandseffekt wird durch Abminderung der Verbundsteifigkeit auf ca. 70 % und damit $k_t = 0{,}4$ berücksichtigt. Bei kurzzeitiger Lasteinwirkung darf der Faktor k_t nach EN 1992-1-1 auf 0,6 vergrößert werden. Da der Zwangsabbau infolge Kriechens deutlich langsamer als der Abfall der Verbundsteifigkeit infolge des Verbundkriechens erfolgt, sollte dies nur in begründeten Ausnahmefällen ausgenutzt werden (z. B. Anprall, seltene Einwirkungskombination) [DBV8].

Wenn die resultierende Dehnung infolge von Zwang im gerissenen Zustand den Wert 0,8 ‰ nicht überschreitet, ist es im Allgemeinen ausreichend, die Rissbreite für den größeren Wert der Spannung aus Zwangs- oder Lastbeanspruchung zu ermitteln.

Die wirksame Betonzugfestigkeit in Gleichung (7.9) entspricht $f_{ct,eff}$ nach (NCI) 7.3.2 (2) (jedoch ohne Ansatz einer Mindestbetonzugfestigkeit).

Bei Bauteilen mit Vorspannung mit Verbund ist σ_s nach (NCI) 7.3.3 (2) zu berücksichtigen.

(3) Bei geringem Abstand der im Verbund liegenden Stäbe untereinander in der Zugzone ($\leq 5 \cdot (c + \phi / 2)$) darf der maximale Rissabstand bei abgeschlossenem Rissbild mit Gleichung (7.11) ermittelt werden (siehe Bild 7.2):

$$s_{r,max} = \frac{\phi}{3{,}6 \cdot \rho_{p,eff}} \leq \frac{\sigma_s \cdot \phi}{3{,}6 \cdot f_{ct,eff}} \qquad (7.11)$$

Dabei ist

ϕ der Stabdurchmesser. Werden verschiedene Stabdurchmesser in einem Querschnitt verwendet, ist in der Regel ein Ersatzdurchmesser ϕ_{eq} zu verwenden. Bei einem Querschnitt mit n_1 Stäben mit dem Durchmesser ϕ_1 und n_2 Stäben mit einem Durchmesser ϕ_2 beträgt der Ersatzdurchmesser:

$$\phi_{eq} = \frac{n_1 \cdot \phi_1^2 + n_2 \cdot \phi_2^2}{n_1 \cdot \phi_1 + n_2 \cdot \phi_2} \qquad (7.12)$$

Dabei darf $s_{r,max}$ bei Betonstahlmatten auf maximal zwei Maschenweiten begrenzt werden.

Wenn der Abstand der im Verbund liegenden Stäbe $5 \cdot (c + \phi / 2)$ übersteigt (siehe Bild 7.2) oder wenn in der Zugzone keine im Verbund liegende Bewehrung vorhanden ist, darf ein oberer Grenzwert für die Rissbreite unter Annahme eines maximalen Rissabstands ermittelt werden:

$$s_{r,max} = 1{,}3 \, (h - x) \qquad (7.14)$$

(4) Wenn die Achsen der Hauptzugspannung in orthogonal bewehrten Bauteilen einen Winkel von mehr als 15° zur Richtung der zugeordneten Bewehrung bilden, darf der Rissabstand $s_{r,max}$ mit folgender Gleichung berechnet werden:

$$s_{r,max} = \frac{1}{\frac{\cos\theta}{s_{r,max,y}} + \frac{\sin\theta}{s_{r,max,z}}} \qquad (7.15)$$

Dabei ist

θ der Winkel zwischen der Bewehrung in y-Richtung und der Richtung der Hauptzugspannung;

$s_{r,max,y}$ $s_{r,max,z}$ der maximale Rissabstand in y- bzw. z-Richtung nach 7.3.4 (3).

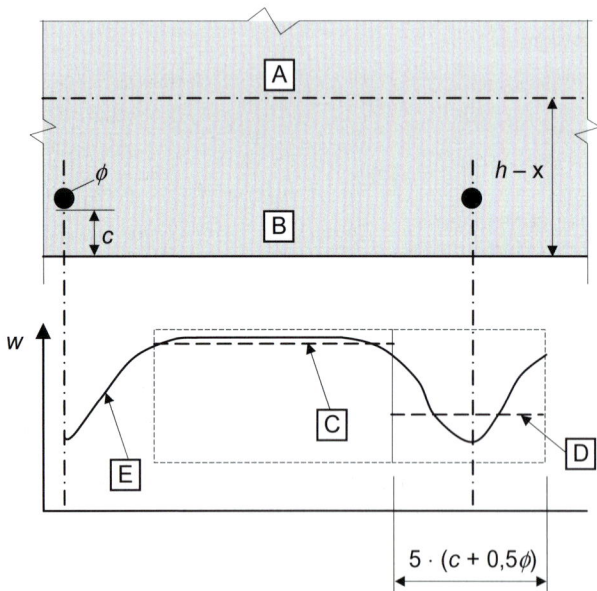

A – Nulllinie
B – Betonoberfläche (Zugseite)
C – Rissbreite aus erwartetem Rissabstand nach Gleichung (7.14)
D – Rissbreite aus erwartetem Rissabstand nach Gleichung (7.11)
E – tatsächliche Rissbreite

Bild 7.2 – Rissbreite *w* an der Betonoberfläche in Bezug auf den Stababstand

Eurocode 2: DIN EN 1992-1-1 mit Nationalem Anhang	Hinweise
7 Nachweise in den Grenzzuständen der Gebrauchstauglichkeit	

(5) Bei Wänden, bei denen der Querschnitt der horizontalen Bewehrung A_s die Anforderungen aus 7.3.2 nicht erfüllt und bei denen die mit dem Abfließen der Hydratationswärme verbundene Verformung durch früher hergestellte Fundamente behindert wird, sollte $s_{r,max}$ gleich der 2-fachen Wandhöhe angenommen werden.

Wenn für diese Wände der Nachweis der Rissbreitenbegrenzung geführt wird, sollte ein oberer Grenzwert der Rissbreite im Einzelfall festgelegt werden.

ANMERKUNG Werden vereinfachte Verfahren zur Berechnung der Rissbreite verwendet, sollten diese in der Regel auf den in dieser Norm enthaltenen Grundlagen beruhen oder sie sind durch Versuche zu verifizieren.

7.4 Begrenzung der Verformungen

7.4.1 Allgemeines

(1)P Die Verformungen eines Bauteils oder eines Tragwerks dürfen weder die ordnungsgemäße Funktion noch das Erscheinungsbild des Bauteils beeinträchtigen.

(2) Geeignete Grenzwerte für die Durchbiegung sind in der Regel auf die Art des Tragwerks, des Ausbaus, etwaige leichte Trennwände oder Befestigungen sowie auf die Funktion des Tragwerks abzustimmen.

(3) Verformte Bauteile oder Tragwerke dürfen angrenzende Bauelemente, wie z. B. leichte Trennwände, Verglasungen, Außenwandverkleidungen, haustechnische Anlagen oder Oberflächenstrukturen, nicht beeinträchtigen. In einigen Fällen können Begrenzungen erforderlich sein, um die ordnungsgemäße Funktion von Maschinen oder Geräten auf dem Tragwerk sicherzustellen oder stehendes Wasser auf Flachdächern zu vermeiden.

ANMERKUNG 1 Die Durchbiegungsgrenzen nach den Absätzen (4) und (5) basieren auf ISO 4356 und stellen i. Allg. hinreichende Gebrauchseigenschaften von Bauwerken, wie z. B. Wohnbauten, Bürobauten, öffentlichen Bauten oder Fabriken, sicher. Es sollte überprüft werden, ob die Grenzwerte für das jeweilig betrachtete Tragwerk angemessen sind und keine besonderen Anforderungen vorliegen. Weitere Angaben zu Durchbiegungen und deren Grenzwerte dürfen ISO 4356 entnommen werden.

ANMERKUNG 2 In diesem Abschnitt werden nur Verformungen in vertikaler Richtung von biegebeanspruchten Bauteilen behandelt. Dabei wird unterschieden in

– Durchhang: vertikale Bauteilverformung bezogen auf die Verbindungslinie der Unterstützungspunkte,

– Durchbiegung: vertikale Bauteilverformung bezogen auf die Systemlinie des Bauteils (z. B. bei Schalungsüberhöhungen bezogen auf die überhöhte Lage).

(4) Das Erscheinungsbild und die Gebrauchstauglichkeit eines Tragwerks können beeinträchtigt werden, wenn der berechnete Durchhang eines Balkens, einer Platte oder eines Kragbalkens unter quasi-ständiger Einwirkungskombination 1/250 der Stützweite überschreitet. Der Durchhang ist auf die Verbindungslinie der Unterstützungspunkte zu beziehen. Überhöhungen dürfen eingebaut werden, um einen Teil oder die gesamte Durchbiegung auszugleichen. Die Schalungsüberhöhung darf in der Regel 1/250 der Stützweite nicht überschreiten.

Bei Kragträgern darf für die Stützweite die 2,5-fache Kraglänge angesetzt werden, d. h. Durchhang ≤ 1/100 der Kraglänge. Der maximal zulässige Durchhang eines Kragträgers sollte jedoch den des benachbarten Feldes nicht überschreiten.

In Fällen, in denen der Durchhang weder die Gebrauchstauglichkeit beeinträchtigt noch besondere Anforderungen an das Erscheinungsbild gestellt werden, darf dieser Wert erhöht werden.

ANMERKUNG Auch bei Anwendung der Biegeschlankheitskriterien bzw. sorgfältiger Verformungsberechnung können die Verformungsgrenzwerte gelegentlich und geringfügig überschritten werden.

(5) Verformungen, die angrenzende Bauteile des Tragwerks beschädigen könnten, sind in der Regel zu begrenzen. Für die Durchbiegung unter quasi-ständiger Einwirkungskombination nach Einbau dieser Bauteile darf als Richtwert für die Begrenzung 1/500 der Stützweite angenommen werden. Andere Grenzwerte dürfen je nach Empfindlichkeit der angrenzenden Bauteile berücksichtigt werden.

(6) Der Grenzzustand der Verformung darf nachgewiesen werden durch:

– Begrenzung der Biegeschlankheit nach 7.4.2 oder

– Vergleich einer berechneten Verformung gemäß 7.4.3 mit einem Grenzwert.

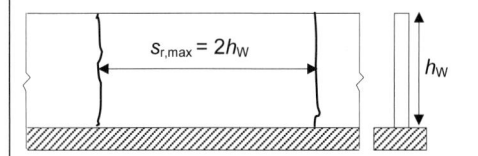

Hinweise rechte Spalte:

$s_{r,max} = 2h_W$, h_W

DIN EN 1990, A.1.4.3:
Definition der Durchbiegungen
– w_c „Spannungslose Werkstattform" mit Überhöhung;
– w_1 Durchbiegungsanteil aus ständiger Belastung;
– w_2 Durchbiegungszuwachs aus Langzeitwirkung der ständigen Belastung;
– w_3 Durchbiegungsanteil infolge veränderlicher Einwirkung in der maßgebenden Einwirkungskombination;
– w_{tot} gesamte Durchbiegung w_{1+2+3};
– w_{max} verbleibende Durchbiegung nach der Überhöhung

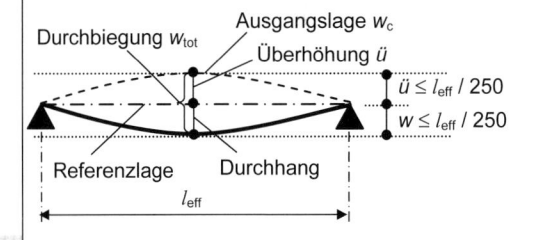

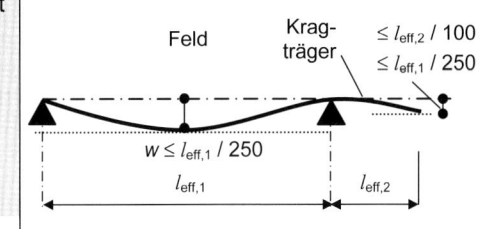

Durchbiegung w_{tot}, Ausgangslage w_c, Überhöhung $ü$, Referenzlage, Durchhang, l_{eff}
$ü \leq l_{eff} / 250$
$w \leq l_{eff} / 250$

Feld, Kragträger
$\leq l_{eff,2} / 100$
$\leq l_{eff,1} / 250$
$w \leq l_{eff,1} / 250$
$l_{eff,1}$, $l_{eff,2}$

ANMERKUNG Die tatsächlichen Verformungen können von den berechneten Werten abweichen, insbesondere wenn die einwirkenden Momente in der Nähe des Rissmomentes liegen. Die Unterschiede hängen von der Streuung der Materialeigenschaften, den Umweltbedingungen, der Lastgeschichte, den Einspannungen an den Auflagern, den Bodenverhältnissen usw. ab.

7.4.2 Nachweis der Begrenzung der Verformungen ohne direkte Berechnung

(1)P Im Allgemeinen sind Durchbiegungsberechnungen nicht erforderlich, wenn die Biegeschlankheit nach 7.4.2 (2) begrenzt wird. Genauere Nachweise sind erforderlich, wenn die Biegeschlankheit nach 7.4.2 (2) nicht eingehalten wird oder andere Randbedingungen oder Durchbiegungsgrenzen als die dem vereinfachten Verfahren zugrunde liegenden bestehen.

(2) Wenn Stahlbetonbalken oder -platten im Hochbau so dimensioniert sind, dass die in diesem Abschnitt angegebenen zulässigen Biegeschlankheiten eingehalten werden, darf man davon ausgehen, dass auch ihre Durchbiegungen die in 7.4.1 (4) und (5) angegebenen Grenzen nicht überschreiten. Die zulässige Biegeschlankheit darf mit den Gleichungen (7.16.a) und (7.16.b) ermittelt werden, wenn diese mit Korrekturbeiwerten, welche die Bewehrung und andere Einflussgrößen berücksichtigen, multipliziert werden. Eine Überhöhung wird in diesen Gleichungen nicht berücksichtigt.

$$\frac{l}{d} = K \cdot \left[11 + 1{,}5\sqrt{f_{ck}} \frac{\rho_0}{\rho} + 3{,}2\sqrt{f_{ck}} \cdot \sqrt{\left(\frac{\rho_0}{\rho} - 1\right)^3} \right] \quad \text{wenn } \rho \leq \rho_0 \quad (7.16a)$$

$$\frac{l}{d} = K \cdot \left[11 + 1{,}5\sqrt{f_{ck}} \frac{\rho_0}{\rho - \rho'} + \frac{1}{12}\sqrt{f_{ck}} \cdot \sqrt{\frac{\rho'}{\rho_0}} \right] \quad \text{wenn } \rho > \rho_0 \quad (7.16b)$$

Dabei ist

l / d der Grenzwert der Biegeschlankheit (Verhältnis von Stützweite zu Nutzhöhe);

K der Beiwert zur Berücksichtigung der verschiedenen statischen Systeme nach Tabelle 7.4N;

ρ_0 der Referenzbewehrungsgrad $\rho_0 = 10^{-3} \cdot \sqrt{f_{ck}}$;

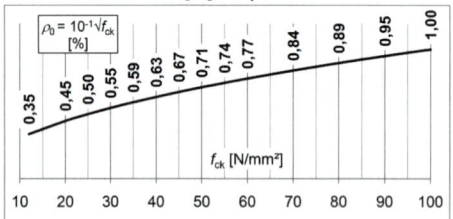

ρ der erforderliche Zugbewehrungsgrad in Feldmitte, um das Bemessungsmoment aufzunehmen (am Einspannquerschnitt für Kragträger);

ρ' der erforderliche Druckbewehrungsgrad in Feldmitte, um das Bemessungsmoment aufzunehmen (am Einspannquerschnitt für Kragträger);

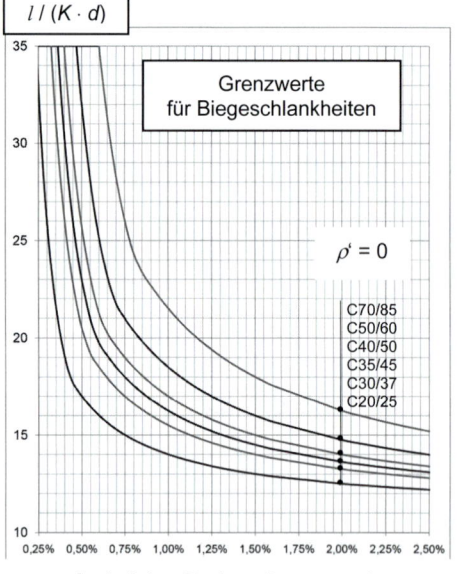

f_{ck} in [N/mm²].

Die Biegeschlankheiten nach Gleichung (7.16) sollten jedoch allgemein auf die Maximalwerte $l / d \leq K \cdot 35$ und bei Bauteilen, die verformungsempfindliche Ausbauelemente beeinträchtigen können, auf $l / d \leq K^2 \cdot 150 / l$ begrenzt werden.

Die Gleichungen (7.16a) und (7.16b) sind unter der Voraussetzung hergeleitet worden, dass die Stahlspannung unter der entsprechenden Bemessungslast im GZG in einem gerissenen Querschnitt in Feldmitte eines Balkens bzw. einer Platte oder am Einspannquerschnitt eines Kragträgers 310 N/mm² beträgt (entspricht ungefähr f_{yk} = 500 N/mm²). Werden andere Spannungsniveaus verwendet, sind in der Regel die nach Gleichung (7.16) ermittelten Werte mit 310 / σ_s zu multiplizieren. Im Allgemeinen befindet man sich mit der Annahme nach Gleichung (7.17) auf der sicheren Seite:

$$310 / \sigma_s = 500 / (f_{yk} \cdot A_{s,req} / A_{s,prov}) \quad (7.17)$$

Dabei ist

σ_s die Stahlzugspannung in Feldmitte (am Einspannquerschnitt eines Kragträgers) unter der Bemessungslast im GZG;

$A_{s,prov}$ die vorhandene Querschnittsfläche der Zugbewehrung im vorgegebenen Querschnitt;

$A_{s,req}$ die erforderliche Querschnittsfläche der Zugbewehrung im vorgegebenen Querschnitt im Grenzzustand der Tragfähigkeit.

Bei gegliederten Querschnitten, bei denen das Verhältnis von Gurtbreite zu Stegbreite den Wert 3 übersteigt, sind in der Regel die Werte von l / d nach Gleichung (7.16) mit 0,8 zu multiplizieren.

Eurocode 2: DIN EN 1992-1-1 mit Nationalem Anhang	Hinweise
7 Nachweise in den Grenzzuständen der Gebrauchstauglichkeit	

Bei Balken und Platten (außer Flachdecken) mit Stützweiten über 7 m, die leichte Trennwände tragen, die durch übermäßige Durchbiegung beschädigt werden könnten, sind in der Regel die Werte l/d nach Gleichung (7.16) mit dem Faktor $7/l_{eff}$ (l_{eff} [m], siehe 5.3.2.2 (1)) zu multiplizieren.

Bei Flachdecken mit Stützweiten über 8,5 m, die leichte Trennwände tragen, die durch übermäßige Durchbiegung beschädigt werden könnten, sind in der Regel die Werte l/d nach Gleichung (7.16) mit dem Faktor $8,5/l_{eff}$ (l_{eff} [m]) zu multiplizieren.

ANMERKUNG Der Wert K darf Tabelle 7.4N entnommen werden. Die Werte nach Gleichung (7.16) und Tabelle 7.4N sind das Ergebnis einer Parameterstudie, die an einer Reihe von gelenkig gelagerten Balken oder Platten mit Rechteckquerschnitten unter Verwendung des allgemeinen Ansatzes aus 7.4.3 durchgeführt wurde. Dabei wurden verschiedene Betondruckfestigkeitsklassen und eine charakteristische Streckgrenze von 500 N/mm² berücksichtigt. Für eine gegebene Zugbewehrung wurde das Tragfähigkeitsmoment errechnet und die quasi-ständige Einwirkung wurde mit 50 % der entsprechenden Gesamtbemessungslast angenommen. Die daraus resultierenden Biegeschlankheiten führen zur Einhaltung der Verformungsgrenzwerte nach 7.4.1 (5).

Tabelle 7.4N – Beiwert K zur Berücksichtigung der statischen Systeme für die Biegeschlankheit von Stahlbetonbauteilen

	Statisches System	K
1	frei drehbar gelagerter Einfeldträger; gelenkig gelagerte einachsig oder zweiachsig gespannte Platte	1,0
2	Endfeld eines Durchlaufträgers oder einer einachsig gespannten durchlaufenden Platte; Endfeld einer zweiachsig gespannten Platte, die kontinuierlich über einer längeren Seite durchläuft	1,3
3	Mittelfeld eines Balkens oder einer einachsig oder zweiachsig gespannten Platte	1,5
4	Platte, die ohne Unterzüge auf Stützen gelagert ist (Flachdecke) (auf Grundlage der größeren Spannweite)	1,2
5	Kragträger	0,4

ANMERKUNG 2 Für zweiachsig gespannte Platten ist in der Regel der Nachweis mit der kürzeren Stützweite zu führen. Bei Flachdecken ist in der Regel die größere Stützweite zugrunde zu legen.

ANMERKUNG 3 Die für Flachdecken angegebenen Grenzen sind weniger streng als der zulässige Durchhang von 1/250 der Stützweite. Erfahrungsgemäß ist dies ausreichend.

7.4.3 Nachweis der Begrenzung der Verformungen mit direkter Berechnung

(1)P Wenn eine Berechnung erforderlich wird, muss die Durchbiegung mit einer dem Nachweiszweck entsprechenden Lastkombination ermittelt werden.

(2)P Das Berechnungsverfahren muss das Verhalten des Tragwerks unter den maßgebenden Einwirkungen wirklichkeitsnah mit einer Genauigkeit beschreiben, die auf den Nachweiszweck abgestimmt ist.

ANMERKUNG In der Literatur finden sich weitere Hinweise zur Berechnung der Durchbiegung von Stahlbetonbauteilen (siehe DAfStb-Heft 600).

(3) Bauteile, bei denen die Betonzugfestigkeit unter der maßgebenden Belastung an keiner Stelle überschritten wird, dürfen als ungerissen betrachtet werden. Das Verhalten von Bauteilen, bei denen nur bereichsweise Risse erwartet werden, liegt zwischen dem von Bauteilen im ungerissenen und im vollständig gerissenen Zustand. Für überwiegend biegebeanspruchte Bauteile lässt sich dieses Verhalten näherungsweise nach Gleichung (7.18) bestimmen:

$$\alpha = \zeta \cdot \alpha_{II} + (1 - \zeta) \cdot \alpha_{I} \qquad (7.18)$$

Dabei ist

α der untersuchte Durchbiegungsparameter, der beispielsweise eine Dehnung, eine Krümmung oder eine Rotation sein kann. (Vereinfachend darf α als Durchbiegung angesehen werden (siehe Absatz (6));

Hinweise:

Die Anpassung der Biegeschlankheiten ist auch bei anderen verformungsempfindlichen Bauteilen auf oder unter den Balken bzw. Platten erforderlich (z. B. Fassaden).

Beispiel:
Gew.: 360 mm dicke Deckenplatte mit leichten Trennwänden, C20/25, XC1 mit erf ρ = 0,4 % aus der Biegebemessung im GZT, Endfeld Durchlaufplatte mit l_{eff} = 7,5 m:
aus Grafik oder Gl. (7.16a):

$l/(K \cdot d) \leq 19$ < 1,3 · 150 / 7,5 = 26 < 35

→ $l/d \leq 19 \cdot 1,3$ = 24,7 (K aus Tab. 7.4N für Endfeld Durchlaufplatte)
mit Abminderungsfaktor $7/l_{eff}$ für verformungsempfindliche Bauteile:
→ $l/d \leq 24,7 \cdot 7,0/7,5$ = **23**
erf d = 7500 / 23 = 325 mm
erf h = 325 + 0,5ϕ + $c_{v,l} \leq$ vorh h

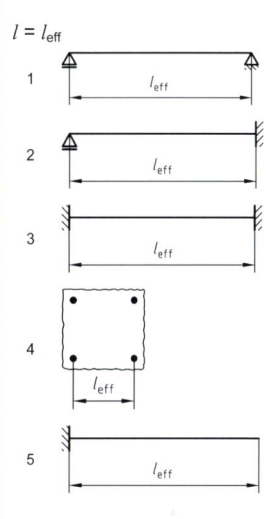

$l = l_{eff}$

Die Beispielwerte l/d für C30/37 und ρ = 0,5 % bzw. ρ = 1,5 % aus EN 1992-1-1 und die Anmerkung 1 in Tabelle 7.4N werden hier nicht aufgeführt.

Eurocode 2: DIN EN 1992-1-1 mit Nationalem Anhang	Hinweise
7 Nachweise in den Grenzzuständen der Gebrauchstauglichkeit	

α_{I}, α_{II} der jeweilige Wert des untersuchten Parameters für den ungerissenen bzw. vollständig gerissenen Zustand;

ζ ein Verteilungsbeiwert (berücksichtigt die Mitwirkung des Betons auf Zug zwischen den Rissen) nach Gleichung (7.19):

$$\zeta = 1 - \beta \cdot (\sigma_{sr}/\sigma_s)^2 \qquad (7.19)$$

$\zeta = 0$ für ungerissene Querschnitte;

β ein Koeffizient, der den Einfluss der Belastungsdauer und der Lastwiederholung berücksichtigt

$\beta = 1{,}0$ bei Kurzzeitbelastung,

$\beta = 0{,}5$ bei Langzeitbelastung oder vielen Zyklen sich wiederholender Beanspruchungen;

σ_s die Spannung in der Zugbewehrung bei Annahme eines gerissenen Querschnitts (Spannung im Riss);

σ_{sr} die Spannung in der Zugbewehrung bei Annahme eines gerissenen Querschnitts unter einer Einwirkungskombination, die zur Erstrissbildung führt.

ANMERKUNG σ_{sr}/σ_s darf mit M_{cr}/M für Biegung oder N_{cr}/N für reinen Zug ersetzt werden, wobei M_{cr} das Rissmoment und N_{cr} die Rissnormalkraft sind.

(4) Verformungen infolge von Lastbeanspruchung dürfen unter Verwendung der Zugfestigkeit und des wirksamen Elastizitätsmoduls für Beton ermittelt werden (siehe (5)).

In Tabelle 3.1 ist der Bereich wahrscheinlicher Werte für die Zugfestigkeit enthalten. Im Allgemeinen wird das Verhalten am besten abgeschätzt, wenn f_{ctm} verwendet wird. Wenn nachgewiesen werden kann, dass im Schwerpunkt keine Längszugspannungen vorhanden sind (z. B. infolge Schwinden oder Wärmeauswirkungen), darf die Biegezugfestigkeit $f_{ctm,fl}$ (siehe 3.1.8) verwendet werden.

(5) Für kriecherzeugende Beanspruchungen darf die Gesamtverformung unter Berücksichtigung des Kriechens mittels des effektiven Elastizitätsmoduls für Beton gemäß Gleichung (7.20) ermittelt werden:

$$E_{c,eff} = \frac{E_{cm}}{1+\varphi(\infty,t_0)} \qquad (7.20)$$

Dabei ist

$\varphi(\infty,t_0)$ die für die Last und das Zeitintervall maßgebende Kriechzahl (siehe 3.1.4).

(6) Krümmungen infolge Schwindens dürfen mit Gleichung (7.21) ermittelt werden:

$$1/r_{cs} = \varepsilon_{cs} \cdot \alpha_e \cdot S / I \qquad (7.21)$$

Dabei ist

$1/r_{cs}$ die durch Schwinden verursachte Krümmung;

ε_{cs} die freie Schwinddehnung (siehe 3.1.4);

S das Flächenmoment 1. Grades der Querschnittsfläche der Bewehrung, bezogen auf den Schwerpunkt des Querschnitts;

I das Flächenmoment 2. Grades des Querschnitts;

α_e das Verhältnis der E-Moduln: $\alpha_e = E_s / E_{c,eff}$.

S und I sind in der Regel sowohl für den ungerissenen als auch für den gerissenen Zustand zu ermitteln. Die Gesamtkrümmung darf dann mit Gleichung (7.18) ermittelt werden.

(7) Das genaueste Verfahren zur Berechnung der Durchbiegung nach Absatz (3) ist, die Krümmungen an einer Vielzahl von Schnitten entlang des Bauteils zu berechnen und dann durch numerische Integration die Durchbiegung zu bestimmen. In den meisten Fällen reicht es aus, die Verformungen zweimal zu berechnen – jeweils unter der Annahme eines vollständig gerissenen und eines vollständig ungerissenen Bauteils – und dann unter Verwendung der Gleichung (7.18) zu interpolieren.

ANMERKUNG   Werden vereinfachte Verfahren zur Berechnung der Durchbiegungen verwendet, sollten sie auf den in dieser Norm enthaltenen Grundlagen beruhen und sie sind durch Versuche zu verifizieren.

Eurocode 2: DIN EN 1992-1-1 mit Nationalem Anhang 8 Allgemeine Bewehrungsregeln	Hinweise

8 ALLGEMEINE BEWEHRUNGSREGELN

8.1 Allgemeines

(1)P Die in diesem Abschnitt enthaltenen Regeln gelten für gerippten Betonstahl, Betonstahlmatten und Spannstähle unter vorwiegend ruhender Belastung. Sie gelten für den normalen Hochbau und Brücken. Sie sind möglicherweise nicht ausreichend für:

- Bauteile unter dynamischen Belastungen aus seismischen Einwirkungen oder aus Schwingungen von Maschinen, Anpralllasten und
- Bauteile mit speziell lackierten, mit Epoxydharz oder mit Zink beschichteten Stäben.

Zusätzliche Regeln sind für große Stabdurchmesser angegeben.

Für die außergewöhnliche Einwirkung aus Fahrzeuganprall im Hochbau dürfen die Bewehrungsregeln uneingeschränkt verwendet werden.

(2)P Die Anforderungen an die Mindestbetondeckung müssen erfüllt sein (siehe 4.4.1.2).

(3) Für Leichtbeton gelten die ergänzenden Regeln in Kapitel 11.

(4) Für Tragwerke unter Ermüdungsbelastung gelten die Regeln in 6.8.

8.2 Stababstände von Betonstählen

(1)P Der Stababstand muss mindestens so groß sein, dass der Beton ordnungsgemäß eingebracht und verdichtet werden kann, um ausreichenden Verbund sicherzustellen.

(2) Der lichte Abstand (horizontal und vertikal) zwischen parallelen Einzelstäben oder in Lagen paralleler Stäbe darf in der Regel nicht geringer als das Maximum von [Stabdurchmesser; 20 mm] sein.

Bei einem Größtkorn der Gesteinskörnung d_g > 16 mm ist der Stababstand mit mindestens d_g + 5 mm festzulegen.

i. d. R. bei d_g = 32 mm
→ lichter Abstand $a \geq 40$ mm

(3) Bei einer Stabanordnung in getrennten horizontalen Lagen sind in der Regel die Stäbe jeder einzelnen Lage vertikal übereinander anzuordnen. Es ist in der Regel ausreichend Platz zwischen den Stäben innerhalb der Lagen zum Einbringen eines Innenrüttlers zur guten Verdichtung des Betons vorzusehen.

(4) Gestoßene Stäbe dürfen sich innerhalb der Übergreifungslänge berühren. Weitere Details sind in 8.7 enthalten.

8.3 Biegen von Betonstählen

(1)P Der kleinste Durchmesser, um den ein Stab gebogen wird, muss so festgelegt sein, dass Biegerisse im Stab und Betonversagen im Bereich der Stabbiegung ausgeschlossen werden.

(2) Um eine Schädigung der Bewehrung zu vermeiden, darf in der Regel der Biegerollendurchmesser nicht kleiner als D_{min} nach Tabelle 8.1DE sein.

Tabelle 8.1DE – Mindestbiegerollendurchmesser D_{min}
a) für Stäbe

1	2	3	4	5
Haken, Winkelhaken, Schlaufen, Bügel		**Schrägstäbe oder andere gebogene Stäbe**		
Stabdurchmesser [mm]		Mindestwerte der Betondeckung rechtwinklig zur Biegeebene		
$\phi < 20$	$\phi \geq 20$	> 100 mm und > 7ϕ	> 50 mm und > 3ϕ	≤ 50 mm oder ≤ 3ϕ
4ϕ	7ϕ	10ϕ	15ϕ	20ϕ

b) für nach dem Schweißen gebogene Bewehrung (Stäbe und Matten)

1	2	3	4	5
	vorwiegend ruhende Einwirkungen		**nicht vorwiegend ruhende Einwirkungen**	
für	Schweißung außerhalb des Biegebereiches	Schweißung innerhalb	Schweißung auf der Außenseite der Biegung	Schweißung auf der Innenseite
$a < 4\phi$	20ϕ	20ϕ	100ϕ	500ϕ
$a \geq 4\phi$	Werte nach Tab. 8.1DEa)			
a – Abstand zwischen Biegeanfang und Schweißstelle				

Eurocode 2: DIN EN 1992-1-1 mit Nationalem Anhang	Hinweise
8 Allgemeine Bewehrungsregeln	

(3) Der zur Vermeidung von Betonversagen erforderliche Biegerollendurchmesser muss nicht nachgewiesen werden, wenn folgende Bedingungen eingehalten werden:

- Es ist entweder keine Verankerungslänge des Stabes > 5ϕ über das Ende der Biegung hinaus erforderlich oder der Stab liegt nicht am Rand (Ebene der Biegung nahe der Betonoberfläche) und der Durchmesser eines Querstabs innerhalb der Biegung beträgt $\geq \phi$.
- Der Biegerollendurchmesser ist mindestens gleich den empfohlenen Werten aus Tabelle 8.1DE.

Andernfalls ist in der Regel der Biegerollendurchmesser D_{min} gemäß Gleichung (8.1) zu erhöhen.

$$D_{min} \geq \frac{F_{bt}}{f_{cd}} \cdot \left(\frac{1}{a_b} + \frac{1}{2\phi} \right) \qquad (8.1)$$

Dabei ist

F_{bt} die Zugkraft im GZT in einem Stab oder Stabbündel am Anfang der Stabbiegung;

a_b für einen bestimmten Stab (oder Stabbündel) der halbe Schwerpunkt-Abstand zwischen den Stäben (oder den Stabbündeln) senkrecht zur Biegungsebene. Für einen Stab oder ein Stabbündel in der Nähe der Oberfläche eines Bauteils ist in der Regel a_b mit $\phi/2$ zuzüglich der Betondeckung anzunehmen.

Der Wert für f_{cd} darf in der Regel nicht größer als derjenige für die Betonfestigkeitsklasse C55/67 angenommen werden.

(NA.4)P Beim Hin- und Zurückbiegen gelten die Absätze (NA.5) bis (NA.7).

(NA.5)P Beim Kaltbiegen von Betonstählen sind die folgenden Bedingungen einzuhalten:

- Der Stabdurchmesser darf maximal $\phi = 14$ mm sein. Ein Mehrfachbiegen (wiederholtes Hin- und Zurückbiegen an derselben Stelle) ist nicht zulässig.
- Bei vorwiegend ruhenden Einwirkungen muss der Biegerollendurchmesser beim Hinbiegen mindestens $D_{min} = 6\phi$ betragen. Die Bewehrung darf im GZT höchstens zu 80 % ausgenutzt werden.
- Bei nicht vorwiegend ruhender Einwirkung muss der Biegerollendurchmesser beim Hinbiegen mindestens 15ϕ betragen. Die Schwingbreite der Stahlspannung darf 50 N/mm² nicht überschreiten.
- Im Bereich der Rückbiegestelle ist die Querkraft auf $0{,}30 V_{Rd,max}$ bei Bauteilen mit Querkraftbewehrung senkrecht zur Bauteilachse und $0{,}20 V_{Rd,max}$ bei Bauteilen mit Querkraftbewehrung in einem Winkel $\alpha < 90°$ zur Bauteilachse zu begrenzen. Dabei darf $V_{Rd,max}$ nach 6.2.3 vereinfachend mit $\theta = 40°$ ermittelt werden.

[D525] Es darf zwischen $0{,}30 V_{Rd,max}$ für $\alpha = 90°$ und $0{,}20 V_{Rd,max}$ für $\alpha = 45°$ linear interpoliert werden.

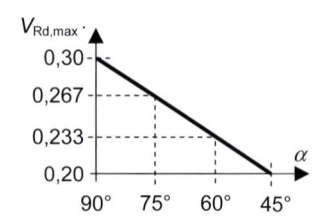

(NA.6)P Beim Warmbiegen von Betonstählen sind die folgenden Bedingungen einzuhalten:

- Wird Betonstahl B500 bei der Verarbeitung warm gebogen (≥ 500 °C), so darf er nur mit einer Streckgrenze von $f_{yk} = 250$ N/mm² in Rechnung gestellt werden.
- Bei nicht vorwiegend ruhenden Einwirkungen darf die Schwingbreite der Stahlspannung 50 N/mm² nicht überschreiten.

(NA.7)P Verwahrkästen für Bewehrungsanschlüsse sind so auszubilden, dass sie weder die Tragfähigkeit des Betonquerschnitts noch den Korrosionsschutz der Bewehrung beeinträchtigen.

ANMERKUNG Einzelheiten der technischen Ausführung sind z. B. im DBV-Merkblatt „Rückbiegen von Betonstahl und Anforderungen an Verwahrkästen" enthalten.

8.4 Verankerung der Längsbewehrung

8.4.1 Allgemeines

(1)P Bewehrungsstäbe, Drähte oder geschweißte Betonstahlmatten müssen so verankert sein, dass ihre Verbundkräfte sicher ohne Längsrissbildung und Abplatzungen in den Beton eingeleitet werden. Falls erforderlich, muss eine Querbewehrung vorgesehen werden.

(2) Mögliche Verankerungsarten sind in Bild 8.1 dargestellt (siehe auch 8.8 (3)).

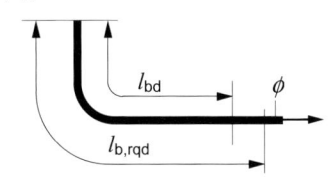

Hinweise:
Bild 8.1 a): Hier Einhaltung des Biegerollendurchmessers nach Tab. 8.1DE, Sp. 3–5 erforderlich, für Haken, Winkelhaken, Schlaufen unzulässig.

→ 8.4.3 (3): gerade Vorlänge (Abstand zwischen Beginn der Verankerungslänge und Beginn der Krümmung) mindestens ≥ $0,5 l_{bd}$ mit $\alpha_1 = 1,0$ einhalten.

a) Grundwert der Verankerungslänge $l_{b,rqd}$, für alle Verankerungsarten, gemessen entlang der Mittellinie

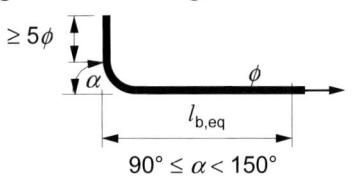

b) Ersatzverankerungslänge für normalen Winkelhaken

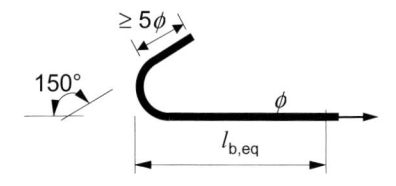

c) Ersatzverankerungslänge für normalen Haken

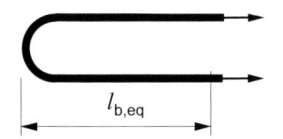

d) Ersatzverankerungslänge für normale Schlaufe

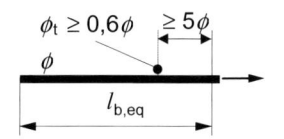

e) Ersatzverankerungslänge für angeschweißten Querstab

Bild 8.1 – Zusätzliche Verankerungsarten zum geraden Stab

Der Grundwert der Verankerungslänge darf bei gebogenen Bewehrungsstäben nur dann über die Krümmung nach Bild 8.1a) gemessen werden, wenn der größere Biegerollendurchmesser nach Tabelle 8.1DE für Schrägstäbe und gebogene Stäbe eingehalten ist. Für gebogene Stäbe mit einem kleineren Biegerollendurchmesser (Haken, Winkelhaken, Schlaufen) ist die Ersatzverankerungslänge $l_{b,eq}$ nach Bild 8.1b) bis 8.1d) zu verwenden.

Schweißverbindungen sind als tragende Verbindungen auszuführen (z. B. in Bild 8.1e)).

Hinweise:
Beachte auch DIN 488-4, Betonstahlmatten:
6.3.2.4: Verhältnis der Stabdurchmesser
6.3.2.4.1: Einzelstabbetonstahlmatte
– bei $\phi \leq 8,5$ mm: $\phi_{min} \geq 0,57 \phi_{max}$
– bei $\phi > 8,5$ mm: $\phi_{min} \geq 0,7 \phi_{max}$
Dabei ist
ϕ_{max} Nenndurchmesser dickster Stab;
ϕ_{min} Nenndurchmesser kreuzender Stab;
ϕ Nenndurchmesser der Einzelstäbe.

(3) Winkelhaken, Haken und Schlaufen dürfen nicht zur Verankerung von Druckbewehrung verwendet werden.

(4) Ein Betonversagen innerhalb der Stabbiegung ist in der Regel durch Einhaltung der Bedingungen nach 8.3 (3) zu vermeiden.

ANMERKUNG Einem Abplatzen des Betons oder einer Zerstörung des Betongefüges kann vorgebeugt werden, indem eine Konzentration von Verankerungen vermieden wird.

(5) Bei Ankerkörpern müssen in der Regel die Prüfungsanforderungen den maßgebenden Produktnormen oder einer Europäischen Technischen Zulassung entsprechen.

Sofern rechnerisch nicht nachweisbar, sind Ankerkörper durch Zulassungen zu regeln.

(6) Hinsichtlich der Übertragung von Vorspannkräften in den Beton wird auf Abschnitt 8.10 verwiesen.

8.4.2 Bemessungswert der Verbundfestigkeit

(1)P Die Verbundtragfähigkeit muss zur Vermeidung von Verbundversagen ausreichend sein.

(2) Der Bemessungswert der Verbundfestigkeit f_{bd} darf für Rippenstäbe wie folgt ermittelt werden:

$$f_{bd} = 2{,}25 \cdot \eta_1 \cdot \eta_2 \cdot f_{ctd} \tag{8.2}$$

Dabei ist

f_{ctd} der Bemessungswert der Betonzugfestigkeit $f_{ctd} = 1{,}0 \cdot f_{ctk;0{,}05} / \gamma_C$. Aufgrund der zunehmenden Sprödigkeit von höherfestem Beton ist in der Regel $f_{ctk;0{,}05}$ auf den Wert für C60/75 zu begrenzen, außer es können höhere Werte der mittleren Verbundfestigkeit nachgewiesen werden;

η_1 ein Beiwert, der die Qualität der Verbundbedingungen und die Lage der Stäbe während des Betonierens berücksichtigt (siehe Bild 8.2):

$\eta_1 = 1{,}0$ bei „guten" Verbundbedingungen,

$\eta_1 = 0{,}7$ für alle anderen Fälle sowie für Stäbe in Bauteilen, die im Gleitbauverfahren hergestellt wurden, außer es können „gute" Verbundbedingungen nachgewiesen werden;

η_2 ein Beiwert zur Berücksichtigung des Stabdurchmessers:

$\eta_2 = 1{,}0$ für $\phi \leq 32$ mm,

$\eta_2 = (132 - \phi) / 100$ für $\phi > 32$ mm.

Hinweise:

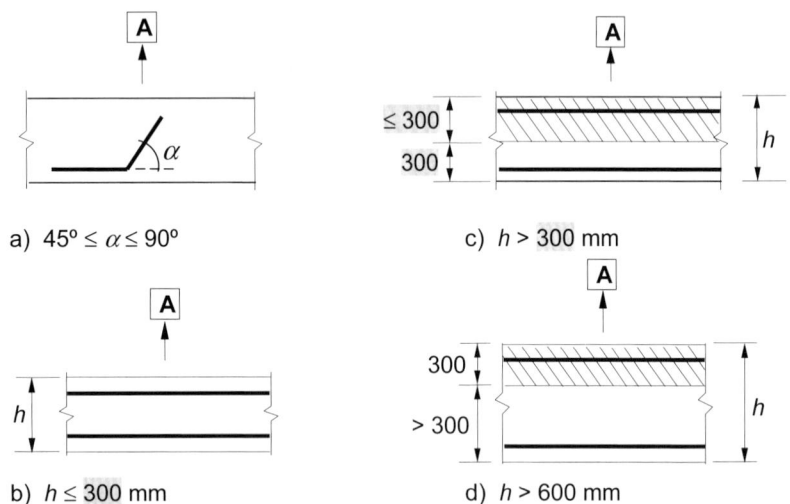

Gleichung (8.2) mit $\gamma_C = 1{,}5$ und $\phi \leq 32$ mm:

f_{ck} [N/mm²]	f_{bd} [N/mm²] gut	f_{bd} [N/mm²] mäßig
16	2,00	1,40
20	2,32	1,62
25	2,69	1,89
30	3,04	2,13
35	3,37	2,36
40	3,68	2,58
45	3,99	2,79
50	4,28	2,99
55	4,43	3,10
60	4,57	3,20
70	4,57	3,39
80	4,57	3,56
90	4,57	3,71
100	4,57	3,85

Bild 8.2 c) gilt für $h \leq 600$ mm.

a) $45° \leq \alpha \leq 90°$

b) $h \leq 300$ mm

c) $h > 300$ mm

d) $h > 600$ mm

A Betonierrichtung

a) und b) „gute" Verbundbedingungen für alle Stäbe

c) und d) unschraffierter Bereich – „gute" Verbundbedingungen schraffierter Bereich – „mäßige" Verbundbedingungen

Bild 8.2 – Verbundbedingungen

Der gute Verbundbereich darf auch für liegend gefertigte stabförmige Bauteile (z. B. Stützen) angenommen werden, die mit einem Außenrüttler verdichtet werden und deren äußere Querschnittsabmessungen 500 mm nicht überschreiten.

8.4.3 Grundwert der Verankerungslänge

(1)P Bei der Festlegung der erforderlichen Verankerungslänge müssen die Stahlsorte und die Verbundeigenschaften der Stäbe berücksichtigt werden.

(2) Der erforderliche Grundwert der Verankerungslänge $l_{b,rqd}$ zur Verankerung der Kraft $A_s \cdot \sigma_{sd}$ eines geraden Stabes unter Annahme einer konstanten Verbundspannung f_{bd} folgt aus der Gleichung:

$$l_{b,rqd} = (\phi / 4) \cdot (\sigma_{sd} / f_{bd}) \tag{8.3}$$

Dabei ist σ_{sd} die vorhandene Stahlspannung im GZT des Stabes am Beginn der Verankerungslänge.

Werte für f_{bd} sind in 8.4.2 angegeben.

Hinweise:

Der Grundwert der Verankerungslänge $l_{b,rqd}$ nach Gl. (8.3) sollte mit $\sigma_{sd} = f_{yd} = f_{yk} / \gamma_S$ ermittelt und den Mindestwerten der Verankerungs- und Übergreifungslänge zugrunde gelegt werden.

Der Ausnutzungsgrad $\sigma_{sd} = f_{yd} \cdot A_{s,erf} / A_{s,vorh}$ sollte erst bei der Ermittlung der Bemessungswerte der Verankerungslänge nach Gl. (8.4) bzw. der Übergreifungslänge nach Gl. (8.10) durch Multiplikation mit $A_{s,erf} / A_{s,vorh} \leq 1{,}0$ berücksichtigt werden.

Eurocode 2: DIN EN 1992-1-1 mit Nationalem Anhang 8 Allgemeine Bewehrungsregeln	Hinweise

(3) Bei gebogenen Stäben sind in der Regel der Grundwert der erforderlichen Verankerungslänge $l_{b,rqd}$ und der Bemessungswert der Verankerungslänge l_{bd} entlang der Mittellinie des Stabes zu messen (siehe Bild 8.1a)).

Die gerade Vorlänge (Abstand zwischen Beginn der Verankerungslänge und Beginn der Krümmung) sollte z. B. in Rahmenecken ausreichend lang sein (z. B. $0{,}5l_{bd}$, mit $\alpha_1 = 1{,}0$).

(4) Bei Doppelstäben in geschweißten Betonstahlmatten ist in der Regel der Durchmesser ϕ in Gleichung (8.3) durch den Vergleichsdurchmesser $\phi_n = \phi \cdot \sqrt{2}$ zu ersetzen.

8.4.4 Bemessungswert der Verankerungslänge

(1) Der Bemessungswert der Verankerungslänge l_{bd} darf wie folgt ermittelt werden:

$$l_{bd} = \alpha_1 \cdot \alpha_3 \cdot \alpha_4 \cdot \alpha_5 \cdot l_{b,rqd} \geq l_{b,min} \qquad (8.4)$$

Dabei berücksichtigen die in Tabelle 8.2 angegebenen Beiwerte α_i:

- α_1 die Verankerungsart der Stäbe unter Annahme ausreichender Betondeckung (siehe Bild 8.1);
- α_3 eine Querbewehrung;
- α_4 einen oder mehrere angeschweißte Querstäbe ($\phi_t > 0{,}6\phi$) innerhalb der erforderlichen Verankerungslänge l_{bd} (siehe auch 8.6);
- α_5 einen Druck quer zur Spaltzug-Riss-Ebene innerhalb der erforderlichen Verankerungslänge;

Im Allgemeinen ist $(\alpha_3 \cdot \alpha_5) \geq 0{,}7$. $\qquad (8.5)$

- $l_{b,rqd}$ folgt aus Gleichung (8.3);
- $l_{b,min}$ die Mindestverankerungslänge beträgt, wenn keine andere Begrenzung gilt:
  - bei Verankerungen unter Zug:

    $l_{b,min} \geq \max\{0{,}3 \cdot \alpha_1 \cdot \alpha_4 \cdot l_{b,rqd};\ 10\phi\}; \qquad (8.6)$

    Der Mindestwert 10ϕ darf bei direkter Lagerung auf $6{,}7\phi$ reduziert werden.
  - bei Verankerungen unter Druck:

    $l_{b,min} \geq \max\{0{,}6 \cdot l_{b,rqd};\ 10\phi\}. \qquad (8.7)$

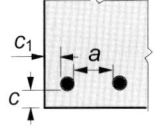

$c_d = \min\{a/2;\ c_1;\ c\}$ $\qquad c_d = \min\{a/2;\ c_1\}$ $\qquad c_d = c$

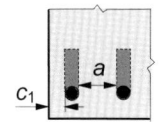

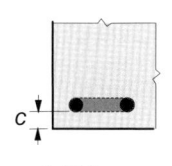

a) Gerade Stäbe **b) Gebogene Stäbe oder Haken** **c) Schlaufen**

Bild 8.3 – Werte c_d für Balken und Platten

ANMERKUNG Bei Übergreifungsstößen gerader Stäbe nach Bild 8.3a) darf die Betondeckung orthogonal zur Stoßebene unberücksichtigt bleiben, d. h. $c_d = \min\{a/2;\ c_1\}$.

(2) Als vereinfachte Alternative zu 8.4.4 (1) darf die Verankerung unter Zug bei bestimmten, in Bild 8.1 gezeigten Verankerungsarten als Ersatzverankerungslänge $l_{b,eq}$ angegeben werden. Die Verankerungslänge $l_{b,eq}$ wird in diesem Bild definiert und darf folgendermaßen angenommen werden:

- $\alpha_1 \cdot l_{b,rqd}$ für die Verankerungsarten gemäß den Bildern 8.1b) bis 8.1d) (siehe Tabelle 8.2 mit Werten für α_1);
- $\alpha_4 \cdot l_{b,rqd}$ für die Verankerungsarten gemäß Bild 8.1e) (siehe Tabelle 8.2 mit Werten für α_4);
- $l_{b,eq} = \alpha_1 \cdot \alpha_4 \cdot l_{b,rqd}$ für Haken, Winkelhaken und Schlaufen mit mindestens einem angeschweißten Querstab innerhalb von $l_{b,rqd}$ vor Krümmungsbeginn;
- $l_{b,eq} = 0{,}5 \cdot l_{b,rqd}$ für gerade Stabenden mit mindestens zwei angeschweißten Stäben innerhalb $l_{b,rqd}$ (Stababstand $s < 100$ mm und $\geq 5\phi$ und ≥ 50 mm), jedoch nur zulässig bei Einzelstäben mit $\phi \leq 16$ mm und bei Doppelstäben mit $\phi \leq 12$ mm.

Hinweise:

Der Beiwert α_2 für die Mindestbetondeckung ist i. d. R. mit $\alpha_2 = 1{,}0$ anzusetzen, daher hier aus Gl. (8.4) entfernt.

Beispiel Verankerung:
ϕ 12, gerade Zugbewehrung ohne angeschweißte Querstäbe, 100 % ausgelastet, in C25/30, gute Verbundbedingungen
→ Grundwert Gl. (8.3):
$l_{b,rqd} = (12 / 4) \cdot (435 / 2{,}69) = 485$ mm
gerader Stab: $\alpha_1 = 1{,}0$
→ Mindestverankerung Gl. (8.6):
$l_{b,min} = 0{,}3 \cdot 1{,}0 \cdot 485 = 145$ mm $> 10 \cdot 12$ mm
→ Bemessungswert Gl. (8.4):
$l_{bd} = 1{,}0 \cdot 485 = 485$ mm $> l_{b,min}$
→ bei direkter Lagerung $\alpha_5 = 2/3$:
$l_{bd} = (2/3) \cdot 485 = 325$ mm

Für $l_{b,min}$ muss $l_{b,rqd}$ mit f_{yd} ermittelt werden.

Die Mindestverankerungslänge darf i. Allg. bei direkter Lagerung auf $(2/3)l_{b,min} \geq 6{,}7\phi$ reduziert werden.

Bei der Festlegung des Stoßabstandes zum freien Rand für den Übergreifungsbeiwert α_6.

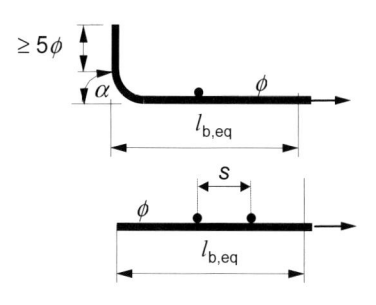

Eurocode 2: DIN EN 1992-1-1 mit Nationalem Anhang	Hinweise
8 Allgemeine Bewehrungsregeln	

Dabei ist

α_1 und α_4 jeweils in (1) definiert;

$l_{b,rqd}$ der Grundwert nach Gleichung (8.3).

Grundsätzlich gilt $l_{b,eq} \geq l_{b,min}$.

Wenn wegen Querzugspannungen der Beiwert $\alpha_5 > 1{,}0$ anzusetzen ist, muss dieser bei der Ermittlung der Ersatzverankerungslänge zusätzlich berücksichtigt werden.

Tabelle 8.2 – Beiwerte α_1, α_3, α_4 und α_5

	1	2	3	4
	Einflussfaktor	**Verankerungsart**	**Bewehrungsstab**	
			unter Zug	unter Druck
1	Form der Stäbe	gerade	$\alpha_1 = 1{,}0$	$\alpha_1 = 1{,}0$
2		gebogen (siehe Bild 8.1 b), c) und d))	$\alpha_1 = 0{,}7$ für $c_d \geq 3\phi$ andernfalls $\alpha_1 = 1{,}0$ (siehe Bild 8.3 für c_d)	–
3	nicht an die Hauptbewehrung angeschweißte Querbewehrung	alle Arten	$\alpha_3 = 1 - K \cdot \lambda$ $0{,}7 \leq \alpha_3 \leq 1{,}0$	$\alpha_3 = 1{,}0$
4	angeschweißte Querbewehrung	alle Arten, Positionen und Größen sind in Bild 8.1e) angegeben	$\alpha_4 = 0{,}7$	$\alpha_4 = 0{,}7$
5	Querdruck	alle Arten	$\alpha_5 = 1 - 0{,}04p$ $0{,}7 \leq \alpha_5 \leq 1{,}0$	–

Dabei ist

$\lambda \quad = (\Sigma A_{st} - \Sigma A_{st,min}) / A_s$;

ΣA_{st} die Querschnittsfläche der Querbewehrung innerhalb der Verankerungslänge l_{bd};

$\Sigma A_{st,min}$ die Querschnittsfläche der Mindestquerbewehrung:

     $\Sigma A_{st,min} = 0{,}25 A_s$ für Balken und $\Sigma A_{st,min} = 0$ für Platten;

A_s die Querschnittsfläche des größten einzelnen verankerten Stabs;

K der Wert nach Bild 8.4;

p der Querdruck [N/mm²] im Grenzzustand der Tragfähigkeit innerhalb l_{bd}.

Bei Schlaufenverankerungen mit $c_d > 3\phi$ und mit Biegerollendurchmessern $D \geq 15\phi$ darf $\alpha_1 = 0{,}5$ angesetzt werden.

Bei direkter Lagerung darf $\alpha_5 = 2/3$ gesetzt werden.

Falls eine allseitige, durch Bewehrung gesicherte Betondeckung von mindestens 10ϕ vorhanden ist, darf $\alpha_5 = 2/3$ angenommen werden. Dies gilt nicht für Übergreifungsstöße mit einem Achsabstand der Stöße von $s \leq 10\phi$.

Der Beiwert α_5 ist auf 1,5 zu erhöhen, wenn rechtwinklig zur Bewehrungsebene ein Querzug vorhanden ist, der eine Rissbildung parallel zur Bewehrungsstabachse im Verankerungsbereich erwarten lässt. Wird bei vorwiegend ruhenden Einwirkungen die Breite der Risse parallel zu den Stäben auf $w_k \leq 0{,}2$ mm im GZG begrenzt, darf auf diese Erhöhung verzichtet werden.

ANMERKUNG Verankerungen mit gebogenen Druckstäben sind unzulässig (siehe (NCI) 8.4.1 (3)).

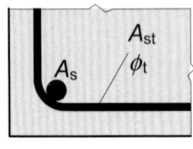

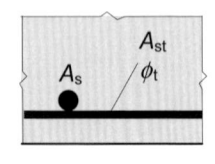

Hinweise zur Tabelle:

$\alpha_1 = 0{,}7$ für $c_d < 3\phi$ darf angesetzt werden, wenn Querdruck oder eine enge Verbügelung vorhanden ist.
Die Verankerung abgebogener Druckstäbe ist unzulässig.

Der Beiwert α_2 für die Mindestbetondeckung ist i. d. R. mit $\alpha_2 = 1{,}0$ anzusetzen, daher hier aus Tabelle 8.2 entfernt.

Zeile 5: Für Druckstäbe darf die günstige Wirkung eines Querdrucks nicht berücksichtigt werden (d. h. $\alpha_5 = 1{,}0$).

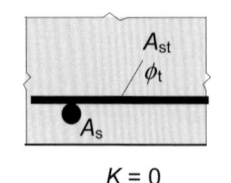

$K = 0{,}1$ $K = 0{,}05$ $K = 0$

Bild 8.4 – Werte für K für Balken und Platten

Eurocode 2: DIN EN 1992-1-1 mit Nationalem Anhang 8 Allgemeine Bewehrungsregeln	Hinweise

8.5 Verankerung von Bügeln und Querkraftbewehrung

(1) Bügel und Querkraftbewehrungen sind in der Regel mit Haken oder Winkelhaken oder durch angeschweißte Querstäbe zu verankern. Innerhalb eines Hakens oder Winkelhakens ist in der Regel ein Querstab einzulegen.

Zu (1): Verankerung von aufgebogener Querkraftbewehrung in der Druck- und Zugzone siehe 9.2.1.3 (4).

(2) Die Verankerung muss in der Regel gemäß Bild 8.5 erfolgen. Schweißstellen sind in der Regel gemäß DIN EN ISO 17660 mit einer Verankerungskraft nach 8.6 (2) auszuführen.

ANMERKUNG Eine Definition der Biegewinkel ist in Bild 8.1 enthalten.

(NA.3)P Bei Balken sind die Bügel in der Druckzone nach Bild 8.5DE e) oder f), in der Zugzone nach Bild 8.5DE g) oder h) zu schließen.

(NA.4) Bei Plattenbalken dürfen die für die Querkrafttragfähigkeit erforderlichen Bügel im Bereich der Platte mittels durchgehender Querstäbe nach Bild 8.5DE i) geschlossen werden, wenn der Bemessungswert der Querkraft $V_{Ed} \leq 2/3 V_{Rd,max}$ nach 6.2.3 beträgt.

Bei angeschweißten Querstäben mindestens 10 mm von Außenkante Schweißnaht/Querstab bis zum Stabende einhalten.

Alternative: Verankerung von Bügeln mit angeschweißtem Querstab in der Platte eines Plattenbalkens:

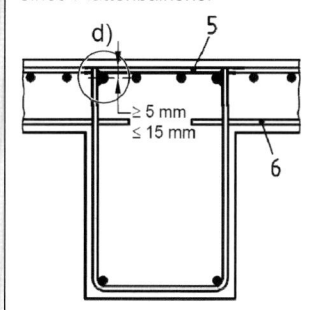

1 Verankerungselemente nach a) bzw. b)
2 Kappenbügel
3 Betondruckzone
4 Betonzugzone
5 obere Querbewehrung
6 untere Bewehrung der anschließenden Platte

a) Haken
b) Winkelhaken
c) gerade Stabenden mit zwei angeschweißten Querstäben.
d) gerade Stabenden mit einem angeschweißten Querstab
e) und f) Schließen in der Druckzone
g) und h) Schließen in der Zugzone (l_0 mit $\alpha_1 = 0{,}7$ nach Tab. 8.2 mit Haken oder Winkelhaken am Bügelende)
i) Schließen bei Plattenbalken im Bereich der Platte

ANMERKUNG Für c) und d) darf in der Regel die Betondeckung nicht weniger als 3ϕ oder 50 mm betragen.

Bild 8.5DE – Verankerung und Schließen von Bügeln

8.7 Stöße und mechanische Verbindungen

8.7.1 Allgemeines

(1)P Die Kraftübertragung zwischen zwei Stäben erfolgt durch:

- Stoßen der Stäbe, mit oder ohne Haken bzw. Winkelhaken,
- Schweißen,
- mechanische Verbindungen für die Übertragung von Zug- und Druckkräften bzw. nur Druckkräften. Mechanische Verbindungen sind durch Zulassungen zu regeln.

Hinweis: Eine zusätzliche Verankerung nach 8.6 durch angeschweißte Querstäbe, die Kräfte direkt über den Beton abtragen, ist nicht zulässig und daher hier gestrichen.

Hinweis: z. B. geschraubte oder geklemmte Muffenverbindungen

8.7.2 Stöße

(1)P Die bauliche Durchbildung von Stößen zwischen Stäben muss so ausgeführt werden, dass

- die Kraftübertragung zwischen den Stäben sichergestellt ist,
- im Bereich der Stöße keine Betonabplatzungen auftreten,
- keine großen Risse auftreten, die die Funktion des Tragwerks gefährden.

(2) Stöße

- von Stäben sind in der Regel versetzt anzuordnen und dürfen in der Regel nicht in hoch beanspruchten Bereichen liegen (z. B. plastische Gelenke). Ausnahmen sind in Absatz (4) angegeben,
- sind in der Regel in jedem Querschnitt symmetrisch anzuordnen.

(3) Die Anordnung der gestoßenen Stäbe muss in der Regel Bild 8.7 entsprechen und folgende Bedingungen erfüllen:

- der lichte Abstand zwischen sich übergreifenden Stäben darf in der Regel nicht größer als 4ϕ oder 50 mm sein, andernfalls ist die Übergreifungslänge um die Differenz zwischen dem lichten Abstand und 4ϕ bzw. 50 mm zu vergrößern;
- der Längsabstand zweier benachbarter Stöße darf in der Regel die 0,3-fache Übergreifungslänge l_0 nicht unterschreiten;
- bei benachbarten Stößen darf in der Regel der lichte Abstand zwischen benachbarten Stäben nicht weniger als 2ϕ oder 20 mm betragen.

(4) Wenn die Anforderungen aus Absatz (3) erfüllt sind, dürfen 100 % der Zugstäbe in einer Lage gestoßen sein. Für Stäbe in mehreren Lagen ist in der Regel dieser Anteil auf 50 % zu reduzieren.

Alle Druckstäbe sowie die Querbewehrung dürfen in einem Querschnitt gestoßen sein.

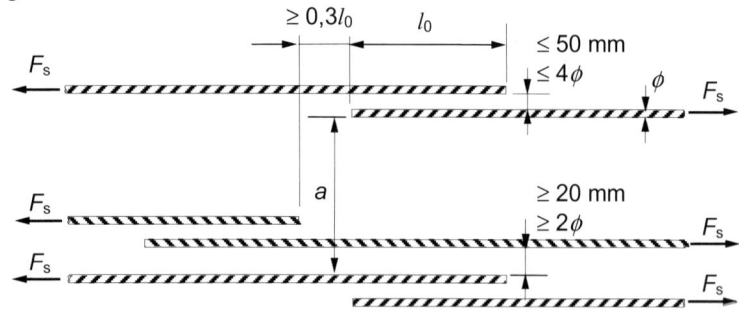

Bild 8.7 – Benachbarte Stöße

(NA.5) Druckstäbe mit $\phi \geq 20$ mm dürfen in Stützen durch Kontaktstoß der Stabstirnflächen gestoßen werden, wenn sie beim Betonieren lotrecht stehen, die Stützen an beiden Enden unverschieblich gehalten sind und die gestoßenen Stäbe auch unter Berücksichtigung einer Beanspruchung nach Abschnitt 5.8 (Theorie II. Ordnung) zwischen den gehaltenen Stützenenden nur Druck erhalten. Der zulässige Stoßanteil beträgt dabei maximal 50 % und ist gleichmäßig über den Querschnitt zu verteilen.

Die Querschnittsfläche der nicht gestoßenen Bewehrung muss mindestens 0,8 % des statisch erforderlichen Betonquerschnitts betragen. Die Stöße sind in den äußeren Vierteln der Stützenlänge anzuordnen. Der Längsversatz der Stöße muss mindestens $1,3 l_{b,rqd}$ betragen ($l_{b,rqd}$ nach Gleichung (8.3) mit $\sigma_{sd} = f_{yd}$).

Eurocode 2: DIN EN 1992-1-1 mit Nationalem Anhang	Hinweise
8 Allgemeine Bewehrungsregeln	

Die Stabstirnflächen müssen rechtwinklig zur Längsachse hergestellt und entgratet sein. Ihr mittiger Sitz ist durch eine feste Führung zu sichern, die die Stoßfuge vor dem Betonieren teilweise sichtbar lässt.

8.7.3 Übergreifungslänge

(1) Der Bemessungswert der Übergreifungslänge beträgt:

$$l_0 = \alpha_1 \cdot \alpha_3 \cdot \alpha_5 \cdot \alpha_6 \cdot l_{b,rqd} \geq l_{0,min} \tag{8.10}$$

Dabei ist

$l_{b,rqd}$ nach Gleichung (8.3);

$$l_{0,min} \geq \max\{0{,}3 \cdot \alpha_1 \cdot \alpha_6 \cdot l_{b,rqd};\ 15\phi;\ 200\ \text{mm}\}; \tag{8.11}$$

Die Werte für α_1, α_3 und α_5 dürfen der Tabelle 8.2 entnommen werden. Für die Berechnung von α_3 ist in der Regel $\Sigma A_{st,min}$ zu $1{,}0 A_s \cdot (\sigma_{sd}/f_{yd})$ anzunehmen, mit A_s = Querschnittsfläche eines gestoßenen Stabes;

Werte für α_6 sind in Tabelle 8.3DE enthalten.

Tabelle 8.3DE – Beiwert α_6

1	2	3	4
Stoß	Stab-ϕ	Stoßanteil einer Bewehrungslage $\leq$ 33 %	Stoßanteil einer Bewehrungslage > 33 %
1 Zug	< 16 mm	1,2 [a]	1,4 [a]
2 Zug	$\geq$ 16 mm	1,4 [a]	2,0 [b]
3 Druck	alle	1,0	1,0

Wenn die lichten Stababstände $a \geq 8\phi$ (Bild 8.7) und der Randabstand in der Stoßebene $c_1 \geq 4\phi$ (Bild 8.3) eingehalten werden, darf der Beiwert α_6 reduziert werden auf:
[a] $\alpha_6 = 1{,}0$
[b] $\alpha_6 = 1{,}4$

Hinweise (rechte Spalte):

Der Beiwert α_2 für die Mindestbetondeckung ist i. d. R. mit $\alpha_2 = 1{,}0$ anzusetzen, daher hier aus Gl. (8.10) entfernt. Übergreifungsstöße mit Stäben ϕ > 32 mm sind nur in Bauteilen zulässig, die überwiegend auf Biegung beansprucht werden.

Für $l_{0,min}$ muss $l_{b,rqd}$ mit f_{yd} ermittelt werden.

Bei einer Schnittgrößenermittlung nach 5.6 Plastizitätstheorie oder 5.7 Nichtlineare Verfahren sind Stöße in plastischen Zonen nicht gestattet.

Für den Stoßanteil in Tab. 8.3DE sind alle ohne Längsversatz gestoßenen Stäbe am Querschnitt einer Bewehrungslage anzurechnen.

Übergreifungsstöße gelten als längsversetzt, wenn der Längsabstand der Stoßmitten mindestens dem 1,3-fachen Übergreifungslänge l_0 nach Gleichung (8.10) entspricht (siehe auch Bild 8.7).

Übergreifungsstöße sollten möglichst versetzt angeordnet werden und Vollstöße (Anteil der ohne Längsversatz gestoßenen Stäbe am Querschnitt einer Bewehrungslage gleich 100 %) nicht in hochbeanspruchten Bereichen liegen.

Bild 8.8 bezieht sich auf die Übergreifungsbeiwerte der EN 1992-1-1 und ist für die Bestimmung des Stoßanteils in Tabelle 8.3DE nicht geeignet. Es gilt hierfür Bild 8.7.

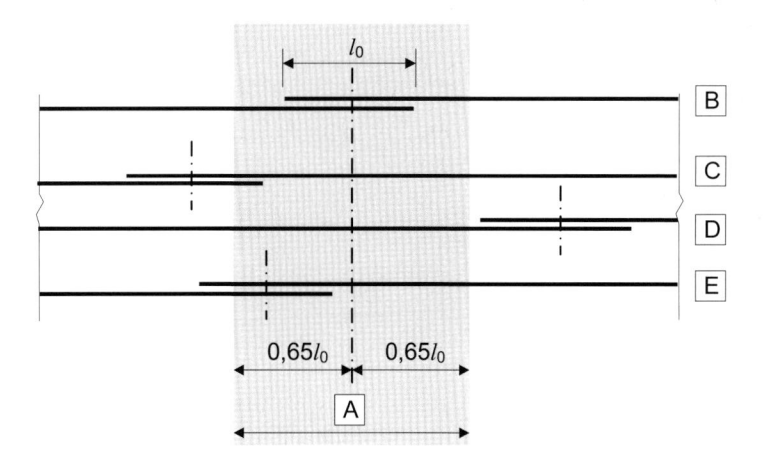

A betrachteter Abschnitt

B Stab I   C Stab II   D Stab III   E Stab IV

BEISPIEL Die Stäbe II und III liegen außerhalb des betrachteten Abschnitts: Stoßanteil = 50 %.

Bild 8.8 – Anteil gestoßener Stäbe in einem Stoßabschnitt

8.7.4 Querbewehrung im Bereich der Übergreifungsstöße

8.7.4.1 Querbewehrung für Zugstäbe

(1) Im Stoßbereich wird Querbewehrung benötigt, um Querzugkräfte aufzunehmen.

(2) Wenn der Durchmesser der gestoßenen Stäbe ϕ < 20 mm ist oder der Anteil gestoßener Stäbe in jedem Querschnitt höchstens 25 % beträgt, dann darf die aus anderen Gründen vorhandene Querbewehrung oder Bügel ohne jeden weiteren Nachweis als ausreichend zur Aufnahme der Querzugkräfte angesehen werden.

Zu (2): Es ist mindestens die Querbewehrung nach Kapitel 9: Bewehrungsregeln, anzuordnen. Diese sollte in der Betondeckung außen liegen.

(3) Wenn der Durchmesser der gestoßenen Stäbe $\phi \geq 20$ mm ist, darf in der Regel die Gesamtquerschnittsfläche der Querbewehrung ΣA_{st} (Summe aller Schenkel, die parallel zur Lage der gestoßenen Bewehrung verlaufen) nicht

kleiner als die Querschnittsfläche A_s eines gestoßenen Stabes ($\Sigma A_{st} \geq 1{,}0 A_s$) sein. Der Querstab sollte orthogonal zur Richtung der gestoßenen Bewehrung angeordnet werden.

Werden mehr als 50 % der Bewehrung in einem Querschnitt gestoßen und ist der Abstand zwischen benachbarten Stößen in einem Querschnitt $a \leq 10\phi$ (siehe Bild 8.7), ist in der Regel die Querbewehrung in Form von Bügeln oder Steckbügeln ins Innere des Betonquerschnitts zu verankern.

In flächenartigen Bauteilen muss die Querbewehrung ebenfalls bügelartig ausgebildet werden, falls $a \leq 5\phi$ ist; sie darf jedoch auch gerade sein, wenn die Übergreifungslänge um 30 % erhöht wird.

Sofern der Abstand der Stoßmitten benachbarter Stöße mit geraden Stabenden in Längsrichtung etwa $0{,}5 l_0$ beträgt, ist kein bügelartiges Umfassen der Längsbewehrung erforderlich.

Werden bei einer mehrlagigen Bewehrung mehr als 50 % des Querschnitts der einzelnen Lagen in einem Schnitt gestoßen, sind die Übergreifungsstöße durch Bügel zu umschließen, die für die Kraft aller gestoßenen Stäbe zu bemessen sind.

(4) Die nach Absatz (3) erforderliche Querbewehrung ist in der Regel im Anfangs- und Endbereich der Übergreifungslänge nach Bild 8.9 a) zu konzentrieren.

(NA.5) In vorwiegend biegebeanspruchten Bauteilen ab der Festigkeitsklasse C70/85 sind die Übergreifungsstöße durch Bügel zu umschließen, wobei die Summe der Querschnittsfläche der orthogonalen Schenkel gleich der erforderlichen Querschnittsfläche der gestoßenen Längsbewehrung sein muss.

8.7.4.2 Querbewehrung für Druckstäbe

(1) Zusätzlich zu den Regeln für Zugstäbe muss in der Regel ein Stab der Querbewehrung außerhalb des Stoßbereichs, jedoch nicht weiter als 4ϕ von den Enden des Stoßbereichs entfernt liegen (siehe Bild 8.9 b)).

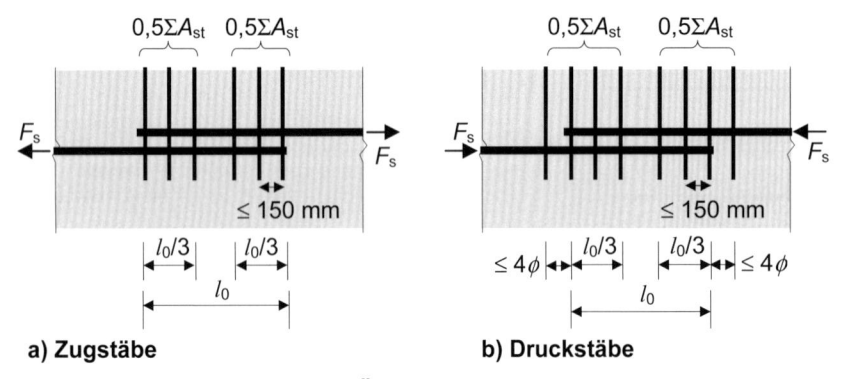

a) Zugstäbe   b) Druckstäbe

Bild 8.9 – Querbewehrung für Übergreifungsstöße

8.7.5 Stöße von Betonstahlmatten aus Rippenstahl

8.7.5.1 Stöße der Hauptbewehrung

(1) Die Stöße dürfen entweder durch Verschränkung oder als Zwei-Ebenen-Stoß von Betonstahlmatten ausgeführt werden (Bild 8.10).

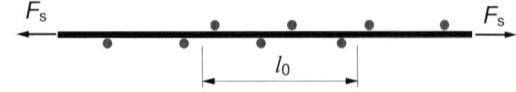

a) Verschränkung von Betonstahlmatten (Längsschnitt)

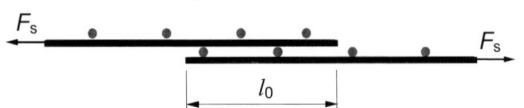

b) Zwei-Ebenen-Stoß von Betonstahlmatten (Längsschnitt)

c) Übergreifungsstoß der Querbewehrung

Bild 8.10 – Übergreifungsstöße von geschweißten Betonstahlmatten

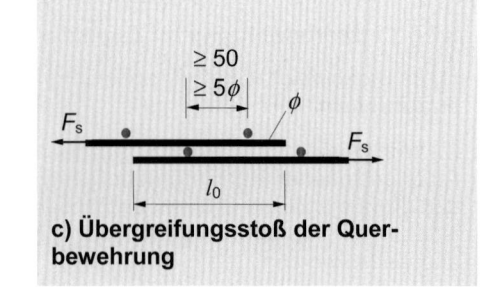

Eurocode 2: DIN EN 1992-1-1 mit Nationalem Anhang 8 Allgemeine Bewehrungsregeln	Hinweise

(2) Bei Ermüdungsbelastungen ist in der Regel eine Verschränkung auszuführen.

(3) Bei verschränkten Betonstahlmatten muss in der Regel die Anordnung der Hauptlängsstäbe im Übergreifungsstoß Abschnitt 8.7.2 entsprechen. Günstige Auswirkungen der Querstäbe sollten mit $\alpha_3 = 1{,}0$ vernachlässigt werden. Die Übergreifungslänge für verschränkte Betonstahlmatten ist nach Gleichung (8.10) zu berechnen. Darüber hinaus sollte $l_{0,min}$ nach Gleichung (8.11) den Abstand der Querbewehrung s_{quer} bei Matten nicht unterschreiten.

(4) Bei Betonstahlmatten mit Zwei-Ebenen-Stoß müssen in der Regel die Stöße der Hauptbewehrung generell in Bereichen liegen, in denen die Stahlspannung im Grenzzustand der Tragfähigkeit nicht mehr als 80 % des Bemessungswerts der Stahlfestigkeit beträgt. Zwei-Ebenen-Stöße ohne bügelartige Umfassung sind zulässig, wenn der zu stoßende Mattenquerschnitt $a_s \leq 6$ cm²/m beträgt.

(5) Wenn Absatz (4) nicht eingehalten wird, ist in der Regel die statische Nutzhöhe bei der Berechnung des Biegewiderstands gemäß 6.1 für die am weitesten von der Zugseite entfernte Bewehrungslage zu bestimmen. Außerdem ist in der Regel bei der Rissbreitenbegrenzung im Bereich der Stoßenden aufgrund der dort vorliegenden Diskontinuität die Stahlspannung für die Anwendung der Tabellen 7.2 und 7.3 um 25 % zu erhöhen.

(6) Der Anteil der Hauptbewehrung, der in jedem beliebigen Querschnitt gestoßen werden darf, muss in der Regel nachfolgenden Bedingungen entsprechen:

– Bei verschränkten Betonstahlmatten gelten die Werte aus Tabelle 8.3DE.

– Bei Betonstahlmatten im Zwei-Ebenen-Stoß hängt der zulässige Anteil einer mittels Übergreifung gestoßenen Hauptbewehrung in jedem Querschnitt von der vorhandenen Querschnittsfläche der geschweißten Betonstahlmatte $(A_s / s)_{prov}$ ab, wobei s der Abstand der Stäbe ist:
  - 100 %   wenn $(A_s / s)_{prov} \leq 1200$ mm²/m;
  - 60 %   wenn $(A_s / s)_{prov} > 1200$ mm²/m.

– Bei mehrlagiger Bewehrung sind in der Regel die Stöße der einzelnen Lagen mindestens um die 1,3-fache Übergreifungslänge l_0 in Längsrichtung gegeneinander zu versetzen (l_0 nach 8.7.3).

Betonstahlmatten mit einem Bewehrungsquerschnitt $a_s \leq 12$ cm²/m dürfen stets ohne Längsversatz gestoßen werden. Vollstöße von Matten mit größerem Bewehrungsquerschnitt sind nur in der inneren Lage bei mehrlagiger Bewehrung zulässig, wobei der gestoßene Anteil nicht mehr als 60 % des erforderlichen Bewehrungsquerschnitts betragen darf. Die Übergreifungslänge (siehe Bild 8.10b)) darf folgenden Wert nicht unterschreiten:

$$l_0 = l_{b,rqd} \cdot \alpha_7 \geq l_{0,min} \quad \text{(NA.8.11.1)}$$

Dabei ist

$l_{b,rqd}$ der Grundwert der Verankerungslänge nach Gleichung (8.3);

α_7 der Beiwert Mattenquerschnitt mit $\alpha_7 = 0{,}4 + a_{s,vorh} / 8$
   mit $1{,}0 \leq \alpha_7 \leq 2{,}0$;

$a_{s,vorh}$ die vorhandene Querschnittsfläche der Bewehrung im betrachteten Schnitt in cm²/m;

$l_{0,min}$ der Mindestwert der Übergreifungslänge mit
   $l_{0,min} = 0{,}3 \cdot \alpha_7 \cdot l_{b,rqd} \geq s_q; \geq 200$ mm;

s_q der Abstand der geschweißten Querstäbe.

(7) Eine zusätzliche Querbewehrung im Stoßbereich ist nicht erforderlich.

8.7.5.2 Stöße der Querbewehrung

(1) Die Querbewehrung darf vollständig in einem Schnitt gestoßen werden. Die Mindestwerte für die Übergreifungslänge l_0 sind in Tabelle 8.4 enthalten; innerhalb der Übergreifungslänge zweier Stäbe der Querbewehrung müssen in der Regel mindestens zwei Stäbe der Hauptbewehrung vorhanden sein.

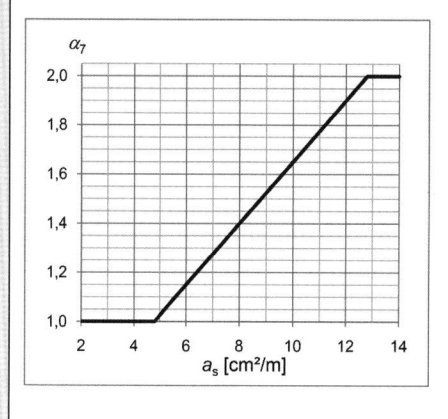

siehe auch Bild 8.10 c)

Tabelle 8.4 – Erforderliche Übergreifungslängen für Stöße von Querbewehrung

	Stabdurchmesser	Übergreifungslänge
1	$\phi \leq 6$ mm	≥ 150 mm; jedoch mindestens 1 Mattenmasche
2	6 mm $< \phi \leq 8,5$ mm	≥ 250 mm; jedoch mindestens 2 Mattenmaschen
3	8,5 mm $< \phi \leq 12$ mm	≥ 350 mm; jedoch mindestens 2 Mattenmaschen
4	$\phi > 12$ mm	≥ 500 mm; ≥ 2 Mattenmaschen

8.8 Zusätzliche Regeln bei großen Stabdurchmessern

(1) Bei Stäben mit einem Durchmesser $\phi_{large} > 32$ mm gelten die nachfolgenden Regeln zusätzlich zu den in 8.4 und 8.7 angegebenen.

Stäbe mit $\phi > 32$ mm dürfen nur in Bauteilen mit einer Mindestdicke von 15ϕ und mit Festigkeitsklassen C20/25 bis C80/95 eingesetzt werden.

Bei überwiegend auf Druck beanspruchten Bauteilen darf hiervon abgewichen werden, wenn die Bedingungen gemäß 8.4, 8.7 und 9.5 eingehalten sind.

Die Verwendung von Stabdurchmessern $\phi > 40$ mm wird durch Zulassungen geregelt.

(2) Bei Verwendung solcher großen Stabdurchmesser dürfen die Rissbreiten entweder durch Verwendung einer Oberflächenbewehrung (siehe 9.2.4) oder durch Berechnung (siehe 7.3.4) begrenzt werden.

Oberflächenbewehrung nach Abschnitt J.1

(3) Bei Verwendung großer Stabdurchmesser nehmen sowohl die Spaltkräfte als auch die Dübelwirkung zu. Solche Stäbe sind in der Regel mit Ankerkörpern zu verankern. Alternativ dürfen sie als gerade Stäbe mit umschnürenden Bügeln verankert werden.

(4) In der Regel dürfen Stäbe mit großen Durchmessern nicht gestoßen werden. Ausnahmen hiervon sind in Querschnitten mit einer Mindestabmessung von 1,0 m oder bei einer Stahlspannung bis maximal 80 % des Bemessungswerts der Stahlfestigkeit zulässig.

Stöße dürfen nur mittels mechanischer Verbindungen oder als geschweißte Stöße ausgeführt werden. Übergreifungsstöße sind nur in überwiegend biegebeanspruchten Bauteilen zulässig, wenn maximal 50 % der Stäbe in einem Schnitt gestoßen werden. Stöße gelten dabei als längsversetzt, wenn der Längsabstand der Stoßmitten mindestens $1,5 l_0$ beträgt.

(5) In Verankerungsbereichen ohne Querdruck ist in der Regel zusätzlich zur Querkraftbewehrung Querbewehrung einzulegen.

(6) Bei Verankerungen von geraden Stäben darf in der Regel die zusätzliche Bewehrung nach (5) nicht weniger betragen als (siehe Bild 8.11 für die verwendeten Bezeichnungen):

– parallel zur Zugseite: $\qquad A_{sh} = 0{,}25 \cdot A_s \cdot n_1 \qquad$ (8.12)

– orthogonal zur Zugseite: $\qquad A_{sv} = 0{,}25 \cdot A_s \cdot n_2 \qquad$ (8.13)

Dabei ist

A_s die Querschnittsfläche eines verankerten Stabes;

n_1 die Anzahl der Lagen mit Stäben, die in derselben Stelle im Bauteil verankert sind;

n_2 die Anzahl der Stäbe, die in jeder Lage verankert sind.

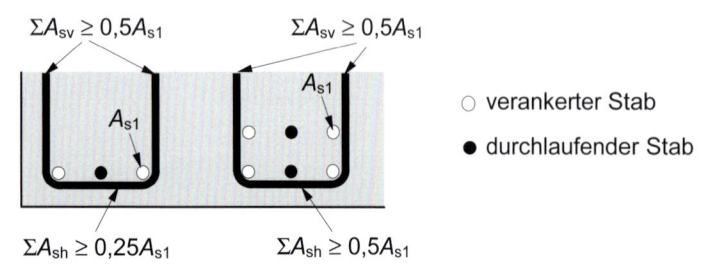

BEISPIEL Im linken Beispiel ist $n_1 = 1$, $n_2 = 2$ und im rechten Beispiel ist $n_1 = 2$, $n_2 = 2$.

Bild 8.11 – Zusätzliche Bewehrung für große Stabdurchmesser im Verankerungsbereich ohne Querdruck

Eurocode 2: DIN EN 1992-1-1 mit Nationalem Anhang	Hinweise
8 Allgemeine Bewehrungsregeln	

(7) Die zusätzliche Querbewehrung ist in der Regel gleichmäßig im Verankerungsbereich zu verteilen, wobei die Stababstände das 5-fache des Durchmessers der Längsbewehrung nicht übersteigen sollten.

(8) Für die Oberflächenbewehrung gilt 9.2.4. Die Querschnittsfläche der Oberflächenbewehrung darf in der Regel nicht kleiner als $0{,}01 A_{ct,ext}$ orthogonal und $0{,}02 A_{ct,ext}$ parallel zu den Stäben mit großen Durchmessern sein.

Zu (8): Oberflächenbewehrung nach Abschnitt J.1 (2). Die Querschnittsfläche der Oberflächenbewehrung $A_{s,surf}$ muss in der Regel in den zwei Richtungen parallel und orthogonal zur Zugbewehrung des Balkens mindestens $A_{s,surfmin} = 0{,}02 A_{ct,ext}$ betragen.

(NA.9)P Beim Nachweis der Querkrafttragfähigkeit nach 6.2.2 und der Torsionstragfähigkeit nach 6.3 ist der Bemessungswert für den Querkraftwiderstand $V_{Rd,c}$ mit dem Faktor 0,9 zu multiplizieren.

(NA.10)P Die Bauteile müssen direkt gelagert sein (siehe 1.5.2.26), sodass die Auflagerkraft normal zum unteren Bauteilrand mit Druckspannungen eingetragen wird.

(NA.11) Gerade oder kreisförmig gekrümmte Stäbe dürfen verwendet werden, wenn der Mindestbiegerollendurchmesser D_{min} = 1,00 m eingehalten wird.

(NA.12)P In biegebeanspruchten Bauteilen ist die zur Aufnahme der Stützmomente angeordnete Bewehrung im Bereich rechnerischer Betondruckspannungen zu verankern.

(NA.13)P Zur Verankerung gerader Stäbe ist das Grundmaß $l_{b,rqd}$ (nach Gleichung (8.3) mit $\sigma_{sd} = f_{yd}$) erforderlich. Die ersten endenden Stäbe müssen jedoch mindestens um das Maß d über den Nullpunkt der Zugkraftlinie hinausgeführt werden (siehe Bild NA.8.11.1). Die Anzahl der in einem Schnitt endenden Stäbe ergibt sich aus der Zugkraftdeckung nach 9.2.1.3. Als längsversetzt gelten Stäbe mit einem Abstand $\geq l_{b,rqd}$ (nach Gleichung (8.3) mit $\sigma_{sd} = f_{yd}$).

erf. Querbewehrung: $A_{st} = 0{,}25 \cdot A_{s1}$; $s \leq 200$ mm

Legende
- A rechnerischer Anfangspunkt
- B rechnerischer Endpunkt
- a_l Versatzmaß
- d statische Nutzhöhe
- A_{s1} Fläche eines Längsstabes

Querbewehrung A_{st} ins Bauteilinnere verankern,
Querschnittsfläche für einen Längsstab
ϕ 40 mm: A_{s1} = 12,6 cm²
→ A_{st} = 3,15 cm² im Bereich der Verankerungslänge gleichmäßig mit $s \leq 200$ mm verteilen

Bild NA.8.11.1 – Verankerung von geraden Stäben $\phi >$ 32 mm im Stützbereich

(NA.14) In massigen Bauteilen mit $h \geq 800$ mm darf die Bewehrung gestaffelt werden. Die Anzahl der in einem Schnitt endenden Stäbe ergibt sich aus der Zugkraftdeckung nach 9.2.1.3. Als längsversetzt gelten Stabenden mit einem Abstand größer $0{,}5 l_{b,rqd}$ (nach Gleichung (8.3) mit $\sigma_{sd} = f_{yd}$). Es dürfen nur innenliegende Stäbe vor dem Auflager enden. Der über das Auflager zu führende Prozentsatz der Längsbewehrung muss Absatz (1) entsprechen.

(NA.14): Der über das Auflager zu führende Prozentsatz der Feldlängsbewehrung muss nach 9.2.1.4 (1) für Balken ($\geq$ 25 %) bzw. 9.3.1.2 (1) für Platten ($\geq$ 50 %) entsprechen.

(NA.15)P Zur Verbundsicherung ist über die ganze Länge der Bewehrung eine Zusatzbewehrung anzuordnen und im Bauteilinneren so zu verankern, dass jeweils maximal drei Stäbe von einem Bügel umfasst werden (siehe Bild NA.8.11.2). Der Bügelquerschnitt muss dabei $A_{sw} = 0{,}1 A_s$ [cm²/m und Stab] und der Abstand $s_w \leq 200$ mm sein.

(NA.15)P: gilt für Platten mit und ohne rechnerisch erforderlicher Querkraftbewehrung

Bei Bauteilen mit rechnerisch erforderlicher Querkraftbewehrung gilt diese Bedingung als eingehalten, wenn mindestens 50 % der erforderlichen Querkraftbewehrung in Form von Bügeln angeordnet wird.

(NA.16) Liegt die erforderliche Querbewehrung $A_{st} = 0{,}25 A_s$ mindestens zu 50 % außen, wird der horizontale Anteil $A_{st} \geq 0{,}1 A_s$ [cm²/m] der Bewehrung zur Verbundsicherung abgedeckt. Die Oberflächenbewehrung darf dabei angerechnet werden.

(NA.16): gilt für Platten mit und ohne rechnerisch erforderlicher Querkraftbewehrung

Eurocode 2: DIN EN 1992-1-1 mit Nationalem Anhang 8 Allgemeine Bewehrungsregeln	Hinweise

(NA.17)P Zur Verbundsicherung ist in Querrichtung eine zusätzliche Bewehrung von $0{,}1A_s$ [cm²/m] über die gesamte Balkenlänge erforderlich. Diese muss die Zugbewehrung umschließen und im Balkensteg verankert werden. Die Querstäbe der Oberflächenbewehrung nach Anhang J.1 dürfen dafür herangezogen werden.

(NA.17)P: gilt für Balken

(NA.18)P Jeder zweite Längsstab muss von einem Bügelschenkel gehalten werden, der im Bauteilinneren verankert ist. Diese Längsstäbe sind in den Bügelecken anzuordnen.

(NA.18)P: gilt für Balken im Bereich positiver und negativer Momente

(NA.19) In plattenartigen Bauteilen mit mehrlagiger Bewehrung ist die erforderliche Querbewehrung möglichst gleichmäßig zwischen den einzelnen Stablagen zu verteilen.

(NA.20)P Bei Balken und Platten mit mehrlagiger Bewehrung sind ab der dritten Lage die an den Stegseiten angeordneten Stäbe gegen seitliches Ausbrechen durch eine entsprechende Bewehrung zu sichern.

Diese kann aus Steckbügeln bestehen, welche die Randstäbe von mindestens zwei Lagen in das Bauteilinnere verankern. Der Querschnitt der Steckbügel muss mindestens $0{,}18A_{sl}$ [cm²/m], bezogen auf einen in das Bauteilinnere geführten Schenkel, betragen (siehe Bild NA.8.11.3).

(NA.21)P Bei Druckgliedern muss der Bügelabstand $s_w \leq h_{min} / 2 \leq 300$ mm betragen (mit h_{min} die kleinste Querschnittsabmessung).

(NA.21)P: Bügel mit ϕ_w = 12 mm, (siehe (NCI) zu 9.5.3 (1))

(NA.22) Für das Schweißen an der Bewehrung sind stets vorgezogene Arbeitsprüfungen nach DIN EN ISO 17660-1:2006-12, Abschnitte 11 und 12 erforderlich, die von einer für die Überwachung von Betonstählen anerkannten Stelle geprüft werden müssen.

siehe (NA.15)P:
ϕ 40 mm: A_s = 12,6 cm²

bei 3 Stäben ϕ 40 je Bügel:
A_{sw} = 3 · 0,1 · 12,6 = 3,8 cm²/m
→ Verbundsicherung mit Bügeln
ϕ 8 / 200 mm: 5,0 cm²/m

bei 2 Stäben ϕ 40 je Bügel:
A_{sw} = 2 · 0,1 · 12,6 = 2,5 cm²/m
→ Verbundsicherung mit Bügeln
ϕ 6 / 200 mm: 2,8 cm²/m

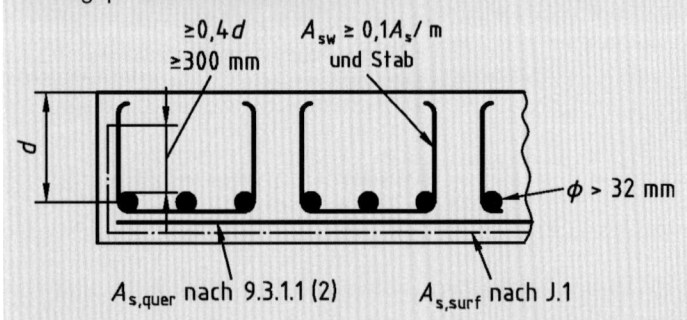

Bild NA.8.11.2 – Zusatzbewehrung zur Verbundsicherung von geraden Stäben ϕ > 32 mm

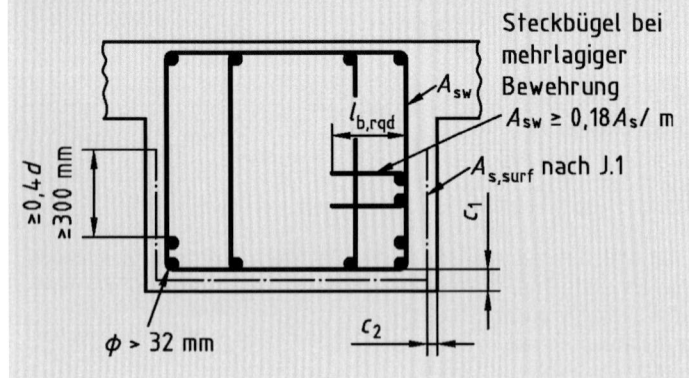

siehe (NA.20)P:
ϕ 40 mm: A_s = 12,6 cm²

Legende
c_1 Betondeckung der Längsbewehrung A_s
c_2 Betondeckung der Oberflächenbewehrung $A_{s,surf}$

Bild NA.8.11.3 – Balken und Anordnung von Steckbügeln bei mehrlagiger Bewehrung ϕ > 32 mm

Eurocode 2: DIN EN 1992-1-1 mit Nationalem Anhang	Hinweise
8 Allgemeine Bewehrungsregeln	

8.9 Stabbündel

8.9.1 Allgemeines

(1) Wenn nicht anders festgelegt, gelten die Regeln für Einzelstäbe auch für Stabbündel. In einem Stabbündel müssen in der Regel alle Stäbe gleiche Eigenschaften aufweisen (Sorte und Festigkeitsklasse). Stäbe mit verschiedenen Durchmessern dürfen gebündelt werden, wenn das Verhältnis der Durchmesser den Wert 1,7 nicht übersteigt.

Stabbündel bestehen aus zwei oder drei Einzelstäben, die sich berühren und die bei der Montage und dem Betonieren durch geeignete Maßnahmen zusammengehalten werden.

Die Durchmesser der Einzelstäbe dürfen $\phi = 28$ mm nicht überschreiten.

(2) Für die Bemessung wird das Stabbündel durch einen Ersatzstab mit gleicher Querschnittsfläche und gleichem Schwerpunkt ersetzt. Der Vergleichsdurchmesser ϕ_n dieses Ersatzstabs ergibt sich zu:

Index n – notional bar (fiktiver Stab)

$$\phi_n = \phi \cdot \sqrt{n_b} \leq 55 \text{ mm} \quad (8.14)$$

Dabei ist

n_b die Anzahl der Bewehrungsstäbe eines Stabbündels mit folgenden Grenzwerten:

Stababstand:
$a \geq \phi_n$
$a \geq 20$ mm
$a \geq d_g + 5$ mm bei $d_g > 16$ mm

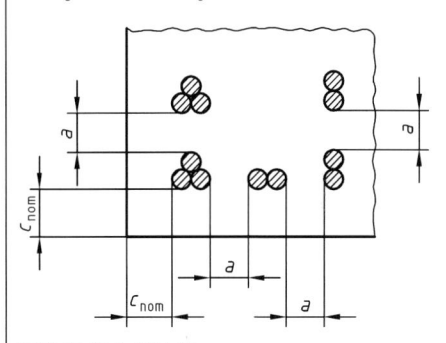

$n_b \leq 4$ für lotrechte Stäbe unter Druck und für Stäbe in einem Übergreifungsstoß;

$n_b \leq 3$ für alle anderen Fälle.

Bei Betonfestigkeitsklassen ≥ C70/85 ist $\phi_n \leq 28$ mm einzuhalten, sofern keine genaueren Untersuchungsergebnisse vorliegen.

(3) Für Stabbündel gelten die in 8.2 aufgeführten Regeln für die Stababstände. Dabei ist in der Regel der Vergleichsdurchmesser ϕ_n zu verwenden, wobei jedoch der lichte Abstand zwischen den Bündeln vom äußeren Bündelumfang zu messen ist. Die Betondeckung ist in der Regel vom äußeren Bündelumfang zu messen und darf nicht weniger als ϕ_n betragen.

(4) Zwei sich berührende, übereinanderliegende Stäbe in guten Verbundbedingungen brauchen nicht als Bündel behandelt zu werden.

DIN 1045-1, Bild 61

8.9.2 Verankerung von Stabbündeln

(1) Stabbündel unter Zug dürfen über End- und Zwischenauflagern enden. Bündel mit einem Vergleichsdurchmesser $\phi_n < 32$ mm dürfen in der Nähe eines Auflagers ohne Längsversatz der Einzelstäbe enden. Bei Bündeln mit einem Vergleichsdurchmesser $\phi_n \geq 32$ mm, die in der Nähe eines Auflagers verankert sind, sind in der Regel die Enden der Einzelstäbe gemäß Bild 8.12 in Längsrichtung zu versetzen.

(2) Werden Einzelstäbe mit einem Längsversatz größer $1,3 l_{b,rqd}$ verankert (mit $l_{b,rqd}$ für den Stabdurchmesser), darf der Stabdurchmesser zur Berechnung von l_{bd} verwendet werden (siehe Bild 8.12). Andernfalls ist in der Regel der Vergleichsdurchmesser des Bündels ϕ_n zu verwenden.

(3) Bei druckbeanspruchten Stabbündeln dürfen alle Stäbe an einer Stelle enden. Für einen Vergleichsdurchmesser $\phi_n \geq 32$ mm sind in der Regel mindestens vier Bügel mit $\phi \geq 12$ mm am Ende des Bündels anzuordnen. Ein weiterer Bügel ist in der Regel direkt hinter dem Stabende anzuordnen.

Auf die Bügel darf verzichtet werden, wenn der Spitzendruck durch andere Maßnahmen (z. B. Anordnung der Stabenden innerhalb einer Deckenscheibe) aufgenommen wird; in diesem Fall ist ein Bügel außerhalb des Verankerungsbereichs anzuordnen.

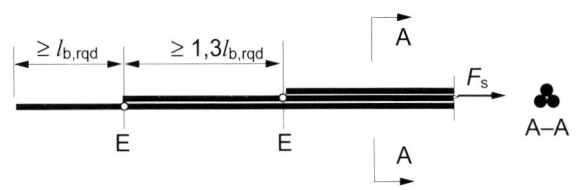

Bild 8.12 – Verankerung von Stabbündeln bei auseinandergezogenen rechnerischen Endpunkten E

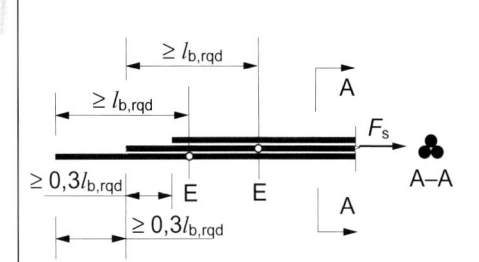

Verankerung von Stabbündeln bei dicht beieinander liegenden rechnerischen Endpunkten E

8.9.3 Gestoßene Stabbündel

(1) Die Übergreifungslänge nach 8.7.3 ist in der Regel mit dem Vergleichsdurchmesser ϕ_h (aus 8.9.1 (2)) zu ermitteln.

(2) Bündel aus zwei Stäben mit einem Vergleichsdurchmesser $\phi_h < 32$ mm dürfen ohne Längsversatz der Stäbe gestoßen werden. Dabei ist in der Regel der Vergleichsdurchmesser zur Berechnung von l_0 zu verwenden.

(3) Bei Bündeln aus zwei Stäben mit einem Vergleichsdurchmesser $\phi_h \geq 32$ mm oder bei Bündeln aus drei Stäben sind in der Regel die Einzelstäbe gemäß Bild 8.13 um mindestens $1,3 l_0$ in Längsrichtung versetzt zu stoßen. Dabei bezieht sich l_0 auf den Einzelstab. In diesem Fall wird der vierte Stab als übergreifender Stab (Stoßlasche) verwendet. In jedem Schnitt eines gestoßenen Bündels dürfen in der Regel höchstens vier Stäbe vorhanden sein. Bündel mit mehr als drei Stäben dürfen in der Regel nicht gestoßen werden.

1 bis 3 – Einzelstäbe des Stabbündels
4 – Zulagestab

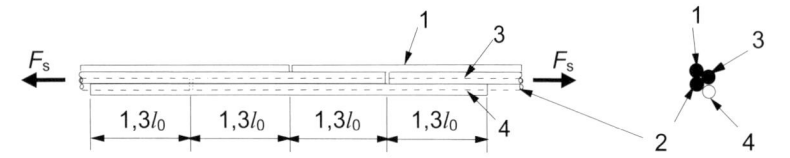

Bild 8.13 – Zugbeanspruchter Übergreifungsstoß mit viertem Zulagestab

8.10 Spannglieder

8.10.1 Anordnung von Spanngliedern und Hüllrohren

8.10.1.1 Allgemeines

(1)P Die Abstände der Hüllrohre und Spannglieder müssen so festgelegt werden, dass das Einbringen und Verdichten des Betons einwandfrei möglich ist und dass ein ausreichender Verbund zwischen dem Beton und den Spanngliedern erzielt werden kann.

Zwischen im Verbund liegenden Spanngliedern und verzinkten Einbauteilen oder verzinkter Bewehrung müssen mindestens 20 mm Beton vorhanden sein; außerdem darf keine metallische Verbindung bestehen.

(NA.2)P Die nachfolgenden Regeln gelten, sofern in den allgemeinen bauaufsichtlichen Zulassungen keine anderen Werte gefordert werden.

(NA.3)P Kritische Querschwingungen extern geführter Spannglieder infolge von Nutzlasten, Wind oder anderer Ursachen sind durch geeignete Maßnahmen auszuschließen.

8.10.1.2 Spannglieder im sofortigen Verbund

(1) Der horizontale und vertikale lichte Mindestabstand einzelner Spannglieder gemäß Bild 8.14 ist in der Regel einzuhalten. Andere Abstände dürfen verwendet werden, wenn durch Versuchsergebnisse für den Grenzzustand der Tragfähigkeit Folgendes nachgewiesen werden kann:

– die Begrenzung der Betondruckspannung an der Verankerung,
– kein Abplatzen des Betons,
– die Verankerung von Spanngliedern im sofortigen Verbund,
– das Einbringen des Betons zwischen den Spanngliedern.

Die Dauerhaftigkeit und die Korrosionsgefahr der Spannglieder an den Bauteilenden sind in der Regel dabei ebenfalls zu berücksichtigen.

Eine Unterschreitung der Mindestabstände nach Bild 8.14 ist nur im Rahmen einer Zulassung oder Zustimmung im Einzelfall zulässig.

Für Vorspannung mit sofortigem Verbund ist die Verwendung von glatten Drähten nicht zulässig.

(2) Eine Bündelung von Spanngliedern im Verankerungsbereich ist in der Regel zu vermeiden, es sei denn, dass das einwandfreie Einbringen und Verdichten des Betons und ausreichender Verbund zwischen dem Beton und den Spanngliedern sichergestellt werden kann.

(NA.3) Spannglieder aus gezogenen Drähten oder Litzen dürfen nach dem Spannen umgelenkt werden oder im umgelenkten Zustand vorgespannt

---

Hinweise:

Wird die Mindestbetondeckung für Litzen und profilierte Drähte mit $c_{min,b} = 2,5 \phi_p$ nach (NDP) 4.4.1.2 (3) gewählt, sollte ein lichter Mindestabstand $s \geq 2,5 \phi_p$ eingehalten werden.

Wird der lichte Mindestabstand nach Bild 8.14 mit $s = 2,0 \phi_p$ ausgenutzt, sollte die Mindestbetondeckung auf $c_{min,b} = 3 \phi_p$ vergrößert werden.

Sowohl die lichten Abstände als auch die Betondeckung sollten insbesondere bei größeren Spannstahlgruppen vergrößert werden.

| Eurocode 2: DIN EN 1992-1-1 mit Nationalem Anhang | Hinweise |
| 8 Allgemeine Bewehrungsregeln | |

werden, wenn sie dabei im Bereich der Krümmung keine Schädigung erfahren und das Verhältnis aus Biegeradius und Spanngliedurchmesser mindestens 15 beträgt.

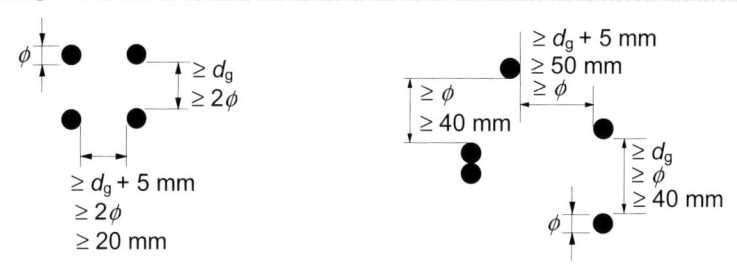

ϕ – Durchmesser des Spannglieds im sofortigen Verbund

ϕ – Durchmesser des Hüllrohrs für den nachträglichen Verbund

d_g – Durchmesser des Größtkorns der Gesteinskörnung

Bild 8.14 – Lichter Mindestabstand für Spannglieder im sofortigen Verbund

Bild 8.15 – Lichter Mindestabstand zwischen Hüllrohren

Bild 8.14:
Lichter Spanngliedabstand gegenüber DIN 1045-1 von $1,0\phi$ auf $2,0\phi$ vergrößert.

Bild 8.15:
Lichter Hüllrohrabstand gegenüber DIN 1045-1 von $0,8\phi$ auf $1,0\phi$ vergrößert.

8.10.1.3 Hüllrohre für Spannglieder im nachträglichen Verbund

(1)P Die Hüllrohre für Spannglieder im nachträglichen Verbund müssen so angeordnet und konstruiert werden, dass

- der Beton sicher eingebracht werden kann, ohne dass die Hüllrohre beschädigt werden,
- der Beton an den gebogenen Hüllrohrabschnitten die Umlenkkräfte während und nach dem Vorspannen aufnehmen kann,
- kein Verpressmaterial während des Verpressens in andere Hüllrohre austreten kann.

(2) Hüllrohre für Spannglieder im nachträglichen Verbund dürfen in der Regel nicht gebündelt werden.

(3) Die lichten Mindestabstände zwischen Hüllrohren nach Bild 8.15 sind in der Regel einzuhalten.

Während des Verpressens darf kein Verpressmörtel unplanmäßig aus dem Hüllrohr austreten.

Zu (3): gilt auch für interne Spannglieder ohne Verbund (siehe 8.10.3 (NA.6)).

8.10.2 Verankerung von Spanngliedern im sofortigen Verbund

8.10.2.1 Allgemeines

(1) In den Verankerungsbereichen von Spanngliedern im sofortigen Verbund sind in der Regel folgende Längen zu berücksichtigen (siehe Bild 8.16):

a) Übertragungslänge l_{pt}, über die die Vorspannkraft (P_0) vollständig in den Beton übertragen wird; siehe 8.10.2.2 (2),

b) Eintragungslänge l_{disp}, über die die Betonspannungen schrittweise in einen linearen Verlauf über den Betonquerschnitt übergehen, siehe 8.10.2.2 (4),

c) Verankerungslänge l_{bpd}, über die die Kraft des Spannglieds F_{pd} im Grenzzustand der Tragfähigkeit vollständig im Beton verankert wird, siehe 8.10.2.3 (4) und (5).

Index: disp – dispersion length

Im Verankerungsbereich ist eine enge Querbewehrung zur Aufnahme der aus den Verankerungskräften hervorgerufenen Spaltzugkräfte anzuordnen. Darauf darf in besonderen Fällen (z. B. Spannbetonhohlplatten) verzichtet werden, wenn die Spaltzugspannung den Wert f_{ctd} nicht überschreitet.

(NA.2)P Die nachfolgenden Regeln gelten, sofern in den allgemeinen bauaufsichtlichen Zulassungen keine anderen Werte gefordert werden.

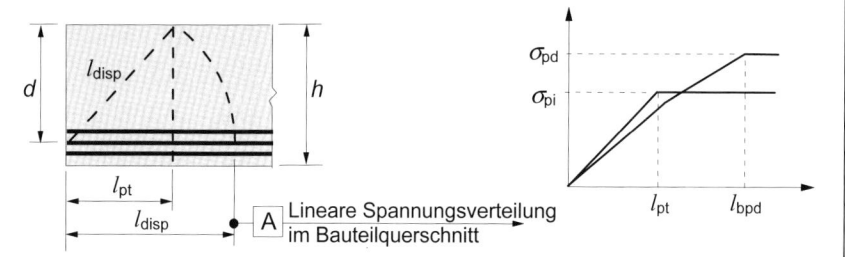

A Lineare Spannungsverteilung im Bauteilquerschnitt

Bild 8.16 – Übertragung der Vorspannung bei Bauteilen aus Spannbeton; Längenparameter

8.10.2.2 Übertragung der Vorspannung

(1) Beim Absetzen der Spannkraft darf davon ausgegangen werden, dass die Vorspannung mit einer konstanten Verbundspannung f_{bpt} in den Beton übertragen wird:

$$f_{bpt} = \eta_{p1} \cdot \eta_1 \cdot f_{ctd}(t) \qquad (8.15)$$

Dabei ist

η_{p1} ein Beiwert zur Berücksichtigung der Art des Spannglieds und der Verbundbedingungen beim Absetzen der Spannkraft:

η_{p1} = 2,85 für profilierte Drähte mit $\phi \leq 8$ mm und für Litzen;

η_1 = 1,0 für gute Verbundbedingungen (siehe 8.4.2),

η_1 = 0,7 für andere Verbundbedingungen, wenn kein höherer Wert durch Maßnahmen in der Bauausführung gerechtfertigt werden kann;

$f_{ctd}(t)$ der Bemessungswert der Betonzugfestigkeit zum Zeitpunkt des Absetzens der Spannkraft:

$f_{ctd}(t) = \alpha_{ct} \cdot 0{,}7 \cdot f_{ctm}(t) / \gamma_C$ (siehe auch 3.1.2 (9) und 3.1.6 (2)P).

Die Verbundspannung beim Absetzen der Spannkraft f_{bpt} nach Gleichung (8.15) gilt nur für übliche (nicht verdichtete) Litzen mit einer Querschnittsfläche $A_p \leq 100$ mm².

ANMERKUNG Es gilt $\alpha_{ct} = 0{,}85$.

(2) Der Grundwert der Übertragungslänge l_{pt} beträgt:

$$l_{pt} = \alpha_1 \cdot \alpha_2 \cdot \phi \cdot \sigma_{pm0} / f_{bpt} \qquad (8.16)$$

Dabei ist

α_1 = 1,0 für das schrittweise Absetzen der Spannkraft,

α_1 = 1,25 für das plötzliche Absetzen der Spannkraft;

α_2 = 0,25 für Spannstahl mit runden Querschnitten,

α_2 = 0,19 für Litzen mit 3 und 7 Drähten;

ϕ der Nenndurchmesser des Spannstahls;

σ_{pm0} die Spannstahlspannung direkt nach dem Absetzen der Spannkraft.

(3) Der Bemessungswert der Übertragungslänge ist in der Regel je nach Bemessungssituation als der ungünstigere der folgenden zwei Werte anzunehmen:

$$l_{pt1} = 0{,}8 l_{pt} \qquad (8.17)$$

oder

$$l_{pt2} = 1{,}2 l_{pt} \qquad (8.18)$$

ANMERKUNG In der Regel wird der niedrigere der beiden Werte zum Nachweis der örtlichen Spannungen beim Absetzen der Spannkraft verwendet und der höhere Wert für Grenzzustände der Tragfähigkeit (Querkraft, Verankerung usw.).

(4) Es darf davon ausgegangen werden, dass die Betonspannungen außerhalb der Eintragungslänge einen linearen Verlauf aufweisen; siehe Bild 8.16:

$$l_{disp} = \sqrt{l_{pt}^2 + d^2} \qquad (8.19)$$

(5) Ein alternativer Spannkraftverlauf im Eintragungsbereich darf angenommen werden, wenn dieser ausreichend begründet ist und die Übertragungslänge entsprechend modifiziert wurde.

ANMERKUNG Zur Begründung siehe DAfStb-Heft 600.

8.10.2.3 Verankerung der Spannglieder in den Grenzzuständen der Tragfähigkeit

(1) Die Verankerung der Spannglieder ist in der Regel nachzuweisen, wenn die Zugspannung im Verankerungsbereich $f_{ctk;0,05}$ überschreitet. Die Kraft in den Spanngliedern ist dabei in der Regel für einen gerissenen Querschnitt unter Berücksichtigung der Querkraft gemäß 6.2.3 (7) zu berechnen, siehe auch 9.2.1.3. Wenn die Betonzugspannung $\leq f_{ctk;0,05}$ beträgt, ist der Nachweis der Verankerung nicht erforderlich.

Überschreiten die Betonzugspannungen den Wert $f_{ctk;0,05}$, ist nachzuweisen, dass die vorhandene Zugkraftlinie die Zugkraftdeckungslinie aus der Zugkraft von Spannstahl und Betonstahl nicht überschreitet.

Gleichung (8.15) mit $\gamma_C = 1{,}5$ und $\eta_{p1} = 2{,}85$:

$f_{cm}(t)$ [N/mm²]	$f_{ctm}(t)$ [N/mm²]	f_{bpt} [N/mm²] gut	f_{bpt} [N/mm²] mäßig
20	2,21	2,5	1,7
25	2,56	2,9	2,0
30	2,90	3,3	2,3
35	3,21	3,6	2,5
40	3,51	4,0	2,8
45	3,80	4,3	3,0
50	4,07	4,6	3,2
55	4,21	4,8	3,3
60	4,35	4,9	3,4
70	4,61	5,2	3,6
80	4,84	5,5	3,8
90	5,04	5,7	4,0
100	5,23	5,9	4,1

Profilierte Drähte:

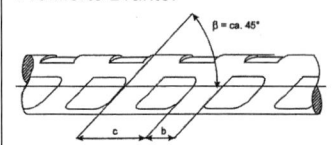

Index: t – transmission length

Litzen:

verdichtet

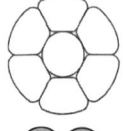

nicht verdichtet

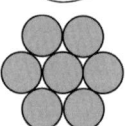

Index: disp – dispersion length

Eurocode 2: DIN EN 1992-1-1 mit Nationalem Anhang 8 Allgemeine Bewehrungsregeln	Hinweise

Die in der Entfernung x vom Bauteilende zu verankernde Kraft $F_{Ed}(x)$ beträgt:

$F_{Ed}(x) = M_{Ed}(x) / z + 0{,}5 \cdot V_{Ed}(x) \cdot (\cot\theta - \cot\alpha)$ (NA.8.19.1)

Dabei ist

$M_{Ed}(x)$ der Bemessungswert des aufzunehmenden Biegemoments an der Stelle x;

z der innere Hebelarm nach 6.2.3 (1);

$V_{Ed}(x)$ der Bemessungswert der zugehörigen aufzunehmenden Querkraft an der Stelle x;

θ der Winkel zwischen den Betondruckstreben und der Bauteillängsachse; für Bauteile ohne Querkraftbewehrung gilt $\cot\theta = 3{,}0$ und $\cot\alpha = 0$;

α der Winkel zwischen der Querkraftbewehrung und der Bauteilachse.

Bei der Ermittlung der vom Spannstahl aufzunehmenden Verankerungskraft ist die Rissbildung zu berücksichtigen.

(2) Die Verbundfestigkeit für die Verankerung im Grenzzustand der Tragfähigkeit beträgt:

$f_{bpd} = \eta_{p2} \cdot \eta_1 \cdot f_{ctd}$ (8.20)

Dabei ist

η_{p2} der Beiwert zur Berücksichtigung der Art des Spannglieds und den Verbundbedingungen bei der Verankerung:

η_{p2} = 1,4 für profilierte Drähte und für Litzen mit 7 Drähten;

η_1 in 8.10.2.2 (1) definiert.

Die Verbundspannung f_{bpd} nach Gleichung (8.20) gilt nur für nicht verdichtete Litzen mit einer Querschnittsfläche ≤ 100 mm².

ANMERKUNG Die Werte von η_{p2} für andere außer den oben aufgeführten Arten von Spanngliedern dürfen einer Europäischen Technischen Zulassung entnommen werden.

(3) Da die Sprödigkeit mit steigender Betonfestigkeit zunimmt, ist $f_{ctk;0{,}05}$ hier in der Regel auf den Wert für die Betonfestigkeitsklasse C60/75 zu begrenzen, wenn nicht nachgewiesen werden kann, dass die durchschnittliche Verbundfestigkeit größer ist.

(4) Die Gesamtverankerungslänge zur Verankerung eines Spannglieds mit der Spannung σ_{pd} beträgt:

$l_{bpd} = l_{pt2} + \alpha_2 \cdot \phi \cdot (\sigma_{pd} - \sigma_{pm\infty}) / f_{bpd}$ (8.21)

Dabei ist

l_{pt2} der obere Bemessungswert der Übertragungslänge; siehe 8.10.2.2 (3);

α_2 in 8.10.2.2 (2) definiert;

σ_{pd} die Spannung im Spannglied, die der Kraft nach Absatz (1) entspricht;

$\sigma_{pm\infty}$ die Vorspannung abzüglich aller Spannkraftverluste.

Gleichung (8.21) gilt bei Rissbildung außerhalb der Übertragungslänge l_{pt}.

Bei Rissbildung innerhalb der Übertragungslänge l_{pt} ist die Verankerungslänge wie folgt zu ermitteln (siehe auch Bild 8.17DE b)):

$l_{bpd} = l_r + \alpha_2 \cdot \phi \cdot [\sigma_{pd} - \sigma_{pt}(x = l_r)] / f_{bpd}$ (NA.8.21.1)

Dabei ist l_r die Länge des ungerissenen Verankerungsbereichs.

(5) Die Spannungen in Spanngliedern im Verankerungsbereich sind in Bild 8.17 dargestellt.

(6) Wird eine Betonstahlbewehrung mit Spannstahl kombiniert, dürfen die Tragfähigkeiten der einzelnen Verankerungen addiert werden.

(NA.7)P Bei zyklischer Beanspruchung nach Abschnitt 6.8.3 sind zusätzlich folgende Regeln zu beachten:

– Der rechnerische Erstriss darf frühestens 200 mm hinter dem Ende der Verankerungslänge l_{bpd} auftreten, um ein Verbundversagen auszuschließen.

– Für die Bestimmung der Übertragungslänge l_{pt} nach Abschnitt 8.10.2.2 ist f_{bpt} auf 80 % des Wertes für f_{bpt} nach Gleichung (8.15) zu begrenzen.

– Für die Bestimmung der Verankerungslänge l_{bpd} nach Abschnitt 8.10.2.3 ist f_{bpd} auf 80 % des Wertes für f_{bpd} nach Gleichung (8.20) zu begrenzen.

– Die rechnerische Verankerungslänge l_{bpd} muss frei von Rissen bleiben.

Gleichung (8.20) mit γ_c = 1,5 und η_{p2} = 1,4:

f_{ck} [N/mm²]	f_{bpd} [N/mm²]	
	gut	mäßig
25	1,4	1,0
30	1,6	1,1
35	1,8	1,2
40	1,9	1,4
45	2,1	1,5
50	2,3	1,6
60	2,4	1,7
70	2,4	1,8
80	2,4	1,9
90	2,4	2,0
100	2,4	2,0

mit Begrenzung auf C60/75 nach (3)

Sprödes Versagen ist bei mäßigen Verbundbedingungen nicht zu erwarten.

durchschnittliche = mittlere Verbundfestigkeit

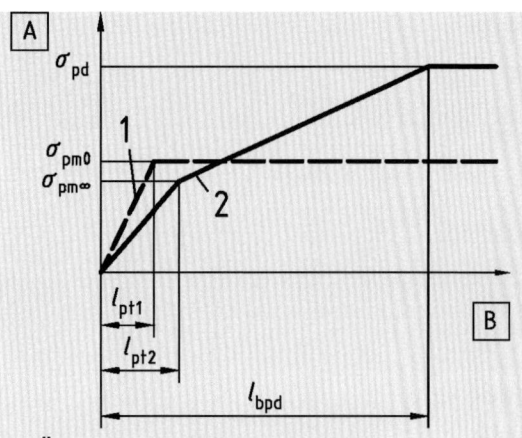

a) Übertragungslänge, ungerissen
A – Spannung im Spannglied
1 beim Absetzen der Spannkraft
2 im GZT ohne Rissbildung in der Übertragungslänge

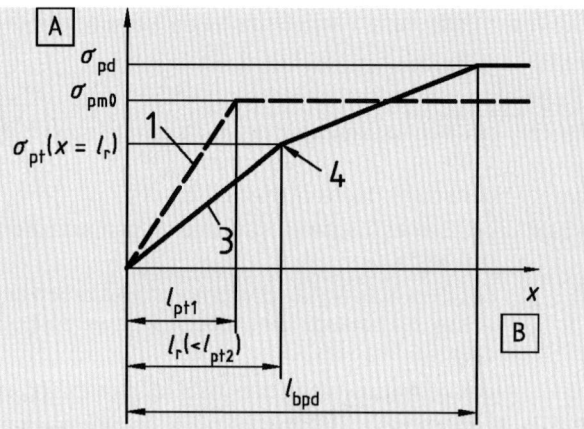

b) Übertragungslänge, gerissen
B – Abstand vom Ende
3 mit Rissbildung in der Übertragungslänge
4 Stelle des ersten Biegerisses

Bild 8.17DE – Spannungen im Verankerungsbereich von Spannbetonbauteilen mit Spanngliedern im sofortigen Verbund

8.10.3 Verankerungsbereiche bei Spanngliedern im nachträglichen oder ohne Verbund

(1) Die Bemessung der Verankerungsbereiche muss in der Regel den Anwendungsregeln dieses Abschnitts und denen nach 6.5.3 entsprechen.

Die Verankerung muss der allgemeinen bauaufsichtlichen Zulassung für das verwendete Spannverfahren entsprechen. Die im Verankerungsbereich erforderliche Spaltzug- und Zusatzbewehrung ist dieser Zulassung zu entnehmen.

(2) Werden die Auswirkungen der Vorspannung als eine konzentrierte Kraft auf den Verankerungsbereich betrachtet, muss in der Regel der Bemessungswert der Spanngliedkraft unter Berücksichtigung von 2.4.2.2 (3) ermittelt werden, wobei die niedrigere charakteristische Betonzugfestigkeit anzusetzen ist.

(3) Die Spannung hinter den Verankerungsplatten ist in der Regel gemäß der maßgebenden Europäischen Technischen Zulassung nachzuweisen.

	Zu (3): Der Nachweis wird durch die Einhaltung der konstruktiven Regeln für die Verankerung der Zulassungen erbracht.

(4) Die Zugkräfte, die aufgrund der konzentrierten Krafteintragung auftreten, sind in der Regel mittels eines Stabwerkmodells oder eines anderen geeigneten Modells nachzuweisen (siehe 6.5). Die Bewehrung ist dabei unter der Annahme durchzubilden, dass sie mit dem Bemessungswert ihrer Festigkeit beansprucht wird. Wenn die Spannung in dieser Bewehrung auf 300 N/mm² begrenzt wird, ist ein Nachweis der Rissbreite nicht erforderlich.

ANMERKUNG Eine Spannungsbegrenzung im GZT auf $\sigma_{sd} \leq 300$ N/mm² lässt erwarten, dass angemessene Rissbreiten nicht überschritten werden.

(5) Vereinfachend darf angenommen werden, dass sich die Vorspannkraft mit einem Ausbreitungswinkel von 2β (siehe Bild 8.18) ausbreitet. Die Ausbreitung beginnt am Ende der Ankerkörper, wobei β mit arctan 2/3 angenommen werden darf.

(NA.6) Die lichten Mindestabstände zwischen den Hüllrohren nach 8.10.1.3 (3) gelten sowohl für Spannglieder im nachträglichen Verbund als auch für intern geführte Spannglieder ohne Verbund.

Die Abstände extern geführter Spannglieder werden durch Austauschbarkeit und Inspizierbarkeit bestimmt.

Zu (NA.6): Gilt i. d. R. auch für die internen Spannglieder ohne Verbund außerhalb der Verankerungsbereiche (Ausnahme: (NA.7)).

(NA.7) Eine Bündelung interner Spannglieder ohne Verbund ist nur in Bereichen außerhalb der Verankerungsbereiche zulässig, wenn das Einbringen und Verdichten des Betons einwandfrei möglich und die Aufnahme der Umlenkkräfte sichergestellt ist.

β = arctan (2/3)
β = 33,7°

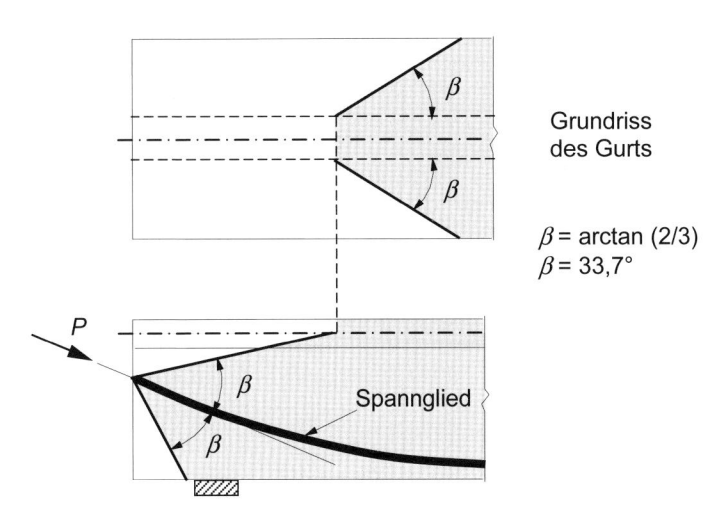

Grundriss des Gurts

Bild 8.18 – Eintragung der Vorspannung

8.10.4 Verankerungen und Spanngliedkopplungen für Spannglieder

(1)P Ankerkörper für Spannglieder im nachträglichen Verbund müssen der allgemeinen bauaufsichtlichen Zulassung des Vorspannsystems entsprechen. Die Verankerungslängen von Spanngliedern im sofortigen Verbund müssen so bemessen sein, dass der maximale Bemessungswert der Spanngliedkraft aufgenommen werden kann, wobei die Auswirkungen wiederholter schneller Einwirkungswechsel zu berücksichtigen sind.

(2)P Spanngliedkopplungen müssen der allgemeinen bauaufsichtlichen Zulassung des Vorspannsystems entsprechen. Sie müssen unter Berücksichtigung von möglichen durch sie hervorgerufenen Störungen so angeordnet werden, dass die Tragfähigkeit des Bauteils nicht beeinträchtigt wird und dass Zwischenverankerungen im Bauzustand ordnungsgemäß vorgenommen werden können.

(3) Die Berechnung örtlicher Auswirkungen auf Beton und Querbewehrung ist in der Regel in Übereinstimmung mit 6.5 und 8.10.3 durchzuführen.

Hinweise: 6.5 Stabwerkmodelle; 8.10.3 Verankerungsbereiche Spannglieder

(4) In der Regel sind Kopplungen in Bereichen außerhalb von Zwischenauflagern anzuordnen.

(5) Die Anordnung von 50 % und mehr Spanngliedkopplungen in einem Querschnitt ist in der Regel zu vermeiden, wenn nicht nachgewiesen werden kann, dass ein höherer Anteil die Sicherheit des Tragwerks nicht beeinträchtigt.

8.10.5 Umlenkstellen

(1)P Eine Umlenkstelle muss die folgenden Bedingungen erfüllen:
– sie muss die Normal- und Querkräfte, die das Spannglied auf die Umlenkstelle überträgt, aufnehmen und diese Kräfte in das Tragwerk weiterleiten können,
– sie muss sicherstellen, dass der Krümmungsradius des Spannglieds zu keiner Spannungsüberschreitung oder keinem Schaden am Spannglied führt.

(2)P In den Umlenkbereichen müssen die Hüllrohre, die die Führung für die Spannglieder bilden, dem Radialdruck und der Längsverschiebung des Spannglieds widerstehen können, ohne das Spannglied zu beschädigen und ohne seine Funktion zu beeinträchtigen.

(3)P Der Krümmungsradius eines Spannglieds in einem Umlenkbereich muss der Zulassung des Spannverfahrens entsprechen.

(4) Planmäßige Krümmungen eines Spannglieds ohne Umlenkstelle sind nur zulässig, wenn sie in den Zulassungen der Spannverfahren enthalten sind. Kräfte, die infolge einer Winkeländerung mittels einer Umlenkstelle entstehen, sind in der Regel in der Bemessung zu berücksichtigen.

(NA.5) Verankerungs- und Umlenkstellen externer Spannglieder sollten so ausgebildet werden, dass sie ein Auswechseln des Spannglieds ohne Beschädigung von Tragwerksteilen erlauben, sofern dies nicht ausdrücklich anders festgelegt wurde.

Eurocode 2: DIN EN 1992-1-1 mit Nationalem Anhang 9 Konstruktionsregeln	Hinweise

9 KONSTRUKTIONSREGELN

9.1 Allgemeines

(1)P Die Anforderungen an die Sicherheit, Gebrauchstauglichkeit und Dauerhaftigkeit werden durch die Einhaltung der Regeln dieses Abschnitts zusätzlich zu den anderweitig aufgeführten allgemeinen Regeln erfüllt.

(2) Die bauliche Durchbildung von Bauteilen muss in der Regel mit den zur Bemessung verwendeten Modellen übereinstimmen.

(3) Die Anordnung von Mindestbewehrung erfolgt zur Vermeidung unangekündigten Versagens und breiter Risse sowie zur Aufnahme von Zwangsschnittgrößen.

ANMERKUNG Die in diesem Abschnitt aufgeführten Regeln gelten überwiegend für den Stahlbetonhochbau.

9.2 Balken

9.2.1 Längsbewehrung

9.2.1.1 Mindestbewehrung und Höchstbewehrung

(1) Die Mindestquerschnittsfläche der Längszugbewehrung muss in der Regel $A_{s,min}$ entsprechen.

ANMERKUNG 1 Siehe auch 7.3 für die Querschnittsflächen der Längszugbewehrung zur Begrenzung der Rissbreiten.

Die Mindestbewehrung $A_{s,min}$ zur Sicherstellung eines duktilen Bauteilverhaltens ist für das Rissmoment (bei Vorspannung ohne Anrechnung der Vorspannkraft) mit dem Mittelwert der Zugfestigkeit des Betons f_{ctm} nach Tabelle 3.1 und einer Stahlspannung $\sigma_s = f_{yk}$ zu berechnen.

Auf $A_{s,min}$ darf bei Spannbetonbauteilen 1/3 der Querschnittsfläche der im Verbund liegenden Spannglieder angerechnet werden, wenn mindestens zwei Spannglieder vorhanden sind. Es dürfen nur Spannglieder angerechnet werden, die nicht mehr als $0{,}2h$ oder 250 mm (der kleinere Wert ist maßgebend) von der Betonstahlbewehrung entfernt liegen. Dabei ist die anrechenbare Spannung im Spannstahl auf f_{yk} des Betonstahls begrenzt.

Die Mindestbewehrung ist gleichmäßig über die Breite sowie anteilmäßig über die Höhe der Zugzone zu verteilen. Die im Feld erforderliche untere Mindestbewehrung muss unabhängig von den Regelungen zur Zugkraftdeckung zwischen den Auflagern durchlaufen.

Hochgeführte Spannglieder und Bewehrung dürfen nicht berücksichtigt werden. Über Innenauflagern ist die obere Mindestbewehrung in beiden anschließenden Feldern über eine Länge von mindestens einem Viertel der Stützweite einzulegen. Bei Kragarmen muss sie über die gesamte Kragarmlänge durchlaufen. Die Mindestbewehrung ist am Endauflager und am Innenauflager mit der Mindestverankerungslänge zu verankern. Stöße sind für die volle Zugkraft auszubilden.

Bei Gründungsbauteilen und erddruckbelasteten Wänden aus Stahlbeton darf auf die Mindestbewehrung nach Absatz (1) verzichtet werden, wenn das duktile Bauteilverhalten durch Umlagerung des Sohldrucks bzw. des Erddrucks sichergestellt werden kann. Dies ist in der Regel bei Gründungsbauteilen zu erwarten. Dabei müssen die Schnittgrößen für äußere Lasten nach Abschnitt 5.4 ermittelt sowie die Grenzzustände der Tragfähigkeit nach Abschnitt 6 und der Gebrauchstauglichkeit nach Abschnitt 7 nachgewiesen werden.

Der Verzicht auf Mindestbewehrung ist im Rahmen der Tragwerksplanung zu begründen. Bei schwierigen Baugrundbedingungen oder komplizierten Gründungen ist nachzuweisen, dass ein duktiles Bauteilverhalten auch ohne entsprechende Mindestbewehrung durch die Boden-Bauwerk-Interaktion sichergestellt ist.

(2) Querschnitte mit weniger Bewehrung als $A_{s,min}$ gelten als unbewehrt (siehe Kapitel 12).

(3) Die Summe der Querschnittsfläche der Zug- und Druckbewehrung darf $A_{s,max} = 0{,}08 A_c$ nicht überschreiten. Dies gilt auch im Bereich von Übergreifungsstößen.

Aus [D525]:

→ Rissmoment M_{cr} des Querschnitts

$$M_{cr} = \left(f_{ctm} - \frac{N}{A_c}\right) \cdot W_c$$

→ Bemessungsgleichung für die Mindestbewehrung:

$$A_{s1,min} = \left(\frac{M_{s1,cr}}{z} + N\right) \cdot \frac{1}{f_{yk}}$$

$$= \frac{M_{cr} + N \cdot (z - z_{s1})}{z \cdot f_{yk}}$$

$$= \frac{f_{ctm} \cdot W_c + N \cdot (z - z_{s1} - W_c/A_c)}{z \cdot f_{yk}}$$

Dabei ist
- N hier als Druckkraft negativ und als Zugkraft positiv einzusetzen;
- A_c Fläche des Betonquerschnitts im Zustand I;
- W_c Widerstandsmoment des Betonquerschnitts im Zustand I;
- $M_{s1,cr} = M_{cr} - N \cdot z_{s1}$;
- z innerer Hebelarm im Zustand II;
- z_{s1} Abstand der Mindestbewehrung von der Schwerachse;
- f_{yk} = 500 N/mm².

Vorspannkräfte dürfen für N nicht berücksichtigt werden.

Beachte auch Oberflächenbewehrung bei vorgespannten Bauteilen nach NA.J.4.

Eurocode 2: DIN EN 1992-1-1 mit Nationalem Anhang 9 Konstruktionsregeln	Hinweise

(4) Bei Bauteilen mit Spanngliedern ohne Verbund oder mit externer Vorspannung ist in der Regel nachzuweisen, dass der Biegewiderstand im GZT größer ist als das Biegerissmoment. Ein Biegewiderstand in 1,15-facher Höhe des Rissmoments ist ausreichend.

9.2.1.2 Weitere Konstruktionsregeln

(1) In monolithisch hergestellten Balken und Platten sind in der Regel bei Annahme einer gelenkigen Lagerung die Querschnitte an den Auflagern für ein Moment infolge teilweiser Einspannung zu bemessen, das mindestens dem 0,25-fachen maximalen dem Lager benachbarten Feldmoment entspricht.

Mindestbewehrung hier nicht erforderlich.

Die Bewehrung muss, vom Auflagerrand gemessen, mindestens über die 0,25-fache Länge des Endfeldes eingelegt werden.

(2) An Zwischenauflagern von durchlaufenden Plattenbalken ist in der Regel die gesamte Querschnittsfläche der Zugbewehrung A_s über die effektive Breite des Gurtes zu verteilen (siehe 5.3.2). Ein Teil davon darf über dem Steg konzentriert werden (siehe Bild 9.1).

Es wird empfohlen, die Zugbewehrung bei Plattenbalken- und Hohlkastenquerschnitten höchstens auf einer Breite entsprechend der halben rechnerischen effektiven Gurtbreite $b_{eff,i}$ nach Gleichung (5.7a) anzuordnen. Die tatsächlich vorhandene Gurtbreite darf ausgenutzt werden.

In Bild 9.1DE umgesetzt.

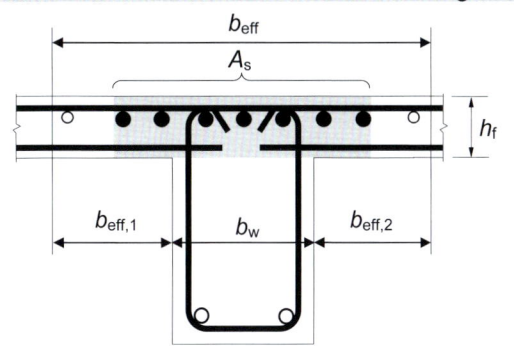

Bild 9.1DE – Anordnung der Zugbewehrung im Plattenbalkenquerschnitt

(3) Die im GZT rechnerisch erforderliche Druckbewehrung (Stabdurchmesser ϕ) ist in der Regel durch Querbewehrung mit einem Stababstand von maximal 15ϕ zu sichern.

Zu (3): Querbewehrung i. d. R. bügelartig, gilt bei Biegebauteilen; in Stützen u. a. maximal 12ϕ, siehe (NDP) zu 9.5.3 (3)

9.2.1.3 Zugkraftdeckung

(1) Für alle Querschnitte ist in der Regel ausreichende Bewehrung vorzusehen, um die Umhüllende der einwirkenden Zugkraft aufzunehmen. Dabei sind die Auswirkungen von geneigten Rissen in Stegen und Gurten zu berücksichtigen.

Ausreichende Bewehrung ist mit der Zugkraftdeckung im GZG und GZT nachgewiesen.

Bei einer Schnittgrößenermittlung nach E-Theorie darf i. Allg. auf einen Nachweis im GZG verzichtet werden, wenn nicht mehr als 15 % der Biegemomente umgelagert werden.

(2) Bei Bauteilen mit Querkraftbewehrung ist in der Regel die zusätzliche Zugkraft ΔF_{td} entsprechend 6.2.3 (7) zu ermitteln. Bei Bauteilen ohne Querkraftbewehrung darf ΔF_{td} berücksichtigt werden, indem der Verlauf des Biegemoments gemäß 6.2.2 (5) um das Versatzmaß $a_l = d$ verschoben wird. Dieses Versatzmaß darf alternativ auch bei Bauteilen mit Querkraftbewehrung verwendet werden. Dabei gilt:

$$a_l = z \, (\cot\theta - \cot\alpha) / 2 \qquad (9.2)$$

Die zusätzliche Zugkraft ist in Bild 9.2 dargestellt.

Bei einer Anordnung der Zugbewehrung in der Gurtplatte außerhalb des Steges ist a_l jeweils um den Abstand der einzelnen Stäbe vom Steganschnitt zu erhöhen.

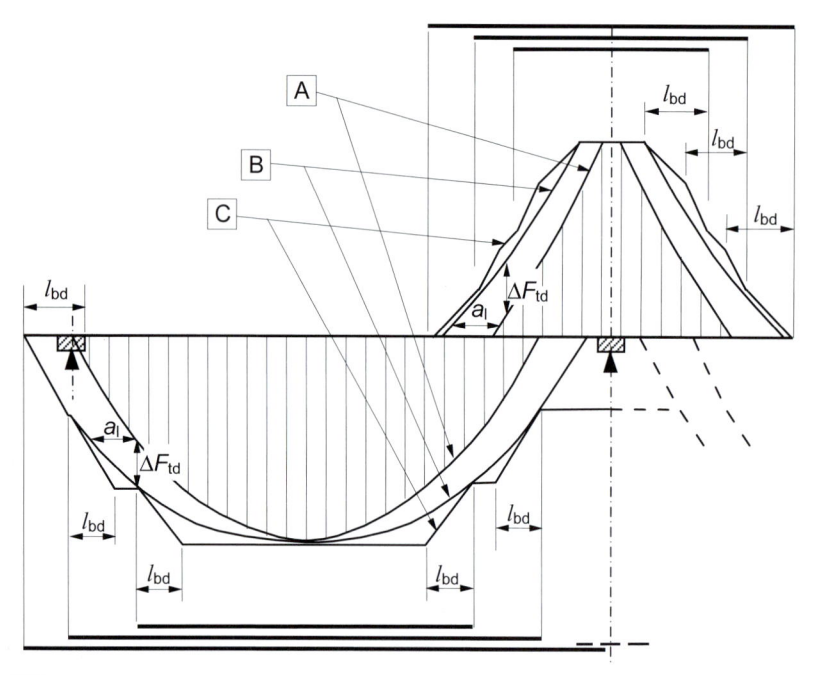

A Umhüllende für $M_{Ed} / z + N_{Ed}$
B einwirkende Zugkraft F_s
C aufnehmbare Zugkraft F_{Rs}

Bild 9.2 – Darstellung der Staffelung der Längsbewehrung unter Berücksichtigung geneigter Risse und der Tragfähigkeit der Bewehrung innerhalb der Verankerungslängen

Hinweise:

a_l – Versatzmaß
ΔF_{td} – zusätzliche Zugkraft in der Längsbewehrung infolge der Querkraft V_{Ed} (siehe 6.2.3 (7))

B – um das Versatzmaß verschobene Umhüllende
C – Zugkraftdeckungslinie

Verankerung am Endauflager ab Vorderkante Auflager

(3) Die Tragfähigkeit der Stäbe innerhalb ihrer Verankerungslängen darf unter Annahme eines linearen Kraftverlaufs berücksichtigt werden, siehe Bild 9.2. Als auf der sicheren Seite liegende Vereinfachung darf diese Annahme vernachlässigt werden (konstanter Kraftverlauf).

(4) Die Verankerungslänge aufgebogener Querkraftbewehrung muss in der Regel in der Zugzone mindestens $1{,}3 l_{bd}$ und in der Druckzone mindestens $0{,}7 l_{bd}$ betragen. Sie wird vom Schnittpunkt zwischen den Achsen des aufgebogenen Stabs und der Längsbewehrung aus gemessen.

9.2.1.4 Verankerung der unteren Bewehrung an Endauflagern

(1) Die Querschnittsfläche der unteren Bewehrung an Endauflagern, für die bei der Bemessung wenig oder keine Einspannung angenommen wurde, muss in der Regel mindestens das **0,25-fache** der Feldbewehrung betragen.

(2) Die zu verankernde Zugkraft darf gemäß 6.2.3 (7) (Bauteile mit Querkraftbewehrung) gegebenenfalls unter Berücksichtigung der Normalkraft oder mit dem Versatzmaß ermittelt werden:

$$F_{Ed} = |V_{Ed}| \cdot a_l / z + N_{Ed} \geq 0{,}5 V_{Ed} \qquad (9.3)\text{DE}$$

Dabei ist N_{Ed} die Normalkraft, die zur Zugkraft addiert oder von ihr abgezogen wird; für a_l siehe auch 9.2.1.3 (2).

(3) Die Verankerungslänge l_{bd} nach 8.4.4 beginnt am Auflagerrand. Bei direkter Auflagerung darf der Querdruck berücksichtigt werden. Siehe Bild 9.3.

Der Querdruck bei direkter Auflagerung wird mit $\alpha_5 = 0{,}67$ in $l_{bd} \geq 6{,}7\phi$ nach 8.4.4 (1) berücksichtigt.

Die Bewehrung ist jedoch in allen Fällen mindestens über die rechnerische Auflagerlinie zu führen.

ANMERKUNG Definition direkte/indirekte Auflagerung siehe NA.1.5.2.26.

$l_{bd} = \alpha_1 \cdot \alpha_4 \cdot \alpha_5 \cdot l_{b,rqd} \geq l_{b,min}$
→ direkte Lagerung:
$l_{b,min} \geq \max\{0{,}3 \cdot \alpha_1 \cdot \alpha_4 \cdot l_{b,rqd};\ 10\phi\}$
→ indirekte Lagerung:
$l_{b,min} \geq \max\{0{,}3 \cdot \alpha_1 \cdot \alpha_4 \cdot l_{b,rqd};\ 6{,}7\phi\}$
$l_{b,min}$ mit $l_{b,rqd} = (\phi/4) \cdot (f_{yd} / f_{bd})$

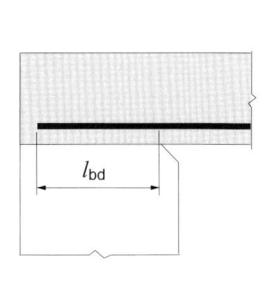

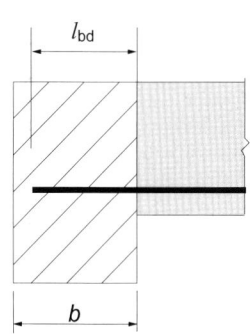

| Eurocode 2: DIN EN 1992-1-1 mit Nationalem Anhang
9 Konstruktionsregeln | Hinweise |

a) direkte Auflagerung: Balken liegt auf Wand oder Stütze auf
b) indirekte Auflagerung: Balken bindet in einen tragenden Balken ein

Bild 9.3 – Verankerung der unteren Bewehrung an Endauflagern

A stützendes Bauteil
B gestütztes Bauteil
$(h_1 - h_2) \geq h_2$ direkte Lagerung
$(h_1 - h_2) < h_2$ indirekte Lagerung

Bild NA.1.1 – Direkte und indirekte Lagerung

9.2.1.5 Verankerung der unteren Bewehrung an Zwischenauflagern

(1) Es gilt die Querschnittsfläche der Bewehrung nach 9.2.1.4 (1).

(2) Die Verankerungslänge muss in der Regel mindestens 10ϕ (für gerade Stäbe) oder mindestens den Biegerollendurchmesser (für Haken und Winkelhaken mit mindestens 16 mm Stabdurchmesser) oder den doppelten Biegerollendurchmesser (in den anderen Fällen) betragen (siehe Bild 9.4a)). Im Allgemeinen sind die Mindestwerte maßgebend. Es darf jedoch auch eine genauere Berechnung nach 6.6 durchgeführt werden.

In der Regel ist es ausreichend, an Zwischenauflagern von durchlaufenden Bauteilen die erforderliche Bewehrung mindestens um das Maß 6ϕ bis hinter den Auflagerrand zu führen.

(3) Eine Bewehrung, die mögliche positive Momente aufnehmen kann (z. B. Auflagersetzungen, Explosion usw.), ist in der Regel in den Vertragsunterlagen festzulegen. Diese Bewehrung ist in der Regel durchlaufend auszuführen, z. B. durch gestoßene Stäbe (siehe Bild 9.4b) oder c)).

D – Biegerollendurchmesser

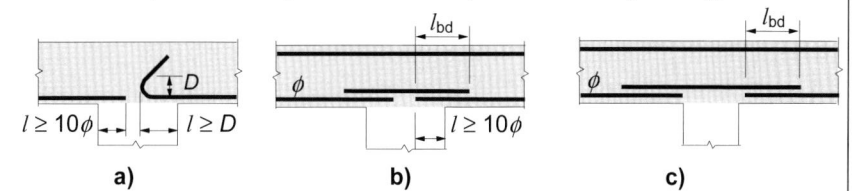

Bild 9.4 – Verankerung an Zwischenauflagern

9.2.2 Querkraftbewehrung

(1) Die Querkraftbewehrung muss in der Regel mit der Schwerachse des Bauteils einen Winkel von 45° bis 90° bilden.

(2) Sie darf aus einer Kombination folgender Bewehrungen bestehen:
– Bügel, die die Längszugbewehrung und die Druckzone umfassen (Bild 9.5),
– aufgebogene Stäbe,
– Querkraftzulagen in Form von Körben, Leitern usw., die ohne Umschließung der Längsbewehrung verlegt sind, aber ausreichend in der Druck- und Zugzone verankert sind.

(3) Bügel sind in der Regel wirksam zu verankern. Ein Übergreifungsstoß des Bügelschenkels nahe der Oberfläche des Stegs ist erlaubt (außer bei Torsionsbügeln).

Die Verankerung muss in der Druckzone zwischen dem Schwerpunkt der Druckzonenfläche und dem Druckrand erfolgen; dies gilt im Allgemeinen als erfüllt, wenn die Querkraftbewehrung über die ganze Querschnittshöhe reicht. In der Zugzone müssen die Verankerungselemente möglichst nahe am Zugrand angeordnet werden.

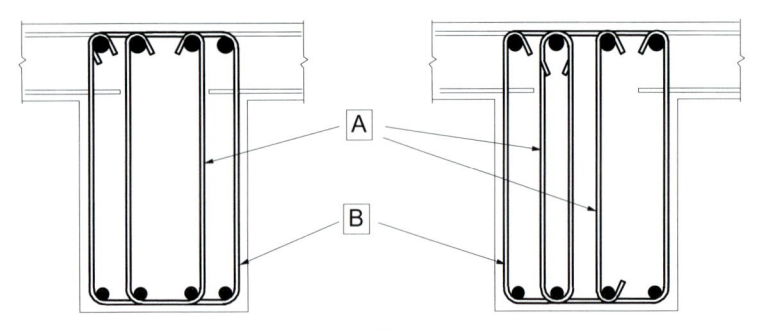

| A | Beispiele für Innenbügel | B | Außenbügel |

Bild 9.5 – Beispiele zur Querkraftbewehrung

Einschnittige Bügel mit Haken in Balken gelten als Querkraftzulage.

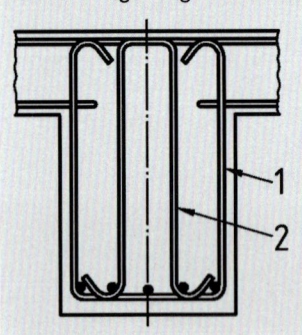

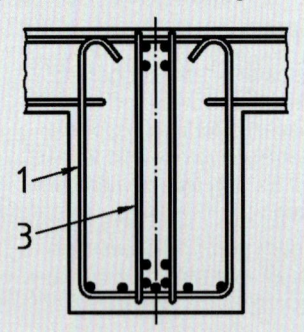

Weitere Beispiele:
1 Bügel 2 Bügelkorb als Zulage 3 leiterartige Querkraftzulage

Bild NA.9.5.1 – Weitere Beispiele zur Querkraftbewehrung

(4) Mindestens das 0,5-fache der erforderlichen Querkraftbewehrung muss in der Regel aus Bügeln nach Bild 8.5DE bestehen.

(5) Der Querkraftbewehrungsgrad ergibt sich aus Gleichung (9.4):

$$\rho_w = A_{sw} / (s \cdot b_w \cdot \sin\alpha) \quad (9.4)$$

Dabei ist

ρ_w der Bewehrungsgrad der Querkraftbewehrung; mit $\rho_w \geq \rho_{w,min}$;

A_{sw} die Querschnittsfläche der Querkraftbewehrung je Länge s;

s der Abstand der Querkraftbewehrung entlang der Bauteilachse;

b_w die Stegbreite des Bauteils;

α der Winkel zwischen Querkraftbewehrung und der Bauteilachse (siehe 9.2.2 (1)).

Der Mindestquerkraftbewehrungsgrad beträgt:

– Allgemein:
$$\rho_{w,min} = 0,16 \cdot f_{ctm} / f_{yk} \quad (9.5aDE)$$

– Für gegliederte Querschnitte mit vorgespanntem Zuggurt:
$$\rho_{w,min} = 0,256 \cdot f_{ctm} / f_{yk} \quad (9.5bDE)$$

(6) Der größte Längsabstand der Querkraftbewehrungselemente darf in der Regel den Wert $s_{l,max}$ nach Tabelle NA.9.1 nicht überschreiten.

Tabelle NA.9.1 – Längsabstand $s_{l,max}$ für Bügel

	1	2	3
	Querkraftausnutzung [a]	**Festigkeitsklasse Beton**	
		≤ C50/60	> C50/60
1	$V_{Ed} \leq 0,3 V_{Rd,max}$	$0,7h$ [b] bzw. 300 mm	$0,7h$ bzw. 200 mm
2	$0,3 V_{Rd,max} < V_{Ed} \leq 0,6 V_{Rd,max}$	$0,5h$ bzw. 300 mm	$0,5h$ bzw. 200 mm
3	$V_{Ed} > 0,6 V_{Rd,max}$	$0,25h$ bzw. 200 mm	

[a] $V_{Rd,max}$ darf hier vereinfacht mit $\theta = 40°$ ($\cot\theta = 1,2$) ermittelt werden.
[b] Bei Balken mit $h < 200$ mm und $V_{Ed} \leq V_{Rd,c}$ braucht der Bügelabstand nicht kleiner als 150 mm zu sein.

Mindestquerkraftbewehrungsgrad $\rho_{w,min}$ [‰]

f_{ck} [N/mm²]	Allgemein Gl. (9.5aDE)	vorgespannter Zuggurt Gl. (9.5bDE)
16	0,61	0,98
20	0,71	1,13
25	0,82	1,31
30	0,93	1,48
35	1,03	1,64
40	1,12	1,80
45	1,21	1,94
50	1,30	2,08
55	1,35	2,16
60	1,39	2,23
70	1,48	2,36
80	1,55	2,48
90	1,61	2,58
100	1,67	2,68

(7) Der größte Längsabstand von aufgebogenen Stäben darf in der Regel den Wert $s_{b,max}$ nach Gleichung (9.7DE) nicht überschreiten.

$$s_{b,max} = 0{,}5h\,(1 + \cot\alpha) \qquad (9.7DE)$$

(8) Der Querabstand der Bügelschenkel darf in der Regel den Wert $s_{t,max}$ nach Tabelle NA.9.2 nicht überschreiten.

Tabelle NA.9.2 – Querabstand $s_{t,max}$ für Bügel

	1	2	3
	Querkraftausnutzung [a]	**Festigkeitsklasse Beton**	
		≤ C50/60	**> C50/60**
1	$V_{Ed} \leq 0{,}3 V_{Rd,max}$	h bzw. 800 mm	h bzw. 600 mm
2	$0{,}3 V_{Rd,max} < V_{Ed} \leq V_{Rd,max}$	h bzw. 600 mm	h bzw. 400 mm

[a] $V_{Rd,max}$ darf hier vereinfacht mit $\theta = 40°$ ($\cot\theta = 1{,}2$) ermittelt werden.

9.2.3 Torsionsbewehrung

(1) Die Torsionsbügel sind in der Regel zu schließen und durch Übergreifung oder Haken zu verankern, (siehe Bild 9.6). Sie sollten dabei einen Winkel von 90° mit der Bauteilachse bilden.

Die Torsionsbügel dürfen in Balken und in Stegen von Plattenbalken nach Bild 8.5DE e), g) oder h) geschlossen werden. Die Hakenlänge nach Bild 8.5DE a) in Bild e) ist dabei auf 10ϕ zu vergrößern.

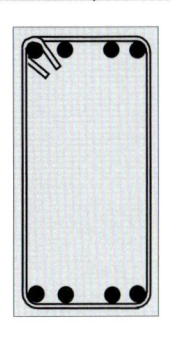

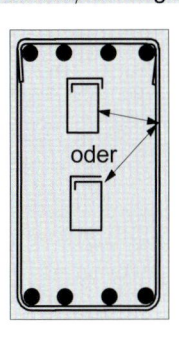

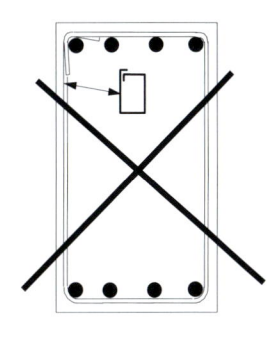

a1)   a2)   b)
a) empfohlene Bügelformen   nicht empfohlene Bügelformen

ANMERKUNG Die zweite Alternative für a2) (untere Darstellung) muss in der Regel eine volle Übergreifungslänge entlang des oberen Abschnitts aufweisen.

Bild 9.6 – Beispiele zur Ausbildung von Torsionsbügeln

(2) Die Regeln 9.2.2 (5) und (6) gelten im Allgemeinen für die Mindestmenge der erforderlichen Torsionsbügel.

(3) Der Längsabstand der Torsionsbügel darf in der Regel den Wert $u/8$ (siehe 6.3.2, Bild 6.11), die Abstände nach 9.2.2 (6) und die kleinere Abmessung des Balkenquerschnitts nicht überschreiten.

(4) In jeder Querschnittsecke ist in der Regel mindestens ein Längsstab anzuordnen. Weitere Längsstäbe sind in der Regel gleichmäßig über den Umfang innerhalb der Bügel mit einem Abstand von höchstens 350 mm zu verteilen.

9.2.4 Oberflächenbewehrung

(1) Zur Vermeidung von Betonabplatzungen und zur Begrenzung der Rissbreiten kann eine Oberflächenbewehrung erforderlich sein.

ANMERKUNG Regelungen zu Oberflächenbewehrungen sind im normativen Anhang J enthalten.

9.2.5 Indirekte Auflager

(1) Liegt ein Träger anstatt auf einer Wand oder Stütze indirekt auf einem anderen Träger auf, ist in der Regel im Kreuzungsbereich der Bauteile eine Aufhängebewehrung vorzusehen, die die wechselseitigen Auflagerreaktionen vollständig aufnehmen kann. Diese Bewehrung wird zusätzlich zu der eingelegt, die aus anderen Gründen erforderlich ist. Dies gilt auch für eine indirekt aufgelagerte Platte.

Hinweise:

Hakenform nach Bild 8.5DE a) für Torsionsbügel nach Bild 9.6 a1):
$\geq 10\phi$

Bei engem Bügelabstand ($s \leq 200$ mm) sind die Haken längs des Bauteils wechselseitig zu versetzen.

u – Außenumfang des Torsionsquerschnitts
≤ 350
T_{Ed}

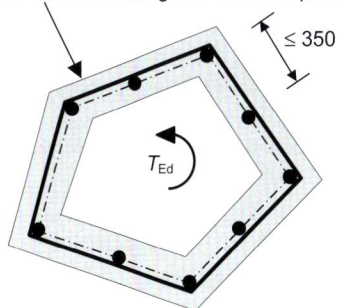

Eurocode 2: DIN EN 1992-1-1 mit Nationalem Anhang	Hinweise
9 Konstruktionsregeln	

(2) Die Aufhängebewehrung muss in der Regel aus Bügeln bestehen, die die Hauptbewehrung des unterstützenden Bauteils umfassen. Einige dieser Bügel dürfen außerhalb des unmittelbaren Kreuzungsbereichs beider Bauteile angeordnet werden (siehe Bild 9.7).

Wenn die Aufhängebewehrung nach Bild 9.7 ausgelagert wird, dann sollte eine über die Höhe verteilte Horizontalbewehrung im Auslagerungsbereich angeordnet werden, deren Gesamtquerschnittsfläche dem Gesamtquerschnitt dieser Bügel entspricht.

Bei sehr breiten stützenden Trägern oder bei stützenden Platten sollte die in diesen Trägern oder Platten angeordnete Aufhängebewehrung nicht über eine Breite angeordnet werden, die größer als die Nutzhöhe des gestützten Trägers ist.

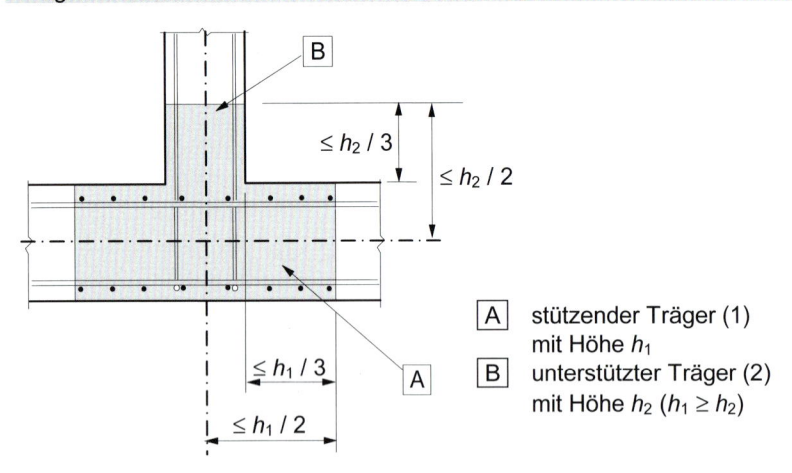

$\boxed{1}$ – breiter stützender Träger mit $b_1 > d_2$
$\boxed{2}$ – unterstützter Träger mit Nutzhöhe d_2

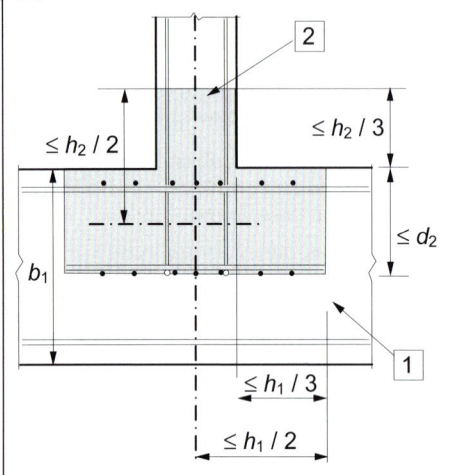

$\boxed{A}$ stützender Träger (1) mit Höhe h_1
$\boxed{B}$ unterstützter Träger (2) mit Höhe h_2 ($h_1 \geq h_2$)

Bild 9.7 – Bereich der Aufhängebewehrung beim Anschluss eines Nebenträgers (Grundriss)

9.3 Vollplatten

(1) Dieser Abschnitt gilt für einachsig und zweiachsig gespannte Vollplatten, bei denen b und l_{eff} nicht weniger als $5h$ betragen (siehe 5.3.1).

Die Regeln für Vollplatten dürfen auch für $l_{eff} / h \geq 3$ angewendet werden.

min h = 70 mm
min h = 160 mm mit aufgebogener Bewehrung
min h = 200 mm mit Bügeln und Durchstanzbewehrung

Platte: h, $b \geq 5h$

9.3.1 Biegebewehrung

9.3.1.1 Allgemeines

(1) Für die Mindest- und Höchstwerte des Bewehrungsgrades in der Hauptspannrichtung gelten die Regeln aus 9.2.1.1 (1) und (3).

Bei zweiachsig gespannten Platten braucht die Mindestbewehrung nach 9.2.1.1 (1) nur in der Hauptspannrichtung angeordnet zu werden.

ANMERKUNG Bei Platten mit geringem Risiko von Sprödbruch darf $A_{s,min}$ alternativ mit dem 1,2-fachen derjenigen Querschnittsfläche berechnet werden, die für den Nachweis im GZT benötigt wird.

Das sind untergeordnete Bauteile, bei denen ein bestimmtes Risiko unangekündigten Versagens in Kauf genommen werden kann.

(2) Bei einachsig gespannten Platten darf in der Regel die Querbewehrung nicht weniger als 20 % der Hauptbewehrung betragen.

Bei Betonstahlmatten ist min ϕ_{quer} = 5 mm einzuhalten.

In zweiachsig gespannten Platten darf die Bewehrung in der minderbeanspruchten Richtung nicht weniger als 20 % der in der höherbeanspruchten Richtung betragen.

→ NA.10.9.8 (2): Für Vollplatten aus Fertigteilen mit einer Breite $b \leq 1,20$ m darf die Querbewehrung nach 9.3.1.1 (2) entfallen.

(3) Der Abstand zwischen den Stäben darf in der Regel nicht größer als $s_{max,slabs}$ sein.

Es gilt:
- für die Haupt(zug-)bewehrung:
  $s_{max,slabs}$ = 250 mm für Plattendicken $h \geq 250$ mm;
  $s_{max,slabs}$ = 150 mm für Plattendicken $h \leq 150$ mm;
  Zwischenwerte sind linear zu interpolieren.
- für die Querbewehrung oder die Bewehrung in der minderbeanspruchten Richtung:
  $s_{max,slabs} \leq 250$ mm.

Eurocode 2: DIN EN 1992-1-1 mit Nationalem Anhang 9 Konstruktionsregeln	Hinweise

(4) Die Regeln aus 9.2.1.3 (1) bis (3), 9.2.1.4 (1) bis (3) und 9.2.1.5 (1) bis (2) gelten ebenfalls, allerdings mit $a_l = d$.

(NA.5) Die Mindestdicke h_{min} einer Vollplatte (Ortbeton) beträgt in der Regel 70 mm.

9.3.1.2 Bewehrung von Platten in Auflagernähe

(1) Bei gelenkig gelagerten Platten ist in der Regel mindestens die Hälfte der erforderlichen Feldbewehrung über das Auflager zu führen und dort gemäß 8.4.4 zu verankern. Die Regel gilt für alle Auflager von beliebig gelagerten Platten.

ANMERKUNG Die Staffelung und Verankerung der Bewehrung dürfen gemäß 9.2.1.3, 9.2.1.4 und 9.2.1.5 durchgeführt werden.

also wie bei Balken

(2) Bei teilweiser Einspannung einer Plattenseite, die bei der Berechnung nicht berücksichtigt wurde, ist in der Regel eine obere Stützbewehrung anzuordnen, die mindestens 25 % des benachbarten maximalen Feldmoments aufnehmen kann. Diese Bewehrung muss in der Regel, vom Auflagerrand gemessen, mindestens über die 0,2-fache Länge des Endfeldes eingelegt werden.

Zu (2): Beachte aber (NDP) zu 9.2.1.2 (1): Bewehrung vom Auflagerrand gemessen, mindestens über die 0,25-fache Länge des Endfeldes einlegen.

Sie muss in der Regel über den Zwischenauflagern durchlaufen und an den Endauflagern verankert werden.

9.3.1.3 Eckbewehrung

(1) Wenn durch bauliche Durchbildung das Abheben der Platte an einer Ecke verhindert wird, ist in der Regel eine entsprechende Drillbewehrung anzuordnen.

(NA.2) Werden die Schnittgrößen in einer Platte unter Ansatz der Drillsteifigkeit ermittelt, so ist die Bewehrung in den Plattenecken unter Berücksichtigung des Drillmoments zu bemessen.

(NA.3) Die Drillbewehrung darf durch eine parallel zu den Seiten verlaufende obere und untere Netzbewehrung in den Plattenecken ersetzt werden, die in jeder Richtung die gleiche Querschnittsfläche wie die Feldbewehrung und mindestens eine Länge von $0,3 l_{eff,min}$ hat.

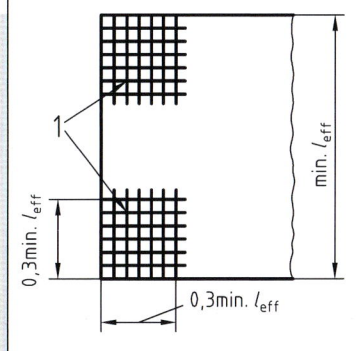

(NA.4) In Plattenecken, in denen ein frei aufliegender und ein eingespannter Rand zusammenstoßen, sollte die Hälfte der Bewehrung nach Absatz (NA.3) rechtwinklig zum freien Rand eingelegt werden.

(NA.5) Bei vierseitig gelagerten Platten, deren Schnittgrößen als einachsig gespannt oder unter Vernachlässigung der Drillsteifigkeit ermittelt werden, sollte zur Begrenzung der Rissbildung in den Ecken ebenfalls eine Bewehrung nach Absatz (NA.3) angeordnet werden.

(NA.6) Ist die Platte mit Randbalken oder benachbarten Deckenfeldern biegefest verbunden, so brauchen die zugehörigen Drillmomente nicht nachgewiesen und keine Drillbewehrung angeordnet zu werden.

1 – Drillbewehrung

9.3.1.4 Randbewehrung an freien Rändern von Platten

(1) Entlang eines freien (ungestützten) Randes ist in der Regel eine Längs- und Querbewehrung nach Bild 9.8 anzuordnen.

Empfehlung für zusätzliche Randbewehrung zur Aufnahme möglicher Randlasten und Temperatur- und Schwindspannungen [67]:
→ $h \leq 300$ mm: $a_{s,R} \geq 1,25$ cm²/m
→ $h \geq 800$ mm: $a_{s,R} \geq 3,50$ cm²/m
Zwischenwerte interpolieren

(2) Die vorhandene Bewehrung der Platte darf als Randbewehrung angerechnet werden.

analog 9.3.2 (5): Empfehlung $s_{max} \leq h$

(NA.3) Bei Fundamenten und innenliegenden Bauteilen des üblichen Hochbaus braucht eine Bewehrung nach Absatz (1) nicht angeordnet zu werden.

Bei vorgespannten Platten in Anlehnung an DIN 4227-1 [R17]:
$a_{s,R} \geq 2,0 \cdot \rho \cdot h$
mit $\rho = 0,16 \, f_{ctm} / f_{yk}$ *nach NA.J.4 (1)P.*

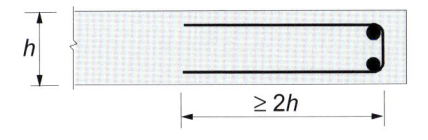

Bild 9.8 – Randbewehrung an freien Rändern von Platten

9.3.2 Querkraftbewehrung

(1) Die Mindestdicke h_{min} einer Platte (Ortbeton) mit Querkraftbewehrung beträgt in der Regel:

- mit Querkraftbewehrung (aufgebogen): 160 mm;
- mit Querkraftbewehrung (Bügel) oder Durchstanzbewehrung: 200 mm.

(2) Für die bauliche Durchbildung der Querkraftbewehrung gelten der Mindestwert und die Definition des Bewehrungsgrades nach 9.2.2, soweit sie nicht nachfolgend modifiziert werden.

Bei $V_{Ed} \leq V_{Rd,c}$ mit $b/h > 5$ ist keine Mindestbewehrung für Querkraft erforderlich. Bauteile mit $b/h < 4$ sind als Balken zu behandeln.

Im Bereich $5 \geq b/h \geq 4$ ist eine Mindestbewehrung erforderlich, die bei $V_{Ed} \leq V_{Rd,c}$ zwischen dem nullfachen und dem einfachen Wert, bei $V_{Ed} > V_{Rd,c}$ zwischen dem 0,6-fachen und dem einfachen Wert der erforderlichen Mindestbewehrung von Balken interpoliert werden darf.

Bei $V_{Ed} > V_{Rd,c}$ mit $b/h > 5$ ist der 0,6-fache Wert der Mindestbewehrung von Balken erforderlich.

(3) In Platten mit $|V_{Ed}| \leq 1/3 V_{Rd,max}$ (siehe 6.2) darf die Querkraftbewehrung vollständig aus aufgebogenen Stäben oder Querkraftzulagen bestehen.

(4) Der größte Längsabstand von Bügelreihen ist:

- für $V_{Ed} \leq 0{,}30 V_{Rd,max}$ $s_{max} = 0{,}7h$
- für $0{,}30 V_{Rd,max} < V_{Ed} \leq 0{,}60 V_{Rd,max}$ $s_{max} = 0{,}5h$
- für $V_{Ed} > 0{,}60 V_{Rd,max}$ $s_{max} = 0{,}25h$

Der größte Längsabstand von aufgebogenen Stäben darf mit $s_{max} = h$ angesetzt werden.

(5) Der maximale Querabstand von Bügeln darf in der Regel $s_{max} = h$ nicht überschreiten.

9.4 Flachdecken

9.4.1 Flachdecken im Bereich von Innenstützen

(1) Die Anordnung der Bewehrung in Flachdecken muss in der Regel das Verhalten im Gebrauchszustand berücksichtigen. Im Allgemeinen führt dies zu einer Konzentration der Bewehrung über den Stützen.

ANMERKUNG Beachte auch die Festlegungen zu den Mindestbiegemomenten für den Durchstanzbereich nach (NCI) zu 6.4.5 (1).

(2) Werden keine genaueren Gebrauchstauglichkeitsberechnungen durchgeführt, ist in der Regel über Innenstützen eine Stützbewehrung mit der Querschnittsfläche $0{,}5 A_t$ beidseitig der Stütze auf einer Breite entsprechend der 0,125-fachen effektiven Spannweite der angrenzenden Deckenfelder anzuordnen. A_t ist dabei die Querschnittsfläche der Biegebewehrung über der Stütze, die erforderlich ist, um das gesamte negative Moment aufzunehmen, das aus der Belastung aus den beiderseits der Stütze angrenzenden Deckenfeldern resultiert.

(3) Bei Innenstützen ist in der Regel eine untere Bewehrung (≥ 2 Stäbe) entlang jeder orthogonalen Richtung anzuordnen. Diese Bewehrung muss in der Regel über der Stütze durchlaufen.

Zur Vermeidung eines fortschreitenden Versagens von punktförmig gestützten Platten ist stets ein Teil der Feldbewehrung über die Stützstreifen im Bereich von Innen- und Randstützen hinwegzuführen bzw. dort zu verankern. Die hierzu erforderliche Bewehrung muss mindestens die Querschnittsfläche $A_s = V_{Ed} / f_{yk}$ aufweisen und ist im Bereich der Lasteinleitungsfläche anzuordnen. Abminderungen von V_{Ed} sind dabei nicht zulässig. Dabei ist V_{Ed} der Bemessungswert der Querkraft mit $\gamma_F = 1{,}0$.

Auf diese Abreißbewehrung beim Durchstanzen darf bei elastisch gebetteten Bodenplatten wegen der Boden-Bauwerk-Interaktion verzichtet werden.

Hinweise:

Beachte auch die Konstruktionsregeln für Verbundbewehrung bei ortbetonergänzten Platten nach (NCI) 6.2.5 (3).

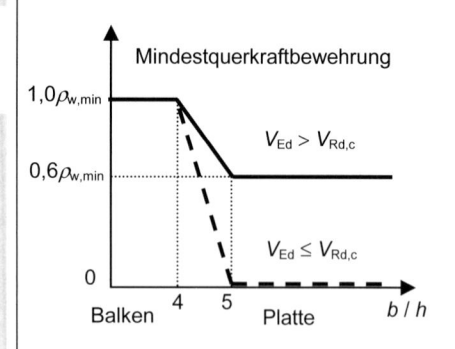

[D525] Querkraftbewehrungen in Platten dürfen auch als ein- oder zweischnittige Bügel mit Haken verankert werden. Bügel mit 90°-Winkelhaken gelten als Querkraftzulage.
Bei Platten mit Anforderungen an die Feuerwiderstandsdauer ($\geq$ R 90) dürfen 90°-Winkelhaken nicht auf der brandbeanspruchten Bauteilseite angeordnet werden.

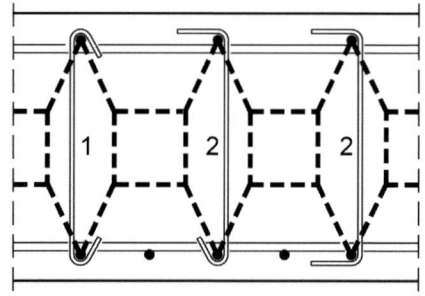

Plattenquerschnitt mit Stabwerkmodell
1 – Bügel, 2 – Zulage

Eurocode 2: DIN EN 1992-1-1 mit Nationalem Anhang	Hinweise
9 Konstruktionsregeln	

9.4.2 Flachdecken im Bereich von Randstützen

(1) Bewehrungen, die senkrecht entlang eines freien Rands verlaufen und die die Biegemomente der Platte auf eine Eck- oder Randstütze übertragen sollen, sind in der Regel innerhalb der mitwirkenden Breite b_e nach Bild 9.9 einzulegen.

ANMERKUNG Beachte auch die Festlegungen zu den Mindestbiegemomenten für den Durchstanzbereich nach (NCI) 6.4.5 (1).

(NA.2) Bei Lasteinleitungsflächen, die sich nahe oder an einem freien Rand oder einer Ecke befinden, d. h. mit einem Randabstand kleiner als d, ist stets eine besondere Randbewehrung nach 9.3.1.4 mit einem Abstand der Steckbügel $s_w \leq 100$ mm längs des freien Randes erforderlich.

Zu (NA.2):

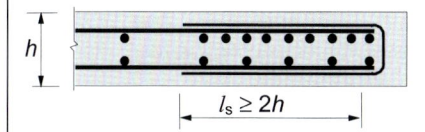

Darstellung hier schematisch.
Der Steckbügel liegt in der Ebene der Längsbewehrung.

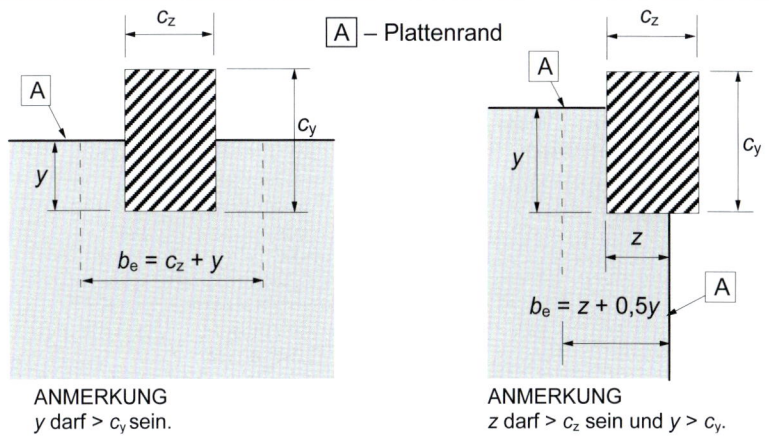

ANMERKUNG
y darf $> c_y$ sein.

ANMERKUNG
z darf $> c_z$ sein und $y > c_y$.

y ist der Abstand vom Plattenrand bis zur Innenseite der Stütze.

a) **Randstütze** b) **Eckstütze**

Bild 9.9 – Wirksame Breite b_e einer Flachdecke

9.4.3 Durchstanzbewehrung

(1) Wenn Durchstanzbewehrung erforderlich wird (siehe 6.4), ist diese in der Regel zwischen der Lasteinleitungsfläche/Stütze bis zum Abstand 1,5d innerhalb des Rundschnitts einzulegen, an dem Querkraftbewehrung nicht mehr benötigt wird. Sie ist in der Regel mindestens in zwei konzentrischen Reihen von Bügelschenkeln einzulegen (siehe Bild 9.10). Der Abstand zwischen den Bügelschenkelreihen darf in der Regel nicht größer als 0,75d sein.

Innerhalb des kritischen Rundschnitts (2d von der Lasteinleitungsfläche) darf in der Regel der tangentiale Abstand der Bügelschenkel in einer Bewehrungsreihe nicht mehr als 1,5d betragen. Außerhalb des kritischen Rundschnitts darf in der Regel der Abstand der Bügelschenkel in einer Bewehrungsreihe nicht mehr als 2d betragen, wenn die Bewehrungsreihe zum Durchstanzwiderstand beiträgt (siehe Bild 6.22).

Bei aufgebogenen Stäben (wie in Bild 9.10 b) dargestellt) darf eine Bewehrungsreihe als ausreichend betrachtet werden.

Die Stabdurchmesser einer Durchstanzbewehrung sind auf die vorhandene mittlere statische Nutzhöhe der Platte abzustimmen:

– Bügel: $\phi \leq 0,05d$;
– Schrägaufbiegungen: $\phi \leq 0,08d$.

ANMERKUNG Weitere Hinweise zu Bügelformen und Darstellung der Durchstanzbewehrung sind in DAfStb-Heft 600 enthalten.

(2) Wenn Durchstanzbewehrung erforderlich ist, wird der Querschnitt eines Bügelschenkels (oder gleichwertig) $A_{sw,min}$ mit der Gleichung (9.11DE) ermittelt.

$$A_{sw,min} = A_s \cdot \sin\alpha = \frac{0,08}{1,5} \cdot \frac{\sqrt{f_{ck}}}{f_{yk}} \cdot s_r \cdot s_t \qquad (9.11\text{DE})$$

Als Durchstanzbewehrung sind zulässig:

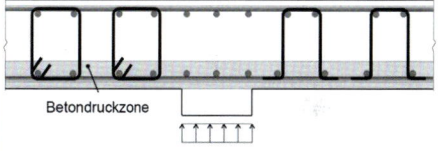

Von der Durchstanzbewehrung müssen mindestens 50 % der Längsbewehrung in tangentialer oder radialer Richtung umschlossen werden.

Querkraftzulagen sind als Durchstanzbewehrung unzulässig.

→ Maximale Bügeldurchmesser:
$d \leq 200$ mm: $\phi \leq 10$ mm
$d \leq 240$ mm: $\phi \leq 12$ mm
$d \leq 280$ mm: $\phi \leq 14$ mm
$d \leq 320$ mm: $\phi \leq 16$ mm
$d \leq 400$ mm: $\phi \leq 20$ mm

Eurocode 2: DIN EN 1992-1-1 mit Nationalem Anhang	Hinweise
9 Konstruktionsregeln	

Dabei ist

α der Winkel zwischen der Durchstanzbewehrung und der Längsbewehrung (d. h. bei vertikalen Bügeln $\alpha = 90°$ und $\sin\alpha = 1$);

s_r der Abstand der Bügel der Durchstanzbewehrung in radialer Richtung;

s_t der Abstand der Bügel der Durchstanzbewehrung in tangentialer Richtung;

f_{ck} in N/mm².

Im Durchstanznachweis darf die vertikale Komponente nur solcher Spannglieder berücksichtigt werden, die innerhalb eines Abstandes von $0,5d$ von der Stütze verlaufen.

(3) Aufgebogene Stäbe, die die Lasteinleitungsfläche kreuzen oder in einem Abstand von weniger als $0,25d$ vom Rand dieser Fläche liegen, dürfen als Durchstanzbewehrung verwendet werden (siehe Bild 9.10 b), oben).

(4) Der Abstand zwischen dem Auflageranschnitt oder dem Umfang einer Lasteinleitungsfläche und der nächsten Durchstanzbewehrung, die bei der Bemessung berücksichtigt wurde, darf nicht größer als $0,5d$ sein. Dieser Abstand ist in der Regel in Höhe der Längszugbewehrung zu messen.

Werden Schrägstäbe als Durchstanzbewehrung eingesetzt, sollten diese eine Neigung von $45° \leq \alpha \leq 60°$ gegen die Plattenebene aufweisen.

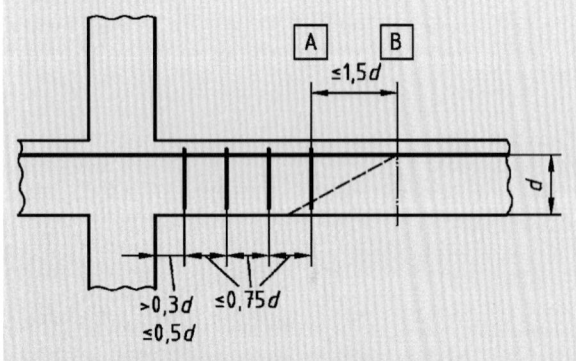

Mindestdurchstanzbewehrungsgrad in Gl. (9.11DE):

f_{ck} [N/mm²]	$\rho_{w,min}$ [‰] = 53,3 · $\sqrt{f_{ck}}$ / 500
16	0,43
20	0,48
25	0,53
30	0,58
35	0,63
40	0,67
45	0,72
50	0,75
55	0,79
60	0,83
70	0,89
80	0,95
90	1,10
100	1,07

Im Grundriss:

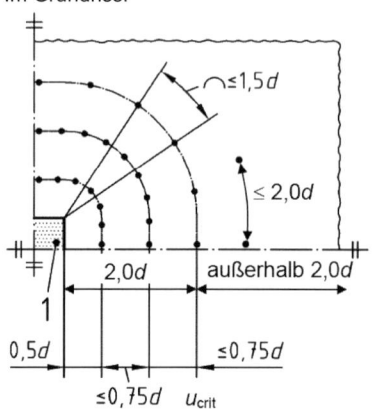

Es sind in jedem Fall mindestens zwei Bewehrungsreihen im durchstanzbewehrten Bereich vorzusehen.

Bild 9.10 c) gilt für schlanke Fundamente und Bodenplatten mit $a_\lambda > 2d$.

Sollte bei gedrungenen Fundamenten mit $a_\lambda \leq 2d$ eine dritte Bewehrungsreihe erforderlich werden, gilt (NCI) 6.4.5 (2): Der radiale Abstand der 1. Bewehrungsreihe ist bei gedrungenen Fundamenten auf $0,3d$ vom Rand der Lasteinleitungsfläche und die Abstände s_r zwischen den ersten drei Bewehrungsreihen sind auf $0,5d$ zu begrenzen.

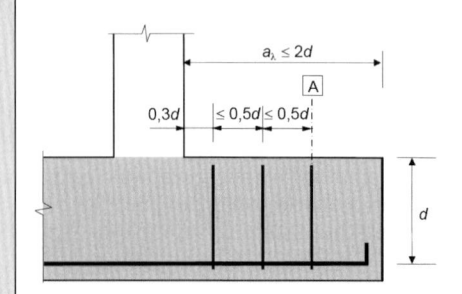

a) Bügelabstände bei Flachdecken

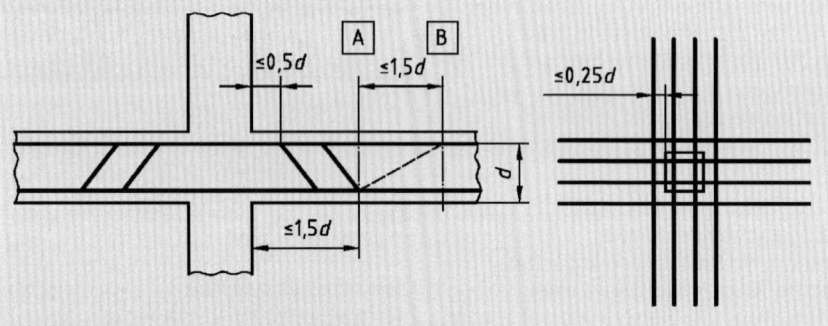

b) Abstände aufgebogener Stäbe

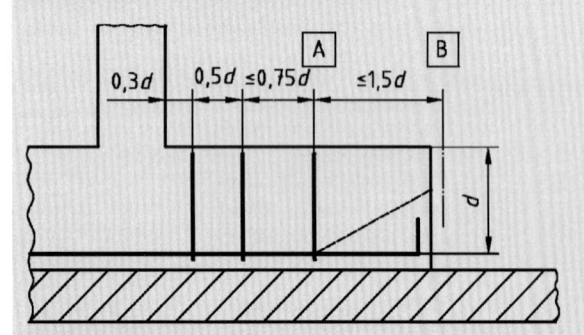

c) Bügelabstände bei Fundamenten

A letzter Rundschnitt, der noch Durchstanzbewehrung benötigt
B erster Rundschnitt, der keine Durchstanzbewehrung benötigt

Bild 9.10DE – Durchstanzbewehrung

Eurocode 2: DIN EN 1992-1-1 mit Nationalem Anhang 9 Konstruktionsregeln	Hinweise

9.5 Stützen

9.5.1 Allgemeines

(1) Dieser Abschnitt gilt für Stützen, bei denen die größere Abmessung h das 4-fache der kleineren Abmessung b nicht überschreitet.

…oder bei denen die größere Abmessung b das 4-fache der kleineren Abmessung h nicht überschreitet.

Für Stützen mit Vollquerschnitt, die vor Ort (senkrecht) betoniert werden, darf die kleinste Querschnittsabmessung 200 mm nicht unterschreiten.

9.5.2 Längsbewehrung

(1) Der Durchmesser der Längsstäbe darf in der Regel nicht kleiner als ϕ_{min} = 12 mm sein.

(2) Die Gesamtquerschnittsfläche der Längsbewehrung darf in der Regel nicht kleiner als

$$A_{s,min} = 0{,}15 \cdot |N_{Ed}| / f_{yd} \qquad (9.12\text{DE})$$

sein. Dabei ist

f_{yd} der Bemessungswert der Streckgrenze der Bewehrung;

N_{Ed} der Bemessungswert der Normalkraft.

(3) Die Gesamtquerschnittsfläche der Längsbewehrung darf in der Regel nicht größer als $A_{s,max}$ = 0,09A_c sein (auch im Bereich von Übergreifungsstößen).

(4) Bei Stützen mit polygonalem Querschnitt muss in der Regel mindestens in jeder Ecke ein Stab liegen.

Dabei sollte der Abstand der Längsstäbe ≤ 300 mm betragen. Bei b ≤ 400 mm und h ≤ b genügt je ein Bewehrungsstab in den Ecken. In Stützen mit Kreisquerschnitt sollten mindestens 6 Stäbe angeordnet werden.

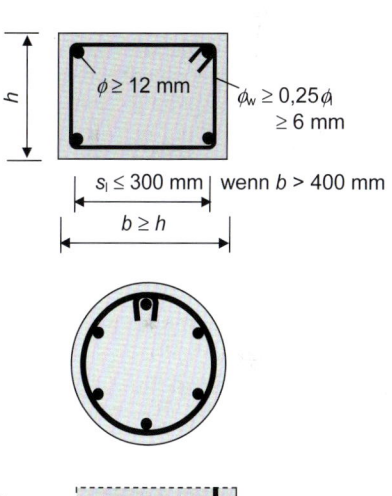

9.5.3 Querbewehrung

(1) Der Durchmesser der Querbewehrung (Bügel, Schlaufen oder Wendeln) muss in der Regel mindestens ein Viertel des maximalen Durchmessers der Längsbewehrung, jedoch mindestens 6 mm betragen. Der Stabdurchmesser bei Betonstahlmatten als Querbewehrung muss in der Regel mindestens 5 mm betragen.

$\phi \geq 12$ mm $\phi_w \geq 0{,}25\phi$ ≥ 6 mm

$s_l \leq 300$ mm   wenn $b > 400$ mm

$b \geq h$

Die Querbewehrung muss die Stützenlängsbewehrung umfassen.

Bei Verwendung von Stabbündeln mit ϕ_n > 28 mm und bei Stäben mit ϕ > 32 mm nach Abschnitt 8.8 als Druckbewehrung muss abweichend von Absatz (1) der Mindeststabdurchmesser für Einzelbügel und für Bügelwendeln 12 mm betragen.

(2) Die Querbewehrung ist in der Regel ausreichend zu verankern.

Bügel sind in der Regel mit Haken Bild 8.5 a) zu schließen.

Wird der Widerstand gegen Abplatzen der Betondeckung erhöht, darf die Querbewehrung aus Bügeln auch mit 90°-Winkelhaken nach Bild 8.5 b) geschlossen werden. Die Bügelschlösser sind entlang der Stütze zu versetzen. Mindestens eine der folgenden Maßnahmen kommt hierfür in Frage:

(2) ϕ_w $\geq 15\phi_w$ $\geq 3\phi_w$

– Vergrößerung des Mindestbügeldurchmessers um mindestens 2 mm gegenüber Absatz (1);

– Halbierung der Bügelabstände nach Absatz (3) bzw. (4);

– angeschweißte Querstäbe (Bügelmatten);

– Vergrößerung der Winkelhakenlänge nach Bild 8.5 b) von 10ϕ auf ≥ 15ϕ.

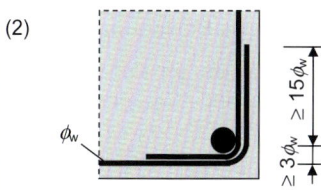

[29] Bei Feuerwiderstandsdauern ≥ R 90 sind die Bügel i. d. R. mit Haken zu schließen. Wenn doch 90°-Winkelhaken gewählt werden, sollte der Bügeldurchmesser ϕ_w ≥ 10 mm betragen.

(3) Die Abstände der Querbewehrung entlang der Stütze dürfen in der Regel nicht größer als $s_{cl,tmax}$ sein.

Der Abstand der Querbewehrung $s_{cl,tmax}$ darf den kleinsten der drei folgenden Werte nicht überschreiten:

– das 12-fache des kleinsten Durchmessers der Längsstäbe;
– die kleinste Seitenlänge oder den Durchmesser der Stütze;
– 300 mm.

Eurocode 2: DIN EN 1992-1-1 mit Nationalem Anhang	Hinweise
9 Konstruktionsregeln	

(4) Die Abstände nach (3) sind in der Regel mit dem Faktor 0,6 zu vermindern:

(i) unmittelbar über und unter Balken oder Platten über eine Höhe gleich der größeren Abmessung des Stützenquerschnitts;

(ii) bei Übergreifungsstößen der Längsstäbe, wenn deren größter Durchmesser größer als 14 mm ist. Dabei sind mindestens 3 gleichmäßig auf der Stoßlänge angeordnete Stäbe erforderlich.

(5) Bei Richtungsänderungen der Längsstäbe (z. B. bei Veränderungen des Stützenquerschnitts) sind die Abstände der Querbewehrung in der Regel unter Berücksichtigung der auftretenden Querzugkräfte zu berechnen. Diese Auswirkungen dürfen vernachlässigt werden, falls die Richtungsänderung ≤ 1 / 12 ist.

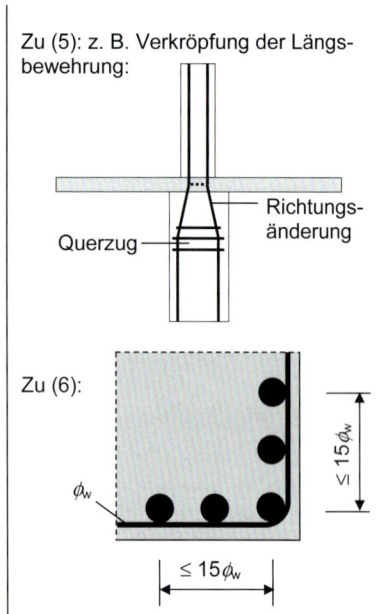

(6) Alle Längsstäbe oder Stabbündel in einer Ecke sind in der Regel durch Querbewehrung zu umfassen. Dabei darf kein Stab innerhalb einer Druckzone weiter als 150 mm von einem gehaltenen Stab entfernt sein.

In oder in der Nähe jeder Ecke ist eine Anzahl von maximal 5 Stäben durch die Querbewehrung gegen Ausknicken zu sichern. Weitere Längsstäbe und solche, deren Abstand vom Eckbereich den 15-fachen Bügeldurchmesser überschreitet, sind durch zusätzliche Querbewehrung nach Absatz (1) zu sichern, die höchstens den doppelten Abstand der Querbewehrung nach Absatz (3) haben darf.

Zu (5): z. B. Verkröpfung der Längsbewehrung:

Zu (6):

9.6 Wände

9.6.1 Allgemeines

(1) Dieser Abschnitt gilt für Stahlbetonwände, bei denen die Wandlänge mindestens der 4-fachen Wanddicke entspricht und bei denen die Bewehrung im Tragfähigkeitsnachweis berücksichtigt wurde. Die Größe und die zweckmäßige Anordnung der Bewehrung dürfen einem Stabwerkmodell (siehe 6.5) entnommen werden. Für Wände mit überwiegender Plattenbiegung gelten die Regeln für Platten (siehe 9.3).

Für Wände mit Halbfertigteilen gelten die allgemeinen bauaufsichtlichen Zulassungen.

(NA.2) Die Wanddicken tragender Wände sollten die Nennmaße nach Tabelle NA.9.3 nicht unterschreiten:

Tabelle NA.9.3 – Mindestwanddicken für tragende Stahlbetonwände

	Wandkonstruktion		mit Decken	
			nicht durchlaufend	durchlaufend
2	≥ C16/20	Ortbeton	120 mm	100 mm
3		Fertigteil	100 mm	80 mm

Für tragende unbewehrte Wände mit C12/15 siehe Tab. NA.12.2, Zeile 1.

9.6.2 Vertikale Bewehrung

(1) Die Querschnittsfläche der vertikalen Bewehrung muss in der Regel zwischen $A_{s,vmin}$ und $A_{s,vmax}$ liegen.

- allgemein:
  $A_{s,vmin} = 0{,}15 |N_{Ed}| / f_{yd} \geq 0{,}0015 A_c$

- bei schlanken Wänden mit $\lambda \geq \lambda_{lim}$ (nach 5.8.3.1) oder mit $|N_{Ed}| \geq 0{,}3 f_{cd} A_c$:
  $A_{s,vmin} = 0{,}003 A_c$

- $A_{s,vmax} = 0{,}04 A_c$
  (dieser Wert darf innerhalb von Stoßbereichen verdoppelt werden.)

Der Bewehrungsgehalt sollte an beiden Wandaußenseiten im Allgemeinen gleich groß sein.

(2) Wenn die Mindestbewehrung $A_{s,vmin}$ maßgebend ist, muss in der Regel die Hälfte dieser Bewehrung an jeder Außenseite liegen.

(3) Der Abstand zwischen zwei benachbarten vertikalen Stäben darf nicht größer als die 2-fache Wanddicke oder 300 mm sein. Der kleinere Wert ist maßgebend.

Gesamtquerschnittsfläche

„Allgemein" bedeutet hier:
Auch bei schlanken Wänden mit $\lambda \geq \lambda_{lim}$ oder mit $|N_{Ed}| \geq 0{,}3 f_{cd} A_c$ darf die Mindestbewehrung belastungsabhängig mit
$A_{s,vmin} = 0{,}15 |N_{Ed}| / f_{yd} \geq 0{,}0015 A_c$
ermittelt werden.
Anderenfalls darf für diese Wände vereinfacht immer $A_{s,vmin} = 0{,}003 A_c$ als Mindestbewehrung angesetzt werden.

Eurocode 2: DIN EN 1992-1-1 mit Nationalem Anhang	Hinweise
9 Konstruktionsregeln	

9.6.3 Horizontale Bewehrung

(1) Eine horizontale Bewehrung, die parallel zu den Wandaußenseiten (und zu den freien Kanten) verläuft, ist in der Regel außenliegend einzulegen. Diese muss in der Regel mindestens $A_{s,hmin}$ betragen.

- allgemein:
  $A_{s,hmin} = 0{,}20 A_{s,v}$
- bei schlanken Wänden mit $\lambda \geq \lambda_{lim}$ (nach 5.8.3.1) oder mit $|N_{Ed}| \geq 0{,}3 f_{cd} A_c$:
  $A_{s,hmin} = 0{,}50 A_{s,v}$

Der Durchmesser der horizontalen Bewehrung muss mindestens ein Viertel des Durchmessers der vertikalen Stäbe betragen.

(2) Der Abstand s zwischen zwei benachbarten horizontalen Stäben sollte maximal 350 mm betragen.

9.6.4 Querbewehrung

(1) In jedem Wandbereich, in dem der Gesamtquerschnitt der vertikalen Bewehrung beider Wandseiten $0{,}02 A_c$ übersteigt, ist in der Regel Querbewehrung mit Bügeln nach den Bestimmungen für Stützen (siehe 9.5.3) einzulegen. Entsprechend 9.5.3 (4) (i) sind die Bügelabstände unmittelbar über und unter aufliegenden Platten über eine Höhe gleich der 4-fachen Wanddicke zu vermindern.

Beträgt die Vertikalbewehrung weniger als $0{,}02 A_c$, ist die Querbewehrung gemäß 9.6.4 (2) auszubilden.

(2) Eine außenliegende Hauptbewehrung ist in der Regel durch Querbewehrung mit mindestens 4 Bügelschenkeln je m² Wandfläche zu verbinden.

S-Haken dürfen bei Tragstäben mit $\phi \leq 16$ mm entfallen, wenn deren Betondeckung mindestens 2ϕ beträgt; in diesem Fall und stets bei Betonstahlmatten dürfen die druckbeanspruchten Stäbe außen liegen.

Die außenliegenden Bewehrungsstäbe dicker Wände können auch mit Steckbügeln im Innern der Wand verankert werden, wobei die freien Bügelenden die Verankerungslänge $0{,}5 l_{b,rqd}$ haben müssen. $0{,}5 l_{b,rqd}$ mit f_{yd}

An freien Rändern von Wänden mit einer Bewehrung $A_s \geq 0{,}003 A_c$ je Wandseite müssen die Eckstäbe durch Steckbügel nach Bild 9.8 gesichert werden.

9.7 Wandartige Träger

(1) Wandartige Träger (Definition in 5.3.1 (3)) sind in der Regel an beiden Außenflächen mit einer rechtwinkligen Netzbewehrung mit einer Mindestquerschnittsfläche von $A_{s,dbmin} = 0{,}075\ \%$ von A_c bzw. $A_{s,dbmin} \geq 150$ mm²/m zu versehen.

je Außenfläche und Richtung

Der größere Wert ist maßgebend.

Die Mindestwanddicken nach 9.6.1 (NA.2), Tabelle NA.9.3, sind auch bei wandartigen Trägern einzuhalten.

(2) Die Maschenweite des Bewehrungsnetzes darf in der Regel nicht größer als die doppelte Trägerdicke und nicht größer als 300 mm sein.

(3) Die Bewehrung, die den Zugstäben im Bemessungsmodell zugeordnet ist, ist für das Gleichgewicht in den Knoten in der Regel (siehe auch 6.5.4) durch Aufbiegung der Stäbe, durch Verwendung von U-Bügeln oder mit Ankerkörpern vollständig zu verankern, wenn keine ausreichende Verankerungslänge l_{bd} zwischen Knoten und Trägerende vorhanden ist.

9.8 Gründungen

9.8.1 Pfahlkopfplatten

(1) Der Abstand vom Außenrand des Pfahls zum Rand der Pfahlkopfplatte ist in der Regel so zu bemessen, dass die Zugkräfte in der Pfahlkopfplatte ausreichend verankert werden können. Die erwarteten Herstellungsabweichungen eines Pfahles sind dabei in der Regel zu berücksichtigen.

(2) Die Bewehrung der Pfahlkopfplatte ist in der Regel entweder mit Hilfe eines Stabwerkmodells oder mit der Biegetheorie zu berechnen.

(3) Die erforderliche Hauptzugbewehrung ist in der Regel in den Spannungszonen zwischen den Pfahlköpfen zu konzentrieren. Dabei muss in der Regel ein Mindeststabdurchmesser $\phi_{min} = 8$ mm eingehalten werden. Wenn diese Bewehrung der Mindestbewehrung entspricht oder diese übersteigt, sind

gleichmäßig verteilte Stäbe an der Unterseite des Bauteils nicht erforderlich. Die anderen Bauteilseiten dürfen ebenfalls unbewehrt bleiben, wenn kein Risiko besteht, dass in diesen Bereichen des Bauteils Zugspannungen auftreten.

(4) Zur Verankerung der Zugbewehrung dürfen angeschweißte Querstäbe verwendet werden. In diesem Falle darf der Querstab als Teil der Querbewehrung im Verankerungsbereich des betrachteten Bewehrungsstabes angesetzt werden.

Es gilt 8.4.1 und Tabelle 8.2.

> 8.4.1 Verankerung der Längsbewehrung angeschweißte Querstäbe im Sinne von Tabelle 8.2

(5) Die Verteilung der Druckspannung aus der Auflagerreaktion des Pfahles darf unter einem Winkel von 45° vom Rand des Pfahles aus angenommen werden (siehe Bild 9.11). Bei der Berechnung der Verankerungslänge darf dieser Druck berücksichtigt werden.

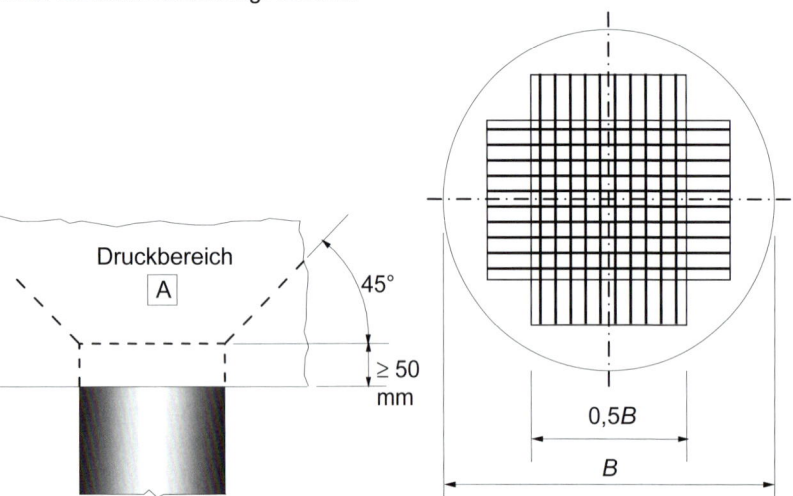

Bild 9.11 – Verbesserung der Verankerung im Druckbereich

Bild 9.12 – Orthogonale Bewehrung in Kreisfundamenten im Boden

9.8.2 Einzel- und Streifenfundamente

9.8.2.1 Allgemeines

(1) Die Hauptbewehrung ist in der Regel entsprechend 8.4 und 8.5 zu verankern. Dabei ist in der Regel ein Mindeststabdurchmesser ϕ_{min} = 6 mm für Betonstahlmatten bzw. ϕ_{min} = 10 mm für Stabstahl einzuhalten. Bei Fundamenten darf das Bemessungsmodell nach 9.8.2.2 verwendet werden.

(2) Die Hauptbewehrung von Kreisfundamenten darf orthogonal und in der Mitte des Fundaments auf einer Breite von (50 ± 10) % des Fundamentdurchmessers konzentriert werden, siehe Bild 9.12. Bei der Bemessung sollten hierbei die unbewehrten Teile des Fundaments als unbewehrter Beton gelten.

(3) Wenn die Einwirkungen zu Zug an der Oberseite des Fundamentes führen, sind in der Regel die daraus folgenden Zugspannungen zu untersuchen und gegebenenfalls mit Bewehrung abzudecken.

9.8.2.2 Verankerung der Stäbe

(1) Die Zugkraft in der Bewehrung wird durch Gleichgewichtsbedingungen unter Berücksichtigung der Auswirkungen von geneigten Rissen bestimmt (siehe Bild 9.13). Die Zugkraft F_s an der Stelle x ist in der Regel im Beton im Abstand x vom Fundamentrand zu verankern.

(2) Die zu verankernde Zugkraft ist:

$$F_s = R \cdot z_e / z_i \tag{9.13}$$

Dabei ist

- R die Resultierende des Sohldrucks innerhalb der Länge x;
- z_e der äußere Hebelarm, d. h. der Abstand zwischen R und der Vertikalkraft N_{Ed};
- N_{Ed} die Vertikalkraft, die den gesamten Sohldruck zwischen den Schnitten A und B erzeugt;

Eurocode 2: DIN EN 1992-1-1 mit Nationalem Anhang	Hinweise
9 Konstruktionsregeln	

z_i der innere Hebelarm, d. h. der Abstand zwischen der Bewehrung und der horizontalen Kraft F_c;

F_c die Druckkraft, die der maximalen Zugkraft $F_{s,max}$ entspricht.

(3) Die Hebelarme z_e und z_i (siehe Bild 9.13) dürfen jeweils für die entsprechenden Druckzonen für N_{Ed} und F_c bestimmt werden. Vereinfachend dürfen z_e mit der Annahme $e = 0{,}15b$ und z_i mit $0{,}9d$ bestimmt werden.

(4) Die verfügbare Verankerungslänge für gerade Stäbe wird in Bild 9.13 mit l_b bezeichnet. Reicht diese Länge zur Verankerung von F_s nicht aus, dürfen die Stäbe entweder aufgebogen werden, um damit die Verankerungslänge zu vergrößern, oder sie dürfen mit Ankerkörpern verankert werden.

(5) Bei geraden Stäben ohne Endverankerungen ist der Mindestwert von x maßgebend. Vereinfachend darf $x_{min} = h / 2$ angenommen werden. Bei anderen Verankerungsarten können höhere Werte für x maßgebend sein.

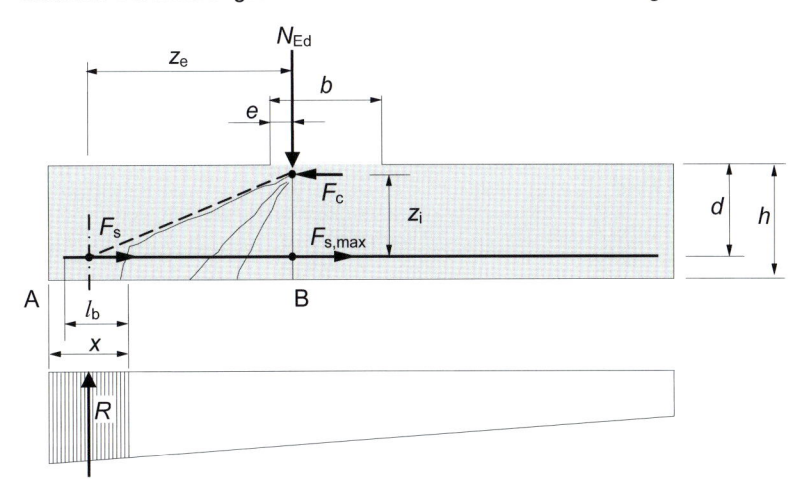

Bild 9.13 – Modell der Zugkraft unter Berücksichtigung geneigter Risse

9.8.3 Zerrbalken

(1) Zerrbalken dürfen verwendet werden, um die Wirkungen einer Lastausmitte auf die Fundamente auszugleichen. Zerrbalken sind in der Regel so zu bemessen, dass sie auftretende Biegemomente und Querkräfte aufnehmen können. Die Biegebewehrung muss in der Regel einen Mindeststabdurchmesser ϕ_{min} = 6 mm für Betonstahlmatten bzw. ϕ_{min} = 10 mm für Stabstahl einhalten.

(2) Die Zerrbalken sind in der Regel ebenfalls für eine minimale lotrechte Last q_1 = 10 kN/m auszulegen, falls die Einwirkungen eines Bodenverdichtungsgeräts Beanspruchungen des Zerrbalkens hervorrufen können.

9.8.4 Einzelfundament auf Fels

(1) Zur Aufnahme der Spaltzugkräfte im Fundament ist in der Regel eine ausreichende Querbewehrung vorzusehen, wenn der Sohldruck in den Grenzzuständen der Tragfähigkeit größer als q_2 = 5 MN/m² ist. Diese Bewehrung darf gleichmäßig in Richtung der Spaltzugkräfte über die Höhe h verteilt werden (siehe Bild 9.14). Dabei ist in der Regel ein Mindeststabdurchmesser ϕ_{min} = 6 mm für Betonstahlmatten bzw. ϕ_{min} = 10 mm für Stabstahl einzuhalten.

(2) Die Spaltzugkraft F_s darf wie folgt ermittelt werden (siehe Bild 9.14):

$$F_s = 0{,}25 \cdot (1 - c / h) \cdot N_{Ed} \qquad (9.14)$$

Dabei ist h das Minimum von b oder H.

9.8.5 Bohrpfähle

(1) Der folgende Abschnitt gilt für bewehrte Bohrpfähle. Für unbewehrte Bohrpfähle siehe Kapitel 12.

(2) Damit sich der Beton zwischen der Bewehrung unbehindert ausbreiten kann, ist es erforderlich, dass die Bewehrung, Bewehrungskörbe und alle Einbauteile baulich so durchgebildet sind, dass die Betonierbarkeit nicht eingeschränkt wird.

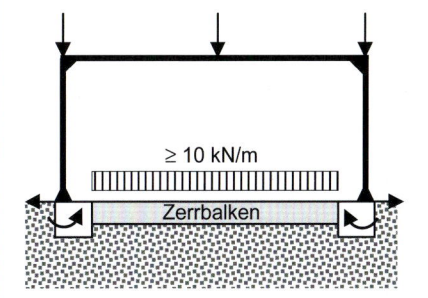

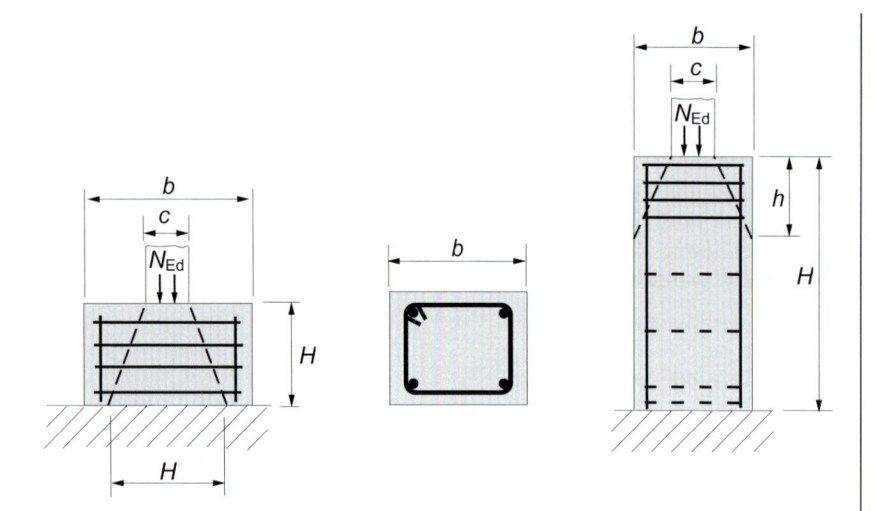

Eurocode 2: DIN EN 1992-1-1 mit Nationalem Anhang	Hinweise
9 Konstruktionsregeln	

a) Fundament mit $h \geq H$ **b) Querschnitt**   **c) Fundament mit $h < H$**

Bild 9.14 – Spaltbewehrung bei Einzelfundamenten auf Fels

(3) Für Bohrpfähle ist in der Regel eine Mindestlängsbewehrung $A_{s,bpmin}$ in Abhängigkeit vom Pfahlquerschnitt A_c nach Tabelle 9.6N einzulegen.

ANMERKUNG Diese Bewehrung ist in der Regel entlang des Querschnittsrands zu verteilen. Der Mindestdurchmesser der Längsstäbe darf in der Regel 16 mm nicht unterschreiten. Die Pfähle müssen in der Regel über mindestens 6 Längsstäbe verfügen. Der lichte Abstand zwischen den Stäben, am Pfahlrand entlang gemessen, darf in der Regel nicht größer als 200 mm sein.

Bohrpfähle mit $d_{nom} \leq 300$ mm sind immer zu bewehren. Bezüglich Herstellung und Bemessung wird auf DIN EN 14199 verwiesen.

Für bewehrte Bohrpfähle mit Durchmessern $d_{nom} \leq h_1 = 600$ mm ist $A_{s,bpmin}$ nach Tabelle 9.6N einzulegen.

Pfähle mit 300 mm $< d_{nom} \leq 600$ mm sollten über mindestens 6 Längsstäbe mit $\phi = 16$ mm verfügen, ansonsten gelten sie als unbewehrt.

Bohrpfähle mit $d_{nom} > 600$ mm dürfen auch nach Abschnitt 12 unbewehrt ausgeführt werden. Bei bewehrter Ausführung ist eine Mindestbewehrung nach Tabelle 9.6N vorzusehen.

(4) Für die bauliche Durchbildung der Längs- und Querbewehrung bei Bohrpfählen wird auf DIN EN 1536 verwiesen.

Tabelle 9.6N – Mindestfläche der Längsbewehrung bei Ortbeton-Bohrpfählen

	1	2
	Pfahlquerschnitt A_c	Mindestquerschnittsfläche der Längsbewehrung $A_{s,bpmin}$
1	$A_c \leq 0,5$ m²	$A_s \geq 0,005 \cdot A_c$
2	$0,5$ m² $< A_c \leq 1,0$ m²	$A_s \geq 25$ cm²
3	$A_c > 1,0$ m²	$A_s \geq 0,0025 \cdot A_c$

9.9 Bereiche mit geometrischen Diskontinuitäten oder konzentrierten Einwirkungen (D-Bereiche)

(1) D-Bereiche sind in der Regel mit Stabwerkmodellen nach 6.5 zu bemessen. Ihre bauliche Durchbildung ist in der Regel gemäß den Regeln in Kapitel 8 auszuführen.

ANMERKUNG Weitere Informationen hierzu finden sich im Anhang J.

(2)P Die Bewehrung für die Zugstreben muss vollständig mit l_{bd} nach 8.4 verankert werden.

Zum Vergleich für Einordnung in Tabelle 9.6N:
$d_{nom} = 0,30$ m → $A_c = 0,07$ m²
$d_{nom} = 0,60$ m → $A_c = 0,28$ m²
$d_{nom} = 0,80$ m → $A_c = 0,50$ m²
$d_{nom} = 1,13$ m → $A_c = 1,00$ m²

DIN EN 14199: Ausführung von besonderen geotechnischen Arbeiten (Spezialtiefbau) – Pfähle mit kleinen Durchmessern (Mikropfähle)

DIN EN 1536: Ausführung von Arbeiten im Spezialtiefbau – Bohrpfähle

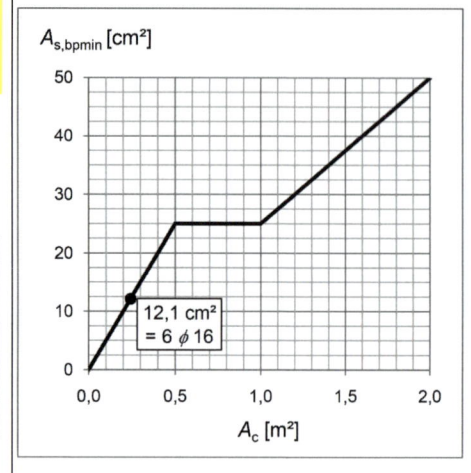

Eurocode 2: DIN EN 1992-1-1 mit Nationalem Anhang 9 Konstruktionsregeln	Hinweise

9.10 Schadensbegrenzung bei außergewöhnlichen Ereignissen

9.10.1 Allgemeines

(1)P Tragwerke, die nicht für außergewöhnliche Ereignisse bemessen sind, müssen ein geeignetes Zuggliedsystem aufweisen. Dieses soll alternative Lastpfade nach einer örtlichen Schädigung ermöglichen, sodass der Ausfall eines einzelnen Bauteils oder eines begrenzten Teils des Tragwerks nicht zum Versagen des Gesamttragwerks führt (fortschreitendes Versagen). Die nachfolgenden einfachen Regeln erfüllen im Allgemeinen diese Anforderung.

Bemessung z. B. nach DIN EN 1991-1-7 [E21], [E22]

(2) Die nachfolgenden Zuganker dürfen in der Regel verwendet werden:

a) Ringanker;

b) innen liegende Zuganker;

c) horizontale Stützen- oder Wandzuganker;

d) wo erforderlich, vertikale Zuganker, insbesondere bei Großtafelbauten.

(3) Wird ein Bauwerk durch Dehnfugen in unabhängige Tragwerksteile geteilt, muss in der Regel jeder Abschnitt ein unabhängiges Zuggliedsystem aufweisen.

(4) Für die Bemessung der Zugglieder darf die Bewehrung bis zu ihrer charakteristischen Festigkeit ausgenutzt werden, sodass die in den nachfolgenden Abschnitten definierten Kräfte aufgenommen werden können. Bei der Bemessung der Zugglieder dürfen andere Schnittgrößen als die, die direkt durch die außergewöhnlichen Einwirkungen hervorgerufen werden oder unmittelbar aus der betrachteten lokalen Zerstörung resultieren, vernachlässigt werden.

(5) Für andere Zwecke vorgesehene Bewehrung in Stützen, Wänden, Balken und Decken darf teilweise oder vollständig für diese Zugglieder angerechnet werden.

(NA.6) Zugglieder dürfen mit Vorspannung mit nachträglichem Verbund ausgeführt werden.

9.10.2 Ausbildung von Zugankern

9.10.2.1 Allgemeines

(1) Zuganker sind als Mindestbewehrung und nicht als zusätzliche Bewehrung zu der aus der Bemessung erforderlichen Bewehrung vorgesehen.

9.10.2.2 Ringanker

(1) In jeder Decken- und Dachebene ist in der Regel ein wirksamer durchlaufender Ringanker innerhalb eines Randabstandes von 1,2 m anzuordnen. Der Ringanker darf Bewehrung einschließen, die Teil der inneren Zuganker ist.

(2) Der Ringanker muss in der Regel folgende Zugkraft aufnehmen können:

$F_{tie,per} = l_i \cdot 10 \text{ kN/m} \geq 70 \text{ kN}$ (9.15)

Dabei ist

$F_{tie,per}$ die Zugkraft des Ringankers;

l_i die Spannweite des Endfeldes.

$A_{s,min}$ = 70 / 50 = 1,4 cm²
→ z. B. mindestens 2 ϕ 10 oder 1 ϕ 14

Die Umlaufwirkung kann durch Stoßen der Längsbewehrung mit einer Stoßlänge $l_0 = 2l_{b,rqd}$ erzielt werden. Der Stoßbereich ist mit Bügeln, Steckbügeln oder Wendeln mit einem Abstand $s \leq 100$ mm zu umfassen.
Die Umlaufwirkung darf auch durch Verschweißen oder durch Verwenden mechanischer Verbindungen erzielt werden.

$l_{b,rqd}$ mit f_{yd}

(3) Tragwerke mit Innenrändern (z. B. Atrium, Hof usw.) müssen in der Regel Ringanker wie bei Decken mit Außenrändern aufweisen, die vollständig zu verankern sind.

9.10.2.3 Innenliegende Zuganker

(1) Diese Zuganker müssen in der Regel in jeder Decken- und Dachebene in zwei zueinander ungefähr rechtwinkligen Richtungen liegen. Sie müssen in der Regel über ihre gesamte Länge wirksam durchlaufend und an jedem Ende in den Ringankern verankert sein (es sei denn, sie werden als horizontale Zuganker zu Stützen oder Wänden fortgesetzt).

Eurocode 2: DIN EN 1992-1-1 mit Nationalem Anhang 9 Konstruktionsregeln	Hinweise

(2) Die innenliegenden Zuganker dürfen insgesamt oder teilweise gleichmäßig verteilt in den Platten oder in Balken, Wänden bzw. anderen geeigneten Bauteilen angeordnet werden. In Wänden müssen sie in der Regel innerhalb von 0,5 m über oder unter den Deckenplatten liegen, siehe Bild 9.15.

(3) Die innen liegenden Zuganker müssen in der Regel in jeder Richtung einen Bemessungswert der Zugkraft von $F_{tie,int}$ = 20 kN/m aufnehmen können.

(4) Bei Decken ohne Aufbeton, in denen die Zuganker über die Spannrichtung nicht verteilt werden können, dürfen die Zuganker konzentriert in den Fugen zwischen den Bauteilen angeordnet werden. In diesem Fall ist die aufzunehmende Mindestkraft in einer Fuge:

F_{tie} = 20 kN/m · $(l_1 + l_2)$ / 2 ≥ 70 kN (9.16)

→ z. B. mindestens 2 ϕ 10 oder 1 ϕ 14

Dabei sind

l_1, l_2 die Spannweiten (in m) der Deckenplatten auf beiden Seiten der Fuge (siehe Bild 9.15).

(5) Innen liegende Zuganker sind in der Regel so mit den Ringankern zu verbinden, dass die Kraftübertragung gesichert ist.

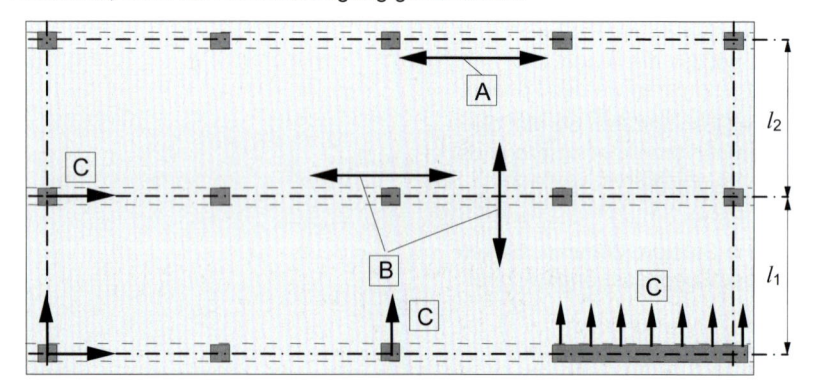

A Ringanker
B innen liegende Zuganker
C horizontale Stützen oder Wandzuganker

Bild 9.15 – Zuganker für außergewöhnliche Einwirkungen

9.10.2.4 Horizontale Stützen- und Wandzuganker

(1) Randstützen und Außenwände sind in der Regel in jeder Decken- und Dachebene horizontal im Tragwerk zu verankern.

(2) Die Zuganker müssen in der Regel eine Zugkraft $f_{tie,fac}$ = 10 kN/m je Fassadenmeter aufnehmen können. Für Stützen ist dabei nicht mehr als $F_{tie,col}$ = 150 kN je Stütze anzusetzen.

(3) Eckstützen sind in der Regel in zwei Richtungen zu verankern. Die für den Ringanker vorhandene Bewehrung darf in diesem Fall für den horizontalen Zuganker angerechnet werden.

(NA.4) Bei Hochhäusern sollte auch eine horizontale Verankerung am unteren Rand der Randstützen und tragenden Außenwände vorgesehen werden.

(NA.5) Bei Außenwandtafeln von Hochhäusern, die zwischen ihren aussteifenden Wänden nicht gestoßen sind und deren Länge zwischen diesen Wänden höchstens das Doppelte ihrer Höhe ist, dürfen die Verbindungen am unteren Rand ersetzt werden durch Verbindungen gleicher Gesamtzugkraft, die in der unteren Hälfte der lotrechten Fugen zwischen der Außenwand und ihren aussteifenden Wänden anzuordnen sind.

(NA.6) Am oberen Rand tragender Innenwandtafeln sollte mindestens eine Bewehrung von 0,7 cm²/m in den Zwischenraum zwischen den Deckentafeln eingreifen. Diese Bewehrung darf an zwei Punkten vereinigt werden, bei Wandtafeln mit einer Länge bis 2,50 m genügt ein Anschlusspunkt in Wandmitte. Die Bewehrung darf durch andere gleichwertige Maßnahmen ersetzt werden.

Eurocode 2: DIN EN 1992-1-1 mit Nationalem Anhang 10 Bauteile und Tragwerke aus Fertigteilen	Hinweise

9.10.2.5 Vertikale Zuganker für Großtafelbauten

(1) In Großtafelbauten ab 5 Geschossen sind in der Regel vertikale Zuganker in den Stützen/Wänden anzuordnen, um den Einsturz einer Decke im Fall eines außergewöhnlichen Ausfalls der darunter liegenden Stütze/Wand zu verhindern. Die Zuganker müssen in der Regel einen Teil eines Überbrückungssystems um den zerstörten Bereich bilden.

(2) Die Zuganker müssen in der Regel über alle Geschosse durchlaufen und in der außergewöhnlichen Bemessungssituation mindestens die Einwirkungen aufnehmen können, die auf der Decke unmittelbar über der ausgefallenen Stütze/Wand wirken. Andere Lösungen wie beispielsweise auf Grundlage der Scheibenwirkung verbliebener Wandelemente und/oder der Membranwirkung in Decken dürfen berücksichtigt werden, falls das Gleichgewicht und ausreichende Verformungsfähigkeit nachgewiesen werden können.

(3) Wenn eine Stütze oder Wand an ihrem unteren Ende nicht durch ein Fundament, sondern durch ein anderes Bauteil gestützt wird (z. B. durch Balken oder Platten), ist in der Regel ein außergewöhnlicher Ausfall dieses Bauteils bei der Tragwerksplanung zu untersuchen und ein geeigneter alternativer Kraftfluss vorzusehen.

9.10.3 Durchlaufwirkung und Verankerung von Zugankern

(1)P Zuganker in zwei horizontalen Richtungen müssen wirksam durchlaufend sein und am Rand des Tragwerks verankert werden.

(2) Zuganker dürfen vollständig innerhalb des Aufbetons oder an Verbindungen von Fertigteilen angeordnet werden. Wenn die Zuganker nicht in einer Ebene durchlaufen, ist in der Regel die Auswirkung der Biegung infolge von Lastausmitten zu berücksichtigen.

(3) Übergreifungen von Zugankern dürfen in der Regel nicht in zu schmalen Fugen zwischen Fertigteilen angeordnet werden. In diesen Fällen sollten dann sichere mechanische Verankerungen verwendet werden.

10 ZUSÄTZLICHE REGELN FÜR BAUTEILE UND TRAGWERKE AUS FERTIGTEILEN

10.1 Allgemeines

(1)P Die in diesem Abschnitt aufgeführten Regeln gelten für Hochbauten, die teilweise oder vollständig aus Fertigteilen bestehen, und ergänzen die Regeln in den anderen Abschnitten. Zusätzliche Regeln im Zusammenhang mit der baulichen Durchbildung, der Herstellung und Montage sind in speziellen Produktnormen enthalten.

ANMERKUNG Die Überschriften werden mit einer vorangestellten 10 nummeriert, der die Nummer des entsprechenden Hauptabschnitts folgt. Die Unterkapitel werden ohne Verbindung zu den Unterüberschriften in den entsprechenden Hauptabschnitten durchnummeriert.

(NA.2) Diese Norm enthält keine Angaben über den Nachweis der Tragfähigkeit von Transportankern. Für Bemessung, Herstellung und Einbau sind spezielle Richtlinien zu beachten.

Beachte bei Transportankern:
– BGR 106 „Transportanker und -systeme von Betonfertigteilen" [4]
– VDI-Richtlinie VDI/BV-BS 6205: „Transportanker und Transportankersysteme für Betonfertigteile" [110]

10.1.1 Besondere Begriffe dieses Kapitels

Fertigteil: Ein Bauteil, das nicht in seiner endgültigen Lage, sondern im Werk oder an anderer Stelle mit einem Schutz vor ungünstigen Wettereinflüssen hergestellt wird.

Fertigteilprodukt: Ein Fertigteil, das nach einer harmonisierten Produktnorm oder einer Zulassung oder nach DIN 1045-4 hergestellt wird.

Verbundbauteil: Ein Bauteil, das aus einem Fertigteil und Ortbeton mit oder ohne Verbindungsmittel besteht.

Hohl- und Füllkörperdecke: Diese besteht aus vorgefertigten Rippen (oder Trägern), deren Zwischenräume durch Zwischenbauteile, keramische Hohlkörper oder andere verbleibende Bauteile geschlossen werden. Die Decke kann mit oder ohne Aufbeton ausgeführt werden.

Scheibe: Ebenes Bauteil, das in seiner Ebene wirkenden Kräften ausgesetzt ist. Eine Scheibe darf aus mehreren vorgefertigten, miteinander verbundenen Elementen bestehen.

Eurocode 2: DIN EN 1992-1-1 mit Nationalem Anhang 10 Bauteile und Tragwerke aus Fertigteilen	Hinweise

Zugglied: Ein Zuganker bei Fertigteiltragwerken, der am wirkungsvollsten durchlaufend in Wänden, Decken oder Stützen angeordnet wird.

Vorgefertigtes Einzelbauteil: Bauteil, bei dem im Versagensfall keine alternative Möglichkeit zur Lastübertragung mehr besteht.

Vorübergehende Bemessungssituation: In der Fertigteilbauweise umfasst diese Folgendes:

- Ausschalen,
- Transport zum Lagerplatz,
- Lagerung (Bedingungen der Unterstützung und der Einwirkung),
- Transport zur Baustelle,
- Aufstellung (Heben),
- Einbau (Zusammenbau).

10.2 Grundlagen für die Tragwerksplanung, grundlegende Anforderungen

(1)P Bei der Bemessung und baulichen Durchbildung von Fertigteilen und Tragwerken aus Fertigteilen muss insbesondere Folgendes berücksichtigt werden:

- vorübergehende Bemessungssituationen (siehe 10.1.1),
- vorübergehende und ständige Lager,
- Verbindungen und Fugen zwischen den Bauteilen.

(2) Falls erforderlich, sind in der Regel dynamische Einwirkungen in vorübergehenden Bemessungssituationen zu berücksichtigen. Wenn keine genaueren Berechnungen vorliegen, dürfen die statischen Einwirkungen mit einem entsprechenden Faktor multipliziert werden (siehe hierzu auch die Produktnormen für bestimmte Arten von Fertigteilprodukten).

(3) Erforderliche mechanische Verbindungen sind in der Regel so auszubilden, dass ein einfacher Einbau und einfaches Überprüfen und Auswechseln möglich sind.

(NA.4) Bei Fertigteilen dürfen für Bauzustände im Grenzzustand der Tragfähigkeit für Biegung und Längskraft die Teilsicherheitsbeiwerte für die ständigen und die veränderlichen Einwirkungen mit $\gamma_G = \gamma_Q = 1{,}15$ angesetzt werden. Einwirkungen aus Krantransport und Schalungshaftung sind dabei zu berücksichtigen.

(NA.5) Bei Verwendung von Fertigteilen sind auf den Ausführungszeichnungen anzugeben:

- die Art der Fertigteile,
- Typ- oder Positionsnummer und Eigenlast der Fertigteile,
- die Mindestdruckfestigkeitsklasse des Betons beim Transport und bei der Montage,
- Art, Lage und zulässige Einwirkungsrichtung der für den Transport und die Montage erforderlichen Anschlagmittel (z. B. Transportanker), Abstützpunkte und Lagerungen,
- gegebenenfalls zusätzliche konstruktive Maßnahmen zur Sicherung gegen Stoßbeanspruchung,
- die auf der Baustelle zusätzlich zu verlegende Bewehrung in gesonderter Darstellung.

(NA.6) Bei Bauwerken mit Fertigteilen sind für die Baustelle Verlegezeichnungen der Fertigteile mit den Positionsnummern der einzelnen Teile und eine Positionsliste anzufertigen. In den Verlegezeichnungen sind auch die für den Zusammenbau erforderlichen Auflagertiefen, die Art und die Abmessungen der Lager und die erforderlichen Abstützungen der Fertigteile anzugeben.

(NA.7) Bei Bauwerken mit Fertigteilen sind in der Baubeschreibung Angaben über den Montagevorgang einschließlich zeitweiliger Stützungen und Aufhängungen sowie über das Ausrichten und über die während der Montage auftretenden, für die Tragfähigkeit und Gebrauchstauglichkeit wichtigen Zwischenzustände erforderlich. Besondere Anforderungen an die Lagerung der Fertigteile sind in den Zeichnungen und der Montageanleitung anzugeben.

Eurocode 2: DIN EN 1992-1-1 mit Nationalem Anhang 10 Bauteile und Tragwerke aus Fertigteilen	Hinweise

10.3 Baustoffe

10.3.1 Beton

10.3.1.1 Festigkeiten

(1) Bei Fertigteilprodukten aus ständiger Produktion, die einer entsprechenden Qualitätskontrolle gemäß den Produktnormen unterzogen wurden und deren Betonzugfestigkeit nachgewiesen wurde, darf alternativ zu den Werten aus Tabelle 3.1 eine statistische Analyse der Versuchsergebnisse als Grundlage für die Ermittlung der Betonzugfestigkeit dienen, die für die Nachweise in den Grenzzuständen der Gebrauchstauglichkeit verwendet wird.

(3) Bei einer Wärmebehandlung von Betonfertigteilen darf die Druckfestigkeit des Betons $f_{cm}(t)$ im Alter $t < 28$ Tage mit Gleichung (3.1) abgeschätzt werden. In dieser wird das Betonalter t durch das temperaturangepasste Betonalter t_T nach Gleichung (B.10) in Anhang B ersetzt.

> Absatz (2) ist hier lt. NA gestrichen (d. h. Festigkeitsklassen zwischen den in Tab. 3.1 definierten sind unzulässig).

ANMERKUNG Der Beiwert $\beta_{cc}(t)$ ist in der Regel auf 1 zu begrenzen.

Die Auswirkungen der Wärmebehandlung dürfen mit Gleichung (10.1) berücksichtigt werden:

$$f_{cm}(t) = f_{cmp} + \frac{f_{cm} - f_{cmp}}{\log(28 - t_p + 1)} \log(t - t_p + 1) \tag{10.1}$$

Dabei ist f_{cmp} die mittlere Betonfestigkeit nach der Wärmebehandlung (d. h. beim Absetzen der Spannkraft). Diese wird durch Messungen an Proben im Alter t_p ($t_p < t$) ermittelt, die derselben Wärmebehandlung zusammen mit den Fertigteilen unterzogen wurden.

10.3.1.2 Kriechen und Schwinden

(1) Bei wärmebehandelten Betonfertigteilen ist es zulässig, die Werte der Kriechverformung gemäß der Reifefunktion in Gleichung (B.10) im Anhang B abzuschätzen.

(2) Zur Berechnung der Kriechverformungen ist in der Regel das Alter des Betons bei Belastung t_0 (in Tagen) aus Gleichung (B.5) mit dem äquivalenten Betonalter aus den Gleichungen (B.9) und (B.10) in Anhang B zu ersetzen.

(3) Bei wärmebehandelten Betonfertigteilen darf davon ausgegangen werden:

a) dass das Schwinden während der Wärmebehandlung unwesentlich und
b) dass das autogene Schwinden vernachlässigbar ist.

10.3.2 Spannstahl

10.3.2.1 Eigenschaften

(1)P Bei Bauteilen mit Spanngliedern im sofortigen Verbund müssen die durch die erhöhten Temperaturen bei wärmebehandeltem Beton hervorgerufenen Relaxationsverluste berücksichtigt werden.

ANMERKUNG Die Relaxation beschleunigt sich während der Wärmebehandlung, wenn gleichzeitig eine Dehnung infolge Temperatur wirkt. Die Relaxationsrate verringert sich am Ende der Behandlung.

(2) In den Funktionen der Relaxationszeit in 3.3.2 (7) ist in der Regel der Zeit nach dem Vorspannen t eine äquivalente Zeit t_{eq} hinzuzufügen. Dies berücksichtigt die Auswirkungen der Wärmebehandlung auf die Vorspannverluste, die aufgrund der Relaxation des Spannstahls entstehen. Diese äquivalente Zeit darf mit Gleichung (10.2) ermittelt werden:

$$t_{eq} = \frac{1{,}14^{T_{max}-20}}{T_{max} - 20} \sum_{i=1}^{n} \left(T_{(\Delta t_i)} - 20\right) \Delta t_i \tag{10.2}$$

Dabei ist

t_{eq} die äquivalente Zeit (in Stunden);

$T_{(\Delta t_i)}$ die Temperatur (in °C) während des Zeitintervalls Δt_i;

T_{max} die maximale Temperatur (in °C) während der Wärmebehandlung.

ANMERKUNG Der Abschnitt findet nur Anwendung, sofern in den allgemeinen bauaufsichtlichen Zulassungen nichts anderes festgelegt wird.

NA.10.4 Dauerhaftigkeit und Betondeckung

(1) Bei Fertigteilen mit einer werksmäßigen und ständig überwachten Herstellung darf das Vorhaltemaß Δc_{dev} nur dann um mehr als 5 mm reduziert werden, wenn durch eine Überprüfung der Mindestbetondeckung am fertigen Bauteil (Messung und Auswertung nach DBV-Merkblatt „Betondeckung und Bewehrung") sichergestellt wird, dass Fertigteile mit zu geringer Mindestbetondeckung ausgesondert werden. Eine Verringerung von Δc_{dev} unter 5 mm ist dabei unzulässig.

10.5 Ermittlung der Schnittgrößen

10.5.1 Allgemeines

(1)P Die Schnittgrößenermittlung muss Folgendes berücksichtigen:

- das Verhalten der Tragwerksteile für alle Bauzustände, unter Verwendung der entsprechenden Geometrie und Eigenschaften für die jeweiligen Bauzustände und ihr Zusammenwirken mit anderen Bauteilen (z. B. Verbundverhalten mit Baustellenbeton bzw. anderen Fertigteilen),
- das durch die Bauteilverbindungen beeinflusste Tragwerkverhalten unter besonderer Berücksichtigung möglicher Verformungen und der Tragfähigkeit von Verbindungen,
- die Unsicherheiten in Bezug auf Zwangsbeanspruchungen und die Kraftübertragung zwischen den Bauteilen infolge von Abweichungen in Geometrie und Lage von Bauteilen und Lagern.

(2) Durch Reibung hervorgerufene, günstig wirkende horizontale Auflagerkräfte infolge der Eigenlast eines gestützten Bauteils dürfen nur für nicht erdbebengefährdete Gebiete (mit $\gamma_{G,inf}$) verwendet werden und dort, wo:

- die Reibung nicht allein die Gesamtstabilität des Tragwerks sicherstellen muss,
- die Ausbildung der Lager die Möglichkeit einer Aufsummierung irreversibler Bauteilbewegungen ausschließt, wie sie z. B. durch ungleiches Verhalten unter wechselnden Einwirkungen hervorgerufen wird (z. B. zyklische thermische Auswirkungen auf die Auflagerränder gelenkig gelagerter Einfeldsysteme),
- keine Möglichkeit maßgebender Anprallbelastungen besteht.

(3) Die Auswirkungen horizontaler Bewegungen sind in der Regel bei der Tragwerksplanung unter Beachtung des Tragwerkwiderstands und der Funktionsfähigkeit der Fugen/Verbindungen zu berücksichtigen.

10.5.2 Spannkraftverluste

(1) Bei der Wärmebehandlung von Betonfertigteilen führt das Nachlassen der Spannung in den Spanngliedern und die Zwangsdehnung des Betons infolge Temperatur zu einem speziellen Spannkraftverlust ΔP_θ infolge Wärme. Dieser Verlust darf mit der Gleichung (10.3) ermittelt werden:

$$\Delta P_\theta = 0{,}5 \cdot A_p \cdot E_p \cdot \alpha_c (T_{max} - T_0) \qquad (10.3)$$

Dabei ist

- A_p die Querschnittsfläche der Spannglieder;
- E_p der Elastizitätsmodul der Spannglieder;
- α_c die lineare Wärmedehnzahl für Beton (siehe 3.1.3 (5));   *i. d. R. $\alpha_c = 10 \cdot 10^{-6}\,\text{K}^{-1}$*
- $T_{max} - T_0$ der Unterschied zwischen der Höchst- und der Anfangstemperatur im Beton in der Nähe der Spannglieder in °C.

ANMERKUNG Werden die Spannglieder vorgewärmt, darf der durch die Dehnung infolge der Wärmebehandlung hervorgerufene Spannkraftverlust ΔP_θ vernachlässigt werden.

10.9 Bemessungs- und Konstruktionsregeln

10.9.1 Einspannmomente in Platten

(1) Einspannmomente können durch eine obere Bewehrung aufgenommen werden, die im Aufbeton verlegt oder mit Betondübeln in Öffnungen von Hohlbauteilen verankert wird. Im ersten Fall ist in der Regel die horizontale Schubkraft in der Verbundfuge nach 6.2.5 nachzuweisen. Im zweiten Fall ist in der Regel die Kraftübertragung zwischen dem Betondübel und dem

| Eurocode 2: DIN EN 1992-1-1 mit Nationalem Anhang
10 Bauteile und Tragwerke aus Fertigteilen	Hinweise

Hohlbauteil nach 6.2.5 zu prüfen. Die Länge der oberen Bewehrung muss in der Regel den Anforderungen aus 9.2.1.3 entsprechen.

9.2.1.3 Zugkraftdeckung

(2) Ungewollte Einspannwirkungen an Auflagern von gelenkig gelagerten Platten sind in der Regel durch besondere Bewehrung und/oder spezielle bauliche Durchbildung zu berücksichtigen.

siehe 9.3.1.2 Bewehrung von Platten in Auflagernähe mit konstruktiver Einspannbewehrung ≥ 25 % der Feldbewehrung

10.9.2 Wand-Decken-Verbindungen

(1) Bei Wandelementen, die auf Deckenplatten stehen, ist in der Regel Bewehrung für mögliche Lastausmitten und für eine Konzentration der Vertikallast am Wandende vorzusehen. Für Deckenbauteile siehe 10.9.1 (2).

(2) Bei einer vertikalen Last je Längeneinheit $\leq 0{,}5 \cdot h \cdot f_{cd}$ ist keine besondere Bewehrung erforderlich (mit h – Wanddicke, siehe Bild 10.1). Die Last darf auf $0{,}6 \cdot h \cdot f_{cd}$ erhöht werden, wenn eine Bewehrung nach Bild 10.1 vorhanden ist, die einen Durchmesser $\phi \geq 6$ mm hat und deren Abstand s nicht größer als der kleinere Wert aus h und 200 mm ist. Bei größeren Lasten ist in der Regel die Bewehrung nach (1) zu bemessen. Die untere Wand ist in der Regel zusätzlich zu prüfen.

Dies gilt bei Anordnung einer Fertigteilwand auf einer Fuge zwischen zwei Deckenplatten als auch auf einer Deckenplatte (siehe Bild NA.10.1.1).

Die Querschnittsfläche einer zusätzlichen Querbewehrung am Wandfuß bzw. Wandkopf (siehe Bild 10.1DE) soll mindestens betragen:

$$a_{sw} = h / 8$$

mit a_{sw} in cm²/m und h in cm. Der Durchmesser der Längsbewehrung A_{sl} soll ebenfalls mindestens 6 mm betragen.

Abstand s der Querbewehrung in Wandlängsachse:
$s = \min\{h;\ 200\ \text{mm}\}$

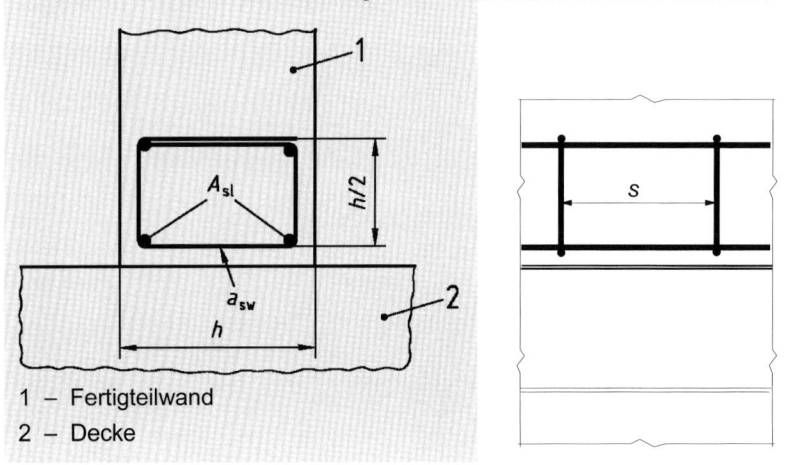

1 – Fertigteilwand
2 – Decke

Bild 10.1DE – Beispiel zur Bewehrung einer Wand über der Verbindung zweier Deckenplatten

1 – Fertigteilwände
2 – Fertigteildeckenplatten
3 – Fugenverguss

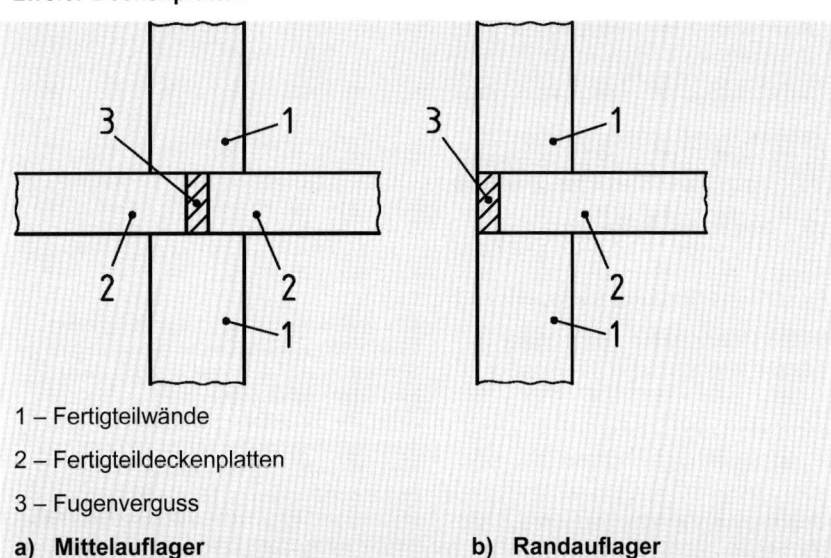

a) **Mittelauflager**   b) **Randauflager**

Bild NA.10.1.1 – Auflagerung von Deckenplatten auf Fertigteilwänden

10.9.3 Deckensysteme

(1)P Die bauliche Durchbildung von Deckensystemen muss mit den in der Schnittgrößenermittlung und Bemessung getroffenen Annahmen übereinstimmen. Die maßgebenden Produktnormen sind zu beachten.

(2)P Wird die Querverteilung der Lasten zwischen nebeneinander liegenden Deckenelementen berücksichtigt, sind geeignete Verbindungen zur Querkraftübertragung vorzusehen.

(3)P Die Auswirkungen möglicher Einspannungen von Fertigteilen müssen berücksichtigt werden. Dies gilt auch, wenn bei der Bemessung von gelenkigen Auflagern ausgegangen wurde.

(4) Die Querkraftübertragung in Fugen kann auf verschiedene Weisen erreicht werden. Drei Haupttypen von Fugenausbildungen sind in Bild 10.2 dargestellt.

(5) Die Querverteilung der Lasten muss in der Regel auf Grundlage von Berechnungen oder Versuchen und unter Berücksichtigung möglicher Lastunterschiede zwischen den Fertigteilen nachgewiesen werden. Die zu übertragende Querkraft zwischen Deckenbauteilen ist in der Regel bei Bemessung und Ausbildung von Verbindungen bzw. Fugen und anliegenden Teilen des Bauteils (z. B. Außenrippen oder Stege) zu berücksichtigen.

Wird keine genauere Berechnung durchgeführt, darf bei Decken mit gleichmäßig verteilten Lasten die entlang der Fugen wirkende Querkraft pro Längeneinheit wie folgt ermittelt werden:

$$v_{Ed} = q_{Ed} \cdot b_e / 3 \tag{10.4}$$

Dabei ist

q_{Ed} der Bemessungswert der Nutzlast (kN/m²);

b_e die Breite des Bauteils.

Die Lasteinzugbreite $b_e/3$ in Gleichung (10.4) sollte mindestens 0,50 m betragen.

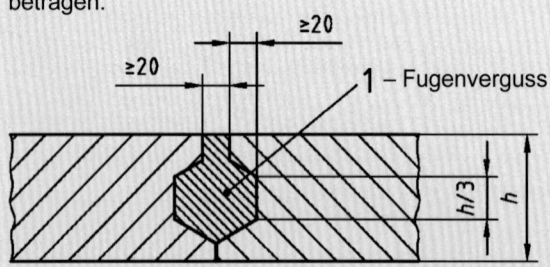

a) DE – Mindestmaße [mm] für ausbetonierte bzw. vergossene Fugen

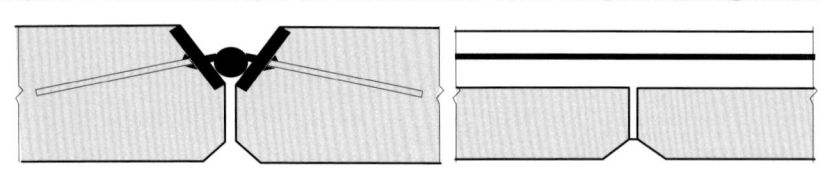

gezeigt wird *eine* Art der Schweißverbindung als Beispiel

vertikale Bewehrungsverbindungen in den Aufbeton können für die Querkraftübertragung im GZT erforderlich werden

b) Schweiß- oder Bolzenverbindungen

c) bewehrter Aufbeton

Bild 10.2 – Deckenverbindungen zur Querkraftübertragung (Beispiele)

(6) Wenn vorgefertigte Decken als Scheiben zur Übertragung horizontaler Kräfte zu den aussteifenden Bauteilen bemessen werden, ist in der Regel Folgendes zu berücksichtigen:

- die Scheibe sollte Teil eines wirklichkeitsnahen Tragwerkmodells sein, das die Verträglichkeit der Verformungen der aussteifenden Bauteile berücksichtigt,
- die Auswirkungen der resultierenden horizontalen Verschiebungen auf alle Teile des Tragwerks sind zu berücksichtigen,
- die Scheibe ist entsprechend den in dem angenommenen Tragwerksmodell auftretenden Zugkräften zu bewehren,

→ aus DIN 1045-1: Eine aus Fertigteilen zusammengesetzte Decke gilt als tragfähige Scheibe, wenn sie im endgültigen Zustand eine zusammenhängende, ebene Fläche bildet, die Einzelteile der Decke in Fugen druckfest miteinander verbunden sind und wenn in der Scheibenebene wirkende Beanspruchungen (z. B. aus Stützenschiefstellung und Wind) durch Bogen- oder Fachwerkwirkung zusammen mit den dafür bewehrten Randgliedern (Ringankern, siehe 9.10.2.2) und Zugankern aufgenommen werden können.

Eurocode 2: DIN EN 1992-1-1 mit Nationalem Anhang	Hinweise
10 Bauteile und Tragwerke aus Fertigteilen	

- wo Spannungskonzentrationen in der Scheibe auftreten (z. B. an Öffnungen, Verbindungen zu aussteifenden Bauteilen), ist eine geeignete bauliche Durchbildung vorzusehen.

(7) Eine Querbewehrung für die Schubkraftübertragung in Fugenlängsrichtung der Scheibe darf entlang der Auflager konzentriert werden, sodass sich mit dem statischen Modell kompatible Zugstreben bilden. Diese Querbewehrung darf im Aufbeton liegen.

(8) Fertigteile mit einer Aufbetonschicht von mindestens 40 mm dürfen als Verbundbauteile bemessen werden, falls die Verbundfuge nach 6.2.5 nachgewiesen wird. Das Fertigteil ist dabei in der Regel für alle Bauzustände vor und nach Wirksamwerden der Verbundwirkung nachzuweisen.

(9) Die Querbewehrung für Biegung und andere Auswirkungen darf vollständig im Aufbeton liegen. Die bauliche Durchbildung muss in der Regel mit dem statischen System übereinstimmen, z. B. bei Annahme von zweiachsig gespannten Platten.

(10) Stege oder Rippen in einzelnen Plattenelementen (d. h. Elemente, die nicht für die Querkraftübertragung verbunden sind) sind in der Regel mit einer Querkraftbewehrung zu versehen, wie sie für Balken vorgeschrieben ist.

(11) Hohl- und Füllkörperdecken ohne Aufbeton dürfen für die Schnittgrößenermittlung als Vollplatten angesetzt werden, falls die Ortbeton-Querrippen mit einer durch die Fertigteil-Längsrippen durchlaufenden Bewehrung ausgeführt und im Abstand s_T gemäß Tabelle 10.1 angeordnet werden.

(12) Für die Scheibenwirkung zwischen den vorgefertigten Plattenelementen mit ausbetonierten oder vergossenen Fugen ist in der Regel die durchschnittliche Schubtragfähigkeit v_{Rdi} bei sehr glatten Oberflächen auf 0,10 N/mm² und bei glatten und rauen Oberflächen auf 0,15 N/mm² zu begrenzen. Eine Definition der Oberflächen ist in 6.2.5 angegeben.

Die Scheiben sind dabei mit Zugankern nach 9.10.2 auszubilden.

Tabelle 10.1 – Größter Querrippenabstand s_T [1)]

	1	2	3
	Art der Belastung	$s_L \leq l_L/8$	$s_L > l_L/8$
1	Lasten aus dem Wohnungsbau, Schnee	nicht benötigt	$s_T \leq 12h$
2	andere	$s_T \leq 10h$	$s_T \leq 8h$

[1)] sodass Hohl- und Füllkörperdecken für die Schnittgrößenermittlung als Vollplatten angesehen werden können
s_L – Abstand der Längsrippen,
l_L – Länge (Stützweite) der Längsrippen,
h – Dicke der gerippten Decke

(NA.13) Für nachträglich mit Ortbeton ergänzte Deckenplatten gelten zusätzlich die Absätze (NA.14)P bis (NA.18).

(NA.14)P Bei zweiachsig gespannten Platten darf für die Beanspruchung rechtwinklig zur Fuge nur die Bewehrung berücksichtigt werden, die durchläuft oder mit ausreichender Übergreifung gestoßen ist. Voraussetzung für die Berücksichtigung der gestoßenen Bewehrung ist, dass der Durchmesser der Bewehrungsstäbe $\phi \leq 14$ mm, der Bewehrungsquerschnitt $a_s \leq 10$ cm²/m und der Bemessungswert der Querkraft $V_{Ed} \leq 0{,}3 V_{Rd,max}$ (V_{Ed} und $V_{Rd,max}$ nach 6.2.3) ist. Darüber hinaus ist der Stoß durch Bewehrung (z. B. Bügel) im Abstand höchstens der zweifachen Deckendicke zu sichern. Der Betonstahlquerschnitt dieser Bewehrung im fugenseitigen Stoßbereich ist dabei für die Zugkraft der gestoßenen Längsbewehrung zu bemessen. Werden Gitterträger verwendet, gelten darüber hinaus die Zulassungen.

(NA.15)P Die günstige Wirkung der Drillsteifigkeit darf bei der Schnittgrößenermittlung nur berücksichtigt werden, wenn sich innerhalb des Drillbereiches von $0{,}3l$ ab der Ecke keine Stoßfuge der Fertigteilplatten befindet oder wenn die Fuge durch eine Verbundbewehrung im Abstand von höchstens 100 mm vom Fugenrand gesichert wird. Die Aufnahme der Drillmomente ist nachzuweisen.

(NA.16) Die Aufnahme der Drillmomente braucht nicht nachgewiesen zu werden, wenn die Platte mit den Randbalken oder den benachbarten Deckenfeldern biegesteif verbunden ist.

Die zur Fachwerkwirkung erforderlichen Zuganker müssen durch Bewehrungen gebildet werden, die in den Fugen zwischen den Fertigteilen oder gegebenenfalls in der Ortbetonergänzung verlegt und in den Randgliedern verankert und gestoßen werden. Die Bewehrung der Randglieder und Zuganker ist rechnerisch nachzuweisen.

Fugen, die von Druckstreben des Ersatztragwerks (Bogen oder Fachwerk) gekreuzt werden, müssen nach 6.2.5 nachgewiesen werden. Wird aufgrund dieser Bemessung eine Verzahnung in Scheibenebene erforderlich, so kann diese z. B. wie folgt ausgeführt werden:

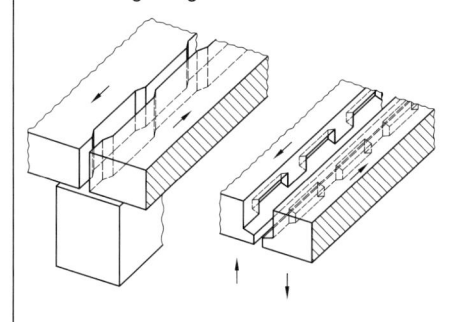

Fugenverzahnung
a) für Scheibenkräfte
b) für Scheiben- und Plattenquerkräfte (Querverteilung)

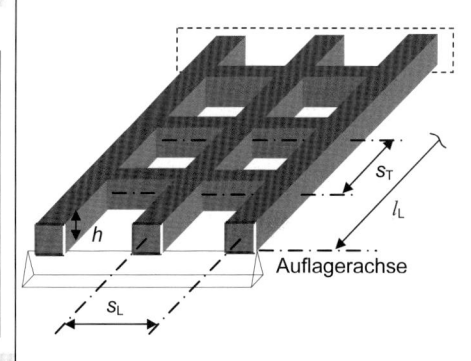

nachträglich mit Ortbeton ergänzte Deckenplatten → Elementdecken

Für Elementdecken mit Gitterträgern gelten die Zulassungen.

Konstruktionsregeln für die Verbundbewehrung siehe auch 6.2.5 (3)

Zu (NA.14): gestoßene Bewehrung bei zweiachsig gespannten Platten:

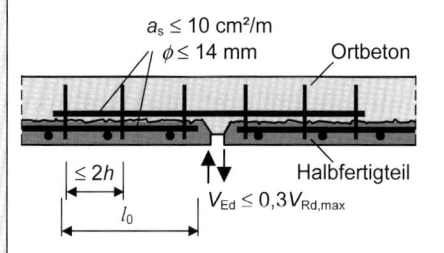

$a_s \leq 10$ cm²/m
$\phi \leq 14$ mm
Ortbeton
Halbfertigteil
$V_{Ed} \leq 0{,}3 V_{Rd,max}$
$\leq 2h$

Zu (NA.15): Zum Drillbereich siehe auch 9.3.1.3.

| Eurocode 2: DIN EN 1992-1-1 mit Nationalem Anhang
10 Bauteile und Tragwerke aus Fertigteilen	Hinweise

(NA.17)P Bei Endauflagern ohne Wandauflast ist eine Verbundsicherungsbewehrung von mindestens 6 cm²/m entlang der Auflagerlinie anzuordnen. Diese sollte auf einer Breite von 0,75 m angeordnet werden.

(NA.18) Wenn an Fertigteilplatten mit Ortbetonergänzung planmäßig und dauerhaft Lasten angehängt werden, sollte die Verbundsicherung im unmittelbaren Lasteinleitungsbereich nachgewiesen werden.

10.9.4 Verbindungen und Lager für Fertigteile

10.9.4.1 Baustoffe

(1)P Die Baustoffe für Verbindungsmittel müssen:
- während der Lebensdauer des Tragwerks tragfähig und dauerhaft sein,
- chemisch und physikalisch kompatibel sein,
- gegen schädliche chemische und physikalische Einflüsse geschützt sein,
- den gleichen Feuerwiderstand wie das Tragwerk aufweisen.

(2)P Die Festigkeit und Verformungseigenschaften von Lagern müssen den Bemessungsannahmen entsprechen.

(3)P Metallische Verbindungsmittel für Fassaden, die nicht in die Expositionsklassen X0 und XC1 (Tabelle 4.1) fallen und die nicht gegen Umwelteinflüsse geschützt sind, müssen aus korrosionsbeständigen Baustoffen sein.

Verbindungsmittel für Fassaden im Außenbereich müssen grundsätzlich aus korrosionsbeständigen Baustoffen bestehen. Verbindungsmittel aus beschichteten Baustoffen bedürfen einer Zulassung.

ANMERKUNG Zu beachten sind auch DIN 18516-1 bzw. die Zulassungen für Fassadenverbindungsmittel.

DIN 18516-1: Außenwandbekleidungen, hinterlüftet – Teil 1: Anforderungen, Prüfgrundsätze

(4)P Vor dem Schweißen, Glühen oder Kaltverformen muss die Eignung des Materials nachgewiesen werden.

10.9.4.2 Konstruktions- und Bemessungsregeln für Verbindungen

(1)P Verbindungen müssen in der Lage sein, dass sie den Bemessungsannahmen entsprechend die Einwirkungen und notwendigen Verformungen aufnehmen sowie ein robustes Tragverhalten des Tragwerks sicherstellen können.

(2)P Das vorzeitige Spalten oder Abplatzen des Betons an den Bauteilenden muss verhindert werden. Dabei ist Folgendes zu berücksichtigen:
- die relativen Verschiebungen zwischen den Bauteilen,
- die Toleranzen,
- die Montageanforderungen,
- die einfache Ausführbarkeit,
- die einfache Überprüfbarkeit.

(3) Der Nachweis der Tragfähigkeit und Steifigkeit der Verbindungen darf rechnerisch erfolgen und ggf. durch Versuche unterstützt werden (versuchsgestützte Bemessung, siehe DIN EN 1990 Anhang D). In der Regel sind dabei Imperfektionen zu berücksichtigen. In den auf der Grundlage von Versuchen ermittelten Bemessungswerten sind in der Regel ungünstige Abweichungen von den Versuchsbedingungen zu berücksichtigen.

ANMERKUNG Nachweise unter Verwendung von Versuchen erfordern eine Zulassung oder eine Zustimmung im Einzelfall.

10.9.4.3 Verbindungen zur Druckkraft-Übertragung

(1) Die Querkräfte bei Druckfugen dürfen vernachlässigt werden, wenn sie weniger als 10 % der Druckkraft betragen.

ANMERKUNG Druckfugen sind Fugen, die bei der ungünstigsten anzusetzenden Beanspruchungskombination vollständig überdrückt bleiben.

(2) Bei Lagerfugen mit Bettungen aus z. B. Mörtel, Beton oder Polymeren ist in der Regel eine relative Bewegung zwischen den verbundenen Oberflächen während der Erhärtung des Bettungsmaterials auszuschließen.

(3) Trockene Lagerfugen dürfen in der Regel nur dann verwendet werden, wenn die erforderliche Qualität der Bauausführung erreicht werden kann. Die durchschnittliche Lagerpressung zwischen den ebenen Oberflächen darf

in der Regel nicht größer als $0{,}3f_{cd}$ sein. Trockene Lagerfugen mit gekrümmten (konvexen) Oberflächen sind in der Regel unter Berücksichtigung der Geometrie zu bemessen.

(4) Querzugspannungen in benachbarten Bauteilen sind in der Regel zu berücksichtigen. Diese können aufgrund von konzentriertem Druck gemäß Bild 10.3 a) entstehen oder aufgrund der Dehnungen eines verformbaren Fugenmaterials gemäß Bild 10.3 b). Die Bewehrung im Fall a) darf nach 6.5 bemessen und angeordnet werden. Die Bewehrung im Fall b) ist in der Regel nahe der Oberfläche der benachbarten Bauteile anzuordnen.

ANMERKUNG Konzentrierter Druck entsteht bei einer harten Lagerung. Diese wird angenommen, wenn der Elastizitätsmodul des Fugenmaterials mehr als 70 % des Elastizitätsmoduls der angrenzenden Bauteile beträgt. Eine harte Lagerung bilden auch vollflächig mit Zementmörtel gefüllte Fugen. Hier treten Querzugspannungen infolge der Umlenkung der Traganteile aus Bewehrung und Betonanteil auf.

Bei verformbarem Fugenmaterial (Bild 10.3 b)) kann es zusätzlich erforderlich sein, die Fuge selbst zu bewehren, sofern ein Ausweichen des Fugenmaterials nicht anderweitig verhindert wird.

(5) Fehlen genauere Modelle, darf der Bewehrungsquerschnitt im Fall b) gemäß der Gleichung (10.5) berechnet werden:

$$A_s = 0{,}25 \cdot (t/h) \cdot F_{Ed} / f_{yd} \qquad (10.5)$$

Dabei ist

A_s die Bewehrungsfläche an jeder Oberfläche;

t die Dicke des Fugenmaterials;

h die Abmessung des Fugenmaterials in Richtung der Bewehrung;

F_{Ed} die Druckkraft in der Lagerfuge.

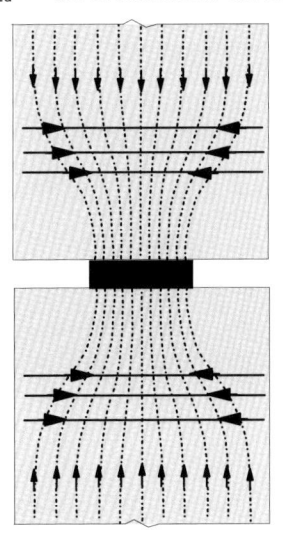

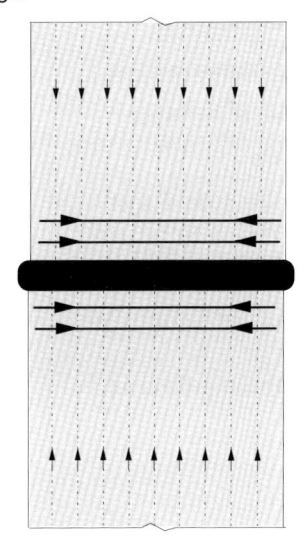

a) **Konzentriertes Lager**   b) **Fuge mit verformbarem Fugenmaterial**

Bild 10.3 – Querzugspannungen in Druckfugen

(6) Die maximale Tragfähigkeit von Druckfugen darf nach 6.7 ermittelt werden. Alternativ darf sie auf der Grundlage einer genaueren Berechnung ermittelt werden, die durch Versuche unterstützt wird (versuchsgestützte Bemessung, siehe DIN EN 1990).

ANMERKUNG Nachweise unter Verwendung von Versuchen erfordern eine Zulassung oder eine Zustimmung im Einzelfall.

Hinweise zur Berechnung der Tragfähigkeit von Druckfugen siehe DAfStb-Heft 600.

10.9.4.4 Verbindungen zur Querkraft-Übertragung

(1) Für die Schubkraftübertragung in Verbundfugen zwischen zwei Betonen, wie beispielsweise einem Fertigteil und Ortbeton, siehe 6.2.5.

---

[61] Tragfähigkeit zentrisch belasteter Fertigteil-Stützenstöße:

$N_{Rd} = \kappa \cdot (A_c \cdot f_{cd} + A_s \cdot f_{yd})$

Der Abminderungsfaktor κ berücksichtigt dabei den Bewehrungsgrad der Stütze und die Fugendicke:
- Stoß mit Stahlplatten ($t \geq 10$ mm): $\kappa = 1{,}0$
- Stoß mit Stirnflächenbewehrung: $\kappa = 0{,}9$

10.9.4.5 Verbindungen zur Übertragung von Biegemomenten oder Zugkräften

(1)P Die Bewehrung muss die Fuge kreuzen und in den benachbarten Bauteilen verankert werden.

(2) Die Kraftübertragung kann beispielsweise erreicht werden mit:
- Übergreifungsstößen,
- Vergießen der Bewehrung in Aussparungen,
- Übereinandergreifen von Bewehrungsschlaufen,
- Schweißen von Stäben oder Stahlplatten,
- Vorspannen,
- mechanische Vorrichtungen (Schraub- oder Vergussmuffen),
- geschmiedete Verbindungsmittel (Druckmuffen).

10.9.4.6 Ausgeklinkte Auflager

(1) Ausgeklinkte Auflager dürfen mit Stabwerkmodellen nach 6.5 bemessen werden. Zwei alternative Modelle und Bewehrungsführungen sind in Bild 10.4 dargestellt. Beide Modelle dürfen kombiniert werden.

Ausführlichere Hinweise zur Bemessung und Bewehrungskonstruktion ausgeklinkter Auflager siehe z. B. auch in [2], [29], [86], [96], [D399], [D601].

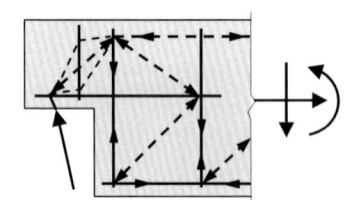

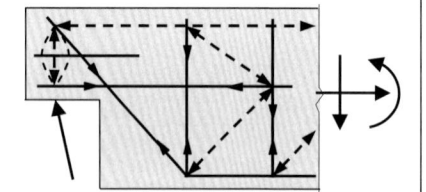

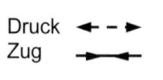

ANMERKUNG Das Bild zeigt nur die wesentlichen Merkmale des Stabwerkmodells.

Bild 10.4 – Beispiele für Stabwerkmodelle für ausgeklinkte Auflager

10.9.4.7 Verankerung der Längsbewehrung an Auflagern

(1) Die Bewehrung in stützenden und gestützten Bauteilen ist in der Regel baulich so durchzubilden, dass die Verankerung im betrachteten Knoten unter Berücksichtigung von Abweichungen sichergestellt ist. Ein Beispiel dafür ist in Bild 10.5 dargestellt.

Die wirksame Auflagertiefe a_1 ist vom Abstand d_i vom Rand des betrachteten Bauteils abhängig (siehe Bild 10.5). Dabei ist

$d_i = c_i + \Delta a_i$ mit horizontalen Schlaufen oder endverankerten Stäben,

$d_i = c_i + \Delta a_i + r_i$ mit vertikalen aufgebogenen Stäben.

Dabei ist

c_i die Betondeckung;

Δa_i die Abweichung (siehe 10.9.5.2 (1));

r_i der Biegeradius.

Für die Definitionen von Δa_2 bzw. Δa_3 siehe Bild 10.5 und 10.9.5.2 (1).

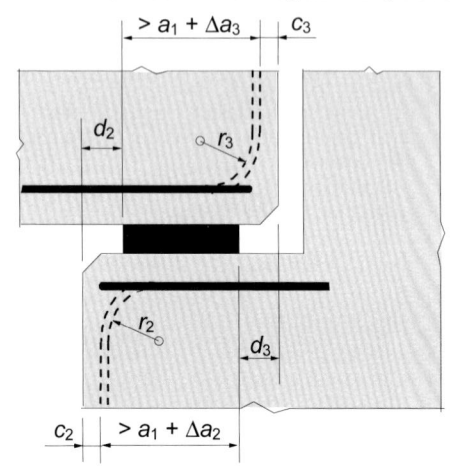

Bild 10.5 – Beispiel der Bewehrungsführung am Auflager

Eurocode 2: DIN EN 1992-1-1 mit Nationalem Anhang 10 Bauteile und Tragwerke aus Fertigteilen	Hinweise

10.9.5 Lager

10.9.5.1 Allgemeines

(1)P Die Funktionstüchtigkeit von Lagern muss durch Bewehrung in den benachbarten Bauteilen, durch Begrenzung der Lagerpressung und durch Maßnahmen zur Berücksichtigung von Verschiebungen oder Zwang sichergestellt werden.

Beachte ggf. auch:
DIN EN 1337: Lager im Bauwesen
– Teil 1: Allgemeine Regelungen
– Teil 2: Gleitteile
– Teil 3: Elastomerlager
– Teil 4: Rollenlager
– Teil 5: Topflager
– Teil 6: Kipplager
...

(2)P Bei Lagern, bei denen weder Gleiten noch Rotation ohne erhebliche Zwangsspannungen möglich sind, müssen die Einwirkungen aus Kriechen, Schwinden, Temperatur, mangelhaftes Ausrichten, Fehlen der Lotausrichtung usw. bei der Bemessung der benachbarten Bauteile berücksichtigt werden.

(3) Die Auswirkungen nach Absatz (2)P können eine Querbewehrung in den unterstützten und unterstützenden Bauteilen und/oder eine Verbundbewehrung erforderlich machen, um die Bauteile zu verbinden. Diese Auswirkungen können auch Einfluss auf die Bemessung und Führung der Hauptbewehrung dieser Bauteile haben.

(4)P Lager müssen so bemessen und konstruktiv gestaltet werden, dass sie unter Berücksichtigung von Herstellungs- und Montagetoleranzen eine korrekte Lage sicherstellen.

(5)P Mögliche örtliche Einflüsse von Spanngliedverankerungen und ihrer Aussparungen müssen berücksichtigt werden.

10.9.5.2 Lager für verbundene Bauteile (Nicht-Einzelbauteile)

(1) Der Nennwert a der Tiefe eines einfachen Auflagers, wie in Bild 10.6 dargestellt, darf berechnet werden mit:

$$a = a_1 + a_2 + a_3 + \sqrt{\Delta a_2^2 + \Delta a_3^2} \qquad (10.6)$$

Dabei ist

a_1 der Grundwert der Auflagertiefe abhängig von der Lagerpressung, $a_1 = F_{Ed} / (b_1 \cdot f_{Rd})$, mit den Mindestwerten nach Tabelle 10.2;

F_{Ed} der Bemessungswert der Auflagerreaktion;

b_1 die Netto-Auflagerbreite des Bauteils, siehe (3);

f_{Rd} der Bemessungswert der Auflagerfestigkeit, siehe (2);

a_2 der als nicht wirksam angesehene Abstand vom äußeren Rand des unterstützenden Bauteils, siehe Bild 10.6 und Tabelle 10.3;

a_3 der als nicht wirksam angesehene Abstand vom äußeren Rand des unterstützten Bauteils, siehe Bild 10.6 und Tabelle 10.4;

Δa_2 die zulässige Grenzabweichung für den Abstand zwischen unterstützenden Bauteilen, siehe Tabelle 10.5;

Δa_3 die zulässige Grenzabweichung für die Länge der unterstützten Bauteile, $\Delta a_3 = l_n / 2500$, mit l_n – Bauteillänge.

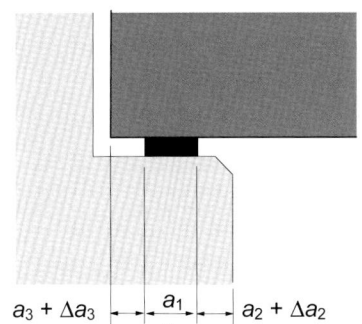

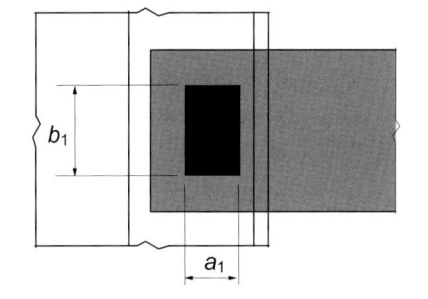

Bild 10.6 – Beispiel für Lager mit Definitionen

(2) Wenn nicht anders festgelegt, dürfen folgende Werte für die Auflagerfestigkeit verwendet werden:

$f_{Rd} = 0{,}4 f_{cd}$ für trockene Lagerfugen (Definition nach 10.9.4.3 (3)),

$f_{Rd} = f_{bed} \leq 0{,}85 f_{cd}$ für alle anderen Fälle.

Dabei ist

Eurocode 2: DIN EN 1992-1-1 mit Nationalem Anhang	Hinweise
10 Bauteile und Tragwerke aus Fertigteilen	

f_{cd} der niedrigere der Bemessungswerte der Festigkeit des unterstützten bzw. des unterstützenden Bauteils;

f_{bed} der Bemessungswert der Festigkeit des Fugenfüllmaterials.

Index bed – bedding material

(3) Werden Maßnahmen ergriffen, um eine gleichförmige Verteilung der Lagerpressung zu erzielen, wie beispielsweise mit Mörtel-, Elastomer- oder ähnlichen Lagern, darf die Bemessungsauflagerbreite b_1 als die tatsächliche Breite des Lagers angenommen werden. In allen anderen Fällen, und falls genauere Berechnungen fehlen, darf b_1 in der Regel nicht größer als 600 mm angesetzt werden.

Tabelle 10.2 – Mindestwerte von a_1 in mm

	1	2	3	4
	Bezogene Lagerpressung σ_{Ed}/f_{cd}	$\leq 0{,}15$	$0{,}15$ bis $0{,}4$	$> 0{,}4$
1	Linienlager (Decken, Dächer)	25	30	40
2	Rippendecken und Pfetten	55	70	80
3	Konzentrierte Auflager (Balken)	90	110	140

Tabelle 10.3 – Abstand a_2 (mm) von der Außenkante des unterstützenden Bauteils, der als nicht mitwirkend angesehen wird

	1	2	3	4	5
	Baustoff und Art des Auflagers		**Bezogene Lagerpressung σ_{Ed}/f_{cd}**		
			$\leq 0{,}15$	$0{,}15$ bis $0{,}4$	$> 0{,}4$
1	Stahl	Linienlager	0	0	10
2		Einzellager	5	10	15
3	Bewehrter Beton $\geq$ C30/37	Linienlager	5	10	15
4		Einzellager	10	15	25
5	Unbewehrter Beton und bewehrter Beton $<$ C30/37	Linienlager	10	15	25
6		Einzellager	20	25	35
7	Mauerwerk	Linienlager	10	15	(–) [1]
8		Einzellager	20	25	(–) [1]

[1] In diesen Fällen sollte ein Betonauflagerstein verwendet werden.

Tabelle 10.4 – Abstand a_3 (mm) über die Außenkante des gestützten Bauteils hinaus, der als nicht mitwirkend angesehen wird

	1	2	3
	Bauliche Durchbildung der Bewehrung	**Auflager**	
		Linienlager	**Einzellager**
1	Durchlaufende Stäbe über Auflager (eingespannt oder nicht)	0	0
2	Gerade Stäbe, horizontale Schlaufen, direkt am Bauteilende	5	15, aber mindestens Betondeckung am Ende
3	Spannglieder oder gerade Stäbe, die am Bauteilende ungeschützt sind	5	15
4	Vertikale Schlaufenbewehrung	15	Betondeckung am Ende plus innerer Biegeradius

Tabelle 10.5 – Grenzabmaß Δa_2 für lichten Abstand zwischen den Auflageranschnitten

	1	2
	Baustoff des Auflagers	Δa_2
1	Stahl oder Betonfertigteil	$10 \leq l/1200 \leq 30$ mm
2	Mauerwerk oder Ortbeton	$15 \leq l/1200 + 5 \leq 40$ mm
	l = Spannweite	

10.9.5.3 Lager für Einzelbauteile

(1)P Der Nennwert der Auflagertiefe für Einzelbauteile muss 20 mm größer sein als für verbundene Bauteile (Nicht-Einzelbauteile).

(2)P Wenn ein Bauteil sich relativ zum Auflager frei bewegen kann, muss die Netto-Auflagertiefe so vergrößert werden, dass die zu erwartende Bewegung

Eurocode 2: DIN EN 1992-1-1 mit Nationalem Anhang	Hinweise
10 Bauteile und Tragwerke aus Fertigteilen	

aufgenommen werden kann.

(3)P Wenn ein Bauteil außerhalb der Auflagerebene verankert wird, muss der Grundwert der Auflagertiefe a_1 vergrößert werden, um die Auswirkungen einer Lagerverdrehung gegenüber der Verankerung aufnehmen zu können.

10.9.6 Köcherfundamente

10.9.6.1 Allgemeines

(1)P Betonköcher müssen vertikale Lasten, Biegemomente und Horizontalkräfte aus Stützen in den Baugrund übertragen können. Der Köcher muss groß genug sein, um ein einwandfreies Verfüllen mit Beton unter und seitlich der Stütze zu ermöglichen.

10.9.6.2 Köcherfundamente mit profilierter Oberfläche

(1) Köcher mit speziell ausgebildeten Profilierungen oder Verzahnungen dürfen als mit der Stütze monolithisch verbunden angenommen werden.

(2) Wo vertikaler Zug infolge der Momentübertragung auftritt, ist eine sorgfältige Ausbildung der Übergreifung der Bewehrung von Stütze und Fundament unter Berücksichtigung des großen Stababstandes erforderlich. Die Übergreifungslänge nach 8.7 ist dabei in der Regel mindestens um den horizontalen Abstand zwischen dem Stab in der Stütze und dem senkrechten übergreifenden Stab im Fundament zu erhöhen (siehe Bild 10.7 a)). Für den Übergreifungsstoß ist in der Regel eine entsprechende Horizontalbewehrung vorzusehen.

Zu (2): Die Vergrößerung der Übergreifungslänge mit dem Achsabstand s liegt auf der sicheren Seite. Alternativ ist die Verlängerung von l_0 nach 8.7.2 (3) ausreichend: Bei einem lichten Abstand a zwischen sich übergreifenden Stäben $\geq 4\phi$ (bzw. ≥ 50 mm) ist die Übergreifungslänge um die Differenz zwischen dem lichten Abstand und 4ϕ (bzw. ≥ 50 mm) zu vergrößern.

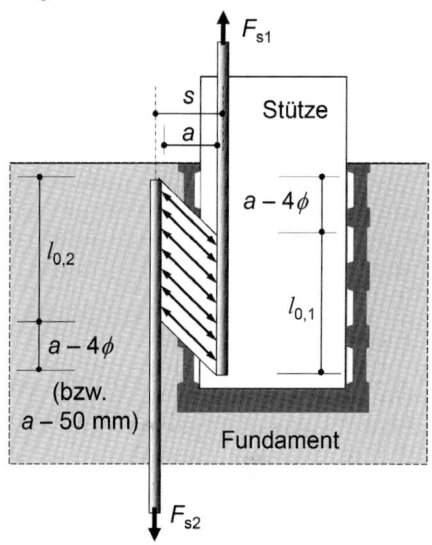

(3) Die Bemessung für Durchstanzen darf in der Regel wie für monolithische Verbindungen von Stütze und Fundament nach 6.4 erfolgen (siehe Bild 10.7 a)), wenn die Querkraftübertragung zwischen Stütze und Fundament sichergestellt ist. Andernfalls muss in der Regel die Bemessung für Durchstanzen wie für Köcher mit glatter Oberfläche erfolgen.

10.9.6.3 Köcherfundamente mit glatter Oberfläche

(1) Es darf angenommen werden, dass die Kräfte und das Moment von der Stütze in das Fundament durch Druckkräfte F_1, F_2 und F_3 über den Füllbeton und entsprechende Reibungskräfte übertragen werden (siehe Bild 10.7 b)). Das Modell setzt voraus, dass $l \geq 1{,}2h$ ist.

Die Einbindetiefe l sollte $1{,}5h$ nicht unterschreiten.

(2) Der Reibungsbeiwert darf in der Regel nicht größer als $\mu = 0{,}3$ gewählt werden.

(3) Besonders zu beachten ist:

- die konstruktive Durchbildung der Bewehrung für F_1 an der Oberseite der Köcherwand,
- die Übertragung von F_1 entlang der Seitenwände in das Fundament,
- die Verankerung der Hauptbewehrung in Stütze und Köcherwänden,
- die Querkrafttragfähigkeit der Stütze innerhalb des Köchers,
- der Durchstanzwiderstand der Fundamentplatte unter der Stützenlast, wobei der Füllbeton unter dem Fertigteil berücksichtigt werden darf.

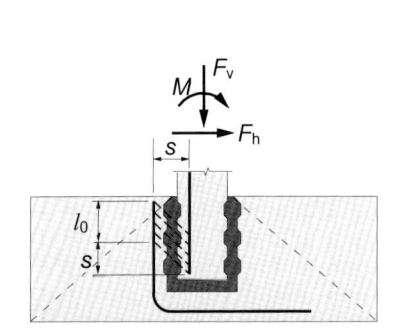

a) mit profilierter Oberfläche   b) mit glatter Oberfläche

Bild 10.7 – Köcherfundamente

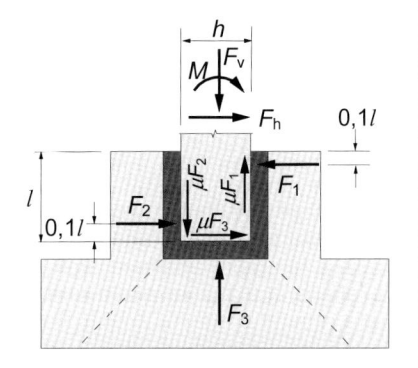

10.9.7 Schadensbegrenzung bei außergewöhnlichen Ereignissen

(1) Bei Scheiben aus vorgefertigten Elementen, z. B. Wand- und Deckenscheiben, kann das erforderliche Zusammenwirken durch außen und/oder innen liegende Zuganker erreicht werden. Diese Zuganker können auch ein fortschreitendes Versagen gemäß 9.10 verhindern.

NA.10.9.8 Zusätzliche Konstruktionsregeln für Fertigteile

(1) Zur Erzielung einer ausreichenden Seitensteifigkeit sollte bei Fertigteilen, deren Verhältnis $l_{eff} / b > 20$ ist, ein Teil der Längsbewehrung konzentriert an den seitlichen Rändern der Zug- und Druckzone angeordnet werden.

(2) Für Vollplatten aus Fertigteilen mit einer Breite $b \leq 1{,}20$ m darf die Querbewehrung nach 9.3.1.1 (2) entfallen.

Hinweis: 9.3.1.1 (2) Mindestquerbewehrung 20 % der Hauptlängsbewehrung

(3) Bei feingliedrigen Fertigteilträgern (z. B. Trägern mit I-, T- oder Hohlquerschnitten mit Stegbreiten $b_w \leq 80$ mm) dürfen einschnittige Querkraftzulagen allein als Querkraftbewehrung verwendet werden, wenn die Druckzone und die Biegezugbewehrung gesondert durch Bügel umschlossen sind.

(4) Die Mindestquerschnittsabmessung nach 9.5.1 (1) darf für waagerecht betonierte Fertigteilstützen auf 120 mm reduziert werden.

NA.10.9.9 Sandwichtafeln

(1)P Bei der Bemessung von Sandwichtafeln müssen die Einflüsse von Temperatur, Feuchtigkeit, Austrocknen und Schwinden in ihrem zeitlichen Verlauf berücksichtigt werden.

(2)P In Sandwichtafeln sind ausschließlich zugelassene, korrosionsbeständige Werkstoffe für die Verbindungen der einzelnen Schichten zu verwenden.

(3) Die Mindestbewehrung der tragenden Schicht der Tafeln sollte an beiden Seiten in der horizontalen und vertikalen Richtung nicht weniger als 1,3 cm²/m betragen. Im Allgemeinen ist eine Randbewehrung (siehe Bild 9.8) nicht erforderlich.

Hinweis: Zu (6): Expositionsklassen bei einer Sandwichtafel:
- Innenseite (z. B. XC1)
- Außenseite (z. B. XC4, XF1, WF)
- Tragschicht, Wärmedämmung ggf. Hinterlüftung, Vorsatzschicht
- Traganker (schematisch)
- XC3

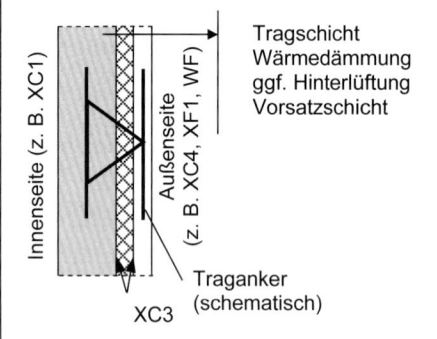

(4) In der Vorsatzschicht einer Sandwichtafel darf die Bewehrung einlagig angeordnet werden.

(5) Die Mindestdicke für Trag- und Vorsatzschicht beträgt 70 mm.

(6) Bei Sandwichtafeln mit Fugenabdichtung sollte die Innenseite der Vorsatzschicht und in der Regel auch die gegenüberliegende Seite der Tragschicht im Bereich einer anliegenden, geschlossenporigen Kerndämmung der Expositionsklasse XC3 zugeordnet werden.

11 ZUSÄTZLICHE REGELN FÜR BAUTEILE UND TRAGWERKE AUS LEICHTBETON

11.1 Allgemeines

(1)P Dieses Kapitel enthält zusätzliche Anforderungen für Leichtbeton. Es wird auf die anderen Abschnitte dieses Dokumentes (1 bis 10 und 12) sowie die Anhänge verwiesen.

ANMERKUNG Die Überschriften werden mit einer vorangestellten 11 nummeriert, der die Nummer des entsprechenden Hauptabschnitts folgt. Die Unterkapitel werden ohne Verbindung zu den Unterüberschriften in den entsprechenden Hauptabschnitten durchnummeriert. Falls Alternativen für Gleichungen, Bilder oder Tabellen in anderen Abschnitten aufgeführt werden, wird der ursprünglichen Referenzzahl ebenfalls eine 11 vorangestellt.

11.1.1 Geltungsbereich

(1)P Alle Abschnitte der Kapitel 1 bis 10 und 12 sind generell gültig, wenn sie nicht durch spezielle Abschnitte in diesem Kapitel ersetzt werden. Allgemein gilt, dass alle Werte für die Festigkeit aus Tabelle 3.1 in Gleichungen mit den entsprechenden Werten für Leichtbeton nach Tabelle 11.3.1 zu ersetzen sind.

(2)P Kapitel 11 gilt für alle Betonsorten mit dichtem Gefüge, die mit leichten natürlichen oder künstlichen mineralischen Gesteinskörnungen hergestellt sind. Wenn zuverlässige Erfahrungswerte vorliegen, dürfen auch andere abgesicherte Regeln als die hier gegebenen angewendet werden.

Für die Anwendung zuverlässiger Erfahrungswerte ist in der Regel eine allgemeine bauaufsichtliche Zulassung erforderlich.

Eurocode 2: DIN EN 1992-1-1 mit Nationalem Anhang 11 Bauteile und Tragwerke aus Leichtbeton	Hinweise

(3) Dieses Kapitel gilt nicht für autoklavierten oder normal nachbehandelten Porenbeton und für Leichtbeton mit einem offenen Gefüge.

(4)P Als Leichtbeton gilt Beton, der ein geschlossenes Gefüge und eine Dichte von mindestens 800 kg/m³ und nicht mehr als 2000 kg/m³ hat und der leichte künstliche oder natürliche Gesteinskörnungen mit einer Kornrohdichte weniger als 2000 kg/m³ enthält.

Definition Leichtbeton in Übereinstimmung mit DIN EN 206-1 / DIN 1045-2

11.1.2 Besondere Formelzeichen

(1)P Folgende Formelzeichen werden speziell für Leichtbeton verwendet:

LC   das den Festigkeitsklassen des Leichtbetons vorangestellte Kurzzeichen LC;

η_E der Korrekturfaktor zur Berechnung des Elastizitätsmoduls;

η_1 der Beiwert zur Bestimmung der Zugfestigkeit;

η_2 der Beiwert zur Bestimmung der Kriechzahl;

η_3 der Beiwert zur Bestimmung der Trocknungsschwinddehnung;

ρ die ofentrockene Dichte des Leichtbetons in kg/m³.

Für die mechanischen Eigenschaften wird ein zusätzlicher Fußzeiger l (Leichtbeton) verwendet.

11.2 Grundlagen für die Tragwerksplanung

(1)P Kapitel 2 gilt ohne Einschränkungen auch für Leichtbeton.

11.3 Baustoffe

11.3.1 Beton

(1)P In DIN EN 206-1 werden Leichtbetone entsprechend ihrer Dichte klassifiziert, siehe Tabelle 11.1. Zusätzlich enthält diese Tabelle die entsprechenden Dichten für unbewehrten Beton und Stahlbeton mit normalen Bewehrungsgraden. Diese dürfen für Bemessungszwecke verwendet werden, wenn die Eigenlast oder die ständige Bemessungslast ermittelt wird. Alternativ darf die Dichte auch als Zielwert angegeben werden.

Gl. (11.1) mit der NA-Definition für Leichtbeton bis ρ = 2000 kg/m³:
$f_{lct} = f_{ct} \cdot \eta_1$

(2) Der Bewehrungsanteil an der Dichte darf alternativ auch berechnet werden.

(3) Die Zugfestigkeit von Leichtbeton darf durch Multiplikation von f_{ct} (f_{ctm}, $f_{ctk;0,05}$ und $f_{ctk;0,95}$) aus Tabelle 3.1 mit einem Beiwert η_1 ermittelt werden:

$$\eta_1 = 0{,}40 + 0{,}60 \cdot \rho / 2200 \qquad (11.1)$$

Dabei ist

ρ der obere Grenzwert der Trockenrohdichte der maßgebenden Klasse nach Tabelle 11.1.

Tabelle 11.1 – Rohdichteklassen und die zugehörigen Bemessungsdichten von Leichtbeton gemäß DIN EN 206-1

	Rohdichteklasse		D1,0	D1,2	D1,4	D1,6	D1,8	D2,0
1	Trockenrohdichte ρ (kg/m³)		801 – 1 000	1 001 – 1 200	1 201 – 1 400	1 401 – 1 600	1 601 – 1 800	1 801 – 2 000
2	Wichte (kg/m³)	unbewehrter Leichtbeton	1 050	1 250	1 450	1 650	1 850	2 050
3		bewehrter Leichtbeton	1 150	1 350	1 550	1 750	1 950	2 150

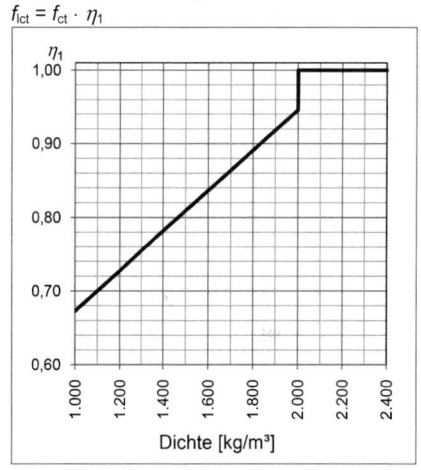

siehe auch DIN EN 206-1, Tab. 9: Rohdichteklassen D für Leichtbeton

Zeile 1: Rechenwert ρ der Trockenrohdichte zur Bestimmung der Baustoffeigenschaften

Zeilen 2 und 3: charakteristischer Wert der Wichte zur Lastermittlung

11.3.2 Elastische Verformungseigenschaften

(1) Der jeweilige Mittelwert der Sekantenmodulen E_{lcm} für Leichtbeton darf abgeschätzt werden, indem die Werte aus Tabelle 3.1 für normal dichten Beton mit folgendem Beiwert multipliziert werden:

$$\eta_E = (\rho / 2200)^2 \qquad (11.2)$$

wobei ρ die ofentrockene Dichte nach DIN EN 206-1, Kapitel 4 (siehe Tabelle 11.1) angibt.

Der Beiwert η_E nach Gleichung (11.2) gilt auch für den Tangentenmodul E_{lc0m}.

Werden genaue Daten benötigt, wenn z. B. die Verformungen maßgebend sind, sollten Versuche zur Festlegung der Werte von E_{lcm} nach ISO 6784 durchgeführt werden.

ANMERKUNG Bei Verwendung von Werten nach ISO 6784 ist in der Regel eine allgemeine bauaufsichtliche Zulassung erforderlich.

(2) Die Wärmedehnzahl von Leichtbeton hängt im Wesentlichen von der Art der verwendeten Gesteinskörnung ab und variiert über einen weiten Bereich von $4 \cdot 10^{-6}$ bis $14 \cdot 10^{-6}$ / K.

Für Bemessungszwecke, bei denen die Wärmedehnung nicht maßgebend ist, darf die Wärmedehnzahl mit $8 \cdot 10^{-6}$ / K angenommen werden.

Der Unterschied der Wärmedehnzahlen zwischen Stahl und Leichtbeton braucht bei der Bemessung nicht berücksichtigt zu werden.

11.3.3 Kriechen und Schwinden

(1) Bei Leichtbeton darf für die Kriechzahl φ der Wert von Normalbeton angenommen und mit einem Faktor $(\rho/2200)^2$ multipliziert werden.

Zu (1): mit der NA-Definition für Leichtbeton bis ρ = 2000 kg/m³:

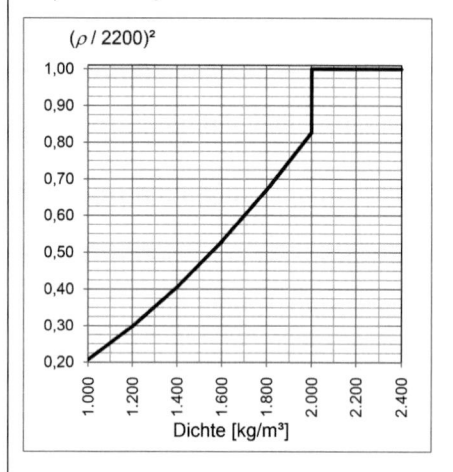

Die so ermittelten Kriechverformungen sind in der Regel mit dem Faktor η_2 zu multiplizieren. Dieser beträgt

η_2 = 1,3 für $f_{lck} \leq$ LC16/18,

η_2 = 1,0 für $f_{lck} \geq$ LC20/22.

(2) Der Endwert der Trocknungsschwinddehnung für Leichtbeton darf ermittelt werden, indem die Werte für Normalbeton aus Tabelle 3.2 mit dem Faktor η_3 multipliziert werden. Dieser beträgt

η_3 = 1,5 für $f_{lck} \leq$ LC16/18,

η_3 = 1,2 für $f_{lck} \geq$ LC20/22.

(3) Die Gleichungen (3.11), (3.12) und (3.13) für autogenes Schwinden liefern die Höchstwerte für Leichtbetonsorten, bei denen der trocknenden Matrix kein Wasser aus der Gesteinskörnung zugeführt wird. Wird eine vollständig oder teilweise wassergesättigte leichte Gesteinskörnung verwendet, sind die autogenen Schwindwerte erheblich geringer.

11.3.4 Spannungs-Dehnungs-Linie für nichtlineare Verfahren der Schnittgrößenermittlung und für Verformungsberechnungen

(1) Bei Leichtbeton sind in der Regel die in Bild 3.2 angegebenen Werte ε_{c1} und ε_{cu1} mit den Werten ε_{lc1} und ε_{lcu1} aus Tabelle 11.3.1 zu ersetzen.

Für die Herstellung von Beton der Festigkeitsklassen LC70/77 und LC80/88 bedarf es nach DIN 1045-2 weiterer auf den Verwendungszweck abgestimmter Nachweise.

Tabelle 11.3.1 – Festigkeits- und Formänderungskennwerte von Leichtbeton

	Festigkeitsklassen für Leichtbeton [1]													Analytische Beziehung
f_{lck} (N/mm²)	12 [2]	16	20	25	30	35	40	45	50	55	60	70	80	
$f_{lck,cube}$ (N/mm²)	13	18	22	28	33	38	44	50	55	60	66	77	88	
f_{lcm} (N/mm²)	17	22	28	33	38	43	48	53	58	63	68	78	88	für $f_{lck} \geq$ 20 N/mm² $f_{lcm} = f_{lck} + 8$ (N/mm²)
f_{lctm} (N/mm²)	$f_{lctm} = f_{ctm} \cdot \eta_1$													η_1 = 0,40 + 0,60 $\cdot \rho$/2200
$f_{lctk;0,05}$ (N/mm²)	$f_{lctk;0,05} = f_{ctk;0,05} \cdot \eta_1$													5 %-Quantil
$f_{lctk;0,95}$ (N/mm²)	$f_{lctk;0,95} = f_{ctk;0,95} \cdot \eta_1$													95 %-Quantil
E_{lcm} (N/mm²)	$E_{lcm} = E_{cm} \cdot \eta_E$													$\eta_E = (\rho/2200)^2$
ε_{lc1} (‰)	$k \cdot f_{lcm} / (E_{cm} \cdot \eta_E)$					mit k = 1,1 für Leichtbeton mit Natursand k = 1,0 für alle anderen Leichtbetone								siehe Bild 3.2
ε_{lcu1} (‰)	ε_{lc1}													siehe Bild 3.2
ε_{lc2} (‰)	2,0								2,2	2,3	2,4	2,5		siehe Bild 3.3
ε_{lcu2} (‰)	3,5η_1								3,1η_1	2,9η_1	2,7η_1	2,6η_1		siehe Bild 3.3 $|\varepsilon_{lcu2}| \geq |\varepsilon_{lc2}|$
n	2,0								1,75	1,6	1,45	1,4		
ε_{lc3} (‰)	1,75								1,8	1,9	2,0	2,2		siehe Bild 3.4
ε_{lcu3} (‰)	3,5η_1								3,1η_1	2,9η_1	2,7η_1	2,6η_1		siehe Bild 3.4 $|\varepsilon_{lcu3}| \geq |\varepsilon_{lc3}|$

[1] Für die Einstufung in die Festigkeitsklasse für die Bemessung ist nur die Zylinderdruckfestigkeit relevant.
[2] Ermüdungsnachweise mit der Festigkeitsklasse LC12/13 sind nicht zulässig.

Eurocode 2: DIN EN 1992-1-1 mit Nationalem Anhang 11 Bauteile und Tragwerke aus Leichtbeton	Hinweise

11.3.5 Bemessungswerte für Druck- und Zugfestigkeiten

(1)P Der Bemessungswert der Betondruckfestigkeit wird definiert als

$f_{lcd} = \alpha_{lcc} \cdot f_{lck} / \gamma_C$ (11.3.15)

Dabei ist

γ_C der Teilsicherheitsbeiwert für Beton (siehe 2.4.2.4);

α_{lcc} = 0,75 bei Verwendung des Parabel-Rechteck-Diagramms nach Bild 3.3 oder des Spannungsblocks nach Bild 3.5,

α_{lcc} = 0,8 bei Verwendung der bilinearen Spannungs-Dehnungs-Linie nach Bild 3.4.

(2)P Der Bemessungswert der Betonzugfestigkeit wird definiert als

$f_{lctd} = \alpha_{lct} \cdot f_{lctk} / \gamma_C$ (11.3.16)

Dabei ist

γ_C der Teilsicherheitsbeiwert für Beton (siehe 2.4.2.4);

α_{lct} = 0,85.

Bemessungssituationen	γ_C
ständig und vorübergehend	1,5
außergewöhnlich	1,3

α_{lcc} nach 3.1.6 (1)

α_{lct} nach 3.1.6 (2)

11.3.6 Spannungs-Dehnungs-Linie für die Querschnittsbemessung

(1) Bei Leichtbeton sind in der Regel die in Bild 3.3 angegebenen Werte ε_{c2} und ε_{cu2} mit den Werten ε_{lc2} und ε_{lcu2} aus Tabelle 11.3.1 zu ersetzen.

(2) Bei Leichtbeton sind in der Regel die in Bild 3.4 angegebenen Werte ε_{c3} und ε_{cu3} mit den Werten ε_{lc3} und ε_{lcu3} aus Tabelle 11.3.1 zu ersetzen.

11.3.7 Beton unter mehraxialer Druckbeanspruchung

(1) Falls keine genaueren Angaben vorhanden sind, darf die Spannungs-Dehnungs-Linie aus Bild 3.6 mit erhöhter charakteristischer Festigkeit und erhöhten Dehnungen gemäß folgenden Gleichungen verwendet werden:

$f_{lck,c} = f_{lck} \cdot (1,0 + k \cdot \sigma_2 / f_{lck})$ (11.3.24)

Dabei ist

k = 1,1 für Leichtbeton mit Sand als feine Gesteinskörnung,

k = 1,0 für Leichtbeton sowohl mit feiner als auch grober leichter Gesteinskörnung;

σ_2 ($=\sigma_3$) die effektive seitliche Druckspannung im Grenzzustand der Tragfähigkeit infolge einer Umschnürung (siehe 3.1.9).

$\varepsilon_{lc2,c} = \varepsilon_{lc2} (f_{lckc} / f_{lck})^2$ (11.3.26)

$\varepsilon_{lcu2,c} = \varepsilon_{lcu2} + 0,2\sigma_2 / f_{lck}$ (11.3.27)

wobei ε_{lc2} und ε_{lcu2} aus der Tabelle 11.3.1 entnommen werden.

11.4 Dauerhaftigkeit und Betondeckung

11.4.1 Umgebungseinflüsse

(1) Für Leichtbeton dürfen in Tabelle 4.1 dieselben Expositionsklassen wie für Normalbeton verwendet werden.

Zur Sicherstellung der Dauerhaftigkeit sind zusätzliche Anforderungen an die Zusammensetzung und die Eigenschaften des Betons nach DIN EN 206-1 und DIN 1045-2 zu berücksichtigen.

11.4.2 Betondeckung

(1)P Bei Leichtbeton müssen die Werte für die Mindestbetondeckung in Tabelle 4.2 um 5 mm erhöht werden.

Bei Bauteilen aus Leichtbeton muss die Mindestbetondeckung nach 4.4.1.2 (3) außer für die Expositionsklasse XC1 mindestens 5 mm größer sein als der Durchmesser des Größtkorns der leichten Gesteinskörnung. Die Mindestwerte für c_{min} zum Schutz gegen Korrosion sind einzuhalten.

zur Sicherstellung des Verbundes und einer ausreichenden Verdichtung des Betons

Eurocode 2: DIN EN 1992-1-1 mit Nationalem Anhang 11 Bauteile und Tragwerke aus Leichtbeton	Hinweise

11.5 Ermittlung der Schnittgrößen

11.5.1 Vereinfachter Nachweis der plastischen Rotation

ANMERKUNG Für Leichtbeton ist der in Bild 5.6DE angegebene Wert für $\theta_{pl,d}$ mit dem Faktor $\varepsilon_{lcu2} / \varepsilon_{cu2}$ zu multiplizieren.

(NA.1)P Verfahren der Schnittgrößenermittlung nach der Plastizitätstheorie dürfen bei Bauteilen aus Leichtbeton nicht angewendet werden.

NA.11.5.2 Linear-elastische Berechnung

(1) Für Durchlaufträger, bei denen das Stützweitenverhältnis benachbarter Felder mit annähernd gleichen Steifigkeiten $0,5 < l_{eff,1} / l_{eff,2} < 2,0$ beträgt, in Riegeln von Rahmen und in sonstigen Bauteilen, die vorwiegend auf Biegung beansprucht sind, einschließlich durchlaufender, in Querrichtung kontinuierlich gestützter Platten, sollte das Verhältnis x_d / d den Wert 0,35 für Leichtbeton nicht übersteigen, sofern keine geeigneten konstruktiven Maßnahmen zur Sicherstellung ausreichender Duktilität getroffen werden (enge Verbügelung der Druckzone).

(2) Für die linear-elastische Berechnung mit begrenzter Umlagerung von durchlaufenden Balken oder Platten aus Leichtbeton gilt Abschnitt 5.5 (4), Gleichung (5.10b) wie folgt:

Eine Umlagerung mit Betonstahl B500A ist unzulässig.

$$\delta \geq 0{,}72 + 0{,}8 \cdot x_u / d \geq 0{,}80 \text{ für B500B} \qquad (5.10b)$$

11.6 Nachweise in den Grenzzuständen der Tragfähigkeit (GZT)

11.6.1 Bauteile ohne rechnerisch erforderliche Querkraftbewehrung

(1) Der Bemessungswert für den Querkraftwiderstand eines Leichtbeton-Bauteiles ohne Querkraftbewehrung $V_{lRd,c}$ folgt aus der Gleichung:

$$V_{lRd,c} = [C_{lRd,c} \cdot \eta_1 \cdot k \cdot (100 \cdot \rho \cdot f_{lck})^{1/3} + 0{,}12 \cdot \sigma_{cp}] \cdot b_w \cdot d$$
$$\geq (\eta_1 \cdot v_{l,min} + 0{,}12 \cdot \sigma_{cp}) \cdot b_w \cdot d \qquad (11.6.2)$$

Dabei ist

$C_{l,Rd,c} = 0{,}15 / \gamma_c$;

$v_{l,min}$ gemäß Abschnitt 6.2.2 (1), jedoch mit f_{lck};

η_1 in Gleichung (11.1) definiert;

f_{lck} aus Tabelle 11.3.1 entnommen;

σ_{cp} die mittlere Druckspannung im Querschnitt infolge von Normalkräften und einer Vorspannung, jedoch begrenzt auf $\sigma_{cp} \leq 0{,}2 f_{cd}$.

Tabelle 11.6.1N für $v_{l,min}$ gilt nicht und ist daher hier nicht abgedruckt.

$v_{l,min} = (0{,}0525 / \gamma_c) k^{3/2} f_{lck}^{1/2}$ für $d \leq 600$ mm,
$v_{l,min} = (0{,}0375 / \gamma_c) k^{3/2} f_{lck}^{1/2}$ für $d > 800$ mm.
für 600 mm $< d \leq 800$ mm interpolieren.

$\eta_1 = 0{,}40 + 0{,}60 \cdot \rho / 2200$

σ_{cp} als Druckspannung positiv, als Zugspannung negativ einsetzen

(2) Die ohne den Abminderungsbeiwert β ermittelte Querkraft V_{Ed} (siehe 6.2.2 (6)) muss in der Regel folgende Bedingung erfüllen:

$$V_{Ed} \leq 0{,}5 \cdot b_w \cdot d \cdot v_l \cdot f_{lcd} \qquad (11.6.5)$$

Dabei ist $v_l = 0{,}675 \cdot \eta_1$.

11.6.2 Bauteile mit rechnerisch erforderlicher Querkraftbewehrung

(1) Der Reduktionsbeiwert für den Bruchwiderstand der Betonstreben ist v_l.

Es gilt für den Querkraftnachweis $v_l = 0{,}75 \cdot \eta_1$ in Gleichung (6.9).
Für Betonfestigkeitsklassen $\geq$ LC55/60 ist v_l mit dem Faktor
$v_2 = (1{,}1 - f_{lck} / 500)$ zu multiplizieren.

statt v_1, auch in Gl. (6.14) für $V_{Rd,max}$
Zu 6.2.3 (6): Steg mit verpressten Metallhüllrohren $\rightarrow V_{Rd,max}$ mit
$b_{w,nom} = b_w - 1{,}0 \Sigma \phi$ für $\geq$ LC55/60 (6.16)

(NA.2) Der Druckstrebenwinkel nach Gleichung (6.7aDE) muss auf $\cot\theta \leq 2{,}0$ begrenzt werden. $V_{Rd,cc}$ nach Gleichung (6.7bDE) ist mit η_1 zu multiplizieren.

(NA.3) Die Tragfähigkeit der Verbundfuge v_{lRdi} nach 6.2.5 (1) beträgt

$$v_{lRdi} = c \cdot f_{lctd} + \mu \cdot \sigma_n + \rho \cdot f_{yd} (1{,}2\mu \cdot \sin\alpha + \cos\alpha) \leq 0{,}5 \cdot v_l \cdot f_{lcd} \qquad (11.6.25)$$

Dabei ist der Abminderungsbeiwert v_l abhängig von der Fugenrauigkeit für die
- sehr glatte Fuge: $v_l = 0$
- glatte Fuge: $v_l = 0{,}20 \cdot \eta_1$
- raue Fuge: $v_l = 0{,}50 \cdot \eta_1$
- verzahnte Fuge: $v_l = 0{,}70 \cdot \eta_1$

Für Betonfestigkeitsklassen $\geq$ LC55/60 ist v_l mit dem Faktor
$v_2 = (1{,}1 - f_{lck} / 500)$ zu multiplizieren.

$f_{lctd} = \alpha_{lct} \cdot f_{lctk;0,05} / \gamma_c$
$= \alpha_{lct} \cdot \eta_1 \cdot f_{ctk;0,05} / \gamma_c$
$\rightarrow$ ständige und vorübergehende Bemessungssituation:
$f_{lctd} = 0{,}85 \cdot \eta_1 \cdot f_{ctk;0,05} / 1{,}5$

| Eurocode 2: DIN EN 1992-1-1 mit Nationalem Anhang | Hinweise |
| 11 Bauteile und Tragwerke aus Leichtbeton | |

11.6.3 Torsion

11.6.3.1 Nachweisverfahren

(1) In Gleichung (6.30) wird für Leichtbeton ν durch $\nu_1 = 0{,}525 \cdot \eta_1$ ersetzt.

in Gl. (6.30) für $T_{Rd,max}$

Für Betonfestigkeitsklassen $\geq$ LC55/60 ist ν_1 mit dem Faktor
$\nu_2 = (1{,}1 - f_{lck} / 500)$ zu multiplizieren.

11.6.4 Durchstanzen

11.6.4.1 Durchstanzwiderstand für Platten oder Fundamente ohne Durchstanzbewehrung

(1) Der Durchstanzwiderstand je Flächeneinheit einer Leichtbetonplatte beträgt:

$$v_{lRd,c} = C_{lRd,c} \cdot k \cdot \eta_1 \cdot (100 \cdot \rho_l \cdot f_{lck})^{1/3} + 0{,}08 \cdot \sigma_{cp}$$
$$\geq (\eta_1 \cdot v_{l,min} + 0{,}08 \cdot \sigma_{cp}) \qquad (11.6.47)$$

Dabei ist

η_1 in Gleichung (11.1) definiert;

$C_{lRd,c}$ siehe $C_{Rd,c}$ nach (NDP) 6.4.4 (1);

$v_{l,min}$ siehe 11.6.1 (1).

$\eta_1 = 0{,}40 + 0{,}60 \cdot \rho / 2200$

σ_{cp} als Druckspannung positiv, als Zugspannung negativ einsetzen

$v_{l,min} = (0{,}0525 / \gamma_C) \, k^{3/2} \, f_{lck}^{1/2}$ für $d \leq 600$ mm,
$v_{l,min} = (0{,}0375 / \gamma_C) \, k^{3/2} \, f_{lck}^{1/2}$ für $d > 800$ mm.
für 600 mm $< d \leq$ 800 mm interpolieren.

(2) Der Durchstanzwiderstand v_{lRd} für Stützenfundamente aus Leichtbeton beträgt:

$$v_{lRd,c} = C_{lRd,c} \cdot \eta_1 \cdot k \cdot (100 \cdot \rho_l \cdot f_{lck})^{1/3} \cdot 2d/a \geq \eta_1 \cdot v_{l,min} \cdot 2d/a \qquad (11.6.50)$$

Dabei ist

η_1 in Gleichung (11.1) definiert;

ρ_l $\geq 0{,}005$;

$C_{lRd,c}$ siehe $C_{Rd,c}$ nach (NDP) 6.4.4 (2);

$v_{l,min}$ siehe 11.6.1 (1).

Bei gedrungenen Stützenfundamenten ist eine iterative Ermittlung des kritischen Rundschnitts u_1 erforderlich, siehe 6.4.4 (2).

Fundamente: $C_{Rd,c} = 0{,}15 / \gamma_C$

11.6.4.2 Durchstanzwiderstand für Platten oder Fundamente mit Durchstanzbewehrung

(1) Wenn Durchstanzbewehrung erforderlich ist, wird der Durchstanzwiderstand wie folgt ermittelt:

$$v_{lRd,cs} = 0{,}75 \cdot v_{lRd,c} + 1{,}5 \cdot \left(\frac{d}{s_r}\right) \cdot \left(\frac{1}{u_1 \cdot d}\right) \cdot A_{sw} \cdot f_{ywd,ef} \cdot \sin\alpha \qquad (11.6.52)$$

wobei $v_{lRd,c}$ in Gleichung (11.6.47) bzw. (11.6.50) definiert ist.

(2) Die Maximaltragfähigkeit $v_{lRd,max}$ ist im kritischen Rundschnitt u_1 mit Gleichung (NA.11.6.53.1) nachzuweisen:

$v_{Ed,u1} \leq v_{lRd,max} = 1{,}4 \cdot v_{lRd,c,u1}$ (NA.11.6.53.1)

Eine Betondrucknormalspannung σ_{cp} infolge Vorspannung bei $v_{Rd,c}$ darf dabei nicht berücksichtigt werden.

Zu (1): Vergrößerung der Bewehrungsmenge nach Gl. (11.6.52) in den ersten beiden Bewehrungsreihen neben der Lasteinleitungsfläche erforderlich.

Dabei ist in Gl. (11.6.52):

A_{sw} Querschnittsfläche der Durchstanzbewehrung in einer Bewehrungsreihe um die Stütze [mm²];

s_r der radiale Abstand der Durchstanzbewehrungsreihen [mm];

$f_{ywd,ef}$ der wirksame Bemessungswert der Streckgrenze der Durchstanzbewehrung $f_{ywd,ef} = 250 + 0{,}25d \leq f_{ywd}$;

d der Mittelwert der statischen Nutzhöhen in den orthogonalen Richtungen [mm];

α der Winkel zwischen Durchstanzbewehrung und Plattenebene.

NA.11.6.5 Stabwerkmodelle

(1)P Für Stabwerk-Druckstreben ist f_{cd} in den Gleichungen (6.55) und (6.56) mit η_1 zu multiplizieren.

(2)P Für Stabwerk-Druckknoten ist f_{cd} in den Gleichungen (6.60) bis (6.62) mit η_1 zu multiplizieren.

11.6.7 Teilflächenbelastung

(1) Für eine gleichmäßige Lastverteilung auf einer Fläche A_{c0} (siehe Bild 6.29) darf die aufnehmbare Teilflächenlast wie folgt ermittelt werden:

$$F_{Rdu} = A_{c0} \cdot f_{lcd} \cdot \left[\frac{A_{c1}}{A_{c0}}\right]^{\frac{\rho}{4400}} \leq 3{,}0 \cdot f_{lcd} \cdot A_{c0} \cdot \left(\frac{\rho}{2200}\right) \qquad (11.6.63)$$

11.6.8 Nachweis gegen Ermüdung

(1) Der Nachweis gegen Ermüdung für Bauteile aus Leichtbeton erfordert besondere Überlegungen. Eine Europäische Technische Zulassung muss in der Regel herangezogen werden.

11.7 Nachweise in den Grenzzuständen der Gebrauchstauglichkeit (GZG)

(1)P Die Grundwerte der zulässigen Biegeschlankheit von Stahlbetonbauteilen ohne Drucknormalkraft nach 7.4.2 sind für Leichtbeton mit dem Faktor $\eta_E^{0,15}$ zu reduzieren.

(NA.2) Wenn der Zeitpunkt der Rissbildung nicht mit Sicherheit innerhalb der ersten 28 Tage festgelegt werden kann, sollte in 7.3.3 (2), Gleichung (7.1) mindestens eine Zugfestigkeit $f_{ict,eff} \geq 2{,}5$ N/mm² angenommen werden.

11.8 Allgemeine Bewehrungsregeln

11.8.1 Zulässige Biegerollendurchmesser für gebogene Betonstähle

(1) Die für Normalbeton auf die Werte in Abschnitt 8.3 begrenzten Biegerollendurchmesser zur Vermeidung von Abspaltungen des Betons an Haken, Winkelhaken und Schlaufen sind in der Regel für Leichtbeton um 50 % zu erhöhen.

11.8.2 Bemessungswert der Verbundfestigkeit

(1) Der Bemessungswert für die Verbundfestigkeit von Stäben in Leichtbeton darf mit Gleichung (8.2) ermittelt werden. Dabei wird f_{ctd} durch $f_{lctd} = f_{lctk;0,05} / \gamma_C$ ersetzt. Die Werte für $f_{lctk;0,05}$ sind in Tabelle 11.3.1 enthalten.

(NA.2)P Den Verbundfestigkeiten in den Gleichungen (8.15) und (8.20) ist f_{lctd} zugrunde zu legen.

11.9 Konstruktionsregeln

(1) Der Stabdurchmesser darf in der Regel in Leichtbetonbauteilen 32 mm nicht überschreiten. Stabbündel dürfen in der Regel nicht aus mehr als zwei Stäben bestehen. Der Vergleichsdurchmesser darf dabei nicht größer als 45 mm sein.

Bei Leichtbeton sollten Stabbündel nur dann Verwendung finden, wenn ihr Einsatz aufgrund von Erfahrungen oder Versuchsergebnissen gerechtfertigt ist (in der Regel in Zulassungen). Der Durchmesser eines Einzelstabes darf hierbei 20 mm nicht überschreiten.

(NA.2) Der Mindestquerkraftbewehrungsgrad nach Gleichung (9.5aDE) darf bei Leichtbeton unter Verwendung von f_{lctm} nach Tabelle 11.3.1 ermittelt werden.

(NA.3) Die Mindestwanddicken nach Tabelle NA.9.3 bzw. Tabelle NA.12.2 in Zeile 1 gelten für LC12/13, die in Zeilen 2 und 3 für $\geq$ LC16/18.

11.10 Zusätzliche Regeln für Bauteile und Tragwerke aus Fertigteilen

(1) Kapitel 10 gilt ohne Abänderungen auch für Leichtbeton.

11.12 Tragwerke aus unbewehrtem oder gering bewehrtem Beton

(1) Kapitel 12 gilt ohne Abänderungen auch für Leichtbeton.

Zu (1): mit der NA-Definition für Leichtbeton bis $\rho = 2000$ kg/m³:

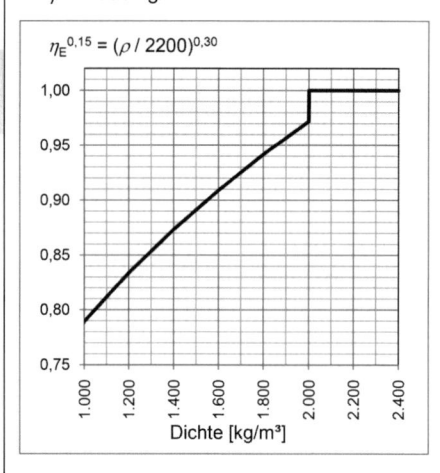

$\eta_E^{0,15} = (\rho / 2200)^{0,30}$

Zu (NA.3):

Tab. NA.9.3 – Mindestwanddicken für tragende bewehrte Leichtbetonwände

| | Wandkonstruktion | | mit Decken | |
			1 nicht durchlaufend	2 durchlaufend
2	$\geq$ LC 16/18	Ortbeton	120 mm	100 mm
3		Fertigteil	100 mm	80 mm

Tab. NA.12.2 – Mindestwanddicken für tragende unbewehrte Leichtbetonwände

| | Wandkonstruktion | | mit Decken | |
			1 nicht durchlaufend	2 durchlaufend
1	LC 12/13	Ortbeton	200 mm	140 mm
2	$\geq$ LC 16/18	Ortbeton	140 mm	120 mm
3		Fertigteil	120 mm	100 mm

12 TRAGWERKE AUS UNBEWEHRTEM ODER GERING BEWEHRTEM BETON

12.1 Allgemeines

(1)P Dieses Kapitel enthält ergänzende Regeln für Tragwerke aus unbewehrtem Beton oder für Tragwerke, bei denen die vorhandene Bewehrung geringer als die Mindestbewehrung für Stahlbeton ist.

ANMERKUNG Die Überschriften werden mit einer vorangestellten 12 nummeriert, der die Nummer des entsprechenden Hauptabschnitts folgt. Die Unterkapitel werden ohne Verbindung zu den Unterüberschriften in den entsprechenden Hauptabschnitten durchnummeriert.

Kapitel 9: Konstruktionsregeln
- 9.2.1.1 Mindest- und Höchstbewehrung Balken
- 9.5.2 min / max A_s Stützen
- 9.6.2 min / max A_s Wände
- 9.7 min A_s wandartiger Träger

(2) Dieses Kapitel gilt für Bauteile, bei denen die Auswirkungen von dynamischen Einwirkungen vernachlässigt werden können. Beispiele für solche Bauteile sind:

- nichtvorgespannte Bauteile, die überwiegend einer Druckbeanspruchung ausgesetzt sind, z. B. Wände, Stützen, Bögen, Gewölbe und Tunnel,
- streifenförmig und flach gegründete Einzelfundamente,
- Stützwände,
- Pfähle mit einem Durchmesser ≥ 600 mm mit $N_{Ed} / A_c \leq 0{,}3 f_{ck}$.

Das Kapitel gilt nicht bei Auswirkungen infolge rotierender Maschinen oder Verkehrsbeanspruchung.

Pfähle mit $d_{nom} \geq 600$ mm dürfen unter Berücksichtigung der folgenden Abschnitte auch bei höheren Ausnutzungsgraden als $N_{Ed} / A_c = 0{,}3 f_{ck}$ unbewehrt ausgeführt werden, wenn im GZT der Querschnitt vollständig überdrückt bleibt.

(3) Bei Bauteilen aus Leichtbeton mit geschlossenem Gefüge nach Kapitel 11 oder bei Fertigteilbauteilen und -tragwerken, die von diesem Eurocode erfasst werden, sind die Bemessungsregeln in der Regel entsprechend anzupassen.

(4) In unbewehrten Betonbauteilen darf jedoch auch Betonstahlbewehrung zur Erfüllung der Anforderungen an die Gebrauchstauglichkeit und/oder die Dauerhaftigkeit bzw. in bestimmten Bereichen der Bauteile angeordnet werden. Diese Bewehrung darf für örtliche Nachweise im GZT und für Nachweise im GZG berücksichtigt werden.

12.3 Baustoffe

12.3.1 Beton

(1) Aufgrund der geringeren Duktilität von unbewehrtem Beton sind in der Regel die Werte für $\alpha_{cc,pl} = 0{,}70$ und $\alpha_{ct,pl} = 0{,}70$ geringer als die Werte α_{cc} und α_{ct} für bewehrten Beton anzusetzen.

Index pl – plain concrete (unbewehrter Beton)

Druckfestigkeit mit $\alpha_{cc,pl} = 0{,}70$ in Gl. (3.15):
$f_{cd,pl} = \alpha_{cc,pl} \cdot f_{ck} / \gamma_C$

Bemessungssituationen	γ_C
ständig und vorübergehend	1,5
außergewöhnlich	1,3

→ z. B. für ständige und vorübergehende Bemessungssituationen $f_{cd,pl} = 0{,}70 \cdot f_{ck} / 1{,}5$

Beton	$f_{cd,pl}$ [N/mm²]
C12/15	5,6
C16/20	7,5
C20/25	9,3
C25/30	11,7
C30/37	14,0
C35/45 bis C100/155	16,3 [a]

[a] (NCI) zu 12.6: rechnerisch maximal C35/45 anrechenbar

(2) Wenn Betonzugspannungen beim Bemessungswert der Tragfähigkeit unbewehrter Betonbauteile in die Berechnung einbezogen werden, darf die Spannungs-Dehnungs-Linie (siehe 3.1.7) mit der Gleichung (3.16) als eine lineare Beziehung auf den Bemessungswert der Betonzugfestigkeit erweitert werden.

$$f_{ctd,pl} = \alpha_{ct,pl} \cdot f_{ctk;0{,}05} / \gamma_C \qquad (12.1)$$

(3) Auf der Bruchmechanik beruhende Berechnungsverfahren sind zulässig, wenn nachgewiesen wird, dass das geforderte Sicherheitsniveau damit erreicht wird.

12.5 Ermittlung der Schnittgrößen

(1) Da unbewehrte Betonbauteile nur über eine begrenzte Duktilität verfügen, dürfen lineare Verfahren mit Umlagerung oder Verfahren nach der Plastizitätstheorie in der Regel nicht angewendet werden.

Solche Verfahren ohne ausdrückliche Prüfung der Verformungsfähigkeit sind nur in begründeten Fällen anwendbar.

(2) Die Schnittgrößenermittlung darf auf Basis der nichtlinearen oder der linearen Elastizitätstheorie erfolgen. Wird das nichtlineare Verfahren angewendet (z. B. Bruchmechanik), muss in der Regel eine Prüfung der Verformungsfähigkeit erfolgen.

Eine nichtlineare Schnittgrößenermittlung ist nur nach 5.7 (NA.6) zulässig.

Eurocode 2: DIN EN 1992-1-1 mit Nationalem Anhang 12 Tragwerke aus unbewehrtem oder gering bewehrtem Beton	Hinweise

12.6 Nachweise in den Grenzzuständen der Tragfähigkeit (GZT)

Die Betonzugspannungen dürfen im Allgemeinen nicht angesetzt werden.

Rechnerisch darf keine höhere Festigkeitsklasse des Betons als C35/45 oder LC20/22 ausgenutzt werden.

12.6.1 Biegung mit oder ohne Normalkraft und Normalkraft allein

(1) Bei Wänden dürfen Zwangsverformungen infolge Temperatur oder Schwinden bei entsprechender konstruktiver Durchbildung und Nachbehandlung vernachlässigt werden.

(2) Die Spannungs-Dehnungs-Linie für unbewehrten Beton ist in der Regel nach 3.1.7 anzunehmen.

(3) Die aufnehmbare Normalkraft N_{Rd} eines Rechteckquerschnitts mit einachsiger Lastausmitte e in der Richtung h_w darf wie folgt ermittelt werden:

$$N_{Rd} = \eta \cdot f_{cd,pl} \cdot b \cdot h_w \cdot (1 - 2 \cdot e / h_w) \qquad (12.2)$$

Dabei ist

$\eta \cdot f_{cd,pl}$ die wirksame Bemessungsdruckfestigkeit (siehe 3.1.7 (3));

b die Gesamtbreite des Querschnitts (siehe Bild 12.1);

h_w die Gesamtdicke des Querschnitts;

e die Lastausmitte von N_{Ed} in Richtung h_w.

ANMERKUNG Wenn andere, vereinfachte Verfahren angewendet werden, müssen diese in der Regel mindestens das gleiche Sicherheitsniveau wie ein genaueres Verfahren sicherstellen, das eine Spannungs-Dehnungs-Linie nach 3.1.7 verwendet.

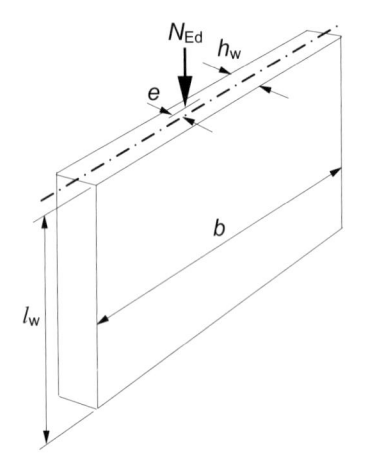

3.1.7 (3) Spannungsblock mit $\eta = 1{,}0$ wegen $\leq$ C35/45

Zu Bild 12.1 und Gl. (12.2): Schnitt

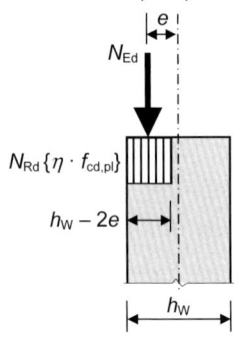

Bild 12.1 – Bezeichnungen für unbewehrte Wände

12.6.2 Örtliches Versagen

(1)P Sofern das örtliche Versagen eines Querschnitts auf Zug nicht durch entsprechende Maßnahmen verhindert wird, muss die höchstzulässige Lastausmitte der Normalkraft N_{Ed} im Querschnitt auf einen bestimmten Wert beschränkt werden, um große Risse zu vermeiden.

Für stabförmige unbewehrte Bauteile mit Rechteckquerschnitt gilt das Duktilitätskriterium als erfüllt, wenn die Ausmitte der Längskraft in der maßgebenden Einwirkungskombination des Grenzzustandes der Tragfähigkeit auf $e_d / h < 0{,}4$ beschränkt wird. Die Ausmitte e_d ist mit M_{Ed} nach Gleichung (5.31) zu ermitteln. Für e_d ist e_{tot} nach 12.6.5.2 (1) zu setzen.

12.6.3 Querkraft

(1) In unbewehrten Betonbauteilen darf die Betonzugfestigkeit im Grenzzustand der Tragfähigkeit für Querkraft berücksichtigt werden, wenn entweder durch Rechnung oder Versuch nachgewiesen wird, dass ein Sprödbruch ausgeschlossen werden kann und eine ausreichende Tragfähigkeit vorhanden ist.

Es ist nachzuweisen, dass die Betonzugfestigkeit nicht infolge von Rissbildung ausfällt.

vgl. auch 12.6.1 (1) und 12.7 (2)

Eurocode 2: DIN EN 1992-1-1 mit Nationalem Anhang 12 Tragwerke aus unbewehrtem oder gering bewehrtem Beton	Hinweise

(2) Bei einem Querschnitt, bei dem eine Querkraft V_{Ed} und eine Normalkraft N_{Ed} über eine Druckzone A_{cc} wirken, sind in der Regel die Bemessungswerte der Spannungen für Schnittgrößen aus vorwiegend ruhenden Einwirkungen wie folgt anzusetzen:

$$\sigma_{cp} = N_{Ed} / A_{cc} \tag{12.3}$$

$$\tau_{cp} = V_{Ed} \cdot \frac{S}{b_w \cdot I} \tag{12.4}$$

Für den Rechteckquerschnitt:
$\tau_{cp} = 1{,}5 \cdot V_{Ed} / A_{cc}$

Folgendes ist in der Regel nachzuweisen:

$\tau_{cp} \leq f_{cvd}$

Dabei gilt:

– wenn $\sigma_{cp} \leq \sigma_{c,lim}$:

$$f_{cvd} = \sqrt{f_{ctd,pl}^2 + \sigma_{cp} \cdot f_{ctd,pl}} \tag{12.5}$$

– wenn $\sigma_{cp} > \sigma_{c,lim}$:

$$f_{cvd} = \sqrt{f_{ctd,pl}^2 + \sigma_{cp} \cdot f_{ctd,pl} - \left(\frac{\sigma_{cp} - \sigma_{c,lim}}{2}\right)^2} \tag{12.6}$$

$$\sigma_{c,lim} = f_{cd,pl} - 2 \cdot \sqrt{f_{ctd,pl} \cdot (f_{ctd,pl} + f_{cd,pl})} \tag{12.7}$$

Dabei ist

f_{cvd} der Bemessungswert der Betonfestigkeit bei Querkraft und Druck;

$f_{cd,pl}$ der Bemessungswert der Betondruckfestigkeit nach 12.3.1 (1);

$f_{ctd,pl}$ der Bemessungswert der Betonzugfestigkeit nach Gleichung (12.1).

(3) Ein Betonbauteil darf als ungerissen angesehen werden, wenn es im Grenzzustand der Tragfähigkeit vollständig unter Druckbeanspruchung steht oder die Hauptzugspannung σ_{ct1} im Beton den Wert $f_{ctd,pl}$ nicht überschreitet. Kann nicht von einem ungerissenen Bauteil ausgegangen werden, ist der Bemessungswert der Querkrafttragfähigkeit V_{Rd} am ungerissenen Restquerschnitt zu berechnen. Dieser ist aus dem Spannungszustand des Querschnitts für die ungünstigste Bemessungssituation zu ermitteln.

12.6.4 Torsion

(1) Gerissene Bauteile dürfen in der Regel nicht für die Aufnahme von Torsionsmomenten bemessen werden, sofern nicht eine ausreichende Tragfähigkeit hierfür nachgewiesen werden kann.

(NA.2) Für kombinierte Beanspruchung aus Torsion und Querkraft gelten die Festlegungen aus den Abschnitten 12.6.3 und 12.6.4 (1) analog.

12.6.5 Auswirkungen von Verformungen von Bauteilen unter Normalkraft nach Theorie II. Ordnung

12.6.5.1 Schlankheit von Einzeldruckgliedern und Wänden

(1) Die Schlankheit einer Stütze oder Wand ist

$$\lambda = l_0 / i \tag{12.8}$$

Dabei ist

i der minimale Trägheitsradius;

l_0 die Knicklänge des Bauteils. Sie darf angenommen werden mit:

$$l_0 = \beta \cdot l_w \tag{12.9}$$

Dabei ist

l_w die lichte Höhe des Bauteils;

β ein von den Lagerungsbedingungen abhängiger Beiwert,

– bei Stützen im Allgemeinen: $\beta = 1$,

– bei Kragstützen oder Wänden: $\beta = 2$,

– für anders gelagerte Wände: β-Werte nach Tabelle 12.1.

(2) Die β-Werte sind in der Regel entsprechend zu vergrößern, wenn die Querbiegetragfähigkeit durch Schlitze oder Aussparungen beeinträchtigt wird.

Tab. 12.1 grafisch:

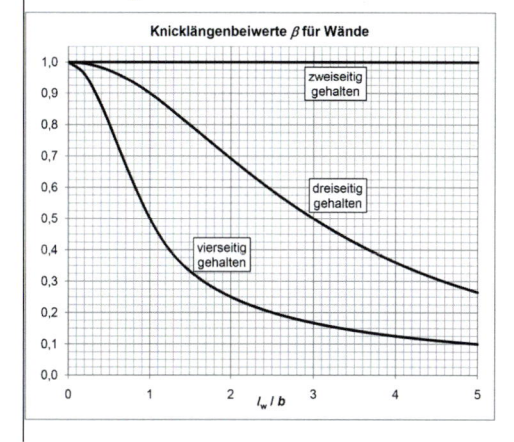

Knicklängenbeiwerte β für Wände (Diagramm: β über l_w / b von 0 bis 5; Kurven für zweiseitig gehalten, dreiseitig gehalten, vierseitig gehalten)

Tabelle 12.1 – Werte für β bei verschiedenen Randbedingungen

Lagerungs-bedingungen	Zeichnung	Gleichung	Faktor β	
Zweiseitig gehalten	(Skizze: A = Deckenplatte, B = Freier Rand, Breite b, Höhe l_w)	$\beta = 1{,}0$ für alle Verhältnisse von l_w / b		
Dreiseitig gehalten	(Skizze mit A, B, C)	$\beta = \dfrac{1}{1+\left(\dfrac{l_w}{3b}\right)^2}$	b/l_w	β
			0,2	0,26
			0,4	0,59
			0,6	0,76
			0,8	0,85
			1,0	0,90
			1,5	0,95
			2,0	0,97
			5,0	1,00
Vierseitig gehalten	(Skizze mit A, C)	wenn $b \geq l_w$: $\beta = \dfrac{1}{1+\left(\dfrac{l_w}{b}\right)^2}$ wenn $b < l_w$: $\beta = \dfrac{b}{2l_w}$	b/l_w	β
			0,2	0,10
			0,4	0,20
			0,6	0,30
			0,8	0,40
			1,0	0,50
			1,5	0,69
			2,0	0,80
			5,0	0,96

Ⓐ Deckenplatte
Ⓑ Freier Rand
Ⓒ Querwand

ANMERKUNG Den Angaben in Tabelle 12.1 liegt zugrunde, dass die Wand keine Öffnung aufweist, deren Höhe 1/3 der lichten Wandhöhe l_w oder deren Fläche 1/10 der Wandfläche überschreitet. Werden diese Grenzen nicht eingehalten, sind in der Regel bei 3- oder 4-seitig gehaltenen Wänden die zwischen den Öffnungen liegenden Teile als nur an zwei Seiten gehalten zu betrachten und entsprechend zu bemessen.

(3) Querwände dürfen als aussteifende Wände angesehen werden, wenn:
- ihre Gesamtdicke den Wert $0{,}5h_w$ nicht unterschreitet, wobei h_w die Gesamtdicke der ausgesteiften Wand ist,
- sie die gleiche Höhe l_w besitzen wie die jeweilige ausgesteifte Wand,
- ihre Länge l_{ht} mindestens $l_w / 5$ der lichten Höhe l_w der ausgesteiften Wand beträgt,
- innerhalb der Länge $l_w / 5$ der Querwand keine Öffnungen vorhanden sind.

(4) Bei zweiseitig gehaltenen Wänden, die am Kopf- und Fußende durch Ortbeton und Bewehrung biegesteif angeschlossen sind, sodass die Randmomente vollständig aufgenommen werden können, darf β nach Tabelle 12.1 mit dem Faktor 0,85 abgemindert werden.

(5) Die Schlankheit unbewehrter Wände und Stützen in Ortbeton darf in der Regel den Wert $\lambda = 86$ (d. h. $l_0 / h_w = 25$) nicht überschreiten.

(NA.6) Unabhängig vom Schlankheitsgrad λ sind Druckglieder aus unbewehrtem Beton als schlanke Bauteile zu betrachten. Jedoch ist für Druckglieder aus unbewehrtem Beton mit $l_{col} / h < 2{,}5$ eine Schnittgrößenermittlung nach Theorie II. Ordnung nicht erforderlich.

12.6.5.2 Vereinfachtes Verfahren für Einzeldruckglieder und Wände

(1) Das vereinfachte Verfahren darf nur für Bauteile in unverschieblich ausgesteiften Tragwerken angewendet werden. Wenn kein genauerer Lösungsansatz gewählt wird, darf der Bemessungswert der Normalkraft in einer schlanken Stütze oder Wand näherungsweise wie folgt berechnet werden:

$$N_{Rd} = b \cdot h_w \cdot f_{cd,pl} \cdot \Phi \tag{12.10}$$

Dabei ist

N_{Rd} der Bemessungswert der aufnehmbaren Normaldruckkraft;

b die Gesamtbreite des Querschnitts;

h_w die Gesamtdicke des Querschnitts;

Φ der Faktor zur Berücksichtigung der Lastausmitte, einschließlich der Auswirkungen nach Theorie II. Ordnung und der normalen Auswirkungen des Kriechens.

Für ausgesteifte Bauteile darf der Faktor Φ wie folgt angenommen werden:

$$\Phi = 1{,}14 \cdot (1 - 2 \cdot e_{tot}/h_w) - 0{,}02 \cdot l_0/h_w$$
$$\leq 1 - 2 \cdot e_{tot}/h_w \tag{12.11}$$

Dabei ist

$e_{tot} = e_0 + e_i;$ \hfill (12.12)

e_0 die Lastausmitte nach Theorie I. Ordnung, erforderlichenfalls unter Berücksichtigung der Einwirkungen aus anschließenden Decken (z. B. Einspannmomente zwischen Platte und Wand) sowie horizontaler Einwirkungen;

e_i die ungewollte zusätzliche Lastausmitte infolge geometrischer Imperfektionen, siehe 5.2.

Eine Zusatzausmitte infolge von Kriechen in e_{tot} darf im Allgemeinen vernachlässigt werden.

(2) Andere vereinfachte Verfahren dürfen verwendet werden, wenn sie mindestens das gleiche Sicherheitsniveau sicherstellen wie ein genaueres Verfahren nach 5.8.

12.7 Nachweise in den Grenzzuständen der Gebrauchstauglichkeit (GZG)

(1) Spannungen sind in der Regel zu überprüfen, wenn sie infolge konstruktionsbedingter Einspannungen (Zwang) zu erwarten sind.

(2) Die folgenden Maßnahmen sind in der Regel zur Sicherung einer ausreichenden Gebrauchstauglichkeit in Betracht zu ziehen:

a) im Hinblick auf eine Rissbildung:
 - Begrenzung der Betonzugspannungen auf zulässige Werte,
 - Einlegen einer konstruktiven Zusatzbewehrung (Oberflächenbewehrung, erforderlichenfalls Ring- und Zuganker),
 - Anordnung von Fugen,
 - betontechnologische Maßnahmen (z. B. geeignete Betonzusammensetzung, Nachbehandlung),
 - geeignete Bauverfahren;

b) im Hinblick auf die Begrenzung der Verformungen:
 - Festlegung einer minimalen Querschnittsgröße (siehe 12.9),
 - Begrenzung der Schlankheit bei Druckgliedern.   siehe 12.6.5.1 (5): $\lambda \leq 86$

(3) Jede Bewehrung in sonst unbewehrten Bauteilen muss in der Regel den Dauerhaftigkeitsanforderungen aus 4.4.1 entsprechen. Dies gilt auch, wenn sie für Tragfähigkeitszwecke nicht in Anspruch genommen wird.

12.9 Konstruktionsregeln

12.9.1 Tragende Bauteile

(1) Die Gesamtdicke h_w am Einbauort betonierter Wände darf in der Regel nicht kleiner als nach Tabelle NA.12.2 gewählt werden.

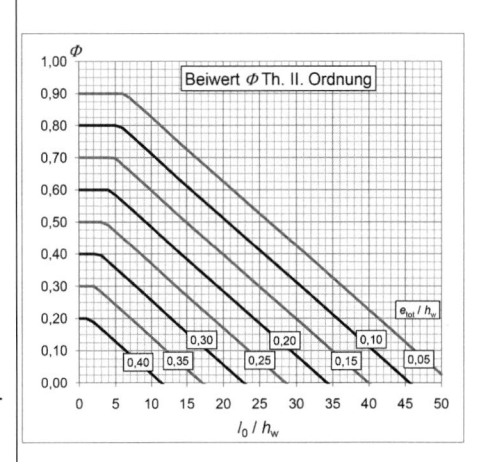

Tabelle NA.12.2 – Mindestwanddicken für tragende unbewehrte Wände

Wandkonstruktion		mit Decken	
		nicht durchlaufend	durchlaufend
1	C12/15 Ortbeton	200 mm	140 mm
2	≥ C16/20 Ortbeton	140 mm	120 mm
3	≥ C16/20 Fertigteil	120 mm	100 mm

(2) Schlitze und Aussparungen sind in der Regel nur zulässig, wenn eine ausreichende Festigkeit und Stabilität nachgewiesen werden kann.

Aussparungen, Schlitze, Durchbrüche und Hohlräume sind bei der Bemessung der Wände zu berücksichtigen, mit Ausnahme von lotrechten Schlitzen sowie lotrechten Aussparungen und Schlitzen von Wandanschlüssen, die den nachstehenden Regelungen für nachträgliches Einstemmen genügen.

Das nachträgliche Einstemmen ist nur bei lotrechten Schlitzen bis 30 mm Tiefe zulässig, wenn ihre Tiefe höchstens 1/6 der Wanddicke, ihre Breite höchstens gleich der Wanddicke, ihr gegenseitiger Abstand mindestens 2,0 m und die Wand mindestens 120 mm dick ist.

12.9.2 Arbeitsfugen

(1) In Bereichen, in denen Betonzugspannungen zu erwarten sind, ist in der Regel eine geeignete Bewehrung zur Begrenzung der Rissbreiten anzuordnen.

12.9.3 Streifen- und Einzelfundamente

(1) Sofern nicht genauere Daten zur Verfügung stehen, dürfen zentrisch belastete Streifen- und Einzelfundamente als unbewehrte Bauteile berechnet und ausgeführt werden, wenn

$$\frac{0{,}85 \cdot h_F}{a} \geq \sqrt{\frac{3\sigma_{gd}}{f_{ctd,pl}}} \qquad (12.13)$$

eingehalten wird.

Dabei ist

h_F die Fundamenthöhe;

a der Fundamentüberstand von der Stützenseite an (siehe Bild 12.2);

σ_{gd} der Bemessungswert des Sohldrucks;

$f_{ctd,pl}$ der Bemessungswert der Betonzugfestigkeit (Maßeinheit wie für σ_{gd}). Für $f_{ctd,pl}$ darf f_{ctd} nach Gleichung (3.16) angesetzt werden.

Vereinfachend darf das Verhältnis $h_F / a \geq 2$ verwendet werden.

Das Verhältnis h_F / a darf auch bei Anwendung von Gleichung (12.13) den Wert 1,0 nicht unterschreiten.

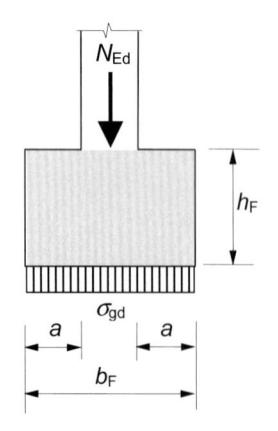

Bild 12.2 – Unbewehrte Stützenfundamente; Bezeichnungen

Hinweise

Gl. (3.16): $f_{ctd} = \alpha_{ct} \cdot f_{ctk;0,05} / \gamma_C$
i. d. R. ständige und vorübergehende Bemessungssituation:
$f_{ctd} = 0{,}85 \cdot f_{ctk;0,05} / 1{,}5$

Beton	f_{ctd} [N/mm²]
C12/15	0,62
C16/20	0,76
C20/25	0,88
C25/30	1,02
C30/37	1,15
C35/45	1,27

→ untere Grenze des Verhältnisses h_F / a bei unbewehrten Einzelfundamenten:

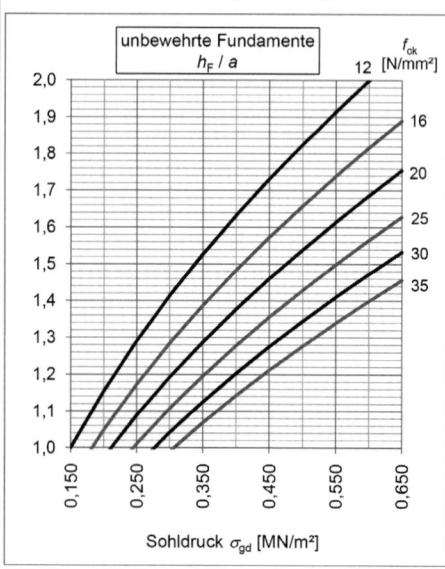

| Eurocode 2: DIN EN 1992-1-1 mit Nationalem Anhang Anhänge | Hinweise |

Anhang A (==normativ==):
Modifikation von Teilsicherheitsbeiwerten für Baustoffe

A.1 Allgemeines

(1) Die Teilsicherheitsbeiwerte für Baustoffe nach 2.4.2.4 setzen die geometrischen Abweichungen der Klasse 1 nach DIN EN 13670 sowie ein übliches Niveau der Bauausführung und Überwachung (z. B. Überwachungsklasse 2 in DIN EN 13670) voraus.

(2) Dieser Anhang enthält Empfehlungen für verminderte Teilsicherheitsbeiwerte von Baustoffen. Weitere detaillierte Regeln zu Überwachungsverfahren dürfen Produktnormen für Fertigteile entnommen werden.

Zulässige Abweichungen $\pm\Delta l_i$ nach DIN EN 13670 in der Bauausführung bei Toleranzklasse 1 für Querschnittsabmessungen l_i (Breite, Höhe, Nutzhöhe):

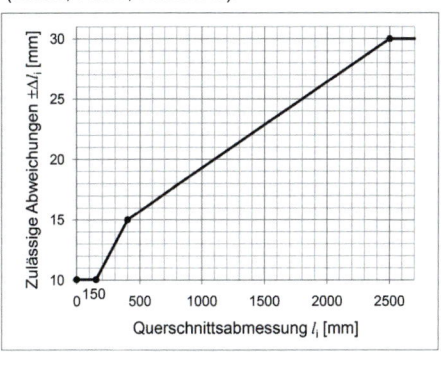

> Eine Differenzierung durch Veränderung der Teilsicherheitsbeiwerte ist nach DIN EN 1990, Anhang B möglich. Da in Deutschland nur Zuverlässigkeitsklasse RC2 normativ geregelt ist und die Überwachungsmaßnahmen nicht über die Überwachungsstufen nach Tabelle B.5 aus DIN EN 1990, Anhang B hinausgehen, entfällt eine Modifikation der Teilsicherheitsbeiwerte für Tragwiderstände, bis auf die in A.2.3 (1) genannte Ausnahme.
>
> Als NDP werden deshalb die nicht reduzierten Teilsicherheitsbeiwerte definiert. Die Anwendung von Tabelle A.1 und Bild A.1 entfällt damit.
>
> Die Abschnitte A.2.1, A.2.2, A.3 und A.4 entfallen in Deutschland.

A.2.3 Reduktion auf Grundlage der Bestimmung der Betonfestigkeit im fertigen Tragwerk

(1) Für Werte der Betonfestigkeit, die auf Versuchen an einem fertigen Tragwerk oder Bauelement, siehe DIN EN 13791, DIN EN 206-1 sowie entsprechende Produktnormen, basieren, darf γ_C mit dem Umrechnungsfaktor η vermindert werden. Jedoch darf der Endwert des Teilsicherheitsbeiwertes nicht kleiner als $\gamma_{C,red4}$ angesetzt werden.

DIN EN 13791: Bewertung der Druckfestigkeit von Beton in Bauwerken oder in Bauwerksteilen

==Es gilt:==
- ==Ortbeton:== $\eta = 1{,}0$ ==und== $\gamma_{C,red4} = 1{,}5$
- ==Fertigteile:== $\eta = 0{,}9$ ==und== $\gamma_{C,red4} = 1{,}35$,

==wenn bei Fertigteilen mit einer werksmäßigen und ständig überwachten Herstellung durch eine Überprüfung der Betonfestigkeit an jedem fertigen Bauteil sichergestellt wird, dass alle Fertigteile mit zu geringer Betonfestigkeit ausgesondert werden. Die in diesem Fall notwendigen Maßnahmen sind durch den Hersteller in Abstimmung mit der zuständigen Überwachungsstelle festzulegen. Diese Maßnahmen sind vom Hersteller zu dokumentieren.==

Anhang B (==normativ==): Kriechen und Schwinden

B.1 Grundgleichungen zur Ermittlung der Kriechzahl

(1) Die Kriechzahl $\varphi(t,t_0)$ darf wie folgt ermittelt werden:

$$\varphi(t,t_0) = \varphi_0 \cdot \beta_c(t,t_0) \tag{B.1}$$

Dabei ist

φ_0 die Grundzahl des Kriechens mit $\varphi_0 = \varphi_{RH} \cdot \beta(f_{cm}) \cdot \beta(t_0)$; (B.2)

φ_{RH} ein Beiwert zur Berücksichtigung der Auswirkungen der relativen Luftfeuchte auf die Grundzahl des Kriechens mit

$$\varphi_{RH} = \left[1 + \frac{1 - RH/100}{0{,}1 \cdot \sqrt[3]{h_0}} \cdot \alpha_1\right] \cdot \alpha_2 \tag{B.3}$$

Für $f_{cm} \leq 35$ N/mm² ($\leq$ C25/30) sind $\alpha_1 = \alpha_2 = 1{,}0$.

RH die relative Luftfeuchte der Umgebung in %;

$\beta(f_{cm})$ ein Beiwert zur Berücksichtigung der Auswirkungen der Betondruckfestigkeit auf die Grundzahl des Kriechens:

$$\beta(f_{cm}) = \frac{16{,}8}{\sqrt{f_{cm}}} \tag{B.4}$$

f_{cm} die mittlere Zylinderdruckfestigkeit des Betons in N/mm² nach 28 Tagen;

$\beta(t_0)$ ein Beiwert zur Berücksichtigung der Auswirkungen des Betonalters bei Belastungsbeginn auf die Grundzahl des Kriechens:

| Eurocode 2: DIN EN 1992-1-1 mit Nationalem Anhang Anhänge | Hinweise |

$$\beta(t_0) = \frac{1}{(0{,}1 + t_0^{0{,}20})} \qquad (B.5)$$

h_0 die wirksame Bauteildicke in mm. Dabei ist $h_0 = 2A_c / u$; (B.6)

A_c die Gesamtfläche des Betonquerschnitts;

u der Umfang des Querschnitts, welcher Trocknung ausgesetzt ist;

$\beta_c(t,t_0)$ ein Beiwert zur Beschreibung der zeitlichen Entwicklung des Kriechens nach Belastungsbeginn, der wie folgt ermittelt werden darf:

$$\beta_c(t,t_0) = \left[\frac{(t-t_0)}{(\beta_H + t - t_0)}\right]^{0{,}3} \qquad (B.7)$$

$\beta_c(t - t_0 = \infty) \to 1{,}0$

t das Betonalter zum betrachteten Zeitpunkt in Tagen;

t_0 das tatsächliche Betonalter bei Belastungsbeginn in Tagen;

$t - t_0$ die tatsächliche Belastungsdauer in Tagen;

β_H ein Beiwert zur Berücksichtigung der relativen Luftfeuchte (RH in %) und der wirksamen Bauteildicke (h_0 in mm). Er darf wie folgt ermittelt werden:

$\beta_H = 1{,}5[1 + (0{,}012 RH)^{18}] \cdot h_0 + 250 \cdot \alpha_3 \leq 1500 \cdot \alpha_3$ (B.8)

Für $f_{cm} \leq 35$ N/mm² ist $\alpha_3 = 1{,}0$.

$\alpha_{1/2/3}$ Beiwerte zur Berücksichtigung des Einflusses der Betondruckfestigkeit:

$$\alpha_1 = \left[\frac{35}{f_{cm}}\right]^{0{,}7} \leq 1 \quad \alpha_2 = \left[\frac{35}{f_{cm}}\right]^{0{,}2} \leq 1 \quad \alpha_3 = \left[\frac{35}{f_{cm}}\right]^{0{,}5} \leq 1 \qquad (B.8c)$$

Beton	α_1	α_2	α_3
C16/20	1,00	1,00	1,00
C20/25	1,00	1,00	1,00
C25/30	1,00	1,00	1,00
C30/37	0,94	0,98	0,96
C35/45	0,87	0,96	0,90
C40/50	0,80	0,94	0,85
C45/55	0,75	0,92	0,81
C50/60	0,70	0,90	0,78

(2) Die Auswirkungen der Zementart auf die Kriechzahl des Betons dürfen durch die Anpassung des Betonalters bei Belastungsbeginn t_0 in Gleichung (B.5) berücksichtigt werden. t_0 darf wie folgt ermittelt werden:

$$t_0 = t_{0,T} \cdot \left(\frac{9}{2 + t_{0,T}^{1{,}2}} + 1\right)^\alpha \geq 0{,}5 \qquad (B.9)$$

Dabei ist

$t_{0,T}$ das der Temperatur angepasste Betonalter bei Belastungsbeginn in Tagen. Die Anpassung darf mit Gleichung (B.10) erfolgen;

α ein Exponent zur Berücksichtigung der Zementart:
$\alpha = -1$ für Zemente der Klasse S,
$\alpha = 0$ für Zemente der Klasse N,
$\alpha = 1$ für Zemente der Klasse R.

(3) Die Auswirkungen von erhöhten oder verminderten Temperaturen in einem Bereich von 0 °C bis 80 °C auf den Grad der Aushärtung des Betons dürfen durch die Anpassung des Betonalters wie folgt berücksichtigt werden:

$$t_T = \sum_{i=1}^{n} e^{-(4000 / [273 + T(\Delta t_i)] - 13{,}65)} \cdot \Delta t_i \qquad (B.10)$$

Dabei ist

t_T das temperaturangepasste Betonalter, welches t in den entsprechenden Gleichungen (B.5 und B.9) ersetzt;

$T(\Delta t_i)$ die Temperatur in °C im Zeit-Intervall Δt_i;

Δt_i die Anzahl der Tage, an denen die Temperatur T vorherrscht.

Der mittlere Variationskoeffizient der nach obigen Verfahren vorausgesagten Größe des Kriechens liegt im Bereich von 20 %. Das Vorhersageverfahren beruht auf den Auswertungen einer digitalen Datenbank aus Labor-Versuchsergebnissen.

Die nach den obigen Verfahren ermittelten Werte für $\varphi(t,t_0)$ sind in der Regel auf den Tangenten-Modul E_c zu beziehen.

Tangentenmodul: $E_c \approx 1{,}05 E_{cm}$

Wenn keine große Genauigkeit verlangt wird, dürfen die Werte in Bild 3.1 aus 3.1.4 herangezogen werden, um das Kriechen von Beton im Alter von 70 Jahren zu bestimmen.

B.2 Grundgleichungen zur Ermittlung der Trocknungsschwinddehnung

(1) Der Grundwert des Trocknungsschwindens $\varepsilon_{cd,0}$ lässt sich wie folgt ermitteln:

$$\varepsilon_{cd,0} = 0{,}85 \left[(220 + 110 \cdot \alpha_{ds1}) \cdot \exp\left(-\alpha_{ds2} \cdot \frac{f_{cm}}{f_{cmo}}\right) \right] \cdot 10^{-6} \cdot \beta_{RH} \qquad (B.11)$$

$$\beta_{RH} = 1{,}55 \left[1 - \left(\frac{RH}{RH_0}\right)^3 \right] \qquad (B.12)$$

Dabei ist

f_{cm} die mittlere Zylinderdruckfestigkeit des Betons [N/mm²];

f_{cmo} = 10 N/mm²;

α_{ds1} ein Beiwert zur Berücksichtigung der Zementart (siehe 3.1.2 (6)):
  α_{ds1} = 3 für Zemente der Klasse S,
  α_{ds1} = 4 für Zemente der Klasse N,
  α_{ds1} = 6 für Zemente der Klasse R;

α_{ds2} ein Beiwert zur Berücksichtigung der Zementart:
  α_{ds2} = 0,13 für Zemente der Klasse S,
  α_{ds2} = 0,12 für Zemente der Klasse N,
  α_{ds2} = 0,11 für Zemente der Klasse R;

RH die relative Luftfeuchte der Umgebung [%];

RH_0 = 100 %.

Zement-klasse	Festigkeitsklassen CEM
R	42,5 R; 52,5 N; 52,5 R
N	32,5 R; 42,5 N
S	32,5 N

ANMERKUNG Die Gleichungen für das Gesamtschwinden sind im Abschnitt 3.1.4 (6) enthalten.

Die Auswertung der Gleichungen (B.11) und (B.12) für die Grundwerte der Trocknungsschwinddehnung $\varepsilon_{cd,0}$ ist für die Zementklassen S, N, R und die Luftfeuchten RH = 40 % bis RH = 90 % in den Tabellen NA.B.1 bis NA.B.3 enthalten (für RH = 100 % beträgt $\varepsilon_{cd,0} = 0$).

Grundwerte für die Trocknungsschwinddehnung $\varepsilon_{cd,0}$ in [‰] für Beton

Tabelle NA.B.1 – Zement CEM Klasse S

Beton $f_{ck}/f_{ck,cube}$ (N/mm²)	\multicolumn{6}{c}{relative Luftfeuchte RH in %}
	40	**50**	60	70	**80**	90
C12/15	0,52	**0,49**	0,44	0,37	**0,27**	0,15
C16/20	0,50	**0,46**	0,42	0,35	**0,26**	0,14
C20/25	0,47	**0,44**	0,39	0,33	**0,25**	0,14
C25/30	0,44	**0,41**	0,37	0,31	**0,23**	0,13
C30/37	0,41	**0,39**	0,35	0,29	**0,22**	0,12
C35/45	0,39	**0,36**	0,32	0,27	**0,20**	0,11
C40/50	0,36	**0,34**	0,30	0,26	**0,19**	0,11
C45/55	0,34	**0,32**	0,29	0,24	**0,18**	0,10
C50/60	0,32	**0,30**	0,27	0,22	**0,17**	0,09
C55/67	0,30	**0,28**	0,25	0,21	**0,16**	0,09
C60/75	0,28	**0,26**	0,23	0,20	**0,15**	0,08
C70/85	0,25	**0,23**	0,21	0,17	**0,13**	0,07
C80/95	0,22	**0,20**	0,18	0,15	**0,11**	0,06
C90/105	0,19	**0,18**	0,16	0,13	**0,10**	0,05
C100/115	0,17	**0,16**	0,14	0,12	**0,09**	0,05

Tabelle NA.B.2 – Zement CEM Klasse N

$f_{ck}/f_{ck,cube}$ (N/mm²)	40	**50**	60	70	**80**	90
C12/15	0,64	**0,60**	0,54	0,45	**0,33**	0,19
C16/20	0,61	**0,57**	0,51	0,43	**0,32**	0,18
C20/25	0,58	**0,54**	0,49	0,41	**0,30**	0,17
C25/30	0,55	**0,51**	0,46	0,38	**0,29**	0,16
C30/37	0,52	**0,48**	0,43	0,36	**0,27**	0,15
C35/45	0,49	**0,45**	0,41	0,34	**0,25**	0,14
C40/50	0,46	**0,43**	0,38	0,32	**0,24**	0,13
C45/55	0,43	**0,40**	0,36	0,30	**0,22**	0,12
C50/60	0,41	**0,38**	0,34	0,28	**0,21**	0,12
C55/67	0,38	**0,36**	0,32	0,27	**0,20**	0,11
C60/75	0,36	**0,34**	0,30	0,25	**0,19**	0,10
C70/85	0,32	**0,30**	0,27	0,22	**0,17**	0,09
C80/95	0,28	**0,26**	0,24	0,20	**0,15**	0,08
C90/105	0,25	**0,23**	0,21	0,18	**0,13**	0,07
C100/115	0,22	**0,21**	0,19	0,16	**0,12**	0,06

Tabelle NA.B.3 – Zement CEM Klasse R

$f_{ck}/f_{ck,cube}$ (N/mm²)	40	**50**	60	70	**80**	90
C12/15	0,87	**0,81**	0,73	0,61	**0,45**	0,25
C16/20	0,83	**0,78**	0,70	0,58	**0,43**	0,24
C20/25	0,80	**0,75**	0,67	0,56	**0,42**	0,23
C25/30	0,75	**0,71**	0,63	0,53	**0,39**	0,22
C30/37	0,71	**0,67**	0,60	0,50	**0,37**	0,21
C35/45	0,68	**0,63**	0,57	0,47	**0,35**	0,20
C40/50	0,64	**0,60**	0,54	0,45	**0,33**	0,19
C45/55	0,61	**0,57**	0,51	0,43	**0,32**	0,18
C50/60	0,57	**0,54**	0,48	0,40	**0,30**	0,17
C55/67	0,54	**0,51**	0,45	0,38	**0,28**	0,16
C60/75	0,51	**0,48**	0,43	0,36	**0,27**	0,15
C70/85	0,46	**0,43**	0,39	0,32	**0,24**	0,13
C80/95	0,41	**0,39**	0,35	0,29	**0,21**	0,12
C90/105	0,37	**0,35**	0,31	0,26	**0,19**	0,11
C100/115	0,33	**0,31**	0,28	0,23	**0,17**	0,10

Eurocode 2: DIN EN 1992-1-1 mit Nationalem Anhang	Hinweise
Anhänge	

Anhang C (informativ): Eigenschaften des Betonstahls

Der Anhang C findet in Deutschland keine Anwendung. Es gelten die Normen der Reihe DIN 488, die die für die Bemessung erforderlichen Eigenschaften sicherstellen.

C.1 Allgemeines

(1) In Tabelle C.1 werden die Eigenschaften der Bewehrungsstähle angegeben, die zur Verwendung mit diesem Eurocode geeignet sind. Die Eigenschaften gelten für den Betonstahl im fertigen Tragwerk bei Temperaturen zwischen –40 °C und 100 °C. Alle Biege- und Schweißarbeiten am Betonstahl, die auf der Baustelle ausgeführt werden, sind in der Regel darüber hinaus auf den nach DIN EN 13670 zulässigen Temperaturbereich zu begrenzen.

Für die Ausführung auf der Baustelle gilt DIN EN 13670 bzw. DIN 1045-3.

Für die Anwendung von Betonstählen, die von den technischen Baubestimmungen abweichen, oder für die Anwendung unter abweichenden Anwendungsbedingungen ist eine allgemeine bauaufsichtliche Zulassung erforderlich.

Hinweise (rechte Spalte):

Der Anhang C wird daher hier nur verkürzt wiedergegeben.

Der Anhang C beschreibt die Anforderungen und die Eigenschaften des Betonstahls, die aus der Sicht der Bemessung und Konstruktion erforderlich sind. Betonstähle nach DIN 488 erfüllen diese Anforderungen. Betonstähle nach Zulassungen oder nach EN 10080 müssen diese Anforderungen auch erfüllen, wenn sie mit den Regeln dieses Eurocode 2 mit NA in Deutschland bemessen und verwendet werden sollen.

In Deutschland sind nur B500A und B500B nach DIN 488 zur Verwendung vorgesehen.

Die Verwendung von Betonstählen mit anderen Streckgrenzen bzw. der Duktilitätsklasse C ist in tragenden Bauteilen nach Eurocode 2 nur mit abZ oder ZiE erlaubt.

Tabelle C.1 – Eigenschaften von Betonstahl

Produktart	Stäbe und Betonstabstahl vom Ring			Betonstahlmatten			Anforderung oder Quantilwert (%)
Klasse	A	B	C	A	B	C	–
charakteristische Streckgrenze f_{yk} oder $f_{0,2k}$ (N/mm²)	400 bis 600						5,0
Mindestwert von $k = (f_t/f_y)_k$	≥ 1,05	≥ 1,08	≥ 1,15 < 1,35	≥ 1,05	≥ 1,08	≥ 1,15 < 1,35	10,0
charakteristische Dehnung bei Höchstlast ε_{uk} (%)	≥ 2,5	≥ 5,0	≥ 7,5	≥ 2,5	≥ 5,0	≥ 7,5	10,0
Biegbarkeit	Biege-/Rückbiegetest			–			
Scherfestigkeit	–			$0,25 \cdot A \cdot f_{yk}$ (A – Stabquerschnittsfläche)			Minimum
Maximale Abweichung von der Nennmasse (Einzelstab oder Draht) (%) — Nenndurchmesser des Stabs ≤ 8 mm	± 6,0						5,0
> 8 mm	± 4,5						

Tabelle C.2DE – Eigenschaften von Betonstahl

Produktart		Stäbe und Betonstabstahl vom Ring			Betonstahlmatten			Anforderung oder Quantilwert (%)
Klasse	ϕ	A	B	C	A	B	C	–
Ermüdungsschwingbreite (N/mm²) (für $N \geq 1 \cdot 10^6$ Lastzyklen) mit einer Obergrenze von $0,6 \cdot f_{yk}$	≤ 28 mm		≥ 175			≥ 100		5,0
	> 28 mm	–	≥ 145		–			
Verbund: Mindestwerte der bezogenen Rippenfläche, $f_{R,min}$	Nenn-ϕ (mm) 5 – 6 / 6,5 – 8,5 / 9 – 10,5 / 11 – 40	0,039 / 0,045 / 0,052 / 0,056						min 5,0

(2) Die Werte für f_{yk}, k und ε_{uk} aus Tabelle C.1 sind charakteristische Werte. Die rechte Spalte aus Tabelle C.1 gibt für jeden charakteristischen Wert den maximalen Prozentwert der Testergebnisse an, die unterhalb des charakteristischen Wertes liegen.

Eurocode 2: DIN EN 1992-1-1 mit Nationalem Anhang Anhänge	Hinweise

(3) EN 10080 gibt weder den Quantilwert charakteristischer Werte noch die Bewertung von Versuchsergebnissen einzelner Testeinheiten an.

Um daher den Qualitätsanforderungen der ständigen Produktion nach Tabelle C.1 zu genügen, sind in der Regel die nachfolgenden Grenzwerte auf Versuchsergebnisse anzuwenden:

- wenn alle Einzelversuchsergebnisse einer Versuchsreihe den charakteristischen Wert übersteigen (oder im Falle des Maximalwerts f_{yk} oder k unter dem charakteristischen Wert liegen), darf davon ausgegangen werden, dass die Versuchsreihe den Anforderungen genügt;
- die Einzelwerte der Streckgrenze $f_{y,k}$ und ε_u müssen in der Regel größer als die Mindestwerte und kleiner als die Höchstwerte sein. Darüber hinaus muss der Mittelwert M einer Versuchseinheit in der Regel nachfolgende Gleichung erfüllen:

$$M \geq C_v + a \qquad (C.3)$$

Dabei ist

C_v der charakteristische Langzeitwert;

a der Beiwert, der von den betrachteten Parametern abhängt.

==Die landesspezifischen Werte für a, f_{yk}, k und ε_{uk} dürfen DIN 488 oder Zulassungen entnommen werden.==

C.2 Festigkeiten

(1)P Die tatsächliche maximale Streckgrenze $f_{y,max}$ darf nicht größer als $1{,}3f_{yk}$ sein.

C.3 Biegbarkeit

(1)P Die Biegbarkeit muss nach den Biege-/Rückbiegeversuchen nach EN 10080 und EN ISO 15630-1 nachgewiesen werden. In den Fällen, in denen der Nachweis lediglich mit einem Rückbiegeversuch erbracht wird, darf der Biegerollendurchmesser nicht größer sein als der für Biegung nach Tabelle ==8.1DE== dieses Eurocodes definierte Wert. Um die Biegbarkeit sicherzustellen, darf nach dem Versuch keine Rissbildung zu erkennen sein.

Anhang D (informativ): Genauere Methode zur Berechnung von Spannkraftverlusten aus Relaxation

D.1 Allgemeines

(1) Werden die Verluste aus Relaxation für einzelne Zeitintervalle (Laststufen) berechnet, in denen die Spannung im Spannglied nicht konstant ist, z. B. aufgrund elastischer Verformungen des Betons, ist in der Regel das Verfahren der äquivalenten Belastungsdauer anzuwenden.

(2) Das Konzept des Verfahrens der äquivalenten Belastungsdauer ist in Bild D.1 dargestellt, wobei zum Zeitpunkt t_i eine unmittelbare Verformung des Spannglieds vorliegt. Dabei ist

σ_{pi}^- die Zugspannung im Spannstahl direkt vor t_i;

σ_{pi}^+ die Zugspannung im Spannstahl direkt nach t_i;

σ_{pi-1}^+ die Zugspannung im Spannstahl in der vorhergehenden Laststufe;

$\Delta\sigma_{pr,i-1}$ die Spannungsänderung im Spannstahl infolge der Relaxation während der vorhergehenden Laststufe;

$\Delta\sigma_{pr,i}$ die Spannungsänderung im Spannstahl infolge der Relaxation während der betrachteten Laststufe.

(3) Wenn $\sum_{1}^{i-1} \Delta\sigma_{pr,j}$ die Summe aller Relaxationsverluste der vorhergehenden Laststufen ist, dann ist t_e als die äquivalente Belastungsdauer (in Stunden) definiert, die mit den Relaxationsgleichungen in 3.3.2 (7) diese Summe der Relaxationsverluste mit einer Ausgangsspannung

$\sigma_{pi}^+ + \sum_{1}^{i-1} \Delta\sigma_{pr,j}$ und mit $\mu = \dfrac{\sigma_{pi}^+ + \sum_{1}^{i-1} \Delta\sigma_{pr,j}}{f_{pk}}$ ergibt.

(4) Für ein Spannglied der Klasse 2 wird t_e nach Gleichung (3.29) beispielsweise:

$$\sum_{1}^{i-1} \Delta\sigma_{pr,j} = 0{,}66 \cdot \rho_{1000} \cdot e^{9{,}09\mu} \left(\dfrac{t_e}{1\,000}\right)^{0{,}75(1-\mu)} \cdot \left\{\sigma_{pi}^+ + \sum_{1}^{i-1} \Delta\sigma_{pr,j}\right\} 10^{-5} \quad \text{(D.1)}$$

(5) Löst man die obige Gleichung nach t_e auf, so kann die gleiche Formel verwendet werden, um die Relaxationsverluste $\Delta\sigma_{pr,i}$ der betrachteten Laststufe abzuschätzen (wobei die äquivalente Belastungsdauer zur Dauer der betrachteten Laststufe addiert wird):

$$\Delta\sigma_{pr,i} = 0{,}66 \cdot \rho_{1000} \cdot e^{9{,}09\mu} \left(\dfrac{t_e + \Delta t_i}{1\,000}\right)^{0{,}75(1-\mu)} \cdot \left\{\sigma_{pi}^+ + \sum_{1}^{i-1} \Delta\sigma_{pr,j}\right\} 10^{-5} - \sum_{1}^{i-1} \Delta\sigma_{pr,j} \quad \text{(D.2)}$$

(6) Dieses Prinzip lässt sich auf alle drei Klassen von Spanngliedern anwenden.

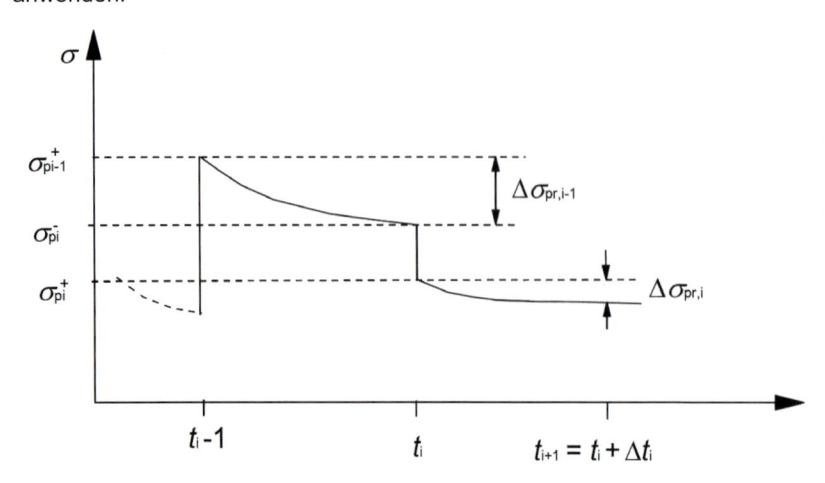

Die drei Relaxationsklassen für Spannstahl aus EN 1992-1-1, 3.3.2, sind in Deutschland nicht anzuwenden. Es gelten die Werte aus den Zulassungen für die verschiedenen Zeitintervalle.

Bild D.1 – Verfahren der äquivalenten Belastungsdauer

Eurocode 2: DIN EN 1992-1-1 mit Nationalem Anhang Anhänge	Hinweise

Anhang E (normativ): Indikative Mindestfestigkeitsklassen zur Sicherstellung der Dauerhaftigkeit

E.1 Allgemeines

(1) Die Wahl eines ausreichend dauerhaften Betons zum Schutz vor Bewehrungskorrosion und Betonangriff erfordert die Berücksichtigung der Betonzusammensetzung. Dies kann dazu führen, dass eine höhere Betonfestigkeitsklasse erforderlich wird als aus der Bemessung. Der Zusammenhang zwischen Betonfestigkeitsklassen und Expositionsklassen (siehe Tabelle 4.1) darf mittels indikativer Mindestfestigkeitsklassen nach Tabelle E.1DE beschrieben werden.

(2) Wird eine höhere Betonfestigkeitsklasse als aus der Bemessung erforderlich, ist in der Regel der Wert von f_{ctm} für die Bestimmung der Mindestbewehrung nach 7.3.2 und 9.2.1.1 und für die Rissbreitenbegrenzung nach 7.3.3 und 7.3.4 an die höhere Festigkeitsklasse anzupassen.

Die Dicke der Betondeckung nach 4.4.1 und ihre Dichtheit sind mit den Mindestanforderungen an die Betonzusammensetzung für die Expositionsklassen nach DIN 1045-2, Tabellen F.2.1 und F.2.2 verknüpft (z. B. Wasserzementwert, Mindestzementmenge). Die sich daraus ergebenden Mindestfestigkeitsklassen entsprechen denen in Tabelle E.1DE.

Tabelle E.1DE – Indikative Mindestfestigkeitsklassen

	Expositionsklasse nach Tabelle 4.1									
	Bewehrungskorrosion									
	ausgelöst durch Karbonatisierung				ausgelöst durch Chloride, ausgenommen Meerwasser			ausgelöst durch Chloride aus Meerwasser		
	XC1	XC2	XC3	XC4	XD1	XD2	XD3	XS1	XS2	XS3
Indikative Mindestfestigkeitsklasse	C16/20	C16/20	C20/25	C25/30	C30/37 a)	C35/45 a) oder c)	C35/45 a)	C30/37 a)	C35/45 a) oder c)	C35/45 a)
	Betonangriff									
	Kein Angriffsrisiko	durch Frost mit und ohne Taumittel				durch chemischen Angriff der Umgebung				
	X0	XF1	XF2	XF3	XF4	XA1	XA2	XA3		
Indikative Mindestfestigkeitsklasse	C12/15	C25/30	C25/30 LP b) C35/45 c)	C25/30 LP b) C35/45 c)	C30/37 LP b) d) e)	C25/30	C35/45 a) oder c)	C35/45 a)		

a) Bei Verwendung von Luftporenbeton, z. B. aufgrund gleichzeitiger Anforderungen aus der Expositionsklasse XF, eine Betonfestigkeitsklasse niedriger; siehe auch Fußnote b).

b) Diese Mindestbetonfestigkeitsklassen gelten für Luftporenbeton mit Mindestanforderungen an den mittleren Luftgehalt im Frischbeton nach DIN 1045-2 unmittelbar vor dem Einbau.

c) Bei langsam und sehr langsam erhärtenden Betonen ($r < 0,30$ nach DIN EN 206-1) eine Festigkeitsklasse im Alter von 28 Tagen niedriger. Die Druckfestigkeit zur Einteilung in die geforderte Druckfestigkeitsklasse ist auch in diesem Fall an Probekörpern im Alter von 28 Tagen zu bestimmen.

d) Erdfeuchter Beton mit $w/z \leq 0,40$ auch ohne Luftporen.

e) Bei Verwendung eines CEM III/B gemäß DIN 1045-2:2008-08, Tabelle F.3.3, Fußnote c) für Räumerlaufbahnen in Beton ohne Luftporen mindestens C40/50 (hierbei gilt: $w/z \leq 0,35$, $z \geq 360$ kg/m³).

Anhang F (informativ): Gleichungen für Zugbewehrung für den ebenen Spannungszustand

Der informative Anhang F ist in Deutschland nicht anzuwenden.

Anhang G (informativ): Boden-Bauwerk-Interaktion

Der informative Anhang G ist in Deutschland nicht anzuwenden.

Anhang H (informativ): Nachweise am Gesamttragwerk nach Theorie II. Ordnung

H.1 Kriterien zur Vernachlässigung der Nachweise nach Theorie II. Ordnung

H.1.1 Allgemeines

(1) Abschnitt H.1 enthält Kriterien für Tragwerke, bei denen die Bedingungen aus 5.8.3.3 (1) nicht erfüllt sind. Diese Kriterien beruhen auf 5.8.2 (6) und berücksichtigen die durch Biegung und Querkraft hervorgerufenen globalen (d. h. auf das Gesamttragwerk bezogenen) Verformungen, wie in Bild H.1 dargestellt.

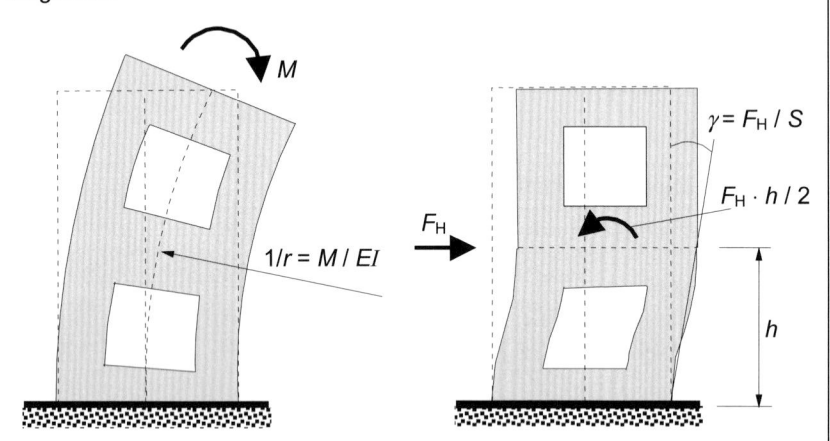

Bild H.1 – Definition der globalen Krümmung und Schubverformung ($1/r$ bzw. γ) und die entsprechenden Steifigkeiten (EI bzw. S)

H.1.2 Aussteifungssystem ohne wesentliche Schubverformungen

(1) Für Aussteifungssysteme ohne wesentliche Schubverformungen (z. B. Wandscheiben ohne Öffnungen) dürfen die globalen Auswirkungen nach Theorie II. Ordnung vernachlässigt werden, falls:

$$F_{V,Ed} \leq 0{,}1 \cdot F_{V,BB} \tag{H.1}$$

Dabei ist

$F_{V,Ed}$ die gesamte vertikale Last (auf ausgesteifte und aussteifende Bauteile);

$F_{V,BB}$ die globale nominale Grenzlast für globale Biegung, siehe (2). *(Hinweis: Grenzlast = vertikale Grenzlast = Knicklast)*

(2) Die globale nominale Grenzlast für globale Biegung darf mit folgender Gleichung angenommen werden

$$F_{V,BB} = \xi \cdot \Sigma EI / L^2 \tag{H.2}$$

Dabei ist

ξ ein Beiwert, der von der Anzahl der Geschosse, der Änderung der Steifigkeit, dem Grad der Fundamenteinspannung und der Lastverteilung abhängt, siehe (4);

ΣEI die Summe der Biegesteifigkeiten der Aussteifungsbauteile in der betrachteten Richtung, einschließlich möglicher Auswirkungen durch Rissbildung, siehe (3);

L die Gesamthöhe des Gebäudes oberhalb der Einspannung.

(3) Fehlen genauere Berechnungen der Biegesteifigkeit, darf die folgende Gleichung für ein Aussteifungsbauteil mit *gerissenem* Querschnitt verwendet werden:

$$EI \approx 0{,}4 \cdot E_{cd} I_c \tag{H.3}$$

Dabei ist

$E_{cd} = E_{cm} / \gamma_{CE}$ der Bemessungswert des Beton-E-Moduls, siehe 5.8.6 (3); *(hier: $\gamma_{CE} = 1{,}2$)*

I_c das Flächenmoment 2. Grades des Aussteifungsbauteils.

Falls nachgewiesen werden kann, dass der Querschnitt im Grenzzustand der Tragfähigkeit *ungerissen* ist, darf die Konstante 0,4 in Gleichung (H.3) durch 0,8 ersetzt werden.

(4) Wenn die Aussteifungsbauteile eine konstante Steifigkeit entlang der Höhe aufweisen und wenn die gesamte vertikale Belastung um denselben Betrag pro Geschoss ansteigt, darf ξ folgendermaßen angesetzt werden

$$\xi = 7{,}8 \cdot \frac{n_s}{n_s + 1{,}6} \cdot \frac{1}{1 + 0{,}7 \cdot k} \tag{H.4}$$

Dabei ist

n_s die Anzahl der Geschosse;

k die bezogene Steifigkeit der Einspannung, siehe (5).

(5) Die bezogene Steifigkeit der Einspannung am Fundament wird definiert als:

$$k = (\theta / M) \cdot (EI / L) \tag{H.5}$$

Dabei ist

θ die Rotation infolge des Biegemoments M;

EI die Biegesteifigkeit nach (3);

L die Gesamthöhe der Aussteifungseinheit.

ANMERKUNG Für $k = 0$, d. h. volle Einspannung, dürfen die Gleichungen (H.1) bis (H.4) in der Gleichung (5.18) zusammengefasst werden, wobei der Beiwert 0,31 aus $0{,}1 \cdot 0{,}4 \cdot 7{,}8 \approx 0{,}31$ folgt.

H.1.3 Aussteifungssystem mit wesentlichen globalen Schubverformungen

(1) Globale Auswirkungen nach Theorie II. Ordnung dürfen vernachlässigt werden, wenn die folgende Bedingung erfüllt ist:

$$F_{V,Ed} \leq 0{,}1 \cdot F_{V,B} = 0{,}1 \cdot \frac{F_{V,BB}}{1 + F_{V,BB} / F_{V,BS}} \tag{H.6}$$

Dabei ist

$F_{V,B}$ die globale Grenzlast unter Berücksichtigung der globalen Biegung *und* Querkraft;   *d. h. Knicklast unter Berücksichtigung der Biege- und Querkraftverformungen*

$F_{V,BB}$ die globale Grenzlast für reine Biegung, siehe H.1.2 (2);   *Grenzlast = vertikale Grenzlast = Knicklast*

$F_{V,BS}$ die globale Grenzlast für reine Querkraft, $F_{V,BS} = \Sigma S$;

ΣS die gesamte Schubsteifigkeit (Kraft bezogen auf den Schubwinkel) der aussteifenden Bauteile (siehe Bild H.1).

ANMERKUNG Die globale Schubverformung eines aussteifenden Bauteils wird üblicherweise durch lokale Biegeverformungen (Bild H.1) bestimmt. Aus diesem Grund darf bei Fehlen einer genaueren Berechnung die Rissbildung für S auf dieselbe Weise wie für EI berücksichtigt werden, siehe H.1.2 (3).

H.2 Berechnungsverfahren für globale Auswirkungen nach Theorie II. Ordnung

(1) Dieser Abschnitt beruht auf der linearen Ermittlung der Schnittgrößen nach Theorie II. Ordnung gemäß 5.8.7. Globale Auswirkungen nach Theorie II. Ordnung dürfen bei der Schnittgrößenermittlung von Tragwerken mit fiktiven, vergrößerten Horizontalkräften $F_{H,Ed}$ berücksichtigt werden:

$$F_{H,Ed} = \frac{F_{H,0Ed}}{1 - F_{V,Ed} / F_{VB}} \tag{H.7}$$

Dabei ist

$F_{H,0Ed}$ die Horizontalkraft nach Theorie I. Ordnung aufgrund von Wind, Imperfektionen usw.;

$F_{V,Ed}$ die gesamte vertikale Last, die auf aussteifende *und* ausgesteifte Bauteile einwirkt;

$F_{V,B}$ die globale nominale Grenzlast, siehe (2).

(2) Die Grenzlast $F_{V,B}$ darf nach H.1.3 bestimmt werden (oder nach H.1.2, wenn globale Schubverformungen vernachlässigbar sind). In diesem Fall sind in der Regel jedoch die Nennsteifigkeitswerte nach 5.8.7.2 unter Berücksichtigung des Kriechens zu verwenden.

(3) In Fällen, in denen die globale Grenzlast $F_{V,B}$ nicht definiert ist, darf ersatzweise die nachfolgende Gleichung verwendet werden:

$$F_{H,Ed} = \frac{F_{H,0Ed}}{1 - F_{H,1Ed} / F_{H,0Ed}} \quad (H.8)$$

Grenzlast = vertikale Grenzlast = Knicklast

Dabei ist

$F_{H,1Ed}$ die fiktive Horizontalkraft, die die gleichen Biegemomente ergibt wie die Vertikalkraft $N_{V,Ed}$ die auf das verformte Tragwerk einwirkt; mit Verformungen aufgrund von $F_{H,0Ed}$ (Verformung nach Theorie I. Ordnung) und berechnet mit den Nennsteifigkeitswerten nach 5.8.7.2.

ANMERKUNG Die Gleichung (H.8) folgt aus einer schrittweisen numerischen Berechnung, in der die Auswirkungen der Vertikallast und der Verformungsvergrößerungen, die als äquivalente Horizontalkräfte ausgedrückt werden, fortlaufend summiert werden. Die Vergrößerungen werden nach einigen Schritten eine geometrische Reihe bilden. Unter der Annahme, dass dies bereits im ersten Schritt der Fall ist (was der Annahme entspricht, dass in 5.8.7.3 (3) $\beta = 1$ ist), darf die Summe wie in Gleichung (H.8) ausgedrückt werden. Für diese Annahme müssen die Steifigkeitswerte der Endverformung in allen Schritten verwendet werden (dies ist auch die Grundannahme der Schnittgrößenermittlung auf Grundlage der Nennsteifigkeitswerte).

In anderen Fällen, z. B. wenn im ersten Berechnungsschritt von ungerissenen Querschnitten ausgegangen wird, eine Rissbildung jedoch in späteren Schritten auftritt oder wenn sich die Verteilung der äquivalenten Horizontalkräfte innerhalb der ersten Schritte wesentlich ändert, müssen zusätzliche Schritte in die Berechnung eingefügt werden, bis die Annahme einer geometrischen Serie erfüllt ist.

Ein Beispiel mit zwei Schritten mehr als in Gleichung (H.8) ist:
$F_{H,Ed} = F_{H,0Ed} + F_{H,1Ed} + F_{H,2Ed} / (1 - F_{H,3Ed} / F_{H,2Ed})$.

Anhang I (informativ): Ermittlung der Schnittgrößen bei Flachdecken und Wandscheiben

Der informative Anhang I ist in Deutschland nicht anzuwenden.

Eurocode 2: DIN EN 1992-1-1 mit Nationalem Anhang Anhänge	Hinweise

Anhang J (normativ): Konstruktionsregeln für ausgewählte Beispiele

J.1 Oberflächenbewehrung

(1) Oberflächenbewehrung zur Vermeidung von Betonabplatzungen ist in der Regel erforderlich, wenn die Hauptbewehrung

– Stäbe mit Durchmesser größer 32 mm oder

– Stabbündel mit einem Vergleichsdurchmesser größer als 32 mm (siehe 8.8)

aufweist.

siehe 8.9 Stabbündel

Die Oberflächenbewehrung muss in der Regel aus Betonstahlmatten oder Stäben mit kleinen Durchmessern $\phi \leq 10$ mm bestehen und außerhalb der Bügel liegen, siehe Bild J.1.

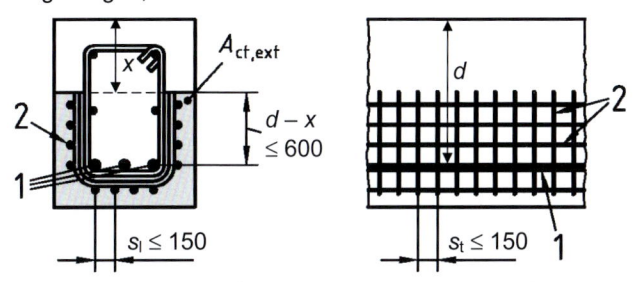

Maße in [mm]

1 – Einzelstäbe oder Stabbündel mit ϕ bzw. $\phi_h > 32$ mm

2 – Oberflächenbewehrung $A_{s,surf} \geq 0{,}02 A_{ct,ext}$

x – Höhe der Druckzone im GZT

Bild J.1 – Beispiele für Oberflächenbewehrung

(2) Die Querschnittsfläche der Oberflächenbewehrung $A_{s,surf}$ muss in der Regel in den zwei Richtungen parallel und orthogonal zur Zugbewehrung des Balkens mindestens $A_{s,surfmin} = 0{,}02 A_{ct,ext}$ betragen.

ANMERKUNG Dabei ist $A_{ct,ext}$ die Querschnittsfläche des Betons unter Zug außerhalb der Bügel (siehe Bild J.1).

(3) Bei einer Betondeckung von über 70 mm ist in der Regel für eine erhöhte Dauerhaftigkeit eine ähnliche Oberflächenbewehrung mit einer Querschnittsfläche von $0{,}005 A_{ct,ext}$ in beiden Richtungen vorzusehen.

Beachte auch evt. erforderliche Brandschutzbewehrung in dicken Betondeckungen (Achsabstand $a \geq 70$ mm) nach DIN EN 1992-1-2:2010-12, 4.5.2.

(4) Die Mindestbetondeckung für die Oberflächenbewehrung ist in 4.4.1.2 angegeben.

(5) Die Längsstäbe der Oberflächenbewehrung dürfen als Biegebewehrung in Längsrichtung und die Querstäbe dürfen als Querkraftbewehrung berücksichtigt werden, soweit sie den jeweiligen Bewehrungsregeln entsprechen.

NA.J.4 Oberflächenbewehrung bei vorgespannten Bauteilen

(NCI) Die Abschnitte J.2 Rahmenecken und J.3 Konsolen werden gestrichen (informativ im DAfStb-Heft 600).

(1)P Bei Bauteilen mit Vorspannung ist stets eine Oberflächenbewehrung nach Tabelle NA.J.4.1 anzuordnen.

Die Grundwerte ρ sind dabei mit $\rho = 0{,}16\, f_{ctm} / f_{yk}$ einzusetzen.

(2) Bei Vorspannung mit sofortigem Verbund dürfen diejenigen Spannglieder vollflächig auf die Oberflächenbewehrung angerechnet werden, die im Bereich der zweifachen Betondeckung der Oberflächenbewehrung aus Betonstahl nach 4.4.1 liegen.

(3)P Die Oberflächenbewehrung ist in der Zug- und Druckzone von Platten in Form von Bewehrungsnetzen anzuordnen, die aus zwei sich annähernd rechtwinklig kreuzenden Bewehrungslagen mit der jeweils nach Tabelle NA.J.4.1 erforderlichen Querschnittsfläche bestehen. Dabei darf der Stababstand 200 mm nicht überschreiten.

(4) In Bauteilen, die den Umgebungsbedingungen der Expositionsklasse XC1 ausgesetzt sind, darf die Oberflächenbewehrung am äußeren Rand der Druckzone nach Tabelle NA.J.4.1, Zeile 2, Spalte 1 entfallen.

(5) Für Platten aus Fertigteilen mit einer kleineren Breite als 1,20 m darf die Oberflächenbewehrung in Querrichtung nach Tabelle NA.J.4.1, Zeile 2 entfallen.

(6) Eine Addition der aus den Anforderungen nach Absatz (1), 9.2.1.1 und 7.3.2 resultierenden Längsbewehrung ist nicht erforderlich. In jedem Querschnitt ist der jeweils größere Wert maßgebend.

(7) Die Oberflächenbewehrung nach Absatz (1) darf bei allen Nachweisen in den Grenzzuständen der Tragfähigkeit und der Gebrauchstauglichkeit auf die jeweils erforderliche Bewehrung angerechnet werden, wenn sie die Regelungen für die Anordnung und Verankerung dieser Bewehrungen erfüllt.

Hinweise:
9.2.1.1 Mindestbewehrung
7.3.2 Bewehrung für die Begrenzung der Rissbreite

Tabelle NA.J.4.1 – Mindestoberflächenbewehrung für die verschiedenen Bereiche eines vorgespannten Bauteils

Bauteilbereich		Platten, Gurtplatten und breite Balken mit $b_w > h$ je m		Balken mit $b_w \leq h$ und Stege von Plattenbalken und Kastenträgern	
		Bauteile in Umgebungsbedingungen der Expositionsklassen			
		XC1 bis XC4	sonstige	XC1 bis XC4	sonstige
1	– bei Balken an jeder Seitenfläche – bei Platten mit $h \geq 1,0$ m an jedem gestützten oder nicht gestützten Rand [a]	$0,5\,\rho\,h$ bzw. $0,5\,\rho\,h_f$	$1,0\,\rho\,h$ bzw. $1,0\,\rho\,h_f$	$0,5\,\rho\,b_w$ je m	$1,0\,\rho\,b_w$ je m
2	– in der Druckzone von Balken und Platten am äußeren Rand [b] – in der vorgedrückten Zugzone von Platten [a), b)]	$0,5\,\rho\,h$ bzw. $0,5\,\rho\,h_f$	$1,0\,\rho\,h$ bzw. $1,0\,\rho\,h_f$	–	$1,0\,\rho\,h\,b_w$
3	– in Druckgurten mit $h > 120$ mm (obere und untere Lage je für sich) [a]	–	$1,0\,\rho\,h_f$	–	–

[a] Eine Oberflächenbewehrung größer als 3,35 cm²/m je Richtung ist nicht erforderlich.
[b] Siehe Absätze (4) und (5).

Es bedeuten:
h die Höhe des Balkens oder die Dicke der Platte;
h_f die Dicke des Druck- oder Zuggurtes von profilierten Querschnitten;
b_w die Stegbreite des Balkens;
ρ der Grundwert nach 9.2.2 (5), Gleichung (9.5aDE).

Grundwerte nach Gl. (9.5aDE) mit $\rho = 0,16\, f_{ctm} / f_{yk}$:

f_{ck} [N/mm²]	ρ [‰]
25	0,82
30	0,93
35	1,03
40	1,12
45	1,21
50	1,30
55	1,35
60	1,39
70	1,48
80	1,55
90	1,61
100	1,67

$\phi 8 / 150$ mm = 3,35 cm²/m

Erläuterungen zum Eurocode 2: Bemessung und Konstruktion von Stahlbeton- und Spannbetontragwerken – Teil 1-1: Allgemeine Bemessungsregeln und Regeln für den Hochbau:2011-01

Der zweite Teil dieses Buches enthält ausführlichere Erläuterungen und Hintergrundinformationen zu DIN EN 1992-1-1. Diese betreffen insbesondere die gegenüber DIN 1045-1 neuen Regelungen sowie die durch den Nationalen Anhang (NA) gegenüber EN 1992-1-1 abweichenden Regelungen infolge der national festzulegenden Parameter (NDP) und der nationalen Ergänzungen (NCI).

Da für viele nationale Festlegungen und Ergänzungen im NA die Erläuterungen aus dem DAfStb-Heft 525 [D525] weiterhin gültig sind, wurden sie bei der Zusammenstellung der Kommentare übernommen. Darüberhinausgehende Erläuterungen befinden sich im neuen DAfStb-Heft 600 [D600] zum Eurocode 2, das die durch den Normenausschuss NABau 005-07-01 „Bemessung und Konstruktion" autorisierte Auslegung der Norm darstellt.

Ergänzt werden einige Beispiele und Diagramme, die das Verständnis und die Auslegung der Norm verbessern sollen. Für ausführlich durchgearbeitete Beispiele, insbesondere im Hinblick auf einen Normenvergleich, wird auch auf die Beispielsammlungen zu Eurocode 2 und DIN 1045-1 des Deutschen Beton- und Bautechnik-Vereins E.V. [DBV10], [DBV11] verwiesen.

Einige der Grafiken aus dem ersten Teil finden sich hier in vergrößerter Darstellung wieder. Die Gliederung der Erläuterungen erfolgt zweckmäßigerweise entsprechend der Normgliederung.

Zur schnelleren Einarbeitung in den Eurocode 2 werden für den mit DIN 1045-1 vertrauten Leser in einem Anhang Zuordnungstabellen angegeben, die das Auffinden der vergleichbaren Abschnitte und Gleichungen im Eurocode 2 erleichtern.

Inhalt

Einleitung	202
Begriffe und Abkürzungen	204
Bauaufsichtliche Einführung in Deutschland	205
Harmonisierte Technische Spezifikationen für Bauprodukte und Zulassungen	205

Erläuterungen zum Normentext

Zum Vorwort	206
Zu 1 ALLGEMEINES	
Zu 1.2 Normative Verweisungen	207
Zu 1.5 Begriffe	207
Zu 1.6 Formelzeichen	207
Zu 2 GRUNDLAGEN DER TRAGWERKSPLANUNG	
Zu 2.1 Anforderungen	208
Zu 2.1.2 Behandlung der Zuverlässigkeit	208
Zu 2.1.3 Nutzungsdauer, Dauerhaftigkeit und Qualitätssicherung	209
Zu 2.3 Basisvariablen	209
Zu 2.3.1 Einwirkungen und Umgebungseinflüsse	209
Zu 2.3.1.1 Allgemeines	209
Zu 2.3.1.2 Temperaturauswirkungen	209
Zu 2.3.1.3 Setzungs-/Bewegungsunterschiede	210
Zu 2.3.1.4 Vorspannung	210
Zu 2.3.3 Verformungseigenschaften des Betons	210
Zu 2.3.4 Geometrische Angaben	211
Zu 2.3.4.2 Zusätzliche Anforderungen an Bohrpfähle	211
Zu 2.4 Nachweisverfahren mit Teilsicherheitsbeiwerten	211
Zu 2.4.1 Allgemeines	211
Zu 2.4.2 Bemessungswerte	211
Zu 2.4.2.2 Teilsicherheitsbeiwerte für Einwirkungen aus Vorspannung	211
Zu 2.4.2.3 Teilsicherheitsbeiwerte für Einwirkungen beim Nachweis gegen Ermüdung	212
Zu 2.4.2.4 Teilsicherheitsbeiwerte für Baustoffe	212
Zu 2.4.2.5 Teilsicherheitsbeiwerte für Baustoffe bei Gründungsbauteilen	213
Zu 2.4.3 Kombinationsregeln für Einwirkungen	213
Zu 2.5 Versuchsgestützte Bemessung	214
Zu 2.6 Zusätzliche Anforderungen an Gründungen	214
Zu NA.2.8 Bautechnische Unterlagen	215
Zu 3 BAUSTOFFE	
Zu 3.1 Beton	217
Zu 3.1.2 Festigkeiten	217
Zu 3.1.3 Elastische Verformungseigenschaften	218
Zu 3.1.4 Kriechen und Schwinden	219
Zu 3.1.5 Spannungs-Dehnungs-Linie für nichtlineare Verfahren und Verformungsberechnungen	221
Zu 3.1.6 Bemessungswert der Betondruck- und Betonzugfestigkeit	221
Zu 3.1.7 Spannungs-Dehnungs-Linie für die Querschnittsbemessung	222
Zu 3.1.8 Biegezugfestigkeit	223
Zu 3.1.9 Beton unter mehraxialer Druckbeanspruchung	223
Zu 3.2 Betonstahl	224
Zu 3.2.1 Allgemeines	224
Zu 3.2.2 Eigenschaften	225
Zu 3.2.5 Schweißen	225
Zu 3.2.7 Spannungs-Dehnungs-Linie für die Querschnittsbemessung	226
Zu 3.3 Spannstahl	227
Zu 3.3.2 Eigenschaften	227
Zu 3.3.4 Duktilitätseigenschaften	229
Zu 3.3.6 Spannungs-Dehnungs-Linie für die Querschnittsbemessung	229
Zu 3.4 Komponenten von Spannsystemen	229
Zu 3.4.1 Verankerungen und Spanngliedkopplungen	229

Zu 4 DAUERHAFTIGKEIT UND BETONDECKUNG

Zu 4.2 Umgebungsbedingungen — 230

Zu 4.4 Nachweisverfahren — 234
- Zu 4.4.1 Betondeckung — 234
    - Zu 4.4.1.1 Allgemeines — 234
    - Zu 4.4.1.2 Mindestbetondeckung — 234
    - Zu 4.4.1.3 Vorhaltemaß — 236

Zu 5 ERMITTLUNG DER SCHNITTGRÖSSEN

Zu 5.1 Allgemeines — 240
- Zu 5.1.1 Grundlagen — 240
- Zu 5.1.2 Besondere Anforderungen an Gründungen — 240
- Zu 5.1.3 Lastfälle und Einwirkungskombinationen — 240

Zu 5.2 Imperfektionen — 240

Zu 5.3 Idealisierungen und Vereinfachungen — 242
- Zu 5.3.1 Tragwerksmodelle für statische Berechnungen — 242
- Zu 5.3.2 Geometrische Angaben — 243
    - Zu 5.3.2.1 Mitwirkende Plattenbreite — 243
    - Zu 5.3.2.2 Effektive Stützweite von Balken und Platten im Hochbau — 243

Zu 5.4 Linear-elastische Berechnung — 244

Zu 5.5 Linear-elastische Berechnung mit begrenzter Umlagerung — 244

Zu 5.6 Verfahren nach der Plastizitätstheorie — 245
- Zu 5.6.1 Allgemeines — 245
- Zu 5.6.2 Balken, Rahmen und Platten — 245
- Zu 5.6.3 Vereinfachter Nachweis der plastischen Rotation — 245
- Zu 5.6.4 Stabwerkmodelle — 246

Zu 5.7 Nichtlineare Verfahren — 247

Zu 5.8 Berechnung von Bauteilen unter Normalkraft nach Theorie II. Ordnung — 248
- Zu 5.8.2 Allgemeines — 248
- Zu 5.8.3 Vereinfachte Nachweise für Bauteile unter Normalkraft nach Theorie II. Ordnung — 248
    - Zu 5.8.3.1 Grenzwert der Schlankheit für Einzeldruckglieder — 248
    - Zu 5.8.3.3 Nachweise am Gesamttragwerk nach Theorie II. Ordnung im Hochbau — 248
- Zu 5.8.4 Kriechen — 249
- Zu 5.8.5 Berechnungsverfahren — 250
- Zu 5.8.6 Allgemeines Verfahren — 250
- Zu 5.8.8 Verfahren mit Nennkrümmung — 250
    - Zu 5.8.8.1 Allgemeines — 250
    - Zu 5.8.8.2 Biegemomente — 250
    - Zu 5.8.8.3 Krümmung — 251
- Zu 5.8.9 Druckglieder mit zweiachsiger Ausmitte — 251

Zu 5.9 Seitliches Ausweichen schlanker Träger — 251

Zu 5.10 Spannbetontragwerke — 252
- Zu 5.10.1 Allgemeines — 252
- Zu 5.10.2 Vorspannkraft während des Spannvorgangs — 252
    - Zu 5.10.2.1 Maximale Vorspannkraft — 252
    - Zu 5.10.2.2 Begrenzung der Betondruckspannungen — 253
- Zu 5.10.3 Vorspannkraft nach dem Spannvorgang — 253
- Zu 5.10.5 Sofortige Spannkraftverluste bei nachträglichem Verbund — 253
    - Zu 5.10.5.1 Elastische Verformung des Betons — 253
- Zu 5.10.6 Zeitabhängige Spannkraftverluste bei sofortigem und nachträglichem Verbund — 253
- Zu 5.10.8 Grenzzustand der Tragfähigkeit — 253
- Zu 5.10.9 Grenzzustände der Gebrauchstauglichkeit und der Ermüdung — 253

Zu 6 NACHWEISE IN DEN GRENZZUSTÄNDEN DER TRAGFÄHIGKEIT (GZT)

Zu 6.1 Biegung mit oder ohne Normalkraft und Normalkraft allein — 255

Zu 6.2 Querkraft — 256
- Zu 6.2.1 Nachweisverfahren — 256
- Zu 6.2.2 Bauteile ohne rechnerisch erforderliche Querkraftbewehrung — 256
- Zu 6.2.3 Bauteile mit rechnerisch erforderlicher Querkraftbewehrung — 259
- Zu 6.2.4 Schubkräfte zwischen Balkensteg und Gurten — 260
- Zu 6.2.5 Schubkraftübertragung in Fugen — 261

Zu 6.3 Torsion — 263
- Zu 6.3.2 Nachweisverfahren — 263

Zu 6.4 Durchstanzen	**263**
Zu 6.4.1 Allgemeines	263
Zu 6.4.2 Lasteinleitung und Nachweisschnitte	264
Zu 6.4.3 Nachweisverfahren	264
Zu 6.4.4 Durchstanzwiderstand für Platten oder Fundamente ohne Durchstanzbewehrung	269
Zu 6.4.5 Durchstanztragfähigkeit für Platten oder Fundamente mit Durchstanzbewehrung	273
Zu 6.5 Stabwerkmodelle	**282**
Zu 6.5.1 Allgemeines	282
Zu 6.5.2 Bemessung der Druckstreben	282
Zu 6.5.3 Bemessung der Zugstreben	282
Zu 6.5.4 Bemessung der Knoten	284
Zu 6.7 Teilflächenbelastung	**285**
Zu 6.8 Nachweis gegen Ermüdung	**285**
Zu 6.8.1 Allgemeines	285
Zu 6.8.2 Innere Kräfte und Spannungen beim Nachweis gegen Ermüdung	285
Zu 6.8.4 Nachweisverfahren für Betonstahl und Spannstahl	286
Zu 6.8.5 Nachweis gegen Ermüdung über schädigungsäquivalente Schwingbreiten	287
Zu 6.8.6 Vereinfachte Nachweise	287
Zu 6.8.7 Nachweis gegen Ermüdung des Betons unter Druck oder Querkraftbeanspruchung	288
Zu 7 NACHWEISE IN DEN GRENZZUSTÄNDEN DER GEBRAUCHSTAUGLICHKEIT (GZG)	
Zu 7.2 Begrenzung der Spannungen	**289**
Zu 7.3 Begrenzung der Rissbreiten	**289**
Zu 7.3.1 Allgemeines	289
Zu 7.3.2 Mindestbewehrung für die Begrenzung der Rissbreite	291
Zu 7.3.3 Begrenzung der Rissbreite ohne direkte Berechnung	296
Zu 7.3.4 Berechnung der Rissbreite	298
Zu 7.4 Begrenzung der Verformungen	**300**
Zu 7.4.1 Allgemeines	300
Zu 7.4.2 Nachweis der Begrenzung der Verformungen ohne direkte Berechnung	303
Zu 7.4.3 Nachweis der Begrenzung der Verformungen mit direkter Berechnung	305
Zu 8 ALLGEMEINE BEWEHRUNGSREGELN	
Zu 8.2 Stababstände von Betonstählen	**309**
Zu 8.3 Biegen von Betonstählen	**309**
Zu 8.4 Verankerung der Längsbewehrung	**310**
Zu 8.4.1 Allgemeines	310
Zu 8.4.2 Bemessungswert der Verbundfestigkeit	311
Zu 8.4.3 Grundwert der Verankerungslänge	311
Zu 8.4.4 Bemessungswert der Verankerungslänge	312
Zu 8.5 Verankerung von Bügeln und Querkraftbewehrung	**315**
Zu 8.6 Verankerung mittels angeschweißter Stäbe	**315**
Zu 8.7 Stöße und mechanische Verbindungen	**315**
Zu 8.7.2 Stöße	315
Zu 8.7.3 Übergreifungslänge	316
Zu 8.7.4 Querbewehrung im Bereich der Übergreifungsstöße	318
Zu 8.7.4.1 Querbewehrung für Zugstäbe	318
Zu 8.7.4.2 Querbewehrung für Druckstäbe	319
Zu 8.7.5 Stöße von Betonstahlmatten aus Rippenstahl	320
Zu 8.7.5.1 Stöße der Hauptbewehrung	320
Zu 8.7.5.2 Stöße der Querbewehrung	321
Zu 8.8 Zusätzliche Regeln bei großen Stabdurchmessern	**321**
Zu 8.9 Stabbündel	**322**
Zu 8.9.2 Verankerung von Stabbündeln	322
Zu 8.9.3 Gestoßene Stabbündel	323
Zu 8.10 Spannglieder	**323**
Zu 8.10.1 Anordnung von Spanngliedern und Hüllrohren	323
Zu 8.10.1.1 Allgemeines	323
Zu 8.10.2 Verankerung von Spanngliedern im sofortigen Verbund	323
Zu 8.10.2.2 Übertragung der Vorspannung	323
Zu 8.10.2.3 Verankerung der Spannglieder in den Grenzzuständen der Tragfähigkeit	325
Zu 8.10.4 Verankerungen und Spanngliedkopplungen für Spannglieder	327

Erläuterungen zum Eurocode 2: DIN EN 1992-1-1 mit Nationalem Anhang
Einleitung

Zu 9 KONSTRUKTIONSREGELN

Zu 9.2 Balken — 328
- Zu 9.2.1 Längsbewehrung — 328
  - Zu 9.2.1.1 Mindestbewehrung und Höchstbewehrung — 328
  - Zu 9.2.1.2 Weitere Konstruktionsregeln — 329
  - Zu 9.2.1.3 Zugkraftdeckung — 329
  - Zu 9.2.1.4 Verankerung der unteren Bewehrung an Endauflagern — 330
  - Zu 9.2.1.5 Verankerung der unteren Bewehrung an Zwischenauflagern — 330
- Zu 9.2.2 Querkraftbewehrung — 330
- Zu 9.2.3 Torsionsbewehrung — 333
- Zu 9.2.5 Indirekte Auflager — 333

Zu 9.3 Vollplatten — 334
- Zu 9.3.1 Biegebewehrung — 334
  - Zu 9.3.1.1 Allgemeines — 334
  - Zu 9.3.1.3 Eckbewehrung — 334
  - Zu 9.3.1.4 Randbewehrung an freien Rändern von Platten — 334
- Zu 9.3.2 Querkraftbewehrung — 335

Zu 9.4 Flachdecken — 336
- Zu 9.4.1 Flachdecken im Bereich von Innenstützen — 336
- Zu 9.4.2 Flachdecken im Bereich von Randstützen — 337
- Zu 9.4.3 Durchstanzbewehrung — 337

Zu 9.5 Stützen — 339
- Zu 9.5.1 Allgemeines — 339
- Zu 9.5.2 Längsbewehrung — 339
- Zu 9.5.3 Querbewehrung — 339

Zu 9.6 Wände — 342
- Zu 9.6.1 Allgemeines — 342
- Zu 9.6.3 Horizontale Bewehrung — 342
- Zu 9.6.4 Querbewehrung — 342

Zu 9.7 Wandartige Träger — 342

Zu 9.8 Gründungen — 343
- Zu 9.8.4 Einzelfundament auf Fels — 343
- Zu 9.8.5 Bohrpfähle — 343

Zu 9.10 Schadensbegrenzung bei außergewöhnlichen Ereignissen — 344
- Zu 9.10.1 Allgemeines — 344
- Zu 9.10.2 Ausbildung von Zugankern — 344
  - Zu 9.10.2.2 Ringanker — 344
  - Zu 9.10.2.3 Innenliegende Zuganker — 344
  - Zu 9.10.2.4 Horizontale Stützen- und Wandzuganker — 344

Zu 10 ZUSÄTZLICHE REGELN FÜR BAUTEILE UND TRAGWERKE AUS FERTIGTEILEN

Zu 10.1 Allgemeines — 346

Zu 10.2 Grundlagen für die Tragwerksplanung — 346

Zu 10.3 Baustoffe — 347
- Zu 10.3.1 Beton — 347
  - Zu 10.3.1.1 Festigkeiten — 347
- Zu 10.3.2 Spannstahl — 347
  - Zu 10.3.2.1 Eigenschaften — 347

Zu NA.10.4 Dauerhaftigkeit und Betondeckung — 347

Zu 10.9 Bemessungs- und Konstruktionsregeln — 347
- Zu 10.9.2 Wand-Decken-Verbindungen — 347
- Zu 10.9.3 Deckensysteme — 347
- Zu 10.9.4 Verbindungen und Lager für Fertigteile — 349
  - Zu 10.9.4.3 Verbindungen zur Druckkraft-Übertragung — 349
- Zu NA.10.9.8 Zusätzliche Konstruktionsregeln für Fertigteile — 350

Zu 11 ZUSÄTZLICHE REGELN FÜR BAUTEILE UND TRAGWERKE AUS LEICHTBETON
- Zu 11.1.1 Geltungsbereich — 351

Zu 11.3 Baustoffe — 351
- Zu 11.3.1 Beton — 351
- Zu 11.3.2 Elastische Verformungseigenschaften — 351
- Zu 11.3.3 Kriechen und Schwinden — 352
- Zu 11.3.4 Spannungs-Dehnungs-Linie für nichtlineare Verfahren und für Verformungsberechnungen — 352
- Zu 11.3.5 Bemessungswerte für Druck- und Zugfestigkeiten — 352

Zu 11.4 Dauerhaftigkeit und Betondeckung — 352
    Zu 11.4.1 Umgebungseinflüsse — 352
    Zu 11.4.2 Betondeckung — 352
    Zu 11.5 Ermittlung der Schnittgrößen — 353
    Zu 11.5.1 Vereinfachter Nachweis der plastischen Rotation — 353
    Zu NA.11.5.2 Linear-elastische Berechnung — 353
    Zu NA.11.6.5 Stabwerkmodelle — 353
    Zu 11.6.7 Teilflächenbelastung — 353
    Zu 11.6.8 Nachweis gegen Ermüdung — 353

Zu 11.8 Allgemeine Bewehrungsregeln — 353
    Zu 11.8.1 Zulässige Biegerollendurchmesser — 353

Zu 11.9 Konstruktionsregeln — 353

Zu 12   TRAGWERKE AUS UNBEWEHRTEM ODER GERING BEWEHRTEM BETON

Zu 12.3 Baustoffe — 354
    Zu 12.3.1 Beton — 354

Zu 12.6 Nachweise in den Grenzzuständen der Tragfähigkeit (GZT) — 354
    Zu 12.6.5 Auswirkungen von Verformungen von Bauteilen unter Normalkraft nach Theorie II. Ordnung — 354
        Zu 12.6.5.1 Schlankheit von Einzeldruckgliedern und Wänden — 354
        Zu 12.6.5.2 Vereinfachtes Verfahren für Einzeldruckglieder und Wände — 355

Zu 12.9 Konstruktionsregeln — 355
    Zu 12.9.1 Tragende Bauteile — 355
    Zu 12.9.3 Streifen- und Einzelfundamente — 355

Zu Anhang A: Modifikation von Teilsicherheitsbeiwerten für Baustoffe — 356

Zu Anhang B: Kriechen und Schwinden — 356

Zu Anhang C: Eigenschaften des Betonstahls — 357

Zu Anhang D: Genauere Methode zur Berechnung von Spannkraftverlusten aus Relaxation — 357

Zu Anhang E: Indikative Mindestfestigkeitsklassen zur Sicherstellung der Dauerhaftigkeit — 357

Zu Anhang F: Gleichungen für Zugbewehrung für den ebenen Spannungszustand — 357

Zu Anhang G: Boden-Bauwerk-Interaktion — 357

Zu Anhang H: Nachweise am Gesamttragwerk nach Theorie II. Ordnung — 357

Zu Anhang I: Ermittlung der Schnittgrößen bei Flachdecken und Wandscheiben — 357

Zu Anhang J: Konstruktionsregeln für ausgewählte Beispiele — 357

Hilfsmittel

Anhang Z.1 Zuordnung DIN 1045-1 – Eurocode 2	359
Z.1.1 Zuordnung der Normabschnitte	359
Z.1.2 Zuordnung der Gleichungen	362
Anhang Z.2 Geometrische Größen für Rechteck- und Plattenbalkenquerschnitte im Zustand I und II	365
Anhang Z.3 Stabdurchmessertabellen	367
Z.3.1 Querschnitte von Flächenbewehrungen (Platten, Wände, Scheiben) in cm²/m	367
Z.3.2 Querschnitte von Balkenbewehrungen in cm²	367
Anhang Z.4 Lieferprogramm für Lagermatten	368
Anhang Z.5 Bemessungstafeln Biegung mit Längskraft	369
Z.5.1 ω-Tafel, ohne Druckbewehrung, für Beton bis C50/60, B500, σ_{sd} ansteigend bis $f_{td,cal}$	369
Z.5.2 ω-Tafel, mit Druckbewehrung, für ξ_{lim} = 0,45, Beton bis C50/60, B500, σ_{sd} ansteigend bis $f_{td,cal}$	370
Z.5.3 Interaktionsdiagramm für den symmetrisch bewehrten Rechteckquerschnitt	371
Z.5.4 Interaktionsdiagramm für Kreisquerschnitt	372
Z.5.5 Allgemeines Bemessungsdiagramm für Rechteckquerschnitte (C12/15 bis C50/60)	373
Anhang Z.6 DIN EN 1990/NA: Teilsicherheits- und Kombinationsbeiwerte [E2]	374

Schrifttum

Normen und Regelwerke	375
Eurocodes	375
DIN-Normen	376
Deutscher Ausschuss für Stahlbeton – DAfStb	378
Deutscher Beton- und Bautechnik-Verein E. V. – DBV	380
Literatur	381
Verzeichnis der Beispiele	386
Stichwortverzeichnis	387

Einleitung

Für den Anwender der Eurocodes im Betonbau sind verschiedene in Bezug genommene Normen und Eurocode-Teile relevant (Abb. 1). Zu jedem Eurocode (DIN EN 199x-y) existiert in der Regel ein nationaler Anhang (DIN EN 199x-y/NA), der die Festlegung von länderspezifischen Regelungen ermöglicht. Diese gelten für die Tragwerksplanung in dem Land der Bauwerkserrichtung. Die Bauproduktnormen umfassen die Baustoffe (wie z. B. Zement, Gesteinskörnung, Beton, Betonstahl, Spannstahl) und Bauteile (wie z. B. Fertigteile).

Darüber hinaus können spezielle Bauprodukte im Rahmen von Zulassungen bemessen und verwendet werden (z. B. nichtrostende Betonstähle, Bewehrungselemente, Verbindungen, Spannbetonhohlplatten). Zulassungen können vom DIBt erteilte deutsche allgemeine bauaufsichtliche Zulassungen (abZ) oder Europäische technische Zulassungen (ETA) sein, die gegebenfalls mit nationalen Ergänzungszulassungen anzuwenden sind (vgl. Bauregelliste).

Bestimmte Betonbauteile des Spezialtiefbaus sind in geotechnischen Normen geregelt (wie z. B. Bohrpfähle, Verdrängungpfähle, Mikropfähle, Schlitzwände).

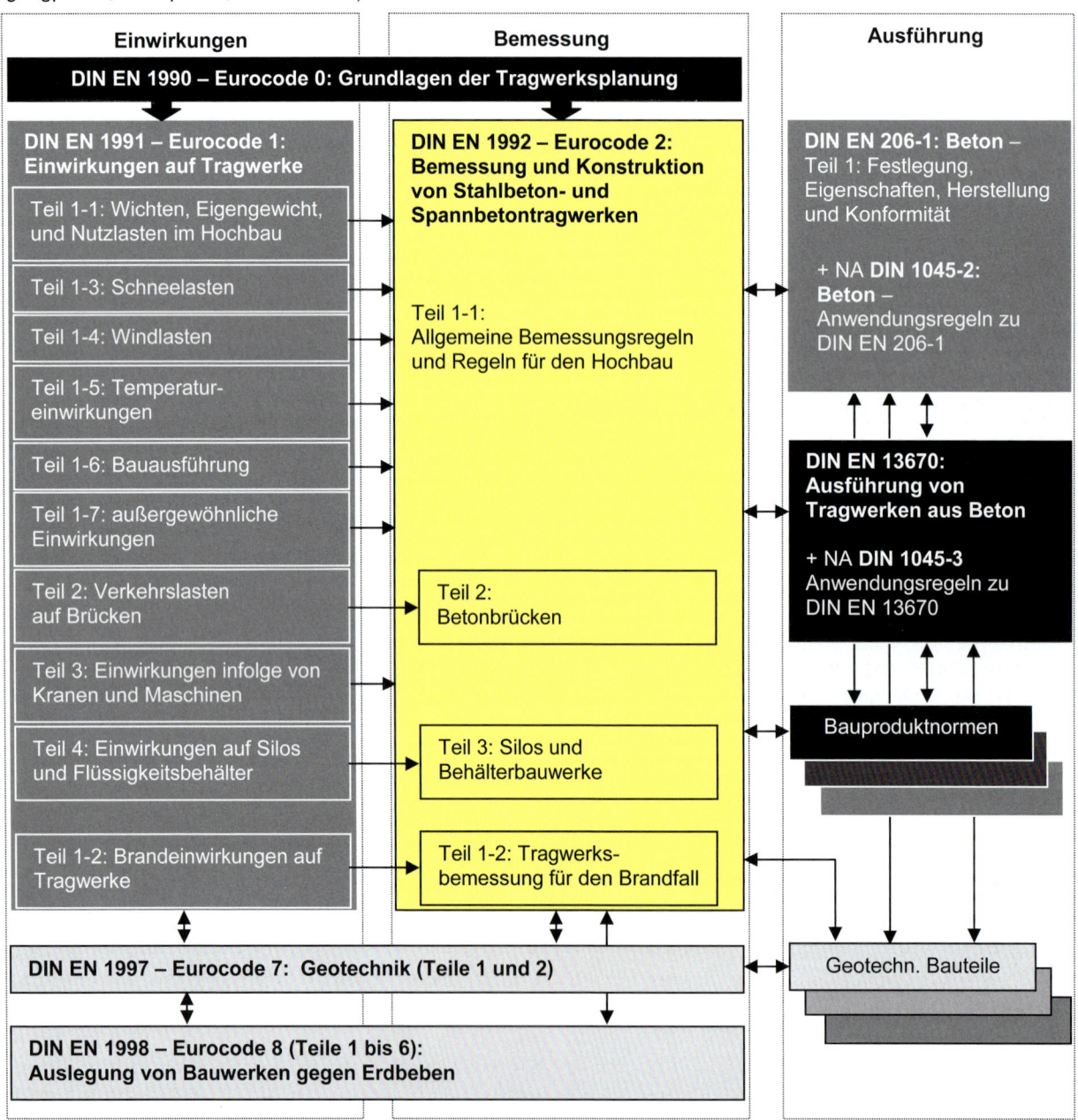

Abb. 1. Struktur des europäischen Normenwerks mit Bezug zum Betonbau

Anders als in der bisherigen Normenpraxis in Deutschland üblich wird die Grundlagennorm für den Stahlbeton- und Spannbetonbau DIN EN 1992-1-1 durch die anderen Normenteile -2 und -3 ergänzt. Diese ergänzenden „Rumpfnormen" für die Betonbrücken sowie Silos und Behälterbauwerke enthalten nur noch die spezifischen abweichenden oder zusätzlichen Regeln ihrer Bauart und sind somit nur zusammen mit dem Grundlagenteil anwendbar. Für die Bemessung von Betonbrücken nach Eurocode 2 sind somit zwei Normenteile mit dem Nationalen Anhang für Betonbrücken, also insgesamt drei Dokumente, zu beachten: DIN EN 1992-1-1 und DIN EN 1992-2 mit DIN EN 1992-2/NA. Die für DIN EN

Erläuterungen zum Eurocode 2: DIN EN 1992-1-1 mit Nationalem Anhang
Einleitung

1992-2 relevanten Regelungen des Nationalen Anhangs von DIN EN 1992-1-1 wurden in den Nationalen Anhang von DIN EN 1992-2 für die Betonbrücken aufgenommen.

Um der Praxis die Anwendung zu erleichtern, werden auch autorisierte DIN-Handbücher für den Hochbau [E28] und den Brückenbau [E29] erstellt, in denen die jeweiligen Dokumente textlich zusammengeführt sind.

Für Bauteile und Tragwerke aus Fertigteilen, Leichtbeton sowie gering und unbewehrtem Beton werden in EN 1992-1-1 in den Kapiteln 10, 11, 12 nur die abweichenden oder zusätzlichen Bemessungs- und Konstruktionsregeln gegenüber bewehrten Ortbetonbauteilen aus Normalbeton (Kapitel 1 bis 9) ergänzt. Zu beachten ist bei den Zusatzkapiteln, dass die Überschriften mit der vorangestellten Kapitelnummer 10, 11 bzw. 12 nummeriert werden und dann die Nummer des entsprechenden Hauptabschnitts aus den Kapiteln 1 bis 9 folgt. Die Unterabschnitte werden ohne Verbindung zu den entsprechenden Kapiteln durchnummeriert. Falls Alternativen für Gleichungen, Bilder oder Tabellen aus anderen Kapiteln aufgeführt werden, wird der ursprünglichen Referenzzahl ebenfalls die Kapitelnummer 10, 11 bzw. 12 vorangestellt. Dieses Prinzip wurde in EN 1992-1-1 weitestgehend umgesetzt.

Beispiele:

→ **10.3** behandelt die Baustoffe (Bezug auf Kapitel **3**) für Fertigteile (Kapitel **10**).

→ Tabelle **11.3.1** ersetzt (Referenz-)Tabelle **3.1** „Festigkeits- und Formänderungskennwerte für Beton" aus Kapitel 3 mit den Festigkeits- und Formänderungskennwerten für Leichtbeton (Kapitel **11**).

Die erste deutsche Ausgabe des „neuen" Eurocode 2 im DIN wurde in der Fassung DIN EN 1992-1-1:2005-10 herausgegeben. Diese basiert auf der englischen CEN-Ausgabe von Dezember 2004. Gleichlautende deutsche Fassungen erschienen in Österreich mit der ÖNORM EN 1992-1-1:2005-11 (mehr → www.eurocode.at) und in der Schweiz mit der SN EN 1992-1-1:2004 (mehr → www.sia.ch).

Bei der Erstellung des Nationalen Anhangs zu DIN EN 1992-1-1 und insbesondere in der zweijährigen Bearbeitungszeit der „EC2-Pilotprojekte" [27] wurde sehr schnell deutlich, dass eine Überarbeitung der deutschen Übersetzung in der Fassung 2005 sowohl sprachlich als auch inhaltlich erforderlich war. Die ersten Anwendungserfahrungen in anderen europäischen Ländern und die Weiterbearbeitung im für den Eurocode 2 zuständigen Subcommittee SC2 des CEN/TC 250 zeigten darüber hinaus, dass dies auch die englische Originalfassung betraf und daher Druckfehlerberichtigungen erforderlich waren.

Im Normenausschuss Bauwesen (NABau) wurde diese Situation zum Anlass genommen, die deutsche Eurocode 2 Fassung vor der bauaufsichtlichen Einführung durch eine Neuausgabe von DIN EN 1992-1-1 zu ersetzen. Die Überarbeitung wurde mit den österreichischen und schweizerischen für die Normung verantwortlichen Kollegen abgestimmt und führte zur Neuausgabe der deutschen Fassung als DIN EN 1992-1-1:2011-01.

Bei der Erstellung dieser Neuausgabe ergaben sich formale Schwierigkeiten, die insbesondere mit der Übersetzung der englischen modalen Hilfsverben zusammenhängen. Zum Teil gibt es aber auch zwischen den deutschsprachigen Ländern und Regionen in einigen Begriffen und Formulierungen unterschiedliche Auffassungen, sodass in Bereichen sprachliche Kompromisse erforderlich waren. Ein Beispiel hierfür ist die Übersetzung des Modalverbs „should".

Grundsätzlich ist festzustellen, dass die Anzahl von Prinzipien in EN 1992-1-1 (gekennzeichnet durch die Ergänzung der Absatznummer mit „P" und die Verwendung von „shall") deutlich seltener ist als nach DIN 1045-1. Dafür werden wesentlich mehr Anwendungsregeln (gekennzeichnet durch den Einsatz von „should" oder „may") formuliert. Hier wird aus europäischer Sicht dem Tragwerksplaner viel mehr Freiheit und Verantwortung beim Einsatz dieser Anwendungsregeln eingeräumt, als es die deutsche Ingenieurpraxis bisher gewohnt war.

Für die Übersetzung in die drei offiziellen Sprachfassungen (englisch, deutsch, französisch) sind Regeln in der CEN-Geschäftsordnung [14] niedergelegt. Im Anhang H von [14] „Verbformen zur Formulierung von Festlegungen" wird angegeben, dass „should" immer mit „sollte" zu übersetzen ist. Es gibt aber auch „gleichbedeutende Ausdrücke, die in Ausnahmefällen angewendet werden dürfen, wenn diese Form aus sprachlichen Gründen nicht benutzt werden kann".

„should"	Regelübersetzung: → „sollte"	gleichbedeutende Ausdrücke in Ausnahmefällen: → „es wird empfohlen, dass" → „ist in der Regel"

Im deutschen Sprachverständnis sind die gleichbedeutenden Übersetzungen jedoch mit unterschiedlichem Verbindlichkeitsgrad behaftet. Die Übersetzung „wird empfohlen" ist am unverbindlichsten, wohingegen die Formulierung „ist in der Regel" eine höhere Verbindlichkeit aufweist.

Im NABau und auch mit den Kollegen aus Österreich und der Schweiz wurde die Übersetzung von „should" daher ausführlich diskutiert. Es gibt eine Reihe von Anwendungsregeln, die als verbindliche Prinzipien anzusehen sind. Um Interpretationen und Einzelfallentscheidungen zu jeder der über 600 „should"-Übersetzungen zu vermeiden, wurde gemeinsam entschieden, alle modalen Hilfsverben mit der verbindlichen Ergänzung „in der Regel" zu versehen. Dies hat weniger sprachliche als inhaltliche Gründe. Für den Anwender soll damit klargestellt werden, dass es sich um Anwendungsregeln handelt, von denen nur in begründeten Ausnahmefällen abgewichen werden darf. Im Ergebnis finden sich folgende Anwendungsformulierungen:

Gebot:	„should"	→ „ist in der Regel", „muss in der Regel", „hat in der Regel zu"
Verbot:	„should not"	→ „ist in der Regel nicht", „darf in der Regel nicht"
Erlaubnis:	„may"	→ „darf in der Regel", „braucht in der Regel nicht"

Wichtig ist bei der Einarbeitung in DIN EN 1992-1-1 auch die Befassung mit gegenüber DIN 1045-1 abweichenden Bezeichnungen. Weiterhin sind teilweise Unterschiede in den Definitionen zu beachten, z. B. in der Abgrenzung Platte/Balken oder beim Grundwert der Verankerungslänge, der den Ausnutzungsgrad der Bewehrung bereits enthält.

Eine Auswahl enthält die Tabelle 1. Die wesentlichste und aus Sicht der Verfasser ärgerlichste Abweichung zum bisher üblichen Gebrauch ist die Festlegung im Eurocode 2, dass die Druckspannungen ebenfalls positiv angegeben werden. Es wird erwartet, dass der planende Ingenieur fallbezogen selbst erkennt, ob eine Druckspannung (bzw. Druckkraft) günstig (z. B. tragfähigkeitssteigernd) oder ungünstig wirkt. Gleiches gilt auch für Zugspannungen. Das kann dazu führen, dass Zugspannungen bei tragfähigkeitsreduzierender Wirkung in Gleichungen negativ eingesetzt werden müssen.

Tab. 1. Unterschiedliche Definitionen, Begriffe und Formelzeichen in DIN 1045-1 und DIN EN 1992-1-1

Begriff	DIN 1045-1	DIN EN 1992-1-1
Vorzeichen der Betondruckspannungen i. d. R.	negativ	positiv
Balkenquerschnitt	$b/h \leq 4$	$b/h \leq 5$
wandartiger Träger	$l/h \leq 2$	$l/h \leq 3$
ungewollte Ausmitte	e_a	e_i (imperfection)
äußerer Rundschnitt Durchstanzbereich	u_a	u_{out}
kritischer Rundschnitt Durchstanzen	u_{crit}	u_1
Durchstanztragfähigkeit ohne und mit Bewehrung	$v_{Rd,ct}$, $v_{Rd,sy}$	$v_{Rd,c}$, $v_{Rd,cs}$
Biegerollendurchmesser	d_{br}	D, D_{min}
Stabdurchmesser	d_s	ϕ
Vergleichsdurchmesser	d_{sV}	ϕ_n
Durchmesser Spannstahl, Spanndraht	d_p, d_{Draht}	ϕ_p, ϕ_{wire}
Grundmaß/Grundwert der Verankerungslänge	l_b	$l_{b,rqd}$
erforderliche Verankerungslänge	$l_{b,net}$	l_{bd}
Übergreifungslänge	l_s	l_0
Index für Verbundfuge	j (joint)	i (interface)
(Gesamt-, Trocknungs-, Grund-)Schwinden	$\varepsilon_{cs\infty}$, $\varepsilon_{cds\infty}$, $\varepsilon_{cas\infty}$	$\varepsilon_{cs}(t)$, $\varepsilon_{cd}(t)$, $\varepsilon_{ca}(t)$
Abminderungsbeiwert für Betondruckfestigkeit f_{cd}	α	α_{cc}
Vorhaltemaß der Betondeckung	Δc	Δc_{dev} (dev – deviation)

Begriffe und Abkürzungen

In den Erläuterungen werden folgende Begriffe und Abkürzungen verwendet:

- abP allgemeines bauaufsichtliches Prüfzeugnis (national)
- abZ allgemeine bauaufsichtliche Zulassung (national)
- Bauart Zusammenfügen von Bauprodukten zu baulichen Anlagen oder Teilen davon
- BPR Bauproduktenrichtlinie
- CEN European Committee for Standardization, Comité Européen de Normalisation
- DAfStb Deutscher Ausschuss für Stahlbeton e.V.
- DBV Deutscher Beton- und Bautechnik-Verein E.V.
- DIBt Deutsches Institut für Bautechnik
- DIN Deutsches Institut für Normung e.V.
- EN Europäische Norm
- ENV Europäische Vornorm
- ETA European Technical Approval, Europäische Technische Zulassung
- ETAG European Technical Approval Guideline, Leitlinie für eine Europäische Technische Zulassung
- FDB Fachvereinigung Deutscher Betonfertigteilbau e.V.
- GZG Grenzzustand der Gebrauchstauglichkeit
- GZT Grenzzustand der Tragfähigkeit
- hEN harmonisierte Europäische Norm
- MBO Musterbauordnung
- MLTB Musterliste der Technischen Baubestimmungen
- NA Nationaler Anhang
- NABau Normenausschuss Bauwesen im DIN
- NCI Non-contradictory Complementary Information, ergänzende nicht widersprechende Angaben zur Anwendung von DIN EN 1992-1-1
- NDP Nationally Determined Parameters, national festzulegende Parameter
- VOB Vergabe- und Vertragsordnung für Bauleistungen
- ZiE Zustimmung im Einzelfall

Bauaufsichtliche Einführung in Deutschland

Die Veröffentlichung von DIN EN 1992-1-1 und des zugehörigen Nationalen Anhangs DIN EN 1992-1-1/NA erfolgte im Januar 2011. Zeitgleich mit der Veröffentlichung war das DIN verpflichtet, die für die Bemessung und Konstruktion von Stahlbeton- und Spannbetonbauteilen entgegenstehende nationale Norm DIN 1045-1 zurückzuziehen. Der Teil DIN EN 1992-1-2 mit NA zur Bemessung für den Brandfall erschien in endgültiger Fassung im Dezember 2010. Dies waren die Voraussetzungen für das Zurückziehen von DIN 1045-1:2008-08 im Januar 2011 aus dem aktuellen Normenverzeichnis des NABau.

Das Zurückziehen einer Norm beim DIN besitzt zunächst keine bauaufsichtliche Relevanz, da hierfür die bekannt gemachten und eingeführten Listen der Technischen Baubestimmungen der Länder, basierend auf den Musterlisten der Technischen Baubestimmungen des DIBt (*www.dibt.de* → Aktuelles → Technische Baubestimmungen), maßgebend sind.

DIN 1045-1 wird demnach für den Zeitraum bis zur offiziellen bauaufsichtlichen Einführung der wesentlichen Teile der Eurocodes (wie DIN EN 1992-1-1 und DIN EN 1992-1-2 jeweils mit NA) am **1. Juli 2012** weiterhin baurechtlich gültig bleiben. Die korrekte Anwendung dieser Norm kann bis dahin grundsätzlich Grundlage einer Baugenehmigung sein.

Ab dem Stichtag 1. Juli 2012 wird jedoch DIN EN 1992-1-1 mit NA allein verbindlich für die Bemessung und Konstruktion von Hochbauten mit Beton-, Stahlbeton- oder Spannbetontragwerken sein. Maßgebend wird in der Regel das Datum des Bauantrages sein (Abweichungen in den Bekanntmachungen der Länder sind nicht auszuschließen).

Aus Sicht der Obersten Bauaufsichtsbehörden bestehen aber auch keine Bedenken, die vorliegenden Eurocode-Teile DIN EN 1992 nach § 3, Abs. 3, Satz 3 Musterbauordnung (MBO) ab Januar 2011 als alternative gleichwertige Lösung zu den eingeführten Technischen Baubestimmungen unter bestimmten Bedingungen anzuwenden [22]. Die Gleichwertigkeit bezieht sich auf die grundlegende Anforderung der Bauordnungen, Anlagen so anzuordnen, zu errichten, zu ändern und instand zu halten, dass die öffentliche Sicherheit und Ordnung, insbesondere Leben, Gesundheit und die natürlichen Lebensgrundlagen, nicht gefährdet werden.

Die Fachkommission Bautechnik der Bauministerkonferenz hat hierzu in den „Erläuterungen zur Anwendung der Eurocodes vor ihrer Bekanntmachung als Technische Baubestimmungen" [22] die erforderlichen Randbedingungen festgelegt.

Die Konsequenzen auf das Werkvertragsrecht sind jedoch von den baurechtlichen zu unterscheiden. In der Übergangszeit bis zum Einführungsstichtag 1. Juli 2012 sollte für Planungs- und Bauverträge schriftlich und konkret klargestellt werden, welche Regelwerke die Vertragsgrundlage bilden und zum Zeitpunkt einer werkvertraglichen Abnahme gelten sollen (z. B. nach VOB [111])..

Harmonisierte Technische Spezifikationen für Bauprodukte und Zulassungen

Für die Planung, Bemessung und Konstruktion baulicher Anlagen und ihrer Teile, in die Bauprodukte nach europäischen technischen Zulassungen und harmonisierten Normen eingebaut werden, gelten grundsätzlich die technischen Regeln nach Teil I der von den Ländern entsprechend MBO [75], § 3, Abs. 3, bekannt gemachten Liste der Technischen Baubestimmungen.

Die Landesbauordnungen schreiben vor, dass die von den Obersten Bauaufsichtsbehörden der Länder durch öffentliche Bekanntmachung eingeführten technischen Regeln zu beachten sind. Sie unterscheiden zwischen *geregelten*, *nicht geregelten* und *sonstigen* Bauprodukten. Das Deutsche Institut für Bautechnik hat die Aufgabe, die technischen Regeln für Bauprodukte und Bauarten in den Bauregellisten A und B sowie Liste C aufzustellen und im Einvernehmen mit den Obersten Bauaufsichtsbehörden der Länder bekannt zu machen (ausführliche Informationen hierzu siehe: *www.dibt.de* → Aktuelles → Bauregellisten).

Das DIBt erteilt als deutsche Zulassungsstelle allgemeine bauaufsichtliche Zulassungen (abZ) für Bauprodukte und Bauarten und europäische technische Zulassungen (ETA) für Bauprodukte und Bausätze. Darüber hinaus werden auch von anderen europäischen Zulassungsstellen europäische technische Zulassungen (ETA) herausgegeben (ausführliche Informationen hierzu siehe: *www.dibt.de* → Zulassungen).

Die nationalen abZ werden schrittweise mit Bezug auf die Eurocodes umgestellt, die ETAs weisen diesen Bezug i. d. R. auf. Im Eurocode 2 und im Nationalen Anhang wird an mehreren Stellen auf eine abZ oder ETA verwiesen. Daher wird mehrfach der allgemeinere Begriff „Zulassung" für beide Zulassungsarten im NA verwendet. Soweit entsprechende Zulassungen mit Bezug auf den Eurocode 2 vorliegen, darf auf beide Zulassungsarten zurückgegriffen werden.

Erläuterungen zum Eurocode 2: DIN EN 1992-1-1 mit Nationalem Anhang
Vorwort und Allgemeines

Erläuterungen zum Normentext

Zum Vorwort

In den Vorworten der Eurocodes wird informativ auf den Hintergrund des Eurocode-Programms eingegangen:

Aus DIN EN 1992-1-1:
„Im Jahre 1975 beschloss die Kommission der Europäischen Gemeinschaften, für das Bauwesen ein Programm auf der Grundlage des Artikels 95 der Römischen Verträge durchzuführen. Das Ziel des Programms war die Beseitigung technischer Handelshemmnisse und die Harmonisierung technischer Normen.

Im Rahmen dieses Programms leitete die Kommission die Bearbeitung von harmonisierten technischen Regelwerken für die Tragwerksplanung von Bauwerken ein, die im ersten Schritt als Alternative zu den in den Mitgliedsländern geltenden Regeln dienen und diese schließlich ersetzen sollten.

15 Jahre lang leitete die Kommission mit Hilfe eines Steuerkomitees mit Repräsentanten der Mitgliedsländer die Entwicklung des Eurocode-Programms, das zu der ersten Eurocode-Generation in den 1980er Jahren führte.

Im Jahre 1989 entschieden sich die Kommission und die Mitgliedsländer der Europäischen Union und der EFTA, die Entwicklung und Veröffentlichung der Eurocodes über eine Reihe von Mandaten an CEN zu übertragen, damit diese den Status von Europäischen Normen (EN) erhielten. Grundlage war eine Vereinbarung[1] zwischen der Kommission und CEN. Dieser Schritt verknüpft die Eurocodes de facto mit den Regelungen der Ratsrichtlinien und Kommissionsentscheidungen, die die Europäischen Normen behandeln (z. B. die Ratsrichtlinie 89/106/EWG zu Bauprodukten, die Bauproduktenrichtlinie, die Ratsrichtlinien 93/37/EWG, 92/50/EWG und 89/440/EWG zur Vergabe öffentlicher Aufträge und Dienstleistungen und die entsprechenden EFTA-Richtlinien, die zur Einrichtung des Binnenmarktes eingeleitet wurden)."

Die Eurocode-Generation der 1990er Jahre war auch in Deutschland als Vornormen ENV (z. B. DIN ENV 1992) schrittweise veröffentlicht und bauaufsichtlich eingeführt worden. Im Zusammenhang mit ENV-Vornormen bestand keine Verpflichtung, die entsprechenden nationalen Normen zurückzuziehen, selbst wenn sie im Widerspruch zur ENV standen [69]. So blieb DIN 1045:1988-07 weiterhin gültig, was dazu führte, dass die eigentlich geplante Erprobung des Eurocode 2 als Vornorm durch praktische Anwendungen in Deutschland weitgehend unterblieb. Ausführlichere Hintergrundinformationen über die zeitliche Abfolge, die Abstimmungsergebnisse der Länder und die verschiedenen Mandate der EU können dem Beitrag von *Litzner* [69] entnommen werden.

In der Bauproduktenrichtlinie (BPR) [3] werden die wesentlichen Anforderungen (z. B. Standsicherheit) nicht in Bezug auf das Bauprodukt, sondern in Bezug auf das Bauwerk formuliert. Dies erfordert über den Richtlinientext hinausgehende Erläuterungen und Vereinbarungen zur Anwendung und Ausführung der Richtlinie. Neben den Grundlagendokumenten, deren Erarbeitung zur Interpretation der in der Richtlinie allgemein formulierten wesentlichen Anforderungen an das Bauwerk und als Grundlage für die daraus abzuleitenden Anforderungen an das Bauprodukt selbst vorgesehen sind, sind die Leitpapiere die wichtigsten Grundlagen für die praktische Umsetzung der BPR. In Abstimmung mit den im Ständigen Ausschuss für das Bauwesen vertretenen Mitgliedstaaten hat die Europäische Kommission verschiedene Leitpapiere herausgegeben.

Für die Erarbeitung, die Umsetzung und die Anwendung der Eurocodes ist vor allem das im Vorwort genannte Leitpapier L [64] von Bedeutung (ausführlichere Informationen unter: *www.dibt.de* → Europa).

---

[1] Vereinbarung zwischen der Kommission der Europäischen Gemeinschaften und dem Europäischen Komitee für Normung (CEN) zur Bearbeitung der Eurocodes für die Tragwerksplanung von Hochbauten und Ingenieurbauwerken (BC/CEN/03/89).

Zu 1 ALLGEMEINES

Zu 1.2 Normative Verweisungen

Die im NA zitierte ISO 6784 „Concrete – Determination of static modulus of elasticity in compression" ist zwischenzeitlich durch ISO 1920-10:2010-09: Prüfverfahren von Beton – Teil 10: „Bestimmung des statischen Elastizitätsmoduls unter Kompressionsdruck" ersetzt worden.

DIN EN 10080 „Stahl für die Bewehrung von Beton – Schweißgeeigneter Betonstahl" wird derzeit überarbeitet. Daher gelten für die Eigenschaften und die Verwendung der Betonstähle bis auf Weiteres die Normen der Reihe DIN 488 [R4] bzw. Zulassungen (z. B. für Gitterträger, nichtrostende Betonstähle, Betonstähle mit besonderen Rippungen).

Solange DIN EN 10138 „Spannstähle" nicht überarbeitet und bauaufsichtlich eingeführt ist, gelten für die Eigenschaften und die Verwendung der Spannstähle (Draht, Litze, Stab) in Deutschland ausschließlich die jeweiligen Zulassungen.

Die Richtlinien des DAfStb werden in Bezug auf die Bemessungsregeln schrittweise auf den Eurocode 2 umgestellt (z. B. Stahlfaserbeton, Betonbau beim Umgang mit wassergefährdenden Stoffen). Eine sinngemäße Anwendung der noch auf DIN 1045-1 bezogenen Richtlinien ist zulässig und zweckmäßig (z. B. WU-Richtlinie mit DAfStb-Heft [D555]).

Bis zur bauaufsichtlichen Einführung von DIN EN 13670 „Ausführung von Tragwerken aus Beton" ([R9] mit [R10]) gilt DIN 1045-3:2008-08 „Tragwerke aus Beton, Stahlbeton und Spannbeton – Teil 3: Bauausführung".

Zu 1.5 Begriffe

Im Nationalen Anhang wurden weitestgehend die bewährten Begriffe aus DIN 1045-1 wieder aufgenommen, die im Eurocode 2 selbst, aber auch in anderen Normen vorkommen, die Bezug zur Bemessung haben, und zweckmäßig sind. Teilweise werden hier auch Begriffsdefinitionen wiederholt oder zugeschärft, die im Eurocode 2 an anderen Stellen im Text implementiert worden sind.

Die Definitionen des Balkens, Plattenbalkens, der Platte und des wandartigen bzw. scheibenartigen Trägers haben sich im Vergleich zur DIN 1045-1 geändert.

Die Definition der Wichtegrenze zwischen Leichtbeton und Normalbeton wurde in Übereinstimmung mit DIN EN 206-1 im NA wieder auf 2000 kg/m³ (statt 2200 kg/m³) festgelegt (siehe auch Erläuterungen zu 11.3.1).

Zu 1.6 Formelzeichen

Die verwendeten Bezeichnungen beruhen auf ISO 3898:1987. Die aktuelle ISO 3898 „Bases for design of structures – Notations – General symbols" datiert von 1997-08. Der Entwurf der zukünftigen Normfassung ISO/DIS 3898 „Bases for design of structures – Names and symbols of physical quantities – Generic quantities" erschien im Februar 2010.

Zu 2 GRUNDLAGEN DER TRAGWERKSPLANUNG

Zu 2.1 Anforderungen

Zu 2.1.2 Behandlung der Zuverlässigkeit

Die Grundlagen der Tragwerksplanung von Beton-, Stahlbeton- und Spannbetontragwerken sind im Eurocode 0: DIN EN 1990 [E1], [E2] festgelegt. Diese beinhalten Prinzipien und Anforderungen für die Tragsicherheit, Gebrauchstauglichkeit und Dauerhaftigkeit von Tragwerken, Beschreibung von Nachweisen und Hinweise zu den dafür anzuwendenden Zuverlässigkeitsanforderungen. Zusammen mit dem Nationalen Anhang wird z. B. für den allgemeinen Hochbau das Sicherheitsniveau analog zu DIN 1055-100 [R3] für Deutschland bestimmt.

Hinweise und Grundlagen speziell zur Zuverlässigkeitsanalyse von Bauwerken und zum semiprobabilistischen Sicherheitskonzept der Eurocodes mit Teilsicherheitsbeiwerten sind in den Anhängen B und C von DIN EN 1990 bauartübergreifend und vereinfacht enthalten. Diese Darstellungen sind eine Fortentwicklung der bereits in den 1970er Jahren in Deutschland in der GruSiBau [19] festgelegten Grundlagen. Auch das angestrebte Zuverlässigkeitsniveau ist für Standardfälle vergleichbar.

Prinzipiell können Zahlenwerte für Teilsicherheitsbeiwerte aus den Streuungen der Baustoffe und Einwirkungen sowie den Modellunsicherheiten mit wahrscheinlichkeitstheoretischen Überlegungen zu einem vorgegebenen Zuverlässigkeitsniveau berechnet werden. Da aber die statistischen Basen insbesondere im Bereich der für die Bemessung im Grenzzustand der Tragfähigkeit entscheidenden Extrembereiche gering sind, müssen diese Festlegungen an der Erfahrung kalibriert und an das bisher Bewährte angepasst werden. Hinzu kommt, dass der ebenfalls zu erfassende grobe menschliche Fehler, der sich jeder statistischen Behandlung entzieht, ebenfalls berücksichtigt werden muss. Dieses ingenieurmäßige, sich am Bewährten orientierende Vorgehen hat zu den meisten Teilsicherheitsbeiwerten in den Eurocodes geführt. Ergebnis: Der Zusammenhang zwischen den Teilsicherheitsbeiwerten und Kombinationsfaktoren für die Einwirkungen und den Teilsicherheitsbeiwerten für die Bauteilwiderstände wird in DIN EN 1990 mit NA zusammen mit DIN EN 1992-1-1 mit NA auf identischem Sicherheitsniveau wie bisher mit DIN 1055-100 und DIN 1045-1 für die Bauwerke des Hochbaus hergestellt.

Ein statistischer, voll probabilistischer Ansatz wird in den allermeisten Fällen jedoch infolge des Mangels an ausreichend vielen und repräsentativen Daten scheitern. Daher sollten rein statistische Methoden dahingehend genutzt werden, dass deren Voraussagen bestimmten Bemessungsmodellen, Berechnungsansätzen oder ingenieurmäßigen Annahmen zusätzliche mathematische Substanz verleihen. Dies ist beispielsweise bei Bestandsnachrechnungen oder bei der Bewertung von Belastungsversuchen hilfreich. Wegen der typischen Probleme bei der Datenbeschaffung und Datenbewertung wird in Deutschland jedoch der versuchsgestützten Bemessung (z. B. nach DIN EN 1990, 5.2 und Anhang D) insbesondere bauaufsichtlich weitgehend Skepsis entgegengebracht. Solche Nachweisformate bleiben daher i. d. R. der Zustimmung des Bauherrn und den Zulassungsverfahren oder der Zustimmung im Einzelfall vorbehalten.

Eine Differenzierung der in der Bemessung im Grenzzustand der Tragfähigkeit anzusetzenden Sicherheitsbeiwerte und Lasten nach Schadensfolgen hat bisher in Deutschland nicht stattgefunden (mit wenigen Ausnahmen z. B. bei Gewächshäusern). Die Bedeutung eines Bauwerks und die Höhe möglicher Schadensfolgen wurden in der MBO [75] bzw. den Bauordnungen der Länder vielmehr über Gebäudeklassen mit differenzierten Anforderungen an den Brandschutz und an die Prüfung der Tragwerksplanung und an die Bauüberwachung berücksichtigt.

Im Eurocode-Konzept ist nun neuerdings eine Differenzierung der baulichen Anlagen nach **Zuverlässigkeits- und Schadensfolgeklassen** in DIN EN 1990 möglich (vgl. Tabelle 2). In DIN EN 1992-1-1, 2.1.2 (2) wird der Zusammenhang mit der Zuverlässigkeitsklasse (reliability class) RC 2 aus DIN EN 1990 und den Teilsicherheitsbeiwerten in DIN EN 1992-1-1 hergestellt. Die Zuverlässigkeitsklasse RC 2 ist mit dem Zuverlässigkeitsindex $\beta = 3{,}8$ für einen Bezugszeitraum von 50 Jahren und den Grenzzuständen der Tragfähigkeit verknüpft. Der Klasse RC 2 wird die Schadensfolgeklasse bzw. Versagensfolgeklasse (consequences class) CC 2 zugeordnet: mittlere Folgen für Menschenleben, erhebliche wirtschaftliche, soziale oder umweltbeeinträchtigende Folgen, z. B. Wohn- und Bürogebäude.

Tab. 2. Klassen für Schadensfolgen und Empfehlungen für Mindestwerte des Zuverlässigkeitsindex β (Tabellen B.1 und B.2 aus [E1])

Schadens-folge-klasse	Merkmale	Beispiele im Hochbau oder bei sonstigen Ingenieurbauwerken	Zuver-lässigkeits-klasse	Mindestwert β Bezugszeitraum 1 Jahr	Mindestwert β Bezugszeitraum 50 Jahre
CC 3	hohe Folgen für Menschenleben **oder** sehr große wirtschaftliche, soziale oder umweltbeeinträchtigende Folgen	Tribünen, öffentliche Gebäude mit hohen Versagensfolgen (z. B. eine Konzerthalle)	RC 3	5,2	4,3
CC 2	mittlere Folgen für Menschenleben, beträchtliche wirtschaftliche, soziale oder umweltbeeinträchtigende Folgen	Wohn- und Bürogebäude, öffentliche Gebäude mit mittleren Versagensfolgen (z. B. ein Bürogebäude)	RC 2	4,7	3,8
CC 1	niedrige Folgen für Menschenleben **und** kleine oder vernachlässigbare wirtschaftliche, soziale oder umweltbeeinträchtigende Folgen	Landwirtschaftliche Gebäude ohne regelmäßigen Personenverkehr (z. B. Scheunen, Gewächshäuser)	RC 1	4,2	3,3

In der Bemessung nach DIN EN 1992-1-1 mit NA ist bisher allein die Zuverlässigkeitsklasse RC 2 mit einer Zielnutzungsdauer von 50 Jahren enthalten. Inwiefern und gegebenfalls wie zukünftige Bauordnungen das in DIN EN 1990 differenzierte Konzept aufgreifen, ist derzeit nicht absehbar. Dennoch wird im Folgenden dieses Konzept sowohl für die Schadensfolgeklassen als auch die Dauerhaftigkeit dargestellt.

Das Kriterium für die Klassifizierung nach Schadensfolgen ist demnach die Bedeutung des Tragwerks oder seiner Teile im Hinblick auf die Versagensfolgen. Je nach Tragwerksart und Bemessungsstrategie können verschiedene Teile eines Tragwerks der gleichen, einer höheren oder niedrigeren Schadensfolgeklasse zugewiesen werden als das Gesamttragwerk. Im Anhang B von DIN EN 1990 werden auch Möglichkeiten zur Anpassung der Teilsicherheitsbeiwerte für die Einwirkungen und die Bauteilwiderstände an die Schadensfolgeklassen abhängig von Qualitätsanforderungen an den Entwurf, die Berechnung und die Ausführung je nach Bauwerkstyp (zumindest theoretisch) eröffnet.

Zu 2.1.3 Nutzungsdauer, Dauerhaftigkeit und Qualitätssicherung

Die in Tabelle 3 angegebene Klasse 4 der geplanten Nutzungsdauer von 50 Jahren gilt als Anhaltswert für den Hochbau. Nach DIN EN 1990 [E1] ist die „geplante Nutzungsdauer die angenommene Zeitdauer, innerhalb der ein Tragwerk unter Berücksichtigung vorgesehener Instandhaltungsmaßnahmen für seinen vorgesehenen Zweck genutzt werden soll, ohne dass jedoch eine wesentliche Instandsetzung erforderlich ist".

Tab. 3. Klassifizierung der Nutzungsdauer (Tabelle 2.1 aus [E1])

Klasse	Planungsgröße	Beispiele
1	10 Jahre	Tragwerke mit befristeter Standzeit [a]
2	10 bis 25 Jahre	Austauschbare Tragwerksteile, z. B. Kranbahnträger, Lager
3	15 bis 30 Jahre	Landwirtschaftlich genutzte und ähnliche Tragwerke
4	50 Jahre	Gebäude und andere gewöhnliche Tragwerke
5	100 Jahre	Monumentale Gebäude, Brücken und andere Ingenieurbauwerke

[a] ANMERKUNG Tragwerke oder Teile eines Tragwerks, die mit der Absicht der Wiederverwendung demontiert werden können, sollten nicht als Tragwerke mit befristeter Standzeit betrachtet werden.

Die in DIN EN 1992-1-1 und den zugehörigen bauartspezifischen Bemessungs- und Bauproduktnormen enthaltenen Regelungen zur Gewährleistung der Dauerhaftigkeit sollen demnach bei angemessenem und geplantem Instandhaltungsaufwand in der Regel während der vorgesehenen Nutzungsdauer die geforderte Tragfähigkeit und Gebrauchstauglichkeit ohne wesentliche Beeinträchtigung der Nutzungseigenschaften sicherstellen. Die unvermeidlichen zeitabhängigen Veränderungen der Eigenschaften der Baustoffe und des Tragwerks während der geplanten Nutzungsdauer werden durch einen sogenannten „Abnutzungsvorrat" abgedeckt, der während der Nutzungsdauer bis zu einem kritischen Zustand aufgebraucht werden kann.

Für ein angemessen dauerhaftes Tragwerk sind nach DIN EN 1990, 2.4 (2), die folgenden Aspekte zu berücksichtigen:
– die vorgesehene oder vorhersehbare zukünftige Nutzung des Tragwerks;
– die geforderten Entwurfskriterien;
– die erwarteten Umweltbedingungen;
– die Zusammensetzung, die Eigenschaften und das Verhalten der Baustoffe und Bauprodukte;
– die Eigenschaften des Baugrundes;
– die Wahl des Tragsystems;
– die Gestaltung der Bauteile und Anschlüsse;
– die Qualität der Bauausführung und der Überwachungsaufwand;
– besondere Schutzmaßnahmen;
– die geplante Instandhaltung während der geplanten Nutzungszeit.

Eine Wartungsplanung, die die wesentlichen Wartungsintervalle und Wartungsmaßnahmen insbesondere von Baustoffen und Bauteilen mit kürzerer Lebensdauer umfasst, gehört demnach mit zum Umfang der Planung, falls besondere Bedingungen zu berücksichtigen sind.

Zu 2.3 Basisvariablen

Zu 2.3.1 Einwirkungen und Umgebungseinflüsse

Zu 2.3.1.1 Allgemeines

Bis zum Stichtag der bauaufsichtlichen Einführung am 1. Juli 2012 sind i. d. R. für die Einwirkungen die Normen der Reihe DIN 1055 heranzuziehen, danach gelten die Normenteile des Eurocode 1 (DIN EN 1991) mit den zugehörigen Nationalen Anhängen (soweit sie vorliegen und bauaufsichtlich eingeführt sind). Eine Vermischung der Einwirkungsnormen aus den Normenreihen DIN 1055 und DIN EN 1991 ist unzulässig.

Zu 2.3.1.2 Temperaturauswirkungen

Temperatureinwirkungen für Hochbauten waren bisher in Deutschland nur für Sonderfälle in z. B. Zulassungsgrundsätzen des DIBt festgelegt.

In DIN EN 1991-1-5 [E17], [E18] werden charakteristische Werte für Temperatureinwirkungen angegeben, die für die Bemessung von Tragwerken benutzt werden können, die durch tägliche und jahreszeitliche Temperaturwechsel beansprucht werden. Temperatureinwirkungen auf Gebäude infolge klimatischer und betriebsbedingter Temperaturwechsel müssen bei der Bemessung des Gebäudes berücksichtigt werden, wenn Grenzzustände durch Bewegungen bzw. Spannungen infolge Temperatureinwirkungen erreicht oder überschritten werden (z. B. Zwang in statisch unbestimmten Systemen, Fugenbreiten). Die Temperatureinwirkungen brauchen nicht berücksichtigt zu werden, wenn das Tragwerk keinen klimatischen Temperatureinwirkungen ausgesetzt ist.

Da die Festlegungen in DIN EN 1991-1-5 über den bisherigen bauaufsichtlich eingeführten Regelungsbereich hinaus gehen, ist noch nicht abzusehen, ob dieser Teil in die MLTB aufgenommen wird.

Zu 2.3.1.3 Setzungs-/Bewegungsunterschiede

Für die Festlegung zulässiger Setzungen und Verkantungen sind in der Regel nicht die absoluten Setzungen, sondern die Setzungsunterschiede maßgebend. Diese ergeben sich aus unterschiedlich verteilten Sohldrücken bzw. Baugrundsteifigkeiten. Die Differenzen sind bei benachbarten, unterschiedlich belasteten oder gegründeten Baukörpern praktisch immer zu berücksichtigen. Hinweise zu Gründungsarten und anzusetzenden Setzungsunterschieden können geotechnischen Regeln und einschlägiger geotechnischer Literatur, z. B. *Smoltczyk* und *Vogt* im Grundbau-Taschenbuch [35] entnommen werden.

Bei Setzungsberechnungen ist der zeitliche Verlauf der Lastaufbringung im Vergleich zur zeitlichen Entwicklung der Bauwerkssteifigkeit zu berücksichtigen. Beispielsweise führen Sofortsetzungen bei der Herstellung einer Beton-Bodenplatte nicht zu Beanspruchungen im Beton.

Ungleiche Setzungen des Tragwerks dürfen i. d. R. als ständige Einwirkung G_{set} in den Kombinationen für die Grenzzustände der Tragfähigkeit und Gebrauchstauglichkeit angesetzt werden, da sie hauptsächlich durch ständige Lasten und Hinterfüllungen verursacht werden [E1].

Bei veränderlichen Lasten geht man davon aus, dass diese bei ihrem ersten Auftreten Erstsetzungen erzeugen und bei wiederholtem Auftreten die Ent- und Wiederbelastungen nur zu geringen elastischen, also reversibel auftretenden Verformungen führen. Die Berücksichtigung veränderlicher Einwirkungen für die Baugrundsetzungen ist daher auch nur bei bestimmten Einzelprojekten notwendig (z. B. bei überwiegendem veränderlichen Lastanteil oder wenn das Tragwerk sehr empfindlich auf ungleichmäßige Setzungen reagiert). Dann sollten die Setzungsunterschiede jedoch auch als veränderliche Einwirkung aufgefasst werden. Die Kombinationsbeiwerte $\psi_{0,i}$, $\psi_{1,i}$ und $\psi_{2,i}$ sind stets gleich 1,0 zu setzen, wenn es sich um veränderliche Einwirkungen $Q_{k,i}$ handelt, die während der Nutzungsdauer entweder monoton ansteigen oder monoton abfallen (z. B. Einwirkungen aus Zwang wie Setzungen oder Schwinden) (vgl. *Grünberg/Vogt* in [34]).

Bei linear-elastischer Schnittgrößenermittlung mit den Steifigkeiten der ungerissenen Querschnitte und dem mittleren Elastizitätsmodul E_{cm} darf für Setzungen in jedem Fall der Teilsicherheitsbeiwert $\gamma_{G,set} = \gamma_{Q,set} = 1,0$ angesetzt werden. Anderenfalls darf der zwangsreduzierende Steifigkeitsabfall infolge Rissbildung und Kriechen berücksichtigt werden. Um diesen Steifigkeitsabfall nicht zu überschätzen, sollten die Verformungen und Steifigkeiten infolge charakteristischer Einwirkungen bestimmt und die resultierenden Zwangsschnittgrößen zu Bemessungswerten vergrößert werden.

Zu 2.3.1.4 Vorspannung

Zu (3): Externe Spannglieder dürfen nach Absatz (3) auch außerhalb der Umhüllenden des Tragwerks angeordnet werden. Hier werden zusätzliche Maßnahmen zum Schutz vor außergewöhnlichen Einwirkungen (z. B. Anprall, Brand, Vandalismus) empfohlen. Bei weit außerhalb des Querschnittes liegenden Spanngliedern (unterspannte Konstruktionen, Schrägkabelsysteme) ist auch zu prüfen, ob der für Spannbeton mit Spanngliedern im Querschnitt festgelegte Sicherheitsbeiwert $\gamma_P = 1,0$ und die zugehörigen Bemessungskombinationen angemessen sind.

Zu 2.3.3 Verformungseigenschaften des Betons

Zu (3): Die wirksame lichte Fugenweite sollte mindestens d_{joint} / 1200 betragen (DIN 1045:1972-01). Die Dehnfugen werden durch das gesamte Gebäude von OK Fundament bis zum Dach geführt.

Bei fugenloser Bauweise von Bauteilen mit großen Längenänderungen sind demnach in jedem Fall die Auswirkungen aus Temperatur, Schwinden und Kriechen zu berücksichtigen. Diese führen bei behinderter Verformung zu entsprechenden Zwangsschnittgrößen, da diese nicht durch Dehnfugen abgebaut werden. Neben der Bauteilausdehnung spielt hier auch der Behinderungsgrad (z. B. steife Scheiben oder biegeweiche Rahmen) eine Rolle.

Bei Bauwerken aus Fertigteilen können i. d. R. größere Dehnfugenabstände d_{joint} gewählt werden, wenn die Auflagerverbindungen weniger starr ausgebildet werden und ein Teil der Schwindverkürzungen abgeklungen ist.

Weitere geeignete Maßnahmen können im Schutz vor größeren Temperaturdehnungen durch Wärmedämmung (insbesondere bei Dachdecken) bestehen oder die Verwendung von Beton mit geringeren Wärmedehnzahlen sein. Zwangreduzierende verschiebliche Auflager oder Bettungen (z. B. Gleitschichten unter Bodenplatten) sind ebenfalls zweckmäßig.

Für den (außergewöhnlichen) Brandfall können die Bauteiltemperaturen und Beanspruchungen auch durch Schutzmaßnahmen wie Bekleidungen oder Kompensationsmaßnahmen wie Sprinkleranlagen oder verkleinerte Brandabschnitte reduziert werden. Bei langen fugenlosen Bauteilen sollten Überlegungen angestellt werden, wie die Standsicherheit weiter von Festpunkten abliegender Bauteile trotz der zum Teil erheblichen Verschiebungen bzw. Verdrehungen infolge erhitzter, sich ausdehnender Deckenscheiben sichergestellt werden kann. Konstruktiv muss die Funktionsfähigkeit von Auflagerkonstruktionen gesichert werden, um den Absturz von Bauteilen zu verhindern. Die Auswirkungen auf benachbarte Bauwerke sind in Betracht zu ziehen.

Zu 2.3.4 Geometrische Angaben

Zu 2.3.4.2 Zusätzliche Anforderungen an Bohrpfähle

Für Bohrpfähle nach DIN EN 1536 [R27] werden i. d. R. Betonfestigkeitsklassen von C20/25 bis C45/55 verwendet.

Toleranzen für die Bauteile des Spezialtiefbaus (z. B. Schlitzwände, Bohrpfähle), die direkt gegen den Boden betoniert werden, sind in DIN EN 13670 ([R9], [R10]) für die Ausführung von Betonbauwerken nicht erfasst. Auf eine Abminderung des Bohrpfahl-Nenndurchmessers d_{nom} und damit der statischen Nutzhöhe von bewehrten Bohrpfählen für die Bemessung darf verzichtet werden. Dafür sind die gegenüber DIN EN 1992-1-1 vergrößerten Betondeckungen nach DIN EN 1536, 7.7, einzuhalten (vgl. Tabelle 4), welche den besonderen Ausführungsbedingungen Rechnung tragen, insbesondere dem Betonieren gegen eine unebene Oberfläche ggf. mit einem Bentonit-Filterkuchen oder dem Ziehen einer temporären Verrohrung. Mit den Mindestbewehrungsregeln nach 9.8.5 wird ein umschnürter Kernquerschnitt gesichert, sodass der Ansatz der Bruttoquerschnittsfläche aus d_{nom} auch für den Betontraganteil gerechtfertigt ist.

Bei unbewehrten Bohrpfählen, die gegenüber den Grenzabmaßen nach DIN EN 13670 größere Ausführungstoleranzen an der Bohrlochwandung aufweisen können, sollte der reduzierte Nettodurchmesser d anstelle des Nenndurchmessers d_{nom} (= brutto) für die rechnerische Bestimmung der Betontragfähigkeit angesetzt werden.

Tab. 4. Nennmaß der Betondeckung von Bohrpfählen (nach [R27])

	Pfahlausführung		Nennmaß der Betondeckung
1	Bohrpfahl ohne oder mit gezogener Verrohrung	$D > 0,60$ m [a]	60 mm
2		$D \leq 0,60$ m [a]	50 mm
3	– unverrohrte Bohrpfähle in weichem Baugrund – wenn die Bewehrung nachträglich in den frischen Beton eingebracht wird – bei unebener Oberfläche der Bohrlochwände – bei Unterwasserbeton mit 32 mm Größtkorn der Gesteinskörnung – bei Verwendung von Silikastaub als Zementersatz		75 mm
4	Bohrpfahl mit bleibender Verrohrung		40 mm

[a] D – Schaftdurchmesser ohne Aufweitung (entspricht d_{nom})

Bei Bohrpfählen mit bleibender Verrohrung wird das Stahlrohr zur Stützung des Bohrlochs nicht gezogen. Das Rohr wird Teil des Bohrpfahls als schützendes bzw. stützendes Element (ggf. mit Abrostungsabschlag).

Sofern nicht anders festgelegt, muss gemäß DIN EN 1536, 8.1.2, die Oberkante des Bewehrungskorbes nach dem Betonieren eine maximale Abweichung von ±0,15 m zur planmäßigen Höhe einhalten. Dies muss bei der Konstruktion der Anschlussbewehrung berücksichtigt werden.

Zu 2.4 Nachweisverfahren mit Teilsicherheitsbeiwerten

Zu 2.4.1 Allgemeines

Der Kombinationsbeiwert für häufige Windeinwirkungen wurde in DIN EN 1990, Tabelle NA.A.1.1 gegenüber DIN 1055-100 auf $\psi_{1,W} = 0,2$ reduziert, ohne den geforderten Zuverlässigkeitsindex zu unterschreiten [34]. Der frühere Wert 0,5 stammte aus der europäischen Vornorm ENV 1991-1.

Zu 2.4.2 Bemessungswerte

Zu 2.4.2.2 Teilsicherheitsbeiwerte für Einwirkungen aus Vorspannung

Zu (2): Nichtlineare Verfahren schließen i. d. R. Nachweise nach Theorie II. Ordnung von stabilitätsgefährdeten Druckgliedern mit ein. Da die Auswirkungen der Vorspannung auf geometrische und physikalische Nichtlinearitäten unterschiedlich günstig und ungünstig sein können, sind diese im GZT fallweise mit einem oberen ($\gamma_{P,unfav} = 1,2$) und unteren ($\gamma_{P,fav} = 0,83$) Bemessungswert der Vorspannung zu untersuchen. Dies gilt für alle Vorspannarten. Die Festlegung von $\gamma_{P,unfav} = 1,0$ für extern vorgespannte Druckglieder hat daher wegen der nationalen Ergänzung zu nichtlinearen Verfahren keine praktische Bedeutung.

Größere oder kleinere Werte für den Bemessungswert der Vorspannkraft sollten auch dann angenommen werden, wenn dem Spannglied entscheidende Bedeutung für die Tragfähigkeit des Tragwerks oder eines Bauteils zukommt (z. B. als Abspannung oder Zuganker). Externe Vorspannung für stabilitätsgefährdete Bauteile kann z. B. zweckmäßig sein, um aus Segmenten zusammengesetzte Türme auszusteifen. Für den Nachweis überdrückter Segmentfugen ist $\gamma_{P,fav}$ und für das Zusatzmoment II. Ordnung ggf. $\gamma_{P,unfav}$ maßgebend (Abb. 2). Für die Bestimmung von Spaltzugbewehrung im Bereich der Spannkrafteinleitung ist $\gamma_{P,unfav} = 1,35$ zu verwenden ([D525], siehe Abb. 3).

Die externen Spannglieder werden i. d. R. über mehrere Führungssattel mit dem Tragwerk verbunden. Der ungünstigste Fall entsteht bei Verankerung nur an Kopf- und Fußpunkt. Im Unterschied zu einer Normalkraft aus äußerer Belastung bleibt die Vorspannkraft jedoch poltreu. Dies bedeutet, dass sich für den Kragträger mit poltreuer Last die Knicklänge des beidseitig gelenkig gelagerten Stabes mit richtungstreuer Last ergibt.

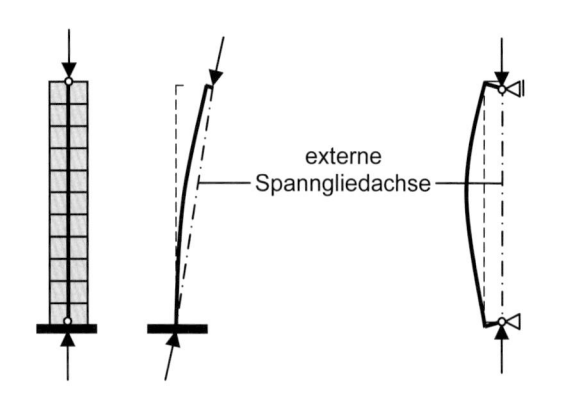

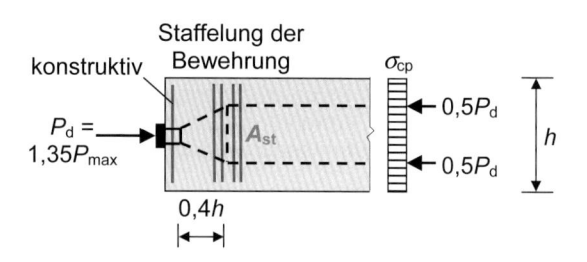

a) extern vorgespannter Turm   b) beidseitiger Gelenkstab

Abb. 2. Beispiele für externe Vorspannung bei Druckgliedern

Abb. 3. Spaltzugbewehrung bei zentrischer Vorspannung

Zu 2.4.2.3 Teilsicherheitsbeiwerte für Einwirkungen beim Nachweis gegen Ermüdung

Die Ermüdungsnachweise werden wegen der Abhängigkeit des Materialverhaltens vom realen Spannungsniveau, um welches die Schwingbreite oszilliert, anders als die anderen Nachweise im GZT auf der Basis häufig wiederkehrender Lasten im Gebrauchszustand geführt. Der Teilsicherheitsbeiwert $\gamma_{F,fat}$ wurde mit 1,0 festgelegt, da davon ausgegangen wird, dass die zu Grunde liegende Lastfallkombination bereits zu einem ausreichenden Sicherheitsniveau führt.

Die Abgrenzung von vorwiegend ruhenden zu nicht vorwiegend ruhenden Einwirkungen erfolgt i. Allg. bei einer auf die Nutzungsdauer bezogenen Lastwechselzahl von $N = 10^4$ [115]. Bis zu dieser Lastwechselzahl ist der Ermüdungseinfluss in der statischen Bemessung abgedeckt. Wird in den Einwirkungsnormen für eine nicht ruhende und dynamische wirkende Last eine „vorwiegend ruhende statische Ersatzlast" unter Einschluss der dynamischen Wirkung definiert, wie z. B. für den böigen Wind oder für Parkhauslasten, kann man davon ausgehen, dass für diese Last keine Ermüdungsberechnung erforderlich ist.

Zu 2.4.2.4 Teilsicherheitsbeiwerte für Baustoffe

Die Teilsicherheitsbeiwerte für die Bemessung der Bauteilwiderstände im Hochbau sind für normalfesten Beton, für Betonstahl und für Spannstahl in DIN EN 1992-1-1/NA identisch mit DIN 1045-1 festgelegt. Die Indizes der Teilsicherheitsbeiwerte γ_C und γ_S sind konsequent groß geschrieben, da es sich um Teilsicherheitsbeiwerte der Materialseite γ_M handelt, die die Modellunsicherheiten bei den Bauwerkswiderständen **und** die Unsicherheiten der Baustoffeigenschaften berücksichtigen.

Die Teilsicherheitsbeiwerte für Beton und Betonstahl in den Grenzzuständen der Tragfähigkeit sind an theoretischen Überlegungen und Erfahrungen orientiert. Sie setzen sich im Wesentlichen aus den Anteilen für die Materialstreuung, für die geometrischen Streuungen und der Modellunsicherheit zusammen. Im Folgenden wird eine mögliche Aufteilung auf der Basis bestimmter Variationskoeffizienten V vorgenommen (vgl. [21]):

$$\gamma_M = \exp(\alpha_R \cdot \beta \cdot V_R - 1{,}645 \cdot V_f) = \exp(3{,}04 \cdot V_R - 1{,}645 \cdot V_f) \qquad (1)$$

mit

α_R Wichtungsfaktor Widerstand $\alpha_R = 0{,}8$;

β Zuverlässigkeitsindex (GZT, Nutzungsdauer 50 Jahre) $\beta = 3{,}8$ in der ständigen und vorübergehenden Bemessungssituation;

V_R Variationskoeffizient Widerstand $V_R = \sqrt{V_m^2 + V_G^2 + V_f^2}$; $\qquad (2)$

V_m Variationskoeffizient Modellunsicherheit;

V_G Variationskoeffizient Geometrie;

V_f Variationskoeffizient Materialfestigkeit.

Für den Beton wird der Unterschied zwischen den charakteristischen Festigkeiten f_{ck} des Laborprüfkörpers Zylinder und des eingebauten Bauwerksbetons $f_{ck,in-situ}$ mit $f_{ck} / f_{ck,in-situ} = \gamma_{conv} = 1{,}15$ vorausgesetzt. Die angenommenen Variationskoeffizienten der Modellunsicherheit mit $V_m \approx 5\,\%$, für die Streuungen der geometrischen Parameter mit $V_G \approx 5\,\%$ und die der Betondruckfestigkeit $V_f \approx 15\,\%$ ergeben für den Gesamtwiderstand

$$V_R = (0{,}05^2 + 0{,}05^2 + 0{,}15^2)^{0{,}5} = 0{,}166.$$

Der Teilsicherheitsbeiwert für die Bemessungswerte der Betontraganteile ist dann

$\gamma_M = \exp(3{,}04 \cdot 0{,}166 - 1{,}645 \cdot 0{,}15) \approx 1{,}30$

und für den Beton im fertigen Bauteil

$\gamma_C = \gamma_M \cdot \gamma_{conv} = 1{,}30 \cdot 1{,}15 \approx \mathbf{1{,}5}$.

Werden für Betonstahl und Spannstahl die Variationskoeffizienten für die Modellunsicherheit mit $V_m \approx 2{,}5\,\%$, für die Streuungen der geometrischen Parameter mit $V_G \approx 5\,\%$ und für die der Stahlfestigkeit mit $V_f \approx 4\,\%$ angenommen, ergibt sich $V_R = (0{,}025^2 + 0{,}05^2 + 0{,}04^2)^{0{,}5} = 0{,}069$.

Der Teilsicherheitsbeiwert für die Bemessungswerte der Stahltraganteile ist dann

$\gamma_M = \gamma_S = \exp(3{,}04 \cdot 0{,}069 - 1{,}645 \cdot 0{,}04) \approx \mathbf{1{,}15}$.

Für Bauteile aus hochfestem Beton war nach DIN 1045-1 [R1] noch ein von der Betondruckfestigkeit abhängiger vergrößerter Teilsicherheitsbeiwert ($\gamma_c \cdot \gamma_c'$) zu berücksichtigen. Ergebnisse von statistischen Auswertungen der Streuungen von Betoneigenschaften aus Qualitätskontrollen von Bauteilen und die Analyse der Unsicherheitsquellen von Beton zeigen, dass es aus dieser Sicht zur Sicherstellung der Zuverlässigkeit von Bauwerken kein Erfordernis für diesen zusätzlichen Sicherheitsfaktor gibt. *Tue* u. a. [108] haben deshalb vorgeschlagen, diese Erhöhung bei entsprechenden Qualitätssicherungsmaßnahmen in der Bauausführung (die beim Einsatz hochfester Betone in Deutschland obligatorisch sind) zu streichen.

Bei Biegung mit Längskraft und bei Druckgliedern wird auf diesen erhöhten Teilsicherheitsbeiwert in DIN EN 1992-1-1 mit NA nunmehr verzichtet. Da jedoch die zunehmende Sprödigkeit bei hochfestem Beton insbesondere im Bereich von Betondruckstreben wesentlich größere Bedeutung hat, wurde in DIN EN 1992-1-1/NA eine direkte Abminderung der Druckstrebenfestigkeit hochfester Betone $\geq$ C55/67 bzw. $\geq$ LC55/60 mit dem Faktor $v_1 \cdot v_2 = v_1 \cdot (1{,}1 - f_{ck}/500)$ bei Querkraft- und Torsionsbeanspruchung, Stabwerkmodellen usw. eingeführt. Dies ist gegenüber dem in EN 1992-1-1 vorgeschlagenen Abminderungsbeiwert $v = 0{,}6 \cdot (1 - f_{ck}/250)$ in Gleichung (6.6N) für die Druckstreben immer noch progressiver (z. B. bei Querkraft im NA: $v_1 \cdot v_2 = 0{,}75 \cdot (1{,}1 - f_{ck}/500)$).

Mit den sicherheitstheoretischen Annahmen für die geometrischen Streuungen korrespondieren die einzuhaltenden Grenzabmaße in der Bauausführung, die für die Querschnittsabmessungen und die Lage der Bewehrung und Spannglieder in DIN EN 13670 bzw. DIN 1045-3 festgelegt sind. Für die Maßtoleranzen werden in DIN EN 13670 zwei konstruktive Toleranzklassen vorgegeben. Am fertig gestellten Tragwerk gilt Toleranzklasse 1 für normale Toleranzen. Weitergehende Anforderungen an Toleranzen können ggf. nach DIN 18202 bzw. für Betonfertigteile nach DIN 18203-1 festgelegt werden. Die in DIN EN 13670 für die Toleranzklasse 1 bzw. die in DIN 1045-3 angegebenen Werte entsprechen den Bemessungsannahmen von DIN EN 1992, insbesondere mit Bezug auf die Teilsicherheitsbeiwerte für Baustoffe. Die Toleranzklasse 2 ist als Voraussetzung für die Verwendung abgeminderter Teilsicherheitsbeiwerte vorgesehen, welche jedoch im deutschen NA ausgeschlossen worden ist (siehe Anhang A).

Besondere, über die festgelegten Toleranzen hinausgehende Anforderungen sind demnach in die bautechnischen Unterlagen aufzunehmen.

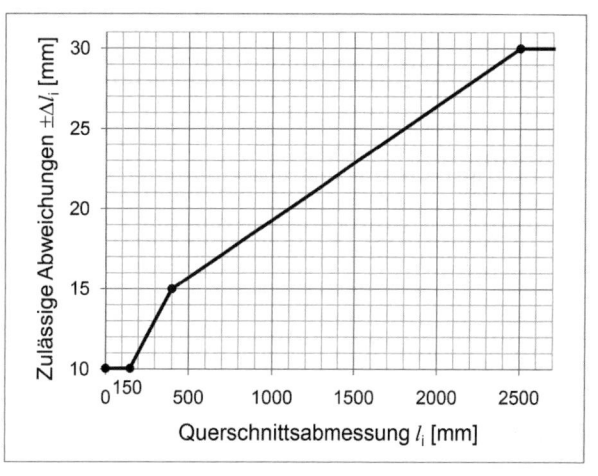

Abb. 4. Zulässige Abweichungen der Bauausführung in Toleranzklasse 1 nach DIN EN 13670 [R9] von den Nennmaßen der Querschnittsabmessungen (Balken, Platten, Stützen)

Zu 2.4.2.5 Teilsicherheitsbeiwerte für Baustoffe bei Gründungsbauteilen

In DIN EN 1992-1-1/NA zu 2.4.2.5 (2) wird mit Verweis auf DIN EN 1536 [R27] auf eine weitere Erhöhung des Teilsicherheitsbeiwertes γ_C für Beton mit $k_f = 1{,}1$ bei der Bemessung von Bohrpfählen verzichtet. Die mit der Bohrpfahlherstellung verbundenen größeren Streuungen in der Betonfestigkeit werden schon in DIN EN 1536, 6.3.3, Tabelle 3, gegenüber den in DIN 1045-2:2008-08, Tabellen F.2.1 und F.2.2 festgelegten erhöhten Mindestzementgehalten von $z \geq 325$ kg/m³ beim Einbringen im Trockenen bzw. $z \geq 375$ kg/m³ beim Einbringen unter Wasser aus Sicht der Geotechnik ausreichend berücksichtigt (*Vogt/Kellner* in [112]).

Zu 2.4.3 Kombinationsregeln für Einwirkungen

Zu (1): Die allgemeinen Kombinationsregeln für Einwirkungen bei linear-elastischer Schnittgrößenermittlung dürfen entweder auf Einwirkungen selbst oder auf Auswirkungen bezogen werden, d. h. auf Schnittgrößen oder auch auf innere Kräfte bzw. Spannungen in einem Querschnitt, die von mehreren Schnittgrößen (z. B. Interaktion von Längskraft und Biegemoment) abhängen. Bei linearer Schnittgrößenermittlung sind die Auswirkungen den Einwirkungen proportional.

Im Folgenden sind die für die Berechnung der Bemessungswerte der Beanspruchungen in den Normen DIN EN 1990/NA bzw. DIN EN 1992 angegebenen Einwirkungskombinationen zusammengestellt, die jedoch nicht für jede Bemessungsaufgabe alle ausgewertet werden müssen: Sie werden wie folgt ermittelt:

– GZT: ständige und vorübergehende Einwirkungskombination (Grundkombination, außer Ermüdung)

$$E_d = \sum_{j \geq 1} \gamma_{G,j} \cdot E_{Gk,j} + \gamma_{Q,1} \cdot E_{Qk,1} + \sum_{i > 1} \gamma_{Q,i} \cdot \psi_{0,i} \cdot E_{Qk,i} + \gamma_P \cdot E_{Pk} \qquad \text{DIN EN 1990/NA, (6.10c)}$$

– GZT: außergewöhnliche Einwirkungskombination mit $\gamma_{GA} = \gamma_{QA} = 1{,}0$ (außer Brandfall)

$$E_{dA} = \sum_{j \geq 1} \gamma_{GA,j} \cdot E_{Gk,j} + \gamma_{QA,1} \cdot \psi_{1,1} \cdot E_{Qk,1} + \sum_{i > 1} \gamma_{QA,i} \cdot \psi_{2,i} \cdot E_{Qk,i} + E_{Pk} + E_{Ad} \qquad \text{DIN EN 1990/NA, (6.11c)}$$

Erläuterungen zum Eurocode 2: DIN EN 1992-1-1 mit Nationalem Anhang
2 Grundlagen der Tragwerksplanung

- GZT: außergewöhnliche Einwirkungskombination im Brandfall

$$E_{fi,d,t} = \sum_{j\geq 1}\gamma_{G,j}\cdot E_{Gk,j} + \sum_{i\geq 1}\gamma_{QA,i}\cdot\psi_{2,i}\cdot E_{Qk,i} + E_{Pk} + E_{Ad,t}$$

DIN EN 1991-1-2/NA, 4.3.1 (2)

mit $A_{d,t}$ – Bemessungswert der indirekten (Zwangs-)Einwirkungen infolge Brand und $\gamma_{GA} = \gamma_{QA} = 1{,}0$. Bei Bauteilen mit Wind als Leiteinwirkung $Q_{k,1}$ ist dieser jedoch abweichend mit dem häufigen Anteil $\gamma_{QA,1}\cdot\psi_{1,1}\cdot E_{Qk,1}$ anzusetzen.

- GZT: Einwirkungskombination bei Erdbeben

$$E_{dE} = \sum_{j\geq 1}E_{Gk,j} + \sum_{i\geq 1}\psi_{2,i}\cdot E_{Qk,i} + E_{Pk} + E_{AEd}$$

DIN EN 1990/NA, (6.12c)

- GZT: Einwirkungskombination für Ermüdung

$$E_d = \sum_{j\geq 1}E_{Gk,j} + \psi_{1,1}\cdot E_{Qk,1} + \sum_{i>1}\psi_{2,i}\cdot E_{Qk,i} + E_{Pk} + E_{Q,fat}$$

DIN EN 1992-1-1, (6.68)

- GZG: charakteristische Einwirkungskombination (selten)

$$E_{d,char} = \sum_{j\geq 1}E_{Gk,j} + E_{Qk,1} + \sum_{i>1}\psi_{0,i}\cdot E_{Qk,i} + E_{Pk}$$

DIN EN 1990/NA, (6.14c)

- GZG: häufige Einwirkungskombination (frequent)

$$E_{d,frequ} = \sum_{j\geq 1}E_{Gk,j} + \psi_{1,1}\cdot E_{Qk,1} + \sum_{i>1}\psi_{2,i}\cdot E_{Qk,i} + E_{Pk}$$

DIN EN 1990/NA, (6.15c)

- GZG: quasi-ständige Einwirkungskombination (permanent)

$$E_{d,perm} = \sum_{j\geq 1}E_{Gk,j} + \sum_{i\geq 1}\psi_{2,i}\cdot E_{Qk,i} + E_{Pk}$$

DIN EN 1990/NA, (6.16c)

Die Anzahl der in den einzelnen Einwirkungskombinationen erforderlichen Permutationen der nicht-ständigen Einwirkungen kann durch sinnvolle Wahl der Kombinationbeiwerte (z. B. ψ = max ψ_i) vereinfacht werden. Dies ist besonders bei statischen Vorbemessungen und Handrechnungen zweckmäßig.

Zu (2): Da die Streuungen der Eigenlasten innerhalb eines Bauteils gering sind, dürfen bei Hochbauten die Konstruktionseigenlast und die Eigenlasten nichttragender Teile im Allgemeinen zu einer gemeinsamen unabhängigen Einwirkung G_k (Eigenlasten) zusammengefasst werden (vgl. DIN EN 1991-1-1, 3.2 (1)). In diesem Fall darf bei durchlaufenden Platten und Balken der gleiche Bemessungswert bei ungünstiger Auswirkung mit $G_{d,sup} = 1{,}35 G_k$ und bei günstiger Auswirkung mit $G_{d,inf} = 1{,}0 G_k$ in allen Feldern angesetzt werden.

Der Einfluss der Variation der Eigenlasten auf die Sicherheit ist vom Verhältnis der Eigenlasten zu den wesentlich stärker streuenden veränderlichen Einwirkungen abhängig. Daher setzt diese Regel voraus, dass die Summe der veränderlichen Einwirkungen je Feld mindestens 20 % der Summe der ständigen Einwirkungen je Feld beträgt. Davon kann im Hochbau im Allgemeinen ausgegangen werden. Diese Regel setzt weiterhin nicht zu große Spannweitenunterschiede in den Feldern voraus [D525].

Nach DIN EN 1991-1-1:2010-12, 2.1, sind Lasten aus Stoffen, die als Ballast wirken (z. B. Bodenaufschüttungen auf Dächern oder Terrassen), i. d. R. als ständige Einwirkungen anzunehmen. Eigenlasten von losen Kies- und Bodenschüttungen auf Dächern oder Decken sind im Hochbau jedoch als veränderliche Einwirkungen anzusetzen, wenn diese Einwirkungen z. B. infolge von Reparaturarbeiten vorübergehend entfernt werden können bzw. müssen und wenn sie sich wesentlich auf die Standsicherheit des Bauwerks oder einzelner Teile des Tragwerks auswirken (DIN EN 1991-1-1/NA:2010-12, (NCI) 2.1 (5)).

Zu 2.5 Versuchsgestützte Bemessung

Die Anwendung der versuchsgestützten Bemessung in der Tragwerksplanung bedarf der Zustimmung des Bauherrn und der zuständigen Behörde (DIN EN 1990/NA:2010-12, NCI zu 5.2 (1), siehe auch Erläuterungen zu 2.1.2).

Zu 2.6 Zusätzliche Anforderungen an Gründungen

Zu (3): Für die Tragwerksplanung von Gründungen und ihre Interaktion mit dem Baugrund sind DIN EN 1990 (Grundlagen der Tragwerksplanung), DIN EN 1991 (Einwirkungen), DIN EN 1992 (Tragwerke aus Beton) und DIN EN 1997 (Sicherheitsnachweise in der Geotechnik) mit den jeweiligen Nationalen Anhängen heranzuziehen, wobei zusätzliche nationale Anwendungsregeln zum Eurocode 7 in DIN 1054 [R6] enthalten sind (im Sinne von NCI). Darüber hinaus sind ggf. die Normen des Spezialtiefbaus zu berücksichtigen ([R14], [R15], [R16], [R27]).

Die Bemessung in Grenzzuständen mit Teilsicherheitsbeiwerten ist auch für Standsicherheitsnachweise in der Geotechnik eingeführt worden. Dabei weichen einzelne Regelungen in Bezug auf die Grundlagen des Sicherheitskonzepts von den Bemessungsregeln im Betonbau ab (z. B. Nachweis der Kippsicherheit von Fundamenten durch Begrenzung der klaffenden Sohlfuge mit charakteristischen Einwirkungen im GZG statt unter γ-fachen günstigen bzw. ungünstigen Einwirkungen im GZT, siehe Abb. 5) [34].

Diese Unterschiede im Sicherheitskonzept können ohne differenzierte Betrachtung zu Inkonsistenzen beim Zusammenwirken von Tragkonstruktionen mit dem Baugrund führen, insbesondere an den Schnittstellen zwischen Gründungsbauteilen und angrenzendem Boden. Daraus ergeben sich im Grenzzustand der Tragfähigkeit in der Bodenfuge andere Gleichgewichtsbedingungen für die Stahlbetonbemessung als für den Nachweis der Tragfähigkeit des Baugrunds. Die Unterschiede in den Sicherheitskonzepten sind im Wesentlichen darauf zurückzuführen, dass die Tragwiderstandsmodelle im Betonbau mit Bemessungswerten bzw. Grenzwerten der Materialeigenschaften für den GZT hergeleitet wurden, während die Modelle für Baugrundwiderstände auf charakteristischen Werten oder modifizierten Bemessungswerten der Baugrundeigenschaften beruhen und darüber hinaus gleichzeitig von den Beanspruchungen abhängen [34].

Ein vielfach zitiertes Beispiel ist die Auslegung für die Nachweise bei einem Einzelfundament, das planmäßig zentrisch vertikal mit ständigen (Eigenlasten) und veränderlichen Einwirkungen sowie horizontal mit veränderlichen Einwirkungen (z. B. Wind) beansprucht wird.

In Abb. 5 ist beispielhaft ein Stützenfundament mit Eigenlasten aus zwei aufgelegten Bindern und einer veränderlichen Horizontalkraft dargestellt. Auf nichtbindigen und bindigen Böden kann ein Nachweis der Lagesicherheit ohne Kippen (EQU) nicht geführt werden, da die Kippkante geotechnisch unbekannt ist. Anstatt eines Nachweises der Sicherheit gegen Kippen darf ein indirekter Verformungsnachweis durch die Einhaltung einer zulässigen Ausmittigkeit der Sohldruckresultierenden im GZG geführt werden. Bei günstig und ungünstig wirkenden Lasten ist demnach sowohl der Nachweis der Kippsicherheit nach DIN EN 1997-1 mit DIN 1054 (Abb. 5 a) im GZG mit Begrenzung der klaffenden Sohlfuge als auch der Nachweis der Lagesicherheit nach DIN EN 1990 im GZT EQU nach Tabelle NA.A.1.2 (A) (Abb. 5 b) zu führen.

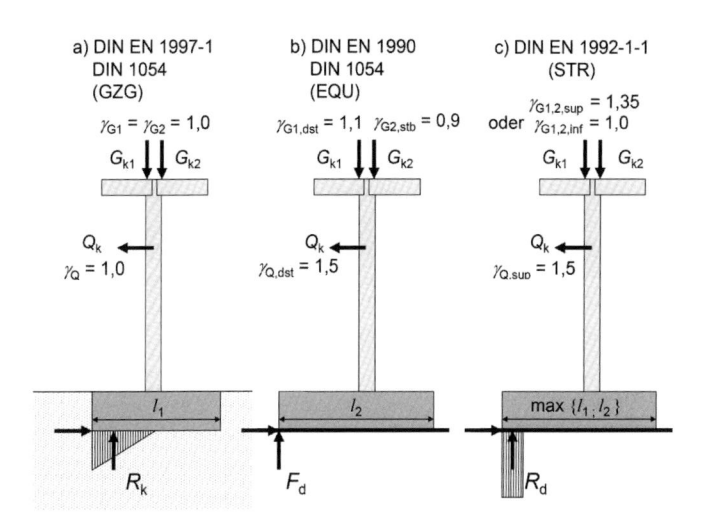

Abb. 5. Beispiel für Einwirkungskombinationen für Fundamentnachweise

In vielen Fällen ist es zweckmäßig, auch den Bauzustand also z. B. Rohbau ohne Fassade zu berücksichtigen.

Die aus den verschiedenen Nachweisen resultierenden größeren Fundamentabmessungen sind der Bemessung nach DIN EN 1992-1-1 zugrunde zu legen.

Für die Bemessung der Fundamente nach DIN EN 1992-1-1 sind die für die Stütze ermittelten Schnittgrößen im Grenzzustand der Tragfähigkeit (STR) einzuleiten. Die daraus Resultierende des fiktiven Sohldrucks steht mit den Stützenschnittgrößen im Gleichgewicht und führt zu den Bemessungsschnittgrößen im Fundament (Abb. 5 c). Dieser fiktive Sohldruck darf sowohl als Resultierende als auch als gleichmäßig verteilt ohne betragsmäßige Begrenzung angenommen werden.

Unterschiedliche Teilsicherheitsbeiwerte $\gamma_{G,inf}$ und $\gamma_{G,sup}$ für Eigenlasten im GZT nach DIN EN 1992-1-1 sind nur anzusetzen, wenn es sich um stochastisch unabhängige Einwirkungen handelt, also z. B. G_{k1} aus einem Deckenunterzug innerhalb des Bauwerks und G_{k2} aus einer Fassade. Wenn hingegen sowohl G_{k1} als auch G_{k2} aus ein und demselben Deckentragwerk herrühren, dürfen gleiche Teilsicherheitsbeiwerte verwendet werden, also entweder $\gamma_{G,sup}$ = 1,35 oder $\gamma_{G,inf}$ = 1,0 für G_{k1} und G_{k2}. Die Spreizung der Teilsicherheitsbeiwerte ist hinreichend durch den Grenzzustand der Lagesicherheit EQU nach DIN EN 1990 abgedeckt.

Grünberg und *Vogt* haben in [34] Lösungswege für weitere geotechnische Problemstellungen aufgezeigt und zweckmäßige Nachweisverfahren anhand typischer Gründungen im Hochbau veranschaulicht.

Zu NA.2.8   Bautechnische Unterlagen

Der Abschnitt zu den Anforderungen und Inhalten der bautechnischen Ausführungsunterlagen wurde wieder zusätzlich in den Nationalen Anhang aufgenommen, weil der Qualität der Planung und der Kommunikation zwischen Tragwerksplaner, Betonhersteller und Bauausführendem erfahrungsgemäß entscheidende Bedeutung für die erfolgreiche Realisierung mangelfreier Bauwerke zukommt. Die zum Teil weit entwickelten und ausgereizten Ergebnisse der Tragwerksplanung erfordern auch eine entsprechende qualitative Umsetzung in der Bauausführung. Prinzip ist daher, dass der Tragwerksplaner die Voraussetzungen und insbesondere alle wesentlichen Annahmen sowie die Ergebnisse seiner Planung so detailliert und ausführlich auf den bautechnischen Unterlagen darstellt, dass diese Grundlage von möglichst eindeutiger Ausschreibung und klaren bauvertraglichen Regelungen werden können. Nur so kann der bauausführende Unternehmer die geforderten Eigenschaften und Qualitäten richtig bewerten oder ggf. auch Bedenken anmelden, wenn aus seiner Sicht Umstände und Randbedingungen die Realisierung des Geforderten oder des Vorausgesetzten unmöglich machen oder Anlass zur Mängelvermutung bieten. Unvollständige oder fehlerhafte Angaben können daher auch zu Haftungsansprüchen gegenüber dem Planer führen.

Der Mindestumfang der zu erstellenden bautechnischen Unterlagen wird durch die baurechtlichen Bestimmungen der Bundesländer bzw. durch Sonderregelungen der öffentlichen Auftraggeber festgelegt. Zeichnungen sind die zur Bauausführung erforderlichen planlichen Unterlagen.

Zu den weiteren Anforderungen an den Beton auf Bewehrungsplänen gehören z. B. die Feuchtigkeitsklasse nach Tabelle 4.1, Nr. NA.7, oder eine ggf. notwendige Begrenzung des Größtkorns der Gesteinskörnung oder die Festlegung der Festigkeitsentwicklung des Betons (z. B. entsprechend dem Konzept der Rissbreitenbegrenzung nach 7.3.2).

Hinweise zur Festlegung von Ausschalfristen abhängig vom Erhärtungsverlauf des Betons und der Belastung während der Bauzeit sind im DBV-Merkblatt „Betonschalungen und Ausschalfristen" [DBV7] enthalten.

Mit besonders hohem seitlichem Frischbetondruck ist bei fließfähigen, leichtverdichtbaren Betonen in hohen Betonierabschnitten zu rechnen ([R11], DAfStb-Heft [D567]). Dies gilt insbesondere für selbstverdichtenden Beton.

Für statische Berechnungen wird das in den Planunterlagen dargestellte Bauwerk in einem Rechenmodell abgebildet. Alle relevanten Einwirkungen sind anzusetzen und zu dokumentieren. Vorzugsweise zur Ermittlung der Schnittgrößen komplexer statischer Systeme werden in der Praxis immer häufiger moderne computergestützte Berechnungsverfahren bis hin zum Gesamtmodell verwendet. Für die Aufbereitung der Ergebnisse hinsichtlich Übersichtlichkeit und Prüfbarkeit wird auf die BVPI-„Richtlinie für das Aufstellen und Prüfen EDV-unterstützter Standsicherheitsnachweise (Ri-EDV-AP-2001)" [9] hingewiesen. Dem Tragwerksplaner obliegt die Verantwortung, die Komplexität der Modellbildung mit den Anforderungen aus dem Tragwerk und mit den Möglichkeiten der Bauarten sowie der Bauausführung in Einklang zu bringen. Einfachere, mit Handrechnungen nachvollziehbare statische Modelle und Nachweise führen für übliche Hochbauten i. d. R. zu brauchbaren, robusten und damit nachhaltigen Konstruktionen, die auch Reserven für die gesamte Nutzungsdauer aufweisen.

Für die Herstellung und Beurteilung von Beton mit gestalteten Ansichtsflächen werden im DBV-Merkblatt „Sichtbeton" [DBV9] Hinweise gegeben. Die dort definierten „Sichtbetonklassen" sind geeignet, die besonderen Anforderungen an die Oberflächen in einer Baubeschreibung zu definieren und zu vereinbaren. Für Fertigteile kann alternativ auch die Anwendung des FDB-Merkblatts über „Sichtbetonflächen von Fertigteilen aus Beton und Stahlbeton" [23] vereinbart werden.

Zu 3 BAUSTOFFE

Zu 3.1 Beton

Zu 3.1.2 Festigkeiten

Zu (2)P: Für die Herstellung und die Verwendung von Betonen der Druckfestigkeitsklassen C90/105 und C100/115 sowie für hochfesten Leichtbeton der Druckfestigkeitsklassen LC70/77 und LC80/88 ist eine allgemeine bauaufsichtliche Zulassung oder eine Zustimmung im Einzelfall erforderlich. Für die Überwachung und Qualitätssicherung hochfester Betone gelten zusätzliche Auflagen nach DIN 1045-2, Anhang H.

Zu (4): Grundsätzlich ist die Druckfestigkeit zur Einteilung in die geforderte Druckfestigkeitsklasse nach DIN EN 206-1, 4.3.1, und zur Bestimmung der charakteristischen Festigkeit nach DIN EN 206-1, 5.5.1.2, an Probekörpern im Alter von 28 Tagen zu bestimmen.

Hierbei ist auch im Rahmen der Konformitätskontrolle für die Druckfestigkeit nach DIN EN 206-1, 8.2.1, die Konformität an Probekörpern zu beurteilen, die im Alter von 28 Tagen geprüft werden.

Von diesem Grundsatz darf nur unter bestimmten Bedingungen abgewichen werden (beachte die Musterliste der Technischen Baubestimmungen [76], ab Fassung 2010-02, Anlage 2.3/14). Für besondere Anwendungen kann es notwendig sein, die Betondruckfestigkeit zu einem früheren oder späteren Zeitpunkt als nach 28 Tagen zu vereinbaren bzw. zu bestimmen, z. B. bei Leichtbeton, bei massigen Bauteilen oder nach Lagerung unter besonderen Bedingungen wie z. B. Wärmebehandlung. Bei massigen Bauteilen sollte die DAfStb-Richtlinie „Massige Bauteile aus Beton" [D1] beachtet werden.

Betonsorten, deren Nachweisalter für die Betonfestigkeit auf 56 Tage oder später festgelegt wird, dürfen nur unter Einbeziehung aller am Bau Beteiligten (wie z. B. Planer und Bauausführender) verwendet werden, um Defizite in der Sicherheit oder bei der Ausführungsqualität zu verhindern (z. B. bei Nichtbeachtung verlängerter Ausschalfristen und Nachbehandlungszeiten). Für vor dem Nachweisalter auftretende Belastungen sind gegebenenfalls Nachweise mit verminderten Festigkeiten erforderlich.

Falls die Betonfestigkeit für ein Alter bis zu 91 Tagen bestimmt wird, ist eine weitere Reduktion der Dauerstandsbeiwerte um den Faktor k_t nicht erforderlich, da diese im NA schon reduziert mit α_{cc} und $\alpha_{ct} = 0{,}85 < 1{,}0$ festgelegt wurden. Die in EN 1992-1-1 vorgeschlagenen Werte α_{cc} und $\alpha_{ct} = 1{,}0$ setzten voraus, dass der Belastungsbeginn im Betonalter von nicht mehr als 28 Tagen stattfindet und damit ein größeres Nacherhärtungspotenzial zur Kompensation des Dauerstandsabfalls der Festigkeit zur Verfügung steht.

Zu (6): Die analytischen Beziehungen nach den Gleichungen (3.1) und (3.2) entstammen dem Model Code MC90 [12] und stellen die Entwicklung der Betondruckfestigkeit $f_{cm}(t)$ unter Laborbedingungen bezogen auf die 28-Tage Druckfestigkeit dar (Abb. 6). Zu erkennen ist das unterschiedliche Nacherhärtungspotenzial der Zementklassen.

Zu (9): Die zeitliche Entwicklung der Betonzugfestigkeit $f_{ct}(t)$ folgt ebenfalls dem Hydratationsgrad. Die Zugfestigkeit nimmt zunächst wie die Druckfestigkeit zu. Nach 28 Tagen ist die Zugfestigkeitssteigerung infolge der Nacherhärtung geringer [33]. Das wird in Gleichung (3.4) durch den Exponenten α näherungsweise berücksichtigt (siehe Abb. 7).

Die frühe Zugfestigkeit im Bauteil bis zu einem Betonalter von 28 Tagen kann andererseits jedoch auch vorübergehend durch Spannungen aus Trocknungsschwinden reduziert werden, die von der Bauteilgröße und den Lagerungs- und Nachbehandlungsbedingungen abhängen [74].

Abb. 6. Zeitabhängige Entwicklung der Druckfestigkeit unter Laborbedingungen (Gleichungen (3.1) und (3.2))

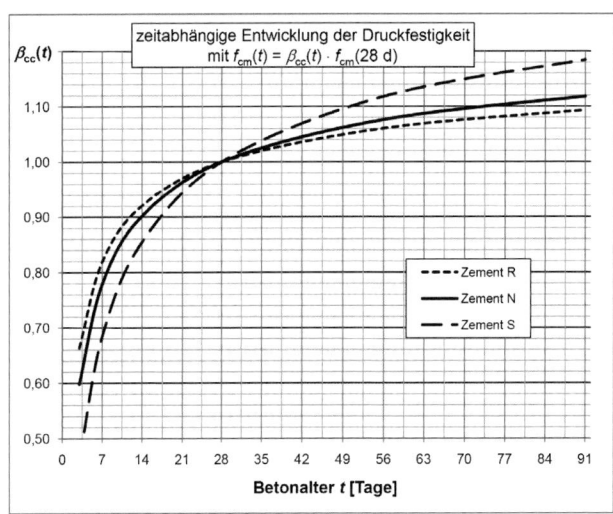

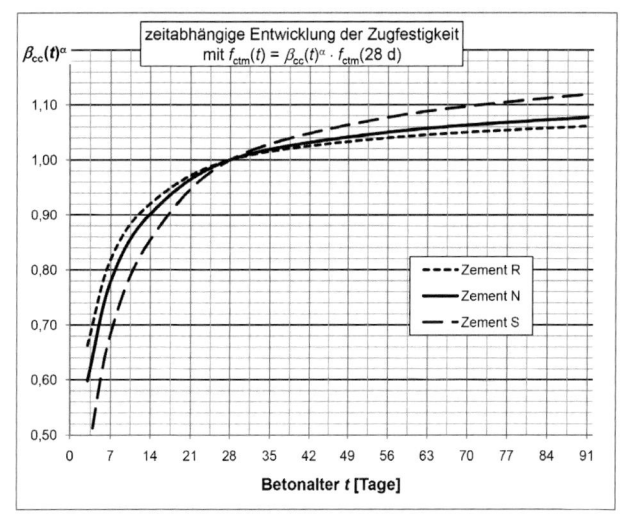

Abb. 7. Zeitabhängige Entwicklung der Zugfestigkeit unter Laborbedingungen (Gleichungen (3.2) und (3.4))

Zu 3.1.3 Elastische Verformungseigenschaften

Zu (2): Der E-Modul des Betons wird durch die E-Moduln der Komponenten Gesteinskörnung und Zementsteinmatrix bestimmt. Der E-Modul des Zementsteins hängt von der Kapillarporosität und damit vom Wasserzementwert ab. Der E-Modul der Gesteinskörnung ergibt sich aus dem mineralogischen Charakter des Gesteins. Der meist deutlich größere E-Modul normaler Gesteinskörnung liegt etwa zwischen 10.000 N/mm² bei Sandstein und 90.000 N/mm² bei Basalt. Leichte Gesteinskörnungen weisen dagegen E-Moduln auf, die je nach Kornrohdichte nur etwa zwischen 3.000 N/mm² und 20.000 N/mm² liegen und damit auch niedriger als der E-Modul des Zementsteins sein können. Eine Zunahme des Zementsteingehalts bewirkt eine Abnahme des E-Moduls bei Normalbeton. Diese Tendenzen gelten sowohl für den Tangenten- als auch für den Sekantenmodul. Im Bereich der Gebrauchsspannungen ist der Tangentenmodul für Druck- und Zugbeanspruchung gleich. Mit sinkendem Wasserzementwert und steigendem Alter nimmt der E-Modul des Betons zu (*Müller* und *Reinhardt* in [74]).

Der Tangentenmodul E_c wird in DIN EN 1992-1-1 mit $1{,}05 E_{cm}$ angenommen. Die nunmehr in DIN EN 1992-1-1 eingeführte Beziehung für die Richtwerte E_{cm} bei quarzitischer Gesteinskörnung

$$E_{cm} = 22.000 \cdot [(f_{ck} + 8) / 10]^{0,3} \approx 11.000 \cdot f_{cm}^{0,3} \tag{3}$$

entspricht der im CEB-Bulletin 228 [11] vorgeschlagenen Beziehung für den Tangentenursprungsmodul E_{ci} für hochfeste Betone. Diese wurde dort mit der Begründung abgeleitet, dass die entsprechende Beziehung im MC90 [12] die Tangenten-E-Moduln hochfester Betone weniger gut abbildet. Die Gleichung (3) führt gegenüber den sehr konservativ angenommenen Werten nach DIN 1045-1 zu relativ hohen E-Moduln. Sie wurde jedoch für den Eurocode 2 auch als geeignete Abschätzung für die normalfesten Betone übernommen [21]. Für die Bestimmung der Tragfähigkeit reicht die Benutzung des Richtwertes E_{cm} in der Regel aus.

Die in verschiedenen Regelwerken festgelegten Rechenwerte für den Sekantenmodul E_{cm} sind exemplarisch in Tabelle 5 und Abb. 9 dargestellt.

Die 28-Tage-Werte E_{cm} in Tabelle 3.1 gelten nur für Betonsorten mit quarzithaltigen Gesteinskörnungen. Bei Gesteinskörnungen aus Kalkstein und Sandstein sind niedrigere und bei solchen aus Basalt höhere E-Moduln zu erwarten. Die zeitliche Entwicklung des E-Moduls wird auch von den örtlichen Umgebungsbedingungen und der Nachbehandlung beeinflusst. Der Tragwerksplaner sollte sich jedoch stets vergewissern, welche regionalen Gesteinskörnungen zur Betonherstellung verwendet werden bzw. den Betonsorten-E-Modul beim Betonhersteller abfragen, wenn die Bemessung von Bauteilen entscheidend von diesem Kennwert abhängt (z. B. Verformungsnachweise, Zwangsschnittgrößen). Ggf. sollte der E-Modul dann als zusätzliche Betoneigenschaft festgelegt oder rechnerische Untersuchungen mit oberen und unteren Grenzwerten vorgenommen werden.

Zu (3): Die zeitabhängige Entwicklung des E-Moduls verläuft anfangs relativ schneller als die der Betondruckfestigkeit und darf in DIN EN 1992-1-1 durch die Gleichungen (3.1), (3.2) und (3.5) in Anlehnung an den MC90 [12] unter Laborbedingungen abgeschätzt werden (Abb. 8). Im Unterschied zum MC90 mit dem Exponenten $\alpha = 0{,}5$ für $[\beta_{cc}(t)]^\alpha$ wurde in der EN 1992-1-1-Fassung der Exponent auf $\alpha = 0{,}3$ reduziert.

Zu (4): Die Querdehnzahl des Betons hängt von der Betonzusammensetzung, vom Betonalter, vom Feuchtezustand und insbesondere von der Spannung im Beton ab. Die Querdehnung des Betons nimmt bis $\sigma_c \approx 0{,}5 f_c$ proportional zur Längsstauchung mit einer Querdehnzahl zwischen 0,15 und 0,25 zu und steigt bei weiterer Annäherung an die Druckfestigkeit durch die zunehmende Gefügeauflockerung und Mikrorissbildung überproportional bis zu 0,5 bei $\sigma_c \approx f_c$ an. In gerissenen Bauteilbereichen fällt dagegen die wirksame Querdehnzahl deutlich ab und kann daher zu null gesetzt werden [74].

Zu (5): Noch weiter differenzierte Richtwerte für die Wärmedehnzahl abhängig vom Zementgehalt, der Gesteinskörnung und der Betonfeuchte können *Grübl* et al. [33], Tabelle 7.9-6, entnommen werden.

Tab. 5. Vergleich der E-Moduln für Beton in verschiedenen Regelwerken [GPa] (Sekantenmoduln)

Norm	Betonfestigkeitsklasse														
	C12/15	C16/20	C20/25	C25/30	C30/37	C35/45	C40/50	C45/55	C50/60	C55/67	C60/75	C70/85	C80/95	C90/105	C100/115
	B15		B25		B35	B45		B55		B65	B75	B85	B95	B105	B115
DIN 1045:1988-07 + DAfStb-Rili [D3]	26,0	–	30,0	–	34,0	37,0	–	39,0	–	40,5	42,0	43,0	44,0	44,5	45,0
MC 90:1993-05 [12]	23,1	24,5	25,8	27,3	28,6	29,8	30,9	31,9	32,9	33,8	34,7	36,3	37,8	–	–
ENV 1992-1-1 [E27] DIN 1045-1:2001-07	25,8	27,4	28,8	30,5	31,9	33,3	34,5	35,7	36,8	37,8	38,8	40,6	42,3	43,8	45,2
DIN 1045-1:2008-08	21,8	23,4	24,9	26,7	28,3	29,9	31,4	32,8	34,3	35,7	37,0	39,7	42,2	43,8	45,2
DIN EN 1992-1-1 [1]	27,1	28,6	30,0	31,5	32,8	34,1	35,2	36,3	37,3	38,2	39,1	40,7	42,2	43,6	44,9

[1] Richtwert bei quarzitischer Gesteinskörnung

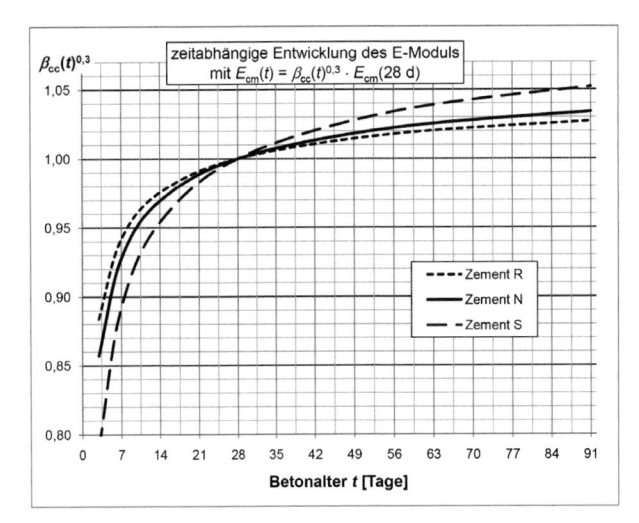

Abb. 8. Zeitabhängige Entwicklung des E-Moduls unter Laborbedingungen nach Gl. (3.5)

Abb. 9. Vergleich der E-Moduln für Beton in verschiedenen Regelwerken

Zu 3.1.4 Kriechen und Schwinden

Kriechen

Zu (1): Der Kriechprozess setzt sich aus dem Grundkriechen und dem Trocknungskriechen zusammen. Bei höherfestem Beton ist das Kriechvermögen, insbesondere das Trocknungskriechen, durch die höhere Festigkeit und die wesentlich größere Dichtheit deutlich reduziert.

Zu (2): Für beide Kriechanteile wird in DIN EN 1992-1-1 und DIN 1045-1 (*Müller/Kvitsel* in [73], siehe [D525], Gleichung H.9-6) ein identischer Produktansatz für die Kriechzahl zugrunde gelegt:

$$\varphi(t,t_0) = \varphi_0 \cdot \beta_c(t,t_0) = \varphi_{RH} \cdot \beta(f_{cm}) \cdot \beta(t_0) \cdot \beta_c(t,t_0) \qquad \text{DIN EN 1992-1-1, (B.1) + (B.2)}$$

DIN EN 1992-1-1, Anhang B, darf normativ in Deutschland angewendet werden. Für Betonfestigkeiten ≥ C30/37 ist die Übereinstimmung zwischen den Kriechfunktionen aus Anhang B und aus DAfStb-Heft [D525] zu 9.1.4 (8) vollständig. Für Betonfestigkeiten ≤ C25/30 ergeben sich nach Anhang B etwas geringere Kriechzahlen.

Die Kriechzahlen gelten im Temperaturbereich von –40 °C bis +40 °C sowie für Umgebungsbedingungen mit Luftfeuchten zwischen 40 % und 100 % [21]. Die Kriechfunktionen im Anhang B beschreiben das lineare Kriechen bis zu einem Spannungsniveau bei Belastungsbeginn mit kriecherzeugenden Druckspannungen von $\sigma_c \leq 0{,}45 f_{ck}(t_0)$.

Die Gleichung (B.7) hat für eine Belastungsdauer von ca. 70 Jahren Gültigkeit. Im Eurocode 2 wird davon ausgegangen, dass die sich für diese Belastungsdauer ergebende Kriechzahl für den praktischen Gebrauch als Endkriechzahl betrachtet werden kann [33].

Die Kriechdehnung ist gemäß Anhang B mit einem wirklichkeitsnahen E-Modul, d. h. unter Berücksichtigung des Einflusses der Gesteinskörnung zu bestimmen,

Zu (4): Nichtlineares Kriechen ist i. d. R. bei Überschreiten der Druckspannung $0{,}45 f_{ck}(t_0)$ zu einem beliebigen Zeitpunkt zu berücksichtigen, da diese Kriechverformungen fast immer wesentliche Auswirkungen haben. Hierfür darf nach Gleichung (3.7) eine nichtlineare Endkriechzahl φ_{nl} als Vielfaches der linearen Endkriechzahl verwendet werden (Vergrößerungsfaktor siehe Abb. 10). Diese ist für kriecherzeugenden Spannungen im Bereich 0,45 bis $0{,}7 f_{ck}(t_0)$ gültig (entspricht etwa 0,4 bis $0{,}6 f_{cm}(t_0)$) [74].

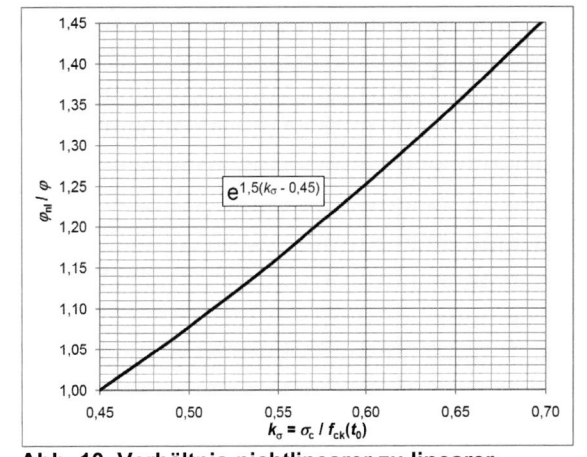

Abb. 10. Verhältnis nichtlinearer zu linearer Endkriechzahl φ_{nl} / φ nach Gleichung (3.7)

Zu (6): Trocknungsschwinden

Im Schwindansatz nach DIN EN 1992-1-1 werden die aus der Betonzusammensetzung resultierenden Einflüsse in Näherung allein durch die Betondruckfestigkeit und die Zementklasse erfasst. Im Vergleich mit DAfStb-Heft [D525] (Grundlagen auch in [52], [73]) sind die Grundwerte für die Trocknungsschwinddehnung $\varepsilon_{cd,0}$ im Anhang B auf 85 % der Werte $\varepsilon_{cds,0}(f_{cm}) \cdot \beta_{RH}(RH)$ nach [D525] bei den Zementarten S und N wegen des Vorfaktors 0,85 in Gleichung (B.11) reduziert. Dies erfolgte im zuständigen Subcommittee SC2 mit Blick auf die Unterschiede zwischen den unter Laborbedingungen ermittelten und den am realen Bauteil auftretenden Schwinddehnungen. Bei der Zementklasse R ist der Unterschied wegen der Differenz im Anpassungsfaktor α_{ds2} (DIN EN 1992-1-1: $\alpha_{ds2} = 0{,}11$ und [D525]: $\alpha_{ds2} = 0{,}12$) geringer.

Die Unterscheidung des Faktors für die Luftfeuchte über 99 % · β_{s1} nach [D525] wirkt sich nur bei Wassersättigung und hochfesten Betonen aus. Die Schwinddehnung wird dann null bzw. wird zur Quelldehnung. Die vereinfachende Vernachlässigung dieses Effektes in DIN EN 1992-1-1 liegt meist auf der sicheren Seite.

Der zeitliche Verlauf für die Trocknungsschwinddehnung wird in DIN EN 1992-1-1 durch Multiplikation des Grundmaßes mit dem Zeitfaktor $k_h \cdot \beta_{ds}(t, t_s)$ in Gleichung (3.9) abgebildet. Die Verlaufsfunktion nach Gleichung (3.10) hängt im Wesentlichen von der Austrocknungsgeschwindigkeit und damit von der wirksamen Dicke h_0 ab. Im europäischen SC2 wurden die Schwinddehnungen nach [D525] bzw. [52] im Vergleich mit verschiedenen nationalen Vorschriften und Erfahrungen als unrealistisch hoch kritisiert (Anderson in [1]). Dies wurde u. a. darauf zurückgeführt, dass die Auswirkungen der wirksamen Dicke h_0 in [D525] nur in der Zeitverlaufsfunktion, jedoch nicht im Grundmaß des Trocknungsschwinden selbst berücksichtigt werden. Darüber hinaus basieren die meisten Versuchsdaten zum Schwinden nur auf Zeiträumen von bis zu 5 Jahren. Daher wurde in DIN EN 1992-1-1 die Zeitverlaufsfunktion nach Gleichung (3.10) eingeführt und mit den Korrekturfaktoren 0,85 (in Gleichung (B.11) integriert) und k_h ingenieurmäßig angepasst. Größere Unterschiede zu den Werten nach [D525] ergeben sich dadurch für den Zeitraum nach 5 Jahren. Der Abminderungsfaktor k_h in DIN EN 1992-1-1, Tabelle 3.3, berücksichtigt zusätzlich das reduzierte Austrocknungsverhalten von Bauteilen mit größerer wirksamer Querschnittsdicke und kompensiert zum Teil die Unterschiede in den Zeitverlaufsfunktionen nach 50 bzw. 70 Jahren (vgl. Abb. 11). Zum Zeitpunkt $t = \infty$ liegt die Annahme $\beta_{ds}(\infty) \rightarrow 1,0$ immer auf der sicheren Seite.

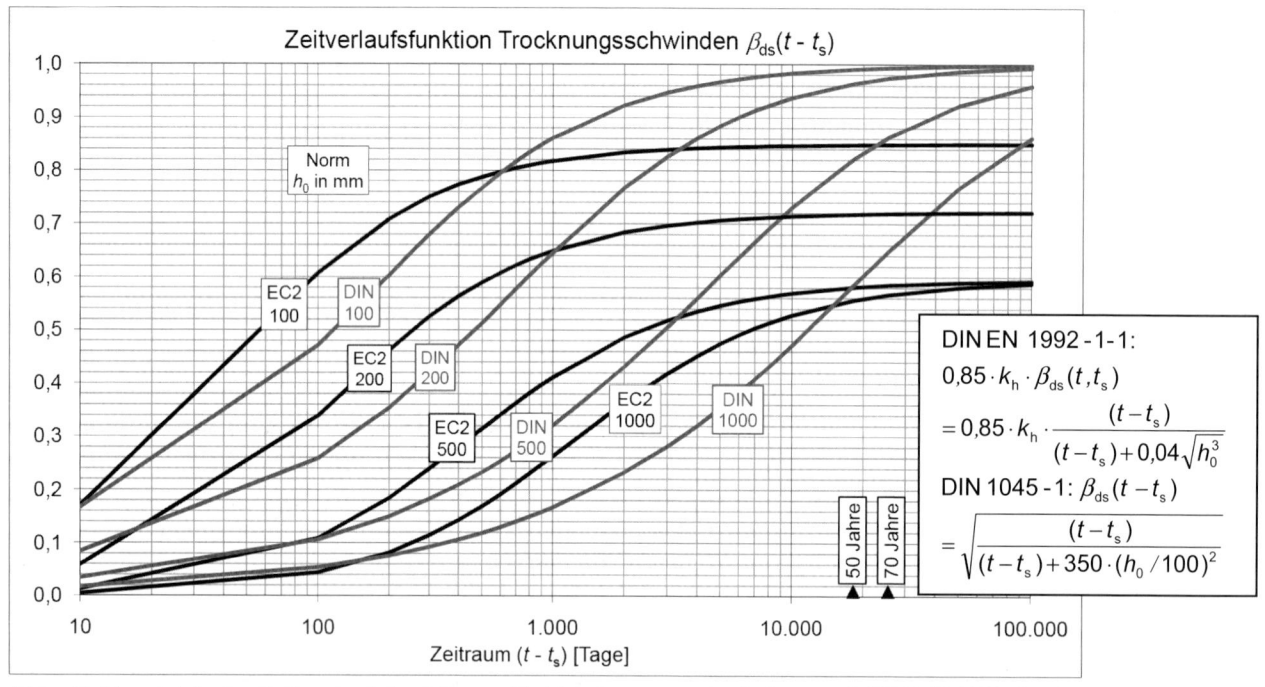

Abb. 11. Vergleich der Zeitverlaufsfunktionen für Trocknungsschwinden nach DIN EN 1992-1-1 (mit Abminderungsfaktoren) und DIN 1045-1 (nach [D525]] bezogen auf den gleichen Grundwert $\varepsilon_{cd,0}$

Die Trocknungsschwindmaße ε_{cd} nach DIN EN 1992-1-1 zum Zeitpunkt $t = 50$ Jahre betragen demnach je nach wirksamer Dicke, Zementart und Betonfestigkeitsklasse nur noch zwischen ca. 65 % bis 95 % der Werte nach DAfStb-Heft [D525]. Mit der Zeitverlaufsfunktion werden die Endschwinddehnungen jedoch etwas schneller erreicht.

Da die Variationskoeffizienten ohnehin bei 30 % liegen und die Auswirkungen auf die Bemessungsergebnisse im GZT deutlich geringer sind als die Unterschiede der Trocknungsschwindmaße, werden die günstigeren Regelungen aus EN 1992-1-1 ohne Änderung im NA übernommen. Das erhöht die Wirtschaftlichkeit der Bauweise. In der Regel unterscheiden sich die Schwinddehnungen an realen Bauteilen von den im Laborklima ermittelten, da der Austrocknungsprozess durch Feuchte- und Temperaturschwankungen verlangsamt wird. Darüber hinaus werden die Schwinddehnungen durch Bewehrung oder Stahlquerschnitte im Verbundbau reduziert und langfristig auch durch Zugkriechen abgebaut. Bei verformungsempfindlicheren Bauteilen und sensiblen Nachweisen (z. B. in sehr trockener Umgebung oder wenn Schwinden die maßgebende Zwangsbeanspruchung darstellt) sollten ohnehin Grenzwertbetrachtungen vorgenommen werden. Die größeren Endschwindmaße ($t \rightarrow \infty$) nach DIN 1045-1 bzw. DAfStb-Heft [D525] liegen auf der sicheren Seite und können jedenfalls auch weiter verwendet werden.

In DIN EN 1992-1-1 werden in Tabelle 3.2 nur einige Nennwerte für die unbehinderte Trocknungsschwinddehnung $\varepsilon_{cd,0}$ in [‰] für Beton mit Zement CEM Klasse N (normal erhärtend) angegeben. Diese wurden auf Basis des Anhangs B ermittelt. Als Hilfestellung für die Praxis wurden in DIN EN 1992-1-1/NA, Anhang B, die erweiterten Tabellen NA.B.1 bis NA.B.3 – Grundwerte für die unbehinderte Trocknungsschwinddehnung $\varepsilon_{cd,0}$ – mit den Zementklassen S, N und R sowie mit allen Betonfestigkeitsklassen ergänzt. In Bezug auf die relative Luftfeuchte wurde auf die nicht praxisrelevante Spalte für 20 % verzichtet, dafür wird die für trockene Umgebungsbedingungen relevante relative Luftfeuchte 50 % ergänzt.

Grundschwinden

Bei normalfestem Beton liefert das Grundschwinden infolge der Reaktion des Zements (Summe aus chemischem Schwinden und autogenem Schwinden = innere Austrocknung) einen gegenüber dem Trocknungsschwinden vergleichsweise kleinen Verformungsbeitrag. Mit zunehmender Betonfestigkeit nimmt das Grundschwinden zu und das Trocknungsschwinden ab. Bei hochfestem Beton kann deshalb das Ausmaß des Grundschwindens deutlich über dem des Trocknungsschwindens liegen [D525].

Der vereinfachte, linearisierte und zementunabhängige Ansatz für das Endmaß des Grundschwindens nach EN 1992-1-1, Gleichung (3.12), liefert bei normalfesten Betonen je nach Zementart und Betonfestigkeitsklasse Werte zwischen 55 % (C20/25 mit Zementklasse S) bis 100 % (C50/60 mit Zementklasse R) der Werte nach [D525]. Im relevanten Bereich der hochfesten Betone beträgt die Übereinstimmung zwischen 90 % (Zementklasse N) bis 110 % (Zementklasse R) (vgl. Abb. 12). Da der Anteil am Gesamtschwindmaß bei normalfesten Betonen relativ gering und die Auswirkungen auf die Bemessungsergebnisse im GZT damit noch geringer sind, wird die vereinfachte Gleichung (3.12) übernommen.

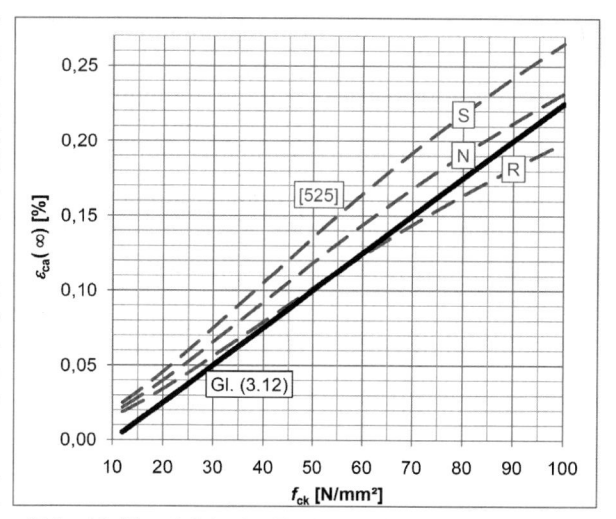

Abb. 12. Vergleich der Endmaße für Grundschwinden $\varepsilon_{ca}(\infty)$ nach Gl. (3.12) und [D525]

Zu 3.1.5 Spannungs-Dehnungs-Linie für nichtlineare Verfahren und Verformungsberechnungen

Die durch Gleichung (3.14) beschriebene und in Bild 3.2 dargestellte Spannungs-Dehnungs-Linie bildet das Verformungsverhalten des Betons unter kurzzeitig wirkenden einaxialen Spannungszuständen wirklichkeitsnah ab. Angelehnt an Versuchsbeobachtungen nimmt die Dehnung ε_{c1} bei Erreichen der Betondruckfestigkeit mit zunehmender Druckfestigkeit zu. Das abnehmende Verformungsvermögen von hochfestem Beton wird durch eine stufenweise Reduktion der Betongrenzdehnung ε_{c1u} mit zunehmender Festigkeit berücksichtigt [D525] (siehe Tabelle 3.1).

Die Spannungs-Dehnungs-Linie gilt für Druckbeanspruchung mit kontinuierlich gesteigerter Stauchung und geringer Dehnrate, wie sie bei den üblichen statischen Lasten und Verkehrslasten auftreten. Bei hohen Dehngeschwindigkeiten durch schnell einwirkende, d. h. dynamische Beanspruchungen, z. B. Aufprall, Explosion, Schlag oder Stoß, steigen die Druckfestigkeit des Betons sowie die weiteren Betonkennwerte deutlich an [D525]. Der Widerstand von Beton gegen wiederholte Schlagbeanspruchung kann durch betontechnologische Maßnahmen beeinflusst werden (Wasserzementwert, Hydratationsgrad). Besonders günstig wirkt sich die Zugabe von Fasern aus [74].

Der Tangentenmodul $E_c = 1,05 E_{cm}$ bestimmt die Steigung der Spannungs-Dehnungs-Linie im Ursprung. Sofern eine Berechnung der elastischen Verformungen unter Ansatz einer vereinfachten linearen Spannungs-Dehnungs-Linie für den Bereich der Gebrauchsspannungen (bis etwa $\sigma_c = 0,4 f_{cm}$) erfolgt, sollte zur Berücksichtigung plastischer Anfangsdehnungen der Sekantenmodul E_{cm} verwendet werden [D525].

Bei nichtlinearen Verfahren der Schnittgrößenermittlung nach 5.7 ist die Spannungs-Dehnungs-Linie nach Bild 3.2 unter Ansatz von rechnerischen Mittelwerten der Baustoffkenngrößen anzuwenden. Bei Bauteilen mit vollständig überdrückten Querschnitten kann die Streuung des Elastizitätsmoduls einen nicht zu vernachlässigenden Einfluss auf das Tragverhalten des Bauteils haben (z. B. bei stabilitätsgefährdeten Bauteilen). Deshalb sollte in diesen Bauteilen $0,85 E_c$ angesetzt werden [D525].

Zu 3.1.6 Bemessungswert der Betondruck- und Betonzugfestigkeit

Zu (1): Die Druckfestigkeit von Beton ist von der Einwirkungsdauer einer konstanten Druckbeanspruchung abhängig. Viele Betonkonstruktionen sind einer vorwiegend ruhenden, sich während der Nutzungszeit nur wenig verändernden Beanspruchung ausgesetzt. Wirken hohe Druckspannungen längere Zeit auf den Beton ein, so setzt sich das Mikrorisswachstum auch bei konstanter Spannung fort, bis der Beton versagt. Mit sinkender Spannung nimmt die Zeit bis zum Versagen zu. Die größte Druckspannung, die der Beton gerade noch unendlich lange ertragen kann, wird als Dauerstandsfestigkeit bezeichnet. Für einen ab dem Alter von 28 Tagen belasteten Beton beträgt sie ca. 80 % der Druckfestigkeit bei kurzzeitiger Beanspruchung (siehe Abb. 13 a). Die Dauerstandfestigkeit ist vom Alter des Betons zum Zeitpunkt der Lastaufbringung abhängig, da bei einer Dauerstandsbeanspruchung zwei gegenläufige Effekte auftreten: Eine hohe Dauerlast bewirkt eine Festigkeitsminderung, die mit steigender Belastungsdauer kontinuierlich, aber mit sinkender Geschwindigkeit zunimmt. Gleichzeitig kann der Beton – ein ausreichendes Feuchteangebot vorausgesetzt – weiter hydratisieren, wodurch er an Festigkeit gewinnt (Nacherhärtung) (siehe auch *Müller* und *Reinhardt* in [74]).

Bei der Bemessung werden diese Effekte durch eine Abminderung des Bemessungswertes mit dem Beiwert $\alpha_{cc} = 0,85$ berücksichtigt. Für hohe Belastungsgeschwindigkeiten und kurze Einwirkzeiten, wie z. B. bei einem Aufprall, einer Explosion, einem Schlag oder Stoß, darf die dabei mobilisierte Zunahme der Druckfestigkeit mit $\alpha_{cc} \leq 1$ berücksichtigt werden (siehe Abb. 13 b).

a) nach Belastungsdauer (aus [21]) b) nach Belastungsgeschwindigkeit (aus [115])

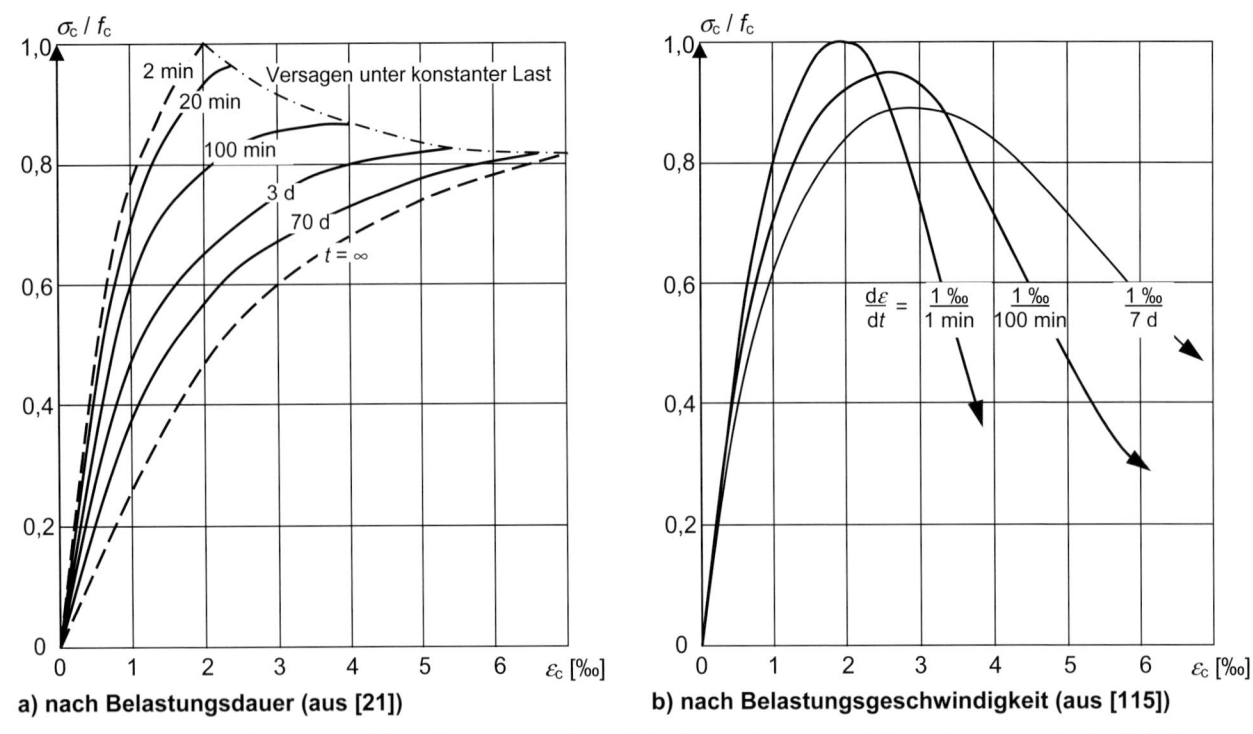

Abb. 13. Spannungs-Dehnungs-Linie für verschiedene Belastungsdauern und Belastungsgeschwindigkeiten (nach *Rüsch* [93])

Zu (2): Der Bemessungswert der Betonzugfestigkeit wurde mit identischem Dauerstandsbeiwert α_{ct} = 0,85 und Teilsicherheitsbeiwert γ_c = 1,5 wie beim Bemessungswert der Betondruckfestigkeit festgelegt.

Ausnahme: Bei der Ermittlung der Verbundspannungen f_{bd} nach 8.4.2 (2) darf jedoch α_{ct} = 1,0 angesetzt werden, weil die Verbundfestigkeit als Vielfaches der Betonzugfestigkeit (für gerippte Bewehrungsstäbe mit dem Faktor 2,25 [12]) auf Basis von Ausziehversuchen unter Kurzzeitbelastung so festgelegt wurde, dass die unter Gebrauchslasten größeren Verbundspannungen am Beginn der Verankerung keine kritischen Rissbildungen oder Gleitungen erzeugen. Dauerlasten bewirken einen Abbau dieser Spitzenwerte und führen zu einer Annäherung an die rechnerisch angenommene gleichmäßige Spannungsverteilung entlang der gesamten Verankerungslänge (*Rehm* et al. in [D300]).

Zu 3.1.7 Spannungs-Dehnungs-Linie für die Querschnittsbemessung

Die Grundlagen für die Biegebemessung (Ebenbleiben der Querschnitte, Arbeitslinien Beton usw.) sind qualitativ in DIN EN 1992-1-1 und DIN 1045-1 gleichwertig. Die möglichen Dehnungsverteilungen über den Querschnitt im GZT sind mit den NA-Festlegungen für die maximale Randstauchung des Betons ε_{cu2} bzw. ε_{cu3} und für die Grenzdehnung der Bewehrung ε_{ud} nach Bild 6.1 unverändert. Bei vollständig überdrückten Querschnittsteilen, wie z. B. Gurten von profilierten Querschnitten, ist zusätzlich die mittlere Stauchung auf ε_{c2} bzw. ε_{c3} zu begrenzen (siehe DIN EN 1992-1-1, 6.1 (5)).

Zu (1): In der Regel wird für die Ermittlung der Tragfähigkeit der Betondruckzone das Parabel-Rechteck-Diagramm nach Bild 3.3 verwendet. Im Vergleich mit DIN 1045-1 sind die P-R-Diagramme für normalfeste Betone identisch. Für hochfeste Betone ist die Völligkeit der Parabel in der ausgenutzten Druckzone nach DIN EN 1992-1-1 geringer, dafür sind die Bruchdehnungen und die Bemessungswerte der Druckfestigkeit (im NA γ_c = 1,5) größer (Abb. 14). Die Unterschiede in den Bemessungsergebnissen sind gering.

Zu (2): Die angenäherte und einfachere bilineare Spannungs-Dehnungs-Linie nach DIN EN 1992-1-1 unterscheidet das Parabel-Rechteck-Diagramm deutlich (Abb. 15). Im Vergleich mit DIN 1045-1 liegt der Knickpunkt wegen der größeren Stauchung ε_{c3} weiter auf der sicheren Seite (für normalfeste Betone $\varepsilon_{c3,EC2}$ = 1,75 ‰ statt $\varepsilon_{c3,DIN}$ = 1,35 ‰). Die Bruchdehnungen und die Bemessungswerte der Druckfestigkeit für hochfeste Betone sind analog dem P-R-Diagramm nach DIN EN 1992-1-1 etwas größer.

Zu (3): Der Spannungsblock nach DIN EN 1992-1-1 gestattet eine moderat höhere Ausnutzung der Betondruckzone als nach DIN 1045-1. In Analogie zum Parabel-Rechteck-Diagramm (Völligkeitsbeiwert α_R und Hebelarmbeiwert k_a) kann der Spannungsblock mit $\alpha_R = \lambda \cdot \eta$ und $k_a = 0,5 \cdot \lambda$ beschrieben werden.

Der Spannungsblock nach Bild 3.5 ist nur bei im Querschnitt liegender Nulllinie anwendbar und eignet sich besonders für die Bemessung mit Handrechnung und von Querschnitten mit nicht rechteckig begrenzter Betondruckzone. Der Beiwert λ beschreibt die effektive Druckzonenhöhe des Spannungsblocks und η ist ein Faktor, der den Bemessungswert der Betondruckfestigkeit anpasst. Für hochfesten Beton wird mit reduzierten λ- und η-Werten die geringere Völligkeit und der kürzere horizontale Ast der zugrunde liegenden Parabel-Rechteck-Linie berücksichtigt. Der Ansatz liegt für Druckzonen, deren Breite zum Rand mit der maximalen Druckdehnung hin zunimmt, auf der sicheren Seite. Sofern die Druckzonenbreite zum Rand mit der maximalen Dehnung hin abnimmt, ist f_{cd} zusätzlich pauschal um 10 % abzumindern.

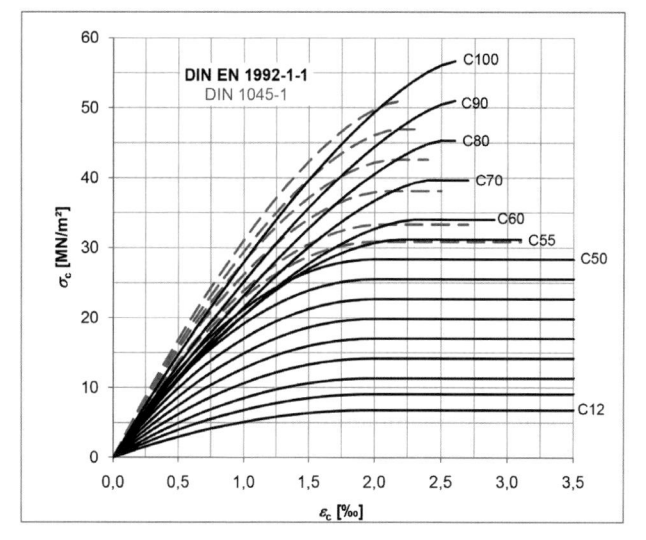

Abb. 14. P-R-Spannungs-Dehnungs-Linien nach DIN EN 1992-1-1 und DIN 1045-1

Abb. 15. Vergleich bilineare mit P-R-Spannungs-Dehnungs-Linie nach DIN EN 1992-1-1

Zu 3.1.8 Biegezugfestigkeit

Die Biegezugfestigkeit ist als die maximal aufnehmbare Spannung am Zugrand eines Biegebalkens definiert, die sich unter Annahme linear-elastischen Verhaltens des Betons nach der Biegetheorie ergibt. Entscheidend für die Biegezugfestigkeit ist die Bauteilhöhe [74]. Mit zunehmender Bauteilhöhe nimmt die Biegezugfestigkeit ab und nähert sich der zentrischen Zugfestigkeit an (sehr konservativ mit Gleichung (3.23) ab $h \geq 600$ mm identisch).

Der Umrechnungsfaktor zwischen Biegezugfestigkeit und zentrischer Zugfestigkeit $f_{ct,fl} / f_{ct} = (1{,}6 - h/1000 \text{ mm})$ darf auch für die Bemessungswerte f_{ctd} angesetzt werden.

Zu 3.1.9 Beton unter mehraxialer Druckbeanspruchung

Mehraxiale Spannungszustände treten insbesondere bei Flächentragwerken und dickwandigen Konstruktionen oder auch unter Teilflächenpressungen auf. Die Festigkeit von Beton bei zweiaxialer Druckbeanspruchung ist je nach dem Verhältnis der Hauptspannungen um bis zu ca. 25 % höher als die einaxiale Druckfestigkeit. Die Zugfestigkeit von Beton bei zweiaxialer Zugbeanspruchung ist vom Verhältnis der Hauptspannungen unabhängig und gleich der zentrischen Zugfestigkeit. Ist der Beton gleichzeitig Druck- und Zugspannungen ausgesetzt, so nimmt die aufnehmbare Druckspannung mit steigender Zugspannung deutlich ab. Die Betonfestigkeit ist bei gleichen Druckspannungen in allen drei Hauptrichtungen am größten. Sie ist umso geringer, je mehr der Spannungszustand vom hydrostatischen abweicht [74].

Abb. 16 zeigt die Grenzlinie der zweiaxialen und die Grenzfläche der dreiaxialen Betonfestigkeit (aus [74]).

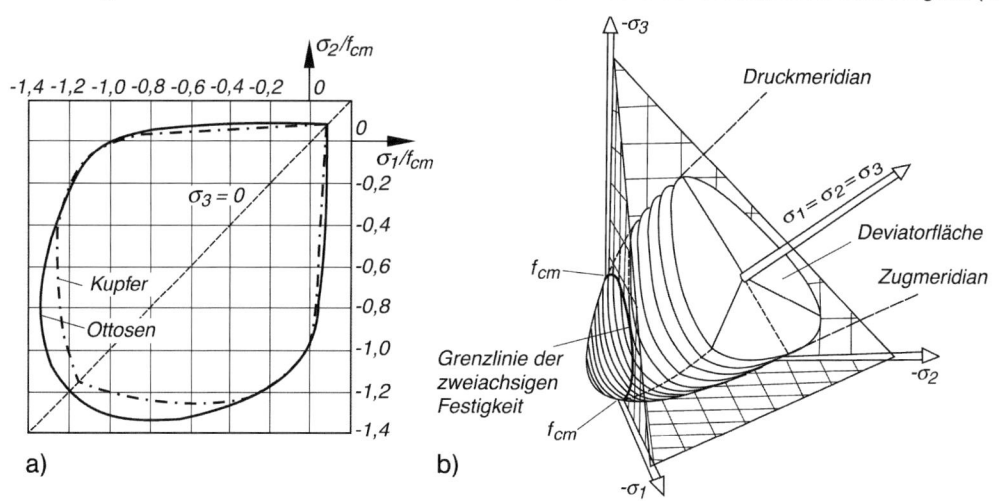

a) zweiaxiale Festigkeit   b) dreiaxiale Festigkeit

Abb. 16. Festigkeit von Beton bei mehraxialer Beanspruchung (aus [74])

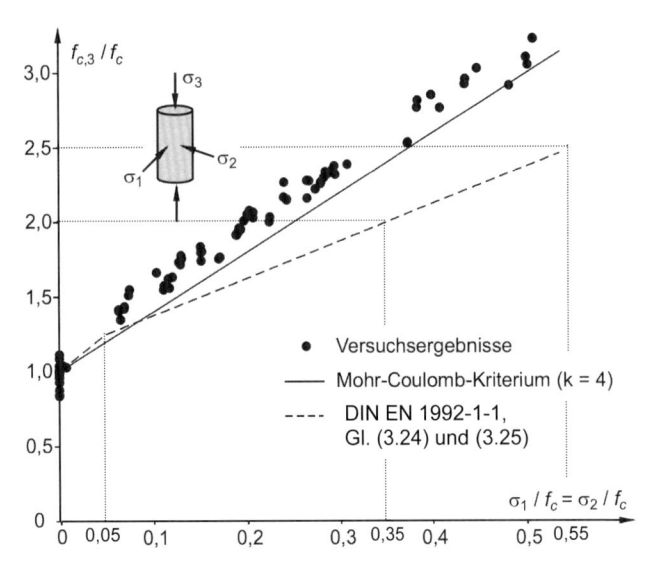

Abb. 17. Festigkeit bei rotationssymmetrischem Druckspannungszustand (nach *Zilch/Zehetmaier* [115])

Rotationssymmetrische Spannungszustände treten z. B. bei umschnürten Druckgliedern auf, bei denen Querdruckspannungen aus der Behinderung der Querdehnung entstehen.

Bei Querdruckbeanspruchungen bis $\sigma_1 = \sigma_2 \approx 0{,}5 f_c$ kann die Grenzlinie durch eine Gerade idealisiert werden. In Abb. 17 sind Ergebnisse aus Versuchen von *Rogge* [91] an Betonzylindern bei rotationssymmetrischem Querdruck und den Gleichungen (3.24) und (3.25) nach DIN EN 1992-1-1 gegenübergestellt (aus [115]). Die Bezeichnungen für σ_1 und σ_3 in DIN EN 1992-1-1, Bild 3.6, sind gegenüber Abb. 17 vertauscht.

Neben dem Anstieg der Festigkeit wird durch den rotationssymmetrischen Spannungszustand auch eine erhebliche Vergrößerung der Verformbarkeit und insbesondere der plastischen Dehnungen nach Überschreiten der Maximalspannung erreicht (vgl. Gleichungen (3.26) und (3.27)). Diese Effekte können z. B. bei entsprechend konstruktiv stärker umschnürten Bauteilen bei der Erdbebenbemessung vorteilhaft ausgenutzt werden.

Ein typischer mehraxialer Spannungszustand entsteht auch bei der Durchleitung konzentrierter Stützenkräfte durch Deckenplatten. Günstig wirkt dabei die Behinderung der seitlichen Querdehnung im Knoten durch die Deckenscheibe. *Weiske* [113] hat diesen Effekt in ungestörten Deckenknoten aus Normalbeton in Versuchen beobachtet und dabei eine Erhöhung der einaxialen Betondruckfestigkeit in Richtung der Deckendicke mit einem Faktor $\alpha^* = 2{,}5$ bis $3{,}8$ bis zum Versagen festgestellt. Voraussetzung hierfür ist der Verzicht auf stützennahe Deckendurchbrüche und eine kreuzweise Mindestlängsbewehrung in den Decken, die bei Flachdecken üblicherweise durch die Biegebewehrung gesichert ist. Für die Begrenzung der Stützeneindrückung im Gebrauchslastbereich ist dann eine angemessene Vertikalbewehrung im Deckenknoten erforderlich. Die vorsichtige Ausnutzung einer Bemessungsdruckspannung $\sigma_{Rd,max} \leq 2{,}0 f_{cd}$ im ungestörten Deckenknotenbereich zwischen Geschossstützen wird empfohlen [29].

Zu 3.2 Betonstahl

Zu 3.2.1 Allgemeines

Zu (1)P: In Deutschland gilt für das Bauprodukt Betonstahl DIN 488 [R4]. Der EN 1992-1-1-Anhang C: „Eigenschaften des Betonstahls" findet in Deutschland daher direkt keine Anwendung und wurde national zu einem informativen Anhang bestimmt. Die für die Bemessung erforderlichen Eigenschaften werden durch Betonstähle nach DIN 488 erfüllt. Nach der bauaufsichtlichen Einführung einer neuen harmonisierten Produktnorm DIN EN 10080 für Betonstahl, kann der Anhang C wieder an Bedeutung gewinnen. Anhang C enthält u. a. die für die Bemessung nach Eurocode 2 erforderlichen Eigenschaften der Betonstähle, wie die Duktilitätsparameter, die Dehngrenzen sowie Anforderungen an die bezogene Rippenfläche und die Ermüdungsschwingbreite.

In DIN 488-1:2009-08 [R4] werden zwei Betonstahlsorten geregelt, die mit B500A (statt früher BSt 500 (A)) bzw. B500B (statt früher BSt 500 (B)) bezeichnet werden.

> **Beispiel 3.1:** Bezeichnung von geripptem Betonstabstahl der Stahlsorte B500B (1.0439) mit einem Nenndurchmesser von 20,0 mm:
> **Betonstabstahl DIN 488 – B500B – 20,0**

In DIN 488-2:2009-08 werden die lieferbaren Nenndurchmesser $d = 6{,}0$ mm bis 40 mm geregelt. Die Erweiterung der Nenndurchmesser gegenüber DIN 488-2:1986-06 über 28 mm hinaus führte dazu, dass in DIN EN 1992-1-1/NA, 8.8: „Zusätzliche Bewehrungsregeln für große Stabdurchmesser" für Stabdurchmesser $\phi = 40$ mm die bisher in den abZ enthaltenen zusätzlichen Bemessungs- und Konstruktionsregeln mit dem Ziel ergänzt wurden, diese zukünftig ohne Zulassung als geregelte Betonstäbe zu verwenden. Für Stabdurchmesser $\phi > 40$ mm sind weiterhin Zulassungen erforderlich.

> **Beispiel 3.2:** Bezeichnung einer Betonstahlmatte nach DIN 488-4 der Stahlsorte B500A mit Längsstäben von 12 mm Durchmesser und Querstäben von 8 mm Durchmesser im Abstand von 125 mm, jeweils 2 Randstäbe 10 mm längs und 7 mm quer:
> **Betonstahlmatte DIN 488-4 – B500A – 125 × 12/10-2/2 – 125 × 8/7-2/2**

Zu (4): Die Forderung, dass die Verwendung von Betonstählen für Betone ab C70/85 in den Zulassungen geregelt sein muss, wurde im NA beibehalten. Im Vergleich zu normalfestem Beton ist die Gefahr eines Spaltens der Betondeckung größer, da der Verbund durch die höhere Betondruckfestigkeit und den größeren E-Modul deutlich steifer wird. In Kombination mit hohen und scharfkantigen Rippen kann sich die Verbundkraft auf eine bzw. sehr wenige Rippen konzentrieren, statt sich durch Plastifizierung auf mehrere Rippen entlang einer wirksamen Verbundlänge zu verteilen. Für hochfesten Beton sollte z. B. die bezogene Rippenfläche der Betonstähle daher $f_R \leq 0{,}4$ sein. Tiefgerippte Betonstähle führen wegen des weicheren Verbundes hier in der Regel zu gutmütigerem Verhalten vor dem Versagen [59].

Zu (5): Für die Verwendung von Gitterträgern sind i. d. R. auch weiterhin Zulassungen erforderlich, obwohl das Produkt in DIN 488-5:2009-08 geregelt wird und einige Konstruktionsregeln schon in DIN EN 1992-1-1 aufgenommen wurden. Im Rahmen der Umstellung auf Eurocode 2 sind jedoch Kürzungen in den abZ zu erwarten.

Zu 3.2.2 Eigenschaften

Zu (1)P: Betonstahl vom Ring kann nach DIN 488-3 [R4] sowohl aus B500A oder B500B Betonstahl bestehen. Maßgebend sind die Eigenschaften nach dem Richten. Für Betonstahl vom Ring nach bisherigen abZ darf davon ausgegangen werden, dass Stäbe und Matten aus B500WR stets hochduktile Eigenschaften aufweisen. Für kalt aufgewickelten und gerichteten Betonstahl vom Ring B500KR wurden entsprechend den nachgewiesenen Produkteigenschaften ebenfalls Zulassungen sowohl für hoch- als auch normalduktile Bewehrungen erteilt.

Für Sonderanwendungen existieren noch spezielle Stähle mit sehr hohen Duktilitätseigenschaften der Klasse C (z. B. für Bauten in Erdbebengebieten). Die Verwendung der Klasse C ist in Deutschland nicht vorgesehen. Hierfür wird dann eine Zulassung benötigt.

Die Betonstähle weisen i. d. R. Überfestigkeiten auf ($f_y > 500$ N/mm²). Bei der Schnittgrößenermittlung werden i. Allg. ein Erreichen der Streckgrenze und ein Einsetzen der Plastifizierung im Bereich der Rechenannahmen vorausgesetzt. Um eine übergroße elastische Festigkeitszunahme, verbunden mit einer Überbeanspruchung der Verankerungskapazität gestaffelter Stäbe, zu vermeiden, ist für Betonstähle der Klasse B500B das Verhältnis der tatsächlichen Streckgrenze zum charakteristischen Wert begrenzt $(f_y / f_{yk})_{0{,}90} \leq 1{,}3$ [D525] bzw. $R_{e,ist} / R_{e,nenn} = 1{,}3$ in DIN 488-1 [R4].

Zu (3)P: In EN 1992-1-1 ist vorgesehen, die Bemessungs- und Konstruktionsregeln auf Betonstähle mit charakteristischen Streckgrenzen von 400 N/mm² $\leq f_{yk} \leq$ 600 N/mm² anzuwenden. In DIN EN 1992-1-1/NA wurde jedoch in Übereinstimmung mit der (neuen) DIN 488-Reihe [R4] und den abZ für Betonstähle der Anwendungsbereich in Deutschland auf die bewährten Betonstahlsorten mit $f_{yk} = 500$ N/mm² eingeschränkt. Betonstähle mit anderen Streckgrenzen sind daher nur mit Zustimmung der Bauaufsicht oder mit ggf. weitergehenden Zulassungen verwendbar. Diese Einschränkungen sollen auch die Prüfbarkeit und Feststellung der Konformität der verwendeten Betonstahlprodukte auf der Baustelle erleichtern.

Zu 3.2.5 Schweißen

Es wird unterschieden zwischen tragenden und nichttragenden Verbindungen. Tragende Verbindungen dürfen mit dem vollen Querschnitt in Rechnung gestellt werden. Nichttragende Verbindungen sind nur für Heftnähte für die Lagesicherung der Bewehrungskörbe während Fertigung, Transport und Betonieren vorgesehen.

Betonstähle dürfen mit nichtrostenden Stählen verschweißt werden, sofern deren Eignung nachgewiesen ist (Eignung für Schweißverfahren nach DIN EN ISO 17660-1, siehe auch verschiedene abZ für nichtrostende Betonstähle).

Feuerverzinkte Betonstähle dürfen nach dem Verzinken nicht geschweißt werden (siehe abZ [16]).

Bei Längsstößen dürfen Stäbe mit benachbarten Nenndurchmessern verschweißt werden (z. B. ϕ10 mit ϕ12) (Fußnote [1]) in Tabelle 3.4). Bei Kreuzungsstößen sind bestimmte Verhältnisse der Nenndurchmesser einzuhalten (Fußnote [2]) in Tabelle 3.4 bzw. DIN 488-4 [R4], 6.3.2.4 → siehe auch Hinweise im Normenteil).

Ein rechnerischer Nachweis für die Schweißnähte ist i. d. R. nicht erforderlich. Die Längsstöße, die in DIN EN 17660-1 [R23] konstruktiv festgelegt sind, können die volle Stabkraft übertragen. Ausnahmen sind möglich für Stumpfstöße und für Verbindungen von Betonstählen mit anderen Stahlteilen. Diese müssen spezifiziert werden.

Für Kreuzungsstöße kann die Scherfestigkeit eines tragenden geschweißten Kreuzungsstoßes mit dem Scherfaktor S_f [%] auf der Basis der Nennscherfestigkeit der Verbindung im Verhältnis zu der Nennstreckgrenze des kraftübertragenden Stabes nach [R23], Anhang G, in Klassen festgelegt werden.

Vorgebogene Stäbe dürfen geschweißt werden. Nachträglich darf an der Schweißstelle gebogen werden, wenn die Anforderungen in DIN EN 1992-1-1/NA, Tabelle 8.1DE b), eingehalten werden.

Durch das Schweißen wird im Schweißbereich tragender oder nichttragender Verbindungen die Dauerschwingfestigkeit des Stabes abgemindert [115].

In den Abbildungen 18 bis 21 sind Beispiele für Stoßverbindungen von Betonstählen nach DIN EN ISO 17660-1 [R23] dargestellt. Schweißverbindungen zwischen Betonstählen und anderen Stahlteilen (z. B. mit Walzprofilen) sind in [R23], 6.6, geregelt.

Betonstahlmatten nach DIN 488-4 [R4]

Alle Betonstahlmatten sind werksmäßig zu fertigen und maschinell zu schweißen. Doppelstäbe dürfen nur einer Richtung (längs oder quer) angeordnet werden.

Die Verbindungen an allen Kreuzungsstellen der Längs- und Querstäbe sind durch elektrisches Buckelschweißen (elektrisches Widerstandspunktschweißen) so herzustellen, dass die Knotenscherfestigkeit Mindestanforderungen entspricht. Die geschweißten Verbindungen müssen danach vor dem Bruch eine Knotenscherkraft $F_s \geq 0{,}25 \cdot R_e \cdot A_n$ ertragen (Quantilwert 30 %). Dabei ist $R_e = 500$ N/mm² und A_n die Nennquerschnittsfläche entweder des dickeren Stabes

ϕ_{max} an der Kreuzungsstelle bei einer Einzelstabbetonstahlmatte oder eines der Doppelstäbe ϕ_t in einer Doppelstabbetonstahlmatte. Die vorgeschriebenen Verschweißverhältnisse sind in Tabelle 6 zusammengestellt.

Der Achsabstand von Längs- und und Querstäben darf nicht kleiner als 50 mm, der von Doppelstäben nicht kleiner als 100 mm sein. Der Stabüberstand an den Mattenrändern sollte mindestens zu 25 mm gewählt werden.

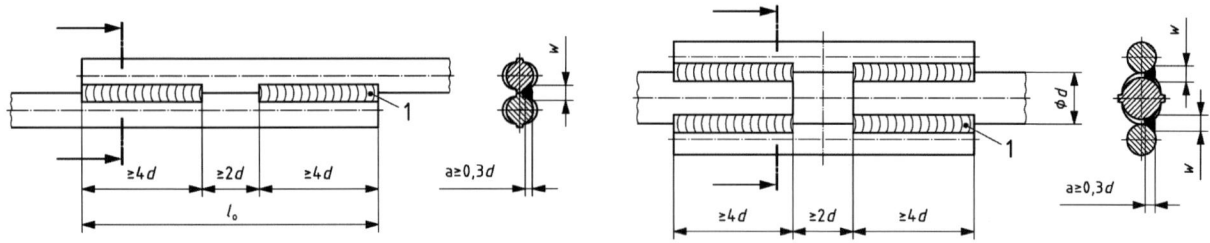

1 Schweißnaht;
  w – Schweißnahtbreite; l_0 – Gesamtlänge der Überlappung
  a – Kehlnahtdicke;   d – Nenndurchmesser des dünneren der beiden zu schweißenden Stäbe

Abb. 18. Überlappstoß [R23] **Abb. 19. Laschenstoß [R23]**

a) beidseitig geschweißt

1 Längsstab
2 Querstab
F Kraft, die mit dem Querstab übertragen wird

b) einseitig geschweißt

Abb. 20. Kreuzungsstoß [R23] **Abb. 21. Kreuzungsstoß mit Widerstandspunktschweißen (bzw. Buckelschweißen) [R23]**

Tab. 6. Zulässige Verhältnisse der Stabdurchmesser bei Betonstahlmatten nach DIN 488-4 [R4]

	1	2
	Mattenart	**Durchmesserverhältnis der kreuzenden Stäbe**
1	Einzelstabbetonstahlmatte	$\phi \leq 8{,}5$ mm: $\phi_{min} \geq 0{,}57\,\phi_{max}$
2		$\phi > 8{,}5$ mm: $\phi_{min} \geq 0{,}7\,\phi_{max}$
3	Betonstahlmatten mit Doppelstäben in einer Richtung	$0{,}7\,\phi \leq \phi_t \leq 1{,}25\,\phi$

Dabei ist
ϕ – Nenndurchmesser der Einzelstäbe; ϕ_t – Nenndurchmesser der Doppelstäbe;
ϕ_{max} – Nenndurchmesser des dicksten Stabes; ϕ_{min} – Nenndurchmesser des kreuzenden Stabes.

Zu 3.2.7 Spannungs-Dehnungs-Linie für die Querschnittsbemessung

Zu (2): In EN 1992-1-1 wird die ansteigende Arbeitslinie für beide Stahlklassen unterschiedlich mit $f_{tk} = k \cdot f_{yk}$ bei ε_{uk} vorgeschlagen, wobei für die Bestimmung der rechnerischen Stahlfestigkeit bei $\varepsilon_{ud} = 0{,}9\varepsilon_{uk}$ angesetzt werden darf:

B500A: $f_{tk,cal} = 522$ N/mm² bei $\varepsilon_{ud} = 0{,}9 \cdot 25 = 22{,}5$ ‰   ($f_{tk} = 525$ N/mm² bei $\varepsilon_{uk} = 25$ ‰);   (4)

B500B: $f_{tk,cal} = 536$ N/mm² bei $\varepsilon_{ud} = 0{,}9 \cdot 50 = 45$ ‰   ($f_{tk} = 540$ N/mm² bei $\varepsilon_{uk} = 50$ ‰);   (5)

Der Ansatz unterschiedlicher Dehnungen und Zugfestigkeiten ist jedoch bemessungstechnisch aufwändiger und baupraktisch nicht sinnvoll, um mögliche Wechsel zwischen Betonstahlbewehrung (i. d. R. B500B) und geschweißter Bewehrung (z. B. Betonstahlmatten i. d. R. B500A) nicht zu erschweren. Darüber hinaus sind bei sehr großen Betonstahldehnungen über 25 ‰ im GZT grundsätzlich alle Nachweise im GZG zu führen und die zweckmäßigen Vereinfachungen wie z. B. Verzicht auf die Spannungsnachweise nach 7.1 (NA.3) oder auf die Rissbreitenbegrenzung bei dünnen Deckenplatten nach 7.3.3 (1) nicht mehr ohne Weiteres zulässig.

Die maximal ausnutzbare rechnerische Betonstahlzugfestigkeit unter Berücksichtigung der Nachverfestigung wurde in DIN EN 1992-1-1/NA daher wieder einheitlich für beide Betonstahlklassen B500A und B500B bei einer Bemessungsdehngrenze von $\varepsilon_{ud} = 25$ ‰ mit $f_{tk,cal} = k \cdot f_{yk} = 1{,}05 \cdot 500 = 525$ N/mm² festgelegt.

DIN EN 1992-1-1/NA für B500A und B500B: $f_{tk,cal} = 525$ N/mm² bei $\varepsilon_{ud} = 25$ ‰ → $f_{td} = 525 / 1{,}15 = 456{,}5$ N/mm²   (6)

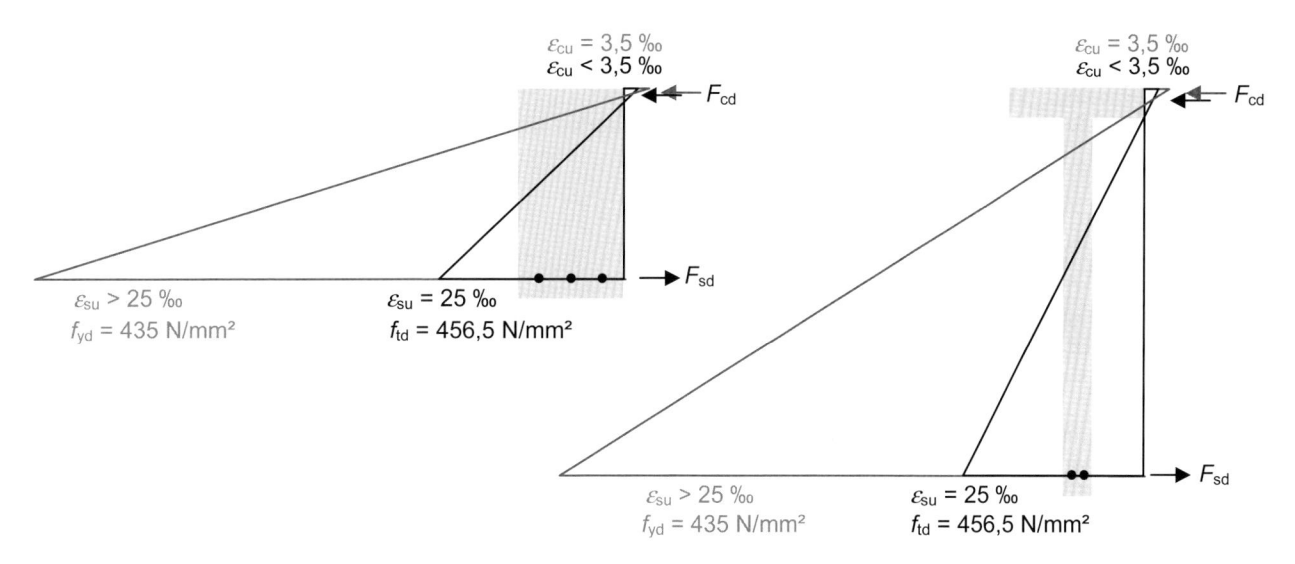

a) dünne Bauteile (niedriger Querschnitt)   b) dicke Bauteile (hoher Querschnitt)

Abb. 22. Vergleich verschiedener Dehnungsbegrenzungen für Betonstahl (Beispiele)

Diese Dehngrenze sollte sowohl für den ansteigenden als auch für den horizontalen Ast der Betonstahl-Arbeitslinie eingehalten werden. Die bekannten Bemessungshilfsmittel für ≤ C50/60 nach DIN 1045-1 können dann ohne Weiteres auf der sicheren Seite liegend weiter verwendet werden. Der Verzicht auf eine Dehnungsbegrenzung nach EN 1992-1-1 mit Annahme b) führt dazu, dass die Betongrenzstauchung von 3,5 ‰ auch bei geringer belasteten Bauteilen rechnerisch immer ausgenutzt werden kann. Da dabei die Bewehrungsmenge mit dem Bemessungswert der Fließgrenze gegenüber dem ansteigenden Ast mit etwa k = 5 % größer ermittelt wird, gleicht sich beim Ergebnis für $A_{s,erf}$ der leicht vergrößerte innere Hebelarm z wieder aus. Die Unterschiede in den Bemessungsergebnissen bei dünneren Bauteilen sind unerheblich (Abb. 22 a). Bei sehr hohen Querschnitten kann eine unbegrenzte Stahldehnung ggf. zu technisch unsinnigen Ergebnissen führen (z. B. in Druckgurten entstehen rechnerisch Betonzugspannungen), die i. d. R. durch die Nachweise im GZG (vor allem Rissbreitenbegrenzung) wieder korrigiert werden müssen (Abb. 22 b).

Zu (4): Der E-Modul des Betonstahls liegt üblicherweise zwischen 195.000 und 210.000 N/mm². Für die Berechnung darf genügend genau mit dem Mittelwert E_s = 200.000 N/mm² gerechnet werden. Die Werte gelten für übliche Bauwerkstemperaturen im Bereich von –40 °C bis +100 °C.

Der Elastizitätsmodul des Betonstahls weist nur geringe Schwankungen auf, sodass eine Reduktion im GZT mit dem Teilsicherheitsbeiwert γ_s nicht erforderlich ist. Die damit vernachlässigte Modellunsicherheit im elastischen Bereich kann durch eine minimale Änderung der Dehnungsebene im Querschnitt jedoch ohne Weiteres aufgenommen werden.

Für nichtrostende Bewehrungsstähle sind bisher je nach Werkstoff nach DIN EN 10088-3 [R29] in der Regel ein E-Modul von 150.000 N/mm² bis 160.000 N/mm² und eine Wärmedehnzahl von $13 \cdot 10^{-6}$ bis $16 \cdot 10^{-6}$ K^{-1} zugelassen. Die Zulassungen sind produkt- und herstellerbezogen zu beachten.

Zu 3.3 Spannstahl

Zu 3.3.2 Eigenschaften

Für die Spannstähle, das Herstellungsverfahren, die Eigenschaften, die Prüfverfahren und das Verfahren zum Übereinstimmungsnachweis gelten bis zur bauaufsichtlichen Einführung von EN 10138 die Festlegungen der abZ. Für tragende Bauteile, in denen Spannverfahren (Bausätze zur Vorspannung von Tragwerken) verwendet werden, sind in Deutschland weiterhin Zulassungen erforderlich. Die in DIN EN 1992-1-1 mit NA vorausgesetzten Eigenschaften des Spannstahls sind konform zu den Regelungen der Zulassungen.

Als Spannverfahren werden Bausätze bezeichnet, die neben den Zuggliedern aus Spannstahl wie Drähten, Litzen oder Stäben auch Verankerungen, Kopplungen, Hüllrohre, Spaltzugbewehrung, Korrosionsschutzsysteme usw. umfassen.

Zu (4)P bis (7): Als Relaxation wird der nichtlineare Spannungsabfall in Spannstählen unter großen konstanten Dehnungen im Laufe langer Standzeit bezeichnet. In EN 1992-1-1 werden hierfür für Spannstähle drei sogenannte Relaxationsklassen definiert:

– Relaxationsklasse 1: Drähte oder Litzen – normale Relaxation
– Relaxationsklasse 2: Drähte oder Litzen – niedrige Relaxation
– Relaxationsklasse 3: warmgewalzte und vergütete Stäbe

Die für die Bemessung notwendige Ermittlung der relaxationsbedingten Spannstahlverluste soll dabei auf der Grundlage des Wertes ρ_{1000}, des Relaxationsverlustes (in %) 1000 Stunden nach dem Anspannen für eine Durchschnittstemperatur von 20 °C, erfolgen. Der Wert für ρ_{1000} wird hier als 70%-Anteil der Vorspannung bezogen auf die tatsächliche Zugfestigkeit f_p von Spannstahlproben angegeben. Für die Bemessung selbst wird die charakteristische Zugfestigkeit f_{pk}

verwendet. Die Werte für ρ_{1000} werden für Relaxationsklasse 1 mit 8 %, für Relaxationsklasse 2 mit 2,5 % und für Relaxationsklasse 3 mit 4 % abgeschätzt.

Der Relaxationsverlust darf nach EN 1992-1-1 mit den Gleichungen (3.28) und (3.29) für Drähte oder Litzen mit normaler bzw. mit niedriger Relaxation und Gleichung (3.30) für warmgewalzte und vergütete Stäbe ermittelt werden.

R-Klasse 1: $\quad \dfrac{\Delta\sigma_{pr}}{\sigma_{pi}} = 5{,}39\ \rho_{1000}\ e^{6{,}7\mu} \left(\dfrac{t}{1\,000}\right)^{0{,}75\,(1-\mu)} 10^{-5}$ $\qquad$ EN 1992-1-1, (3.28)

R-Klasse 2: $\quad \dfrac{\Delta\sigma_{pr}}{\sigma_{pi}} = 0{,}66\ \rho_{1000}\ e^{9{,}1\mu} \left(\dfrac{t}{1\,000}\right)^{0{,}75\,(1-\mu)} 10^{-5}$ $\qquad$ EN 1992-1-1, (3.29)

R-Klasse 3: $\quad \dfrac{\Delta\sigma_{pr}}{\sigma_{pi}} = 1{,}98\ \rho_{1000}\ e^{8\mu} \left(\dfrac{t}{1\,000}\right)^{0{,}75\,(1-\mu)} 10^{-5}$ $\qquad$ EN 1992-1-1, (3.30)

Dabei ist

$\Delta\sigma_{pr}$ $\quad$ die Spannungsänderung im Spannstahl infolge Relaxation;

σ_{pi} $\quad$ bei Vorspannung mit sofortigem Verbund ist σ_{pi} die Spannung im Spannstahl unmittelbar nach dem Vorspannen oder der Krafteinleitung $\sigma_{pi} = \sigma_{pm0}$;

$\quad$ bei Vorspannung mit nachträglichem Verbund ist σ_{pi} die maximale auf das Spannglied aufgebrachte Zugspannung abzüglich der unmittelbaren Verluste, die während des Spannvorgangs auftreten;

t $\quad$ die Zeit nach dem Vorspannen (in Stunden);

μ $\quad = \sigma_{pi} / f_{pk}$.

Vergleicht man die Relaxationsverluste nach den Gleichungen (3.28) bis (3.30) mit den Werten aus den deutschen abZ für Spannstähle (Drähte und Litzen) mit sehr niedriger Relaxation, zeigen sich signifikante Unterschiede (vgl. Abb. 23).

Spannstähle mit normaler Relaxation sind praktisch nicht mehr im Markt und werden in EN 10138: „Spannstähle" auch nicht mehr behandelt. Die Rechenwerte für die Spannungsverluste sind in den abZ enthalten. Die Auswertung der Gleichungen (3.28) bis (3.30) für die Endwerte der Relaxationsverluste nach 500.000 Stunden (57 Jahre) sind in Bild 26 a) und für die zeitabhängigen Werte bei einer üblichen Spannstahlausnutzung von $\mu = \sigma_{pi} / f_{pk} = 0{,}70$ in Bild 26 b) aufgetragen. Zum Vergleich werden in beiden Bildern die Zahlenangaben für $\Delta R_{z,t} / R_i$ ($= \Delta\sigma_{pr} / \sigma_{pi}$) aus den aktuellen allgemeinen bauaufsichtlichen Zulassungen für Spannstahldrähte und Litzen mit sehr niedriger Relaxation angegeben.

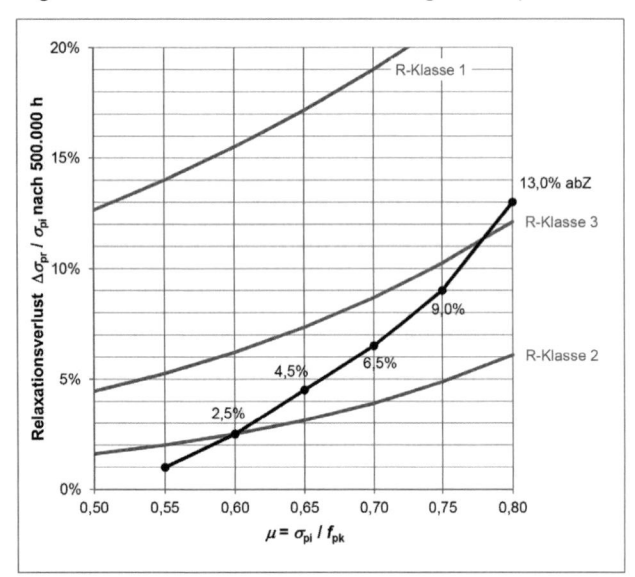

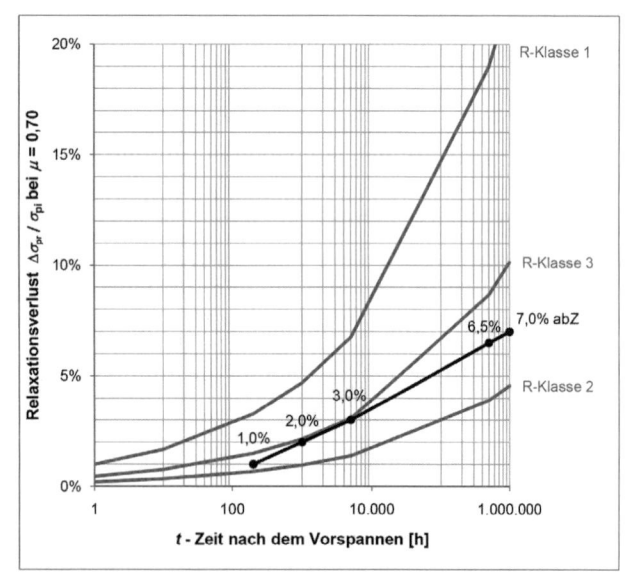

a) nach $5 \cdot 10^5$ h (57 Jahre) $\qquad\qquad$ b) bei $\mu = \sigma_{pi} / f_{pk} = 0{,}70$

Abb. 23. Vergleich der Relaxationsverluste nach EN 1992-1-1 und abZ

Die in den Zulassungen festgelegten Relaxationsverluste für kaltgezogene Spannstahldrähte und aus diesen Drähten gefertigte Litzen mit sehr niedriger Relaxation sind demnach rechnerisch größer als die Werte, die sich nach DIN EN 1992-1-1, Gleichung (3.29) für Spannstähle mit niedriger Relaxation ergeben (R-Klasse 2). Das ist darauf zurückzuführen, dass die abZ-Rechenwerte sich für Bemessungsaufgaben auf das Verhältnis der Anfangsspannung zur charakteristischen Zugfestigkeit f_{pk} beziehen, wohingegen die Gleichungen in EN 1992-1-1 unmittelbar aus Versuchsergebnissen abgeleitet wurden, die sich aus dem Verhältnis der Anfangsspannung zur tatsächlich vorhandenen, größeren Zugfestigkeit $f_{p,ist} > f_{pk}$ ergaben.

Daher wird in DIN EN 1992-1-1/NA zu 3.3.2 (4) auf die Zulassungen verwiesen (vgl. Tabelle 7). Die Absätze (4)P bis (7) mit Gleichung (3.29) der EN 1992-1-1 sind demnach in Deutschland nicht anzuwenden. Die Gleichungen (3.28) und (3.30) liegen für die Drähte und Litzen mit sehr niedriger Relaxation nach abZ dagegen auf der sicheren Seite.

Die Spannungsverluste aus den abZ gelten für übliche klimabedingte Bauteiltemperaturen. Zum Relaxationsverlust in wärmebehandelten Fertigteilen siehe Erläuterungen zu 10.3.2.1. Für alle anderen Temperaturen sind die Relaxationsverluste besonders zu bestimmen.

Tab. 7. Typische Rechenwerte nach abZ für Spannkraftverluste infolge Relaxation $\Delta R_{z,t}$ bezogen auf die Anfangsspannung R_i für kaltgezogene Drähte und Litzen mit sehr niedriger Relaxation

		1	2	3	4	5	6	7
	$R_i / R_m \approx$ σ_{pm0} / f_{pk}	\multicolumn{7}{c}{Zeit nach dem Vorspannen [h]}
		1	10	200	1000	5000	$5 \cdot 10^5$	10^6
1	0,50							
2	0,55			< 1,0 %			1,0 %	1,2 %
3	0,60					1,2 %	2,5 %	2,8 %
4	0,65				1,3 %	2,0 %	4,5 %	5,0 %
5	0,70			1,0 %	2,0 %	3,0 %	6,5 %	7,0 %
6	0,75		1,2 %	2,5 %	3,0 %	4,5 %	9,0 %	10,0 %
7	0,80	1,0 %	2,0 %	4,0 %	5,0 %	6,5 %	13,0 %	14,0 %

R_i – Anfangsspannung nach dem Vorspannen
R_m – charakteristische Zugfestigkeit

Zu 3.3.4 Duktilitätseigenschaften

Die Duktilität der Spannbetonbauteile wird außer durch die Duktilität des Spannstahls primär durch die Verbundeigenschaften der Spannglieder bestimmt. Die Einteilung der Spannglieder in die Duktilitätsklassen erfolgt daher nicht nach Duktilitätskennwerten wie beim Betonstahl, sondern nach dem Verbund der Spannglieder (vgl. 3.3.4 (NA.6)).

Zu 3.3.6 Spannungs-Dehnungs-Linie für die Querschnittsbemessung

Die charakteristischen Werte $f_{p0,1k}$ ($R_{p0,1}$), f_{pk} (R_m) und ε_{uk} (A_{gt}) sind den allgemeinen bauaufsichtlichen Zulassungen des Spannstahls zu entnehmen. Zweckmäßigerweise wird die Vordehnung aus der Vorspannung $\varepsilon_p^{(0)}$ additiv für die Festlegung der Grenzdehnung des Spannstahls $\varepsilon_{ud} = \varepsilon_p^{(0)} + 0{,}025 \leq 0{,}9\varepsilon_{uk}$ integriert. Bei dieser Grenzdehnung darf der ansteigende Ast mit dem Bemessungswert der Spannstahlzugfestigkeit mit $f_{pd} = f_{pk} / \gamma_S$ angesetzt werden. Die mögliche Zusatzdehnung des Spannstahls unter Last $\Delta\varepsilon_p$ mit 25 ‰ analog der Grenzdehnung des Betonstahls festzulegen, ist hinsichtlich eines geschlossenen Nachweises für Querschnitte mit Beton- und Spannstahl sinnvoll. Die absolute Begrenzung auf 90 % der Gleichmaßdehnung ε_{uk} sichert gegen übergroße Gesamtdehnungen ab. Die Gesamtdehnung bei Höchstlast wird in den abZ mit A_{gt} bezeichnet und beträgt für kaltgezogene Drähte und Litzen üblicherweise 35 ‰. Die Grenze $0{,}9 \cdot 35$ ‰ $= 31{,}5$ ‰ wird i. d. R. nicht maßgebend, wenn die Vordehnung $\varepsilon_p^{(0)}$ entsprechend den Spannungsbegrenzungen nach 5.10.2 im elastischen Bereich verbleibt.

Die Dehngrenze $\varepsilon_{ud} = \varepsilon_p^{(0)} + 0{,}025 \leq 0{,}9\varepsilon_{uk}$ sollte sowohl für den ansteigenden als auch für den horizontalen Ast der Spannstahl-Arbeitslinie eingehalten werden, um mögliche fragwürdige Bemessungsergebnisse für die Betondruckzone bei einer unbegrenzten Spannstahldehnung auszuschließen (vgl. Erläuterungen zu 3.2.7).

Zu 3.4 Komponenten von Spannsystemen

Zu 3.4.1 Verankerungen und Spanngliedkopplungen

Der Abschnitt 3.4.1 in EN 1992-1-1 befasst sich mit Verankerungen und Spanngliedkopplungen. Er enthält sehr allgemeine Regelungen und Hinweise zu mechanischen Eigenschaften und Ankerkörpern. Diese Angaben sind aus deutscher Sicht unzureichend. In DIN EN 1992-1-1/NA wird daher der gesamte Abschnitt 3.4.1 durch den Hinweis auf die Zulassungen der Spannverfahren ersetzt, die auch die maßgebenden Festlegungen für die Verankerungen und Spanngliedkopplungen enthalten.

Zu 4 DAUERHAFTIGKEIT UND BETONDECKUNG

Zu 4.2 Umgebungsbedingungen

Die europäische Basis der Zuordnung von Expositionsklassen ist DIN EN 206-1 [R2]. In Deutschland wurde diese Norm zusammen mit DIN 1045-2 [R1] national umgesetzt. In DIN EN 1992-1-1 wurde mit Tabelle 4.1 die Expositionsklassen-Tabelle aus den Betonnormen [R2] bzw. [R1] fast identisch übernommen.

Nichttragende Bauteile, wie z. B. Kellerfußböden und Bodenplatten, die nicht Bestandteil des Tragsystems sind, werden in DIN EN 1992-1-1 nicht explizit geregelt. Die Maßnahmen zur Dauerhaftigkeit solcher Bauteile, insbesondere zum Korrosionsschutz ggf. vorhandener Bewehrung, können in Analogie zu DIN EN 1992-1-1 ausgeführt werden. Sie dürfen aber auch im Verantwortungsbereich der Planer im Einzelfall z. B. mit Blick auf andere Nutzungsdauern oder Schadensfolgen in Abstimmung mit dem Bauherrn abweichend festgelegt und dokumentiert werden.

Zu Tabelle 4.1: Die Umgebungsbedingungen sind identisch mit DIN 1045-2 definiert, Unterschiede sind in den „informativen" Beispielen festzustellen. Entscheidend für die Bauteileinstufung sind vorrangig die Umgebungsbedingungen, denen eine Bauteiloberfläche ausgesetzt ist. In DIN EN 1992-1-1/NA werden die EN 1992-1-1-Beispiele durch die abgestimmten Beispiele nach DIN 1045-2 ersetzt, auch um neuen Auslegungsbedarf zu vermeiden (in der kommentierten Fassung in Tabelle 4.1 integriert). Eine wesentliche Ergänzung besteht weiterhin in der Forderung nach einer zusätzlichen Maßnahme für direkt befahrene Parkdecks in XD3 in Deutschland. Diese wird über den NA wieder eingeführt (in der kommentierten Fassung als Fußnote [b] umgesetzt).

Die Expositionsklassen XM werden in der europäischen Betonnorm DIN EN 206-1 [R2] und daher auch in Tabelle 4.1 nicht behandelt. Sie werden jedoch gesondert im Abschnitt 4.4.1.2 (13) im Zusammenhang mit einer zusätzlichen „Opfer-"Betondeckung definiert.

Mindestfestigkeitsklassen

Die Anforderungen an die Betonzusammensetzung und die sich daraus ergebenden Mindestbetonfestigkeitsklassen sind national in DIN 1045-2 [R1] geregelt. Die Mindestfestigkeitsklassen nach DIN 1045-2 werden in DIN EN 1992-1-1/NA im normativen Anhang E umgesetzt. Dabei wird davon ausgegangen, dass Dichte und Festigkeit korreliert sind.

Die Verwendung von Luftporenbeton sollte nur auf den notwendigen Einsatz unter einer XF-Klassifizierung begrenzt bleiben und nicht für eine Abminderung der Mindestfestigkeitsklasse für andere Zwecke (z. B. bei der Rissbreitenbegrenzung) zweckentfremdet werden. Hierbei ist zu beachten, dass die Anforderungen an den maximalen Wasserzementwert und den Mindestzementgehalt für die Expositionsklassen XD, XS und XM bei LP-Beton nicht reduziert werden, sodass die Betonzugfestigkeit nicht um eine ganze Klasse abfällt. Die Reduktion der Mindestfestigkeitsklasse bei LP-Beton in diesen Expositionsklassen über die entsprechenden Fußnoten soll vor allem den Konformitätsnachweis für die etwas reduzierte Druckfestigkeit in der LP-Würfelprüfung erleichtern. Theoretischen Einsparungen stehen oft Mehrkosten bei der Herstellung, beim Verarbeiten oder bei etwaigen Beschichtungen entgegen.

Gleiches gilt für die Festlegung von langsam bzw. sehr langsam erhärtenden Betonen, die vorrangig bei massigen Bauteilen ihren Anwendungsbereich finden sollen. Für diese Bauteile sind verlängerte Ausschalfristen und Nachbehandlungszeiten erforderlich, ggf. muss die Betonfestigkeit zu einem späteren Zeitpunkt als 28 Tage vereinbart werden (siehe Erläuterungen zu 3.1.2).

Für die Dauerhaftigkeit von Leichtbeton hat wie bei Normalbeton die Betonzusammensetzung (Wasserzementwert w/z, Mindestzementgehalt) den maßgebenden Einfluss. Die Korrelation mit einer Mindestdruckfestigkeit ist jedoch bei Leichtbeton nur eingeschränkt gegeben, da diese entscheidend durch die Festigkeit der leichten Gesteinskörnung und nicht durch die Zementsteinmatrix bestimmt wird. Im Anhang E, Tab. E.1DE ist daher keine Mindestbetonfestigkeitsklasse für Leichtbeton angegeben.

Der auch als wasserundurchlässiger Beton („WU-Beton" als besondere Betoneigenschaft) bezeichnete Baustoff wird in DIN 1045-2 [R1], 5.5.3 bzw. in der DAfStb-WU-Richtlinie [D555], 6.1, geregelt. Die betontechnologischen Anforderungen an diesen „Beton mit hohem Wassereindringwiderstand" führen für Bauteile bis 400 mm Dicke i. d. R. zu einer Mindestbetonfestigkeitsklasse C25/30. Bei WU-Bauteilen mit den empfohlenen Mindestdicken nach Tabelle 1 in [D555] (zzgl. 15 % Dickentoleranz) ist wegen des geforderten reduzierten w/z-Wertes $\leq 0{,}55$ i. d. R. die Betonfestigkeitsklasse C30/37 zu erwarten. Diese Eigenschaften gehen über die Mindestanforderungen für die Expositionsklassen XC1 bis XC3 in DIN 1045-2 [R1] hinaus. Hingewiesen sei hier auch auf die ggf. erforderliche Begrenzung des Größtkorns der Gesteinskörnung, z. B. $d_g \leq 16$ mm für WU-Wände (nach [D555]).

Expositionsklassen – Gebäudehülle

Ein Prinzip bei der Sicherstellung der auf die Nutzungsdauer von mindestens 50 Jahren ausgelegten Dauerhaftigkeit der Stahlbeton- und Spannbetonbauteile besteht darin, dass diese nicht von Bauarten abhängen soll, die planmäßig geringere Lebensdauern aufweisen. Wird jedoch durch besondere Maßnahmen die Dichtheit einer Sperrschicht zur Umgebung dauerhaft im zuvor angesprochenen Sinne gesichert, können die Anforderungen an die Betonrandzone entsprechend reduziert werden.

Bei Dachdichtungen und Fassadenbekleidungen, wie Putzen oder Mauerwerk, können Undichtigkeiten, die u. U. auch an Verwahrungen und Laibungen auftreten und ggf. auch längere Zeit unbemerkt bleiben, in der Regel nicht sicher ausgeschlossen werden. Daher ist es nicht angemessen, dass die abdichtende Wirkung von Dachdichtungen oder Fassadenbekleidungen vollständig in dem Sinne angesetzt wird, dass die der Witterungsseite zugewandten Flächen von Außenwänden und Dachdecken hinter diesen Schichten als Bauteile in dauerhaft trockenen Umgebungsbedingungen im

Sinne der Expositionsklasse XC1 mit einer Mindestfestigkeitsklasse von C16/20 und mit 10 mm Mindestbetondeckung ausgeführt werden. Andererseits brauchen diese Betonflächen auch nicht als direkt der Witterung ausgesetzt angenommen zu werden. Vielmehr soll für die Ausführung dieser Bauteile eine Mindestfestigkeitsklasse C20/25 und 20 mm Mindestbetondeckung angestrebt werden, was durch eine ersatzweise Einstufung in die Expositionsklasse XC3 erreicht wird. Für die meisten Außenbauteile ist die Erfüllung dieser Anforderungen unproblematisch, insbesondere wenn die Möglichkeit für die Verringerung der Mindestbetondeckung nach DIN EN 1992-1-1, 4.4.1.2, Tabelle 4.3DE genutzt werden kann. Ein Vorhaltemaß von Δc_{dev} = 10 mm ist hier i. d. R. ausreichend [D525].

Analog soll bei Fertigteil-Sandwichtafeln mit Fugenabdichtung die Innenseite der Vorsatzschicht und in der Regel auch die gegenüberliegende Seite der Tragschicht im Bereich einer anliegenden, geschlossenporigen Kerndämmung der Expositionsklasse XC3 zugeordnet werden (DIN EN 1992-1-1, NA.10.9.9, (6)).

Als Ausnahme wird die Einstufung in die Expositionsklasse XC1 hinter vollflächigen Außenwandbekleidungen als Wärmedämmverbundsystem (WDVS) akzeptiert. Das WDVS zeichnet sich durch eine risssichernde Armierung unter der äußeren Putzschicht und seine relativ gute Dichtheit aus. Der wechselnde Zugang von Feuchtigkeit und Sauerstoff wird ausreichend behindert; dafür sprechen auch durchgehend positive Erfahrungen bei wieder freigelegten Betonflächen.

Expositionsklassen – Hallenbäder

Die XD-Einstufung (Chloride) ist bei luftberührten Betonbauteilen in Süßwasser-Hallenbädern mit einer chlordesinfizierenden Wasseraufbereitung i. d. R. nicht erforderlich, da die übliche Luftfeuchte 70 % nicht übersteigt und XC3 dafür ausreicht. Im Bereich von Wärmebrücken könnte es jedoch zur Kondensation und erhöhtem Feuchteanfall auf kühleren Bauteiloberflächen kommen. Dort und im immer wieder austrocknenden Bereich von möglichen Spritzwässern (z. B. Fußbereiche von Stützen und Wänden) sollte XC4 gewählt werden.

In Solebädern und Meerwasserschwimmhallen mit entsprechenden Salzkonzentrationen sind Betonbauteile, die ständig mit diesen Wässern in Berührung kommen können, in der Regel in XD2 bzw. XS2 einzustufen (bei häufigem Wasserzutritt und Wiederaustrocknen XD3 bzw. XS3). Eine Beurteilung des Angriffsgrades der Solewässer nach DIN 4030 [R7] sollte grundsätzlich erfolgen.

Expositionsklassen – Parkbauten

Bei der Einstufung von Parkdecks in die Expositionsklasse XD3 werden im NA über die hohen Anforderungen an die Betonzusammensetzung und die Betondeckung hinaus „zusätzliche Maßnahmen" gefordert. Es wird davon ausgegangen, dass bei Einhaltung aller Anforderungen und Sicherstellung der hierfür genannten Eigenschaften für XD3 das Bauwerk mindestens über 50 Jahre nutzbar ist, sofern eine „übliche" Wartung und Instandhaltung stattfindet (vgl. DIN EN 1990 [E1], 1.3 Annahmen „Das Tragwerk wird sachgemäß instand gehalten." oder DIN 1045-2, Anmerkung zu Tabellen F, „übliche Instandhaltungsbedingungen", siehe auch Erläuterungen zu 2.1.3).

Zur Sicherstellung der Dauerhaftigkeit von direkt befahrenen Parkdecks müssen Risse und Arbeitsfugen dauerhaft geschlossen bzw. geschützt werden, um Schäden durch eindringendes chloridhaltiges Wasser und damit die chloridinduzierte Korrosion der Bewehrung zu vermeiden. Dieses Prinzip ist unabhängig davon anzuwenden, ob z. B. planmäßig breitere Einzelrisse in Kauf genommen werden, die nach Abschluss der Rissbildung wieder geschlossen oder beschichtet werden, oder ob durch eine rissbreitenbegrenzende Bewehrung nach DIN EN 1992-1-1 mit vielen kleineren Rissen gerechnet wird, die dann in der Fläche beschichtet oder abgedichtet werden müssen.

Wird keine regelmäßige erweiterte Wartung der Beschichtung vereinbart, ist in jedem Fall eine Einstufung in die Expositionsklasse XD3 mit den damit verbundenen Anforderungen an die Mindestbetondeckung und die Mindestbetonfestigkeitsklasse erforderlich [D525]. Bei Aufbringung eines dauerhaften und flächigen Schutzes unter Einbeziehung einer regelmäßigen und in definierten Abständen vorzunehmenden Wartung und der Durchführung notwendiger Instandsetzungsmaßnahmen („erweitertes" Instandhaltungskonzept) sind ggf. Reduzierungen bei der Betondeckung (Dicke und Dichtheit) und Herabstufungen innerhalb der Expositionsklassen XD und XF möglich.

Durch eine erweiterte Instandhaltung werden eventuelle Beschädigungen an der Beschichtung so kurzfristig instand gesetzt, dass Schäden am Bauwerk wegen einer zeitlich reduzierten möglichen Chloridexposition nicht zu erwarten sind. Es sollte ein projektbezogener Wartungsplan erstellt und einem Bauwerksbuch (im Sinne eines „Nutzerhandbuchs") beigefügt werden. Das DBV-Merkblatt „Parkhäuser und Tiefgaragen" [DBV5] enthält für verschiedene Anwendungsfälle detaillierte Angaben zu den Inhalten des Wartungsplanes, den erforderlichen Wartungsintervallen und den Instandsetzungsmaßnahmen sowie zu den Randbedingungen, unter denen eine Herabstufung der Expositionsklassen möglich ist (vgl. Abb. 25).

Das Merkblatt [DBV5] gibt auch Hinweise zur Auswahl geeigneter Oberflächenschutzsysteme und Abdichtungen für die verschiedenen Bauteile.

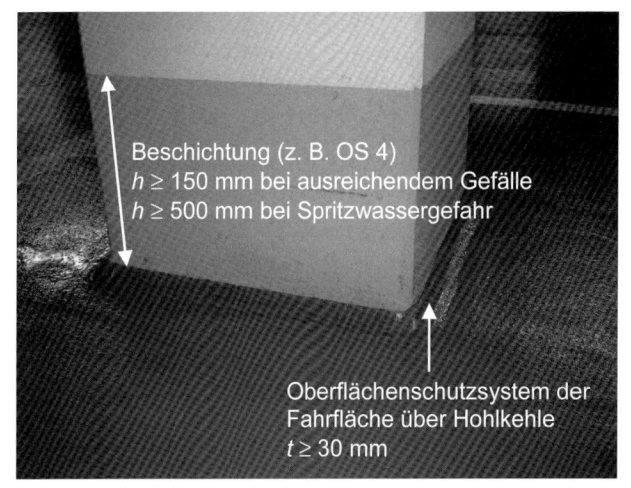

Abb. 24. Beispiel für Schutz aufgehender Bauteile im Bereich der Arbeitsfuge in Parkbauten (nach [DBV5])

Zum Schutz von aufgehenden Bauteilen ist eine Beschichtung oder Abdichtung von Stützen und Wandanschlüssen, insbesondere der Arbeitsfugen, erforderlich. Ausführungsdetails hierzu enthält ebenfalls das Merkblatt [DBV5] (Abb. 24).

Die in den Normen DIN EN 1992-1-1 mit NA, DIN 1045-2 und DIN EN 206-1 deskriptiv festgelegten Anforderungen an die Mindestbetondeckung sowie an die Betonzusammensetzung, hier insbesondere hinsichtlich des maximal zulässigen Wasserzementwertes, des Mindestzementgehaltes und der Mindestbetonfestigkeitsklasse, stellen bei einem unbeschichteten und ungerissenen Beton für die jeweilige Expositionsklasse unter Berücksichtigung einer angemessenen Instandhaltung eine Nutzungsdauer von 50 Jahren sicher. Wenn Risse und Arbeitsfugen wirklich **dauerhaft** geschlossen und geschützt sind, ist somit aus Dauerhaftigkeitsgründen kein Gefälle notwendig. Die Verdunstung des Wassers in Pfützen führt allerdings zu einer Konzentration des Tausalzes und damit zu schärferen Korrosionsbedingungen. Eine saubere Abführung des Wassers ist somit insbesondere bei unbeschichteten Betonflächen vorteilhaft. Besonderes Augenmerk ist auch auf mögliche Auswirkungen im Spritzwasserbereich zu richten.

Das Erfordernis von Gefälle auf Parkflächen ist demnach hinsichtlich der Nutzungsfreundlichkeit und der Dauerhaftigkeit zu unterscheiden. Der Bauherr muss unter Berücksichtigung des Parkbaubetriebs entscheiden, ob Pfützen auf den Parkflächen im Sinne der Gebrauchstauglichkeit und Nutzungsfreundlichkeit akzeptabel sind oder nicht. Der Bauherr hat die Anforderungen an die Baukonstruktion und die Entwässerung in Bezug auf die Nutzung und die Wirtschaftlichkeit unter Mithilfe der Planer abzuwägen. Diese Entscheidung muss Inhalt der Planungs- und Bauverträge werden. Die Konsequenzen in Bezug auf Nutzung und Wartung müssen in Kauf- bzw. Nutzungsverträge einfließen.

Wenn Pfützenfreiheit gefordert wird, ist ein ausreichendes Gefälle zu planen. Mit Blick auf die zulässigen Ebenheitsabweichungen nach DIN 18202 [R24], Tabelle 3, Zeile 3, sowie die typischen Durchbiegungen von Stahlbeton- bzw. Stahlverbunddecken ist ein geplantes Gefälle von i. d. R. 2,5 % der befahrenen und begangenen Flächen zu empfehlen. Wird eine Ausführungsvariante mit dem Ziel der Rissvermeidung auf der Fahrbahnoberfläche geplant und auf einen zusätzlichen Oberflächenschutz der befahrenen Betonfläche verzichtet, wird diese Gefälleausbildung grundsätzlich empfohlen.

Die Beanspruchung von Parkbauten durch Tausalz hängt von vielen Einflussfaktoren ab, wie z. B. Fahrzeugfrequenz, Gefälle, Straßenanbindung, Frost, horizontale bzw. vertikale Flächen. Die Norm deckt allgemein auf der sicheren Seite liegend für gerissene Parkdecks den ungünstigsten Fall ab. Dieser ungünstigste Fall entspricht z. B. einem Parkbau eines Einkaufszentrums mit vielen Stellplätzen und Fahrflächen mit hoher Fahrzeugfrequenz in der Nähe einer Bundesautobahn mit regelmäßiger Tausalzbehandlung. Dabei wird vor allem über an den Fahrzeugen haftenden Schnee und Eis ständig Tausalz eingeschleppt, welches beim Abtauen über längere Zeit auf den überwiegend horizontalen, befahrenen Flächen mit starker Durchfeuchtung einwirkt und insbesondere beim Eindringen in Risse zu bedeutenden Korrosionsschäden führen kann.

Der günstigste der Normung zugängliche Fall ist der einem Einfamilienhaus zugeordnete Einzelstellplatz auf einer tragenden Stahlbetonplatte, die in XD1 eingestuft werden darf (informatives Beispiel „Einzelgarage" in DIN EN 1992-1-1/NA und DIN 1045-2). Dieser Fall zeichnet sich nicht nur dadurch aus, dass die regelmäßige Nutzung mit einem PKW und durchschnittlich einer täglichen Ein- und Ausfahrt eine relativ geringe Tausalzbeanspruchung erwarten lässt, sondern auch dadurch, dass Nutzer und Eigentümer der Einzelgarage i. d. R. identisch sind. Die Nutzung von wenigen, den Mietern oder Eigentümern zugeordneten Einzelstellplätzen in Garagen von Mehrfamilien- oder Bürohäusern ähnelt der Einzelgaragennutzung. Jedoch ergibt sich schon aus dem Gemeinschaftseigentum an den tragenden Parkdecks bzw. der Bodenplatte die Notwendigkeit, vom Beispiel „Einzelgarage" abweichende technische Lösungen für jedes einzelne Bauvorhaben zu vereinbaren. Die Vielzahl der in der Praxis vorkommenden Fälle entzieht sich daher einer allgemeinen Auslegung. Für andere Parkdecks sind unter Würdigung der o. g. Einflussfaktoren und in Abstimmung mit Bauherrn und Nutzer angepasste Lösungen denkbar.

Eine weitere Alternative besteht in der Ausführung einer dauerhaften Abdichtung nach DIN 18195-5 [R30] (z. B. mit Polymerbitumen-Schweißbahn) in Verbindung mit einer Schutzschicht (z. B. aus Gussasphalt, Details z. B. in [DBV5]) und Herabstufung des Parkdecks in die Expositionsklasse XC3 (evtl. XF1). Eine Übersicht möglicher Ausführungsvarianten nach DBV-Merkblatt „Parkhäuser und Tiefgaragen" [DBV5] ist in Abb. 25 enthalten.

Über diese Empfehlungen und Hinweise hinaus sollten regionale Erfahrungen und Besonderheiten durch den sachkundigen Ingenieur in seine Planung mit einbezogen werden. So sind die Beanspruchungen für Parkbauten im Winter in Deutschland nicht überall gleich. In höheren Lagen, z. B. in Bayern, ist die Anzahl der Schnee- und Frosttage deutlich höher als im gebirgs- und küstenfernen Flachland. Auch die ausgebrachten Tausalzmengen und die taumittelbehandelten Straßenkilometer können sich regional deutlich unterscheiden.

Expositionsklassen – Chemischer Angriff

Nach DIN 1045-2:2008-08, 5.3.2, sind bei chemischem Angriff XA3 oder stärker bzw. bei hoher Fließgeschwindigkeit von Wasser und Mitwirkung von Chemikalien nach DIN EN 206-1:2001-07, Tabelle 2, zusätzliche Schutzmaßnahmen für den Beton erforderlich (wie Schutzschichten oder dauerhafte Bekleidungen). Da diese Schutzmaßnahme bei Abdichtungen im Baugrund nicht kontrollierbar auf der Angriffsseite außen angeordnet wird, sind besonders hohe Anforderungen an die Dauerhaftigkeit zu stellen. In der Regel kommen hier nur bauaufsichtlich geregelte Ausführungen, z. B. nach DIN 18195 [R30] oder mit Zulassung, in Frage.

Alternativ kann eine spezielle, auf den chemischen Angriff abgestimmte Betonzusammensetzung durch ein Gutachten beurteilt werden. Für standsicherheitsrelevante Bauteile, die durch starken chemischen Angriff beansprucht werden, ist damit i. d. R. eine Zustimmung im Einzelfall verbunden.

Bei Anwesenheit anderer angreifender Chemikalien als in DIN EN 206-1 [R2] behandelt, bzw. bei chemisch verunreinigtem Untergrund sind die Auswirkungen des chemischen Angriffs sachkundig zu klären und ggf. Schutzmaßnahmen festzulegen.

```
┌─────────────────────────────────────────────────────────────────────────────┐
│    Befahrene Parkfläche aus Stahlbeton oder Spannbeton mit Instandhaltung   │
│                   bei Eintrag von Chloriden aus Taumitteln                  │
└─────────────────────────────────────────────────────────────────────────────┘
```

Variante 1: Hohe Anforderungen an Dichte und Dicke der Betondeckung sowie „zusätzliche Maßnahme"

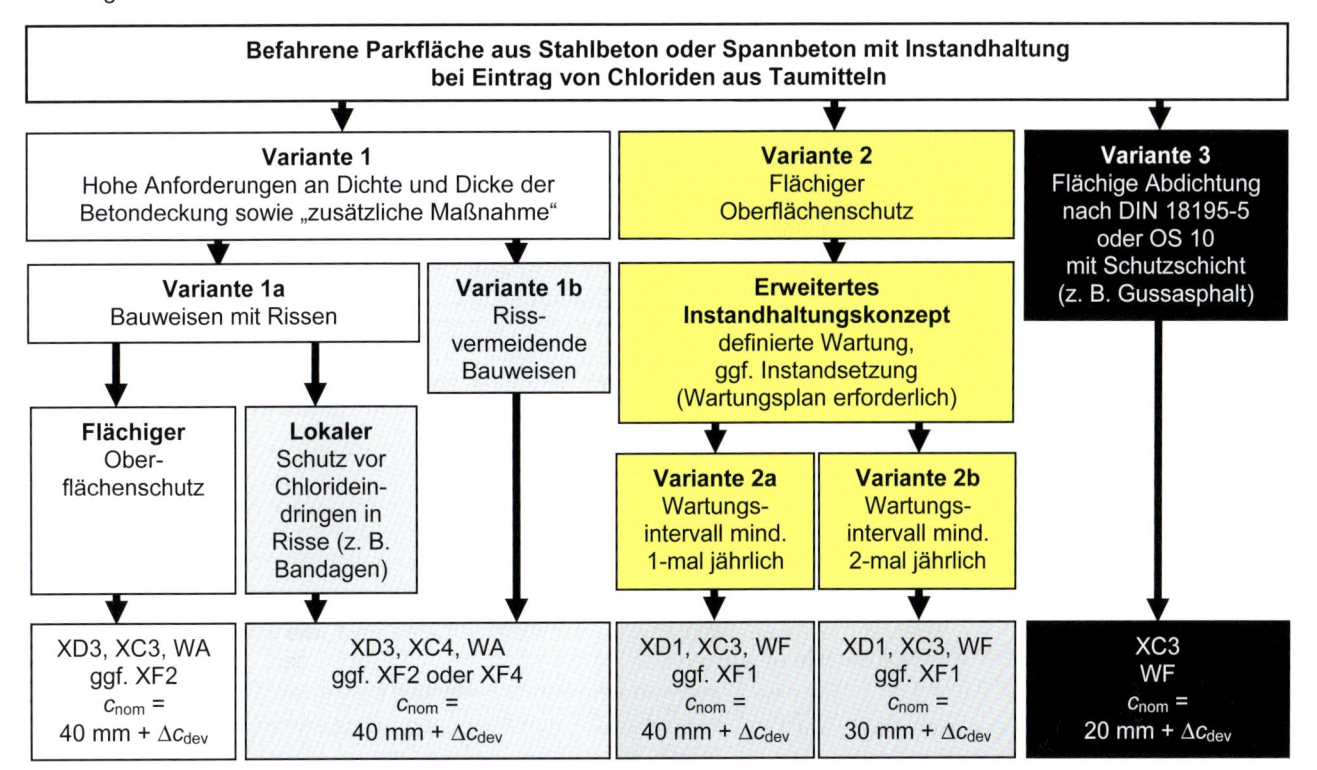

- **Variante 1a**: Bauweisen mit Rissen
  - Flächiger Oberflächenschutz → XD3, XC3, WA ggf. XF2; c_{nom} = 40 mm + Δc_{dev}
  - Lokaler Schutz vor Chlorideindringen in Risse (z. B. Bandagen) → XD3, XC4, WA ggf. XF2 oder XF4; c_{nom} = 40 mm + Δc_{dev}
- **Variante 1b**: Rissvermeidende Bauweisen → XD3, XC4, WA ggf. XF2 oder XF4; c_{nom} = 40 mm + Δc_{dev}

Variante 2: Flächiger Oberflächenschutz
- **Erweitertes Instandhaltungskonzept**: definierte Wartung, ggf. Instandsetzung (Wartungsplan erforderlich)
  - **Variante 2a**: Wartungsintervall mind. 1-mal jährlich → XD1, XC3, WF ggf. XF1; c_{nom} = 40 mm + Δc_{dev}
  - **Variante 2b**: Wartungsintervall mind. 2-mal jährlich → XD1, XC3, WF ggf. XF1; c_{nom} = 30 mm + Δc_{dev}

Variante 3: Flächige Abdichtung nach DIN 18195-5 oder OS 10 mit Schutzschicht (z. B. Gussasphalt) → XC3, WF; c_{nom} = 20 mm + Δc_{dev}

Abb. 25. Ausführungsvarianten für Parkdecks [DBV5]

Feuchtigkeitsklassen – Alkali-Kieselsäure-Reaktion

In der DAfStb-Richtlinie „Vorbeugende Maßnahmen gegen schädigende Alkalireaktion im Beton" (Alkali-Richtlinie) [D4] wird der Betonangriff „Alkali-Kieselsäure-Reaktion" (AKR) beschrieben. Einige Gesteinskörnungen enthalten alkalireaktive Kieselsäure, die mit dem im Porenwasser des Betons gelösten Alkalihydroxid zu einem Alkalisilikat reagiert. Unter bestimmten Voraussetzungen kann diese Reaktion zu einer Volumenvergrößerung mit anschließender Schädigung des Betons führen („Alkalitreiben" bzw. „Alkali-Kieselsäure-Reaktion"). Ablauf und Ausmaß der Reaktion hängen insbesondere von der Art und Menge der alkaliempfindlichen Gesteinskörnung, ihrer Größe und Verteilung, dem Alkalihydroxidgehalt in der Porenlösung sowie den Feuchtigkeits- und Temperaturbedingungen des erhärteten Betons ab. Bei trockenem Beton kommt die Alkali-Kieselsäure-Reaktion zum Stillstand. Durch Alkalizufuhr von außen kann die AKR verstärkt werden. Eine Alkali-Kieselsäure-Reaktion im Beton kann auch noch nach Monaten oder Jahren an einem zuvor unter normalen Bedingungen erhärteten Beton zu Ausblühungen, Ausscheidungen, Ausplatzungen von nahe an der Oberfläche liegenden alkaliempfindlichen Gesteinskörnern („pop-outs"), ferner zu netzartigen oder strahlenförmig verlaufenden Rissen führen. Das Ausmaß der Schäden nimmt bis zum Festigkeitsverlust durch Gefügestörungen zu, wenn mehrere ungünstige Bedingungen zusammentreffen.

Nach der DAfStb-Alkali-Richtlinie [D4] ist zu prüfen, ob eine Gesteinskörnung alkalireaktiv ist. Alkaliempfindliche Gesteinskörnungen, wie z. B. Opalsandstein, Flint oder Grauwacke, sind in den Gewinnungsgebieten Schleswig-Holstein, Hamburg, Mecklenburg-Vorpommern sowie in Teilbereichen von Niedersachsen, Sachsen-Anhalt und Brandenburg (im mitteldeutschen Raum) zu erwarten. Es ist nicht auszuschließen, dass solche Gesteinskörnungen an Betonwerke oder in Fertigteilen in andere Regionen geliefert werden.

Die Feuchtigkeitsklassen der Alkali-Richtlinie [D4] sind in DIN EN 1992-1-1/NA zu Tabelle 4.1 mit Zeile NA.7: „Betonkorrosion infolge Alkali-Kieselsäure-Reaktion" integriert worden. Anhand der zu erwartenden Umgebungsbedingungen ist der Beton vom Tragwerksplaner einer von drei Feuchtigkeitsklassen zuzuordnen. In Abhängigkeit von der gewählten Feuchtigkeitsklasse ist bei der Betonherstellung eine geeignete Gesteinskörnung bzw. ein geeigneter Zement zu verwenden. Die Feuchtigkeitsklassen sind in den Ausführungsunterlagen anzugeben, sie haben jedoch keine direkten Auswirkungen auf die Bemessung. Neben den informativen Beispielen finden sich in den Erläuterungen zur Alkali-Richtlinie [D4] Hinweise, wie aus der Einstufung eines Bauteils in die Expositionsklassen die Einstufung in die Feuchtigkeitsklasse erfolgen kann (vgl. Tabelle 8).

Der vierten Feuchtigkeitsklasse WS (feucht, mit direktem Alkalieintrag von außen und hoher dynamischer Beanspruchung) werden Betonfahrbahnen der Bauklassen SV und I bis III gemäß RStO [92] zugeordnet. Für die Festlegung der vorbeugenden Maßnahmen sind die TL Beton-StB [105] sowie die Allgemeinen Rundschreiben Straßenbau des BMVBS zu beachten. Außerhalb dieses Regelungsbereiches ist die Feuchtigkeitsklasse WS nicht maßgebend und wurde daher in der kommentierten Normfassung weggelassen.

Tab. 8. Zusammenhang zwischen Feuchtigkeits- und Expositionsklassen

	1	2	3	4
	Expositionsklasse	**Umgebung**	**Feuchtigkeitsklasse**	**Bemerkung**
1	XC1	immer trocken	WO[1)]	–
2		immer nass	WF	–
3	XC3	mäßig feucht	WO[1)] oder WF	Beurteilung im Einzelfall
4	XC2, XC4, XF1, XF3	wechselnd nass / trocken bzw. Wassersättigung	WF	–
5	XF2, XF4, XD2, XD3, XS2, XS3	wechselnd nass / trocken bzw. Wassersättigung und Eintrag von Alkalien	WA	–
6	XD1, XS1, XA	Feuchtigkeit vorhanden	WF, WA	Beurteilung im Einzelfall

[1)] Infolge der Bauteilabmessungen (min h > 0,80 m) kann eine abweichende Einstufung mindestens in WF erforderlich werden.

Zu 4.4 Nachweisverfahren

Zu 4.4.1 Betondeckung

Zu 4.4.1.1 Allgemeines

Die Betondeckung der Bewehrung hat drei wesentliche Aufgaben zu erfüllen:

– Sicherstellung der Dauerhaftigkeit der Bewehrung durch eine ausreichend dicke und dichte Betonschicht, die das Vordringen korrosionsfördernder Stoffe bis zur Bewehrung im Verlauf der zugrunde gelegten Nutzungsdauer mit ausreichender Zuverlässigkeit verhindert,

– Sicherstellung der Übertragung der Kräfte zwischen Bewehrung und umhüllenden Beton über allseitigen Verbund,

– Sicherstellung einer Feuerwiderstandsdauer durch Verzögerung der Temperaturerhöhung des abgedeckten Bewehrungsstahles infolge einer Brandbeaufschlagung der Betonoberfläche (siehe hierzu die Mindestachsabstände a bzw. a_{sd} nach DIN EN 1992-1-2 [E5], [E6]).

Das entscheidende Maß für die Tragwerksplanung (statische Nutzhöhe d) und die Bauausführung (Bestellung der Abstandhalter) ist das Verlegemaß der Bewehrung c_v. Dieses ergibt sich aus der Bewehrungskonstruktion (Lagen und Durchmesser der Bewehrung) und den Lieferabmessungen der Abstandhalter (Abb. 26) und Unterstützungen. Daher wird auf den Bewehrungsplänen die Angabe des Verlegemaßes (für die Bestellung) und des Vorhaltemaßes (für die Überwachung) gefordert. Auf die Angabe des Mindestmaßes c_{min} sollte verzichtet werden, um Verwechslungen auszuschließen.

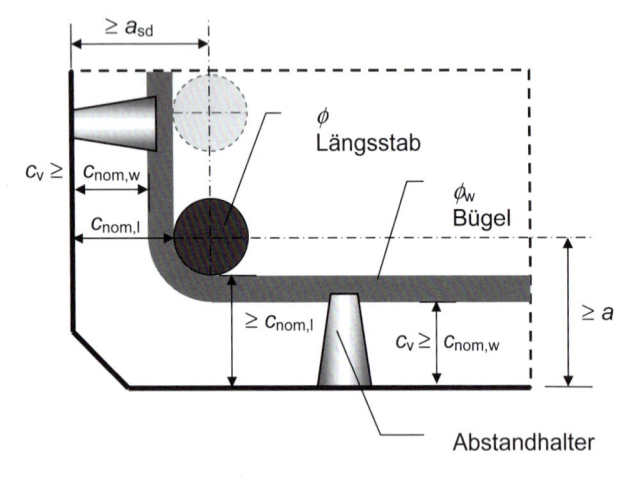

Abb. 26. Ermittlung der Verlegemaße (DBV1)

Abb. 27. Vorhaltemaß Δc_{dev}
a) Dauerhaftigkeit b) Verbund

Zu 4.4.1.2 Mindestbetondeckung

Zu (2)P: Die Mindestbetondeckung wird nach Gleichung (4.2) aus dem Maximalwert verschiedener Anforderungen abgeleitet:

c_{min} = max $\{c_{min,b}; c_{min,dur} + \Delta c_{dur,\gamma} - \Delta c_{dur,st} - \Delta c_{dur,add}; 10 \text{ mm}\}$;   DIN EN 1992-1-1 (4.2)

$c_{min,b}$ → aus dem Verbundkriterium nach 4.4.1.2 (3);

$c_{min,dur}$ → aus den Umgebungsbedingungen, siehe Tabelle 4.4DE und 4.5DE;

$\Delta c_{dur,\gamma}$ → additives Sicherheitselement (für XD1 = +10 mm und für XD2 = +5 mm);

$\Delta c_{dur,st}$ → Verringerung der Betondeckung bei nichtrostenden Stählen; nach abZ (i. d. R. c_{min} = max $\{c_{min,b}; 10 \text{ mm}\}$);

$\Delta c_{dur,add}$ = 0 allgemein → Verringerung der Betondeckung auf Grund zusätzlicher (additiver) Schutzmaßnahmen,
= 10 mm für Expositionsklassen XD bei dauerhafter, rissüberbrückender Beschichtung [D525], [DBV5];

Δc_{dev} Vorhaltemaß nach 4.4.1.3: Δc_{dev} = 15 mm in der Regel bzw. Δc_{dev} = 10 mm bei XC1 und bei Verbundkriterium.

Im Konzept von EN 1992-1-1 sind sogenannte Anforderungsklassen (Structural classes) S1 bis S6 vorgesehen, die national gewählt werden dürfen. Die Mindestbetondeckungen in Bezug auf die Dauerhaftigkeit sind mit den Anforderungsklassen entsprechend den Tabellen 4.4N und 4.5N verknüpft. Für Deutschland wird im NA die Anforderungsklasse S3 gewählt. Die von S3 abweichenden Anforderungen für chloridbeanspruchte Bauteilflächen XD ($c_{min,dur}$ = 40 mm bzw. 50 mm für alle XD-Klassen) werden durch das additive Sicherheitselement $\Delta c_{dur,\gamma}$ ausgeglichen. Diese Festlegungen sind dann in den nationalen (NDP) Tabellen 4.4DE und 4.5DE zusammengefasst.

EN 1992-1-1, Tabelle 4.4N
$c_{min,dur}$ [mm] **von Betonstahl**

Anforderungs-klasse	Expositionsklasse nach Tabelle 4.1						
	X0	XC1	XC2 XC3	XC4	XD1 XS1	XD2 XS2	XD3 XS3
S1	10	10	10	15	20	25	30
S2	10	10	15	20	25	30	35
S3	10	10	20	25	30	35	40
S4	10	15	25	30	35	40	45
S5	15	20	30	35	40	45	50
S6	20	25	35	40	45	50	55

EN 1992-1-1, Tabelle 4.5N
$c_{min,dur}$ [mm] **von Spannstahl**

Anforderungs-klasse	Expositionsklasse nach Tabelle 4.1						
	X0	XC1	XC2 XC3	XC4	XD1 XS1	XD2 XS2	XD3 XS3
S1	10	15	20	25	30	35	40
S2	10	15	25	30	35	40	45
S3	10	20	30	35	40	45	50
S4	10	25	35	40	45	50	55
S5	15	30	40	45	50	55	60
S6	20	35	45	50	55	60	65

Weitere Modifikationsmöglichkeiten werden in EN 1992-1-1 in Tabelle 4.3N vorgeschlagen, indem die Betondeckungen durch Wechsel der Anforderungsklassen S erhöht (z. B. für Nutzungsdauer 100 Jahre) oder reduziert (z. B. für Platten oder bei besonderer Qualitätskontrolle) werden sollen. Von diesen wird nur die Möglichkeit, die Mindestbetondeckung um 5 mm bei dichterem Beton abzumindern, im NA mit (NDP) Tabelle 4.3DE umgesetzt (durch Erhöhung der Dichtheit mit reduzierten Wasserzementwert, d. h. zwei Festigkeitsklassen höher als Mindestanforderung nach DIN 1045-2, siehe Anhang E). Die abweichenden Betondeckungen für Betonbrücken mit längerer Nutzungsdauer werden in DIN EN 1992-2/NA [E8] spezifiziert. Eine Abminderung der erforderlichen Mindestbetondeckung durch Maßnahmen in der Bauausführung ist sachlich nicht gerechtfertigt. Einflüsse aus der Qualität der Bauausführung können nur beim Vorhaltemaß berücksichtigt werden.

Bei internen Spanngliedern ohne Verbund ist die Mindestbetondeckung c_{min} in den Verankerungsbereichen und im Bereich der freien Länge des ummantelten Spanngliedes der Zulassung zu entnehmen.

Zu (3): Die in EN 1992-1-1 empfohlenen Werte $c_{min,b}$ für Spannglieder im nachträglichen Verbund wurden national übernommen.

Die Mindestbetondeckung $c_{min,b}$ = 2,5ϕ_p gilt für voll ausgenutzte Einzellitzen oder Einzeldrähte im sofortigen Verbund, sofern sich diese gegenseitig nur geringfügig beeinflussen. Dabei sollte ein lichter Mindestabstand $s \geq 2,5\phi_p$ eingehalten werden. Wird der lichte Mindestabstand nach Bild 8.14 mit $s = 2,0\phi_p$ ausgenutzt, sollte die Mindestbetondeckung auf $c_{min,b}$ = 3ϕ_p vergrößert werden [48]. Bei einer Gruppenverankerung kann es erforderlich sein, die Mindestbetondeckung noch weiter zu vergrößern.

Die Mindestbetondeckung für den Verbund gerippter Spanndrähte aus DIN 1045-1 $c_{min,b}$ = 3ϕ_p wurde im NA nicht aufgenommen, da gerippte Drähte in Deutschland praktisch kaum verwendet werden, es gibt hierfür nur wenige aktuelle abZ.

Zu (7): Nichtrostende Betonstähle dürfen prinzipiell mit angepassten Mindestbetondeckungen eingesetzt werden. Die Zulassungen sind zu beachten. Zur Metallurgie und zum Einsatzbereich unterschiedlicher nichtrostender Stähle siehe z. B. *Nürnberger* in [79]. Für nichtrostende Bewehrungsstähle z. B. aus den Werkstoffen Nr. 1.4462 oder Nr. 1.4571 nach DIN EN 10088-3 [R29] darf danach in der Regel die Betondeckung für XC1 in allen Expositionsklassen angesetzt werden. Dies gilt auch für Bewehrungsstäbe aus glasfaserverstärktem Kunststoff (vgl. abZ [15]). Die Verbundbedingung $c_{min,b} \geq \phi$ ist immer zu beachten.

Bei Verwendung feuerverzinkter Betonstahlbewehrung in tragender Funktion sind keine Abweichungen von den erforderlichen Mindestbetondeckungen der Norm zugelassen (vgl. abZ [16]).

Zu (8): In DIN EN 1992-1-1/NA wird unter aufwändigen Randbedingungen für Parkdecks in der Expositionsklasse XD3 mit $\Delta c_{dur,add}$ ausnahmsweise eine Reduktion der Betondeckung um 10 mm bei dauerhafter, rissüberbrückender Beschichtung erlaubt. Hierzu wird auf die Formulierungen aus DAfStb-Heft [D525] bzw. dem DBV-Merkblatt „Parkhäuser und Tiefgaragen" [DBV5] verwiesen. Voraussetzung ist die Aufbringung eines **dauerhaften** und **flächigen** Schutzes unter Einbeziehung einer **regelmäßigen** und in definierten Abständen vorzunehmenden **erweiterten Wartung** und der Durchführung notwendiger **Instandsetzung**. Das DBV-Merkblatt [DBV5] enthält für verschiedene Anwendungsfälle detaillierte Angaben zu den Inhalten des Wartungsplanes, den erforderlichen Wartungsintervallen und den Instandsetzungsmaßnahmen sowie zu den Randbedingungen, unter denen eine Herabstufung der Expositionsklassen möglich ist (siehe auch Erläuterungen zu 4.2).

Zu (9): Im Bereich von Verbundfugen darf die Betondeckung im Ortbeton von 10 mm auf 5 mm bei mindestens rauer Fuge verringert werden, wenn ein ausreichender Anteil des Zementleims unterhalb der im Ortbeton liegenden Bewehrung in die Rautiefen verläuft und über die 5 mm hinaus einen adäquaten Verbund sicherstellt. Die Ausbreitmaßklasse des Ortbetons sollte dann dementsprechend ≥ F3 (weich) gewählt werden.

Wird Bewehrung, die in der Nähe von Verbund- bzw. Arbeitsfugen liegt, in den Bauzuständen vor und während des Anbetonierens an die Fuge rechnerisch voll ausgenutzt, sind die sich aus der Verbundbedingung ergebenen Werte für $c_{min,b}$ im ersten Betonierabschnitt einzuhalten.

Zu (11): Der Absatz gilt nicht für die Verbundfugen, die in Absatz (9) geregelt sind. Die Vergrößerung der Mindestbetondeckung um weitere 5 mm ist bei grober Gesteinskörnung mit Größtkorndurchmessern d_g > 32 mm sinnvoll, die mit einem Durchmesseranteil > c_{min} in die betrachtete Betondeckung ragt (analog Tabelle 4.2, Fußnote [1]). Bei Waschbetonoberflächen oder ähnlich strukturierten Oberflächen ist das Vorhaltemaß nach 4.4.1.3 (4) um die Strukturtiefe (mindestens +5 mm) zu vergrößern, um die Mindestbetondeckung im Bauteil sicherzustellen.

Zu (13): Bei der alternativen Wahl von Verschleißschichten der Betondeckung als Abnutzungsvorrat ist zu beachten, dass mit ungleichmäßigem Abrieb oder bei lokalen Betonausbrüchen Einschränkungen in der Gebrauchstauglichkeit (z. B. beim Reinigen, im Fahrbetrieb, erhöhte Reibung für Schüttgüter) oder im Erscheinungsbild einhergehen können. Auf die Hinweis- und Dokumentationspflichten des Planers gegenüber dem Bauherrn bzw. dem Nutzer ist auch hier besonderes Augenmerk zu richten.

Zu 4.4.1.3 Vorhaltemaß

Zu (1)P: Prinzipielles Ziel der Normregelungen ist das Vorhandensein der Mindestbetondeckung am fertigen Bauteil. Die Mindestbetondeckung c_{min} ist der mit ausreichender Zuverlässigkeit (Quantilwert) einzuhaltende Mindestabstand zwischen der Betonoberfläche und den Bewehrungsstäben, den Spanngliedern im sofortigen Verbund bzw. dem Hüllrohr von Spanngliedern im nachträglichen Verbund. Wie alle technischen Parameter in der Bauausführung stellt die Betondeckung eine statistische Größe dar, die Streuungen unterworfen ist. Um die Zuverlässigkeit des Endergebnisses sicherzustellen, gibt es verschiedene Möglichkeiten. Als eine Anwendungsregel ist die Erhöhung des Mindestmaßes c_{min} in der Planung und Ausführung um ein Vorhaltemaß Δc_{dev} auf ein planerisches Nennmaß der Betondeckung c_{nom} zu verstehen.

In DIN EN 1992-1-1/NA wird daher bezüglich der erforderlichen Zuverlässigkeit nach den Auswirkungen von eventuell örtlichen Unterschreitungen der Betondeckung unterschieden. Ist die Dauerhaftigkeit bestimmend für die erforderliche Mindestbetondeckung, wird für die weniger kritischen Umgebungsbedingungen – trocken oder ständig nass (Expositionsklasse XC1) – ein Vorhaltemaß von 10 mm, bei allen anderen, kritischeren Expositionsklassen XC2 bis XC4, XD und XS dagegen ein erhöhtes Vorhaltemaß von 15 mm gefordert (Abb. 27 a). Wenn die Verbundbedingung nach 4.4.1.2 (3) für die Betondeckung maßgebend wird, ist ein Vorhaltemaß von Δc_{dev} = 10 mm ausreichend (Abb. 27 b). Im Bereich von innenliegenden Arbeitsfugen bei ortbetonergänzten Fertigteilen darf auf das Vorhaltemaß ganz verzichtet werden. Dabei muss aber die über die Fertigteilfugen verlegte Bewehrung bei Expositionsklassen > XC1 ebenfalls ausreichend vor Korrosion geschützt werden (c_{min} + Δc_{dev}).

Zu (2): Zulässige Abweichungen in der Bauausführung nach oben und unten für die Betondeckung sind in DIN EN 13670 [R9] angegeben (siehe Abb. 28). Die zulässige Δc_{minus}-Abweichung entspricht dem gewählten Vorhaltemaß, sodass die Mindestbetondeckung auch in diesem Fall eingehalten wird. Die zahlenmäßige Begrenzung einer Δc_{plus}-Abweichung wird jedoch in den deutschen Anwendungsregeln DIN 1045-3 [R10] zu DIN EN 13670 nicht geregelt.

Wird die Betondeckung deutlich größer als geplant ausgeführt, ist in jedem Fall zu überprüfen, dass für die statische Nutzhöhe d (= l_i) die zulässigen Querschnittsabweichungen –Δl_i nach [R9] eingehalten werden (vgl. Abb. 4 zu 2.4.2.4). Die Einhaltung von Δc_{plus}-Abweichungen für die Lage der Bewehrung ist sonst ggf. bei Anforderungen an die Begrenzung der Rissbreite bzw. die Begrenzung der Betondeckung zur Vermeidung von Betonabplatzungen im Brandfall gemäß DIN EN 1992-1-2 relevant.

Mit zunehmender Betondeckung nimmt der Wirkungsbereich der rissbreitenbegrenzenden Bewehrung zu und ihre Effektivität ab, die Rissbreiten im Mittel und insbesondere an der Oberfläche werden tendenziell größer.

Bei Bauteilen mit Anforderungen an den Feuerwiderstand muss das Abfallen von Betonschichten im letzten Stadium der Brandbeanspruchung vermieden oder verzögert werden. Hierzu wird in DIN EN 1992-1-2 [E5], 4.5.2, festgelegt, dass bei einem Achsabstand der Bewehrung a ≥ 70 mm eine zusätzliche Oberflächenbewehrung in der Betondeckung vorzusehen ist (i. d. R. mit c_{nom} = 40 mm zur Hauptbewehrung) oder besondere Nachweise zu führen sind.

Ergänzende Qualitätsanforderungen an die Weiterverarbeitung von Betonstahl und den Einbau der Bewehrung werden in der DAfStb-Richtlinie „Qualität der Bewehrung" [D5] formuliert, welche jedoch nicht bauaufsichtlich eingeführt wird. Somit ist die Einhaltung der besonderen Qualitätsanforderungen nach dieser Richtlinie ausdrücklich zwischen den Vertragspartnern zu vereinbaren.

Zur Einhaltung der in DIN EN 13670 [R9] (siehe Abb. 29) bzw. in den Zulassungen der Spannverfahren vorgegebenen Maßtoleranzen und maximalen Umlenkwinkel sind die Spannglieder bzw. die Hüllrohre sowohl in vertikaler als auch in horizontaler Richtung durch Fixierung an der Betonstahlbewehrung oder an unverschieblichen Traversen ausreichend zu befestigen. Weiterhin müssen die Unterstützungen für die Spannglieder sorgfältig befestigt sein, um ein Nachgeben auch bei zusätzlichen Beanspruchungen beim Betonieren wirksam zu verhindern.

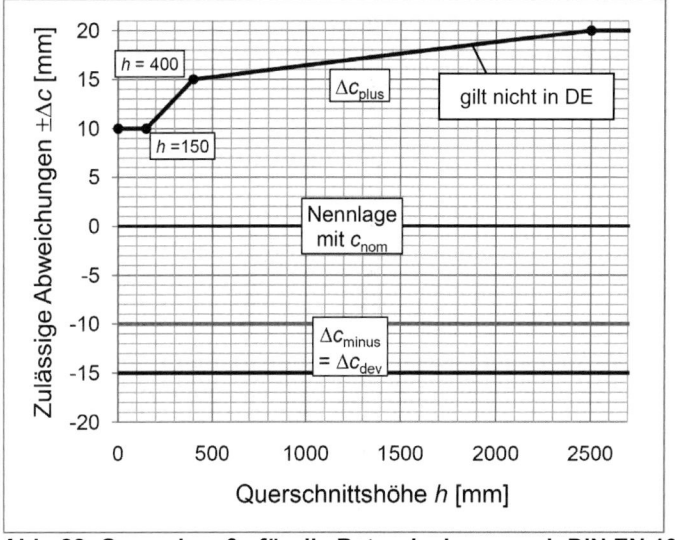

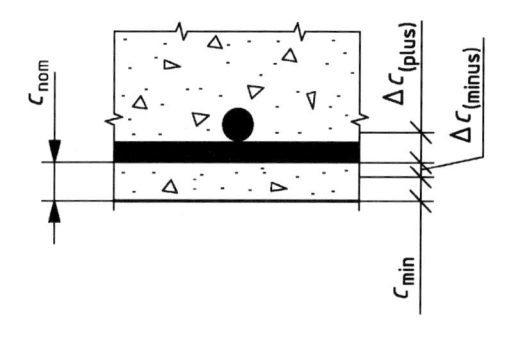

Abb. 28. Grenzabmaße für die Betondeckung nach DIN EN 13670 [R9]

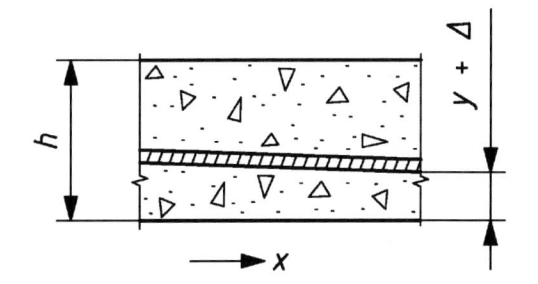

$y(x)$ – Nennlage des Spannglieds entlang der Bauteilachse x

$h \leq 200$ mm: $\quad \Delta = \pm 6$ mm

$h > 200$ mm: $\quad \Delta = \min\{\pm 0{,}03h;\ \pm 30$ mm$\}$

Betondeckung: $\quad y(x) \geq c_{min} = c_{nom} - \Delta c_{dev}$

Abb. 29. Zulässige Lageabweichungen bei Spanngliedern nach DIN EN 13670 [R9]

Zu (3): Das Vorhaltemaß Δc_{dev} = 15 mm darf um 5 mm reduziert werden, wenn konsequente Qualitätssicherungsmaßnahmen in Planung und Ausführung ergriffen und überwacht werden. Dies ist gerechtfertigt, wenn die Streuungen der Betondeckung in der Bauausführung reduziert werden. Die DBV-Merkblätter „Betondeckung und Bewehrung" [DBV1], „Abstandhalter" [DBV2] und „Unterstützungen" [DBV3] enthalten entsprechende qualitätssichernde Maßnahmen beim Entwurf, im Biegebetrieb, beim Verlegen der Bewehrung und beim Betonieren sowie Anforderungen an die Stabilität und Tragfähigkeit der Abstand haltenden Elemente selber als auch Empfehlungen für Maximalabstände. Die zusätzlichen Maßnahmen müssen dann auf den Bewehrungsplänen angegeben und in der Praxis überwacht werden.

Eine weitere Reduzierung des Vorhaltemaßes über die in der DIN EN 1992-1-1 mit NA geregelten Möglichkeiten hinaus ist z. B. bei zusätzlichen Aufwendungen denkbar, die die Streuungen in der Bauausführung stärker reduzieren bzw. vor der Betonage beseitigen. Hierbei wird dann von den genormten Anwendungsregeln abgewichen. Eine Möglichkeit des Nachweises, dass man die Anforderungen von DIN EN 1992-1-1 trotzdem mit angemessener Zuverlässigkeit erfüllt, besteht in der Messung der Betondeckung am fertigen Bauteil (z. B. bei Fertigteilen siehe auch NA.10.4). Hinweise zum Vorgehen bei der Messung und der statistischen Auswertung der Messergebnisse sind im DBV-Merkblatt „Betondeckung und Bewehrung" [DBV1] enthalten.

In der Regel wird die äußerste Bewehrungslage unterstützt und das Verlegemaß der Bewehrung bezieht sich auf diese. Bei der Unterstützung anderer Lagen (z. B. der Längsbewehrung statt der Bügel) ist dies gesondert zu vermerken.

Besondere Aufmerksamkeit ist auf Mehrebenenstöße bei Betonstahlmatten zu richten, die wegen der mehrfachen Lagenabmessungen angepasste Unterstützungshöhen erfordern können. Bei mehreren Lagen großer Stabdurchmesser unterscheidet sich die Addition der tatsächlichen Außendurchmesser der gerippten Bewehrungsstäbe deutlich von den Nennmaßen. Das Durchmesserverhältnis kann mit $\phi_a \approx 1{,}10\ldots 1{,}15\phi$ angenommen werden (Abb. 30).

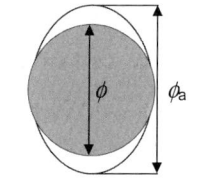

Abb. 30. Äußerer Rippendurchmesser

Eine Zusammenstellung der Betondeckungsmaße für Stahlbetonbauteile mit üblichen Stabdurchmessern und Betonfestigkeitsklassen unter Beachtung der Dauerhaftigkeits- und Verbundanforderungen und einer baupraktischen 5-mm-Aufrundung der Nennmaße enthält Tabelle 9.

Abstandhalter und Unterstützungen

Für die Auswahl, Bezeichnung und Verlegung geeigneter, geprüfter und zertifizierter Abstandhalter und Unterstützungen für die Bewehrung werden die DBV-Merkblätter „Betondeckung und Bewehrung" [DBV1], „Abstandhalter" [DBV2] und „Unterstützungen" [DBV3] empfohlen. Einige Hinweise aus diesen Merkblättern sind im Folgenden zusammengestellt.

> **Beispiel 4.1: Bezeichnung für Abstandhalter nach DBV-Merkblatt [DBV2]**
>
> **DBV – c – L / F / T / A / D**
>
> DBV – Die Abstandhalter erfüllen die Anforderungen nach [DBV2].
> c – Verlegemaß der Bewehrung c_v [mm]
> L – Leistungsklasse L1 (geringe) oder L2 (erhöhte Anforderungen an die Tragfähigkeit und Kippstabilität der Abstandhalter)
>
> → Für besondere Anforderungen:
>
> F – erhöhter Frost-Tauwiderstand
> T – Eignung für Bauteile, die Temperaturbeanspruchungen ausgesetzt sind
> A – hoher Wassereindringwiderstand und Widerstand gegen chemischen Angriff und Chloride (in XA, XD, XS)
> D – ggf. zulässiger Stabdurchmesserbereich für den Abstandhalter
>
> → Bezeichnung für einen Abstandhalter für ein Verlegemaß c_v = 20 mm, untere Bewehrungslage einer Decke im Innenbereich XC1: **DBV – 20 – L2**

Unterschieden werden punkt-, linien- und flächenförmige Abstandhalter mit oder ohne Befestigung am Bewehrungsstab und aus verschiedenen Materialien. Die Abstandhalter sind auch unter Beachtung der Expositionsklassen und ggf. von Sichtbetonanforderungen auszuwählen. Zementgebundene Abstandhalter sind i. Allg. bezüglich Formstabilität bei Last- und Temperaturbeanspruchung unempfindlicher als Kunststoffabstandhalter. Sie sollten insbesondere für Bauteile mit hoher statischer und thermischer Beanspruchung sowie beim Auftreten großer Zwangskräfte (z. B. durch die Schalung) bevorzugt werden. Abstandhalter sind so auszuwählen und zu befestigen, dass das Verlegemaß auch bei Querschnittsschwächungen (z. B. durch Trapezleisten) eingehalten wird.

Tab. 9. Betondeckung nach DIN EN 1992-1-1 für Betonstahl: Mindest-, Vorhalte- und Nennmaß (nach [DBV1])

1		2	3	4		5		6
Expositionsklasse [1) nach Tab. 4.1		Indikative Mindestfestigkeitsklasse nach Tab. E.1DE	Stabdurchmesser ϕ bzw. ϕ_n [mm]	Mindestbetondeckung und Vorhaltemaß [mm]				Nennmaß c_{nom} [mm]
				Dauerhaftigkeit [3)]		Verbund [4)]		
				$c_{min,dur}$ + $\Delta c_{dur,\gamma}$	Δc_{dev}	$c_{min,b}$	Δc_{dev}	
1	XC1	C16/20	6 – 10	10	10	6 – 10	10	20
			12 – 14			12 – 14		25
			16 – 20			16 – 20		30
			25			25		35
			28			28		40
			32			32		45
			40			40		50
2	XC2	C16/20	6 – 20	20	15	6 – 20	10	35
			25			25		
	XC3	C20/25	28			28		40
			32			32		45
			40			40		50
3	XC4	C25/30	6 – 28	25		6 – 28	10	40
			32			32		45
			40			40		50
4	XD1, XS1	C30/37 [2)]	6 – 25 28 – 40	40		6 – 25 28 – 40	10	55
	XD2, XS2	C35/45 [2)]						
	XD3, XS3	C35/45 [2)]						

[1)] Bei mehreren zutreffenden Expositionsklassen ist die ungünstigste Beanspruchung maßgebend.

[2)] Eine Betonfestigkeitsklasse niedriger, sofern aufgrund der zusätzlich zutreffenden Expositionsklasse XF Luftporenbeton mit einem Mindestluftgehalt nach DIN 1045-2 verwendet wird.

[3)] Reduzierung der Mindestbetondeckung $c_{min,dur}$ um 5 mm bei dichterem Beton zulässig (außer XC1), d. h. Festlegung von zwei Festigkeitsklassen höher als die Mindestanforderung nach Spalte 2 bzw. DIN EN 206-1/DIN 1045-2, Tabelle F.2.1.

[4)] Erhöhung von $c_{min,b}$ um 5 mm bei Nenndurchmesser des Größtkorns d_g > 32 mm.

Werden Abstandhalter auf nachgiebigen Schichten (z. B. Dämmplatten, Baugrund) abgestützt, müssen Abstandhalter mit vergrößerter Aufstandsfläche eingesetzt werden, um ein Eindrücken beim Betonieren zu vermeiden. Für die Bewehrung in lotrechten Bauteilen sind Abstandhalter so auszuwählen, dass durch das Setzen des Frischbetons im Bereich unter den Abstandhaltern keine Fehlstellen im Beton entstehen.

Durchgehende linienförmige Abstandhalter in flächenförmigen Bauteilen sollten i. d. R. mit einer Längenbegrenzung und ausreichendem gegenseitigem Versatz (siehe Abb. 31 a) eingebaut werden, da sonst – insbesondere im Bereich der die Betondeckung trennenden Abstandhalter – mit Rissen zu rechnen ist. Auf die Längenbegrenzung von zementgebundenen Abstandhaltern in der Druckzone darf verzichtet werden. Eine Längenbegrenzung von linienförmigen Abstandhaltern ist nicht erforderlich, wenn diese parallel zur Hauptspannungsrichtung eingebaut werden (z. B. Unterstützung der Querbewehrung in der ersten Lage, siehe Abb. 31 b). Eine Längenbegrenzung in der Zugzone ist nicht erforderlich, wenn die Rissbildung eine untergeordnete Rolle spielt (z. B. in Expositionsklasse XC1 und bei Bauteilen ohne besondere Anforderungen an das Erscheinungsbild).

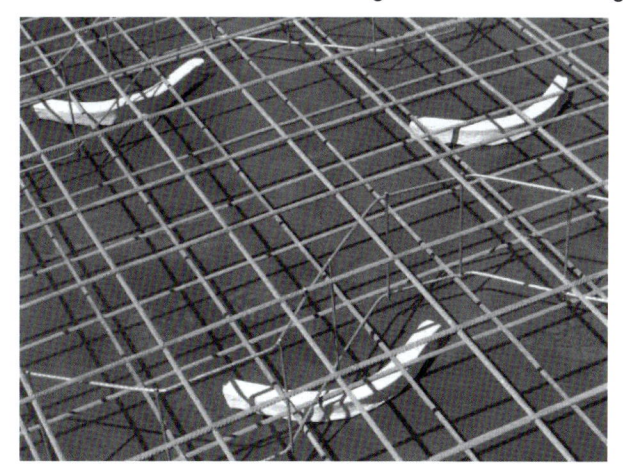

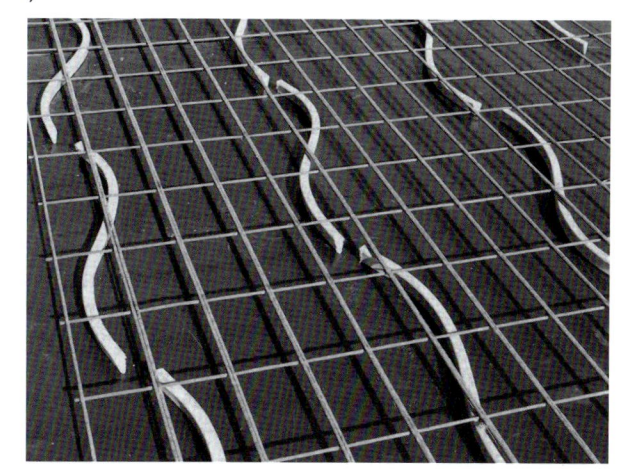

a) Quer zur Hauptspannungsrichtung, kurz, versetzt

b) parallel zur Hauptspannungsrichtung, lang in Reihe

Abb. 31. Verlegung linienförmiger Abstandhalter (aus [DBV2])

Unterstützungen sind Einbauteile, welche die obere Bewehrung in ihrer Lage sichern. Es werden linienförmige Unterstützungen (Körbe, Schlangen) und punktförmige Unterstützungen (Böcke) unterschieden. Unterstützungen für die obere Bewehrung können entweder auf der Schalung stehen (i. d. R. nur bei XC1) oder auf der unteren Bewehrung aufgeständert sein. Industriell vorgefertigte Unterstützungen werden in 10-mm-Stufen bis zu 400 mm Unterstützungshöhe geliefert.

Beispiel 4.2: Bezeichnungsbeispiel für Unterstützungen nach DBV-Merkblatt [DBV3]

DBV/EC2 – h – B/S – P/L

DBV/EC2 – Die Unterstützungen wurden nach Anhang in [DBV3] geprüft und erfüllen die Anforderungen.

h – Unterstützungshöhe (Bestellmaß) in mm

B oder S – auf der Bewehrung oder auf der Schalung stehend

P oder L – punktförmige oder linienförmige Konstruktionsart

→ Bezeichnung für eine linienförmige, auf der Schalung stehende Unterstützung mit einer Unterstützungshöhe von 180 mm und einem Verlegeabstand s = 700 mm: **DBV/EC2 – 180 – S – L, s = 700 mm**

Zu 5 ERMITTLUNG DER SCHNITTGRÖSSEN

Zu 5.1 Allgemeines

Zu 5.1.1 Grundlagen

Zu (3): Für den ebenen Spannungszustand wird im Anhang F der EN 1992-1-1 ein vereinfachtes Verfahren zur Bestimmung der Bewehrung lehrbuchartig vorgeschlagen. Dieser Anhang ist in Deutschland nicht anzuwenden. Deshalb werden Absatz (3) und Anhang F in dieser kommentierten Fassung weggelassen.

Zu (4)P: Idealisierung: Die Berücksichtigung von Torsionsmomenten und der Torsionssteifigkeit ist bei der Schnittgrößenermittlung nur notwendig, wenn dies aus Gleichgewichtsbedingungen erforderlich ist. Dabei ist besonders zu beachten, dass beim Übergang in den Zustand II die Torsionssteifigkeit gegenüber der Biegesteifigkeit wesentlich stärker abfällt. Bei statisch unbestimmten Systemen sind ggf. die Schnittgrößen mit voller und reduzierter Torsionssteifigkeit zu ermitteln. Wird die Aufnahme der Torsionsmomente rechnerisch nicht verfolgt, ist dies konstruktiv durch eine ausreichende Bewehrung auszugleichen [D525].

Zu (NA.13): Für dickere Platten mit statischen Nutzhöhen $d > 500$ mm dürfen übliche Berechnungsverfahren für Schnittgrößen unter Ansatz gleicher Steifigkeiten in beiden Richtungen auch verwendet werden, wenn der Achsabstand der Längsbewehrung zur zugehörigen Querbewehrung je Lage $s \leq 0,1d$ eingehalten wird, da die relativen Steifigkeitsunterschiede bei diesen Nutzhöhen gering bleiben (analog [R1]).

Zu 5.1.2 Besondere Anforderungen an Gründungen

Zu (1)P: Für die Berücksichtigung der Boden-Bauwerk-Interaktion sollen nur die geotechnischen Normen DIN EN 1997-1 [E25], [E26] mit DIN 1054 [R6] bzw. die Normen für den Spezialtiefbau herangezogen werden. Daher wird der informative und lehrbuchartige Anhang G: Boden-Bauwerk-Interaktion auch für Deutschland gestrichen und in der kommentierten Normfassung nicht abgedruckt.

Zu (3) und (4): Die wesentlichen Beanspruchungen für die Bemessung von Pfahlgruppen und kombinierten Pfahl-Platten-Gründungen sowie für die aufgehende Konstruktion ergeben sich aus der ungleichmäßigen Verteilung der äußeren Pfahlwiderstände und den vergrößerten Setzungen infolge der Gruppenwirkung, aus den Setzungsdifferenzen zwischen Pfählen oder Pfahlgruppen und aus dem nichtlinearen Widerstands-Setzungsverhalten der Pfähle.

Das Trag- und Verformungsverhalten von Pfahlgruppen wird maßgeblich beeinflusst von
- der Steifigkeit der Kopfplatte (starr oder weich),
- dem Pfahltyp und der Reihenfolge der Pfahlherstellung;
- der Größe und Geometrie der Pfahlgruppe,
- dem Verhältnis von Pfahldurchmesser D zu Pfahlabstand a,
- dem Verhältnis von Einbindetiefe zu Pfahlgruppenbreite,
- den Baugrundeigenschaften.

Ausführliche Erläuterungen zu Pfahlgruppen und kombinierten Pfahl-Platten-Gründungen werden von *Kempfert* im Grundbau-Taschenbuch [35], Teil 3, Kapitel 3.2: „Pfahlgründungen" gegeben.

Zu 5.1.3 Lastfälle und Einwirkungskombinationen

Siehe auch Erläuterungen zu 2.4.3: Kombinationsregeln für Einwirkungen.

Zu 5.2 Imperfektionen

Zu (1)P: Mit dem Ansatz von Schiefstellungen gegenüber der Sollachse werden die Auswirkungen unvermeidbarer Ungenauigkeiten bei der Bauausführung (meistens Lotabweichungen planmäßig vertikaler Bauteile), die insgesamt auch als Tragwerksimperfektionen bezeichnet werden, erfasst. Von den Auswirkungen betroffen sind die aussteifenden Bauteile und die Bauteile, die auszusteifende Tragwerksteile mit den aussteifenden Bauteilen verbinden. Für Einzeldruckglieder werden geometrische und strukturelle Imperfektionen als ungewollte zusätzliche Verkrümmung bzw. Lastausmitte geregelt.

Zu (2)P: Diese Imperfektionen dienen als Sicherheitselement und müssen in allen Bemessungssituationen im GZT in ungünstiger Richtung berücksichtigt werden, da sie den Tragwerken strukturbedingt anhaften. Dies gilt auch für außergewöhnliche Bemessungssituationen, wie z. B. den Brandfall (vgl. DIN EN 1992-1-2 in der Lastausmitte nach Theorie I. Ordnung enthalten) oder bei Anprall. Die Ausnahme hierfür nach DIN 1045-1 wurde daher nicht mehr übernommen.

Zu (5): Die Größe der anzusetzenden zusätzlichen Schiefstellung nach Gleichung (5.1) korrespondiert mit ähnlichen Regelungen für Winkeltoleranzen in DIN 18202 [R24] und mit Messergebnissen ausgeführter Bauwerke. Danach nehmen die unvermeidbaren Winkelabweichungen von der Sollachse mit zunehmender Tragwerkshöhe ab. Dies wird mit dem Abminderungsbeiwert α_h berücksichtigt (vgl. Abb. 32 a). Für Bauteilhöhen bis $l \leq 4$ m (i. d. R. eingeschossige Tragwerke) entspricht mit $\alpha_h = 1,0$ die zusätzliche Schiefstellung θ_i dem Grundwert $\theta_0 = 1/200$. Für mehrgeschossige Tragwerke darf die zusätzliche Schiefstellung reduziert werden. Der in EN 1992-1-1 vorgesehene untere Grenzwert für $\alpha_h \geq 2/3$ (entspricht $l = 9$ m) wurde im NA als (NCI) zu null gesetzt, da die weitere Abnahme der Winkelabweichung auch über mehr als 3 Geschosse ($l > 9$ m) erwartet werden kann.

Für m nebeneinander angeordnete und gleichsinnig wirkende vertikale Bauteile darf die zusätzliche Schiefstellung für die Auswirkungen auf das Aussteifungssystem mit Kernen oder Wandscheiben nach Bild 5.1 b) nochmals mit einem

Erläuterungen zum Eurocode 2: DIN EN 1992-1-1 mit Nationalem Anhang
5 Ermittlung der Schnittgrößen

Abminderungsbeiwert α_m reduziert werden (vgl. Abb. 32 b). Dabei wird davon ausgegangen, dass die Lotabweichungen der einzelnen Bauteile statistisch voneinander unabhängig sind. Die einfache statistische Überlagerung mit der Anzahl der Bauteile erfordert jedoch, dass die Längskräfte der einzelnen Bauteile nicht über ein bestimmtes Maß hinaus voneinander abweichen. Es dürfen daher nur Bauteile herangezogen werden, deren Bemessungswert der Längskraft größer als 70 % des auf die m lastabtragenden Bauteile bezogenen Mittelwertes aller Bemessungswerte der Längskräfte in den lastabtragenden und in den nicht als lastabtragend zu zählenden Bauteilen ist (siehe NCI zu Absatz (6)).

Beispiel 5.1: Schiefstellung Abminderungsbeiwert α_m

Längskräfte aller Bauteile: $F_{Ed} = \Sigma N_{Ed,i} = 2{,}0 + 4 \cdot 0{,}7 + 0{,}3 = 5{,}1$ MN

Mittelwert je Bauteil: $N_{Ed,m} = F_{Ed} / n = 5{,}1 / 6 = 0{,}85$ MN

Stützen (2) bis (5): $N_{Ed,2-5} / N_{Ed,m} = 0{,}7 / 0{,}85 = 82\ \% > 70\ \%$

Stütze (6): $N_{Ed,6} / N_{Ed,m} = 0{,}3 / 0{,}85 = 35\ \% < 70\ \%$

maßgebend: $m = 6 - 1 = 5$

$\rightarrow \alpha_m = \sqrt{0{,}5 \cdot (1 + 1/5)} = 0{,}775$

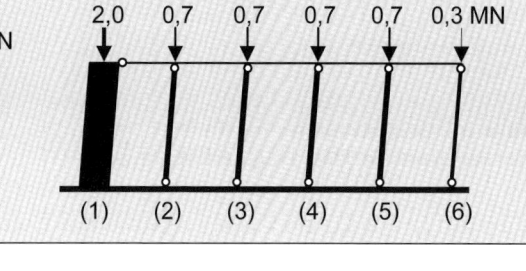

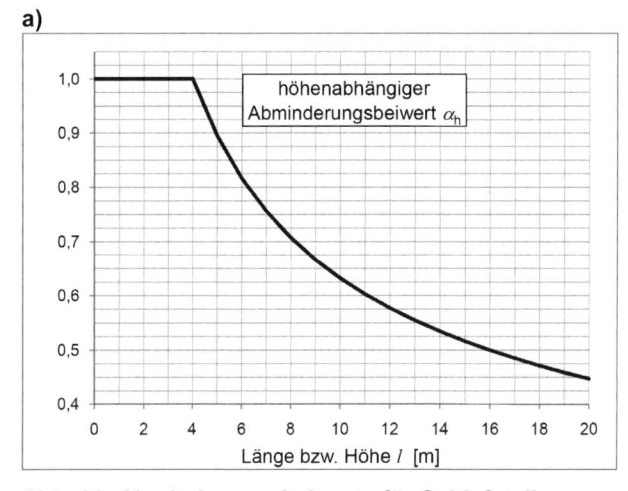

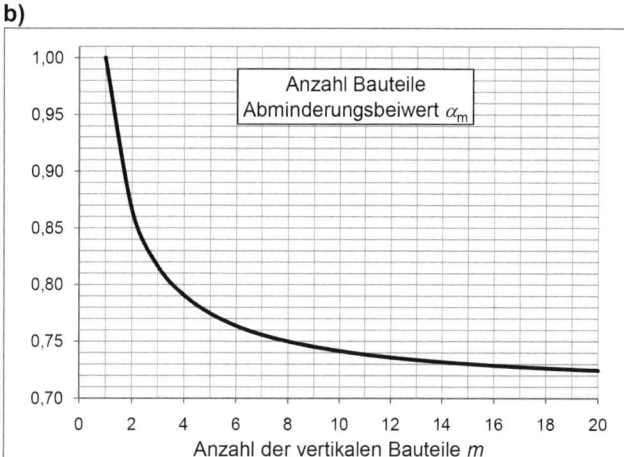

Abb. 32. Abminderungsbeiwerte für Schiefstellung

Zu (8): Die lokale Auswirkung der Schiefstellung für die Bemessung der horizontalen Bauteile (i. Allg. Decken mit Zugankern) sind Aussteifungskräfte nach den Gleichungen (5.5) und (5.6). Die Einleitung dieser Kräfte in die aussteifenden lotrechten Bauteile ist nachzuweisen, ihre Weiterleitung braucht dagegen in der Regel nicht verfolgt zu werden. Dabei wird davon ausgegangen, dass in alle auszusteifenden Bauteile jeweils im darüber bzw. darunter liegenden Geschoss die entsprechend gegengerichtete Gleichgewichtskraft eingeleitet wird.

Die Schiefstellung von Stützen für die geschossweisen Auswirkungen auf eine Deckenscheibe wurden schon Mitte der 1970er Jahre in [103] empirisch an acht verschiedenen Bauwerken mit über 2000 Messungen untersucht und ausgewertet. Die Gebäude wurden mit verschiedenen Fertigungs- und Montagemaßnahmen mehrerer Baufirmen errichtet. Anlass war der sehr konservative Schiefstellungsansatz der damaligen DIN 1045:1972-01, der bis in der Fassung von DIN 1045:1988-07 als stützenanzahlunabhängiger Schiefstellungswinkel φ_1 [Bogenmaß] geregelt war:

$\varphi_1 = \pm 1 / (200 \cdot \sqrt{h_1})$ DIN 1045 [R18], (4)

mit h_1 – Mittel aus den jeweiligen Stockwerkshöhen unter und über der aussteifenden Decke (Abb. 33).

Die Horizontalkraft, die in der Deckenscheibe eingeleitet und am aussteifenden Bauteil verankert wird, ergibt sich nach Abb. 34 zu $H = 2 \cdot k \cdot P \cdot \varphi_1$. Die zu H führenden Vertikalkräfte $2P$ können korrekter mit $(N_b + N_a)$ ausgedrückt werden. Die gemessenen Schiefstellungen φ_1 nach Abb. 34 haben sich als zufällig streuende Größen eingestellt. Die statistische Auswertung der Messergebnisse mit empirischem Zuschlag führte zu einem Vorschlag, der jedoch erst mit der Normfassung DIN 1045-1 [R1] in Deutschland eingeführt wurde:

$\varphi_1 = \pm 8\ \text{‰} / \sqrt{2k}$ bzw. $\alpha_{a2} = \pm 0{,}008 / \sqrt{2k}$ DIN 1045-1, (7).

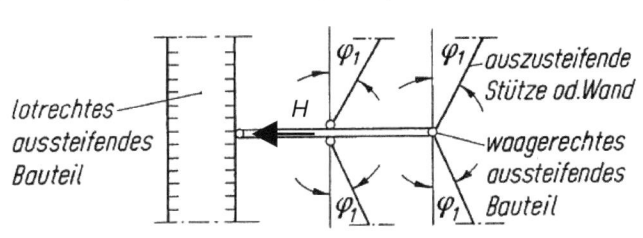

Abb. 33. Schiefstellung φ_1 aller auszusteifenden Stützen und Wände in DIN 1045 ab 1972

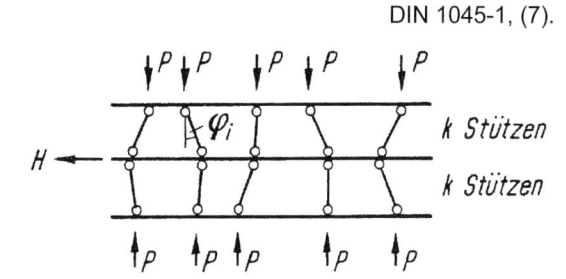

Abb. 34. Gemessene Schiefstellungen φ_1 (*Stoffregen/König* [103])

Die aufzunehmende Horizontalkraft H_{fd} (siehe Abb. 35) nach [R1] wird bestimmt zu:

$H_{fd} = (N_{bc} + N_{ba}) \cdot \alpha_{a2}$ DIN 1045-1, (6).

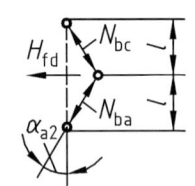

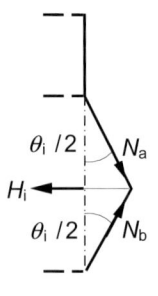

Abb. 35. Schiefstellung α_{a2} für Stabilisierungskräfte H_{fd} der auszusteifenden Tragwerksteile aus [R1]

Abb. 36. Schiefstellung $\theta_i / 2$ für Stabilisierungskräfte der auszusteifenden Tragwerksteile aus EN 1992-1-1

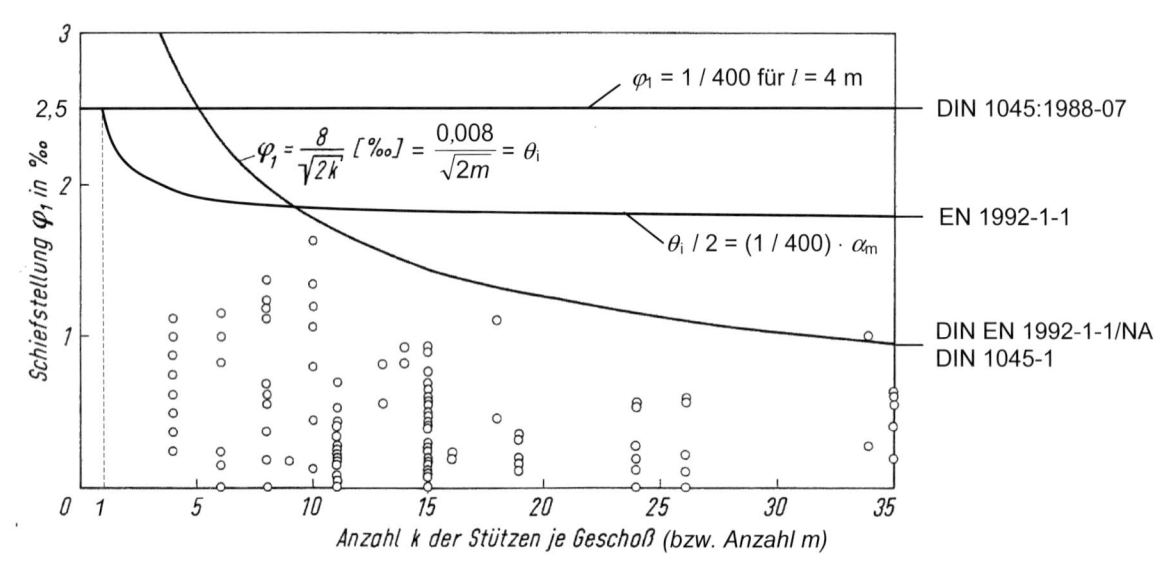

Abb. 37. Vergleich Normansätze für Schiefstellung im Geschoss mit Messwerten (aus Stoffregen/König [103])

Im Bild 5.1 c1) der EN 1992-1-1 (Abb. 36) wird die vorgeschlagene Imperfektion

$\theta_i = \theta_0 \cdot \alpha_h \cdot \alpha_m = (1/200) \cdot \sqrt{0{,}5 \cdot (1+1/m)}$ DIN EN 1992-1-1, (5.1)

halbiert (mit m – Anzahl der auszusteifenden Tragwerksteile und $\alpha_h = 1$ für übliche Geschosshöhen ≤ 4 m).

Entsprechend ergibt sich die Stabilisierungskraft nach EN 1992-1-1, Gl. (5.5)

$H_i = \theta_i / 2 \cdot (N_b + N_a) = (1/400) \cdot \sqrt{0{,}5 \cdot (1+1/m)} \cdot (N_b + N_a)$ EN 1992-1-1, (5.5)

Aus dem Vergleich mit EN 1992-1-1 (Abb. 37) wird deutlich, dass der im NA zu 5.2 (5) eingeführte Schiefstellungswinkel $\alpha_{a2} = \theta_i = \pm 0{,}008 / \sqrt{2m}$ für Stützen ober- und unterhalb von Deckenscheiben (Anzahl $2m$) nicht zusätzlich halbiert werden darf. Die Horizontalkraft in Bild 5.1 c1) ist demnach für die Zwischendecke:

$H_i = \pm 0{,}008 / \sqrt{2m} \cdot (N_b + N_a)$ kommentierte DIN EN 1992-1-1/NA, (5.5)

Mit den nur unterhalb des Daches vorhandenen m-Stützen ist der Schiefstellungswinkel $\theta_i = \pm 0{,}008 / \sqrt{m}$ für die Dachdecke anzusetzen:

$H_i = \pm 0{,}008 / \sqrt{m} \cdot N_a$ DIN EN 1992-1-1/NA, (5.6)

Der Vergleich der verschiedenen Schiefstellungswinkel in Abb. 37 verdeutlicht auch, dass der empirisch ermittelte Wert bei Stützenanzahlen $m \geq 9$ wirtschaftliche und realistische Werte für die Schiefstellung liefert. Für Stützenanzahlen $m < 9$ liegt der Ansatz deutlich auf der sicheren Seite, die Auswirkungen bleiben aber wegen der wenigen Stützen gering. In diesem Fall könnte auch ohne Weiteres der geringere Schiefstellungswert $\theta_i / 2$ aus EN 1992-1-1 verwendet werden.

Zu 5.3 Idealisierungen und Vereinfachungen

Zu 5.3.1 Tragwerksmodelle für statische Berechnungen

Zu (3) und (4): Die Definition der Querschnittsgrenze $b / h = 1 / 5$ zur Unterscheidung zwischen Balken und Platten entspricht wieder den klassischen Regeln der DIN 1045 bis zu Fassung 1988-07 (in DIN 1045-1 jedoch $b / h = 1 / 4$). Beibehaltene Ausnahme: fließender Übergang bei der Festlegung der Mindestquerkraftbewehrung in (NCI) 9.3.2 (2).

Zu 5.3.2 Geometrische Angaben

Zu 5.3.2.1 Mitwirkende Plattenbreite

Die mitwirkende Plattenbreite b_{eff} wird zur vereinfachten Berechnung von Balken mit schubfest angeschlossenen Platten als Stäbe mit Plattenbalkenquerschnitt nach der Elastizitätstheorie definiert. Die von der Geometrie, den Lagerungsbedingungen und der Beanspruchungsart abhängige, in der Regel örtlich veränderliche Plattenbreite ergibt sich aus der Bedingung, dass die Höchstspannungen im Gurt des Ersatzsystems „Plattenbalken" mit denen des realen Systems gleich sind. Im Allgemeinen können die so ermittelten mitwirkenden Plattenbreiten sowohl für die Schnittgrößenermittlung als auch für die Nachweise in den Grenzzuständen verwendet werden. Voraussetzung für alle Nachweise nach DIN EN 1992-1-1 bei einem Plattenbalken ist allerdings, dass die rechnerisch als mitwirkend angesetzte Gurtplatte gemäß Abschnitt 6.2.4 durch Querbewehrung an den Balkensteg angeschlossen wird [D525].

Bei durchlaufenden Plattenbalken unter überwiegenden Gleichlasten ergibt sich im Bereich der Unterstützungen eine Einschnürung der mitwirkenden Plattenbreite. Da die sich daraus ergebenen Bereiche mit geringerer Steifigkeit auf Grund ihrer kurzen Länge in der Regel nur einen geringen Einfluss auf die Verteilung der Biegeschnittgrößen im Tragwerk haben, ist es bei der Schnittgrößenermittlung i. Allg. ausreichend, die mitwirkende Breite konstant über die Feldlänge anzusetzen [D525].

Unter einwirkenden Drucknormalkräften (z. B. aus Vorspannung) erfährt die mitwirkende Plattenbreite über den Unterstützungen von Durchlaufträgern keine Einschnürungen, sodass bei der Schnittgrößenermittlung außerhalb der unmittelbaren Krafteinleitungsbereiche für Normalkräfte im Allgemeinen die gesamte vorhandene Plattenbreite als mitwirkend angesetzt wird. In der Ausbreitungszone konzentriert eingeleiteter Längskräfte darf die mitwirkende Breite auf der Grundlage der Elastizitätstheorie bestimmt werden. Der Lastausbreitungswinkel darf auf der sicheren Seite auch mit einer Neigung von 2/3 angenommen werden (vgl. DIN EN 1992-1-1, Bild 8.18). Die Biegemomente aus Vorspannung sind entsprechend mit dem Hebelarm, der sich unter Ansatz der gesamten Plattenbreite ergibt, zu ermitteln [D525].

Bei den Nachweisen in den GZT und GZG ist es i. Allg. ausreichend, die für den Querschnitt des Biegemomenten-Maximums bestimmte mitwirkende Plattenbreite über den gesamten Bereich mit Biegemomenten gleichen Vorzeichens anzusetzen. Die Biegemomente aus Vorspannung sind auf den mitwirkenden Querschnitt anzusetzen, die Normalkräfte auf den Gesamtquerschnitt (außer im Ausbreitungsbereich) [D525].

Zu (2): Für Einzellasten im Feld können die sich nach Gleichung (5.7) ergebenden mitwirkenden Breiten näherungsweise verwendet werden, wenn für l_0 der Abstand der Momentennullpunkte beiderseits der Einzellast aus dem zugehörigen Momentenverlauf eingesetzt wird. Für andere Fälle (z. B. Einwirkungen aus Stützensenkung, Durchlaufträger mit feldweise stark unterschiedlichen Querschnitten) sollte der Abstand der Momentennullpunkte genauer bestimmt werden [D525].

Vergleichsrechnungen von *Zilch* und *Methner* (unveröffentlicht) zeigten, dass der Ansatz nach EN 1992-1-1, Bild 5.2, für l_0 am Kragarm (insbesondere bei sehr kurzen Kragarmlängen) stark von den exakten analytischen Lösungen abweicht. Dies kann die Bauteilsicherheit herabsetzen, wenn beispielsweise die Lasten aus einer Fassade in einen kurzen Kragarm eingeleitet werden und die erforderliche Biegezugbewehrung auf eine zu große mitwirkende Plattenbreite aufgeteilt ist. Deshalb wird in DIN EN 1992-1-1/NA mit (NCI) zu 5.3.2.1 (2) für kurze Kragarme die Festlegung mit $l_0 = 1{,}5 l_{eff,3}$ als zusätzliche Anwendungsregel eingeführt (der kleinere Wert ist maßgebend). Der Geltungsbereich von Bild 5.2 wird im NA für das Stützweitenverhältnis benachbarter Felder mit $0{,}8 < l_1 / l_2 < 1{,}25$ stärker eingegrenzt als in EN 1992-1-1 mit $0{,}67 < l_1 / l_2 < 1{,}5$.

Zu (3): Die mitwirkenden Plattenbreiten nach Gleichung (5.7) gelten näherungsweise für ungerissene Druckgurte infolge Biegung im Bereich der Gebrauchsspannungen. Oberhalb des Gebrauchsspannungsbereichs nimmt die mitwirkende Plattenbreite mit zunehmender Gurtbeanspruchung durch Plastifizierungen und Rissbildung deutlich zu. Die angegebenen mitwirkenden Breiten liegen daher für den GZT i. Allg. auf der sicheren Seite. Für ungerissene Zuggurte können näherungsweise die Werte für Druckgurte übernommen werden. Bei gerissenen Gurten hingegen sollte die mitwirkende Breite nicht größer angesetzt werden als die Verteilungsbreite der in die Gurtplatte ausgelagerten Zugbewehrung. Die Auslagerung der Zugbewehrung in die Gurte sollte nach (NCI) 9.2.1.2 (2) höchstens auf die halben mitwirkenden Plattenbreiten nach Gleichung (5.7a) erfolgen [D525].

Die Werte nach Gleichung (5.7a) gelten näherungsweise auch für einseitige oder unsymmetrische Plattenbalken, wenn die Platten seitlich gehalten oder so breit sind, dass keine nennenswerte seitliche Durchbiegung auftreten kann und damit eine horizontale Nulllinie (parallel zur Plattenmittelfläche) erzwungen wird. Andernfalls ist für solche Plattenbalken in der Regel die Bemessung für zweiachsige (schiefe) Biegung durchzuführen [D525].

Zu 5.3.2.2 Effektive Stützweite von Balken und Platten im Hochbau

Zu (1): Die effektive Stützweite wird in Gleichung (5.8) durch Addition von effektiven Auflagertiefen zur lichten Weite zwischen den Auflagern bestimmt, wobei die effektiven Längen a_i sowohl von der tatsächlichen Lagertiefe t als auch von der Dicke h des aufliegenden Bauteils abhängig sind. Die Anwendungsregel 5.3.2.2 (1) erlaubt den Ansatz des kleineren Wertes aus dem Anteil an der Auflagertiefe t oder der Bauteildicke h. Das kann z. B. bei Innenauflagern mit dünnen Decken und breiten Auflagern ($h < t$) dazu führen, dass zwei Auflagerlinien für die Ermittlung der effektiven Deckenstützweiten zulässig wären. Diese Stützweiten wären etwas kleiner als die auf die Auflagermitte bezogenen. In der Regel wird es zweckmäßiger sein, auf solche marginalen Einsparmöglichkeiten zu verzichten. Man darf (und sollte) hier auch weiterhin die Auflagermitte für die Stützweiten heranziehen.

Bei sehr großer konstruktiver Auflagertiefe t darf eine erforderliche Länge a auch aus der zulässigen Auflagerpressung abgeleitet werden.

Zu (2): Die Stützkräfte aus den Auflagerreaktionen von einachsig gespannten Platten, Rippendecken und Balken (einschließlich Plattenbalken) dürfen auch unter der Annahme ermittelt werden, dass die Bauteile unter Vernachlässigung der Durchlaufwirkung frei drehbar gelagert sind. Die Durchlaufwirkung sollte jedoch stets für das erste Innenauflager sowie solche Innenauflager berücksichtigt werden, bei denen das Stützweitenverhältnis benachbarter Felder mit annähernd gleicher Steifigkeit außerhalb des Bereichs 0,5 < $l_{eff,1} / l_{eff,2}$ < 2,0 liegt [R1].

In rahmenartigen Tragwerken des üblichen Hochbaus, bei denen alle horizontalen Kräfte von aussteifenden Scheiben aufgenommen werden, dürfen bei Innenstützen, die mit Balken oder Platten biegefest verbunden sind, die Biegemomente aus Rahmenwirkung vernachlässigt werden, wenn das Stützweitenverhältnis benachbarter Felder mit annähernd gleicher Steifigkeit 0,5 < $l_{eff,1} / l_{eff,2}$ < 2,0 beträgt. Randstützen von rahmenartigen Tragwerken sind stets als Rahmenstiele in biegefester Verbindung mit Balken oder Platten zu berechnen. Dies gilt auch für Stahlbetonwände in Verbindung mit Platten [R1].

Zu (3): Das Mindestbemessungsmoment $0,65M_E$ am Auflagerrand soll eine Mindesteinspannung der Felder in die biegesteif angeschlossenen Unterstützungen für den Fall sicherstellen, dass sich die rechnerisch angenommene Durchlaufwirkung bei behinderter Verdrehbarkeit des Durchlaufträgers über den Unterstützungen nicht einstellt. Bei einem genaueren Nachweis unter Erfassung der teilweisen Einspannungen in die Unterstützungen (z. B. Berücksichtigung der Verdrehung des Unterzuges und der Biegung ggf. monolithisch angeschlossener Stützen oder Wände) darf dieser Mindestwert unterschritten werden [D400].

Zu 5.4 Linear-elastische Berechnung

Zu (1): Die linear-elastische Berechnung liefert nur realistische Ergebnisse, wenn die Rechenannahmen (linearelastisches Baustoffverhalten, ungerissener Zustand bzw. keine nennenswerte Rissbildung, gleich bleibende Verteilung der Querschnittssteifigkeiten über das Tragwerk) zutreffen. Die Ergebnisse liegen in den meisten Fällen auf der sicheren, wenn auch oft auf der unwirtschaftlichen Seite. Bei dieser Berechnung wird angenommen, dass das Tragsystem versagt, wenn in einem Querschnitt die Grenzdehnungen erreicht sind. Dies gilt jedoch nur für statisch bestimmt gelagerte Bauteile, da bei statisch unbestimmten Konstruktionen auf Grund der Umlagerungsmöglichkeiten zum Teil erhebliche Tragreserven bestehen. Da beim linear-elastischen Verfahren Schnittgrößenermittlung und Querschnittsbemessung mit unterschiedlichen Werkstoffgesetzen voneinander unabhängig durchgeführt werden, kann das Bemessungsergebnis (Bewehrungsgrad, Betonfestigkeit und konstruktive Durchbildung) verändert werden, ohne dass die Schnittgrößenverteilung neu ermittelt werden muss [D525].

Zu (2) und (3): Vor allem mit ungerissenen Querschnitten ermittelte Schnittgrößen infolge Zwangs, die tatsächlich zu einer erheblichen Rissbildung führen können, sind realitätsfern und führen zu unwirtschaftlicher Bemessung. Deshalb dürfen diese Zwangsschnittgrößen entweder mit einem abgeminderten Teilsicherheitsbeiwert γ_Q = 1,0 angesetzt werden (siehe z. B. (NCI) zu 2.3.1.2 (3) und 2.3.1.3 (4)) oder die Steifigkeiten der gerissenen Querschnitte (Zustand II) werden generell bei der Schnittgrößenermittlung berücksichtigt [D525].

Zu (NA.5): Diese Begrenzung der Betondruckzonenhöhe soll eine ausreichende Rotationsfähigkeit hoch beanspruchter Querschnitte gewährleisten. Damit möglichst der GZT durch Stahlfließen bestimmt wird, muss ein Querschnittsversagen durch Betondruckbruch und fortschreitende Querschnittseinschnürung ausgeschlossen werden. Dies ist insbesondere bei hochbewehrten Stahlbetonbauteilen mit stark ausgenutzter Druckzone, wie zum Beispiel bei Stegen durchlaufender Plattenbalken im Stützbereich oder in Überzügen im Feldbereich, nicht ohne Weiteres gegeben. Das schlagartige Versagen kündigt sich nicht durch eine deutliche, vorher zu beobachtende Rissbildung an [D525].

Werden die Grenzwerte für die Druckzonenhöhe überschritten, kann z. B. durch Druckbewehrung die Druckzonenhöhe reduziert werden. Durch eine enge Umschnürung der Druckzone mit geschlossenen Bügeln muss sichergestellt werden, dass der umbügelte Restquerschnitt nach dem Versagen der Betondeckung eine ausreichende Tragkapazität im Nachbruchbereich behält (abfallender Ast der Arbeitslinie). Zu empfehlen ist ein vereinfachter Nachweis der Rotationsfähigkeit nach Abschnitt 5.6.3. Dies gilt auch für die Fälle, in denen das angegebene Stützweitenverhältnis überschritten wird.

Ein robustes Verhalten ist nur möglich, wenn sich die Schnittgrößen innerhalb eines statisch unbestimmten Systems in ungeschädigte Bereiche umlagern können, da die Tragkapazität des Restquerschnitts nach Beginn des Biegedruckversagens grundsätzlich reduziert ist [101]. Diese Reduktion wird auch wesentlich durch die Dicke der ausfallenden, nichtumschnürten Betondeckung bestimmt. In diesen kritischen Querschnittsbereichen sollte daher die Betondeckung so gering wie zulässig gewählt und in der Bauausführung entsprechend zielgenau umgesetzt werden.

Empfohlen werden Bügel mit $\phi_w \geq 10$ mm und maximalen Abständen von $s_l \leq 0,25h$ bzw. ≤ 200 mm. Bügel aus der Querkraftdeckung dürfen für die Umschnürungsbewehrung angerechnet werden. Bei Querschnittsbreiten über 400 mm und -höhen über 500 mm allgemein und bei Querschnitten aus hochfestem Beton ab C80/95 sollten die Bügelabstände noch weiter verringert werden, um ein duktiles Nachbruchverhalten zu erzeugen [101].

Bei einem statisch bestimmt gelagerten Einfeldträger wird der Bruchmechanismus dementsprechend auch bei noch so enger Bügelumschnürung in der Regel progressiv zum Kollaps führen. Hier sollte deshalb der Querschnitt so gewählt werden, dass die Biegedruckzone weniger stark ausgelastet wird, indem die Grenzwerte der Druckzonenhöhen x_d unterschritten werden.

Zu 5.5 Linear-elastische Berechnung mit begrenzter Umlagerung

Zu (1)P: Durch eine Momentenumlagerung entsteht ein neuer Gleichgewichtszustand, der Auswirkungen auf die Verteilung der anderen Schnittgrößen hat. Dieser Umstand muss beim Nachweis der Querkrafttragfähigkeit und bei der konstruktiven Durchbildung (z. B. Zugkraftdeckung) entsprechend berücksichtigt werden [D525].

Zu (2): Die nach der Elastizitätstheorie mit Querschnittssteifigkeiten im Zustand I ermittelten Momente stark beanspruchter Bereiche statisch unbestimmter Tragwerke dürfen unter Einhaltung von Umlagerungsgrenzen in weniger beanspruchte Bereiche umgelagert werden. Die Steifigkeitsverteilung am Gesamttragwerk und damit Tragreserven werden vereinfacht erfasst. Die optimierte Bewehrungsaufteilung zwischen positivem und negativem Moment vermeidet Bewehrungskonzentrationen und verbessert das Verformungsvermögen des Tragwerks. Wegen der für diese Steifigkeitsänderung vorausgesetzten abgeschlossenen Rissbildung ist die Anwendung dieser Berechnung auf die Nachweise in den GZT beschränkt [D525].

Zu (4): Voraussetzung für die Momentenumlagerung bei durchlaufenden Platten ist, dass diese quasi-kontinuierlich in Querrichtung durch Linienlager unterstützt werden. In der Regel werden Stütz- oder Eckmomente in den Feldbereich umgelagert. Nur für diesen Fall gelten die angegebenen Grenzwerte δ. Grundsätzlich sind aber auch Umlagerungen vom Feld zur Stütze (oder in die Eckknoten bei Rahmen) zulässig, jedoch ergeben sich in diesen Fällen (ebenso bei Überschreitung des zulässigen Stützweitenverhältnisses) auf Grund der ungünstigeren Form der Momentenlinie wesentlich größere erforderliche Rotationsbereiche, sodass dann die Rotationskapazität nach 5.6.3 generell nachzuweisen ist [115].

Zu (5): Die Rotationskapazität von Rahmenknoten ist auf Grund ihrer Geometrie und speziellen Bewehrungsanordnung wesentlich geringer als die der Stützbereiche durchlaufender Balken und Platten. Deshalb darf eine mögliche Umlagerung in Eckknoten von Riegeln unverschieblicher Rahmen nur bis $\delta \geq 0{,}9$ und in verschieblichen Rahmen gar nicht erfolgen [D525].

Die Umlagerungsmöglichkeit bezieht sich allein auf das Biegemoment. Sie ist daher im Bereich des Durchstanzens bei Einzelstützen nicht anwendbar. Bei Durchstanzversuchen mit Innenstützen an der RWTH Aachen zeigte sich, dass mit der Reduktion der Anzahl der Lasteinleitungspunkte der Versuchsplatten (und damit ungleichmäßigerer Schubverteilung) die Bruchlasten signifikant abnehmen. Dies ist auf die gegenüber Linienlagerung wesentlich größeren Rotationen innerhalb eines kleinen Bereiches um die Lasteinleitungsfläche zurückzuführen. Eine Umlagerung der Schnittgrößen in die wesentlich breiteren Feldbereiche kann wegen der progressiven Rissbildung und des schnell folgenden Versagens des Druckrings (Kegelschale) um die Lasteinleitungsfläche nicht mehr in ausreichendem Maße stattfinden.

Zu 5.6 Verfahren nach der Plastizitätstheorie

Zu 5.6.1 Allgemeines

Zu (1)P: In vielen ständigen und vorübergehenden Bemessungssituationen können die Tragreserven der Plastizitätstheorie nicht voll ausgeschöpft werden, da die in jedem Fall erforderlichen Nachweise im Grenzzustand der Gebrauchstauglichkeit (Spannungsbegrenzungen, Rissbreitennachweis, Verformungsbegrenzung) dann maßgebend werden. Diese Diskrepanz wird umso ausgeprägter, je größer der quasi-ständige Lastanteil ist [D525].

Zu (2)P: Bauteile sind ausreichend verformungsfähig, wenn hochduktiler Bewehrungsstahl B500B verwendet wird und ein vorzeitiges Betonversagen ausgeschlossen werden kann. Wenn das Versagen der Betondruckzone maßgebend wird, muss zum Erreichen größerer Verformungen die Druckzone mit ausreichender Bügelbewehrung eng umschnürt werden. Bei ausreichender Dehnfähigkeit der Zugbewehrung erhöht sich die Rotationskapazität mit enger werdendem Bügelabstand [D525].

Zu 5.6.2 Balken, Rahmen und Platten

Zu (2): Für zweiachsig gespannte Platten existieren derzeit keine geeigneten bzw. anerkannten Verfahren zur Ermittlung der erforderlichen Rotation. Deshalb darf für derartige Platten auf einen rechnerischen Nachweis nur dann verzichtet werden, wenn die bezogene Druckzonenhöhe bestimmte Werte nicht überschreitet und für das Verhältnis von Stütz- zu Feldmoment festgelegte Grenzen eingehalten werden (vgl. *Stolze* [104]). Werden diese Grenzen nicht eingehalten, ist die Rotationsfähigkeit nach 5.6.3 nachzuweisen [D525].

Zu 5.6.3 Vereinfachter Nachweis der plastischen Rotation

Zu (3): Bei der Ermittlung der vorhandenen plastischen Rotation θ_s muss das System je nach Bewehrungsführung (Stütz- und Feldbereich) und Momentenvorzeichen in verschiedene charakteristische Abschnitte unterteilt werden (näherungsweise nach Bild 5.5). Für jeden Abschnitt wird mit den rechnerischen Mittelwerten der Baustofffestigkeiten die Momenten-Krümmungsbeziehung unter Berücksichtigung der Mitwirkung des Betons auf Zug erstellt (z. B. vereinfacht trilinear) und anhand des Momentenverlaufs unter Verwendung der Bemessungswerte der Einwirkungen der Krümmungsverlauf über die Bauteillänge ermittelt. Die vorhandene Rotation in den Fließgelenken kann dann durch Integration der Krümmungen über die Bauteillänge bestimmt werden [D425].

Für die Baustofffestigkeiten sind die rechnerischen Mittelwerte $f_R \approx 1{,}3 f_d$ (in der Grundkombination) nach 5.7 (NA.10) zu verwenden, da die Verformungen (Rotation) im GZT ermittelt werden sollen. Der alternative Ansatz der Bemessungswerte für die Baustoffe liegt dabei auf der sicheren Seite, da sich größere Rotationen ergeben.

Zu (4): Als plastische Rotation θ_{pl} wird die Differenz aus der Gesamtrotation bei Erreichen der Traglast und der elastischen Rotation bei Erreichen des plastischen Moments (Erreichen der Fließgrenze des Stahls) des jeweiligen Fließgelenks bezeichnet. Die mögliche plastische Rotation wird maßgeblich durch die Versagensart bestimmt [D525].

In DIN EN 1992-1-1, Bild 5.6DE ist die zulässige plastische Rotation über den Bemessungswert der bezogenen Druckzonenhöhe für hochduktilen Betonstahl B500B aufgetragen. Bei Stahlversagen nimmt die zulässige plastische Rotation mit steigender bezogener Druckzonenhöhe wegen der Abnahme des mittleren Rissabstandes und damit der Mitwirkung des Betons zwischen den Rissen zu (ansteigender Ast → Gleichung (7)). Außerdem steigen die Stauchungen der

Betondruckzone und damit die maximalen Krümmungen an. Bei Betonversagen nimmt die zulässige plastische Rotation mit steigender bezogener Druckzonenhöhe wieder ab, da sich die Querschnittskrümmung auf Grund der begrenzten Verformungsfähigkeit des Betons in der Druckzone und die Stahldehnungen in der Zugzone reduzieren (abfallender Ast → Gleichung (8)). Die maximal mögliche plastische Rotation erhält man, wenn die Grenzdehnungen beider Baustoffe gleichzeitig erreicht werden. Für normalfeste Betone bis zur Betonfestigkeitsklasse C50/60 unterscheiden sich die zulässigen Werte nicht, da die Grenzdehnung ε_{cu1} = 3,5 ‰ beträgt. Für hochfeste Betone gelten reduzierte Grenzdehnungen ε_{cu1} nach Tabelle 3.1.

Bei einem konstanten Querkraftverlauf gilt $M_{Ed} = V_{Ed} \cdot a$; dies darf vereinfachend generell zur Ermittlung der Schubschlankheit $\lambda = a / d = M_{Ed} / (V_{Ed} \cdot d)$ angenommen werden (Gleichung 5.12N).

Die zulässige plastische Rotation darf vereinfachend mit einem bilinearen Ansatz nach den Gleichungen (7) und (8) ermittelt werden, die statt der möglichen Interpolation in Bild 5.6DE für alle Betonfestigkeitsklassen und Schubschlankheiten λ gelten (nach [D525]):

$$\theta_{pl,d} = \min \begin{cases} \left[(0{,}15 - 30 \cdot \varepsilon_{cu1}) \cdot \dfrac{x_d}{d} + 0{,}007\right] \cdot \sqrt{\dfrac{\lambda}{3}} \cdot 10^3 & \text{Stahlversagen (ansteigender Ast)} \quad (7) \\[2ex] \left[(0{,}0043 + 4{,}2 \cdot \varepsilon_{cu1}) - 0{,}03 \cdot \dfrac{x_d}{d}\right] \cdot \sqrt{\dfrac{\lambda}{3}} \cdot 10^3 & \text{Betonversagen (abfallender Ast)} \quad (8) \end{cases}$$

Die Gleichungen (7) und (8) sind für ε_{cu1} = 0,0035 (≤ C50/60), ε_{cu1} = 0,0032 (C55/67), ε_{cu1} = 0,0030 (C60/75) und ε_{cu1} = 0,0028 (C70/85 bis C100/115) nach Tabelle 3.1 in Abb. 38 ausgewertet. Bild 5.6DE wurde in den NA direkt aus DIN 1045-1 übernommen, wobei dort ε_{cu1} = 0,003 für C100/115 zugrunde lag. Die Abweichungen für die hochfesten Betone sind unwesentlich.

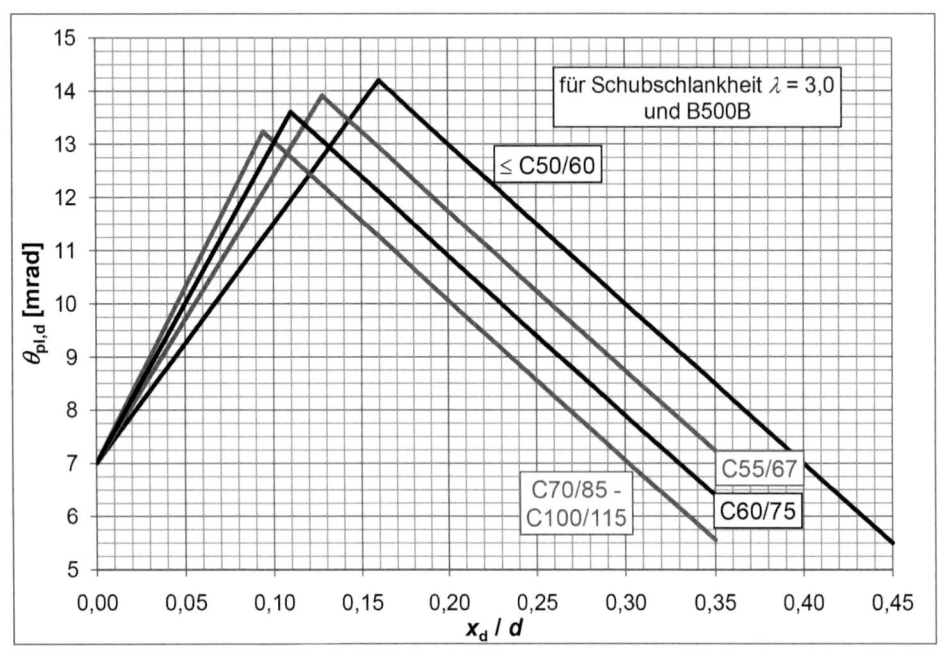

Abb. 38. Grundwerte der zulässigen plastischen Rotation $\theta_{pl,d}$

Zu 5.6.4 Stabwerkmodelle

Zu (2): Bei Einhaltung der Empfehlung, das Stabwerkmodell an der Spannungsverteilung nach linearer Elastizitätstheorie zu orientieren, sind nur geringe Umlagerungen der inneren Kräfte von der Gebrauchslast zur Grenzlast der Tragfähigkeit zu erwarten. Somit ist insbesondere bei Scheiben kein Nachweis der Rotationsfähigkeit erforderlich (siehe 5.6.1 (NA.5)) und ein derart gewähltes Modell kann auch für den Nachweis der Gebrauchstauglichkeit verwendet werden, also z. B. für die Ermittlung der Rissbreiten [D525].

Zu (5): Ausführliche Hinweise und Empfehlungen zur Entwicklung und Wahl von Stabwerkmodellen werden z. B. von *Schlaich* und *Schäfer* in [96] gegeben.

Zu 5.7 Nichtlineare Verfahren

Zu (1): Nichtlineare Verfahren der Schnittgrößenermittlung ermöglichen eine durchgängige Berechnung des Tragwerks (Schnittgrößenermittlung und Bemessung) unter weitgehend wirklichkeitsnaher Berücksichtigung seines Tragverhaltens [D525].

Abhängig von der Art des Tragsystems und der Art der Einwirkungen ergeben sich unterschiedliche Ergebnisse zwischen der linear-elastischen und der nichtlinearen Berechnung. Bei Flächentragwerken sowie bei Zwangsbeanspruchungen sind diese Unterschiede am größten. Eine nichtlineare Berechnung kann mittels Momenten-Krümmungs-Beziehung über Stahlbetonquerschnittssteifigkeiten (für stabförmige Bauteile und einachsig gespannte Platten) oder über nichtlineare Spannungs-Dehnungs-Beziehungen für Beton, Verbund und Bewehrung erfolgen.

Prinzipiell sind zwei Arten einer nichtlinearen Berechnung möglich. Mit nichtlinearen Verfahren werden die Schnittgrößen bestimmt und dann auf der **Querschnittsebene** ein Vergleich der einwirkenden mit den aufnehmbaren Schnittgrößen durchgeführt oder die **Systemtraglast** wird mit einem Sicherheitsabstand zwischen dem Grenzzustand der Tragfähigkeit und den Bemessungswerten der maßgebenden Einwirkungskombination nachgewiesen.

Zu (NA.6): In den folgenden NA-Abschnitten wird das nichtlineare Verfahren auf Systemebene nach DIN 1045-1, 8.5, aufgenommen. Mit den angenommenen Baustoffeigenschaften und Schnittgrößen-Verformungsbeziehungen wird der Gesamtwiderstand R_d des Tragsystems ermittelt. Eine separate Bemessung „kritischer Querschnitte" im GZT ist nicht mehr erforderlich. Da wegen der Nichtlinearität das Superpositionsprinzip nicht gilt, muss für jede maßgebende Einwirkungskombination ein gesonderter Nachweis geführt werden. Da für jede Laststufe die tatsächlich vorhandenen Querschnittssteifigkeiten zugrunde gelegt werden, ist in einem Berechnungsgang eine durchgängige Nachweisführung für die Grenzzustände der Gebrauchstauglichkeit und Tragfähigkeit möglich [D525].

Zu (NA.8): Voraussetzung für eine nichtlineare Berechnung ist die Festlegung der Bewehrung nach Lage und Größe. Fehlen entsprechende Erfahrungen, bleibt nur eine überschlägige Vorbemessung nach Elastizitätstheorie oder eine iterative Annäherung über mehrere Rechenschritte an das gewünschte Ergebnis. Diese aufwändigere Vorgehensweise wird jedoch durch die größere Freiheit in der Bewehrungsanordnung im Tragwerk ausgeglichen, durch die hochbewehrte Bauteilbereiche vermieden werden können [D525].

Zu (NA.10): Für die Baustoffkennwerte sind bei Anwendung nichtlinearer Verfahren grundsätzlich rechnerische Mittelwerte anzusetzen, um eine realistische Einschätzung der auftretenden Formänderungen sicherzustellen. Die dafür zu verwendenden Spannungs-Dehnungs-Linien für Beton, Betonstahl und Spannstahl sind in den genannten Bildern 3.2, NA.3.8.1 und NA.3.10.1 dargestellt, wobei zur Vereinfachung für die Bewehrung auch jeweils der idealisierte Verlauf verwendet werden darf.

Gefordert wird die Einhaltung eines einheitlichen Sicherheitsabstandes zwischen der maßgebenden Einwirkungskombination E_d und dem Bemessungswert des Tragwiderstandes R_d von $\gamma_R = 1{,}3$ für alle ständigen und vorübergehenden Bemessungssituationen. Dabei werden für Schnittgrößenermittlung und Querschnittsbemessung die gleichen Spannungs-Dehnungs-Linien mit rechnerischen Mittelwerten der Zylinderdruckfestigkeit des Betons f_{cR}, der Streckgrenze des Betonstahls f_{yR} sowie der Spannstahlfestigkeiten f_{pR} verwendet. Diese Rechenwerte wurden deshalb so definiert, dass sie ungefähr dem 1,3-fachen Bemessungswert entsprechen.

$f_{cR} = 0{,}85 \cdot \alpha_{cc} \cdot f_{ck}$ \hfill DIN EN 1992-1-1, (NA.5.12.7)

→ mit $f_{ck} = \gamma_C \cdot f_{cd} / \alpha_{cc}$ wird

$f_{cR} = 0{,}85 \cdot \alpha_{cc} \cdot \gamma_C \cdot f_{cd} / \alpha_{cc} = 0{,}85 \cdot \gamma_C \cdot f_{cd} = 0{,}85 \cdot 1{,}50 \cdot f_{cd} \approx 1{,}3 \cdot f_{cd}$ \hfill (9)

$f_{yR} = 1{,}10 \cdot f_{yk}$ \hfill DIN EN 1992-1-1, (NA.5.12.2)

→ mit $f_{yk} = \gamma_S \cdot f_{yd}$ wird

$f_{yR} = 1{,}10 \cdot \gamma_S \cdot f_{yd} = 1{,}10 \cdot 1{,}15 \cdot f_{yd} \approx 1{,}3 \cdot f_{yd}$ \hfill (10)

Die Rechenwerte für die Betonstahlzugfestigkeiten f_{tR} werden über das Duktilitätsverhältnis k aus f_{yR} und die Spannstahlfestigkeiten $f_{p0,1R}$ und f_{pR} analog Gleichung (10) abgeleitet.

Für die außergewöhnlichen Bemessungssituationen sind die gleichen Rechenwerte f_R verwendbar, da das Verhältnis der Systembeiwerte γ_R mit $1{,}1 / 1{,}3 \approx 0{,}85$ ungefähr proportional dem Verhältnis der Materialteilsicherheitsbeiwerte für diese Bemessungssituationen ist.

Zu (NA.14) und (NA.15): Die Mitwirkung des Betons auf Zug zwischen den Rissen kann günstige oder ungünstige Auswirkungen haben, da diese zu einer Erhöhung der Steifigkeit (Zugversteifung) gegenüber dem „reinen" Zustand II führt. Zum Beispiel bewirkt dieser Effekt bei einem Zweifeldträger eine Reduzierung der Verformung. Bei der Ermittlung der möglichen Schnittgrößenumlagerung führt die Berücksichtigung der Mitwirkung stets zu Ergebnissen mit größerer Sicherheit (kleineres Umlagerungsvermögen wegen reduzierter Rotation). Aus diesem Grund sollte die Mitwirkung des Betons auf Zug immer in die Rechnung eingehen [D525].

Für deren Berücksichtigung existieren unterschiedliche Modelle, deren Wahl von der zu lösenden Aufgabe abhängt. Die Zugversteifung kann entweder auf der Betonseite durch Annahme einer mittleren wirksamen Betonzugspannung zwischen den Rissen oder auf der Stahlseite durch die Reduzierung der ermittelten Stahldehnung, z. B. durch Modifikation der Betonstahl-Arbeitslinie, berücksichtigt werden [D525].

Zu 5.8 Berechnung von Bauteilen unter Normalkraft nach Theorie II. Ordnung

Zu 5.8.2 Allgemeines

Zu (2): Nachweise nach Theorie II. Ordnung dürfen entweder am Gesamttragwerk oder an Einzeldruckgliedern geführt werden. In beiden Fällen darf das nichtlineare Verfahren nach 5.7 angewendet werden.

Werden die Nachweise nach Theorie II. Ordnung an Einzeldruckgliedern geführt oder die infolge Verformungen nach Theorie II. Ordnung zusätzlich zu berücksichtigenden Beanspruchungen an einzelnen Tragwerksteilen ermittelt, dann dürfen die Beanspruchungen dieser einzelnen Tragwerksteile nach Theorie I. Ordnung mit einem der Verfahren nach 5.4, 5.5 oder 5.6 ermittelt werden. Für den Nachweis von Einzeldruckgliedern eignet sich das Näherungsverfahren mit Nennkrümmung nach 5.8.8.

Zu 5.8.3 Vereinfachte Nachweise für Bauteile unter Normalkraft nach Theorie II. Ordnung

Zu 5.8.3.1 Grenzwert der Schlankheit für Einzeldruckglieder

Zu (1): Die Grenzwerte λ_{lim} wurden aus Vereinfachungsgründen allein auf die Werte nach Gleichung (5.13DE) festgelegt. Die bezogene Drucknormalkraft $n_{bal} = 0{,}41$ kennzeichnet bei Momenten-Normalkraft-Interaktion die Querschnittstragfähigkeit bei maximal aufnehmbarem Biegemoment. Unterhalb dieser Normalkraft im Zugbruchbereich nimmt die Gefahr des Stabilitätsversagens entsprechend ab.

Auf die Aufnahme eines weiteren Grenzwertes der Schlankheit in den NA nach der Anwendungsregel in DIN 1045-1, 8.6.3 (4) für Einzeldruckglieder in unverschieblich ausgesteiften Tragwerken mit $\lambda_{crit} = 25 \, (2 - e_{01} / e_{02})$ wurde verzichtet, da eine dann evtl. erforderlich Untersuchung nach Theorie II. Ordnung heute relativ problemlos computergestützt erfolgen kann.

Zu 5.8.3.3 Nachweise am Gesamttragwerk nach Theorie II. Ordnung im Hochbau

Zu (1): Als Kriterien für die Festlegung, ob Gesamttragwerke durch lotrechte Wandscheiben oder Kerne ausreichend ausgesteift oder nicht ausgesteift sind, dienen die Gleichungen (5.18) für die Verschiebungen und (NA.5.18.1) für die Verdrehungen.

Die Ableitung und mögliche Anpassung der Grenzwerte wird im informativen Anhang H erläutert. Die Aussteifungskriterien nach DIN EN 1992-1-1 beschreiben den Abstand mit 10 % von der nominalen (Knick-)Grenzlast eines mehrgeschossigen Systems etwas besser als die alten DIN 1045-Werte, die von *Beck* und *König* Ende der 1960er Jahre vorgeschlagen wurden ([5], [55]). In DIN EN 1992-1-1 wird auch zwischen gerissenen und ungerissenen Aussteifungsbauteilen unterschieden.

In einem kontinuierlichen Ersatzsystem mit unendlich vielen Geschossen (konstante Steifigkeit und gleichmäßige Belastung über die Höhe, siehe Abb. 39) beträgt die ideelle *Euler*-Knicklast für den aussteifenden Kragträger mit annähernd dreieckförmiger Längskraftverteilung

$$N_{ki} = 7{,}84 \cdot \frac{EI}{l^2} = \frac{\pi^2}{1{,}122^2} \cdot \frac{EI}{l^2} \qquad \text{(mit } \beta = 1{,}122\text{)} \tag{11}$$

Unter den Voraussetzungen, dass das Einspannmoment nach Theorie II. Ordnung M_{II} des Kragträgers unter 1,75-fachen Lasten nicht mehr als 10 % des Momentes nach Theorie I. Ordnung wird und mit einer Biegesteifigkeit $0{,}8EI$ (Annahme, dass einige aussteifende Bauteile in den Zustand II geraten könnten) ergibt sich die Labilitätszahl α zu [56]

$$\alpha = l \cdot \sqrt{N / EI} \approx 0{,}6 \tag{12}$$

Diese Zahl wurde für vielgeschossige (≥ 4) Aussteifungssysteme unter Gebrauchslasten auch in DIN 1045 seit 1972 als Reziprokwert aufgenommen.

Ein unterer Wert ergibt sich für den Fall der eingeschossigen Kragstütze ohne Vertikallast mit gekoppelter und belasteter Pendelstütze zu

$$N_{ki} = 3 \cdot \frac{EI}{l^2} = \frac{\pi^2}{1{,}814^2} \cdot \frac{EI}{l^2} \qquad \text{(mit } \beta = 1{,}814\text{)} \tag{13}$$

Die Aussteifungskriterien in DIN EN 1992-1-1 bilden diese beiden Grenzwerte ab:

- für Geschossanzahl $n_s = \infty$: $\quad \alpha^2 = n_s / (n_s + 1{,}6) = 1 \quad \rightarrow N_{ki} = 1 \cdot 7{,}84 \cdot EI / l^2$
- für Geschossanzahl $n_s = 1$: $\quad \alpha^2 = n_s / (n_s + 1{,}6) = 1 / 2{,}6 \quad \rightarrow N_{ki} = (1 / 2{,}6) \cdot 7{,}84 \cdot EI / l^2 = 3 \cdot EI / l^2$.

Die Aussteifungskriterien in EN 1992-1-1 entsprechen der quadrierten Labilitätszahl $\alpha^2 = l^2 \cdot N / EI = L^2 \cdot F_{V,Ed} / (K \cdot E_{cd}I_c)$ (mit Faktor K zur Unterscheidung gerissener und ungerissener Querschnitte) und ergeben sich unter der Maßgabe, dass das Gesamttragwerk nicht nach Theorie II. Ordnung nachgewiesen werden muss, wenn die Summe der gesamten 1,0-fachen Vertikallasten auf aussteifenden und ausgesteiften Druckgliedern nicht mehr als 10 % der ideellen Knicklast beträgt:

- mit Biegesteifigkeit (ungerissen) $0{,}8 E_{cd}I_c$: $\quad 0{,}10 \cdot 0{,}8 \cdot 7{,}84 \cdot \alpha_s \cdot E_{cd}I_c / L^2 = 0{,}62 \cdot \alpha_s \cdot E_{cd}I_c / L^2$
- mit Biegesteifigkeit (gerissen) $0{,}4 E_{cd}I_c$: $\quad 0{,}10 \cdot 0{,}4 \cdot 7{,}84 \cdot \alpha_s \cdot E_{cd}I_c / L^2 = 0{,}31 \cdot \alpha_s \cdot E_{cd}I_c / L^2$.

In Abb. 40 sind zum Vergleich die Labilitätszahlen nach DIN EN 1992-1-1 und DIN 1045 (seit 1972) gegenübergestellt. Dabei ist zu berücksichtigen, dass in diesem Fall der Bemessungswert des E-Moduls E_{cd} in DIN EN 1992-1-1/NA noch mit dem in EN 1992-1-1 empfohlenen Teilsicherheitsbeiwert $\gamma_{CE} = 1{,}2$ gegenüber dem E-Modul E_{cm} abgemindert wird. Für den Vergleich mit DIN 1045 in Abb. 40 ohne diese Abminderung wären die Labilitätszahlen des Eurocode 2 noch ca. 10 % geringer anzunehmen.

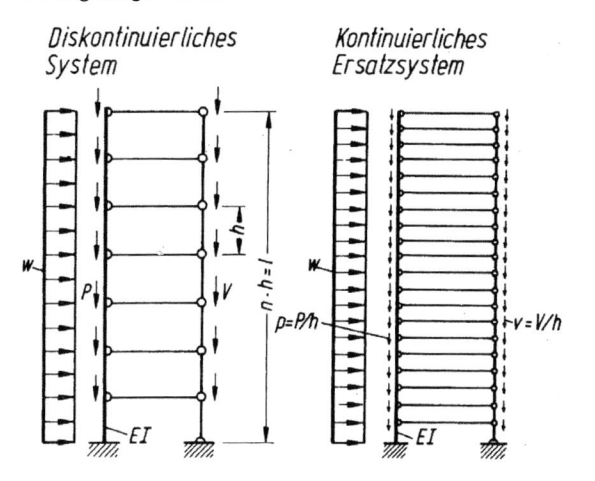

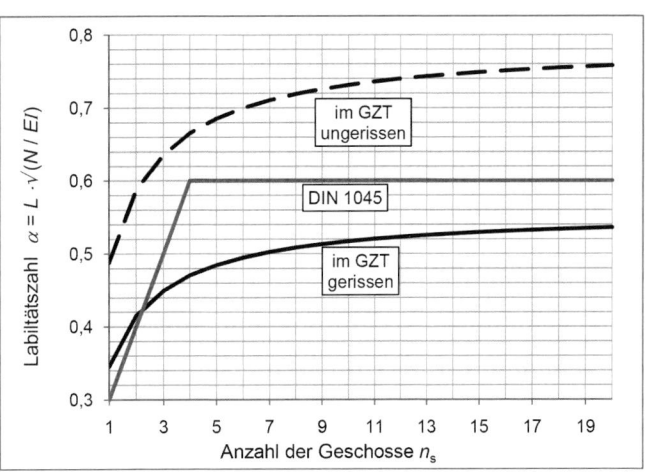

Abb. 39. Idealisiertes Aussteifungssystem für Skelettbauten (*König/Liphardt* [56])

Abb. 40. Labilitätszahlen nach DIN EN 1992-1-1 und DIN 1045 [R18]

Zu (NA.3): Der Widerstand des Gesamttragwerks gegen Verdrehung hängt von der Torsionssteifigkeit und der Wölbsteifigkeit des Aussteifungssystems ab. Im NA wurde die Beziehung für die kritische Torsionsbeanspruchung aus DIN 1045-1, Gleichung (25), in modifizierter Form und mit Bezug auf das Aussteifungskriterium des Eurocode 2 wieder aufgenommen.

Zu 5.8.4 Kriechen

Zu (2): Die effektive Kriechzahl φ_{ef} wurde zur Berücksichtigung der Kriechverformungen aus quasi-ständigen Beanspruchungen im GZT abgeleitet (vgl. *Westerberg* in [114]). In Abb. 41 werden eine hypothetische Lastgeschichte und dazugehörige Verformungen bei linear-elastischem Materialverhalten dargestellt. Die Gesamtlast F_d beinhaltet dabei einen Dauerlastanteil F_{perm}. Es wird angenommen, dass die Erhöhung von der Dauerlast auf die Bemessungslast nach einem längeren Zeitraum erfolgt. Die Lastgeschichte kann dann vereinfacht in drei Abschnitte unterteilt werden:

(1) A → B: Aufbringen einer Dauerlast mit unmittelbarer Verformung

(2) B → C: konstante Dauerlast führt zu Kriechverformungen (mit Kriechzahl φ)

(3) C → D: Lasterhöhung auf die Bemessungslast mit zusätzlicher Verformung.

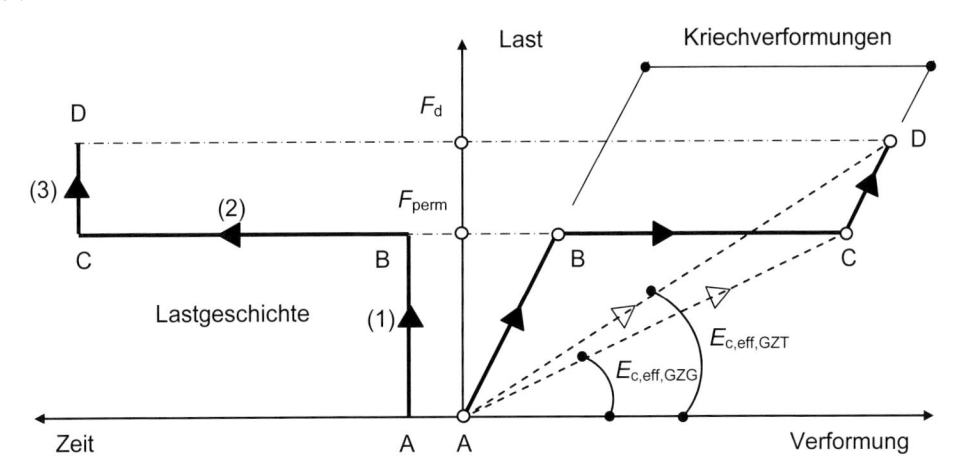

Abb. 41. Lastgeschichte und Verformungen bei linearem Materialverhalten mit Kriechen (nach *Westerberg* [114])

Die Gesamtverformung unter Berücksichtigung der zeitabhängigen Kriechdehnungen darf näherungsweise direkt mit einem effektiven E-Modul

$$E_{c,eff} = E_{cm} / [1 + \varphi(t, t_0)] \tag{14}$$

ermittelt werden (siehe z. B. für Verformungsberechnungen nach DIN EN 1992-1-1, in Gleichung (7.20), Linie A – C in Abb. 41). Für die praktischen Nachweise im GZT darf der effektive E-Modul mit der effektiven Kriechzahl bestimmt werden (Linie A – D in Abb. 41):

$$E_{c,eff,GZT} = E_{cm} / [1 + \varphi_{ef}(t, t_0)] \tag{15}$$

Die effektive Kriechzahl φ_{ef} kann auch bei zweiachsiger Biegung zweckmäßig verwendet werden, wenn in Gleichung (5.19) die resultierenden Momente aus beiden Achsrichtungen y und z nach den Gleichungen (16) und (17) eingesetzt werden [114]:

$$M_{0Eqp} = \sqrt{M_{0Eqp,y}^2 + M_{0Eqp,z}^2} \tag{16}$$

$$M_{0Ed} = \sqrt{M_{0Ed,y}^2 + M_{0Ed,z}^2} \tag{17}$$

Zu (4): Die Kriechauswirkungen verlieren mit zunehmender Biegebeanspruchung und abnehmender Schlankheit an Bedeutung. Zur vereinfachenden Vernachlässigung der Kriechauswirkungen wurden in DIN EN 1992-1-1/NA zusätzlich zu den Randbedingungen der EN 1992-1-1 die bewährten Grenzen für die minimale Lastausmitte und die maximale Schlankheit aus DIN 1045-1 wieder aufgenommen. Bei der Freistellung von Druckgliedern in monolithischer Verbindung mit lastabtragenden Balken oder Platten wird davon ausgegangen, dass die Lagerungsbedingungen eine elastische Einspannung gewährleisten, die die Verformungen ausreichend reduziert. Hierfür sollte mindestens eine konstruktive Einbindung der Längsbewehrung in die benachbarten Bauteile vorgesehen werden.

Zu 5.8.5 Berechnungsverfahren

Zu (1): In EN 1992-1-1 wurde in 5.8.7 für stabilitätsgefährdete Druckglieder ein weiteres Näherungsverfahren mit Nennsteifigkeiten aufgenommen. Dieses wurde im Rahmen der EC2-Pilotprojekte überprüft [27]. Die Anwendung dieses Verfahrens ist einfach zu verstehen und durchgängig. Aufwändig ist die notwendige Wahl und ggf. iterative Anpassung der Stützenbewehrung im Laufe der Berechnung. Die Anordnung (Trägheitsmoment I_s) und die Größe dieser Stützenbewehrung sind von entscheidender Bedeutung für die Biegemomente nach Theorie II. Ordnung. Da der Einfluss aus der Wahl und der Anordnung der Bewehrung auf das Bemessungsmoment $M_{Ed,II}$ sehr groß ist, reagiert das Verfahren z. T. sehr empfindlich. Bei sehr schlanken Druckgliedern kann es vorkommen, dass die Knicklast N_B in Bezug auf die Stützenlängskraft N_{Ed} relativ klein ist. Die Berechnung muss dann mit deutlicher Vergrößerung der Bewehrung wiederholt werden. Dies liegt hauptsächlich an dem sehr kleinen Abminderungsbeiwert K_c und an $\gamma_{CE} = 1,5$ für die Ersatzbiegesteifigkeit, jedoch auf der sicheren Seite. Wegen der z. T. unwirtschaftlichen Ergebnisse und der notwendigen Iteration würde das Verfahren in der Praxis vermutlich jedoch wenig Bedeutung erlangen. Als Ergebnis der Testphase wurde dieses Näherungsverfahren neben dem weiteren, bereits bekannten Näherungsverfahren mit Nennkrümmungen (Modellstützenverfahren) als praktisch überflüssig für Deutschland nicht zur Anwendung empfohlen [27]. Der Absatz (2) und das Kapitel 5.8.7 wurden daher zur Vereinfachung in der kommentierten Normfassung gestrichen.

Zu 5.8.6 Allgemeines Verfahren

Zu (3): Das alternative Konzept nach *Quast* (vgl. [62], [82]), die Verformungs- und Schnittgrößenermittlung für Druckglieder nach Theorie II. Ordnung mit den durch Teilsicherheitsbeiwerte reduzierten Mittelwerten der Baustofffestigkeiten vorzunehmen und dann die Querschnittstragfähigkeit mit den Bemessungswerten nachzuweisen („doppelte Buchführung", in DIN 1045-1, 8.6.1 (7)), wird in DIN EN 1992-1-1/NA wieder ergänzt. Ein Nachweis nach diesem Konzept ist dann angebracht, wenn die Tragfähigkeit des Druckgliedes in sehr erheblichem Maße durch die Bauteilsteifigkeit im gerissenen Zustand begrenzt wird (bei zunehmender Schlankheit und abnehmender planmäßiger Lastausmitte). Die Schnittgrößen am verformten System für genauere Nachweise der Kippsicherheit sollten ebenfalls so ermittelt werden [D525].

In [21] wird folgende Begründung für einen reduzierten Teilsicherheitsbeiwert $\gamma_{CE} = 1,2$ zur Ermittlung des Bemessungswertes für den E-Modul E_{cd} gegeben. Danach kann der Anteil für die geometrischen Querschnittsabweichungen aus $\gamma_C = 1,5$ bei Annahme gleicher oder geringerer Streuungen als bei den Betonfestigkeiten herausdividiert werden. Dies wird im NA nur für die verformungsabhängigen Aussteifungskriterien akzeptiert, bei den Nachweisen im GZT ist E_{cd} mit $\gamma_{CE} = 1,5$ vor dem Hintergrund der E-Modul-Streuungen und der Querschnittsabweichungen zu bestimmen.

Der E-Modul des Betonstahls E_s (Mittelwert) braucht nicht durch γ_S dividiert zu werden.

Zu 5.8.8 Verfahren mit Nennkrümmung

Zu 5.8.8.1 Allgemeines

Zu (1): Das Näherungsverfahren mit Nennkrümmung (Modellstützenverfahren) führt nicht nur für Druckglieder mit rechteckigem oder rundem Querschnitt zu befriedigenden Ergebnissen, sondern auch für andere Querschnittsformen mit annähernd symmetrischer Anordnung der Bewehrung ($A_{s1} \approx A_{s2}$). Für Lastausmitten $e_0 < 0,1h$ und Längen $l_0 > 15h$ liegt das Modellstützenverfahren immer weiter auf der sicheren Seite und liefert unwirtschaftliche Ergebnisse [D525].

Zu 5.8.8.2 Biegemomente

Zu (3): Der Beiwert K_1 vermittelt einen allmählichen Übergang zwischen der Querschnittstragfähigkeit nach Theorie I. Ordnung bis $\lambda_{lim} = 25$ und der reduzierten Stützentragfähigkeit nach Theorie II. Ordnung ab $\lambda = 35$.

Zu (4): Der Krümmungsverlauf entlang von (teilweise gerissenen) Stahlbetonstützen ist nicht einfach analytisch zu bestimmen. Es können lediglich Grenzwerte für mögliche Krümmungsverläufe angegeben werden. Der Krümmungsverlauf wird umso rechteckiger sein, je kleiner die H-Last und die Zusatzausmitte e_2 / h sind. Je größer die H-Last, umso dreieckförmiger und je größer die Zusatzausmitte e_2 / h, umso parabelförmiger wird der Verlauf. Bei gestaffelter Bewehrungsanordnung wird die Querschnittstragfähigkeit nicht nur am Einspannquerschnitt der Modellstütze, sondern auch im Bereich der Staffelungen maßgebend, sodass näherungsweise in diesem Fall ein rechteckförmiger Verlauf mit $c = 8$ anzusetzen ist (*Quast* [82]).

Zu 5.8.8.3 Krümmung

Zu (2): In der Regel ist wegen der stark vereinfachten Annahme des Hebelarms mit $0{,}9d$ die Bestimmung der Nutzhöhe mit dem Schwerpunkt der Zugbewehrungslagen ausreichend.

Zu (3): Der Faktor K_r berücksichtigt näherungsweise, dass der im Einspannquerschnitt angenommene Grenzwert der Krümmung bei Erreichen der Fließdehnung in den symmetrischen Bewehrungslagen mit zunehmend überdrücktem Querschnitt (Druckbruchbereich oberhalb n_{bal}) abnimmt. Die Drucknormalkräfte n sind hier bezogene, positiv definierte Werte. Für die Bestimmung der zentrischen Tragfähigkeit n_u muss die Bewehrungsmenge bekannt sein oder angenommen werden. Wird die Bewehrung und damit der mechanische Bewehrungsgrad ω und n_u hierbei zunächst überschätzt, liegt K_r auf der sicheren Seite und eine iterative Anpassung kann entfallen.

Zu (4): Die Funktion des Faktors β in Gleichung (5.37) für die effektive Kriechzahl φ_{ef} erscheint zunächst paradox, da dieser Wert mit ansteigender Schlankheit (und damit scheinbar die Kriechauswirkung) abnimmt. Vergleichsrechnungen von *Westerberg* in [114] haben jedoch gezeigt, dass das näherungsweise Modellstützenverfahren für schlankere Stützen mit ca. $\lambda > 70$ auch bei Ansatz von $K_\varphi = 1$ im Vergleich zu einer „genaueren" Berechnung mit Berücksichtigung des Kriechens auf der sicheren Seite liegt. Das ist u. a. darauf zurückzuführen, dass der Faktor $K_r = 1$ bei einer bezogenen Normalkraft $n < n_{bal} = 0{,}4$ (bei großen Stützenschlankheiten die Regel) keine Reduktion der Krümmung mit der Folge sehr konservativer Ergebnisse vorsieht [D525].

Zu 5.8.9 Druckglieder mit zweiachsiger Ausmitte

Zu (3): Für die Vereinfachung, Näherungsverfahren bei Druckgliedern mit zweiachsiger Ausmitte getrennt für jede Achse einzeln führen zu dürfen, wurde erstmalig in ENV 1992-1-1 [E27] die nun als Gleichung (5.38b) in DIN EN 1992-1-1 enthaltene Beziehung für ausreichend geringe Lastausmitten eingeführt. Dabei brauchte die Ausmitte für die Imperfektion nicht berücksichtigt zu werden. *Quast* hat in [82] erläutert, dass getrennte Nachweise immer dann ausreichen, wenn die Querschnitte nicht aufreißen und die bezogenen Lastausmitten e_0 / h kleiner 0,2 bleiben (Theorie I. Ordnung). Daher bestehen keine Bedenken, die Ausmitten e_y und e_z wie bisher auch nach DIN 1045-1 mit den Biegemomenten nach Theorie I. Ordnung zu ermitteln. Die aufwändigere Ermittlung der Biegemomente nach Theorie II. Ordnung entsprechend DIN EN 1992-1-1 liegt auf der sicheren Seite und darf aber vernachlässigt werden.

Zu 5.9 Seitliches Ausweichen schlanker Träger

Zu (1)P: Das Kippen schlanker Träger infolge seitlichen Ausweichens des Druckgurtes und Verdrehung um die Längsachse wird am zutreffendsten als verformungsbeeinflusstes Traglastproblem nach Theorie II. Ordnung behandelt. Jedoch ist der numerische Aufwand zur Durchführung der nichtlinearen Berechnung mit Berücksichtigung der beanspruchungsbedingten Steifigkeitsminderung so groß, dass er nicht ohne Computeranwendung bewältigt werden kann [D525]. Dabei hat sich das Berechnungskonzept nach 5.8.6 (3) als zweckmäßig erwiesen: Berechnung der Verformungen mit reduzierten Mittelwerten der Baustofffestigkeiten und Querschnittsnachweise mit Bemessungswerten. Der Bauteilwiderstand setzt sich aus der Querbiegetragfähigkeit des Druckgurtes und der Torsionssteifigkeit der Teilquerschnitte zusammen. Die ohnehin relativ geringe Torsionssteifigkeit fällt bei schlanken Stegen und Platten mit Erreichen des Zustandes II sehr stark ab, die Betonzugfestigkeit sollte deshalb vorsichtig angenommen werden. Günstig wirkt hier vor allem eine Vorspannung, die für ungerissene Querschnitte sorgt.

Zu (3): Der Grenzwert nach Gleichung (5.40a) wurde auf der Basis von Vergleichsrechnungen an 148 Stahlbeton- und 80 Spannbetonträgern abgeleitet (vgl. *König* und *Pauli* [57], siehe Abb. 42).

Diese Beziehung liefert danach auch zutreffende Ergebnisse für Querschnittsverhältnisse $h / b \leq 5$.

Die zusätzliche Grenze $h / b \leq 2{,}5$ entstammt der Vornorm ENV 1992 [E27] und war nur für die dort vorgeschlagene einfachere Begrenzung $l_0 \leq 50b$ erforderlich.

Das den Vergleichsrechnungen zugrundegelegte Computerprogramm wurde im Rahmen eines Forschungsvorhabens für die Nachrechnung von sechs Großversuchen entwickelt und kalibriert [58]. Die Versuchsträger hatten Längen von 18 m und 25,6 m und repräsentieren so den abgedeckten Erfahrungsbereich.

Die Näherungsgleichungen (5.40) sollten daher nur bis zu Trägerspannweiten von $l_0 \leq 30$ m angewendet werden, darüber hinaus ist immer ein Kippnachweis angezeigt.

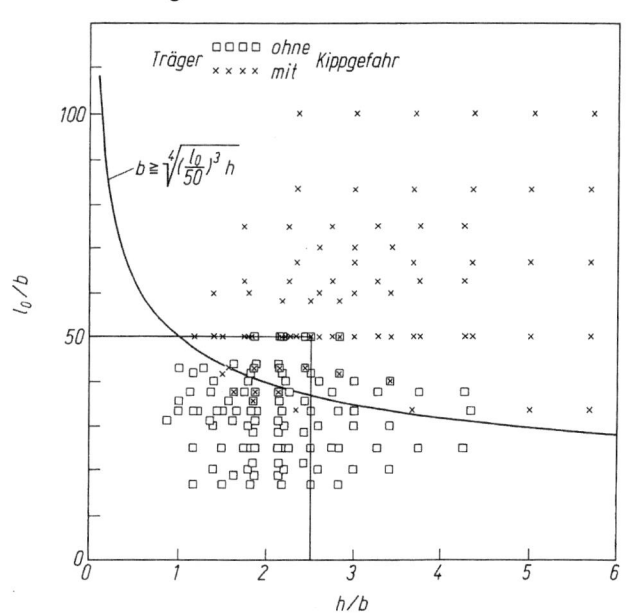

Abb. 42. Serienrechnung kippgefährdeter Träger (aus *König/Pauli* [57])

Zu (4): Das Mindesttorsionsmoment $T_{Ed} = V_{Ed} \cdot l_{eff} / 300$ für die Auflagerkonstruktion ist i. d. R. durch die Mindesttorsionsbewehrung im Träger abgedeckt. Die Bügel im Endbereich der Träger und die Endverankerung der Längsbewehrung müssen jedoch so ausgebildet werden, dass die Einleitung dieses Mindesttorsionsmomentes am Trägerende sichergestellt ist. Unter „Mindesttorsionsbewehrung" ist die Mindestquerkraftbewehrung nach 9.2.2 (5) und Tabelle NA.9.1, das Schließen der Bügel nach 9.2.3 (1) und die Anordnung von Längsstäben in jeder Querschnittsecke mit $s \leq 350$ mm zu verstehen. Diese reicht aus, wenn wegen der Erfüllung der Gleichung (5.40) das Kippen durch entsprechende Querbiegesteifigkeit eines breiten Druckgurtes ausgeschlossen und die Eigentorsionssteifigkeit des Trägers unwesentlich ist. In den Fällen, in denen Torsionsmomente berechnet und nachgewiesen werden müssen, ist die hierfür erforderliche Torsionsbewehrung einzulegen. Das Mindesttorsionsmoment zur Sicherstellung einer ausreichenden Gabelrobustheit greift demnach nur, wenn keine genaueren Berechnungen des einwirkenden Torsionsmomentes vorgenommen wurden (z. B. wegen Erfüllung der Gleichung (5.40)) [D525].

Zu 5.10 Spannbetontragwerke

Zu 5.10.1 Allgemeines

Zu (4): Aus [D525]: Hinsichtlich der Wirkung der Vorspannung ist grundsätzlich zwischen statisch bestimmten und statisch unbestimmten Tragwerken zu unterscheiden. Die in der Regel nicht zentrisch eingetragene Vorspannung führt zu Längs- und Biegeverformungen, die bei statisch bestimmt gelagerten Bauteilen keine Auswirkungen auf den Gleichgewichtszustand haben und somit keine Auflagerreaktionen hervorrufen. Bei statisch unbestimmten Systemen lösen die Bauteilverformungen infolge Vorspannung Auflagerreaktionen aus, die wiederum zu zusätzlichen Schnittgrößen führen. Diese werden als statisch unbestimmter Anteil ($M_{p,ind}$) bezeichnet und sind bei der Bemessung anders als der statisch bestimmte Anteil ($M_{p,dir}$, Produkt aus Vorspannkraft und ihrer Exzentrizität) zu berücksichtigen. Ergibt sich in Abhängigkeit vom Rechenverfahren nur die Gesamtwirkung der Vorspannung, können die statisch unbestimmten Anteile durch einfache Subtraktion der statisch bestimmten Anteile in einem zweiten Rechengang ermittelt werden.

Zu (6): Das Versagen ohne Vorankündigung wird in der Regel durch die Anordnung von Robustheitsbewehrung nach 9.2.1 verhindert (Verfahren A).

Das Verfahren C kann z. B. durch Anordnung von kontrollier- und auswechselbaren externen Spanngliedern umgesetzt werden, die sich bei Straßenbrücken innerhalb von begehbaren Hohlkästen als eine Regelbauweise etabliert hat.

Alternativ zur Anordnung von Mindestbewehrung darf bei statisch unbestimmt gelagerten Spannbetonbauteilen die geforderte Robustheit gegenüber dem Ausfall von Spanngliedern, z. B. infolge von Spannungsrisskorrosion, auch rechnerisch nachgewiesen werden. Dabei muss sichergestellt werden, dass ein Ausfall einzelner oder mehrerer Spannglieder an jeder Stelle bis zur einsetzenden Rissbildung so durch Umlagerungen kompensiert werden kann, dass die Restsicherheit an keiner Stelle des Tragwerks kleiner als 1,0 ist (Verfahren E, vgl. auch [D469])). Für diesen Nachweis ist von entscheidender Bedeutung, ob der Ort der Rissbildung mit dem Ort des Spanngliedausfalls identisch sein wird. Dies gilt im Wesentlichen für Vorspannung mit Verbund, während bei Vorspannung ohne Verbund wegen des Ausfalls der Spannkraft über die gesamte Spanngliedlänge die Rissbildung (d. h. Versagensankündigung) vorteilhaft am höchstbeanspruchten Querschnitt einsetzen wird. Dem entsprechend ist bei Vorspannung ohne Verbund die Versagensankündigung stets am Gesamtsystem zu betrachten (*Zilch/Zehetmaier* [115]).

Ein vergleichbares Verfahren wird für Betonbrücken im DIN-Fachbericht 102 [R31], 4.3.1.3, erlaubt. Dabei erfolgt in jedem Querschnitt die rechnerische Reduzierung der Spannglieder auf eine Anzahl, bis die Randspannung im Beton unter der häufigen Einwirkungskombination den 5%-Quantilwert der Betonzugfestigkeit ($f_{ctk;0,05}$) im Zustand I erreicht. Anschließend wird die Mindestbewehrung aus der Bedingung bestimmt, dass der Tragwiderstand $M_{Rd,r}$ im Zustand II mit der reduzierten Anzahl an Spanngliedern gleich oder größer ist als die Momentenbeanspruchung infolge der seltenen Einwirkungskombination. Der Tragwiderstand $M_{Rd,r}$ darf dabei mit den Teilsicherheitsbeiwerten der Baustoffe für die außergewöhnliche Bemessungssituation berechnet werden (*Haveresch/Maurer* [37]).

Die in EN 1992-1-1 vorgeschlagenen Verfahren B: „Einbau von Spanngliedern im sofortigen Verbund" und Verfahren D: „Führen überzeugender Nachweise hinsichtlich der Zuverlässigkeit der Spannglieder" stellen aus deutscher Sicht kein ausreichendes Vorankündigungsverhalten sicher. Sie dürfen ggf. nur im Rahmen von abZ oder ZiE eigesetzt werden.

Zu 5.10.2 Vorspannkraft während des Spannvorgangs

Zu 5.10.2.1 Maximale Vorspannkraft

Zu (1)P: Die maximal zulässigen Vorspannkräfte entsprechen der Spanngliedkraft im Spannbett bei Vorspannung mit sofortigem Verbund bzw. der Pressenkaft bei Vorspannung gegen das bereits erhärtete Bauteil und stellen Mittelwerte dar. Bei Anwendung dieser Werte ist besondere Sorgfalt bei der Tragwerksplanung (Spanngliedanordnung, Spanngliedumlenkung) sowie bei der Bauvorbereitung und Bauausführung (ungewollte Umlenkung) erforderlich. Die Werte für f_{pk} (Zugfestigkeit) und $f_{p0,1k}$ (Festigkeit bei 0,1%-Dehnung) sind den abZ des jeweiligen Spannstahls zu entnehmen [D525].

Zu (2): Ein Überspannen auf $0,95 f_{p0,1k}$ ist bei Spanngliedern im nachträglichen Verbund oder internen, mehrfach umgelenkten Spanngliedern ohne Verbund grundsätzlich nur mit Zustimmung der Bauaufsicht und mit einem entsprechenden Messaufwand zulässig. Bei einem solchen Überspannen müssen der Spannnigenieur und ein Vertreter der Bauaufsicht anwesend sein [D525].

Zu (NA.3): Auf die Reduzierung der maximalen Spannkraft mit dem Faktor k_μ darf nur dann verzichtet werden, wenn andere konstruktive Maßnahmen zur Sicherung der planmäßigen Spannkraft vorgesehen werden (z. B. zusätzliche leere Hüllrohre); diese sind mit dem Bauherrn und der Bauaufsicht abzustimmen. Für gerade Spannglieder mit $\gamma = 0$ wird $k_\mu = 1,0$. Mit zunehmendem Umlenkwinkel ergeben sich steigende Reduzierungen der zulässigen maximalen Vorspannkraft [D525].

Zu 5.10.2.2 Begrenzung der Betondruckspannungen

Zu (5): Die erhöhte zulässige Betondruckspannung zum Zeitpunkt der Spannkraftübertragung $\sigma_c(t) \leq 0{,}7 f_{ck}(t)$ mit sofortigem Verbund setzt voraus, dass aufgrund von Versuchen oder Erfahrung sichergestellt werden kann, dass sich keine Längsrisse im Spannbetonbauteil bilden. Im NA wird ergänzt, dass der Fertigteilhersteller dies explizit belegen muss, sodass das Risiko der größeren Spannstahlausnutzung mit dem Know-how des Ausführenden verbunden wird und damit in seinem Verantwortungsbereich liegt. Hierzu ist eine Überprüfung aller Spannbetonbauteile unmittelbar nach der Spannkrafteinleitung auf Längsrisse insbesondere im Bereich der Übertragungslänge erforderlich. Hier werden größere Verbundfestigkeiten unter der Voraussetzung ungerissener Querschnitte in der Bemessung genutzt. Gerissene Spannbetonbauteile sind danach auszusortieren. Da zu diesem Zeitpunkt der Spannkraftübertragung die maximale Vorspannung auf den frühfesten Beton trifft, ist zu erwarten, dass sich im weiteren Verlauf wegen der zeitabhängigen Spannkraftverluste und der Zunahme der Betonzugfestigkeit keine Risse mehr im bis dahin rissfreien Einleitungsbereich bilden.

Zu 5.10.3 Vorspannkraft nach dem Spannvorgang

Zu (1)P: Zur Vorbemessung müssen die Spannkraftverluste oft grob abgeschätzt werden. Im Allgemeinen betragen die Reibungsverluste bei Vorspannung mit nachträglichem Verbund $\Delta P_\mu(x) \leq 0{,}2 P_{max}$ und bei Vorspannung ohne Verbund $\Delta P_\mu(x) \leq 0{,}1 P_{max}$. Zeitabhängige Verluste ergeben sich zu $\Delta P_{c+s+r}(x) = 0{,}1$ bis $0{,}2\, P_{m0}$ (*Zilch/Zehetmaier* [115]).

Zu 5.10.5 Sofortige Spannkraftverluste bei nachträglichem Verbund

Zu 5.10.5.1 Elastische Verformung des Betons

Zu (2): Durch das praktisch unvermeidliche zeitlich versetzte Spannen einzelner Spannglieder treten elastische Betonstauchungen auf, die zu Spannkraftverlusten der zuerst gespannten Spannglieder führen. Wenn im Endzustand alle Spannglieder gleiche Kräfte aufweisen sollen, müssen die zuerst gespannten daher zunächst höhere Vorspannkräfte aufweisen. Für die mehrsträngige Vorspannung wird für die Abschätzung des elastischen Betonstauchungsverlustes ein Näherungsverfahren mit Gleichung (5.44) angegeben (siehe auch [115]). Der Beiwert $j = 0{,}5$ ist der Grenzwert für unendlich viele Spannglieder und liegt auf der sicheren Seite.

Zu 5.10.6 Zeitabhängige Spannkraftverluste bei sofortigem und nachträglichem Verbund

Zu (2): Die in Gleichung (5.46) der Norm angegebene Beziehung ist eine auf der sicheren Seite liegende Vereinfachung und gilt nur für Querschnitte mit Spanngliedern gleicher Höhenlage (oder im gemeinsamen Schwerpunkt zusammengefasst). Dabei wird der verformungsbehindernde Einfluss des Betonstahls vernachlässigt und zwischen statisch bestimmtem und statisch unbestimmtem Anteil der Vorspannung nicht getrennt (nur geometrischer Hebelarm z_{cp}). Damit gilt die Gleichung streng nur für den Feldbereich von Einfeldträgern. Dennoch sind die Ergebnisse für den Hochbau ausreichend genau, sofern verformungsbedingte Schnittgrößen nicht bemessungsentscheidend sind (wie z. B. bei Spannbetonbindern großer Stützweite auf stabilitätsgefährdeten Stützen). Wenn genauere Berechnungen durchgeführt werden sollen oder mehrsträngige Vorspannung vorliegt, wird auf *Krüger* et al. [63] verwiesen [D525].

Die Gleichung (5.46) gilt darüber hinaus nur für Fälle, in denen unter der maßgebenden Einwirkungskombination noch Druckspannungen in der Betonfaser in Höhe der Spannbewehrung verbleiben. In Fällen, in denen diese Bedingung nicht erfüllt ist (teilweise Vorspannung), ergeben sich unsinnige Ergebnisse [D525].

Bei der Ermittlung der Betonspannung $\sigma_{c,QP}$ (ohne Anteil aus der Vorspannung) sind die über den betrachteten Zeitraum im Mittel wirksamen Einwirkungen anzusetzen. Für den dafür zu berücksichtigenden quasi-ständigen Anteil der veränderlichen Einwirkungen $\psi_{2,i} \cdot Q_{k,i}$ ist eine feldweise Anordnung nicht erforderlich [D525].

Die gegenseitige Beeinflussung der zeitabhängigen Betonverformungen und der Relaxation braucht nicht iterativ untersucht zu werden, sondern darf näherungsweise durch eine Reduktion von $\Delta \sigma_{pr}$ mit dem angenommenen Relaxationsbeiwert $\rho = 0{,}8$ berücksichtigt werden.

Zu 5.10.8 Grenzzustand der Tragfähigkeit

Zu (2): Der Wert $\Delta \sigma_{p,ULS} = 100$ N/mm² wurde für Einfeldträger abgeschätzt. Für Kragarme sollte dagegen mit einem Spannungszuwachs von $\Delta \sigma_{p,ULS} = 50$ N/mm², für Flachdecken mit n Feldern mit $\Delta \sigma_{p,ULS} = 350$ N/mm² gerechnet werden [D525].

Zu 5.10.9 Grenzzustände der Gebrauchstauglichkeit und der Ermüdung

Die im GZG zu führenden Nachweise umfassen den Nachweis der Spannstahlspannungen, der Rissbreite (bzw. Dekompression) und der Verformung. Während für den Spannungs- und Verformungsnachweis der Mittelwert der Vorspannkräfte zugrunde gelegt werden darf, muss beim Rissbreitennachweis generell die mögliche Streuung der charakteristischen Werte der Vorspannkraft berücksichtigt werden, da die Ergebnisse auf kleine Schwankungen empfindlich reagieren. Der jeweils ungünstigere Wert ist maßgebend für den Nachweis [D525].

Erläuterungen zum Eurocode 2: DIN EN 1992-1-1 mit Nationalem Anhang
5 Ermittlung der Schnittgrößen

Die Beiwerte r_{inf} und r_{sup} decken Unsicherheiten in der Spannkraft aus der Vorhersage von reibungs- und zeitabhängigen Verlusten ab. Da bei Vorspannung mit sofortigem oder ohne Verbund die Spannkraft mit größerer Zuverlässigkeit eingetragen werden kann, weil die Reibung keinen bzw. geringen Einfluss hat, ist in diesen Fällen die Berücksichtigung geringerer Streuungen zulässig [D525].

Dies setzt aber eine besonders genaue Kontrolle der Vorspannkraft und weitere Qualitätssicherungsmaßnahmen (z. B. Pressengenauigkeit) voraus.

Da im Bauzustand im Allgemeinen noch keine wesentlichen zeitabhängigen Verluste vorhanden sind und bei geraden Spanngliedern geringere Auswirkungen von Abweichungen bei der Reibung auf die Vorspannkraft zu erwarten sind, dürfen in diesen Fällen günstigere Werte für r_{inf} und r_{sup} verwendet werden. In Abb. 43 sind entsprechende Werte für r_{inf} und r_{sup} in Abhängigkeit von den planmäßigen Spannkraftverlusten $\Delta P_\mu(x)$ nach Gleichung (5.45) angegeben [D525].

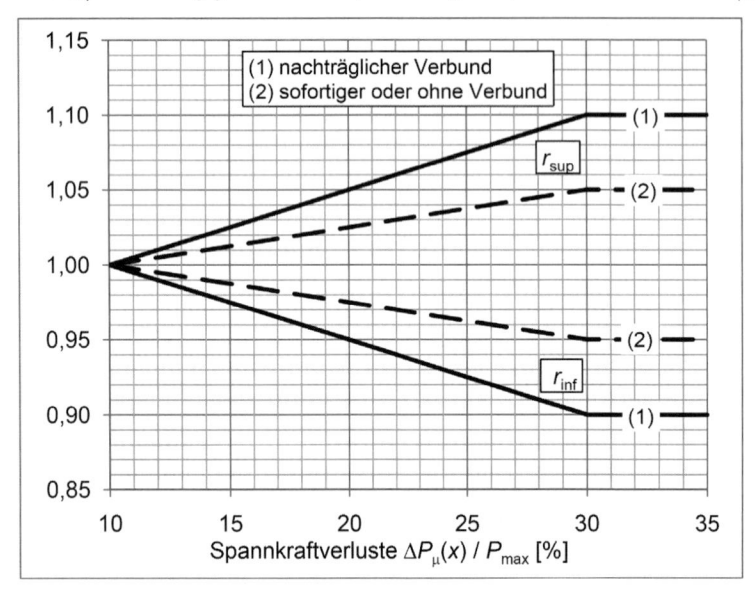

Abb. 43. Beiwerte r_{sup} und r_{inf} für Bauzustände [D525]

Zu 6 NACHWEISE IN DEN GRENZZUSTÄNDEN DER TRAGFÄHIGKEIT (GZT)

Zu 6.1 Biegung mit oder ohne Normalkraft und Normalkraft allein

Zu (2)P: Bei der Biegebemessung im Stahlbetonbau wird die Betondruckzone in der Regel mit den Bruttoquerschnittswerten berücksichtigt. Hierbei wird die von der Druckbewehrung eingenommene Fläche A_{s2} der Betondruckzone zugerechnet, sodass der Betontraganteil überschätzt wird. Dieser Einfluss ist bei üblicher Druckzonenausnutzung und üblichen Längsbewehrungsgraden jedoch vernachlässigbar. Bei hohen Bewehrungsgraden unter Einsatz höher fester Betone kann es hingegen sinnvoll sein, mit den Nettoquerschnittswerten des Betons zu rechnen (siehe auch *Zilch/Zehetmaier* in [115]).

Für schlanke Plattenbalken ($b_{eff} \geq 5b_w$) nach DAfStb-Heft [D425] kann ein zur Handrechnung geeignetes, einfaches Näherungsverfahren zur Ermittlung der erforderlichen Biegezugbewehrung angewendet werden. Diese Querschnitte weisen im Steg in der Regel vernachlässigbar geringe Betondruckspannungen auf und die Lage der resultierenden Betondruckkraft F_c darf in Gurtplattenmitte bei $0,5h_f$ angenommen werden (siehe Abb. 44).

Zunächst werden die auf die Systemlinie des Plattenbalkenquerschnitts einwirkenden Bemessungsschnittgrößen wie üblich auf die Schwerlinie der Zugbewehrung bezogen.

$$M_{Eds} = M_{Ed} - N_{Ed} \cdot z_s \qquad (18)$$

Die erforderliche Biegezugbewehrung A_s ergibt sich dann zu

$$A_s = \frac{1}{f_{yd}} \cdot \left[\frac{M_{Eds}}{z} + N_{Ed} \right] \qquad (19)$$

Drucknormalkräfte sind in den Gleichungen (18) und (19) jeweils negativ einzusetzen. Zusätzlich zur Ermittlung der erforderlichen Biegezugbewehrung ist die in der Gurtplatte als konstant angenommene Betondruckspannung nach Gleichung (20) zu überprüfen.

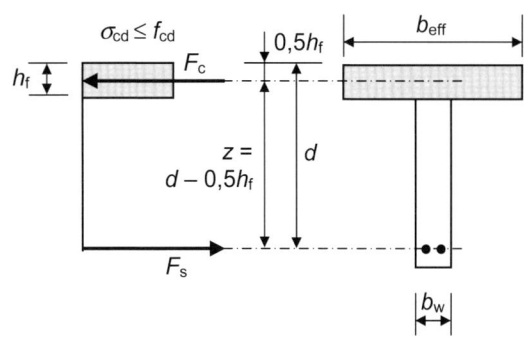

$$\sigma_{cd} = M_{Eds} / (z \cdot b_{eff} \cdot h_f) \leq f_{cd} \qquad (20)$$

Abb. 44. Näherungsweise Biegebemessung schlanker Plattenbalken (nach [D425])

Nach dem Parabel-Rechteck-Diagramm in 3.1.7 ergibt sich eine konstante Druckspannung f_{cd} über die Plattendicke, wenn die Betonstauchung am unteren Plattenrand $\varepsilon_{cd} \geq 2\text{‰}$ ist. Dies ist bei Verwendung von Betonstahl B500 unter Ansatz von $f_{yd} = 435$ N/mm² und ausgenutzter Betonstauchung am oberen Plattenrand gegeben, solange die Bedingung $h_f \leq 0,264d$ erfüllt ist. Für Betonstauchungen $\varepsilon_{cd} < 2\text{‰}$ am unteren Plattenrand wird die Druckfestigkeit des gesamten Gurtes nicht mehr ausgenutzt. Die Bemessungsergebnisse der Gleichungen (19) und (20) liegen auf der sicheren Seite, wenn für den Betonstahl die Bemessungsspannung nicht größer als f_{yd}, die Gurthöhe nicht größer als $0,264d$ und z nach Abb. 44 angenommen wird.

Zu (3)P: Bei der Verwendung von nichtlinearen Verfahren sowie einer Bemessung nach 5.7 gelten die Dehngrenzen nach Tabelle 3.1 bzw. Tabelle 11.3.1 für Leichtbeton.

Durch den Ansatz einer erhöhten Stauchungsgrenze $\varepsilon_{c2} = 2,2\text{‰}$ nach (NCI) wird mit Blick auf die zu erwartenden Kriechumlagerungen im Verbundquerschnitt eine wirtschaftliche Bemessung von Druckgliedern aus Normalbeton ermöglicht.

Bei genauerer Ermittlung der Kriechumlagerungen können sich auch größere Werte der Stauchung des Betonstahls ergeben. Allerdings ist für die elastische Betonstauchung der Wert ε_{c2} nach Tabelle 3.1 einzuhalten.

Zu (4): Der Ansatz der Mindestausmitte $e_0 = h/30 \geq 20$ mm für Querschnitte mit Längsdruckkraft (siehe Abb. 45) berücksichtigt eine in der Regel kaum vermeidbare exzentrische Lasteinleitung.

Der grau unterlegte Beanspruchungsbereich in Abb. 45 ist somit nicht zugelassen. Für vorwiegend auf Biegung beanspruchte Bauteile ist e_0 wegen der Ausmitte infolge Lastbeanspruchung vernachlässigbar und für stabilitätsgefährdete Druckglieder gelten die von der Knicklänge abhängigen Imperfektionen nach 5.2, auch wenn sie kleinere Werte ergeben.

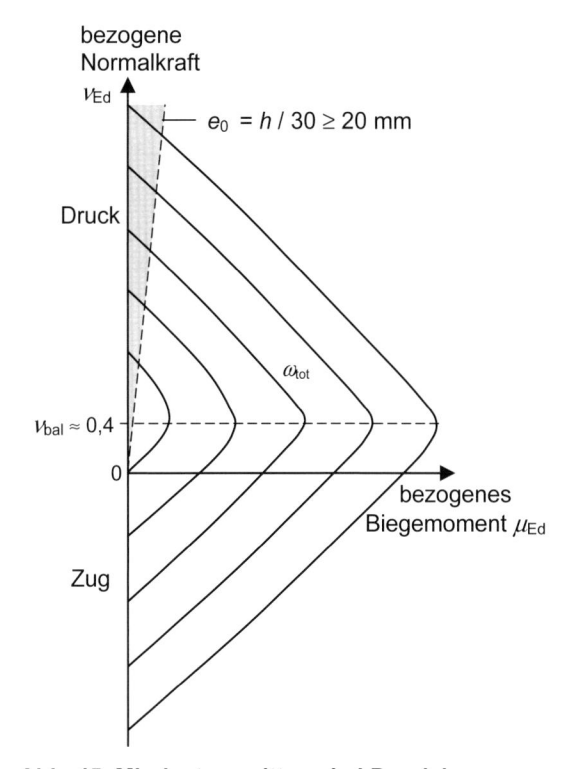

Abb. 45. Mindestausmitte e_0 bei Druck im M / N-Interaktionsdiagramm

Zu (6): Die Dehnungsbegrenzung für den Betonstahl sollte allgemein mit $\varepsilon_{ud} \leq 25\text{‰}$ eingehalten werden (siehe Erläuterungen zu 3.2.7).

Zu 6.2 Querkraft

Zu 6.2.1 Nachweisverfahren

Zu (4): Untergeordnete Bauteile sind solche, bei denen ein eventuelles sprödes Schubversagen wegen fehlender Mindestquerkraftbewehrung keinen Einsturz wesentlicher tragender Bauteile oder den Verlust der Standsicherheit des Tragwerks zur Folge hat. Die Untersuchung alternativer Lastpfade und die Abschätzung möglicher Versagensfolgen muss der sachkundige Ingenieur im Einzelfall vornehmen.

Beim Ausfall der als Beispiel genannten kurzen Stürze mit $l_{eff} \leq 2$ m dürfen z. B. nur wenige (ggf. abstürzende) Mauersteine betroffen sein. Bei Stürzen muss hierfür in der Regel sichergestellt sein, dass sich oberhalb des Sturzes ein Druckgewölbe ausbilden kann und der Gewölbeschub aufgenommen wird (siehe Abb. 46). Nähere Informationen zur Berechnung und konstruktiven Durchbildung können [D600] entnommen werden.

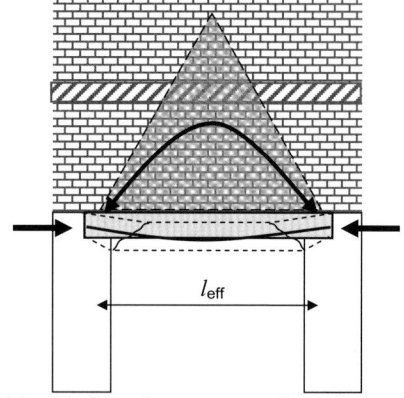

Abb. 46. Schubversagen eines Sturzes ohne Mindestquerkraftbewehrung

Bei ausreichender Querverteilung der Lasten darf auf eine Mindestquerkraftbewehrung in den Längsrippen von Rippendecken verzichtet werden. Um die in Absatz (4) geforderte ausreichende Lastumlagerung für Rippendecken in Querrichtung zu quantifizieren, wird im NA auf die Regeln von DIN 1045:1988 zurückgegriffen. Die damalige (indirekte) Nutzlastbegrenzung von 2,75 kN/m² wird im NA moderat auf $q_k \leq 3{,}0$ kN/m² (DIN EN 1991-1-1/NA [E10], Kategorien A bis B2: Wohn-, Büro- und Arbeitsflächen) angehoben.

Ansonsten gelten für den Entfall der Mindestquerkraftbewehrung in den Längsrippen von Rippendecken die ursprünglichen Randbedingungen:

- maximaler lichter Rippenabstand 700 mm,
- minimale Plattendicke mindestens 1/10 des lichten Rippenabstandes bzw. ≥ 50 mm,
- Querbewehrung in der Platte mindestens 3 ϕ 6 je m,
- durchlaufende Feldbewehrung in den Rippen mit $\phi \leq 16$ mm.

Im Bereich der Innenstützen durchlaufender Decken (Druckzone unten in den Rippen) und bei Decken, die feuerbeständig ($\geq$ REI 90) sein müssen, sind stets Bügel anzuordnen.

Zu (8): Der Querkraftnachweis im Abstand d für $V_{Rd,c}$ und $V_{Rd,s}$ darf bei einer indirekten Auflagerung oder Lasteinleitung nur angewendet werden, wenn unmittelbar im indirekten Auflager, d. h. im engen Kreuzungsbereich von Haupt- und Nebenträger, eine Aufhängebewehrung für die gesamte Auflagerkraft angeordnet wird [D525]. Beim Nachweis zur Verankerung der Längsbewehrung am Endauflager des indirekt gelagerten Trägers ist zu beachten, dass diese in einem Knoten mit Querzugbeanspruchung erfolgt. Die Verankerungslänge ist dann ggf. mit $\alpha_5 = 1{,}5$ (vgl. 8.4.4, Tabelle 8.2) wegen der Verminderung der Verbundfestigkeit auf $2/3 \cdot f_{bd}$ in Rissen parallel zum verankerten Stab zu vergrößern. Wird im Kreuzungsbereich von Bauteilen von den Auslagerungsmöglichkeiten der Aufhängebewehrung nach 9.2.5 Gebrauch gemacht, sind die Querkraftnachweise am Trägeranschnitt zu führen [D525].

Zu 6.2.2 Bauteile ohne rechnerisch erforderliche Querkraftbewehrung

Zu (1): Die Spannstahlfläche A_p einer Vorspannung mit sofortigem Verbund darf der Fläche der Bewehrung in der Zugzone A_{sl} hinzuaddiert werden, da die für die Bauart zugelassenen Spannstähle (Einzellitzen, Drähte) vergleichbare Verbundfestigkeiten aufweisen wie Betonstähle. Spannbewehrung mit nachträglichem Verbund und ohne Verbund darf nicht angesetzt werden. Die Begrenzung des Längsbewehrungsgrades in Gleichung (6.2a) auf $\rho_l \leq 0{,}02$ soll verhindern, dass überbewehrte Bauteile mit sprödem Bruchtragverhalten ohne Querkraftbewehrung geplant werden [D525].

Die Mindestquerkrafttragfähigkeit V_{min} bei geringen Längsbewehrungsgraden wurde durch *Reineck* in [87] untersucht. Die Überprüfung des Mindestwertes der Querkrafttragfähigkeit mit Versuchen aus [88] ergab, dass diese mit größeren Nutzhöhen sowie für niedrigere Bewehrungsgrade abnimmt (Abb. 47). Daher wurde wie bereits in DIN 1045-1 im NA der Ansatz für die Mindestquerkrafttragfähigkeit für Bauteile mit statischen Nutzhöhen über 800 mm um ca. 30 % gegenüber dem Wert für dünnere Bauteile mit $d \leq 600$ mm reduziert (vgl. Gleichungen (6.3aDE) und (6.3bDE)).

Die bezogenen Querkrafttragfähigkeiten nach den Gleichungen (6.2a) und (6.2b) sind für dünne Bauteile ($d \leq 200$ mm) ohne Normalkraftbeanspruchung beispielhaft in Abb. 48 dargestellt. Im Bereich geringer Längsbewehrungsgrade ($\rho_l < 0{,}5$ % bis 0,8 %) liefert der Mindestwert für normalfeste Betone größere Tragfähigkeiten als die Querkrafttragfähigkeit nach Gleichung (6.2a).

$\gamma_{mod} = v_{u,test} / v_{k,min}$ Gl. (6.3aDE)

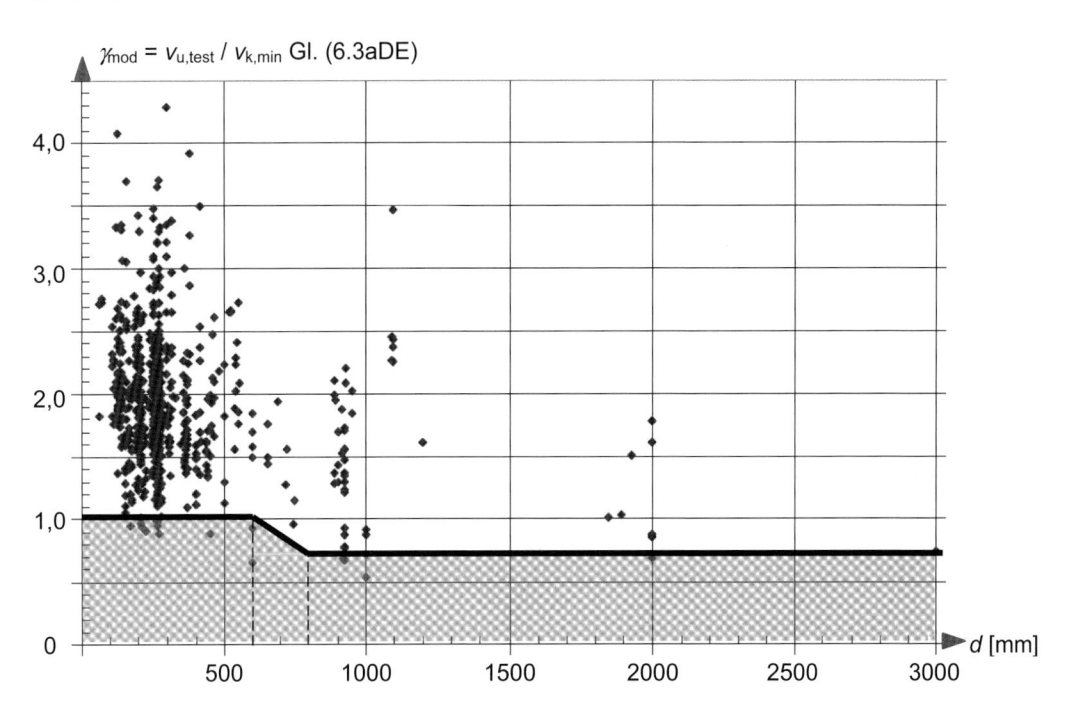

Abb. 47. Abhängigkeit des Modellsicherheitsbeiwertes γ_{mod} für den charakteristischen Mindestwert der Querkrafttragfähigkeit von der Nutzhöhe d (nach *Reineck* [87])

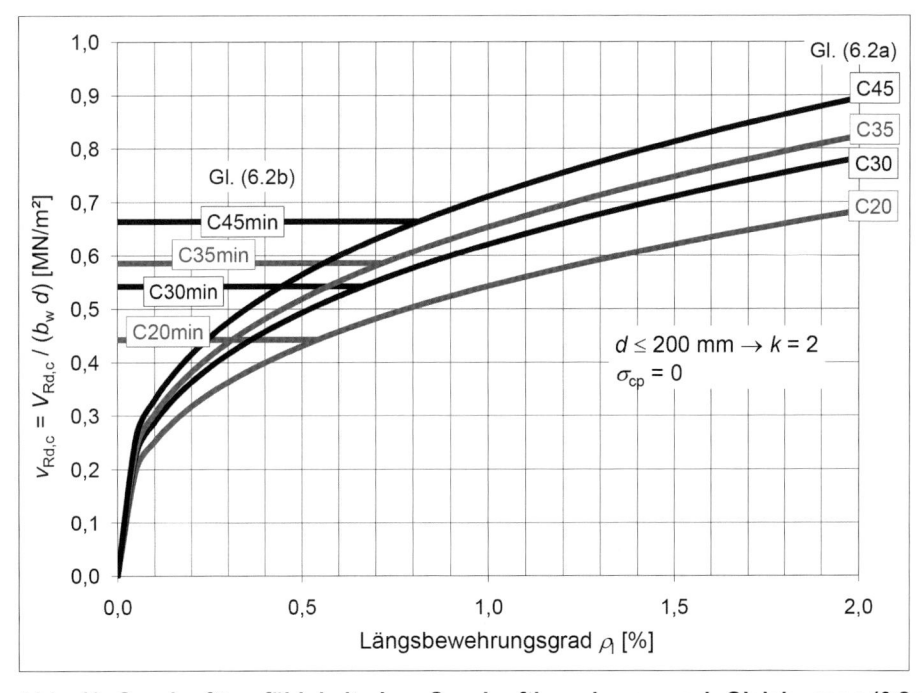

Abb. 48. Querkrafttragfähigkeit ohne Querkraftbewehrung nach Gleichungen (6.2a) und (6.2b)

Aus [D525]: Die Tragfähigkeit von Stahlbetondecken ohne Querkraftbewehrung mit im Querschnitt integrierten Öffnungen (z. B. für TGA-Leitungen) wird durch Einflussparameter wie Hohlraumdurchmesser, statische Nutzhöhe, Betonfestigkeit und Lage der Öffnungen im Querschnitt beeinflusst. Nach dem Vorschlag von *Schnell* und *Thiele* [94] ist sinngemäß in den Gleichungen (6.2) für die Querkrafttragfähigkeit von Bauteilen ohne Querkraftbewehrung der Faktor $C_{Rd,c}$ bzw. der Mindestwert v_{min} mit einem Faktor k_o zur Berücksichtigung von Öffnungen abzumindern (siehe Abb. 49 und Gleichungen (21) bis (24)).

Zugspannungen sind mit $\sigma_{cp} < 0$ zu berücksichtigen, die günstige Wirkung von Druckspannungen $\sigma_{cp} > 0$ sollte jedoch im Bereich von Öffnungen vernachlässigt werden. Beim Biegenachweis ist der Erhalt der erforderlichen Druckzonenhöhe nachzuweisen.

Bei einer Gruppenanordnung von nebeneinander liegenden runden Öffnungen dürfen die Gleichungen für Einzelöffnungen (21) bis (23) angewendet werden, wenn gegenseitige Mindestachsabstände a_o eingehalten werden. Bei engeren Abständen sind die Öffnungen zu einer umschließenden rechteckigen Öffnung zusammen zu fassen (Abb. 49 d). Der Abstand der Öffnungen zu Einzellasten sollte mindestens der Nutzhöhe d entsprechen.

Bei weiteren Untersuchungen haben *Schnell* und *Thiele* festgestellt [95], dass die Anordnung von Leerrohrgruppen mit kleineren Rohrdurchmessern $d_o / d \leq 0{,}1$ und Achsabständen $a_o \geq 4d_o$ keine Beeinträchtigung der Querkrafttragfähigkeit ohne Querkraftbewehrung $V_{Rd,c}$ erwarten lässt. Eine Abminderung der Querkrafttragfähigkeit ohne Querkraftbewehrung ist in diesem Fall nicht erforderlich.

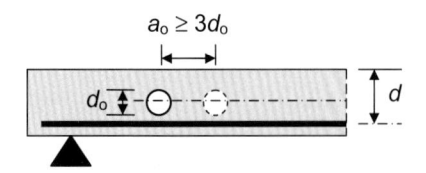

a) runde Öffnung mit $0{,}2 \leq d_o / d \leq 0{,}35$ auf der Zugseite

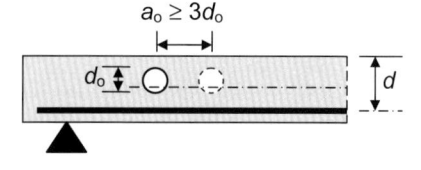

b) runde Öffnung mit $0{,}2 \leq d_o / d \leq 0{,}35$ und mit Achse $\geq 0{,}2d_o$ von der Schwerelinie in Richtung Druckzone

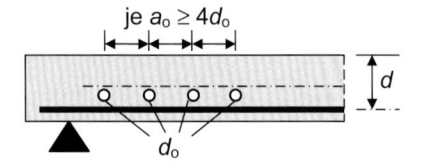

c) kleine runde Öffnungen $0{,}1 \leq d_o / d < 0{,}2$

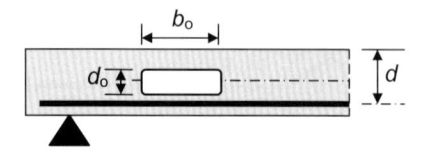

d) rechteckige Öffnung $b_o / d_o < 4$ ($d_o \leq d / 4$)

Abb. 49. Querkrafttragfähigkeit ohne Querkraftbewehrung mit Öffnungen

a) runde Öffnung im gezogenen Querschnittsbereich mit $0{,}2 \leq d_o / d \leq 0{,}35$ und Achsabständen $a_o \geq 3d_o$:

$$k_o = 1{,}0 - d_o / d \qquad (21)$$

b) runde Öffnung, deren Achse um $\geq 0{,}2d_o$ von der Querschnittsschwerelinie in Richtung Druckzone verschoben ist, mit $0{,}2 \leq d_o / d \leq 0{,}35$ und Achsabständen $a_o \geq 3d_o$:

$$k_o = 1{,}1 - d_o / d \qquad (22)$$

c) runde Öffnungen mit $0{,}1 \leq d_o / d < 0{,}2$ und Achsabständen $a_o \geq 4d_o$:

$$k_o = 1{,}2 - 2d_o / d \qquad (23)$$

d) rechteckige Einzelöffnung mit $b_o / d_o < 4$ ($d_o \leq d / 4$):

$$k_o = 0{,}95 - \frac{d_o}{d} - \left(\frac{d_o}{d} - 0{,}03\right) \cdot \ln\left(\frac{b_o}{d_o}\right) \qquad (24)$$

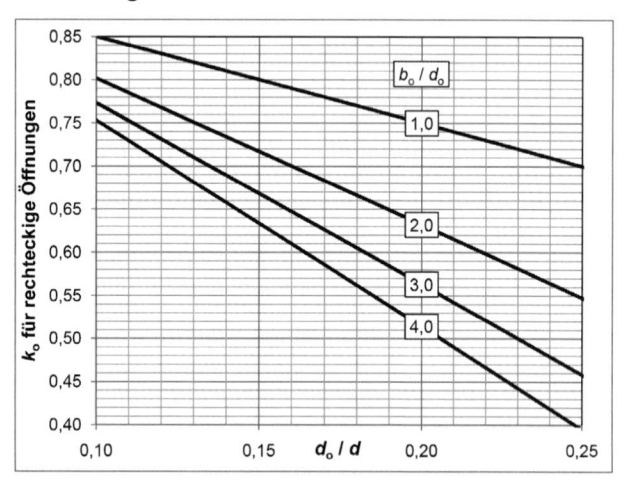

Abb. 50. Abminderungsbeiwert für rechteckige Öffnungen nach Gl. (24) (nach [94])

Zu (2): Bei der Ermittlung des Querkraftwiderstandes $V_{Rd,c}$ nach Gleichung (6.2a) ist eine Verringerung der aufnehmbaren Querkraft infolge einer Biegerissbildung im Vergleich zu einem reinen Schubzugversagen berücksichtigt. Durch eine Vorspannung oder äußere Drucknormalkräfte kann ein Querschnitt bereichsweise biegerissfrei bleiben. In diesen Bereichen ohne Biegerisse darf die Querkrafttragfähigkeit alternativ nach Gleichung (6.4) auf der Basis der Hauptzugspannungsgleichung ermittelt werden. Ein Bereich gilt als ungerissen, wenn die Biegezugspannungen im Grenzzustand der Tragfähigkeit kleiner als f_{ctd} sind. Bei Spannbetonbauteilen ist zusätzlich eine Rissbildung infolge der eingeleiteten Vorspannkraft durch eine ausreichende Spaltzugbewehrung zu beschränken. Die Bestimmung der Spaltzugbewehrung kann dabei beispielsweise nach [D525] oder anderen Stabwerkmodellen erfolgen, die den in 5.6.4 und 6.5 für Stabwerkmodelle beschriebenen Grundsätzen entsprechen.

Bei der Bestimmung der anrechenbaren Querschnittsbreite b_w in Gleichung (6.4) müssen die Spanngliedhüllrohre je nach Verbundart entsprechend den Gleichungen (6.16) bzw. (6.17) berücksichtigt werden. Der Eingangswert σ_{cp} beschreibt i. d. R. die Betondruckspannung im Schwerpunkt und muss positiv eingesetzt werden. DIN EN 1992-1-1 weist explizit darauf hin, dass bei Querschnitten veränderlicher Breite der maßgebende Schnitt, in dem die Hauptzugspannung σ_I die Zugfestigkeit überschreitet, außerhalb der Schwereachse liegen kann. Die Gleichung zur Bestimmung von $V_{Rd,c}$ nach Gleichung (6.4) ist somit in verschiedenen Schnitten über die Querschnittshöhe auszuwerten (weitere Erläuterungen hierzu siehe DAfStb-Heft 600 [D600]).

Zu (6): Die Begrenzung der Druckstrebentragfähigkeit nach Gleichung (6.5) wird in der Regel nur bei sehr großen auflagernahen Einzellasten maßgebend. Mit dem Abminderungsbeiwert $\nu = 0{,}675$ wird die Druckstrebenauslastung in einem 45°-Fachwerk analog Gleichung (6.9) auf

$$V_{Rd,max} = 0{,}5 \cdot b_w \cdot d \cdot 0{,}675 \cdot f_{cd} = 0{,}5 \cdot b_w \cdot 0{,}9d \cdot 0{,}75 \cdot f_{cd} = b_w \cdot z \cdot 0{,}75 \cdot f_{cd} / (\cot 45° + \tan 45°) \qquad (25)$$

festgelegt. Für den Abstand der Einzellast a_v ist der lichte Abstand zwischen Auflagerrand und Lasteinleitungsbereich maßgebend. Hierfür ist z. B. die Abmessung eines Lagers oder einer Fußplatte festzulegen. Der Ansatz der Lastachse für a_v liegt auf der sicheren Seite.

Zu 6.2.3 Bauteile mit rechnerisch erforderlicher Querkraftbewehrung

Zu (2): Die Berechnung von $\cot\theta$ nach DIN 1045-1 erfolgt in Abhängigkeit der Querkraftauslastung, wohingegen der Druckstrebenwinkel nach EN 1992-1-1 in den Grenzen $1 \leq \cot\theta \leq 2{,}5$ frei gewählt werden darf. Hierdurch ergibt sich im Bereich geringer Querkraftauslastung ($\tau_{Ed} \approx 1{,}0$ N/mm²) in vielen Fällen nach DIN 1045-1 ein Druckstrebenwinkel von $\cot\theta = 3{,}0$ ($\approx 18°$), während nach EN 1992-1-1 der Winkel auf $\cot\theta = 2{,}5$ ($\approx 22°$) begrenzt ist. Die Folge ist eine Erhöhung der Querkraftbewehrung nach EN 1992-1-1 um etwa 20 %. Diese Tendenz kehrt sich mit zunehmender Querkraftauslastung um. So kann bei mittlerer Querkraftauslastung die erforderliche Bewehrungsmenge nach EN 1992-1-1 um 10 % bis 40 % geringer sein [27].

Eine solche Reduktion ist durch den Erfahrungshorizont in Deutschland nicht abgedeckt und die damit verbundene Absenkung des vorhandenen Zuverlässigkeitsniveaus scheint nicht vertretbar. Daher wird im NA das Fachwerkmodell mit der Wahl einer variablen Druckstrebenneigung nach *Reineck* aus DIN 1045-1 wieder eingeführt.

Die rechnerische Neigung θ der Druckstrebe ergibt sich somit beanspruchungsabhängig ausgehend von einem Winkel von $\theta = 40°$ ($\cot\theta = 1{,}2$) in Abhängigkeit vom Verhältnis der Betonlängsspannung zur Betondruckfestigkeit (σ_{cd} / f_{cd}) und dem Verhältnis des Betontraganteils zur einwirkenden Querkraft ($V_{Rd,cc} / V_{Ed}$) (für $\sigma_{cd} = 0$ Abb. 51).

Die Untergrenze von $\theta = 18{,}5°$ ($\cot\theta = 3$) entspricht ungefähr dem Druckstrebenwinkel bei Bauteilen mit Mindestquerkraftbewehrung. Sie wird maßgebend, wenn der Betontraganteil $V_{Rd,cc} \geq V_{Ed}$ ist.

Die Vereinfachungen für $\cot\theta = 1{,}2$ (bzw. 1,0 bei Längszugspannung) nach (NDP) dürfen verwendet werden, auch wenn sich nach Gleichung (6.7aDE) geringere Werte ergeben.

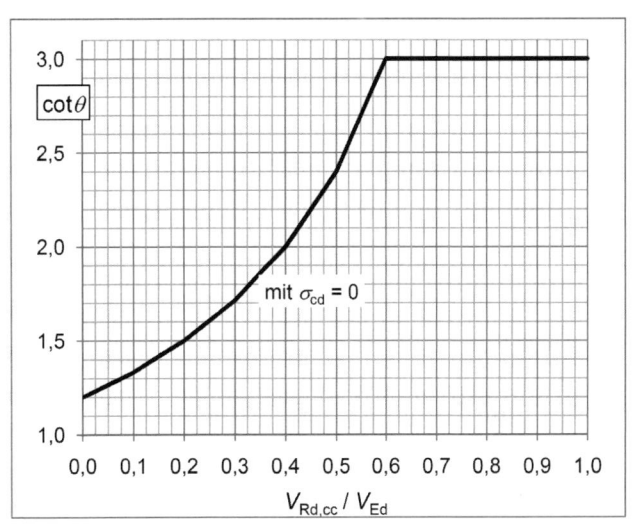

Abb. 51. Minimal zulässiger Druckstrebenwinkel ($\cot\theta$ bei $\sigma_{cd} = 0$)

Aus [D525]: Der Querkraftanteil $V_{Rd,cc}$ nach Gleichung (6.7bDE) ist nicht mit dem Bemessungswert der Querkraft $V_{Rd,c}$ für Bauteile ohne Querkraftbewehrung gleichzusetzen. Bei Bauteilen ohne Bügel öffnet sich ein Riss sehr weit und führt zum Bruch ($V_{Rd,c}$), wohingegen sich bei bügelbewehrten Stegen ($V_{Rd,cc}$) viele Risse in vergleichsweise engen Abständen bilden können. Somit stellen sich ein völlig anderer Dehnungs- und Spannungszustand im Steg und andere Verhältnisse für den Betontraganteil ein, die für das Tragverhalten beider Bauteile eine wesentliche Rolle spielen. Der Querkraftanteil $V_{Rd,cc}$ kann als Vertikalkomponente der Reibungskräfte in einem Schrägriss gedeutet werden. Der Querkraftanteil $V_{Rd,cc}$ nimmt mit zunehmendem Längsdruck σ_{cd} ab. Die Ursache ist, dass die Rissneigungen bei Längsdruck flacher werden und somit die Vertikalkomponente der Kräfte im Riss auch abnimmt. Durch die Vereinheitlichung des Bemessungskonzeptes für Querkraft wurde der Rauigkeitsfaktor c aus Gleichung (6.25) hier eingeführt, um die Querkraftbemessung von Bauteilen mit Fugen senkrecht zur Bauteilachse zu ermöglichen (siehe 6.2.5 (NA.6)).

Mit Gleichung (6.7aDE) wird mit einem maximalen $\cot\theta$ der flachstmögliche Druckstrebenwinkel θ_{min} ermittelt, der zu minimaler Querkraftbewehrung $a_{sw,erf}$ sowie zu maximalem Versatzmaß a_l führt. Der Druckstrebenwinkel θ darf jedoch zwischen diesem Minimalwert und 45° frei gewählt werden. Wird die Querkraftbewehrung größer gewählt (z. B. aus konstruktiven Gründen oder als zusätzliche Verbundbewehrung), darf dementsprechend auch der zugehörige mögliche steilere Druckstrebenwinkel mit gew. $\cot\theta$ in den weiteren Nachweisen ausgenutzt werden (z. B. für eine größere Maximaltragfähigkeit $V_{Rd,max}$ oder für kürzere Versatzmaße und Verankerungslängen):

$$\text{gew. } \cot\theta \leq \max \cot\theta \cdot a_{sw,erf} / a_{sw,vorh} \tag{26}$$

Zu (3): Die im Verbund liegende Querkraftbewehrung trägt Querzugspannungen in den Beton ein, sodass eine Abminderung der Betondruckfestigkeit mit dem Faktor ν_1 bei der Ermittlung der maximalen Druckstrebentragfähigkeit $V_{Rd,max}$ erforderlich ist. Weiterhin wirken die Bewehrungsstäbe als Störungen und die unregelmäßige Rissoberfläche vermindert den Querschnitt der Druckstrebe [89]. Wegen der beanspruchungsabhängigen und an der Schubrissneigung orientierten Begrenzung des Druckstrebenwinkels und aufgrund von Versuchsauswertungen wurde für normalfeste Betone vorsichtig ein konstanter Wert $\nu_1 = 0{,}75$ festgelegt. Für hochfeste Betone wird die Druckstrebenfestigkeit aufgrund der zunehmenden Sprödigkeit im NA mit $\nu_2 = (1{,}1 - f_{ck} / 500)$ bei Querkraftbeanspruchung, Stabwerkmodellen usw. abgemindert, weil hierfür derzeit noch vergleichsweise geringe Versuchserfahrungen vorliegen.

Für den Nachweis von $V_{Rd,max}$ für die Querkraft am Auflagerrand ist der gewählte Druckstrebenwinkel θ_{gew} aus der Bemessung der Querkraftbewehrung zu verwenden, auch wenn diese mit einer ggf. reduzierten Querkraft nach 6.2.1 (8) bzw. 6.2.3 (8) ermittelt wurde [D525].

Erläuterungen zum Eurocode 2: DIN EN 1992-1-1 mit Nationalem Anhang
6 Nachweise in den Grenzzuständen der Tragfähigkeit (GZT)

Zu (4): Aus [D525]: Nach der Fachwerkanalogie ergibt sich nach Gleichung (6.14) für eine geneigte Querkraftbewehrung eine höhere Druckstrebentragfähigkeit als für eine senkrechte Bewehrung. Werden Querkraftbewehrungen mit unterschiedlichen Winkeln α zur Schwerachse verwendet, darf $V_{Rd,max}$ je Bewehrungsneigung anteilig ausgenutzt werden. Nach Aufteilung der einwirkenden Querkraft V_{Ed} auf die beiden Querkraftbewehrungen mit den Winkeln α_1 und α_2 zur Schwerachse gilt für die Maximaltragfähigkeit:

$$(V_{Ed,\alpha 1} / V_{Rd,max,\alpha 1}) + (V_{Ed,\alpha 2} / V_{Rd,max,\alpha 2}) \leq 1{,}0 \qquad (27)$$

Zu (5): Der Längenabschnitt ($z \cdot \cot\theta$) bezeichnet die Länge des Schubfeldes mit einer bereichsweise konstanten Querkraftbewehrung, das die Kräfte aus dem unter dem Winkel θ geneigten Druckfeld hochhängt. Für oberseitig angreifende Gleichlasten ist die Abdeckung der Querkraftlinie in Abb. 52 a) und für unten angehängte Gleichlast (z. B. Anschluss einer Decke an Überzug) in Abb. 52 b) dargestellt. Der Ansatz des kleinsten Wertes von V_{Ed} im Schubfeld bei unten angehängten Lasten setzt voraus, dass diese mit zusätzlicher Bewehrung hochgehängt werden. Ohne diese Aufhängebewehrung ist der Bemessung der Querkraftbewehrung der maximale Wert von V_{Ed} im Schubfeld zugrunde zu legen.

a) Gleichlast auf der Bauteiloberseite

b) Gleichlast an der Bauteilunterseite ohne Aufhängebewehrung

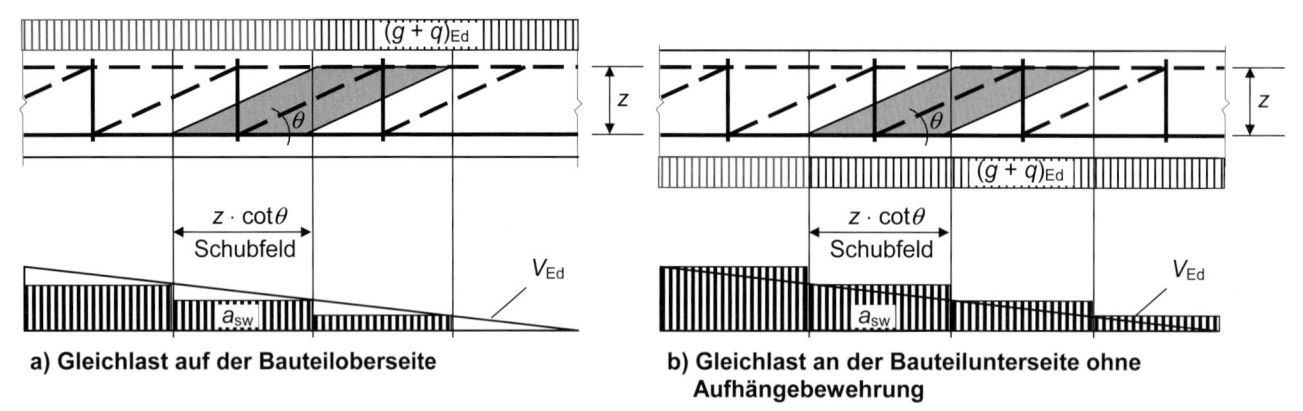

Abb. 52. Querkraftdeckungslinie in Bereichen ohne Diskontinuität (z. B. Gleichlasten)

Das Einschneiden und Auftragen der Querkraftdeckungslinie bis jeweils $0{,}5d$ Verteilungslänge vom Bemessungsschnitt für a_{sw} bzw. $V_{Rd,s}$ in Richtung Auflager (Abb. 53 analog DIN 1045-1, Bild 68) liegt für oben eingetragene Gleichlasten auf der sicheren Seite und führt zu einer gegenüber Abb. 52 a) engeren Abtreppung. Bei unten angehängter Belastung darf nicht eingeschnitten werden, d. h., die Querkraftbewehrung wird immer nur neben dem Bemessungsschnitt aufgetragen (Abb. 52 b).

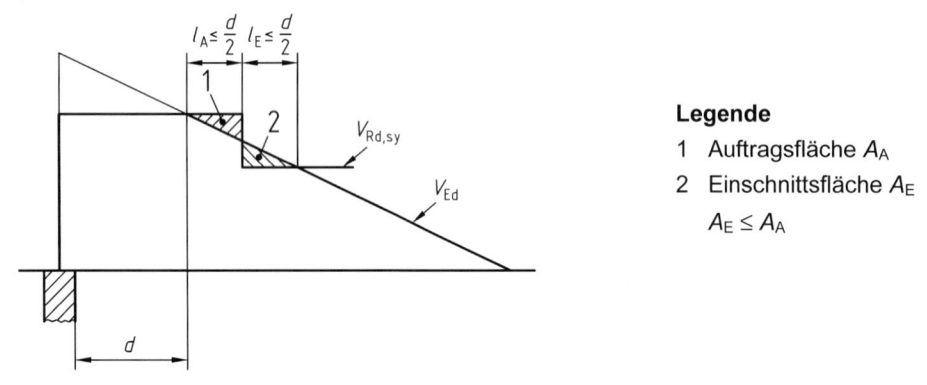

Legende
1 Auftragsfläche A_A
2 Einschnittsfläche A_E
$A_E \leq A_A$

Abb. 53. Einschneiden der Querkraftdeckungslinie (nach DIN 1045-1, Bild 68)

Zu (6): Die Reduktion der Querschnittsbreite auf $b_{w,nom}$ berücksichtigt u. a. die Querzugspannungen infolge der Umlenkung der Druckstrebe um die Hüllrohre. Mit zunehmendem Steifigkeitsunterschied zwischen Beton- und Spanngliedquerschnitt erhöhen sich die Querzugspannungen. Der E-Modul von Einpressmörtel bei Vorspannung mit nachträglichem Verbund ist deutlich geringer als der E-Modul von normalfestem Beton. Da bei Kunststoffhüllrohren und Spanngliedern ohne Verbund die gesamte Druckstrebenkraft umgelenkt wird, ist eine weitere Verminderung der rechnerischen Stegbreite erforderlich.

Zu 6.2.4 Schubkräfte zwischen Balkensteg und Gurten

Zu (1): Bei Bauteilen mit gegliederten Querschnitten breiten sich die vom Steg auf die Gurte übertragenen Schubkräfte in den Gurtscheiben rechnerisch bis auf die mitwirkende Breite b_{eff} aus. Dies bewirkt Zugkräfte rechtwinklig zur Bauteilachse, die mit einem Fachwerkmodell nach Bild 6.7 berechnet werden können.

Zu (3): Aus [D525]: Für die Ermittlung der Bemessungsschubspannung v_{Ed} erfolgt eine abschnittsweise Betrachtung des Trägers über die Länge Δx. In diesen Abschnitten wird davon ausgegangen, dass die Längsschubkraft näherungsweise konstant und das Biegemoment linear veränderlich ist. Das trifft für Bereiche mit parabelförmigem Moment nicht zu. Deshalb muss dann zur Ermittlung von Δx der Abstand zwischen Parabelmaximum und Momentennullpunkt mindestens halbiert werden, sodass die Schubkraftkurve durch zwei Geradenabschnitte angenähert wird.

Erläuterungen zum Eurocode 2: DIN EN 1992-1-1 mit Nationalem Anhang
6 Nachweise in den Grenzzuständen der Tragfähigkeit (GZT)

Zu (5): Die aus dem Fachwerkmodell ermittelte Zugbewehrung A_{sf}/s_f wird i. d. R. je zur Hälfte oben und unten im Gurtflansch eingelegt. Wird die Gurtplatte noch zusätzlich aus Querbiegung über dem Steg beansprucht, darf die entsprechend erforderliche bzw. eingelegte Biegebewehrung angerechnet werden.

> **Beispiel 6.1: Verteilung der Gurtbewehrung**
> - aus der Schubbemessung des Gurtplattenanschlusses an den Steg nach 6.2.4:
>   erf a_{sf} = 10 cm² / m → d. h. je 5 cm²/m in der Gurtplatte oben und unten
> - aus der Biegebemessung der Platte in Querrichtung:
>   Stützbewehrung: erf $a_{s,St}$ = 7 cm² / m;
>   Feldbewehrung, die über das Auflager geführt wird: erf $a_{s,F}$ = 4 cm² / m
>
> Im Bereich der mitwirkenden Breite b_{eff} erforderliche Bewehrung:
> Oben: erf $a_{s,o}$ = 7 cm² / m (= $a_{s,St}$ > $a_{sf}/2$); Unten: erf $a_{s,u}$ = 5 cm² / m (= $a_{sf}/2$ > $a_{s,F}$)

Zu (6): Bei Schubspannungen am monolithischen Gurtplattenanschluss, die weniger als 40 % des Bemessungswertes der Betonzugfestigkeit betragen, kann die Gurtanschlusskraft über die Betonzugfestigkeit bzw. die Betondruckzone aus der Querbiegung allein aufgenommen werden. Voraussetzung hierfür ist eine für Querbiegung bewehrte Gurtplatte.

Zu 6.2.5 Schubkraftübertragung in Fugen

Zu (1): Die zusätzlichen Nachweise der Schubkraftübertragung längs zu Verbundfugen werden in DIN EN 1992-1-1 auf rechnerische Schubspannungen zurückgeführt. Die Gleichung (6.25) zur Berechnung der aufnehmbaren Schubspannung v_{Rdi} basiert auf der „Schubreibungstheorie". Die Fugentragfähigkeit setzt sich aus den drei additiven Anteilen – Adhäsion ($v_{Rdi,ad}$), Reibung ($v_{Rdi,r}$) und Bewehrung ($v_{Rdi,sy}$) – nach Gleichung (28) zusammen (siehe Abb. 54). Die maximale Schubtragfähigkeit $v_{Rdi,max}$ wird dabei durch die abgeminderte Druckfestigkeit des Neu- oder Altbetons begrenzt.

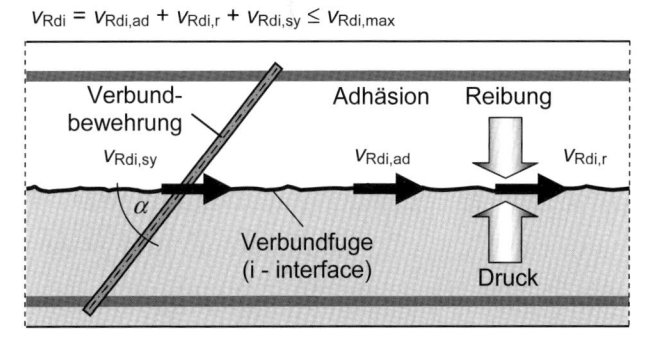

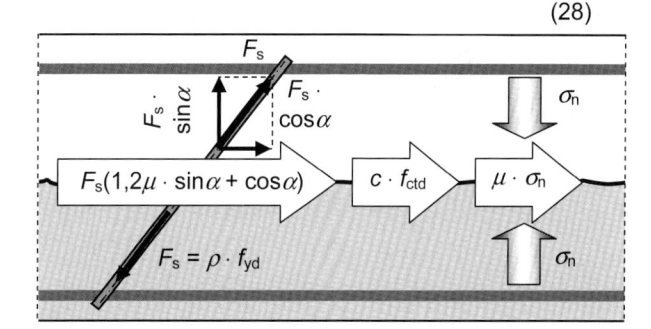

$$v_{Rdi} = v_{Rdi,ad} + v_{Rdi,r} + v_{Rdi,sy} \leq v_{Rdi,max} \tag{28}$$

Abb. 54. Bemessungsmodell für Verbundfugentragfähigkeit

Hierbei darf die vorhandene Querkraftbewehrung als Verbundbewehrung angerechnet werden. Im Gegensatz zur EN 1992-1-1 wurde im NA für den Schubtraganteil der zur Fuge orthogonalen Bewehrungskomponente der Faktor 1,2 eingefügt, der der Gleichung (86) für $\cot\theta$ aus DIN 1045-1 entnommen wurde. Dies führt ungefähr zu den durch Versuche abgesicherten, wirtschaftlicheren Verbundbewehrungsmengen. Mechanisch könnte der Faktor als ein Anteil aus der Dübelwirkung der Bewehrung im GZT interpretiert werden.

Bei sehr glatten Fugen darf i. d. R. nur der Traganteil aus Reibung unter vorhandenen Druckspannungen angerechnet werden. Dieser wird dann auf den Maximalwert für glatte Fugen begrenzt:

$$v_{Rdi,r,glatt} \leq 0{,}5 \cdot \nu \cdot f_{cd} = 0{,}5 \cdot 0{,}2 \cdot f_{cd} = 0{,}1 f_{cd} \tag{29}$$

Wenn keine besonderen Anforderungen an die Gebrauchstauglichkeit gestellt werden, ist auch der zur Fuge parallele Traganteil einer geneigten Verbundbewehrung im GZT anrechenbar, wobei der Maximalwert nach Gleichung (29) auch hier einzuhalten ist.

Zu (2): Zu den vier **Rauigkeitskategorien** für Verbundfugen wird in [D525] erläutert:

Unbehandelte Fugenoberflächen sind der Kategorie **„sehr glatt"** zuzuordnen, wenn im ersten Betonierabschnitt Beton der Ausbreitmaßklasse ≥ F5 (fließfähige bzw. sehr fließfähige Konsistenz) verwendet wird. Dabei wird berücksichtigt, dass insbesondere unter der Schwerkraft verlaufende Fugenoberflächen, die nach dem Betonieren nicht weiter behandelt bzw. aufgeraut werden, sehr ungünstige Eigenschaften aufweisen können. Diese ergeben sich aus der fehlenden Makrorauigkeit und durch Sedimentationsvorgänge, die eine Schicht mit geringer Tragfähigkeit bilden (Zementschlempe).

Eine Fugenoberfläche darf als **„rau"** eingestuft werden, wenn eine Oberfläche mit mindestens 3 mm Tiefe der Rauigkeit durch Rechen mit maximal 40 mm Zinkenabstand oder durch entsprechendes Freilegen der Gesteinskörnung erzeugt wird (vgl. Abb. 55). Andere Methoden, die ein äquivalentes Tragverhalten herbeiführen, sind zulässig, wenn die mit dem Sandflächenverfahren nach *Kaufmann* bestimmte mittlere Rautiefe $R_t \geq 1{,}5$ mm bzw. als maximale Profilkuppenhöhe $R_p \geq 1{,}1$ mm beträgt. Die Korrelation zwischen Profilkuppenhöhe R_p und mittlerer Rautiefe R_t ist in Abb. 56 dargestellt.

Eine Fuge gilt als **„verzahnt"**, wenn eine Gesteinskörnung mit $d_g \geq 16$ mm verwendet und das Korngerüst mindestens 6 mm tief freigelegt wird. Die Rauigkeitsparameter für die Zuordnung der Kategorie „verzahnt" sollten als mittlere Rautiefe $R_t \geq 3{,}0$ mm bzw. als maximale Profilkuppenhöhe $R_p \geq 2{,}2$ mm betragen.

Als einfaches, in der Praxis einer Baustelle anwendbares Messmittel für die Rauigkeit freigelegter Gesteinskörnungen 3 mm („raue" Fuge) bzw. 6 mm („verzahnte" Fuge) kann z. B. ein Gerät ähnlich einem Reifenprofilmesser mit einer angemessen langen Messbasis genutzt werden. Die zusätzlich angegebenen Rauigkeitsparameter mittlere Rautiefe R_t nach *Kaufmann* bzw. maximale Profilkuppenhöhe R_p nach *Schäfer* [D456] sind als abschätzende Konformitätskriterien in Zweifelsfällen oder für Kontrollen im Fertigteilwerk gedacht. Die Werte sollten als Mittelwerte von mindestens drei Messungen nachgewiesen werden. Die Frage, ab welcher Messlänge in Längs- und Querrichtung und mit welcher Anzahl ein repräsentatives Ergebnis erzielt werden kann, ist allerdings noch ungeklärt. Zum Erreichen einer hohen Genauigkeit empfehlen sich heute digitale Systeme, mit denen Profile der Oberflächen aus Laser- bzw. optischen Messungen dargestellt werden können (vgl. *Lenz* [65]).

Wesentlich für die Sicherstellung der rechnerisch vorausgesetzten Tragfähigkeit ist die sorgfältige Vorbereitung der Fugenoberflächen. Auf die Regelungen in DIN EN 13670 [R9] bzw. DIN 1045-3 [R10], 8.2 (4), zur erforderlichen Fugenvorbereitung wird in diesem Zusammenhang besonders hingewiesen. Neben der Oberflächenrauigkeit sind die Sauberkeit und das angemessene Vornässen der Fugen (nicht Überfluten) sowie eine ausreichende Verdichtung des Ortbetons entscheidend. Insbesondere bei der Herstellung der Rauigkeit mit Stahlrechen kommt es auf den richtigen Erhärtungszeitpunkt des Betons an: bei zu frühem Rechenaufziehen verläuft der noch nicht erhärtete plastische Beton wieder und bei zu spätem Rechenseinsatz wird das Gefüge der gerade erhärtenden Betonrandzone durch Herausreißen der dann losen Gesteinskörnung empfindlich gestört.

Abb. 55. Beispiele für unterschiedliche Fugenoberflächen auf einer Elementplatte (links aufgeraut, rechts unbehandelt)

Abb. 56. Korrelation zwischen Profilkuppenhöhe R_p nach *Schäfer* und mittlerer Rautiefe R_t nach *Kaufmann* (nach [D456])

Nach Versuchsauswertungen besteht bei sehr glatten oder glatten Fugenoberflächen eher die Gefahr, dass kleinere Verunreinigungen und Störstellen zu einer Beeinträchtigung des Tragverhaltens führen. Um zu verhindern, dass sich Schubrisse mehr oder weniger ungestört in der Fuge fortsetzen, sollten balkenartige Bauteile stets mit einer rauen oder verzahnten Fuge ausgeführt werden. Die Bemessungsergebnisse für glatte Fugen können auf der unsicheren Seite liegen, falls es zu einem vollflächigen Abscheren der Fugenufer kommt. Bei plattenartigen Bauteilen wird das vollflächige Abscheren unwahrscheinlicher.

Zu (3): Bei der Addition der Traganteile von Gitterträgern und sonstiger Verbundbewehrung sind die ggf. abweichenden Randbedingungen in den Zulassungen der Gitterträger zu beachten (z. B. Bemessungskonzept, Fugenrauigkeit).

Im Gegensatz zu Absatz (1) dürften nach (3) auch in Schubrichtung fallende Einzeldiagonalstäbe mit 90° < α ≤ 135° für die Fugentragfähigkeit berücksichtigt werden. In Deutschland werden diese Bewehrungsdruckdiagonalen bisher nicht als Verbundbewehrung angerechnet. Das Schubreibungsmodell, wonach die orthogonale Verbundbewehrungskomponente infolge der mit der Rauigkeit zunehmenden Rissöffnung ansteigt, trifft bei diesen Diagonalen nicht zu. Eher ist ein ausgeprägterer Dübeleffekt zu erwarten. Erste Versuche zeigen, dass der Anteil der Bewehrungsdruckdiagonalen an der Fugentragfähigkeit zumindest bei rauen Fugen unwesentlich ist (vgl. [32]). Bis aussagekräftige Versuche hierzu vorliegen, die den Traganteil der Druckdiagonalen quantifizieren, ist auf den Ansatz dieser in Richtung der Druckdiagonalen (gegen die Schubrichtung) geneigten Verbundbewehrung zu verzichten.

Die mit (NCI) aufgenommenen, gegenüber der Querkraftbewehrung großzügigeren Konstruktionsregeln für die Verbundbewehrung entsprechen denen in Versuchen bewährten aus den abZ für gitterträgerbewehrte Elementdecken (vgl. [31]).

Zu (5): In EN 1992-1-1 wird vorgeschlagen, bei dynamischer oder Ermüdungsbeanspruchung die Rauigkeitsbeiwerte c zu halbieren. Aus deutscher Sicht fehlen hierzu aussagekräftige Versuchsergebnisse, sodass der Adhäsionstraganteil des Betonverbundes bei Ermüdungsnachweisen nach NA nicht berücksichtigt werden darf ($c = 0$). Die gesamte Schubspannung in der Fuge ist somit bei nicht vorwiegend ruhenden Einwirkungen durch Verbundbewehrung und Reibung aufzunehmen.

Zu (NA.6): Für den Sonderfall Schub quer zur Fuge bei vorgefertigten Rückbiegeanschlüssen, deren Tragverhalten durch die Verwahrkastenvertiefung und zum Teil glatte Rückenoberflächen bestimmt wird, enthält das DBV-Merkblatt „Rückbiegen von Betonstahl und Anforderungen an Verwahrkästen" [DBV4] weitergehende Hinweise und Bemessungsbeispiele.

Zu 6.3 Torsion

Zu 6.3.2 Nachweisverfahren

Zu (1): Die Ermittlung des Torsionswiderstands eines Betonbauteils erfolgt anhand eines räumlichen Fachwerkmodells bestehend aus umlaufenden Zug- und Druckstreben. Hierbei ist die Neigung der Druckstreben θ analog zur Querkraftbemessung zu begrenzen. Vereinfachend darf $\theta = 45°$ angenommen werden (siehe 6.3.2 (2)).

Nach EN 1992-1-1 darf für die effektive Wanddicke eines Bauteils $t_{ef,i} = A / u \geq 2d_1 \leq h_{Wand}$ angesetzt werden. Im NA wird diese Regelung auf eine effektive Wirkungszone der Längsbewehrung für den dünnwandigen Querschnitt $t_{ef,i} = 2d_1$ eingeschränkt. Durch die Definition $t_{ef,i} = A / u$ nach EN 1992-1-1 ergeben sich in einigen Fällen im Vergleich mit DIN 1045-1, insbesondere bei sehr kompakten massigen Querschnitten, deutlich größere effektive Wanddicken. Das maximal aufnehmbare Torsionsmoment $T_{Rd,max}$ wird entsprechend größer und die gegen ein Druckstrebenversagen von Stahlbetonbalken erforderliche Sicherheit wird fallweise deutlich unterschritten. Andererseits verringert sich der auf die Mittellinien der Ersatzquerschnittswände bezogene Kernbereich A_k und es ergeben sich größere Torsionsbewehrungsmengen als nach DIN 1045-1. Auf Basis der Vorschläge von *Leonhardt* und *Mönnig* [67] darf bei schlanken Hohlkästen, deren Wanddicken $h_{Wand} \leq b / 6$ bzw. $h_{Wand} \leq h / 6$ sind und die eine beidseitige wirksame Wandbewehrung aufweisen, die gesamte Wanddicke für $t_{ef,i} = h_{Wand} \geq 2d_1$ angesetzt werden.

Zu (4): Wegen der Umlenkung der Druckstreben an den Querschnittsecken wird bei einlagiger Torsionsbewehrung des angesetzten Hohlkastens die Betondruckfestigkeit der Druckstreben gegenüber der Querkraftbemessung um 30 % mit dem Beiwert $\nu = 0{,}7\nu_1 = 0{,}525$ abgemindert (mit $\nu_1 = 0{,}75$ für $\leq$ C50/60 nach 6.2.3 (3)). Wird bei schlanken Kastenquerschnitten Torsionsbewehrung an der Innen- und Außenseite des Hohlkastens vorgesehen, darf auf diese Abminderung verzichtet werden.

Mit der günstigeren quadratischen Interaktionsgleichung (NA.6.29.1) für Kompaktquerschnitte wird berücksichtigt, dass der Kern innerhalb des torsionsbeanspruchten dünnwandigen Ersatzquerschnittes bei der Lastabtragung für Querkraft mitwirkt.

Zu (5): Aus [D525]: Die Gleichung (NA.6.31.1) wurde aus der Bedingung abgeleitet, dass die in einem ungerissenen Rechteckquerschnitt mit $b_w / z = 0{,}8$ angesetzte Schubspannung $\tau_T = T_{Ed} / W_t = T_{Ed} / (b_w^2 \cdot z / 4{,}5)$ kleiner sein muss als der aus der Querkraft ermittelte Wert $\tau_V = V_{Ed} / A = V_{Ed} / (b_w \cdot z)$. Die zweite Gleichung (NA.6.31.2) entspricht dann der Bedingung, dass bei kombinierter Beanspruchung infolge Torsion und Querkraft ein Versagen infolge Schrägrissbildung, also dem Erreichen von $V_{Rd,c}$, auszuschließen ist.

Zu 6.4 Durchstanzen

Zu 6.4.1 Allgemeines

Im Rahmen der Bearbeitung des Nationalen Anhangs wurden die Regelungen aus DIN 1045-1 zum Durchstanzen bei Flachdecken und Fundamenten überarbeitet und an das Nachweisformat in DIN EN 1992-1-1 angepasst. Die wesentlichen Arbeiten hierfür wurden von *Hegger et al.* in Aachen geleistet ([6], [36], [39] bis [46], [90], [106]). Bei der Überarbeitung wurden neuere Forschungsergebnisse in den normativen Regelungen berücksichtigt. Eine kritische Würdigung der Sicherheitsdefizite im Bemessungsmodell für durchstanzbewehrte Bauteile in EN 1992-1-1 mit den Konsequenzen für den NA zur Behebung der festgestellten Sicherheitsdefizite haben *Hegger*, *Walraven* und *Häusler* in [38] veröffentlicht. Wegen der umfangreichen Änderungen sind die nachfolgenden Erläuterungen etwas ausführlicher.

Zu (2)P: In EN 1992-1-1 wird die maximale Lasteinleitungsfläche A_{load} nicht begrenzt. Der Grund hierfür liegt darin, dass dort nicht zwischen der Querkrafttragfähigkeit und der Durchstanztragfähigkeit ohne Querkraftbewehrung unterschieden wird. Bei der Erstellung von DIN 1045-1 ergab die Auswertung von Versuchen an Innenstützen, dass sich der gegenüber dem Querkraftwiderstand erhöhte Durchstanzwiderstand nur dann vollständig ausbildet, wenn die Lasteinleitungsfläche klein genug ist, um einen mehraxialen Spannungszustand im Beton zu verursachen. Für große Stützenquerschnitte kann daher der Durchstanzwiderstand nicht über den gesamten Rundschnitt aktiviert werden.

Aus diesem Grund wird im Nationalen Anhang der Umfang der Lasteinleitungsfläche auf $12d$ begrenzt. Die Erhöhung der Umfangslänge gegenüber DIN 1045-1 erfolgte so, dass auch die Teilrundschnitte bei größeren Lasteinleitungsflächen auf $u_0 / 4 = 3d$ je Ecke ganzzahlige Vielfache der statischen Nutzhöhe annehmen. Außerhalb des kritischen Rundschnitts darf für den Durchstanzwiderstand der Querkraftwiderstand der liniengelagerten Platte angesetzt werden.

Durch die Addition des Durchstanzwiderstandes entlang des kritischen Rundschnittes und des Querkraftwiderstands außerhalb des kritischen Rundschnittes (siehe Bild NA.6.12.1) kann die Durchstanztragfähigkeit von Stützen mit großen Lasteinleitungsflächen bestimmt werden. Der Querkraftwiderstand darf nach Abschnitt 6.2.2, Gleichung (6.2), ermittelt werden. Für Rundstützen mit $u_0 > 12d$ darf vereinfachend und auf der sicheren Seite liegend auch ein reduzierter Vorwert $C_{Rd,c} = (12d / u_0) \cdot (0{,}18 / \gamma_c) \geq (0{,}15 / \gamma_c)$ verwendet werden.

Zu (3): Die Festlegung eines kritischen Rundschnitts im Abstand $2d$ ist eine Konvention für ein Rechenmodell. Der empirisch ermittelte Vorwert $C_{Rd,c}$ kann über Versuchsauswertungen auf andere Rundschnitte kalibriert werden. Im kritischen Rundschnitt (basic control perimeter) wird kontrolliert, ob Durchstanzbewehrung erforderlich ist. Im Unterschied zu DIN 1045-1 wurde in DIN EN 1992-1-1 mit NA der kritische Rundschnitt für Flachdecken zu u_1 im Abstand $2{,}0d$ von der Lasteinleitungsfläche festgelegt. Für Fundamente ist der kritische Rundschnitt u im iterativ zu bestimmenden Abstand a_{crit} maßgebend.

Zu (4): Nach EN 1992-1-1 wird die Maximaltragfähigkeit als Druckstrebe am Stützenrand nachgewiesen. Dieser Nachweis wurde in Deutschland nicht akzeptiert und im Nationalen Anhang durch den Nachweis im kritischen Rundschnitt ersetzt. Der den Durchstanzbereich abgrenzende äußere Rundschnitt u_{out} ist der Umfang, indem die Querkrafttragfähigkeit der liniengelagerten Platte ohne Querkraftbewehrung ausreichend ist (siehe 6.4.5 (4)).

Zu (5): Bei Flachdecken dürfen die Lastanteile aus gleichmäßig verteilter Last, die innerhalb des kritischen Rundschnitts wirken, nicht von der Bemessungsquerkraft abgezogen werden, da die Vergleichswerte der Tragfähigkeit im kritischen Rundschnitt auf die Schubspannungen aus der gesamtem Auflagerkraft bezogen sind (Konvention). Wird der Durchstanzbereich zusätzlich durch Einzellasten belastet, sollte die einwirkende Schubspannung realistisch, zum Beispiel mit Lasteinzugsflächen, bestimmt werden.

Zu 6.4.2 Lasteinleitung und Nachweisschnitte

Zu (2): Für Flachdecken mit stützennahen Einzellasten innerhalb des kritischen Rundschnitts bei 2,0d sind zusätzliche Überlegungen zur Festlegung des maßgebenden Rundschnitts erforderlich (siehe Erläuterung zu 6.4.1 (5)).

Bei gedrungenen Fundamenten mit einer geringeren Schubschlankheit $\lambda = a_\lambda / d \leq 2,0$ wurde eine steilere Neigung des Versagensrisses als bei schlanken Fundamenten beobachtet. Variiert man die Schubschlankheit eines Fundaments ändert sich auch der Abstand des maßgebenden Nachweisschnittes. Mit zunehmender Schlankheit ergeben sich größere Werte für den maßgebenden Abstand des Nachweisschnittes von der Lasteinleitungsfläche. Aus diesem Grund ist die Verwendung eines variablen Nachweisschnittes entsprechend EN 1992-1-1 auch nach NA notwendig.

Für Bodenplatten und schlanke Fundamente mit $a_\lambda / d > 2,0$ darf zur Vereinfachung der Berechnungen ein konstanter Rundschnitt im Abstand 1,0d angenommen werden. Durch den Wechsel zum konstanten Wert für a_{crit} bei einer Schubschlankheit von $a_\lambda / d > 2,0$ ergibt sich eine konstante Abzugsfläche, die mit steigender Schubschlankheit zuerst etwas zu große, und dann etwas zu kleine Abzugsflächen ermittelt. Mit steigender Schubschlankheit nähert sich der Durchstanzwiderstand des vereinfachten Ansatzes dem iterativen Verfahren an.

Für Bodenplatten ist a_λ der kleinste Abstand vom Stützenanschnitt zum Nullpunkt der radialen Plattenbiegemomente (weitere Erläuterungen siehe [D600]).

Zu (8): Der Durchstanzwiderstand muss generell innerhalb und außerhalb der Stützenkopfverstärkung nachgewiesen werden. Bei kurzen Stützenkopfverstärkungen mit $l_H \leq 1,5 h_H$ kann davon ausgegangen werden, dass sich der ca. um 30° bis 35° geneigte Durchstanzriss von der Biegezugbewehrung der Platte bis in die Druckzone im Bereich der Stütze fortsetzt. Bei Stützenkopfverstärkungen mit $l_H \geq 2,0 h_H$ ist der Durchstanznachweis sowohl innerhalb (mit $d_H = d + h_H$) als auch außerhalb der Stützenkopfverstärkung zu führen.

Für Stützenkopfverstärkungen mit $1,5 h_H \leq l_H \leq 2,0 h_H$ ist der zusätzliche Nachweis im Abstand $1,5 \cdot (d + h_H) = 1,5 d_H$ erforderlich, damit bei Rissneigungen zwischen 30° und 35° ein Versagen innerhalb der Verstärkung ausgeschlossen werden kann (vgl. Abb. 57). Die auf den Rundschnitt im Abstand 2,0d_H kalibrierte Durchstanztragfähigkeit $v_{Rd,c}$ nach Gleichung (6.47) darf für den Nachweis im engeren Rundschnitt bei 1,5d_H proportional im Verhältnis der Rundschnittumfänge mit dem Faktor $u_{2,0dH} / u_{1,5dH}$ vergrößert werden.

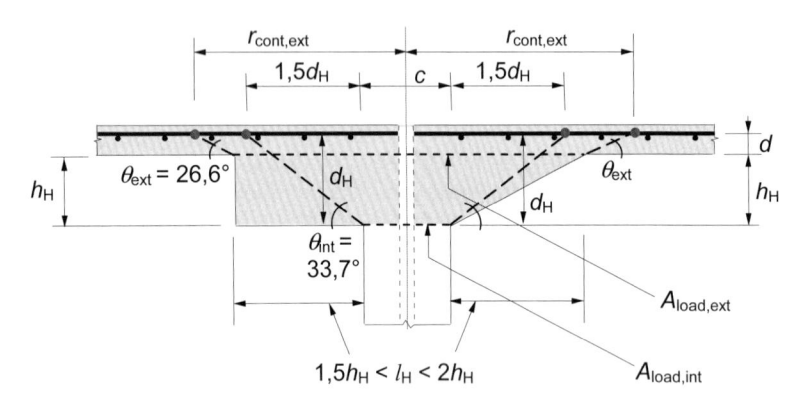

Abb. 57. Zusatznachweis im Abstand 1,5d_H bei Stützenkopfverstärkungen mit $1,5 h_H \leq l_H < 2,0 h_H$

Zu 6.4.3 Nachweisverfahren

Zu (1)P: Der Nachweis der maximalen Durchstanztragfähigkeit $V_{Rd,max}$ wird in Deutschland nicht als Druckstrebennachweis am Stützenrand geführt, sondern durch einen Nachweis im kritischen Rundschnitt u_1 ersetzt (siehe 6.4.5 (3) und (NCI) in Absatz (2)).

Zu (3): Die einwirkende Querkraft wird zu einer Bemessungsschubspannung im betrachteten Rundschnitt nach Gleichung (6.38) umgerechnet. Eine ungleichmäßige, entlang des Rundschnitts wirkende Schubspannungsverteilung, wird wie aus DIN 1045-1 bekannt, vereinfacht durch eine Vergrößerung der einwirkenden Bemessungsquerkraft mit dem Lasterhöhungsbeiwert β berücksichtigt.

Für die Bestimmung des β-Faktors stehen nach DIN EN 1992-1-1 mit NA folgende Ansätze zur Verfügung:

- konstante Faktoren für ausgesteifte Systeme mit annähernd gleichen Stützweiten nach Absatz (6) nach Bild 6.21DE,
- Sektormodelle (bzw. Lasteinzugsflächen),
- genaueres Verfahren mit der plastischen Schubspannungsverteilung nach Gleichung (6.39) oder (NA.6.39.1),
- genaueres Verfahren für Innenstützen mit Kreisquerschnitt nach Gleichung (6.42),
- Näherungswert für rechteckige Innenstützen mit zweiachsiger Lastausmitte nach Gleichung (6.43),
- Verfahren für Fundamente nach Gleichung (6.51) bzw. (NA.6.51.1).

In allen Fällen (auch für Innenstützen) wird im NA ein Mindestwert von $\beta \geq 1{,}10$ gefordert, da es eine ideal gleichmäßige Schubspannungsverteilung aufgrund unterschiedlicher Steifigkeiten, Einwirkungen und Systemabmessungen in Stahlbetontragwerken nicht gibt. Die Beispiele 6.2 und 6.3 mit günstig angenommenen Sektorflächen für eine Innenstütze in einem regelmäßigen Deckensystem zeigen, dass ein Lasterhöhungswert $\beta \geq 1{,}10$ eine praxisfreundliche Kompromisslösung darstellt. Bei unregelmäßigeren Spannweiten in den Quadranten und Betrachtung des ungünstigsten Sektors mit Schwerpunkt in der Quadrantendiagonalen ergeben sich theoretisch größere β-Werte.

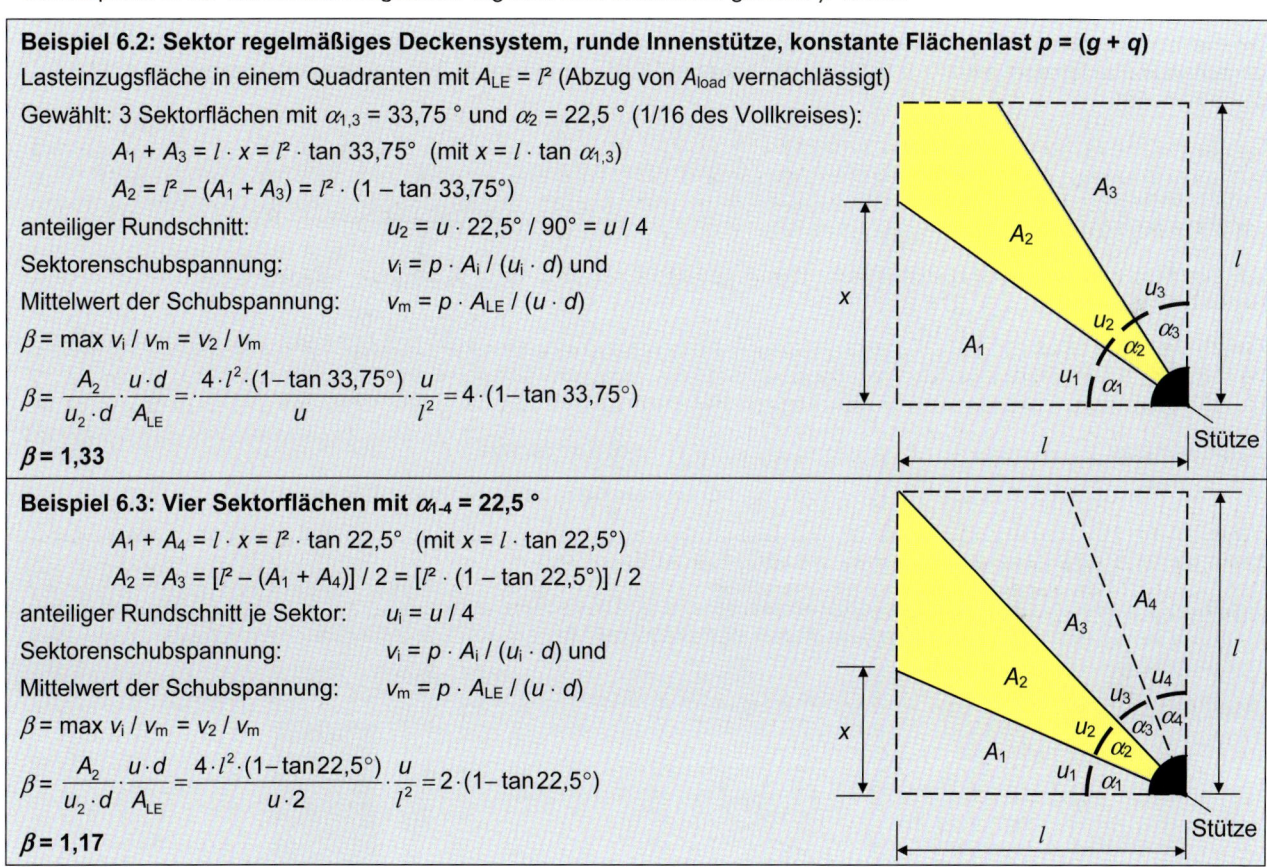

Beispiel 6.2: Sektor regelmäßiges Deckensystem, runde Innenstütze, konstante Flächenlast $p = (g + q)$

Lasteinzugsfläche in einem Quadranten mit $A_{LE} = l^2$ (Abzug von A_{load} vernachlässigt)

Gewählt: 3 Sektorflächen mit $\alpha_{1,3} = 33{,}75°$ und $\alpha_2 = 22{,}5°$ (1/16 des Vollkreises):

$A_1 + A_3 = l \cdot x = l^2 \cdot \tan 33{,}75°$ (mit $x = l \cdot \tan \alpha_{1,3}$)

$A_2 = l^2 - (A_1 + A_3) = l^2 \cdot (1 - \tan 33{,}75°)$

anteiliger Rundschnitt: $u_2 = u \cdot 22{,}5° / 90° = u / 4$

Sektorenschubspannung: $v_i = p \cdot A_i / (u_i \cdot d)$ und

Mittelwert der Schubspannung: $v_m = p \cdot A_{LE} / (u \cdot d)$

$\beta = \max v_i / v_m = v_2 / v_m$

$\beta = \dfrac{A_2}{u_2 \cdot d} \cdot \dfrac{u \cdot d}{A_{LE}} = \dfrac{4 \cdot l^2 \cdot (1 - \tan 33{,}75°)}{u} \cdot \dfrac{u}{l^2} = 4 \cdot (1 - \tan 33{,}75°)$

$\beta = 1{,}33$

Beispiel 6.3: Vier Sektorflächen mit $\alpha_{1\text{-}4} = 22{,}5°$

$A_1 + A_4 = l \cdot x = l^2 \cdot \tan 22{,}5°$ (mit $x = l \cdot \tan 22{,}5°$)

$A_2 = A_3 = [l^2 - (A_1 + A_4)] / 2 = [l^2 \cdot (1 - \tan 22{,}5°)] / 2$

anteiliger Rundschnitt je Sektor: $u_i = u / 4$

Sektorenschubspannung: $v_i = p \cdot A_i / (u_i \cdot d)$ und

Mittelwert der Schubspannung: $v_m = p \cdot A_{LE} / (u \cdot d)$

$\beta = \max v_i / v_m = v_2 / v_m$

$\beta = \dfrac{A_2}{u_2 \cdot d} \cdot \dfrac{u \cdot d}{A_{LE}} = \dfrac{4 \cdot l^2 \cdot (1 - \tan 22{,}5°)}{u \cdot 2} \cdot \dfrac{u}{l^2} = 2 \cdot (1 - \tan 22{,}5°)$

$\beta = 1{,}17$

Wenn zusätzlich zu den Querkräften auch Biegemomente zwischen Platte und Stütze übertragen werden, greifen die Auflagerkräfte von Flachdecken oder Fundamenten exzentrisch zur Stützenachse mit einer Ausmitte $e = M_{Ed} / V_{Ed}$ an. Dies ist immer der Regelfall bei Rand- und Eckstützen. Aber auch bei Innenstützen treten Ausmitten infolge ungleichmäßiger Spannweiten und Feldbelastungen auf. Insbesondere in nichtausgesteiften Systemen entstehen durch die Stützeneinspannung bei Rahmenwirkung nicht vernachlässigbare Exzentrizitäten.

Eine genauere Berechnung des Lasterhöhungsfaktors β lässt sich unter der Annahme einer vollplastischen Schubspannungsverteilung im kritischen Rundschnitt (siehe Bild 6.19) durchführen. Die Aufnahme von Schubspannungen infolge V_{Ed} und M_{Ed} kann für einen Decken-Stützen-Knoten entlang des kritischen Rundschnitts entsprechend Abb. 58 modelliert werden.

Für einen Decken-Stützenknoten mit einachsiger Lastausmitte ergibt sich der Lasterhöhungsfaktor β mit einer vollplastischen Schubspannungsverteilung nach Gleichung (6.39). Hierbei gibt der Beiwert k den Anteil des Momentes an, der zusätzliche Schubspannungen im kritischen Rundschnitt erzeugt. Nimmt die Abmessung der Stütze senkrecht zur Achse des Momentes zu, so steigen die Schubspannungen infolge des Momentes im kritischen Rundschnitt an. Der restliche Anteil $(1 - k)$ wird über Biegung und Torsion in die Stütze eingeleitet. M_{Ed} ist das auf die Schwerelinie des kritischen Rundschnitts bezogene Moment, das von der Decke in die Stütze unter Berücksichtigung der Steifigkeiten eingeleitet wird und V_{Ed} ist die resultierende Deckenquerkraft. Das Widerstandsmoment W_1 wird entlang des kritischen Rundschnitts u_1 nach Gleichung (6.40) bestimmt.

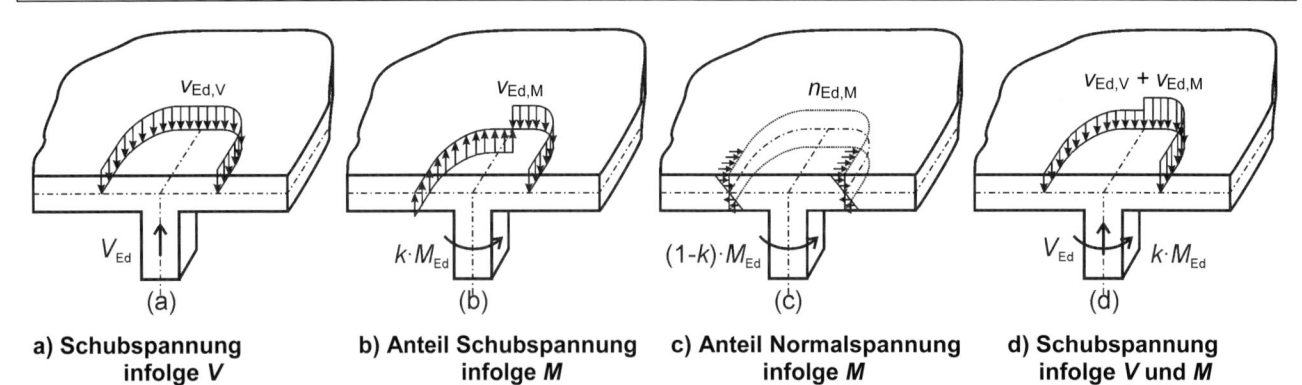

Erläuterungen zum Eurocode 2: DIN EN 1992-1-1 mit Nationalem Anhang
6 Nachweise in den Grenzzuständen der Tragfähigkeit (GZT)

a) Schubspannung infolge V
b) Anteil Schubspannung infolge M
c) Anteil Normalspannung infolge M
d) Schubspannung infolge V und M

Abb. 58. Ausmittige Lasteinleitung im Deckenknoten infolge Querkraft und Moment

In DIN EN 1992-1-1/NA wurde die Gleichung (NA.6.39.1) für eine genaue Berechnung bei zweiachsiger Ausmitte ergänzt. Die Stützenabmessung c_1 ist jeweils senkrecht zur Achse des betrachteten Momentes anzusetzen.

Bei Flachdecken sind die Schubspannungsnachweise im kritischen Rundschnitt u_1 im Abstand $a_{crit} = 2{,}0d$ zu führen. Für gedrungene Fundamente mit $a_\lambda / d \leq 2{,}0$ gilt der kritische Rundschnitt u im iterativ bestimmten Abstand $a_{crit} < 2{,}0d$ (a_{crit} siehe Abb. 59).

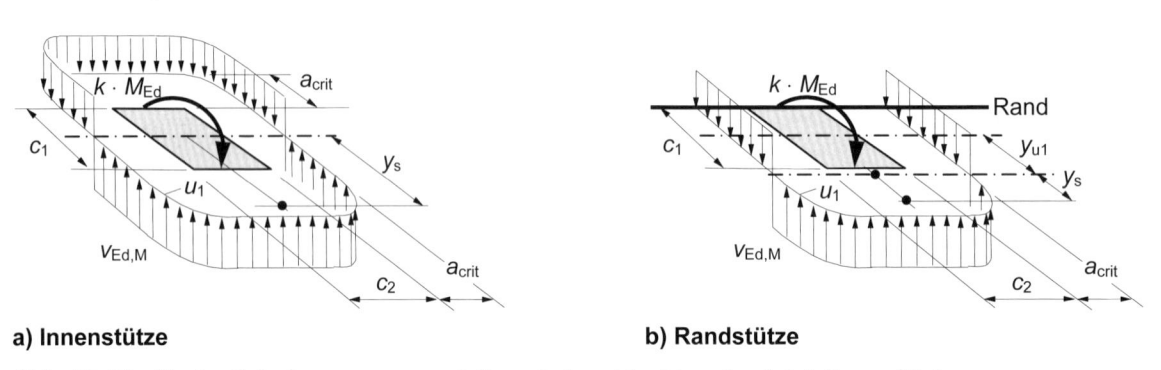

a) Innenstütze
b) Randstütze

Abb. 59. Plastische Schubspannungsverteilung bei rechteckiger Lasteinleitungsfläche

---

Beispiel 6.4: Lasterhöhungsbeiwert β mit Statischem Moment W_1

Bei doppeltsymmetrischem **Rechteckstützenquerschnitt** und kritischem Rundschnitt mit identischen Schwerpunkten (Abb. 59 a), typisch für Innenstützen) lässt sich das Statische Moment W_1 des kritischen Rundschnitts u_1 wie folgt bestimmen:

$W_1 \quad = \Sigma(\Delta l_i \cdot y_{i,l})$

mit i = 3 Rundschnittteillängen im Quadrant wird

$W_1 / 4 \quad = c_1 / 2 \cdot c_1 / 4 + \pi \cdot a_{crit} / 2 \cdot (c_1 / 2 + 2 \cdot a_{crit} / \pi) + c_2 / 2 \cdot (c_1 / 2 + a_{crit})$

$\quad\quad\quad = c_1^2 / 8 + \pi \cdot a_{crit} \cdot c_1 / 4 + a_{crit}^2 + c_1 \cdot c_2 / 4 + a_{crit} \cdot c_2 / 2$

$\rightarrow W_1 \quad = c_1^2 / 2 + \pi \cdot a_{crit} \cdot c_1 + 4 \cdot a_{crit}^2 + c_1 \cdot c_2 + 2 \cdot c_2 \cdot a_{crit}$

Setzt man für den Abstand des kritischen Rundschnitts $a_{crit} = 2{,}0d$ ein, ergibt sich nach DIN EN 1992-1-1, Gleichung (6.41):

$\rightarrow W_1 \quad = c_1^2 / 2 + \pi \cdot 2 \cdot d \cdot c_1 + 16 \cdot d^2 + c_1 \cdot c_2 + 4 \cdot c_2 \cdot d$

Der einseitige Schwerpunktabstand des kritischen Rundschnitts folgt aus $y_s = W_1 / u_1$

mit $u_1 \quad = 4 \cdot (c_1 / 2 + c_2 / 2) + \pi \cdot 2 \cdot a_{crit} = 4 \cdot (c_1 / 2 + c_2 / 2 + \pi \cdot d)$.

Bei doppelsymmetrischen **Rundstützenquerschnitten** mit dem Durchmesser D ist der Schwerpunktabstand des Halbkreisbogens direkt mit

$y_s = 2 \cdot (D / 2 + a_{crit}) / \pi = (D + 4d) / \pi$ bekannt (mit $a_{crit} = 2{,}0d$).

Der Lasterhöhungsbeiwert wird dann (siehe DIN EN 1992-1-1, Gleichung (6.42)):

$\beta = 1 + k \cdot e / y_s = 1 + 0{,}6 \cdot e \cdot \pi / (D + 4d) \geq 1{,}10$

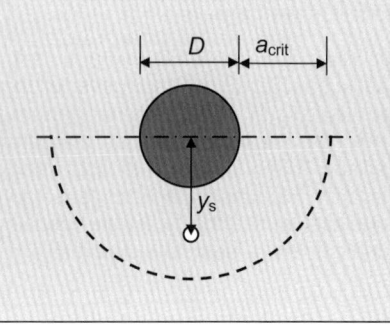

Erläuterungen zum Eurocode 2: DIN EN 1992-1-1 mit Nationalem Anhang
6 Nachweise in den Grenzzuständen der Tragfähigkeit (GZT)

Tab. 10. Statische Momente W_1 der Schwerelinien des kritischen Rundschnitts bei Rand- und Eckstützen

	1 Grundriss	2 W_1	3 y_0, z_0
1	(Innenstütze, Rechteck $a \times b$, l_u)	**Lastausmitte e_z in z-Richtung:** $W_1 = \dfrac{b^2}{2} + 2 \cdot a \cdot l_u + a \cdot b + \pi \cdot l_u \cdot b + 4 \cdot l_u^2$ **Lastausmitte e_y in y-Richtung:** $W_1 = \dfrac{a^2}{2} + 2 \cdot b \cdot l_u + a \cdot b + \pi \cdot l_u \cdot a + 4 \cdot l_u^2$ **2-achsige Lastausmitte:** $\beta = 1 + 1{,}8 \sqrt{\left(\dfrac{e_y}{b + 2 \cdot l_u}\right)^2 + \left(\dfrac{e_z}{a + 2 \cdot l_u}\right)^2}$	$y_0 = 0$ $z_0 = 0$
2	(Randstütze)	**Lastausmitte in y-Richtung:** → $y_0 \leq a/2$ $W_1 = 2 \cdot \left(2 \cdot c \cdot \left(\dfrac{c}{2} + \dfrac{a}{2} + y_0\right) + 2 \cdot \dfrac{a}{2} \cdot \left(\dfrac{a}{4} + y_0\right) + 2 \cdot y_0 \cdot \dfrac{y_0}{2} \right)$ → $y_0 > a/2$ $W_1 = 2 \cdot \left(2 \cdot c \cdot \left(\dfrac{c}{2} + \dfrac{a}{2} + y_0\right) + 2 \cdot a \cdot y_0 + 2 \cdot l_u \cdot \alpha \cdot y_{SB} \right)$ $\alpha = \arcsin\left(\dfrac{y_0 - \dfrac{a}{2}}{l_u}\right)$; $y_{SB} = y_0 - \dfrac{a}{2} - \left(\dfrac{l_u \cdot \left(\sin\dfrac{\alpha}{2}\right)^2}{\dfrac{\alpha}{2}}\right)$ **Lastausmitte in z-Richtung:** $W_1 = \dfrac{b^2}{4} + 2 \cdot a \cdot l_u + a \cdot b + \dfrac{\pi}{2} \cdot l_u \cdot b + 2 \cdot l_u^2 + 2 \cdot c \cdot \left(l_u + \dfrac{b}{2}\right)$	$y_0 = \dfrac{a^2 + b \cdot (a + l_u) +}{2 \cdot a + b + \pi \cdot l_u + 2 \cdot c} +$ $+ \dfrac{\pi \cdot l_u \cdot \left(a + \dfrac{2 \cdot l_u}{\pi}\right) - c^2}{2 \cdot a + b + \pi \cdot l_u + 2 \cdot c} - \dfrac{a}{2}$ $z_0 = 0$
3	(Eckstütze)	**Lastausmitte in y-Richtung:** → $y_0 \leq a/2$ $W_1 = 2 \cdot \left(c \cdot \left(\dfrac{c}{2} + \dfrac{a}{2} + y_0\right) + \dfrac{a}{2} \cdot \left(\dfrac{a}{4} + y_0\right) + y_0 \cdot \dfrac{y_0}{2} \right)$ → $y_0 > a/2$ $W_1 = 2 \cdot \left(2 \cdot c \cdot \left(\dfrac{c}{2} + \dfrac{a}{2} + y_0\right) + a \cdot y_0 + l_u \cdot \alpha \cdot y_{SB} \right)$ α und y_{SB} wie in Zeile 2 **Lastausmitte in z-Richtung:** → $z_0 \leq b/2$ $W_1 = 2 \cdot \left(e \cdot \left(\dfrac{e}{2} + \dfrac{b}{2} + z_0\right) + \dfrac{b}{2} \cdot \left(\dfrac{b}{4} + z_0\right) + z_0 \cdot \dfrac{z_0}{2} \right)$ → $z_0 > b/2$ $W_1 = 2 \cdot \left(e \cdot \left(\dfrac{e}{2} + \dfrac{b}{2} + z_0\right) + b \cdot z_0 + l_u \cdot \alpha \cdot z_{SB} \right)$ $\alpha = \arcsin\left(\dfrac{z_0 - \dfrac{b}{2}}{l_u}\right)$; $z_{SB} = z_0 - \dfrac{b}{2} - \left(\dfrac{l_u \cdot \left(\sin\dfrac{\alpha}{2}\right)^2}{\dfrac{\alpha}{2}}\right)$	$y_0 = \dfrac{\dfrac{a^2}{2} + (b + e) \cdot (a + l_u)}{a + b + \dfrac{\pi}{2} \cdot l_u + c + e} +$ $+ \dfrac{\dfrac{\pi}{2} \cdot l_u \cdot \left(a + \dfrac{2 \cdot l_u}{\pi}\right) - \dfrac{c^2}{2}}{a + b + \dfrac{\pi}{2} \cdot l_u + c + e} - \dfrac{a}{2}$ $z_0 = \dfrac{\dfrac{b^2}{2} + (a + c) \cdot (b + l_u)}{b + a + \dfrac{\pi}{2} \cdot l_u + e + c} +$ $+ \dfrac{\dfrac{\pi}{2} \cdot l_u \cdot \left(b + \dfrac{2 \cdot l_u}{\pi}\right) - \dfrac{e^2}{2}}{b + a + \dfrac{\pi}{2} \cdot l_u + e + c} - \dfrac{b}{2}$
4	(Kreisstütze, Durchmesser b)	$W_1 = 4 \cdot \left(l_u + \dfrac{b}{2}\right)^2$ $\beta = 1 + 0{,}6 \cdot \pi \cdot \left(\dfrac{e}{b + 2 \cdot l_u}\right)$	$y_0 = 0$ $z_0 = 0$

Bei Rand- und Eckstützen befindet sich der Schwerpunkt des kritischen Rundschnitts in der Regel nicht im Schnittpunkt der Stützenachsen. Das von der Decke auf die Stütze übertragene Moment $M_{Ed,col} = V_{Ed} \cdot e$ ist daher auf die Schwerelinie des kritischen Rundschnitts mit $M_{Ed} = V_{Ed} \cdot e'$ (Abb. 60) zu beziehen und ergibt sich dann zu

$$M_{Ed} = M_{Ed,col} - V_{Ed} \cdot y_0 \text{ (bzw. } z_0\text{)}. \tag{30}$$

Der Abstand y_0 (bzw. z_0) ist die Entfernung zwischen der Schwerelinie des kritischen Rundschnitts und der Stützenachse. Für kleine Werte y_0 (bzw. z_0) ergibt sich die größte Schubspannung an der Innenseite der Stütze (Abb. 60 a).

Wenn y_0 (bzw. z_0) so groß wird, dass M_{Ed} das Vorzeichen wechselt, tritt bei Randstützen die größte Schubspannung am freien Rand der Platte auf, d. h. die Ausmitte e' bezogen auf die Schwerelinie des kritischen Rundschnitts wird negativ. In diesem Fall ist bei der Berechnung von β das Widerstandsmoment W_1 mit negativem Vorzeichen einzusetzen, damit sich für β ein Wert größer als 1,0 ergibt.

Für weitere übliche Fälle sind die statischen Momente W_1 in Tabelle 10 dargestellt.

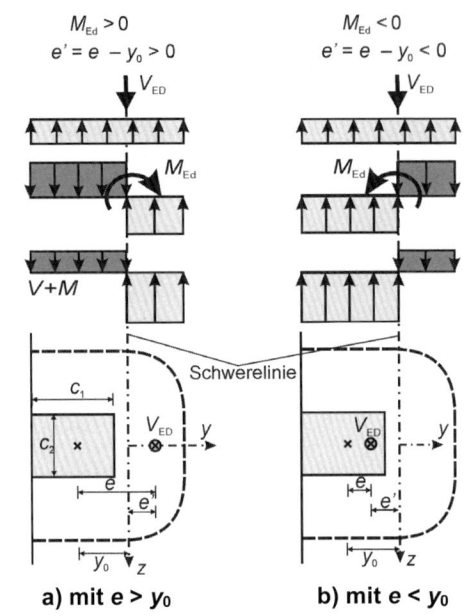

Abb. 60. Umrechnung von Querkraft und Moment auf die Schwerelinie des kritischen Rundschnitts u_1

Zu (4) und (5): Nach EN 1992-1-1 dürfen die Lasterhöhungsfaktoren β für ausmittig belastete Rand- und Eckstützen vereinfacht über verkürzte Rundschnitte u_1^* ermittelt werden. Dieses Verfahren erreicht insbesondere für Randstützen nicht das erforderliche Sicherheitsniveau und weist sogar eine größere Streuung auf als bei Ansatz von konstanten Lasterhöhungsbeiwerten [38], [41]. Daher wurde das Verfahren mit verkürztem Rundschnitt in Deutschland weder für Randstützen (4) noch für Eckstützen (5) zugelassen. Beide Absätze wurden folgerichtig in der kommentierten Fassung gestrichen. Die brauchbare Gleichung (6.45) aus Absatz (4) für das Statische Moment W_1 bei Randstützen mit Ausmitte parallel zum Rand wurde in Tabelle 10 integriert.

Zu (6): Der vereinfachte Ansatz für konstante Lasterhöhungsfaktoren β in ausgesteiften Systemen ohne wesentliche Spannweitenunterschiede wurde unter bestimmten Annahmen pragmatisch abgeleitet und weist naturgemäß ein sehr unterschiedliches Sicherheitsniveau auf.

Für **Innenstützen** wird in EN 1992-1-1 ein β-Wert von 1,15 vorgeschlagen. Dieser entspricht in etwa dem über vier Sektoren im Quadranten einer Lasteinzugsfläche ermittelten Wert (vgl. Beispiel 6.3 zu Absatz (3)). Der Wert steigt unter ungünstigeren Verhältnissen rechnerisch noch weiter an. Andererseits wurde in DIN 1045-1 ein „wirtschaftlicher" β-Wert mit 1,05 für Innenstützen eingeführt. Dies geschah 2001 abweichend von ENV 1992-1-1 [28] vor dem Hintergrund, dass in DIN 1045 bis zur 1988er Fassung für Innenstützen i. d. R. keine Querkraftvergrößerung vorgenommen wurde und der alte Bemessungsansatz nach DIN 1045 außerdem zum Teil deutlich größere Durchstanztragfähigkeiten als nach DIN 1045-1 ergab. Der Wert 1,05 ließ sich im Licht des aktuellen Kenntnisstandes nicht mehr vertreten.

Bei **Randstützen** liegen die konstanten Werte $\beta = 1,4$ bei bezogenen Lastausmitten $e / c \leq 1,2$ deutlich auf der sicheren Seite. Bei größeren Lastausmitten nimmt das Sicherheitsniveau bei Anwendung der konstanten Werte signifikant ab. Die alternative Ermittlung der β-Werte mit genaueren Verfahren ermöglicht bei geringen Lastausmitten eine wirtschaftlichere Bemessung.

Für die Fälle **Wandecke** und **Wandende** wurden gestützt auf sehr fein elementierte nichtlineare FEM-Vergleichsrechnungen die β-Werte zu 1,2 bzw. 1,35 ermittelt. Die mit β multiplizierte Querkraft ist dann auf die kritischen Teilrundschnitte nach Bild NA.6.12.1 zu verteilen.

Zu (9): Bei Decken- oder Fundamentplatten mit Vorspannung darf ein günstiger Einfluss der vertikalen Komponente V_{pd} von geneigten Spanngliedern, die die Querschnittsfläche des betrachteten Rundschnitts schneiden, auf der Einwirkungsseite berücksichtigt werden. Ein Teil der Vertikallasten wird im Feld durch die geneigten Spannglieder aufgenommen und über Umlenkkräfte direkt in die Stütze abgegeben. Der Anteil der Umlenkkräfte, der innerhalb des kritischen Rundschnitts wirkt, darf vom Bemessungswert V_{Ed} abgezogen werden. Zur Ermittlung des entlastenden Vertikalanteils ist die Spanngliedneigung im betrachteten Rundschnitt anzusetzen. Es dürfen nur die Vertikalanteile der Spannglieder angerechnet werden, die innerhalb des Stützstreifens innerhalb eines Abstandes von maximal $0,5d$ von der Stütze angeordnet sind (siehe 9.4.3 (2) und Abb. 61).

Spannglieder, die direkt über der Stütze laufen, sind günstiger als solche, die in der Platte unmittelbar neben der Stütze angeordnet sind. Versuche haben gezeigt, dass nichtverpresste Monolitzen, die den Durchstanzkegel kreuzen, den Querschnitt schwächen. Dieser negative Effekt ist bei zu breiteren Spannbändern zusammengefassten Monolitzen besonders ausgeprägt [36], [115]. Bei kreuzenden Spanngliedern ohne Verbund, mit nicht verpressten Hüllrohren oder mit Kunststoffhüllrohren wird daher die Reduktion der Umfangslänge des kritischen Rundschnittes analog der Nettoquerschnittsbreite von Stegen bei Querkraftbeanspruchung nach 6.2.3 (6) empfohlen:

$$u_{1,nom} = u_1 - 1,2\phi_{duct} \tag{31}$$

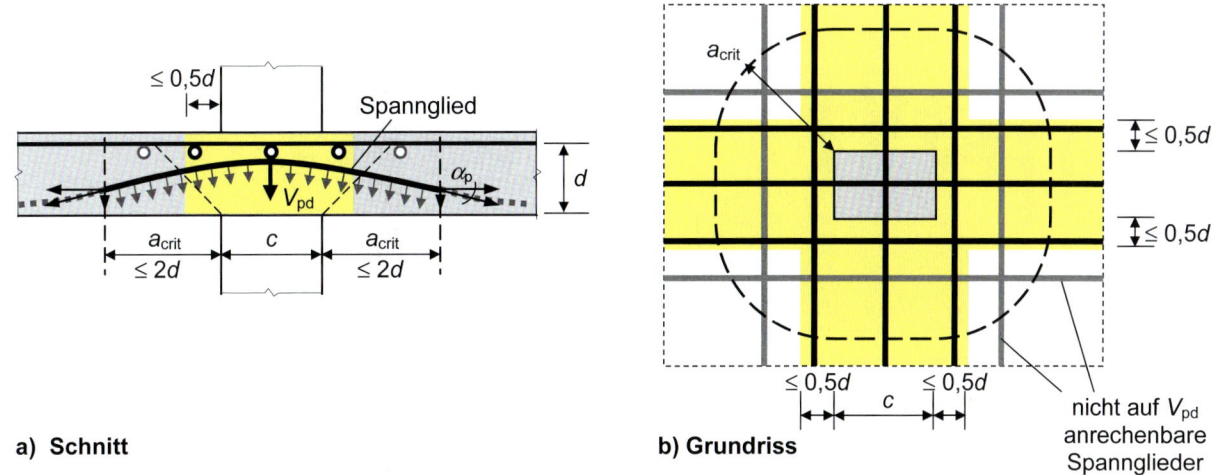

a) Schnitt
b) Grundriss
Abb. 61. Berücksichtigung des Vertikalanteils V_{pd} aus Vorspannung

Zu 6.4.4 Durchstanzwiderstand für Platten oder Fundamente ohne Durchstanzbewehrung

Zu (1): Die im Vergleich zu DIN 1045-1 kleineren Vorwerte $C_{Rd,c} = 0{,}18 / \gamma_c$ (statt $0{,}21 / \gamma_c$) und $0{,}10$ (statt $0{,}12$) sind auf den erweiterten kritischen Rundschnitt u_1 bei $2{,}0d$ (statt $1{,}5d$) kalibriert und führen wegen der entsprechend vergrößerten Umfangslänge bzw. Schubfläche zu vergleichbaren Tragfähigkeiten $V_{Rd,c}$.

Wenn der Umfang u_0 der Lasteinleitungsflächen A_{load} im Verhältnis zum kritischen Rundschnitt u_1 im Abstand $2d$ sehr klein wird (schlanke Stützen, dicke Platten, vgl. Abb. 62 b), wird die Durchstanztragfähigkeit des Knotens überschätzt.

Dieser Effekt trat bei kleineren Abständen des kritischen Rundschnitts zur Stütze (wie zum Beispiel im Abstand $0{,}5d$ in DIN 1045:1988) nicht auf, da das Verhältnis des Stützenumfangs u_0 zum kritischen Rundschnitt größer ist. Der Vergleich von Versuchsergebnissen mit den Bemessungsansätzen nach EN 1992-1-1 und DIN EN 1992-1-1/NA in Abhängigkeit vom Parameter u_0 / d belegt, dass die Minderung für kleine Lasteinleitungsflächen notwendig ist (vgl. Abb. 63 aus [43]).

Daher wird nach DIN EN 1992-1-1/NA eine zusätzliche Beschränkung der Tragfähigkeit von Flachdecken bei Verhältnissen $u_0 / d < 4$ gefordert. Der Vorfaktor $C_{Rd,c} = (0{,}18 / \gamma_c)$ ist dann wie folgt abzumindern:

$$C_{Rd,c} = (0{,}18 / \gamma_c) \cdot (0{,}1 \cdot u_0 / d + 0{,}6) \geq 0{,}15 / \gamma_c \tag{32}$$

Kleinere Werte als für die Querkrafttragfähigkeit ohne Querkraftbewehrung nach 6.2.2 (1), Gleichung (6.2) müssen nicht angenommen werden (Abb. 62 a)).

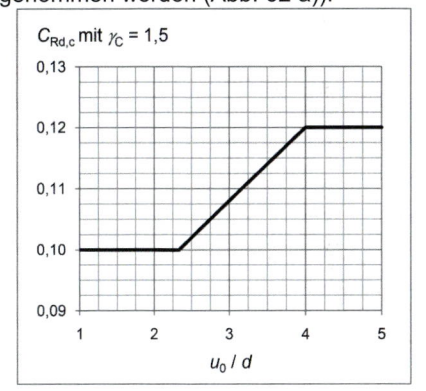

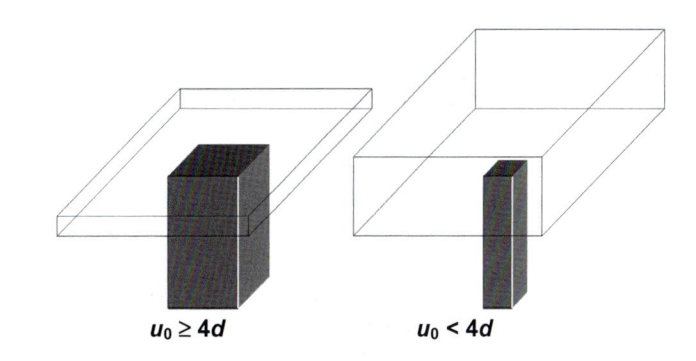

a) Abminderung des Vorfaktors $C_{Rd,c}$
b) Proportionen Lasteinleitungsfläche zu Nutzhöhe
Abb. 62. Einfluss des Verhältnisses u_0 / d

Der Längsbewehrungsgrad ρ_l in Gleichung (6.47) ist auf einer mitwirkenden Plattenbreite entsprechend der Stützenabmessung zuzüglich $3d$ je Seite zu ermitteln. Das liegt wegen der oft reduzierten Längsbewehrung neben den unmittelbaren Gurtstreifen auf der sicheren Seite. Der maximal anrechenbare Längsbewehrungsgrad wird auf 2 % begrenzt. Dadurch sollen u. a. Bewehrungskonzentrationen im Bereich des Stanzkegels vermieden werden, die ein Verbundversagen begünstigen. Aufgrund der geringen Druckzonenhöhe ist eine Druckbewehrung bei Platten im Durchstanzbereich kaum oder gar nicht wirksam, daher wird der Längsbewehrungsgrad zusätzlich auf $0{,}5 f_{cd} / f_{yd}$ begrenzt. Mit dem empirischen Beiwert $k_1 = 0{,}10$ wird vor allem eine günstig wirkende Betondrucknormalspannung aus Vorspannung σ_{cp} erfasst. Im Unterschied zu DIN 1045-1 sind nach DIN EN 1992-1-1 für Druckspannungen positive und für Zugspannungen negative Werte für σ_{cp} einzusetzen.

a) mit $C_{Rd,c} = (0,18 / \gamma_c)$

b) mit $C_{Rd,c} = (0,18 / \gamma_c) \cdot (0,1 \cdot u_0 / d + 0,6)$

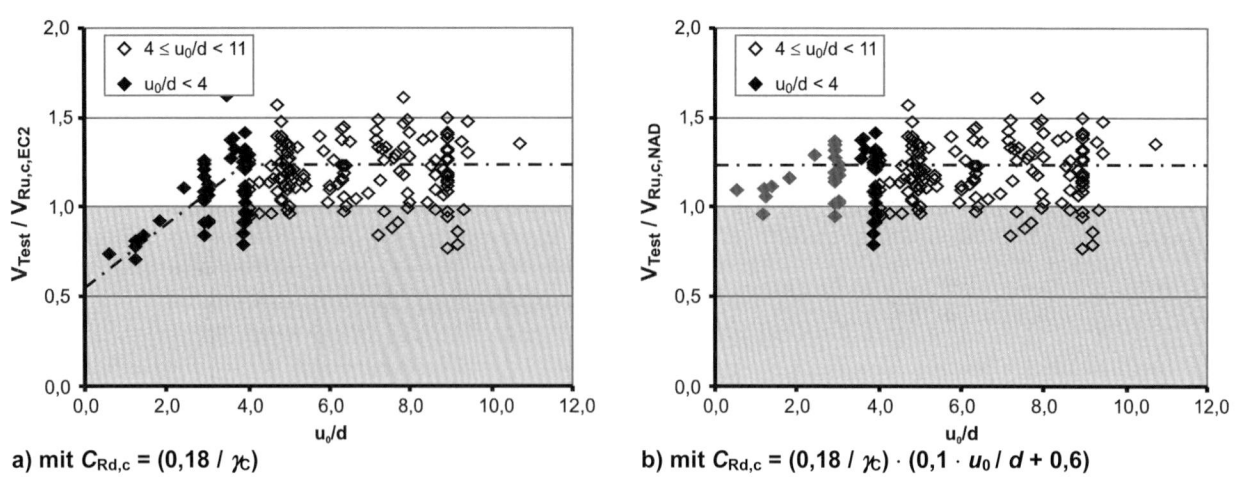

Abb. 63. Vergleich von Versuchsbruchlasten V_{Test} mit dem rechnerischen Durchstanzwiderstand $V_{Ru,c}$ ohne Durchstanzbewehrung (*Hegger* et al. [43])

Zusätzlich wurde in DIN EN 1992-1-1 die Mindestquerkrafttragfähigkeit v_{min} aus 6.2.2 (1) mit dem (NDP) aus dem NA auch für die Durchstanztragfähigkeit ohne Durchstanzbewehrung eingeführt, die bei geringen Längsbewehrungsgraden ρ_l in Verbindung mit höheren Betonfestigkeiten größere Tragfähigkeiten erlaubt. Bei den von *Hegger* et al. [41] ausgewerteten Versuchen der Datenbank wurde diese Mindestquerkrafttragfähigkeit allerdings nicht maßgebend und konnte daher nicht direkt beurteilt werden.

Zu (2): Im Rahmen eines Forschungsvorhaben wurden von *Hegger* et al. Versuche an gedrungenen **Fundamenten** mit Schubschlankheiten $\lambda = a_\lambda / d = 1,25$ bis 2,0 durchgeführt ([44], [45], [46]). Dabei wurde die zunehmend steilere Neigung des Versagensrisses bei abnehmender Schlankheit des Versuchskörpers eindeutig bestätigt (Abb. 64). Wegen der Interaktion mit dem Abzugswert des Sohldrucks ΔV_{Ed} ist die Verwendung eines konstanten kritischen Nachweisschnitts bei gedrungenen Fundamenten nicht ausreichend sicher. In DIN EN 1992-1-1 und im NA ist deshalb die iterative Ermittlung des ungünstigsten kritischen Rundschnitts im Abstand $a_{crit} \leq 2d$ vorgesehen. Mit der Variation der Schubschlankheit eines Fundaments ändert sich auch der Abstand des maßgebenden Nachweisschnittes von der Lasteinleitungsfläche. Mit abnehmender Schlankheit ergeben sich kleinere Werte für a_{crit}.

Für Bodenplatten und schlanke Fundamente mit $\lambda > 2,0$ darf zur Vereinfachung der Berechnung weiterhin ein konstanter Rundschnitt im Abstand $a_{crit} = 1,0d$ angenommen werden.

Die Bestimmung des maßgebenden Rundschnitts erfolgt in der Regel iterativ. Zwei gegenläufige Phänomene sind dafür verantwortlich. Zum einen nimmt die aufnehmbare Schubspannung zu, je dichter der Rundschnitt an der Lasteinleitungsfläche liegt. Dies wird vereinfacht über den Faktor ($2d / a$) nach Gleichung (6.50) berücksichtigt, der den auf den Rundschnitt im Abstand $2d$ kalibrierten Wert $v_{Rd,c}$ vergrößert. Zum anderen nimmt jedoch die Abzugsfläche für den Sohldruck mit kleinerem Rundschnittabstand ab, sodass die einwirkende Querkraft $V_{Ed,red}$ wegen des kleiner werdenden Abzugswertes ΔV_{Ed} größer wird. Der maßgebende Abstand a_{crit} ergibt sich für das ungünstigste Verhältnis von einwirkender zu aufnehmbarer Schubspannung $v_{Ed,red} / v_{Rd,c}$.

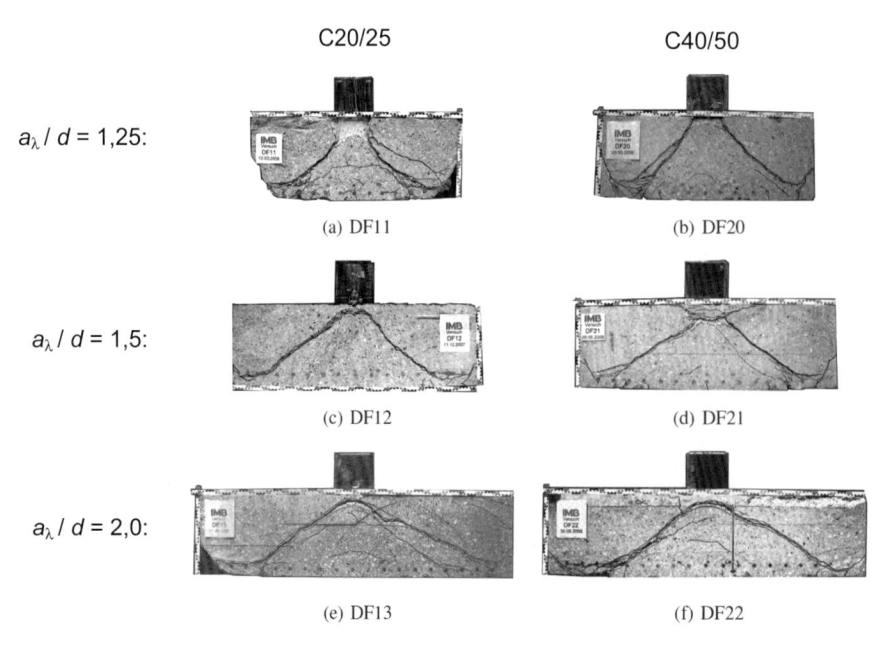

Abb. 64. Sägeschnitt mit Versagensrissen von Durchstanzversuchen mit verschiedenen Fundamentschlankheiten und Betonfestigkeiten (aus *Ricker* [90])

Um das nach DIN EN 1992-1-1 geforderte Sicherheitsniveau für Fundamente zu erreichen, musste der empirische Vorfaktor $C_{Rk,c}$ von 0,18 auf 0,15 reduziert werden (Abb. 65, aus [39]). Eine Abminderung des Vorfaktors aufgrund kleiner u_0 / d-Verhältnisse wie bei Flachdecken ist dann nicht mehr erforderlich.

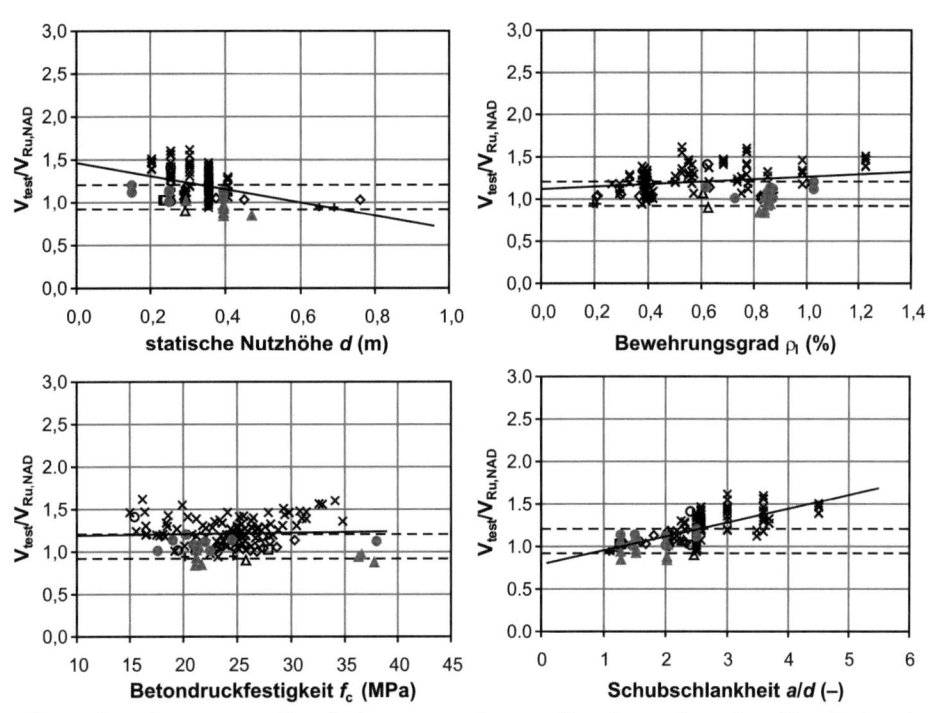

Abb. 65. Versuchsnachrechnung von Durchstanzversuchen an Fundamenten ohne Durchstanzbewehrung mit variablem Abstand des Nachweisschnitts für $a_\lambda / d \leq 2{,}0$ und Vorfaktor $C_{Rk,c} = 0{,}15$ (aus Hegger/Siburg [39])

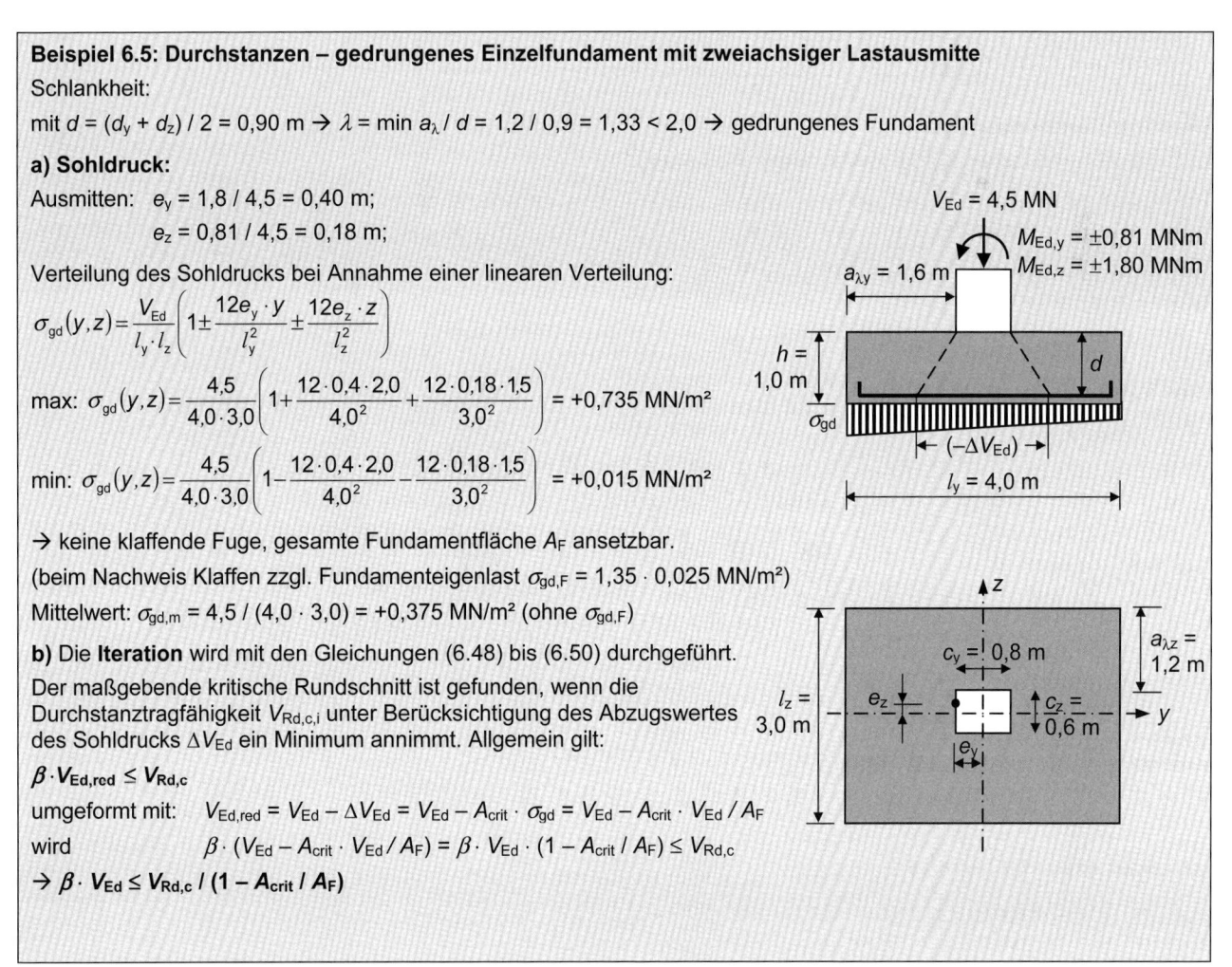

Beispiel 6.5: Durchstanzen – gedrungenes Einzelfundament mit zweiachsiger Lastausmitte

Schlankheit:

mit $d = (d_y + d_z)/2 = 0{,}90$ m $\rightarrow$ $\lambda = \min a_\lambda / d = 1{,}2 / 0{,}9 = 1{,}33 < 2{,}0$ $\rightarrow$ gedrungenes Fundament

a) Sohldruck:

Ausmitten: $e_y = 1{,}8 / 4{,}5 = 0{,}40$ m;

$e_z = 0{,}81 / 4{,}5 = 0{,}18$ m;

Verteilung des Sohldrucks bei Annahme einer linearen Verteilung:

$$\sigma_{gd}(y,z) = \frac{V_{Ed}}{l_y \cdot l_z}\left(1 \pm \frac{12 e_y \cdot y}{l_y^2} \pm \frac{12 e_z \cdot z}{l_z^2}\right)$$

max: $\sigma_{gd}(y,z) = \dfrac{4{,}5}{4{,}0 \cdot 3{,}0}\left(1 + \dfrac{12 \cdot 0{,}4 \cdot 2{,}0}{4{,}0^2} + \dfrac{12 \cdot 0{,}18 \cdot 1{,}5}{3{,}0^2}\right) = +0{,}735$ MN/m²

min: $\sigma_{gd}(y,z) = \dfrac{4{,}5}{4{,}0 \cdot 3{,}0}\left(1 - \dfrac{12 \cdot 0{,}4 \cdot 2{,}0}{4{,}0^2} - \dfrac{12 \cdot 0{,}18 \cdot 1{,}5}{3{,}0^2}\right) = +0{,}015$ MN/m²

$V_{Ed} = 4{,}5$ MN
$M_{Ed,y} = \pm 0{,}81$ MNm
$M_{Ed,z} = \pm 1{,}80$ MNm
$a_{\lambda y} = 1{,}6$ m
$h = 1{,}0$ m

$\rightarrow$ keine klaffende Fuge, gesamte Fundamentfläche A_F ansetzbar.

(beim Nachweis Klaffen zzgl. Fundamenteigenlast $\sigma_{gd,F} = 1{,}35 \cdot 0{,}025$ MN/m²)

Mittelwert: $\sigma_{gd,m} = 4{,}5 / (4{,}0 \cdot 3{,}0) = +0{,}375$ MN/m² (ohne $\sigma_{gd,F}$)

b) Die **Iteration** wird mit den Gleichungen (6.48) bis (6.50) durchgeführt.
Der maßgebende kritische Rundschnitt ist gefunden, wenn die Durchstanztragfähigkeit $V_{Rd,c,i}$ unter Berücksichtigung des Abzugswertes des Sohldrucks ΔV_{Ed} ein Minimum annimmt. Allgemein gilt:

$l_z = 3{,}0$ m, $c_y = 0{,}8$ m, $c_z = 0{,}6$ m, $a_{\lambda z} = 1{,}2$ m

$\beta \cdot V_{Ed,red} \leq V_{Rd,c}$

umgeformt mit: $V_{Ed,red} = V_{Ed} - \Delta V_{Ed} = V_{Ed} - A_{crit} \cdot \sigma_{gd} = V_{Ed} - A_{crit} \cdot V_{Ed} / A_F$

wird $\beta \cdot (V_{Ed} - A_{crit} \cdot V_{Ed} / A_F) = \beta \cdot V_{Ed} \cdot (1 - A_{crit} / A_F) \leq V_{Rd,c}$

$\rightarrow \beta \cdot V_{Ed} \leq V_{Rd,c} / (1 - A_{crit} / A_F)$

Aufnehmbare **Schubspannung** ohne Durchstanzbewehrung im Schnitt i:

Gleichung (6.50): $v_{Rd,c,i} = (0{,}15 / \gamma_c) \cdot k \cdot (100\rho_l \cdot f_{ck})^{1/3} \cdot 2d / a_i \geq v_{min} \cdot 2d / a_i$

Eingangswerte:

$\gamma_c = 1{,}5$; $\quad f_{ck} = 25$ N/mm² für C25/30; $\quad k = 1 + (200 / d)^{1/2} = 1 + (200 / 900)^{1/2} = 1{,}47 < 2{,}0$

Bewehrungsgrad ρ_l bezogen auf $b_{eff} = c + 2 \cdot 3{,}0d =$ gesamte Fundamentbreite:

$\rho_{l,y} = 20{,}9 / 90 = 0{,}23$ % (i. M. ϕ 20 / 150 mm) und $\rho_{l,z} = 13{,}4 / 90 = 0{,}15$ % (i. M. ϕ 16 / 150 mm)

$\rho_l = (0{,}23 \cdot 0{,}15)^{1/2} = 0{,}186$ % $< 0{,}5 \cdot f_{cd} / f_{yd} = 0{,}5 \cdot 14{,}1 / 435 = 1{,}6$ % < 2 %

Mindestwert: $\quad v_{min} = (0{,}0375 / \gamma_c) \cdot k^{3/2} \cdot f_{ck}^{1/2} = (0{,}0375 / 1{,}5) \cdot 1{,}47^{3/2} \cdot 25^{1/2} = 0{,}223$ MN/m²

bei $a = 2{,}0d$: $\quad v_{Rd,c,2{,}0d} = (0{,}15 / \gamma_c) \cdot k \cdot (100\rho_l \cdot f_{ck})^{1/3} = 0{,}10 \cdot 1{,}47 \cdot (0{,}186 \cdot 25)^{1/3} = 0{,}245$ MN/m² $> v_{min}$

→ iterative Ermittlung des maßgebenden kritischen Rundschnitts u_1 in i-Schnitten:

$A_F = 4{,}0 \cdot 3{,}0 = 12$ m²

(1) $u_i = 2 \cdot (c_1 + c_2) + 2\pi \cdot a_i$

(2) $A_{crit,i} = c_1 \cdot c_2 + 2 \cdot (c_1 + c_2) \cdot a_i + \pi \cdot a_i^2$

(3) $v_{Rd,c,i} = v_{Rd,c,2{,}0d} \cdot 2d / a_i$

(4) $V_{Rd,c,i} = v_{Rd,c,i} \cdot (u_i \cdot d) / (1 - A_{crit,i} / A_F)$

i	(1)	(2)	(3)	(4)
a_i / d	u_i	$A_{crit,i}$	$v_{Rd,ci}$	$V_{Rd,ci} / (1 - A_{crit,i} / A_F)$
	[m]	[m²]	[MN/m²]	[MN]
2,00	14,11	15,70	0,245	–
1,00	8,455	5,545	0,490	6,931
0,90	7,889	4,809	0,544	6,451
0,80	7,324	4,125	0,613	6,152
0,70	6,758	3,491	0,700	6,005
0,65	**6,476**	**3,193**	**0,754**	**5,986**
0,60	6,193	2,908	0,817	6,008
0,50	5,627	2,376	0,980	6,189
0,40	5,062	1,895	1,225	6,672
0,30	4,496	1,465	1,633	7,529

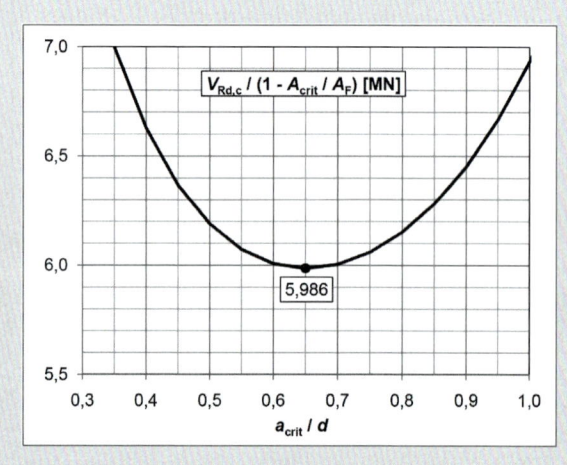

Der maßgebende kritische Rundschnitt liegt demnach bei $a_{crit} = 0{,}65d = 0{,}585$ m mit $u_1 = 6{,}48$ m.

c) Lasterhöhungsbeiwert β bei zweiachsiger Ausmitte:

Näherung nach Gl. (6.43) mit

$b_y = c_y + 2 \cdot a_{crit} = 0{,}80 + 2 \cdot 0{,}65 \cdot 0{,}90 = 1{,}97$ m

$b_z = c_z + 2 \cdot a_{crit} = 0{,}60 + 2 \cdot 0{,}65 \cdot 0{,}90 = 1{,}77$ m

Gl. (6.43): $\quad \beta = 1 + 1{,}8 \cdot \sqrt{(e_y / b_z)^2 + (e_z / b_y)^2} \geq 1{,}10$

$\beta = 1 + 1{,}8 \cdot \sqrt{(0{,}40 / 1{,}77)^2 + (0{,}18 / 1{,}97)^2} = \mathbf{1{,}44} \geq 1{,}10$

Zum Vergleich: „genaueres" Verfahren

Gl. (6.41): $\quad W_1 = c_1^2 / 2 + c_1 \cdot c_2 + 4 \cdot c_2 \cdot d + 16 \cdot d^2 + 2 \cdot \pi \cdot d \cdot c_1$

für a_{crit}: $\quad W_1 = c_1^2 / 2 + c_1 \cdot c_2 + 2 \cdot c_2 \cdot a_{crit} + 4 \cdot a_{crit}^2 + \pi \cdot a_{crit} \cdot c_1$

$W_{1z} = 0{,}8^2 / 2 + 0{,}8 \cdot 0{,}6 + 2 \cdot 0{,}6 \cdot 0{,}585 + 4 \cdot 0{,}585^2 + \pi \cdot 0{,}585 \cdot 0{,}8 = 4{,}34$ m²

$W_{1y} = 0{,}6^2 / 2 + 0{,}8 \cdot 0{,}6 + 2 \cdot 0{,}8 \cdot 0{,}585 + 4 \cdot 0{,}585^2 + \pi \cdot 0{,}585 \cdot 0{,}6 = 4{,}07$ m²

Tab. 6.1: $\quad k_z = 0{,}63 \quad$ für $c_1 / c_2 = 0{,}80 / 0{,}60 = 1{,}33$

$\quad\quad\quad k_y = 0{,}53 \quad$ für $c_1 / c_2 = 0{,}60 / 0{,}80 = 0{,}75$

Gl. (NA.6.39.1):

$\beta = 1 + \sqrt{\left(k_y \dfrac{M_{Ed,y}}{V_{Ed}} \cdot \dfrac{u_1}{W_{1,y}}\right)^2 + \left(k_z \dfrac{M_{Ed,z}}{V_{Ed}} \cdot \dfrac{u_1}{W_{1,z}}\right)^2} = 1 + \sqrt{\left(0{,}53 \dfrac{0{,}81}{4{,}5} \cdot \dfrac{6{,}48}{4{,}07}\right)^2 + \left(0{,}63 \dfrac{1{,}8}{4{,}5} \cdot \dfrac{6{,}48}{4{,}34}\right)^2} = \mathbf{1{,}41} \geq 1{,}10$

Zum Vergleich: Verfahren nach *Nölting* [78] mit $\beta = 1 + e / c \geq 1{,}1$:

$\beta_z = 1 + e_y / c_y = 1 + 0{,}40 / 0{,}80 = 1{,}5$

$\beta_y = 1 + e_z / c_z = 1 + 0{,}18 / 0{,}60 = 1{,}3$

Interaktion analog Gl. (NA.6.39.1):

$\beta = 1 + \sqrt{(\beta_y - 1)^2 + (\beta_z - 1)^2} = 1 + \sqrt{0{,}3^2 + 0{,}5^2} = \mathbf{1{,}58}$

d) Nachweis im kritischen Rundschnitt bei 0,65d:

$\beta \cdot V_{Ed} \leq V_{Rd,c} / (1 - A_{crit} / A_F)$

$1{,}41 \cdot 4{,}5$ MN $= 6{,}345$ MN $> 5{,}986$ MN → Durchstanzbewehrung ist erforderlich! → siehe Beispiel 6.7

oder

$\beta \cdot V_{Ed,red} \leq V_{Rd,c}$

mit: $V_{Ed,red} = V_{Ed} - \Delta V_{Ed} = V_{Ed} - A_{crit} \cdot \sigma_{gd} = 4{,}5$ MN $- 3{,}193$ m² $\cdot 0{,}375$ MN/m² $= 3{,}30$ MN

$V_{Rd,c} = V_{Rd,c,2,0d} \cdot 2d / a_{crit} \cdot (u_1 \cdot d) = 0{,}245$ M/m² $\cdot (2 / 0{,}65) \cdot 6{,}48$ m $\cdot 0{,}90$ m $= 4{,}396$ MN

$1{,}41 \cdot 3{,}30$ MN $= 4{,}65$ MN $> 4{,}396$ MN → Durchstanzbewehrung ist erforderlich!

Die Bemessung von exzentrisch belasteten Fundamenten lässt sich am besten mit Hilfe von Sektormodellen durchführen. Ein Sektormodell kann in Verbindung mit allen Bemessungsvorschriften verwendet werden, die den Durchstanzwiderstand längs eines Rundschnitts nachweisen (Rundschnittmodelle). Solange keine klaffende Sohlfuge vorhanden ist, (d. h. $e \leq l / 6$), kann von einem umlaufenden mehraxialen Spannungszustand am Stützenanschnitt ausgegangen werden. In diesem Fall darf der volle Durchstanzwiderstand z. B. nach Gleichung (6.50) angesetzt werden.

Bei Fundamenten mit eingespannten (Krag-)Stützen ist jedoch eine klaffende Sohlfuge unter Bemessungslasten mit Spreizung der Teilsicherheitsbeiwerte (für günstige und ungünstige Auswirkungen) die Regel (vgl. Erläuterungen zu 2.6, Abb. 5). *Ricker* hat in [90] vorgeschlagen, in solchen Fällen nur den Querkraftwiderstand einer liniengelagerten Platte z. B. nach Gleichung (6.2) zu berücksichtigen. Die vorhandenen Beanspruchungen sollten entlang zweier Nachweisschnitte überprüft werden (siehe Abb. 66). Schnitt I–I über die gesamte Fundamentbreite ist im Abstand von 1,0d vom Stützenanschnitt anzuordnen. Schnitt II–II ist affin zum kritischen Rundschnitt beim Durchstanznachweis auch im Abstand 1,0d vom Stützenanschnitt zu untersuchen. Es sind die folgenden Nachweise zu führen:

Schnitt I–I: $v_{Ed,I-I} = V_{Ed,I-I} / (b \cdot d) \leq v_{Rd}$ (33)

Schnitt II–II: $v_{Ed,i} = V_{Ed,i} / (u_i \cdot d) \leq v_{Rd}$ (34)

Dabei ist

$V_{Ed,I-I}$ die einwirkende Querkraft resultierend aus dem Sohldruck außerhalb des Schnittes I–I,

b die Fundamentbreite,

$v_{Ed,I-I}$ die mittlere vorhandene Schubspannung entlang des Schnittes I–I,

$V_{Ed,i}$ die einwirkende Querkraft im Sektor *i* (resultierend aus dem Sohldruck des betrachteten Sektor *i*),

u_i der Teilumfang des Rundschnitts,

$v_{Ed,i}$ die einwirkende Schubspannung längs des Teilumfangs des Rundschnitts,

v_{Rd} der Querkraftwiderstand einer liniengelagerten Platte.

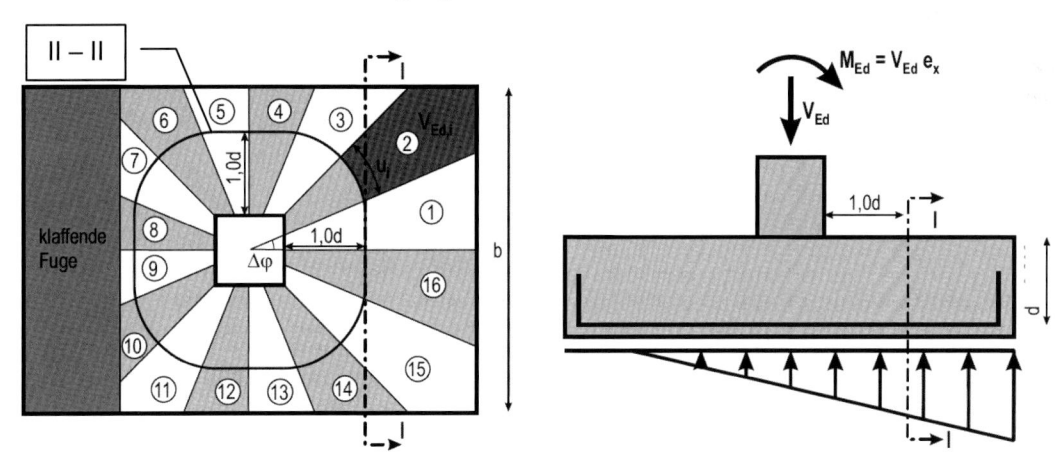

Abb. 66. Anwendung des Sektormodells bei einem Fundament mit klaffender Fuge (aus *Ricker* [90])

Zu 6.4.5 Durchstanztragfähigkeit für Platten oder Fundamente mit Durchstanzbewehrung

Zu (1): Flachdecken

In EN 1992-1-1 wird in einer Berechnung nach Gleichung (6.52) zunächst der Grundwert der Durchstanzbewehrungsmenge A_{sw} im Rundschnitt u_1 im Abstand 2,0d von der Lasteinleitungsfläche bestimmt. Diese Bewehrungsmenge soll in jeder erforderlichen Bewehrungsreihe angeordnet werden. Die Anzahl der erforderlichen Bewehrungsreihen wird durch die maximalen radialen Reihenabstände s_r und durch den äußeren Rundschnitt u_{out} bestimmt. Multipliziert man die Schubspannungen nach Gleichung (6.52) mit der Schubfläche im Rundschnitt ($u_1 \cdot d$), erhält man z. B. für 90°-Bügel die Durchstanztragfähigkeit als Querkraft:

$V_{Ed} \leq V_{Rd,cs} = 0{,}75 \cdot V_{Rd,c} + 1{,}5 \cdot (d / s_r) \cdot A_{sw} \cdot f_{ywd,ef} = 0{,}75 \cdot V_{Rd,c} + (A_{sw} / s_r) \cdot f_{ywd,ef} \cdot 1{,}5d$ (35)

Die Hintergründe zu Gleichung (35) hat *Regan* in [83] beschrieben. Innerhalb des durchstanzbewehrten Bereichs sind potenziell verschieden geneigte Versagensrisse möglich, die nachfolgende Bewehrungsreihen gerade verfehlen (Abb. 67 a). Die Tragfähigkeit der durch die Versagensrisse beschriebenen Versagensfläche bestimmt sich aus einem Betontraganteil und der Tragfähigkeit der Durchstanzbewehrung, die den Riss kreuzt. Es wird angenommen, dass mit abnehmender Neigung θ des Versagensrisses der Betontraganteil kleiner und die vom Stahl aufgenommene Kraft größer wird. Unter der Voraussetzung, dass sich deshalb für verschiedene Winkel θ ähnliche Tragfähigkeiten ergeben, ist es ausreichend, zwei mögliche Versagensorte zu untersuchen. Das Versagen zwischen dem Stützenanschnitt und der ersten Durchstanzbewehrungsreihe wird in EN 1992-1-1 durch den Maximaltragfähigkeitsnachweis direkt am Rand der Lasteinleitungsfläche entlang u_0 berücksichtigt (rechnerische Maximaltragfähigkeit mit und ohne Durchstanzbewehrung). Der zweite Nachweis wird längs eines Rundschnitts im Abstand $2d$ von der Lasteinleitungsfläche geführt. Dabei wird nur die durch einen Schubriss gekreuzte, ausreichend verankerte Durchstanzbewehrung als wirksam angerechnet, die sich innerhalb eines Bereiches von $1,5d$ befindet ($1,5d \cdot A_{sw} / s_r$, siehe Abb. 67 b)). Das entspricht einer Rissneigung von ca. 33° ($\cot\theta = 1,5$). Der Betontraganteil wird wegen der flachen Rissneigung mit einem „Effizienzbeiwert" von 75 % der Tragfähigkeit ohne Durchstanzbewehrung festgelegt [40].

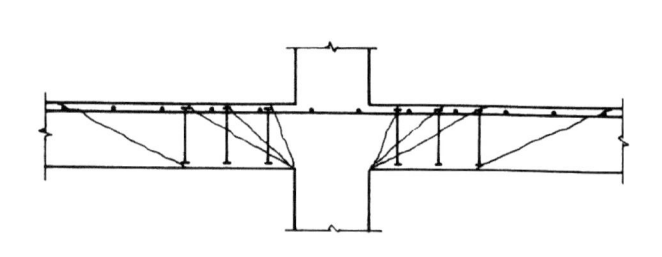

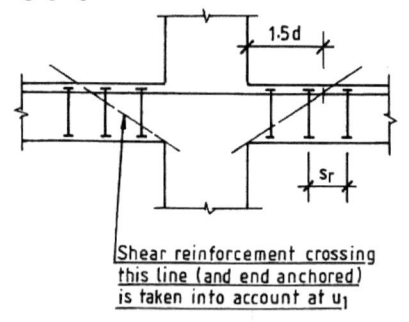

a) Mögliche Versagensrisse in einer durchstanzbewehrten Platte

b) angesetzte Durchstanzbewehrung in Gl. (6.52)

Abb. 67. Ermittlung der Durchstanzbewehrung nach EN 1992-1-1 (*Regan* in [83])

Um die abnehmende Verankerungsqualität von Bügeln in dünnen Decken zu berücksichtigen, ist bei statischen Nutzhöhen bis $d \leq 740$ mm (für Betonstahl B500) die wirksame Bemessungsspannung der Durchstanzbewehrung auf $f_{ywd,ef} = 250 + 0,25d \leq f_{ywd}$ zu reduzieren und der Bügeldurchmesser mit $\phi_w \leq 0,05d$ zu beschränken (siehe 9.4.3 (1)).

Die Durchstanzbewehrung darf nach DIN EN 1992-1-1 demnach mit höherer Spannung ausgenutzt werden, als nach DIN 1045-1, Gleichung (110), mit dem Abminderungsbeiwert κ_s (siehe Abb. 68).

Die Bemessungsgleichung zur Bestimmung der Durchstanzbewehrung aus aufgebogener Bewehrung weist einen günstigeren Beiwert zur Berücksichtigung der höheren Wirksamkeit auf, da die Schrägstäbe den Durchstanzriss unabhängig von seiner Neigung kreuzen und somit eine Einschnürung der Druckzone verzögern. Aufgrund der besseren Verankerung erreichen Schrägstäbe auch bei dünnen Platten die Streckgrenze, sodass hier $f_{ywd,ef} = f_{yd}$ ausgenutzt werden darf.

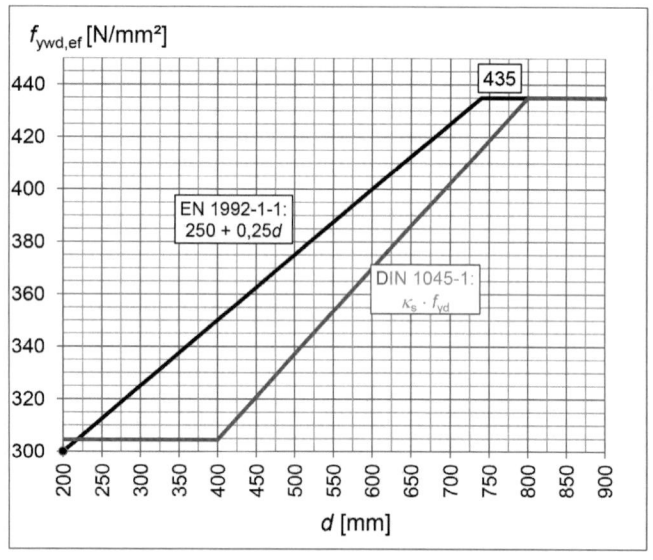

Abb. 68. Vergleich der Bemessungsspannung für Durchstanzbügel nach EN 1992-1-1 und DIN 1045-1

In Abb. 69 werden die Bruchlasten aus Durchstanzversuchen, bei denen ein Versagen der Bügelbewehrung maßgebend war, mit dem Bemessungsansatz nach EN 1992-1-1 verglichen. Die Überprüfung ergab, dass dieser Ansatz die erforderliche Durchstanzbewehrungsmenge in den ersten beiden Rundschnitten deutlich unterschätzt [40] (vgl. Abb. 69 a). Daher wird in DIN EN 1992-1-1/NA die Durchstanzbewehrungsmenge für die erste Reihe (im Abstand $0,3d$ bis $0,5d$ zum Rand der Lasteinleitungsfläche) mit dem Faktor $\kappa_{sw,1} = \mathbf{2,5}$ und für die zweite Reihe im Abstand $0,75d$ zur ersten Reihe mit dem Faktor $\kappa_{sw,1} = \mathbf{1,4}$ erhöht (vgl. Abb. 69 b)). Der gewählte Ansatz mit den Vergrößerungsfaktoren für die beiden ersten Reihen deckt nahezu trendfrei die Bruchlasten sicher ab.

In [40] haben *Hegger* et al. auch das Sicherheitsniveau für Durchstanzbewehrungen mit Schrägstäben untersucht. Dabei wurde der in EN 1992-1-1 vorgeschlagene Vorfaktor $1,5 \cdot (d / s_r) = 1,5 \cdot 0,67$ zur Bestimmung der Durchstanzbewehrungsmenge überprüft. Die Auswertung wurde mit den Begrenzungen des u_0 / d-Verhältnisses und des Längsbewehrungsgrades auf $0,5f_{cd} / f_{yd}$ durchgeführt. Die Bestimmung des Betontraganteils $v_{Rd,c}$ im Rundschnitt bei $2,0d$ führte insbesondere bei großen statischen Nutzhöhen zu deutlich höheren Betontraganteilen als nach DIN 1045-1. Dies wird durch die vorhandenen Versuche nur unzureichend erfasst. Daher wurde für den NA auf der sicheren Seite liegend eine Erhöhung der geneigten Durchstanzbewehrungsmenge um 25 % festgelegt, d. h., der Vorfaktor im NA wird dann zu $(1,5 \cdot 0,67 / 1,25) = 1,5 \cdot 0,53 \approx 0,8$ bestimmt.

Um die Rissbreite im Durchstanzriss gering zu halten und den Einfluss des Biegerollendurchmessers zu beschränken, ist der Durchmesser von Schrägstäben auf die statische Nutzhöhe mit $\phi_w \leq 0{,}08d$ abzustimmen (siehe 9.4.3 (1)).

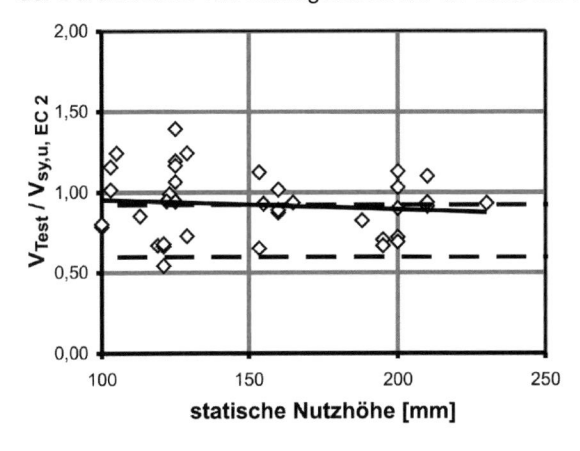

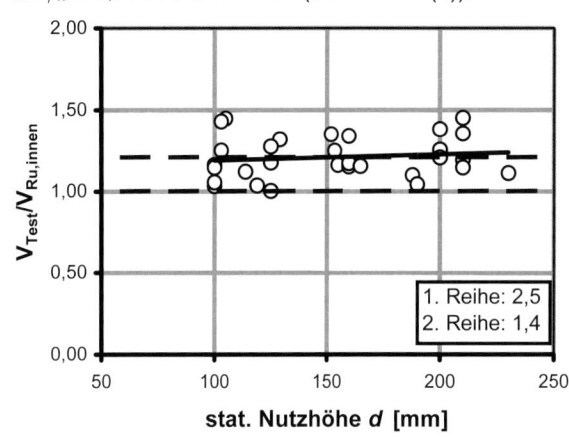

a) nach EN 1992-1-1; A_{sw} konstant je Reihe [41]
b) nach DIN EN 1992-1-1/NA; $A_{sw,1+2}$ vergrößert [40]

Abb. 69. Verhältnis der Versuchsbruchlast V_{Test} zur Traglast der Durchstanzbewehrung $V_{sy,u}$ bzw. V_{Ru} in Abhängigkeit der statischen Nutzhöhe (*Hegger* et al.)

Fundamente

Die Bestimmungsgleichung zur Ermittlung der Durchstanzbewehrungsmenge führt bei Fundamenten teilweise zu so großen Durchstanzbewehrungsmengen, dass diese nicht innerhalb eines Rundschnittes eingebaut werden können. Daher wurde zur Sicherstellung der Tragfähigkeit innerhalb des durchstanzbewehrten Bereichs ein modifizierter Ansatz angegeben.

In Anlehnung an die bauaufsichtlichen Zulassungen für Doppelkopfanker ist die gesamte einwirkende Querkraft von den ersten beiden Bewehrungsreihen aufzunehmen. Ein Betontraganteil wird dabei nicht angesetzt. Aufgrund der bei Fundamenten steileren Neigung des Versagensrisses, sollte die erste Reihe im Abstand $0{,}3d$ und die zweite Reihe mit einem Abstand von nicht mehr als $0{,}8d$ vom Stützenanschnitt angeordnet werden. Es ergibt sich bei Annahme eines gleichmäßig verteilten Sohldrucks σ_{gd} (ground pressure design value) folgende Gleichung für die Tragfähigkeit innerhalb der durchstanzbewehrten Zone:

$$\beta \cdot V_{Ed,red} = \beta \cdot (V_{Ed} - \Delta V_{Ed}) = \beta \cdot (V_{Ed} - A_{crit} \cdot \sigma_{gd}) \leq V_{Rd,s} = A_{sw,1+2} \cdot f_{ywd,ef} \tag{36}$$

Dabei ist

$A_{sw,1+2}$ die Querschnittsfläche der Durchstanzbewehrung in 2 Reihen bis $0{,}8d$ vom Stützenanschnitt;

$f_{ywd,ef}$ der Bemessungswert der wirksamen Stahlspannung der Durchstanzbewehrung: $f_{ywd,ef} = 250 + 0{,}25d \leq f_{ywd}$;

A_{crit} die Fläche innerhalb des iterativ bestimmten kritischen Rundschnitts.

Bei Bodenplatten oder schlanken Einzelfundamenten können zur Einhaltung des Durchstanznachweises auch mehr als zwei Reihen Durchstanzbewehrung notwendig werden. Der in diesen zusätzlichen Reihen erforderliche Bewehrungsquerschnitt darf vereinfacht ermittelt werden, indem 33 % der einwirkenden Querkraft $\beta \cdot V_{Ed,red}$ „hochgehängt" werden. Der Sohldruck innerhalb der jeweiligen weiteren Bewehrungsreihe darf dabei vollständig von der einwirkenden Querkraft abgezogen werden.

Werden Schrägstäbe als Durchstanzbewehrung verwendet, darf aufgrund der höheren Verankerungsqualität bei ausreichend kleinen Stabdurchmessern ($\phi_w \leq 0{,}08d$) die Stahlspannung bis zur Streckgrenze f_{ywd} ausgenutzt werden. In Anlehnung an DAfStb-Heft [D525] darf die effektive Querschnittsfläche des Schrägstabes mit einem Faktor von 1,3 erhöht werden. Bei Anordnung von Schrägstäben mit dem Winkel $45° \leq \alpha \leq 60°$ zur Bauteilachse unter Ansatz eines gleichmäßig verteilten Sohldrucks ergibt sich für die Tragfähigkeit innerhalb des durchstanzbewehrten Bereichs:

$$\beta \cdot V_{Ed,red} = \beta \cdot (V_{Ed} - \Delta V_{Ed}) = \beta \cdot (V_{Ed} - A_{crit} \cdot \sigma_{gd}) \leq V_{Rd,s} = 1{,}3 \cdot A_{sw,schräg} \cdot f_{ywd} \cdot \sin\alpha \tag{37}$$

Zu (2): Aufgrund des im Vergleich zu Flachdecken steileren Durchstanzkegels, sind die radialen Maximalabstände der Durchstanzbewehrung bei Fundamenten zu verringern [90]. Dabei ist der radiale Abstand der ersten Bewehrungsreihe auf $0{,}3d$ und der zweiten Bewehrungsreihe auf $0{,}8d$ vom Rand der Lasteinleitungsfläche zu begrenzen, damit die steileren möglichen Versagensrisse (insbesondere der erste) in jedem Fall erfasst werden (siehe Abb. 70 a).

Sollte bei gedrungenen Fundamenten ausnahmsweise eine dritte Bewehrungsreihe erforderlich werden, ist ein engerer Bügelabstand $s_r = 0{,}5d$ zur zweiten Reihe einzuhalten (siehe auch Erläuterungen zu 9.4.3 (4)). Bei schlanken Fundamenten und Bodenplatten sind die radialen Abstände s_r zwischen den weiteren Bewehrungsreihen auf $0{,}75d$ zu begrenzen, damit entlang flacherer Risse mit einer Neigung von $\cot\theta = 1{,}5$ mindestens zwei Bügelreihen wirken (vgl. Bild 9.10DE c).

Geneigte Stäbe haben den Vorteil, dass sie stets voll wirksam verankert sind und den Durchstanzkegel unabhängig von der jeweiligen Rissneigung schneiden (vgl. Abb. 70 b). Daher ist bei aufgebogener Bewehrung auch eine rechnerisch erforderliche Bewehrungsreihe ausreichend, die im Bereich zwischen $0{,}3d$ bis $1{,}0d$ vom Rand der Lasteinleitungsfläche anzuordnen ist, um sicherzustellen, dass die Schrägstäbe den Versagensriss schneiden [90].

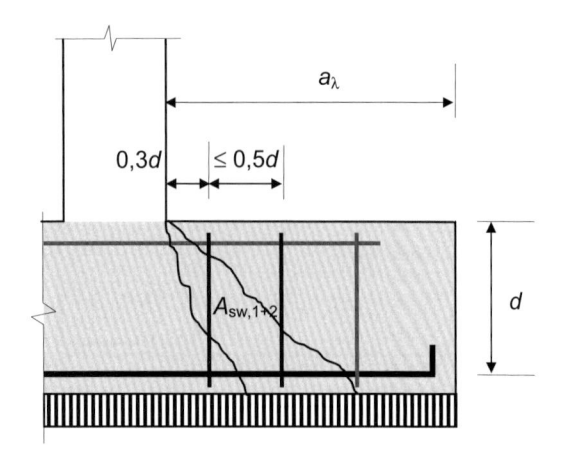

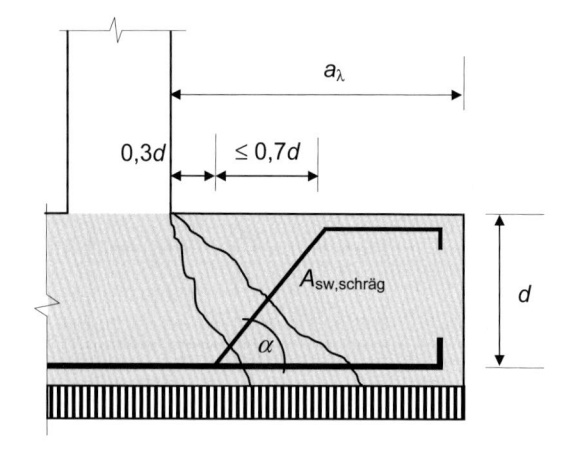

a) 90°-Bügelbewehrung

b) Schrägstäbe

Abb. 70. Anordnung der stützennahen Durchstanzbewehrung bei Fundamenten

Zu (3): Beim Nachweis der Maximaltragfähigkeit nach EN 1992-1-1 (inklusive dem CEN-Corrigendum 2 AC:2010) wird der Bemessungsschnitt direkt an der Stütze (Rundschnitt u_0) geführt und der Durchstanzwiderstand $v_{Rd,max} \leq 0{,}4 \cdot v \cdot f_{cd}$ in Analogie zur Druckstrebentragfähigkeit von Balken ermittelt. Damit ist die Bemessungsgleichung insbesondere von der Betondruckfestigkeit und dem Stützenumfang abhängig.

Versuchsbeobachtungen lassen jedoch eindeutig erkennen, dass für schlanke Flachdecken nicht das Versagen der schrägen Betondruckstrebe, sondern die Tragfähigkeit der Betondruckzone am Stützenanschnitt maßgebend ist [38]. Die Beanspruchung der Druckzone wird dabei wesentlich von der Plattenrotation und dem Verankerungsschlupf der Durchstanzbewehrung (Schubrissbreite) beeinflusst. Infolge der geringen Druckzonenhöhe am Stützenanschnitt und der unvollständigen Umschnürung durch die Bügelbewehrung in diesem Bereich tritt vor Erreichen der maximalen Druckstrebentragfähigkeit ein Abplatzen der Betondeckung auf. Aus diesem Grund erfolgt die Ermittlung der maximalen Durchstanztragfähigkeit in anderen Normen (z. B. in DIN 1045-1 oder der Schweizer SIA 262) als Vielfaches der Tragfähigkeit ohne Durchstanzbewehrung. Unter der Annahme, dass die Versuche, die bei einer Auswertung nach DIN 1045-1 auf dem Niveau der Maximaltragfähigkeit versagten, auch für den Ansatz nach EN 1992-1-1 repräsentativ sind, kann eine Auswertung für 31 bügelbewehrte Versuche durchgeführt werden. Bei der Auswahl der Versuche wurde überprüft, dass kein Biegeversagen vorlag und eine ausreichende Durchstanzbewehrung im unmittelbaren Stützenbereich angeordnet war. Zusätzlich wurden Versuche mit unüblichen Biegeformen von der Auswertung ausgeschlossen. Die statistische Auswertung der 31 Versuche der Versuchsdatenbank auf Bruchlastniveau ergibt für den Ansatz der Maximaltragfähigkeit nach EN 1992-1-1 einen Mittelwert von $\zeta_m = 0{,}80$ und einen 5%-Quantilwert von $\zeta(5\,\%) = 0{,}53$ (Abb. 71 a). Damit wird der erforderliche Mindestwert für den Vergleich von experimenteller und rechnerischer Bruchtragfähigkeit von 1,0 deutlich unterschritten.

Auch der Vergleich mit den bekanntermaßen gegenüber Bügeln höheren Maximaltragfähigkeiten optimierter Durchstanzbewehrungselemente (wie z. B. Doppelkopfanker) zeigt, dass der Ansatz der Druckstrebentragfähigkeit ungeeignet ist (siehe Abb. 71 b).

a) Bügel

b) Bewehrungselemente

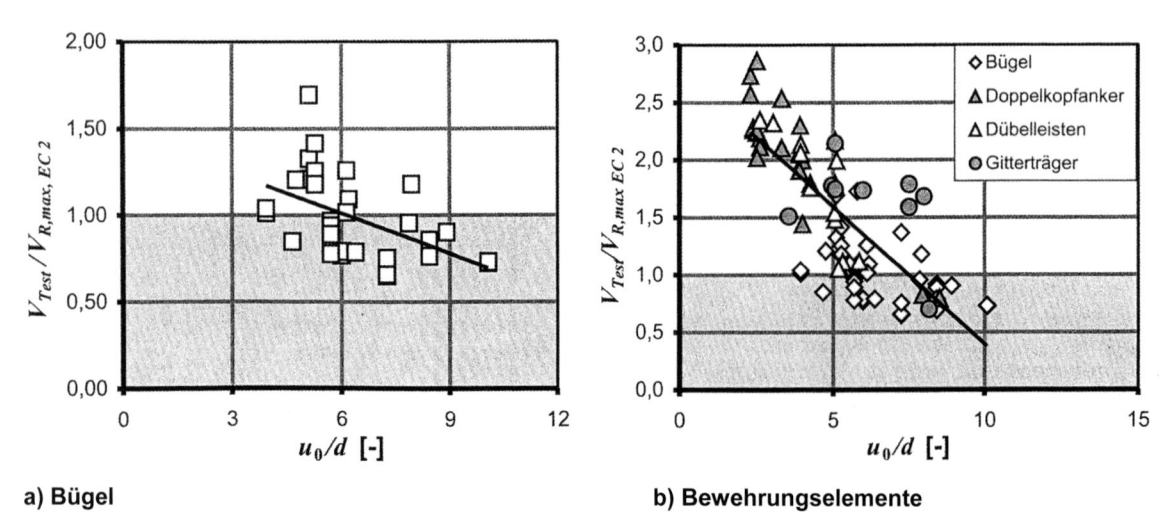

Abb. 71. Vergleich von Versuchsbruchlasten V_{Test} mit dem maximalen Durchstanzwiderstand $V_{R,max}$ nach EN 1992-1-1 (aus *Hegger* et al. [38]) ($V_{Rd,max} = 0{,}4 \cdot 0{,}6 \cdot (1 - f_{ck}/250) \cdot f_{cd}$)

Die Ermittlung der Maximaltragfähigkeit bei Flachdecken als ein Vielfaches der Durchstanztragfähigkeit ohne Durchstanzbewehrung in einem kritischen Rundschnitt hat sich in mehreren Normen bewährt. Durch den Nachweis im Abstand $2{,}0d$ ist die Stützengeometrie nur noch von untergeordneter Bedeutung, da eventuelle Spannungsspitzen bis zum betrachteten Rundschnitt bereits abgeklungen sind. Die Maximaltragfähigkeit einer mit Bügeln oder Schrägstäben durchstanzbewehrten Flachdecke wurde anhand von Versuchen als 1,4-fache Tragfähigkeit ohne Durchstanzbewehrung $v_{Rd,c}$ festgelegt (vgl. Abb. 72). Im Bemessungswert $v_{Rd,c}$ werden die wesentlichen Einflussparameter zur Bestimmung der Betondruckzonenhöhe und Festigkeit (d, ρ, f_c, k) ausreichend genau berücksichtigt.

Für eine statistische Auswertung von Rand- und Eckstützen ist keine ausreichend große Datenbasis vorhanden. Der Vorfaktor 1,4 zur Maximaltragfähigkeit von Rand und Eckstützen wird dem von Innenstützen unter der Maßgabe gleichgesetzt, dass die Lasterhöhungsfaktoren β die ungleichmäßigere Schubspannungsverteilung entlang des Bemessungsrundschnitts um die Lasteinleitungsfläche ausreichend berücksichtigen.

Eine rechnerisch günstige Betondruckspannung σ_{cp} bei $v_{Rd,c}$, z. B. infolge Vorspannung, darf beim Nachweis der Maximaltragfähigkeit nicht in Ansatz gebracht werden. Diese Einschränkung ist notwendig, da bisher keine Versuche zur Kombination von Vorspannung und Bügelbewehrung auf dem Niveau der Maximaltragfähigkeit vorliegen.

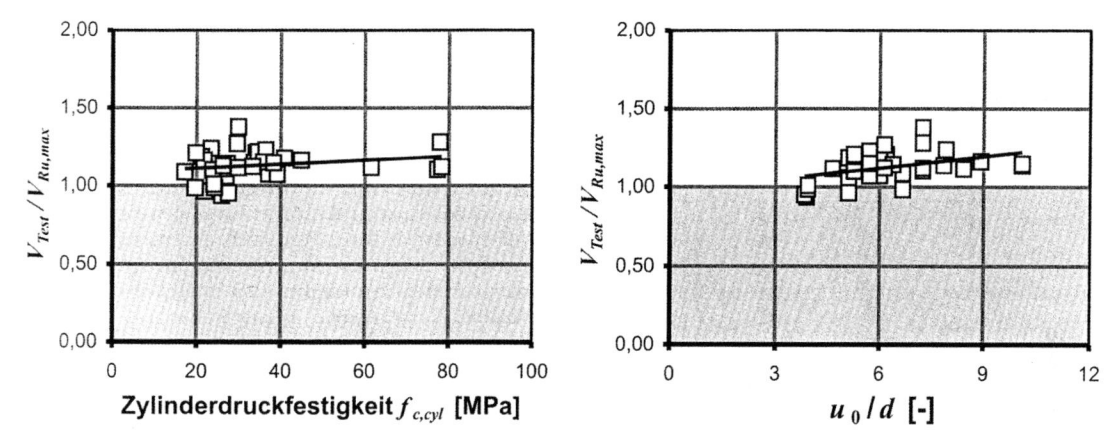

Abb. 72. Vergleich von Versuchsbruchlasten V_{Test} mit dem maximalen Durchstanzwiderstand $V_{R,\,max}$ nach DIN EN 1992-1-1/NA (aus *Hegger* et al. [38]) ($V_{Rd,\,max} = 1{,}4 \cdot v_{Rd,c} \cdot u_1 \cdot d$)

Für Fundamente ist nach EN 1992-1-1 wie bei Flachdecken die Maximaltragfähigkeit über die Druckstrebentragfähigkeit am Stützenanschnitt (Rundschnitt u_0) nachzuweisen. Da die statistische Auswertung von Durchstanzversuchen an Flachdeckenausschnitten ein nicht ausreichendes Sicherheitsniveau ergab, war eine Überprüfung der Bemessungsgleichung für Fundamente ebenfalls erforderlich.

Für Fundamente und Bodenplatten standen insgesamt sechs Versuche zur Verfügung, von denen vier Versuchskörper mit Bügeln und je ein Versuch mit Schrägstäben und Betonstahlstäben mit aufgeschweißten Ankerköpfen als Durchstanzbewehrung ausgeführt waren (siehe [90]). Damit der Einfluss der Schubschlankheit a_λ / d und die davon abhängige unterschiedliche Neigung des Versagensrisses bei der Ermittlung der Maximaltragfähigkeit erfasst werden, wurde die Tragfähigkeit ohne Durchstanzbewehrung mit dem iterativen Ansatz nicht durchstanzbewehrter Fundamente berechnet.

Aufgrund der geringen Anzahl von Versuchen konnte keine weitergehende Auswertung wie bei den Versuchen an schlanken Platten vorgenommen werden. Solange keine weiteren Versuche vorliegen, wird nach DIN EN 1992-1-1/NA die Maximaltragfähigkeit von Fundamenten in Analogie zu Flachdecken als 1,4facher Wert der Tragfähigkeit ohne Durchstanzbewehrung nach dem iterativen Ansatz mit $v_{Rd,c}$ nach Gleichung (6.50) und dem Vorfaktor $C_{Rd,c} = 0{,}15 / \gamma_c$ definiert (Abb. 73).

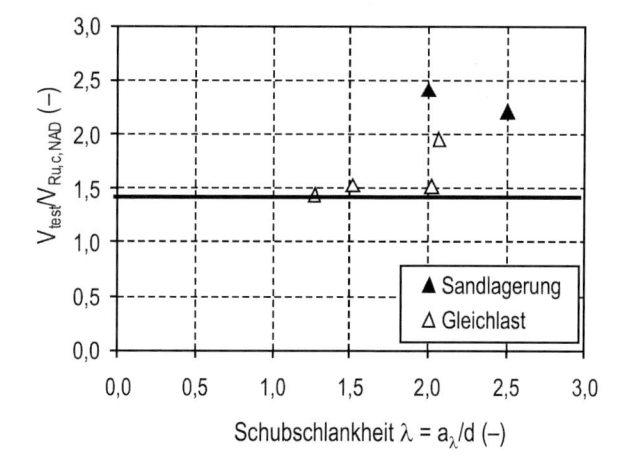

Abb. 73. Vergleich der Bruchlasten von sechs Versuchen an Fundamenten zur maximalen Durchstanzlast mit der Durchstanztragfähigkeit ohne Durchstanzbewehrung ($f_{ck} = f_{c,Test} - 4$) [90]

Zu (4): Die Begrenzung des durchstanzbewehrten Bereiches ist durch einen äußeren Rundschnitt u_{out} gekennzeichnet, in dem mindestens die Querkrafttragfähigkeit einer liniengelagerten Platte ohne Querkraftbewehrung $v_{Rd,c}$ nach Gleichung (6.2) erreicht wird:

$$\beta \cdot V_{Ed} \leq V_{Rd,c,out} = v_{Rd,c} \cdot d \cdot u_{out} \tag{38}$$

a) geschlossen u_{out}

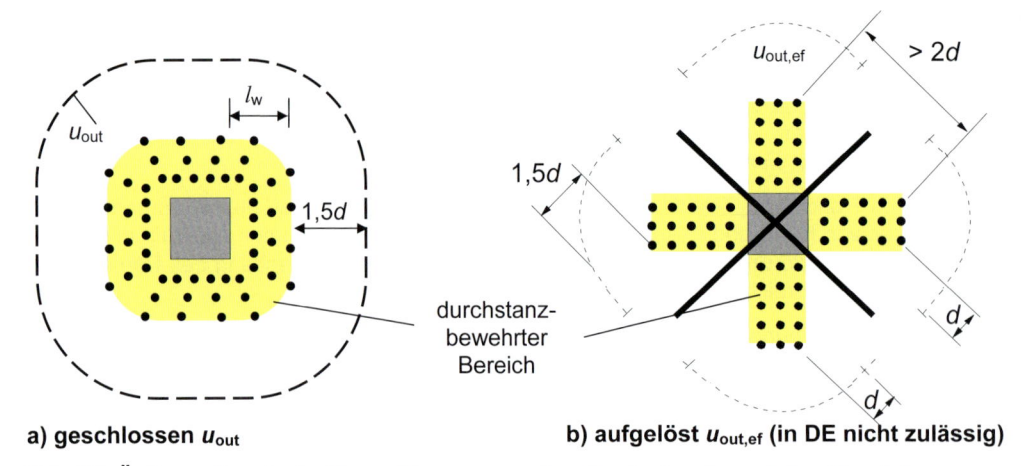

b) aufgelöst $u_{out,ef}$ (in DE nicht zulässig)

Abb. 74. Äußerer Rundschnitt zur Abgrenzung des durchstanzbewehrten Bereichs

Die letzte Durchstanzbewehrungsreihe darf dabei maximal im Abstand von 1,5d innerhalb des Rundschnitts u_{out} angeordnet werden. Der äußere Rundschnitt sollte i. d. R. zur Form des kritischen Rundschnitts affin verlaufen (Abb. 74 a). Je gleichmäßiger und sternförmiger die Durchstanzbewehrung angeordnet ist (z. B. Dübelleisten) und je weiter der äußere Rundschnitt von der Lasteinleitungsfläche entfernt ist, desto kreisbogenförmiger kann der äußere Rundschnitt angenommen werden (vgl. Bild 6.22).

Die rechtwinklig angeordnete und auf die Gurtstreifen konzentrierte Durchstanzbewehrung mit einem aufgelösten wirksamen äußeren Rundschnitt $u_{out,ef}$ darf nicht verwendet werden, da zu große unbewehrte „Zwickelbereiche" diagonal zu den Spannrichtungen entstehen (vgl. Abb. 74 b). Dieses Bild wurde daher in der kommentierten Fassung gestrichen.

Grundsätzlich lassen sich zwei Vorgehensweisen bei der Bemessung gegen Durchstanzen unterscheiden:

a) Der minimale äußere Rundschnittumfang u_{out} nach Gleichung (6.54) (und damit der minimale Abstand a_{out}) wird direkt berechnet. Danach wird die Anzahl der erforderlichen Bewehrungsreihen anhand der maximal zulässigen radialen Reihenabstände bestimmt, wobei sich dann ein in Bezug auf die Bewehrungsmenge in Gleichung (6.52) optimierter minimaler Reihenabstand $s_r < 0,75d$ ergeben kann.

b) Beim zweiten Ansatz wird beginnend mit der ersten Bewehrungsreihe ein konstruktiv zweckmäßiger Reihenabstand ≤ max s_r gewählt. Um jede Bewehrungsreihe wird ein äußerer Rundschnitt u_{out} im Abstand 1,5d gelegt und überprüft, ob Gleichung (38) $\beta \cdot V_{Ed} \leq V_{Rd,c,out}$ eingehalten ist. Hierbei wird jeweils solange eine weitere Bewehrungsreihe angeordnet, bis der Nachweis erfolgreich ist (vgl. Abb. 74 a).

Bei Bügeln ist jedoch immer eine zweite konstruktiv bewehrte Reihe erforderlich, auch wenn rechnerisch eine ausreicht.

Zu (NA.6): Zur Sicherstellung der räumlichen Tragmechanismen beim Durchstanzen ist ein Mindestwert an Biegetragfähigkeit erforderlich. Dieser Wert wurde nach der Plastizitätstheorie als Mindestmoment m_{Ed} abhängig von der Größe der Querkraft V_{Ed} festgelegt und auf mitwirkende Breiten verteilt (siehe Tabelle NA.6.1.1 mit Bild NA.6.22.1).

Aus [D525]: Insbesondere bei dicken Fundamentplatten kann infolge des Abzugswertes aus dem Sohldruck eine ausreichende Durchstanztragfähigkeit mit relativ geringen Längsbewehrungsgraden nachgewiesen werden. Zur Sicherstellung der räumlichen Tragmechanismen ist ein Grundmaß an Biegetragfähigkeit notwendig. Dieser Grundwert wurde nach der Plastizitätstheorie in Form von Mindestbiegemomenten festgelegt. Bei geringen Abständen von Lasteinleitungsflächen ist im Einzelfall zu prüfen, ob die Plastizitätstheorie durch ein Bogen-Zugband-Modell ersetzt werden kann (direkter Lastabtrag), um eine baupraktisch sinnvolle Grundbewehrung zu erhalten.

Für die Verteilungsbreite der Mindestlängsbewehrung bei Fundamenten ist mindestens der kritische Rundschnitt abzudecken. Planmäßig zentrisch belastete Stützen, die auch mittig auf dem Fundamentgrundriss angeordnet sind, dürfen wie Innenstützen behandelt werden. In allen anderen Fällen ist unter Berücksichtigung der Ausmitten die Stütze als Rand- bzw. Eckstütze in Tabelle NA.6.1.1 einzuordnen. Die β-Werte sind für den Nachweis der Durchstanztragfähigkeit entsprechend zu berücksichtigen.

Die Ermittlung der Mindestmomente bei Fundamenten nach Gleichung (NA.6.54.1) darf mit einer um die günstige Wirkung des Sohldrucks verminderten Querkraft $V_{Ed,red}$ erfolgen. Dabei darf jedoch nur der Sohldruck unmittelbar unter der Lasteinleitungsfläche A_{load} berücksichtigt werden (nicht unter A_{crit}).

Beispiel 6.6: Innenstütze einer Flachdecke mit Durchstanzbewehrung

Vollständige Bemessung siehe Beispiel 4 aus: DBV-Beispiele
zur Bemessung nach Eurocode 2 [DBV10]

Beton: C35/45
Nutzhöhe: $d = (d_y + d_z) / 2 = (0{,}20 + 0{,}18) / 2 = 0{,}19$ m

Rundschnitt Lasteinleitung:
$u_0 = 4 \cdot 0{,}45 = 1{,}80$ m → $u_0 / d = 1{,}80 / 0{,}19 = 9{,}5 < 12$
→ geschlossener kritischer Rundschnitt u_1

kritischer Rundschnitt:
$u_1 = 2 (2 \cdot 0{,}45 + \pi \cdot 2{,}0 \cdot 0{,}19) = 4{,}19$ m

Maximal aufzunehmende Schubspannung:

$v_{Ed} = \beta \cdot V_{Ed} / (u_i \cdot d)$
$V_{Ed} = 809$ kN
$\beta = 1{,}10$ (Innenstütze, ausgesteiftes System, $l_1 / l_2 \leq 1{,}25$)
$\mathbf{v_{Ed}} = 1{,}10 \cdot 0{,}809 / (4{,}19 \cdot 0{,}19) = \mathbf{1{,}118}$ **MN/m²**

Querkrafttragfähigkeit ohne Durchstanzbewehrung

Gl. (6.47) für $u_0 / d = 9{,}5 > 4$ und $\sigma_{cp} = 0$:

$v_{Rd,c} = (0{,}18 / \gamma_c) \cdot k \cdot (100 \cdot \rho_l \cdot f_{ck})^{1/3} \geq v_{min}$
mit $k = 1 + (200 / d)^{1/2} = 1 + (200 / 190)^{1/2} > 2{,}0$ maßgebend
$v_{min} = (0{,}0525 / \gamma_c) \, k^{3/2} f_{ck}^{1/2} = (0{,}0525 / 1{,}5) \cdot 2{,}0^{3/2} \cdot 35^{1/2} = 0{,}586$ MN/m²

Bewehrungsgrad ρ_l: als Mittelwert auf einer mitwirkenden Plattenbreite $c_{1,2} + 2 \cdot 3{,}0d$:
$\rho_{ly} = 0{,}0157$ und $\rho_{lz} = 0{,}0175$ → $\rho_l = (0{,}0157 \cdot 0{,}0175)^{1/2} = 0{,}0166 < 0{,}02 < 0{,}50 f_{cd} / f_{yd} = 0{,}5 \cdot 19{,}8 / 435 = 0{,}023$

$\mathbf{v_{Rd,c}} = (0{,}18 / 1{,}5) \cdot 2{,}0 \, (1{,}66 \cdot 35)^{1/3} = \mathbf{0{,}928}$ **MN/m²** $> v_{min} < v_{Ed} = 1{,}118$ MN/m²

→ Durchstanzbewehrung ist erforderlich!

Tragfähigkeit der Betondruckstreben: Gl. (NA.6.53.1)

$\mathbf{v_{Rd,max}} = 1{,}4 \cdot v_{Rd,c} = 1{,}4 \cdot 0{,}928 = \mathbf{1{,}299}$ **MN/m²** $> v_{Ed} = 1{,}118$ MN/m²
→ v_{Ed} kann mit Durchstanzbewehrung aufgenommen werden!

Abgrenzung durchstanzbewehrter Bereich → **äußerer Rundschnitt ohne Querkraftbewehrung:**

Querkrafttragfähigkeit Gl. (6.2a): (Umrechnung aus der Durchstanztragfähigkeit im Verhältnis der Vorfaktoren $C_{Rd,c}$)
$v_{Rd,c} = (0{,}15 / 0{,}18) \cdot 0{,}928 = 0{,}773$ MN/m² *(Anmerkung: gegenüber [DBV10] korrigiert)*
Voraussetzung: Längsbewehrungsgrad $\rho_l = 0{,}0166$ auch im äußeren Rundschnitt vorhanden, sonst $v_{Rd,c}$ anpassen.

Gl. (6.54): $u_{out} = \beta \cdot V_{Ed} / (v_{Rd,c} \cdot d) = 1{,}10 \cdot 0{,}809 / (0{,}773 \cdot 0{,}19) = \mathbf{6{,}06}$ **m**

Abstand äußerer Rundschnitt von A_{load}:
$u_{out} = u_0 + 2\pi \cdot a_{out}$
→ $a_{out} = (u_{out} - u_0) / (2\pi) = (6{,}06 - 1{,}80) / (2\pi) = 0{,}678$ m → $\approx 3{,}5d$
d. h. Durchstanzbewehrung erforderlich bis $l_w = (3{,}5 - 1{,}5)d = 2{,}0d$

Gewählte Bügelbewehrung 90°:

Gewählte Reihenabstände vom Stützenanschnitt:

→ 1. Bewehrungsreihe bei $0{,}5d$
→ 2. Bewehrungsreihe bei $1{,}25d$ ($s_r = 0{,}75d$)
→ 3. Bewehrungsreihe bei $2{,}0d$ ($s_r = 0{,}75d$)

Grundbewehrungsmenge je Reihe: Gl. (6.52)

$v_{Rd,cs} = 0{,}75 \, v_{Rd,c} + 1{,}5 \cdot (d / s_r) \cdot A_{sw} \cdot f_{ywd,ef} / (u_1 \cdot d) \cdot \sin\alpha$
mit $f_{ywd,ef} = 250 + 0{,}25d = 250 + 0{,}25 \cdot 190 = 297$ MN/m² $< f_{ywd} = 435$ MN/m²
$A_{sw} = (v_{Ed} - 0{,}75 \, v_{Rd,c}) \cdot u_1 \cdot d / [1{,}5 \cdot (d / s_r) \cdot f_{ywd,ef}]$
$A_{sw} = (1{,}118 - 0{,}75 \cdot 0{,}928) \cdot 4{,}19 \cdot 0{,}19 / [1{,}5 \, (1 / 0{,}75) \cdot 297] \cdot 10^4 = 5{,}66$ cm²

1. Bewehrungsreihe im Abstand $0{,}5d$ vom Stützenanschnitt:	erf $A_{sw,1} = \kappa_{sw,1} \cdot A_{sw} = 2{,}5 \cdot 5{,}66$	= **14,1 cm²**
2. Bewehrungsreihe im Abstand $1{,}25d$ vom Stützenanschnitt:	erf $A_{sw,2} = 1{,}4 \cdot 5{,}66$	= **7,92 cm²**
3. Bewehrungsreihe im Abstand $2{,}0d$ vom Stützenanschnitt:	erf $A_{sw,3} = 1{,}0 \cdot 5{,}66$	= **5,66 cm²**

Konstruktionsregeln der Durchstanzbewehrung nach 9.4.3 (1):

maximaler tangentialer Abstand der Bügelschenkel:
- innerhalb des kritischen Rundschnitts $s_t = 1,5d$ (hier maßgebend)
- außerhalb des kritischen Rundschnitts $s_t = 2,0d$

Mindestanzahl der Bügelschenkel im Schnittumfang bei $u_{si} = u_0 + 2\pi \cdot a_{si}$:
$u_{s1} = 2,40$ m → min $n = 2,40 / (1,5 \cdot 0,19) = 9$ Bügelschenkel
$u_{s2} = 3,29$ m → min $n = 3,29 / (1,5 \cdot 0,19) = 12$ Bügelschenkel
$u_{s3} = 4,19$ m → min $n = 4,19 / (1,5 \cdot 0,19) = 15$ Bügelschenkel

Mindestdurchstanzbewehrung:

$$A_{sw,min} = \frac{0,08}{1,5} \frac{\sqrt{f_{ck}}}{f_{yk}} s_r \cdot s_t = 0,0533 \frac{\sqrt{35}}{500} \cdot 0,75 \cdot 1,5 \cdot 19^2 = 0,26 \text{ cm}^2 \text{ je Bügelschenkel}$$

max $\phi_{sw} \leq 0,05d = 0,05 \cdot 190 \approx 10$ mm → gewählt wird $\phi 10$ mit 0,79 cm² > $A_{sw,min}$

Gewählt:
Bewehrungsreihe 1
    18 Schenkel $\phi 10$ ($n > 9$ mit $s_t < 1,5d \approx 300$ mm im Schnitt verteilt)
    = 14,14 cm²   > 14,1 cm² = erf $A_{sw,1}$

Bewehrungsreihe 2
    14 Schenkel $\phi 10$ ($n > 12$ mit $s_t < 1,5d \approx 300$ mm im Schnitt verteilt)
    = 11,0 cm²   > 7,92 cm² = erf $A_{sw,2}$

Bewehrungsreihe 3
    16 Schenkel $\phi 10$ ($n > 15$ mit $s_t < 1,5d \approx 300$ mm im Schnitt verteilt)
    = 12,6 cm²   > 5,66 cm² = erf $A_{sw,3}$

Mindestmomente je Längeneinheit (6.4.5 (NA.6)):

min $m_{Ed,y} = \eta_y \cdot V_{Ed}$ und min $m_{Ed,z} = \eta_z \cdot V_{Ed}$ → $\eta_y = \eta_z = 0,125$

$|$min $m_{Ed,y,z}| = 0,125 \cdot 809 = 101$ kNm/m

Die anzusetzenden Verteilungsbreiten der Momente in beiden Richtungen betragen jeweils 0,3l_y bzw. 0,3l_z.
Die Schnittgrößenermittlung hat größere Stützmomente ergeben. Die Mindestmomente sind daher bei der Innenstütze für die Bemessung nicht maßgebend.

Beispiel 6.7: Fundament mit Durchstanzbewehrung

Ermittlung der Durchstanzbewehrung für Beispiel 6.5: Gedrungenes Einzelfundament mit zweiachsiger Lastausmitte
$\beta \cdot V_{Ed,red} = 4,65$ MN > $V_{Rd,c} = 4,396$ MN im iterativ ermittelten kritischen Rundschnitt bei $a_{crit} = 0,65d$
→ Durchstanzbewehrung ist erforderlich!

Die **maximale Tragfähigkeit** der Betondruckstreben darf im kritischen Rundschnitt u_1 nachgewiesen werden:
Gl. (NA.6.53.1): $V_{Rd,max} = 1,4 V_{Rd,c} = 1,4 \cdot 4,396 =$ **6,154 MN** $> \beta \cdot V_{Ed,red} = 4,65$ MN
→ V_{Ed} kann mit Durchstanzbewehrung aufgenommen werden!

Gewählt Bügelbewehrung 90°:

1. Bewehrungsreihe bei $0,3d \approx 0,25$ m

2. Bewehrungsreihe bei $(0,3 + 0,5)d = 0,8d \approx 0,70$ m

Bemessung für die Bewehrungsreihen 1 + 2 (gesamt):

Gl. (NA.6.52.1): $\beta \cdot V_{Ed,red} \leq V_{Rd,s} = A_{sw,1+2} \cdot f_{ywd,ef}$
mit $f_{ywd,ef} = 250 + 0,25d = 250 + 0,25 \cdot 900 > f_{ywd} = 435$ N/mm² maßgebend
→ $A_{sw,1+2} = \beta \cdot V_{Ed,red} / f_{ywd,ef} = 10^4 \cdot 4,65 / 435 = 107$ cm²

1. Bewehrungsreihe (im Abstand $0,3d$): $A_{sw,1} = 53,5$ cm²

2. Bewehrungsreihe (im Abstand $0,8d$): $A_{sw,2} = 53,5$ cm²

Überprüfung des **äußeren Rundschnitts** im Abstand $\leq 1,5d$ zur 2. Bewehrungsreihe:

Der Nachweis im äußeren Rundschnitt u_{out} im Abstand von $1,5d$ von der 2. Bewehrungsreihe liegt mit
$a_{out} = (0,8 + 1,5)d = 2,07$ m teilweise außerhalb des Fundamentes.
Daher wird der äußere Rundschnitt u_{out} auf der sicheren Seite am Fundamentrand nachgewiesen.

Anmerkung: Neuere Versuche belegen, dass auch in der 3. Reihe von gedrungenen Fundamenten Durchstanzbewehrung erforderlich werden kann. Weitere Erläuterungen hierzu siehe DAfStb-Heft [D600].

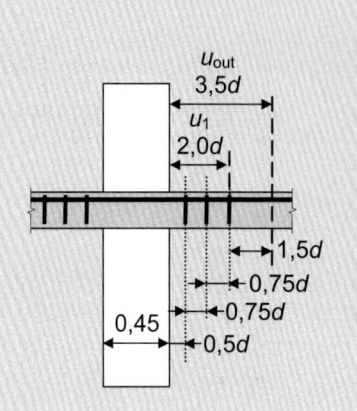

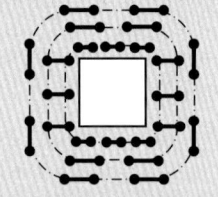

→ Kontrolle im Rundschnitt u_{out} am Fundamentrand bei $a_{\lambda z} = 1{,}20$ m $= 1{,}33d$
(d. h. im Abstand von $0{,}53d$ von der 2. Bewehrungsreihe):

mit A_{out} = $(0{,}60 \cdot 0{,}80) + 2 \cdot (0{,}60 + 0{,}80) \cdot 1{,}20 + \pi \cdot 1{,}20^2 = 8{,}36$ m²
und u_{out} = $2 \cdot (0{,}60 + 0{,}80) + 2\pi \cdot 1{,}20 = 10{,}34$ m
$\beta \cdot V_{Ed,red}$ = $1{,}41 \cdot (4{,}5 - 8{,}36 \cdot 0{,}375) = 1{,}03$ MN
$v_{Ed,out}$ = $1{,}03 / (10{,}34 \cdot 0{,}90) =$ **0,111 MN/m²** $< v_{Rd,c} = 0{,}245 \cdot (2 / 1{,}33) =$ **0,368 MN/m²**
→ keine weitere Bewehrungsreihe erforderlich!

Mindestdurchstanzbewehrung bei maximalem Stababstand:
$A_{sw,min}$ = $(0{,}08 / 1{,}5) \cdot (f_{ck}^{1/2} / f_{yk}) \cdot s_r \cdot s_t$
 = $0{,}0533 \cdot (25^{1/2} / 500) \cdot 0{,}5 \cdot 1{,}5 \cdot 90^2$
 = $3{,}24$ cm² je Bügelschenkel

max $\phi_{sw} \leq 0{,}05d = 0{,}05 \cdot 900 = 45$ mm
→ gewählt wird $\phi 25$ mit $4{,}91$ cm² $> A_{sw,min}$

Mindestanzahl der Bügelschenkel im Schnittumfang
bei $u_{si} = u_0 + 2\pi \cdot a_{si}$ ($u_0 = 2{,}80$ m):
$u_{s1} = 4{,}37$ m → min $n = 4{,}37 / (1{,}5 \cdot 0{,}90) = 3$ Bügelschenkel
$u_{s2} = 7{,}20$ m → min $n = 7{,}20 / (1{,}5 \cdot 0{,}90) = 5$ Bügelschenkel

Gewählte Durchstanzbewehrung:
Bewehrungsreihe 1 und 2 je
12 Bügelschenkel $\phi 25$ = $58{,}9$ cm²
  > $53{,}5$ cm² = erf $A_{sw,1}$ = erf $A_{sw,2}$

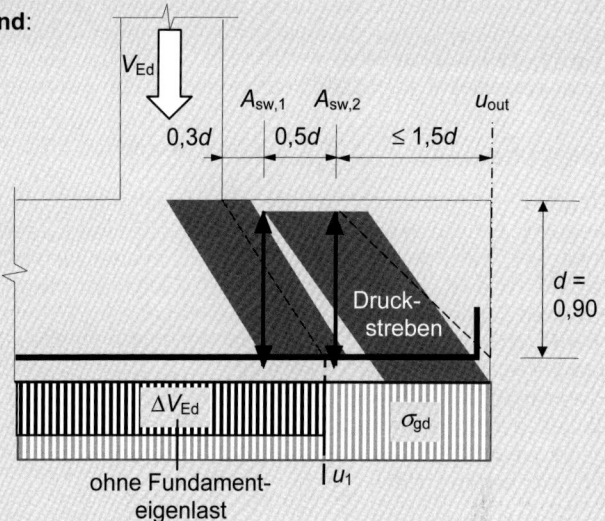

Mindestmomente je Längeneinheit (6.4.5 (NA.6)):

Beidseitig gleichmäßige Randabstände → analog Innenstütze

min $m_{Ed,y} = \eta_y \cdot V_{Ed}$ und min $m_{Ed,z} = \eta_z \cdot V_{Ed}$ → $\eta_y = \eta_z = 0{,}125$

Bei Fundamenten darf die Querkraft hier nur um den Sohldruck unter

der Lasteinleitungsfläche A_{load} reduziert werden:

$V_{Ed,red} = 4{,}5 - 0{,}375 \cdot 0{,}80 \cdot 0{,}60 = 4{,}32$ MN

$|\text{min } m_{Ed}| = 0{,}125 \cdot 4{,}32 = 0{,}54$ MNm/m

Abschätzung der erforderlichen Biegebewehrung:

$F_{sd} = M_{Ed} / z \approx 0{,}54 / (0{,}9 \cdot 0{,}90) = 0{,}67$ MN/m

→ erf $a_s = 10^4 \cdot 0{,}67 / 435 = 15{,}3$ cm²/m

Durch die vorhandene Längsbewehrung abgedeckt, da die Bewehrung im Bereich des kritischen Rundschnitts stärker konzentriert wird (reduzierter Stababstand 125 mm, dafür Richtung Fundamentrand größerer Abstand):

vorh $a_{sy} = 25{,}1$ cm²/m mit $\phi 20 / 125$ mm und vorh $a_{sz} = 16{,}1$ cm²/m mit $\phi 16 / 125$ mm

DAfStb-Heft [D525]:

Bei der Bewehrungskonstruktion zulässige radiale Abweichung einzelner Bügelschenkel vom theoretischen Rundschnitt im Grundriss: $\Delta s_r \leq 0{,}2d$

Mögliche Bügelformen für die Durchstanzbewehrung:

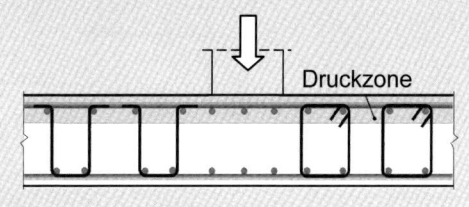

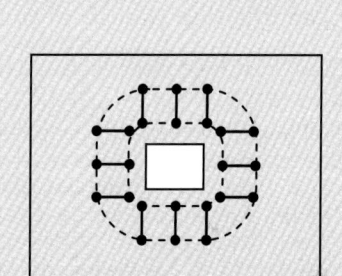

Zu 6.5 Stabwerkmodelle

Zu 6.5.1 Allgemeines

Eine Grundlage für die Bemessung mit Stabwerkmodellen ist die Plastizitätstheorie. Bei Scheiben ist dabei kein Nachweis des Rotationsvermögens erforderlich (siehe 5.6.1 (NA.5)). Die Modellierung erfolgt unter Einhaltung des Kräftegleichgewichts mit den Einwirkungen im Grenzzustand der Tragfähigkeit und unter Einhaltung der Bemessungswerte für die Festigkeiten der Elemente des Stabwerkmodells. Somit wird der untere oder statische Grenzwertsatz der Plastizitätstheorie verwendet [D525].

Das Stabwerkmodell sollte an der Spannungsverteilung nach linearer Elastizitätstheorie orientiert werden, sodass nur geringe Umlagerungen der inneren Kräfte von der Gebrauchslast zur Grenzlast im GZT zu erwarten sind. Jedes Stabwerkmodell ist daher einer bestimmten Lastkonfiguration zugeordnet. Wenn die Belastung und die Geometrie aufeinander abgestimmt sind, dürfen auch kinematische Stabwerkmodelle gewählt werden, die die gegebene Lastkonfiguration abtragen können.

Zu 6.5.2 Bemessung der Druckstreben

Zu (2): Für Druckstreben parallel zu Rissen beträgt der Bemessungswert der Festigkeit analog der Druckstrebenfestigkeit im Querkraftmodell nach 6.2.3 (3) $\sigma_{Rd,max} = 0{,}75 \cdot \nu_2 \cdot f_{cd}$. Allerdings wird bei der Querkraftbemessung unterstellt, dass dieser Wert nur für sehr hohe Querkraftbeanspruchung ausgenutzt wird und dass dann die Risse parallel zu den Druckstreben verlaufen. Dort wird die Abweichung von der Rissrichtung durch die Begrenzung der variablen Druckstrebenneigung nach Gleichung (6.7) kontrolliert. Dieser Nachweis deckt die geringere Tragfähigkeit der über Risse verlaufenden Druckstreben ab. In D-Bereichen gibt es diese Kontrolle nicht, weshalb eine Abschätzung über das mögliche Rissbild erfolgen muss. Im Zweifelsfall sollte man ungünstigerweise unterstellen, dass die Druckstreben Risse kreuzen können und einen geringeren Festigkeitswert mit $\sigma_{Rd,max} = 0{,}60 \cdot \nu_2 \cdot f_{cd}$ ansetzen. Für D-Bereiche in Bauteilen mit sehr starker Rissbildung, wie z. B. Öffnungen in Zuggurten von Hohlkastenträgern, oder in mit kombinierter Querkraft und Torsion beanspruchten Bereichen sollte die Druckstrebenfestigkeit noch weiter auf $\sigma_{Rd,max} = 0{,}525 \cdot \nu_2 \cdot f_{cd}$ reduziert werden (siehe Gleichungen (6.56) und (6.57)).

Zu (3): Verschiedene Ansätze zur Bemessung von Konsolen bzw. Ausklinkungen mit Stabwerkmodellen wurden z. B. in den DAfStb-Heften [D399] von *Eligehausen/Gerster*, in [D525] und [D532] von *Hegger/Roeser*, in [D601] sowie in [86] von *Reineck* und in [29] von *Fingerloos/Stenzel* vorgeschlagen.

Zu 6.5.3 Bemessung der Zugstreben

Zu (2): In einem Zugstab sind die angenommenen Kräfte über die Länge konstant, sodass die Bewehrung zwischen den Knoten nicht abgestuft werden darf. Innerhalb von sogenannten „verschmierten Knoten" ist eine Abstufung möglich, da sich diese über größere Bereiche erstrecken und großflächige zweiachsig beanspruchte Spannungsfelder darstellen (siehe Abb. 77 b). Die Verfeinerung des Stabwerkmodells durch Aufteilung in mehrere Kräfte, die schließlich zu Spannungsfeldern führt, verdeutlicht, wo die Druckkräfte umgelenkt werden und somit die über die Höhe verteilten Bewehrungsstäbe enden bzw. verankert werden dürfen [D525]. Die Bewehrung muss in konzentrierten Knoten bis zum Ende durchgeführt werden (z. B. mindestens zum Ende einer Auflagerplatte).

Zu (3): Die Querzugkräfte T in flaschenförmigen Spannungsfeldern wurden von *Schlaich* und *Schäfer* (z. B. im BK 1989/II [98]) aus einem Stabwerkmodell abgeleitet (Abb. 75 c). Die effektive Druckfeldbreite b_{ef} bei unbegrenzter Spannungsausbreitung wurde dabei auf Basis von FEM-Berechnungen abgeschätzt.

a) begrenzte Ausbreitung   b) unbegrenzte Ausbreitung   c) Stabwerkmodell für T

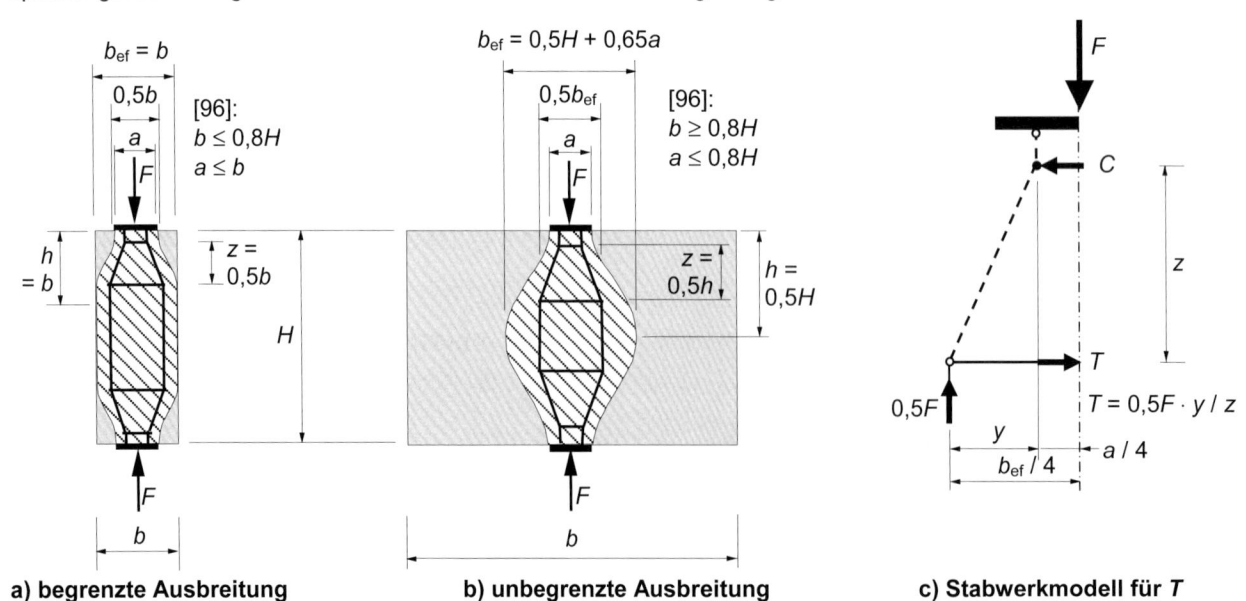

Abb. 75. Bestimmung der Querzugkräfte T in einem Druckfeld mit verteilter Bewehrung

Im Spannungsfeld mit **begrenzter Ausbreitung** der Druckspannung nach Abb. 75 a) ergibt sich mit $y = (b - a) / 4$ und $z = 0{,}5b$ (entspricht Gleichung (6.58)):

$$T = \frac{1}{2} \cdot F \cdot \frac{b-a}{4} \cdot \frac{2}{b} = \frac{1}{4} \cdot F \cdot \frac{b-a}{b} \tag{39}$$

Im Spannungsfeld mit **unbegrenzter Ausbreitung** der Druckspannung nach Abb. 75 b) ergibt sich mit $y = (b_{ef} - a) / 4$ und $z = 0{,}5h = 0{,}25H$:

$$T = \frac{1}{2} \cdot F \cdot \frac{b_{ef}-a}{4} \cdot \frac{4}{H} = \frac{1}{2} \cdot F \cdot \frac{0{,}5H + 065a - a}{H} = \frac{1}{2} \cdot F \cdot \frac{0{,}5H - 0{,}35a}{H} = \frac{1}{2} \cdot F \cdot \left(0{,}5 - \frac{0{,}35a}{H}\right) = \frac{1}{4} \cdot F \cdot \left(1 - \frac{0{,}70a}{H}\right) \tag{40}$$

Mit Gleichung (40) wird deutlich, dass Gleichung (6.59) in EN 1992-1-1 statt h die Gesamthöhe H beinhalten sollte. Dies entspricht auch der Ableitung von *Schlaich* und *Schäfer* im BK 1989/II [98]. In *Schlaich* und *Schäfer* im BK 1998/II [97] und BK 2001/2 [96] wurde H leider mit h vertauscht (Druckfehler).

Bei großen Belastungsbreiten ergeben sich nach Gleichung (40) sehr konservative Querzugkräfte. Im BK 2001/2 [96] haben *Schlaich* und *Schäfer* die Modellierung verbessert. Danach wird der Anwendungsbereich der Gleichung (6.58) etwas weiter gefasst. Die Gleichung (40) wurde für eine seitlich unbegrenzte Ausbreitung des Druckfeldes nach Bild (6.25 b) abgeleitet. Für größere Belastungsbreiten bis $a \leq 0{,}8H$ liefert folgende angepasste Näherungsformel verbesserte Ergebnisse [96]:

$$T = 0{,}25 \cdot F \cdot (1 - 0{,}7 \cdot a / H)^2 \tag{41}$$

Einen Vergleich der verschiedenen Ansätze enthält Abb. 76. Dieser verdeutlicht, dass die verbesserte Näherung nach Gleichung (41) [96] mit der Gleichung (6.59) aus EN 1992-1-1 bis ca. $a \leq 0{,}25H$ ausreichend genau übereinstimmt. Bei größeren Belastungsbreiten $a > 0{,}25H$ sollte Gleichung (41) angewendet werden.

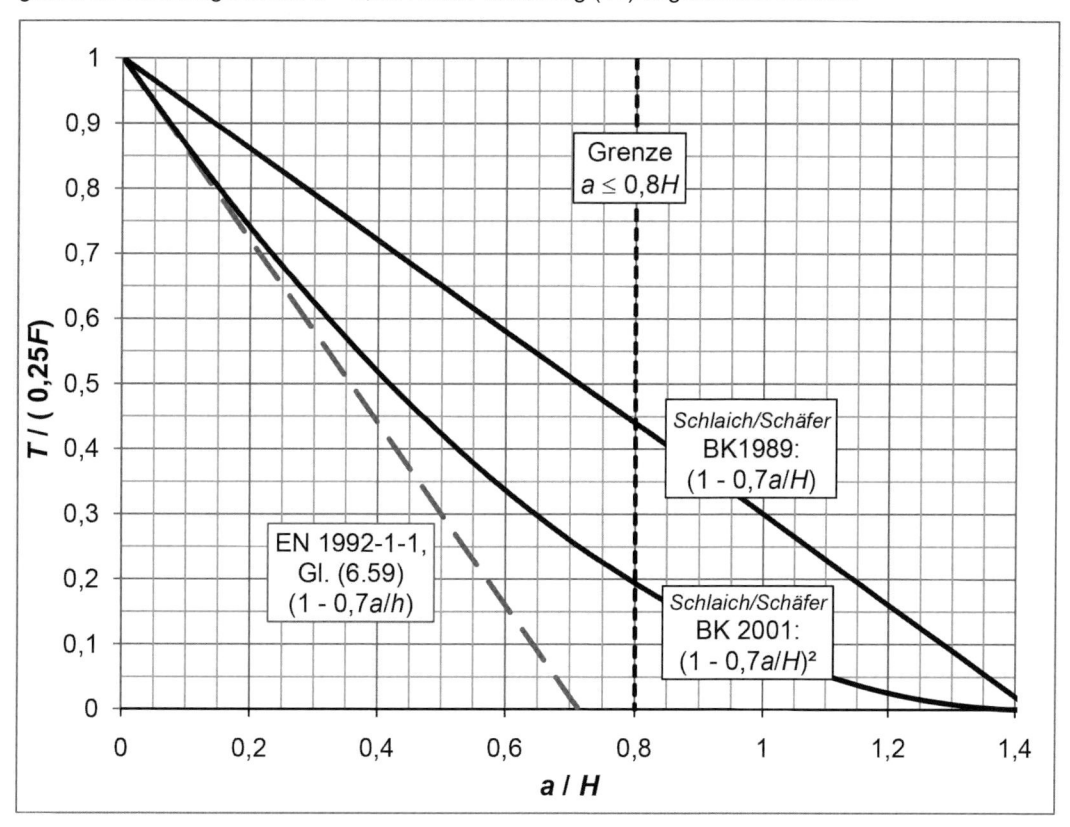

Abb. 76. Bestimmung der Querzugkräfte T in einem Druckfeld mit unbegrenzter Ausbreitung

Bei Belastungsbreiten $a > 0{,}8H$ stellt sich praktisch ein paralleles Druckfeld ein, das nur einer geringen konstruktiven Querbewehrung bedarf. Fallbezogene spezifische Stabwerkmodelle ergeben oft geringere Querzugkräfte, insbesondere wenn die Kräfteumlagerung bei Rissbildung berücksichtigt wird. Dadurch werden die Druckspannungsfelder i. d. R. schlanker (vgl. Abb. 78).

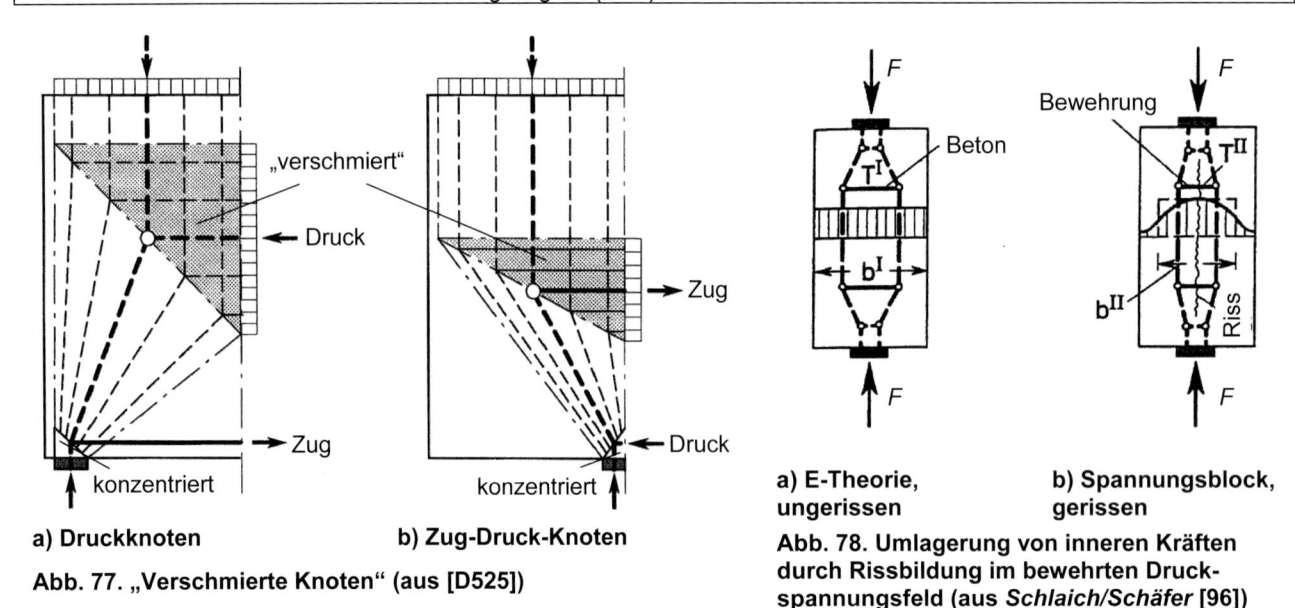

a) Druckknoten b) Zug-Druck-Knoten
Abb. 77. „Verschmierte Knoten" (aus [D525])

a) E-Theorie, ungerissen b) Spannungsblock, gerissen
Abb. 78. Umlagerung von inneren Kräften durch Rissbildung im bewehrten Druckspannungsfeld (aus *Schlaich/Schäfer* [96])

Zu 6.5.4 Bemessung der Knoten

Zu (4): Es wird empfohlen, dass in Druck-Zug-Knoten alle Winkel zwischen Druck- und Zugstreben mindestens 45° betragen sollten. Dies unterstreicht die Anforderungen an eine sinnvolle Modellierung und die Orientierung an den Kräften aus einer linear-elastischen Berechnung (z. B. in Bild 6.27). Im Allgemeinen kann bei Scheiben diese Bedingung durch eine Anpassung der Geometrie des Stabwerkmodells eingehalten werden. Für Fälle mit einem kleineren Winkel als 45° bestehen wegen des vorsichtig gewählten Wertes von $\sigma_{Rd,max} = 0{,}75 \cdot \nu_2 \cdot f_{cd}$ jedoch keine Bedenken, diesen Wert auch bis zu Winkeln von 30° zuzulassen [D525].

Eine gute Modellierung kann bei Endauflagern von Balken unterstellt werden, da sich die Knotengeometrie aus der in der Bemessung des B-Bereichs ermittelten Druckstrebenneigung θ ergibt und zudem genügend Versuchserfahrungen vorliegen. Somit darf an Endauflagern ein höherer Wert von $\sigma_{Rd,max} = 0{,}85 \cdot \nu_2 \cdot f_{cd}$ in Gleichung (6.61) verwendet werden. Für eine Platte ohne Querkraftbewehrung und ohne Längskraft darf von einem Fachwerk mit unter 30° geneigten Druckstreben und senkrecht dazu verlaufenden Betonzugstreben ausgegangen werden [D525].

Für eine Verankerung mit Schlaufen in Druck-Zug-Knoten liegen durch die Umschnürungswirkung günstigere Bedingungen im Knotenbereich vor als bei einer Verankerung mit geraden Stabenden oder Stäben mit Endhaken, sodass in Gleichung (6.61) ebenfalls ein höherer Wert $\sigma_{Rd,max} = 0{,}85 \cdot \nu_2 \cdot f_{cd}$ angesetzt werden darf [D525].

Zu (6): Bei genauerem Nachweis dürfen auch höhere Werte $\sigma_{Rd,max}$ angesetzt werden. Günstigere Bedingungen sind gegeben, wenn sichergestellt ist, dass ein mehraxialer Druckspannungszustand vorliegt, die einwirkenden Kräfte bekannt sind und der Knoten in einem Bauteil liegt, das wesentlich breiter als die Knotenbreite oder Ankerplatte ist; in diesen Fällen darf ein Nachweis der Teilflächenbelastung nach 6.7 erfolgen.

Zu (9): Aus [D525]: Der durch eine Umlenkung eines Bewehrungsstabes entstandene Zug-Druck-Knoten mit zwei Zugstäben im Bild 6.28 kommt in Rahmenecken oder bei hochgezogenen Auflagern von Balken vor. Der Biegerollendurchmesser sollte dabei möglichst groß gewählt werden. Die umgelenkte Bewehrung sollte gleichmäßig über die Stegbreite verteilt sein und für die unvermeidlichen Querzugkräfte ist eine Querbewehrung einzulegen.

Für eine einlagige Bewehrung ist der Nachweis der Druckstrebenspannung in einem Knoten nach Bild 6.28 durch Einhalten der Mindestwerte der Biegerollendurchmesser D_{min} für gebogene Stäbe nach Tabelle 8.1DE, Spalten 3 bis 5, erbracht. Bei mehreren Bewehrungslagen gilt dies allerdings nicht. Für solche Knoten nach Bild 6.28 entfällt der günstige Querdruck in einem Knoten nach Bild 6.27. Werden die Stäbe mehrerer Bewehrungslagen z. B. in Rahmenecken abgebogen, sollten für die inneren Lagen die o. g. Biegerollendurchmesser mit dem Faktor 1,5 vergrößert werden (vgl. [R18], Tab. 18). Ansonsten ist der Bemessungswert der Druckstrebenfestigkeit mit $\sigma_{Rd,max} = 0{,}75 \cdot \nu_2 \cdot f_{cd}$ nachzuweisen.

Zu 6.7 Teilflächenbelastung

Zu (3): Bei ausmittiger Belastung ist eine reduzierte Belastungsfläche $A_{c0,red}$ anzusetzen, die dafür mit gleichmäßiger Lagerpressung belastet wird. Bei benachbarten Lasteinleitungen dürfen sich die Lastausbreitungsbereiche innerhalb der Höhe h nicht überschneiden (siehe Abb. 79).

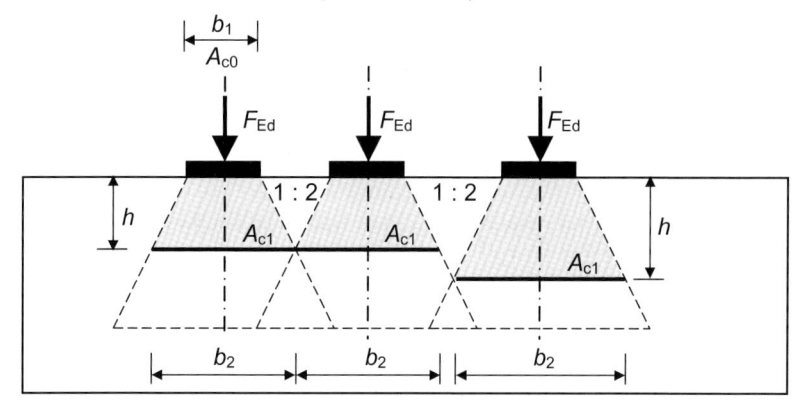

Abb. 79. Reduktion der Verteilungsfläche bei eng benachbarter Lasteintragung

Zu (4): Das Ausnutzen der Teilflächenpressung setzt einen mehrachsialen Spannungszustand und die Ausbreitung der Spannungen voraus. Mit dem Auftreten eines klaffenden Spaltrisses ist in der Regel auch die Tragfähigkeit unter der Lastfläche erschöpft. Vergleichsrechnungen von *Schlaich* und *Schäfer* in [96] zeigen, dass bei ungünstigen geometrischen Verhältnissen Spaltrissbildung bereits bei Druckspannungen deutlich unterhalb der einachsialen Druckfestigkeit $\sigma_{cd} \approx 0{,}6 f_{cd}$ einsetzen kann. Dementsprechend ist die Teilflächenpressung ohne Spaltzugbewehrung auf diesen Wert zu reduzieren, sofern der umgebende Beton diese Kräfte nicht aufnehmen kann, oder bei Ausnutzung höherer Teilflächenpressungen die Spaltzugkraft generell durch Bewehrung abzudecken [115].

Zu 6.8 Nachweis gegen Ermüdung

Zu 6.8.1 Allgemeines

Zu (1)P: Der Nachweis gegen Ermüdung (fatigue) kann in drei verschiedenen Nachweisstufen erbracht werden. Da der Rechenaufwand mit den Stufen stark anwächst, empfiehlt es sich stufenweise vorzugehen.

- **Stufe 1: Vereinfachter Nachweis** nach 6.8.6 und 6.8.7 (Voraussetzung: Schwingspielanzahl $N < 10^8$): Für den Stahl wird eine maximale Spannungsschwingbreite und für den Beton werden zulässige Ober- und Unterspannungen nachgewiesen, bei denen ein Versagen infolge Ermüdung ausgeschlossen werden kann.
- **Stufe 2: Nachweis der schädigungsäquivalenten Spannungen** nach 6.8.5:
Auf der Grundlage von in Fachnormen angegebenen speziellen Lastmodellen bzw. Lastkollektiven werden schädigungsäquivalente Spannungen der Stahl- und Betonspannungen und zugehörige Lastwechselzahlen ermittelt. Diese schädigungsäquivalenten Spannungen dürfen die Schwingbreite bei der definierten Lastwechselzahl nicht überschreiten.
- **Stufe 3: Expliziter Betriebsfestigkeitsnachweis** nach 6.8.4 (2) auf Grundlage der *Palmgren-Miner*-Regel (nur für Betonstahl und Spannstahl): Dabei werden durch Anwendung eines numerischen Verfahrens (z. B. Rainflow- bzw. Reservoir-Methode) unter Ansatz von Belastungskollektiven die Schädigungsanteile der einzelnen Spannungsamplituden ermittelt und aufsummiert.

Zu (2): Aus [D525]: Die Anwendungsregel, dass auf Ermüdungsnachweise im üblichen Hochbau verzichtet werden darf, setzt vorwiegend ruhende Einwirkungen voraus, sodass die Baustoffe nur im Kurzzeitfestigkeitsbereich der Wöhlerlinien beansprucht werden. Dieser Bereich ist mit Lastspielzahlen von ca. $N \leq 10^4$ während der planmäßigen Nutzungsdauer von 50 Jahren begrenzt. Eine nur durch Feuerwehrfahrzeuge im Einsatzfall oder durch seltenen LKW-Verkehr (z. B. bei Umzügen) befahrene Hofkellerdecke fällt unter diese Regel. Eine durch regelmäßigen und häufigen LKW-Lieferverkehr oder durch täglich mit Gabelstaplern befahrene Decke wird mit mehr als 10^4 Lastwechseln beansprucht und ist dagegen auf Ermüdung nachzuweisen (kein „üblicher" Hochbau).

Zu 6.8.2 Innere Kräfte und Spannungen beim Nachweis gegen Ermüdung

Zu (2)P: Die Erhöhung der Betonstahlspannungen berücksichtigt das unterschiedliche Verbundverhalten von Beton- und Spannstahl. Die Entlastung des Spannstahls wird in den Berechnungen nicht angesetzt.

Das unterschiedliche Verbundverhalten von Spannstahl mit sofortigem Verbund und Betonstahl wurde nochmals von *Bülte* in [8] anhand von Dehnkörperversuchen und weiterführenden theoretischen Auswertungen untersucht. Es zeigte sich, dass das Mitwirken der Spannstahllitzen für hochfesten Beton in DIN 1045-1 bzw. EN 1992-1-1 deutlich überschätzt wird. Das Verbundkriechen bei Spannstahl ist größer als bei Betonstahl, wodurch sich infolge Dauerlast bzw. zyklischer Beanspruchung die Betonstahlspannungen geringfügig erhöhen. Das unterschiedliche Verbundverhalten wird durch den Verbundkennwert ξ berücksichtigt, der weitgehend unabhängig vom Bewehrungsverhältnis A_p / A_s ist. Maßgebend sind vielmehr die Betonsorte und der Risszustand. Einheitliche Verbundkennwerte sind ausreichend, um eine gute Übereinstimmung der rechnerischen Spannungsumlagerungen und Rissbreiten mit den Versuchswerten zu erzielen. Die Versuche bestätigten für die Bemessung von Bauteilen aus normalfestem Beton den für Litzen im sofortigen Verbund in der Norm angegebenen Verbundkennwert $\xi = 0{,}6$. Für hochfesten und selbstverdichtenden Beton ist der Wert auf 0,3 für die Langzeitbeanspruchung abzumindern [8]. Daher wird in Tabelle 6.2 im NA über (NCI) für alle Spannstahlarten mit Vorspannung im sofortigen Verbund für Betonsorten $\geq$ C70/85 (in Analogie zum nachträglichen Verbund) eine 50%-ige Abminderung des Verbundkennwertes ξ eingeführt.

Zu (3): Der Spannungsermittlung ist in Analogie zur Bemessung im GZT ein Fachwerkmodell zugrunde zu legen. Bei wiederholter Belastung ist, bedingt durch die lokale Zerstörung des Betons an den Rissufern, eine Verminderung der Rissverzahnungswirkung zu erwarten. Die dadurch verursachten Spannungsumlagerungen auf die Querkraftbewehrung werden auf der sicheren Seite liegend durch die Annahme einer steileren Druckstrebenneigung nach Gleichung (6.65) berücksichtigt. Dieser Winkel gilt jedoch nur für die Ermittlung der Beanspruchung der Bewehrung. Für den Nachweis der Druckstrebe ist der für die Nachweise unter ruhender Belastung verwendete Winkel θ nach 6.2.3 (2) anzusetzen.

Zu 6.8.4 Nachweisverfahren für Betonstahl und Spannstahl

Zu (1): Die statistische Auswertung von Einstufenversuchen mit unterschiedlichen Spannungsschwingbreiten und zugehörigen Bruchlastspielzahlen ergibt eine sogenannte Wöhlerlinie. Mit zunehmender Spannungsschwingbreite verringert sich hierbei die ertragbare Lastzyklenzahl N bis zum Ermüdungsbruch, sodass sich drei unterschiedliche Bereiche definieren lassen (in der vereinfachten Wöhlerlinie nach Bild 6.30 trilinear): Der Kurzzeitfestigkeitsbereich (niederzyklische Ermüdungsfestigkeit), der Zeitfestigkeitsbereich (hochzyklische Ermüdungsfestigkeit) und der Bereich der Dauerfestigkeit. Die Kurzzeitfestigkeit für Lastspielzahlen bis $N = 10^4$ liegt nahe an der statischen Beanspruchbarkeit der Werkstoffe, die unter Ermüdungslasten nicht überschritten werden darf, und spielt im Zusammenhang mit dem Ermüdungsnachweis keine Rolle, da durch die Nachweise der Gebrauchstauglichkeit die Betonstahl-, Spannstahl- und Betonspannungen soweit begrenzt werden, dass große, zum Versagen führende Spannungsamplituden nicht auftreten können. Relevant sind dagegen die anschließenden Bereiche der Zeitfestigkeit und der Dauerfestigkeit. Die Dauerfestigkeit beschreibt die Höhe der Beanspruchung, die theoretisch unendlich oft aufgebracht werden kann, ohne zum Versagen des Werkstoffes zu führen. Die Dauerfestigkeit konnte bisher noch nicht experimentell nachgewiesen werden. Die vereinfachte Schwingbreitenbegrenzung $\Delta\sigma_s \leq 70$ N/mm² nach 6.8.6 (1) in Nachweisstufe 1 kann als erfahrungsgemäß abgeschätzte Dauerfestigkeit für Betonstahl bis zu $N < 10^8$ angesehen werden.

Die Werte für die Wöhlerlinien in den Tabellen NA.6.3DE und NA.6.4DE und die Spannungswerte in Bild 6.30 sind als charakteristische Werte der Ermüdungsfestigkeit definiert. Deshalb sind die Spannungen der Wöhlerlinie mit $\gamma_{s,\text{fat}} = 1{,}15$ abzumindern (siehe Gleichung (6.71)).

Tab. 6.3DE: Für die Festlegung der Produkteigenschaften in der Neuausgabe von DIN 488 [R4] wurde eine Versuchsdatenbank [100] statistisch ausgewertet. Diese berücksichtigt Daten aus der Qualitätsüberwachung von bisher auf dem deutschen Markt befindlichen Betonstählen. Die Kennwerte für die Bemessung von Stahlbetonbauteilen (Wöhlerlinien für den einbetonierten Zustand) wurden dort auf Grundlage der Produkteigenschaften des „reinen" Betonstahls hergeleitet. Im Allgemeinen liegen die Versuchsergebnisse bei freien und einbetonierten geraden Proben bzw. mit ausreichend großem Biegerollendurchmesser auf einem ähnlichen Niveau, sodass auf eine zusätzliche Korrektur der Kennwerte für die Bemessung im einbetonierten Zustand verzichtet wurde.

Die Spannungsschwingbreiten $\Delta\sigma_{Rsk}$ in Tabelle NA.6.3DE konnten auf dieser Basis gegenüber den vorgeschlagenen Werten nach EN 1992-1-1 höher festgelegt werden. Die Steigungen k der Wöhlerlinie wurden mit Ausnahme geschweißter Bewehrung im Zeitfestigkeitsbereich übernommen. Abweichende Kennwerte für die Ermüdungsfestigkeit können in den Zulassungen enthalten sein. Mechanische Verbindungen von Betonstählen („Kopplungen") werden in Zulassungen geregelt und sind daher nicht in Tabelle NA.6.3DE enthalten. Die Spannungsschwingbreite $\Delta\sigma_{Rsk}$ bei 10^6 Zyklen nach Tabelle 6.3DE ist z. B. für feuerverzinkte Betonstabstähle und Betonstahlmatten auf 75 % abzumindern (siehe abZ [16]).

Die Ermüdungsfestigkeit wird durch Korrosion des Betonstahls beeinflusst und verringert sich bei flächenhafter Korrosion (z. B. bei Karbonatisierung) nur geringfügig. Treten allerdings lokale Korrosionsnarben infolge chloridinduzierter Lochfraßkorrosion oder Karbonatisierung an Rissufern [D439] auf, ist eine deutliche Abnahme der Ermüdungsfestigkeit durch die Querschnittsreduktion sowie durch Spannungskonzentrationen und Anrisse an den Narben festzustellen [115]. Für die Expositionsklassen > XC1 soll daher im „Dauerfestigkeitsbereich" ein reduzierter Wert $5 \leq k_2 < 9$ angesetzt werden. Wenn keine genaueren Erkenntnisse vorliegen, wird ingenieurmäßig empfohlen:
XC2 $\rightarrow$ $k_2 = 8$, XC3 $\rightarrow$ $k_2 = 7$, XC4 $\rightarrow$ $k_2 = 6$ sowie alle XS / XD $\rightarrow$ $k_2 = 5$.

Der Reduktionsfaktor ζ_1 berücksichtigt die bei gebogenen Stäben eingeprägte Eigenspannung sowie plastische Verformungen im Bereich Schaft/Rippen, die die Kerbwirkung der Rippen erhöhen [D439]. Dementsprechend reduziert auch das Hin- und Zurückbiegen von Betonstahl die Ermüdungsfestigkeit. Nach 8.3 (NA.5)P ist deshalb die Spannungsschwingbreite der Bewehrung auf $\Delta\sigma_s = 50$ N/mm² begrenzt, sofern ein Biegerollendurchmesser von mindestens 15ϕ eingehalten wird.

Auf den Reduktionsfaktor ζ_1 darf bei Querkraftbewehrung mit 90°-Bügeln für $\phi \leq 16$ mm mit Bügelhöhen ≥ 600 mm verzichtet werden, da bei dem entsprechenden Verhältnis Höhe zu Bügelabstand (max. 300 mm nach Tabelle NA.9.1DE) immer mindestens zwei Bügel die Schubrisse kreuzen. Dabei wirkt die Schwingbeanspruchung bei dünneren Bügeln hauptsächlich im mittleren Bereich der Höhe außerhalb des Hakenbereichs, da ein wesentlicher Teil der Spannungen über Verbund entlang der Bügelhöhe abgetragen wird.

Tab. 6.4DE: Aus [D525]: Die Spannungsschwingbreiten $\Delta\sigma_{Rsk}$ für Nachweise der Endverankerung im sofortigen Verbund am Ende der Übertragungslänge sind mit 70 N/mm² für gerippte und profilierte Drähte und 50 N/mm² für Litzen zu begrenzen (analog DIN 4227 [R17]). Dieser Nachweis wird anstelle eines Ermüdungsnachweises der Verbundspannung in der Endverankerung geführt.

Nach einer theoretischen Auswertung von vorgespannten Bauteilen kommt es nur bei sehr großen Einzellasten im Endbereich zu einer Rissbildung innerhalb der Verankerungslänge. Bei ungerissenem Verankerungsbereich liegt die Spannungsschwingbreite der Spannbewehrung am Ende der Übertragungslänge wiederum sicher unterhalb von 50 N/mm² bzw. 70 N/mm². Der vereinfachte Nachweis der Endverankerung bei zyklischer Beanspruchung über einen ungerissenen Verankerungsbereich und eine Begrenzung der Spannungsschwingbreite ist daher im Allgemeinen vertretbar. Dabei sollte der Verankerungsbereich auch unter statischer Maximalbeanspruchung ungerissen bleiben. Eine Schädigung des Verbundes infolge anschließender zyklischer Beanspruchungen auf geringerem Lastniveau ist andernfalls auch bei Einhaltung der o. g. Spannungsschwingbreiten nicht ausgeschlossen.

Zur Sicherstellung eines ungerissenen Verankerungsbereichs ergibt sich in Anlehnung an DIN 1045-1, Gleichung (56) die Verankerungslänge $l_{ba,zykl}$:

$$l_{ba,zykl} = l_{bpd} + \frac{A_p}{\pi \cdot d_p} \cdot \frac{\sigma_{pd} - \sigma_{pmt}}{f_{bp} \cdot \eta_1 \cdot \eta_p \cdot \eta_{dyn}} \qquad (42)$$

Der Faktor $\eta_{dyn} = 2/3$ berücksichtigt den Einfluss der zyklischen Beanspruchung auf die statische Verbundfestigkeit f_{bp} außerhalb der Übertragungslänge [49].

Es lassen sich zwei Klassen von Spannstählen unterscheiden. Die Werte der Spannungsschwingbreite $\Delta\sigma_{Rsk}$ werden in den Zulassungen produktbezogen angepasst und liegen häufig auf dem niedrigeren Niveau der Klasse 2. Die Werte der Klasse 2 werden durch alle derzeit zugelassenen Spannstähle erreicht und können im Regelfall angesetzt werden. Die höheren Werte der Klasse 1 dürfen angesetzt werden, wenn ein Spannstahl verwendet wird, für den im Zulassungsverfahren diese Werte nachgewiesen wurden. Insoweit sind die Angaben der Zulassung des verwendeten Spannstahls bei der Erstellung der Ausführungsunterlagen und der Ausschreibung zu beachten bzw. bei der Bauausführung zu überprüfen.

Die zulässige Spannungsschwingbreite wird umso weiter reduziert, je intensiver Reibkorrosion stattfindet. Die Oberfläche der Spannstähle wird durch Scheuerbewegungen in Verbindung mit Reibschweißerscheinungen und lokaler Oxidation der Kontaktbereiche geschädigt. Bei Litzen führt die Querpressung der Drähte untereinander in Verbindung mit Scheuerbewegungen zwischen den Drähten zu Reibkorrosionseffekten und damit zu einer Verminderung der Ermüdungsfestigkeit gegenüber Einzeldrähten. Bei einbetonierten Spanngliedern entstehen die Reibkorrosionseffekte wegen auftretender Relativverschiebungen zwischen Drähten und den Rippen von Stahlwellhüllrohren. Durch erhöhte Querpressungen bei Spanngliedumlenkungen werden die Effekte verstärkt und vermindern die Ermüdungsfestigkeit. Bei gekrümmten Spanngliedern reduzieren Kunststoffhüllrohre gegenüber Stahlwellhüllrohren Reibkorrosionseinflüsse. Besonders kritisch erweisen sich bei Spanngliedern Verankerungen und Kopplungen. Vor allem Reibkorrosionseffekte zwischen Spannstahl und den Verankerungselementen führen zu deutlichen Einbußen der Ermüdungsfestigkeit gegenüber der freien Länge des Spannglieds (*Zilch/Zehetmaier* [115]). Daher werden die ermüdungswirksamen Parameter für Verankerungsbereiche und Kopplungen in den jeweiligen Zulassungen der Spannverfahren geregelt.

Zu 6.8.5 Nachweis gegen Ermüdung über schädigungsäquivalente Schwingbreiten

Zu (2): Die schädigungsäquivalente Spannungsschwingbreite soll ersatzweise bei N^*-Lastwechseln mit der Spannungsamplitude $\Delta\sigma_{s,equ}$ am betrachteten Element (z. B. Bewehrungsstab) die äquivalente Schädigung bewirken wie die Betriebslasten in der gesamten vorgesehenen Nutzungsdauer. Da für den unmittelbaren Anwendungsbereich von DIN EN 1992-1-1 derzeit noch keine Betriebslastfaktoren vorliegen, wird zumindest für übliche Hochbauten zu einer pragmatischen Vereinfachung gegriffen. Die schädigungsäquivalente Spannungsschwingbreite der Bewehrung $\Delta\sigma_{s,equ}$ wird der maximalen Schwingbreite max $\Delta\sigma_s$ unter der maßgebenden ermüdungswirksamen Einwirkungskombination gleichgesetzt. Wegen der äußerst aufwändigen Ableitung schädigungsäquivalenter Lastmodelle liegen solche nur für wenige Anwendungsfälle vor; im Einzelnen für Straßen- und Eisenbahnbrücken (siehe DIN EN 1992-2) [115].

Zu 6.8.6 Vereinfachte Nachweise

Die vereinfachten Nachweise dürfen für Bauteile in allen Expositionsklassen verwendet werden.

Für den vereinfachten Nachweis ungeschweißter, zugbeanspruchter Bewehrungsstäbe durch eine Begrenzung der Spannungsschwingbreite auf Quasi-Dauerfestigkeitswerte wurde auf der sicheren Seite liegend für eine Lastwechselzahl von $N = 10^8$ ein Bemessungswert der zulässigen Schwingbreite von $\Delta\sigma_{s,lim} = 70$ N/mm² abgeschätzt.

Von *Zilch*, *Zehetmaier* und *Rußwurm* wurden zunächst in [116] differenziertere Bemessungswerte der zulässigen Schwingbreiten unmittelbar aus den Wöhlerlinien nach DIN 1045-1:2001-07 abgeleitet. In [115] wurden diese Werte auf die veränderten normativen Ermüdungsfestigkeiten für DIN EN 1992-1-1 angepasst. Für eine Lastspielzahl von $N = 10^8$ ergeben sich die in Tabelle 11 angegebenen Bemessungswerte (mit $\gamma_{S,fat} = 1{,}15$) der Ermüdungsfestigkeit für den Nachweis $\Delta\sigma_{s,frequ} \leq \Delta\sigma_{s,lim}$.

Tab. 11. Grenzwerte der Spannungsschwingbreiten für Betonstahl (*Zilch/Zehetmaier* in [115])

	Bewehrungselement		$\Delta\sigma_{s,lim}$ [N/mm²]
1	gerader Stab	$\phi \leq 28$ mm	90
2		$\phi > 28$ mm	75 (B500B)
3	gebogener Stab $\phi \leq 28$ mm	$D \geq 15\phi$	65
4		$D \geq 10\phi$	55
5		$D \geq 5\phi$	44
6	Matten, Schweißverbindungen		30

Zu 6.8.7 Nachweis gegen Ermüdung des Betons unter Druck oder Querkraftbeanspruchung

Zu (1): Beim vereinfachten Nachweis für Beton wird eine schädigungsäquivalente Schwingbreite auf eine Lastspielzahl von $N = 10^6$ bezogen. Auf dieser Basis können zulässige Oberspannungen in Abhängigkeit der auftretenden Unterspannung angegeben werden. Beton weist eine deutliche Abhängigkeit der ertragbaren Lastspielzahl von der Mittelspannung auf. Mit wachsender Mittelspannung nimmt bei gleichen Schwingbreiten die Bruchschwingspielzahl ab. Weitere Einflussparameter wie Betonzusammensetzung oder Betonfestigkeitsklasse treten demgegenüber in den Hintergrund [115].

Die Ermüdungsfestigkeit $f_{cd,fat}$ wird bei Beton auf die statische Festigkeit f_{cd} in Gleichung (6.76) bezogen. Zur Berücksichtigung der Nacherhärtung bis zum Zeitpunkt t_0 am Beginn der zyklischen Belastung gegenüber dem 28-Tage-Wert darf ein Festigkeitszuwachs mit dem Alterungsfaktor $\beta_{cc}(t_0)$ nach 3.1.2, Gleichung (3.2), berücksichtigt werden. Die zunehmende Sprödigkeit bei steigener Betonfestigkeit wird durch den Korrekturterm $(1 - f_{ck} / 250)$ erfasst.

Der in EN 1992-1-1 empfohlene Abminderungsbeiwert $k_1 = 0{,}85$ für $N = 10^6$ Zyklen ist im NA schon mit dem Dauerstandsbeiwert $\alpha_{cc} = 0{,}85$ in f_{cd} abgedeckt.

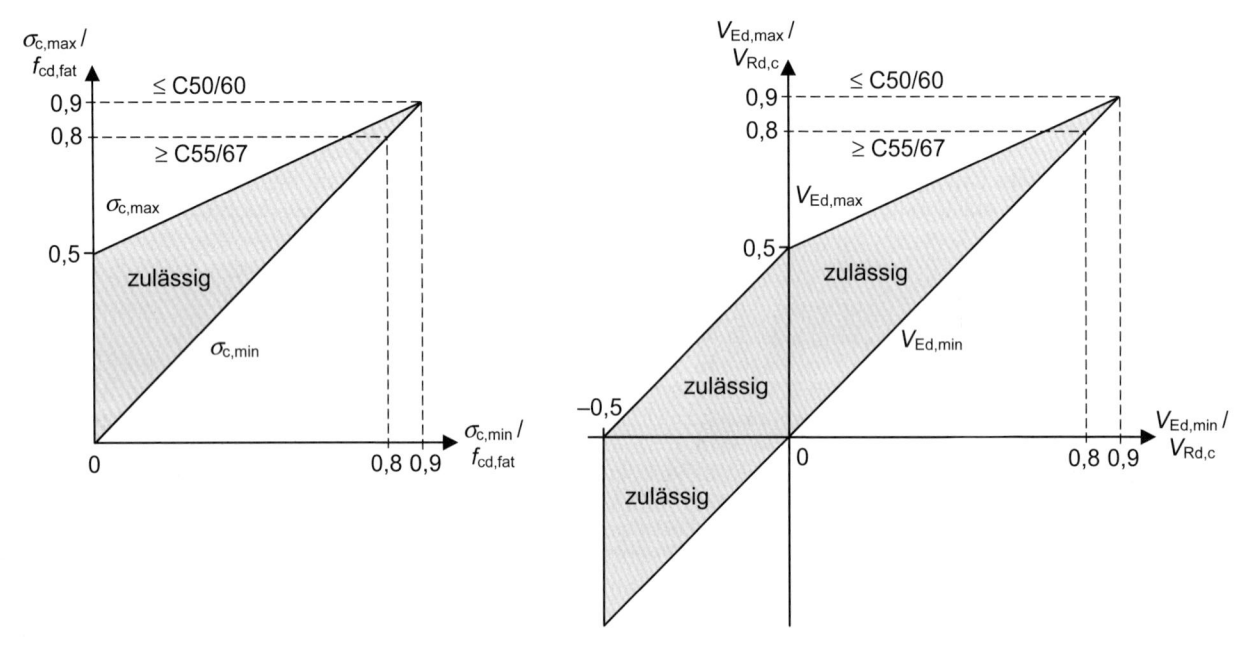

Abb. 80. Zulässige Spannungsschwingbreite von Beton unter Druck nach Gl. (6.77) (aus [115])

Abb. 81. Zulässige Querkraftgrenzwerte für Bauteile ohne Querkraftbewehrung nach Gl. (6.78) und (6.79) (aus [115])

Zu (2): Vereinfachend wird die aus einer Wöhlerlinie abgeleitete nichtlineare Beziehung durch eine lineare Formulierung für Druckspannungsgrenzen nach Gl. (6.77) ersetzt, (vgl. Abb. 80).

Zu (4): Das Ermüdungsversagen querkraftbeanspruchten Betons ist unmittelbar von der Betonzugfestigkeit abhängig. Unter der Annahme eines ähnlichen Verhaltens des Betons unter Druck und Zug bei zyklischer Belastung kann der Ermüdungsnachweis infolge Querkraft auf $V_{Rd,c}$ bezogen erfolgen. Die Grenzwerte der Querkraftbeanspruchung in den Gleichungen (6.78) und (6.79) (siehe auch Abb. 81) sind daher formal eng an die Grenzwerte der Betondruckspannungen nach Gleichung (6.77) angelehnt, wobei der Wechselbereich, d. h. eine Vorzeichenumkehr der einwirkenden Querkraft, explizit berücksichtigt wird. Wegen der sehr komplexen mechanischen Vorgänge im Wechselbereich, z. B. der Rotation der Hauptzugspannungen, sind die Querkraftgrenzwerte für $V_{Ed,min} / V_{Ed,max} < 0$ als pragmatische Festlegung zu betrachten (*Zilch/Zehetmaier* [115]).

Zu 7 NACHWEISE IN DEN GRENZZUSTÄNDEN DER GEBRAUCHSTAUGLICHKEIT (GZG)

Zu 7.2 Begrenzung der Spannungen

Die Begrenzung auftretender Spannungen im GZG können für statisch unbestimmt gelagerte Bauteile, bei denen die Schnittgrößenermittlung im GZT unter Ausnutzung plastischer Systemreserven erfolgt bzw. für vorgespannte Bauteile maßgebend werden. Für andere Bauteile wurde daher wieder eine vereinfachende Freistellungsregel im NA in 7.1 (NA.3) aufgenommen. Die Spannungsbegrenzungen umfassen direkte Nachweise der Gebrauchstauglichkeit und implizite Nachweise der Dauerhaftigkeit, die z. B. auf die Begrenzung des Auftretens bzw. der Breite von Rissen abzielen.

Zu (2): Der Grenzwert für die Betondruckspannung $0{,}6f_{ck}$ kennzeichnet den Beginn der Mikrorissbildung in Druckspannungsrichtung. Maßgebend ist die seltene Einwirkungskombination. Diese Längsrisse sind vor allem bei einem Chloridangriff (Expositionsklassen XD und XS) und Frostangriff (Expositionsklassen XF) kritisch, da sie im Gegensatz zu Querrissen zu einer flächigen Korrosion der Bewehrung in der Druckzone bzw. zur erleichterten Frostaufweitung führen können. Durch die Erzeugung eines mehraxialen Druckspannungszustandes, z. B. durch Umschnürung der Druckzone mit Bewehrung, kann der Beginn der Mikrorissbildung auf ein höheres Lastniveau angehoben werden. Empfehlungen für einen zweckmäßigen Bügelbewehrungsgehalt siehe Erläuterungen zu 5.4 (NA.5) [D525].

Zu (3): Kriechen wird nur für Bauteile mit hohem Dauerlastanteil maßgebend (z. B. Stützen, bekieste Flachdächer, Speicher- oder Silobauwerke, Schwimm- oder Abwasserbecken). Unabhängig davon kann es auch bei sehr zeitiger Belastung innerhalb der ersten 28 Tage zu einem verstärkten Kriecheinfluss kommen. Die Spannungsgrenze $0{,}45f_{ck}$ bezieht sich dabei nicht auf eine kurzzeitige Belastung z. B. im Bauzustand, da für die Bewertung und Eingrenzung des Kriecheinflusses vor allem die kriecherzeugende Dauerlast entscheidend ist. Eine wesentliche Beeinflussung durch Kriechen liegt vor, wenn sich Schnittgrößen, Verformungen oder andere bemessungsrelevante Größen infolge des Kriechens um mehr als 10 % ändern [D525]. Dies kann i. d. R. nur durch Berechnung der Kriechverformungen nachgewiesen werden, wenn nicht vereinfachte Regeln angegeben werden (wie z. B. in 5.8.4 (4) oder in 7.1 (NA.3)). Diese Vereinfachungen setzen immer lineares Kriechen voraus. Der Kriechansatz nach Anhang B gilt nur für lineares Kriechen. Wenn nichtlineares Kriechen berücksichtigt werden muss, darf dies nach 3.1.4 (4) durch eine spannungsabhängige Vergrößerung der linearen Kriechzahl erfolgen.

Zu (5): Die Betonstahlspannung darf unter der seltenen Einwirkungskombination die Streckgrenze des Betonstahls nicht überschreiten, da dies zu großen und irreversiblen Verformungen und instabilem Risswachstum mit Rissbreiten > 0,5 mm führen könnte. Unter Lastbeanspruchung ist deshalb eine Obergrenze von $0{,}8f_{yk}$ festgelegt worden, wobei unter üblichen Verhältnissen im Hochbau der Einfluss von Schwinden und Kriechen abgedeckt wird. Dieser Grenzwert wird bei statisch erforderlicher Bewehrung durch den Abstand im Sicherheitsniveau zwischen GZT und GZG in der Regel eingehalten. Dies gilt nicht bei einer nichtlinearen Berechnung oder Anwendung der Plastizitätstheorie. Wenn die Spannungen dagegen ausschließlich auf Zwang zurückzuführen sind, ist ein Wert von $1{,}0f_{yk}$ zulässig. Ursache für Zwangsspannungen sind aufgezwungene Verformungen aus Temperatur, Schwinden, Setzungen u. ä.. Diese Beanspruchungen werden durch die einsetzende Rissbildung und den damit einhergehenden Steifigkeitsabfall des Bauteils abgebaut. Bei kombinierter Beanspruchung aus Last und Zwang ist die Betonstahlspannung auf $0{,}8f_{yk}$ zu begrenzen [D525].

Der Grenzwert $0{,}65f_{pk}$ wurde eingeführt, um Spannungsrisskorrosion zu vermeiden. Eine Differenzierung der zulässigen Spannstahlspannungen in Abhängigkeit vom Spannstahltyp ist mit dem derzeitigen Kenntnisstand nicht möglich. Der Mangel an gesicherten Versuchsergebnissen ist auch der Grund für den relativ restriktiven Grenzwert, der in vielen Fällen bemessungsrelevant wird [D525]. Diese Begrenzung ist für externe und interne Spannglieder ohne Verbund nicht erforderlich, sofern deren Auswechselbarkeit sichergestellt ist.

Zu (NA.6): Die Spannungsbegrenzungen unmittelbar nach dem Vorspannen sollen sicherstellen, dass der Spannstahl nicht die Fließgrenze erreicht und damit nichtelastische Dehnungen erfährt (siehe auch 5.10.2.1). Die Werte für f_{pk} (Zugfestigkeit) und $f_{p0{,}1k}$ (Festigkeit bei 0,1%-Dehnung) sind den Zulassungen des jeweiligen Spannstahls zu entnehmen.

Zu 7.3 Begrenzung der Rissbreiten

Zu 7.3.1 Allgemeines

Zu (5): Die Anforderungen an die Rissbreitenbegrenzung aus DIN 1045-1 wurden im NA in Tabelle 7.1DE gleichwertig umgesetzt und korrespondieren mit den deutschen Festlegungen für die Mindestbetondeckungen im Abschnitt 4.4.1 und für die Betonzusammensetzung in DIN 1045-2. Die Dauerhaftigkeit von Stahlbetonbauteilen hängt in einem hohen Maße von einem zuverlässigen Korrosionsschutz der Bewehrung ab. Dicke und Dichtheit der Betondeckung sind von weit größerer Bedeutung für die Dauerhaftigkeit als die Breite der Risse quer zur Bewehrungsrichtung, solange die an der Bauteiloberfläche vorhandene Rissbreite nicht größer als 0,4 mm bis 0,5 mm wird und keine Chloridbeanspruchung vorliegt. Bis zu dieser Grenze gibt es keinen signifikanten Zusammenhang zwischen dem Absolutwert der Rissbreite und dem Grad der Bewehrungskorrosion (vgl. *Schießl* in [99]).

Die Tabelle 7.1DE dient der Klassifizierung des Zusammenwirkens zwischen Umgebungs- oder Nutzungsbedingungen und dem Bauteil in Bezug auf die geforderte Gebrauchstauglichkeit. Berücksichtigt werden dabei die Aggressivität der Umgebungsbedingungen, charakterisiert durch die Expositionsklassen für Bewehrungskorrosion, und die Empfindlichkeit der Bewehrung gegenüber Korrosion sowie das Gefährdungspotenzial für das gesamte Bauteil. Daher sind die **Mindestanforderungen** an die Rissbreiten bei gleichen Expositionsklassen für Betonstahlbewehrung geringer als bei Spannstahl im Verbund. Bauteile mit Vorspannung ohne Verbund dürfen auf Grund des Primärkorrosionsschutzes in den Spanngliedern wie Stahlbetonbauteile klassifiziert werden [D525].

Der Bauherr kann erhöhte Anforderungen und damit kleinere Rissbreiten oder den Nachweis der Dekompression unter anderen Bemessungs- und Einwirkungssituationen verlangen, wenn Risse aus optischen Gründen stören (z. B. Sichtbeton in Innenbauteilen) oder höhere Anforderungen an die Dichtheit gestellt werden sollen [D525]. In solchen Fällen ist stets auf eine klare Vereinbarung zu achten.

Die Bedingungen hinsichtlich der Dauerhaftigkeit und des Erscheinungsbildes des Bauwerks gelten als erfüllt, wenn in Abhängigkeit von der Expositionsklasse die Rissbreite auf einen maximal zulässigen Rechenwert w_k begrenzt wird [D525].

Insbesondere bei unter quasi-ständiger Einwirkungskombination geführten Nachweisen ist zu beachten, dass unter häufiger und seltener Einwirkungskombination größere Rissbreiten während der Belastungszeit auftreten können. Dies ist z. B. bei der Abstimmung rissüberbrückender Beschichtungssysteme zu berücksichtigen.

Für Bauzustände dürfen vom geplanten Endzustand abweichende Anforderungen festgelegt werden. Der Korrosionsschutz gilt als sichergestellt, wenn die Umgebungsbedingungen, die zur Einordnung in eine vom Endzustand abweichende Expositionsklassen führen, in so geringer Häufigkeit auftreten oder von so kurzer Dauer sind, dass sie keine Korrosionsgefahr für die Bewehrung darstellen. Die Sicherstellung des Korrosionsschutzes muss im Einzelfall nachgewiesen werden. Die Abweichung von den Werten nach Tabelle 7.1DE kann sowohl zeilenweise und damit für den Nachweis der Dekompression und die Rissbreitenbegrenzung gleichermaßen erfolgen oder aber spaltenweise für nur einen Nachweisbereich erfolgen (z. B. Rissbreite unter quasi-ständiger Last 0,2 mm statt 0,3 mm) [D525].

Ein Nachweis der **Dekompression** kann auf zwei Wegen geführt werden:

1.) Vereinfachter Nachweis mit vollständig überdrücktem Querschnitt (analog DIN 1045-1 im Zustand I)

2.) Genauerer Nachweis über Grenzlinie der Dekompression (Zustand II) nach Abb. 82.

Der vereinfachte Nachweis, wonach der Betonquerschnitt im Zustand I unter der jeweils maßgebenden Einwirkungskombination vollständig unter Druckspannungen steht (keine Zugspannungen), liegt auf der sicheren Seite. Mit einem vollständig überdrückten Querschnitt im Endzustand ist bei einer veränderlichen Lage des Spannglieds sichergestellt, dass der Beton um das Spannglied unabhängig von dessen Lage im Querschnitt unter Druckspannungen steht. Dadurch werden gleichzeitig Spannungsschwankungen in Betonstahl und Spannstahl aus wechselnden Nutz- und Verkehrslasten begrenzt. Bei einer an den Verlauf der Momente aus äußeren Lasten angepassten Spanngliedführung und bei nachgewiesener Kompression an dem dem Spannglied näher gelegenen Querschnittsrand ist der Nachweis gegen Dekompression am gegenüberliegenden Querschnittsrand bei üblichem Verhältnis zwischen Eigen- und Nutzlasten in der Regel eingehalten [D525].

Das wesentliche Ziel des Dekompressionsnachweises ist der besondere Korrosionsschutz der empfindlicheren Spannglieder durch Ausschließen von Rissen im Spanngliedbereich. In vielen Fällen (insbesondere bei geraden Spanngliedern am Querschnittsrand) ist das Überdrücken des vom Spannglied abliegenden Querschnittsrandes zu unwirtschaftlich. Daher darf nach DIN EN 1992-1-1/NA ein genauerer Nachweis über die Dekompressionslinie im Abstand max $\{100\ \text{mm};\ h/10\}$ vom äußeren Rand des Spannglieds geführt werden (Abb. 82). Dieser Nachweis erfolgt in der Regel im gerissenen Zustand, wobei auf der Zugseite die Rissbreitenbegrenzung entsprechend der Anforderung aus der Expositionsklasse vorzunehmen ist.

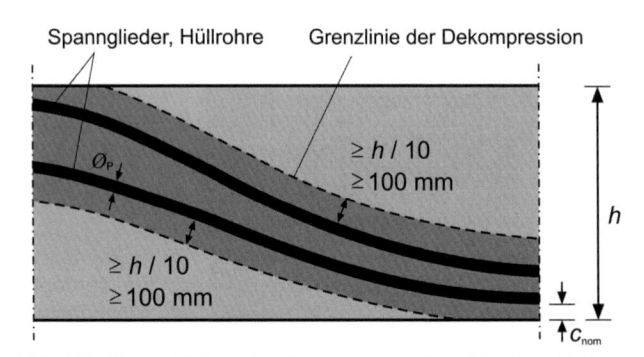

Abb. 82. Grenzlinien der Dekompression (Zustand II)

Die Festlegung der DIN EN 1992-1-1/NA-Grenzwerte erfolgte so, dass weitere Variationen der Einwirkungen sowie der Geometrie und Lagegenauigkeit i. d. R. nicht berücksichtigt werden müssen.

Da der Dekompressionsnachweis bei vorwiegend biegebeanspruchten Bauteilen nur durch eine entsprechende Vorspannung zu erfüllen ist, sollte er als Entwurfskriterium für die Dimensionierung der erforderlichen Spannstahlmenge herangezogen werden [115].

Im Endbereich eines vorgespannten Bauteils darf der Nachweis der Dekompression entfallen. Die Länge des Endbereichs ist bei Vorspannung mit nachträglichem Verbund und Vorspannung ohne Verbund gleich der Länge der Lastausbreitungszone nach 8.10.3 (5) und bei Vorspannung mit sofortigem Verbund gleich der Eintragungslänge l_{disp} nach 8.10.2.2. Die Gebrauchstauglichkeit dieses Bauteilabschnittes kann unter Zuhilfenahme eines geeigneten Verfahrens (z. B. mit einem Stabwerkmodell nach 6.5) durch den Nachweis der Rissbreitenbegrenzung nachgewiesen werden [D525].

Zu (7): Eine Ausnahme bilden vorwiegend horizontale, durch chloridhaltiges Wasser von oben beaufschlagte Bauteilflächen, die auch bei kleinen Rissbreiten erhebliche Korrosionserscheinungen infolge der tief in Risse eindringenden Chloride zeigen können [99]. Bei befahrenen horizontalen Flächen von Parkdecks, die in die Expositionsklasse XD3 eingestuft werden, ist die Begrenzung der Rissbreite allein kein geeignetes Mittel zur Erzielung einer ausreichenden Dauerhaftigkeit. Hier sind daher zusätzliche Maßnahmen, wie z. B. das Aufbringen einer rissüberbrückenden Beschichtung erforderlich (siehe auch Erläuterungen zu 4.2, Tabelle 4.1). Trennrisse sind hinsichtlich der Korrosionsintensität wesentlich kritischer zu bewerten als Biegerisse. Werden Beschichtungen geplant, sind die maximal zu erwartende Rissbreite nach Aufbringen der Beschichtung und die Leistungsfähigkeit des Oberflächenschutzsystems aufeinander abzustimmen ([DBV5], [DBV8]).

Zu (9): Die statistische Aussagewahrscheinlichkeit der Rissbreitenberechnung (Quantilwerte) wird durch die Vereinfachungen des Rechenmodells und durch die unvermeidbaren Streuungen der tatsächlichen Einwirkungen, der Materialeigenschaften (insbesondere Verbund und Betonzugfestigkeit) und der Ausführungsqualität (z. B. Abweichungen bei Querschnittsabmessungen und Bewehrungslage) bestimmt. Eine Abschätzung der Größenordnung der Vorhersagequalität enthält Abb. 83. Daher lassen sich im Bauwerk auch bei Einhaltung der in DIN EN 1992-1-1 enthaltenen Konstruktions- und Bemessungsregeln einzelne Risse, die etwa um 0,1 mm bis 0,2 mm breiter sind als die Rechenwerte, nicht immer vermeiden [DBV8].

Die Regeln zur Begrenzung der Rissbreiten sollen nicht die explizite Einhaltung bestimmter, am Bauteil nachmessbarer Grenzwerte von Rissbreiten sicherstellen. Vielmehr sollen diese das Auftreten breiter Einzelrisse verhindern. Die schärferen Anforderungen an die Rissbreitenbegrenzung für „agressivere" Expositionsklassen bedeuten dabei nichts anderes, als dass breite Einzelrisse mit einer größeren Wahrscheinlichkeit als bei Innenbauteilen vermieden werden (vgl. *Schießl* in [99]).

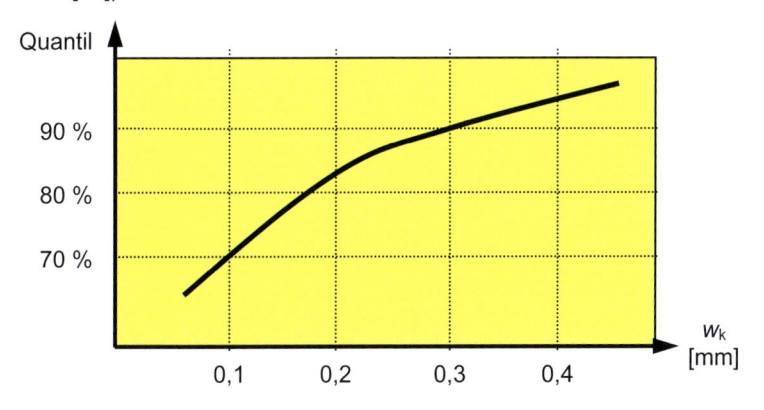

Abb. 83. Quantilwerte der Rissbreitenberechnung [DBV8]

Zu 7.3.2 Mindestbewehrung für die Begrenzung der Rissbreite

Zu (2): In der Regel ist die auf die Betonzugfestigkeit bezogene Mindestbewehrung einzulegen. Wird die Rissschnittgröße auch bei genauerer Berechnung, die sowohl die Last- als auch Zwangseinwirkungen, umfasst, nicht erreicht, darf die rissbreitenbegrenzende Bewehrung auf die tatsächlich einwirkende Schnittgröße bezogen werden. Dieser Fall tritt insbesondere bei statisch bestimmter Lagerung ohne Zwang ein. Die für ein duktiles Bauteilverhalten erforderliche Robustheitsbewehrung nach 9.2.1.1 muss jedoch mindestens eingelegt werden.

Der sehr kurze Erläuterungstext in EN 1992-1-1 zur **wirksamen Betonzugfestigkeit** $f_{ct,eff}$ wurde im NA durch den ausführlicheren Text aus DIN 1045-1 ersetzt. Oft wird in der Tragwerksplanung (z. T. zu leichtfertig) angenommen, dass ein risserzeugender „**früher Zwang**" nur aus dem Abfließen der Hydratationswärme herrührt und die Risse in den ersten 3 bis 5 Tagen nach dem Betonieren entstehen. Das Abfließen der Wärme führt zu einer Verkürzung des bereits erhärteten Betons, der nicht mehr plastisch verformbar ist, aber auch noch keine ausreichende Zugfestigkeit hat. Wird die Verkürzung des Betons durch Reibung, Anschluss an ältere Bauteile o. ä. behindert, können Rissen auftreten. In diesem frühen Betonalter darf die Betonzugfestigkeit $f_{ct,eff}$ vereinfacht zu 50 % der mittleren Zugfestigkeit f_{ctm} nach 28 Tagen angenommen werden, „sofern kein genauerer Nachweis erforderlich ist". Falls diese Annahme getroffen wird, ist dies durch Hinweis des Tragwerksplaners in der Baubeschreibung und auf den Ausführungsplänen mitzuteilen, damit Betonhersteller und Bauausführende diese Anforderungen bei der Festlegung des Betons und bei der Bauausführung umsetzen können.

Ein möglicher Textvorschlag für die Ausführungsunterlagen und Ausschreibungen lautet [D525]:

> Bei der Begrenzung der Rissbreite für dieses Bauteil wurde ein Beton angenommen, dessen Betonzugfestigkeit $f_{ct,eff}$ nach **x** Tagen höchstens **y** % der mittleren Zugfestigkeit $f_{ctm,28d}$ = ... N/mm² erreicht (max $f_{ct,eff,xd}$ = **y** % · $f_{ctm,28d}$).
> Dies ist bei der Festlegung des Betons und der Bauausführung zu berücksichtigen.

Das Problem von gelieferten Überfestigkeiten des Betons ist damit deutlich reduziert. Bei Festigkeitsklassen ≥ C30/37 ist es jedoch nicht immer zielsicher möglich, die Festigkeitsentwicklung des Betons ausreichend zu verzögern, um diese geringe Betonzugfestigkeit während des Abfließens der Hydratationswärme einzuhalten. Die Abfrage der Festigkeitsentwicklung im Labor für eine Betonsorte beim Transportbetonhersteller liefert erste Anhaltswerte. Die Dicke der Bauteile, die Jahres- und Tageszeit beim Betonieren, die Nachbehandlung usw. spielen dabei ebenfalls eine entscheidende Rolle. In solchen Fällen kann es entweder erforderlich werden, die effektive Zugfestigkeit auf einen Wert $f_{ct,eff} > 0{,}50 f_{ctm}$ zu erhöhen bzw. den Zeitpunkt des Nachweises der Festigkeitsklasse auf einen späteren Zeitpunkt (z. B. 56 Tage) zu vereinbaren (weitere Erläuterungen hierzu im DBV-Merkblatt „Rissbildung" [DBV8], siehe auch Hinweise zu 3.1.2 (4) und zu (NA.6)). Bei Massenbetonen sollte die DAfStb-Richtlinie „Massige Bauteile aus Beton" [D1] berücksichtigt werden.

Wenn der Zeitpunkt der Rissbildung nicht mit Sicherheit innerhalb der ersten 28 Tage festgelegt werden kann (z. B. Differenzschwinden benachbarter Bauteile, jahreszeitliche Temperaturdifferenzen bei Bauteilen mit verformungsbehindernder Einspannung bzw. Festhaltung) ist **„später Zwang"** zu berücksichtigen und für die Ermittlung der Mindestbewehrung (Rissschnittgröße) sollte mindestens eine Zugfestigkeit von 3,0 N/mm² für Normalbeton bzw. 2,5 N/mm² für Leichtbeton angenommen werden.

Der **k-Beiwert** zur Berücksichtigung nichtlinear verteilter Betonzugspannungen und weiterer risskraftreduzierenden Einflüssen wurden gegenüber der EN 1992-1-1 modifiziert. Als Bezugsquerschnittsgröße wurde die jeweils kleinere Abmessung des betrachteten Teilquerschnitts festgelegt, da die wesentliche eigenspannungsinduzierende ungleichmäßige Temperaturverteilung nach dem Abfließen der Hydratationswärme wesentlich von der Geometrie abhängt. Ein dünner Querschnitt kühlt schneller aus und ein dicker Querschnitt langsamer. Daher wurden mit Blick auf weitere, nicht genauer quantifizierbare Einflüsse die k-Werte auf die in Deutschland bewährten Erfahrungswerte $k = 0,8$ für dünne Bauteile und $k = 0,5$ für dicke Bauteile reduziert (= 80 % der vorgeschlagenen EN 1992-1-1-Werte). Außerdem wird im NA eine Unterscheidung in inneren und äußeren Zwang vorgenommen, da nur bei innerem Zwang mit Sicherheit von einer nichtlinearen Eigenspannungsverteilung ausgegangen werden kann.

Beispiel 7.1: Mindestbewehrung für 200 mm Wand auf zuvor betoniertem Streifenfundament

Beton: C35/45

Wanddicke h = 200 mm: $A_{ct} = 100 \cdot 20 = 2000$ cm²/m

$\rightarrow k = 0,8$ (NA für dünnes Bauteil)

Beanspruchung: zentrischer Zwang $\rightarrow k_c = 1,0$

Anforderung Tab. 7.1DE: Rechenwert der Rissbreite $w_k = 0,3$ mm (z. B. XC4, XS1)

a) später Zwang > 28 Tage (z. B. infolge Temperaturunterschied Außenwand im Freien zum Fundament im Boden oder Differenzschwinden zwischen dünner, stärker austrocknender Wand und dickem Fundament in Bodenfeuchte):

$f_{ct,eff} = 3,2$ N/mm² = f_{ctm} für C35/45 (Tab. 3.1)

gew. $\phi = 10$ mm $\rightarrow$ Modifikation des Grenzdurchmessers zulässig, da $f_{ct,eff} > 2,9$ N/mm², Gl. (7.7DE) umgestellt:

$\phi_s^* = \phi_s \cdot 2,9 / f_{ct,eff} = 10 \cdot 2,9 / 3,2 = 9,1$ mm

$\rightarrow$ Tab. 7.2DE: $\sigma_s \approx 340$ N/mm²   (oder: $\sigma_s = (0,30 \cdot 3,48 \cdot 10^6 / 9,1)^{1/2} = 338,7$ N/mm²)

$A_{s,min}$ = $1,0 \cdot 0,8 \cdot 3,2 \cdot 2000 / 340$ = **15,1 cm²/m**

$\rightarrow$ = 7,53 cm²/m < ϕ 10 / 100 mm je Wandseite horizontal

b) nur früher Zwang aus Abfließen der Hydratationswärme:

$f_{ct,eff} = 0,5 f_{ctm} = 0,5 \cdot 3,2 = 1,6$ N/mm²

gew. $\phi = 10$ mm $\rightarrow$ Modifikation des Grenzdurchmessers erforderlich, da $f_{ct,eff} < 2,9$ N/mm², Gl. (7.7DE) umgestellt:

$\phi_s^* = \phi_s \cdot 2,9 / f_{ct,eff} = 10 \cdot 2,9 / 1,6 = 18,1$ mm

$\rightarrow$ Tab. 7.2DE: $\sigma_s \approx 240$ N/mm²

$A_{s,min}$ = $1,0 \cdot 0,8 \cdot 1,6 \cdot 2000 / 240$ = **10,7 cm²/m**

$\rightarrow$ = 5,35 cm²/m $\approx$ ϕ 10 / 150 mm je Wandseite horizontal

---

In Gleichung (7.1) wird die Völligkeit der Spannungsverteilung innerhalb der Zugzone A_{ct} vor der Erstrissbildung, die Änderung des inneren Hebelarmes beim Übergang in den Zustand II sowie bei Bauteilen mit vergleichsweise großer Betondruckzone deren zunehmende Biegesteifigkeit mit dem **Beiwert k_c** berücksichtigt.

Für diesen Beiwert nach Gleichung (7.2) gilt abhängig von der Beanspruchung (Zugspannungen negativ):

- reiner Zug: $k_c = 1,0$;
- reine Biegung: $k_c = 0,4$;
- Biegung mit Längsdruck: $k_c = 0 \ldots 0,4$;
- Biegung mit Längszug (Nullinie im Querschnitt): $k_c = 0,4 \ldots 1,0$;
- Biegung mit Längszug (Nullinie außerhalb des Querschnitts): Aufteilung auf die Bewehrungslagen nach dem Hebelgesetz.

Für die Zuggurte von gegliederten Querschnitten, wie Plattenbalken und Hohlkästen, darf die Mindestbewehrung mit 90 % der Zugkeilkraft im ungerissenen Querschnitt nach Gleichung (43) ermittelt werden, wobei die Verbundkraft $0,9 F_{cr,Gurt}$ nicht geringer als mit 50 % der zentrischen Risskraft $A_{ct} \cdot f_{ct,eff}$ angesetzt wird (dreieckförmige Spannungsverteilung). Anderenfalls ist der Gurt nicht voll gezogen (siehe Abb. 84).

$$A_{s,min} \cdot \sigma_s = k \cdot 0,9 \cdot F_{cr,Gurt} \qquad (43)$$

König und *Fehling* haben in [54] näherungsweise das Verhältnis der durch die Rissbewehrung aufzunehmenden Zugkraft im Zustand II zur Zugkeilkraft im Zustand I mit 0,9 bestimmt. Dies wird darauf zurückgeführt, dass der innere Hebelarm im gegliederten Querschnitt nach der Rissbildung etwas ansteigt. Das Verhalten von Hohlkastenquerschnitten ist im Hinblick auf die Rissbildung ungünstiger als das von Plattenbalkenquerschnitten.

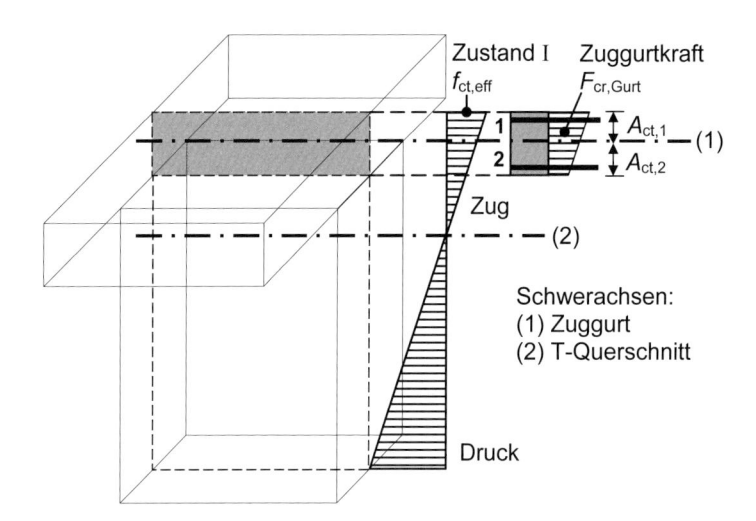

Abb. 84. Ermittlung der Risskraft für Mindestbewehrung im Zuggurt eines T-Querschnitts

Die Reduktion der Verbundkraft ist daher etwas geringer als die Verminderung auf 90 %. Mit dem Vorspanngrad nimmt die Reduktion der Verbundkraft jedoch deutlich zu. Bei Zuggurten mit sehr ungleichmäßiger Spannungsverteilung kann es sinnvoll sein, die Zuggurtkraft anteilig auf die Bewehrungslagen zu verteilen [DBV8] (vgl. Abb. 84).

Zu (3): Ist die anrechenbare Spannstahlkraft $\xi_1 \cdot A_p' \cdot \Delta\sigma_p$ so groß, dass sie die auftretende Zugkraft aufnehmen kann, darf auf eine zusätzliche Betonstahlbewehrung als Mindestbewehrung zur Begrenzung der Rissbreite verzichtet werden. Dies gilt für Bereiche mit einem Abstand von bis zu 150 mm von der Spanngliedachse.

Zu (NA.5): Aufbauend auf Vorschlägen von *Maurer* et al. in [72] wurde eine modifizierte Ermittlung wirtschaftlicherer Mindestbewehrung zur Begrenzung der Rissbreiten für dicke Bauteile unter zentrischem Zwang im NA mit den Absätzen (NA.5) und (NA.6) aufgenommen. Die folgenden Erläuterungen sind im Wesentlichen aus [D525] übernommen.

Kommt es infolge von Zwang zur Bildung eines ersten Risses, wird im Rissquerschnitt die gesamte Zugkraft von der Bewehrung aufgenommen. Über den Verbund wird die Kraft wieder in den Beton übertragen. Bei dünnen Bauteilen liegen die Bewehrungslagen so dicht beieinander, dass am Ende der Verbundeinleitungslänge l_{es} die Betonzugspannungen wieder nahezu gleichmäßig über die Querschnittsdicke verteilt sind. Der Ausbreitungsbereich der Betonzugspannungen, innerhalb dessen die Betonzugfestigkeit in voller Größe und damit die Trennrissspannung wieder erreicht werden, ist durch einen Ausbreitungswinkel von etwa 1:2 gekennzeichnet (Abb. 85). Bei dicken Bauteilen liegen die Bewehrungslagen dagegen so weit auseinander, dass am Ende der Einleitungslänge l_{es} noch keine gleichmäßige Spannungsverteilung über den Querschnitt vorhanden ist. Mit Hilfe dieses idealisierten mechanischen Modells, dem eine Kraftausbreitung vom Bewehrungsstab in den umgebenden Beton unter einer Steigung von 1:2 zugrunde liegt, kann die Abgrenzung zwischen „dünnen" und „dicken" Bauteilen erfolgen.

Wird im Bereich der Krafteinleitung vom Stahl in den Beton die Risskraft der mitwirkenden Randzone $A_{c,eff}$ überschritten, kommt es zur Bildung von Sekundärrissen, die nicht durch den ganzen Querschnitt, sondern nur durch die Randzone verlaufen. Aufgrund der notwendigen Ausbreitung der Zugspannungen im Beton, stellen sich die Trennrisse nach diesem Modell bei dicken Bauteilen im größeren Abstand als bei dünnen Bauteilen ein (Abb. 85).

Die Mindestbewehrung zur Begrenzung der Rissbreite bei einer Beanspruchung durch zentrischen Zwang darf nach Gleichung (7.1) ermittelt werden. Dieser Gleichung liegt die Risstheorie für dünne Bauteile zugrunde. Der günstige Einfluss der Sekundärrissbildung bei dicken Bauteilen auf den erforderlichen Querschnitt der Mindestbewehrung wird näherungsweise auf der sicheren Seite liegend durch die Modifikation des Grenzdurchmessers nach Gleichung (7.7DE) abhängig vom Verhältnis der Zugzone h_{cr} zur Wirkungszone der Bewehrung als Funktion von $(h - d)$ berücksichtigt.

Bei dicken Bauteilen ist der Rissmechanismus dadurch gekennzeichnet, dass neben den durchgehenden Primärrissen zusätzlich Sekundärrisse in der Randzone entstehen. Die erforderliche Kraft zur Erzeugung der Sekundärrisse ist kleiner als die Kraft zur Erzeugung des nächsten durchgehenden Trennrisses. Die Bildung von sekundären Rissen führt zu einem Abbau der Zugkraft infolge Zwangs. Dadurch kann die Mindestbewehrung bei dicken Bauteilen unmittelbar bei der Trennrissbildung höher ausgenutzt werden. Die zur Bildung der Sekundärrisse erforderliche Risskraft darf daher im Wirkungsbereich einer Bewehrungslage $A_{c,eff}$ mit der effektiven Dicke $h_{c,ef}$ (Bild 7.1DE d) ermittelt werden (siehe Gleichung (44)). Wenn sich zur Aufnahme einer Zwangsverformung mehrere Trennrisse ausbilden müssen, ist außerdem zu gewährleisten, dass die Bewehrung im Primärriss nicht fließt (siehe Gleichung (45) mit $k_c = 1,0$).

$$A_{s,min} \cdot \sigma_s = f_{ct,eff} \cdot A_{c,eff} \qquad (44)$$

$$A_{s,min} \cdot f_{yk} \geq k \cdot f_{ct,eff} \cdot A_{ct} \qquad (45)$$

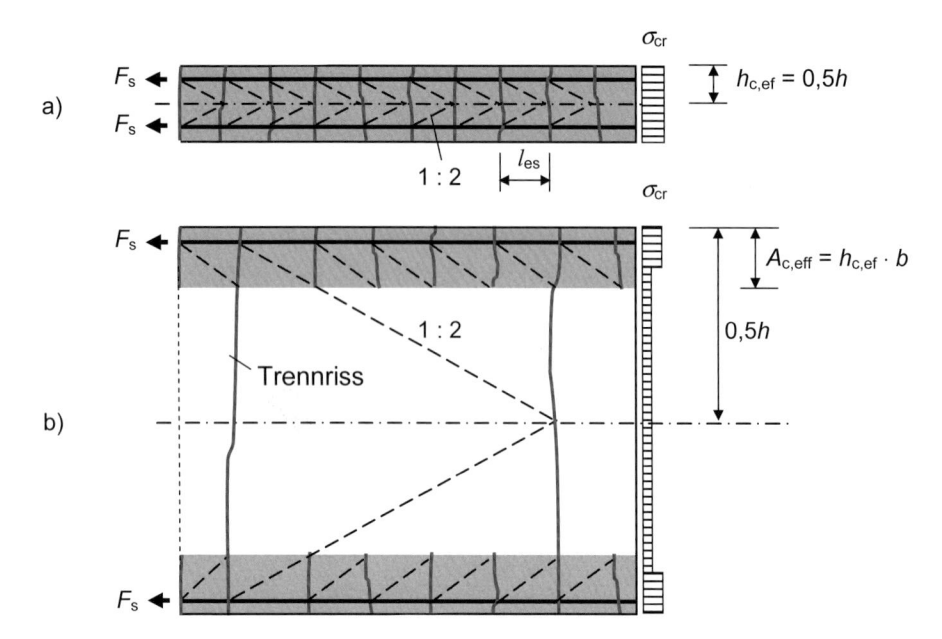

Abb. 85. Mechanismus der Rissbildung zwischen zwei Trennrissen: a) dünne Bauteile, b) dicke Bauteile (nach *Maurer* et al. [72])

Der Wirkungsbereich der Bewehrung darf i. Allg. mit $h_{c,ef} = 2{,}5(h-d)$ angesetzt werden, wobei dieser Ansatz nur für eine konzentrierte Bewehrungsanordnung und dünne Bauteile mit $h/(h-d) \leq 10$ bei Biegung und $h/(h-d) \leq 5$ bei zentrischem Zwang hinreichend genau gilt. Bei dickeren Bauteilen kann der Wirkungsbereich bis auf $h_{c,ef} = 5(h-d)$ anwachsen (vgl. Bild 7.1DE d). Diese Vergrößerung von $h_{c,ef}$ muss nur bei der modifizierten Ermittlung der Mindestbewehrung für dicke Bauteile unter zentrischem Zwang nach Gleichung (44) berücksichtigt werden (daher nur der zentrische Zug in Bild 7.1DE d) dargestellt).

Eine Abminderung für nichtlinear verteilte Eigenspannungen für die Sekundärrissbildung in der Randzone $A_{c,eff}$ mit einem k-Beiwert erfolgt nicht, da die Eigenspannungen durch die Rissbildung ausgehend vom Primärriss in der Zugzone A_{ct} abgebaut werden. Die Betonzugfläche A_{ct} bezieht sich auf eine Bauteilseite (i. d. R. $0{,}5h$). Die Betonstahlspannung σ_s ist dabei auf den Rechenwert der Rissbreite mit den Grenzdurchmesser der Bewehrung ϕ_s^* abzustimmen.

Da für die Abschätzung der Betonstahlspannungen im Primärriss (siehe Gleichung (45)) keine Erkenntnisse aus Laborversuchen an entsprechend großen Bauteilen unter mit Baustellen vergleichbaren Bedingungen vorliegen, wurde hierzu bei der Festlegung der Ausnutzbarkeit bis zur rechnerischen Streckgrenze f_{yk} auch auf Praxiserfahrungen zurückgegriffen. Danach entstehen bei dicken Bauteilen durch den Abfluss der Hydratationswärme häufig kurz nach dem Ausschalen die ersten Risse. Die Betonaußenflächen kühlen im Tagesgang der Lufttemperaturen, insbesondere in Verbindung mit niedrigen Nachttemperaturen, schneller aus als die Innenzonen. Die daraus resultierenden Eigenspannungen erzeugen i. Allg. Einrisse an der Bauteiloberfläche. Der zu ersten Trennrissen führende Zwang trifft daher in diesem Fall auf einen reduzierten Betonquerschnitt. Dabei stellt die Risswurzel eine scharfe Kerbe mit einer hohen Spannungskonzentration dar. Für eine Trennrissbildung muss die Zwangskraft dann nur so groß sein, um ein Weiterreißen der bereits vorhandenen Einrisse durch den ganzen Querschnitt zu bewirken. Erreichen die Innenzonen die Ausgleichstemperatur, schließen sich die Einrisse an den Bauteiloberflächen wieder.

Die Auswirkungen der Gleichung (NA.7.5.1) auf die Mindestbewehrungsmenge zur Begrenzung der Rissbreiten sind im Vergleich zu den Gleichungen (7.1) und (7.7DE) in Abb. 86 beispielhaft für verschiedene Achsabstände der Bewehrung dargestellt. Bei dünnen Bauteilen führt Gleichung (44) (bzw. Gleichung (NA.7.5.1)) aufgrund des dort fehlenden k-Wertes zu einer größeren Mindestbewehrung als Gleichung (7.1) in Verbindung mit Gleichung (7.7DE). Es muss jedoch nicht mehr Mindestbewehrung eingelegt werden, als nach den Gleichungen (7.1) und (7.7DE) erforderlich wird. Dies bestimmt auch die Abgrenzung zu „dickeren" Bauteilen.

Beispiel 7.2: Mindestbewehrung für 0,90 m dicke Trogwand für zentrischen Zwang

Beton: C25/30

Betonzugzone: $A_{ct} = 0{,}5 \cdot 0{,}90 \cdot 1{,}0 = 0{,}45$ m²/m je Wandseite

→ $k = 0{,}5$ (NA für dickes Bauteil $\geq 0{,}80$ m)

Anforderung Tab. 7.1DE: Rechenwert der Rissbreite $w_k = 0{,}3$ mm

früher Zwang:

Annahme: nur aus Abfließen der Hydratationswärme → hier 60 % von f_{ctm}, da das Abfließen der Hydratationswärme bei dicken Bauteilen länger dauern kann (ca. 7 bis 10 Tage)

$f_{ct,eff} \approx 0{,}60 f_{ctm} = 0{,}6 \cdot 2{,}6 \approx 1{,}5$ N/mm² für C25/30 (Tab. 3.1)

gew. $\phi = 16$ mm → Modifikation des Grenzdurchmessers erforderlich, da $f_{ct,eff} < 2{,}9$ N/mm², Gl. (NA.7.5.2) umgestellt:

$\phi_s^* = 16 \cdot 2{,}9 / 1{,}5 = 30{,}9$ mm → $\sigma_s = (0{,}30 \cdot 3{,}48 \cdot 10^6 / 30{,}9)^{1/2} = 184$ N/mm²

Erläuterungen zum Eurocode 2: DIN EN 1992-1-1 mit Nationalem Anhang
7 Nachweise in den Grenzzuständen der Gebrauchstauglichkeit (GZG)

Wirkungsbereich der Bewehrung nach Bild 7.1: Achsabstand d_1 = 40 mm (einlagig)

→ h / d_1 = 900 / 40 = 22,5 → $h_{c,ef} / d_1$ = 4,25 → $h_{c,ef}$ = 4,25 · 40 = 170 mm → $A_{c,eff}$ = 17 · 100 = 1700 cm²/m

Gl. (NA.7.5.1): $A_{s,min}$ = 1,5 · 1700 / 184 = **13,9 cm²/m**

≥ 0,5 · 1,5 · 4500 / 500 = 6,75 cm²/m je Wandseite (vgl. Abb. 86).

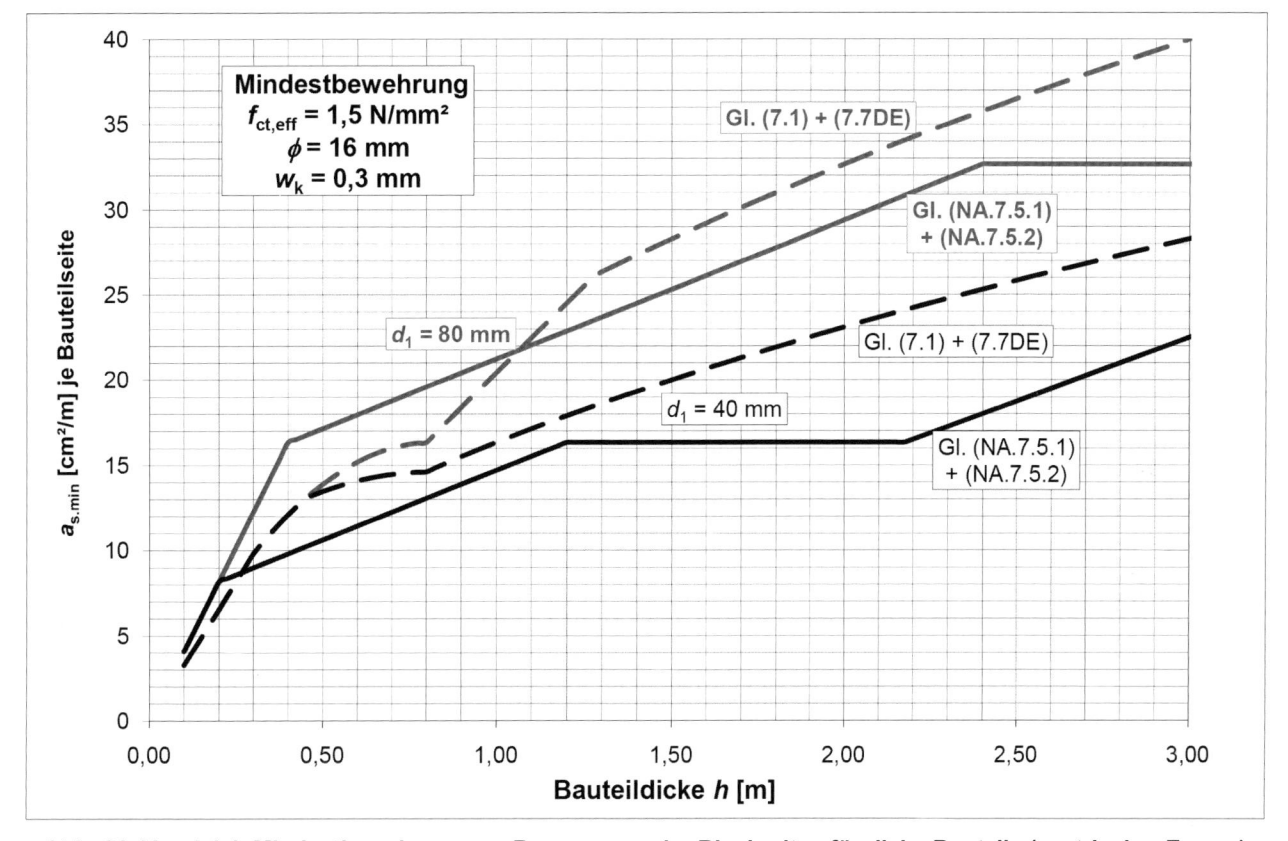

Abb. 86. Vergleich Mindestbewehrung zur Begrenzung der Rissbreiten für dicke Bauteile (zentrischer Zwang)

Zu (NA.6): Günstig in Bezug auf eine reduzierte Rissbildung wirken sich i. d. R. langsam erhärtende Betone ($r \leq 0{,}3$) mit geringer Hydratationswärmeentwicklung aus. Je geringer der Temperaturrückgang beim Abfließen der Hydratationswärme ist, umso geringer ist bei gleicher Bewehrung die Rissöffnung. Bei einer zeitlichen Streckung des Vorgangs durch Verwendung von langsam erhärtenden Betonen wirkt verstärkt der günstige Einfluss einer Relaxation durch das Kriechvermögen des Betons. Zu den elastischen Verformungen des Betons infolge der Zugkraft in der Bewehrung kommen noch die plastischen Verformungen infolge Kriechens hinzu, sodass sich eine kleinere Rissöffnung einstellt. Vor dem Hintergrund dieser geometrischen und materialbedingten Zusammenhänge wird bei Verwendung entsprechender Betone vereinfacht eine pauschale Abminderung der Mindestbewehrung zur Begrenzung der Rissbreiten mit dem Faktor 0,85 ermöglicht. Die Verwendung des Kennwertes r für die Festigkeitsentwicklung des Betons ist insofern praktikabel, als dieser auf dem Betonlieferschein kontrollierbar und für die Festlegung der Nachbehandlungsdauer nach DIN EN 13670 bzw. DIN 1045-3 ohnehin benötigt wird.

Vor einer leichtfertigen Nutzung dieser pauschalen Bewehrungsabminderung durch den Tragwerksplaner ist jedoch zu warnen. In der Praxis kann die Verwendung langsam erhärtender Betone zu anderen Problemen und Mehrkosten führen (z. B. verlängerte Ausschalfristen und Nachbehandlungszeiten), sodass die mögliche Abminderung nicht ohne Beachtung aller Randbedingungen genutzt werden sollte. In diesem Zusammenhang ist eine frühzeitige enge Abstimmung zwischen Tragwerksplaner, Betontechnologen und Baustelle notwendig und dringend zu empfehlen (siehe hierzu [DBV8]).

Im DBV-Merkblatt Rissbildung [DBV8] werden im Zusammenhang mit der Annahme einer reduzierten Betonzugfestigkeit zum Zeitpunkt der Rissbildung Hinweise zu einer etwas differenzierteren Betonfestlegung gegeben. Empfohlen wird beispielsweise, dass der Verwender des Betons als Besteller unter Berücksichtigung der von ihm geplanten Nachbehandlungsmaßnahmen und der Konsequenzen auf die Erhärtungsentwicklung einen Beton wie folgt bestellt:

− bei sommerlichen Temperaturen mit $r \leq 0{,}30$ (langsame Festigkeitsentwicklung);
− bei winterlichen Temperaturen mit $r \leq 0{,}50$ (mittlere Festigkeitsentwicklung).

Dies lässt erwarten, dass auch die Betontemperatur und die Zugfestigkeit während der Hydratationsphase ausreichend begrenzt werden.

Zu 7.3.3 Begrenzung der Rissbreite ohne direkte Berechnung

Zu (1): Aus [D525]: Bei dünnen biegebeanspruchten Bauteilen können durch die Verzahnung der Rissufer auch nach der Rissbildung noch begrenzt Anteile der Zugspannung durch den Beton übertragen werden, solange die Rissbreite 0,15 mm nicht überschreitet, was wiederum die Stahlzugkraft verringert. In Kombination mit den in der Regel verwendeten dünnen Stabdurchmessern der Mattenbewehrung und deren besseren Verbundeigenschaften werden die Forderungen für die Mindestbewehrung zur Rissbreitenbegrenzung automatisch eingehalten, wenn die Mindestbewehrung nach Abschnitt 9.2.1.1 eingelegt wird. Von einer Biegebeanspruchung ohne wesentlichen zentrischen Zug kann ausgegangen werden, wenn unter der maßgebenden Einwirkungskombination die im Zustand I berechnete Zugzone nicht größer als 2/3 der Querschnittshöhe ist. Absatz (1) trifft nur auf Bauteile der Expositionsklasse XC1 zu, da unter diesen Umweltbedingungen auch bei eventuell vereinzelt auftretenden größeren Rissbreiten die Dauerhaftigkeit des Bauteils nicht gefährdet ist. Sollten strengere Anforderungen an das Erscheinungsbild des Bauteils gestellt werden, ist auch für die Platten explizit ein Nachweis der Rissbreite zu führen.

Zu (2): Im Gegensatz zur Ermittlung der Mindestbewehrung wird bei der Begrenzung der Rissbreite allgemein ein abgeschlossenes Rissbild als wahrscheinlich vorausgesetzt, wobei die Einzelrissbildung weiterhin als ungünstigster Grenzfall in die Betrachtung einbezogen wird. Die Stahlspannung infolge der äußeren Belastung ist in der Regel geringer als unter einer Zwangsbeanspruchung, die zum Einzelriss führt.

Die Rissbildung infolge von Zwang kann zu einem oder mehreren einzelnen, relativ breiten Rissen führen, wenn es nicht gelingt, die Risse durch zusätzliche Bewehrung im Sinne einer abgeschlossenen Rissbildung feiner zu verteilen. Einzelrissbreiten können analog zu 7.3.2 nur über die Einhaltung eines **Grenzdurchmessers** begrenzt werden, indem der tatsächliche Stabdurchmesser ϕ kleiner gleich dem rechnerischen Grenzdurchmesser ϕ_s^* gewählt wird. Bei einer äußeren Belastung, die zu einer Überschreitung der Rissschnittgröße führt und die auch nach dem ersten Riss wirksam bleibt, werden i. Allg. mehrere Risse bis hin zum abgeschlossenen Rissbild entstehen, wobei jeder neue Riss innerhalb der Einleitungslänge die Breite des zuvor entstandenen Risses verringert. Dies gilt unter der Voraussetzung, dass der Stahl bei der Erstrissbildung nicht schon seine Streckgrenze erreicht hat, was mit der Einhaltung der vorgeschriebenen Mindestbewehrung nach 9.2.1.1 (1) und 7.3.2 gesichert wird. Der Nachweis der Rissbreite beim abgeschlossenen Rissbild darf bei Last- und Zwangsbeanspruchung immer über den Grenzdurchmesser geführt werden [D525].

Bei einlagiger Bewehrung in Flächentragwerken darf der Nachweis bei überwiegender Lastbeanspruchung alternativ auch über den Stababstand nach Tabelle 7.3N erfolgen. Bei mehrlagiger Bewehrung in der Zugzone sollte der Nachweis aufgrund bestehender Unsicherheiten hinsichtlich der Stahlspannungen ab der zweiten Bewehrungslage immer über die Einhaltung der Grenzdurchmesser geführt werden [D525].

Der Zusammenhang zwischen Grenzdurchmesser, Stahlspannung und Rissbreite lässt sich aus den Gleichungen (7.8), (7.9) und (7.11) für die direkte Rissbreitenberechnung auf der sicheren Seite liegend herleiten, indem die Grenzwerte für die Erstrissbildung mit $f_{ct,eff}$ = 2,9 N/mm² und E_s = 200.000 N/mm² eingesetzt werden (siehe Abb. 87 und Tabelle 7.2DE):

$$w_k = \frac{\sigma_s \cdot \phi_s^*}{3,6 \cdot f_{ct,eff}} \cdot \frac{0,6 \cdot \sigma_s}{E_s} = \frac{\sigma_s^2 \cdot \phi_s^*}{3,48 \cdot 10^6} \tag{46}$$

$$\sigma_s = \sqrt{w_k \cdot \frac{3,48 \cdot 10^6}{\phi_s^*}} \tag{47}$$

Beim gemeinsamen Ansatz von **Betonstahl und Spannstahl** zur Rissbreitenbegrenzung muss der weichere Verbund des Spannstahls berücksichtigt werden. Dadurch ist zum einen der Spannungszuwachs im Spannstahl bei der Rissbildung geringer als im Betonstahl. Zum anderen hat der Spannstahl einen geringeren Einfluss auf den Rissabstand, sodass der Spannstahl weniger effektiv für die Begrenzung der Rissbreite ist. Berücksichtigt wird dies über das Verhältnis ξ_1 der Verbundsteifigkeit von Spannstahl und Betonstahl unter Berücksichtigung der unterschiedlichen Durchmesser nach Gleichung (7.5) bei der Ermittlung des effektiven Bewehrungsgrades in Gleichung (7.10). Zunächst wird die Spannung im Betonstahl bzw. die Spannungsänderung im Spannstahl σ_{s2} beim Übergang in den Zustand II unter der Annahme eines starren Verbundes ermittelt. Über die Gegenüberstellung des effektiven Bewehrungsgrades $\rho_{p,eff}$ unter Berücksichtigung der unterschiedlichen Verbundfestigkeiten und des geometrischen Bewehrungsgrades ρ_{tot} wird die Spannung im Betonstahl σ_s ermittelt, für die der Rissbreitennachweis geführt wird. Der Einfluss des Verbundkriechens, der mit der Annahme einer Verbundfestigkeit bei $t = t_\infty$ von 70 % der bei $t = t_0$ vorliegenden mittleren Verbundfestigkeit abgeschätzt wird, wird durch die Gleichung (7.9) mit dem Faktor k_t = 0,4 pauschal berücksichtigt. Die Spannungsänderung im Spannstahl darf in der Regel vernachlässigt werden [D525].

Die **Modifikation des Grenzdurchmessers** für die Rissschnittgröße darf (bei $f_{ct,eff}$ > 2,9 N/mm²) bzw. muss (bei $f_{ct,eff}$ < 2,9 N/mm²) nach den Gleichungen (7.6DE) und (7.7DE) erfolgen. Die Modifikation unter Lastbeanspruchung mit Biegung wird im NA mit Gleichung (7.7.1DE) ergänzt.

Gleichung (7.6DE) bezieht sich auf eine einseitige Bewehrung und deckt somit den Fall Erreichen des Rissmomentes ab (eine Lage unter Zug, Biegezugzone mit h_{cr} bis zur Nulllinie des Querschnitts im Zustand I, Abb. 88 a)). Für den Fall des Erreichens der Rissnormalkraft stehen beide Bewehrungslagen unter Zugspannungen (Abb. 88 b)), daher wird jeweils die anteilige Zugzone i. d. R. mit h_{cr} / 2 auf jeweils eine Bewehrungslage mit dem Abstand $(h - d) = d_1$ bezogen.

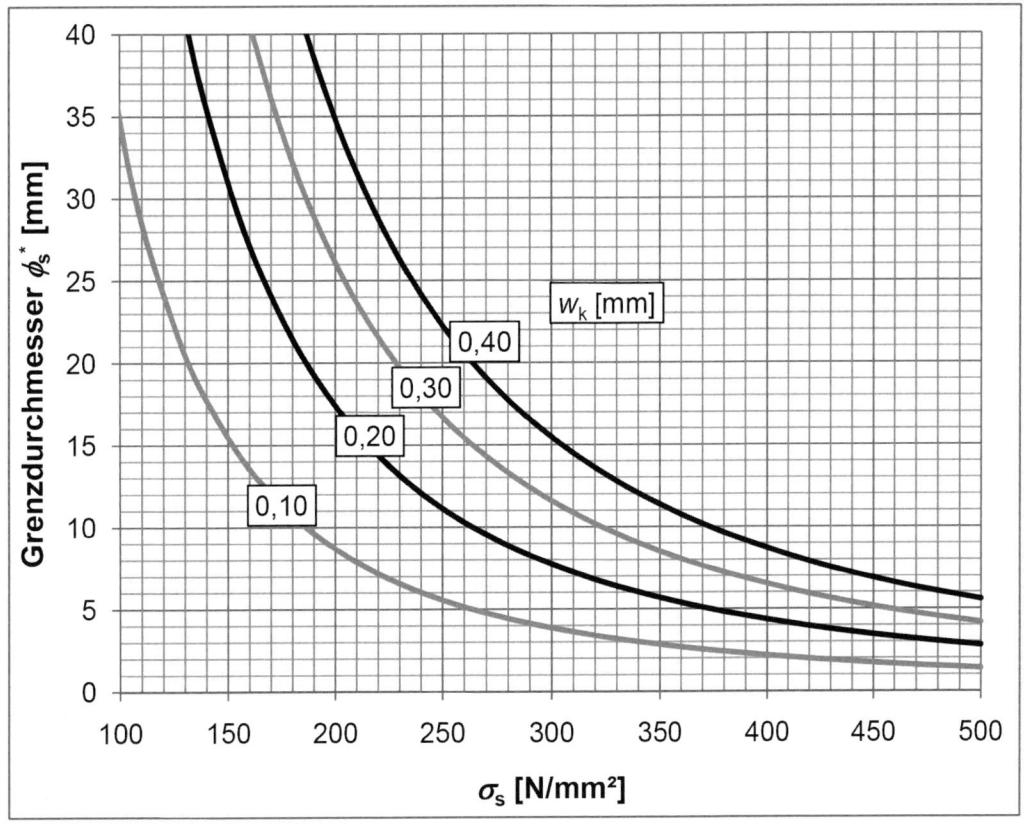

Erläuterungen zum Eurocode 2: DIN EN 1992-1-1 mit Nationalem Anhang
7 Nachweise in den Grenzzuständen der Gebrauchstauglichkeit (GZG)

Abb. 87. Grenzdurchmesser nach DIN EN 1992-1-1/NA (grafische Darstellung von Gleichung (47))

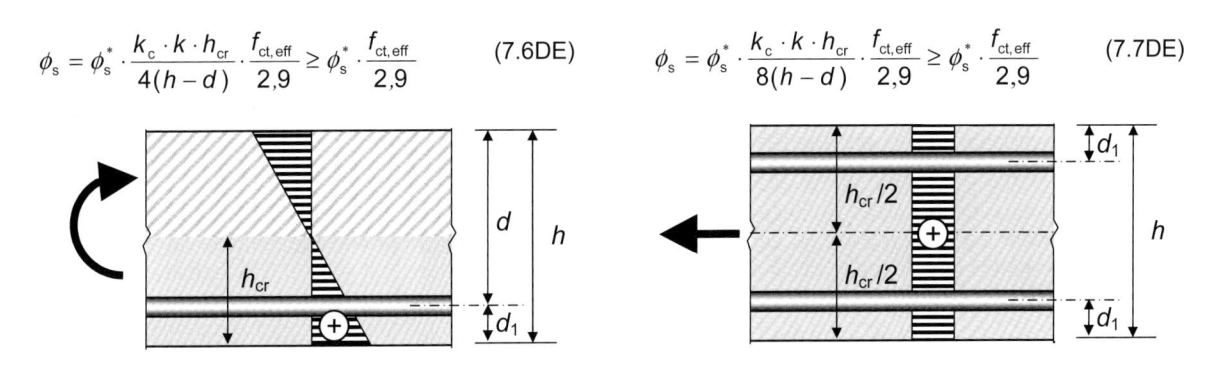

$$\phi_s = \phi_s^* \cdot \frac{k_c \cdot k \cdot h_{cr}}{4(h-d)} \cdot \frac{f_{ct,eff}}{2,9} \geq \phi_s^* \cdot \frac{f_{ct,eff}}{2,9} \quad (7.6\text{DE})$$

$$\phi_s = \phi_s^* \cdot \frac{k_c \cdot k \cdot h_{cr}}{8(h-d)} \cdot \frac{f_{ct,eff}}{2,9} \geq \phi_s^* \cdot \frac{f_{ct,eff}}{2,9} \quad (7.7\text{DE})$$

a) Mindestbewehrung Rissmoment Biegung   b) Mindestbewehrung zentrischer Zug (positiv)

Abb. 88. Modifikation des Grenzdurchmessers bei Zwang

Zu (3): Um breite Sammelrisse außerhalb der Wirkungszone der statisch erforderlichen Bewehrung in Stegen hoher Träger hauptsächlich unter Lastbeanspruchung zu vermeiden, sollte eine konstruktive Mindestbewehrung vorgesehen werden, die eine Rissverteilung sicherstellt. Dies gilt auch für andere abliegende Querschnittsbereiche, wie z. B. in breiten Gurten profilierter Querschnitte. Wegen der bereits vorhandenen Rissbildung in den angrenzenden Bereichen kann die Rissschnittgröße für solche Querschnittsteile abgemindert werden (z. B. über die wirksame Betonzugfestigkeit, vgl. *Schießl* in [99]).

In DIN EN 1992-1-1 wird der Abminderungsbeiwert *k* für risskraftreduzierende Einflüsse daher pauschal auf k = 0,5 abgemindert. Für die effektive Betonzugfestigkeit in Gleichung (7.1) ist dabei wegen der Abstimmung auf die Lastbeanspruchung bei Stegen i. d. R. $f_{ct,eff} = f_{ctm} \geq 3,0$ N/mm² anzusetzen. Der untere Grenzwert der Mindestbewehrung wird rechnerisch zunächst mit $\sigma_s = f_{yk}$ ermittelt:

$$A_{s,min} \cdot \sigma_s = 0,5 \cdot f_{ct,eff} \cdot A_{ct} \quad (48)$$

Sind die Anforderungen an das Erscheinungsbild oder infolge von Expositionsklassen höher, wird empfohlen ggf. die Mindestbewehrung auf $\sigma_s = 0,8 f_{yk}$ auszulegen. Für die konstruktive Durchbildung ist es immer am wirkungsvollsten, die erforderliche Rissbewehrung mit den Stabdurchmessern oder Stababständen in Anlehnung an die Tabellen 7.2DE und 7.3N zu wählen.

Zu (NA.8): Bei Mattenbewehrung darf ausgenutzt werden, dass dünnere Stäbe bessere Verbundeigenschaften aufweisen, als sie für die Verbundfestigkeit bei der Rissbreitenberechnung angenommen werden. Dies wird vor allem durch die größere bezogene Rippenfläche und die angeschweißten Querstäbe begründet. Eine Durchmesserbegrenzung für Längsstäbe auf ϕ_{max} = 12 mm ist daher für diese Regel sinnvoll. Außerdem haben Versuchswerte und langjährige Erfahrungen gezeigt, dass die eher konservative Annahme eines Vergleichsdurchmessers, wie sie bei Stabbündeln notwendig ist, für Doppelstäbe in Mattenbewehrungen nicht erforderlich ist. Im Übrigen gilt, dass die angeschweißten Querstäbe keinen größeren Abstand als $s_{max,slabs}$ = 250 mm aufweisen (vgl. 9.3.1.1 (3)) [D525].

Zu (NA.9): Bei der Festlegung der Mindestquerkraftbewehrung in 9.2.2 (5) wurde zugrunde gelegt, dass die Schubrisslast aufgenommen werden kann, ohne dass die Querkraftbewehrung ihre Streckgrenze erreicht, und eine maximale Schrägrissbreite von 0,3 mm eingehalten wird. Bei dieser Rissbreite wird von einem ausreichenden Korrosionsschutz für die Querkraftbewehrung ausgegangen und der explizite Nachweis der Schubrissbreite darf entfallen. Allerdings wird bei der Ermittlung der Mindestquerkraftbewehrung die Erhöhung der Verbundfestigkeit durch die Querdruckbeanspruchung in Ansatz gebracht. Liegt diese nicht vor, z. B. bei Bauteilen mit sehr hohen und schlanken Stegen, können trotz eingelegter Mindestbewehrung größere Rissbreiten auftreten [D525].

Zu 7.3.4 Berechnung der Rissbreite

Zu (1): Die direkte Berechnung des charakteristischen Wertes der Rissbreite erfolgt nach Gleichung (7.8) als Produkt der mittleren Dehnungsdifferenz zwischen Betonstahl und Beton im Riss ($\varepsilon_{sm} - \varepsilon_{cm}$) und dem maximalen Rissabstand nach abgeschlossener Rissbildung $s_{r,max}$. Hierbei wird der maximale Rissabstand mit der zweifachen Einleitungslänge für den Einzelriss abgeschätzt und ein Mindestwert für die Differenz zwischen mittlerer Betondehnung und mittlerer Stahldehnung angegeben.

Eine kritische Analyse der Rissbreitenkonzepte nach DIN 1045, EN 1992-1-1 und MC90 [12] wurde von *König* und *Tue* im DAfStb-Heft [D466] vorgenommen. Weitere Erläuterungen zum Nachweis der Rissbreitenbegrenzung in DIN 1045-1 von *Curbach et al.* sind im Teil 2 von DAfStb-Heft [D525] enthalten.

Zu (2): Bei der Ermittlung der Dehnungsdifferenz ($\varepsilon_{sm} - \varepsilon_{cm}$) nach Gleichung (7.9) ist ein Faktor k_t zur Berücksichtigung des Verbundkriechens im Term für die Mitwirkung des Betons zwischen den Rissen vorgesehen (k_t = 0,6 bei kurzzeitiger Lasteinwirkung bzw. k_t = 0,4 bei langfristiger Lasteinwirkung mit Verbundkriechen unter Ansatz von ca. 70 % der Verbundfestigkeit). Wenn die durch die freigesetzte Rissschnittgröße im Betonstahl eingetragene Stahlspannung über längere Zeit unverändert ansteht, vergrößert sich die Rissbreite, da der Verbund mit der Zeit infolge Kriechens weicher wird. Bei Spannungen aus innerem Zwang kann gleichzeitig eine Reduktion durch Zwangabbau infolge weiterer Risse oder Zugkriechen stattfinden. Auf die Berücksichtigung dieses günstigen Kurzzeiteffektes mit k_t = 0,6 sollte jedoch auf der sicheren Seite liegend verzichtet werden, da der Zwangabbau infolge Zugkriechens deutlich langsamer als der Abfall der Verbundsteifigkeit infolge des Verbundkriechens erfolgt [DBV8]. Im NA wird daher als Regelfall k_t = 0,4 festgelegt. Für Rissbreitennachweise unter wirklich kurzzeitiger Rissspannung, wie z. B. bei einer seltenen Einwirkungskombination, kann die Berücksichtigung des Kurzzeiteffektes unter kritischer Würdigung der Randbedingungen sinnvoll sein.

Werden flächenartige Bauteile in einer Richtung aus Last und orthogonal dazu überwiegend aus Zwang beansprucht (z. B. erddruckbeanspruchte Wand als Biegebauteil in Querrichtung und zwangsbeansprucht durch Temperatur in Längsrichtung), sind beide Beanspruchungen unabhängig voneinander durch Bewehrung abzudecken.

Bei kombinierter Beanspruchung eines Bauteils in gleicher Richtung ist entweder die größere Bewehrung infolge Last oder die Mindestbewehrung infolge Zwangs einzulegen. Eine Addition der Bewehrungsquerschnitte ist solange nicht erforderlich, solange die Zwangsdehnung allein sich im Bereich der Erstrissbildung mit $\varepsilon_{Zw} \leq 0{,}8$ ‰ befindet. Es ist dann zu erwarten, dass sich der Zwang mit jedem weiteren zusätzlichen Lastriss bis zum abgeschlossenen Rissbild abbaut. Wenn sehr große Zwangsverformungen mit $\varepsilon_{Zw} > 0{,}8$ ‰ auftreten, sind diese unter Ansatz wirklichkeitsnaher Steifigkeitsannahmen wie Lasten zu behandeln [D400].

Zu (3): Zur Bestimmung des maximalen Rissabstandes $s_{r,max}$ in EN 1992-1-1 wird ein additiver Ansatz nach Gleichung (49) benutzt:

$$s_{r,max} = \beta \cdot s_{rm} \approx \beta \cdot (2 \cdot c + k_1 \cdot k_2 \cdot 2 \cdot l_t) \approx k_3 \cdot c + k_1 \cdot k_2 \cdot k_4 \cdot \phi / \rho_{p,eff} \tag{49}$$

Eine einfache Form dieses additiven Ansatzes geht auf *Rehm* und *Martin* zurück [85] und findet sich schon im Model Code 1978 [13]. Eine weitere Qualifizierung dieses Ansatzes erfolgte durch *Schießl* in [99] und bildete die Grundlage der Rissbreitenbegrenzung in DIN 1045:1988-07.

Eine Abhängigkeit des Rissabstandes von der Betondeckung c wird demnach in der Bestimmungsgleichung (7.11) von EN 1992-1-1 als additiver Term $k_3 \cdot c$ berücksichtigt. Dies entspricht der stark vereinfachten Annahme, dass beidseits der Rissufer i. M. eine verbundfreie Länge jeweils gleich der Betondeckung vorhanden ist. *Schießl* hat diesen Term mit konstant $k_3 \cdot c$ = 50 mm als ausreichend genau angesehen [99].

Der zweite Term $k_1 \cdot k_2 \cdot k_4 \cdot \phi / \rho_{p,eff}$ in Gleichung (7.11) von EN 1992-1-1 entspricht der doppelten Einleitungslänge unter Berücksichtigung der unterschiedlichen Verbundqualität glatter oder gerippter Bewehrung (k_1) und der Dehnungs- bzw. Zugspannungsverteilung (k_2). Die Einleitungslänge ist die erforderliche Länge, um die Stahlzugkraft im Riss über Verbund vollständig in den Betonquerschnitt einzuleiten. Der Faktor k_4 hängt vom Verhältnis der Verbundspannung τ_s zur mittleren Betonzugfestigkeit f_{ctm} ab. Für die Bestimmung des maximalen Rissabstandes aus den Mittelwerten wurde ein statistisch ermittelter Streufaktor zwischen rechnerischer (charakteristischer) zu mittlerer Rissbreite β = 1,7 zugrunde gelegt (vgl. auch hier *Schießl* in [99]).

Der Term für die zweifache Einleitungslänge $2 \cdot l_t$ ergibt sich für den Stabumfang $\pi \cdot \phi$ mit der empirischen Annahme einer konstanten Verbundspannung $\tau_{sk} = 1{,}8 f_{ctm}$ (aus MC90 [12] für ein 75%-Quantil der Rissbreite bei guten Verbundeigenschaften) und dem Bewehrungsgrad im Wirkungsbereich der Bewehrung $\rho_{eff} = A_s / A_{c,eff}$ dann zu:

$$2 \cdot l_t = 2 \cdot \frac{f_{ctm} \cdot A_{c,eff}}{\tau_{sk} \cdot \pi \cdot \phi} = 2 \cdot \frac{f_{ctm} \cdot A_s}{\tau_{sk} \cdot \pi \cdot \phi \cdot \rho_{eff}} = \frac{2 \cdot \phi}{1{,}8 \cdot 4 \cdot \rho_{eff}} = 0{,}278 \cdot \frac{\phi}{\rho_{eff}} \approx 0{,}25 \cdot \frac{\phi}{\rho_{eff}} \tag{50}$$

Mit Einsetzen der Gleichung (50) in (49) erhält man die Gleichung (7.11) der EN 1992-1-1:

$$s_{r,max} = 1{,}7 \cdot (2 \cdot c + k_1 \cdot k_2 \cdot 0{,}25 \cdot \phi / \rho_{p,eff}) = 3{,}4 \cdot c + k_1 \cdot k_2 \cdot 0{,}425 \cdot \phi / \rho_{p,eff} = \boxed{k_3 \cdot c + k_1 \cdot k_2 \cdot k_4 \cdot \phi / \rho_{p,eff}} \tag{51}$$

Da aus Versuchen bekannt ist, dass der mittlere Rissabstand zwischen der einfachen und zweifachen Einleitungslänge liegt [D466], wurde diese Gleichung für die Berechnung des maximalen Rissabstandes im NA modifiziert:

– Die Addition einer verbundfreien Länge mit der zweifachen Betondeckung ist eine stark vereinfachte Abschätzung der Verbundstörung in Rissnähe und führt bei zunehmender Betondeckung zu unrealistisch großen Werten.

– Der Verbundbeiwert $k_1 = 1{,}6$ für glatte Bewehrungstähle kann entfallen, da im NA Betonrippenstahl B500 geregelt wird. Die „weichen" Verbundeigenschaften des Spannstahls werden über das Verhältnis ξ_1 der Verbundsteifigkeit von Spannstahl und Betonstahl mit Wichtung der unterschiedlichen Durchmesser im effektiven Bewehrungsgrad $\rho_{p,eff}$ in Gleichung (7.10) berücksichtigt.

– Der Beiwert k_2 zur Berücksichtigung unterschiedlicher Dehnungsverteilung bei auf Biegung und Zug beanspruchten Querschnitten ist nicht modellgerecht, da die wirksame Betonzugzone $A_{c,eff} = 2{,}5 \cdot (h - d)$ in beiden Fällen als Zugstab mit konstanter Dehnungsverteilung betrachtet wird [D466].

Daher wird im NA zu 7.3.4 (3) der Vorfaktor k_3 (= 3,4) auf 0 gesetzt, sodass der Anteil der freien Verbundlänge entfällt. Mit dem Produkt $k_1 \cdot k_2 = 1$ werden beide Beiwerte aus dem Term für die doppelte Eintragungslänge herausgekürzt. Der Vorfaktor k_4 wird mit (1 / 3,6) angenommen, was einer „charakteristischen" Verbundspannung $\tau_{sk} = 1{,}8 f_{ctm}$ für Rippenstähle entspricht.

Mit diesen NA-Festlegungen wird die Gleichung (7.11) identisch mit DIN 1045-1, Gleichung (137):

$$s_{r,max} = 0 \cdot c + 1{,}0 \cdot \frac{1}{3{,}6} \cdot \frac{\phi}{\rho_{p,eff}} = \frac{\phi}{3{,}6 \cdot \rho_{p,eff}} \leq \frac{\sigma_s \cdot \phi}{3{,}6 \cdot f_{ct,eff}} \tag{52}$$

Die obere Begrenzung in Gleichung (52) bedeutet, dass der Rissabstand zwischen zwei Einzelrissen nicht größer angesetzt werden muss als die doppelte Eintragungslänge, bei der die Risszugkraft als Stahlzugkraft $A_s \cdot \sigma_s$ vollständig über Verbund eingeleitet wird. Die rechnerische Rissbreitenberechnung nach DIN EN 1992-1-1/NA entspricht demnach bis auf das etwas kleinere Verhältnis der E-Moduln $\alpha_e = E_s / E_{cm}$ dem in DIN 1045-1. Ein Vergleich der unterschiedlichen Berechnungsmodelle für den Rissabstand ist Abb. 89 zu entnehmen.

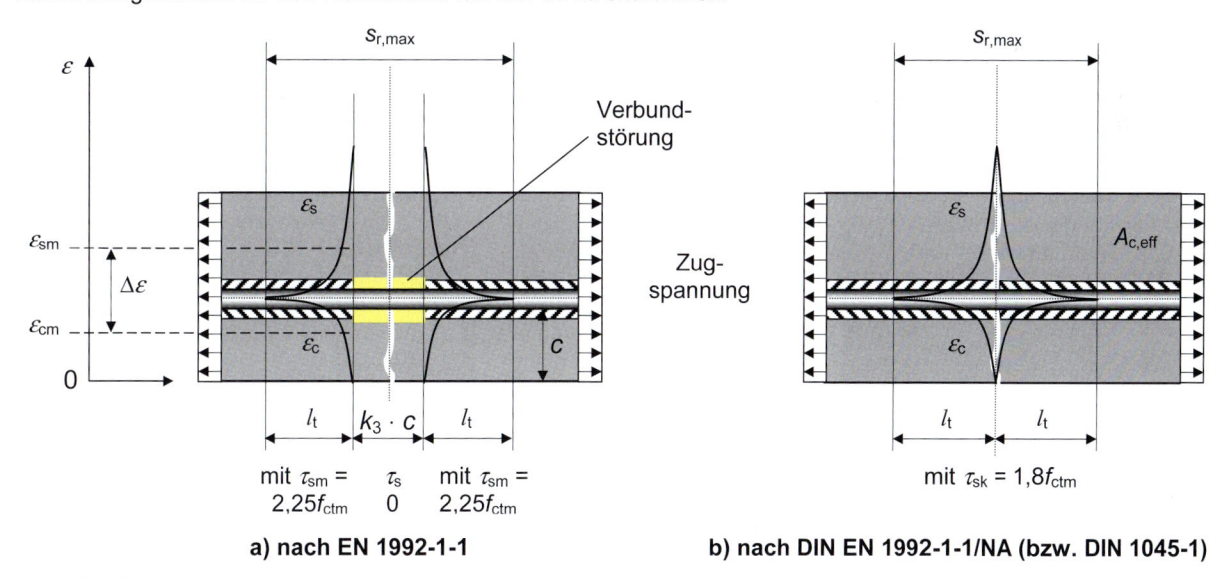

Abb. 89. Ermittlung des maximalen Rissabstandes – Berechnungsmodelle

Der Wirkungsbereich der nebeneinander in der Zugzone liegenden Bewehrung parallel zur Bauteiloberfläche wird mit $5 \cdot (c + \phi / 2)$ abgeschätzt. Bei größeren Abständen können sich zwischen dem Wirkungsbereich breitere Sammelrisse mit einem Rissabstand von ca. der 1,3-fachen Zugzonenhöhe im Zustand I ergeben (siehe Gleichung (7.14) und Bild 7.2). Der konstruktiv maximale Stababstand in flächenartigen Bauteilen soll z. B. für Platten nach 9.3.1.1 (3) $s_{max,slabs} = 250$ mm und für horizontale Bewehrung in Wänden nach 9.6.3 (2) $s_{max,wall} = 350$ mm betragen.

Zum Vergleich: Wirkungsbereich bei einer üblichen Betondeckung $c_{nom} = 30$ mm und mit Stabdurchmesser $\phi = 10$ mm → $5 \cdot (30 + 10 / 2) = 175$ mm.

Zu (5): In unbewehrten Bauteilen und bei Bauteilen mit Bewehrung, die keinen nennenswerten Einfluss auf die Rissbreite und -verteilung hat, hängt der Rissabstand und damit die Rissbreite im Wesentlichen von der Lastausbreitung im Bauteil ab. So zeigen Erfahrungen und Vergleichsrechnungen, dass ein Riss die Zwangsspannungen in einem Bereich, der etwa seiner Länge entspricht, soweit entlastet, dass kein weiterer Riss entstehen kann. Wird die Zwangsbeanspruchung durch den Riss nicht vollständig abgebaut, so entsteht bei Annahme einer konstanten Zugfestigkeit zwangsläufig ein weiterer Riss, wenn der Abstand zwischen zwei Rissen größer als die doppelte Risstiefe ist. Der theoretisch maximal mögliche Rissabstand kann somit der doppelten Risstiefe gleichgesetzt werden. Bei einer Wand, deren Verformungen infolge abfließender Hydratationswärme durch ein früher hergestelltes Fundament behindert wird, steht etwa ab einer Länge L entsprechend der zweifachen Wandhöhe h_W der gesamte Querschnitt unter Zugbeanspruchung. Damit können die Risse bis zur Oberkante der Wand durchlaufen und die Risstiefe ist gleich der Wandhöhe. Der maximal mögliche Rissabstand beträgt demnach $s_{r,max} = 2 \cdot h_W$. Die Rissbreite ergibt sich dann aus der Betondehnung infolge der Beanspruchung, in diesem Beispiel die Temperaturdehnung, multipliziert mit dem Rissabstand [D525].

Zu 7.4 Begrenzung der Verformungen

Zu 7.4.1 Allgemeines

Zu (1)P: Die Begrenzung von Verformungen ist eine Anforderung der Gebrauchstauglichkeit. Sie soll Folgendes sicherstellen:

– Erhalt eines subjektiv verträglichen und Sicherheit vermittelnden äußeren Erscheinungsbildes,
– Erhalt der eigentlichen Gebrauchstauglichkeit, z. B. Entwässerung (Gefälle), Vermeidung übermäßiger Auflagerkantenpressungen oder -verdrehungen, Putz- und Belagintegrität,
– Vermeidung von Schäden in angrenzenden tragenden Bauteilen, z. B. unplanmäßige Auflagerverformungen oder Lasteinleitungen,
– Vermeidung von Schäden in angrenzenden nichttragenden Bauteilen, z. B. Schäden in Trennwänden, Türen, Fenstern oder Fassaden durch Muldenbildung oder Aufsetzen,
– Erhalt der Funktion von technischer Ausrüstung, z. B. Leitungsverbindungen, Rohrgefälle, Aufzüge,
– Einhaltung zulässiger Verformungen oder Toleranzen verbundener technischer Systeme, z. B. Kranbahnen, Behälterschiefstellungen,
– Vermeidung von übermäßigen Schwingungen (indirekte Begrenzung).

In diesem Zusammenhang muss der Tragwerksplaner im Zweifelsfall mit dem Bauherrn, dem Objektplaner und anderen am Bau beteiligten Fachplanern weitergehende und fallspezifische Überlegungen anstellen. Eine Überschreitung der empfohlenen Grenzwerte nach DIN EN 1992-1-1 für Verformungen ist nicht automatisch als Mangel zu sehen, während andererseits eine Einhaltung nicht in allen Fällen die volle Gebrauchstauglichkeit sicherstellt.

Die subjektive Wahrnehmung eines beeinträchtigten Erscheinungsbildes hängt neben den Verformungen auch von der Gestaltung der Oberflächen sowie der Vergleichsmöglichkeit mit vorhandenen Referenzlinien ab. Die Anforderung an das Erscheinungsbild kann in vielen Fällen durch den Ausbau (z. B. abgehängte Decken) erfüllt werden, sodass die Anforderungen an das Rohbautragwerk sekundär werden.

Zu (2): Die Angabe von Grenzwerten allgemeiner zulässiger Verformungen in einer Norm ist wegen der komplexen Randbedingungen, die sich je nach Gebäude, Bauteil, Einbauort, Funktion, Ausbau, technischer Gebäudeausrüstung, Nutzung, Einwirkungskombination usw. unterscheiden, immer diskussionswürdig. In den Absätzen (4) und (5) werden daher nur Empfehlungen in Form von Anwendungsregeln angegeben, um eine Größenordnung zulässiger vertikaler Verformungen für Standardfälle abzustecken. Diese sollen im Allgemeinen hinreichende Gebrauchseigenschaften von üblichen Bauwerken, wie Wohn- und Bürogebäude, öffentliche Bauten und Fabriken, gewährleisten. Es sollte überprüft werden, ob die Grenzwerte für das jeweilig betrachtete Tragwerk angemessen sind und keine besonderen Anforderungen vorliegen.

Unterschieden werden Durchbiegung und Durchhang. Die Durchbiegung w ist die Differenz zwischen einer ggf. überhöhten oder vorverformten Ausgangslage und der verformten Lage nach einer Belastung. Der Durchhang f dagegen ist die Differenz der verformten Lage im Endzustand von einer Referenzlage. Zweckmäßig ist der Bezug der Lagen vor und nach der Verformung auf die idealen Systemachsen des Tragwerks (siehe Abb. 90).

Die Referenzlage geht zunächst von der geraden Verbindungslinie zwischen den Auflagern und der theoretischen, unverformten Bauteilachse ohne Überhöhung aus. Diese sind bei geraden Bauteilen identisch (Abb. 90 a) bis c) und e)). Bei Bauteilen mit geknicktem oder gekrümmtem Achsverlauf weicht die ideale Tragwerksachse von der Verbindungsgerade zwischen den Auflagern ab. Um die Grenzlinie der zulässigen Verformung zu bestimmen, sollte die ideale unverformte Tragwerksachse aus der Referenzlage um den zulässigen Grenzwert parallel zur Auflagerverbindungsgeraden verschoben werden. Der Grenzwert bezieht sich dann auf die Stützweite entlang der Auflagerverbindungsgeraden, die Verformungsfigur des Tragwerks sollte innerhalb der verschobenen Grenzlinie verbleiben (siehe Abb. 90 d) und f)).

Bei der Verformungsbegrenzung von Flächentragwerken, ist die Grenzwertregelung nicht nur auf rechtwinklige Achsen zu beziehen. Entsprechende Überlegungen sind vor allem für punktgestützte Flachdecken, aber auch Unterzug-Deckensysteme anzustellen, wo keine starren Linienauflager, wie z. B. Wände, vorhanden sind. Grundsätzlich sollte die Durchhangbegrenzung innerhalb von Feldern in allen Verbindungslinien zwischen den Auflagern (z. B. Stützen) eingehalten werden. Dies trifft dann auch für die diagonalen Spannweiten zu. Für auskragende Plattenteile sollte eine sinngemäße Lösung angewendet werden (siehe Abb. 91 aus *Fingerloos/Litzner* [28]).

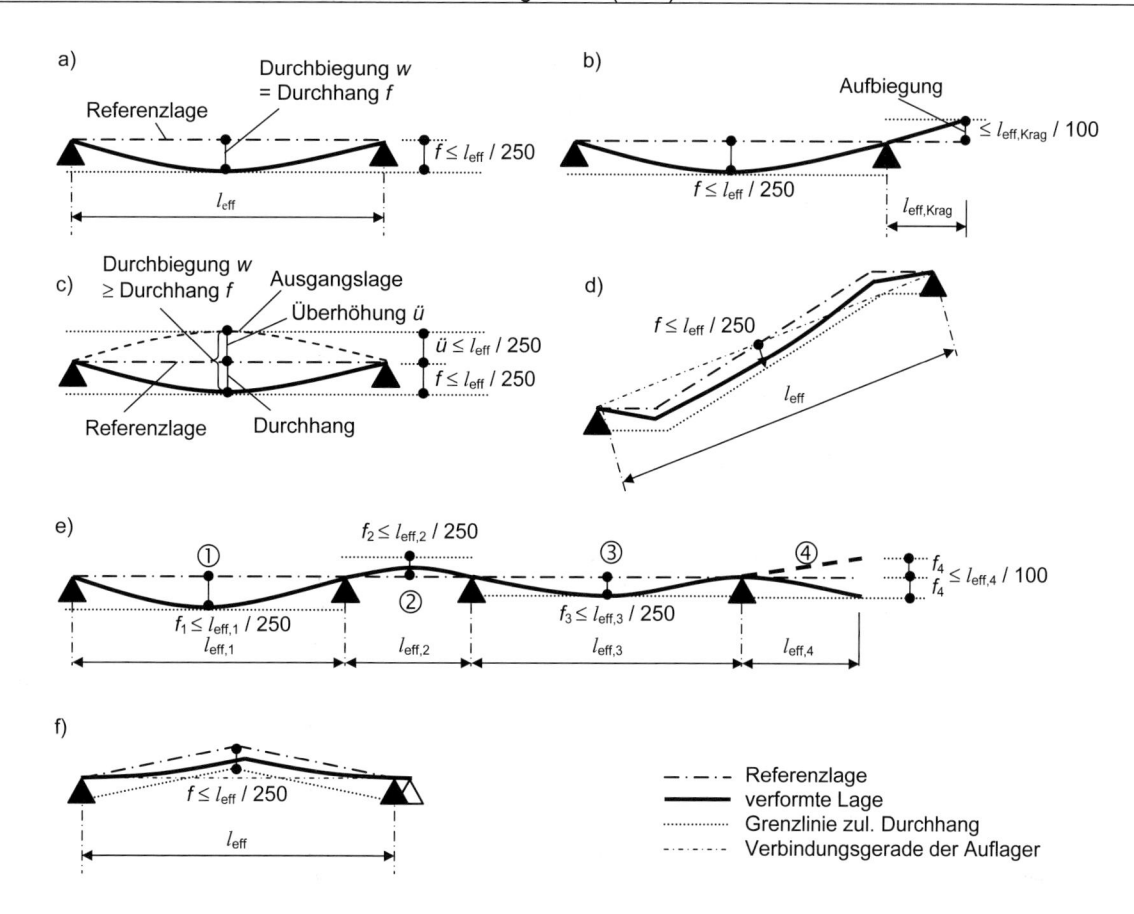

Abb. 90. Verformungen einachsig gespannter Bauteile; Begriffe, Beispiele [28]

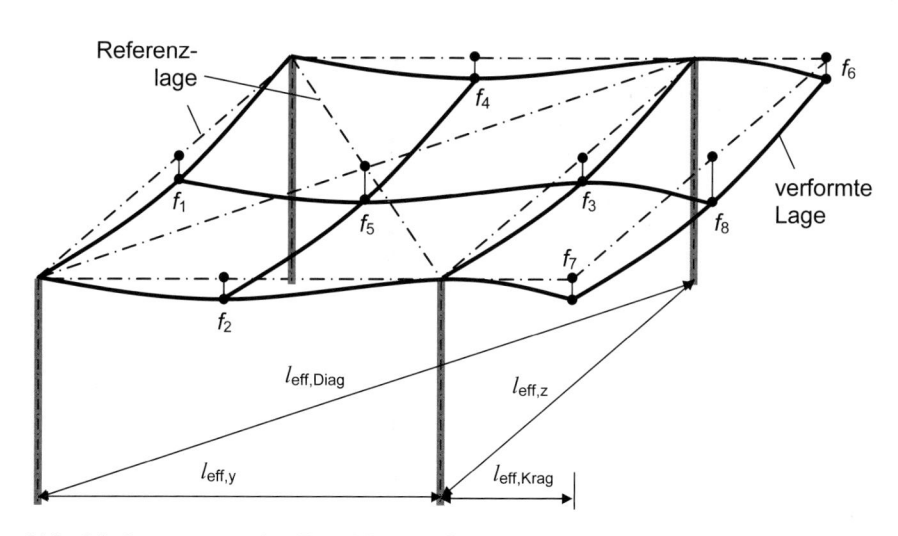

Abb. 91. Grenzwerte des Durchhangs *f* in der Fläche bei punktgestützten Systemen [28]

Für überwiegend lotrechte Bauteile sind keine Richtwerte der horizontalen Verformungen angegeben. Für Bauteile in ausgesteiften Bauwerken kann ebenfalls der Grenzwert $l_{eff}/250$ (l_{eff} = Geschosshöhe) empfohlen werden. Für Bauteile in verschieblichen Tragwerken, z. B. Rahmen oder auskragende Stützen, sind die Grenzwerte für Kopfverschiebungen und Schiefstellungen im Einzelfall festzulegen.

Die Empfehlungen der Norm an die Verformungsbegrenzung sind in Tabelle 12 zusammengefasst. Der empfohlene Grenzwert für den Durchhang von 1/250 der Stützweite (bei Kragträgern mit 2,5-facher Kraglänge für die Stützweite) bezieht sich auf die irreversible Verformung unter der quasi-ständigen Einwirkungskombination. Sollte die Eigenlast leichter Trennwände nach DIN EN 1991-1-1/NA [E10], NCI zu 6.3.1.2 (8), über einen pauschalen Zuschlag zur veränderlichen Nutzlast Q_k berücksichtigt worden sein, ist von der Abminderung dieses Zuschlages über den quasi-ständigen Anteil der Nutzlast Q_k abzuraten. Alternativ ist eine genauere Lastannahme der Trennwandeigenlast zu empfehlen.

Tab. 12. Grenzwerte der Verformungen nach DIN EN 1992-1-1/NA

	1	2	3
	Nachweis	Grenzwert	Einwirkungs-kombination
1	Durchhang Endzustand	$\leq l_{eff} / 250$	quasi-ständig
2	Durchhang Endzustand Kragträger ($\leq l_i / 250$ mit l_i = 2,5-fache Kraglänge l_{eff})	$\leq l_{eff} / 100$	quasi-ständig
3	Durchbiegung nach Einbau verformungsempfindlicher Ausbauteile	$\leq l_{eff} / 500$	quasi-ständig
4	Überhöhung Bauzustand	$\leq l_{eff} / 250$	–

Bei Einwirkungskombinationen mit höheren Lastintensitäten (häufig oder selten) wird erwartet, dass sich die unvermeidliche elastische Vergrößerung des Durchhangs f nach der Entlastung zurückbildet. Grundsätzlich kann der Grenzwert des Durchhangs auch für die Beurteilung von Aufbiegungen („negativer" Durchhang) herangezogen werden (siehe Abb. 90 c) und e)).

Eine Überhöhung der Schalung zur Verminderung des Durchhangs bei größerer Durchbiegung bis auf 1/250 der Stützweite ist zulässig. Verformungen infolge nicht ausreichend stabiler Schalungen oder bei zu frühem Entfernen der Bauteilunterstützungen können den Durchhang dagegen unplanmäßig vergrößern. Deshalb sollte bei besonders schlanken und verformungsempfindlichen Bauteilen das Ausführungskonzept zwischen Planer und Bauausführendem bezüglich der Schalungskonstruktion, der Betoneigenschaften und der Ausschalfristen dahingehend abgestimmt werden.

Zu (5): Die allgemeine Empfehlung für die Durchbiegungsbegrenzung unter Berücksichtigung von Kriechen und Schwinden nach Einbau verformungsempfindlicher, angrenzender Bauteile (i. d. R. des Ausbaus) gibt 1/500 der Stützweite vor. Diese Grenze kann heraufgesetzt werden, wenn die angrenzenden Bauteile planmäßig mit größeren Verformungen verträglich sind. Andererseits sind im Einzelfall auch kleinere Grenzwerte vorzusehen.

Bei der Durchbiegungsbegrenzung sind zwei wesentliche Aspekte zu beachten:

Zum einen geht es um die zusätzliche Durchbiegung nach dem Einbau angrenzender gefährdeter Bauteile. In der Regel werden die kurzzeitigen Durchbiegungen des Tragwerks infolge Eigenlast nach dem Ausschalen und infolge einiger Ausbaulasten (z. B. Estrich) schon erfolgt sein. Der Bauablauf kann also einen Einfluss auf die Größe der folgenden, für Schäden an angrenzenden Bauteilen relevanten Durchbiegungen haben und muss ggf. festgelegt werden.

Zum anderen sind neben den zeitabhängigen Durchbiegungen infolge aller Eigenlasten im weiteren Nutzungsverlauf auch kurzfristige höhere Einwirkungskombinationen mit veränderlichen Einwirkungen zu berücksichtigen, die zu größeren Durchbiegungen führen. Für Schäden an spröden Bauteilen, wie z. B. Glaselementen, reicht eine einmalige Überlastung aus. Angemessen ist hier in vielen Fällen die Begrenzung der Durchbiegung unter der häufigen Einwirkungskombination. Das Auftreten der seltenen Einwirkungskombination mit einer mittleren Wiederkehrperiode von 50 Jahren ist relativ unwahrscheinlich und braucht bei den üblichen Schadensfolgen durch Verformungen bei nichttragenden Bauteilen im Hochbau in der Regel nicht berücksichtigt zu werden.

Die Durchbiegungen sind von ausreichend bemessenen, weichen Fugen unter den Decken, z. B. oberhalb von Trennwänden und Fassaden, aufzunehmen und daher mit dem detailplanenden Objektplaner abzustimmen. Klassischer Schadensfall sind Bauteile, die unplanmäßig auf leichten Trennwänden wegen zu geringer Fugendicke aufliegen. Bei unterstützten Trennwänden kann sich die verformte Decke der planmäßigen Linienlagerung entziehen und die Trennwand, die als wandartiger Träger wirkt, wird nur unter Ausbildung von Rissen folgen.

Andere ggf. erforderliche Verformungsbegrenzungen, z. B. für horizontale Verformungen, sind nach ähnlichen Gesichtspunkten mit dem Bauherrn und den beteiligten Fachplanern festzulegen. Auch hier sind die verschieblichen Tragwerke besonders sorgfältig zu behandeln.

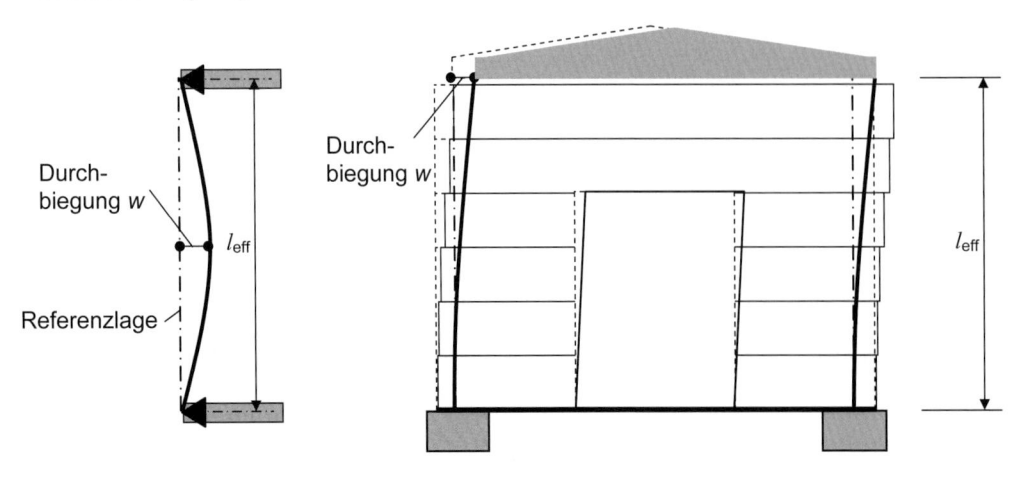

Abb. 92. Beispiele für horizontale Verformungen lotrechter Bauteile [28]

Für Hallensysteme, die durch eingespannte Stützen ausgesteift sind, ist der Wind oft die maßgebende Leiteinwirkung. Die quasi-ständige Einwirkungskombination ist hier für eine Verformungsberechnung ungeeignet. In der Regel sollte die Windlast der DIN EN 1991-1-4 [E15], [E16] in der häufigen Kombination angesetzt werden. Der festzulegende Grenzwert ist außerdem auf die Folgen der Verformung des Primärtragwerks auf andere Bauteile abzustimmen. Dazu zählen z. B. gegenseitige Verschiebungen von Fassadenplatten und Toreinfassungen (siehe Abb. 92), Auflagerbreiten von Fertigteilen, horizontale und vertikale Schienenlage von Kranbahnen usw.

Zu 7.4.2 Nachweis der Begrenzung der Verformungen ohne direkte Berechnung

Zu (1)P: Ein vereinfachter Nachweis zur Begrenzung der Verformungen ohne direkte Berechnung darf für Stahlbetonbauteile über die Einhaltung von Biegeschlankheiten geführt werden. Im Regelfall ist dieser Nachweis ausreichend. Für Spannbetonbauteile sind die Biegeschlankheitskriterien infolge der zusätzlichen Wirkungen von Umlenk- und Drucknormalkräften jedoch nicht mehr anwendbar. Für diese Bauteile können die Verformungsbegrenzungen nur über direkte Berechnungsverfahren nachgewiesen werden.

Die Biegeschlankheitsgrenzen in DIN EN 1992-1-1 unterscheiden sich deutlich von den aus DIN 1045-1 bekannten. Die alten DIN-Werte basierten auf dem Erfahrungsstand der 1960er Jahre, wo die Tragwerke noch etwas konservativer entworfen wurden als heute. Die Hauptschadensgruppen wurden damals mit Trennwandschäden und übergroßem Deckendurchhang identifiziert. Als beanstandungsfreier Durchhang wurde $l/300$ angesehen (*Mayer/Rüsch* in [D193]).

Die Ursachen für die trotzdem bisher oft erreichte Schadensfreiheit liegen in nicht berücksichtigten Überfestigkeiten des Materials, konstruktiv vorhandener Druckbewehrung, Einspannungen, räumlicher Lastabtragung, geringer tatsächlicher Belastung oder mit Ausbauelementen sichergestellter Gebrauchstauglichkeit. Andererseits sind durchaus Durchbiegungsmängel trotz formal eingehaltener Biegeschlankheitsbegrenzung in der Praxis aufgetreten. Diese sind hauptsächlich auf sehr weit gespannte Bauteile bei hohen Eigen- oder Nutzlasten, auf überdurchschnittliche Kriech- und Schwindverformungen, auf einen stark streuenden Elastizitätsmodul des Betons oder auf nicht berücksichtigte Einzellasten zurückzuführen. Mit der erhöhten Ausnutzbarkeit der Baustoffe nimmt die Wahrscheinlichkeit einer ausreichenden Verformungsbegrenzung über die alte Biegeschlankheitsbegrenzung tendenziell ab.

Die zulässigen Biegeschlankheiten in DIN EN 1992-1-1 berücksichtigen den Einfluss der Belastung über den erforderlichen Längsbewehrungsgrad ρ bzw. ρ' und die Betonfestigkeit über f_{ck}. Sie wurden aus einer Parameterstudie an Einfeldträgern abgeleitet (Platten und Balken mit Rechteckquerschnitten), der folgende Randbedingungen zugrunde gelegt wurden [21]:

- Zeitpunkt t_1 = 10 d: Aufbringen der Eigenlast G_1 des Tragwerks
- Zeitpunkt t_2 = 60 d: Aufbringen der restlichen Eigenlasten (Ausbau) G_2
- Zeitpunkt t_3 = 365 d: quasi-ständige Einwirkungskombination $G_1 + G_2 + (\psi_2 \cdot Q)$
- Durchhangbegrenzung $\leq l_{eff}/250$,
- Durchbiegungsbegrenzung zur Rissvermeidung an empfindlichen Bauteilen $\leq l_{eff}/500$ („aktive Durchbiegung"),
- relative Luftfeuchte zwischen 50 % und 80 % für Kriech- und Schwindbeiwerte,
- Verhältnis von vorhandener zu erforderlicher Bewehrung im GZT bis zu einem Verhältnis $A_{s,prov}/A_{s,req} \leq 1{,}10$ aufgrund üblicher Aufrundung bei der Bewehrungskonstruktion,
- Einfluss von abgestufter Längsbewehrung in Balken,
- Betonfestigkeiten, Bewehrungsgrade,
- Lastverhältnisse mit $\psi_2 = 0{,}3$: einachsig gespannte Platten für $G_1/E_{tot} = 0{,}45$; $G_2/E_{tot} = 0{,}30$; $(\psi_2 \cdot Q)/E_{tot} = 0{,}075$; und Flachdecken für $G_1/E_{tot} = 0{,}60$; $G_2/E_{tot} = 0{,}20$; $(\psi_2 \cdot Q)/E_{tot} = 0{,}060$,
- Nachbehandlung 3 Tage,
- E-Modul mit dem Richtwert für Betonsorten mit quarzithaltigen Gesteinskörnungen nach EN 1992-1-1, Tabelle 3.1.

Die Biegeschlankheitsgrenzen werden mit den Gleichungen (7.16a) für gering und mäßig bewehrte und mit (7.16b) für hochbewehrte Bauteile (ggf. mit Druckbewehrung) ermittelt. Die Unterscheidung erfolgt mit einem von der Betonfestigkeit abhängigen Referenzbewehrungsgrad ρ_0. Die Längsbewehrungsgrade für Decken im üblichen Hochbau liegen i. d. R. unter 0,40 %, sodass für viele übliche Fälle nur Gleichung (7.16a) ausgewertet werden muss. Die grafische Auswertung der Gleichungen (7.16) mit den Randbedingungen des DIN EN 1992-1-1/NA enthalten die Abbildungen 93 und 94.

Die zulässigen Biegeschlankheiten werden demnach kleiner (d. h. konservativer), wenn der erforderliche Längsbewehrungsgrad ρ und damit die Belastung größer wird. Sie werden größer, wenn die Betonfestigkeit und damit die Biegesteifigkeit ansteigen.

Bei geringer bewehrten Bauteilen können die Biegeschlankheitsgrenzen nach DIN EN 1992-1-1 auch sehr hohe Werte annehmen. Um konstruktiv unsinnige und unterdimensionierte Bauteildicken auszuschließen, werden im NA zu 7.4.2 (2) die Biegeschlankheitsgrenzen aus DIN 1045-1 als obere Grenzwerte wieder aufgenommen. Die Biegeschlankheiten nach Gleichung (7.16) sollten danach auf $l/d \leq K \cdot 35$ und bei Bauteilen, die verformungsempfindliche Ausbauelemente beeinträchtigen können, auf $l/d \leq K^2 \cdot 150/l$ (entspricht $l/(K \cdot d) \leq K \cdot 150/l$) begrenzt werden.

In Abb. 93 sind die Grenzbewehrungsgrade ρ_{lim}, bei denen die maximal zugelassene Biegeschlankheit $l/(K \cdot d) = 35$ überschritten wird, eingetragen. Für Deckenquerschnitte mit $\rho_{erf} > \rho_{lim}$ sind nunmehr strengere Biegeschlankheitsgrenzen als nach DIN 1045-1 einzuhalten. Vergleichsrechnungen innerhalb der EC2-Pilotprojekte lassen erwarten, dass ca. 30 % der Deckendicken und ca. 10 % der Balkenquerschnitte aus einer Bemessung nach DIN 1045-1 bei Anwendung der Biegeschlankheiten nach DIN EN 1992-1-1 vergrößert werden müssten [27].

Die mögliche Erhöhung des vorhandenen Bewehrungsgrades gegenüber dem erforderlichen darf mit einem Erhöhungsfaktor (310 N/mm² / σ_s) = ($A_{s,prov}$ / $A_{s,req}$) nach Gleichung (7.17) für die zulässigen Biegeschlankheiten vorgenommen werden. Der Spannungswert σ_s = 310 N/mm² für den Gebrauchszustand setzt voraus, dass die erforderliche Bewehrung ρ mit dem Bemessungswert 435 N/mm² unter 1,4-fachen charakteristischen Einwirkungen berechnet wurde (435 / 1,4 = 310 N/mm²). Wird die Betonstahlspannung (Dehnung) reduziert, ergeben sich geringere Durchbiegungen. Insoweit besteht eine Erschwernis bei der Anwendung der DIN EN 1992-1-1 darin, dass ggf. Nutzhöhe und erforderliche Bewehrung iterativ aufeinander abgestimmt werden müssen.

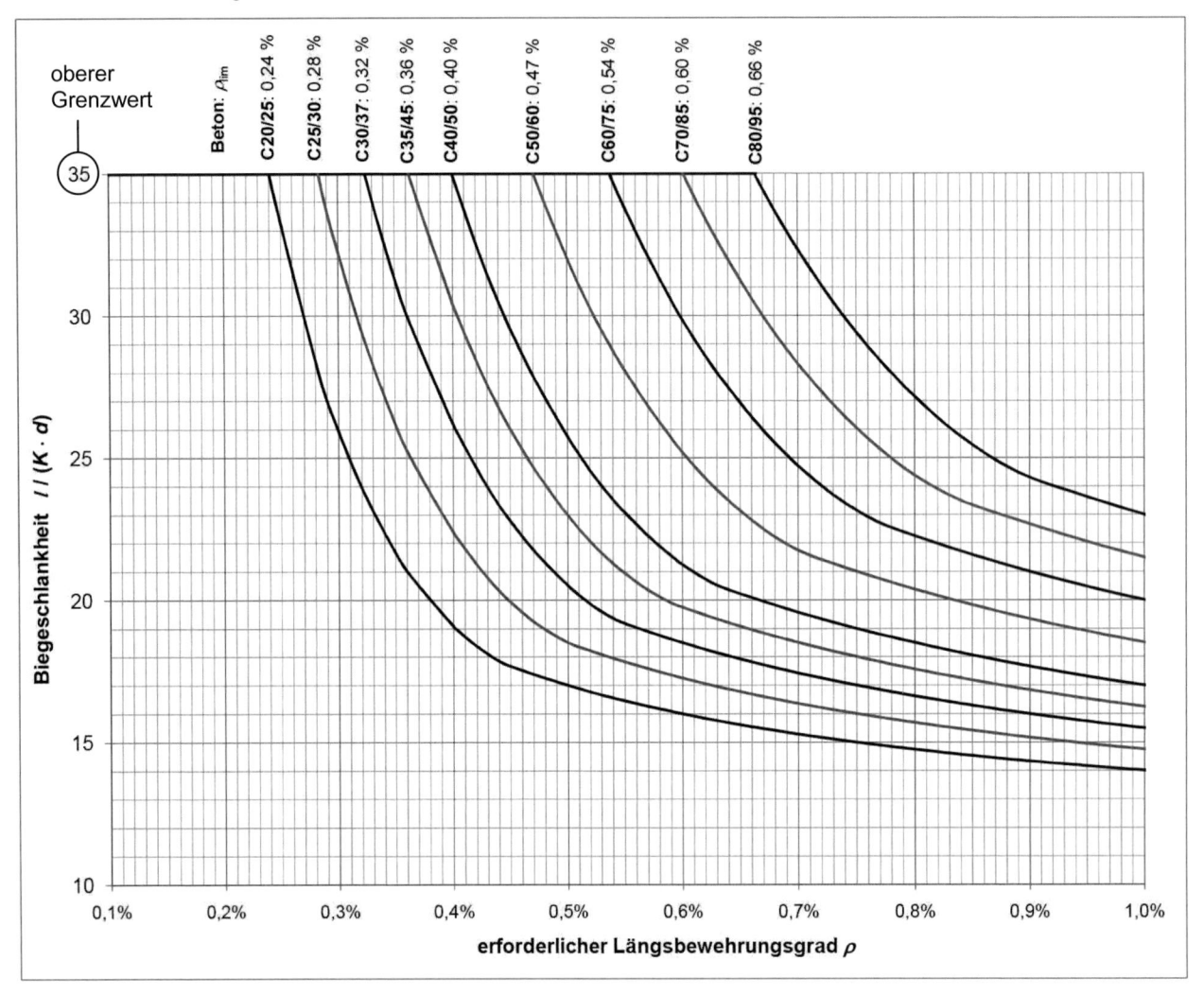

Abb. 93. Grenzwerte der Biegeschlankheiten bis erf $\rho \leq$ 1,0 % (ohne Druckbewehrung)

Zwei Strategien bei der Verformungsbegrenzung mit Hilfe der Biegeschlankheitsgrenzen sind möglich:

(1) Im Rahmen einer Vorbemessung oder bei fehlenden Erfahrungswerten zur erforderlichen statischen Nutzhöhe muss ein erforderlicher Längsbewehrungsgrad geschätzt werden (z. B. $\rho \leq \rho_{lim}$ bei Deckenplatten oder ein auf der sicheren Seite liegender deutlich größerer Wert). Danach erfolgt die Biegebemessung im GZT mit der gewählten Nutzhöhe. Ist der dort erforderliche Längsbewehrungsgrad erf ρ kleiner als der vorab geschätzte, ist der Nachweis ohne Weiteres erfüllt. Ist erf ρ größer als der vorab geschätzte Wert, muss der Biegeschlankheitswert reduziert werden (in Richtung erf ρ) und die Nachweise sind mit der vergrößerten Nutzhöhe zu wiederholen.

(2) Mit einem bekannten Querschnitt wird die Bemessung für Biegung im GZT vorgenommen und mit dem erforderlichen Längsbewehrungsgrad erf ρ die zulässige Biegeschlankheit ermittelt. Ist die vorhandene Biegeschlankheit mit der gewählten statischen Nutzhöhe kleiner als die maximal zulässige, ist der Verformungsnachweis erfüllt (siehe Beispiel 7.3).

Bei gegliederten Querschnitten (z. B. schlanken Plattenbalken), bei denen das Verhältnis von mitwirkender Gurtbreite zu Stegbreite den Wert 3 übersteigt, sind die für Rechteckquerschnitte hergeleiteten Werte von l / d nach Gleichung (7.16) mit 0,8 zu multiplizieren. Alternativ kann ein gegliederter Querschnitt auf einen Ersatzrechteckquerschnitt mit äquivalenter Biegesteifigkeit umgerechnet werden, der dann dem erforderlichen Längsbewehrungsgrad zugrunde zu legen ist.

Bei Bauteilen, deren übermäßige Durchbiegung benachbarte Ausbauteile beschädigen könnten, sind in der Regel die Biegeschlankheitswerte l / d nach Gleichung (7.16) mit einem Faktor α_i weiter zu reduzieren:

– Balken und Platten mit l_{eff} > 7 m: α_i = (7,0 / l_{eff}),
– Flachdecken mit l_{eff} > 8,5 m: α_i = (8,5 / l_{eff}).

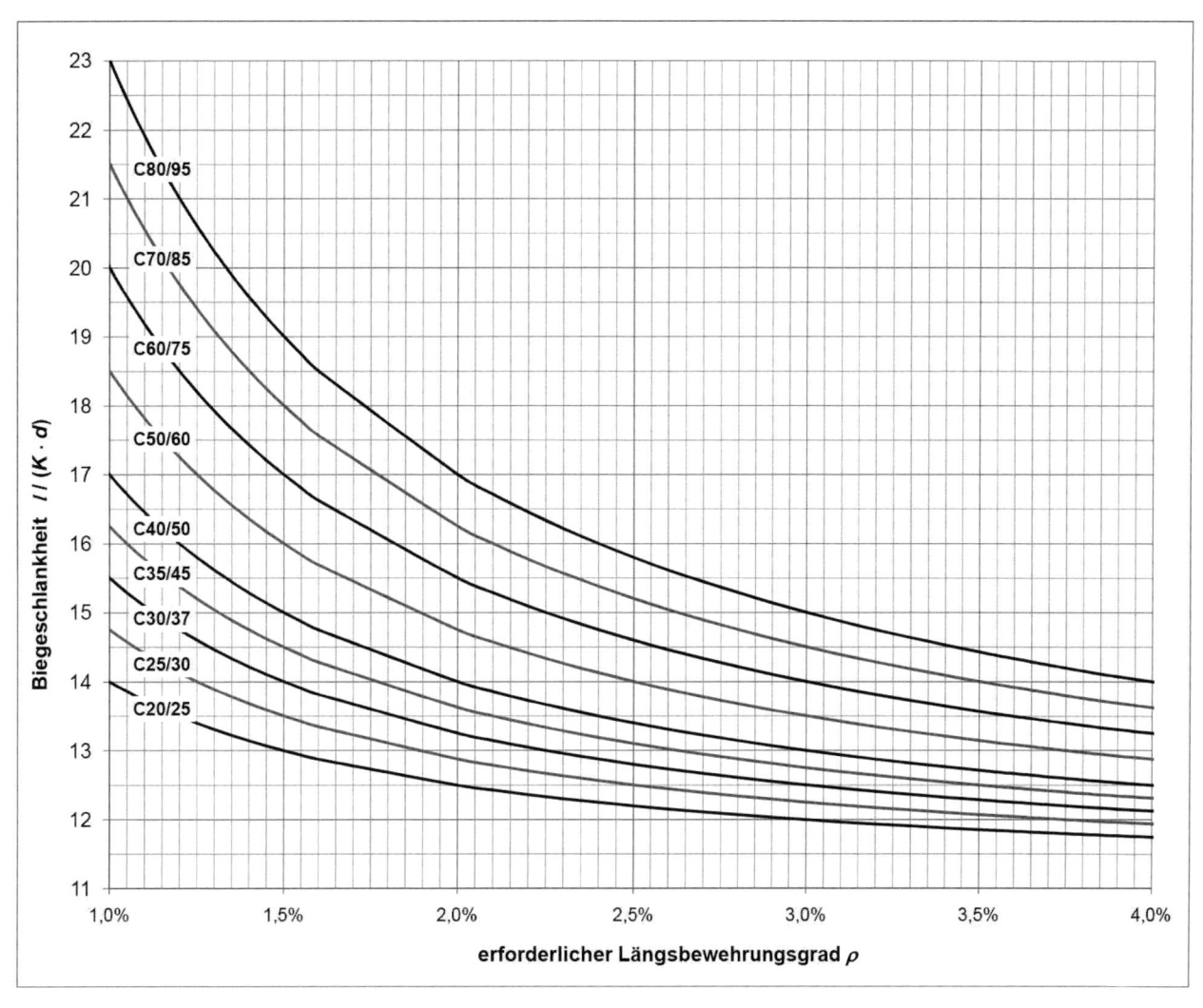

Abb. 94. Grenzwerte der Biegeschlankheiten ab erf $\rho \geq 1{,}0\,\%$ (ohne Druckbewehrung)

Zu 7.4.3 Nachweis der Begrenzung der Verformungen mit direkter Berechnung

Zu (2)P: Bei verformungsempfindlichen Bauteilen mit hohen Anforderungen an die Verformungsbegrenzung oder unter Einzel- und Streckenlasten sollte statt einer Begrenzung der Biegeschlankheit eine rechnerische Grenzwertbetrachtung der Verformungen durchgeführt werden. Die wahrscheinlich auftretende Verformung von überwiegend auf Biegung beanspruchten Stahlbeton- und Spannbetonbauteilen wird hauptsächlich von folgenden Parametern bestimmt, die teilweise stark streuen können:

- vorhandene Querschnittsabmessungen und -steifigkeit (Zustand I oder II),
- Betoneigenschaften mit Elastizitätsmodul, Zugfestigkeit, Kriechen und Schwinden,
- Einspanngrad an den Auflagern, Fundamentverdrehungen,
- ein- oder zweiachsige Lastabtragung,
- Bewehrungsgrad, -abstufung, -lage,
- Größe und zeitlicher Verlauf der realen Belastung.

Daher kann die auftretende Durchbiegung nicht exakt berechnet, sondern nur näherungsweise abgeschätzt werden.

In der Literatur finden sich verschiedenste Ansätze zur Berechnung der Durchbiegung von Stahlbeton- und Spannbetonbauteilen. In der Regel wird man diese Berechnungen softwareunterstützt durchführen. Wichtig ist zu prüfen, auf welche Art in den Programmen die Querschnittssteifigkeiten ermittelt werden.

Dabei hat der E-Modul des Betons einen entscheidenden Einfluss. Der Tangentenmodul $E_c = 1{,}05 E_{cm}$ bzw. der Sekantenmodul E_{cm} in Tabelle 3.1 sind mittlere Richtwerte, die i. Allg. mit ausreichender Genauigkeit der Planung von Stahlbeton- und Spannbetontragwerken zugrunde gelegt werden dürfen (siehe Erläuterungen zu 3.1.3, insbesondere zum wesentlichen Einfluss der Gesteinskörnung). Die rechnerischen Kriech- und Schwindbeiwerte weisen ebenfalls größere Streuungen auf.

Darüber hinaus spielt die Belastungsgeschichte neben dem unmittelbaren Einfluss auf das Kriechen dahingehend eine Rolle, welche Bauteilbereiche gerissen oder ungerissen sind. Diese Untersuchung sollte unter der seltenen Einwirkungskombination mit dem Mittelwert der Betonzugfestigkeit f_{ctm} vorgenommen werden. Die festgestellte Steifigkeitsverteilung ist Eingangswert für die nachfolgende Verformungsberechnung, denn die einmal gerissenen Querschnitte haben auch dann eine geringere Steifigkeit, wenn sie bei der eigentlichen Verformungsberechnung unter der quasi-ständigen Einwirkungskombination rechnerisch das Rissmoment nicht wieder erreichen. In den meisten Fällen wird ein Bauteilbereich im Zustand II zu berücksichtigen sein. Dies sollte im Ergebnisausdruck der verwendeten Programme kontrolliert werden.

Zu (3): Das genaueste Verfahren zur Berechnung der Durchbiegung besteht darin, die Krümmungen an einer Vielzahl von Schnitten nach Gleichung (7.18) entlang des Bauteils zu berechnen und dann durch numerische Integration die Durchbiegung zu bestimmen. In der Regel ist die numerische Integration jedoch zu aufwändig und auch unnötig. In den meisten Fällen reicht es aus, die Verformungen zweimal zu berechnen – jeweils unter der Annahme eines vollständig gerissenen und eines vollständig ungerissenen Bauteils – und dann unter Verwendung der Gleichung (7.18) zu interpolieren.

Ein oberer Grenzwert für den Verteilungsbeiwert ζ sollte erforderlichenfalls abgeschätzt werden, indem der gerissene Bereich mit einem größeren Biegemoment $M > M_{perm}$ aus einer vorangegangenen häufigen oder seltenen Einwirkungskombination angesetzt wird. Das ist insbesondere zweckmäßig, wenn sich M_{perm} vom Rissmoment M_{cr} wenig unterscheidet oder dieses sogar nicht erreicht.

Eine zweckmäßige Vereinfachung besteht darin, die Krümmung unter Mitwirkung des Betons auf Zug nach Gleichung (7.18) nur in einem Querschnitt (z. B. an der Stelle des maximalen Biegemomentes) zu berechnen und anzunehmen, dass der Krümmungsverlauf entlang der Bauteillänge zum Momentenverlauf affin ist. Das ist dann gleichbedeutend mit der Annahme einer konstanten Steifigkeit entlang der Bauteilachse und die üblichen Formeln der linearen Statik können angewendet werden. Die Durchbiegung w kann dann näherungsweise nach Gleichung (53) berechnet werden (vgl. *Schießl* und *Reuter* in DAfStb-Heft [D425]):

$$\text{vorh } w = k \cdot (1/r)_m \cdot l_{eff}^2 \tag{53}$$

mit

k Beiwert für den Momentenverlauf abhängig von Lagerung und Belastungsart (aus Tabelle 13);

$(1/r)_m$ mittlere Krümmung in Feldmitte infolge Biegung, Kriechen, Schwinden;

l_{eff} effektive Stützweite.

Diese näherungsweise Verformungsberechnung liefert erfahrungsgemäß brauchbare Werte und liegt i. d. R. auf der sicheren Seite.

Tab. 13. Beiwert k für die vereinfachte Durchbiegungsberechnung [68]

Zeile	Art der Belastung	Momentenverlauf	Beiwert k
	1	2	3
1	M, M beidseits	M	$0{,}125$
2	αl, F_v	$M = F_v \cdot (1-\alpha) \cdot \alpha l$	$\dfrac{3-4\alpha^2}{48(1-\alpha)}$
3	M einseitig	M	$0{,}0625$
4	αl, F_v, F_v, αl	$M = F_v \cdot \alpha l$	$0{,}125 - \alpha^2/6$
5	q gleichmäßig	$\dfrac{ql^2}{8}$	$5/48$
6	q Dreieck	$\dfrac{ql^2}{15{,}6}$	$0{,}102$
7	q mit Endmomenten	M_A, M_B, M_F	$k = \dfrac{5}{48}(1 - 0{,}1\beta)$ $\beta = \lvert M_A + M_B \rvert / M_F$
8	Kragarm αl, F_v	$M = -F_v \cdot \alpha \cdot l$	$k = \alpha(3-\alpha)/6$
9	Kragarm αl, q	$\dfrac{q\alpha^2 l^2}{2}$	$k = \alpha(4-\alpha)/12$
10	F_v mit Endmomenten	M_A, M_B, M_F	$k = 0{,}083\left(1 - \dfrac{\beta}{4}\right)$ $\beta = \lvert M_A + M_B \rvert / M_F$
11	αl, q	$M = \dfrac{ql^2}{24}(3 - 4\alpha^2)$	$\dfrac{1}{80} \cdot \dfrac{(5 - 4\alpha^2)^2}{3 - 4\alpha^2}$

Beispiel 7.3: Durchbiegungsberechnung Balken

Vollständige Bemessung siehe Beispiel 5 aus: DBV-Beispiele zur Bemessung nach Eurocode 2 [DBV10]

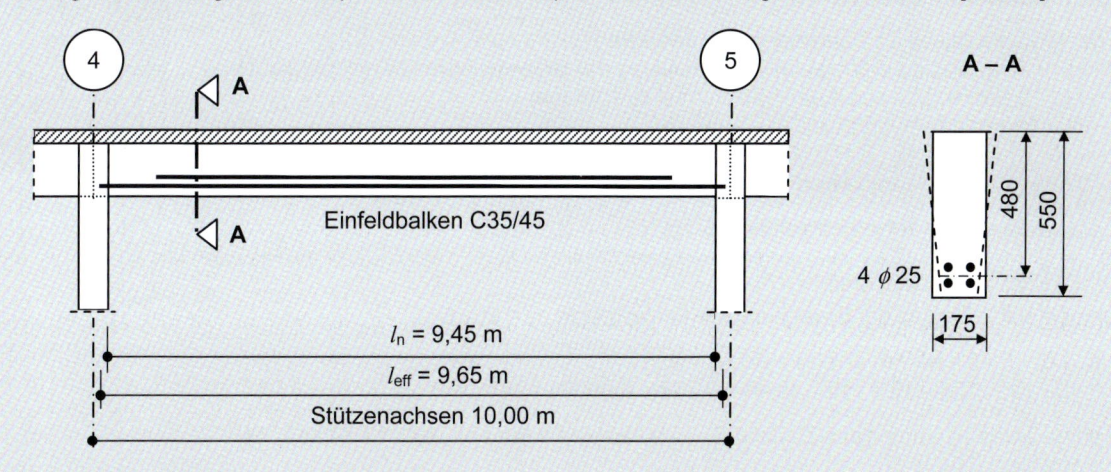

Belastung: quasi-ständige Einwirkungskombination: $e_{perm} = g_k + \psi_2 \cdot q_{k,i}$ = 14,4 kN/m

Ersatz-RQ-Querschnitt: $b / h / d$ = 0,175 / 0,55 / 0,48 m (für Trapezquerschnitt)

Bemessung im GZT: Längsbewehrung Betonstabstahl B500B gew. 4 ϕ 25 = 19,6 cm² > 18,1 cm² = erf A_s

a) Vereinfachter Nachweis der Biegeschlankheit:

mit erf ρ = erf $A_s / (d \cdot b)$ = 18,1 / (48 · 17,5) = 0,0215 = 2,15 %.

Referenzbewehrungsgrad für C35/45: $\rho_0 = 10^{-3} \cdot \sqrt{35}$ = 0,0059 = 0,59 % < ρ = 2,15 % → Gl. (17 b) maßgebend.

Tab. 7.4N: Beiwert zur Berücksichtigung des statischen Systems: K = 1,0

Gl. (7.16 b): $\frac{l}{d} = K \cdot \left[11 + 1,5\sqrt{f_{ck}} \frac{\rho_0}{\rho - \rho'} + \frac{1}{12}\sqrt{f_{ck}}\sqrt{\frac{\rho'}{\rho_0}} \right] = 1,0 \cdot \left[11 + 1,5\sqrt{35}\frac{0,59}{2,15} \right]$ = 13,4 (siehe auch Abb. 94)

Die Werte nach Gl. (7.16) dürfen nach Gl. (7.17) mit $A_{s,vorh} / A_{s,erf}$ = 19,6 / 18,1 = 1,08 multipliziert werden.

→ zul l / d = 1,08 · 13,4 = **14,5** < K · 35 = 1,0 · 35 = 35

vorh l / d = 9650 / 480 = **20,1** > zul l / d = 14,5

Der vereinfachte Nachweis der Begrenzung des Durchhangs für den Einfeldbalken kann nicht erbracht werden. Daher wird eine direkte Durchbiegungsberechnung vorgenommen.

b) Berechnung der Durchbiegung.

Eingangswerte:

Gl. (7.20) **effektiver** Beton-E-Modul unter Berücksichtigung des Kriechens (quarzitische Gesteinskörnung):

Mit Kriechzahl $\varphi(\infty, t_0)$ = 1,7 → $E_{c,eff} = E_{cm} / [1 + \varphi(\infty, t_0)]$ = 34.000 / (1 + 1,7) = 12.600 MN/m²

Betonstahl: E_s = 200.000 MN/m²

Verhältnis der E-Moduln: $\alpha_e = E_s / E_{c,eff}$ = 200.000 / 12.600 = 15,9

Endschwindmaß (für die Krümmungsberechnung): $\varepsilon_{cs}(\infty)$ = 0,40 ‰

Rissmoment: $M_{cr} = f_{ctm} \cdot b \cdot h^2 / 6$ = 3,2 · 0,175 · 0,55² / 6 = 0,028 MNm = 28 kNm

Anmerkung: Der Ansatz der zentrischen Zugfestigkeit f_{ctm} statt der Biegezugfestigkeit $f_{ctm,fl}$ liegt auf der sicheren Seite. Bei dieser Bauteilhöhe ist $f_{ctm} \approx f_{ctm,fl}$.

Extremales Biegemoment unter der quasi-ständigen Einwirkungskombination: M_{perm} = 168 kNm

Rechenwert der Durchbiegung: vorh $w = k \cdot (1/r)_m \cdot l_{eff}^2$

mit k = 5 / 48   Beiwert für den Momentenverlauf abhängig von Lagerung und Belastungsart (aus Tabelle 13)

$(1/r)_m$ mittlere Krümmung in Feldmitte infolge Biegung, Kriechen, Schwinden

l_{eff} = 9,65 m   effektive Stützweite des Balkens

Erläuterungen zum Eurocode 2: DIN EN 1992-1-1 mit Nationalem Anhang
7 Nachweise in den Grenzzuständen der Gebrauchstauglichkeit (GZG)

→ **Berechnung der Krümmungen**

Zustand I:

→ infolge Biegemoment und Kriechen:

Ermittlung der Biegesteifigkeit im Zustand I nach *Litzner* [68] (siehe auch Anhang Z.2):
Die Zug- und Druckbewehrung wird hier bei der Ermittlung der Biegesteifigkeit berücksichtigt.
Mit ρ_I = 19,6 / (17,5 · 55) = 0,02 und A_{s2} = 1,57 cm² mit d_2 = 40 mm
und d/h = 480 / 550 wird k_{xI} = 0,581 und k_I = 1,49.

I_I = $k_I \cdot b \cdot h^3 / 12$ = 1,49 · 0,175 · 0,55³ / 12 = 0,00361 m⁴
EI_I = 12.600 · 0,00361 = 45,5 MNm²

$(1/r)_{I,M}$ = M_{perm} / EI_I = 168 · 10⁻³ / 45,5 = 3,69 · 10⁻³ m⁻¹

→ infolge Schwindens:

S – Flächenmoment 1. Grades der Bewehrung mit Schwerpunkt e_0 = 262 mm

$(1/r)_{I,cs}$ = $\varepsilon_{cs} \cdot \alpha_e \cdot S / I_I$ = $\varepsilon_{cs} \cdot \alpha_e \cdot A_s \cdot (d - e_0) / I_I$
= 0,40 · 10⁻³ · 15,9 · 19,6 · 10⁻⁴ · (0,48 − 0,262) / 0,00361 = 0,75 · 10⁻³ m⁻¹

→ rechnerische Gesamtkrümmung im Zustand I: **$(1/r)_I$ = (3,69 + 0,75) · 10⁻³ = 4,44 · 10⁻³ m⁻¹**

Zustand II:

Biegesteifigkeit Zustand II nach [68] mit Zug- und Druckbewehrung:
Mit ρ_{II} = 19,6 / (17,5 · 48) = 0,0233 und A_{s2} = 1,57 cm² mit d_2 = 40 mm und $\alpha_e \cdot \rho_{II}$ = 15,9 · 0,0233 = 0,370
und d/h = 480 / 550 wird k_{xII} = 0,552 und k_{II} = 1,64.

I_{II} = $k_{II} \cdot b \cdot d^3 / 12$ = 1,64 · 0,175 · 0,48³ / 12 = 0,00265 m⁴

→ infolge Biegemoment und Kriechen:

Druckzonenhöhe Rechteckquerschnitt mit Zug- und Druckbewehrung:
k_{xII} = 0,552 = x/d nach [68] → x = 0,552 · 0,48 = 0,265 m
z = $d - x/3$ = 0,48 − 0,265 / 3 = 0,39 m

Stahlspannung: $\sigma_{s,perm}$ = $M_{perm} / (A_s \cdot z)$ = 168 · 10⁻³ / (19,6 · 10⁻⁴ · 0,39) = 220 N/mm²

Krümmung: $(1/r)_{II,M}$ = $\varepsilon_s / (d - x)$ = 220 / [200.000 · (0,48 − 0,265)] = 5,12 · 10⁻³ m⁻¹

→ infolge Schwindens:

$(1/r)_{II,cs}$ = $\varepsilon_{cs} \cdot \alpha_e \cdot S / I_{II}$ = $\varepsilon_{cs} \cdot \alpha_e \cdot A_s \cdot (d - x) / I_{II}$
= 0,40 · 10⁻³ · 15,9 · 19,6 · 10⁻⁴ · (0,48 − 0,265) / 0,00265 = 1,01 · 10⁻³ m⁻¹

→ rechnerische Gesamtkrümmung im Zustand II: **$(1/r)_{II}$ = (5,12 + 1,01) · 10⁻³ = 6,13 · 10⁻³ m⁻¹**

→ Überlagerung – gewichtete Krümmung aus Zustand I und II:

Gl. (7.18): $\alpha = \zeta \cdot \alpha_{II} + (1 - \zeta) \cdot \alpha_I$ → mit α = Krümmung (1/r): $(1/r)_m = \zeta \cdot (1/r)_{II} + (1 - \zeta) \cdot (1/r)_I$

Verteilungsbeiwert Gl. (7.19): $\zeta = 1 - \beta (\sigma_{sr} / \sigma_s)^2$ berücksichtigt die Mitwirkung des Betons zwischen den Rissen.
Dabei darf σ_{sr} / σ_s mit M_{cr} / M für Biegung ersetzt (M_{cr} – Rissmoment) und der Koeffizient für Kurzzeitbelastung mit β = 1,0 bzw. für Langzeitbelastung mit β = 0,5 angenommen werden.

$\zeta = 1 - \beta (M_{cr} / M_{perm})^2 = 1 - 0,5 \cdot (28 / 168)^2 = 0,986$.

Die Krümmung entspricht somit praktisch der im reinen Zustand II.

Anmerkung: Ein oberer Grenzwert kann erforderlichenfalls abgeschätzt werden, wenn das größere Biegemoment $M > M_{perm}$ aus einer vorangegangenen häufigen oder seltenen Einwirkungskombination für den Verteilungsbeiwert angesetzt wird. Das ist in diesem Beispiel wegen $M_{perm} >> M_{cr}$ unerheblich.

$(1/r)_m$ = 0,986 · 6,13 · 10⁻³ + (1 − 0,986) · 4,44 · 10⁻³ = **6,11 · 10⁻³ m⁻¹**

→ **Ermittlung der Durchbiegung**

vorh w = $k \cdot (1/r)_m \cdot l_{eff}^2$ = (5 / 48) · 6,11 · 10⁻³ · 9,65² = 0,059 m

vorh w = 59 mm > zulässiger Durchhang = l / 250 = 9650 / 250 = **39 mm**.

Überhöhungen dürfen eingebaut werden, um einen Teil oder die gesamte Durchbiegung auszugleichen. Um den zulässigen Durchhang sicherzustellen, wird eine Schalungsüberhöhung von $ü$ = 25 mm (< l / 250 = 39 mm) vorgesehen.

→ **Durchhang**

vorh f = $w - ü$ = 59 − 25 = **34 mm** < zulässiger Durchhang = 39 mm.

Zu 8 ALLGEMEINE BEWEHRUNGSREGELN

Zu 8.2 Stababstände von Betonstählen

Zu (2): Die festgelegten Stababstände stellen Mindestwerte dar. Um in der Praxis ausreichende Betonierbarkeit sicherzustellen, sollten die Mindestwerte i. d. R. nur in begrenzten Bereichen (z. B. Stoßbereiche, Stützenfüße) vorgesehen werden.

Zu (3): In den Erläuterungen zur DAfStb-Richtlinie „Massige Bauteile" [D1] werden folgende zusätzliche Hinweise zur Betonierbarkeit in dicken Bauteilen (min h > 0,80 m) gegeben. Insbesondere bei dicken Sohlplatten müssen große Betonmengen durch ein liegendes Bewehrungsnetz hindurch eingebaut werden. Erschwerend kommen größere Betonierhöhen und ggf. mehrlagige Bewehrung hinzu. Um Brückenbildungen und Entmischungen zu verhindern, ist bereits in der Planungsphase sicherzustellen, dass ausreichende, bis zur unteren Bewehrungslage freie Betonieröffnungen angeordnet werden. Zusätzlich sind ausreichend Rüttelgassen vorzusehen.

Größtkorndurchmesser (d_g bzw. D_{max}) und Stababstände sind aufeinander abzustimmen. Für massige Bauteile wird das Größtkorn zur Reduzierung des Zementleimvolumens und damit zur Verringerung der Hydratationswärmeentwicklung oft möglichst groß gewählt (z. B. $d_g \geq 32$ mm). Bei stark bewehrten Bauteilen kann im Bereich der unteren und oberen Bewehrungslage der Einsatz von Gesteinskörnungen mit reduziertem Größtkorn sinnvoll sein (z. B. untere Bewehrungslage 8 mm oder 16 mm, obere Bewehrungslage 16 mm wegen Schwindens/Oberflächenbearbeitung).

Der lichte Stababstand paralleler Einzelstäbe einer Bewehrungslage sollte – von Ausnahmen wie z. B. Übergreifungsstößen oder Stützenfüßen abgesehen – bei Platten überwiegend den Wert von $3d_g$ und bei Wänden überwiegend den Wert von $2d_g$ nicht unterschreiten. Dies gilt nicht für den Abstand zwischen den Bewehrungslagen.

Zu (4): Der Kontakt zwischen feuerverzinkter und nichtrostender Betonstahlbewehrung nach abZ ist unbedenklich. Der Kontakt zwischen feuerverzinkter und „schwarzer" Bewehrung bzw. Baustahl ist nur zulässig, wenn er sich auf Punktberührung in Kreuzungspunkten beschränkt und ausschließlich klimatisch bedingte Temperaturen vorliegen (also z. B. nicht in Schornsteinen, Kühltürmen, Faulbehältern). Der Abstand zwischen Spanngliedern und verzinktem Betonstahl muss mindestens 20 mm betragen, wobei metallische leitende Verbindungen (z. B. durch Rödeldraht) unzulässig sind (siehe abZ [16]).

Zu 8.3 Biegen von Betonstählen

Zu (2): Die in Tabelle 8.1DE a) für Haken, Schlaufen und Bügel schon in DIN 1045:1978 festgelegten Mindestbiegerollendurchmesser sind ausschließlich auf die Biegefähigkeit des Betonstahls abgestimmt. Die größeren Biegerollendurchmesser für aufgebogene Stäbe begrenzen die Betonpressungen im Bereich der Stabkrümmung. Mit einer ausreichenden seitlichen Betondeckung bzw. einem entsprechenden Achsabstand der Bewehrung soll ein Abplatzen bzw. Aufspalten der Querschnitte infolge der erhöhten Pressungen vermieden werden [D300].

Werden Stäbe mehrerer Bewehrungslagen an einer Stelle abgebogen, z. B. an Rahmenecken, sollte der Biegerollendurchmesser der inneren Bewehrungslagen gegenüber den Tabellenwerten um 50 % vergrößert oder zusätzliche Querbewehrung angeordnet werden, um die ungünstige Wirkung aus der Überlagerung der Spaltzugkräfte abzumindern [D300].

Das Biegen an Schweißstellen sollte wegen der Gefügeänderungen im Stahl und einer erhöhten Kerbwirkung vermieden werden. Anderenfalls gelten die Werte in Tabelle 8.1DE b) für geschweißte Bewehrungsstäbe und Betonstahlmatten abhängig vom Abstand a der Schweißstelle (siehe Abb. 95). Wird das Biegen zeitlich vor der Schweißung ausgeführt, sind diese Einschränkungen nicht erforderlich.

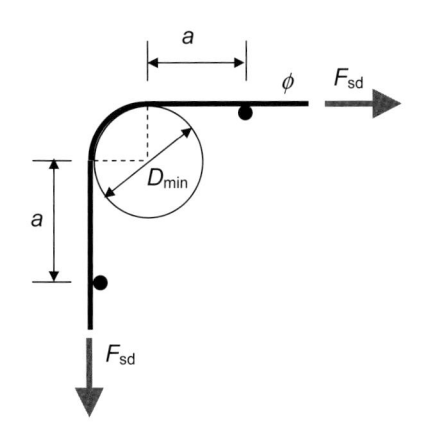

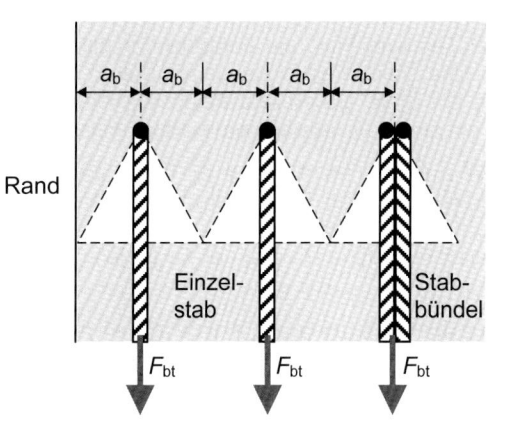

Abb. 95. Biegerollendurchmesser geschweißter Stäbe   **Abb. 96.** Abstand a_b für Gl. (8.1)

Zu (3): Die Vergrößerung des Biegerollendurchmessers D_{min} nach Gleichung (8.1) bezieht sich in der EN 1992-1-1 auf die kleinsten Mindestwerte 4ϕ bzw. 7ϕ. Mit der Einführung der größeren Mindestbiegerollendurchmesser in Tabelle 8.1DE ist die erforderliche Vergrößerung für übliche Fälle aufgebogener Stäbe abgedeckt.

Mit Gleichung (8.1) wird die Wirkung der Umlenkkräfte $u = F_{bt} / (0{,}5 D_{min} + 0{,}5\phi)$ in der Stabkrümmung auf den Ausbreitungsbereich a_b zwischen benachbarten gebogenen Stäbe bzw. der Betondeckung und der Betondruckfestigkeit gegenübergestellt. Wertet man diese für übliche Bemessungssituationen für die maximale Betonstahlausnutzung mit f_{yd} = 435 N/mm² nach Gleichung (54) aus,

$$D_{min} = \frac{F_{bt}}{f_{cd}} \cdot \left(\frac{1}{a_b} + \frac{1}{2\phi}\right) = \frac{\pi \cdot \phi^2 \cdot f_{yd}}{4 \cdot f_{cd}} \cdot \left(\frac{1}{a_b} + \frac{1}{2\phi}\right) = \frac{\pi \cdot f_{yd}}{4 \cdot f_{cd}} \cdot \left(\frac{\phi}{a_b} + \frac{1}{2}\right) \cdot \phi \quad (54)$$

ergeben sich die Mindestbiegerollendurchmesser nach Abb. 97. Diese sollten für gebogene Stäbe eingehalten werden, wenn sie nahe an Seitenflächen oder in dünnen Stegen bzw. Scheiben liegen und keine Spaltzugbewehrung innerhalb der Biegung angeordnet wird. Die Biegerollendurchmesser nach Gleichung (54) dürfen bzw. müssen bei abweichender Betonstahlausnutzung im Verhältnis σ_{sd} / f_{yd} angepasst werden.

Weitergehende Regeln zur konstruktiven Ausbildung von Abbiegungen in Rahmenknoten und Rahmenecken finden sich in DAfStb-Heft [D600].

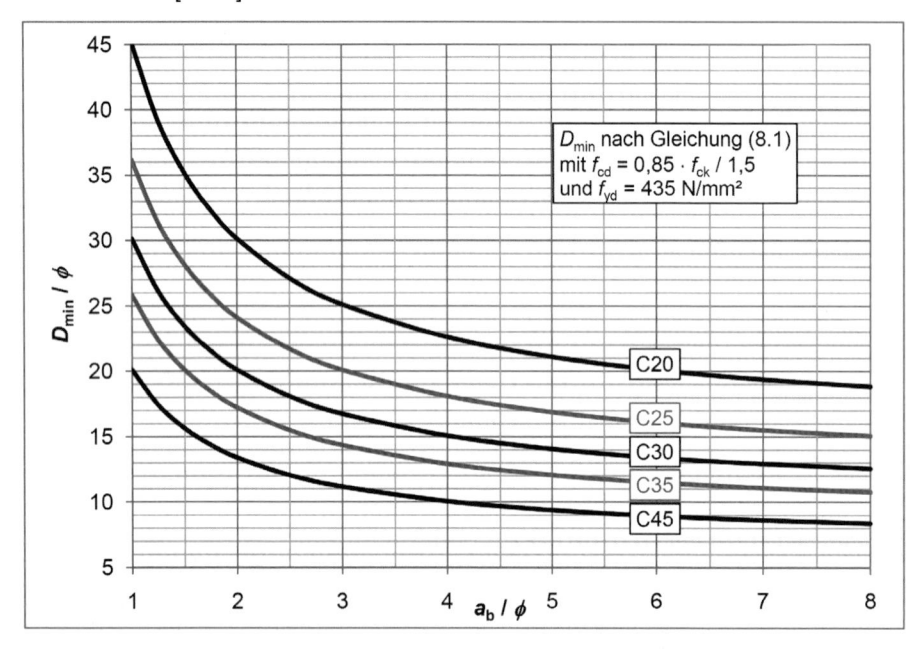

Abb. 97. Vergrößerte Biegerollendurchmesser zur Vermeidung von Betonversagen nach Gl. (8.1) (bei Ausnutzung des Betonstahls mit f_{yd})

Zu (NA.4): Das Rückbiegen feuerverzinkter Betonstähle ist unzulässig (siehe abZ [16]).

Die Begrenzung der maximalen Querkraft im Rückbiegebereich auf $0{,}30 V_{Rd,max}$ bei Bauteilen mit Querkraftbewehrung senkrecht zur Bauteilachse und $0{,}20 V_{Rd,max}$ bei Bauteilen mit Querkraftbewehrung in einem Winkel $\alpha < 90°$ zur Bauteilachse entspricht ungefähr der maximalen Auslastung im früheren Erfahrungsbereich von DIN 1045:1988-07 mit $0{,}6 \tau_{02}$ (vgl. DBV-Merkblatt „Rückbiegen", Fassung 1996-10). Zur Vermeidung von Unstetigkeiten in den Funktionswerten darf zwischen $0{,}30 V_{Rd,max}$ für $\alpha = 90°$ und $0{,}20 V_{Rd,max}$ für $\alpha = 45°$ linear interpoliert werden (Winkel α siehe Bild 6.5).

Zu (NA.5)P: Die beim Hin- und Zurückbiegen eingeprägten Eigenspannungen und die erhöhte Kerbwirkung der Rippen infolge der plastischen Verformungen reduzieren die Ermüdungsfestigkeit der Betonstähle. Daher ist als sehr vorsichtige Festlegung auf Basis früher Tastversuche Anfang der 1980er Jahre nur eine maximale Spannungsschwingbreite von 50 N/mm² bei einem Mindestbiegerollendurchmesser von 15ϕ zulässig [D400].

Zu (NA.7)P: Ausführliche Hinweise zur Planung und Ausführung von vorgefertigten Rückbiegeanschlüssen in Verwahrkästen mit ergänzenden Bemessungsbeispielen sind dem DBV-Merkblatt „Rückbiegen von Betonstahl und Anforderungen an Verwahrkästen" [DBV4] zu entnehmen. Nach Anhang A dieses Merkblatts können die Rückenflächen der Bewehrungsanschlüsse in Bezug auf die Fugenrauigkeit (vgl. 6.2.5 (2)) durch Versuche von den Herstellern klassifiziert werden.

Zu 8.4 Verankerung der Längsbewehrung

Zu 8.4.1 Allgemeines

Zu (2): Die in Deutschland übliche, vom Ende der Biegeform gemessene Verankerungslänge wird in DIN EN 1992-1-1 als Ersatzverankerungslänge $l_{b,eq}$ bezeichnet (vgl. Bilder b) bis e)) und als „vereinfachte Alternative" in 8.4.4 (2) geregelt. Dies sollte weiterhin für die Praxis der Standardfall der Verankerung sein. Der gerade Stab wird mit $l_{b,rqd}$ verankert.

Für eng gebogene Bewehrungselemente, wie Haken, Winkelhaken oder Schlaufen, ist die Regelung nach Bild 8.1a) und 8.4.3 (3) nicht zielführend, um bei den geringen Biegerollendurchmessern $D_{min} < 10\phi$ die volle Zugkraft im Bereich der Stablänge nach der Krümmung zu verankern. Daher wurde im NA die Einschränkung aufgenommen, dass nur aufgebogene Stäbe mit großen Biegerollendurchmessern über die Biegung hinweg verankert werden dürfen. Es wird empfohlen, hierbei eine gerade Mindestvorlänge von $0,5 l_{bd}$ nicht zu unterschreiten.

Zu (3): Bei druckbeanspruchten Stäben wirken sich Abbiegungen am Stabende ungünstig aus, da sie ein Abplatzen der Betondeckung begünstigen. Bei wechselweise druck- und zugbeanspruchter Bewehrung sollte also möglichst mit geraden Stäben oder zentrischen Ankerkörpern verankert werden.

Zu (5): Ankerkörper sind durch Zulassung zu regeln, sobald mindestens eine der folgenden Bedingungen gegeben ist [D525]:
- Die Ankerkraft ist größer als die über die Ankerfläche aufnehmbare Teilflächenlast F_{Rdu} nach 6.7.
- Die Verbindung zwischen Bewehrungsstahl und Ankerkörper ist rechnerisch nicht nachweisbar, z. B. bei Einschrauben des Bewehrungsstabes in den Ankerkörper.
- Der Ankerkörper wird nicht vorwiegend ruhend beansprucht.

Zu 8.4.2 Bemessungswert der Verbundfestigkeit

Zu (1): Der Verbund zwischen Stahl und Beton wird vor allem durch die Rippen der Stäbe, die Betonfestigkeit, die Querpressung bzw. Querdehnungsbehinderung und die Verbundbedingungen aus dem Betonieren beeinflusst. Die Verbundspannungen sind entlang der Verankerungslänge nicht konstant (Abb. 98). Bei Kurzzeitbelastung in Höhe der Gebrauchslast treten am Beginn der Krafteinleitung die höchsten Werte auf. Sie nehmen in etwa geradlinig bis zum Ende der Krafteinleitung ab. Dauer- oder Schwelllasten bewirken einen Abbau der Spitzenwerte und eine Annäherung an eine gleichmäßige Verteilung der Verbundspannungen. Im GZT verlagern sich die maximalen Verbundspannungen in Richtung Verankerungsende. Zur Vereinfachung wird rechnerisch eine konstante Verteilung der Verbundspannungen angenommen [D300].

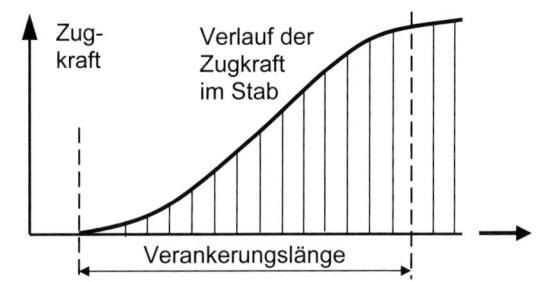

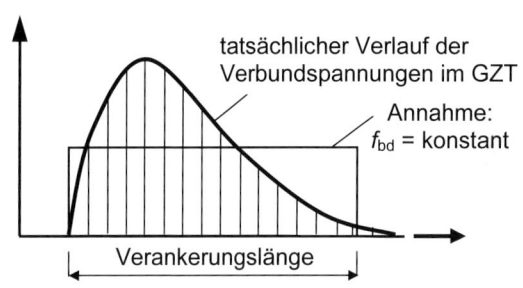

Abb. 98. Verbundspannungen im Verankerungsbereich gerader Stäbe (nach *Leonhardt/Mönnig* [67])

Zu (2): Der Bemessungswert der Verbundfestigkeit f_{bd} nach Gleichung (8.2) wurde in Ausziehversuchen ermittelt und als Vielfaches der Betonzugfestigkeit ($f_{ctk;0,05} / 1,5$) kalibriert. Der Verhältnisbeiwert ist abhängig von der Oberflächenstruktur der Betonstähle und wurde im Model Code 90 [12] mit $\eta = 2,25$ für gerippte Betonstähle festgelegt (dort auch $\eta = 1,4$ für profilierte und $\eta = 1,0$ für glatte Betonstähle). Die Begrenzung der Betonzugfestigkeit für hochfeste Betone auf den Wert für C60/75 im guten Verbundbereich wurde vorgenommen, um das sprödere Verhalten hochfester Betone und das damit verbundene geringere Spannungsumlagerungsvermögen zu erfassen. Dafür wird auf einen erhöhten Teilsicherheitsbeiwert $\gamma_c > 1,5$ für hochfesten Beton aus DIN 1045-1 hier verzichtet. Im mäßigen Verbundbereich darf diese Begrenzung entfallen, da der Verbund definitionsgemäß weicher ist.

Der Bemessungswert der Verbundfestigkeit f_{bd} nach Gleichung (8.2) ist für die zugelassenen feuerverzinkten Betonstähle auf 80 % abzumindern (siehe abZ [16]).

Die Verbundbedingungen werden in gute und mäßige Bauteilbereiche eingeteilt, da die Frischbetonsetzung im oberen Bereich eines Bauteils zu einer Verminderung der Verbundfestigkeit führen kann. Für die Bewehrung über der Unterkante des Frischbetons wurde in DIN 1045-1 der gute Verbundbereich von 250 mm nach DIN 1045:1978 auf 300 mm erhöht, u. a. weil die heutige Betonierqualität bei bis zu 300 mm dicken Deckenplatten erfahrungsgemäß gute Verbundeigenschaften sicherstellt. Daher wurde der in EN 1992-1-1 vorgeschlagene alte Wert von „nur" 250 mm im NA über (NCI) wieder auf 300 mm angehoben, damit die obere Bewehrung solcher Decken nicht in den mäßigen Verbundbereich fällt.

Der gute Verbundbereich wurde auch auf liegend gefertigte, stabförmige Bauteile (z. B. Stützen) mit äußeren Querschnittsabmessungen $h \leq 500$ mm erweitert, da bei Anwendung von Außenrüttlern eine besonders gute Verdichtung erzielt wird. Beide Erweiterungen werden im NA zu 8.4.2 (2) und in Bild 8.2DE eingeführt.

Voraussetzung für guten Verbund ist auch, dass die Bewehrung während der Betonerhärtung nicht hin- und herbewegt oder sonstwie erschüttert wird. Diese Voraussetzung ist typischerweise bei Gleitbauverfahren nicht ohne Weiteres gegeben, daher ist die Bewehrung hierfür in mäßige Verbundbedingungen einzuordnen.

Zu 8.4.3 Grundwert der Verankerungslänge

Zu (2): Der erforderliche Grundwert der Verankerungslänge $l_{b,rqd}$ wird in DIN EN 1992-1-1 direkt unter Berücksichtigung der tatsächlichen Ausnutzung des Betonstahls mit σ_{sd} ermittelt. Für die Bemessungspraxis wird empfohlen, den Wert besser zunächst für die Vollauslastung mit $\sigma_{sd} \geq f_{yd}$ zu berechnen

$$l_{b,rqd} = (\phi / 4) \cdot (f_{yd} / f_{bd}) \tag{55}$$

und erst bei der Auslegung der Verankerungslänge bzw. der Übergreifungslänge im jeweils betrachteten Querschnitt die Abminderung über $A_{s,erf} / A_{s,vorh}$ vorzunehmen. Dies entspricht der jahrzehntelang in Deutschland geübten Praxis und verringert dann auch die (Gewohnheits-)Fehleranfälligkeit. Außerdem ist für die Mindestmaße der Verankerungs- und Übergreifungslänge ein prozentualer Anteil von $0,3 l_{b,rqd}$ bzw. $0,6 l_{b,rqd}$ gefordert. Diese Mindestwerte sollen greifen, wenn $A_{s,erf} / A_{s,vorh} < 0,3$ bzw. $< 0,6$ betragen. Deshalb ist für die Mindestlängen auch der Grundwert $l_{b,rqd}$ für die Vollauslastung des Bewehrungsstabes zugrunde zu legen (so wie auch im MC 90 [12] vorgesehen).

Zu (3): Das Anrechnen der Verankerungslänge über die Biegung hinweg entlang der Mittellinie ist für Haken, Winkelhaken und Schlaufen nicht zulässig, siehe Erläuterungen zu 8.4.1 (2).

Zu 8.4.4 Bemessungswert der Verankerungslänge

Zu (1): Die verschiedenen Einflüsse auf die Verankerungslänge werden über die Beiwerte α_1 bis α_5 in DIN EN 1992-1-1, Tabelle 8.2 berücksichtigt. Auf der sicheren Seite liegend dürfen diese Abminderungsbeiwerte α_i auch vereinfacht mit ihrem oberen Grenzwert 1,0 angesetzt werden.

Haken, Winkelhaken und Schlaufen sind in der Lage, die Betonstahlzugkraft auf einer gegenüber geraden Stäben verkürzten Länge zu verankern, wenn die an der Krümmung auftretenden Spaltzugkräfte aufgenommen werden. Dies wird über den **Beiwert** $\alpha_1 = 0,7$ berücksichtigt, soweit die seitliche Betondeckung sowie der halbe benachbarte Stababstand den Wert 3ϕ nicht unterschreiten (alternativ: Aufnahme der Spaltzugkräfte durch z. B. Querdruck oder engere Verbügelung). Bei geringen seitlichen Betondeckungen z. B. in schmalen Stegen, kann ein Querdruck durch Neigung der Aufbiegungen in Richtung des Querschnittsinneren erzeugt werden (vgl. Abb. 99).

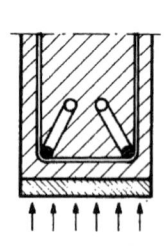

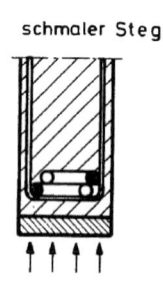

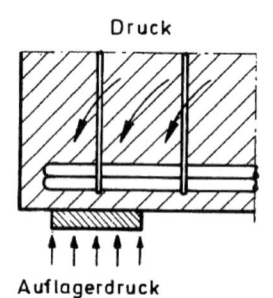

Abb. 99. Beispiele für günstigere Verankerung durch geneigte/liegende Haken (aus *Leonhardt/Mönnig* [67])

Da der Versagensfall „Herausziehen" bei Schlaufen praktisch unmöglich ist, wird für diese Verankerungsart bei ausreichend großem Biegerollendurchmesser von $D \geq 15\phi$ der nochmals reduzierte Beiwert $\alpha_1 = 0,5$ im NA wieder zugelassen. Die für den Ansatz $\alpha_1 < 1,0$ geforderte Betondeckung $\geq 3\phi$ wurde aus Versuchen für Rippenstäbe mit $D = 4\phi$ und eine Betonwürfelfestigkeit von 25 N/mm² ($\approx$ C20/25) in den 1970er Jahren abgeleitet [D300]. Als „enge" Verbügelung wurde in DIN 1045:1978 ein Bügelabstand von maximal 50 mm angesehen [D300]. In allen anderen Fällen ist auch für diese abgebogenen Verankerungsarten $\alpha_1 = 1,0$ zu setzen, d. h. die Zugkraft muss allein über die gerade Vorlänge zzgl. halbem Biegerollendurchmesser eingetragen werden.

In EN 1992-1-1 wird ein **Beiwert** $\alpha_2 = 1 - 0,15 \cdot (c_d - \phi) / \phi$ für gerade bzw. $\alpha_2 = 1 - 0,15 \cdot (c_d - 3\phi) / \phi$ für abgebogene Stäbe definiert (jeweils mit $\alpha_2 \geq 0,7$). Das hätte z. B. zur Folge, dass die Verankerungslänge bei geraden Stäben mit einer allseitigen Betondeckung von $c_d = 3\phi$ mit $\alpha_2 = 0,7$ bzw. von $c_d = 2\phi$ mit $\alpha_2 = 0,85$ deutlich reduziert werden darf. Zusätzliche Reduzierungen über $\alpha_1 = 0,7$ hinaus wären dann auch über $\alpha_2 < 1,0$ für abgebogene Verankerungen mit $c_d > 3\phi$ zulässig. Die Reduktion der Verankerungslänge unter Berücksichtigung größerer Stababstände wäre jedoch nur gerechtfertigt, wenn das Verbundversagen durch „Spalten des Betons" eingeleitet wird (i. d. R. bei Übergreifungsstößen). Im Verankerungsbereich von Auflagern tritt jedoch auch die zweite Versagensart „Herausziehen" auf, die durch den Stababstand kaum beeinflusst wird. Die Festlegung der Verbundspannungen erfolgte in Bezug auf beide Versagensarten. Die Reduktion der Verankerungslängen auf bis zu 70 % über den Beiwert α_2 ist daher nicht in jedem Fall gerechtfertigt, sodass der Wert α_2 i. d. R. mit 1,0 nach NA anzusetzen ist. Der Beiwert α_2 wurde daher auch aus der kommentierten Normfassung gestrichen. Dies hat jedoch keine praktischen Auswirkungen, da für Verankerungen mit Haken, Winkelhaken und Schlaufen nur die Ersatzverankerungslänge $l_{b,eq}$ (ohne α_2) verwendet werden soll (vgl. NA zu 8.4.1 (2)).

Die Querzugspannungen im Verankerungsbereich sind durch Querbewehrung aufzunehmen, soweit nicht konstruktive Maßnahmen (große Betondeckung, große Stababstände, reduzierter Ausnutzungsgrad, Querpressung) das Aufspalten des Betons verhindern. Die gleichmäßig verteilte Mindestquerbewehrung im Verankerungsbereich $A_{st,min}$ sollte für 25 % der Zugkraft des dicksten zu verankernden Stabes ausgelegt werden [D300]. In der Regel reichen die konstruktiv erforderlichen Bügel für Balken und Stützen bzw. die Querbewehrungen für Platten und Wände nach Kapitel 9 hierfür aus. Sie reichen nicht ohne Weiteres aus, wenn Bewehrungen relativ konzentriert verankert werden, z. B. durch Ankerkörper, Haken oder Winkelhaken. Außerdem sind bei Verankerungen von Bewehrungsstäben in Beton ab der Festigkeitsklasse C70/85 engere Bügelabstände erforderlich, wobei die Summe der Querschnittsfläche der orthogonalen Schenkel 50 % des Querschnitts der verankerten Bewehrung betragen sollte. Dadurch wird eine ausreichende Duktilität von Verankerungen sichergestellt [D525]. Weiterhin sollte die Querbewehrung im Verankerungsbereich von Stäben mit $\phi \geq 16$ mm in Platten und Wänden außen liegen, um die Längsrissbreiten in der Betondeckung zu begrenzen [D300].

Mit dem **Beiwert** α_3 darf die günstige Wirkung einer nicht angeschweißten Querbewehrung in der Betondeckung des Verankerungsbereiches berücksichtigt werden, wenn sie die Mindestquerbewehrung übersteigt. Das setzt voraus, dass

Erläuterungen zum Eurocode 2: DIN EN 1992-1-1 mit Nationalem Anhang
8 Allgemeine Bewehrungsregeln

die Plattenquerbewehrung oder die Bügel bei Balken bis über die Auflagerlinie hinaus im Verankerungsbereich verlegt werden. Der Wirksamkeitsfaktor K für die Querbewehrung wird in Bild 8.4 definiert. Die Auswirkung des Beiwertes α_3 wird hier am Beispiel der Verankerung am Endauflager eines Balkens demonstriert. Wegen des geringen Einflusses im baupraktischen Bereich ist die Annahme $\alpha_3 = 1,0$ in der Regel zweckmäßig.

Beispiel 8.1: Verankerungsbeiwert α_3

verankerte Längsbewehrung, gerade Stäbe: A_s = 3,14 cm² (1 ϕ 20 größter Einzelstab)
Mindestquerbewehrung: $A_{st,min}$ = 0,25 · 3,14 = 0,785 cm²
Querbewehrung im Verankerungsbereich: A_{st} = 4 ϕ 8 = 2,01 cm² (Bügel mit s = 200 mm)
λ = (2,01 − 0,785) / 3,14 = 0,39 und K = 0,1 → α_3 = 1 − 0,1 · 0,39 = **0,96**

3 ϕ 20

Die zusätzliche Verankerungswirkung angeschweißter einzelner Querstäbe wird wie bisher mit einer zulässigen Reduktion der Verankerungslänge auf 70 % für Zug- und Druckstäbe über den **Beiwert α_4** ausgenutzt. Angerechnet werden nur die Querstäbe, die in der Verankerungslänge angeordnet sind (also z. B. hinter der Auflagervorderkante) und mit einer tragenden Schweißverbindung nach DIN EN ISO 17660-1 verbunden werden.

Die nach DIN 1045-1 mögliche weitere Abminderung auf 50 % für zwei angeschweißte Querstäbe wurde mit (NCI) zu 8.4.4 (2) zur Ersatzverankerungslänge ergänzt. Die konstruktiven Einschränkungen auf maximale Stabdurchmesser von 16 mm bzw. Doppelstäbe mit 12 mm wurden in DIN 1045:1978 für die damals „neue" Verankerungsmethode eingeführt, weil Versuche mit dickeren Stäben nicht vorlagen und bei diesen ein Abscheren des Betons zwischen den Querstäben wegen der größeren Zugkräfte nicht ausgeschlossen werden konnte [D300].

Die Berücksichtigung des Querdrucks p rechtwinklig zur möglichen Spaltfläche mit einem **Beiwert α_5** < 1,0 entspricht im Prinzip der rechnerischen Erhöhung der ausnutzbaren Verbundspannung. Die vergleichbar günstige Wirkung einer Auflagerpressung bei direkter Lagerung führt zur Behinderung der Querdehnung und unterbindet i. d. R. die Rissbildung im Auflagerbereich. Daher darf für Verankerungen über direkter Auflagerung α_5 = 2/3 gesetzt werden (entspricht der 1,5-fachen Verbundfestigkeit). Diese Abminderung ist bei einer Querpressung in der Größenordnung $p \approx 5$ N/mm² berechtigt, die bei Balken i. d. R. auch vorliegt. Bei Platten ist die Querpressung oft geringer, jedoch wird sich ein Riss wegen der geringen Beanspruchung nicht an der Auflagervorderkante, sondern in einem Abstand davon bilden, wodurch die vorhandene Verankerungslänge vergrößert und die Kraft am Auflager gegenüber dem Rechenwert vermindert wird. Die Berechtigung der vereinfachten, auch im NA beibehaltenen Regel für direkte Auflager wurde in zahlreichen Großversuchen an Balken und Platten bestätigt und hat sich in der Praxis bewährt [D400].

Wenn Querdruck günstig wirkt, ist konsequenterweise auch die ungünstige Wirkung von Querzug auf das Spalten im Verankerungsbereich mit α_5 = 1,5 anzurechnen (z. B. im Feldbereich zweiachsig gespannter Decken oder bei der Verankerung der Biegezugbewehrung von Nebenträgern in der Zugzone eines Hauptträgers). Wird bei vorwiegend ruhenden Einwirkungen die Breite der Risse parallel zu den Stäben auf $w_k \leq 0,2$ mm im GZG begrenzt, darf auf diese Erhöhung verzichtet werden. Beispiele für ungünstige Rissbildung parallel zur Verankerung sind in Abb. 100 dargestellt.

ungünstig
(α_5 = 1,5)

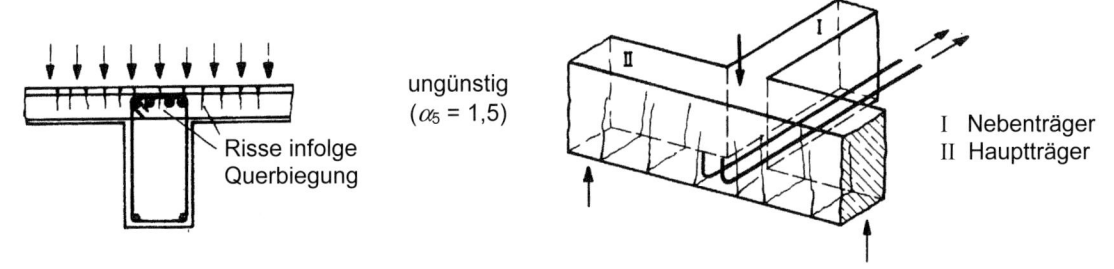

Risse infolge Querbiegung

I Nebenträger
II Hauptträger

Abb. 100. Beispiele für ungünstige Rissbildung parallel zur Verankerung (nach *Leonhardt/Mönnig* [67])

In EN 1992-1-1 wird die **Mindestverankerungslänge** $l_{b,min}$ für Zugverankerungen u. a. auf $0,3 l_{b,rqd}$ bzw. für Druckverankerungen auf $0,6 l_{b,rqd}$ und auf ≥ 100 mm festgelegt. Diese Mindestverankerungslängen sollen demnach vom Ausnutzungsgrad abhängen, jedoch nicht von der Verankerungsart. Da es mechanisch nicht sinnvoll erschien, bei gleicher Stabausnutzung für gerade Stäbe und solche mit Haken, Winkelhaken, Schlaufen oder angeschweißten Querstäben gleiche prozentuale Mindestlängen vorzusehen, wurde im NA daher festgelegt, die Mindestverankerungslänge grundsätzlich auf den Grundwert des vollausgelasteten Stabes zu beziehen (analog MC 90 [12] und DIN 1045) und dafür die erhöhte Verankerungseffizienz verschiedener Verankerungsarten mit α_1 und α_4 bei Zugstäben zu berücksichtigen.

Die Festlegung der Mindestverankerungslänge auf 1/3 des Grundwertes eines vollausgelasteten Stabes erfolgte in DIN 1045:1972 „aus praktischen und konstruktiven Gründen" (*Leonhardt/Mönnig* [67]). In der 1978er Fassung von DIN 1045 wurde darauf verzichtet, da bei geraden Stabenden der konstruktive Mindestwert ≥ 10ϕ durchschlägt bzw. bei Stäben mit Abbiegungen die gerade Vorlänge unnötig groß würde. Die Wiederaufnahme der 30%-Mindestverankerungslänge in DIN 1045-1 (aus MC 90 [12]) war gerechtfertigt, da die anrechenbare Verbundfestigkeit gegenüber den älteren DIN 1045-Fassungen angehoben und die Berücksichtigung der Abbiegungen beim Mindestwert zugelassen wurde.

Der Mindestwert 10ϕ soll hauptsächlich mögliche Verlegeungenauigkeiten berücksichtigen [D300]. Er wird auch zur Absicherung ausreichender Verankerung bei dünneren Stabdurchmessern angesehen. Der Mindestwert von 100 mm in EN 1992-1-1, der nur bei Durchmessern < 10 mm greifen würde, braucht daher nach NA nicht beachtet zu werden. Die

Möglichkeit, auch den Mindestwert 10ϕ bei direkter Auflagerung auf $2/3\phi$ zu reduzieren, wurde in DIN EN 1992-1-1/NA zu 8.4.4 (1), Gleichung (8.6), und in 9.2.1.4 (3) zur Verankerung an Endauflagern ergänzt.

Die Fußnote [1] in Tabelle 8.2 von EN 1992-1-1, wonach bei direkter Lagerung die Verankerungslänge auch geringer als $l_{b,min}$ angesetzt werden darf, wenn mindestens ein Querstab 15 mm vom Anschnitt innerhalb der Auflagerung angeschweißt ist (nach 8.6), wird mit den NA-Festlegungen anders geregelt. Danach wird die günstige Wirkung angeschweißter Querstäbe mit α_4 bei Zugstäben für die Mindestverankerungslänge berücksichtigt. Der normative Ansatz eines angeschweißten Stabes als Ankerkörper nach 8.6 ist in Deutschland grundsätzlich nicht erlaubt (ggf. aber in Zulassungen) und darf jedenfalls nicht zur Unterschreitung der Mindestverankerungslänge verwendet werden. Die Fußnote wurde daher in der kommentierten Fassung weggelassen.

Zu (2): Als vereinfachter Regelfall sollte die Ersatzverankerungslänge $l_{b,eq}$ genutzt werden. In DIN EN 1992-1-1/NA wurden die Verankerungsvarianten mit Abbiegungen und angeschweißten Querstäben ergänzt. Es ergeben sich die Verankerungslängen z. B. nach Abb. 101 für den in der ständigen und vorübergehenden Bemessungssituation voll ausgenutzten Stab. Auch hier ist bei reduzierter Stabausnutzung bei $A_{s,erf} / A_{s,vorh} < 1{,}0$ selbstverständlich die Mindestverankerungslänge $l_{b,min}$ einzuhalten.

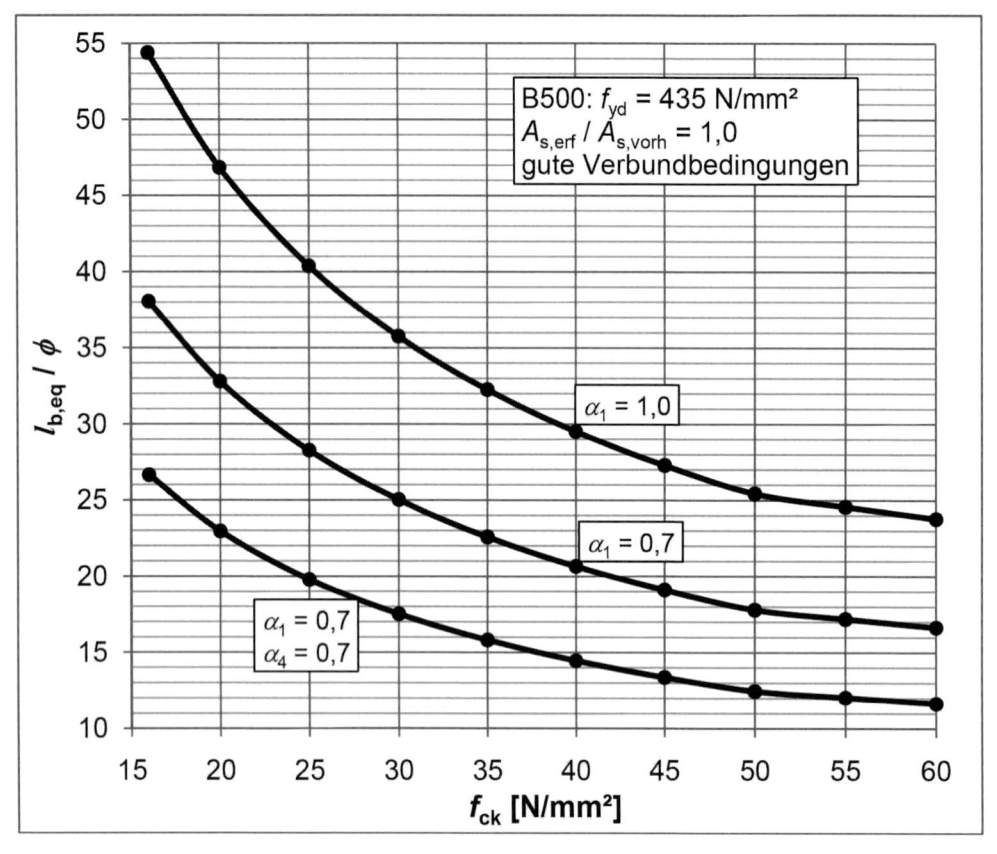

Abb. 101. Auf ϕ bezogene Ersatzverankerungslänge $l_{b,eq}$ für voll ausgelastete Zugstäbe in Abhängigkeit von der Betonfestigkeitsklasse

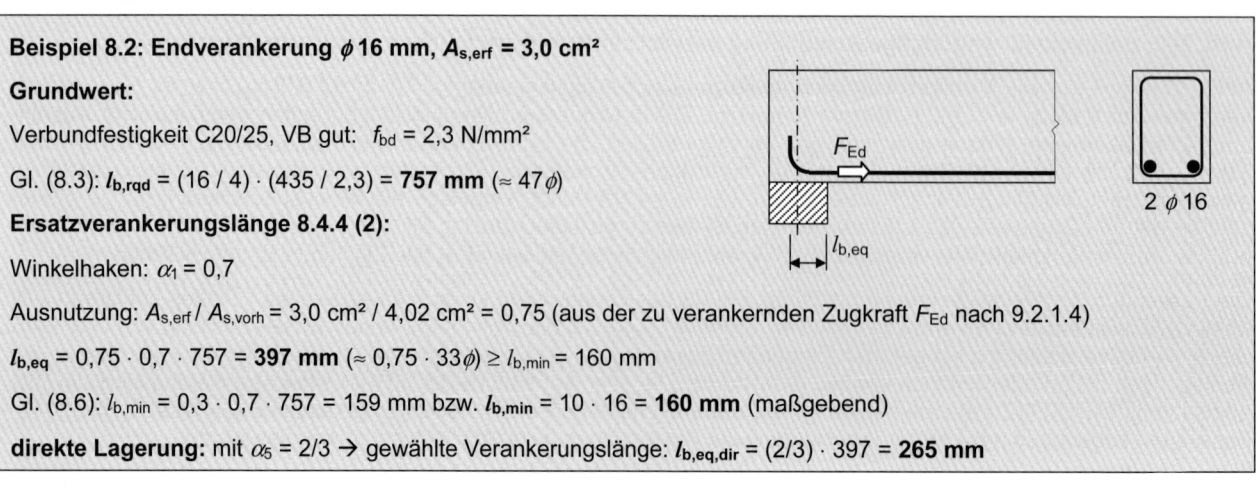

Beispiel 8.2: Endverankerung ϕ 16 mm, $A_{s,erf}$ = 3,0 cm²

Grundwert:

Verbundfestigkeit C20/25, VB gut: f_{bd} = 2,3 N/mm²

Gl. (8.3): $l_{b,rqd}$ = (16 / 4) · (435 / 2,3) = **757 mm** ($\approx 47\phi$)

Ersatzverankerungslänge 8.4.4 (2):

Winkelhaken: α_1 = 0,7

Ausnutzung: $A_{s,erf} / A_{s,vorh}$ = 3,0 cm² / 4,02 cm² = 0,75 (aus der zu verankernden Zugkraft F_{Ed} nach 9.2.1.4)

$l_{b,eq}$ = 0,75 · 0,7 · 757 = **397 mm** ($\approx 0{,}75 \cdot 33\phi$) $\geq l_{b,min}$ = 160 mm

Gl. (8.6): $l_{b,min}$ = 0,3 · 0,7 · 757 = 159 mm bzw. $l_{b,min}$ = 10 · 16 = **160 mm** (maßgebend)

direkte Lagerung: mit α_5 = 2/3 → gewählte Verankerungslänge: $l_{b,eq,dir}$ = (2/3) · 397 = **265 mm**

Zu 8.5 Verankerung von Bügeln und Querkraftbewehrung

Zu (1): In den Abbiegungen von Bügeln sollten Längsstäbe angeordnet werden, um einerseits die Ausbildung der Druckstreben im Fachwerkmodell zu unterstützen und andererseits zur Stabilisierung des Bewehrungskorbs beim Betonieren beizutragen.

Eine Verankerung der Bügelschenkel mit Stabdurchmesser ϕ_w in der Druck- oder Zugzone mit angeschweißten Querstäben nach Bild 8.5DE c) und d) ist nur zulässig, wenn durch eine ausreichend festgelegte seitliche Betondeckung der Bügel im Verankerungsbereich mit $c_{nom} \geq 3\phi_w$ und ≥ 50 mm gegen Abplatzen gesichert ist. Bei geringeren Betondeckungen ist die ausreichende Sicherheit durch Versuche nachzuweisen [D300], [D525].

Zur Verankerung von aufgebogener Querkraftbewehrung in der Druck- und Zugzone siehe 9.2.1.3 (4).

Zu (2): Mit Bild 8.5DE e) bis i) wurden die üblichen Bügelformen mit ihren Verankerungsarten und Übergreifungsstößen der Bügelschenkel zur Klarstellung im NA ergänzt. Die Wirksamkeit der dargestellten Übergreifungsstöße mit l_0 wird hauptsächlich durch die 90°-Abbiegungen sichergestellt. Die Anrechnung von $\alpha_1 = 0,7$ bei einer Schenkelübergreifung nach Bild 8.5DE g) ist nur zulässig, wenn an den Schenkelenden zusätzliche Haken oder Winkelhaken ähnlich wie in Bild 8.5DE h) angeordnet werden. Die Kombination aller Verankerungselemente nach Bild 8.5 a) bis d) mit einem Kappenbügel nach Bild 8.5DE f) ist möglich. In der Zugzone ist der Kappenbügel auch mit Übergreifungsstoß anzuschließen.

Zu (NA.3)P: Die Verankerung der Bügel mit in das Querschnittsinnere gerichteten Haken nach Bild 8.5 a) ist uneingeschränkt für Druckzonen und eingeschränkt für Zugzonen von Balken und Stützen geeignet. Dies gilt insbesondere für Bauteile mit erhöhten Anforderungen an die Feuerwiderstandsdauer ($\geq$ R 90), da die Hakenform auch noch eine Restverankerung sicherstellt, wenn sich die Betondeckung im Brandverlauf löst. Sollten Verankerungsarten ohne Haken für die Bügel in durchlaufenden Balken mit Rechteckquerschnitt gewählt werden, muss die Bügelform im Stütz- und Feldbereich entsprechend der Verankerung in Druck- und Zugzone nach Bild 8.5 e) bis h) unterschiedlich gewählt werden.

Zu (NA.4): Bei Plattenbalken dürfen die Bügel mittels durchgehender Stäbe in der Druck- oder Zugzone nach Bild 8.5DE i) geschlossen werden. Die Querbewehrung in der Platte sollte mindestens einem Schenkel der Mindestquerkraftbewehrung nach 9.2.2 (5) entsprechen. Die Stababstände der Querbewehrung dürfen vom Bügelabstand abweichen, sie sollten jedoch nicht größer als der maximale Bügelabstand nach Tabelle NA.9.1 gewählt werden [D300].

Die schiefen Stegdruckstreben stützen sich auf die Bügelecken und auch auf die im Bereich des Steges liegende Längsbewehrung ab. Dabei kann es bei hoher Querkraftbelastung zum schalenförmigen Absprengen des Betons im Bereich der offenen Bügel kommen. Zur Vermeidung dieser Bruchart wird der Bemessungswert der Querkraft V_{Ed} auf $2/3 V_{Rd,max}$ begrenzt ([D525], vgl. auch [D300]). Es darf der für die Bemessung dieser Bügel maßgebende, ggf. nach 6.2.1 (8) bzw. 6.2.3 (8) reduzierte, Querkraftwert V_{Ed} verwendet werden. Offene senkrechte Bügel in Plattenbalken bei $V_{Ed} \leq 2/3 V_{Rd,max}$ nach Bild 8.5DE i) dürfen auch mittels tragender angeschweißter Querstäbe nach Bild 8.5 d) verankert werden, wobei der Achsabstand des angeschweißten Stabes mindestens 5 mm und maximal 15 mm vom Bügelende betragen muss. Der angeschweißte Querstab muss etwa in Höhe der Längsbewehrung liegen.

Zu 8.6 Verankerung mittels angeschweißter Stäbe

In EN 1992-1-1 wird eine zusätzliche Verankerungsart durch angeschweißte Querstäbe mit $\phi_t \leq 32$ mm im Sinne von Ankerkörpern eingeführt (siehe Bild 8.6). Eine aufnehmbare Verankerungskraft F_{btd} nach Gleichung (8.8) bzw. (8.9) wäre danach unter bestimmten konstruktiven Randbedingungen bis zum Bemessungswert der aufnehmbaren Scherkraft der Schweißstelle F_{wd} zulässig.

Da im Anwendungsbereich der empfohlenen vereinfachten Nachweise für eine solche Verankerung ausreichende Versuchsdaten und Erfahrungen fehlen, wurde der Wert für F_{btd} daher im NA grundsätzlich zu null gesetzt, d. h. die Verankerung allein durch angeschweißte Querstäbe nach 8.6 ist normativ nicht geregelt.

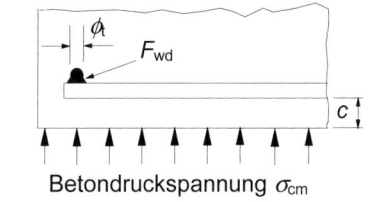

EN 1992-1-1: Bild 8.6 – Angeschweißter Querstab als Verankerung

Zu 8.7 Stöße und mechanische Verbindungen

Zu 8.7.2 Stöße

Zu (1)P: Stöße müssen kraftschlüssig und sollten möglichst formschlüssig ausgebildet werden, damit sie das Bauteilverhalten im GZG und GZT gegenüber einer durchgehenden Bewehrung nicht nachteilig beeinflussen. Im GZG sollen die Biegerisse am Stoßende nicht wesentlich breiter sein als außerhalb des Stoßbereichs und es sollten keine Längsrisse entlang der gestoßenen Stäbe auftreten [D300].

Zu (3): Die Definition eng oder weit auseinander liegender Stöße wird in DIN EN 1992-1-1 anhand des lichten Abstandes a benachbarter Stäbe vorgenommen. Zum Vergleich sind die Definitionen nach DIN 1045-1 in Abb. 102 eingetragen.

Die Kraftüberleitung bei Übergreifungsstößen erfolgt über den Beton zwischen den gestoßenen Stäben. Die gegenseitige Beeinflussung der benachbarten Stöße kann durch einen Versatz in Bauteillängsrichtung und durch einen ausreichenden Abstand in Querrichtung ausgeschlossen bzw. reduziert werden.

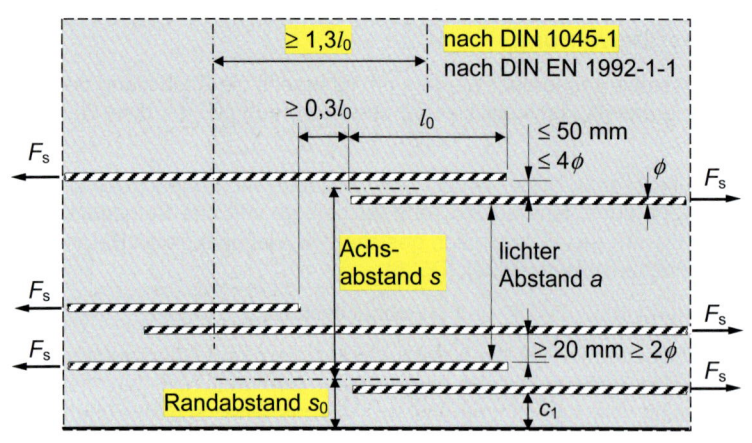

Abb. 102. Benachbarte und versetzte Stöße (Grundriss)

Der für die Vernachlässigung der gegenseitigen Beeinflussung ausreichende Längsversatz der Stoßmitten wurde mit der 1,3-fachen Übergreifungslänge in Versuchen festgestellt (*Leonhardt/Mönnig* [67], [D300]). Das abwechselnde Versetzen der Stöße nur um die 0,5-fache Übergreifungslänge führt 1bei Balken zu keiner Traglaststeigerung gegenüber Vollstößen, da der Einfluss der seitlichen Betondeckung auf das Versagen der Randstöße i. d. R. dominiert. Bei Stößen ohne Randeinfluss (z. B. in Flächentragwerken) ist jedoch eine Traglaststeigerung bei einem $0,5 l_0$-Versatz möglich, da die gegenseitige Beeinflussung der höher beanspruchten Stoßenden reduziert wird. Diese Effekte reichen aber nicht aus, um kürzere Übergreifungslängen zuzulassen, solche Stöße werden als besondere Vollstöße betrachtet, für deren etwas günstigeres Stoßtragverhalten Vergünstigungen bei der Querbewehrung gestattet werden (siehe 8.7.4.1 (3), [D300]).

Zu (4): Der Regelfall für einen Stoß der Zugstäbe in einer Lage nach DIN EN 1992-1-1 sind ausreichend längsversetzte Stöße. In diesem Falle können die versetzten Stöße beliebig in einem Plattengrundriss verteilt werden. Lässt sich sicherstellen, dass Stöße in gering beanspruchten Bauteilbereichen angeordnet werden können (z. B. in der Nähe der Momentennullpunkte), sind auch wie bisher 100%-Vollstöße ohne Längsversatz in einem Querschnitt möglich.

Da bei einem Vollstoß mehrlagiger Bewehrungen der Beton im Stoßbereich höher und über einen größeren Bereich beansprucht wird als beim Stoß einer Bewehrungslage, dürfen nur maximal 50 % des gesamten mehrlagigen Bewehrungsquerschnitts in einem Querschnitt gestoßen werden. Es fehlen für Stöße mehrlagiger Bewehrungen ausreichende Versuchserfahrungen, um weitergehende Regeln einzuführen [D300].

Zu (NA.5): Um Kontaktstöße von Druckstäben ohne abZ zu ermöglichen, wurden diese Regeln aus DIN 1045:1978 übernommen. Wesentliche Voraussetzung für die Funktion der Kontaktstöße ist die zentrische Krafteinleitung. Dies ist durch maschinentechnisch genau orthogonal zur Stablängsachse gesägte Stirnflächen und zusätzliche Montagehilfen (z. B. Zentrierhülsen) sicherzustellen. Zur Gewährleistung der Stützenstabilität insbesondere in außergewöhnlichen Situationen wird verlangt, dass die Stützen unverschieblich gehalten sind, die Kontaktstöße in den äußeren Vierteln der Stützenlänge angeordnet und nicht planmäßig auf Zug beansprucht werden und der Stoßanteil begrenzt wird. In einem Querschnitt darf höchstens die Hälfte der Druckstäbe über Direktkontakt gestoßen werden. Die nicht gestoßenen Stäbe müssen mindestens 0,8 % des statisch erforderlichen Betonquerschnitts des Bauteils aufweisen und sind gleichmäßig über den Querschnitt zu verteilen. Dadurch soll eine Mindestbiegetragfähigkeit für unplanmäßige Beanspruchungen gewährleistet werden [D300].

Zu 8.7.3 Übergreifungslänge

Zu (1): Ähnlich wie bei der Verankerungslänge werden die verschiedenen Effekte auf die Übergreifungslänge über die Beiwerte α_1 bis α_6 berücksichtigt. Die Ermittlung der Übergreifungslänge geht vom Grundwert der Verankerungslänge $l_{b,rqd}$ aus. Die Erläuterungen zur Verankerungslänge nach 8.4.4 gelten hier gleichermaßen. Der Grundwert $l_{b,rqd}$ sollte zunächst für den im GZT mit f_{yd} voll ausgelasteten Stab ermittelt werden. Die ggf. reduzierte erforderliche Übergreifungslänge darf dann auch direkt unter Berücksichtigung des Ausnutzungsgrades $A_{s,erf} / A_{s,vorh}$ bestimmt werden.

Bei Übergreifungsstößen mit verschiedenen Stabdurchmessern ist die Übergreifungslänge für jeden Durchmesser mit zugehöriger Auslastung zu ermitteln und die jeweils größere Übergreifungslänge zu wählen.

Zusätzlich ist die Übergreifungslänge für die im GZG (z. B. Rissbreitenbegrenzung) ausgenutzte Betonstahlspannung σ_s nachzuweisen. Bei diesem Nachweis ist der Ausnutzungsgrad auf die Betonstahlspannung σ_s im GZG zu beziehen. Dieser Nachweis kann maßgebend werden, wenn die im GZT erforderliche Bewehrung sehr gering oder z. B. erf $A_s = 0$ ist. Der größere Wert für die Übergreifungslänge ist maßgebend.

Bei Zugstößen mit abgebogenen Haken, Winkelhaken oder Schlaufen darf $\alpha_1 = 0,7$ angesetzt werden, wenn Betonabplatzungen im Bereich der Krümmungen wie bei Verankerungen vermieden werden [D300].

Für die Übergreifungslänge darf der Einfluss von angeschweißten Querstäben mit α_4 nach Tabelle 8.2 nicht angesetzt werden. Durch angeschweißte Querstäbe wird zwar die lokale Verbundfestigkeit erhöht, allerdings versagen Übergreifungsstöße i. d. R. infolge von Betonabplatzungen im Stoßbereich. Höhere Verbundbeanspruchungen können hier sogar ungünstig wirken. Bei dieser Bruchart wird die Tragfähigkeit durch angeschweißte Querstäbe nicht erhöht, sodass der rechnerische Widerstand gegen Absprengen der Betondeckung unter sonst gleichen Bedingungen von der tatsächlichen Übergreifungslänge abhängt [D525].

Der Übergreifungsbeiwert α_6 wurde in EN 1992-1-1 unabhängig von der Stoßart (Druck- oder Zug), von Stabdurchmessern und von Stoßabständen wie folgt vorgeschlagen:

$\alpha_6 = (\rho_1 / 25)^{0,5} \leq 1,5$ bzw. $\geq 1,0$ (vgl. Tabelle 8.3).

Dabei ist ρ_1 der Prozentsatz der innerhalb von $0,65 l_0$ gestoßenen Bewehrung nach Bild 8.8.

EN 1992-1-1: Tab. 8.3 – Beiwert α_6

Anteil gestoßener Stäbe am Gesamtquerschnitt des Betonstahls ρ_1				
	≤ 25 %	33 %	50 %	> 50 %
α_6	1	1,15	1,4	1,5
ANMERKUNG Zwischenwerte interpolieren				

Diese Werte mussten im NA komplett durch die Tabelle 8.3DE (mit den Werten von Tabelle 27 aus DIN 1045-1) ersetzt werden, weil die EN 1992-1-1-Beiwerte α_6 insbesondere bei Zugstößen mit dickeren Stäben und einem Stoßanteil ≥ 50 % nach Bild 8.8 sowie engen Stoßabständen keine ausreichende Sicherheit liefern. Andererseits führen die EN 1992-1-1-Werte mit $\alpha_6 > 1,0$ für Druckstöße zu deutlich auf der sicheren Seite liegenden, jedoch unwirtschaftlichen Übergreifungslängen. Für die Bestimmung des Stoßanteils in einem Querschnitt in Tabelle 8.3DE sind alle Stöße anzurechnen, die nicht längsversetzt sind. Es gilt Bild 8.7 (bzw. Abb. 102), wonach Übergreifungsstöße als ausreichend längsversetzt gelten, wenn der Längsabstand der Stoßmitten mindestens der 1,3-fachen Übergreifungslänge l_0 nach Gleichung (8.10) entspricht.

Der lichte Abstand a zwischen benachbarten Stößen muss entsprechend den versuchstechnischen Randbedingungen mindestens 2ϕ bzw. 20 mm betragen, da geringere Abstände zur Sicherstellung der erforderlichen Bruchsicherheit wesentlich größere Übergreifungslängen und strengere Anforderungen an die Querbewehrung nach sich ziehen [D300].

Aus Versuchen ist bekannt, dass bei gegenseitigen Achsabständen nicht längsversetzter Stöße in Querrichtung von $s \geq 10\phi$ (bzw. $a \geq 8\phi$ bei direkter Stabberührung) keine Überlagerung der Sprengkräfte benachbarter Stöße mehr stattfindet. Bei Balken ist zusätzlich ein Randabstand von $s_0 \geq 5\phi$ (bzw. $c \geq 4\phi$) einzuhalten, da sonst der Randstoß das Gesamttragverhalten bestimmt. Bei Flächentragwerken spielt der Randabstand wegen der Vielzahl der Stäbe nur eine untergeordnete Rolle. Die Abstandswerte und Übergreifungslängen wurden für eine minimale Betondeckung von $c_y \approx 1\phi$ ausgelegt [D300].

Die Sprengkräfte führen bei nebeneinanderliegenden gestoßenen Stäben und einer größeren seitlichen Betondeckung $c_x \geq c_y$ zunächst zu Längsrissen in der unteren Betondeckung zwischen den gestoßenen Stäben. Sie gehen bevorzugt von den Enden der Randstöße aus (Riss ① in Abb. 103). Das Versagen tritt nach weiterer Laststeigerung erst bei Bildung der Risse ② ein, die durch die senkrecht zur Stoßebene gerichteten Sprengkraftkomponenten entstehen. Die Betondeckung platzt je nach Stoßabstand ganzflächig oder trichterförmig ab (Abb. 103, ausführlicher in [D300]).

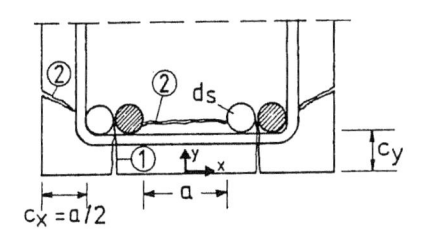

a) enger seitlicher Abstand $a \leq 8c_y$ b) weiter seitlicher Abstand $a > 8c_y$

Abb. 103. Brucharten bei Übergreifungsstößen (aus [D300])

Wegen der geringeren gegenseitigen Beeinflussung dürfen die Zugstoßbeiwerte α_6 nach Tabelle 8.3DE bei weiten seitlichen Abständen nicht längsversetzter Stöße ca. 30 % gegenüber denen bei engen Stoßabständen reduziert werden (siehe Fußnoten). Im Gegensatz zu den auf Achsabstände bezogenen Festlegungen in DIN 1045 wird dabei in DIN EN 1992-1-1 auf die planmäßigen lichten Stababstände a bzw. die Betondeckung c_1 parallel zur Stoßebene Bezug genommen. Dabei darf davon ausgegangen werden, dass sich die zu stoßenden Stäbe direkt berühren. Verlegeabweichungen bis zu einem lichten Stababstand zwischen den gestoßenen Stäben bis 4ϕ bzw. 50 mm sind ohne Änderungen der Übergreifungslänge abgedeckt.

Die Mindestmaße $l_{0,min} \geq 15\phi$ bzw. 200 mm stellen eine Mindesttragfähigkeit des Stoßes sicher und berücksichtigen die bei üblicher Sorgfalt möglichen Verlegeungenauigkeiten [D300]. Die Festlegung der Mindestübergreifungslänge auf 30 % des Grundwertes erfolgte analog zum Mindestwert der Verankerungslänge. Für den Mindestwert $0,3 \cdot \alpha_1 \cdot \alpha_6 \cdot l_{b,rqd}$ darf nach NA wieder die Wirksamkeit von Aufbiegungen mit α_1 zusätzlich berücksichtigt werden, dafür ist der Grundwert $l_{b,rqd}$ auf den mit f_{yd} voll ausgelasteten Stab zu beziehen.

Zu 8.7.4 Querbewehrung im Bereich der Übergreifungsstöße

Zu 8.7.4.1 Querbewehrung für Zugstäbe

Zu (1): Im Stoßbereich wird Querbewehrung benötigt, um Querzugkräfte aufzunehmen und die Breite von möglichen Längsrissen zu begrenzen. Die Abtriebskräfte lassen sich anschaulich aus Stabwerkmodellen ableiten (Abb. 104).

Können die Abtriebskräfte zweidimensional wirken (vgl. Abb. 103), sind zu ihrer Aufnahme i. d. R. umschließende Querbewehrungen, wie Bügel, erforderlich. Da die Wirkung von gerader Querbewehrung in Flächentragwerken günstiger ist (flächige Aktivierung der Betonzugfestigkeit), wurden in [D300] weniger scharfe Randbedingungen formuliert und in DIN 1045:1978 normativ eingeführt. Diese wurden hier in den NA übernommen.

Aus anderen Gründen vorhandene Querbewehrungen dürfen angerechnet werden.

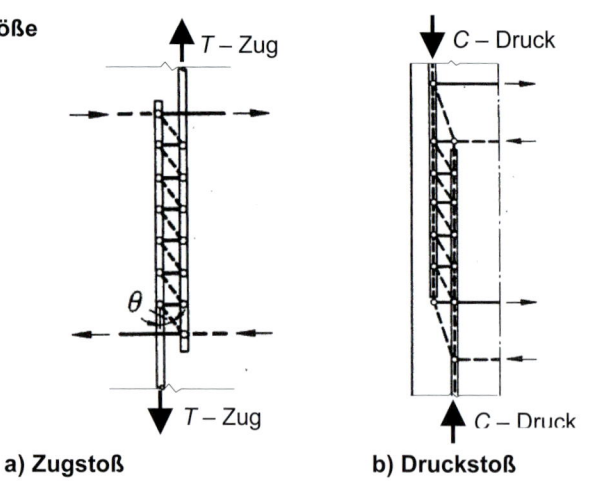

a) Zugstoß b) Druckstoß

Abb. 104. Stabwerkmodelle im Bereich von Übergreifungsstößen (aus *Schlaich/Schäfer* [96])

Zu (2): Konstruktive Querbewehrung: Bei dünnen Stäben $\phi < 20$ mm oder wenn der Anteil gestoßener Stäbe in einem Querschnitt höchstens 25 % beträgt, darf die nach Kapitel 9 vorhandene Querbewehrung ohne weiteren Nachweis als ausreichend angesehen werden, weil die Spaltkräfte immer noch relativ gering sind. Diese konstruktiven Grenzwerte nach DIN EN 1992-1-1 sind großzügiger als die seit der DIN 1045:1978 in Deutschland festgelegten mit $\phi < 16$ mm oder dem maximalen Stoßanteil von 20 % für normalfesten Beton. Die Unterscheidung in Stöße mit auf das Bauteilinnere bezogen nebeneinander bzw. übereinander liegenden Stäben wurde schon für die DIN 1045-1-Fassung 2001 aufgegeben.

Die Entschärfung der Grenzwerte in DIN EN 1992-1-1 gegenüber 1978 erscheint gerechtfertigt, wenn die konstruktive Querbewehrung aus Kapitel 9 in der Betondeckung des Stoßbereiches außenliegend angeordnet wird. Soll die konstruktive Querbewehrung jedoch in Platten und Wänden innenliegend angeordnet werden, sind die geringeren „bewährten" Grenzwerte $\phi < 16$ mm bis $\leq$ C55/67 bzw. $\phi < 12$ mm ab $\geq$ C60/75 oder der maximale Stoßanteil ohne Versatz von 20 % in einem Querschnitt einzuhalten. In vorwiegend biegebeanspruchten Bauteilen ab $\geq$ C70/85 sind die Übergreifungsstöße jedoch in jedem Falle durch außenliegende Bügel zu umschließen [D525].

Zu (3): Rechnerisch nachzuweisende Querbewehrung: In der Regel ist die Querbewehrung für Übergreifungsstöße nachzuweisen (Ausnahmen siehe (2)). Die Gesamtquerschnittsfläche jeder rechnerisch nachzuweisenden Querbewehrung ΣA_{st} darf nicht kleiner als die Querschnittsfläche A_s eines gestoßenen Stabes ($\Sigma A_{st} \geq 1,0 A_s$) sein. Liegen die gestoßenen Stäbe im lichten Abstand weiter als 4ϕ auseinander, ist die Querbewehrung auf jeden gestoßenen Stab auszulegen (siehe Abb. 105).

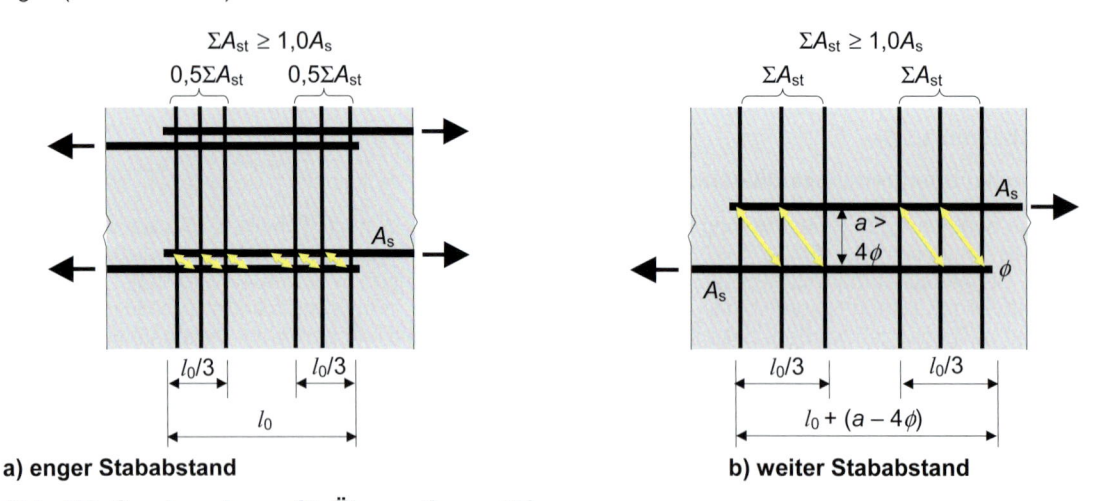

a) enger Stababstand   b) weiter Stababstand

Abb. 105. Querbewehrung für Übergreifungsstöße

Werden in vorwiegend biegebeanspruchten Bauteilen mehr als 50 % des Querschnitts einer Bewehrungslage in engem Abstand gestoßen (benachbarte Stöße mit lichten Abständen $a \leq 10\phi$ bzw. Achsabständen $s \leq 12\phi$) muss die Querbewehrung die Stöße bügelartig umfassen, um alle Zugkräfte durch Bewehrung aufzunehmen (anderenfalls darf sie gerade sein). Damit soll das schlagartige Abklappen der Bewehrung bei einem evtl. Stoßversagen verhindert werden ([D300], vgl. Abb. 106). Die geringfügige Zurückführung der DIN EN 1992-1-1-Regel auf den „engen" Stoßabstand $s \leq 12\phi$ gegenüber DIN 1045:1978 mit $s \leq 10\phi$ ist durch die erhöhte zulässige Betonstahlauslastung begründet.

Eine bügelartige Querbewehrung ist mit der Verankerungslänge l_{bd} bzw. $l_{b,eq}$ nach 8.4.4 oder nach den Regeln für die Verankerung von Bügeln nach 8.5 im Bauteilinneren zu verankern. Der Abstand der Bügelschenkel in Querrichtung sollte nicht größer als h und 600 mm bis ≤ C50/60 bzw. 400 mm ab ≥ C55/67 gewählt werden (analog Querkraftbügel nach Tabelle NA.9.2).

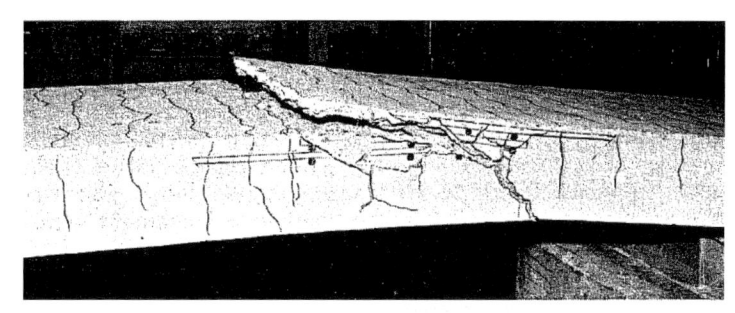

a) Vollstoß mit geraden Stäben (aus [84])   b) Zwei-Ebenen-Stoß von Betonstahlmatten (aus [D291])

Abb. 106. Stoßversagen bei fehlender Umschließungsquerbewehrung

Bei Übergreifungsstößen von Rippenstäben erfolgt das Versagen durch Abplatzen der auf Zug beanspruchten Betondeckung im Stoßbereich. Bei der zusätzlichen Beanspruchung im Brandfall steigt die Abplatzgefahr weiter an. Dies ist insbesondere bei 100%-Stößen mit voll ausgelasteter Bewehrung ($\sigma_{sd} \approx f_{yd}$) in der frühen Brandphase bis zu 30 min kritisch. Bei biegebeanspruchten Bauteilen, die Anforderungen an eine Feuerwiderstandsklasse erfüllen müssen, dürfen die Vollstöße nur in gering beanspruchten Stababschnitten ($\sigma_{sd} \leq 0,5f_{yd}$) angeordnet oder maximal 50%-Stöße einer Bewehrungslage ausgeführt werden (*Eligehausen* in [D400]).

Sind Übergreifungsstöße höher ausgelasteter Stäbe ($\sigma_{sd} > 0,5f_{yd}$) mit mehr als 50 % Stoßanteil nicht zu vermeiden, sollten

– in stabförmigen Bauteilen alle Stöße in Bügelecken angeordnet bzw.
– in flächenartigen Bauteilen bei engem lichten Stoßabstand $a \leq 5\phi$ (bzw. Achsabstand $s \leq 7\phi$) ebenfalls alle Stöße in Bügelecken angeordnet oder die Übergreifungslänge um 30 % vergrößert werden.

Auf diese zusätzlichen Maßnahmen darf bei stabförmigen und flächenartigen Bauteilen verzichtet werden, wenn die Übergreifungsstöße in Längsrichtung etwa um $0,5l_0$ gegeneinander versetzt werden.

Darüber hinaus sollten bei Übergreifungsstößen mit hoch ausgenutzter Bewehrung ($\sigma_{sd} > 0,5f_{yd}$) die Achsabstände a im Stoßbereich bei einer Feuerwiderstandsklasse R 30 und R 60 mindestens den Werten für R 90 nach DIN EN 1992-1-2 und $a \geq 2\phi$ entsprechen. Diese Erhöhung der Betondeckung ist erforderlich, weil bei Übergreifungsstößen die hohe Beanspruchung an den Stoßenden in der frühen Beflammungsphase bis 30 min ein vorzeitiges Abplatzen initiieren kann, sodass die Betondeckung die ihr zugedachte Funktion der Verzögerung der Bauteilerwärmung, insbesondere der Bewehrung, nicht lange genug erfüllen kann (*Eligehausen* in [D400]).

Zu (NA.5): Bei Übergreifungsstößen im hochfesten Beton wird die Zugkraft wegen der hohen Tragfähigkeit und Steifigkeit der Betonkonsolen zwischen den Rippen fast nur an den Stoßenden auf wenigen Rippen übertragen. Die Tragkraft von Stößen und vor allem die Duktilität nehmen jedoch mit der Menge der Querbewehrung deutlich zu, weil die Bügel eine Umlagerung der Kraftübertragung in den mittleren Teil der Übergreifungslänge ermöglichen. Erforderlich ist eine Querschnittsfläche für 100 % der Abtriebskräfte, die ein Abplatzen der Betondeckung herbeiführen würden. Die Gesamtquerschnittsfläche der orthogonalen Bügelschenkel für Bauteile mit ≥ C70/85 muss daher gleich der erforderlichen Querschnittsfläche aller umfassten Stäbe der gestoßenen Längsbewehrung sein ([10], [D525]).

Zu 8.7.4.2 Querbewehrung für Druckstäbe

Zu (1): Da an den Stabenden ein Teil der Druckkraft durch Spitzendruck übertragen wird, ist eine Vergrößerung der Verankerungslänge bei Übergreifung nicht erforderlich ($\alpha_6 = 1,0$).

Abzüge für abgebogene Stabenden sind nicht zulässig.

Die Sprengwirkung des Spitzendrucks erfordert jedoch eine zusätzliche Querbewehrung, die über die Stoßenden hinaus eingelegt werden muss (mindestens 1 Stab, siehe Abb. 107).

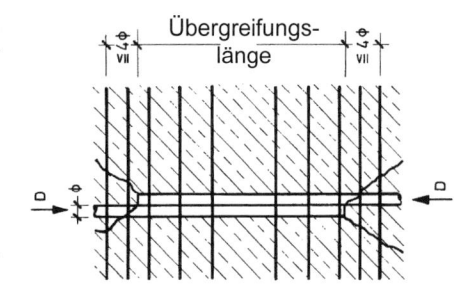

Abb. 107. Querbewehrung für Druckstoß (aus *Leonhardt/Mönnig* [67])

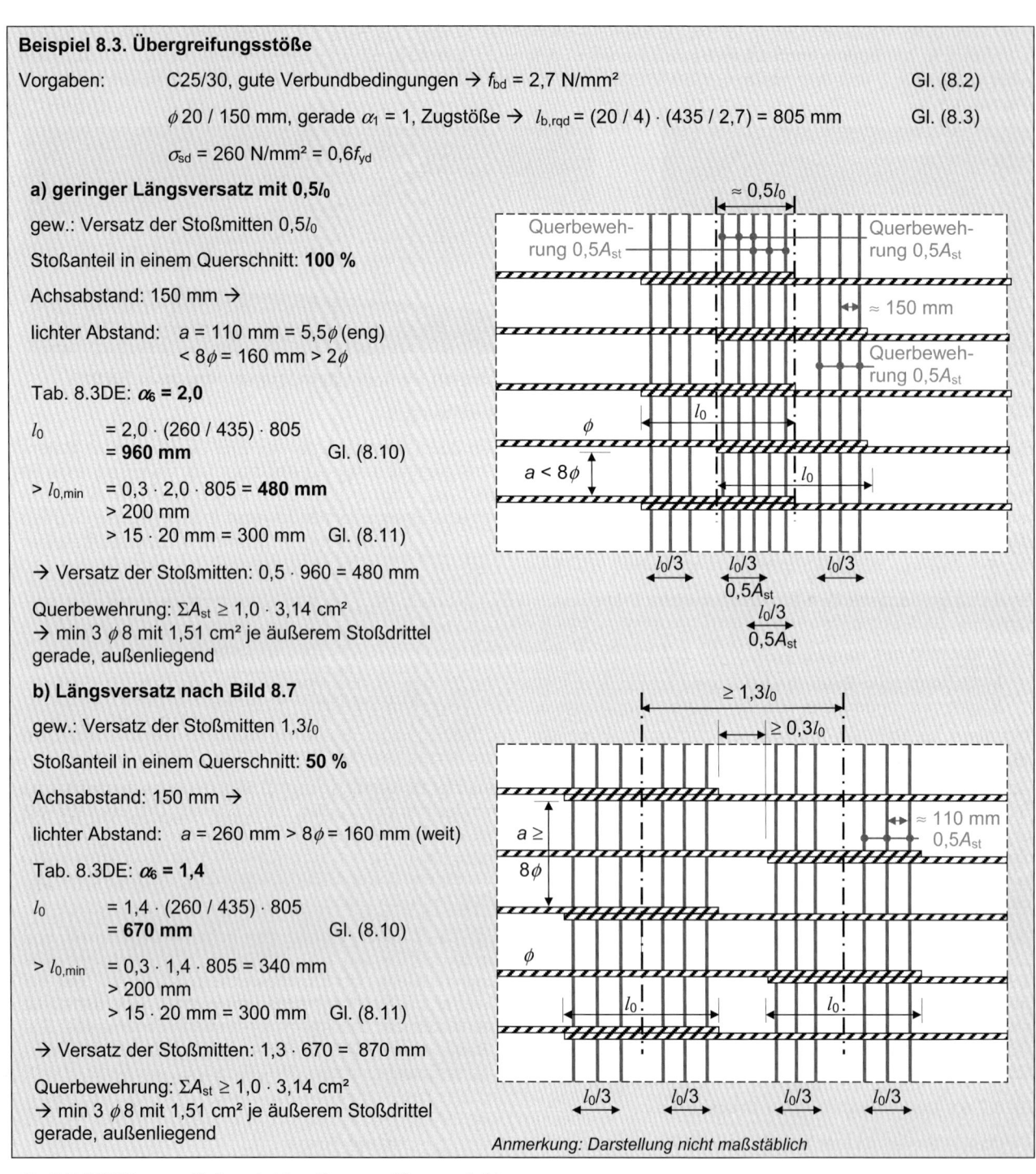

Beispiel 8.3. Übergreifungsstöße

Vorgaben: C25/30, gute Verbundbedingungen → f_{bd} = 2,7 N/mm² Gl. (8.2)

ϕ 20 / 150 mm, gerade α_1 = 1, Zugstöße → $l_{b,rqd}$ = (20 / 4) · (435 / 2,7) = 805 mm Gl. (8.3)

σ_{sd} = 260 N/mm² = 0,6f_{yd}

a) geringer Längsversatz mit 0,5l_0

gew.: Versatz der Stoßmitten 0,5l_0

Stoßanteil in einem Querschnitt: **100 %**

Achsabstand: 150 mm →

lichter Abstand: a = 110 mm = 5,5ϕ (eng)
                   < 8ϕ = 160 mm > 2ϕ

Tab. 8.3DE: α_6 = 2,0

l_0 = 2,0 · (260 / 435) · 805
     = **960 mm**   Gl. (8.10)

> $l_{0,min}$ = 0,3 · 2,0 · 805 = **480 mm**
             > 200 mm
             > 15 · 20 mm = 300 mm   Gl. (8.11)

→ Versatz der Stoßmitten: 0,5 · 960 = 480 mm

Querbewehrung: ΣA_{st} ≥ 1,0 · 3,14 cm²
→ min 3 ϕ 8 mit 1,51 cm² je äußerem Stoßdrittel
gerade, außenliegend

b) Längsversatz nach Bild 8.7

gew.: Versatz der Stoßmitten 1,3l_0

Stoßanteil in einem Querschnitt: **50 %**

Achsabstand: 150 mm →

lichter Abstand: a = 260 mm > 8ϕ = 160 mm (weit)

Tab. 8.3DE: α_6 = 1,4

l_0 = 1,4 · (260 / 435) · 805
     = **670 mm**   Gl. (8.10)

> $l_{0,min}$ = 0,3 · 1,4 · 805 = 340 mm
             > 200 mm
             > 15 · 20 mm = 300 mm   Gl. (8.11)

→ Versatz der Stoßmitten: 1,3 · 670 = 870 mm

Querbewehrung: ΣA_{st} ≥ 1,0 · 3,14 cm²
→ min 3 ϕ 8 mit 1,51 cm² je äußerem Stoßdrittel
gerade, außenliegend

Anmerkung: Darstellung nicht maßstäblich

Zu 8.7.5 Stöße von Betonstahlmatten aus Rippenstahl

Zu 8.7.5.1 Stöße der Hauptbewehrung

Zu (3): Versuche haben gezeigt, dass der günstige Einfluss der Querstäbe durch Verteilung der Verankerungskräfte auf eine größere Betonbreite bei gerippter Bewehrung mit engen Längsstababständen gering ist [D300]. Ein-Ebenen-Stöße von geschweißten Betonstahlmatten sollen daher wie Stöße von Stabstählen (ohne Anrechnung der angeschweißten Querstäbe) bemessen werden. Sie können durch wechselseitige Verschränkung der Matten (Bild 8.10 a) oder mit Matten mit langen Überstandsstäben ohne Querbewehrung realisiert werden.

Die angeschweißten Querstäbe dürfen als erforderliche Querbewehrung im Übergreifungsstoßbereich nach 8.7.4 angerechnet werden.

Zu (4) und (5): Zwei-Ebenen-Stöße werden durch Übereinanderstapeln der Matten mit zwischenliegenden Querstäben ausführungstechnisch einfach verlegt. Werden dabei keine bügelartigen Umfassungen vorgesehen, versagen die Stöße ähnlich wie bei Stäben mit engem Stababstand durch großflächiges Abplatzen der Betondeckung ([D300], Abb. 106).

Bei relativ geringen Zugkräften, d. h. bei Mattenquerschnitten ≤ 6 cm²/m, dürfen unter vorwiegend ruhenden und nicht ruhenden Einwirkungen Vollstöße mit gerader Querbewehrung ausgeführt werden. Dies ist mit dem (NCI) zu (4) gemeint. Das Rissverhalten ist wegen der meist dünneren Stabdurchmesser günstig.

Die Forderung, Stöße in Bereichen mit (σ_{sd} ≤ 0,8f_{yd}) anzuordnen, soll sicherstellen, dass die Risse an den Stoßenden wegen der größeren Dehnung der innenliegenden Matte und des Schlupfes der gestoßenen Stäbe nicht wesentlich breiter als außerhalb des Übergreifungsstoßes werden bzw. tolerierbare Grenzwerte nicht überschreiten. Bei Matten mit a_s > 6 cm²/m und σ_{sd} > 0,8f_{yd} ist deshalb ein erforderlicher Nachweis der Rissbreitenbegrenzung im GZG mit einer um 25 % erhöhten rechnerischen Betonstahlspannung zu führen. Eine bügelartige Umfassung der Tragbewehrung ist dann auch nicht erforderlich [D300].

Zu (6): Stöße in der inneren Lage weisen gegenüber Stößen in der äußeren Lage ein wesentlich günstigeres Tragverhalten auf. Die außen liegende Bewehrung hält die Rissbreiten an den Stoßenden klein, sodass ein Abplatzen der Betondeckung erst bei höheren Beanspruchungen auftritt.

Daher wurden in DIN 1045:1978 die auch in DIN EN 1992-1-1 aufgenommenen Regeln eingeführt. Danach dürfen nur Matten mit a_s ≤ 12 cm²/m ohne Längsversatz in zwei Ebenen gestoßen werden. Vollstöße von Matten mit größerem Bewehrungsquerschnitt sind nur in der inneren Lage zulässig, wobei der gestoßene Anteil nicht mehr als 60 % des erforderlichen Bewehrungsquerschnitts betragen darf. Auf eine Erhöhung der Stahlspannung für die Rissbreitenbegrenzung darf dann in der inneren Lage verzichtet werden [D300].

Bei der Ermittlung der Übergreifungslänge für Zwei-Ebenen-Stöße nach Gleichung (NA.8.11.1) werden mit α_7 die aus der Exzentrizität herrührenden zusätzlichen Abtriebskräfte und die fehlende Umfassungsbewehrung berücksichtigt. Wegen des größeren Grundmaßes der Verankerungslänge ist der um ca. 10 % gegenüber DIN 1045:1978 reduzierte Übergreifungsbeiwert gerechtfertigt ([E27], vgl. Abb. 108).

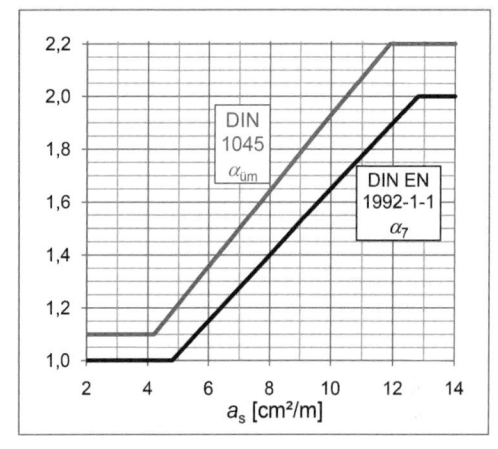

Abb. 108. Übergreifungsbeiwerte für Zwei-Ebenen-Stöße nach DIN EN 1992-1-1 und DIN 1045:1978

Zu 8.7.5.2 Stöße der Querbewehrung

Zu (1): Die Übergreifungslängen der Querbewehrung dürfen i. d. R. kürzer als bei den Tragstäben gewählt werden, weil dort eine geringere Bruchsicherheit als ausreichend angesehen wird. Versuche haben gezeigt, dass bei Matten aus Rippenstäben der Einfluss eines wirksamen angeschweißten Querstabes relativ groß ist, während die Stoßbruchlast durch weitere Querstäbe nicht wesentlich gesteigert werden kann [D300]. Daher müssen auch mindestens ein bis zwei Mattenmaschen als Mindestübergreifung vorgesehen werden, sodass dementsprechend mindestens zwei wirksame Querstäbe (d. h. in diesem Fall Längsstäbe der Haupttragrichtung) im Stoßbereich anliegen.

Zu 8.8 Zusätzliche Regeln bei großen Stabdurchmessern

Zu (1): In der aktuellen Bauproduktnorm DIN 488 [R4] für Betonstähle wurden die Nenndurchmesser 32 mm und 40 mm für Stabstähle aufgenommen. Insbesondere die früher in abZ geregelten Bemessungs- und Konstruktionsvorschriften mussten daher bewertet und in den DIN EN 1992-1-1/NA aufgenommen werden. Alternativ hätten die Stäbe mit 40 mm Durchmesser weiter im Zulassungsbereich verbleiben müssen, was nicht für sinnvoll erachtet wurde. Für hochbewehrte Bauteilquerschnitte lassen sich mit ϕ 40-Stäbe oft konstruktiv und betoniertechnisch optimierte Lösungen finden (1ϕ 40 ersetzt z. B. 2 ϕ 28). In den meisten Konstruktionen des üblichen Hochbaus sind diese dicken Bewehrungsstäbe allerdings nicht erforderlich, sodass die zusätzlichen Normabsätze (NA.9)P bis (NA.22) für den ϕ 40-Stab einen Kompromiss darstellen. Stabdurchmesser ϕ > 40 mm bleiben weiterhin Zulassungsgegenstand.

Der Einsatzbereich für den ϕ 40 mm war in den abZ aufgrund der vorliegenden Versuchsergebnisse und Erfahrungen auf maximal C60/75 begrenzt. Im Rahmen des Einspruchsverfahrens zum NA bestanden keine Bedenken, diese Grenze auf maximal C80/95 zu erweitern.

Das Bewehren mit wenigen dicken Stäben anstelle von vielen dünnen bei hohen Bewehrungsgraden weist zwar Vorteile bei der Betonierbarkeit auf, jedoch müssen wegen der im Verhältnis zu mehreren dünnen Stäben geringeren Staboberfläche örtlich größere Verbundkräfte übertragen werden. Diese können zu größeren Rissbreiten, zu einer frühzeitigeren Sprengrissbildung und damit zu einer erhöhten Verbundbruchgefahr führen.

Zu (3): Bei großen Stabdurchmessern ist die Verbundfestigkeit f_{bd} nach Gleichung (8.2) mit η_2 = (132 – ϕ) / 100 ≤ 1,0 abzumindern, weil der Widerstand gegen Spalten des Betons mit zunehmendem Stabdurchmesser abnimmt (Maßstabseffekt [D525]).

Zu (8): Durch Einlegen einer netzförmigen Oberflächenbewehrung $A_{s,surf}$ in der Betondeckung wird eine deutliche Verringerung der sonst durch die dicken Stäbe vergrößerten Rissabstände und Rissbreiten im Gebrauchszustand erreicht. Die in Abschnitt J.1 festgelegte Oberflächenbewehrung erfüllt i. d. R. diese Anforderungen. Mit zunehmender Querschnittshöhe nimmt die für die Rissbildung maßgebende Wirkungszone der Bewehrung $A_{c,eff}$ nicht mehr proportional zu. Daher ist die Begrenzung des Verlegebereiches der umfassenden Oberflächenbewehrung auf eine Höhe von

600 mm zunächst eine vereinfachte Festlegung (siehe Bild J.1). Um eine ausreichende Umfassung auch bei mehrlagiger Bewehrung sicherzustellen, wurde konstruktiv festgelegt, dass die Oberflächenbewehrung zusätzlich mindestens 300 mm bzw. *d* / 4 in Richtung Druckrand über die oberste Bewehrungslage geführt wird (siehe Bild NA.8.11.2 und NA.8.11.3).

Zu (NA.9)P: Schon *Leonhardt* und *Walther* haben in [D151] nachgewiesen, dass dicke Stäbe (24 mm) gegenüber dünneren Stäben (14 mm) zu einer Verminderung der Bruchschubspannungen führen. Bei vergleichbaren Parametern (wie Stahlquerschnitt, Betonfestigkeit, Bauteilabmessungen, Belastungsvorrichtung) stellten sich um ca. 16 % bis 22 % reduzierte Bruchschubspannungen ein. Die Abnahme wurde durch die vergrößerte Schubrotation infolge der höheren Verbundspannungen begründet. Bei noch dickeren Stäben kommt der Einfluss des wesentlich steiferen Zugbandes hinzu, auf dass sich die Druckstreben abstützen. Günstig wirken dagegen die konstruktive Oberflächenbewehrung und die verstärkte Dübelwirkung. Versuche hierzu liegen allerdings nicht vor. In den bisherigen Zulassungen wurden daher eine ingenieurmäßige Reduktion der aufnehmbaren Querkrafttragfähigkeit ohne Querkraft- und Torsionsbewehrung mit 10 % für $\phi = 40$ mm und 20 % für $\phi = 50$ mm vorgesehen.

Zu (NA.10)P: Die günstige Wirkung der Querdehnungsbehinderung im direkten Auflagerbereich für die Stabverankerung wurde schon zu 8.4.4 besprochen. In diesem Sinne ist eine Verankerung von ϕ 40 mm-Stäben ohne zusätzliche Maßnahmen zur Verhinderung des Betonspaltens unzulässig.

Zu (NA.11): Wegen der erhöhten Querzugkräfte im Krümmungsbereich von Abbiegungen ist ein Mindestbiegerollendurchmesser von $D_{min} = 25\phi$ einzuhalten. Dies gilt auch für nach dem Schweißen gebogene Bewehrung, wobei die noch größeren Werte nach Tabelle 8.1DE b) bei nicht vorwiegend ruhenden Einwirkungen weiterhin gelten.

Zu (NA.12)P und (NA.13)P: Im Bereich negativer Stützmomente sollen die dicken geraden Stabenden über den Momentennullpunkt hinaus und genügend weit in den Bereich der gedrückten Betonquerschnitte geführt werden, um Beeinträchtigungen durch erhöhte Spaltkräfte im GZG und GZT zu vermeiden. Auf der sicheren Seite liegend sollen die Stabenden frühestens im Abstand *d* vom Nullpunkt der Zugkraftlinie enden (siehe Bild NA.8.11.1).

Im Bereich der Verankerungslänge ist zur Aufnahme der infolge Sprengwirkung auftretenden örtlichen Querzugkräfte eine zusätzlich Querbewehrung von $A_{st} = 0{,}25 A_{s1}$ vorzusehen, die ins Bauteilinnere zu verankern ist. Die Querschnittsfläche für einen verankerten Längsstab ϕ 40 mm beträgt $A_{s1} = 12{,}6$ cm². Der Stababstand der im Verankerungsbereich verteilten Querbewehrung darf 200 mm nicht überschreiten. Im Übrigen gelten für die Anordnung die Grundsätze zur Verbundsicherung nach (NA.15) bis (NA.20) (aus den bisherigen abZ für ϕ 40 mm nach DIN 1045-1 übernommen).

Zu (NA.14): In Biegebauteilen mit üblichen Abmessungen $h \leq 800$ mm ist die Feldbewehrung zu 100 % bis in die Auflager zu führen und nach 8.4.4 zu verankern. Bei massigen, mehrlagig bewehrten Bauteilen darf die Bewehrung gestaffelt werden. Dabei sollten nur die Stäbe der innenliegenden Lagen abgestuft werden. Der über das Auflager zu führende Prozentsatz der Längsbewehrung muss nach 9.2.1.4 (1) ≥ 25 % der Feldbewehrung für Balken bzw. nach 9.3.1.2 (1) ≥ 50 % der Feldbewehrung für Platten entsprechen.

Zu (NA.21)P: Um das Ausknicken der 40 mm Stäbe in Druckgliedern sicher zu verhindern, ist die Querbewehrung auf Bügeldurchmesser $\phi_w = 12$ mm (siehe (NCI) zu 9.5.3 (1)) und auf $0{,}5 h_{min}$ reduzierte Bügelabstände zu verstärken. Die Längsstäbe müssen jeweils in einer Bügelecke angeordnet werden. Diese Bügelanordnung lässt die größte Traglast erwarten, noch größere Bügeldurchmesser und geringere Bügelabstände führen zu keinen nennenswerten weiteren Traglaststeigerungen. Gleichzeitig wird durch die engere Verbügelung die Verbundwirkung zwischen Beton und dickem Bewehrungsstab verbessert.

Zu 8.9 Stabbündel

Zu 8.9.2 Verankerung von Stabbündeln

Zu (1): Stabbündel mit einem Vergleichsdurchmesser $\phi_h \leq 28$ mm dürfen wie querschnittsgleiche Einzelstäbe verankert werden. Zugbeanspruchte Stabbündel über End- und Zwischenauflagern dürfen ohne Längsversatz an einer Stelle enden. Bei größerem Vergleichsdurchmesser $\phi_h \geq 32$ mm sind die Einzelstäbe des Bündels außerhalb von Auflagern gegeneinander versetzt zu verankern (z. B. nach Bild 8.12), um das bei einer sprunghaften Änderung der Dehnsteifigkeit zu erwartende ungünstige Rissverhalten und eine zu große örtliche Betonbeanspruchung zu vermeiden [D300].

Zu (2): Liegt der rechnerische Endpunkt E außerhalb der Verankerungslänge des vorhergehenden Stabes, darf der zuletzt endende Stab mit dem Grundmaß der Verankerungslänge $l_{b,rqd}$ und die vorher endenden Stäbe vereinfachend mit $1{,}3 l_{b,rqd}$ verankert werden (Bild 8.12). Dabei darf $l_{b,rqd}$ auf den Einzelstabdurchmesser ϕ allerdings unter Vollauslastung mit $\sigma_{sd} = f_{yd}$ bezogen werden. Der Faktor 1,3 berücksichtigt vereinfacht das ungünstigere Verbundverhalten von Stabbündeln gegenüber einer Verankerung von Einzelstäben.

Bei dicht nebeneinanderliegenden rechnerischen Endpunkten E ist die Verankerungslänge mit dem Vergleichsdurchmesser ϕ_h zu ermitteln. Die Stabenden sind darüber hinaus mindestens um das Maß $0{,}3 l_{b,rqd}$ in Längsrichtung zu versetzen [D300] (Abb. 109).

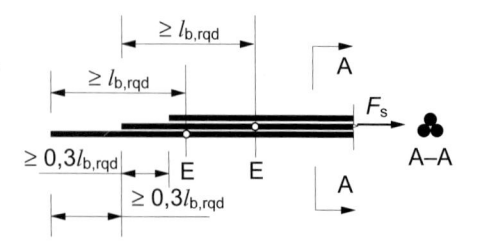

Abb. 109. Verankerung von Stabbündeln bei dicht beieinander liegenden rechnerischen Endpunkten E

Zu 8.9.3 Gestoßene Stabbündel

Zu (1): Stöße von Stabbündeln können auch durch Verschweißen wie bei Einzelstäben erfolgen.

Zu (2): Übliche Übergreifungsstöße dürfen nur bei Bündeln aus zwei Stäben mit einem Vergleichsdurchmesser $\phi_n \leq$ 28 mm ausgeführt werden, da bei Bündeln mit größerem Vergleichsdurchmesser oder einem Bündel aus drei Stäben der bisherige Erfahrungsbereich verlassen wird und ein ungünstiger Einfluss der großen Stabkonzentrationen und Exzentrizitäten entsteht [D300].

Zu (3): Bei Übergreifungsstößen von Bündeln mit $\phi_n \geq$ 32 mm bzw. Bündeln aus drei Stäben sind die Einzelstäbe des Bündels in Längsrichtung gegeneinander versetzt zu stoßen, wobei der Stoß am zweckmäßigsten mit Hilfe eines Zulagestabs ausgeführt wird (Bild 8.13). Da im Stoßbereich bis zu vier Stäbe in einem Bündel vorhanden sein dürfen, ist hier besonders sorgfältig zu betonieren, um eine dichte Umhüllung der Bewehrung zu gewährleisten [D300]. Der Planung sollten für solche schwierigen Bereiche größere lichte Stababstände bzw. Rüttellücken zugrunde gelegt werden.

Zu 8.10 Spannglieder

Zu 8.10.1 Anordnung von Spanngliedern und Hüllrohren

Zu 8.10.1.1 Allgemeines

Zu (1)P: Der Mindestabstand von 20 mm zu verzinkten Einbauteilen oder verzinkter Bewehrung ist der Zulassung für feuerverzinkte Betonstähle entnommen [16]. Die empfindlichen Spannstähle sollen so vor elektrochemischen Kontaktkorrosionsprozessen geschützt werden.

Zu (NA.3)P: Im Betonbrückenbau wird empfohlen, die externen Spannglieder zur Vermeidung von induzierten Schwingungen in einem Abstand von höchstens 35 m zu stützen. Umlenkstellen und Ankerstellen gelten als Spanngliedstützungen. An den übrigen notwendigen Stellen sollte eine Stützung in Anlehnung an Rohraufhängungen oder Rohrauflagerungen ausgebildet werden. Seit Einführung der externen Vorspannung als Regelbauweise sind jedoch auch bei größeren Stützabständen keine Fälle von kritischem Schwingungsverhalten der Spannglieder bekannt geworden (*Haveresch/Maurer* in [37]).

Zu 8.10.2 Verankerung von Spanngliedern im sofortigen Verbund

Zu 8.10.2.2 Übertragung der Vorspannung

Zu (1): Die Werte für die Verbundspannung f_{bp} in DIN 1045-1, Tabelle 7, wurden aus Versuchen für Litzen bis $A_p \leq$ 100 mm² abgeleitet [D525]. Sie gelten i. d. R. für vorwiegend ruhende Einwirkungen und dürfen auch für nicht vorwiegend ruhende Einwirkungen angesetzt werden, soweit dies für die abZ des Spannstahls nachgewiesen wurde. Die aus Versuchen abgeleiteten Verbundspannungen aus DIN 1045-1 waren die Grundlage für die Festlegungen der Verbundkennwerte in DIN EN 1992-1-1/NA.

Bei Spanngliedern im sofortigen Verbund ist grundsätzlich zwischen dem Verbundverhalten in der Übertragungslänge und in der Verankerungslänge zu unterscheiden. Während in der Übertragungslänge neben dem Haftverbund und den schlupfabhängigen Verbundspannungen der *Hoyer*-Effekt einen maßgebenden Anteil zur Verbundfestigkeit beiträgt [D525], sind es außerhalb der Übertragungslänge im Bereich der Verankerungslänge allein die beiden erstgenannten Verbundanteile (Abb. 114). Daher werden in den Gleichungen (8.15) und (8.20) unterschiedliche Beiwerte verwendet.

In EN 1992-1-1 wird die Verbundspannung in der Übertragungslänge in Gleichung (8.15) als Funktion der Betonzugfestigkeit abgeleitet. Abweichend von EN 1992-1-1 und MC 90 [12], 6.9.11.4, wird für den Beiwert η_{p1} in DIN EN 1992-1-1/NA nicht zwischen Litzen und profilierten Drähten unterschieden, da einerseits der Einfluss des *Hoyer*-Effekts dominiert und andererseits die Verbundfestigkeit profilierter Drähte entscheidend von der Profilierung abhängt.

Für gerippte Drähte gibt es in DIN EN 1992-1-1 keine Angaben. Sollen für profilierte oder gerippte Drähte höhere Verbundspannungen angesetzt werden, sind sie den allgemeinen bauaufsichtlichen Zulassungen zu entnehmen. Beispiele für profilierte und gerippte Spannstähle sind in Abb. 114 gegenübergestellt.

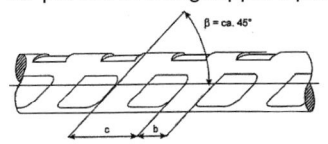

a) profilierter Draht b) gerippter Draht c) gerippter Spannstabstahl

Abb. 110. Typen von Spannstählen

Der Verbundfaktor η_{p1} in Gleichung (8.15) berücksichtigt zwei Effekte auf die Übertragungslänge, die im Model Code 90 [12], 6.9.11.4, mit den Faktoren α_9 und α_{10} bewertet wurden:

- α_9 zur Berücksichtigung der betrachteten Auswirkung: α_9 = 1,0 für M und V im GZT bzw. α_9 = 0,5 für den Nachweis der Querzugspannungen im Verankerungsbereich;
- α_{10} zur Berücksichtigung der Art der Spannstahloberfläche: α_{10} = 0,5 für Litzen bzw. α_{10} = 0,7 für profilierte Drähte (beschreibt das Verhältnis von Übertragungslänge mit *Hoyer*-Effekt zur Verankerungslänge mit Versagensart „Herausziehen").

Aus dem Beiwert η_{p2} zur Berücksichtigung der Art des Spannglieds und den Verbundbedingungen bei der Verankerung im GZT (siehe DIN EN 1992-1-1, 8.10.2.3, identisch mit η_{p1} nach MC90 [12], 6.9.11.2)

- η_{p2} = 1,4 für profilierte Drähte
- η_{p2} = 1,2 für Litzen mit 7 Drähten

wurde der vergrößerte Beiwert η_{p1} für die Verbundspannung in der Übertragungslänge nach DIN EN 1992-1-1 so abgeleitet, dass ein beanspruchungsunabhängiger Mittelwert (mit α_{9m}) unter Berücksichtigung des günstigen *Hoyer*-Effekts (mit α_{10}) berechnet wird [21]:

- Mittelwert α_{9m} = (1,0 + 0,5) / 2 = 0,75 (56)
- $\eta_{p1,EC2} = \eta_{p1,MC90} / (\alpha_{9m} \cdot \alpha_{10})$ (57)
  → für profilierte Drähte: η_{p1} = 1,4 / (0,75 · 0,7) = 2,7;
  → für Litzen: η_{p1} = 1,2 / (0,75 · 0,5) = 3,2.

Um die Versuchswerte nach DIN 1045-1, Tabelle 7, zu reproduzieren, wurde im NA für Litzen und für profilierte Drähte abweichend ein mittlerer identischer Beiwert η_{p1} = 2,85 und die Vereinfachung $f_{ctm}(t) = 0,30 \cdot f_{cm}(t)^{2/3}$ festgelegt.

In Abb.115 werden die Werte nach EN 1992-1-1 mit dem NA für profilierte Drähte und Litzen mit der Annahme α_{ct} = 0,85 bei $f_{ctd}(t)_{EC2}$ verglichen. Die Ermittlung von $f_{ctm}(t)_{EC2} = 0,30 \cdot f_{cmj}^{2/3}$ erfolgt vereinfacht mit der Gleichung aus Tabelle 3.1.

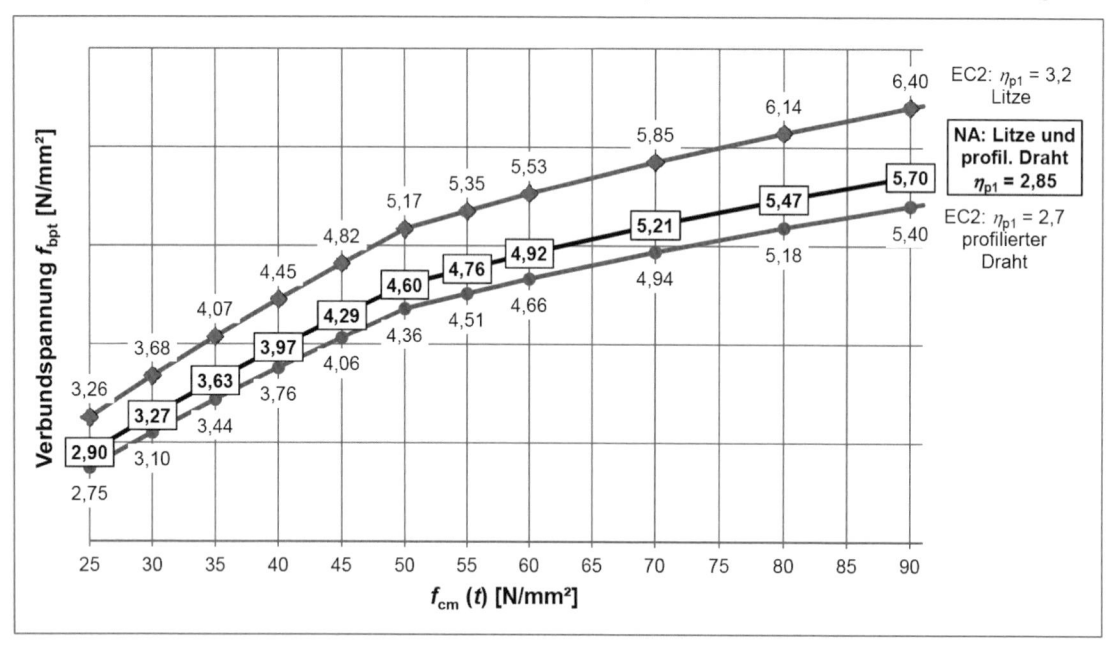

Abb. 111. Vergleich der Verbundspannung f_{bpt} für Litzen und profilierte Drähte nach EN 1992-1-1 und DIN EN 1992-1-1/NA (mit η_{p1} = 2,85)

Die Verbundspannung f_{bpt} nach DIN EN 1992-1-1, Gleichung (8.15) gilt dabei nur für nicht verdichtete Litzen (Abb. 112) mit einer Querschnittsfläche ≤ 100 mm² und für profilierte Drähte mit ϕ_p ≤ 8 mm. Für andere Spannstahlbewehrungen sind die Verbundspannungen aus Versuchen abzuleiten bzw. abZ zu entnehmen (z. B. für verdichtete Litze in Abb. 113).

Die tatsächliche Betondruckfestigkeit $f_{cm}(t)$ zum Zeitpunkt der Spannkraftübertragung t ist als Mittelwert der Zylinderdruckfestigkeit zu ermitteln (bei Verwendung von Würfeln ist im Verhältnis der Festigkeitsklassen umzurechnen).

Auf eine Ergänzung der Angaben für gerippte Drähte, die im Regelfall höhere Verbundspannungen als profilierte Drähte aufweisen, wird im NA verzichtet, da gerippte Drähte in Deutschland nur nach Zulassung verwendet werden dürfen.

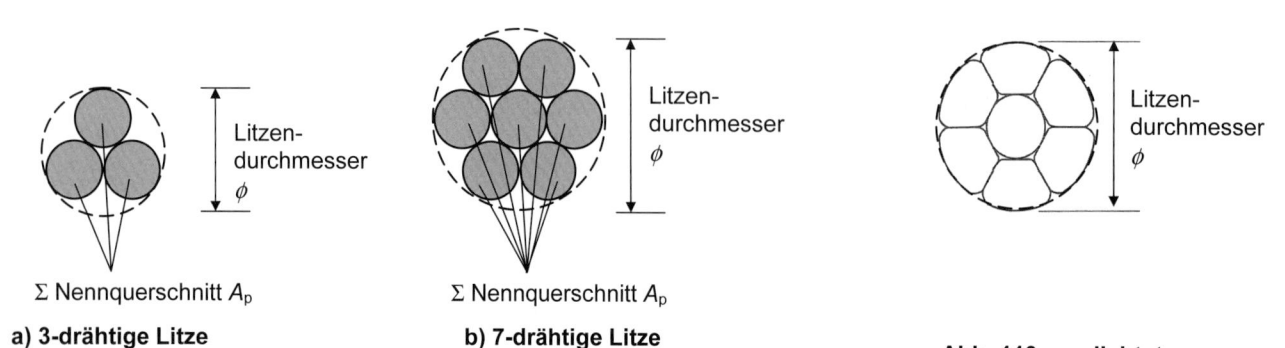

a) 3-drähtige Litze

b) 7-drähtige Litze

Abb. 112. Verhältnis Querschnittsfläche zu Umfang bei nicht verdichteten Litzen

Abb. 113. verdichtete 7-drähtige Litze

Zusätzlich ist die Mindestbetondeckung für Litzen und profilierte Drähte mit $c_{min,b} = 2{,}5\phi_p$ einzuhalten, um eine Längsrissbildung zu verhindern. Dabei sollte ein lichter Mindestabstand $s \geq 2{,}5\phi_p$ eingehalten werden. Wird der lichte Mindestabstand nach Bild 8.14 mit $s = 2{,}0\phi_p$ ausgenutzt, sollte die Mindestbetondeckung auf $c_{min,b} = 3\phi_p$ vergrößert werden [48]. Versuche haben gezeigt, dass eine unzulässige Sprengrissbildung mit den empfohlenen Mindestbetondeckungen insbesondere bei mehreren Spannstählen in einer Lage und geringer bzw. fehlender Querbewehrung nicht völlig ausgeschlossen ist [77]. Mit Rücksicht auf das Vorhaltemaß der Betondeckung werden jedoch die empfohlenen Mindestabmessungen als ausreichend angesehen, um unter günstigen Bedingungen die zulässige Vorspannkraft nach DIN EN 1992-1-1 rissfrei einzuleiten [48]. Daher sollte das Vorhaltemaß Δc_{dev} nicht unter 10 mm reduziert werden.

Weicht die eingeleitete Vorspannkraft gegenüber den nach DIN EN 1992-1-1, 5.10.2 bzw. 5.10.3 zulässigen Werten weit nach unten ab, sind ggf. kleinere Mindestabmessungen ausreichend [48]. Bei spezieller Geometrie, wie z. B. bei Hohlplatten, genügt aufgrund der Gewölbewirkung des Betons im Bereich der Hohlräume ebenfalls eine geringere Betondeckung (in den Zulassungen über Versuche nachgewiesen).

Zu (2): Die Verbundverankerung von vorgespannten Spannstählen mit sofortigem Verbund wird entscheidend durch die Spannstahloberfläche (Litze, profilierter Draht, gerippter Draht), die Betondeckung, den *Hoyer*-Effekt und die Rissbildung beeinflusst. Grundsätzlich wird das Verbundverhalten bei Spannstählen mit sofortigem Verbund wie bei Betonstahl durch die Anteile Haftverbund, Scherverbund und Reibungsverbund gekennzeichnet. Sobald Verschiebungen zwischen Stahl und Beton auftreten und der Haftverbund überwunden ist, wird der Scherverbund aktiviert, der durch Verzahnung von Stahl und Beton entsteht. Diese Verzahnung wird z. B. durch Rippen bei gerippten Drähten und durch Oberflächenrauigkeiten bei Litzen erzeugt. Erst mit Relativverschiebungen wird der Reibungsverbund wirksam. Während das Verbundverhalten von gerippten Spannstählen in erster Linie durch den Scherverbund bestimmt wird, überwiegen bei Litzen und profilierten Drähten der Haft- und der Reibungsverbund, der zudem durch den *Hoyer*-Effekt erheblich verstärkt wird [D525].

Tab. 14. Querschnittswerte für 3-drähtige Litzen

	1	2	3
	Nenndurchmesser ϕ [mm]	Querschnittsfläche A_p [mm²]	α_2
1	7,5	29	0,164

Tab. 15. Querschnittswerte für 7-drähtige Litzen

	1	2	3
	Nenndurchmesser ϕ [mm]	Querschnittsfläche A_p [mm²]	α_2
1	6,9	29	0,194
2	9,3	52	0,191
3	11,0	70	0,184
4	12,5	93	0,189
5	12,9	100	0,191
6	15,3	140	0,190
7	15,7	150	0,194
8	18,3	200	0,190

In Gleichung (8.16) werden die Art der Krafteintragung sowie die Spannstahlspannung berücksichtigt. Aus den abZ (i. d. R. für 7-drähtige Litzen) lassen sich die Geometriewerte α_2 der Tabellen 15 und 16 von nicht verdichteten Litzen entnehmen. Dabei ist für einen idealisierten Kreisquerschnitt nach Abb. 112:

$$\alpha_2 = A_p / (u_p \cdot \phi) = A_p / (\pi \cdot \phi^2) \quad (58)$$

Wertet man Gleichung (58) für den Rundquerschnitt aus, ergibt sich $\alpha_2 = \pi \cdot \phi^2 / (4 \cdot \pi \cdot \phi^2) = 0{,}25$.

Für 7-drähtige Litzen nach Abb. 112 b) wird der Beiwert $\alpha_2 = 7 \cdot \pi \cdot (\phi/3)^2 / (4 \cdot \pi \cdot \phi^2) = 7/36 \approx 0{,}194 \approx 0{,}19$.

Dieser beschreibt das wirksame Verhältnis zwischen Querschnittsfläche und dem zur Aufnahme von Verbundspannungen wirksamen Umfang von nicht verdichteten Litzen (Querschnittsverhältnisse für Litzen mit 7 Drähten in abZ nach Tabelle 15 → i. M. 0,191).

Aufgrund der größeren Verbundfläche im Bereich der Zwickel zwischen den einzelnen Drähten ergibt sich bei Litzen ein günstigerer Beiwert α_2 als bei Spannstählen mit rundem Querschnitt.

Da für 3-drähtige Litzen α_2 nach abZ kleiner ist, liegt der Wert 0,19 nach Gleichung (8.16) auf der sicheren Seite. Die einzige abZ für eine 3-drähtige Litze war bis 12.2009 gültig (Nr. Z-12.3-73). Die größere Verbundfläche von 3-drähtigen Litzen und damit kürzere Verankerungslänge kann allerdings zu einer relativ größeren Spaltzugbewehrung führen.

Zu (4): Am Ende der Eintragungslänge l_{disp} nach Gleichung (8.19) sind die lokalen Spannungsspitzen ausgeglichen und es hat sich eine lineare Spannungsverteilung eingestellt. Für vom Rechteck stark abweichende Querschnitte und andere Spanngliedlagen (z. B. vorgespannte Maste mit Kreisringquerschnitt) sind gleichwertige Ansätze zu wählen.

Zu (5): Statt einer linearen Zunahme der Vorspannkraft innerhalb der Übertragungslänge darf auch ein anderer Verlauf angenommen werden, sofern nachgewiesen werden kann, dass die entsprechenden Nachweise auf der sicheren Seite liegen. Bei Annahme eines parabolischen Verlaufs sollte die ermittelte Übertragungslänge um 25 % vergrößert werden [D525]. Die lineare Zunahme der Vorspannkraft wird als realistischer angesehen [21].

Zu 8.10.2.3 Verankerung der Spannglieder in den Grenzzuständen der Tragfähigkeit

Zu (1): Während das Verbundverhalten in der Übertragungslänge insbesondere durch den *Hoyer*-Effekt geprägt ist, setzt sich die Verbundfestigkeit außerhalb der Übertragungslänge aus dem Haftverbund und dem schlupfabhängigen Verbund zusammen.

Bei Litzen aus glatten Drähten können die aufnehmbaren Verbundspannungen durch das näherungsweise starrplastische Verbundverhalten nicht größer als bei der Spannkrafteinleitung werden. Nach Überschreiten dieser Verbundspannungen wachsen die Verschiebungen zwischen Litzen und Beton an und führen zum Versagen, wenn keine zusätzlichen Verankerungskräfte z. B. durch eine größere Verankerungslänge oder Betonstahlbewehrung aktiviert werden können. Gerippte Spanndrähte können durch ihr verschiebungsabhängiges Verbundverhalten größere Verbundbeanspruchungen als bei der Spannkrafteinleitung aufnehmen. Dies führt beim Überschreiten der Verbundkraft aus der

Spannkrafteinleitung zu kleineren Verschiebungen und zu einem gutmütigeren Verhalten, insbesondere unter dynamischer Beanspruchung. Durch die größere Verbundbeanspruchung als bei der Spannkrafteinleitung kann jedoch ein Verankerungsbruch durch schlagartiges Absprengen einer (zu kleinen) Betondeckung auftreten (*Hegger/ Nitsch/Hartz* in [48]). Daher sollte die Mindestbetondeckung bei gerippten Drähten auf $c_{min,b} = 3{,}0\phi_p$ erhöht werden.

Zu (2) und (3): Die Verbundspannung f_{bpt} nach Gleichung (8.15) setzt die Wirkung des *Hoyer*-Effektes voraus, d. h. sie wirkt nur innerhalb der Übertragungslänge und erfordert ungerissenen Beton (keine Längs- und keine Biegerisse [D525]). Bei Rissbildung im Verankerungsbereich geht auch bei vorhandener Umschnürungsbewehrung der *Hoyer*-Effekt verloren. Da außerhalb der Übertragungslänge keine nennenswerten Querdehnungen der Litze entstehen und damit kein *Hoyer*-Effekt auftritt, müssen die Bemessungswerte der Verbundspannungen f_{bpd} nach Gleichung (8.20) über den Beiwert η_{p2} deutlich abgemindert werden.

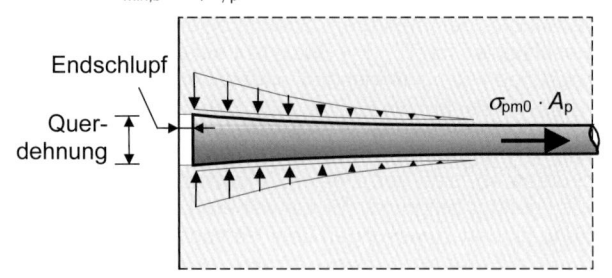

Abb. 114. Schematische Darstellung des *Hoyer*-Effekts [D525]

Die Verbundqualität von Litzen wird in EN 1992-1-1 wie im MC 90 [12] mit ca. 85 % der von profilierten Drähten bewertet ($\eta_{p2} = 1{,}2 / 1{,}4$). Da die Verbundfestigkeit von profilierten Drähten in hohem Maße von der Profilierung bestimmt wird, die je nach Hersteller unterschiedlich sein kann, wurde im NA keine Unterscheidung zwischen Litzen und profilierten Drähten vorgenommen. Daher darf nach NA auch für 7-drähtige, nicht verdichtete Litzen mit einer Querschnittsfläche $A_p \leq 100$ mm² der Beiwert $\eta_{p2} = 1{,}4$ wie für profilierte Drähte mit $\phi_p \leq 8$ mm verwendet werden. Damit werden dann weitgehend die Verbundspannungen nach DIN 1045-1 für profilierte Drähte und Litzen erreicht (vgl. Abb. 115).

Die Begrenzung der Betonzugfestigkeit auf den Wert für C60/75 nach Absatz (3) wird in [21] damit begründet, dass die proportionale Zunahme der Verbundfestigkeit mit der Betonzugfestigkeit bei höherfesten Betonen nicht so ausgeprägt ist.

Die in DIN EN 1992-1-1 fehlenden Angaben zur allgemein höheren Verbundfestigkeit von gerippten Drähten sind den abZ zu entnehmen. Bei gleicher bezogener Rippenfläche beträgt die Verbundfestigkeit in etwa den Werten für gerippte Betonstähle.

Zu (4): Beim Nachweis der Verankerung am Auflager im Grenzzustand der Tragfähigkeit sind die beiden Fälle mit und ohne Rissbildung in der Übertragungslänge l_{bpd} zu unterscheiden [D525]. Die Übertragungslänge l_{bpd} gilt als ungerissen, wenn die Biegezugspannung aus äußerer Last im GZT mit Vorspannkraft kleiner als die charakteristische Betonzugfestigkeit $f_{ctk;0,05}$ ist.

Zu (5): Für die Berücksichtigung von Biegerissen innerhalb der Übertragungslänge l_{pt} wurde Gleichung (57) aus DIN 1045-1 als Gleichung (NA.8.21.1) für die Verankerungslänge l_{bpd} im NA eingeführt. Das Bild 8.17 in EN 1992-1-1 wurde entsprechend Bild 17 b) aus DIN 1045-1 angepasst (neues Bild 8.17DE).

Fall a: Keine Rissbildung in der Übertragungslänge l_{pt}

Sind im Bereich der Endverankerung keine Biegerisse zu erwarten, braucht diese nicht ab der Auflagervorderkante nach 9.2.1.4 nachgewiesen werden. Eine ausreichende Endverankerung ist in diesem Fall immer gegeben. Biegerisse können erst außerhalb der Übertragungslänge auftreten, wenn die aus der Biegebeanspruchung resultierenden Betonzugspannungen die Wirkung der vollständig eingeleiteten Vorspannkraft aufheben und die Betonzugfestigkeit $f_{ctk;0,05}$ überschritten wird. Ab dem gerissenen Querschnitt ist die M_{Ed}/z-Linie um das Versatzmaß horizontal zu verschieben, um die vergrößerten Zuggurtkräfte $F_{Ed}(x)$ nach der Fachwerkanalogie zu berücksichtigen. Mit Gleichung (8.21) wird die Verankerungslänge l_{bpd} bestimmt, die zur Verankerung der Spannstahlkraft $A_p \cdot f_{p0,1k} / \gamma_s$ notwendig ist [D525].

Fall b: Rissbildung in der Übertragungslänge l_{pt}

Insbesondere bei geringerer Vorspannung ist eine Rissbildung innerhalb der Übertragungslänge zu erwarten, wenn die Zugkraft aus der M_{Ed}/z-Linie schneller anwächst als die eingeleitete Vorspannkraft. Ab der Stelle x mit dem ersten Biegeriss ist die reduzierte Verbundfestigkeit nach Gleichung (8.20) anzusetzen. Außerdem wird die abzudeckende Zugkraft $F_{Ed}(x)$ durch die um das Versatzmaß verschobene M_{Ed}/z-Linie nach der Fachwerkanalogie vergrößert. Zur Deckung der Zugkraftlinie ist dann entweder eine zusätzliche Betonstahlbewehrung mit der Zugkraft F_{sd} anzuordnen oder die Auflagertiefe zu vergrößern oder die Vorspannung zu erhöhen. Da bei einer Rissbildung in der Übertragungslänge die Verankerung am Auflager beeinflusst wird, ist immer die Verankerungslänge ab der Auflagervorderkante nach Abschnitt 9.2.1.4 nachzuweisen [D525].

Zu (NA.7)P: Die Festlegungen zur **zyklischen Beanspruchung** im Lasteinleitungsbereich berücksichtigen neuere Forschungsergebnisse. *Bülte* stellte in [8] u. a. in Versuchen fest, dass eine zyklische Beanspruchung keinen messbaren Einfluss auf die Verbundverankerung von Spannstahllitzen hat, solange die Verbundspannungen aus Betriebsbeanspruchungen den Grundwert der Verbundfestigkeit infolge Adhäsion und Grundreibung (ca. 80 % der statischen Verbundfestigkeit) nicht überschreiten. Die Betondeckung sollte im Verankerungsbereich bei zyklischer Beanspruchung gegenüber dem Mindestwert $c_{min,b} = 2{,}5\phi_p$ nach (NDP) 4.4.1.2 (3) auf $3{,}5\phi_p$ erhöht werden.

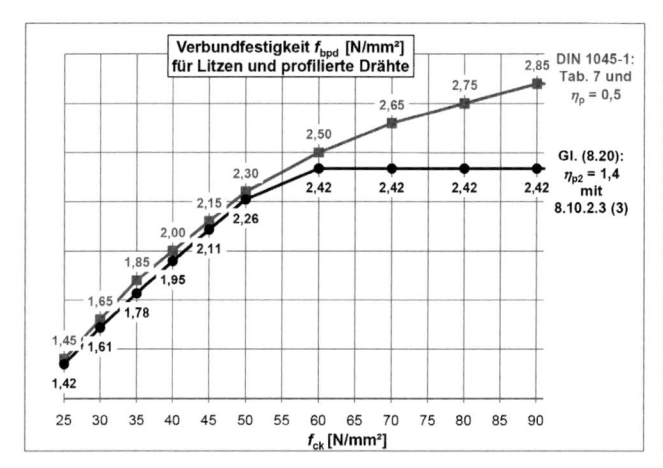

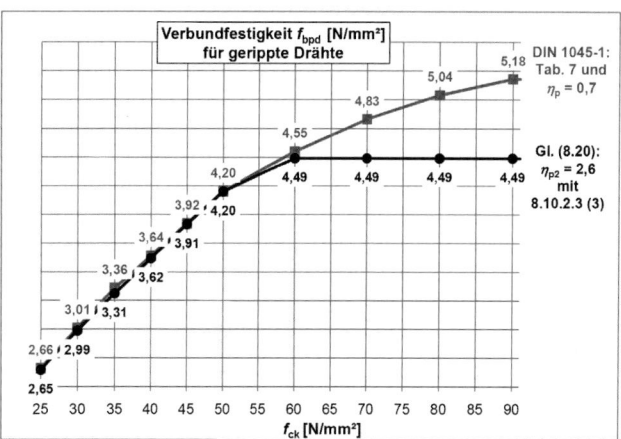

Abb. 115. Vergleich der Verbundfestigkeit für die Verankerung im GZT von Litzen und profilierten Drähten zwischen DIN 1045-1 und DIN EN 1992-1-1/NA mit $\eta_{p2} = 1{,}4$ (gute Verbundbedingungen)

Abb. 116. Vergleich der Verbundfestigkeit für die Verankerung im GZT von gerippten Drähten zwischen DIN 1045-1 und DIN EN 1992-1-1, Gleichung (8.20) mit $\eta_{p2} = 2{,}6$ (gute Verbundbedingungen)

Zu 8.10.4 Verankerungen und Spanngliedkopplungen für Spannglieder

Zu (5): Die Anordnung von Spanngliedkopplungen in einem Querschnitt wird in DIN EN 1992-1-1 i. d. R. konservativ auf 50 % begrenzt (in DIN 1045-1 maximal 70 % bei nicht vorwiegend ruhenden Einwirkungen). Im Allgemeinen sollten Kopplungen in Bereichen außerhalb von Zwischenauflagern liegen.

Im Betonbrückenbau haben sich folgende Regelungen bewährt (vgl. auch *Haveresch/Maurer* in [37]):

In jedem Querschnitt müssen mindestens 30 % der Spannglieder ungestoßen durchgeführt werden. Werden mehr als 50 % der Spannglieder in einem Querschnitt gekoppelt, ist eine durchlaufende Mindestbewehrung zur Begrenzung der Rissbreite (nach DIN EN 1992-1-1, 7.3.2 und mindestens $\phi\,10\,/\,200$ mm) anzuordnen oder eine bleibende Druckspannung von $\sigma_{c,\text{frequ}} \geq 3$ N/mm² unter der häufigen Einwirkungskombination nachzuweisen, um örtliche Zugspannungen aufnehmen zu können. Der Abstand der Koppelstellen von Spanngliedern, die nicht in einem Querschnitt gekoppelt werden, muss bei Bauteilhöhen $h \leq 2$ m mindestens $1{,}5h$ und bei $h > 2$ m mindestens 3 m betragen. Aufgrund der Besonderheiten an Arbeitsfugen mit Spanngliedkopplungen ist der Mittelwert des statisch bestimmten Anteils der Vorspannwirkung mit dem Faktor 0,75 abzumindern.

Zu 9 KONSTRUKTIONSREGELN

Zu 9.2 Balken

Zu 9.2.1 Längsbewehrung

Zu 9.2.1.1 Mindestbewehrung und Höchstbewehrung

Zu (1): Das Sicherheitskonzept für die Nachweise in den Grenzzuständen der Tragfähigkeit setzt eine Vorankündigung durch Bauteilverformungen und Rissbildung während einer Laststeigerung bis zum Bruch voraus. Das Prinzip erfordert die Aufnahme der bei Erstrissbildung durch den Ausfall der Betonzugspannungen frei werdenden Schnittgrößen durch Betonstahl allein, durch Beton- und Spannstahl oder bei unbewehrten Bauteilen durch die Sicherstellung von Umlagerungsmöglichkeiten der Druckkräfte im Querschnitt [D525]. Eine vergleichbare Empfehlung für eine solche Mindestbewehrung wurde auch schon von *Bonzel* et al. in [7] für DIN 1045:1972 gegeben.

Bei gering bewehrten Bauteilen besteht die Gefahr eines unangekündigten Versagens, wenn das Rissmoment des Betonquerschnitts über dem durch die Bewehrung aufnehmbaren Moment liegt. In jedem Bauteilquerschnitt muss deshalb die Biegebewehrung mindestens so groß sein, dass sie das Rissmoment M_{cr} des Querschnitts unter Ausnutzung der Streckgrenze f_{yk} aufnehmen kann (Robustheitsbewehrung), wenn das spröde Versagen nicht auf andere Weise verhindert wird. Demnach sind auch alternative konstruktive Maßnahmen oder Tragmodelle anwendbar, die ein Bauteilversagen (Einsturz) ohne Vorankündigung (z. B. durch Risse oder Durchbiegungen usw.) ausschließen. Ein Beispiel hierfür ist die Ausnutzung der Umlagerungsmöglichkeiten des Sohl- oder Erddrucks elastisch gebetteter Gründungsbauteile [D525].

Das Rissmoment eines Rechteckquerschnitts ohne Normalkraft beträgt mit dem Mittelwert der Betonzugfestigkeit f_{ctm}:

$$M_{cr} = f_{ctm} \cdot W_c = f_{ctm} \cdot b \cdot h^2 / 6 \tag{59}$$

Die zur Abdeckung des Rissmoments erforderliche Mindestbewehrung ist allgemein:

$$A_{s,min} = f_{ctm} \cdot W_c / (z \cdot f_{yk}) \tag{60}$$

Mit den vereinfachenden Annahmen $d \approx 0{,}9h$ und $z \approx 0{,}8d$ folgt für den Rechteckquerschnitt

$$A_{s,min} = f_{ctm} \cdot b \cdot (d / 0{,}9)^2 / (6 \cdot 0{,}8d \cdot f_{yk}) \approx 0{,}26 \cdot b \cdot d \cdot f_{ctm} / f_{yk} \tag{61}$$

Das entspricht der in der EN 1992-1-1 vorgeschlagenen Gleichung (9.1N), die zusätzlich einen Mindestwert von f_{ctm} = 2,5 N/mm² bei f_{yk} = 500 N/mm² vorsieht. Dies ist ein Sonderfall der allgemeineren Beziehung (60), der nicht in DIN EN 1992-1-1/NA übernommen wurde.

Bei Bauteilen mit Vorspannung besteht im gering beanspruchten (ungerissenen) Bereich die Gefahr, dass es bei einem unbemerkten Spanngliedausfall zu einem schlagartigen Versagen des gesamten Querschnitts kommt. Hier muss sichergestellt werden, dass auch bei einem teilweisen Ausfall der Spannglieder das Versagen durch eine Rissbildung angekündigt wird. Dies kann alternativ zur Robustheitsbewehrung durch folgenden Nachweis sichergestellt werden: Lässt man an jedem Punkt des Bauteils rechnerisch soviel Spannstahl ausfallen bis es zur Rissbildung kommt, ist nachzuweisen, dass die verbleibende Spannstahl- und Betonstahlbewehrung die Schnittgrößen aufnehmen kann. Hierbei dürfen Momentenumlagerungen berücksichtigt werden, soweit es die Rotationsfähigkeit der Querschnitte erlaubt (siehe Erläuterungen zu 5.10.1 (6), Verfahren E).

Zu (3): In DIN 1045:1972 wurde die Begrenzung der Längsbewehrung auch im Bereich von Übergreifungsstößen auf $A_{s,max} = 0{,}09 A_c$ (für Betone > C12/15) mit folgenden Begründungen eingeführt [7]:

Ein einwandfreies Betonieren muss durch ausreichende Lücken zum Einbringen und Rütteln des Betons gewährleistet werden. Zu hohe Bewehrungsgrade sind konstruktiv nicht ordnungsgemäß unterzubringen. Außerdem ist die Bewehrungsmenge sinnvoll so zu begrenzen, dass ein bauartgerechtes Tragverhalten sichergestellt bleibt, d. h., dass z. B. eine zu hohe Querschnittsausnutzung oder zu große Verformungen vermieden werden. Das Trägheitsmoment wird durch den Einbau von Druckbewehrung nicht wesentlich erhöht. Mit der Wahl immer größerer Stabdurchmesser ist außerdem ein ungünstigeres Rissverhalten zu erwarten.

Der Einbau einer Druckbewehrung bringt eine wesentliche Erhöhung der Tragfähigkeit, wenn sie ausreichend durch Verbügelung gegen Ausknicken gesichert wird (siehe 9.2.1.2 (3)). Die bei der Berechnung angesetzte Druckbewehrung sollte die Menge der Zugbewehrung nicht überschreiten. Bei überwiegend biegebeanspruchten Bauteilen sollte diese gemäß der Empfehlung in DIN 1045:1988 mit maximal 1,0 % angerechnet werden. Für diesen Fall bewirkt die Druckbewehrung eine Tragfähigkeitssteigerung, die einer Erhöhung der Betonfestigkeit um ca. zwei Klassen entspricht [7]. Wenn mit hohen Kriechverformungen gerechnet werden muss, ist die Entlastung der Druckzone durch Bewehrung zweckmäßig.

Die reduzierte Begrenzung von $0{,}09 A_c$ auf $A_{s,max} = 0{,}08 A_c$ für überwiegend biegebeanspruchte Bauteile wurde erstmalig für DIN 1045-1:2001-07 aus dem Vorschlag in der ENV 1992-1-1-Vornorm [E27] übernommen. Auf die Empfehlung von je 4 % maximaler Bewehrungsgrad der Druck- oder Zugbewehrung aus EN 1992-1-1 wurde auch mit Blick auf die größeren Stabdurchmesser 32 mm und 40 mm unter der Voraussetzung einer sinnvollen Bewehrungskonstruktion im NA verzichtet.

Zu (4): Da bei Vorspannung ohne Verbund die Spannkraft im Versagensfall über die gesamte Spanngliedlänge ausfällt, soll die Mindestbewehrung für das 1,15-fache Rissmoment ausgelegt werden, was der Aufnahme des Rissmoments mit dem Bemessungswert der Streckgrenze $f_{yd} = f_{yk} / 1{,}15$ entspricht.

Zu 9.2.1.2 Weitere Konstruktionsregeln

Zu (2): Bei Gurtplatten in der Zugzone führt eine Konzentration der Zuggurtbewehrung im Stegbereich zu breiten Rissen in der Platte. Werden jedoch 40 % bis 60 % der Zuggurtbewehrung in die Platte ausgelagert, ergibt sich ein günstigeres Rissbild und Tragverhalten. Gleichzeitig vergrößert sich der innere Hebelarm und es ergeben sich ausreichende Betonierlücken (*Leonhardt/Mönnig* [67]).

In DIN 1045:1978 wurde eine Begrenzung des Auslagerungsbereichs auf die halbe mitwirkende Plattenbreite eingeführt. *Eibl* und *Kühn* haben in Versuchen [20] nachgewiesen, dass sich eine weitergehende Auslagerung ungünstig auf die Rissverteilung und Gleichmäßigkeit der Bewehrungsbeanspruchung auswirkt. Insbesondere im Gebrauchslastbereich wurde die nahe am Steg liegende Gurtbewehrung deutlich höher beansprucht als die weiter ausgelagerte. Auf die Anordnung einer entsprechenden Querbewehrung für die ausgelagerte Längsgurtbewehrung und das zusätzliche Versatzmaß (siehe (NCI) 9.2.1.3 (2)) wurde gleichermaßen hingewiesen.

Daher wurde im NA die Empfehlung aufgenommen, abweichend von der EN 1992-1-1 die Zuggurtbewehrung nur auf die halbe rechnerische mitwirkende Plattenbreite auszulagern. Das Bild 9.1DE wurde dementsprechend in der kommentierten Fassung redaktionell angepasst.

Zu 9.2.1.3 Zugkraftdeckung

Zu (1): Durch den Nachweis der Zugkraftdeckung wird sichergestellt, dass in jedem Querschnitt die auftretende Zuggurtkraft durch die vorhandene Bewehrung aufgenommen werden kann.

Die Zugkraftdeckung muss auch bei einer erforderlichen Bemessung für den Brandfall sichergestellt sein. Die außergewöhnliche Einwirkungskombination im Brandfall führt zu deutlich geringeren Schnittgrößen als bei der Kaltbemessung (maximal 70 %). Ausgehend von der Lage der Momentennullpunkte aus der Kaltbemessung von Durchlaufsystemen werden diese unter Brandbeanspruchung weiter in die Felder verlagert, da sich Feldmomente wegen der heißer und damit „weicher" werdenden Feldbewehrung zu den kälteren Stützquerschnitten umlagern. Dies ist bei einer genaueren „Heißbemessung" mit Näherungsverfahren bzw. mit allgemeinen Verfahren zu berücksichtigen.

Werden z. B. nach DIN EN 1992-1-2 [E5], 5.7.3, Durchlaufplatten mit dem Tabellenverfahren nachgewiesen, wird in DIN EN 1992-1-1/NA [E6] zur Sicherstellung der Rotationsfähigkeit über den Auflagern gefordert, die Stützbewehrung gegenüber der erforderlichen Länge aus der Zugkraftdeckung der „Kaltbemessung" beidseitig um 0,15l weiter ins Feld zu führen (mit l – Stützweite des angrenzenden größeren Feldes).

Zu (2): Der Einfluss der Querkraft auf die Biegebewehrung darf vereinfacht über das Versatzmaß a_l berücksichtigt werden. Das Versatzmaß für Platten ohne Querkraftbewehrung wurde für DIN 1045:1978 von 1,5d auf 1,0d aufgrund damaliger Versuche reduziert [D300].

Der innere Hebelarm z in Gleichung (9.2) für das Versatzmaß bei Bauteilen mit Querkraftbewehrung im GZT kann aus der Biegebemessung übernommen werden; er darf näherungsweise zu $z \approx 0{,}9d$ angesetzt werden, sofern nicht durch erhebliche Normalkräfte z. B. aus Vorspannung kleinere Werte maßgebend sind [115]. Deutlich wird die Abhängigkeit des Versatzmaßes und damit der Verankerungslänge von der gewählten Druckstrebenneigung mit dem Winkel θ. Bei kurzen Auflagertiefen kann die Verankerungslänge damit auch für die Querkraftbewehrung bemessungsentscheidend werden, weil der Druckstrebenwinkel steiler gewählt werden muss.

Zu (3): Im Unterschied zur Regelung in DIN 1045-1 darf nach DIN EN 1992-1-1 ein linearer Kraftverlauf entlang der Verankerungslänge bei der Abdeckung der Zugkraftlinie durch gestaffelte Bewehrung berücksichtigt werden (vgl. Abb. 117). Am Stabende beginnend steigt die in einem Bewehrungsstab aufnehmbare Kraft durch die Verbundwirkung allmählich linear an, bis nach der Verankerungslänge l_{bd} der Bemessungswert F_{sd} erreicht ist. Dies durfte in DIN 1045-1 nicht berücksichtigt werden. Im Vergleich zur Anrechnung eines stetigen Anstiegs der Zugkraftdeckungslinie in DIN EN 1992-1-1 ergaben sich damit größere erforderliche Stablängen. Eine Begründung für die Vernachlässigung des Anstiegs war die mögliche Abweichung der tatsächlichen von der rechnerischen Zugkraftlinie, insbesondere da damals die Zugkraftlinie oft nur zeichnerisch ohne Unterstützung durch Software nachgewiesen wurde. Außerdem können Verlegungenauigkeiten auftreten, die zur Verkürzung der vorhandenen Verankerungslängen führen (vgl. [D300]).

Wenn die Zugkraftlinie allerdings unter Ansatz der Betonstahlzugkraft in der Verankerungslänge abgedeckt wird, kommt der genauen Ermittlung ihres Verlaufs unter Berücksichtigung aller maßgebenden Lastfälle große Bedeutung zu. Aufgrund der Unterstützung durch moderne Software ist der zusätzliche Bemessungsaufwand nicht mehr nennenswert, gleichwohl sollte mit Ingenieurverstand eine ausreichend robuste konstruktive Staffelung mit angemessenen Verankerunslängen gewählt werden.

Zu (4): Aufgebogene Querkraftbewehrung, die im Bereich von Zugspannungen endet, muss an die Zugbewehrung mit Übergreifungsstoß angeschlossen werden. Hierfür ist vereinfacht die 1,3-fache Verankerungslänge mit 1,3l_{bd} ausreichend. Bei im Bereich von Betondruckspannungen endenden Querkraftaufbiegungen kann die Verankerung ab der Nulllinie als gesichert gelten. Da zusätzlich eine günstige Wirkung der Stabkrümmung gegeben ist, reicht eine verkürzte Verankerungslänge aus [D300]. Diese wird in DIN EN 1992-1-1 mit 0,7l_{bd} festgelegt.

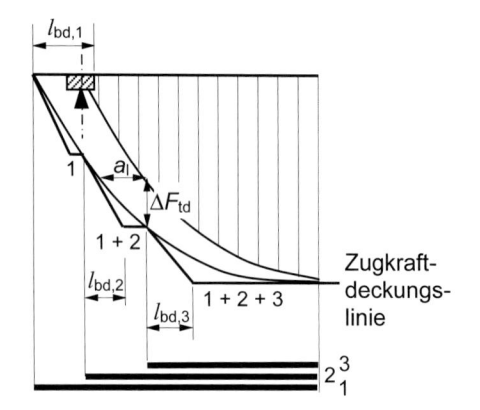

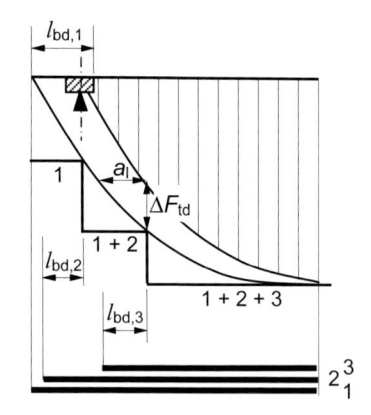

a) mit Ansatz der Tragfähigkeit der Bewehrung in der Verankerungslänge l_{bd}

b) ohne Ansatz der Tragfähigkeit der Bewehrung in der Verankerungslänge l_{bd}

Abb. 117. Zugkraftdeckungslinie und Verankerungslängen bei biegebeanspruchten Bauteilen

Zu 9.2.1.4 Verankerung der unteren Bewehrung an Endauflagern

Zu (2): Die für die zu verankernde Zugkraft in Gleichung (9.3) im NA ergänzte Begrenzung auf $\geq 0{,}5 V_{Ed}$ entspricht der Zugkraft bei einem maximal ansetzbaren Druckstrebenwinkel von $\theta = 45°$.

Die am Endauflager zu verankernde Zuggurtkraft F_{Ed} infolge einer auflagernahen Einzellast F im Sinne von 6.2.2 (6) bzw. 6.2.3 (8) wird vereinfacht mit der gesamten Querkraft V_{Ed} im Auflager ermittelt. Genauere Nachweise mittels Stabwerkmodellen dürfen geführt werden [D525].

Zu (3): Ein ausführungstechnisch bedingtes Mindestmaß der Verankerungslänge wurde in DIN 1045:1972 mit 10ϕ eingeführt. Es sollte unvermeidliche Herstellungstoleranzen abdecken und sicherstellen, dass ein angemessener Teil der Zugkraft durch über die Auflager geführte Stäbe verankert wird [D300]. Maßabweichungen können beim Ablängen oder Verlegen der Bewehrung sowie bei der Stützweite auftreten. Bei dieser Festlegung wurde davon ausgegangen, dass die Abweichungen proportional zum Stabdurchmesser ansteigen [D400]. Ab DIN 1045:1978 wurde für die Verankerung am Endauflager das Mindestmaß mit 10ϕ bei indirekter und 6ϕ bei direkter Auflagerung unterschieden. In DIN 1045-1:2008 wurde dieses Mindestmaß auf $2/3 \cdot 10\phi = 6{,}7\phi$ am direkten Auflager festgelegt. Dieser Mindestwert wurde im NA mit (NCI) zu 8.4.4 (1) und 9.2.1.4 (3) übernommen.

Zu 9.2.1.5 Verankerung der unteren Bewehrung an Zwischenauflagern

Zu (2): An Zwischenauflagern von durchlaufenden Platten und Balken, an Endauflagern mit anschließendem Kragarm, an eingespannten Auflagern und an Rahmenecken wurde als Verankerungslänge in DIN 1045:1978 unabhängig von der Art der Endverankerung und der Lagerungsart das Maß 6ϕ gefordert [D300]. Dieser Wert wurde im NA als (NCI) wieder aufgenommen.

Bei Betonstahlmatten sollte mindestens 50 mm hinter der Auflagervorderkante des Zwischenauflagers noch ein Querstab liegen, wenn die Mattenstäbe nicht als gerade Stabenden behandelt werden.

Zu (3): Auch für DIN 1045:1972 wurde schon empfohlen, an Zwischenauflagern zur Aufnahme unplanmäßiger Beanspruchungen (z. B. Brandeinwirkung, Stützensenkung, Katastrophenfall) einen Teil der Feldbewehrung durchzuführen bzw. kraftschlüssig zu stoßen (insbesondere über Mauerwerkswänden). Sinnvollerweise sollte das mit der mindestens über das Auflager zu führenden Feldbewehrung geschehen [D300]. In DIN EN 1992-1-1 wird hierzu auf eine vertragliche Vereinbarung verwiesen, um die Kosten für die erhöhte Zuverlässigkeit eindeutig und rechtssicher zuzuordnen.

Zu 9.2.2 Querkraftbewehrung

Zu (2): Bild 9.5 wurde im NA durch die seit DIN 1045:1978 bekannten Beispiele für Querkraftzulagen aus Bügelkörben und Bügelleitern ergänzt.

Zu (3): Zur Verankerung der Querkraftbewehrung mit Haken, Winkelhaken und angeschweißten Querstäben siehe auch die Erläuterungen zu 8.5.

Um den Einbau der Längsbewehrung und des Betons zu erleichtern, werden bei hohen Stegen Steckbügel verwendet, die durch Übergreifungsstoß mit den anderen Bügelschenkeln zu einem geschlossenen Bügel zusammengesetzt werden dürfen (Abb. 118 a) und b)). Die Tragwirkung des Bügels wird dabei wegen der Querzugkräfte im Stoßbereich ungünstig beeinflusst. Deshalb ist diese Bügelform für Torsionsbügel nicht empfehlenswert. Liegt der Übergreifungsstoß nicht in der Biegedruckzone, muss mit einer Übergreifung im Bereich von zum Stoß parallelen Biegerissen gerechnet werden und der Beiwert α_6 in Gleichung (8.10) ist auf 1,5 zu erhöhen (entspricht einer Abminderung der Verbundspannung um 1/3).

Eine bessere Lösung für offene Querkraftbügel in schmalen Stegen von Rippendecken oder Plattenbalken ist die Verankerung mit nach außen gerichteten Haken, wenn die Regellösung mit nach innen gerichteten Haken nicht eingebaut werden kann. Zur Aufnahme der an den Krümmungen eingeleiteten Umlenkkräfte ist die Abstützung der Druckstreben in die Querbewehrung der anschließenden Platte erforderlich [67] (Abb. 118 c)).

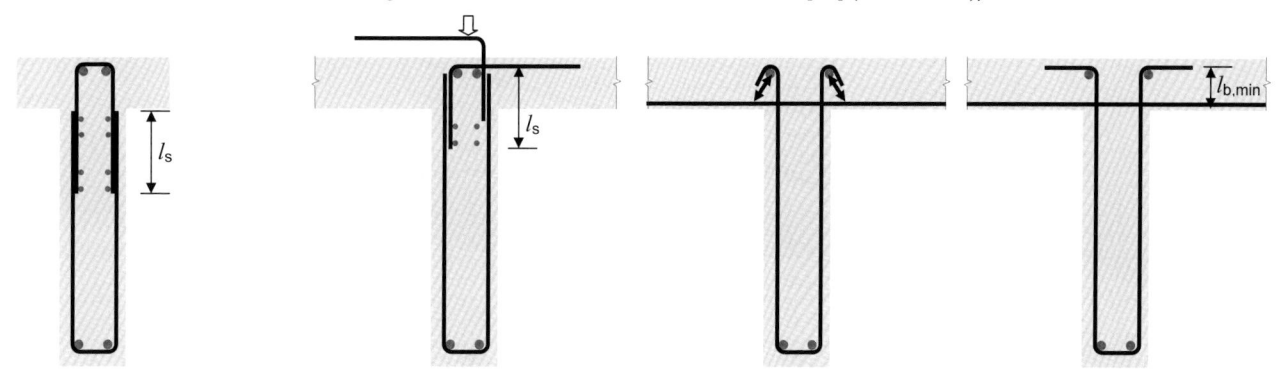

a) Übergreifungsstoß mit Kappenbügel   b) Übergreifungsstoß mit Winkelhaken   c) Außenhaken und Querbewehrung   d) Außenwinkelhaken und Querbewehrung

Abb. 118. Beispiele für Bügelformen in schlanken Stegen

Löhr hat in [70] das Tragverhalten von offenen Bügeln und nach außen gebogenen Winkelhaken untersucht (Abb. 118 d). Danach kann bei ausreichender unterer Plattenquerbewehrung das Ausbrechen der Winkelhaken und das Spalten der Platte durch eine Mindestverankerungslänge $l_{b,min}$ verhindert werden. In [D400] wurden die hierfür erforderlichen Mindestverankerungslängen dann wie folgt aufgenommen:

Tab. 16. Empfohlene Mindestverankerungslängen $l_{b,min}$ für offene Bügel mit Außenwinkelhaken[1] ([nach [D400])

	1	2	3	4
	Bauteil	**Bügeldurchmesser[2]**	**Zugzone**	**Druckzone**
1	Rippendecke	$\phi_w \leq 8$ mm	$10\phi_w$	$8\phi_w$
2	Plattenbalken	$\phi_w \leq 12$ mm	$15\phi_w$	$12{,}5\phi_w$

[1] Die Werte gelten für:
Betonstahl und Matten B500, Bügelabstand $s_{l,max} \geq 100$ mm (bei engerem Abstand sind die Werte angemessen zu vergrößern);
Beton C20/25: Umrechnung auf andere Betonfestigkeiten bis C50/60 mit $(25 / f_{ck,cube})^{0{,}5}$
[2] bei Doppelstäben: Vergleichsdurchmesser ϕ_h

Bei der Anordnung offener Bügel mit Außenhaken in Plattenbalken ist eine durchgehende bzw. ausreichend im Steg verankerte untere Querbewehrung erforderlich. Es gilt die Begrenzung auf $V_{Ed} \leq 2/3 V_{Rd,max}$ nach 8.5 (NA.4).

Die Begrenzung der aufnehmbaren Querkraft in Rippendecken sollte dabei mit $V_{Ed} \leq 0{,}5 V_{Rd,max}$ (entspricht $\approx \tau_{02}$ nach DIN 1045:1988) eingehalten werden. Bei relativ geringen Schubbeanspruchungen erscheint es ausreichend, in der Platte der Rippendecke nur eine obere Querbewehrung zum Schließen der offenen Bügel anzuordnen [D400]. Als geringe Beanspruchung kann ein Wert von $V_{Ed} \leq 0{,}3 V_{Rd,max}$ ingenieurmäßig abgeschätzt werden (analog Tab. NA.9.1).

Die in Tabelle 16 empfohlenen Einbindetiefen setzen eine relativ genaue Lage der Bügel voraus [D400]. Entsprechende Einbauanweisungen auf den Bewehrungsplänen sind zu empfehlen oder Zuschläge für Verlegeungenauigkeiten vorzusehen.

Zu (4): Bei einer Kombination von Bewehrungselementen nach Bild 9.5 muss in Balkenquerschnitten immer mindestens 50 % der Querkraftbewehrung aus Außenbügeln bestehen, die die gesamte Zugbewehrung umfassen.

Zu (5): Die **Mindestquerkraftbewehrung** nach EN 1992-1-1, Gleichung (9.5N) ist z. T. deutlich geringer als die für DIN 1045-1 abgeleitete (vgl. Abb. 119).

$$\rho_{w,min} = 0{,}08\sqrt{f_{ck}} / f_{yk}$$ EN 1992-1-1, (9.5N)

Durch *Hegger* und *Görtz* wurde der Mindestquerkraftbewehrungsgrad in [47] für DIN 1045-1 abgeleitet. Da die Querkrafttragfähigkeit von Bauteilen mit rechnerisch erforderlicher Querkraftbewehrung an einem reinen Fachwerkmodell mit einer abhängig vom Betontraganteil $V_{Rd,cc}$ nach Gleichung (6.7aDE) flacher geneigten Druckstrebe bestimmt wird, muss nach Überschreiten der Querkrafttragfähigkeit des unverbügelten Querschnittes $V_{Rd,c}$ eine Umlagerung in dieses Modell erfolgen können. Um hierbei ein robustes, duktiles Tragverhalten sicherzustellen, ist eine Mindestquerkraftbewehrung $a_{sw,min}$ erforderlich, welche die freigesetzte Kraft $V_{Rd,c}$ aufnimmt.

Grundsätzlich ist zwischen dem Biegeschubversagen (ausgehend von Biegerissen) und dem Schubzugversagen (ausgehend von Schubrissen im Steg) zu unterscheiden. Das Biegeschubversagen ist typisch für Stahlbetonbauteile. Ein reines Schubzugversagen tritt auf, wenn ein vorgespannter Zuggurt (i. d. R. in einem gegliederten Querschnitt) das Entstehen von Biegerissen verhindert. Aufgrund des unterschiedlichen Schubrissverhaltens wurde in DIN 1045-1 bei der Festlegung der Mindestquerkraftbewehrung zwischen gegliederten und Vollquerschnitten unterschieden [47]. Diese Regelung wurde im NA übernommen:

Biegeschubversagen: $\rho_{w,min} = 0{,}16\, f_{ctm} / f_{yk}$ DIN EN 1992-1-1/NA, (9.5aDE)

Schubzugversagen: $\rho_{w,min} = 0{,}256\, f_{ctm} / f_{yk}$ (mit vorgespanntem Zuggurt)   DIN EN 1992-1-1/NA, (9.5bDE)

Aus konstruktiven Gründen sollte die Mindestquerkraftbewehrung bei Balken zu 100 % aus Bügeln bestehen.

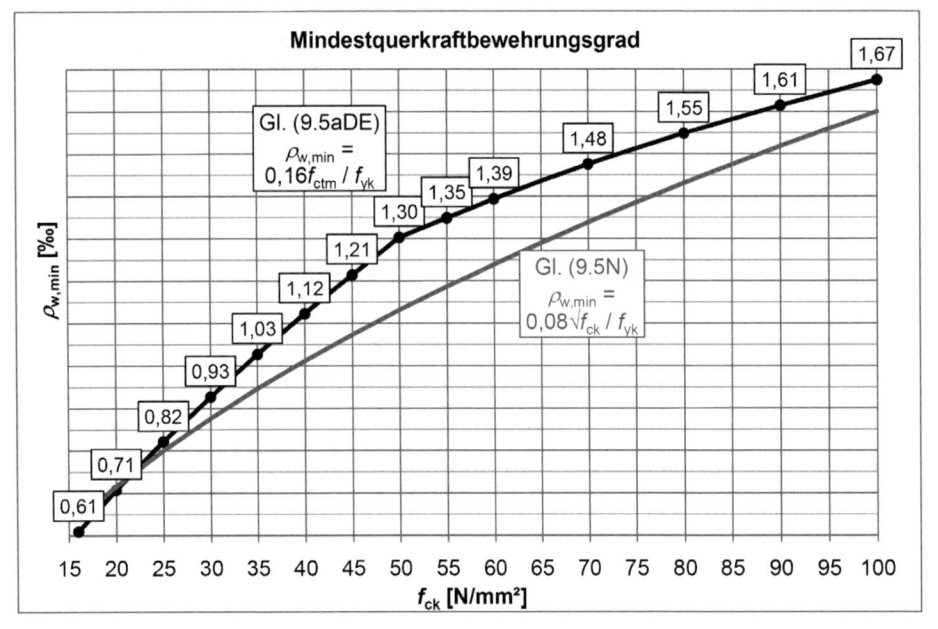

Abb. 119. Vergleich Mindestquerkraftbewehrung DIN 1045-1 bzw. NA und EN 1992-1-1

Zu (6) und (8): Die Querkraftbemessung nach Fachwerkmodell setzt anstelle singulärer Stäbe Druck- und Zugfelder voraus. Da sich die Druckstreben vorrangig in den steiferen Bügelecken abstützen, entstehen lokale Spannungskonzentrationen. Um ein vorzeitiges Versagen zu verhindern, müssen mit zunehmender Ausnutzung der Druckstrebentragfähigkeit engere Bügelabstände vorgesehen werden. Aus gleichem Grund sind die Abstände der Bügelschenkel quer zur Bauteilachse ebenfalls zu begrenzen. Bei breiten Balken- und Plattenquerschnitten sind daher mehrere Bügel nebeneinander anzuordnen.

In DIN EN 1992-1-1/NA wurden daher wieder beanspruchungsabhängige Maximalabstände $s_{l,max}$ der Bügelschenkel in Längsrichtung (Tabelle NA.9.1) und in Querrichtung (Tabelle NA.9.2) aufgenommen. Der Vergleich mit EN 1992-1-1, Gleichung (9.6N), zeigt die deutlichen Unterschiede auf (Abb. 120 a)). Die strengere Abstandsregel in Längsrichtung ist unter anderem auf die nach NA gegenüber EN 1992-1-1 vergrößerte Maximaltragfähigkeit $V_{Rd,max}$ zurückzuführen.

Die Querabstände der Bügelschenkel $s_{t,max}$ wurden im NA mit der Bauteilabmessung h in Tabelle NA.9.2 großzügiger festgelegt (vgl. Abb. 120 b)).

In DIN 1045:1978 wurde die konstruktive Regelung für niedrige ($h < 200$ mm), gering querkraftbeanspruchte Balken ohne rechnerisch erforderliche Querkraftbewehrung eingeführt, wonach ein maximaler Bügelabstand von $s_{l,max} = 150$ mm „die praktischen Verhältnisse als auch die notwendigen Sicherheitsanforderungen" berücksichtigt [D300]. Dies ist beispielsweise eine für Fensterstürze mit größeren Spannweiten relevante Regelung, die im Sinne der Praxis wieder im NA integriert wurde (Fußnote [b] in Tabelle NA.9.1).

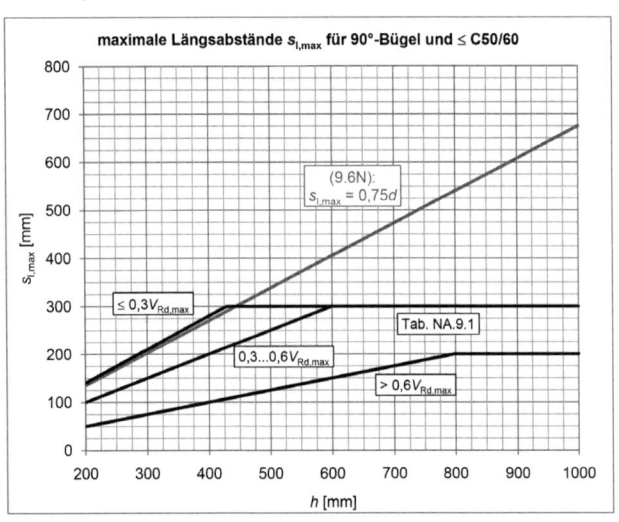

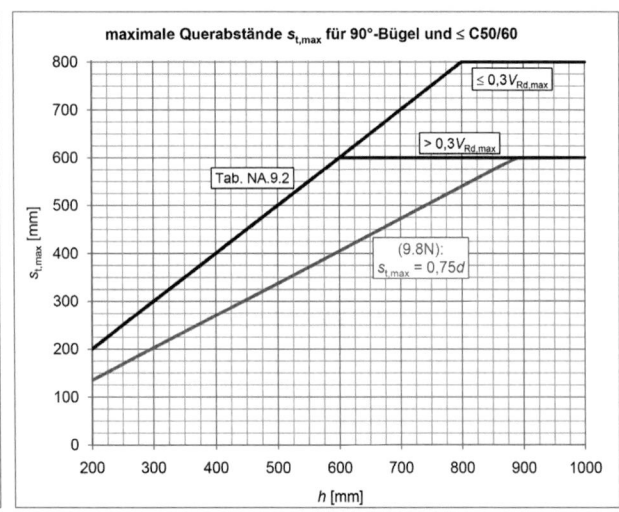

a) Längsabstände 90°-Bügel

b) Querabstände Bügelschenkel

Abb. 120. Vergleich der Maximalabstände für Querkraftbewehrung nach EN 1992-1-1 und DIN EN 1992-1-1/NA (mit der Annahme $d \approx 0{,}9h$)

Zu 9.2.3 Torsionsbewehrung

Zu (1): Torsionsbügel müssen den umlaufenden Schubfluss durch Kurzschließen der Zugkraft aufnehmen (z. B. mit Übergreifungsstößen nach Bild 9.6a2)). Daher ist das Schließen offener Bügel z. B. mit Plattenquerbewehrung nach Bild 8.5DE i) für Torsionsbügel nicht zulässig. Dies ist insbesondere auch wegen der im NA höher ausnutzbaren umlaufenden Druckstrebe für Querkraft und Torsion begründbar. Diese in EN 1992-1-1 im Bild 9.6a3) als „empfohlen" dargestellte Bügelform wurde daher in DIN EN 1992-1-1/NA ausgeschlossen und in der kommentierten Normfassung gestrichen.

Torsionsbügel dürfen mit Haken nach Bild 9.6a1) bzw. Bild 8.5DE a) geschlossen werden, wenn die Hakenlänge nach der Biegung von 5ϕ auf 10ϕ vergrößert wird, um das Herausziehen zu verhindern (siehe auch *Leonhardt/Mönnig* in [67]). Bei engem Bügelabstand ($s_{l,max} \leq 200$ mm) sollten die Haken längs des Bauteils wechselseitig verschwenkt werden.

Zu 9.2.5 Indirekte Auflager

Zu (1): Die Auflagerkraft des unterstützten Nebenträgers muss vollständig durch Aufhängebewehrung in die Druckzone des stützenden Hauptträgers eingehängt werden. Die überwiegend parallel verlaufenden, in den Hauptträger einmündenden Druckstreben erlauben eine über die Höhe verteilte Einleitung der Auflagerkraft und damit gleichzeitig eine Auslagerung eines Teils der Aufhängebewehrung in die unmittelbar angrenzenden Bereiche von Haupt- und Nebenträger.

Zu (2): Die mögliche Verteilung der Aufhängebewehrung innerhalb eines größeren Kreuzungsbereichs im Sinne von Bild 9.7 wurde schon in den 1960er bis 1970er Jahren durch die „Stuttgarter Versuche" von *Leonhardt* et al. ([D163], [D178], [D201] und [66]) nachgewiesen.

Gemäß [66] sollten mindestens 70 % der Aufhängebewehrung im unterstützenden Hauptträger angeordnet werden. Die Umlenkung der Druckstreben erfordert dabei eine horizontale, ausreichend verankerte Bewehrung zur Aufnahme der Zugkräfte. Die über die Höhe verteilte, horizontale Bewehrung muss dann der Gesamtquerschnittsfläche der ausgelagerten Bügel entsprechen (Druckstrebenwinkel 45°). Bei sehr breiten unterstützenden Trägern oder Platten ist der indirekte Auflagerbereich für den Nebenträger auf eine Auflagertiefe entsprechend seiner Nutzhöhe zu begrenzen (45° Druckstrebe vom Auflagerrand, vgl. Abb. 121).

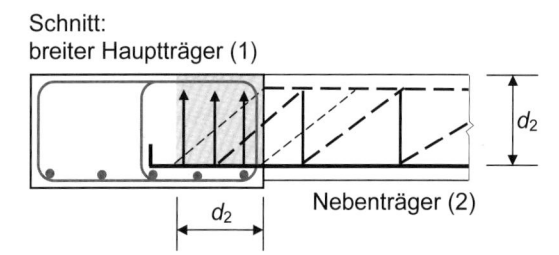

Abb. 121. Auflagertiefe im breiten Hauptträger für indirekt aufgelagerten Nebenträger

Reineck plädiert in [86] für die Konzentration der vollständigen Aufhängebewehrung im unmittelbaren Durchdringungsbereich beider Träger (Abb. 122). Die Auflagerbreite des Nebenträgers wird durch die Anordnung der Aufhängebügel im Stegbereich in Fortsetzung seiner Querkraftbügel bestimmt. Damit wird die gesamte Auflagerkraft über die Breite des Knotens (N1) verteilt und die Längszugkraft im Gleichgewicht in der Knotentiefe verankert (Abb. 122 a) und c)). Die ungünstige Verankerung der Längsbewehrung in der gerissenen Biegezugzone des Hauptträgers mit einer ggf. um 1/3 abgeminderten Verbundspannung wurde schon zu 8.4.4 (1) erläutert (siehe auch Abb. 100).

Für den stützenden Hauptträger ergibt diese enge Anordnung der Aufhängebügel einen sehr konzentrierten Knoten (N2) für die Bügelverankerung mit Querdruck aus der Biegedruckzone (Abb. 122 b)). Da die Gleichlasten des Nebenträgers direkt über die geneigten Druckstreben vollständig in die Aufhängebügel abgetragen werden, kann die Bemessung der Bügel im anschließenden B-Bereich wie bei direkter Auflagerung mit der Querkraft im Abstand d vom Auflagerrand vorgenommen werden [86].

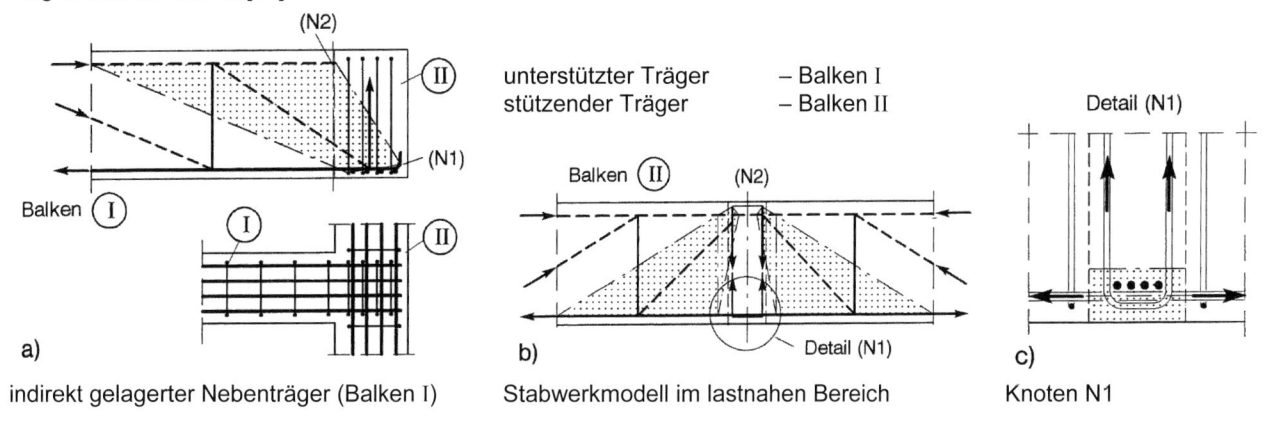

Abb. 122. Stabwerkmodell und Spannungsfelder für indirektes Endauflager (aus *Reineck* [86])

a) indirekt gelagerter Nebenträger (Balken I)
b) Stabwerkmodell im lastnahen Bereich
c) Knoten N1

unterstützter Träger – Balken I
stützender Träger – Balken II

Zu 9.3 Vollplatten

Zu 9.3.1 Biegebewehrung

Zu 9.3.1.1 Allgemeines

Zu (2): Die Querbewehrung bei einachsig gespannten Platten dient der Lastverteilung von im gleichmäßig verteilten Flächenlastmodell nur indirekt berücksichtigten Einzel- und Streckenlasten. Außerdem können Querbiegemomente und Querdehnungen sowie Zwangsspannungen in Querrichtung (Schwinden, Temperatur) auftreten.

Die für DIN 1045:1972 eingeführte zusätzliche Querbewehrung unter bei der Schnittgrößenermittlung berücksichtigten Einzellasten und Streckenlasten (parallel zur Spannrichtung) ist praktisch und zweckmäßig und sollte vorgesehen werden, sofern keine genaueren Nachweise geführt werden. Danach soll der Querschnitt je Meter der Querbewehrung mindestens 60 % des durch die Einzel- oder Streckenlast bedingten Anteils der Hauptbewehrung betragen. Diese Querbewehrung sollte außerhalb des Lastausbreitungsbereichs verankert werden.

Im Unterschied zu EN 1992-1-1 ist in auflagernahen Bereichen bei durchlaufenden, einachsig gespannten Platten auch eine Querbewehrung für die oben liegende Zugbewehrung erforderlich, wenn kein Biegemoment in Querrichtung vorliegt. *Leonhardt* und *Mönnig* hatten in [67] eine Querbewehrung von 10 % der Stützbewehrung vorgeschlagen, da ein Teil der Querzugspannungen durch die Querdehnungsbehinderung bei direkter Auflagerung aufgenommen wird.

Zu (3): Die Begrenzung des maximalen Stababstandes in Platten führt indirekt auch zu einer Begrenzung der Stabdurchmesser und damit zu einer günstigeren Rissverteilung (vgl. DIN EN 1992-1-1, Bild 7.2). Die im NA daher eingeführten „bewährten" Werte für $s_{max,slabs}$ entstammen der DIN 1045:1988-07. Sie sind gegenüber den in EN 1992-1-1 vorgeschlagenen Werten z. T. deutlich konservativer (vgl. Abb. 123).

Zu (4): Wenn das Versatzmaß bei querkraftbewehrten Platten nach Gleichung (9.2) bei sehr flach geneigten Druckstreben (bei ca. $\cot\theta > 2{,}5$) größer als d wird, ist das größere Versatzmaß $a_l = 0{,}5z \cdot (\cot\theta - \cot\alpha) > d$ für die Zugkraftdeckung und die Verankerung zu verwenden.

Zu 9.3.1.3 Eckbewehrung

Zu (NA.3): Der Querschnitt der Eckbewehrung (Drillbewehrung) muss in beiden Richtungen mindestens der maximalen Feldbewehrung entsprechen. Die Eckbewehrung darf bei vierseitig gelagerten Platten alternativ auch als Schrägbewehrung nach Abb. 124 (Oberseite in Richtung der Winkelhalbierenden, Unterseite rechtwinklig dazu) verlegt werden.

Die maßgebenden Drillmomente wachsen bei dreiseitig gelagerten Platten nach der Elastizitätstheorie gegenüber vierseitig gelagerten erheblich an. Es wird eine erhöhte Eckbewehrung erforderlich, deren ausreichende Verankerung besonders beachtet werden muss. Dies gilt auch für zweiseitig über Eck gelagerte Platten [D400].

Zu 9.3.1.4 Randbewehrung an freien Rändern von Platten

Die Randeinfassung hat die Aufgabe, die aus einer ungleichmäßigen Temperaturbeanspruchung des Querschnitts entstehenden Zugkräfte aufzunehmen. Für die DIN 1045:1978er Fassung ging man davon aus, dass jeder fachkundige Ingenieur die freien Ränder den jeweiligen Gegebenheiten entsprechend „konstruktiv" bewehren wird. Deshalb begnügte man sich mit der allgemeinen Forderung, es sei eine konstruktive Randeinfassung, z. B. mit Steckbügeln, vorzusehen. Die Ausnahme für übliche Hochbauten im Gebäudeinneren und für Fundamente wurde zugestanden, da bei diesen i. Allg. keine Zwangsbeanspruchungen infolge Temperatur auftreten [D300].

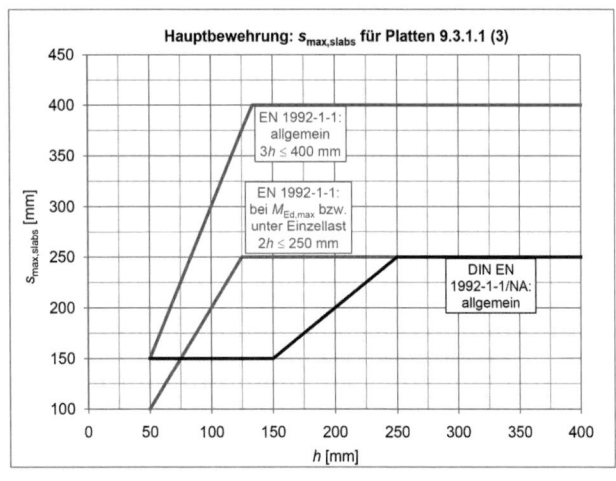

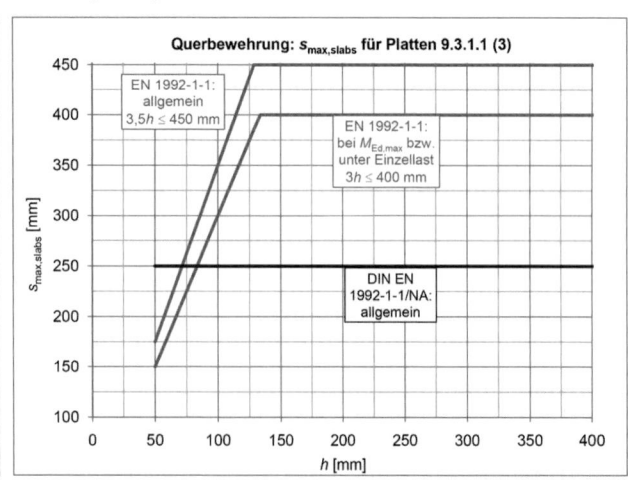

a) Hauptbewehrung   b) Querbewehrung

Abb. 123. Vergleich der Maximalabstände für die Biegebewehrung bei Platten nach EN 1992-1-1 und DIN EN 1992-1-1/NA

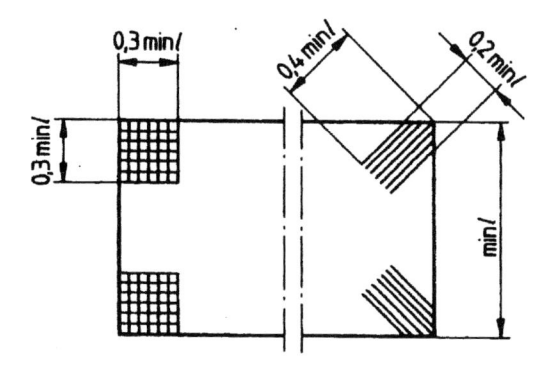

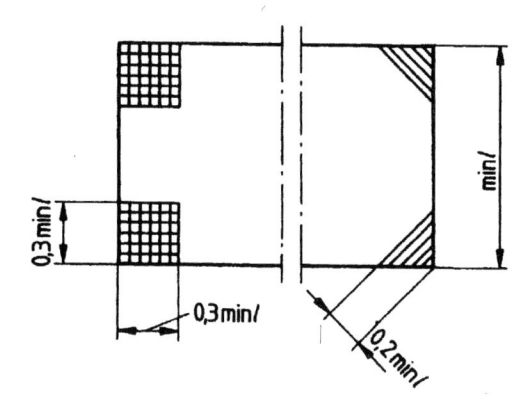

a) Plattenoberseite b) Plattenunterseite

Abb. 124. Rechtwinklige und schräge Eckbewehrung (DIN 1045:1988-07, Bild 49)

Zu 9.3.2 Querkraftbewehrung

Zu (1): Die differenzierten Mindestdicken für Ortbetonplatten berücksichtigen die unterschiedliche Wirksamkeit der Verankerung von Querkraftbewehrungen. Bei zu geringer Dicke wird der relative Verankerungsschlupf so groß, dass die Querkraft- bzw. Durchstanzbewehrung im Bruchzustand nicht ausreichend wirksam werden kann.

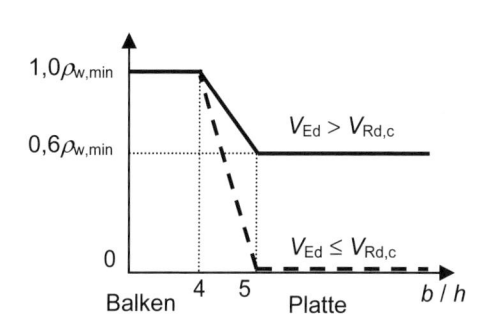

Zu (2): Die Mindestquerkraftbewehrung darf zwischen Balken und Platten im Bereich $4 \leq b/h \leq 5$ interpoliert werden ($\rho_{w,min}$ nach Gleichung (9.5DE)). Dabei wird bei Platten zwischen Bereichen mit rechnerisch erforderlicher und nicht erforderlicher Querkraftbewehrung unterschieden (Abb. 125).

Die Reduktion der Mindestquerkraftbewehrung für Platten gegenüber Balken ist auf das duktilere Bauteilverhalten von Flächentragwerken zurückzuführen. Diese weisen i. d. R. Umlagerungsmöglichkeiten auf, die lokale Fehlstellen besser ausgleichen können als Balkenquerschnitte. Außerdem ist eine unangekündigte Schubrissbildung über die gesamte Plattenbreite unwahrscheinlich. Die reduzierten Mindestquerkraftbewehrungsgrade dürfen auch für punktgestützte Platten verwendet werden, da innerhalb der Rundschnitte umgelagert werden kann [D525].

Abb. 125. Mindestquerkraftbewehrung

Zu (3): Querkraftbewehrung und Querkraftzulagen müssen grundsätzlich in der Druck- und Zugzone ausreichend verankert sein.

Werden in Platten Bügel als Querkraftbewehrung angeordnet, so müssen sie mindestens 50 % der Stäbe der äußeren Längsbewehrungslage umfassen. Diese gegenüber Balkenquerschnitten großzügigere Regelung wurde für die DIN 1045:1978er Fassung eingeführt, weil Platten kaum auf Torsion beansprucht werden, die Bügel im Brandfall geschützt im Bauteilinneren liegen und die Querbewehrung eine Kraftumlagerung im Falle örtlicher Störungen erlaubt [D300].

Querkraftbewehrungen in Platten dürfen auch als ein- oder zweischnittige Bügel mit Haken verankert werden (Abb. 126). Es wird dabei davon ausgegangen, dass die Querkraftbewehrung die Zuggurtbewehrung umschließt, und dass eine Querbewehrung vorhanden ist, die die Querzugkräfte aus der Spreizung der Druckstrebe aufnehmen kann. Bügel mit 90°-Winkelhaken gelten als Querkraftzulage. Der Bemessungswert der Querkraft ist bei ihrer ausschließlichen Verwendung auf ($1/3 V_{Rd,max}$) zu begrenzen. Bei Platten mit hohen Anforderungen an die Feuerwiderstandsdauer $\geq$ R 90 dürfen 90°-Winkelhaken nicht auf der brandbeanspruchten Bauteilseite angeordnet werden.

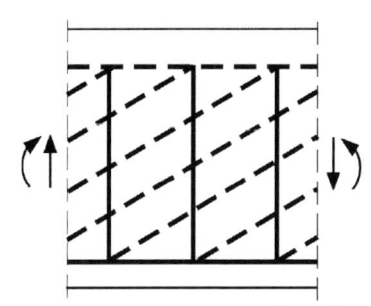

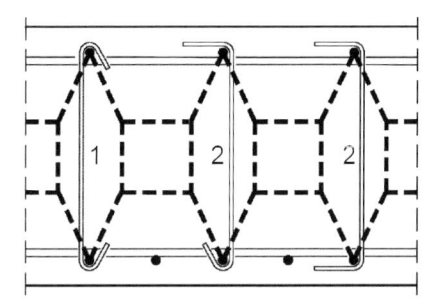

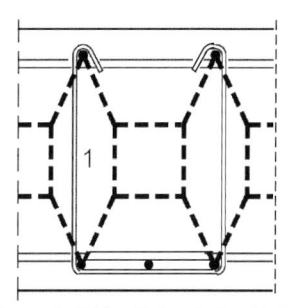

a) Längsschnitt mit Fachwerkmodell b) Querschnitt mit Stabwerkmodell (1 – Bügel, 2 – Zulage)

Abb. 126. Ein- und zweischnittige Bügel als Querkraftbewehrung und –zulagen in Platten

Für Platten mit $V_{Ed} > 0{,}30 V_{Rd,max}$ müssen gemäß 9.2.2 (4) mindestens 50 % der aufzunehmenden Querkraft durch Bügel abgedeckt werden.

Bei plattenartigen Bauteilen mit $h \geq 500$ mm dürfen die Querkraftzulagen wie Unterstützungen ausgebildet werden, wobei diese auf der Zugseite mindestens in eine Bewehrungslage einbinden sollen und in der Druckzone an der Bewehrungslage mit einem horizontalen Schenkel enden können. D. h., bei oben liegender Druckzone darf die Längsbewehrung auf den Unterstützungsböcken gestapelt und bei unten liegender Druckzone dürfen die Unterstützungsböcke auf die Längsbewehrung gestellt werden. Die Zulagen werden dann an den Abbiegestellen oder ggf. an angeschweißten Querstäben verankert. Wenn diese nicht den Schwerpunkt der Längsbewehrungslagen oder der Biegedruckzone erreichen, ist der Hebelarm z im Querkraftfachwerk soweit zu reduzieren, dass die Druckstreben durch die Zulagen umschlossen werden (z. B. nach (NCI) zu 6.2.3 (1)). Die Längszugbewehrung muss zwar nicht durch Zulagen umfasst werden, eine Bewehrungslage sollte aber mit den Unterstützungsschenkeln erreicht werden (vgl. Abb. 127). Bei mehrlagiger Längsbewehrung wird i. d. R. nur ein geringer Anteil (z. B. eine Lage) für das Querkraftfachwerk benötigt. Mit dem reduzierten Hebelarm z müssen die Querkrafttragfähigkeiten $V_{Rd,c}$ und $V_{Rd,max}$ eingehalten werden.

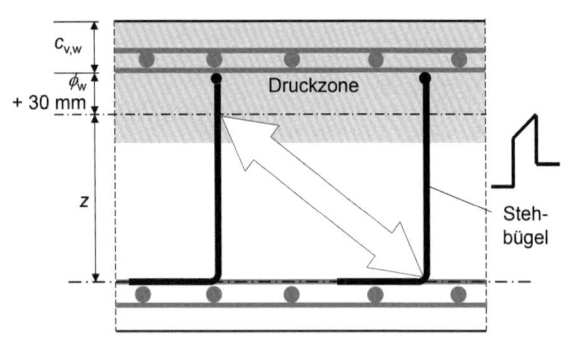

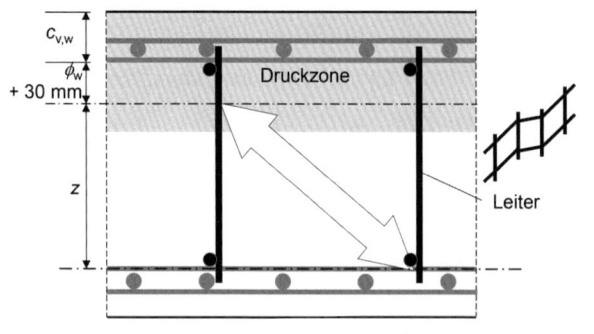

a) Unterstützungsböcke

b) Unterstützungsleitern

Abb. 127. Unterstützungen als Querkraftzulagen [D525]

Zu (4) und (5): Wie für Balkenquerschnitte wurden in DIN EN 1992-1-1/NA beanspruchungsabhängige Maximalabstände s_{max} der Bügelschenkel in Längsrichtung aufgenommen. Der Vergleich mit dem Vorschlag in EN 1992-1-1, Gleichung (9.9), in Abb. 128 zeigt die Unterschiede auf.

Auch die Querabstände der Bügelschenkel wurden im NA mit der Bauteilabmessung h (statt $1{,}5d$) strenger festgelegt.

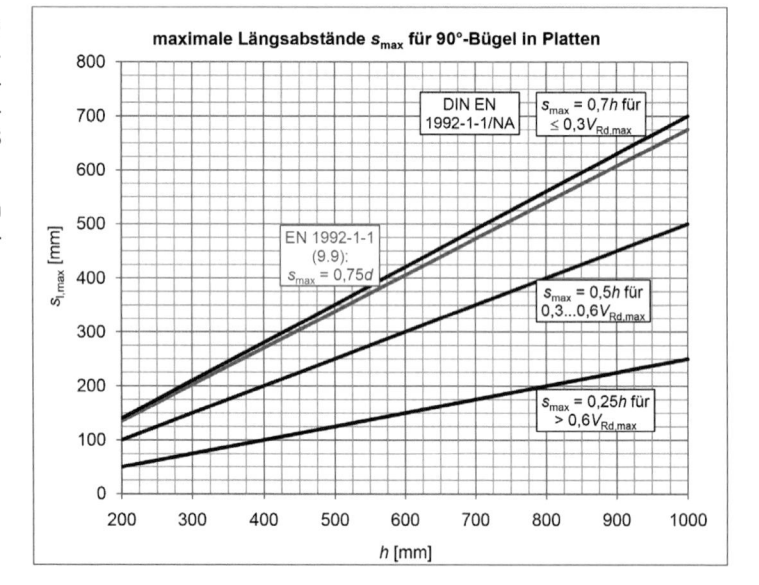

Abb. 128. Vergleich der maximalen Längsabstände für Bügel in Platten nach EN 1992-1-1 und DIN EN 1992-1-1/NA
(mit der Annahme $d \approx 0{,}9h$)

Zu 9.4 Flachdecken

Zu 9.4.1 Flachdecken im Bereich von Innenstützen

Zu (2): Wird keine Rissbreitenbegrenzung nach 7.3.3 bzw. 7.3.4 oder keine genauere Durchbiegungsberechnung nach 7.4.3 durchgeführt, soll die konstruktive Anforderung, mindestens 50 % der gesamten erforderlichen Stützbewehrung in einem Gurtstreifen über der Stütze zu konzentrieren, ein Tragverhalten im Sinne eines Trägerrostes sicherstellen, dass auch eine angemessene Gebrauchstauglichkeit unterstützt (siehe Abb. 129). Die erforderliche Gesamtbewehrung A_t ist die für die Breite b ermittelte Stützbewehrung (in Abb. 129 mit $b = l_2$).

Zu (3): Von der Bewehrung zur Deckung der Feldmomente sind an der Plattenunterseite je Tragrichtung 50 % mindestens bis zu den Auflagerachsen gerade durchzuführen und möglichst zu übergreifen [7].

Die Forderung nach einer über den Innenstützen durchlaufenden unteren Abreißbewehrung $A_s = V_{Ed} / f_{yk}$ wurde in DIN 1045:1988-07 auf Basis der Arbeit von Pöllet [81] für Platten ohne Durchstanzbewehrung eingeführt. Mit dieser Zugbewehrung wird bei einer lokalen Schädigung dem fortschreitenden Kollaps bis zum Ausfall des Gesamtsystems entgegengewirkt. Deshalb ist diese untere Bewehrung zur Sicherstellung einer Membranwirkung kraftschlüssig mit der Feldbewehrung zu stoßen [D400].

Die Regelung gilt auch für Rand- und Eckstützen.

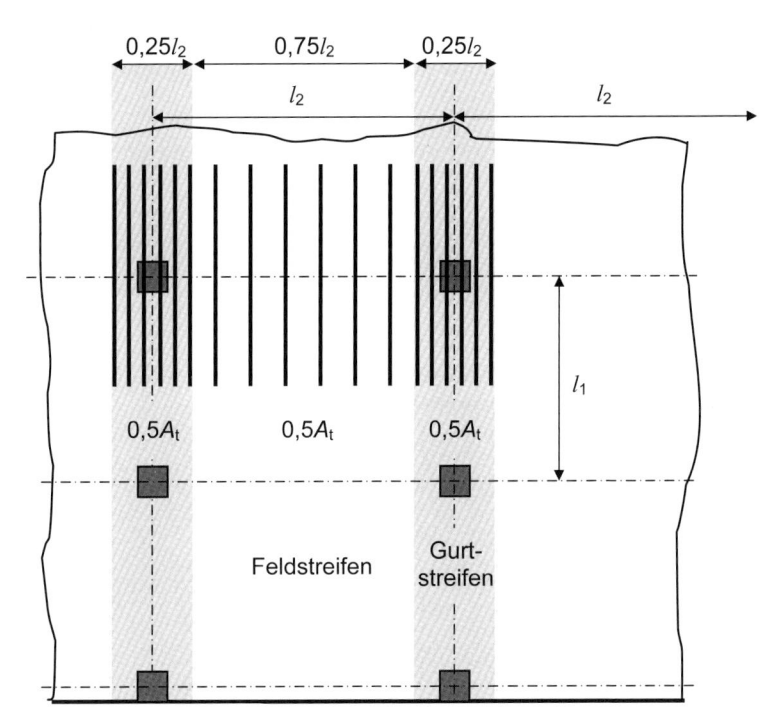

Abb. 129. Konstruktive Konzentration der Stützbewehrung über Innenstützen bei Flachdecken

Zu 9.4.2 Flachdecken im Bereich von Randstützen

Zu (1): In den Fällen, in denen zusätzlich ein Biegemoment aus der Stütze in die Platte eingeleitet wird, verringert sich die nach Elastizitätstheorie ermittelte mitwirkende Plattenbreite b_e, da diese sich im Einleitungsbereich unter der Einwirkung eines Teilflächenmoments auf ca. 1/3 der Breite unter der Einwirkung einer Teilflächenlast einschnürt (siehe *Stiglat/Wippel* in [102]). Dies ist für Rand- und Eckstützen der Regelfall, gilt aber auch für Innenstützen mit Biegemomenteinleitung, z. B. aus Horizontallasten. Für die mitwirkende Breite bei Innenstützen mit Biegemomenteinleitung wird nach [102] vorgeschlagen, das Rahmenmoment auf $b_e \leq 3c_{y,z}$ (mit $c_{y,z}$ der kleineren Seitenlänge der Stütze) zu verteilen.

Bei Anordnung eines Randunterzuges kann von den üblichen Gurtstreifenbreiten für die Verteilung der Einspannbewehrung ausgegangen werden (z. B. mitwirkende Plattenbreite für den Riegel eines Ersatzrahmens).

Zu (NA.2): Die Bewehrung der Gurtstreifen ist an freien Plattenrändern kraftschlüssig zu verankern. Die schlaufenartige Einfassung der Ränder mit Steckbügeln nach Bild 9.8 hat sich als geeignet erwiesen, wenn sie mit Übergreifungslänge angeschlossen wird. Bei Eck- und Randstützen ist die zur Einleitung der Biegemomente in die Platte erforderliche konstruktiv einwandfreie Durchbildung der Einspannbewehrung besonders wichtig [D400].

Zu 9.4.3 Durchstanzbewehrung

Zu (1): Wegen der abweichenden Festlegungen zur Ermittlung der Durchstanzbewehrung in DIN EN 1992-1-1 (aufgebogene Bewehrung allgemein und Bügel bei Fundamenten) wurde das Bild 9.10 von EN 1992-1-1 überarbeitet und ergänzt und als Bild 9.10DE im NA übernommen. Dabei wurden die Abstände für die aufgebogene Bewehrung in b) reduziert und die Anforderung engerer Bügelabstände in der Nähe der Lasteinleitungsfläche bei Fundamenten in c) aufgenommen.

Die Durchstanzbewehrung darf auch allein mit Schrägstäben nach Bild 9.10 b) ausgebildet werden. Erfordert die Querkraftbeanspruchung einen größeren durchstanzbewehrten Bereich, so ist eine Kombination von Bügeln und Schrägstäben möglich, wenn die Durchstanzbewehrung in den Eckbereichen außerhalb der orthogonal verlegten Schrägstäbe sowie in den Bereichen > 1,5d vom Rand der Lasteinleitungsfläche aus Bügeln besteht.

Es müssen mindestens 50 % der Längsbewehrung in tangentialer oder radialer Richtung von den Durchstanzbügeln umschlossen werden (ggf. auch in der 2. Lage ausreichend, siehe Abb. 130 a)).

Im Bereich der ausgerundeten Verlegeumfänge der Bewehrung (affin zum Nachweisschnitt in Bild 6.13) sind insbesondere wegen des orthogonalen Längsbewehrungsrasters Lagetoleranzen der Bügelschenkel gegenüber der theoretischen Schnittführung baupraktisch erforderlich. Versuchsauswertungen ergaben, dass einzelne Bügelschenkel von der theoretischen Reihenlinie radial um bis zu ±0,2d abweichen dürfen, solange die Grenzabstände der Bügel untereinander eingehalten werden [D525]. Dies gilt nicht für die wichtigste erste Bügelreihe direkt neben der Lasteinleitungsfläche. Bei Flachdecken sollte diese zwischen 0,3d und 0,5d liegen, damit ein möglicher erster steiler Schubriss nicht vor dem ersten Bügelschenkel durch die Platte läuft. Die exakte Lage der ersten Bügelreihe in Fundamenten bei 0,3d ist wegen der tendenziell steileren Schubrisse noch wichtiger und sollte möglichst genau auf der Baustelle eingehalten werden. Eine entsprechende deutliche und auffällige Vermaßung der Bügelabstände auf den Bewehrungsplänen ist dringend erforderlich.

Querkraftzulagen sind als Durchstanzbewehrung unzulässig.

Wegen der gegenüber konventionellen Bügelformen schlupfärmeren Verankerung und einfacheren Einbaubarkeit haben sich als alternative und effektivere Durchstanzbewehrung Doppelkopfanker und spezielle Gitterträger etabliert (Beispiele siehe Abb. 130 c) und d)). Diese werden in DIN EN 1992-1-1 nicht explizit behandelt, für diese speziellen Bewehrungselemente gelten weiterhin die entsprechenden Zulassungen.

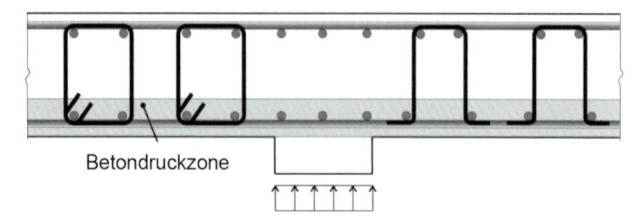

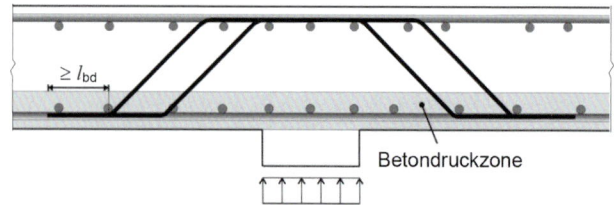

a) Bügel (aus [D525])

b) Aufbiegungen (aus [D525])

c) Dübelleisten (Beispiel *Halfen* [117])

d) Gitterträger in Elementdecken (Beispiel *Filigran* [31])

Abb. 130. Beispiele für Durchstanzbewehrung

Zu (2): Die Mindestdurchstanzbewehrung wird in DIN EN 1992-1-1 auf den Wirkungsbereich eines einzelnen Bügelschenkels ($s_r \cdot s_t$) bezogen. In DIN 1045-1 wurde dagegen der Bezug auf den Wirkungsbereich entlang des Umfangs einer Bewehrungsreihe ($s_w \cdot u_i$) gewählt (vgl. Abb. 131).

Der Mindestbewehrungsgrad nach EN 1992-1-1, Gleichung (9.11) ist mit dem Faktor ($1{,}5 \cdot \sin\alpha + \cos\alpha$) verknüpft. Dieser Faktor beträgt bei einer Neigung von $\alpha = 90°$ dann 1,5 und erreicht bei ca. $\alpha = 60°$ mit 1,8 ein Maximum.

$$\frac{A_{sw,min}}{s_r \cdot s_t} = \frac{0{,}08}{1{,}5 \cdot \sin\alpha + \cos\alpha} \cdot \frac{\sqrt{f_{ck}}}{f_{yk}} \qquad \text{EN 1992-1-1, (9.11)}$$

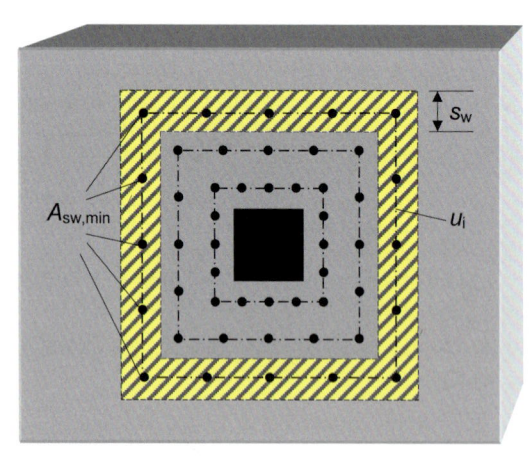

a) nach DIN 1045-1

b) nach EC2-1-1

Abb. 131. Definition der Mindestdurchstanzbewehrung

Die Mindestdurchstanzbewehrung nach DIN 1045-1 wurde als 0,6-facher Mindestwert der Querkraftbewehrung festgelegt (siehe hierzu Erläuterungen zu 9.3.2 (2)). In Abb. 132 werden die Mindestbewehrungsgrade verglichen. Die Übereinstimmung nach EN 1992-1-1 mit DIN 1045-1 ist für 90°-Bügel gut. Mit flacher werdender Neigung der Durchstanzbewehrung nimmt die Mindestbewehrung nach EN 1992-1-1 gegenüber DIN 1045-1 ab.

Der größte Unterschied für eine Bewehrung mit $\alpha \approx 60°$ ergibt sich für einen Beton C50/60 (20 % weniger als nach DIN 1045-1) (Abb. 132 b). In allen anderen Fällen wird die Differenz geringer. Diese Differenzen werden im NA behoben, indem in Gleichung (9.11DE) der Faktor $(1{,}5 \cdot \sin\alpha + \cos\alpha)$ für alle Winkel α zu 1,5 festgelegt wurde. Der radiale Abstand für aufgebogene Bewehrung ist mit $s_r = 1{,}0d$ anzusetzen. Die Differenz zu DIN 1045-1 ist damit weitgehend reduziert (wie in Abb. 132 a)):

$$\frac{A_{sw,min}}{s_r \cdot s_t} = \frac{A_s \cdot \sin\alpha}{s_r \cdot s_t} = \frac{0{,}08}{1{,}5} \cdot \frac{\sqrt{f_{ck}}}{f_{yk}} = \rho_{sw,min} \qquad \text{vereinfacht} \qquad (9.11DE)$$

In Gleichung (9.11DE) kann alternativ die Mindestdurchstanzbewehrung auch für den Umfang einer Bewehrungsreihe durch Ersatz des tangentialen Abstandes s_t durch u_i ermittelt werden. Das ist vorteilhaft, wenn man die tatsächliche Anzahl der zu wählenden Bügelschenkel in einer Bewehrungsreihe und damit s_t noch nicht kennt. Mit dem maximal zulässigen tangentialen Schenkelabstand $s_t = 1{,}5d$ bzw. $s_t = 2{,}0d$ erhält man alternativ den größten Mindestbügelstabdurchmesser.

Darüber hinaus greifen in den Bewehrungsreihen mit zunehmendem Umfang die Konstruktionsregeln für den maximalen tangentialen Stababstand s_t, die zusammen mit einem üblichen Mindestdurchmesser 6 mm die Mindestbewehrung bestimmen.

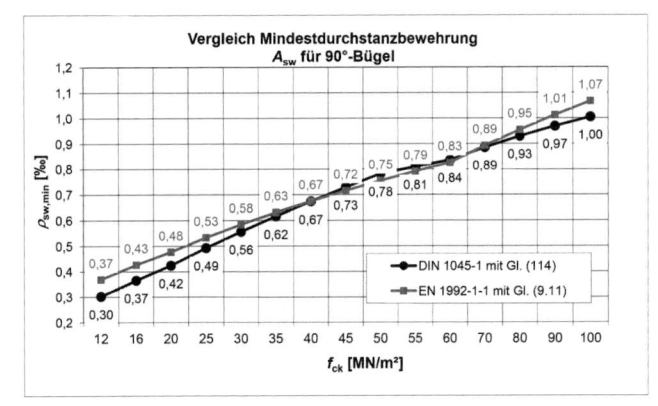

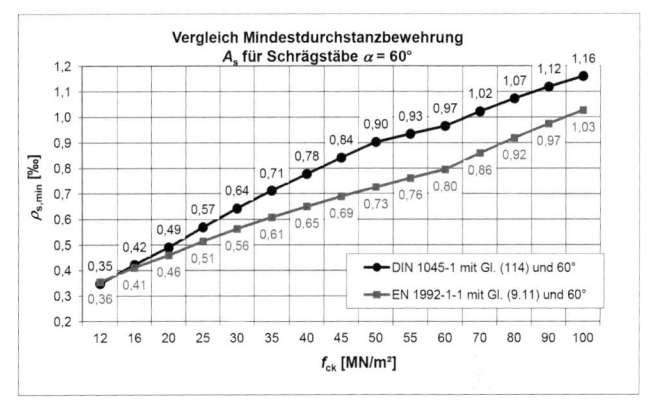

a) Bügel 90°
b) Schrägaufbiegung 60°

Abb. 132. Vergleich der Mindestdurchstanzbewehrungsgrade $\rho_{sw,min} = A_{sw,min} / (s_r \cdot s_t)$

Zu 9.5 Stützen

Zu 9.5.1 Allgemeines

Zu (1): Die Mindestquerschnittsdicke 200 mm soll die Betonierbarkeit geschosshoher, bügelbewehrter und senkrecht betonierter Ortbetonstützen mit Vollquerschnitt sicherstellen. Bei aufgelösten Querschnitten, wie z. B. I, T und L-förmigen, haben sich seit DIN 1045:1972 auch Mindestdicken von 140 mm für die Flansch- bzw. Stegdicke von Ortbetondruckgliedern bewährt, wenn der Bewehrungsgrad nicht zu hoch gewählt und auf Rüttellücken geachtet wird.

Zu 9.5.2 Längsbewehrung

Zu (1): Der Mindestdurchmesser der Längsbewehrung soll sicherstellen, dass einzelne Bewehrungsstäbe nicht ausknicken. Außerdem verbiegen sich dünnere Stäbe leichter, sodass die planmäßige Bewehrungslage in der Bauausführung schwieriger wird. Dennoch wurde in DIN 1045:1972 der Mindestdurchmesser von vorher 14 mm für die Mindestquerschnittsdicke $h \geq 200$ mm auf 12 mm bzw. für $h \geq 100$ mm auf 10 mm festgelegt, um bei geringen Beanspruchungen keinen übermäßigen Mindestbewehrungsgehalt zu erzeugen [7].

Es wird empfohlen, die Druckbewehrung A_{s2} einer Querschnittsseite höchstens mit dem am gezogenen bzw. weniger gedrückten Rand gegenüberliegenden Bewehrungsquerschnitt A_{s1} in die Rechnung einzubeziehen (DIN 1045:1972-01). Darauf ist z. B. dann zu achten, wenn der Stützenquerschnitt durch Momente mit wechselnden Vorzeichen beansprucht wird [7].

Zu (2): Der Bezug der Mindestbewehrung auf 15 % der einwirkenden Normalkraft ersetzt die in früheren DIN 1045-Fassungen (seit 1932) auf den statisch erforderlichen Betonquerschnitt bezogenen 0,8%-Mindestbewehrungsgrad.

Zu (3): Der maximal zulässige Bewehrungsgrad von 9 % in stabförmigen Druckgliedern außerhalb und innerhalb von Übergreifungsstößen hat sich seit der DIN 1045:1972er Fassung in Deutschland bewährt und soll in erster Linie die Betonierbarkeit sicherstellen.

Zu (4): Der Abstand der Längsbewehrung ist auf 300 mm begrenzt, damit nicht zu große Bereiche des Betonquerschnitts ohne Bewehrung bleiben [7].

Zu 9.5.3 Querbewehrung

Zu (1): Der Hauptzweck der konstruktiv festgelegten Querbewehrung besteht darin, dass Ausknicken der Längsbewehrung zu verhindern. Darüber hinaus soll sie in bestimmten Bereichen erhöhte Querzugspannungen aufnehmen.

In DIN 1045-1:2001-07 wurde nicht mehr wie in DIN 1045:1972-01 erlaubt, die festgelegten Mindeststabdurchmesser der Querbewehrung durch eine Anzahl dünnerer Stäbe mit reduziertem Bügelabstand und gleichem Bewehrungsquerschnitt zu ersetzen. Die scheinbare Gleichwertigkeit der Knickaussteifung für die Längsstäbe ist tatsächlich nicht mehr gegeben, wenn auch die Biegesteifigkeit der Querbewehrung berücksichtigt wird. Dies ist insbesondere bei mehreren Längsstäben in den Stützenecken oder Zwischenstäben ohne zusätzliche Querbewehrung erforderlich. Wegen der deutlich höheren möglichen Ausnutzung der Längsstäbe durch Anwendung des Teilsicherheitskonzepts und um weitere Fallunterscheidungen in Bezug auf die Knickgefahr zu vermeiden, wurde auf eine Regel zur Verringerung der Bügeldurchmesser ganz verzichtet.

Zu (2): In den Kernquerschnitt der Stütze gerichtete Haken nach Bild 8.5DE a) sind für das Schließen der Bügel günstiger als 90°-Winkelhaken. Bei Verankerungen der Bügel mit 90°-Winkelhaken bzw. Übergreifung nach Bild 8.5DE b), und g), verlaufen nebeneinander liegende Stäbe im Bereich des Betondruckrandes quer zur Längsdruckspannung und in Richtung der Hauptbeanspruchung gesehen hintereinander. Dies ist bei Normaltemperatur und umso mehr bei Brandeinwirkung nachteilig, weil es das Abplatzen der Betondeckung fördert. Deshalb wird i. d. R. die Hakenverankerung für die Stützenbügel gefordert [D525].

In [D332] wurden von *Haksever et al.* Versuchsergebnisse über den Einfluss der Bügelform auf die Feuerwiderstandsdauer und unter Normaltemperatur bei Kurzzeitbelastung an Stützen mitgeteilt. Ein signifikanter Einfluss auf die absolute Feuerwiderstandsdauer infolge der Bügelform mit Haken oder 90°-Winkelhaken wurde nicht nachgewiesen. Sehr wohl aber wurde festgestellt, dass die Bügel ϕ 8 mm mit Winkelhakenform im Bruchbereich zentrisch belasteter Stützen bei auf großer Länge ausknickenden Längsstäben mit ϕ 20 mm bzw. ϕ 22 mm zum Teil aufgebogen wurden. Dagegen waren die Bügel mit Haken durchweg ohne Aufbiegung gerissen. Bei den Bruchversuchen unter Normaltemperatur zeigte sich, dass die mit Haken versehenen Bügel im Gegensatz zu Bügeln mit 90°-Winkelhaken grundsätzlich ihre geschlossene Form bis zum Bruch beibehalten. Dies unterstreicht den höheren Widerstand der Hakenform gegen Aufbiegen.

In der Praxis werden 90°-Winkelhaken wegen ihrer einfacheren Herstellung und Einbaubarkeit bevorzugt. Diese Konstruktionsform erfüllt den gleichen Zweck, wenn Maßnahmen ergriffen werden, die einen ähnlichen Widerstand gegen Abplatzen der Betondeckung wie bei Haken erwarten lassen (siehe *Fingerloos/Stenzel* in [29]). Die vorgeschlagenen Maßnahmen haben z. B. die Erhöhung der Steifigkeit des Bügelgerüstes zum Ziel. Bei der Vergrößerung des Bügeldurchmessers um eine Durchmessergröße gegenüber 9.5.3 (1) wird hier die Wahl von $\phi_w \geq 8$ mm statt min 6 mm bzw. von $\phi_w \geq 10$ mm statt min 8 mm empfohlen.

In [29] wird für Stützen mit einem Bügelverlegemaß von nur 20 mm (im Innenbereich XC1) und Feuerwiderstandsklassen $\geq$ R 90 bei Verwendung von 90°-Winkelhaken grundsätzlich ein Bügeldurchmesser $\phi_w \geq 10$ mm empfohlen.

Der traditionelle Standardfall für die Querbewehrung bei Rundstützen sind Wendeln, die ebenfalls mit Haken abschließen. In der Praxis werden jedoch oft auch Bügel bei Rundstützen eingesetzt. Der oben erläuterte ungünstige Einfluss übereinander liegender Bügelschenkel bei Übergreifungsstößen in Bezug auf die Betondruckzone in Stützenlängsrichtung ist bei dieser Querschnittsform vermutlich noch ausgeprägter. Da aussagekräftige Versuche mit Rundstützen und Bügelschlössern mit Übergreifungsstößen fehlen, kann nur das Schließen der Bügel mit Haken empfohlen werden.

Unabhängig von der Form der Bügelschlösser sollten diese in Längsrichtung der Stützen versetzt werden, damit kein Reißverschlusseffekt eintritt und beim Versagen eines Bügelstoßes sich der von dieser Ecke ausgehende Riss auf eine größere Länge fortsetzt. Sie sind zwingend zu versetzen, wenn mehr als drei Eckstäbe vorhanden sind [7].

Zu (3): Die Abstände der Querbewehrung begrenzen vorrangig die Knicklänge der Längsbewehrung. In den Bestimmungen des Deutschen Ausschusses für Eisenbeton von 1916 wurden die Bügelabstände mit dem 12-fachen Durchmesser der Längsstäbe bzw. der kleinsten Seitenlänge der Stütze aufgrund erster Versuchserfahrungen festgelegt. Der dritte Grenzwert 300 mm wurde für DIN 1045-1:2001-07 aus der ENV 1992-1-1 [E27] übernommen. Die jahrzehntelangen guten Erfahrungen mit diesen Grenzwerten waren maßgebend dafür, diese wieder in den NA zu übernehmen. Für die Beibehaltung der Konstruktionsregeln spricht auch, dass fast alle relevanten Stützenversuche des DAfStb und insbesondere die Brandversuche des iBMB in Braunschweig mit Bügeln nach diesen Konstruktionsregeln durchgeführt wurden (vgl. z. B. [D332]). Gerade das Versagen im Brandfall wird wesentlich durch die Leistungsfähigkeit der Querbewehrung mitbestimmt. Die Festlegungen für die Heißbemessung von Stützen in DIN EN 1992-1-2 [E5], [E6] wurden auch an den Braunschweiger Stützenversuchen kalibriert.

Zu (4): Reduzierte Bügelabstände sind zu wählen, wenn erhöhte Querzugspannungen oder nicht berücksichtigte Einspannwirkungen auftreten können. Das ist insbesondere im Kopf- und Fußbereich monolithisch angeschlossener Druckglieder und im Bereich von Stößen der Fall.

Bei Stabdurchmessern der verankerten Längsbewehrung $\phi > 32$ mm ist eine zusätzliche Querbewehrung gemäß 8.8 (6) erforderlich.

Bei der Verankerung bzw. Übergreifung der Längsbewehrung sind mehrere Fälle zu unterscheiden. Wird die Längsbewehrung nicht mehrgeschossig durchgeführt, muss sie in den anschließenden Bauteilen verankert werden (z. B. in der Dachdecke oder im Fundament, siehe Abb. 133 a)). Gerade Druckstäbe gelten erst am Ende der Verankerungslänge l_{bd} als voll mittragend. Kann diese Verankerungslänge der Stützenlängsbewehrung nicht vollständig in dem anschließenden Bauteil zzgl. 0,5b untergebracht werden, so darf auch ein höchstens 2b langer Stützenbereich für die Verankerungslänge in Ansatz gebracht werden (mit b – kleinste Seitenlänge oder Durchmesser der Stütze). In diesem Bereich ist dann die Verbundwirkung durch allseitige Behinderung der Querdehnung des Betons z. B. durch Querbewehrung im Abstand von maximal 80 mm nach Abb. 133 b), sicherzustellen (DIN 1045:1972 und [7]).

Bei der Durchführung der Längsbewehrung von Stützen über mehrere Geschosse werden diese meist konstruktiv gestoßen. Übergreifungsstöße sollten im unmittelbaren Kopf- oder Fußbereich angeordnet werden. Dabei wird der größte Teil des Spitzendrucks der Druckstäbe direkt in den Decken-/Unterzug-Knotenbereich eingeleitet (siehe Abb. 134 a) und b)).

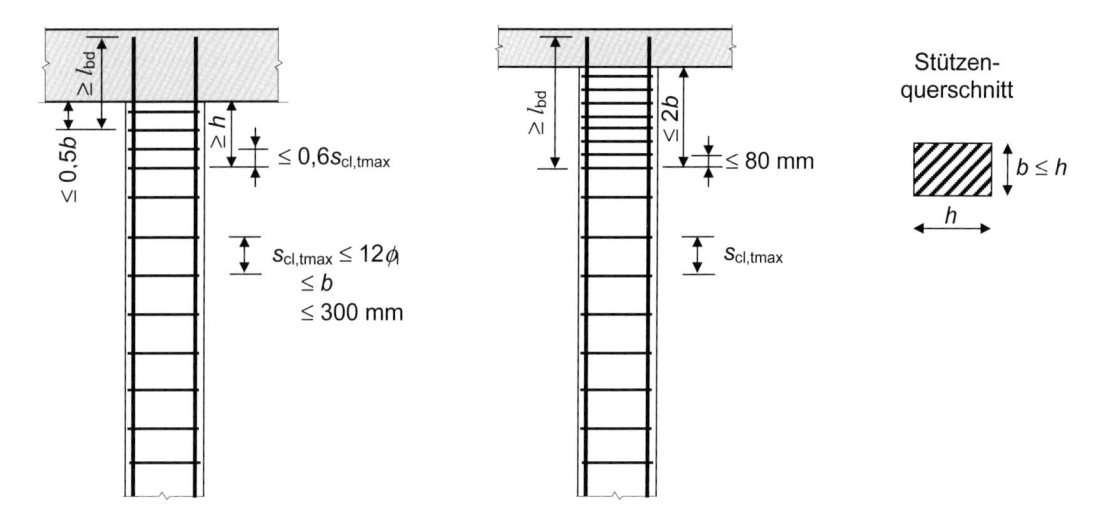

a) ohne besondere Verbundmaßnahmen   **b) mit verstärkter Bügelbewehrung**

Abb. 133. Beispiele für die Verankerung der Stützenlängsbewehrung

Wenn in diesen Fällen der Stützenquerschnitt voll überdrückt ist, reicht der konstruktiv auf 60 % reduzierte Bügelabstand des Abschnitts (3) aus. Zu beachten ist auch in diesem Fall, dass bei den Druckstößen mindestens ein Bügel unmittelbar vor und nach der Übergreifung angeordnet werden muss (siehe Bild 8.9 b)).

Da im Abschnitt 8.7.4 i. d. R. höhere Anforderungen an die Querbewehrung von Übergreifungsstößen gestellt werden, ist bei hochbeanspruchten Druckstößen außerhalb des unmittelbaren Knotenbereichs (z. B. nach Abb. 134 c)) und in jedem Fall bei überwiegend biegebeanspruchten Stützenquerschnitten (z. B. nach Abb. 134 d)) im Bereich eines Übergreifungsstoßes die Querbewehrung nach 8.7.4 anzuordnen.

Zu überprüfen ist auch, ob die konstruktive Wahl des Bügelabstandes nach Absatz (5) für Stöße in überwiegend druckbeanspruchten Querschnitten ausreicht.

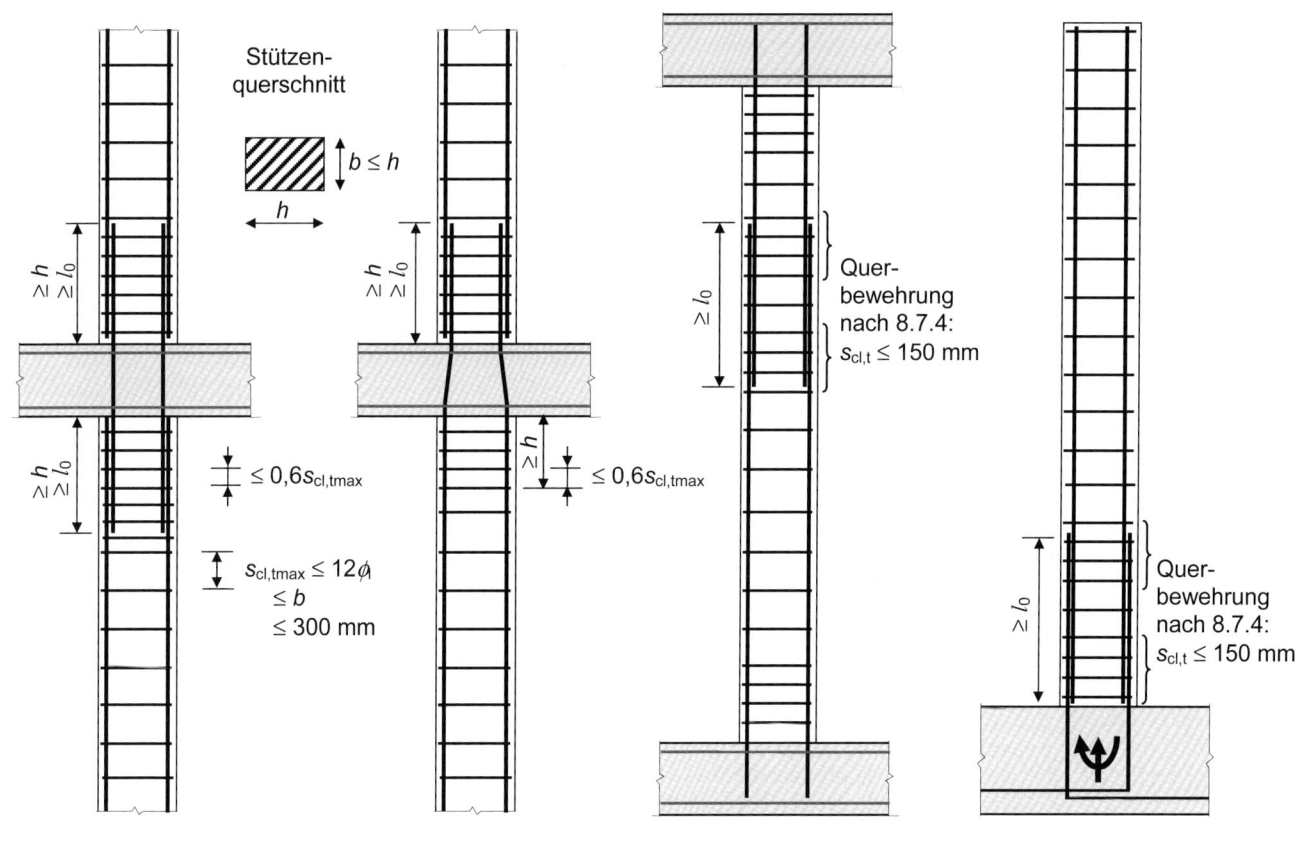

a) beidseitig der Decke   **b) oberhalb der Decke**   **c) ungünstig: im Geschoss**   **d) Kragstütze**

Abb. 134. Beispiele für Übergreifungsstöße der Stützenlängsbewehrung

Zu (6): Für die Anordnung mehrerer Längsstäbe statt eines in einer Ecke spricht insbesondere die Verlängerung der Feuerwiderstandsdauer, da die Ecklage wegen der beidseitigen Brandbeanspruchung zu den höchsten Temperaturbeanspruchungen führt. Werden mehrere Stäbe in einer Ecke konzentriert, sollte der auf einen Längsstab bezogene Mindestbügeldurchmesser $0{,}25\phi$ nach Absatz (1) angemessen vergrößert werden.

Bei Anordnung zusätzlicher Querbewehrung ist auf die Betonierbarkeit kleinerer Querschnitte zu achten. Ggf. sind Diagonalbügel gegenüber direkten Schlaufenbügeln vorzuziehen (vgl. Abb. 135).

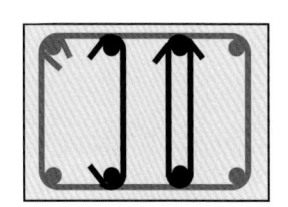

Abb. 135. Beispiele für Zwischenbügel

Zu 9.6 Wände

Zu 9.6.1 Allgemeines

Die **Knicklängen** von mehrseitig durch Querwände oder Deckenscheiben gehaltenen Stahlbetonwänden dürfen auch nach den Regeln des Abschnitts 12.6.5.1 ermittelt werden.

Zu (NA.2): Die Mindestwanddicken im NA wurden in DIN 1045:1972 eingeführt. Sie sollen eine ausreichende Betonierbarkeit und eine angemessene Begrenzung der Ausmitte bzw. Zentrierung der Auflagerkräfte der Decken auf den tragenden Wänden sicherstellen. Eine untere Begrenzung der Mindestwanddicke bei untergeordneten und nichttragenden Wänden erschien entbehrlich, wenn der Tragwerksplaner auf die Verdichtbarkeit des Betons und die Einhaltung der erforderlichen Betondeckung achtet [7]. Selbstverständlich sind die ggf. höheren Anforderungen an die Wanddicke für den Brand-, Schall- oder Wärmeschutz zusätzlich zu beachten.

Zu 9.6.3 Horizontale Bewehrung

Zu (1): Die Querbewehrung je Meter Wandhöhe $A_{s,hmin}$ ist proportional der jeweiligen lotrechten Bewehrung je Meter Wandlänge $A_{s,V}$ der Wandseiten zuzuordnen (20 % bzw. 50 %). Bei Wandscheiben ist mit schiefen Hauptzugspannungen zu rechnen. Bei schlanken und hoch normalkraftbeanspruchten Wänden nimmt die Knickgefahr zu. Für diese Fälle wird daher die größere Querbewehrung von 50 % gefordert [D525].

Zu 9.6.4 Querbewehrung

Zu (1) und (2): Die druckbeanspruchte Vertikalbewehrung in Wänden ist wie bei stabförmigen Druckgliedern gegen Ausknicken zu sichern. Bei hoher Druckbeanspruchung ist die gegenüberliegende Vertikalbewehrung mit Bügeln bzw. Bügelschenkeln zu verbinden. Bei geringer druckbeanspruchten Wänden (erforderlicher Bewehrungsgrad < 2 % insgesamt bzw. < 1 % je Wandseite) ist eine so enge Verbügelung wie bei Stützen wegen der Horizontalbewehrung nicht erforderlich. Deshalb reichen i. d. R. 4 S-Haken je m² Wandfläche aus, die die auf beiden Wandseiten außenliegende horizontale Wandbewehrung verbinden. Da die S-Haken nur an einigen wenigen Stellen der Wand vorhanden sind und beide Bewehrungslagen umgreifen, ist für sie ein um 5 mm vermindertes Nennmaß der Betondeckung zulässig [7]. Dies gilt jedoch nicht bei XD- und XS-Expositionsklassen.

Bei dünneren Vertikalstäben mit $\phi_l \leq 16$ mm wird angenommen, dass eine Betonschale mit der Betondeckung mit $c_{nom} \geq 2\phi_l$ allein ausreicht, um das Ausknicken zu verhindern [7].

Die Steckbügel an freien Rändern sind erforderlich, da die Vertikalstäbe dort in zwei Richtungen ausknicken können.

Zu 9.7 Wandartige Träger

Aus [D525]: Wenn keine genaueren Nachweise geführt werden (z. B. über Stabwerkmodelle), dürfen die Hinweise zur Schnittgrößenermittlung sowie zu den Konstruktions- und Bewehrungsregeln aus DAfStb-Heft [D240], Abschnitt 4, weiterhin genutzt werden. Auf die in [D240], Abschnitt 4.2.3, angegebene Schrägbewehrung darf verzichtet werden, wenn die orthogonale Bewehrung für jeweils 100 % der Querkraft bemessen wird.

Die Begrenzung der Hauptdruckspannungen nach [D240] ist sinngemäß auf Bemessungswerte umzustellen. Die Begrenzung auf normalfeste Betone $\leq$ C50/60 ist beizubehalten. Der globale Sicherheitsbeiwert $\gamma = 2{,}1$ darf in diesem Fall auf die Teilsicherheitsbeiwerte für die Einwirkungen $\gamma_F \approx 1{,}4$ und für die Widerstände $\gamma_M = \gamma_C = 1{,}5$ aufgeteilt werden. Fasst man zul F bzw. zul Q aus [D240] als Bemessungswerte F_{Rd} bzw. V_{Rd} auf, sind diese mit den Schnittgrößen aus den γ_F-fachen charakteristischen Einwirkungen zu vergleichen. Auf der Widerstandsseite darf dann für $\beta_R = \alpha \cdot f_{ck}$ und für $\beta_s = f_{yk}$ eingesetzt werden. Auf die in DIN 1045:1972 eingeführte überproportionale Reduktion des Rechenwertes der Betondruckfestigkeit β_R für die damals anspruchsvollen Betonfestigkeitsklassen B 35 bis B 55 wird somit verzichtet, da der heutige Erfahrungsbereich nunmehr auch diese Betonfestigkeiten sicher abdeckt. Die Gleichungen aus [D240] können dann wie folgt formuliert werden:

- bei Innenauflagern: $\qquad F_{Ed} \leq F_{Rd} = (0{,}9 \cdot \alpha_{cc} \cdot f_{ck} \cdot A_c + f_{yk} \cdot A_s) / \gamma_C$ [D240] (4.7a)
- bei Endauflagern: $\qquad F_{Ed} \leq F_{Rd} = (0{,}8 \cdot \alpha_{cc} \cdot f_{ck} \cdot A_c + f_{yk} \cdot A_s) / \gamma_C$ [D240] (4.7b)
- Querkraft am Auflager: $\quad V_{Ed} \leq V_{Rd} = (0{,}21 / \gamma_C) \cdot \alpha_{cc} \cdot f_{ck} \cdot l \cdot b = 0{,}21 \cdot f_{cd} \cdot l \cdot b \leq 0{,}21 \cdot f_{cd} \cdot h \cdot b$ [D240] (4.8)

Zu 9.8 Gründungen

Zu 9.8.4 Einzelfundament auf Fels

Zu (2): Die Gleichung für die Spaltzugkräfte im Fundament entspricht dem Stabwerkmodell für konzentrierte Knoten bei begrenzter Lastausbreitung nach 6.5.3 (3), Gleichung (6.58). Bei unbegrenzter Lastausbreitung darf auch die korrigierte bzw. verbesserte Gleichung (6.59) für die Ermittlung der Spaltzugbewehrung angewendet werden (vgl. Erläuterungen zu 6.5.4 (3)).

Zu 9.8.5 Bohrpfähle

Zu (3): Leider existieren derzeit teilweise abweichende konstruktive Festlegungen zu Bohrpfählen neben DIN EN 1992-1-1 in weiteren geotechnischen Regelwerken (DIN EN 1536 [R27], DIN-Fachbericht 129 [R28]). Für den Anwender ist zu empfehlen, bei der Planung von Bohrpfählen entweder die jeweils konservativeren Annahmen zu treffen oder eine bestimmte Norm wie DIN EN 1536 als vorrangige Vertragsgrundlage zu vereinbaren. Bei baurechtlich relevanten Nachweisen ist für die Bemessung der inneren Tragfähigkeit von Betonpfählen DIN EN 1992-1-1 als eingeführte technische Baubestimmung ab Juli 2012 maßgebend.

Die konstruktive Mindestlängsbewehrung in DIN EN 1992-1-1 mit NA wird mit 6 ϕ 16 mm = 12,1 cm² und einem maximalen Stababstand von 200 mm deutlich robuster ausgelegt als die in DIN EN 1536 mit mindestens 4 ϕ 12 mm = 4,53 cm² mit einem maximalem Stababstand von 400 mm.

Aus Abb. 136 wird ersichtlich, dass die konstruktive Mindestbewehrung 12,1 cm² ab einer Pfahl-Querschnittsfläche von $A_c \approx 0{,}24$ m² ($\rightarrow d_{nom} \geq 0{,}55$ m) nach Tab. 9.6N ohnehin erforderlich wird.

Die Ausführung unbewehrter Bohrpfähle mit d_{nom} (= D) ≥ 300 mm ist wirtschaftlich und konstruktiv sinnvoll, wenn diese unter den Bemessungswerten aller Einwirkungen überdrückt bleiben und keine wesentlichen Momente aus einer Lastausmitte oder Querbiegung zu erwarten sind (z. B. unter zentrierenden steifen Platten). Zur Aufnahme unplanmäßiger Lasten (z. B. aus Baubetrieb) sollten sie jedoch eine konstruktive Pfahlkopfbewehrung erhalten.

Für die Bemessung des Betontraganteils mit $f_{cd,pl}$ nach Gleichung (3.15) mit $\alpha_{cc,pl}$ = 0,70 nach (NDP) zu 12.3.1 (1) sollten wegen der größeren Ausführungstoleranzen die reduzierten Nettowerte d nach 2.3.4.2 (2) für den Durchmesser von unbewehrten Ortbeton-Bohrpfählen angesetzt werden (Abb. 137).

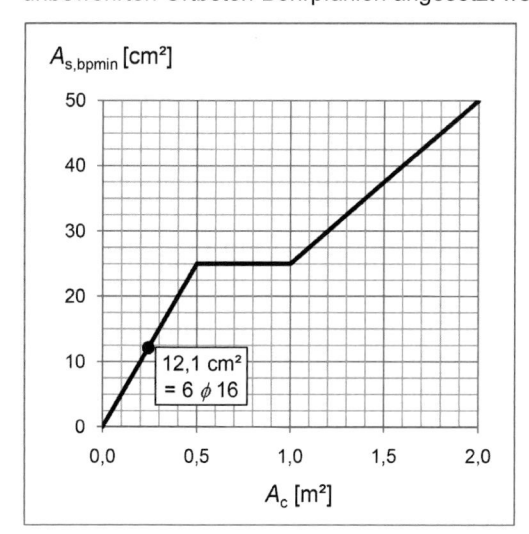

Abb. 136. Mindestlängsbewehrung für Bohrpfähle nach Tab. 9.6N

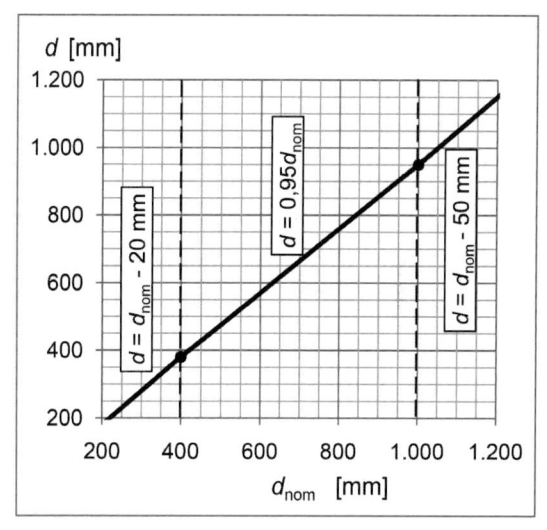

Abb. 137. Nettodurchmesser d für Bohrpfähle nach 2.3.4.2 (2)

Zu (4): Weitere Konstruktionsregeln (nach [R27]):

Der horizontale Mindestabstand der Längsstäbe bzw. Stabbündel sollte 100 mm nicht unterschreiten, um ein einwandfreies Betonieren zu ermöglichen. Zu geringe Stababstände sind problematisch, da bei Pfählen die Verdichtung i. d. R. nur durch den hydrostatischen Druck eines fließfähigen Betons und nicht über Rüttler erfolgt.

Bei relativ kleinen Bohrpfahldurchmessern von 300 mm bis ca. 400 mm und vergrößerter Betondeckung (siehe Erläuterungen zu 2.3.4.2) können u. U. nicht mehr 6 Längsstäbe mit einem Mindestabstand von 100 mm eingebracht werden. In diesen Fällen sollte die Stabanzahl auf 4 bzw. 5 Stäbe reduziert werden.

Der Stabdurchmesser von Bügeln oder Wendeln als Querbewehrung muss mindestens dem 0,25-fachen des größten Längsstabdurchmessers ϕ bzw. 6 mm (bei Matten 5 mm) entsprechen. Die übliche Mindestdicke von Flachstählen als Querbewehrung beträgt 3 mm. Der Abstand der Querbewehrung in Pfahllängsrichtung darf jedoch 400 mm nicht unterschreiten (analog Anforderungen an lichte Abstände der Längsbewehrung).

Mehrlagige Längsbewehrung sollte vermieden werden. Ist sie jedoch erforderlich, müssen die Stäbe der Lagen radial hintereinander mit einem lichten Stababstand zwischen den Lagen von ≥ 2ϕ und ≥ 1,5d_g angeordnet werden (DIN EN 1536 [R27], 7.5.2.9).

Zu 9.10 Schadensbegrenzung bei außergewöhnlichen Ereignissen

Zu 9.10.1 Allgemeines

Zu (1)P: Zur Schadensbegrenzung bei außergewöhnlichen Ereignissen (z. B. Gasexplosion) und allgemein zur Sicherstellung des aussteifenden Tragverhaltens sind die Deckenscheiben aus Ortbeton bzw. Fertigteilen durch Ringanker und innenliegende Zuganker konstruktiv zu bewehren. Darüber hinaus sind die auszusteifenden Stützen und Wände durch horizontale Zuganker an die Deckenscheiben konstruktiv anzuschließen. Die aufzunehmenden Zugkräfte werden konstruktiv in Abhängigkeit von Deckenspannweiten bzw. Fassadenlängen ermittelt.

Eine alternative Bemessung für außergewöhnliche Ereignisse könnte auf den Grundlagen der DIN EN 1991-1-7 [E21], [E22] erfolgen. In der Regel wird man darauf verzichten und sich auf die konstruktiven Regeln dieses Abschnitts zurückziehen.

Zu 9.10.2 Ausbildung von Zugankern

Mit einem Corrigendum zu EN 1992-1-1 vom November 2010 wurden im Gegensatz zur Vornorm ENV 1992-1-1 (Grundlage für DIN 1045-1) die **oberen** Grenzwerte der Zugkraft für Ringanker und innenliegende Zuganker zu **unteren** Grenzwerten deklariert. Der Hintergrund hierfür liegt in der DIN EN 1991-1-7: „Außergewöhnliche Einwirkungen" [E21]. Dort werden im Anhang A Regeln und Verfahren für den Entwurf von Hochbauten angegeben, sodass sie ein lokales Versagen aus unspezifizierter Ursache ohne unverhältnismäßige Versagensfolgen (z. B. Einsturz) überstehen. Für wirksame horizontale Zuganker und Ringanker in Geschoss- und Dachdecken werden Bemessungszugkräfte als außergewöhnliche Einwirkungen angegeben. Die Mindestwerte dieser Zugkräfte werden für Skelettbauten in [E21] mit 75 kN festgelegt. Für Tragwerke in tragender Wandbauweise werden in [E21] geringere Werte bis maximal 60 kN als Mindestwerte vorgeschlagen.

In DIN EN 1992-1-1 werden die Mindestwerte ≥ 75 kN der außergewöhnlichen Einwirkung aus DIN EN 1991-1-7 für die ständige und vorübergehende Bemessungssituation mit dem bekannten Grenzwert 70 kN näherungsweise umgesetzt. Dieser Grenzwert wird maßgebend, wenn bei Ringankern die Spannweite des Endfeldes $l_i < 7$ m und bei innenliegenden Zugankern der Mittelwert benachbarter Deckenspannweiten $l_i < 3,5$ m beträgt. Diese Änderung bedeutet, dass diese Zuganker **mindestens** mit $A_{s,tie,min} = F_{tie,min} / f_{yk} = 10^4 \cdot 0{,}070 / 500 = 1{,}4$ cm² (entspricht z. B. ca. 2 ϕ 10 oder 1 ϕ 14) zu bewehren sind. Da es sich um konstruktive Festlegungen handelt, dürfen andere Bewehrungen in entsprechender Anordnung angerechnet werden.

Zu 9.10.2.2 Ringanker

Die Anrechenbarkeit der Bewehrung in Ortbetondecken auf den umlaufenden **Ringanker** sollte auf einen Randbereich von etwa 1,5 m Breite begrenzt werden, damit sich diese Bestimmung in der Bewehrungsführung auswirkt. Bei Verwendung von Bügelmatten darf der Abstand der Querbewehrung im Stoßbereich von $s \leq 100$ mm auf $s \leq 150$ mm vergrößert werden [D525].

Zu 9.10.2.3 Innenliegende Zuganker

Bei Fertigteildecken ohne Aufbeton dürfen die in Spannrichtung erforderlichen innenliegenden Zuganker in den Fugen zwischen den Bauteilen angeordnet werden. Die nach Absatz (1) rechtwinklig dazu anzuordnenden Zuganker dürfen entweder in Vergussfugen über Rand- und Mittelunterstützungen oder aber in unterstützenden Wänden oder Unterzügen verlegt werden, sofern eine Verbindung zur Decke – zumindest durch ausreichende Reibungskräfte – sichergestellt ist.

In Wänden sollten sie dabei in einem Bereich von maximal 0,50 m unter- oder oberhalb der Deckenplatte angeordnet werden.

Zu 9.10.2.4 Horizontale Stützen- und Wandzuganker

Zu (NA.4) bis (NA.6): Die Absätze im NA gehen auf die Regelungen in DIN 1045:1972, 19.8.6, zurück. Bei Gebäuden aus großformatigen Wandfertigteilen ist eine sorgfältige Verbindung zwischen den Wandtafeln und Deckenscheiben erforderlich. Die tragenden und aussteifenden Fertigteile sind untereinander und miteinander so durch Bewehrung, Stahlverankerungen oder gleichwertige Maßnahmen zu verbinden, dass sie auch durch außergewöhnliche Beanspruchungen, wie z. B. Bauwerkssetzungen, starke Erschütterungen, kleinere Gasexplosionen usw. nicht ihre Standsicherheit verlieren [7].

Alle tragenden und aussteifenden Außenwandtafeln sind mit den oben anschließenden Deckenscheiben für eine orthogonal zur Wandebene wirkende Zugkraft von $f_{tie,fac} = 10$ kN/m zu verbinden. Bei Hochhäusern ist diese Verbindung wegen der höheren Beanspruchungen auch am unteren Wandtafelrand erforderlich. Hochhäuser sind nach MBO [75], § 2 (4), Gebäude mit einer Fußbodenoberkante von mehr als 22 m über der Geländeoberfläche im höchstgelegenen Geschoss, in dem ein Aufenthaltsraum möglich ist.

Auch wenn diese konstruktive Zugkraft $f_{tie,fac}$ bereits bei kleineren Explosionen beträchtlich überschritten werden kann, so verhindern die Verbindungen zusammen mit den Zugankern in der Deckenscheibe und den vertikalen Zugankern nach 9.10.2.5 den Einsturz größerer Gebäudeteile.

Die Verbindungen sollten möglichst gleichmäßig verteilt angeordnet werden. Falls dies nicht möglich ist, dürfen sie keinen größeren Abstand als 2,0 m untereinander und 1,0 m vom Wandtafelende haben (Abb. 138 a)). Sind die Außenwandtafeln zwischen ihren aussteifenden Wänden nicht gestoßen und beträgt deren Länge zwischen diesen Wänden höchstens das Doppelte ihrer Höhe, dürfen die Verbindungen am unteren Rand durch Verbindungen gleicher Gesamtzugkraft $f_{tie,fac}$ ersetzt werden, die in der unteren Hälfte der lotrechten Fugen zwischen der Außenwand und ihren aussteifenden Wänden anzuordnen sind (Abb. 138 b)). Durch die lotrechten Verbindungen untereinander und die oberen Verbindungen mit den Deckenscheiben sind durch die Innenwandtafeln ausgesteifte, nur „unten offene Raumzellen" vorhanden, die geschossweise übereinanderstehen und i. d. R. mit der Reibung infolge Eigenlast die Standsicherheit sicherstellen. Treten bei ungünstigen Grundrissformen und horizontalen Beanspruchungen weitere Zugkräfte auf, so sind diese durch Bewehrung aufzunehmen und weiterzuleiten [7].

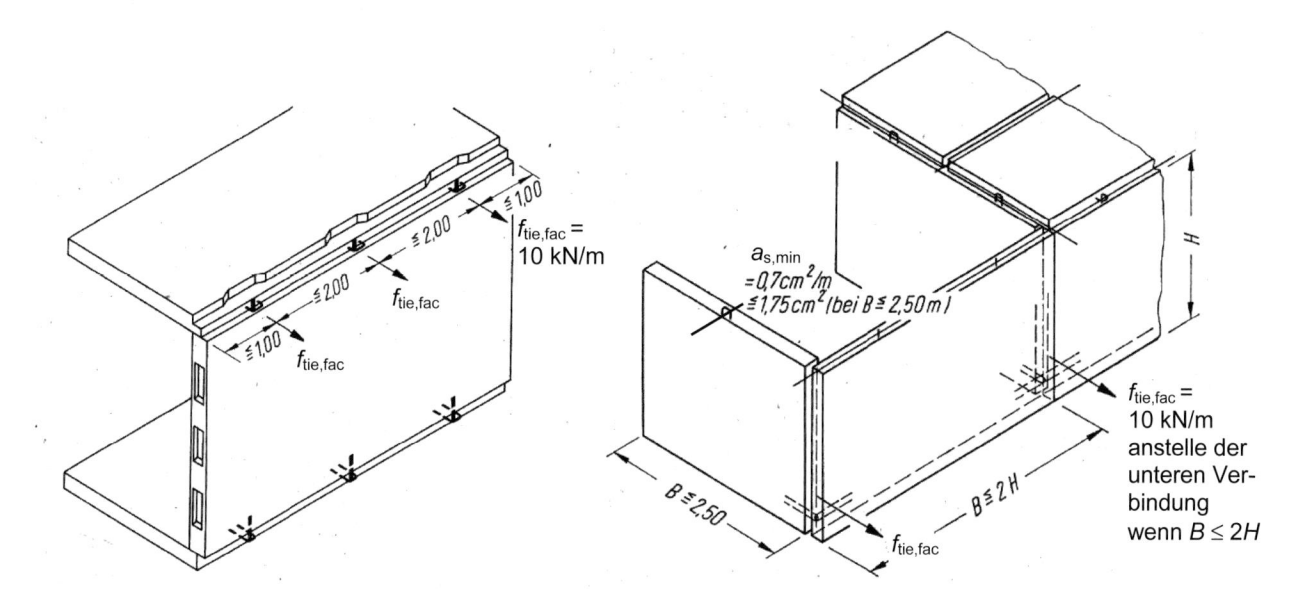

a) horizontale Wandzuganker nach 9.10.2.4 (2)   b) Wandtafelverbindungen nach 9.10.2.4 (NA.5) und (NA.6)

Abb. 138. Anschluss von Wandtafeln an Deckenscheiben (nach [7])

Zu 10 ZUSÄTZLICHE REGELN FÜR BAUTEILE UND TRAGWERKE AUS FERTIGTEILEN

Zu 10.1 Allgemeines

DIN 1045-4 „Ergänzende Regeln für die Herstellung und die Konformität von Fertigteilen" wird überarbeitet und in einer Neufassung herausgegeben. Diese Norm gilt für die Herstellung und Konformität von Betonfertigteilen, die nach DIN EN 1992-1-1 in Verbindung mit DIN EN 1992-1-1/NA entworfen und bemessen sind und für die Beton nach DIN EN 206-1 in Verbindung mit DIN 1045-2 verwendet wird. Sie enthält ergänzende Regeln für diejenigen Fertigteile, die in den europäischen Produktnormen für Betonfertigteile nicht enthalten sind. Sobald eine eingeführte Produktnorm vorliegt, hat sie Vorrang gegenüber DIN 1045-4.

Für die Tragwerksplanung bzw. für die Objektüberwachung werden in DIN 1045-4 einige wesentliche Festlegungen getroffen, die nachfolgend wiedergegeben werden:

Fertigteile mit Beschädigungen, die die Standsicherheit, Gebrauchstauglichkeit und Dauerhaftigkeit gefährden, sind entsprechend zu kennzeichnen und dürfen nicht ausgeliefert werden. Für den Transport und die Lagerung der Fertigteile hat der Hersteller detaillierte Angaben zu machen, um transportbedingte Schädigungen zu vermeiden.

Auf jedem Fertigteil sind deutlich lesbar das Herstellwerk, der Herstellungstag und das Übereinstimmungszeichen anzugeben. Abkürzungen sind zulässig. Die Einbaulage ist zu kennzeichnen, wenn Verwechslungsgefahr besteht. Fertigteile von gleichen äußeren Maßen, aber mit unterschiedlicher Bewehrung, Betonfestigkeitsklasse oder Betondeckung, sind entsprechend zu kennzeichnen.

Dürfen Fertigteile nur in bestimmter Lage, z. B. nicht auf der Seite liegend, befördert werden, so ist hierauf in geeigneter Weise, z. B. durch Aufschriften, hinzuweisen.

Jeder Lieferung von Fertigteilen ist ein nummerierter **Lieferschein** beizugeben. Der Lieferschein muss mindestens die folgenden Angaben enthalten:

- Herstellwerk,
- Übereinstimmungszeichen,
- Tag der Lieferung,
- Empfänger der Lieferung,
- Druckfestigkeitsklasse des verwendeten Betons,
- Eigengewicht des Fertigteils,
- Betonstahlsorte,
- Positionsnummer, sofern erforderlich.

Zu 10.2 Grundlagen für die Tragwerksplanung

Zu (NA.4): Bei Fertigteilen dürfen im Bauzustand auf Grund der geringeren Schwankungsbreiten der geometrischen Abmessungen und der Einwirkungen reduzierte Teilsicherheitsbeiwerte in Ansatz gebracht werden. Die Anwendungsregel gilt nur für Biegung mit oder ohne Längskraft nach 6.1 und nicht für Nachweise nach 5.8 oder Nachweise für Querkraft [D525].

Zu (NA.5): DIN EN 1992-1-1 enthält keine Angaben zur Tragfähigkeit von serienmäßig hergestellten **Transportankern** zum Heben und Transportieren von vorgefertigten Betonbauteilen mit zugehörigem Hebezeug. Die Transportanker fallen nicht in den durch die Bauordnungen geregelten Rechtsbereich, sondern als Bestandteil der zugehörigen Transportsysteme in den Rechtsbereich des Arbeitsschutzes (Sicherheit bei der Arbeit und Gesundheitsschutz). Die einzuhaltenden Sicherheitsregeln sind z. B. vom Hauptverband der gewerblichen Berufsgenossenschaften in den BGR 106 „Transportanker und -systeme von Betonfertigteilen" [4] festgelegt [D525].

Zukünftig soll die VDI-Richtlinie VDI/BV-BS 6205: „Transportanker und Transportankersysteme für Betonfertigteile" [110] an Bedeutung gewinnen. Sie wird als Arbeitsunterlage und Entscheidungshilfe für das Herstellen, Inverkehrbringen, Planen und Anwenden von Transportankern und Transportankersystemen zum Heben und Versetzen von Betonfertigteilen dienen. Wesentliche Ziele der Richtlinie sind, Personen- und Sachschäden bei Anwendungen in der Praxis zu vermeiden und Beurteilungs- und Bewertungskriterien aufzustellen. Sie richtet sich an die Planer, Hersteller und Nutzer von Transportankern und Transportankersystemen und an die Personen, die vom Betonfertigteilwerk bis zum Einbau auf der Baustelle damit umgehen.

Die Betonbauteile selbst sind jedoch für die Transport- und Montagevorgänge nach den Regeln von DIN EN 1992-1-1 hinsichtlich Tragfähigkeit und Gebrauchstauglichkeit zu bemessen. Auf die Überprüfung und Durchbildung der Lasteinleitungspunkte, ggf. mit zusätzlicher Bewehrung, ist zu achten.

Werden im Endzustand an den Transportankern dauerhaft Lasten verankert, sind die Transportanker für diesen Fall wie ungeregelte Bauprodukte zu behandeln und benötigen für den Anwendungszweck eine allgemeine bauaufsichtliche Zulassung oder eine Zustimmung im Einzelfall [D525].

Zu 10.3 Baustoffe

Zu 10.3.1 Beton

Zu 10.3.1.1 Festigkeiten

Zu (2): In EN 1992-1-1 werden Betonfestigkeitsklassen zwischen den Standard-Festigkeitsklassen nach Tabelle 3.1 zugelassen. Diese wurden für Deutschland ausgeschlossen. Absatz (2) ist daher in der kommentierten Fassung gestrichen.

Zu 10.3.2 Spannstahl

Zu 10.3.2.1 Eigenschaften

Zu (2): Die Gleichungen (3.28) bis (3.30) zur Ermittlung der Relaxationsverluste nach 3.3.2 (7) sind in Deutschland nicht zugelassen (siehe Erläuterungen dort).

Werden Spannbetonfertigteile unter einer Spannbettvorspannung von $0,8f_{p0,1k}$ bzw. $0,65f_{pk}$ und ca. 8 h lang bei Temperaturen bis zu +80 °C wärmebehandelt, so kann der Relaxationsverlust mit 4 % bei „sehr niedriger" bzw. mit 10 % bei „normaler" Relaxation angesetzt werden. Dabei darf angenommen werden, dass die gesamte Relaxation während der Wärmebehandlung auftritt und alle späteren Spannungsverluste unter Normaltemperatur bereits vorweggenommen sind (vgl. abZ der Drähte und Litzen).

Zu NA.10.4 Dauerhaftigkeit und Betondeckung

Aus [D525]: In Bezug auf die Qualitätskontrolle bei einer Abminderung des Vorhaltemaßes wird auf die Planung und Verwendung „geeigneter" Abstandhalter und Unterstützungen hingewiesen, die z. B. nach den einschlägigen DBV-Merkblättern [DBV2] und [DBV3] geprüft und zertifiziert sowie nach dem DBV-Merkblatt „Betondeckung und Bewehrung" [DBV1] verlegt werden.

Bei der werksmäßigen Herstellung von Betonfertigteilen wird bei entsprechender Qualitätssicherung eine geringere Streuung der Betondeckungen am fertigen Bauteil erwartet. Daher wird in Analogie zur Reduktion des Teilsicherheitsbeiwertes für Beton in A.2.3 ein vergleichbares Vorgehen bei einer Reduktion des Vorhaltemaßes um mehr als 5 mm gestattet. Voraussetzung ist dabei, dass durch eine Überprüfung der Mindestbetondeckung am Fertigteil sichergestellt wird, dass Fertigteile mit zu geringer Mindestbetondeckung ausgesondert werden. Die in diesem Fall notwendigen Maßnahmen sind durch die zuständigen Überwachungsstellen im Einzelfall festzulegen. Eine Verringerung von Δc_{dev} unter 5 mm ist dabei unzulässig. Eine weitere Reduktion des Vorhaltemaßes unter 5 mm ist nur in Ausnahmefällen mit sehr aufwändigen Maßnahmen bei Herstellung und Überwachung im Rahmen einer Zustimmung im Einzelfall oder einer Zulassung denkbar.

Die i. d. R. erforderliche Messung der Betondeckung am Fertigteil und die Auswertung der Messergebnisse sollte nach dem entsprechenden Anhang im DBV-Merkblatt „Betondeckung und Bewehrung" [DBV1] erfolgen. Mit den zuständigen Überwachungsstellen ist dabei z. B. das Herstellungsverfahren, die Messtechnik, die Messhäufigkeit, die laufende Produktionskontrolle, die Dokumentation und Auswertung sowie die ggf. mögliche Weiterverwendung ausgesonderter Bauteile festzulegen.

Wenn die Tragwerksplanung nicht vom Fertigteilwerk selbst, sondern extern aufgestellt wird, sollte vom Aufsteller eine frühzeitige Absprache mit den nachgeschalteten Planern und Ausführenden erfolgen und das Fertigteilwerk rechtzeitig über die Reduktion des Vorhaltemaßes informiert werden.

Zu 10.9 Bemessungs- und Konstruktionsregeln

Zu 10.9.2 Wand-Decken-Verbindungen

Zu (2): Die Regelungen für Auflagerung von Wänden im Stoßbereich zweier Deckenplatten gehen auf DIN 1045:1978 zurück. Die Tragfähigkeit von Innenwandtafeln hängt entscheidend von der Gleichmäßigkeit des Linienauflagers im Bereich der Fuge ab. Damals wurden in Versuchen Festigkeitsabnahmen von 70 % bei unbewehrten und 40 % bei bewehrten Wänden bei mangelhafter Fugenausbildung festgestellt. Die zulässige Wandlast ohne zusätzliche Maßnahmen wurde daraufhin zu 50 % der zentrischen Tragfähigkeit ohne Berücksichtigung des Knickens festgelegt.

Mit einer entsprechenden Wandfuß- bzw. Wandkopfbewehrung darf die Wandbelastung am Knotenrand auf 60 % von f_{cd} gesteigert werden.

Zu 10.9.3 Deckensysteme

Zu (4) und (5): Die Tragfähigkeit ausbetonierter Fugenschlösser als Deckenverbindung nach Bild 10.2aDE) wurden von *Paschen* und *Zillich* in Versuchen bestimmt, deren Ergebnisse in [D348] bzw. [80] mitgeteilt wurden. Der Bemessungsvorschlag für unbewehrte Fugen wurde 1987 in [80] berichtigt. Ursprünglich wurden an 100 mm dicken Platten mit bestimmten Fugengeometrien und einer Betongüte B 35 (C30/37) aufnehmbare Querkräfte durch Versuche bestimmt. Von diesen Querkräften darf auf die Tragfähigkeit ähnlicher Fugenausbildungen und verschiedener Plattendicken extrapoliert werden. Zwischen den Fugenzähnen bildet sich abhängig von der Fugengeometrie im Vergussbeton eine schräge Druckstrebe D aus, deren Vertikalkomponente die Querkraft V überträgt und deren horizontale Spreizkomponenten D_h über die steifen Fertigteilscheiben zu den benachbarten Zuggliedern F_{sd} übertragen werden (vgl. Abb. 139). Von dem Aufbau und der Aufnahme der Spreizkraft hängt die Fugentragfähigkeit ganz wesentlich ab. Die rechnerische Spreizkraft sollte mindestens das 1,5-fache der in der Fuge zu übertragenden Querkraft betragen.

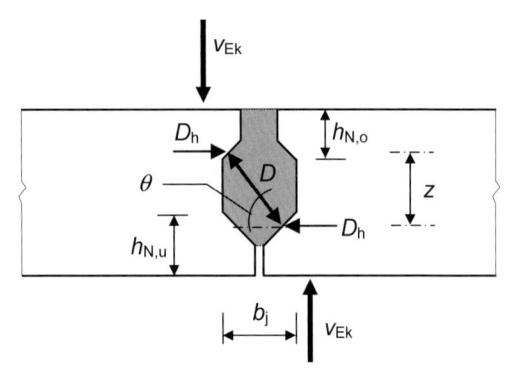

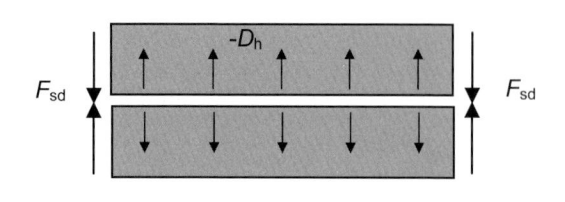

a) Tragmodell in der Vergussfuge (Schnitt) b) Übertragung in die Zuganker (Grundriss)

Abb. 139. Kraftfluss in ausbetonierten Fugen

Die Nachweise wurden in [80] auf Gebrauchslastniveau mit globalem Sicherheitsbeiwert γ_F sehr weit auf der sicheren Seite an den Versuchsergebnissen kalibriert (v_0 mit $\gamma_F \geq 3$). Die in der unbewehrten Fuge übertragbare Querkraft beträgt dann als Bemessungswert:

$$v_{Ed} \leq v_{Rd,C30} = \frac{\gamma_F \cdot v_0}{2{,}75 \cdot \left(\dfrac{h_N}{0{,}15 \cdot h}\right)^{-1{,}11} \cdot \left(0{,}32 + 0{,}68 \dfrac{b_j}{h}\right) \cdot \left(\dfrac{h}{100}\right)^k} \tag{62}$$

mit

$v_{Rd,C30}$ aufnehmbare Querkraft für Fugenbeton C30/37 ($\approx$ B 35);

γ_F $\approx 1{,}4$: gemittelter Teilsicherheitsbeiwert für Einwirkungen;

v_0 = 5,0 kN/m: Grundwert aus Versuchen für C30/37 (B 35, Gebrauchslastniveau);

h_N kleinste Nasenhöhe am Plattenanschnitt ($h_N \geq h/3$);

h Plattendicke ≤ 200 mm;

b_j maximale Fugenbreite;

k = −1,0 für affine Fugenabbildung; = −1,4 für höhenproportionale Fugenabbildung.

Alternativ ist weiterhin auch der Nachweis gemäß DAfStb-Heft [D525] möglich. In Abb. 140 wird Gleichung (62) unter der Annahme ausgewertet, dass die Nasenhöhen oben und unten jeweils 1/3 der Plattendicke h und die Fugenbreiten unabhängig von der Plattendicke konstant 60 mm (Mindestwert), 80 mm oder 100 mm betragen (Fugenbreite in den Versuchen: 90 mm). Dies entspricht näherungsweise einer höhenproportionalen Fugenabbildung.

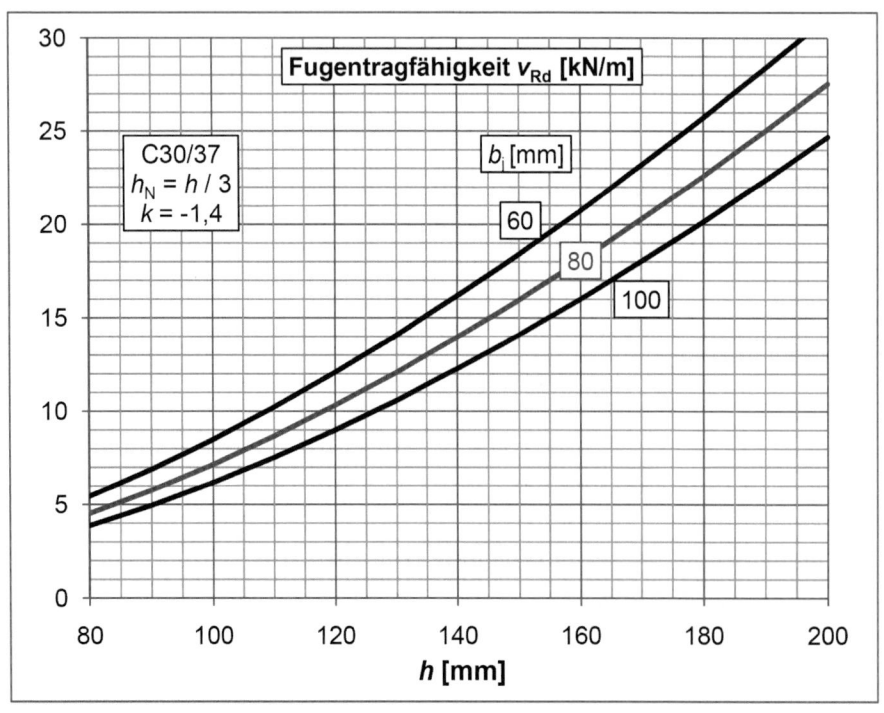

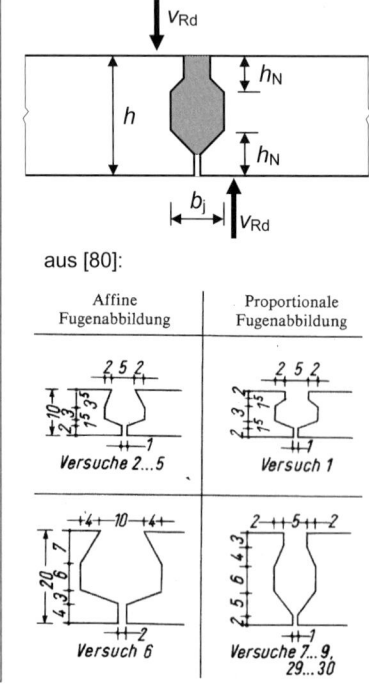

Abb. 140. Fugentragfähigkeit nach Gleichung (62) für C30/37

Der Füllbeton für die Fuge muss mindestens die Festigkeitsklasse C16/20 aufweisen. Extrapolationen für Festigkeitsklassen > C45/55 und Plattendicken h > 200 mm lassen sich durch die Untersuchungen in [80] nicht belegen. Für die Umrechnung auf höhere Betondruckfestigkeitsklassen bis ≤ C45/55 darf näherungsweise der Faktor $(f_{ck,cube} / 37)^{2/3}$ angenommen werden. Für Betonfestigkeiten < C30/37 sollte eine zusätzliche Abminderung mit $0,8 \cdot (f_{ck,cube} / 37)^{2/3}$ erfolgen.

Die Fugengeometrie sollte entsprechend Bild 10.2aDE) bei Änderung der Plattendicke h höhenproportional verändert werden. Die Fugengeometrie muss auch bei geringer Breite einen einwandfreien Verguss auch bei ggf. gestoßener Zugankerbewehrung längs der Fuge ermöglichen.

Die Fugenausbildung nach Bild 10.2aDE) a) darf nur bei vorwiegend ruhenden Einwirkungen angewendet werden. Bei nicht vorwiegend ruhenden Lasten ist eine statisch mitwirkende Ortbetonschicht als Lastverteilung vorzusehen.

Mit bewehrten Fugen lassen sich i. d. R. die übertragbaren Querkräfte weiter steigern (vgl. [80]).

Zu (8): Die Mindestdicke der Ortbetonergänzung auf Halbfertigteilen war in DIN 1045:1972 auf die Mindestdicke der Elementplatte festgelegt worden (und mindestens 50 mm), damit die aufgelegte Querbewehrung noch in der Zugzone des Gesamtquerschnitts liegt [7]. Bei Anordnung der Mindestdicke von 40 mm in DIN EN 1992-1-1 sind dementsprechend ingenieurmäßige und konstruktiv angemessene Überlegungen anzustellen.

Zu (NA.17): Die Verbundsicherungsbewehrung von 6 cm²/m wurde von *Schäfer* und *Schmidt-Kehle* im DAfStb-Heft [D456] als Bemessungsvorschlag rechnerisch an einer Elementplatte (60 mm Fertigteil + 250 mm Ortbeton) abgeschätzt, der auf ungünstigen Ausgangsannahmen für unterschiedliches horizontales Schwinden von Fertigplatte und Ortbeton bei glatter Fuge basiert. Untersucht wurde das Endschwindmaß des Ortbetons bei voller Behinderung durch die nicht mehr schwindende Fertigplatte. Dabei wird davon ausgegangen, dass die so ermittelte Mindestbewehrung auch anders geartete Eigenspannungsbeanspruchungen abdeckt. Aus der Zugnormalkraft infolge Schwindbehinderung und dem auf den Schwerpunkt bezogenen dazugehörigen Biegemoment ergibt sich eine lineare Spannungsverteilung über den Querschnitt. Der Spannungsanteil in der Fertigplatte muss über Schubspannungen in der Fuge eingeleitet werden.

Für den Fall, dass sich Ortbeton und Fertigteil am Plattenende vollständig gelöst haben, soll das aufschüsselnde Moment durch ein Kräftepaar aufgenommen werden, welches für den abhebenden Rand allein durch Verbundbewehrung aufzunehmen wäre. Diese Zugkraft wird in [D456] mit 200 kN/m abgeschätzt, die durch Wand- und Deckenauflasten nicht ohne Weiteres zu kompensieren ist. Bei durchgehend gitterträgerbewehrten Platten und rauen Fugen sind die Verhältnisse jedoch deutlich günstiger, die Schwindbeanspruchungen werden über die gesamte Schubfläche kontinuierlich aufgenommen. Hier sind dann übliche geschosshohe Auflasten massiver tragender Wände mit aufliegenden Decken ausreichend.

In allen anderen Fällen mit geringen Wandauflasten und bei Platten ohne Verbundbewehrung sollte die Mindestbewehrung am 0,75 m breiten Plattenrand vorgesehen werden.

Zu 10.9.4 Verbindungen und Lager für Fertigteile

Zu 10.9.4.3 Verbindungen zur Druckkraft-Übertragung

Zu (6): Die Tragfähigkeit zentrisch belasteter Fertigteil-Stützenstöße wurde u. a. von *König* et al. in [61] behandelt. *Minnert* hat in [D499] weitere Bemessungsvorschläge für stumpf gestoßene Fertigteilstützen aus hochfesten Betonen vorgelegt.

Nach [61] darf die Tragfähigkeit ermittelt werden zu:

$$N_{Rd} = \kappa \cdot (A_c \cdot f_{cd} + A_s \cdot f_{yd}) \tag{63}$$

Dabei ist der Abminderungsfaktor κ für einen

– Stoß mit Stahlplatten ($t \geq 10$ mm): $\kappa = 1,0$;
– Stoß mit Stirnflächenbewehrung: $\kappa = 0,9$.

Bei der Verwendung von Stahlplatten in der Stützenstirn werden die auftretenden Querdehnungen der Mörtelfuge effektiv behindert, wobei der gesamte Traglastanteil der Längsbewehrung über die Mörtelfuge hinweg übertragen werden kann. Im Stoßbereich entstehen dann keine Beanspruchungen aus der Endverankerung der Längsbewehrung. Die Längsbewehrung muss nicht mit der Stahlplatte verbunden, sollte jedoch möglichst nahe herangeführt werden. Eine verstärkte Querbewehrung im Stützenfuß ist nicht erforderlich [D499].

Bei der Verwendung einer Stirnflächenbewehrung hingegen wird nur ein Teil der im Bewehrungsstahl vorhandenen Kraft über Spitzendruck abgetragen. Der größere Teil wird über Verbundspannungen in den Stützenbeton eingeleitet. Die größere Betonbeanspruchung muss durch ein Umschnüren des Kernbetons aufgenommen werden (Abb. 141). Eine ausreichende Verbügelung des Stützenfußes ist erforderlich. In der Mörtelfuge müssen die Querzugbeanspruchungen aus der Mörtelquerdehnung durch die Stirnflächenbewehrung aufgenommen werden [2].

Die Stützenlängsbewehrung im Bereich der Stützenköpfe sollte auf $\rho \leq 6$ % begrenzt werden, um eine Überlastung des Betons im Stoßbereich auszuschließen [61]. Die Vergleichslast der ungestoßenen Stütze wird bis zu $\rho \leq 3$ % und der Abminderungsfaktor von 0,9 bis zu $\rho \leq 6$ % nicht unterschritten [D316]. Bei der konstruktiven Durchbildung sollte darauf geachtet werden, dass die Stirnflächenbewehrung ohne Betondeckung direkt in die Stützenstirn eingebaut und der Stabdurchmesser von $\phi = 12$ mm nicht überschritten wird. Die Mattenendknoten müssen an den Außenseiten der Stütze liegen und die Kreuzungspunkte sollten sorgfältig verschweißt sein. Der Stababstand muss $s \leq 50$ mm betragen. Die Verteilung der Bügelbewehrung sollte nach Abb. 142 erfolgen. Die Bügelbewehrung wird im unteren Drittel der

Verankerungslänge konzentriert, da die Querzugkräfte dort verstärkt auftreten [2]. Da bei hochfesten Betonen die Verankerungslänge sehr kurz ist und eine Verbundstörung zwischen Betondeckung und Betonkern durch die Bügel vermieden werden soll, ist eine gleichmäßigere Verteilung der Bügel vorzusehen [61].

Außerdem sollte bei hartgebetteten Fugen von Stützenstößen eine maximal zulässige Fugendicke von 20 mm beachtet werden [2].

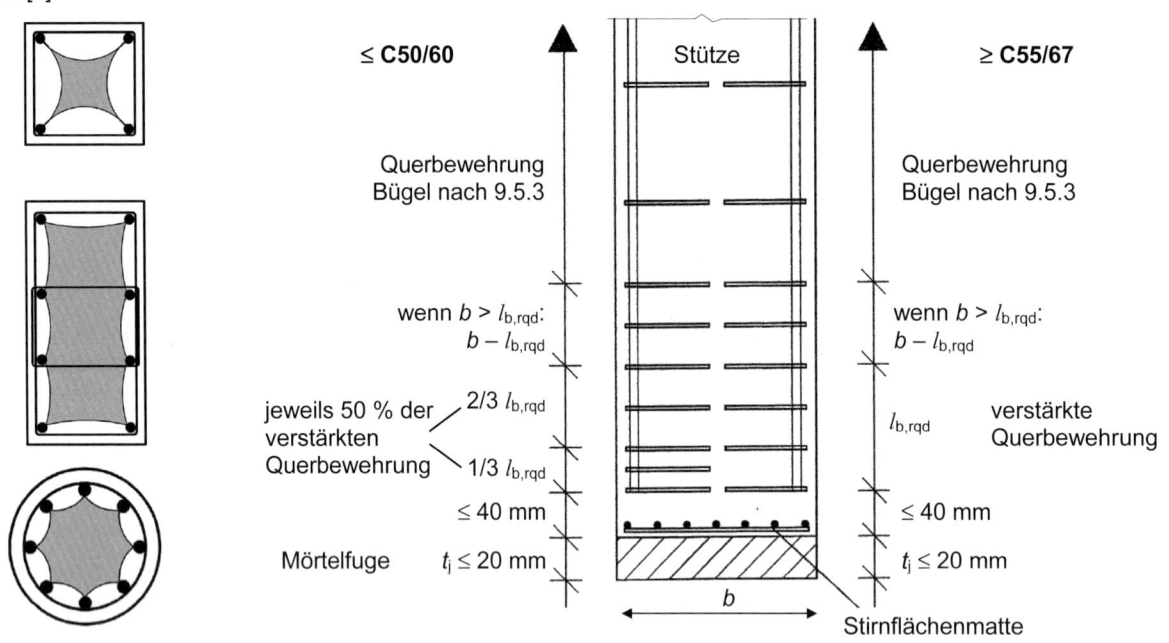

Abb. 141. Effektiv umschnürte Fläche in der Bügelebene (aus [2])

Anmerkung: Grundmaß der Verankerungslänge $l_{b,rqd}$ mit f_{yd}

Abb. 142. Konstruktive Durchbildung des Stoßbereiches (nach *Bachmann et al.* [2])

Zu NA.10.9.8 Zusätzliche Konstruktionsregeln für Fertigteile

Zu (2): Die pauschale Möglichkeit, auf Querbewehrung nach 9.3.1.1 bei Fertigteilen bis zu 1,20 m Breite zu verzichten, ist nur für Vollplatten zulässig. In Stahlbeton-Hohlplatten darf eine Querbewehrung bis zu einer maximalen Plattenbreite von 0,50 m generell entfallen. Für größere Plattenbreiten (bis 1,20 m) darf vereinfachend die in den DIBt-Mitteilunmgen 3/2005 [17] angegebene Beziehung zur Ermittlung der Querbewehrung genutzt werden. Eine Zusammenfassung mit den in [18] aktualisierten Grundsätzen für die statische Prüfung von Stahlbeton- und Stahlleichtbetonplatten findet sich auch in [30].

Zu 11 ZUSÄTZLICHE REGELN FÜR BAUTEILE UND TRAGWERKE AUS LEICHTBETON

Ausführlichere Erläuterungen zu den besonderen Regeln für Leichtbeton können dem Beitrag von *Faust* und *König* in [24] entnommen werden.

Zu 11.1.1 Geltungsbereich

Zu (4): Die Eigenschaften des Leichtbetons werden im gesonderten Kapitel 11 behandelt (z. B. in Tabelle 11.3.1). Die Definition in EN 1992-1-1 begrenzt die obere Rohdichte des hier für die Bemessung geregelten gefügedichten Leichtbetons auf $\rho \leq 2200$ kg/m³ (abweichend von DIN 1045-1 sowie von EN 206-1 und DIN 1045-2 mit $\rho \leq 2000$ kg/m³). Das ist formal auf die Reduktionsfaktoren η für die Bemessungswerte zurückzuführen, die erst bei $\rho = 2200$ kg/m³ mathematisch exakt 1,0 ergeben:

$$\eta_1 = 0{,}40 + 0{,}60 \cdot \rho / 2200 \qquad \text{EN 1992-1-1, (11.1)}$$

$$\eta_E = (\rho / 2200)^2 \qquad \text{EN 1992-1-1, (11.2)}$$

Die Reduktionsfaktoren berücksichtigen die Unterschiede in den mechanischen Betoneigenschaften, die vor allem von der leichten Gesteinskörnung herrühren.

Im NA wird übereinstimmend mit DIN EN 206-1 (und damit abweichend von EN 1992-1-1) die Definition des Leichtbetons mit $\rho \leq 2000$ kg/m³ festgelegt. Die Reduktionsfaktoren sind für $\rho \geq 2000$ kg/m³ mit $\eta_1 \approx \eta_E \approx 0{,}95 \ldots 1{,}0$ in der Bemessung noch vernachlässigbar (vgl. Abb. 143).

Die Rohdichte des Normalbetons reicht demnach von 2000 kg/m³ $< \rho \leq 2600$ kg/m³ (i. M. 2300 kg/m³).

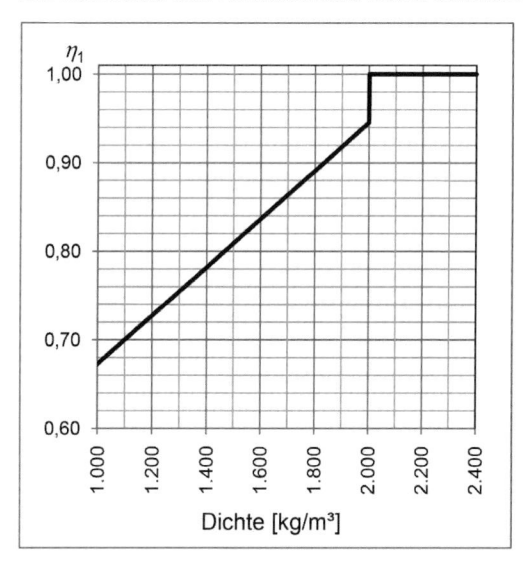

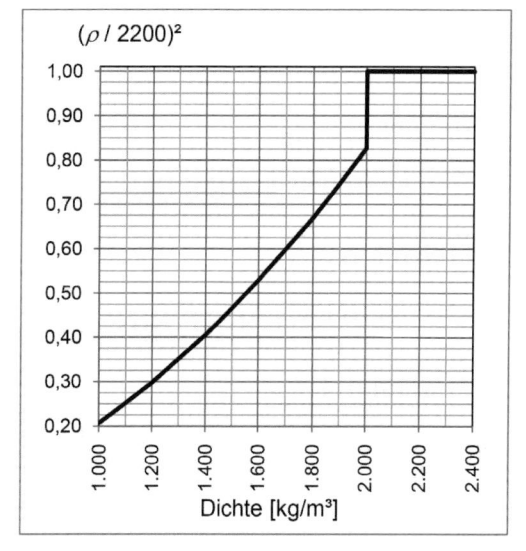

a) η_1 für die Betonzugfestigkeit
b) η_E für den E-Modul

Abb. 143. Reduktionsfaktoren für Leichtbeton für die Bemessung

Zu 11.3 Baustoffe

Zu 11.3.1 Beton

Bei Leichtbeton spielt die Hydratationswärmeentwicklung des Zements eine wesentliche Rolle. Aufgrund seiner guten Wärmedämmeigenschaften kann es insbesondere in massigen Leichtbetonbauteilen zu einer starken Temperaturerhöhung kommen. Damit verbunden ist u. a. auch eine Ausdehnung der in der Gesteinskörnung enthaltenen Luft und somit ein Austreiben des in den Körnern gespeicherten Vornässwassers. Bei Temperaturen von über ca. 70 °C kann dieses Wasserangebot im bereits erhärteten Beton eine verstärkte betonschädigende Bildung von quellfähigem Sekundärettringit begünstigen. Daher kommen bei der Herstellung von Bauteilen aus Leichtbeton in der Regel Zemente bzw. Bindemittelgemische mit einer langsamen Festigkeitsentwicklung zum Einsatz. Hieraus resultieren ein langsamer Erhärtungsverlauf und eine verlängerte Nachbehandlungsdauer [74]. Daher ist bei Verwendung von Konstruktionsleichtbeton die Vereinbarung der 56-Tage-Festigkeit für den Festigkeitsnachweis technisch zweckmäßig. Zu den Voraussetzungen der Abweichung von der 28 Tage-Festigkeit ist die Musterliste der Technischen Baubestimmungen [76], ab Fassung 2010-02, Anlage 2.3/14, zu beachten.

Zu 11.3.2 Elastische Verformungseigenschaften

Das Bruchverhalten von Leichtbeton unterscheidet sich von dem des Normal- und Schwerbetons, da der E-Modul vieler leichter Gesteinskörnungen geringer als der E-Modul des Zementsteins ist. Der innere Spannungszustand bei Druckbeanspruchung ist bei Leichtbeton daher anders als bei Normalbeton. Die Mikrorisse verlaufen nicht mehr vorzugsweise durch die Zementsteinmatrix, sondern auch durch die leichte Gesteinskörnung. Entsprechend werden Verformungsverhalten und Festigkeit in weit höherem Maß durch die Gesteinskörnung als bei Normalbeton bestimmt [74].

Aufgrund der geradezu linearen Spannungs-Dehnungs-Beziehung bei Leichtbetonen im Gebrauchszustand kann der Tangentenmodul E_{lc0} mit dem mittleren E-Modul E_{lcm} gleichgesetzt werden [24].

Zu 11.3.3 Kriechen und Schwinden

Zu (1): Das Kriechen des Leichtbetons wird durch die weicheren leichten Gesteinskörnungen, die Zementleimmenge sowie die Zementsteinporosität beeinflusst. Bisherige Versuchsergebnisse lassen den Schluss zu, dass die Kriechdehnung gefügedichter Leichtbetone ε_{lcc} für im mittleren Betonalter aufgebrachte Dauerlasten in der gleichen Größenordnung liegt wie die von Normalbeton gleicher Festigkeit. Somit darf die sich auf die elastische Verformung beziehende Kriechzahl $\varphi_c(\infty,t_0)$ entsprechend dem geringeren E-Modul des Leichtbetons mit dem Faktor η_E abgemindert werden. Für die niedrigen Druckfestigkeitsklassen LC12/13 und LC16/18 wird ein zusätzlicher Erhöhungsfaktor $\eta_2 = 1,3$ festgelegt, der die geringere Kriechbehinderung bei leichten Gesteinskörnungen berücksichtigt. Zur Berechnung der Kriechdehnung ε_{lcc} darf für den Tangentenmodul E_{lc0} der mittlere Elastizitätsmodul E_{lcm} verwendet werden. In Fällen, in denen dem Kriecheinfluss eine große Bedeutung zukommt, sollte die Bemessung auf Versuchswerte gestützt werden [24].

Zu (2): Das Endschwindmaß liegt bei Leichtbetonen etwas höher als bei Normalbeton, da die Schwindbehinderung durch die weicheren leichten Gesteinskörnungen geringer ist im Vergleich zu dichten Gesteinskörnungen. Deshalb wird für die Trocknungsschwinddehnung ε_{lcd} zum Zeitpunkt $t = \infty$ ein Erhöhungsfaktor η_3 der für Normalbeton geltenden Werte in Abhängigkeit von der Betonfestigkeitsklasse festgelegt, die in diesem Fall stellvertretend für die Kornrohdichte steht. Für genauere Werte muss auf Versuchsergebnisse zurückgriffen werden [24].

Zu 11.3.4 Spannungs-Dehnungs-Linie für nichtlineare Verfahren und für Verformungsberechnungen

Bei der Anwendung nichtlinearer Verfahren für Leichtbeton ist zu beachten, dass der abfallende Ast der Arbeitslinie nach Bild 3.2 aufgrund der größeren Sprödigkeit nicht vorhanden ist (daher $\varepsilon_{lcu1} = \varepsilon_{lc1}$) [D525].

Zu 11.3.5 Bemessungswerte für Druck- und Zugfestigkeiten

Zu (1)P: Bei Leichtbeton wird mit dem Beiwert α_{lcc} zusätzlich auch die Völligkeit der verschiedenen Spannungs-Dehnungs-Linien angepasst. Die Spannungs-Dehnungs-Linie von Leichtbeton weist gegenüber der von Normalbeton eine wesentlich geringere Völligkeit sowie eine größere Sprödigkeit im Nachbruchbereich auf. Zusätzlich liegt bei Leichtbeton im Fall eines hohen Ausnutzungsgrads der leichten Gesteinskörnung noch ein größerer Dauerstandseinfluss vor, da das Umlagerungsvermögen von der Matrix auf die Gesteinskörnung eingeschränkt ist. Bei der Ableitung des Faktors α_{lcc} für Leichtbeton wurde einheitlich ein reduzierter Dauerstandsfaktor von 0,8 zugrunde gelegt. Für den bilinearen Zusammenhang nach Bild 3.4 wurde $\alpha_{lcc} = 0,8$ festgelegt. Ausgehend von dieser Linie wurde für das Parabel-Rechteck-Diagramm und für den Spannungsblock der Beiwert α_{lcc} aus der Bedingung der Äquivalenz des Moments der Druckzonenresultierenden um die neutrale Achse bei maximaler Randdehnung ermittelt. Für das Parabel-Rechteck-Diagramm nach Bild 3.3 und für den Spannungsblock nach Bild 3.5 ergibt sich damit $\alpha = 0,75$ [D525].

Bei der Anwendung nichtlinearer Verfahren ist der reduzierte Dauerstandsbeiwert $\alpha_{lcc} = 0,8$ ebenfalls zu berücksichtigen (z. B. in Gleichung (NA.5.12.7)).

Zu 11.4 Dauerhaftigkeit und Betondeckung

Zu 11.4.1 Umgebungseinflüsse

Zu (1): Die Druckfestigkeit des Leichtbetons wird dominiert von der Festigkeit der eingesetzten leichten Gesteinskörnung. Für die Dauerhaftigkeit ist primär die Zusammensetzung der Matrix (Bindemittelgehalt, Wasser/Bindemittel-Wert) maßgebend. Ein einfacher Zusammenhang zwischen der Druckfestigkeit der Leichtbetone und ihrer Dauerhaftigkeit ist daher nicht gegeben. Leichtbeton kann bei entsprechender Zusammensetzung die Anforderungen verschiedener Expositionsklassen bereits in niedrigeren Festigkeitsklassen erfüllen als ein Normalbeton (vgl. auch Hinweise im DAfStb-Heft [D526]).

Für die Expositionsklasse XM sollte kein Leichtbeton verwendet werden. Sofern aus Gründen der Wirtschaftlichkeit kein Luftporenbeton zum Einsatz kommen soll, sind für die Expositionsklasse XF jeweils die größere der angegebenen Mindestbetonfestigkeitsklassen anzuwenden [D525].

Zu 11.4.2 Betondeckung

Die hohe Dichtigkeit der Kontaktzone zwischen Matrix und Zuschlag ist die Ursache für die in der Regel gute Dauerhaftigkeit von Leichtbeton trotz der Porosität der leichten Gesteinskörnung. Daher wird zur Gewährleistung einer ausreichenden Dauerhaftigkeit keine Erhöhung der Betonüberdeckung für Leichtbeton gefordert, sofern diese um mindestens 5 mm größer ist als der Durchmesser des porigen Größtkorns. Damit soll der mit geringerem Widerstand verbundene Stofftransport über die porige leichte Gesteinskörnung direkt zum Bewehrungsstab verhindert werden [24].

Zur Sicherstellung des Verbundes ist die Mindestbetondeckung für die Verbundbedingung um +5 mm zu erhöhen. Damit wird die reduzierte Betonzugfestigkeit, die dem Spalten der Betondeckung entgegenwirkt, kompensiert.

Zu 11.5 Ermittlung der Schnittgrößen

Zu 11.5.1 Vereinfachter Nachweis der plastischen Rotation

Zu (1)P: Bei Bauteilen aus Leichtbeton dürfen Verfahren nach der Plastizitätstheorie nicht angewendet werden, da die Rotationskapazität von Bauteilen aus Leichtbeton nicht ausreichend bekannt, in jedem Fall aber wegen der größeren Sprödigkeit wesentlich geringer als die von Normalbeton ist [D525].

Zu NA.11.5.2 Linear-elastische Berechnung

Zu (2): Für Leichtbeton werden bei Verwendung normalduktilen Betonstahls Momentenumlagerungen ausgeschlossen, weil dafür noch keine Erfahrungen vorliegen [D525].

Zu NA.11.6.5 Stabwerkmodelle

Die Abminderung der Bemessungswerte der Druckstrebenfestigkeit in Stabwerkmodellen mit dem Faktor η_1 berücksichtigt die größere Spaltgefahr des Leichtbetons infolge von Querzugspannungen.

Zu 11.6.7 Teilflächenbelastung

Die sich mit steigender Betondruckfestigkeit bei Leichtbeton nur unterproportional entwickelnde Zugfestigkeit führt in Verbindung mit der geringeren Effizienz einer Querpressung zu niedrigeren Teilflächenpressungen als bei Normalbeton.

Bei Leichtbeton ist der Einfluss der Übertragungsfläche A_{c0} auf die aufnehmbare Teilflächenpressung f_{c0} geringer als beim Normalbeton. Dies wird im Wurzelexponenten in Abhängigkeit von der Trockenrohdichte in Gleichung (11.6.63) formuliert. Als Bezugswert wurde hier wieder ρ = 2200 kg/m³ gewählt (und damit etwas progressiver als der Bezugswert 2400 kg/m³ in DIN 1045-1).

Zu 11.6.8 Nachweis gegen Ermüdung

Das Ermüdungsverhalten von Leichtbeton unter Druck- und Biegebeanspruchung ist mit dem von Normalbeton und hochfestem Beton vergleichbar. Dies wird auf die elastische Kompatibilität des Leichtbetons zurückgeführt, da Ermüdungsbrüche im Allgemeinen von Mikrorissen ausgehen. Allerdings ist bei einem Anriss in einem Leichtbetonbauteil mit einem vergleichsweise beschleunigten Risswachstum zu rechnen [24].

Die Eigenschaften von Leichtbeton hängen stark von der Betonrezeptur, Verarbeitung und Nachbehandlung ab. Das Ermüdungsverhalten von Leichtbetonen wurde noch nicht für diese große Streubreite von Parametern experimentell untersucht. Aus diesem Grund können die Regeln des Abschnitts 6.8 nicht ohne weitere Nachweise der Gleichwertigkeit hinsichtlich des Ermüdungsverhaltens des eingesetzten Leichtbetons zu einem normaldichten Beton verwendet werden [D525].

Zu 11.8 Allgemeine Bewehrungsregeln

Zu 11.8.1 Zulässige Biegerollendurchmesser

Zu (1): Wegen der geringeren Betonzugfestigkeit bei Leichtbeton sind die Biegerollendurchmesser für Haken, Winkelhaken und Schlaufen um 50 % gegenüber den zulässigen Werten bei Normalbeton zu vergrößern. In vergleichbarer Weise sollte dies auch für die abgebogenen Stäbe erfolgen, wobei hier wie nach DIN 1045-1 eine Vergrößerung um 30 % ausreicht (siehe Tabelle 17).

Tab. 17. Mindestbiegerollendurchmesser D_{min} in Leichtbetonbauteilen

1	2	3	4	5
Haken, Winkelhaken, Schlaufen, Bügel		**Schrägstäbe oder andere gebogene Stäbe**		
Stabdurchmesser		Mindestwerte der Betondeckung rechtwinklig zur Biegeebene		
ϕ < 20 mm	$\phi \geq$ 20 mm	> 100 mm und > 7ϕ	> 50 mm und > 3ϕ	$\leq$ 50 mm oder $\leq$ 3ϕ
6ϕ	10ϕ	13ϕ	20ϕ	26ϕ

Zu 11.9 Konstruktionsregeln

Zu (1): Leichtbeton weist einen geringeren Widerstand gegen Spalten des Betons auf als Normalbeton. Da keine Versuchserfahrungen mit dicken Stäben in Leichtbetonkonstruktionen vorliegen, dürfen Stäbe mit ϕ > 32 mm nur eingesetzt werden, wenn für den speziellen Anwendungsfall positive Versuchserfahrungen vorliegen [D525].

Zu (NA.2): Da sich die Zugfestigkeit mit zunehmender Betondruckfestigkeit bei Leichtbeton nicht in gleichem Maße wie bei Normalbeton entwickelt, ist eine Begrenzung des Abminderungsbeiwerts $\eta_1 \geq 0{,}85$ bei der Ermittlung von f_{lctm} nach Tabelle 11.3.1 für den Mindestquerkraftbewehrungsgrad nach Gleichung (9.5aDE) erforderlich [D525].

Zu 12 TRAGWERKE AUS UNBEWEHRTEM ODER GERING BEWEHRTEM BETON

Zu 12.3 Baustoffe

Zu 12.3.1 Beton

Zu (1): Unbewehrte Bauteile (Bauteile ohne Bewehrung) oder gering bewehrte Bauteile (mit Bewehrungsgraden unterhalb der Mindestbewehrungsgrade) verfügen über geringere Duktilität im Querschnitt und im Tragwerk, sodass die Ankündigung des Versagens weniger ausgeprägt ist. Dies wurde in DIN 1045-1 durch einen erhöhten Teilsicherheitsbeiwert γ_c = 1,8 (bzw. 1,55) berücksichtigt.

In EN 1992-1-1 ist ein einheitlicher Teilsicherheitsbeiwert für alle Betonfestigkeitsklassen vorgesehen. Um das bisherige Sicherheitsniveau für unbewehrte oder gering bewehrte Betonbauteile zu erreichen, wird in DIN EN 1992-1-1/NA der Dauerstandsbeiwert aus Gleichung (3.15) mit einem Duktilitätsbeiwert multipliziert, sodass sich die Beiwerte $\alpha_{cc,pl}$ = 0,70 und $\alpha_{ct,pl}$ = 0,70 ergeben.

Die Bemessungswerte der Betonzugfestigkeit sind demnach für bewehrte und unbewehrte Bauteile in DIN EN 1992-1-1 unterschiedlich:

- bewehrte Bauteile: $f_{ctd} = \alpha_{ct} \cdot f_{ctk;0,05} / \gamma_c = 0{,}85 \cdot f_{ctk;0,05} / 1{,}5$ DIN EN 1992-1-1/NA (3.16)
- unbewehrte Bauteile: $f_{ctd,pl} = \alpha_{ct,pl} \cdot f_{ctk;0,05} / \gamma_c = 0{,}70 \cdot f_{ctk;0,05} / 1{,}5$ DIN EN 1992-1-1/NA (12.1)

(z. B. mit γ_c = 1,5 in der ständigen und vorübergehenden Bemessungssituation).

In DIN 1045-1, 10.3.6 (3), war dieser Wert mit $f_{ctd} = f_{ctk;0,05} / \gamma_c = f_{ctk;0,05} / 1{,}8$ im Nachweis der Verbundfugen festgelegt sowie in Gleichung (72) für die Querkrafttragfähigkeit ohne Querkraftbewehrung. Dies entspricht dem Bemessungswert nach DIN EN 1992-1-1/NA für die Betonzugfestigkeit in bewehrten Bauteilen nach Gleichung (3.16). Die Verwendung dieses Bemessungswertes f_{ctd} erfolgt in DIN EN 1992-1-1/NA u. a. bei den Nachweisen

- 6.2.2 (2):   Querkrafttragfähigkeit ungerissener Stahlbeton- und Spannbetonbauteile
- 6.2.4 (6):   Schubkräfte zwischen Balkensteg und Gurten
- 6.2.5 (1):   Schubkraftübertragung in Fugen
- 6.3.2 (5):   Torsionsrissmoment
- 8.4.2 (2):   Bemessungswert der Verbundfestigkeit, jedoch mit α_{ct} = 1,0
- 8.10.2.2 (1) und 18.2.3 (2): Verbundspannung bei Vorspannung mit sofortigem Verbund
- 12.9.3:   Streifen- und Einzelfundamente

Der reduzierte Bemessungswert $f_{ctd,pl}$ wird in DIN EN 1992-1-1/NA im Nachweis der Querkrafttragfähigkeit unbewehrter Bauteile nach 12.6.3 (2) verwendet.

Zu 12.6 Nachweise in den Grenzzuständen der Tragfähigkeit (GZT)

Zu 12.6.5 Auswirkungen von Verformungen von Bauteilen unter Normalkraft nach Theorie II. Ordnung

Zu 12.6.5.1 Schlankheit von Einzeldruckgliedern und Wänden

Zu (1): Die Knicklängen nach Tabelle 12.1 (siehe auch Abb. 144) wurden erstmals in DIN 1045:1972-01 eingeführt. Sie dürfen sinngemäß auch für bewehrte Wände verwendet werden.

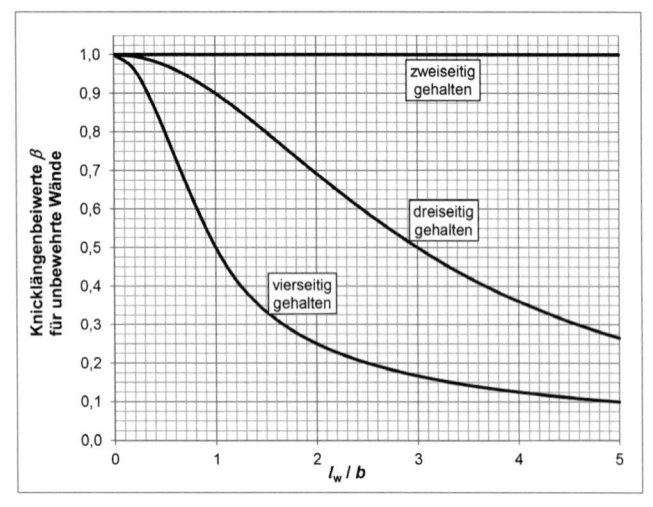

Abb. 144. Knicklängenbeiwerte nach Tab. 12.1

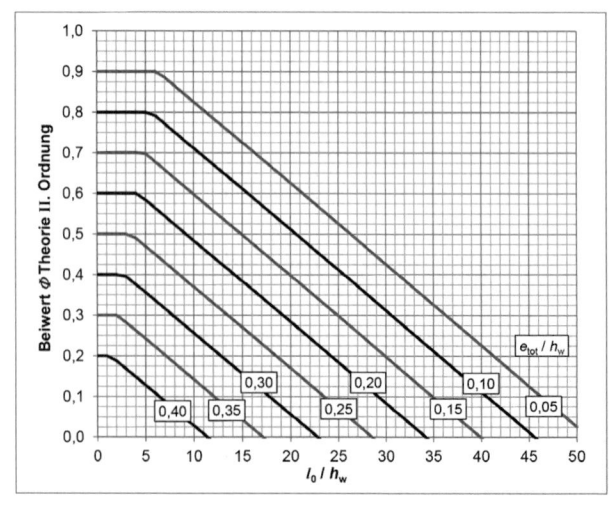

Abb. 145. Abminderungsbeiwert Φ

Zu 12.6.5.2 Vereinfachtes Verfahren für Einzeldruckglieder und Wände

Zu (1): Der Beiwert Φ hängt von der Lastausmitte und der Schlankheit des unbewehrten Druckglieds ab (vgl. Abb. 145).

Zu (2): Als alternatives, vereinfachtes Nachweisverfahren hat der Bundesverband der Deutschen Transportbetonindustrie e. V. eine Typenstatik für unbewehrte Kellerwände aus Beton im Wohnungsbau [109] von *Hegger* et al. ([50], [51]) erstellen lassen. Die Bemessungsdiagramme berücksichtigen alle erforderlichen Einzelnachweise. Mit Modellrechnungen konnte gezeigt werden, dass eine Wand aus unbewehrtem Beton im Belastungsfall Biegung mit Längskraft (Kelleraußenwand) eine ähnliche Verformungsfigur mit Verdrehungen der Auflagerpunkte zeigt, wie eine Mauerwerkswand. Infolge der Wanddurchbiegung in Richtung des Gebäudeinnern verdrehen sich die Endquerschnitte am Wandfuß und Wandkopf. Dadurch stellt sich dort eine Exzentrizität der Normalkraft ein. Bei Annahme einer Ausmitte von $h/3$ bedeutet dies, dass an Wandkopf und Wandfuß ein klaffende Fuge bis zum Schwerpunkt des Querschnitt vorliegt (Annahme einer dreiecksförmigen Spannungsverteilung). Für die Kellerwand entstehen traglaststeigernde, der Belastung aus seitlichem Erddruck entgegenwirkende Biegemomente.

Zu 12.9 Konstruktionsregeln

Zu 12.9.1 Tragende Bauteile

Zu (1): Die Mindestwanddicken im NA wurden in DIN 1045:1972 eingeführt. Sie sollen eine ausreichende Betonierbarkeit und eine angemessene Begrenzung der Ausmitte bzw. Zentrierung der Auflagerkräfte der Decken auf den tragenden Wänden sicherstellen.

Zu 12.9.3 Streifen- und Einzelfundamente

Zu (1): Alternativ kann die Bemessung für unbewehrte, zentrisch belastete Einzel- und Streifenfundamente durch Einhaltung von Konstruktionsregeln geführt werden. Hierfür wird Gleichung (12.13) angegeben, die aus der Betrachtung am auskragenden Teil des Fundamentes und der zulässigen Zugfestigkeit abgeleitet wird (siehe Abb. 146 a)). Da wegen des gedrungenen Kragarms das Ebenbleiben des Bemessungsquerschnitts zweifelhaft ist, wird das Widerstandsmoment im Schnitt (1) näherungsweise auf eine reduzierte Fundamenthöhe von $0{,}85 h_F$ bezogen.

Die Verwendung des höheren Bemessungswertes f_{ctd} für die Betonzugfestigkeit bei unbewehrten Streifen- und Einzelfundamenten an Stelle von $f_{ctd,pl}$ ist gerechtfertigt, weil die Boden-Bauwerk-Interaktion die Gefahr des spröden Versagens der Fundamente durch Umlagerungen des Sohldrucks reduziert.

Rechnerisch darf keine höhere Betonfestigkeit als C35/45 für unbewehrte Bauteile im GZT angesetzt werden.

Vereinfachend darf die Beziehung $h_F/a \geq 2$ verwendet werden. Wegen der angenommenen 45°-Lastausbreitung im Fundament sollte wie bisher ein Verhältnis von $h_F/a = 1$ nicht unterschritten werden. Die Auswertung der Gleichung (12.13) mit diesen beiden Grenzwerten enthält Abb. 146 b).

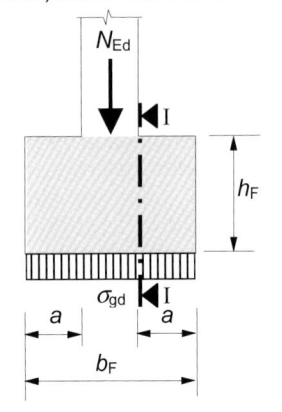

Schnitt (I-I):
$M_{I-I} = \sigma_{gd} \cdot a^2 / 2$
$W_c = (0{,}85\, h_F)^2 / 6$
$M_{I-I} / W_c \leq f_{ctd}$

$$\rightarrow \frac{6 \cdot \sigma_{gd} \cdot a^2}{2 \cdot (0{,}85 h_F)^2} \leq f_{ctd} \rightarrow \frac{3 \cdot \sigma_{gd}}{f_{ctd}} \leq \frac{(0{,}85 h_F)^2}{a^2}$$

$$\rightarrow \sqrt{\frac{3 \cdot \sigma_{gd}}{f_{ctd}}} \leq \frac{0{,}85 h_F}{a} \quad (12.13)$$

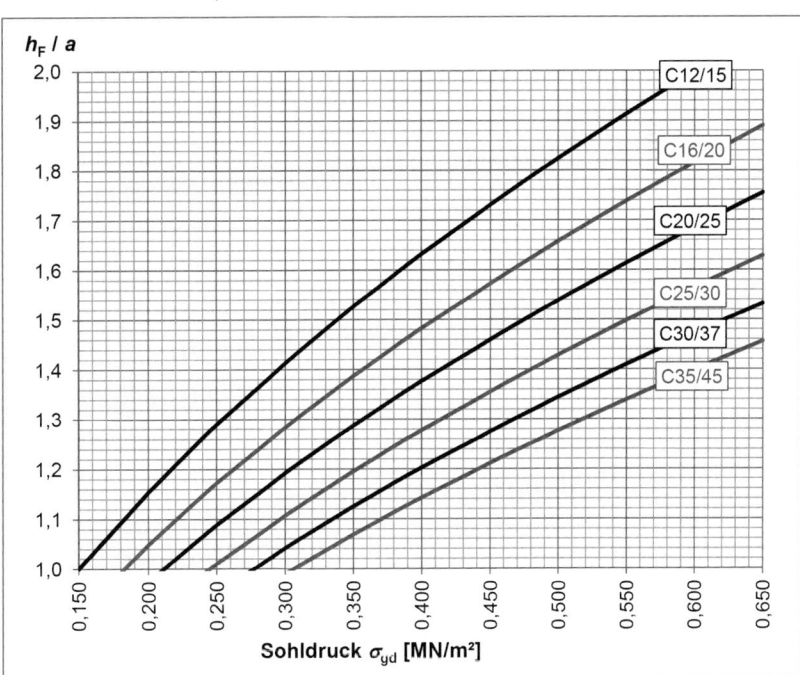

a) Bezeichnungen und Ableitung Gl. (12.13)   b) Auswertung der Gleichung (12.13)

Abb. 146. Unbewehrte Stützenfundamente

Zu den Anhängen

Der Eurocode 2 wird durch Anhänge zum Normentext ergänzt, die in informative und normative unterschieden werden. Die Verwendung der Anhänge darf national geregelt werden. Tabelle 18 gibt einen Überblick über die Festlegungen zur Verwendung der Anhänge im deutschen NA.

Tab. 18. Übersicht der EN 1992-1-1-Anhänge

Anhang	Inhalt	EN 1992-1-1	DIN EN 1992-1-1/NA
A	Modifikation von Teilsicherheitsbeiwerten für Baustoffe	informativ	normativ
B	Kriechen und Schwinden	informativ	normativ
C	Eigenschaften des Betonstahls	normativ	informativ, keine Anwendung
D	Genauere Methode zur Berechnung von Spannkraftverlusten aus Relaxation	informativ	informativ
E	Indikative Mindestfestigkeitsklassen zur Sicherstellung der Dauerhaftigkeit	informativ	normativ
F	Gleichungen für Zugbewehrung für den ebenen Spannungszustand	informativ	informativ, keine Anwendung
G	Boden-Bauwerk-Interaktion	informativ	informativ, keine Anwendung
H	Nachweise am Gesamttragwerk nach Theorie II. Ordnung	informativ	informativ
I	Ermittlung der Schnittgrößen bei Flachdecken und Wandscheiben	informativ	informativ, keine Anwendung
J	Konstruktionsregeln für ausgewählte Beispiele	informativ	normativ

Zu Anhang A: Modifikation von Teilsicherheitsbeiwerten für Baustoffe

Wenn eine Reduktion des Teilsicherheitsbeiwertes auf der Grundlage der Betonfestigkeit im fertigen Bauteil vorgesehen wird und die statische Berechnung nicht vom Fertigteilwerk selbst, sondern extern aufgestellt wird, sollte eine frühzeitige Absprache mit den nachgeschalteten Planern und Ausführenden erfolgen. Das Fertigteilwerk und der Verwender sind über die Anwendung dieser Regelung zu informieren und das Ergebnis der Abstimmung muss in den Ausführungsunterlagen (u. a. auf den Fertigteilzeichnungen) dokumentiert werden.

Bei der Bestimmung der Druckfestigkeit am Fertigteil ist DIN EN 13791 [R22] zu beachten, die in DIN 1045-2 [R1], 8.4, zur Festigkeitsbeurteilung bei Nichtkonformität von Bauprodukten herangezogen wird. Sofern der Teilsicherheitsbeiwert planerisch jedoch auf $\gamma_{C,red}$ = 1,35 abgemindert wurde, sind als charakteristische Mindestdruckfestigkeiten anstelle der Werte nach DIN EN 13791 [R22], Tabelle 1, die in DIN EN 206-1 bzw. DIN 1045-2 angegebenen Werte für den Konformitätsnachweis zugrunde zu legen. Für die Betonfestigkeitsklasse C30/37 ist somit beispielsweise eine charakteristische in-situ Festigkeit $f_{ck,is,cyl}$ = 30 N/mm² (statt 26 N/mm² nach DIN EN 13791) sicherzustellen.

Der ausschließliche Nachweis der Druckfestigkeit nach DIN EN 13791 [R22], Abschnitt 9 bzw. durch zerstörungsfreie Prüfungen nach den Abschnitten NA.4.5 sind für Fertigteile nicht vorgesehen und somit nicht anzuwenden. Bei Anwendung indirekter Prüfverfahren nach DIN EN 13791 ist die Kalibrierung der Bezugskurven anhand von Bohrkernen bzw. Probekörpern in regelmäßigen Zeitabständen sowie bei jeder Änderung des verwendeten Betons zu überprüfen. Fertigteile, an denen entweder der Nachweis des kleinsten Einzelwertes f_{ck} – 4 N/mm² oder der Nachweis der charakteristischen in-situ-Festigkeit nicht geführt werden können, sind auszusondern [D525].

Zu Anhang B: Kriechen und Schwinden

Dieser Anhang enthält die Grundgleichungen zur Ermittlung der Kriechzahl und der Trocknungsschwinddehnung. Ähnliche Gleichungen sind im DAfStb-Heft [D525] enthalten. Die Beziehungen für die Kriechzahl stimmen dabei grundsätzlich überein.

Die in DIN EN 1992-1-1, 3.1.4 und im Anhang B angegebenen Beziehungen liefern in den ersten Jahren größere Schwinddehnungen und für $t \rightarrow \infty$ kleinere Werte als die im DAfStb-Heft [D525] (vgl. Abb. 13). Mit Blick auf die ohnehin großen Streuungen wurden die etwas einfacheren Eurocode-Regeln ohne Änderung akzeptiert und der Anhang B als normativ definiert (siehe auch Erläuterungen zu 3.1.4). Somit können auf Basis dieser Gleichungen die Kriech- und Schwindbeiwerte für verschiedene Parameter berechnet werden. Die Auswertung der Gleichungen für die Grundwerte der Trocknungsschwinddehnung wurde in ergänzenden NA-Tabellen im Anhang B für alle Betonfestigkeitsklassen und die Zementarten S, N und R vorgenommen.

Für das Ablesen der Endkriechzahlen werden mit Bild 3.1 in Abschnitt 3.1.4 Ablesediagramme für Umgebungsbedingungen mit 50 % und 80 % relativer Luftfeuchte angegeben. Auf Diagramme zum Ablesen der Endschwindmaße wurde verzichtet. Die entsprechenden Diagramme aus DIN 1045-1 dürfen weiter verwendet werden, da sie größere Werte liefern und damit in der Regel auf der sicheren Seite liegen.

Die in der EN 1992-1-1 für Betonfestigkeiten $f_{cm} \leq 35$ N/mm² bzw. $f_{cm} > 35$ N/mm² gesplitteten Gleichungen für die Luftfeuchtebeiwerte φ_{RH} (B.3a) und (B.3b) sowie β_H (B.8a) und (B.8b) wurden in der kommentierten Normfassung zu den Gleichungen (B.3) und (B.8) zusammengefasst, da die Unterschiede der Teilgleichungen nur darin bestehen, dass die Beiwerte der Betondruckfestigkeit $\alpha_{1,2,3}$ für $f_{cm} \leq 35$ N/mm² zu 1,0 festgelegt sind. Diese Begrenzung wurde dafür in Gleichung (B.8c) integriert.

Zu Anhang C: Eigenschaften des Betonstahls

Der Anhang C sollte die Lücke zwischen der europäischen Produktnorm DIN EN 10080 „Stahl für die Bewehrung von Beton", die keine konkreten Zahlenwerte und Leistungsmerkmale festlegt und DIN EN 1992-1-1 schließen, die alle für die Bemessung erforderlichen Betonstahleigenschaften definiert. EN 10080 wurde jedoch wegen diverser Defizite aus dem Europäischen Amtsblatt wieder gestrichen (Materialspezifikation für eine CE-Kennzeichnung unzureichend, fehlende Regelungen für Werkkennzeichnung).

In Deutschland werden Betonstähle der Duktilitätsklassen A und B bis auf Weiteres durch die neue DIN 488-Reihe (Ausgaben von 2009/2010) oder Zulassungen des DIBt auch für die Verwendung nach DIN EN 1992-1-1 geregelt. Der Betonstahl der Duktilitätsklasse C wird z. B. in europäischen Starkbebengebieten eingesetzt und ist in Deutschland bisher nicht genormt. Der Anhang C findet in Deutschland zunächst keine Anwendung und wurde national zu einem informativen Anhang bestimmt. Nach Einführung einer neuen harmonisierten Produktnorm für Betonstahl kann der Anhang C wieder an Bedeutung gewinnen.

Zu Anhang D: Genauere Methode zur Berechnung von Spannkraftverlusten aus Relaxation

Die für die Bemessung notwendige Ermittlung der relaxationsbedingten Spannstahlverluste erfolgt in der Regel auf der Grundlage des Relaxationsverlustes ρ_{1000} (in %), der 1000 Stunden nach dem Anspannen bei einer Durchschnittstemperatur von 20 °C mit konstanter Dehnung bei $\sigma_p = 0{,}7 f_{p,test}$ ermittelt wurde. Die Zulassungen sind zu beachten. Zur Ermittlung der Spannkraftverluste für verschiedene Zeitintervalle oder Laststufen darf das Verfahren der äquivalenten Belastungsdauer aus dem informativen Anhang D sinngemäß verwendet werden.

Zu Anhang E: Indikative Mindestfestigkeitsklassen zur Sicherstellung der Dauerhaftigkeit

Die Dicke, Dichtheit und Widerstandsfähigkeit der Betondeckung sind wesentliche Parameter für die Dauerhaftigkeit der Stahlbeton- und Spannbetonbauteile. Die Dichtheit der Betondeckung wird durch die Anforderungen an die Betonzusammensetzung in DIN 1045-2 bestimmt. Die sich daraus ergebenden Mindestbetonfestigkeitsklassen sind als Hilfestellung für den Anwender direkt in der Tabelle 4.1 „Expositionsklassen in Übereinstimmung mit DIN EN 206-1" in der kommentierten Normfassung aufgenommen worden. Zusätzlich werden diese Mindestfestigkeitsklassen im Anhang E den Expositionsklassen zugeordnet. Die Tabelle E.1DE enthält die Anforderungen aus DIN 1045-2. Der Anhang E wurde daher national als normativ bestimmt.

Zu Anhang F: Gleichungen für Zugbewehrung für den ebenen Spannungszustand

Im Anhang F werden grundlegende Zusammenhänge zu Hauptspannungszuständen und der sich daraus ergebenden Zugbewehrung erläutert. Der informative Anhang F ist in Deutschland nicht anzuwenden, da er keine verbindlichen Bemessungsregeln vorgibt.

Zu Anhang G: Boden-Bauwerk-Interaktion

Im Anhang G finden sich grundlegende Ausführungen zur Boden-Bauwerk-Interaktion von Flachgründungen und Pfahlgründungen, die relativ allgemeine Hinweise enthalten und hinter dem Stand der sonstigen Fachliteratur zurückbleiben. Insbesondere sollte für die Abschätzung der Bodensteifigkeit auf geotechnische Regelwerke zurückgegriffen werden. Der informative Anhang G ist in Deutschland nicht anzuwenden, da er keine verbindlichen Bemessungsregeln vorgibt.

Zu Anhang H: Nachweise am Gesamttragwerk nach Theorie II. Ordnung

Der Anhang H dient zum Verständnis des Aussteifungskriteriums in DIN EN 1992-1-1, 5.8.3.3, und eröffnet weitergehende Nachweise für Aussteifungssysteme. Der Anhang H wurde als informativ belassen und reiht sich damit in die Reihe der Fachliteratur zur Aussteifung von Gebäuden ein.

Zu Anhang I: Ermittlung der Schnittgrößen bei Flachdecken und Wandscheiben

In Anhang I wird für Flachdecken die Ermittlung der Schnittgrößen anhand von Rahmen- oder Trägerrostmodellen behandelt. Da mit diesen Verfahren in Deutschland keine Erfahrungen vorliegen, sollte für eine Handrechnung das Näherungsverfahren nach DAfStb-Heft [D240] mit Gurt- und Feldstreifen angewendet werden. Die Ermittlung der Schnittgrößen im Aussteifungssystem und der Nachweis von aussteifenden Wandscheiben sind in der Fachliteratur ausreichend behandelt. Der informative Anhang I ist daher in Deutschland nicht anzuwenden.

Zu Anhang J: Konstruktionsregeln für ausgewählte Beispiele

Der Anhang J enthält in **J.1** die Regeln für die **Oberflächenbewehrung** bei Stabdurchmessern ϕ bzw. $\phi_n > 32$ mm (vgl. auch Erläuterungen zu 8.8) und bei vorgespannten Bauteilen (als NA.J.4 eingefügt). Der Anhang J wird daher im NA normativ festgelegt.

Die Abschnitte **J.2: Rahmenecken** und **J.3: Konsolen** werden in der Fachliteratur ausführlicher behandelt. Diese Abschnitte wurden daher aus dem normativen Anhang J entfernt (Normenvereinfachung), stattdessen wird hierfür auf die DAfStb-Hefte [D525], [D600], [D601] verwiesen.

Die Forderung nach einer **Oberflächenbewehrung bei vorgespannten Bauteilen** in NA.J.4 entstammt der DIN 4227-1, Tabelle 4 und wurde 1995 in der A1-Änderung zu DIN 4227-1 [R17] nochmals verschärft. Die Hintergründe wurden von König, Tue und Pommerening in [60] und [107] wie folgt erläutert.

Infolge von Eigenspannungen (z. B. aufgrund von Temperaturdifferenzen oder ungleichmäßigem Schwinden) kann es zur Rissbildung an der Bauteiloberfläche kommen. Um diese möglichen Oberflächenrisse fein zu verteilen, damit diese die Dauerhaftigkeit der Spannbetonbauteile nicht negativ beeinflussen, ist die Oberflächenbewehrung nach NA.J.4 vorgesehen. Diese soll die Zugkeile infolge Eigenspannungen abdecken (siehe Abb. 147). Unter der Annahme, dass zum Zeitpunkt der Rissbildung ca. 80 % der 28 Tage-Betonzugfestigkeit mit $f_{ct} \approx 0{,}8 f_{ctm}$ erreicht ist, ergibt sich der Mindestbewehrungsgrad zu $A_{s,min} = F_{t,Keil} / f_{yk} = 0{,}16 \cdot f_{ctm} / f_{yk} \cdot h \cdot b = \rho \cdot h \cdot b$ (Abb. 147 a)).

Die Abminderung der Betonzugfestigkeit auf f_{lctm} für die Ermittlung der Oberflächenbewehrung bei vorgespannten Leichtbetonbauteilen ist mit einem auf $\eta_1 \geq 0{,}85$ begrenzten Anpassungsfaktor zulässig [R1].

Kann Korrosionsgefahr sicher ausgeschlossen werden, z. B. in der Druckzone bei trockenen Umgebungsbedingungen, ist eine Reduktion oder der Entfall der Oberflächenbewehrung möglich (siehe NA.J.4 (4)). In der Zugzone darf die vorhandene oberflächennahe Spannstahlbewehrung bei Vorspannung im Spannbett bei Platten, Gurtplatten und breiten Balken mit $b_w > h$ als Betonstahl B500 auf diese Bewehrungsart angerechnet werden [60], [R17].

Die Oberflächenbewehrung ersetzt nicht eine evtl. aus zentrischem oder Biegezwang erforderliche rissbreitenbegrenzende Bewehrung. Andererseits wird die Oberflächenbewehrung nur in Bauteilbereichen maßgebend, in denen keine rissbreitenbegrenzende Bewehrung aus Last oder Zwang erforderlich ist bzw. angeordnet wurde. In Zuggurten ist immer die Bewehrung zur Begrenzung der Rissbreiten nach 7.3 bzw. die Robustheitsbewehrung nach (NCI) 9.2.1.1 (1) maßgebend.

Bei Balken besteht die Oberflächenbewehrung aus einer Bewehrung in Längsrichtung an allen vier Seitenflächen. In der Querrichtung von Balken übernimmt die Mindestquerkraftbewehrung nach 9.2.2 gleichzeitig die Aufgabe, die Oberflächenrisse zu begrenzen. Die Regeln für Balken gelten auch für die Stege von gegliederten Querschnitten wie z. B. Plattenbalken.

Bei Platten ist eine netzartige Oberflächenbewehrung auf der oberen und unteren Plattenseite vorzusehen. Der Grenzwert 3,35 cm²/m stellt sich bei Plattendicken $h > 350$ mm ein und berücksichtigt, dass der Zugkeil infolge Eigenspannungen bei dickeren Bauteilen nicht mehr proportional zunimmt. An den Seitenflächen von Platten mit Dicken $h > 1{,}0$ m ist diese Bewehrung ebenfalls über die Höhe verteilt anzuordnen [107]. Bei Platten mit veränderlicher Dicke darf die auf die mittlere Dicke bezogene Mindestbewehrung gleichmäßig verteilt werden [R17].

Der obere Grenzwert für die Oberflächenbewehrung wurde in [60] für den Zugkeil (Völligkeit ≈ 0,8) nach Abb. 147 für dickere Bauteile mit $(h - d) = 35$ mm, $f_{ct} = 2{,}5$ N/mm² und $\sigma_s = 500$ N/mm² zu 3,5 cm²/m pro Richtung und Oberfläche ermittelt. Der Ansatz der Streckgrenze wird mit dem deutlichen Abbau der Zwangsspannungen infolge Rissbildung gerechtfertigt. Die Mindestbewehrung wurde dann pragmatisch auf $a_{s,surf} \leq 3{,}35$ cm²/m (im Hochbau z. B. $\phi 8 / 150$ mm bzw. Lagermatte Q335A) festgelegt. Der Maximalwert gilt in der Regel auch für Stege von Hohlkästen und Plattenbalken, wobei für Brückenbauwerke (oder vergleichbare Bauwerke im Freien unter nicht vorwiegend ruhenden Einwirkungen) konstruktiv $\phi 10 / 200$ mm = 3,93 cm²/m empfohlen werden [107]. Gemäß dem Modell in [60] reicht diese Bewehrung zur Begrenzung der Oberflächenrisse bei Bauteildicken bis zu 400 mm unabhängig von der Betondeckung aus.

Bei dünnen Bauteilen, in denen die Nennmaße der Betondeckung größer als ¼ der Bauteildicke sind, würde die Oberflächenbewehrung gemäß dem Modell in [60] (siehe Abb. 147) wirkungslos in der Druckzone liegen und kann daher entfallen. Dies ist z. B. bei vorgespannten Fertigteil-Elementdecken der Fall.

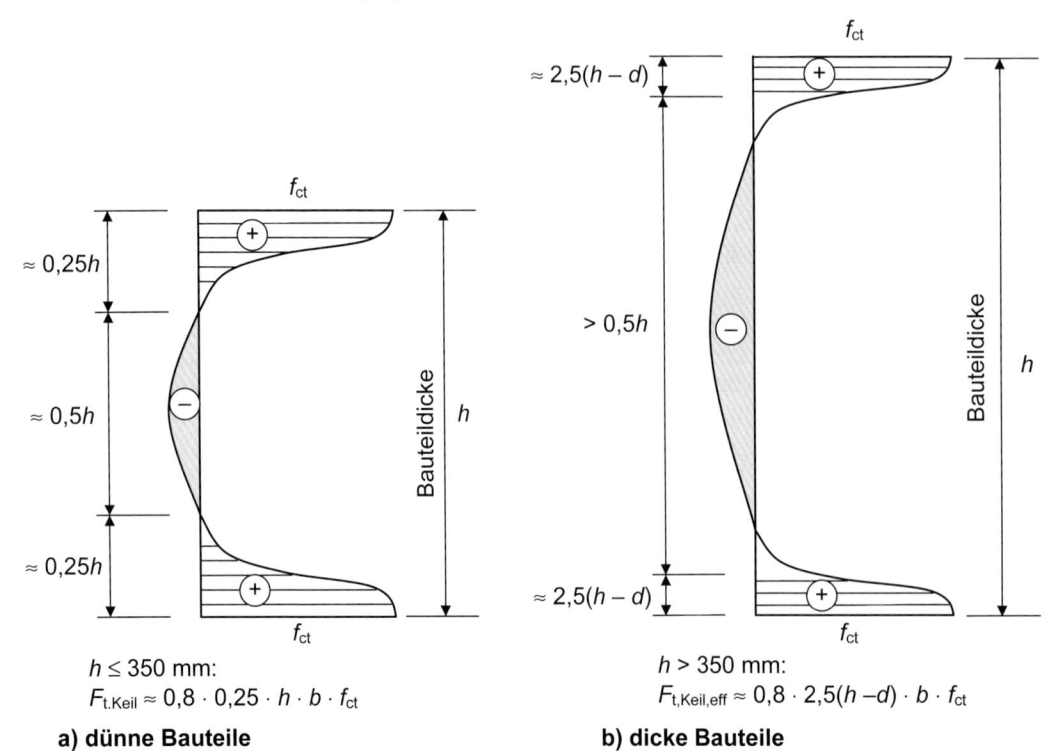

$h \leq 350$ mm:
$F_{t,Keil} \approx 0{,}8 \cdot 0{,}25 \cdot h \cdot b \cdot f_{ct}$

a) dünne Bauteile

$h > 350$ mm:
$F_{t,Keil,eff} \approx 0{,}8 \cdot 2{,}5 (h-d) \cdot b \cdot f_{ct}$

b) dicke Bauteile

Abb. 147. Eigenspannungsprofile – Modell zur Ermittlung der Oberflächenbewehrung (nach [60])

Hilfsmittel

Anhang Z.1 Zuordnung DIN 1045-1 – Eurocode 2

Z.1.1 Zuordnung der Normabschnitte

Um dem Leser den Zugang zum Eurocode 2 zu erleichtern, werden in Tabelle Z.1.1 die einzelnen Abschnitte und in Tabelle Z.1.2 die Gleichungen aus DIN 1045-1 den vergleichbaren Regelungen in DIN EN 1992-1-1 zugeordnet, sodass diese leichter aufzufinden sind und die Gewöhnung an die neue Normengliederung und Struktur vereinfacht wird.

Tabelle Z.1.1 Zuordnung der Inhalte von DIN 1045-1 zu DIN EN 1992-1-1

Inhalt	DIN 1045-1	DIN EN 1992-1-1 und NA
Anwendungsbereich	1	1.1
Normative Verweisungen	2	1.2
Begriffe und Formelzeichen	**3**	**1.5**
Begriffe	3.1	1.5
Formelzeichen	3.2	1.6
SI-Einheiten	3.3	-
Bautechnische Unterlagen	**4**	**NA.2.8**
Umfang der bautechnischen Unterlagen	4.1	NA.2.8.1
Zeichnungen	4.2	NA.2.8.2
Allgemeine Anforderungen	4.2.1	NA.2.8.2
Verlegezeichnungen für die Fertigteile	4.2.2	10.2
Zeichnungen für die Schalungs- und Traggerüste	4.2.3	NA.2.8.2
Statische Berechnungen	4.3	NA.2.8.3
Baubeschreibung	4.4	NA.2.8.4
Sicherheitskonzept	**5**	**2**
Allgemeines	5.1	2.1, 10.5.1
Bemessungswert des Tragwiderstands	5.2	5.7
Grenzzustände der Tragfähigkeit	5.3	2.4
Allgemeines	5.3.1	2.4.1
Sicherstellung eines duktilen Bauteilverhaltens	5.3.2	- (tw. 5.10.1 (5P))
Teilsicherheitsbeiwerte für die Einwirkungen und den Tragwiderstand im Grenzzustand der Tragfähigkeit	5.3.3	2.4.2
Kombination von Einwirkungen, Bemessungssituationen	5.3.4	2.4.3
Grenzzustände der Gebrauchstauglichkeit	5.4	2.2
Allgemeines	5.4.1	2.2
Anforderungsklassen	5.4.2	-
Sicherstellung der Dauerhaftigkeit	**6**	**4, 11.4**
Allgemeines	6.1	4.1
Expositionsklassen, Mindestbetonfestigkeit	6.2	4.2, Anhang E
Betondeckung	6.3	4.4.1
Grundlagen zur Ermittlung der Schnittgrößen	**7**	**5**
Anforderungen	7.1	5.1
Imperfektionen	7.2	5.2
Idealisierungen und Vereinfachungen	7.3	5.3
Mitwirkende Plattenbreite, Lastausbreitung, effektive Stützweite	7.3.1	5.3.2.1
Sonstige Vereinfachungen	7.3.2	5.3
Verfahren zur Ermittlung der Schnittgrößen	**8**	**5, 12.5**
Allgemeines	8.1	5.1
Linear-elastische Berechnung	8.2	5.4
Linear-elastische Berechnung mit Umlagerung	8.3	5.5
Verfahren nach der Plastizitätstheorie	8.4	5.6
Allgemeines	8.4.1	5.6.1
Vereinfachter Nachweis der plastischen Rotation bei vorwiegend biegebeanspruchten Bauteilen	8.4.2	5.6.3, 11.5.1
Nichtlineare Verfahren	8.5	5.7
Allgemeines	8.5.1	5.7
Berechnungsansatz für stabförmige Bauteile und einachsig gespannte Platten bei Biegung mit oder ohne Längskraft	8.5.2	5.7
Stabförmige Bauteile und Wände unter Längsdruck (Theorie II. Ordnung)	**8.6**	**5.8, 12.6.5**
Allgemeines	8.6.1	5.8.2
Einteilung der Tragwerke und Bauteile	8.6.2	5.8.3
Nachweisverfahren	8.6.3	5.8.3
Imperfektionen	8.6.4	5.2
Modellstützenverfahren	8.6.5	5.8.8

Erläuterungen zum Eurocode 2
Anhänge

Tabelle Z.1.1 *Fortsetzung*

Inhalt	DIN 1045-1	DIN EN 1992-1-1 und NA
Druckglieder mit zweiachsiger Lastausmitte	8.6.6	5.8.9
Druckglieder aus unbewehrtem Beton	8.6.7	12.6.1, 12.6.5.2
Seitliches Ausweichen schlanker Träger	8.6.8	5.9
Vorgespannte Tragwerke	**8.7**	**5.10**
Allgemeines	8.7.1	5.10.1
Vorspannkraft	8.7.2	5.10.2, 5.10.3
Spannkraftverluste	8.7.3	5.10.4 - 5.10.6, 10.5.2
Grenzzustand der Gebrauchstauglichkeit	8.7.4	5.10.9
Grenzzustand der Tragfähigkeit	8.7.5	5.10.8
Verankerungsbereiche bei Spanngliedern im sofortigen Verbund	8.7.6	3.4.1, 8.10.2
Verankerungsbereiche Spannglieder im nachträglichen/ohne Verbund	8.7.7	8.10.3
Baustoffe	**9**	**3**
Beton	**9.1**	**3.1, 10.3.1, 11.3.1, 12.3.1**
Allgemeines	9.1.1	3.1.1
Festigkeiten	9.1.2	3.1.2
Elastische Verformungseigenschaften	9.1.3	3.1.3
Kriechen und Schwinden	9.1.4	3.1.4
Spannungs-Dehnungs-Linie für nichtlineare Verfahren der Schnittgrößenermittlung und für Verformungsberechnungen	9.1.5	3.1.5
Spannungs-Dehnungs-Linie für die Querschnittsbemessung	9.1.6	3.1.6, 3.1.7
Zusammenstellung der Betonkennwerte	9.1.7	3.1.3
Betonstahl	**9.2**	**3.2**
Allgemeines	9.2.1	3.2.1
Eigenschaften	9.2.2	3.2.2, C.1 - C.3
Spannungs-Dehnungs-Linie für die Schnittgrößenermittlung	9.2.3	3.2.7
Spannungs-Dehnungs-Linie für die Querschnittsbemessung	9.2.4	
Spannstahl	**9.3**	**3.3**
Allgemeines	9.3.1	3.3.1
Eigenschaften	9.3.2	3.3.2, 10.3.2
Spannungs-Dehnungs-Linie für die Querschnittsbemessung	9.3.3	3.3.6
Nachweise in den Grenzzuständen der Tragfähigkeit	**10**	**6**
Allgemeines	10.1	-
Biegung mit oder ohne Längskraft und Längskraft allein	**10.2**	**6.1**
Querkraft	**10.3**	**6.2**
Nachweisverfahren	10.3.1	6.2.1
Bemessungswert der einwirkenden Querkraft	10.3.2	6.2.1, 6.2.2, 6.2.3
Bauteile ohne rechnerisch erforderliche Querkraftbewehrung	10.3.3	6.2.2, 11.6.1
Bauteile mit rechnerisch erforderlicher Querkraftbewehrung	10.3.4	6.2.3, 11.6.2
Schubkräfte zwischen Balkensteg und Gurten	10.3.5	6.2.4
Schubkraftübertragung in Fugen	10.3.6	6.2.5
Unbewehrte Bauteile	10.3.7	12.6.3
Torsion	**10.4**	**6.3, 11.6.3, 12.6.4**
Allgemeines	10.4.1	6.3.1
Nachweisverfahren	10.4.2	6.3.2
Wölbkrafttorsion	10.4.3	6.3.3
Unbewehrte Bauteile	10.4.4	12.6.3
Durchstanzen	**10.5**	**6.4, 11.6.4**
Allgemeines	10.5.1	6.4.1
Lasteinleitung und Nachweisschnitte	10.5.2	6.4.2
Nachweisverfahren	10.5.3	6.4.3
Platten oder Fundamente ohne Durchstanzbewehrung	10.5.4	6.4.4
Platten oder Fundamente mit Durchstanzbewehrung	10.5.5	6.4.5
Mindestmomente	10.5.6	
Stabwerkmodelle	**10.6**	**6.5**
Allgemeines	10.6.1	5.6.4, 6.5.1
Bemessung der Zug- und Druckstreben	10.6.2	6.5.2, 6.5.3
Bemessung der Knoten	10.6.3	6.5.4
Teilflächenbelastung	**10.7**	**6.7, 11.6.5**
Nachweis gegen Ermüdung	**10.8**	**6.8, 11.6.6**
Allgemeines	10.8.1	6.8.1
Innere Kräfte und Spannungen im Grenzzustand der Tragfähigkeit beim Nachweis gegen Ermüdung	10.8.2	6.8.2
Nachweisverfahren	10.8.3	6.8.4, 6.8.5
Vereinfachte Nachweise	10.8.4	6.8.6

Erläuterungen zum Eurocode 2
Anhänge

Tabelle Z.1.1 *Fortsetzung*

Inhalt	DIN 1045-1	DIN EN 1992-1-1 und NA
Nachweise in den Grenzzuständen der Gebrauchstauglichkeit	**11**	**7, 12.7**
Begrenzung der Spannungen	**11.1**	**7.2**
Allgemeines	11.1.1	7.2
Begrenzung der Betondruckspannungen	11.1.2	
Begrenzung der Betonstahlspannungen	11.1.3	
Begrenzung der Spannstahlspannungen	11.1.4	
Begrenzung der Rissbreiten, Nachweis der Dekompression	**11.2**	**7.3**
Allgemeines	11.2.1	7.3.1
Mindestbewehrung für die Begrenzung der Rissbreite	11.2.2	7.3.2
Begrenzung der Rissbreite ohne direkte Berechnung	11.2.3	7.3.3
Berechnung der Rissbreite	11.2.4	7.3.4
Begrenzung der Verformungen	**11.3**	**7.4**
Allgemeines	11.3.1	7.4.1
Nachweis der Begrenzung der Verformungen von Stahlbetonbauteilen ohne direkte Berechnung	11.3.2	7.4.2, 11.7
... mit direkter Berechnung	-	7.4.3
Allgemeine Bewehrungsregeln	**12**	**8**
Allgemeines	12.1	8.1
Stababstände von Betonstählen	12.2	8.2
Biegen von Betonstählen	12.3	8.3, 11.8
Biegerollendurchmesser	12.3.1	
Hin- und Zurückbiegen	12.3.2	8.3
Verbundbedingungen	12.4	8.4.2, 11.8.2
Bemessungswert der Verbundspannung	12.5	
Verankerung der Längsbewehrung	12.6	8.4
Allgemeines zu den Verankerungsarten	12.6.1	8.4.1
Verankerungslänge	12.6.2	8.4.4
Erforderliche Querbewehrung	12.6.3	teilweise in 8.8
Verankerung von Bügeln und Querkraftbewehrung	12.7	8.5, 8.6
Stöße	12.8	8.7
Allgemeines	12.8.1	8.7.1, 8.7.2
Übergreifungslänge	12.8.2	8.7.3
Querbewehrung	12.8.3	8.7.4
Stöße von Betonstahlmatten in zwei Ebenen	12.8.4	8.7.5
Zusätzliche Regeln bei großen Stabdurchmessern	-	8.8
Stabbündel	12.9	8.9
Spannglieder	12.10	8.10
Allgemeines	12.10.1	
Spannglieder im sofortigen Verbund	12.10.2	8.10.1.2
Spannglieder im nachträglichen Verbund	12.10.3	8.10.1.3
Spannglieder ohne Verbund	12.10.4	3.4.2, 8.10.3
Spanngliedkopplungen	12.10.5	8.10.4
Konstruktionsregeln	**13**	**9, 11.9, 12.9**
Überwiegend biegebeanspruchte Bauteile	13.1	9.2.1
Mindestbewehrung und Höchstbewehrung	13.1.1	9.2.2.1
Oberflächenbewehrung bei vorgespannten Bauteilen	13.1.2	NA.J.4
Balken und Plattenbalken	13.2	9.2
Allgemeines	13.2.1	
Zugkraftdeckung	13.2.2	9.2.1
Querkraftbewehrung	13.2.3	9.2.2
Torsionsbewehrung	13.2.4	9.2.3
Oberflächenbewehrung bei großen Stabdurchmessern	13.2.5	J.1
Vollplatten aus Ortbeton	13.3	9.3
Mindestdicke	13.3.1	9.3.1.1
Zugkraftdeckung	13.3.2	9.3.1
Durchstanz- und Querkraftbewehrung	13.3.3	9.3.2, 9.4.3
Vorgefertigte Deckensysteme	13.4	10.9.3
Stützen	13.5	9.5
Allgemeines	13.5.1	9.5.1
Mindest- und Höchstwert des Längsbewehrungsquerschnitts	13.5.2	9.5.2
Querbewehrung	13.5.3	9.5.3
Wandartige Träger	13.6	9.7

Erläuterungen zum Eurocode 2
Anhänge

Tabelle Z.1.1 *Fortsetzung*

Inhalt	DIN 1045-1	DIN EN 1992-1-1 und NA
Wände	13.7	9.6
Stahlbetonwände	13.7.1	9.6
Wand-Decken-Verbindungen bei Fertigteilen	13.7.2	10.9.2
Sandwichtafeln	13.7.3	NA.10.9.9
Unbewehrte Wände	13.7.4	-
Gründungen	-	9.8
Verbindung und Auflagerung von Fertigteilen	13.8	10.9.4, 10.9.5
Krafteinleitungsbereiche	13.9	-
Umlenkkräfte	13.10	8.10.5
Indirekte Auflager	13.11	9.2.5
Köcherfundamente	-	10.9.6
Streifen- und Einzelfundamente	-	12.9.3
Schadensbegrenzung bei außergewöhnlichen Ereignissen	13.12	9.10, 10.9.7
Allgemeines	13.12.1	9.10.1
Ringanker	13.12.2	9.10.2.2
Innen liegende Zuganker	13.12.3	9.10.2.3
Horizontale Stützen- und Wandzuganker	13.12.4	9.10.2.4

Z.1.2 Zuordnung der Gleichungen

Tabelle Z.1.2 Zuordnung der Gleichungen von DIN 1045-1 zu DIN EN 1992-1-1

Inhalt	DIN 1045-1: Gl.	DIN EN 1992-1-1 und NA: Gl.
Bemessungswert Tragwiderstand	(1)	-
Bemessungswert Tragwiderstand nichtlinear	(2)	(NA.5.12.1)
Teilsicherheitsbeiwert hochfester Beton	(3)	-
Imperfektion Schiefstellung des Tragwerks	(4)	(5.1) (NDP)
Abminderungsbeiwert Schiefstellung mehrerer Bauteile	(5)	(5.1)
Zusätzliche Horizontalkräfte Stabilisierung	(6)	(5.5)
Imperfektion Schiefstellung im Geschoss	(7)	(5.1) (NDP)
Mitwirkende Plattenbreite	(8) - (9)	(5.7)
Effektive Stützweite	(10)	(5.8)
Bemessungswert Stützmoment durchlaufender Bauteile	(11)	(5.9)
Umlagerungsbeiwerte bei linear-elastischer Berechnung	(12) - (14)	(5.10)
Zulässige Rotation	(15)	→ in 5.6.3 (1)
Umrechnungsfaktor Schubschlankheit	(16)	(5.11DE)
Schubschlankheit	(17)	(5.12DE)
Mittelwerte Baustofffestigkeiten bei nichtlinearer Berechnung	(18) - (24)	(NA.5.12.2) - (NA.5.12.7)
Aussteifungskriterium Tragwerk für Verschiebung	(25)	(5.18)
Aussteifungskriterium Tragwerk für Verdrehung	(26)	(NA.5.18.1)
Grenzwerte Schlankheit Einzeldruckglieder	(27) - (29)	(5.13DE)
Grenzwert Schlankheit mit Lastausmitten	(30) - (32)	-
Ersatzimperfektion Einzeldruckglieder	(33)	(5.2)
Ausmitten Modellstütze/Bemessungsmomente	(34) - (35)	(5.31), (5.33)
Ausmitten veränderlicher Momente	(36) - (37)	(5.32)
Ausmitten Theorie II. Ordnung	(38)	(5.33)
Krümmung im kritischen Querschnitt	(39)	(5.34)
Interpolationsfaktor für die Krümmung	(40)	(5.36)
Vergrößerungsfaktor Kriechen für die Krümmung	→ 8.6.5 (10)	(5.37)
Grenzwerte der Lastausmitten bei zweiachsiger Biegung	(41) - (42)	(5.38)
reduzierte Querschnittsdicke bei zweiachsiger Biegung (Druckglieder)	(43)	(NA.5.38.1)
aufnehmbare Längsdruckkraft unbewehrter Querschnitt	(44) - (45)	(12.10) - (12.11)
Grenzbreite Kippen	(46)	(5.40)
Mindesttorsionsmoment am Auflager beim Kippen	(47)	→ NCI zu 5.9 (4)
Höchstspannkraft während des Spannvorgangs	(48)	(5.41)
Mittelwert der Vorspannkraft nach Absetzen der Presse bzw. nach Lösen der Verankerung	(49)	(5.43)
Spannkraftverlust aus Reibung	(50)	(5.45)
zeitabhängige Spannkraftverluste	(51)	(5.46)
oberer und unterer Wert der Vorspannkraft in GZG	(52) - (53)	(5.47) - (5.48)
Grundwert der Übertragungslänge der Vorspannung	(54)	(8.16)
Bemessungswerte Übertragungslänge der Vorspannung	→ in 8.7.6 (6)	(8.17) - (8.18)
Eintragungslänge Spannglieder	(55)	(8.19)

Erläuterungen zum Eurocode 2
Anhänge

Tabelle Z.1.2 *Fortsetzung*

Inhalt	DIN 1045-1: Gl.	DIN EN 1992-1-1 und NA: Gl.
Übertragungslänge im Verankerungsbereich	(56) - (57)	(8.21) - (NA.8.21.1)
Verankerungskraft Spannglieder	(58)	→ NCI zu 8.10.2.3 (1)
Umrechnung Spaltzugfestigkeit → zentrische Zugfestigkeit	(59)	(3.3)
Kriechdehnung	(60)	(3.6)
Nichtlineare Kriechdehnung	→ [D525]: (H.11-1)	(3.7)
Schwinddehnung	(61)	(3.8)
Spannungs-Dehnungs-Linie Beton Verformung/nichtlinear	(62) - (64)	(3.14)
Spannungs-Dehnungs-Linie Beton Bemessung	(65) - (66)	(3.17) - (3.18)
Parameter Spannungsblock Beton Bemessung	→ in Bild 25	(3.19) - (3.22)
Bemessungswert der Betondruckfestigkeit	(67)	(3.15)
Bemessungswert der Betonzugfestigkeit	→ in 10.3.6 (3)	(3.16)
Abminderungsbeiwert für auflagernahe Einzellast	(68)	→ 6.2.2 (6), 6.2.3 (8)
Bemessungswert Querkraft mit geneigten Komponenten	(69)	(6.1)
Querkrafttragfähigkeit ohne Querkraftbewehrung	(70)	(6.2) - (6.3DE)
Maßstabsfaktor	(71)	(6.2)
Querkrafttragfähigkeit ungerissener Bauteile	(72)	(6.4)
Druckstrebenneigung	(73) - (74)	(6.7DE)
Querkrafttragfähigkeit rechtwinklige Querkraftbewehrung	(75)	(6.8), (11.6.2)
Maximale Tragfähigkeit rechtwinklige Querkraftbewehrung	(76)	(6.9), (11.6.5)
Querkrafttragfähigkeit rechtwinklige Querkraftbewehrung	(77)	(6.13)
maximale Tragfähigkeit rechtwinklige Querkraftbewehrung	(78)	(6.14)
Nennwerte der Querschnittsbreite mit Hüllrohren	(79) - (81)	(6.16) - (6.17)
Bemessungswert der einwirkenden Längsschubkraft	(82)	(6.20)
Interaktion Druckstreben Gurt und Platte	→ in 10.3.5 (5)	(NA.6.22.1)
Bemessungswert einwirkende Schubkraft (Verbundfuge)	(83)	(6.24)
Bemessungswert aufnehmbare Schubkraft (Verbundfuge)	(84) - (85)	(6.25)
maximal aufnehmbare Schubkraft (Verbundfuge)	(86)	(6.25)
Grenzwerte für Torsionsbemessung	(87) - (88)	(NA.6.31.1) - (NA.6.31.2)
einwirkende Schubkraft aus Torsionsmoment	(89)	(6.26) - (6.27)
einwirkende Schubkraft aus Torsionsmoment + Querkraft	(90)	(NA.6.27.1)
Torsionstragfähigkeit mit rechtwinkliger Bewehrung	(91)	(NA.6.28.1)
Torsionstragfähigkeit mit Längsbewehrung	(92)	(6.28)
maximal aufnehmbares Torsionsmoment	(93)	(6.30)
Interaktion Torsionsmoment und Querkraft	(94) - (95)	(6.29) - (NA.6.29.1)
kritischer Rundschnitt schräge Stützenkopfverstärkung	(96)	(6.33)
kritischer Rundschnitt rechteckige Stützenkopfverstärkung	(97)	(6.34) - (6.35)
Abstände kritischer Rundschnitte Stützenkopfverstärkung	(98) - (99)	(6.36) - (6.37)
aufzunehmende Querkraft beim Durchstanzen	(100)	(6.38), (6.49), (6.51)
Nachweis ohne Durchstanzbewehrung	(101)	→ 6.4.3 (2)
Nachweise mit Durchstanzbewehrung	(102)	→ 6.4.3 (2)
Querkrafttragfähigkeit ohne Durchstanzbewehrung	(105) - (106)	(6.47), (6.50), (11.6.47), (11.6.50)
maximale Tragfähigkeit mit Durchstanzbewehrung	(107)	(NA.6.53.1)
Querkrafttragfähigkeit rechtwinklige Durchstanzbewehrung	(108) - (109)	(6.52), (NA.6.52.1), (11.6.52)
Wirksamkeitsfaktor der Durchstanzbewehrung	(110)	(6.52)
Querkrafttragfähigkeit mit geneigter Durchstanzbewehrung	(111)	(6.52), (NA.6.52.2)
Nachweis im äußeren Rundschnitt	(112) - (113)	(6.54)
Mindestdurchstanzbewehrung	(114)	(9.11)
Mindestlängsbewehrung für Durchstanztragfähigkeit	(115)	(NA.6.54.1)
Bemessung der Druckstreben in Stabwerkmodellen	→ in 10.6.2 (2)	(6.55) - (6.57DE)
Bemessung der Knoten in Stabwerkmodellen	→ in 10.6.3 (2)	(6.60) - (6.62)
Teilflächenbelastung	(116), (117)	(6.63), (11.6.63)
Verbundfaktor Betonstahl – Spannstahl	(118)	(6.64)
Ermüdungsnachweis Betonstahl und Spannstahl	(119)	(6.71)
Ermüdungsnachweis Betondruckspannungen	(120) - (122)	(6.72) - (6.75)
Vereinfachter Ermüdungsnachweis Betondruckspannungen	(123) - (124)	(6.77) - (6.76)
Vereinfachter Ermüdungsnachweis Querkrafttragfähigkeit ohne Querkraftbewehrung	(125) - (126)	(6.78) - (6.79)
Mindestbewehrung Rissbreitenbegrenzung	(127)	(7.1)
Beiwert zur Berücksichtigung der Spannungsverteilung	(128)	(7.2) - (7.3)
Modifikation Grenzdurchmesser	(129)	(7.6DE) - (7.7DE)
Verhältnis der Verbundfestigkeit Betonstahl – Spannstahl	(130)	(7.5)

Tabelle Z.1.2 *Fortsetzung*

Inhalt	DIN 1045-1: Gl.	DIN EN 1992-1-1 und NA: Gl.
Mindestbewehrung Rissbreitenbegrenzung dicke Bauteile	(130a) - (130c)	(NA.7.5.1) - (NA.7.5.2)
Modifikation Grenzdurchmesser	(131)	(7.7.1DE)
Betonstahlspannung bei Spanngliedern im Verbund	(132)	(NA.7.5.3)
effektiver Bewehrungsgrad	(133)	(7.10)
geometrischer Bewehrungsgrad	(134)	(NA.7.5.4)
Rechenwert der Rissbreite	(135)	(7.8)
mittlere Dehnungsdifferenz Beton – Betonstahl	(136)	(7.9)
maximaler Rissabstand	(137)	(7.11)
Ersatzdurchmesser bei unterschiedlichen Durchmessern	→ in 11.2.3 (6)	(7.12)
maximaler Rissabstand bei geneigten Rissen	(138)	(7.15)
Bemessungswert der Verbundspannung	(139)	(8.2)
Grundmaß der Verankerungslänge	(140)	(8.3)
erforderliche Verankerungslänge	(141)	(8.4) - (8.7)
Querbewehrung große Stabdurchmesser	(142) - (143)	(8.12) - (8.13)
erforderliche Übergreifungslänge	(144)	(8.10) - (8.11)
erforderliche Übergreifungslänge Betonstahlmatten	(145)	(NA.8.11.1)
Vergleichsdurchmesser	(146)	(8.14)
Versatzmaß	(147)	(9.2)
Zugkraftverankerung am Endauflager	(148)	(9.3DE)
Verankerungslänge am Endauflager	(149) - (150)	→ NCI zu 8.4.4 (1)
Querkraftbewehrungsgrad	(151)	(9.4)
Mindestquerkraftbewehrungsgrad	→ in 13.2.3 (5)	(9.5DE)
maximaler Längsabstand von Schrägstäben	(152)	(9.7DE)
Oberflächenbewehrung große Stabdurchmesser	→ in 13.2.5 (4)	→ in J.1 (2)
Abreißbewehrung Flachdecken	(153)	→ NCI zu 9.4.1 (3)
Begrenzung der Stabdurchmesser Durchstanzbewehrung	(154)	→ NCI zu 9.4.3 (1)
Mindestbewehrung Stützen	(155)	(9.12DE)
Querbewehrung bei Wand-Decken-Fertigteilverbindungen	(156) - (157)	→ in 10.9.2 (2)
Tragfähigkeit von Druckfugen	(158)	→ in DAfStb-Heft [D600]
Mindestzugkraft für Ringanker	→ in 13.12.2 (3)	(9.15)
Mindestzugkraft für innenliegende Zuganker	(159)	(9.16)

Anhang Z.2 Geometrische Größen für Rechteck- und Plattenbalkenquerschnitte im Zustand I und II
aus: *Litzner* [68]

Tab. Z.2.1 Zusammenstellung der geometrischen Größen x, I und S für die Zustände I und II in biegebeanspruchten Bauteilen mit Rechteckquerschnitt

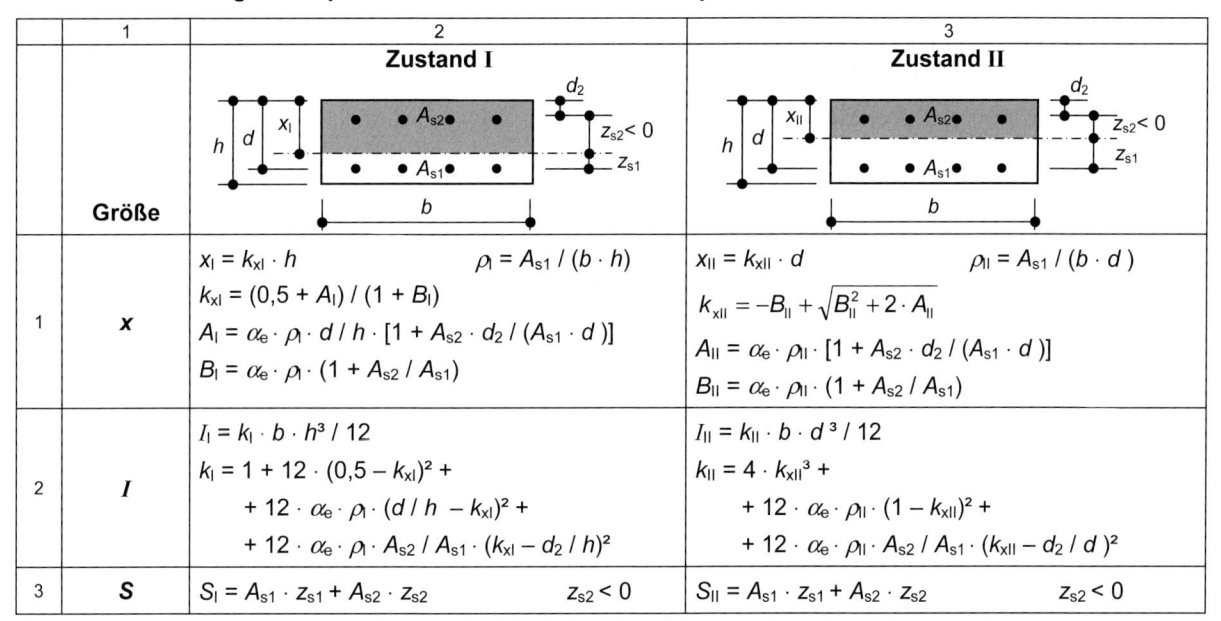

1		2	3
		Zustand I	**Zustand II**
	Größe	(Querschnittsskizze)	(Querschnittsskizze)
1	x	$x_I = k_{xI} \cdot h$ $\quad \rho_I = A_{s1} / (b \cdot h)$ $k_{xI} = (0{,}5 + A_I) / (1 + B_I)$ $A_I = \alpha_e \cdot \rho_I \cdot d/h \cdot [1 + A_{s2} \cdot d_2 / (A_{s1} \cdot d)]$ $B_I = \alpha_e \cdot \rho_I \cdot (1 + A_{s2} / A_{s1})$	$x_{II} = k_{xII} \cdot d$ $\quad \rho_{II} = A_{s1} / (b \cdot d)$ $k_{xII} = -B_{II} + \sqrt{B_{II}^2 + 2 \cdot A_{II}}$ $A_{II} = \alpha_e \cdot \rho_{II} \cdot [1 + A_{s2} \cdot d_2 / (A_{s1} \cdot d)]$ $B_{II} = \alpha_e \cdot \rho_{II} \cdot (1 + A_{s2} / A_{s1})$
2	I	$I_I = k_I \cdot b \cdot h^3 / 12$ $k_I = 1 + 12 \cdot (0{,}5 - k_{xI})^2 +$ $\quad + 12 \cdot \alpha_e \cdot \rho_I \cdot (d/h - k_{xI})^2 +$ $\quad + 12 \cdot \alpha_e \cdot \rho_I \cdot A_{s2} / A_{s1} \cdot (k_{xI} - d_2/h)^2$	$I_{II} = k_{II} \cdot b \cdot d^3 / 12$ $k_{II} = 4 \cdot k_{xII}^3 +$ $\quad + 12 \cdot \alpha_e \cdot \rho_{II} \cdot (1 - k_{xII})^2 +$ $\quad + 12 \cdot \alpha_e \cdot \rho_{II} \cdot A_{s2} / A_{s1} \cdot (k_{xII} - d_2/d)^2$
3	S	$S_I = A_{s1} \cdot z_{s1} + A_{s2} \cdot z_{s2}$ $\quad z_{s2} < 0$	$S_{II} = A_{s1} \cdot z_{s1} + A_{s2} \cdot z_{s2}$ $\quad z_{s2} < 0$

Tab. Z.2.2 Zusammenstellung der geometrischen Größen x, I und S für die Zustände I und II in biegebeanspruchten Bauteilen mit Plattenbalkenquerschnitt

1		2	3
		Zustand I	**Zustand II**
	Größe	(Querschnittsskizze)	(Querschnittsskizze)
1	x	$x_I = k_{xI} \cdot h_0$ $\quad \rho_I = A_{s1} / (b_w \cdot h_0)$ $k_{xI} = (0{,}5 + C_I) / (1 + D_I)$ $C_I = 0{,}5 \cdot (b_{eff}/b_w - 1) \cdot (h_f/h_0)^2 + A_I$ $D_I = (b_{eff}/b_w - 1) \cdot (h_f/h_0) + B_I$ A_I, B_I – wie Tab. Z.2.1, Zeile 1, Spalte 2	$x_{II} = k_{xII} \cdot d$ $\quad \rho_{II} = A_{s1} / (b_w \cdot d)$ $k_{xII} = -C_{II} + \sqrt{C_{II}^2 + D_{II}}$ $C_{II} = (b_{eff}/b_w - 1) \cdot (h_f/d) + B_{II}$ $D_{II} = (b_{eff}/b_w - 1) \cdot (h_f/d)^2 + 2 \cdot A_{II}$ A_{II}, B_{II} – wie Tab. Z.2.1, Zeile 1, Spalte 3
2	I	$I_I = k_I \cdot b_w \cdot h_0^3 / 12$ $k_I = 1 + \left(\dfrac{b_{eff}}{b_w} - 1\right) \cdot \left(\dfrac{h_f}{h_0}\right)^3 +$ $\quad + 12 \cdot (0{,}5 - k_{xI})^2 +$ $\quad + 12 \cdot \left(\dfrac{b_{eff}}{b_w} - 1\right) \cdot \left(\dfrac{h_f}{h_0}\right) \cdot \left(k_{xI} - 0{,}5\dfrac{h_f}{h_0}\right)^2 +$ $\quad + 12 \cdot \alpha_e \cdot \rho_I \cdot (d/h_0 - k_{xI})^2$ $\quad + 12 \cdot \alpha_e \cdot \rho_I \cdot A_{s2}/A_{s1} \cdot (k_{xI} - d_2/h_0)^2$	$I_{II} = k_{II} \cdot b_w \cdot d^3 / 12$ $k_{II} = 4 \cdot \left[\dfrac{b_{eff}}{b_w} \cdot k_{xII}^3 - \left(\dfrac{b_{eff}}{b_w} - 1\right) \cdot \left(k_{xII} - \dfrac{h_f}{d}\right)^3\right] +$ $\quad + 12 \cdot \alpha_e \cdot \rho_{II} \cdot (1 - k_{xII})^2 +$ $\quad + 12 \cdot \alpha_e \cdot \rho_{II} \cdot A_{s2}/A_{s1} \cdot (k_{xII} - d_2/d)^2$
3	S	$S_I = A_{s1} \cdot z_{s1} + A_{s2} \cdot z_{s2}$ $\quad z_{s2} < 0$	$S_{II} = A_{s1} \cdot z_{s1} + A_{s2} \cdot z_{s2};$ $\quad z_{s2} < 0$

Die zugrunde gelegten Annahmen sind ein linearer Spannungsverlauf über die Querschnittshöhe und ein konstantes Verhältnis der E-Moduln im Verbundquerschnitt mit $\alpha_e = E_s / E_{c,eff}$.

In der folgenden Abb. Z.2.1 sind für einen Rechteckquerschnitt ohne Ansatz einer Druckbewehrung die Beiwerte für die Druckzonenhöhe und das Trägheitsmoment nach den Gleichungen aus Tabelle Z.2.1 beispielhaft aufgetragen.

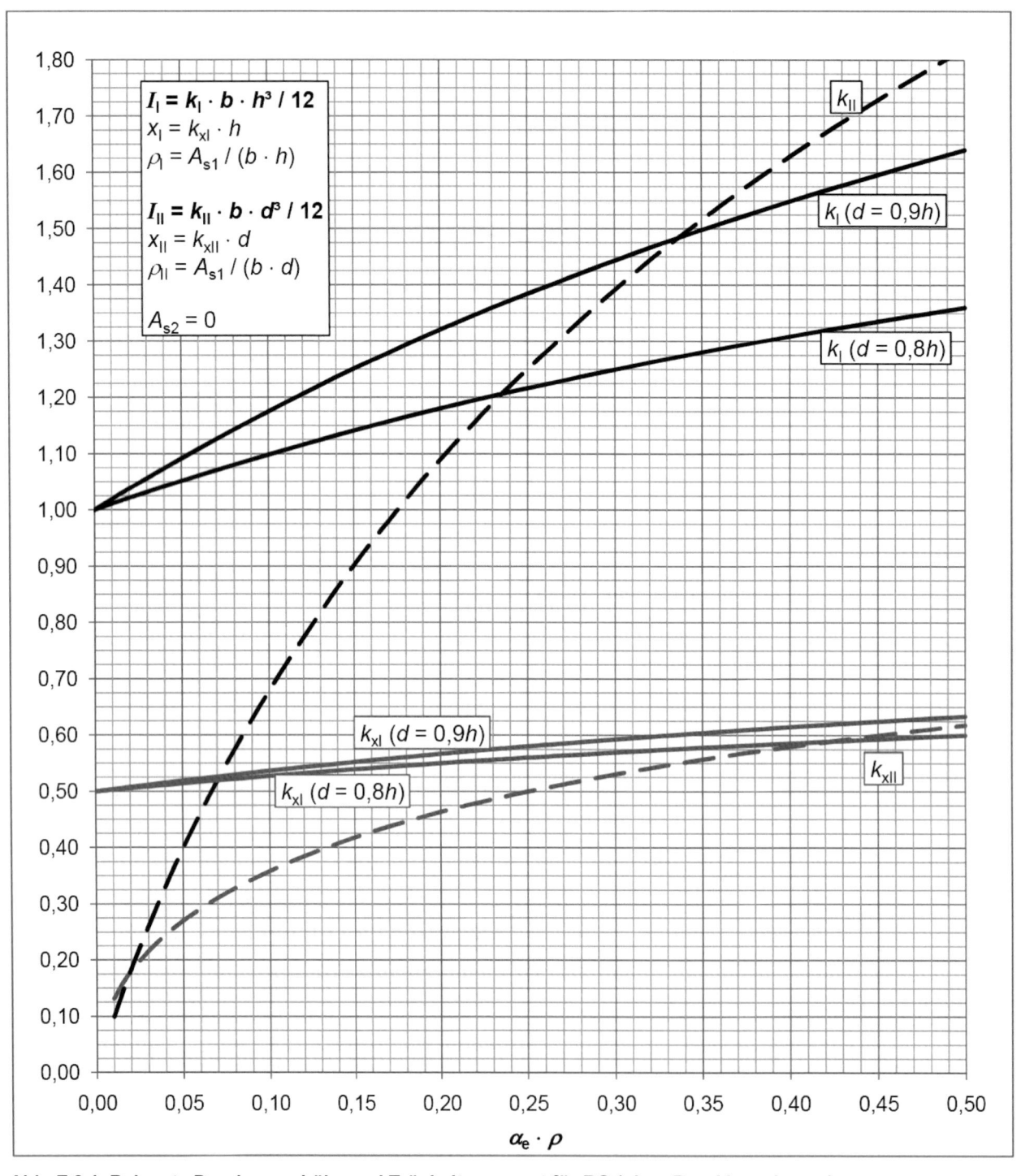

Abb. Z.2.1. Beiwerte Druckzonenhöhe und Trägheitsmoment für RQ (ohne Druckbewehrung)

Erläuterungen zum Eurocode 2
Anhänge

Anhang Z.3 Stabdurchmessertabellen

Z.3.1 Querschnitte von Flächenbewehrungen (Platten, Wände, Scheiben) in cm²/m

Stababstand s [mm] ▼	◄ Durchmesser φ [mm] ►										Stäbe pro Meter
	6	8	10	12	14	16	20	25	28	32	40	
50	5,65	10,05	15,71	22,62	30,79	40,21	62,83	98,17	-	-	-	20,00
55	5,14	9,14	14,28	20,56	27,99	36,56	57,12	89,25	-	-	-	18,18
60	4,71	8,38	13,09	18,85	25,66	33,51	52,36	81,81	102,63	-	-	16,67
65	4,35	7,73	12,08	17,40	23,68	30,93	48,33	75,52	94,73	123,73	-	15,38
70	4,04	7,18	11,22	16,16	21,99	28,72	44,88	70,12	87,96	114,89	-	14,29
75	3,77	6,70	10,47	15,08	20,53	26,81	41,89	65,45	82,10	107,23	-	13,33
80	3,53	6,28	9,82	14,14	19,24	25,13	39,27	61,36	76,97	100,53	157,08	12,50
85	3,33	5,91	9,24	13,31	18,11	23,65	36,96	57,75	72,44	94,62	147,84	11,76
90	3,14	5,59	8,73	12,57	17,10	22,34	34,91	54,54	68,42	89,36	139,63	11,11
95	2,98	5,29	8,27	11,90	16,20	21,16	33,07	51,67	64,82	84,66	132,28	10,53
100	2,83	5,03	7,85	11,31	15,39	20,11	31,42	49,09	61,58	80,42	125,66	10,00
105	2,69	4,79	7,48	10,77	14,66	19,15	29,92	46,75	58,64	76,60	119,68	9,52
110	2,57	4,57	7,14	10,28	13,99	18,28	28,56	44,62	55,98	73,11	114,24	9,09
115	2,46	4,37	6,83	9,83	13,39	17,48	27,32	42,68	53,54	69,93	109,27	8,70
120	2,36	4,19	6,54	9,42	12,83	16,76	26,18	40,91	51,31	67,02	104,72	8,33
125	2,26	4,02	6,28	9,05	12,32	16,08	25,13	39,27	49,26	64,34	100,53	8,00
130	2,17	3,87	6,04	8,70	11,84	15,47	24,17	37,76	47,37	61,87	96,66	7,69
135	2,09	3,72	5,82	8,38	11,40	14,89	23,27	36,36	45,61	59,57	93,08	7,41
140	2,02	3,59	5,61	8,08	11,00	14,36	22,44	35,06	43,98	57,45	89,76	7,14
145	1,95	3,47	5,42	7,80	10,62	13,87	21,67	33,85	42,47	55,47	86,66	6,90
150	1,88	3,35	5,24	7,54	10,26	13,40	20,94	32,72	41,05	53,62	83,78	6,67
160	1,77	3,14	4,91	7,07	9,62	12,57	19,63	30,68	38,48	50,27	78,54	6,25
170	1,66	2,96	4,62	6,65	9,06	11,83	18,48	28,87	36,22	47,31	73,92	5,88
180	1,57	2,79	4,36	6,28	8,55	11,17	17,45	27,27	34,21	44,68	69,81	5,56
190	1,49	2,65	4,13	5,95	8,10	10,58	16,53	25,84	32,41	42,33	66,14	5,26
200	1,41	2,51	3,93	5,65	7,70	10,05	15,71	24,54	30,79	40,21	62,83	5,00
210	1,35	2,39	3,74	5,39	7,33	9,57	14,96	23,37	29,32	38,30	59,84	4,76
220	1,29	2,28	3,57	5,14	7,00	9,14	14,28	22,31	27,99	36,56	57,12	4,55
230	1,23	2,19	3,41	4,92	6,69	8,74	13,66	21,34	26,77	34,97	54,64	4,35
240	1,18	2,09	3,27	4,71	6,41	8,38	13,09	20,45	25,66	33,51	52,36	4,17
250	1,13	2,01	3,14	4,52	6,16	8,04	12,57	19,63	24,63	32,17	50,27	4,00

Z.3.2 Querschnitte von Balkenbewehrungen in cm²

Stabanzahl n ▼	◄ Durchmesser φ [mm] ►									
	6	8	10	12	14	16	20	25	28	32	40
1	0,28	0,50	0,79	1,13	1,54	2,01	3,14	4,91	6,16	8,04	12,57
2	0,57	1,01	1,57	2,26	3,08	4,02	6,28	9,82	12,32	16,08	25,13
3	0,85	1,51	2,36	3,39	4,62	6,03	9,42	14,73	18,47	24,13	37,70
4	1,13	2,01	3,14	4,52	6,16	8,04	12,57	19,63	24,63	32,17	50,27
5	1,41	2,51	3,93	5,65	7,70	10,05	15,71	24,54	30,79	40,21	62,83
6	1,70	3,02	4,71	6,79	9,24	12,06	18,85	29,45	36,95	48,25	75,40
7	1,98	3,52	5,50	7,92	10,78	14,07	21,99	34,36	43,10	56,30	87,96
8	2,26	4,02	6,28	9,05	12,32	16,08	25,13	39,27	49,26	64,34	100,5
9	2,54	4,52	7,07	10,18	13,85	18,10	28,27	44,18	55,42	72,38	113,1
10	2,83	5,03	7,85	11,31	15,39	20,11	31,42	49,09	61,58	80,42	125,7
11	3,11	5,53	8,64	12,44	16,93	22,12	34,56	54,00	67,73	88,47	138,2
12	3,39	6,03	9,42	13,57	18,47	24,13	37,70	58,90	73,89	96,51	150,8
13	3,68	6,53	10,21	14,70	20,01	26,14	40,84	63,81	80,05	104,5	163,4
14	3,96	7,04	11,00	15,83	21,55	28,15	43,98	68,72	86,21	112,6	175,9
15	4,24	7,54	11,78	16,96	23,09	30,16	47,12	73,63	92,36	120,6	188,5
16	4,52	8,04	12,57	18,10	24,63	32,17	50,27	78,54	98,52	128,7	201,1
17	4,81	8,55	13,35	19,23	26,17	34,18	53,41	83,45	104,7	136,7	213,6
18	5,09	9,05	14,14	20,36	27,71	36,19	56,55	88,36	110,8	144,8	226,2
19	5,37	9,55	14,92	21,49	29,25	38,20	59,69	93,27	117,0	152,8	238,8
20	5,65	10,05	15,71	22,62	30,79	40,21	62,83	98,17	123,1	160,8	251,3

Anhang Z.4 Lieferprogramm für Lagermatten

Typ	Abstand • ⌀ Aufbau längs / Aufbau quer	Querschnitt längs / quer [cm²/m]	Länge Breite [mm]	Überstände Anfang / Ende links / rechts [mm]	Gewicht je Matte / je m² [kg] / [kg/m²]
Q188A	150 • 6,0 / 150 • 6,0	1,88 / 1,88	6000 2300	75 25	41,7 3,02
Q257A	150 • 7,0 / 150 • 7,0	2,57 / 2,57		75 25	56,8 4,12
Q335A	150 • 8,0 / 150 • 8,0	3,35 / 3,35		75 25	74,3 5,38
Q424A	150 • 9,0[a] / 150 • 9,0	4,24 / 4,24		75 25	84,4 6,12
Q524A	150 • 10,0[a] / 150 • 10,0	5,24 / 5,24		75 25	100,9 7,31
Q636A	100 • 9,0[a] / 125 • 10,0	6,36 / 6,28	6000 2350	62,5 25	132,0 9,36
R188A	150 • 6,0 / 250 • 6,0	1,88 / 1,13	6000 2300	125 25	33,6 2,43
R257A	150 • 7,0 / 250 • 6,0	2,57 / 1,13		125 25	41,2 2,99
R335A	150 • 8,0 / 250 • 6,0	3,35 / 1,13		125 25	50,2 3,64
R424A	150 • 9,0[b] / 250 • 8,0	4,24 / 2,01		125 25	67,2 4,87
R524A	150 • 10,0[b] / 250 • 8,0	5,24 / 2,01		125 25	75,7 5,49

[a] jeweils 4 Randsparstäbe mit 7,0 mm
[b] jeweils 2 Randsparstäbe mit 8,0 mm

Weitere Informationen und Faltblatt zum Download (auch zum alten Lagermattenprogramm bis 2007):
www.isb-ev.de

Erläuterungen zum Eurocode 2
Anhänge

Anhang Z.5 Bemessungstafeln Biegung mit Längskraft

Z.5.1 ω-Tafel, ohne Druckbewehrung, für Beton bis C50/60, B500, σ_{sd} ansteigend bis $f_{td,cal}$

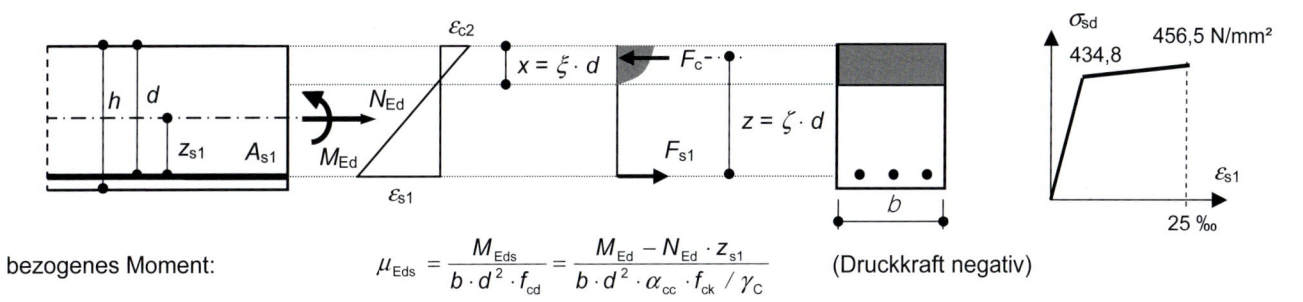

bezogenes Moment:
$$\mu_{Eds} = \frac{M_{Eds}}{b \cdot d^2 \cdot f_{cd}} = \frac{M_{Ed} - N_{Ed} \cdot z_{s1}}{b \cdot d^2 \cdot \alpha_{cc} \cdot f_{ck} / \gamma_C}$$ (Druckkraft negativ)

erforderliche Biegezugbewehrung:
$$A_{s1} = \frac{\omega_1 \cdot b \cdot d \cdot f_{cd} + N_{Ed}}{\sigma_{sd}}$$

μ_{Eds}	ω_1	$\xi = x/d$	$\zeta = z/d$	ε_{c2} ‰	ε_{s1} ‰	σ_{sd} N/mm²
0,01	0,0101	0,030	0,990	-0,77	25,00	456,5
0,02	0,0203	0,044	0,985	-1,15	25,00	456,5
0,03	0,0306	0,055	0,980	-1,46	25,00	456,5
0,04	0,0410	0,066	0,976	-1,76	25,00	456,5
0,05	0,0515	0,076	0,971	-2,06	25,00	456,5
0,06	0,0621	0,086	0,967	-2,37	25,00	456,5
0,07	0,0728	0,097	0,962	-2,68	25,00	456,5
0,08	0,0836	0,107	0,956	-3,01	25,00	456,5
0,09	0,0946	0,118	0,951	-3,35	25,00	456,5
0,10	0,1058	0,131	0,946	-3,50	23,29	454,9
0,11	0,1170	0,145	0,940	-3,50	20,71	452,4
0,12	0,1285	0,159	0,934	-3,50	18,55	450,4
0,13	0,1401	0,173	0,928	-3,50	16,73	448,6
0,14	0,1519	0,188	0,922	-3,50	15,16	447,1
0,15	0,1638	0,202	0,916	-3,50	13,80	445,9
0,16	0,1759	0,217	0,910	-3,50	12,61	444,7
0,17	0,1882	0,232	0,903	-3,50	11,55	443,7
0,18	0,2007	0,248	0,897	-3,50	10,62	442,8
0,19	0,2134	0,264	0,890	-3,50	9,78	442,0
0,20	0,2263	0,280	0,884	-3,50	9,02	441,3
0,21	0,2395	0,296	0,877	-3,50	8,33	440,6
0,22	0,2529	0,312	0,870	-3,50	7,71	440,1
0,23	0,2665	0,329	0,863	-3,50	7,13	439,5
0,24	0,2804	0,346	0,856	-3,50	6,60	439,0
0,25	0,2946	0,364	0,849	-3,50	6,12	438,5
0,26	0,3091	0,382	0,841	-3,50	5,67	438,1
0,27	0,3239	0,400	0,834	-3,50	5,25	437,7
0,28	0,3391	0,419	0,826	-3,50	4,86	437,3
0,29	0,3546	0,438	0,818	-3,50	4,49	437,0
5.4 (NA.5): Linear-elastische Berechnung Biegebauteile $\xi > 0,45$ → Druckbewehrung empfehlenswert → A5							
0,30	0,3706	0,458	0,810	-3,50	4,15	436,7
0,31	0,3869	0,478	0,801	-3,50	3,82	436,4
0,32	0,4038	0,499	0,793	-3,50	3,52	436,1
0,33	0,4211	0,520	0,784	-3,50	3,23	435,8
0,34	0,4391	0,542	0,774	-3,50	2,95	435,5
0,35	0,4576	0,565	0,765	-3,50	2,69	435,3
0,36	0,4768	0,589	0,755	-3,50	2,44	435,0
0,37	0,4968	0,614	0,745	-3,50	2,20	434,8
Bemessungswert der Fließgrenze des Betonstahls wird unterschritten → Druckbewehrung empfehlenswert							

Z.5.2 ω-Tafel, mit Druckbewehrung, für ξ_{lim} = 0,45, Beton bis C50/60, B500, σ_{sd} ansteigend bis $f_{td,cal}$

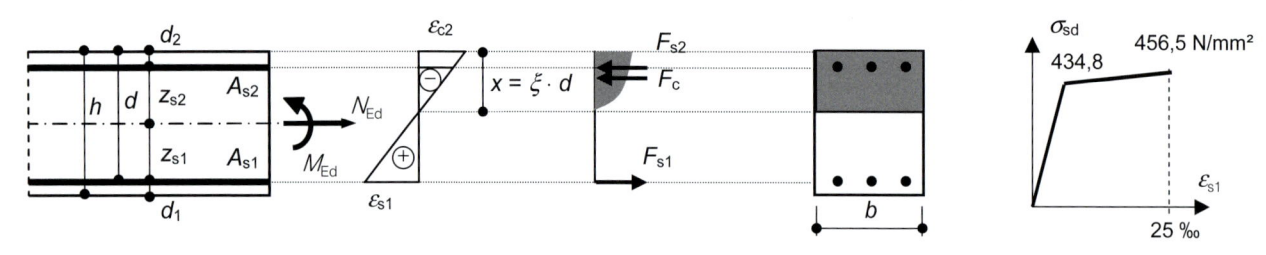

bezogenes Moment:
$$\mu_{Eds} = \frac{M_{Eds}}{b \cdot d^2 \cdot f_{cd}} = \frac{M_{Ed} - N_{Ed} \cdot z_{s1}}{b \cdot d^2 \cdot \alpha_{cc} \cdot f_{ck} / \gamma_C}$$ (Druckkraft negativ)

erforderliche Biegezugbewehrung:
$$A_{s1} = \frac{\omega_1 \cdot b \cdot d \cdot f_{cd} + N_{Ed}}{\sigma_{s1d}}$$

erforderliche Druckbewehrung:
$$A_{s2} = \frac{\omega_2 \cdot b \cdot d \cdot f_{cd}}{\sigma_{s2d}}$$

	σ_{s1d} = 436,8 N/mm²							
	d_2/d = 0,05		d_2/d = 0,10		d_2/d = 0,15		d_2/d = 0,20	
	σ_{s2d} = -435,7 N/mm²		σ_{s2d} = -435,3 N/mm²		σ_{s2d} = -434,9 N/mm²		σ_{s2d} = -388,9 N/mm²	
μ_{Eds}	ω_1	ω_2	ω_1	ω_2	ω_1	ω_2	ω_1	ω_2
0,30	0,3684	0,0041	0,3686	0,0043	0,3689	0,0046	0,3692	0,0049
0,31	0,3789	0,0146	0,3797	0,0155	0,3806	0,0164	0,3817	0,0174
0,32	0,3895	0,0252	0,3908	0,0266	0,3924	0,0281	0,3942	0,0299
0,33	0,4000	0,0357	0,4020	0,0377	0,4042	0,0399	0,4067	0,0424
0,34	0,4105	0,0462	0,4131	0,0488	0,4159	0,0517	0,4192	0,0549
0,35	0,4210	0,0567	0,4242	0,0599	0,4277	0,0634	0,4317	0,0674
0,36	0,4316	0,0673	0,4353	0,0710	0,4395	0,0752	0,4442	0,0799
0,37	0,4421	0,0778	0,4464	0,0821	0,4512	0,0869	0,4567	0,0924
0,38	0,4526	0,0883	0,4575	0,0932	0,4630	0,0987	0,4692	0,1049
0,39	0,4631	0,0989	0,4686	0,1043	0,4748	0,1105	0,4817	0,1174
0,40	0,4737	0,1094	0,4797	0,1155	0,4865	0,1222	0,4942	0,1299
0,41	0,4842	0,1199	0,4908	0,1266	0,4983	0,1340	0,5067	0,1424
0,42	0,4947	0,1304	0,5020	0,1377	0,5101	0,1458	0,5192	0,1549
0,43	0,5052	0,1410	0,5131	0,1488	0,5218	0,1575	0,5317	0,1674
0,44	0,5158	0,1515	0,5242	0,1599	0,5336	0,1693	0,5442	0,1799
0,45	0,5263	0,1620	0,5353	0,1710	0,5454	0,1811	0,5567	0,1924
0,46	0,5368	0,1725	0,5464	0,1821	0,5571	0,1928	0,5692	0,2049
0,47	0,5473	0,1831	0,5575	0,1932	0,5689	0,2046	0,5817	0,2174
0,48	0,5579	0,1936	0,5686	0,2043	0,5806	0,2164	0,5942	0,2299
0,49	0,5684	0,2041	0,5797	0,2155	0,5924	0,2281	0,6067	0,2424
0,50	0,5789	0,2146	0,5908	0,2266	0,6042	0,2399	0,6192	0,2549
0,51	0,5895	0,2252	0,6020	0,2377	0,6159	0,2517	0,6317	0,2674
0,52	0,6000	0,2357	0,6131	0,2488	0,6277	0,2634	0,6442	0,2799
0,53	0,6105	0,2462	0,6242	0,2599	0,6395	0,2752	0,6567	0,2924
0,54	0,6210	0,2567	0,6353	0,2710	0,6512	0,2869	0,6692	0,3049
0,55	0,6316	0,2673	0,6464	0,2821	0,6630	0,2987	0,6817	0,3174

Z.5.3 Interaktionsdiagramm für den symmetrisch bewehrten Rechteckquerschnitt
(C12/15 bis C50/60; $d_1/h = 0{,}10$; B500; $\gamma_s = 1{,}15$)
aus: *Zilch/Zehetmaier* [115]

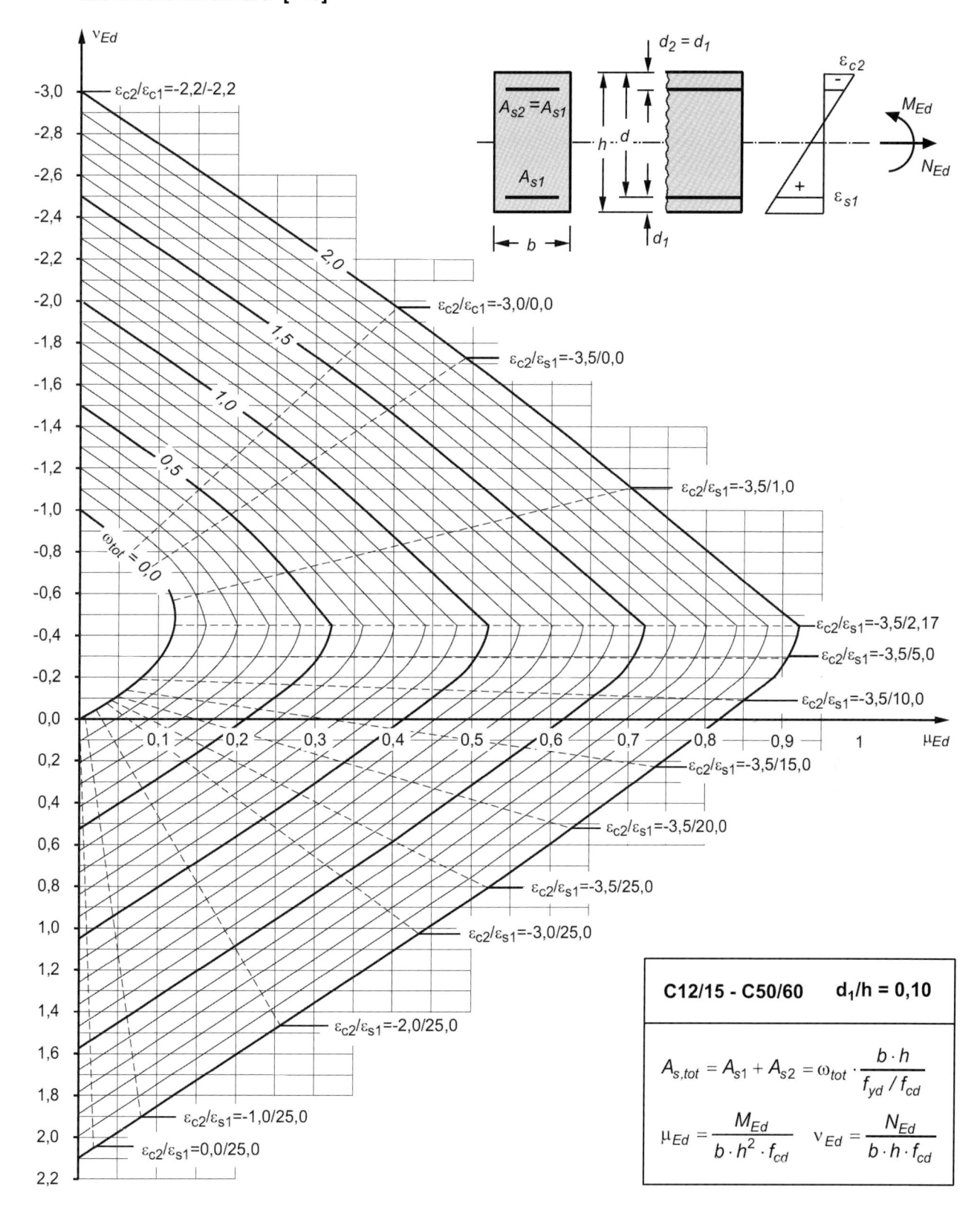

| C12/15 - C50/60 | $d_1/h = 0{,}10$ |

$$A_{s,tot} = A_{s1} + A_{s2} = \omega_{tot} \cdot \frac{b \cdot h}{f_{yd}/f_{cd}}$$

$$\mu_{Ed} = \frac{M_{Ed}}{b \cdot h^2 \cdot f_{cd}} \qquad \nu_{Ed} = \frac{N_{Ed}}{b \cdot h \cdot f_{cd}}$$

Z.5.4 Interaktionsdiagramm für Kreisquerschnitt
(C12/15 bis C50/60; $d_1/h = 0{,}10$; B500; $\gamma_s = 1{,}15$)
aus: *Zilch/Zehetmaier* [115]

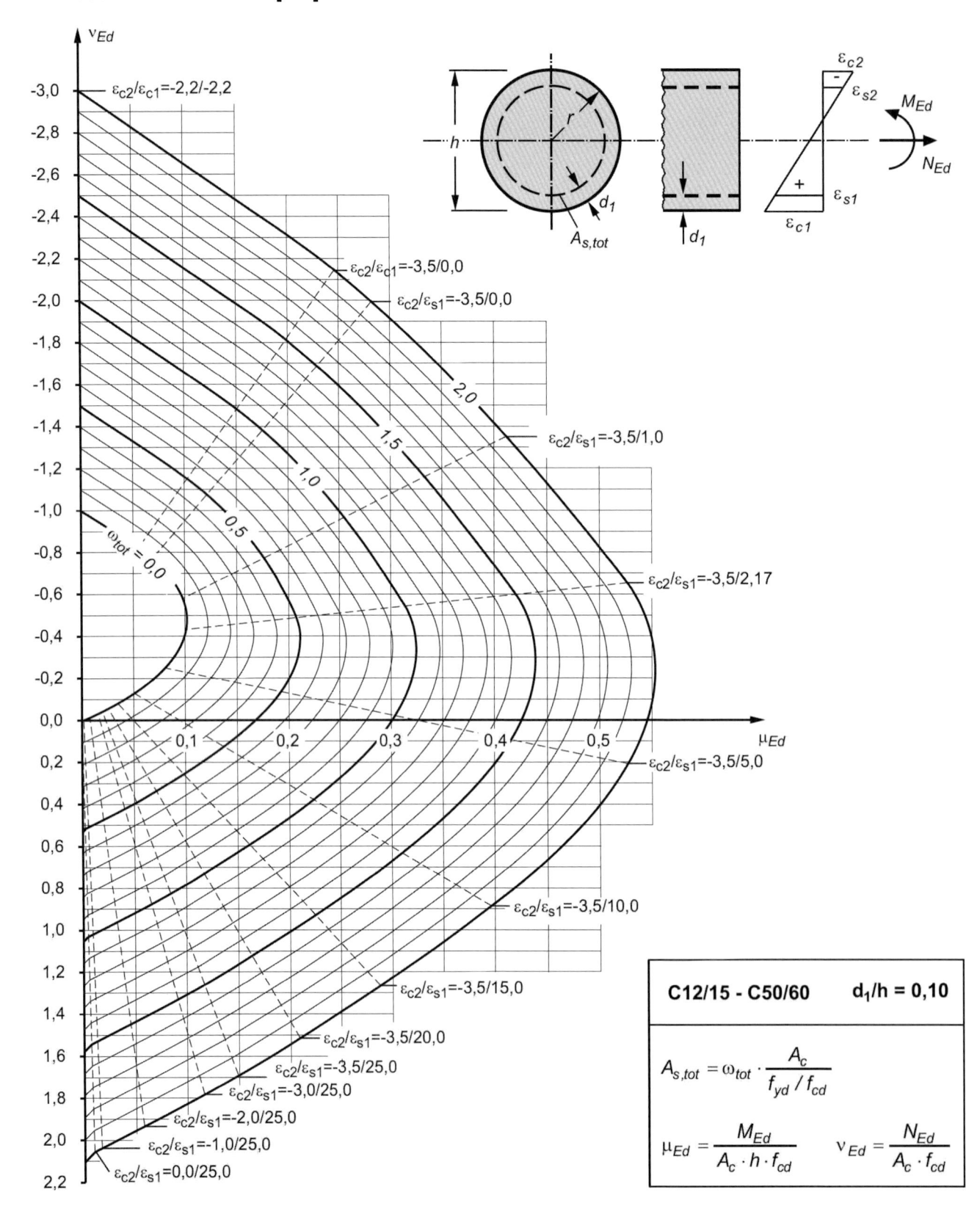

C12/15 - C50/60 $d_1/h = 0{,}10$

$$A_{s,tot} = \omega_{tot} \cdot \frac{A_c}{f_{yd}/f_{cd}}$$

$$\mu_{Ed} = \frac{M_{Ed}}{A_c \cdot h \cdot f_{cd}} \qquad \nu_{Ed} = \frac{N_{Ed}}{A_c \cdot f_{cd}}$$

Erläuterungen zum Eurocode 2
Anhänge

Z.5.5 Allgemeines Bemessungsdiagramm für Rechteckquerschnitte (C12/15 bis C50/60) aus: *Zilch/Zehetmaier* [115]

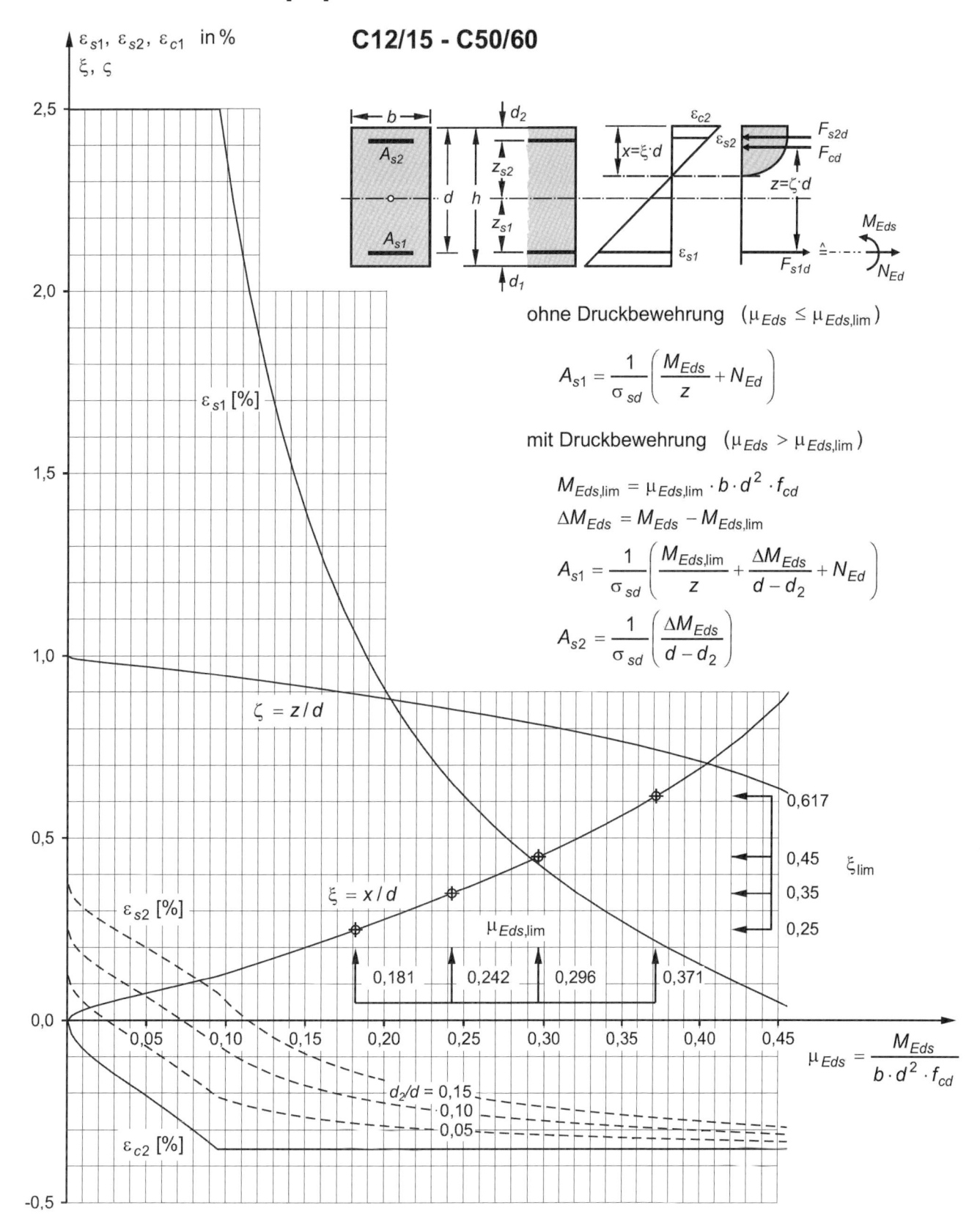

C12/15 - C50/60

ohne Druckbewehrung ($\mu_{Eds} \leq \mu_{Eds,lim}$)

$$A_{s1} = \frac{1}{\sigma_{sd}}\left(\frac{M_{Eds}}{z} + N_{Ed}\right)$$

mit Druckbewehrung ($\mu_{Eds} > \mu_{Eds,lim}$)

$$M_{Eds,lim} = \mu_{Eds,lim} \cdot b \cdot d^2 \cdot f_{cd}$$
$$\Delta M_{Eds} = M_{Eds} - M_{Eds,lim}$$
$$A_{s1} = \frac{1}{\sigma_{sd}}\left(\frac{M_{Eds,lim}}{z} + \frac{\Delta M_{Eds}}{d - d_2} + N_{Ed}\right)$$
$$A_{s2} = \frac{1}{\sigma_{sd}}\left(\frac{\Delta M_{Eds}}{d - d_2}\right)$$

ξ_{lim}: 0,617 / 0,45 / 0,35 / 0,25

$\mu_{Eds,lim}$: 0,181 / 0,242 / 0,296 / 0,371

$\mu_{Eds} = \dfrac{M_{Eds}}{b \cdot d^2 \cdot f_{cd}}$

$d_2/d = 0{,}15\ /\ 0{,}10\ /\ 0{,}05$

Anhang Z.6 DIN EN 1990/NA: Teilsicherheits- und Kombinationsbeiwerte [E2]

(NDP) Tab. NA.A.1.1: Kombinationsbeiwerte im Hochbau

	1	2	3	4
	Einwirkung	selten ψ_0	häufig ψ_1	quasi-ständig ψ_2
	Nutzlasten im Hochbau (Kategorien siehe DIN EN 1991-1-1) [a]			
1	• Kategorie A: Wohn- und Aufenthaltsräume	0,7	0,5	0,3
2	• Kategorie B: Büros	0,7	0,5	0,3
3	• Kategorie C: Versammlungsräume	0,7	0,7	0,6
4	• Kategorie D: Verkaufsräume	0,7	0,7	0,6
5	• Kategorie E: Lagerräume	1,0	0,9	0,8
6	• Kategorie F: Verkehrsflächen, Fahrzeuglast ≤ 30 kN	0,7	0,7	0,6
7	• Kategorie G: Verkehrsflächen, 30 kN < Fahrzeuglast ≤ 160 kN	0,7	0,5	0,3
8	• Kategorie H: Dächer	0	0	0
9	Schneelasten (DIN EN 1991-1-3) Orte bis zu NN + 1000 m	0,5	0,2	0
10	Schneelasten (DIN EN 1991-1-3) Orte über NN + 1000 m	0,7	0,5	0,2
11	Windlasten, siehe DIN EN 1991-1-4	0,6	0,2	0
12	Temperatureinwirkungen (nicht Brand), siehe DIN EN 1991-1-5	0,6	0,5	0
13	Baugrundsetzungen, siehe DIN EN 1997	1,0	1,0	1,0
14	Sonstige Einwirkungen [b][c]	0,8	0,7	0,5

[a] Abminderungsbeiwerte für Nutzlasten in mehrgeschossigen Hochbauten siehe DIN EN 1991-1-1.

[b] Flüssigkeitsdruck ist i. Allg. als eine veränderliche Einwirkung zu behandeln, für die die ψ-Beiwerte standortbedingt festzulegen sind. Flüssigkeitsdruck, dessen Größe durch geometrische Verhältnisse oder aufgrund hydrologischer Randbedingungen begrenzt ist, darf als eine ständige Einwirkung behandelt werden, wobei alle ψ-Beiwerte gleich 1,0 zu setzen sind.

[c] ψ-Beiwerte für Maschinenlasten sind betriebsbedingt festzulegen.

(NDP) Tab. NA.A.1.2 (A): Teilsicherheitsbeiwerte für Einwirkungen (EQU) (Gruppe A)

	1	2	3	4
	Einwirkung	Symbol	Situationen P/T	A/E
	Ständige Einwirkungen: Eigenlast des Tragwerks und von nicht tragenden Bauteilen, ständige Einwirkungen, die vom Baugrund herrühren, Grundwasser und frei anstehendes Wasser			
1	• destabilisierend	$\gamma_{G,dst}$	1,10	1,00
2	• stabilisierend	$\gamma_{G,stb}$	0,90	0,95
	Bei kleinen Schwankungen der ständigen Einwirkungen, wenn durch Kontrolle die Unter- bzw. Überschreitung von ständigen Lasten mit hinreichender Zuverlässigkeit ausgeschlossen wird			
3	• destabilisierend	$\gamma_{G,dst}$	1,05	1,00
4	• stabilisierend	$\gamma_{G,stb}$	0,95	0,95
	Ständige Einwirkungen für den kombinierten Nachweis der Lagesicherheit, der den Widerstand der Bauteile (z. B. Zugverankerungen) einschließt			
5	• destabilisierend	$\gamma_{G,dst}^*$	1,35	1,00
6	• stabilisierend	$\gamma_{G,stb}^*$	1,15	0,95
7	Destabilisierende veränderliche Einwirkungen	γ_Q	1,50	1,00
8	Außergewöhnliche Einwirkungen	γ_A	–	1,00

(NDP) Tab. NA.A.1.2 (B): Teilsicherheitsbeiwerte für Einwirkungen (STR/GEO) (Gruppe B)

	1	2	3	4
	Einwirkung	Symbol	Situationen P/T	A/E
	Unabhängige ständige Einwirkungen			
1	• ungünstig	$\gamma_{G,sup}$	1,35	1,00
2	• günstig	$\gamma_{G,inf}$	1,00	1,00
	Unabhängige veränderliche Einwirkungen			
3	• ungünstig	γ_Q	1,50	1,00
4	• günstig	γ_Q	0	0
5	Außergewöhnliche Einwirkungen	γ_A	–	1,00

P/T ständige oder vorübergehende Bemessungssituationen
A/E außergewöhnliche oder Erdbeben-Bemessungssituationen
GZT → EQU: Verlust der Lagesicherheit
STR: Versagen oder übermäßige Verformungen des Tragwerk oder seiner Teile
GEO: Versagen oder übermäßige Verformungen des Baugrundes

Schrifttum

Normen und Regelwerke

Eurocodes

[E1] Eurocode 0: DIN EN 1990:2010-12: Grundlagen der Tragwerksplanung.

[E2] Eurocode 0: DIN EN 1990/NA:2010-12: Nationaler Anhang – National festgelegte Parameter – Grundlagen der Tragwerksplanung.

[E3] Eurocode 2: DIN EN 1992-1-1:2011-01: Bemessung und Konstruktion von Stahlbeton- und Spannbetontragwerken – Teil 1-1: Allgemeine Bemessungsregeln und Regeln für den Hochbau.

[E4] Eurocode 2: DIN EN 1992-1-1/NA:2011-01: Nationaler Anhang – National festgelegte Parameter – Bemessung und Konstruktion von Stahlbeton- und Spannbetontragwerken – Teil 1-1: Allgemeine Bemessungsregeln und Regeln für den Hochbau.

[E5] Eurocode 2: DIN EN 1992-1-2:2010-12: Bemessung und Konstruktion von Stahlbeton- und Spannbetontragwerken – Teil 1-2: Allgemeine Regeln – Tragwerksbemessung für den Brandfall.

[E6] Eurocode 2: DIN EN 1992-1-2/NA:2010-12: Nationaler Anhang – National festgelegte Parameter – Bemessung und Konstruktion von Stahlbeton- und Spannbetontragwerken – Teil 1-2: Allgemeine Regeln – Tragwerksbemessung für den Brandfall.

[E7] Eurocode 2: DIN EN 1992-2:2010-12: Bemessung und Konstruktion von Stahlbeton- und Spannbetontragwerken – Teil 2: Betonbrücken – Bemessungs- und Konstruktionsregeln.

[E8] Eurocode 2: DIN EN 1992-2/NA (*in Vorbereitung*): Nationaler Anhang – National festgelegte Parameter – Bemessung und Konstruktion von Stahlbeton- und Spannbetontragwerken – Teil 2: Betonbrücken – Bemessungs- und Konstruktionsregeln.

[E9] Eurocode 1: DIN EN 1991-1-1:2010-12: Einwirkungen auf Tragwerke – Teil 1-1: Allgemeine Einwirkungen auf Tragwerke - Wichten, Eigengewicht und Nutzlasten im Hochbau.

[E10] Eurocode 1: DIN EN 1991-1-1/NA:2010-12: Nationaler Anhang – National festgelegte Parameter – Einwirkungen auf Tragwerke – Teil 1-1: Allgemeine Einwirkungen auf Tragwerke – Wichten, Eigengewicht und Nutzlasten im Hochbau.

[E11] Eurocode 1: DIN EN 1991-1-2:2010-12: Einwirkungen auf Tragwerke – Teil 1-2: Allgemeine Einwirkungen – Brandeinwirkungen auf Tragwerke.

[E12] Eurocode 1: DIN EN 1991-1-2/NA:2010-12: Nationaler Anhang – National festgelegte Parameter – Einwirkungen auf Tragwerke – Teil 1-2: Allgemeine Einwirkungen – Brandeinwirkungen auf Tragwerke

[E13] Eurocode 1: DIN EN 1991-1-3:2010-12: Einwirkungen auf Tragwerke – Teil 1-3: Allgemeine Einwirkungen – Schneelasten.

[E14] Eurocode 1: DIN EN 1991-1-3/NA:2010-12: Nationaler Anhang – National festgelegte Parameter – Einwirkungen auf Tragwerke – Teil 1-3: Allgemeine Einwirkungen – Schneelasten.

[E15] Eurocode 1: DIN EN 1991-1-4:2010-12: Einwirkungen auf Tragwerke – Teil 1-4: Allgemeine Einwirkungen – Windlasten.

[E16] Eurocode 1: DIN EN 1991-1-4/NA:2010-12: Nationaler Anhang – National festgelegte Parameter – Einwirkungen auf Tragwerke – Teil 1-4: Allgemeine Einwirkungen – Windlasten.

[E17] Eurocode 1: DIN EN 1991-1-5:2010-12: Einwirkungen auf Tragwerke – Teil 1-5: Allgemeine Einwirkungen – Temperatureinwirkungen.

[E18] Eurocode 1: DIN EN 1991-1-5/NA:2010-12: Nationaler Anhang – National festgelegte Parameter – Einwirkungen auf Tragwerke – Teil 1-5: Allgemeine Einwirkungen – Temperatureinwirkungen.

[E19] Eurocode 1: DIN EN 1991-1-6:2010-12: Einwirkungen auf Tragwerke – Teil 1-6: Allgemeine Einwirkungen – Einwirkungen während der Bauausführung.

[E20] Eurocode 1: DIN EN 1991-1-6/NA:2010-12: Nationaler Anhang – National festgelegte Parameter – Einwirkungen auf Tragwerke – Teil 1-6: Allgemeine Einwirkungen – Einwirkungen während der Bauausführung.

[E21] Eurocode 1: DIN EN 1991-1-7:2010-12: Einwirkungen auf Tragwerke – Teil 1-7: Allgemeine Einwirkungen – Außergewöhnliche Einwirkungen.

[E22] Eurocode 1: DIN EN 1991-1-7/NA:2010-12: Nationaler Anhang – National festgelegte Parameter – Einwirkungen auf Tragwerke – Teil 1-7: Allgemeine Einwirkungen – Außergewöhnliche Einwirkungen.

[E23] Eurocode 6: DIN EN 1996-1-1:2010-12: Bemessung und Konstruktion von Mauerwerksbauten – Teil 1-1: Allgemeine Regeln für bewehrtes und unbewehrtes Mauerwerk.

[E24]   Eurocode 6: DIN EN 1996-3:2010-12: Bemessung und Konstruktion von Mauerwerksbauten – Teil 3: Vereinfachte Berechnungsmethoden für unbewehrte Mauerwerksbauten.

[E25]   Eurocode 7: DIN EN 1997-1:2009-09: Entwurf, Berechnung und Bemessung in der Geotechnik – Teil 1: Allgemeine Regeln.

[E26]   Eurocode 7: DIN EN 1997-1/NA:2010-12: Nationaler Anhang – National festgelegte Parameter – Entwurf, Berechnung und Bemessung in der Geotechnik – Teil 1: Allgemeine Regeln.

[E27]   DIN V ENV 1992-1-1: Eurocode 2 – Planung von Stahlbeton- und Spannbetontragwerken, Teil 1-1: Grundlagen und Anwendungsregeln für den Hochbau:1992-06.

[E28]   DIN-Handbuch: Eurocode 2: Bemessung und Konstruktion von Stahlbeton- und Spannbetontragwerken – Teil 1-1: Allgemeine Bemessungsregeln und Regeln für den Hochbau. Konsolidierte Fassung mit Nationalem Anhang (NA). Berlin: Beuth-Verlag *(in Vorbereitung)*.

[E29]   DIN-Handbuch Betonbrücken: Eurocode 2: Bemessung und Konstruktion von Stahlbeton- und Spannbetontragwerken – Teil 2: Betonbrücken: Bemessungs- und Konstruktionsregeln. Konsolidierte Fassung mit Nationalem Anhang (NA). Berlin: Beuth-Verlag *(in Vorbereitung)*.

DIN-Normen

[R1]   DIN 1045: Tragwerke aus Beton, Stahlbeton und Spannbeton –
DIN 1045-1:2008-08:   Teil 1: Bemessung und Konstruktion,
DIN 1045-2:2008-08:   Teil 2: Beton; Festlegung, Eigenschaften, Herstellung und Konformität,
DIN 1045-3:2008-08:   Teil 3: Bauausführung,
DIN 1045-4:2001-07:   Teil 4: Ergänzende Regeln für die Herstellung und die Konformität von Fertigteilen.

[R2]   DIN EN 206-1:2001-07: Beton – Teil 1: Festlegung, Eigenschaften, Herstellung und Konformität
und DIN EN 206-1/A1:2004-10: A1-Änderung,
und DIN EN 206-1/A1:2005-09: A2-Änderung.

[R3]   DIN 1055: Einwirkungen auf Tragwerke –
DIN 1055-1:2001-01:   Teil 1: Wichte und Flächenlasten von Baustoffen, Bauteilen und Lagerstoffen,
DIN 1055-2:2010-11:   Teil 2: Bodenkenngrößen,
DIN 1055-3:2006-03:   Teil 3: Eigen- und Nutzlasten für Hochbauten,
DIN 1055-4:2005-03:   Teil 4: Windlasten und DIN 1055-4/Ber 1:2006-03: Berichtigung 1,
DIN 1055-5:2005-07:   Teil 5: Schnee- und Eislasten,
DIN 1055-9:2003-08:   Teil 9: Außergewöhnliche Einwirkungen
DIN 1055-100:2001-03: Teil 100: Grundlagen der Tragwerksplanung, Sicherheitskonzept und Bemessungsregeln.

[R4]   DIN 488: Betonstahl –
DIN 488-1: 2009-08:   Teil 1: Stahlsorten, Eigenschaften, Kennzeichnung,
DIN 488-2: 2009-08:   Teil 2: Betonstabstahl,
DIN 488-3: 2009-08:   Teil 3: Betonstahl in Ringen, Bewehrungsdraht,
DIN 488-4: 2009-08:   Teil 4: Betonstahlmatten,
DIN 488-5: 2009-08:   Teil 5: Gitterträger,
DIN 488-6: 2010-01:   Teil 6: Übereinstimmungsnachweis.

[R5]   DIN 1054:2005-01: Baugrund – Sicherheitsnachweise im Erd- und Grundbau
und DIN 1054/Ber 1:2005-04: Berichtigung 1,
und DIN 1054/Ber 2:2007-04: Berichtigung 2,
und DIN 1054/Ber 3:2008-01: Berichtigung 3,
und DIN 1054/Ber 4:2008-10: Berichtigung 4.
und DIN 1054/A1:2009-07: Änderung A1.

[R6]   DIN 1054:2010-12: Baugrund – Sicherheitsnachweise im Erd- und Grundbau – Ergänzende Regelungen zu DIN EN 1997-1.

[R7]   DIN 4030-1:2008-06: Beurteilung betonangreifender Wässer, Böden und Gase – Teil 1: Grundlagen und Grenzwerte.

[R8]   DIN 4141-3: 1984-09: Lager im Bauwesen; Lagerung für Hochbauten.

[R9]   DIN EN 13670:2011-03: Ausführung von Tragwerken aus Beton.

[R10]   DIN 1045-3: *(in Vorbereitung)*: Tragwerke aus Beton, Stahlbeton und Spannbeton – Teil 3: Bauausführung – Anwendungsregeln zu DIN EN 13670.

[R11]   DIN 18218:2010-01: Frischbetondruck auf lotrechte Schalungen.

[R12]   DIN 12812:2008-12: Traggerüste – Anforderungen, Bemessung und Entwurf.

[R13]   Anwendungsrichtlinie für Traggerüste nach DIN EN 12812, Fassung August 2009. In: DIBt Mitteilungen, Heft 6/2009

[R14] DIN EN 14199:2005-05: Ausführung von besonderen geotechnischen Arbeiten (Spezialtiefbau) – Pfähle mit kleinen Durchmessern (Mikropfähle).

[R15] DIN 18539:2011-02: Anwendungsdokument zu DIN EN 14199:2005-05, Ausführung von besonderen geotechnischen Arbeiten (Spezialtiefbau) – Pfähle mit kleinen Durchmessern (Mikropfähle).

[R16] DIN EN 12699:2001-05: Ausführung spezieller geotechnischer Arbeiten (Spezialtiefbau) – Verdrängungspfähle mit Berichtigung 1:2010-11.

[R17] DIN 4227-1:1988-07: Spannbeton; Bauteile aus Normalbeton mit beschränkter oder voller Vorspannung und DIN 4227-1/A1-Änderung:1995-12.

[R18] DIN 1045:1988-07 Beton und Stahlbeton; Bemessung und Ausführung.

[R19] DIN EN 10080: Stahl für die Bewehrung von Beton – Schweißgeeigneter Betonstahl – Allgemeines:2005-08.

[R20] DIN EN 10088-3: Nichtrostende Stähle – Teil 3: Technische Lieferbedingungen für Halbzeug, Stäbe, Walzdraht, gezogenen Draht, Profile und Blankstahlerzeugnisse aus korrosionsbeständigen Stählen für die allgemeine Verwendung:2005-09.

[R21] DIN 11622: Gärfuttersilos und Güllebehälter; Bemessung, Ausführung, Beschaffenheit
– Teil 1: Allgemeine Anforderungen:2006-01,
– Teil 2: Gärfuttersilos und Güllebehälter aus Stahlbeton, Stahlbetonfertigteilen, Betonformsteinen und Betonschalungssteinen:2004-06.

[R22] DIN EN 13791: Bewertung der Druckfestigkeit von Beton in Bauwerken oder in Bauwerksteilen:2008-05.

[R23] DIN EN ISO 17660: Schweißen – Schweißen von Betonstahl
– Teil 1: Tragende Schweißverbindungen:2006-12 mit Berichtigung 1:2007-08;
– Teil 2: Nichttragende Schweißverbindungen:2006-12 mit Berichtigung 1:2007-08.

[R24] DIN 18202: Toleranzen im Hochbau – Bauwerke:2005-10.

[R25] DIN 4102-4: Brandverhalten von Baustoffen und Bauteilen – Teil 4: Zusammenstellung und Anwendung klassifizierter Baustoffe, Bauteile und Sonderbauteile. Ausgabe März 1994 mit Berichtigungen 1 bis 3 vom Mai 1995, April 1996 und September 1998 und DIN 4102-4/A1-Änderung:2004-11.

[R26] DIN 4102-22: Brandverhalten von Baustoffen und Bauteilen – Teil 22: Anwendungsnorm zu DIN 4102-4:2004-11.

[R27] DIN EN 1536:2010-12: Ausführung von Arbeiten im Spezialtiefbau – Bohrpfähle.

[R28] DIN-Fachbericht 129:2005-02: Anwendungsdokument zu DIN EN 1536:1999-06, Ausführung von besonderen geotechnischen Arbeiten (Spezialtiefbau) – Bohrpfähle.

[R29] DIN EN 10088-3:2005-09: Nichtrostende Stähle – Teil 3: Technische Lieferbedingungen für Halbzeug, Stäbe, Walzdraht, gezogenen Draht, Profile und Blankstahlerzeugnisse aus korrosionsbeständigen Stählen für die allgemeine Verwendung.

[R30] DIN 18195: Bauwerksabdichtungen
– Teil 1:2000-08: Grundsätze, Definitionen, Zuordnung der Abdichtungsarten mit A1-Änderung:2011-02,
– Teil 2:2009-04: Stoffe,
– Teil 3:2000-08: Anforderungen an den Untergrund und Verarbeitung der Stoffe mit A1-Änderung:2011-02,
– Teil 4:2000-08: Abdichtungen gegen Bodenfeuchte (Kapillarwasser, Haftwasser) und nichtstauendes Sickerwasser an Bodenplatten und Wänden, Bemessung und Ausführung mit A1-Änderung:2011-02,
– Teil 5:2000-08: Abdichtungen gegen nichtdrückendes Wasser auf Deckenflächen und in Nassräumen; Bemessung und Ausführung mit A1-Änderung:2011-02,
– Teil 6:2000-08: Abdichtungen gegen von außen drückendes Wasser und aufstauendes Sickerwasser; Bemessung und Ausführung mit A1-Änderung:2011-02,
– Teil 7:2009-07: Abdichtungen gegen von innen drückendes Wasser; Bemessung und Ausführung,
– Teil 8:2004-03: Abdichtungen über Bewegungsfugen mit A1-Änderung:2011-02,
– Teil 9:2010-05: Durchdringungen, Übergänge, An- und Abschlüsse,
– Teil 10:2004-03: Schutzschichten und Schutzmaßnahmen mit A1-Änderung:2011-02,
– Beiblatt 1:2011-03: Beispiele für die Anordnung der Abdichtung.

[R31] DIN-Fachbericht 102:2009-03: Betonbrücken. Berlin: Beuth-Verlag.

Deutscher Ausschuss für Stahlbeton – DAfStb

[D1] DAfStb-Richtlinie:2010-04: Massige Bauteile aus Beton.

[D2] DAfStb-Richtlinie:2004-10: Betonbau beim Umgang mit wassergefährdenden Stoffen.

[D3] DAfStb-Richtlinie:1995-08: für hochfesten Beton. Ergänzung zu DIN 1045/07.88 für die Festigkeitsklassen B 65 bis B 115.

[D4] DAfStb-Richtlinie:2007-02: Vorbeugende Maßnahmen gegen schädigende Alkalireaktion im Beton (Alkali-Richtlinie), mit Berichtigungen:2010-04 und 2011-04.

[D5] DAfStb-Richtlinie:2010-10: Qualität der Bewehrung – Ergänzende Festlegung zur Weiterverarbeitung von Betonstahl und zum Einbau der Bewehrung.

[D6] DAfStb-Richtlinie (*in Vorbereitung*): Stahlfaserbeton – Ergänzungen und Änderungen zu DIN EN 1992-1-1 in Verbindung mit DIN EN 1992-1-1/NA, DIN EN 206-1 in Verbindung mit DIN 1045-2 und DIN 1045-3

[D151] DAfStb-Heft 151: Leonhardt, F.; Walther, R.: Schubversuche an einfeldrigen Stahlbetonbalken mit und ohne Schubbewehrung. Berlin: Ernst & Sohn 1962.

[D154] DAfStb-Heft 154: Rasch, Ch.: Spannungs-Dehnungs-Linien des Betons und Spannungsverteilung in der Biegedruckzone bei konstanter Dehngeschwindigkeit. Berlin: Ernst & Sohn 1962.

[D163] DAfStb-Heft 163: Leonhardt, F.; Walther, R.; Dilger, W.: Schubversuche an Durchlaufträgern. Berlin: Ernst & Sohn 1964.

[D178] DAfStb-Heft 178: Leonhardt, F.; Walther, R.: Wandartige Träger. Berlin: Ernst & Sohn 1966.

[D193] DAfStb-Heft 193: Mayer, H.; Rüsch, H.: Bauschäden als Folge der Durchbiegung von Stahlbeton-Bauteilen. Berlin: Ernst & Sohn 1967.

[D201] DAfStb-Heft 201: Leonhardt, F.; Walther, R.; Dilger, W.: Schubversuche an indirekt gelagerten, einfeldrigen und durchlaufenden Stahlbetonbalken. Berlin: Ernst & Sohn 1968.

[D240] DAfStb-Heft 240: Grasser, E.; Thielen, G.: Hilfsmittel zur Berechnung der Schnittgrößen und Formänderungen von Stahlbetontragwerken nach DIN 1045, Ausgabe Juli 1988. 3. Auflage. Berlin, Köln: Beuth-Verlag 1991.

[D291] DAfStb-Heft 291: Rehm, G.; Thewes, R.; Eligehausen, R.: Übergreifungsstöße geschweißter Betonstahlmatten. Berlin: Ernst & Sohn 1977.

[D300] DAfStb-Heft 300: Rehm, G.; Eligehausen, R.; Neubert, B.: Erläuterung der Bewehrungsrichtlinien. Berlin: Ernst & Sohn 1979.

[D316] DAfStb-Heft 316: Paschen, H.; Zillich, V. C.: Versuche zur Bestimmung der Tragfähigkeit stumpf gestoßener Stahlbetonfertigteilstützen. Berlin: Ernst & Sohn 1980.

[D332] DAfStb-Heft 332:
Haksever, A. und Haß, R.: Traglast von Druckgliedern mit vereinfachter Bügelbewehrung unter Feuerangriff.
Kordina, K. und Mester, R.: Traglast von Druckgliedern mit vereinfachter Bügelbewehrung unter Normaltemperatur und Kurzzeitbeanspruchung. Berlin, München: Ernst & Sohn 1982.

[D348] DAfStb-Heft 348: Paschen, H.; Zillich, V. C.: Tragfähigkeit querkraftschlüssiger Fugen zwischen Stahlbeton-Fertigteildecken. Berlin: Beuth-Verlag 1983.

[D387] DAfStb-Heft 387: Dieterle, H.: Zur Bemessung quadratischer Stützenfundamente aus Stahlbeton unter zentrischer Belastung mit Hilfe von Bemessungsdiagrammen. Berlin: Ernst & Sohn 1987.

[D399] DAfStb-Heft 399: Eligehausen, R.; Gerster, R.: Das Bewehren von Stahlbetonbauteilen. Erläuterungen zu verschiedenen gebräuchlichen Bauteilen. Berlin, Köln: Beuth-Verlag 1993.

[D400] DAfStb-Heft 400: Erläuterungen zu DIN 1045 Beton- und Stahlbeton, Ausgabe 07.88. Berlin, Köln: Beuth Verlag, 3. berichtigter Nachdruck 1994.

[D407] DAfStb-Heft 407: Rostásy, F. S.; Henning, W.: Zwang und Rissbildung in Wänden auf Fundamenten. Berlin, Köln: Beuth Verlag 1990.

[D411] DAfStb-Heft 411: Mainka, G.-W.; Paschen, H.: Untersuchungen über das Tragverhalten von Köcherfundamenten. Berlin, Köln: Beuth Verlag GmbH 1990.

[D425] DAfStb-Heft 425: Kordina, K. u. a.: Bemessungshilfsmittel zu Eurocode 2 Teil 1 (DIN V ENV 1992 Teil 1-1, Ausgabe 06.92). Berlin, Köln: Beuth Verlag 1992.

[D439] DAfStb-Heft 439: König, G.; Danielewicz, I.: Ermüdungsfestigkeit von Stahlbeton und Spannbetonbauteilen mit Erläuterungen zu den Nachweisen gemäß CEB-FIP Model Code 90. Berlin, Köln: Beuth Verlag 1994.

[D456] DAfStb-Heft 456:
Schäfer, G.; Schmidt-Kehle, W.: Zum Schubtragverhalten von Fertigplatten mit Ortbetonergänzung.
Schäfer, G.; Block, K.; Drell, R.: Oberflächenrauheit und Haftverbund.
Schäfer, G.; Schmidt-Kehle, W.: Zur Oberflächenrauheit von Fertigplatten mit Ortbetonergänzung.
Schäfer, G.; Schmidt-Kehle, W.: Ortbetonergänzte Fertigteilbalken mit profilierter Anschlussfuge unter hoher Querkraftbeanspruchung. Berlin. Beuth Verlag 1996.

[D466] DAfStb-Heft 466: König, G.; Tue, N. V.: Grundlagen und Bemessungshilfen für die Rissbreitenbeschränkung im Stahlbeton und Spannbeton sowie Kommentare, Hintergrundinformationen und Anwendungsbeispiele zu den Regelungen nach DIN 1045, EC2 und Model Code 90. Berlin, Köln: Beuth-Verlag 1996.

[D469] DAfStb-Heft 469: König, G.; Tue, N. V.; Bauer, Th.; Pommerening, D.: Schadensablauf bei Korrosion der Spannbewehrung. Berlin: Beuth-Verlag 1996.

[D489] DAfStb-Heft 489: Paas, U.: Mindestbewehrung für verformungsbehinderte Betonbauteile im jungen Alter. Berlin: Beuth-Verlag 1998.

[D499] DAfStb-Heft 499: Minnert, J.: Tragverhalten von stumpf gestoßenen Fertigteilstützen aus hochfestem Beton. Berlin: Beuth-Verlag 2000.

[D525] DAfStb-Heft 525: Erläuterungen zu DIN 1045-1. Berlin: Beuth-Verlag, 2. überarbeitete Auflage 2010.

[D526] DAfStb-Heft 526: Erläuterungen zu den Normen DIN EN 206-1, DIN 1045-2, DIN 1045-3, DIN 1045-4 und DIN 4226. Berlin: Beuth Verlag, 2003 (*Neuauflage 2011 in Vorbereitung*).

[D532] DAfStb-Heft 532: Hegger, J.; Roeser, W.: Die Bemessung und Konstruktion von Rahmenknoten – Grundlagen und Beispiele gemäß DIN 1045-1. Berlin: Beuth-Verlag 2002.

[D555] DAfStb-Heft 555: Erläuterungen zur DAfStb-Richtlinie wasserundurchlässige Bauwerke aus Beton (inkl. WU-Richtlinie). Berlin: Beuth Verlag 2006.

[D567] DAfStb-Heft 567: Graubner, C.-A.: Sachstandsbericht – Frischbetondruck fließfähiger Betone. Berlin: Beuth-Verlag 2006.

[D600] DAfStb-Heft 600: Erläuterungen zu Eurocode 2. Berlin: Beuth Verlag (*in Vorbereitung*).

[D601] DAfStb-Heft 601: Praxisgerechtes Bewehren von Stahlbetonbauteilen nach DIN EN 1992-1-1 entsprechend dem aktuellen Stand der Bewehrungs- und Herstelltechniken. Berlin: Beuth-Verlag (*in Vorbereitung*).

Deutscher Beton- und Bautechnik-Verein E. V. – DBV

[DBV1] DBV-Merkblatt:2011-01: Betondeckung und Bewehrung nach Eurocode 2.

[DBV2] DBV-Merkblatt:2011-01: Abstandhalter nach Eurocode 2.

[DBV3] DBV-Merkblatt:2011-01: Unterstützungen nach Eurocode 2.

[DBV4] DBV-Merkblatt:2011-01: Rückbiegen von Betonstahl und Anforderungen an Verwahrkästen nach Eurocode 2.

[DBV5] DBV-Merkblatt:2010-09: Parkhäuser und Tiefgaragen.

[DBV6] DBV-Merkblatt:2009-01: Hochwertige Nutzung von Untergeschossen – Bauphysik und Raumklima.

[DBV7] DBV-Merkblatt:2006-09: Betonschalungen und Ausschalfristen.

[DBV8] DBV-Merkblatt:2006-01: Begrenzung der Rissbildung im Stahlbeton- und Spannbetonbau.

[DBV9] DBV-Merkblatt:2004-08: Sichtbeton.

[DBV10] Deutscher Beton- und Bautechnik-Verein E. V.: Beispiele zur Bemessung nach Eurocode 2. Band 1: Hochbau. Berlin: Ernst & Sohn 2011.

[DBV11] Deutscher Beton- und Bautechnik-Verein E. V.: Beispiele zur Bemessung nach DIN 1045-1. Band 1: Hochbau. Berlin: Ernst & Sohn, 3. Auflage 2009.

[DBV12] Deutscher Beton- und Bautechnik-Verein E. V.: Beispiele zur Bemessung nach DIN 1045-1. Band 2: Ingenieurbau. Berlin: Ernst & Sohn, 2. Auflage 2006.

[DBV13] Deutscher Betonverein E. V.: Beispiele zur Bemessung nach DIN 1045. Berlin, Wiesbaden: Bauverlag, 5. Auflage 1991.

[DBV14] Deutscher Betonverein E. V.: Beispiele zur Bemessung von Betontragwerken nach EC 2: DIN V ENV 1992 Eurocode 2. Berlin, Wiesbaden: Bauverlag 1994.

Literatur

[1] Anderson, D.: Final Draft of prEN 1992-1-1:2001: Calculation of total shrinkage strain ε_{cs}, Note 19.11.01 to Project Team for EC-2.

[2] Bachmann, H.; Steinle, A.; Hahn, V.: Bauen mit Betonfertigteilen im Hochbau. Betonkalender 2009/1, Berlin: Ernst & Sohn.

[3] Bauproduktenrichtlinie: Richtlinie des Rates vom 21. Dezember 1988 zur Angleichung der Rechts- und Verwaltungsvorschriften der Mitgliedstaaten über Bauprodukte (89/106/EWG), zuletzt geändert durch die Verordnung (EG) Nr. 1882/2003 des Europäischen Parlaments und des Rates vom 29. September 2003.

[4] BGR 106: Transportanker und -systeme von Betonfertigteilen. Hauptverband der gewerblichen Berufsgenossenschaften: Fachausschuss „Bau", 1992-04.

[5] Beck, H.; König, G.: Haltekräfte im Skelettbau. Beton- und Stahlbetonbau 62 (1967), S. 7-15 und 37-42.

[6] Beutel, R.: Durchstanzen schubbewehrter Flachdecken im Bereich von Innenstützen. Dissertation. In: Schriftenreihe des IMB RWTH Aachen, Heft 16, 2003.

[7] Bonzel, J.; Bub, H.; Funk, P.: Erläuterungen zu den Stahlbetonbestimmungen. Berlin: Ernst & Sohn, 7. Auflage 1972.

[8] Bülte, S.: Zum Verbundverhalten von Spannstahl mit sofortigem Verbund unter Betriebsbeanspruchung. Dissertation. In: Schriftenreihe des IMB RWTH Aachen, Heft 25, 2008.

[9] Bundesvereinigung der Prüfingenieure für Bautechnik e. V. (Hrsg.): Richtlinie für das Aufstellen und Prüfen EDV-unterstützter Standsicherheitsnachweise (Ri-EDV-AP-2001). Ausgabe April 2001. In: Der Prüfingenieur 18 (2001), S. 49 ff.

[10] Burkhardt, J.: Zum Tragverhalten von Übergreifungsstößen in hochfestem Beton. Dissertation, IMB der RWTH Aachen, 2000.

[11] CEB-Bulletin 228: High Performance Concrete – Recommended Extensions to the Model Code 90. Report on the CEB/FIP Working Group on High Strength/High Performance Concrete. July 1995.

[12] CEB-FIP Model Code 1990, Bulletin d'Information No. 213/214, Lausanne, May 1993.

[13] CEB-FIP Model Code 1978, Bulletin d'Information No. 124/125, Lausanne, April 1978.

[14] CEN-Geschäftsordnung – Teil 3: Regeln für den Aufbau und die Abfassung von CEN/CENELEC-Publikationen. Berichtigte Fassung 2006-12.

[15] Deutsches Institut für Bautechnik – Allgemeine bauaufsichtliche Zulassung Nr. Z-1.6-238 vom 08.12.2008: Bewehrungsstab Schöck ComBAR aus glasfaserverstärktem Kunststoff Nenndurchmesser 16 mm.

[16] Deutsches Institut für Bautechnik – Allgemeine bauaufsichtliche Zulassung Nr. Z-1.4-165 vom 15.12.2009: Feuerverzinkte Betonstähle.

[17] Deutsches Institut für Bautechnik – Stahlbeton-Hohlplatten nach DIN 1045-1. DIBt-Mitteilungen 36 (2005), Heft 3.

[18] Deutsches Institut für Bautechnik – Grundsätze für die statische Prüfung von Stahlbeton- und Stahlleichtbetonplatten. Mitteilungen des Instituts für Bautechnik 16 (1985), Heft 2.

[19] Deutsches Institut für Normung e. V.: Grundlagen zur Festlegung von Sicherheitsanforderungen für bauliche Anlagen (GruSiBau). Berlin: Beuth-Verlag, 1.Auflage 1981.

[20] Eibl, J.; Kühn, H. E.: Versuche an Stahlbetonplattenbalken mit gezogener Platte. Beton- und Stahlbetonbau 74 (1979), Heft 7, S. 176-181 und Heft 8, S. 204-209.

[21] Eurocode 2 – Commentary. Ed.: The European Concrete Platform ASBL. June 2008. *www.ermco.eu*.

[22] Fachkommission Bautechnik der Bauministerkonferenz: Erläuterungen zur Anwendung der Eurocodes vor ihrer Bekanntmachung als Technische Baubestimmungen. DIBt-Mitteilungen Heft 6 / 2010. Berlin: Ernst & Sohn. (auch: *www.dibt.de* → Aktuelles → Technische Baubestimmungen).

[23] Fachvereinigung Deutscher Betonfertigteilbau e. V. – Merkblatt Nr. 1: Sichtbetonflächen von Fertigteilen aus Beton und Stahlbeton. Fassung Juni 2005.

[24] Faust, T.; König, G: Bemessung von Leichtbeton und Konstruktionsregeln. In: DAfStb-Heft 525, Teil 2. Berlin: Beuth-Verlag 2003.

[25] Fingerloos, F. (Hrsg.): Historische Technische Regelwerke für den Beton-, Stahlbeton- und Spannbetonbau. Bemessung und Ausführung. Berlin: Ernst & Sohn 2009.

[26] Fingerloos, F.: Erläuterungen zu DIN 1045-1. In: Normen und Regelwerke, 2.1.1, Betonkalender 2011/2, Berlin: Ernst & Sohn.

[27] Fingerloos, F. (Hrsg.): Überprüfung und Überarbeitung des Nationalen Anhangs (DE) für DIN EN 1992-1-1 (Eurocode 2). Abschlussbericht des DIBt-Forschungsvorhabens ZP 52-5- 7.278.2-1317/09: Eurocode 2 Hochbau – Pilotprojekte. Februar 2010.

[28] Fingerloos, F.; Litzner, H.-U.: Erläuterungen zur praktischen Anwendung der DIN 1045-1. Betonkalender 2005/2 und 2006/2, Berlin: Ernst & Sohn.

[29] Fingerloos, F.; Stenzel, G.: Konstruktion und Bemessung von Details nach DIN 1045-1. Betonkalender 2007/2, Berlin: Ernst & Sohn.

[30] Fingerloos, F.: Auslegungen zu DIN 1045-1 für den Fertigteilbau. In: Beton+Fertigteil-Jahrbuch 2007, S. 171-173.

[31] Furche, J.; Bauermeister, U.: Elementbauweise mit Gitterträgern. Betonkalender 2009/1, Berlin: Ernst & Sohn.

[32] Furche, J.; Klug, Y.: Gitterträger als Querkraft- und Verbundbewehrung. In: Neue Normen und Werkstoffe im Betonbau (Hrsg. Holschemacher). Berlin: Bauwerk-Verlag, 2011.

[33] Grübl, P.; Weigler, H.; Karl, S.: Beton – Arten, Herstellung und Eigenschaften. Berlin: Ernst & Sohn, 2001.

[34] Grünberg, J.; Vogt, N.: Teilsicherheitskonzept für Gründungen im Hochbau. Betonkalender 2009/2, Berlin: Ernst & Sohn.

[35] Grundbau-Taschenbuch. Witt, K. J. (Hrsg.). Berlin: Ernst & Sohn, 7. Auflage, 2009.
– Teil 1: Geotechnische Grundlagen,
– Teil 2: Geotechnische Verfahren,
– Teil 3: Gründungen und geotechnische Bauwerke.

[36] Häusler, F.: Zum maximalen Durchstanzwiderstand von Flachdecken mit und ohne Vorspannung. Dissertation. In: Schriftenreihe des IMB RWTH Aachen, Heft 27, 2009.

[37] Haveresch, K.; Maurer, R.: Entwurf, Bemessung und Konstruktion von Betonbrücken. Betonkalender 2010/2, Berlin: Ernst & Sohn.

[38] Hegger, J.; Walraven, J. C.; Häusler, F.: Zum Durchstanzen von Flachdecken nach Eurocode 2. Beton- und Stahlbetonbau 105 (2010), Heft 4, S. 206-215.

[39] Hegger, J.; Siburg, C.: Durchstanzen. In: Gemeinschaftstagung Eurocode 2 für Deutschland (Tagungsband). Berlin: Beuth und Ernst & Sohn, 2. aktualisierte Auflage 2010, S. 53-76.

[40] Hegger, J.; Siburg, C.; Ricker, M.: Stellungnahme zum Abschlussbericht 2009 für „Eurocode 2 Hochbau (EN 1992-1-1) – Pilotprojekte". Institutsbericht IMB Lehrstuhl und Institut für Massivbau der RWTH Aachen, 13.10.2009.

[41] Hegger, J.; Ricker, M.; Häusler, F.: DAfStb-AG „Nationales Anwendungsdokument zu DIN EN 1992-1-1" – Durchstanzen nach Eurocode 2. Institutsbericht 173/2006, IMB Lehrstuhl und Institut für Massivbau der RWTH Aachen, 06.12.2006.

[42] Hegger, J.; Tuchlinski, D.: Zum Durchstanzen von Flachdecken unter Berücksichtigung der Momenten-Querkraft-Interaktion und der Vorspannung. Beton- und Stahlbetonbau 101 (2006), Heft 10, S. 742-753.

[43] Hegger, J.; Häusler, F.; Ricker, M.: Zur Durchstanzbemessung von Flachdecken nach Eurocode 2. Beton- und Stahlbetonbau 103 (2008), Heft 2, S. 93-102.

[44] Hegger, J.; Sherif, A.; Ricker, M.: Experimental Investigations on Punching Behavior of Reinforced Concrete Footings. ACI Structural Journal, S. 604-613, July-August 2006.

[45] Hegger, J.; Ziegler, M.; Ricker, M.; Kürten, S.: Experimentelle Untersuchungen zum Durchstanzen von gedrungenen Fundamenten unter Berücksichtigung der Boden-Bauwerk-Interaktion. Bauingenieur, 85 (2010), Heft 2, S. 87-96.

[46] Hegger, J.; Ricker, M.; Sherif, A.: Punching Strength of Reinforced Concrete Footings. ACI Structural Journal, September-October 2009.

[47] Hegger, J.; Görtz, S.: Zur Mindestquerkraftbewehrung nach DIN 1045-1. In: Erläuterungen zu DIN 1045-1. DAfStb-Heft 525, Teil 2. Berlin: Beuth, 1. Auflage 2003.

[48] Hegger, J.; Nitsch, A.; Hartz, U.: Zur Einleitung der Vorspannung bei sofortigem Verbund. In: DAfStb-Heft 525, Teil 2. Berlin: Beuth-Verlag, 1. Auflage 2003.

[49] Hegger, J.; Will, N.; Roggendorf, T.; Häusler, V.: Spannkrafteinleitung und Endverankerung im sofortigen Verbund. Bauingenieur 85 (2010), Heft 10, S. 445-454.

[50] Hegger, J.; Dreßen, T.; Will, N.: Zur Tragfähigkeit unbewehrter Betonwände. Beton- und Stahlbetonbau 102 (2007), Heft 5, S. 280-288.

[51] Hegger, J.; Niewels, J.; Dreßen, T.; Will, N.: Zum statischen System von Kellerwänden aus unbewehrtem Beton unter Erddruck. Beton- und Stahlbetonbau 102 (2007), Heft 5, S. 289-295.

[52] Hilsdorf, H.; Müller, H.: 3.1 Concrete. In fib-Bulletin No 1: Structural Concrete – Textbook on Behaviour, Design and Performance. Updated knowledge of the CEB/FIP Model Code 1990. Volume 1: Introduction - Design process - Materials. Lausanne, July 1999, S. 41-46.

[53] Hosser, D.: Grundlagen und Hintergründe der Heißbemessung. In: Der Eurocode 2 für Deutschland, Tagungsband Gemeinschaftstagung. Berlin: Beuth und Ernst & Sohn, 2. Auflage, 2010.

[54] König, G.; Fehling, E.: Zur Rissbreitenbeschränkung bei voll oder beschränkt vorgespannten Betonbrücken. Beton- und Stahlbetonbau 84 (1989), Hefte 7-9, S. 161-166, 203-207, 238-241.

[55] König, G.: Ein Beitrag zur Berechnung aussteifender Bauteile von Skelettbauten. Dissertation, Darmstadt 1966.

[56] König, G.; Liphardt, S.: Hochhäuser aus Stahlbeton. Betonkalender 1990/II, Berlin: Ernst & Sohn.

[57] König, G.; Pauli, W.: Nachweis der Kippstabilität von schlanken Fertigteilträgern aus Stahlbeton und Spannbeton. Beton- und Stahlbetonbau 87 (1992), Heft 5, S. 109-112, 149-152.

[58] König, G.; Pauli, W.: Ergebnisse von sechs Kippversuchen an schlanken Fertigteilträgern aus Stahlbeton und Spannbeton. Beton- und Stahlbetonbau 85 (1990), Heft 10, S. 253-258.

[59] König, G.; Tue, N. V.; Zink, M.: Hochleistungsbeton. Berlin: Ernst & Sohn, 2001.

[60] König, G.; Tue, N. V.; Pommerening, D.: Kurze Erläuterung zur Neufassung DIN 4227-1. Bauingenieur 71 (1996), Heft 2, S. 83-88.

[61] König, G.; Tue, N. V.; Saleh, H.; Kliver, J.: Herstellung und Bemessung stumpf gestoßener Fertigteilstützen. In: Beton+Fertigteil-Jahrbuch 2003. Gütersloh: Bertelsmann Springer Bauverlag 2003.

[62] Kordina, K.; Quast, U.: Bemessung von schlanken Bauteilen für den durch Tragwerksverformungen beeinflussten Grenzzustand der Tragfähigkeit – Stabilitätsnachweis. Betonkalender 2001/1, Berlin: Ernst & Sohn.

[63] Krüger, W.; Mertzsch, O.; Schmidt, Th.: Spannungsverteilungen in vielsträngig bewehrten Stahlbeton- und Spannbetonquerschnitten bei Langzeitbeanspruchungen. In: Schriftenreihe iBMB Braunschweig, Heft 142, 1999, S. 193-202.

[64] Leitpapier L: Anwendung der Eurocodes. (Herausgegeben nach Beratung in der 53. Sitzung des Ständigen Ausschusses für das Bauwesen am 19. Dezember 2001 und nach Ende des schriftlichen Verfahrens am 25. Januar 2002 als Dokument CONSTRUCT 01/483 Rev.1).

[65] Lenz, P.: Beton-Beton-Verbund – Potentiale für Schubfugen. Dissertation, TU München, 2011.

[66] Leonhardt, F.; Koch, R.; Rostásy, F. S.: Aufhängebewehrung bei indirekter Lasteintragung von Spannbetonträgern, Versuchsbericht und Empfehlungen. Beton- und Stahlbetonbau 66 (1971), Heft 10, S. 233-241.

[67] Leonhardt, F.; Mönnig, E.: Vorlesungen über Massivbau – Dritter Teil: Grundlagen zum Bewehren im Stahlbetonbau. Berlin: Springer-Verlag 1974.

[68] Litzner, H.-U.: Grundlagen der Bemessung nach Eurocode 2 – Vergleich mit DIN 1045 und DIN 4227. Betonkalender 1995/I, Berlin: Ernst & Sohn.

[69] Litzner, H.-U.: Harmonisierung der technischen Regeln in Europa – die Eurocodes für den konstruktiven Ingenieurbau. Betonkalender 2002/2, Berlin: Ernst & Sohn.

[70] Löhr, A.: Schubsicherung durch offene Bügel mit nach außen abgebogenen Haken. Beton- und Stahlbetonbau 82 (1987), Heft 1, S. 21-24.

[71] Maaß, G.; Rackwitz, R.: Maßabweichungen bei Ortbetonbauten. Beton- und Stahlbetonbau 75 (1980), Heft 1, S. 9-13.

[72] Maurer, R.; Tue, N. V.; Haveresch, K.-H.; Arnold, A.: Mindestbewehrung zur Begrenzung der Rissbreiten bei dicken Wänden. Bauingenieur 80 (2005), Heft 10, S. 479-485.

[73] Müller, H. S.; Kvitsel, V.: Kriechen und Schwinden von Beton – Grundlagen der neuen DIN 1045 und Ansätze für die Praxis. Beton- und Stahlbetonbau 97 (2002), Heft 1, S. 8-19.

[74] Müller, H. S.; Reinhardt, H. W.: Beton. Betonkalender 2009/1, Berlin: Ernst & Sohn.

[75] Musterbauordnung – MBO, Fassung 2002, zuletzt geändert durch Beschluss der Bauministerkonferenz vom Oktober 2008. *www.bauministerkonferenz.de* → Mustervorschriften/Mustererlasse.

[76] Muster – Liste der Technischen Baubestimmungen (MLTB). Aktuelle Fassung unter: *www.dibt.de* → Aktuelles → Technische Baubestimmungen.

[77] Nitsch, A.: Spannbetonfertigteile mit teilweiser Vorspannung aus hochfestem Beton. Dissertation. In: Schriftenreihe des IMB RWTH Aachen, Heft 13, 2001.

[78] Nölting, D.: Durchstanzbemessung bei ausmittiger Stützenlast. Beton- und Stahlbetonbau 97 (2001), Heft 8, S. 548-551.

[79] Nürnberger, U.; Wu, Y.: Einsatz nichtrostender Stähle als Betonstahl- und Spannstahlbewehrung. In: Neue Normen und Werkstoffe im Betonbau (Hrsg. Holschemacher). Berlin: Bauwerk-Verlag, 2011.

[80] Paschen, H.; Zillich, V. H.: Tragfähigkeit querkraftschlüssiger Fugen zwischen vorgefertigten Stahlbeton-Fertigteildecken. Beton- und Stahlbetonbau 78 (1983), Heft 6, S. 168-172, 197-201 mit Berichtigung in Beton- und Stahlbetonbau 82 (1987), Heft 2, S. 56.

[81] Pöllet, L.: Untersuchung von Flachdecken auf Durchstanzen im Bereich von Eck- und Randstützen. Dissertation. RWTH Aachen, 1983.

[82] Quast, U.: Stützenbemessung. Betonkalender 2004/2, Berlin: Ernst & Sohn, S. 377 ff..

[83] Regan, P. E.: 7.4 Punching. In fib-Bulletin No 2: Structural Concrete – Textbook on Behaviour, Design and Performance. Updated knowledge of the CEB/FIP Model Code 1990. Volume 2: Basis of Design. Lausanne, July 1999, S. 202-223.

[84] Rehm, G.; Eligehausen, R.: Übergreifungsstöße von Betonrippenstählen unter nicht ruhender Belastung. Beton- und Stahlbetonbau 72 (1977), Heft 7, S. 170-174.

[85] Rehm, G.; Martin, H.: Zur Frage der Rissbegrenzung im Stahlbetonbau. Beton- und Stahlbetonbau 63 (1968), Heft 8, S. 175-182.

[86] Reineck, K.-H.: Modellierung der D-Bereiche von Fertigteilen. Betonkalender 2005/2. Berlin: Ernst & Sohn.

[87] Reineck, K.-H.: Überprüfung des Mindestwertes der Querkrafttragfähigkeit in EN 1992-1-1 – Projekt A3: DIBt Forschungsvorhaben ZP 52-5-7.270-1218/05. Abschlussbericht März 2007.

[88] Reineck, K.-H.; Kuchma, D.-A.; Fitik, B.: Versuche an Stahlbetonbauteilen ohne Querkraftbewehrung unter Gleichlast. Teil 2.2, Abschlussbericht des DAfStb Forschungsvorhabens V 423. ILEK, Universität Stuttgart, 2005.

[89] Reineck, K.-H.: Hintergründe zur Querkraftbemessung in DIN 1045-1 für Bauteile aus Konstruktionsbeton mit Querkraftbewehrung. Bauingenieur 76 (2001), Heft 4, S. 168-179.

[90] Ricker, M.: Zur Zuverlässigkeit der Bemessung gegen Durchstanzen bei Einzelfundamenten. Dissertation. In: Schriftenreihe des IMB RWTH Aachen, Heft 28, 2009.

[91] Rogge, A.: Materialverhalten von Beton unter mehrachsiger Beanspruchung, Technische Universität München, Dissertation, 2002.

[92] RStO – Richtlinien für die Standardisierung des Oberbaues von Verkehrsflächen, Ausgabe 2001. Köln: FGSV Verlag GmbH, FGSV-Nr. 499.

[93] Rüsch, H.: Researches Toward a General Flexural Theory for Structural Concrete. In: ACI Journal 57 (1960), July, S. 1–28.

[94] Schnell, J., Thiele, C.: Querkrafttragfähigkeit von Stahlbetondecken mit integrierten Leitungsführungen. Bauingenieur 82 (2007), Heft 4, S. 185-192.

[95] Schnell, J.; Thiele, C.: Bemessung von Stahlbetondecken ohne Querkraftbewehrung mit integrierten Leitungsführungen. DIBt-Mitteilungen 42 (2011), Heft 4, S. 119-139.

[96] Schlaich, J.; Schäfer, K.: Konstruieren im Stahlbetonbau. Betonkalender 2001/2, Berlin: Ernst & Sohn.

[97] Schlaich, J.; Schäfer, K.: Konstruieren im Stahlbetonbau. Betonkalender 1998/II, Berlin: Ernst & Sohn.

[98] Schlaich, J.; Schäfer, K.: Konstruieren im Stahlbetonbau. Betonkalender 1989/II, Berlin: Ernst & Sohn.

[99] Schließl, P.: Grundlagen der Neuregelung zur Beschränkung der Rissbreite. In: DAfStb-Heft 400. Berlin: Beuth-Verlag. 3. berichtigter Nachdruck 1994.

[100] Schießl, P., Volkwein, A.: Forschungsbericht: Auswertung von Dauerschwingversuchen an Betonstählen zur Ableitung von Werkstoffkenngrößen für DIN 488. Deutscher Ausschuss für Stahlbeton, 2004.

[101] Sint, A.: Duktilität von Biegebauteilen bei Versagen der Biegedruckzone. Beton- und Stahlbetonbau 98 (2003), Heft 5, S. 285 bis 291.

[102] Stiglat, K.; Wippel, H.: Massive Platten, Ausgewählte Kapitel der Schnittkraftermittlung und Bemessung. Betonkalender 1986/II und 2000/2, Berlin: Ernst & Sohn.

[103] Stoffregen, U.; König, G.: Schiefstellung von Stützen in vorgefertigten Skelettbauten. Beton- und Stahlbetonbau 74 (1979), Heft 1, S. 1-5.

[104] Stolze, R.: Zum Tragverhalten von Stahlbetonplatten mit von den Bruchlinien abweichender Bewehrungsrichtung – Bruchlinien-Rotationskapazität. Schriftenreihe des Instituts für Massivbau und Baustofftechnologie, Heft 21, Universität Karlsruhe, 1993.

[105] Technische Lieferbedingungen für Baustoffe und Baustoffgemische für Tragschichten mit hydraulischen Bindemitteln und Fahrbahndecken aus Beton (TL Beton-StB 07), Ausgabe 2007. Köln: FGSV Verlag GmbH, FGSV-Nr. 891.

[106] Tuchlinski, D.: Zum Durchstanzen von Flachdecken unter Berücksichtigung der Momenten-Querkraft Interaktion und der Vorspannung. Dissertation. In: Schriftenreihe des IMB RWTH Aachen, Heft 19, 2005.

[107] Tue, N.; König, G.; Pommerening, D.: Erläuterungen zur Anwendung der DIN 4227-1/A1. Bautechnik 76 (1999), Heft 2, S. 146-151.

[108] Tue, N. V.; Schenck, G.; Schwarz, J.: Eine kritische Betrachtung des zusätzlichen Sicherheitsbeiwertes für hochfesten Beton. Bauingenieur 82 (2007), Heft 1, S. 39-46.

[109] Typenstatik Bemessungsnomogramme für Kellerwände aus unbewehrtem Beton im Wohnungsbau. Prüfbescheid Nr. II B 2-542-198 und Änderung Nr. VI A 3 - 542 - 216. Bundesverband der Deutschen Transportbetonindustrie e. V. → www.transportbeton.org.

[110] VDI-Richtlinie:2010-07 (Entwurf):
VDI/BV-BS 6205 Transportanker und Transportankersysteme für Betonfertigteile – Grundlagen, Bemessung, Anwendungen
Blatt 1: Allgemeine Grundlagen,
Blatt 2: Herstellen und Inverkehrbringen,
Blatt 3: Planung und Anwendung.

[111] Vergabe- und Vertragsordnung für Bauleistungen (VOB) – Teil B: Allgemeine Vertragsbedingungen für die Ausführung von Bauleistungen. Ausgabe 2009.

[112] Vogt, N.; Kellner, C.: Überprüfung der konstruktiven Regeln für Gründungen in EN 1992-1-1 im Hinblick auf den Nationalen Anhang. Abschlussbericht DIBt-Forschungsvorhaben ZP 52-5-7.271-1220/06. Technische Universität München, Zentrum Geotechnik, 07.08.2006 und 1. Ergänzung vom 10.10.2006.

[113] Weiske, R.: Durchleitung hoher Stützenlasten bei Stahlbeton-Flachdecken. Dissertation TU Braunschweig, Institut für Baustoffe, Massivbau und Brandschutz: Heft 180, 2004.

[114] Westerberg, B.: Second order effects in slender concrete structures – Background to the rules in EC2. TRITA-BKN Rapport 77. Stockholm: Betongbyggnad 2004. www.byv.kth.se.

[115] Zilch, K.; Zehetmaier, G.: Bemessung im konstruktiven Betonbau nach DIN 1045-1 (Fassung 2008) und EN 1992-1-1 (Eurocode 2). Heidelberg: Springer-Verlag, 2. Auflage 2010.

[116] Zilch, K.; Zehetmaier, G. ; Russwurm, D.: Zum Ermüdungsnachweis bei Stahlbeton- und Spannbetonbauteilen. In: Erläuterungen zu DIN 1045-1. In: DAfStb-Heft 525, Teil 2. Berlin: Beuth, 1. Auflage 2003.

[117] Zulassungen HALFEN-HDB-F-Dübelleisten Nr. Z-15.1-213 und Z-15.1-264. Foto aus Katalog HDB-Dübelleiste Produktinformation Technik.

Verzeichnis der Beispiele

Beispiel 3.1: Bezeichnung von geripptem Betonstabstahl der Stahlsorte B500B 224

Beispiel 3.2: Bezeichnung einer Betonstahlmatte nach DIN 488-4 der Stahlsorte B500B 224

Beispiel 4.1: Bezeichnung für Abstandhalter nach DBV-Merkblatt [DBV2] 238

Beispiel 4.2: Bezeichnungsbeispiel für Unterstützungen nach DBV-Merkblatt [DBV3] 239

Beispiel 5.1: Schiefstellung Abminderungsbeiwert α_m 241

Beispiel 6.1: Verteilung der Gurtbewehrung 261

Beispiel 6.2: Sektor regelmäßiges Deckensystem, runde Innenstütze, konstante Flächenlast $p = (g + q)$ 265

Beispiel 6.3: Vier Sektorflächen mit $\alpha_{1-4} = 22{,}5\,°$ 265

Beispiel 6.4: Lasterhöhungsbeiwert β mit Statischem Moment W_1 266

Beispiel 6.5: Durchstanzen – gedrungenes Einzelfundament mit zweiachsiger Lastausmitte 271

Beispiel 6.6: Innenstütze einer Flachdecke mit Durchstanzbewehrung 279

Beispiel 6.7: Fundament mit Durchstanzbewehrung 280

Beispiel 7.1: Mindestbewehrung für 200 mm Wand auf zuvor betoniertem Streifenfundament 292

Beispiel 7.2: Mindestbewehrung für 0,90 m dicke Trogwand für zentrischen Zwang 294

Beispiel 8.1: Verankerungsbeiwert α_3 313

Beispiel 8.2: Endverankerung ϕ 16 mm 314

Beispiel 8.3: Übergreifungsstöße 320

Stichwortverzeichnis

Abstandhalter 237
Alkali-Kieselsäurereaktion 41, 233
Anwendungsregeln 14
Aufhängebewehrung 143, 333
ausgeklinkte Auflager 166
Auslagerung Zugbewehrung 139, 329
Ausmitte 63
äußerer Rundschnitt 93, 278
Aussteifungskriterium 59
Ausweichen (Kippen) 65, 251
autogene Schwinddehnung 28
Balken 15, 49, 328
bauaufsichtliche Einführung 205
bautechnische Unterlagen 23, 215
Begriffe 14, 204, 207
Beton 24, 217
Betondeckung 16, 42, 160, 173, 234, 347
Betonstahl 31, 186, 224
Bewehrungsregeln 117, 176, 309
Bewehrungszeichnungen 23
Biegen von Betonstahl 117, 309
Biegerollendurchmesser 117, 309, 353
Biegeschlankheit 114, 303
Biegezugfestigkeit 31, 223
Biegung 71, 178, 255
Bohrpfähle 20, 153, 211, 343
Bügel 123, 315, 335
chemischer Angriff 39, 232
Dauerhaftigkeit 39, 189, 230, 347
Dauerstandsfestigkeit 222
Deckenscheibe 162
Deckenverbindung 162, 347
Dehnungsverteilung 72
Dekompression 16, 105, 290
Deutscher Ausschuss für Stahlbeton (DAfStb) 13
Deutscher Beton- und Bautechnik-Verein (DBV) 13
Dichte 34, 37
direkte Lagerung 16, 75, 141
Druckfestigkeit 24, 29, 159, 217
Druckglied 15, 149, 339
Druckknoten 97
Druckstrebe 95, 282
Druckstrebenwinkel 76, 79, 82
Druck-Zug-Knoten 97
Duktilität 36, 138
Durchbiegung 113, 300
Durchhang 113, 300
Durchstanzen 84, 175, 263
Durchstanzbewehrung 92, 147, 273, 337
E-Modul
   - Beton 26, 218
   - Betonstahl 34
   - Spannstahl 37
Eckbewehrung 145, 334
effektive Betonzugfestigkeit 106, 291
effektive Kriechzahl 63, 249
effektive Stützweite 50, 243
effektive Wanddicke (Torsion) 82, 263
Einwirkungskombination 47, 100, 213
Elementdecke 163, 347
Ermüdung 99, 285
Expositionsklasse 40, 230
externe Vorspannung 38, 210
Fachwerkmodell 76
Festigkeitsklasse 24
Fertigteile 14, 157, 346
Feuchtigkeitsklasse 41, 233

Flachdecke 115, 146, 273, 336
Frischbetondruck 23, 216
Fugenoberflächenbeschaffenheit 80, 261
Fugentragfähigkeit Fertigteile 347
Fundamente 152, 355
Fundamente Durchstanzen 92, 275
Gesamttragwerk 59, 190, 248
Gitterträger 32, 225, 262, 338
Grenzabmaße 213, 237
Grenzdurchmesser 109, 296
große Stabdurchmesser (> 32 mm) 128, 321
Gründung 21, 151, 214, 343
Hin- und Zurückbiegen 118, 310
hochfester Beton 15, 213, 221
Hoyer-Effekt 326
Hüllrohr 43, 77, 101, 133
Idealisierung 49, 242
Imperfektion 47, 240
indirekte Lagerung 16, 51, 141, 143, 333
Instandsetzung 209, 231, 235
Kippen 65, 251
klaffende Fundamentfuge 215, 273
Knicklängen 58, 180
Knoten 96, 284
Köcherfundament 169
Konsole 78, 282
Konstruktionsregeln 138, 170, 176, 181, 328, 343, 357
Kopplung 38, 137, 229
Kriechen 20, 26, 60, 183, 219, 249, 356
Kriechzahl 27, 183
Krümmung 62, 251
Labilitätszahl 248
Lager 167, 349
Lagermattenprogramm 368
Lasteinleitungsfläche 86, 263
Lasterhöhungsfaktor Durchstanzen β 89, 265
Leichtbeton 14, 170, 351
Litzen 324
linear-elastische Berechnung 52, 244
linear-elastische Berechnung mit begrenzter
        Umlagerung 52, 244
Matten 126, 320
mehraxiale Druckbeanspruchung 31, 97, 98, 223
Mindestabstand Spannglieder 133
Mindestausmitte 72, 255
Mindestbetondeckung 42, 234
Mindestbewehrung
   - Balken (Robustheit) 138, 328
   - Bohrpfähle 154, 343
   - Durchstanzen 94, 147
   - Oberfläche vorgespannter Bauteile 193, 358
   - Querkraft 142, 331
   - Rissbreitenbegrenzung 105, 291
   - Stütze 149, 339
   - Wand 150
   - wandartiger Träger 151
Mindestbiegemoment Durchstanzen 94, 278
Mindestfestigkeitsklasse 40, 189, 230, 357
Mindestwanddicke 150, 176, 182
mitwirkende Plattenbreite 50, 243
Modifikation Grenzdurchmesser 110, 296
Modifikation Teilsicherheitsbeiwerte 356
Monolitze 15, 268
Nachweisschnitte Durchstanzen 86, 264
NCI (non-contradictory information) 11
NDP (nationally determined parameters) 11
Nebenträger 144, 333
Nennkrümmung 61, 250
nichtlineare Verfahren 55, 247

Erläuterungen zum Eurocode 2
Stichwortverzeichnis

nichtrostende Bewehrung 235
nicht vorwiegend ruhende Einwirkung 15
Normalbeton 15
Nutzungsdauer 209
Oberflächenbewehrung 193, 358
Palmgren-Miner-Regel 100, 285
Parkbauten 40, 231
Plastizitätstheorie 53, 245
Platte 15, 46, 144, 334
Prinzipien 14
Profilkuppenhöhe 262
Querbewehrung
- Platte 144
- Stöße 125, 318
- Stütze 149, 339
- Wand 151, 342

Querdehnzahl 26, 218
Querkraft 72, 102, 178, 256
Querkraftbewehrung 75, 123, 142, 146, 259, 330
Querkraftdeckung 260
Randbewehrung 145, 334
Rauigkeitskategorie (Verbundfuge) 261
Relaxation 36, 68, 159, 188, 227
Ringanker 155, 344
Rippendecke 73, 163
Rippendurchmesser Betonstahl 237
Rissbreitenbegrenzung 104, 289
Rohdichteklasse 171
Rotation 53, 245
Rückbiegen 118, 310
Rundschnitte Durchstanzen 86, 264
Sandflächenverfahren 261
Sandwichtafeln 170, 231
Schadensbegrenzung bei außergewöhnlichen
    Ereignissen 155, 170, 344
schädigungsäquivalente Schwingbreite 102, 285
Scheibe 16
Schiefstellung 241
Schlankheit 57, 248
Schlupf 69
Schnittgrößenermittlung 45, 160, 174, 177, 240
Schubkräfte zwischen Steg und Gurt 78, 260
Schubkraftübertragung in Fugen 79, 261
Schweißen 32, 225
Schwinden 20, 26, 185, 219, 356
Sekantenmodul 26, 218
Sektormodell 265
Setzung 19, 210
Spannbeton 65, 252
Spannglieder 132, 323
Spannkraftverluste 68, 160, 253
Spannstahl 35, 159, 227
Spannungs-Dehnungs-Linie
- für Querschnittsbemessung Beton 30, 222
- für Querschnittsbemessung Betonstahl 34, 226
- für Querschnittsbemessung Spannstahl 37, 229
- für nichtlineare Verfahren Beton 29, 221
- für nichtlineare Verfahren Betonstahl 34
- für nichtlineare Verfahren Spannstahl 38
- für Verformungsberechnungen 29

Spannungsbegrenzung 66, 104, 289
Spannungsexponent 101
Stababstände 117, 109, 144, 309
Stabbündel 131, 321
Stabdurchmessertabelle 367
Stabwerkmodell 54, 95, 175, 246, 282
Statische Berechnung 23
Stöße 124, 315
Streckgrenze 32, 225

Sturz 73, 256
Stütze 15, 149, 339
Stützenkopfverstärkung 88, 264
Tangentenmodul 26, 218
Teilflächenbelastung 98, 285
Teilsicherheitsbeiwerte 21, 183, 211
Temperatur 19, 209
Theorie II. Ordnung 47, 56, 179, 248
Toleranzen 213
Torsion 82, 175, 263
Torsionsbewehrung 83, 143, 333
Transportanker 346
Trockenrohdichte 171
Trocknungsschwinddehnung 28, 185, 219
Übergreifungslänge 126, 316, 341
Überhöhung 113, 302
Übertragungslänge 135, 326
üblicher Hochbau 14
Umgebungsbedingungen 39, 230
Umlenkstelle 15, 137
unbewehrte Betonbauteile 177, 354
Unterstützungen 237, 336
Verankerung 119, 131, 133, 140, 166, 310
Verankerungslänge 120, 311
Verbindungen 164, 349
Verbundbedingung 120
Verbundbewehrung 81, 261
Verbundfestigkeit 120, 311
Verbundfuge 79, 261
Verbundspannung 134, 324
Verformungen 113, 300
Verhältnis der Verbundfestigkeit 99
Verlegezeichnung 158
Versagensfolgen 208
Versatzmaß 139, 259, 326, 334
Verschleiß 44, 236
versuchsgestützte Bemessung 214
verzinkte Bewehrung 225, 235, 286, 309, 323
Vorhaltemaß 44, 236, 347
Vorspannung 14, 19, 65, 252, 323
Vorspannkraft
- maximale 66, 252
- nach dem Spannvorgang 67, 253

vorwiegend ruhende Einwirkung 14
Wand 16, 150, 342
wandartiger Träger 16, 151, 342
Wand-Decken-Verbindung 161, 347
Wärmebehandlung 159, 347
Wärmedehnzahl 26, 38, 218, 227
Wartung 231, 235
wirksame Querschnittsdicke (Kriechen/Schwinden) 27
Wirkungsbereich der Bewehrung 107, 294
Wöhlerlinie 100, 286
Wölbkrafttorsion 84
Zementklasse 27
Zerrbalken 153
Zuganker 155, 344
Zugstrebe 95, 282
Zugfestigkeit
- Beton 24, 29
- Betonstahl 32
- Spannstahl 36

Zugkraftdeckung 139, 329
Zulassung 202, 205
Zurückbiegen 118, 310
Zuverlässigkeit 18, 208
Zwang 106, 291
zweiachsige Ausmitte 63, 89, 251
Zwischenauflager 141, 330